国家出版基金项目
NATIONAL PUBLICATION FOUNDATION

# 高产高效养分管理技术创新与应用

## 下册

张福锁 张朝春 等著

中国农业大学出版社
·北京·

# 目 录
## CONTENTS

# 第44章
## 苹果锌营养诊断与调控

锌是所有生物必需的微量元素之一,是唯一同时存在于六大酶类(氧化还原酶、转移酶、水解酶、裂解酶、异构酶和连接酶)的金属元素(Auld,2001),参与植物蛋白质合成、膜的稳定性及细胞生长等代谢过程(Broadley et al. ,2007;Widodo et al. ,2010)。苹果是世界四大水果(柑橘、香蕉、苹果和葡萄)之一,且对缺锌敏感(Alloway et al. ,2008),苹果树缺锌主要引起小叶病,症状主要发生于新梢和叶片。表现为发病初期,病枝春季发芽较晚,新梢病梢节间极短,叶轮生并成簇生长,叶小而窄呈柳叶状,叶缘尖向上卷,叶色黄萎,叶脉间色淡,质脆而硬;枝梢细,抽叶后停滞生长,基部光秃,严重时形成枯梢。后期病枝可能枯死,在枯死的下端又可能另发新枝。病树花芽显著减少,花小色淡,不易坐果,所结果实小而畸形。缺锌又使树体抗逆性下降,病树根系初期发育不良,老病树根系有腐烂现象,易患腐烂病和干腐病。重病植株树势衰弱,树冠不扩展,产量降低。

全国苹果园总面积的 46.2%发生缺锌小叶病,果园土壤锌元素缺乏是主要诱因;同时大量元素的过量投入,在一定程度上进一步限制了微量元素的有效利用。随着果树产量的增加,对微量元素的需求也进一步增大,营养病害的发病率不断提高,而且已经成为各苹果产区产量和品质提高的重要限制因素之一。研究缺锌胁迫条件下苹果树锌周年运转分配规律,据此提出相应的根际与根外调控措施,对矫治缺锌小叶病、提高果实产量和品质具有重要意义。

## 44.1 苹果小叶病发病原因诊断

苹果小叶病的发生主要有 5 种情况。

**1. 树体缺锌导致的小叶病**

果园整片或某一区域树体发生小叶病,并非个别植株,只是症状的表现轻重程度有所差异,常表现由重到轻的过渡区及过渡类型。苹果树主要利用土壤中的有效锌,而土壤中有效锌含量取决于全锌量和土壤溶液相关因子的情况。山东省苹果园有效锌量壤土>粗骨土>沙土(姜远茂,2001);苹果小叶病发生程度潮土>棕壤>褐土,沙土>黏土>壤土(王衍安,2002)。土壤有效锌及其他营养元素的含量和土壤溶液的酸碱度决定了土壤的供锌能力。锌的有效性与土壤溶液的 pH 呈负相关,土壤 pH 7.85~8.40 时锌几乎完全被吸附,所以碱性和石灰性土壤上栽培的苹果树常发生缺锌小叶病。寒冷、土壤紧实及施磷太多时也易发生小叶病,原因是降低了土壤中锌的有效性,影响了根系的代谢和吸收能力。

**2.施肥不合理造成的小叶病**

症状多表现在中干、主枝全部梢部叶片小、节间短而细簇状不明显,树势衰弱下部没有新枝出现。造成这种小叶病的原因是土壤有机质含量低、有机肥严重缺乏,营养不全造成缺素症;氮磷钾比例失调。磷肥过量磷酸盐抑制锌元素的吸收使树体缺锌造成小叶。枝条和叶片中如果 P/Zn>100,K/Zn>1 400 或 Fe/Zn>20 易患小叶病。

**3.修剪不当造成的小叶病**

症状出现在个别植株或个别骨干枝上,且在大锯口或环剥口以下部位多能抽生 2~3 个强旺的新梢,大多为隐芽萌发,而缺锌小叶病植株枝条后部较难萌发。发病原因主要是修剪不合理影响锌运输,诱发植株缺锌加重等是导致或加重苹果小叶病发生的重要栽培因素。冬剪时疏枝过多或锯口过大,出现对伤口、连伤口等,严重地削弱了中心干或骨干枝的长势,引起生理机能的改变造成小叶病的发生;夏剪时环剥口过宽、剥口保护不够或环剥时树体缺水等,使剥口愈合程度较差,导致剥口以上部位生长受阻,代谢紊乱,产生小叶病。旱地果树环剥宽度过大,大多有小叶病的发生。

**4.砧穗组合不当、改接品种亲和力差造成的小叶病**

嫁接树幼苗及未结果树叶片正常。初果期转盛果期易发病,肥水条件好的果园盛果期易发病。症状多为中干、主枝梢部全部小叶、下部没有新枝条抽出。调查发现,富士、国光等晚熟品种比中熟和早熟品种更易发生小叶病;同一品系短枝型品种发病轻,普通型品种发病重;砧穗组合不同对小叶病有影响,使用 M26 中间砧可使红富士苹果小叶病加重,说明 M26 中间砧对锌在树体内的运转分配有一定阻滞作用,随树龄增加,缺锌地区苹果小叶病加重。

**5.乱用除草剂造成小叶病**

症状为开春顶部枝萌芽迟,再萌发小叶随后叶片正常,严重时一直小叶。果农为除杂草连年用氟乐灵浇地随水滴流,除草效果好但它在土壤中有残留,对果树根系造成伤害。根系的侧根生长缓慢,吸收根被杀死。严重时根部膨大如瘤造成人为的根系受阻导致上部小叶。

## 44.2 缺锌小叶病苹果树体内锌的周年运转分配规律

苹果树缺锌小叶病的发生改变了树体内锌的周年运转分配规律和源-库动态关系(图 44-1)。正常树根系锌吸收能力强、多年生枝锌含量周年稳定且保持与器官发生节奏相一致的较高锌营养水平;而小叶病苹果树根系的次生生长根和骨干根大都保持高锌浓度状态,而枝梢等地上部器官锌浓度相对较低,早春根系锌吸收能力弱,生长发育后期,病树树体内贮藏态锌主要累积在根部,锌上运受阻、地上部与根系间锌的运转效率低;与正常树相比,病树根、枝的皮层与木质部总锌浓度分配比例差异较小,皮层元素含量较高、中柱内含量较低,细胞壁中含量高、原生质体含量低,锌元素向地上部分运输的能力相对较低,病树地上部的供锌能力显著低于正常树(Wójcik et al.,2010),致使根系中锌大量积累,从而形成了春夏季树体根系供锌能力低、生长发育后期锌在树体根系低位贮藏、上运困难,树体器官分化大量需锌期供锌能力弱的特有锌运转分配规律,这表明缺锌小叶病树根系对锌元素累积而限制了其在植物体内的有效运转利用。

果树生长后期,病树的根系具有较高的锌浓度,而地上部器官锌含量明显低于正常树体,花期和生理落果期地上部新生器官积累量也表明了树体供锌的不足,这可能与小叶病树代谢节奏的改变有关。许多研究证明缺锌能降低苹果叶片的光合速率。缺锌导致小叶病的表现首先是光合面积减少,整个树体的光合总产物减少;同时植物体生长素含量下降,运输能力减弱。正常生长的大田苹果树根系春、夏、秋各有一次生长高峰,春、夏季树体地上部营养和生殖生长均十分旺盛,病树运输到地下的光合产物和生长素减少,将会影响根系的活动,根系春夏生长高峰会减弱,吸收能力下降。能量供应的增加,即光合产物经韧皮部向下运输的增加以及激素水平的变化是调节根系离子吸收的关键因子。因此病树根系在春夏季具有较低的锌吸收能力,粗根中贮存的锌成为主要的利用形式,但这并不能满足地上

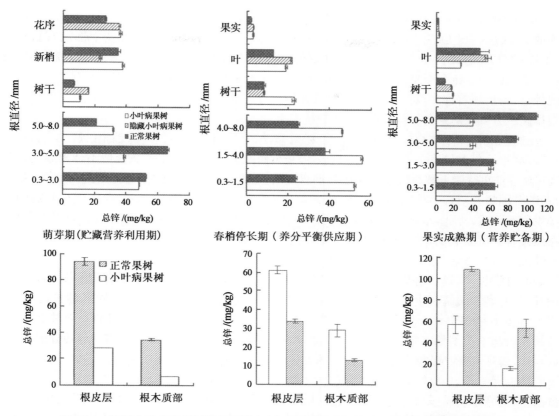

图 44-1　缺锌小叶病苹果树锌元素纵向(上图)与根系皮层和木质部(下图)锌分布特征

部的锌需求。春梢停长期是小叶病树根系中的贮存态锌基本消耗殆尽的时期。秋季病树具有明显的锌吸收高峰,各级根的锌浓度比秋梢生长初期增加了 3～5 倍,树体的营养状况发生了很大改变,秋梢停止生长,果实基本定形,地上部所需营养物质和调节物质减少;而此时叶片光合能力并未下降,产生大量营养物质运往根系,增强了吸收能力;此期,病树根系正处在锌饥饿状态,急剧吸收锌,贮存在根系中作为下一年的储备,这表明根系起到了锌的调节库的作用。

　　总之,缺锌小叶病苹果树具有特有的锌运转规律,春、夏季地上部各器官生长迅速,对锌的需求量大,病树根系供锌能力低,主要利用贮存在根系中的锌;春梢停长期以后,生长逐渐减缓,对锌的需求减小。秋季地上部所需营养及调节物质减少,此期病树根系具有很高的锌吸收能力,将大量的锌贮存在根系中;相对于正常树稳定的供锌水平来说,小叶病树是在锌需求量大的时期供锌能力低,而在锌需求量小的时期表现较高的供锌水平,这可能也是导致小叶病的重要原因之一。

## 44.3　苹果小叶病锌矫治技术

### 1. 缺锌引起的小叶病

　　锌主要以二价阳离子($Zn^{2+}$)形态被植物吸收,少量的 $Zn(OH)^+$ 形态,以及与某些有机物螯合态的锌也可被植物吸收。但对锌元素的吸收利用率大小既取决于根际土壤的供应能力,也取决于根细胞对养分的选择吸收和运转能力。在奢侈供锌条件下,一些植物可将老叶中数量可观的锌移至生殖器官,但在缺锌时,这种转移几乎不存在。

　　由于缺锌导致的小叶病的防治技术主要根据树体对锌的周年吸收、运输、利用和再分配规律,采用土壤锌元素活化、根部施锌、根外补锌调节等技术,可有效地矫治苹果小叶病的发生。

常用锌肥有：适于土施的 $ZnSO_4 \cdot 7H_2O$（含 Zn 23％），$ZnSO_4 \cdot H_2O$（含 Zn≥34.5％）；主要用于叶面喷施的 $ZnSO_4 \cdot 7H_2O$（含 Zn 23％），$ZnSO_4 \cdot H_2O$，氧化锌（ZnO）悬浮剂［如超细颗粒高浓度悬浮型锌肥，主要成分氧化锌含量≥87％（W/V），Zn 含量≥70％（W/V）］，螯合态锌（如糖醇锌，液体，N 3.0％，Zn 7.0％；NaZnEDTA，含 Zn 14％）等。其中 $ZnSO_4 \cdot 7H_2O$ 在生产上应用最广。

此外，市场上还有许多以 $ZnSO_4$ 为主加入其他成分配制而成的多元素（N，P，Zn 等）复合肥。

根据施肥方式及时期的不同，常用的补锌技术有：

（1）土施硫酸锌　土壤缺锌果园，每年春、秋两季，结合果园深翻或扩穴深翻施入腐熟的厩肥、堆肥等有机肥，并掺入硫酸锌。一般每株施有机肥 50 kg、硫酸锌 0.1～0.3 kg。施用后第 2 年见效，可持续 3～5 年，但不宜在碱性土壤中施入。缺镁和铜的果园，可施含镁、铜、锌的化合物，对小叶病有效。

（2）落叶前根外喷锌　休眠前后小叶病树体锌主要在根部积累，而该期果树芽的发育需要树体枝干持续供应锌元素，因此，小叶病发生较重的果园，落叶前根外喷锌可有效提高上部器官锌贮藏水平，促进芽的发育。试验表明，落叶前（10 月中下旬）根外喷施 8％～10％ $ZnSO_4 \cdot 7H_2O$ 加 5％尿素防治苹果小叶病效果非常显著（王衍安，2007）。

（3）萌芽前根外喷锌　萌芽前小叶病树根系的发育缓慢，营养元素的吸收、运转能力差，根外直接对新梢补锌，有利于缓解新生器官锌营养亏缺问题。鉴于此，对中度或轻度缺锌果园，春季萌芽前 15～20 d 枝干喷 600 倍多效灵＋3％～5％硫酸锌（$ZnSO_4 \cdot 7H_2O$）溶液，每 5 d 喷 1 遍，连续喷 2～3 次，生长季节每次喷施杀菌剂都将主干及根颈部喷湿，喷布后当年即可生效，持效期一般为 1 年。

（4）枝干绑缚补锌　整株严重发病或局部大枝严重发病的苹果树，枝干皮层的运输能力较差，根部及枝干贮藏的元素难以有效运转利用。据此，王衍安等（2007）研究开发了枝干绑缚补锌法补充锌肥。具体做法为：在春季萌芽前后，刮掉发病大枝基部或主干表层粗皮，配制 15％～20％的 $ZnSO_4 \cdot 7H_2O$ 溶液（近饱和溶液状态）外加 5％的尿素，将适量废棉花或卫生纸浸透，绑缚在刮皮部位，外包塑料布防止水分快速蒸干，该方法对各种因素导致的苹果小叶病矫治均有极显著效果。

（5）改良土壤　在沙地或盐碱地果园除补给锌肥外，还应注意改良土壤，施有机肥，加强水土保持。对盐碱、黏重的土壤，采取抬高地面、台田整地、果园覆草及客土改良等方法，降低 pH，增加活土层厚度，释放被固定的锌元素，创造有利于根系发育的良好条件，对沙质地果园应采取增施有机肥，或行间种植绿肥减少灌水次数及少施化肥等方法，增加土壤有机质含量，减少锌盐流失，可避免小叶病的发生。对已经发病的果树，在芽露红时喷 1％硫酸锌溶液，效果可维持 1 年。

**2. 施肥不合理造成的小叶病**

早施有机肥特别是早期落叶的果园，果树根系生长时间的长短与叶片制造光合产物的多少呈正相关。8 月下旬至 9 月下旬中熟品种已采收完，晚熟品种采收前，采取环状或放射性沟施。每株施含有机质 30％的有机肥 4～5 kg 加适量氮肥或腐熟好的羊、鸡粪 50～80 kg。盛果期果树要改控氮增磷补钾，为增氮稳磷补钾补微的施肥模式。

近年大量实验证明，采用穴贮肥水技术或果园三层管理节水节肥技术等根系局部优化栽培管理措施，均可对养根壮树、提高根系吸收能力预防和矫治苹果小叶病起到显著作用。

**3. 修剪不当造成的小叶病**

因修剪不合理导致的小叶病，主要采取如下措施进行防治：

（1）正确选留剪锯口，避免出现对口伤、连口伤和一次性疏除粗度过大的枝。如果大枝疏除时，可采用留桩或甩小辫的方法，视粗度分 2～3 年去掉，并在剪锯口上涂抹 3％的硫酸锌溶液后再采取伤口保护措施。

（2）对已经出现因修剪不当而造成小叶病的树体修剪时，要以轻剪为主。采用四季结合的修剪方法，缓放有小叶病的枝条；对后部的强枝、大枝进行重剪，削弱长势。骨干延长枝头若患有小叶病，应将患有小叶病枝全部剪掉。

（3）连年环剥使根系得到叶片制造的光合产物减少造成根系不发达，把环剥在增施有机肥的基础上逐步改环割到不环割。对环剥过重、剥口愈合不好的树,要在剥口上下进行桥接,并对愈合不好的剥口用塑料膜包严。要严格控制树体的负载量,保持健壮的树势。

**4. 改接品种亲和力差造成的小叶病**

改接新品种时。要考虑新品种与原品种、基砧的亲和力。亲和力差嫁接成活率低,成活后易干枯致死。例如山定子嫁接的新红星再改华冠、红富士。对基砧不明的改接品种要注意新品种的成熟期一定要早于原品种的成熟期。在秦冠改接品种的试验中发现:在有锈病的秦冠树上用无病毒嫁接的摩力斯美国八号,果个大无锈病;红富士有轻微果锈,果个比原品种小。改换品种时要注意亲和力、品种的成熟期,以增施有机肥来改变这种小叶病的发生。

**5. 除草剂造成小叶病**

用除草剂时要选择内吸传导无残留的除草剂。如有效成分是精恶唑禾草灵,草甘膦等。有小叶病征的果园,清园和中心花露红喷药时加复硝酚钾或复硝酚钠可缓解这类小叶病。

## 44.4 苹果中微量元素失调的根际调控技术

根系对矿质元素的吸收利用是个主动耗能的过程,与根系的生理代谢活性直接相关,依靠根系代谢提供锌、铁等中微量元素运转分配的配体和能量,而根系代谢水平又受根际环境和内部营养条件的影响。结合苹果根系功能特性,采取表层覆盖、中层微补、下层贮水的果园土壤分层管理节水节肥养根壮树技术体系(图44-2),人为创造水分、养分、通气稳定的环境条件,建立局部稳定、适宜根系生长的优良环境,活化根际环境中矿质养分,改善根系功能,提高中微量元素的利用效率,提高贮藏水平和叶、芽质量,促进果树养根壮树,为优质丰产奠定基础。

**图44-2 果园土壤分层管理节水节肥养根壮树技术**

根际调控的基本技术要点为:起垄种植的前提下,在果树行间垄沟处,两行树树体侧面纵向埋贮水载体物(建筑用砖、营养砖等),利用砖吸水保湿改善中上层稳定供水,砖的两侧局部改土,填充有机肥料,有利细根形成和附砖吸水,建立稳定养根区,为树体建立一个良好的营养空间。砖与砖之间加大空隙,预防土塞,在降雨量较小时可以保持湿润,在雨季或灌水时,补足自然水的原则,湿砖空隙水下沉,起到贮水的作用。施肥要求:每株施15 kg有机肥+1.5 kg秸秆或生物碳肥+0.5 kg复合肥+沙或黏土,基质与土壤比为25%~30%。为了保护表层土壤,在宽行之间的两个坡面上实行有机物料或塑料薄膜覆盖,减少水分蒸发;有机覆盖不影响水分蒸发,减少杂草,这种办法可以经过3年的时间,节约化肥2/5以上,除填充灌水外,在正常年份,完全可以依靠自然降水,不需要再额外灌水。第二年可以在株间开沟集中施用有机肥(15 t/hm²)和尿素或复合肥(750 kg/hm²),可起到养根壮树、根系更新的作用,改善了根系功能和叶芽质量,提高了贮藏水平,为优质丰产奠定基础。

## 44.5 提高苹果果实品质的补锌生物强化技术

锌与苹果果实品质密切相关（顾曼如等，1992）。以盛果期富士苹果为试材，通过在萌芽前、花后3周、春梢停长期、果实膨大期分别根外喷锌 $ZnSO_4 \cdot H_2O$ 和糖醇锌（美国布兰特股份有限公司生产的一种糖醇螯合态锌，锌含量7％），研究锌对果树叶片及花的生长发育、果实品质及果实糖代谢相关酶活的影响，探讨提高果实品质的合理根外喷锌时期及锌的生物强化措施。

试验显示（表44-1），四个时期处理显著提高了富士果实中的锌含量，且前期硫酸锌效果好，而后期糖醇锌效果较好；对果型指数无显著影响；花后3周处理（ZS2，SA2）和膨大期处理（ZS4，SA4）显著提高了富士果实的单果重；所有时期处理均显著降低了富士果实的色度角，且膨大期处理降低幅度较大；萌芽前（ZS1，SA1）和花后3周（ZS2，SA2）喷锌均显著提高了富士果实的硬度，且糖醇锌处理效果较好；所有根外喷锌处理均显著提高了果实中可溶性糖含量；花后3周处理（ZS2，SA2）、春梢停长期喷糖醇锌（SA3）和膨大期处理（ZS4，SA4）显著降低了富士果实中可滴定酸含量。花后3周喷锌（ZS2，SA2）、春梢停长期喷糖醇锌（SA3）和膨大期喷锌（ZS4，SA4）显著提高了富士果实中的维生素C含量。根外喷锌均显著提高了富士果实中花青苷的含量。

**表 44-1**

不同时期喷施硫酸锌、糖醇锌对富士果实品质的影响

| 处理 | 锌含量/(mg/kg) | 果形指数 | 单果重/g | 色度角/(°) | 硬度/(N/cm²) | 可溶性糖/% | 可滴定酸/% | 维生素C/(mg/kg) | 花青苷/(U/g) |
|---|---|---|---|---|---|---|---|---|---|
| CK | 1.49d | 0.80a | 272b | 32a | 32.3d | 12.1e | 0.192a | 107d | 150d |
| ZS1 | 2.45b | 0.80 | 271b | 19bc | 38.0bc | 14.2b | 0.189ab | 121cd | 196abc |
| SA1 | 1.81c | 0.79a | 273b | 19bc | 41.5ab | 14.8a | 0.191ab | 125bc | 215ab |
| ZS2 | 2.27b | 0.79a | 293a | 18bc | 36.7c | 13.3d | 0.180bc | 129bc | 181c |
| SA2 | 1.86c | 0.82a | 294a | 15c | 41.8a | 14.1b | 0.161de | 128bc | 218a |
| ZS3 | 1.97c | 0.82a | 273b | 25b | 31.8d | 14.4ab | 0.183abc | 122cd | 175bc |
| SA3 | 3.87b | 0.83a | 274b | 19bc | 32.1d | 13.3d | 0.177c | 133bc | 193ab |
| ZS4 | 2.05c | 0.80a | 305a | 12c | 35.4cd | 13.5cd | 0.165d | 139ab | 178bc |
| SA4 | 5.24a | 0.81a | 310a | 14c | 32.1d | 14.0bc | 0.153e | 149a | 215a |

ZS1：萌芽前（3月19日）喷硫酸锌；SA1：萌芽前（3月19日）喷糖醇锌；ZS2：花后3周（5月21日）喷硫酸锌；SA2：花后3周（5月21日）喷糖醇锌；ZS3：春梢停长期（6月27日）喷硫酸锌；SA3：春梢停长期（6月27日）喷糖醇锌；ZS4：果实膨大期（8月3日）喷硫酸锌；SA4：果实膨大期（8月3日）喷糖醇锌。

锌肥用量采用相同时期糖醇锌和硫酸锌的纯锌量相等设计，分别为萌芽前分别喷施2％ $ZnSO_4 \cdot H_2O$ +0.5％尿素（ZS1）和10％糖醇锌（SA1）、其他时期分别喷施0.3％ $ZnSO_4 \cdot H_2O$ +0.1％尿素（ZS）和1.4％糖醇锌（SA）、不喷锌果实为对照（CK）。

表中数值为平均值，同列不同字母表示差异显著（$P<0.05$）。

综合考虑，可通过花后3周或果实膨大期喷施0.3％ $ZnSO_4 \cdot H_2O$ +0.1％尿素或1.4％糖醇锌进行生物强化处理，改善果实的品质。糖醇锌作为一种优良的微量元素络合剂，效果要优于硫酸锌。

## 参考文献

[1] 刘娣，王衍安，张福锁，等. 缺锌苹果树有机酸与锌吸收分配的关系. 中国农业科学，2010，43（16）：3381-3391.

[2] 王衍安，董佃朋，李坤，等. 铁锌互作对苹果锌、铁吸收分配的影响. 中国农业科学，2007，40（7）：

1469-1478.

［3］王衍安,范伟国,李玲,等.落叶前根外喷锌防治苹果小叶病研究.果树学报,2001,18(4):246-247.

［4］王衍安,范伟国,张方爱,等.施肥方式对缺锌小叶病苹果树锌营养的影响.中国农业科学,2002,35(10):1249-1253.

［5］王衍安,李坤,刘娣,等.锌、铁对平邑甜茶磷、钾和钙分配的影响.中国农业科学,2008,41(5):1416-1422.

［6］王衍安,闫志刚,张福锁,等.不同锌水平果园苹果树锌含量的年周期变化动态.中国农业科学,2010,43(10):2098-2104.

［7］王衍安,张方爱,李玲,等.苹果小叶病发生规律调查报告.山东林业科技,2000(5):20-26.

［8］闫志刚,张元珍,王衍安,等.不同供锌水平对苹果幼树干物质和锌积累及分配的影响.植物营养与肥料学报,2010,16(6):1402-1409.

［9］张勇,付春霞,王衍安,等.不同时期叶面施锌对苹果果实中还原糖及糖代谢相关酶活性的影响.园艺学报,2013,40(8):1429-1436.

［10］Liu Di,Liu Ai-hong,Wang Yan-an,et al. 2012. Effects of Organic Acids on Zinc Homeostasis in Zinc-deficient. PEDOSPHERE,2012,22(6):803-814s.

［11］Zhang Yong,Fu Chun Xia,Wang Yan-an,et al. Foliar Application of Sugar Alcohol Zinc Increases Sugar Content in Apple Fruit and Promotes Activity of Metabolic Enzymes. Hortscience,2014,49(8):1-4.

［12］Zhang Yong,Fu Chunxia,Wang Yan-an,et al. Sulfate and Sugar Alcohol Zinc Sprays at Critical Stages to Improve Apple Fruit Quality. Hort Technology,2013,23(4):490-497.

（执笔人:王衍安）

# 第45章
## 华北地区桃园养分管理新模式

## 45.1　桃园养分管理存在的问题

华北是我国桃主产区,桃园面积占全国面积的50%以上,该地区多数桃园分布在山地、丘陵地和沙滩地上,存在土层薄、有机质含量低、养分不均衡、保水保肥能力低等不利因素,而生产中存在重视化肥施用,轻视有机肥施用的倾向,并且土壤管理以清耕为主,导致化肥利用率低,桃园土壤质量下降,制约了桃产量与品质的提高。彭福田等(2010)对该地区我国桃主产区土壤肥力与管理现状的调查结果可以证明上述观点,调查发现我国95%以上的桃园仍采用清耕制,70%以上的桃园土壤有机质不足1%。田间$^{15}$N示踪试验结果表明,氮肥当季吸收利用率不足20%,当季损失率高达40%。虽然桃园肥料投入量大,但是通过土壤养分分析测得的氮磷钾含量并不是太高,而且含量不足的也占相当一部分:0～20 cm土层中,硝态氮低于20 $\mu g/g$的占11.1%,有效磷低于10 $\mu g/g$的占55.6%,速效钾低于100 $\mu g/g$的占33.3%。20～40 cm土层中,硝态氮低于20 $\mu g/g$的占33.3%,有效磷低于10 $\mu g/g$的占66.7%,速效钾低于100 $\mu g/g$的占44.4%。

除了土壤管理制度不合理导致土壤肥力下降的问题外,养分管理方面也存在诸多问题。由于桃分布广,不同区域乃至同一区域不同农户之间的施肥量和施肥时期存在很大差异,施肥过量与不足并存,以土壤有效磷含量为例,虽然存在相当比例的缺磷果园,但在山东、河北、北京等地约30%的桃园土壤有效磷超过60 $\mu g/g$土,属于应该控制磷肥使用的果园。在施肥时期上,秋施基肥的果园不足30%,施肥时期不合理,影响了施肥的效果。另外还普遍存在为追求大果,果实膨大期过量肥水供应,导致果实风味品质下降的问题。

## 45.2　桃园养分管理的基本策略

采用科学的养分管理技术是桃产业可持续发展的重要保证,养分管理的前提是通过土壤管理为桃正常生长发育提供一个适宜的土壤环境,包括物理环境、化学环境与生物环境等。近年来随着人们产品质量意识、食品安全意识与环境保护意识的日益增强,应重点研发与推广生态可持续型、资源高效利用型以及省工型等养分管理技术新模式。

1. 土壤管理

在土壤管理制度方面,大多数国家的桃园都采用生草制,很少清耕。桃园行间自然生草和人工种草相结合,欧洲行间生草多选用三叶草和黑麦草等。日本的许多果园普遍种植红三叶、苜蓿,此外还有白三叶、草木樨、禾本科绿草等。当草生长到 30 cm 左右时留 2～5 cm 刈割。割草时,先保留周边 1 m 不割,给昆虫(天敌)保留一定的生活空间,等内部草长出后,再将周边杂草割除,割下的草直接覆盖在树盘周围的地面上。果园生草不但可以减少对土壤结构和微生物环境的破坏,减少水土流失,培肥地力,减少施肥量,而且可以促进果实着色,改善果实品质,同时可以招引有益昆虫和鸟类,有利于有机生产。近年来采用覆盖制的果园呈现增加的趋势,行内采用稻草或树皮等有机物料覆盖,可起到保温、调温、保水、增肥和提高果实品质的作用,既利用了有机废弃物,又防止了因焚烧而造成的环境污染。在美国有机果树种植中采用机织的农用纺织品覆盖,其透气、透水,能抑制杂草生长,正在替代非可透塑料覆盖,并用于多年生果树栽培中。

在土壤培肥方面,许多果园,尤其是进行有机生产的果园,充分利用发酵肥料和腐熟的农家肥培肥土壤,满足桃树对养分的需求。常用的有机肥料如堆肥、厩肥、棉籽粉、羽毛、血粉等含有大量的不溶成分,肥效迟。为确保其足量降解,使果树适时获得营养,一般应在早春提前施用。当果树营养不足时,应用可溶性的有机肥料如鱼乳状液、可溶性的鱼粉或水溶性的血粉等进行叶面喷施。日本琉球大学的比嘉照夫教授经过多年的研究,从土壤中发现并分离了大量的有益微生物,开发研制出了系列 EM(effective microorganisms)产品,在日本及世界许多国家推广应用。EM 实际上是一群来源于自然的微生物,包括乳酸菌、酵母菌、光合细菌、放线菌等 10 属 80 种以上的微生物。在日本,常采用 EM 发酵有机肥料,也利用 EM 发酵农家肥和秸秆及所有的生活垃圾等。

近年来,我们总结了国内外果园土壤管理的先进经验,开始进行桃园土壤培肥技术的试验与示范工作,提出了土壤培肥的技术措施:①幼龄果园采用宽行密植,成龄果园通过修剪、间伐等措施打开行间。②行间进行自然生草或人工种草:自然生草春季可选留伏地菜、益母草等,夏季可选留牛筋草,虎尾草等,人工种草可选用毛叶苕子,苜蓿等,注意生草前 2 年每亩增施氮肥 12 kg,每年夏季割草 2～3 次,覆盖到树盘下。③行间有机物料覆盖:收集秸秆、锯末、树皮、菇渣等有机废弃物,采用微生物菌种腐解处理 15～20 d,于夏季或秋季覆盖到树盘下,覆盖厚度 10 cm 左右。④施用微生物发酵有机肥:收集禽畜粪便与秸秆,按 7:3 的比例(干重)混匀,接种复合微生物发酵菌种,达到完全腐熟,秋季条沟法施用每亩 3 m³ 左右。经济条件较好的果园也可直接施用商品生物有机肥。⑤矫正土壤障碍因子:如果桃园土壤 pH 值低于 5.0,可使用白云石灰(含镁的石灰),与 20～40 cm 土壤充分混匀。一般每亩第 1 年使用 150 kg,第 2 年使用 100 kg,第 3 年使用 50 kg,然后间隔一年再进行重复即可。如果果园土壤 pH 5.0 以上,可以使用硅钙镁土壤调理剂一般每亩施用 100～200 kg。

近两年来我们采用锯末、锯末颗粒、泥炭颗粒、腐熟树皮、半腐熟树皮和未腐熟树皮等为覆盖材料,研究不同覆盖处理对桃园土壤理化性质和桃幼树生长的影响。结果表明:覆盖处理显著降低了 0～25 cm 土层的温度,春季较对照低 0.08～2.1℃,夏季较对照低 0.94～2.94℃,各处理土壤温度从高到低依次为:对照＞泥炭颗粒＞3 cm 树皮＞锯末颗粒＞未腐熟树皮＞9 cm 树皮＞6 cm 腐熟树皮＞锯末＞半腐熟树皮;覆盖增加了 0～100 cm 土层土壤贮水量,增加量为 5.3～61.3 mm。各处理土壤贮水量从高到低依次为:锯末＞6 cm 腐熟树皮＞3 cm 树皮＞半腐熟树皮＞锯末颗粒＞9 cm 树皮＞泥炭颗粒＝未腐熟树皮＞对照;各覆盖处理 0～20 cm 土层中有机质含量略有增加;覆盖处理促进了桃树干径的生长和叶面积的增大,各覆盖处理干茎增加 1.0～2.8 cm,其中以半腐熟树皮处理增加幅度最大。平均叶面积增加 68.3 cm²,其中树皮处理叶面积最大。综合考虑,半腐熟的树皮是几种材料中最适合的覆盖材料,6 cm 是合适的覆盖厚度,颗粒状材料优于粉末状材料。

**2.养分管理**

(1)桃对养分的需求特性　目前在桃树氮素营养方面的研究较多,主要包括氮素的需肥特性,施氮对桃树生长、产量和品质的影响等,而磷钾及微量元素营养的相关研究很少。Munoz 等施用 [15]N 标记的 $KNO_3$ 肥料研究结果表明,从开花至果实发育阶段,生长所需 N 的 7% 来自肥料,其余来自老器官中贮藏的 N。一年内的 N 吸收最大值在营养生长高峰期和果实成熟期。落叶前,50% 的叶片 N 可被转移并贮藏在树体的木质部分,在下个生长季节使用,树体的多年生部位对树体吸收的 N 具有贮藏能力(大约 30 kg/hm$^2$)。Rufat J 等研究表明,在桃树生长的前 30 d 内,所利用的 N 来源于贮藏器官,当季树体从贮藏器官中释放的 N 能持续到开花后约 75 d 为止。当年树体累积的干物质与 N 肥施用量正相关,施 N 肥树体的总 N 含量是不施肥的 2 倍。施肥桃园的 N 日利用量大约是 1 kg/hm$^2$,而不施肥的桃园仅 0.5 kg/hm$^2$。

有研究认为,通过增加 N 肥滴灌施用次数能改善生长,提高桃果产量。N 素施用频率与产量的关系依不同施用方法、品种或者不同的试验地区有不同的结果。研究表明,在中等施氮水平时果实总可溶性固形物、蔗糖、7-癸内酯含量最高,高氮处理的最低;其果实中可滴定酸、柠檬酸和苹果酸含量最高,但果皮颜色最差。果胶成分的分析表明,高量施氮阻碍了果肉中多糖醛酸苷的早期降解,导致了低分子量多糖醛酸苷的累积,这可能引起果肉质地变差,影响桃的商品价值。N 肥通过增加根内维管系统的数量来提高桃树根系吸收能力,吸收根的数量和寿命增加,可以延续到生长季节结束。此外,过度施用化肥和真菌虫杀剂对共生菌根有抑制,影响根系活动。

叶面喷施和土壤施肥混用的方法能在既维持桃树正常生产,又能抑制过度营养生长和降低土壤污染风险三者之间有效地找到平衡。研究表明,叶面施肥能为包括根、茎和果芽等不同器官提供足够数量的 N,但平均果重小于土壤施肥处理。如果 50% N 采用叶面喷施(秋季初),另外 50% N 采用土壤施用(夏季末),则可获得与单纯土壤施肥相同的产量和果重。土壤和叶面施 K 能增加果实酚类物质含量(Hernandez-Fuentes,2002)。Wooldridge 研究结果表明,在头 4 个挂果季节,桃树的营养生长和产量对土壤 K 和 N 都很敏感,如果产量维持 35.5 t/hm$^2$,则每树每季需 K 肥 300 g,N 肥 267 g,超过上述施肥量以后果实产量和品质不再增加。此外,在桃园中种植有机绿肥能提供桃树在最大 N 需求期的 N 素供应,也是减少土壤污染的有效途径。

桃对氮磷钾三要素的吸收比例大体为 100∶(30～40)∶(60～160),只有按照树体所需将各种养分供应均衡,树体才能健壮生长,并生产出质量较高的果实。

(2)土壤诊断施肥 由于氮素在土壤空间分布上的差异和桃根系分布的不同以及对土壤氮素的矿化过程研究不透彻,要想准确得到某一特定土壤的供氮能力非常困难,桃当年的生长结果状况并不完全取决于土壤氮的有效性,树体贮藏氮的水平比土壤供氮能力对新生器官的生长更为重要,因此,Jones 指出对多年生的园艺作物来讲进行植株分析诊断比土壤分析诊断更有效。但近年来欧洲部分桃园根据土壤无机氮(硝态氮＋铵态氮)的含量进行推荐施肥,取得了一定的成效。生长季末期如果土壤中无机氮的浓度很高,从降低投入保护生态环境等角度考虑,完全有必要降低氮肥施用量。

(3)树相诊断 生长季新梢基部叶片呈浅绿色,是树体明显缺氮的征兆,但当树体轻度缺氮时,仅靠辨别叶色很难做出判断,况且许多因素都影响叶绿素的合成。叶绿素直读仪为大田诊断提供了方便,Singhd 等对直读仪测定值与叶片叶绿素含量的相关性进行了研究,认为叶绿素直读仪进行叶色诊断时,每株树至少应测定 10 片叶以降低测定误差。他还指出在不同果园或同一果园不同年份读数值与叶绿素真实含量的相关系数并不相同,但由于该仪器使用非常方便,因此可以指导具体某一果园的氮素管理。

(4)叶分析 叶分析是作为诊断植株是否缺氮的常用手段,各国对桃的叶分析标准值都有研究报道。而在实际应用中,叶分析的最大贡献是提供降低施肥量的依据。叶片的标准值分为五级,即缺乏、低量、适宜高量、过量。如果叶分析值处在高量或过量范围就应降低施氮或不施用氮肥。但具体应用过程要复杂得多,首先叶分析标准值在不同地区可能是不同的,其次来自不同果园相同的叶分析结果并不意味着这些果园应采用同一施肥方案。桃树的结果数量、生长势、修剪措施以及土壤管理制度都会影响叶分析的结果。在解释叶分析的结果时一定要考虑生长势等因素,Sanchez 认为如果植株生长势强,即使叶分析值低于适宜范围,也不一定要增加施氮量。

(5)化肥限量施用 从果实品质与环境保护两个方面考虑,许多国家开始对桃园化学肥料的施用量进行控制,以日本为例,桃园施肥以有机肥为主,大多采用农协生产的有机堆肥(颗粒肥),施用少量速效性化肥作追肥。每 0.1 hm$^2$ 桃园分别施氮、磷、钾肥 10~12,6~7 和 8~9 kg。每株树的用量因树龄而异,第 1,3,5 年纯氮用量分别为 0.1、0.2 和 0.3 kg。

(6)灌溉施肥　按照桃生长各个阶段对养分的需求和土壤、气候等条件,准确地将溶解在灌溉水中的肥料养分施用在根系附近,被根系直接吸收利用。近年来灌溉施肥技术在国际上应用更加广泛,技术在不断升级完善:一是利用多学科综合技术确认时间和空间因素对产量品质的影响;二是利用遥感技术、土壤测量技术,与工业领域进行合作开发新的方法,来评估土壤、水和植株参数;三是改进或创新土壤、水和作物的取样方法和数据分析过程,包括时间、地点的明显变化,以提高灌溉土地上定位管理技术的经济可行性;四是与工业领域合作,创造和生产新的技术和设备,并将这些技术和设备投入生产实践中,实现植株生产全过程的定位管理,最终通过推行精确灌溉技术,改善灌溉作物产品并提高环境质量。

(7)桃园养分管理技术的综合应用　由于我国桃园立地条件复杂,产量变异幅度大,根据叶分析诊断指导施肥难度大,近年来,国内开始根据土壤养分测试结果与目标产量进行推荐施肥,取得了初步成效。如果土壤碱解氮高于 90 $\mu g/g$ 土,化肥施用量按每 100 kg 果实施纯氮 0.6 kg,土壤碱解氮在 70~90 $\mu g/g$ 土之间,每 100 kg 果实施纯氮 0.7 kg,土壤碱解氮在 50~70 $\mu g/g$ 土之间,每 100 kg 果实施纯氮 0.8 kg,磷肥与钾肥的施用量一般按 N:P$_2$O$_5$:K$_2$O=2:1:2 的比例,当土壤速效磷超过 60 $\mu g/g$,有效钾超过 300 $\mu g/g$ 应适当降低磷肥与钾肥的比例。在总量控制的基础上,进行分期调控,秋季与春季以施用氮肥磷肥为主,夏季(果实迅速膨大前)以施用钾肥为主。

在我国大面积推广灌溉施肥技术需要较长的过程,但近 2 年我们采用施肥枪等简易水肥一体化技术可以使氮肥利用率提高 5 个百分点,并能显著提高产量与品质。

近年来控释掺混肥、袋控缓释肥开始在桃园应用,实践表明,在现有果园土壤条件下利用控/缓释肥,在产量不降低的情况下可降低 30% 的化肥施用量,节约施肥用工成本 25%,每亩节本增效 400~600 元。

## 45.3　桃园养分管理新模式的经济、生态与社会效益分析

以桃产业可持续发展为目标,综合应用土壤生态培肥技术、营养诊断与配方控缓释肥技术以及节水灌溉技术,对改善果品品质、提高肥料利用效率、节约肥料资源、保护农田生态环境有重要意义。

采用新的养分管理模式,在肥料使用不合理地区,可使肥料利用率提高 5~10 个百分点,桃肥料投入一般在 10 000~15 000 元/hm$^2$,在节约肥料的同时,又可增产 10%,则每公顷桃园实现节本增效 5 000 元/hm$^2$ 以上。长期以来,我国耕地尤其是果园处于高度集约化生产状态,不合理地大量使用化肥以及有机肥资源浪费导致生态环境恶化、水体污染严重。只有采用可持续发展战略,建立桃生态高效土壤与养分管理技术模式,才能减少化肥使用量,使果园氮、磷等排出量达到最小化,将施肥对环境的影响减小到最低程度,实现农业经济效益、社会效益和生态效益的平衡。

## 参考文献

[1] 林英,彭福田,肖元松. 我国北方桃园的施肥状况与钾素营养分析. 落叶果树,2012,44(6):6-9.

[2] 王建,诸葛玉平,彭福田. 袋控肥对土壤氨挥发、氧化亚氮和二氧化碳排放的影响. 水土保持学报,2013,6:297-300,307.

[3] 王中堂,彭福田,唐海霞,等. 不同有机物料覆盖对桃园土壤理化性质及桃幼树生长的影响. 水土保持学报,2011,25:142-146.

［4］吴小宾,彭福田,崔秀敏.施肥枪施肥对桃树氮素吸收分配及产量品质的影响.植物营养与肥料学报,2011,17(3):680-684.

［5］张守仕,彭福田,姜远茂,等.肥料袋控缓释对桃氮素利用率及生长结果的影响.植物营养与肥料学报,2008,14(2):379-386.

（执笔人:彭福田）

# 第 46 章

# 葡萄养分管理技术创新与应用

## 46.1　区域养分管理技术发展的历程

### 46.1.1　葡萄种植现状

葡萄营养丰富,用途广泛,适应性强,经济效益高,在生产中发展迅速。2003—2012 年底,我国葡萄种植面积从 421.0 khm² 增加到 665.6 khm²,增长率为 58.1%;葡萄产量由 517.6 万 t 增加到 1 054.3 万 t,增长率为 103.7%。2012 年,新疆的种植面积和产量均位于全国第一,分别为143.3 khm²和 209.1 万 t;其次为河北省,种植面积为 76.8 khm²,葡萄产量为 124.2 万 t(图 46-1)。

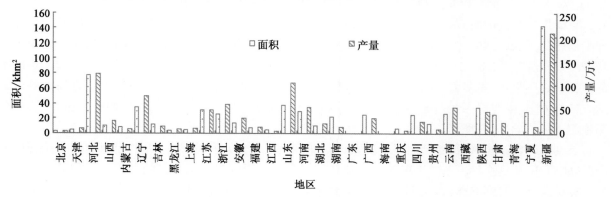

图 46-1　2012 年我国各省葡萄种植面积与产量

2013 年,在河北省各地区葡萄种植中,以张家口居于首位,面积和产量分别为 33.6 khm² 和 44.6 万 t。邢台和唐山的种植面积位于第二和第三,分别为 7.9 和 7.7 khm²。唐山和秦皇岛的产量位居第二与第三,分别为 21.8 万和 19.2 万 t(图 46-2)。

### 46.1.2　养分管理技术发展

葡萄营养丰富,用途广泛,适应性强,经济效益高,生产中发展迅速。我国的葡萄生产至今已有 2 000 多年的历史,葡萄种植户历来就十分重视肥料在葡萄丰产优质栽培上的重要作用。

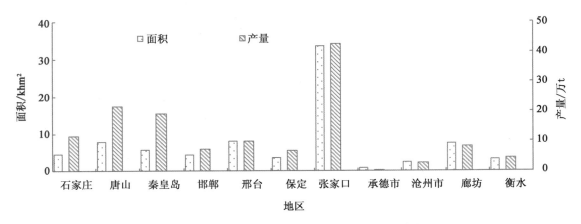

图 46-2　2013 年河北省各地区葡萄种植面积和产量

历史上,葡萄园传统施肥以有机肥料为主,葡萄产量较低。随着化学肥料应用的普及,各种化肥大量用于葡萄园施肥,葡萄产量也随之增加。化肥作为重要的农业生产资料之一,对推动葡萄生产的发展起到十分重要的促进作用。20 世纪 80 年代前后,随着人类环境保护意识的增强,以及市场对果品品质要求的不断提高,有机肥料又逐渐受到生产的重视。近几年,随着葡萄绿色食品的生产,控制使用化学肥料,合理施用有机肥,研制新型生物有机肥已成为肥料发展的一个新趋势。

早期的葡萄生产中,施肥量和施肥时期主要依靠经验,具有很大的随意性。1986 年,原北京农业大学李港丽等根据田间调查和分析,制定出葡萄叶片营养诊断标准,一些地区开始用叶分析法和叶柄分析法来判断葡萄植株的需肥情况,并用于指导施肥。20 世纪 80 年代,李华、宋贤士、朱建程等通过对葡萄经济施肥优化模式的初步研究,采用目标产量施肥法和肥料效应函数法等方法,为葡萄栽培中主要生产因子与作物产量形成关系的定量研究提供了有效方法。到 90 年代,宋贤士、朱建程、尹永胜等研究人员通过对"葡萄施肥优化模式及最优施肥参数"的研究,根据土壤肥力得出了葡萄施肥优化模式为 1 亩地施 N 16.5～20.33 kg,$P_2O_5$ 14.9～16.5 kg,$K_2O$ 19～21.5 kg,氮、磷、钾最优配比为 1∶0.85∶1.1,且磷钾交互效应明显。进入 21 世纪,研究人员根据葡萄需肥规律、土壤的供肥特性和肥料效应,即平衡施肥方法,在葡萄生长发育的关键期,合理的施用氮磷钾肥。张福锁等提出我国北方葡萄丰产稳产园应施纯 N 12.5～15 kg,$P_2O_5$ 10～12.5 kg,$K_2O$ 10～15 kg,得出一些主栽品种的氮、磷、钾的最佳比例。近年来,许多葡萄产区根据当地土壤养分状况和葡萄品种需肥状况,研制出适合当地的葡萄配方施肥方案,生产出一系列葡萄专用肥。并提出不同品种、不同树龄、不同时期的施肥量要求,使葡萄施肥更加科学化、合理化。

长期以来,各地在葡萄施肥上多重视氮、磷、钾等大量营养元素的投入,尤其是氮肥。有调查研究表明,陕西 97.8% 和 58.7% 的土壤样品有效铁和锌含量处于临界值以下。随着葡萄品质要求的不断提高和矿质营养研究的深入,发现中、微量元素肥料也对葡萄品质的形成有很大影响。从 20 世纪 80 年代开始,钙肥、镁肥、铁肥、锰肥、钼肥和稀土微肥广泛地用于葡萄生产中。

随着研究的深入,"以水调肥、以肥控水、水肥耦合"等概念进入到葡萄生产中。灌溉施肥成为土壤施肥的一种特殊形式,原始的灌溉施肥方法是通过追施肥料,将肥料事先溶于水中,随灌溉水施入土壤中。随着滴灌系统的出现,灌溉施肥进入一个崭新的时期。1974 年,我国从墨西哥引进了滴灌设备,试点总面积为 5.3 $hm^2$,从此开始了滴灌技术的研究工作。1980 年,我国自主研制生产出第 1 代滴灌设备。20 世纪 90 年代中期,水肥一体化理论研究及应用越来越受到人们的重视,覆盖了多种栽培模式和作物。目前,水肥一体化技术在果树上的应用可以提高其抗旱能力,调整树势,提高果树小年的产量,提高果品的商品率。在北方苹果、梨、桃、葡萄上应用使果实产量提高 15% 以上。李铭等在新疆戈壁地区的试验表明,克瑞森无核葡萄滴灌条件下,氮磷钾合理配施对叶片净光合速率、蒸腾速率、气孔导度、

细胞间 $CO_2$ 浓度均有调节作用。葡萄应用水肥一体化技术,可以做到精确控制灌水量和施肥量,利于土壤养分在葡萄根区范围内积累,促进了养分吸收及生长发育,提高产量、改善品质,节本增效、省工省力、生态安全效益十分显著。

## 46.2　葡萄生产中存在的主要问题

通过实地调查发现,肥料投入占总投入的比例最高,其次是植保和灌溉投入(图 46-3)。化肥投入高于有机肥。因此,肥水的管理也就成为管理措施中的重中之重。葡萄生产中的基肥、追肥、灌溉是提高产量和品质的关键。

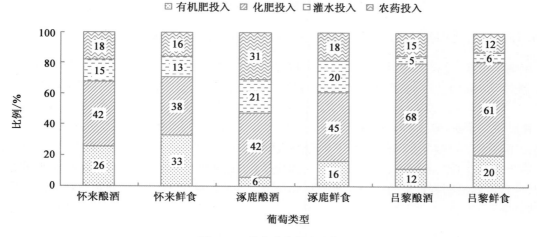

图 46-3　葡萄成本投入比例

### 46.2.1　土壤沙性强、水肥淋溶严重

葡萄适合生长在粗沙粒—细粉粒的土壤质地上,黏粒含量增加,葡萄品质下降。新疆葡萄主产区的土层深厚疏松,多壤土和沙壤土;山东产区为花岗岩沙质丘陵区,土壤以沙土为主;河北产区土壤质地,轻壤土和沙壤土占 79%(表层含有砾石),其他占 21%。葡萄种植区的土壤沙性强,水肥淋溶较严重。

### 46.2.2　有机肥施用时期、方式欠合理且用量变化大

**1. 施肥时期不合理**

通过对河北省葡萄主产区怀来、涿鹿和昌黎进行实地调查,共走访果农 62 户,结合前期的问卷调查(135 户),发现 100% 的果农是在春季施基肥,从而造成葡萄植株由于采收后没有及时施肥,处于饥饿状态,无足够的养分吸收、贮藏和转化。

**2. 施肥量过多或过少**

各县果农在有机肥施用量之间存在很大差异(图 46-4,2010 年调查数据)。怀来县 74% 的果园有机肥用量小于 15 t/hm²;涿鹿 88% 的果园有机肥用量在 60~75 t/hm² 之间;昌黎有机肥施用量大体呈正态分布,以 45~60 t/hm² 占的比例最多。

**3. 施肥方式不科学**

为了省工省时,大部分果农采用撒施后再翻入土,或是开 10 cm 左右的浅沟施肥,这样易造成施肥过浅,肥量增大等问题。

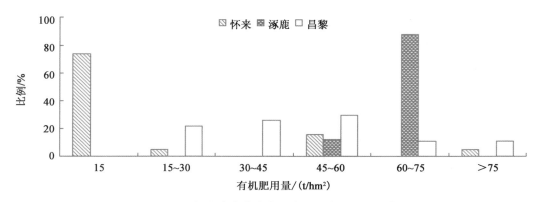

图 46-4　河北省葡萄主产区有机肥施用量分级表

### 46.2.3　化肥用量大、投入比例及施肥方式欠合理,无葡萄专用肥

在葡萄生长期,应根据葡萄生长状况和土壤肥力情况进行追肥,以促进植株生长和果实发育。追肥过程中出现的问题主要是肥料种类繁多、葡萄专用肥缺少、化肥用量大、施肥时期和养分需求不协调。

**1. 化肥种类繁多,缺少葡萄专用肥**

葡萄园氮肥以尿素为主,分别占各县总调查数的 51.7%,91.1% 和 66.7%;磷肥略显差异,怀来以磷酸二铵为主,而涿鹿和昌黎以过磷酸钙为主;钾肥均以硫酸钾为主;三元复合肥在涿鹿和昌黎施用范围较广,分别占各县调查总数的 88.9% 和 93.3%(表 46-1)。在实际生产中,没有针对葡萄生长发育阶段生产的葡萄专用肥。

表 46-1

河北省主产区葡萄果园化肥品种

| 肥料种类 | | 怀来 | | 涿鹿 | | 昌黎 | |
| --- | --- | --- | --- | --- | --- | --- | --- |
| | | 样本数/个 | 比例/% | 样本数/个 | 比例/% | 样本数/个 | 比例/% |
| 氮肥 | 尿素 | 30 | 51.7 | 41 | 91.1 | 30 | 66.7 |
| | 碳铵 | 19 | 32.8 | 8 | 17.8 | 5 | 11.1 |
| | 磷酸二铵 | 23 | 39.7 | 37 | 82.2 | 9 | 20.0 |
| 磷肥 | 磷酸二铵 | 19 | 32.8 | 37 | 82.2 | 9 | 20.0 |
| | 硝酸磷肥 | 1 | 1.7 | | | | |
| | 过磷酸钙 | | | 17 | 37.8 | 16 | 35.6 |
| 钾肥 | 硫酸钾 | 9 | 15.5 | 14 | 31.1 | 24 | 53.3 |
| | 磷酸二氢钾 | 2 | 3.4 | | | | |
| 复合肥 | 二元复合肥 | 3 | 5.2 | | | | |
| | 三元复合肥 | 22 | 37.9 | 40 | 88.9 | 42 | 93.3 |

**2. 追肥方式不合理**

农民传统的追肥方式,主要施用浅沟施肥,沟深 5～10 cm;或是把肥料成堆施在葡萄的四个方向,再用铁锹翻入土中,埋深也只有 5～10 cm。

**3. 施肥量大,养分比例不合理**

河北省葡萄主产区果园肥料纯养分投入差异较大(表 46-2)。三地区化肥总养分投入量均高于有机肥投入。有机无机总养分投入量以涿鹿最高,昌黎次之,怀来最低。氮投入高于磷钾,涿鹿县氮投入高达 2 082 kg/hm²,是怀来县的 2.5 倍(806 kg/hm²)。磷投入以昌黎最高,为 686 kg/hm²,怀来最低为 417 kg/hm²。各地区养分投入均已超过推荐施肥量,尤其是涿鹿地区,氮肥投入已达到 2 082 kg/

hm²,超出推荐施肥量 6 倍多。

北方葡萄适宜的氮、磷、钾 1.4：1：2.1(张福锁等编著,中国主要作物施肥指南,2009)。怀来县氮过量,钾明显不足;涿鹿县氮、磷、钾的投入比为 3.9：1：1.3,氮肥比例高于推荐 2.8 倍,钾肥偏低;昌黎的氮和钾投入不足。

表 46-2

河北省主产区葡萄园氮、磷、钾养分投入与比例　　　　　　　　　　　　　　　　　　　　　　　　　　　　kg/hm²

| 县域 | 有机肥 | | | 化肥 | | | 合计 | | | N：P₂O₅：K₂O |
|---|---|---|---|---|---|---|---|---|---|---|
| | N | P₂O₅ | K₂O | N | P₂O₅ | K₂O | N | P₂O₅ | K₂O | |
| 怀来 | 416±234 | 165±65 | 305±188 | 390±123 | 252±116 | 53±36 | 806 | 417 | 357 | 1.6：1：0.9 |
| 涿鹿 | 308±233 | 81±221 | 434±189 | 1775±488 | 453±164 | 260±219 | 2082 | 534 | 693 | 3.9：1：1.3 |
| 昌黎 | 306±240 | 140±96 | 281±165 | 857±122 | 546±263 | 789±338 | 852 | 686 | 1 070 | 1.2：1：1.6 |

通过估算,河北省葡萄主产区氮磷钾养分盈余很多,也说明施肥量之多(表 46-3)。

表 46-3

养分盈余状况　　　　　　　　　　　　　　　　　　　　　　　　　　　　　　　　　　　　　　　　　　　kg/hm²

| 收支状况 | N | P₂O₅ | K₂O | 备注 |
|---|---|---|---|---|
| 施肥 | 1 441 | 601 | 1 149 | 调查数据 |
| 土壤 | 220 | 285 | 548 | 采样测定数据 |
| 吸收 | 168 | 120 | 192 | 亩产 2 000 kg(百千克吸 N、P₂O₅、K₂O 0.56、0.40 和 0.64 kg) |
| 盈余 | 1 493 | 766 | 1 505 | 没有计算降水、淋失等 |

### 4. 施肥时期和养分需求不协调

氮肥在每个时期均投入量最高,尤其果实膨大期以后的氮肥过量,会造成枝叶的大量生长,易降低坐果率;氮肥投入以涿鹿县最高。磷肥投入在每个时期均低于氮肥的投入,怀来县随葡萄生育期的生长磷肥投入量逐渐降低,而昌黎县则相反,涿鹿在开花期增加了磷肥的量,其后逐渐下降。钾肥的投入上,是三大养分中投入最少的,怀来和涿鹿钾肥追施量均随生长期的生长逐渐下降,昌黎较注重钾肥追施补充,开花期、果实膨大期和着色期均增加了钾肥用量,对于幼果发育、果实成熟和品质均起到一定促进作用(图 46-5)。

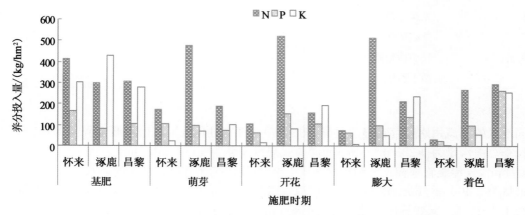

图 46-5　葡萄园追肥时期和养分投入量

### 46.2.4 灌溉方式不合理、灌水量大

#### 1. 灌溉方式

河北葡萄主产区不同县域的灌溉方式差异较大(图 46-6),怀来县 75% 园地为沟灌,漫灌为 24%,滴灌仅占 1%;昌黎县漫灌为 94%,沟灌和滴灌仅为 2% 和 4%;涿鹿县滴灌约占一半,漫灌和沟灌分别为 22% 和 29%。综合分析主产区漫灌方式所占比例最大,为 45%,其次为沟灌 43%,滴灌只有 12%;在典型的酒庄或酿酒葡萄基地滴灌方式占种植面积的 8%~50%,平均为 31%(表 46-4)。可见,河北葡萄主产区灌溉方式还是以简单的沟灌漫灌方式为主,滴灌比例较小,主要分布在大酒庄的酿酒葡萄(孙卓玲,2014)。

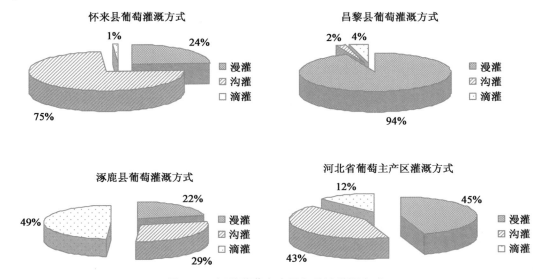

图 46-6　河北葡萄主产区各县域灌溉方式

表 46-4
河北葡萄主产区典型酒庄葡萄种植面积及滴灌应用面积

| 县域 | 酒堡(或基地)名称 | 葡萄种植面积 /hm² | 滴灌应用面积 /hm² | 滴灌所占比例 /% |
| --- | --- | --- | --- | --- |
| 昌黎县 | 耿式酒堡 | 8 | 4 | 50 |
| | 华夏基地 | 400 | 30 | 8 |
| 涿鹿 | 龙珠葡萄基地 | 100 | 47 | 47 |
| | 紫霞葡萄合作社 | 700 | 100 | 14 |
| 怀来县 | 长城葡萄酒基地 | 133 | 53 | 40 |
| | 桑干酒庄 | 47 | 13 | 28 |

#### 2. 灌溉用水量

不同地区的灌溉用水量存在显著差异(图 46-7)。怀来县传统灌溉的灌溉定额为 1 425 m³/(hm²·次),生长季总灌水量为 9 225 m³/hm²;滴灌模式灌溉定额为 1 050 m³/(hm²·次),生长季总灌水量为 6 000 m³/hm²,较传统管理相比节约用水 35%。昌黎县传统灌溉模式每次的灌水量为 600 m³/hm²,生长季灌水量为 2 400 m³/hm²;滴灌模式每次灌水量为 300 m³/hm²,总灌水量为 1 800 m³/hm²,较传统灌溉节约用水 25%。涿鹿县传统灌溉量为 1 800 m³/(hm²·次),平均生长季灌水量为 6 300 m³/hm²;滴灌平均每次灌水 975 m³/hm²,每季灌水量为 6 300 m³/hm²;较传统灌溉相比节约用水 38%(孙卓玲,2014)。

### 3.水肥一体化技术应用空间有待提升

在河北葡萄主产区水肥一体化技术尚未得到大面积的推广应用(表46-5)。据本课题组调研,怀来县葡萄种植总面积为1.33万 hm²,实施水肥一体化的仅有20.01 hm²,且全部在酿酒葡萄上,其中桑干酒庄有13.34 hm² 占67%。涿鹿县葡萄种植总面积为1.20万 hm²,水肥一体化的应用面积只有53.36 hm²,其中鲜食葡萄的应用面积为33.35 hm²,酿酒葡萄为20.01 hm²。昌黎县葡萄种植总面积为0.33万 hm²,水肥一体化应用面积为13.34 hm²,90%应用于鲜食葡萄。目前在水肥一体化技术的实际应用中尚存在一定的误区,水肥利用效率未能达到预期的效果,存在较大的提升空间。

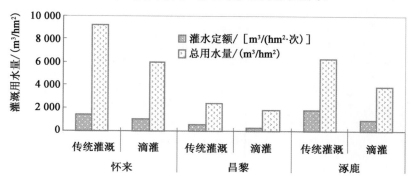

图 46-7　河北省葡萄主产区灌溉定额和年用水

表 46-5

河北葡萄主产区葡萄种植面积及水肥一体化应用面积

| 县域 | 葡萄种植面积/万 hm² | | | 水肥一体化应用面积/hm² | | |
|---|---|---|---|---|---|---|
| | 总面积 | 鲜食 | 酿酒 | 总面积 | 鲜食 | 酿酒 |
| 怀来 | 1.33 | 0.80 | 0.53 | 20.01 | 0 | 20.01 |
| 涿鹿 | 1.20 | 0.80 | 0.40 | 53.36 | 33.35 | 20.01 |
| 昌黎 | 0.33 | 0.09 | 0.24 | 13.34 | 12.01 | 1.33 |

## 46.2.5　葡萄摘心时间不合理

摘心就是将正在生长的新梢的梢尖连同数片幼叶一起摘除。葡萄通过摘心处理,能合理调节植株体内营养物质的分配和运输,协调营养生长和生殖生长的矛盾,使养分集中供给有效花果的需要,减少养分消耗,对防治葡萄贪青徒长、促进早熟、提高产量、改善品质都有重要作用。传统的摘心时间是自开花前一周至开花期均可进行,但这样会造成果穗紧实,通透性差,容易产生病虫害,且不容易防治。因此,在当前对品质要求较高的条件下,适当控产是提高品质的主要途径之一,而花后摘心可以很好地实现控产。

## 46.3　葡萄优质高产高效技术创新与应用

葡萄优质高产高效技术创新思路见图46-8。

### 46.3.1　葡萄养分综合管理技术

#### 46.3.1.1　针对问题

葡萄适生土壤沙性强,且施肥量过大,造成水肥淋溶严重;施肥时期与葡萄生育期不协调;缺少葡萄专用肥的施用;摘心时间不合理,迫切需要合理的葡萄养分综合管理技术。

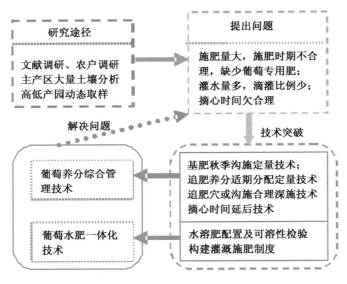

图 46-8　技术思路

### 46.3.1.2　关键技术突破

**1.基肥秋季沟施定量技术**

（1）改变基施时期　把基肥施用时期改为秋季施入。在葡萄收获后 1 个月内必须施入有机肥。

（2）优化基肥用量　通过有机肥用量试验，在红地球葡萄上的有机肥用量确定为 1 t/亩，比农民的传统施用量（2 t/亩）降低了 50% 投入量（表 46-6）。

表 46-6

优化有机肥用量技术与传统比较

| 处理 | 施肥种类 | 施肥时期 | 施肥量/(t/亩) | 施肥沟深度/cm |
|---|---|---|---|---|
| 当地传统 | 商品鸡粪 | 春施 | 1 | 10~20 |
| 优化施肥 | 养殖场羊粪 | 秋施 | 2 | 30~40 |

（3）加深施肥沟深度　沟深 40 cm，开沟时，表土、生土分开放，施肥前，先回填部分表土，然后施入基肥，再回填表土，最后以生土回填至沟平。

**2.追肥养分适期分配定量技术**

（1）明确土壤养分供应　在不同生育期，采集葡萄高低产园的叶片和土壤，测定其氮、磷、钾元素的含量。土壤氮素的供应为高-低-高的趋势，即前期供应量高，中期降低，随着植株对吸氮量的降低，土壤氮素又有所增加。磷素供应是逐渐降低的，所以植株对磷素的吸收是逐渐增加的。钾素在整个时期供应量较高（图 46-9）。

（2）根据目标产量确定养分需求量　葡萄百千克果实养分吸收量是指生产 100 kg 果实所需要的养分吸收量。根据鲜食葡萄百千克果实吸收的 N，$P_2O_5$，$K_2O$ 分别为 0.56，0.40 和 0.64 kg（表 46-7），2 000 kg/亩产量葡萄的 N，$P_2O_5$，$K_2O$ 需求量分别为 168，120 和 192 kg/hm²，比当前生产中 1 441，601，1 149 kg/hm² 的投入分别下降 88%，80% 和 83%。酿酒葡萄百千克果实吸收的 N，$P_2O_5$，$K_2O$ 分别为 0.52，0.30 和 0.47 kg（表 46-7），目标产量为 2 000 kg/亩产量葡萄的 N，$P_2O_5$，$K_2O$ 分别为 156，90 和 141 kg/hm²，比当前生产中 1 320，585 和 1 089 kg/hm² 的投入分别下降 88%，85% 和 87%。

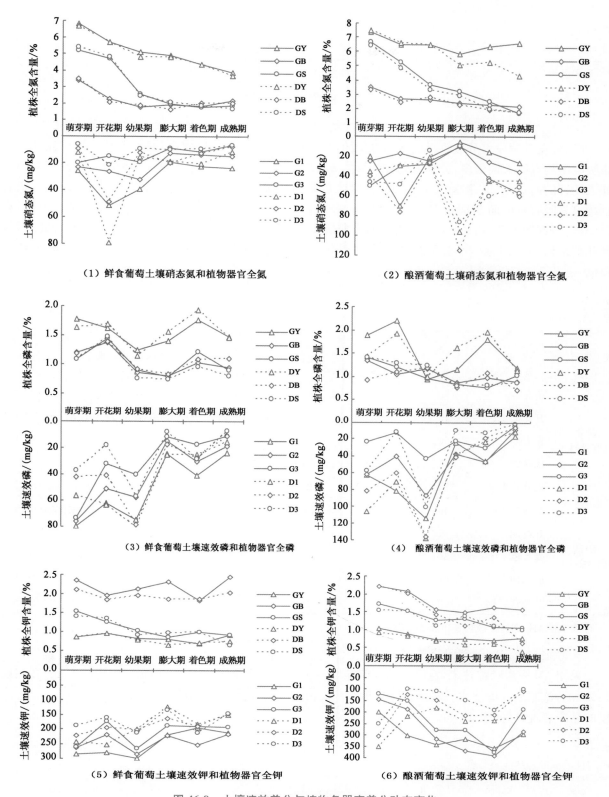

图 46-9　土壤速效养分与植物各器官养分动态变化

（王探魁，2011）

GY:高产叶片;GB:高产叶柄;GS:高产果穗;DY:低产叶片;DB:低产叶柄;DS:低产果穗
G1:高产园 0~20 cm 土层;G2:高产园 20~40 cm 土层;G3:高产园 40~60 cm 土层
D1:低产园 0~20 cm 土层;D2:低产园 20~40 cm 土层;D3:低产园 40~60 cm 土层

表 46-7

百千克果实养分吸收量

kg/100 kg

| 葡萄品种 | N | $P_2O_5$ | $K_2O$ | 数据来源 | 数量 |
|---|---|---|---|---|---|
| 鲜食 | 0.56 | 0.40 | 0.64 | 邵国旭,2008;谢海霞,2005,等 | 12 |
| 酿酒 | 0.52 | 0.30 | 0.47 | 张志勇,2006;秦嗣军,2006,等 | 16 |

(3)根据各阶段养分吸收量确定各时期的追肥量 由表 46-8 可以看出,鲜食葡萄红地球氮、磷、钾素吸收量均以膨大期最多,分别占总吸收量的 37.2%,39.6% 和 33.4%。萌芽期钾吸收量高于氮、磷;膨大期钾的高于氮、磷;贮藏营养期以钾的吸收量最高为 19.2%,氮、磷分别为 12.1% 和 5.1%。酿酒葡萄氮素吸收量以萌芽期最多,占总吸收量的 30.8%;其次是贮藏营养期和膨大期,分别占 27% 和 24.8%;开花期最低,占 2.4%。磷素以膨大期最多,占总吸收量的 60.8%;其次为成熟期,占 22.4%;开花期最低,为 2.1%。钾素在膨大期开始增加吸收,直至贮藏营养期,始终保持较高的吸收量;开花期最低,占 3.3%。

表 46-8

葡萄养分吸收

| 用途 | 时期 | 天数 d | N | | $P_2O_5$ | | $K_2O$ | |
|---|---|---|---|---|---|---|---|---|
| | | | 吸收量 /(kg/hm²) | 比例 /% | 吸收量 /(kg/hm²) | 比例 /% | 吸收量 /(kg/hm²) | 比例 /% |
| 鲜食<br>(红地球) | 萌芽期 | 30 | 52.5 | 20.1 | 12.9 | 20.8 | 75.0 | 26.5 |
| | 开花期 | 13 | 59.0 | 22.6 | 11.7 | 18.8 | 38.3 | 13.5 |
| | 膨大期 | 50 | 97.2 | 37.2 | 24.6 | 39.6 | 94.4 | 33.4 |
| | 成熟期 | 45 | 21.0 | 8.0 | 9.8 | 15.7 | 20.9 | 7.4 |
| | 贮藏营养期 | 227 | 31.5 | 12.1 | 3.2 | 5.1 | 54.2 | 19.2 |
| 酿酒<br>(赤霞珠) | 萌芽期 | 46 | 22.7 | 30.8 | 1.3 | 7.0 | 23.2 | 16.5 |
| | 开花期 | 31 | 1.8 | 2.4 | 0.4 | 2.1 | 2.6 | 3.3 |
| | 膨大期 | 30 | 18.2 | 24.8 | 11.6 | 60.8 | 20.8 | 26.0 |
| | 成熟期 | 63 | 10.9 | 14.9 | 4.3 | 22.4 | 22.7 | 28.4 |
| | 贮藏营养期 | 190 | 19.9 | 27.0 | 1.5 | 7.7 | 20.7 | 25.9 |

鲜食数据来源:谢海霞,2005;酿酒数据来源:张志勇,2004。

**3. 追肥穴或沟施合理深施技术**

采用 [15]N 尿素示踪技术,在鲜食葡萄萌芽期一次性标注在土壤的表层(0 cm)、中层(20 cm)和深层(40 cm),施肥后立即浇水。20 cm 沟施高于表施和 40 cm 沟施,产量分别高出 44% 和 18%,20 cm 深度的品质表现较好(表 46-9)。

表 46-9

不同施肥深度的产量和品质

| 处理 | 产量/(kg/hm²) | 千粒重/g | 可滴定酸/% | 糖度/% | pH | 维生素 C/(mg/100 g) | 固酸比/% |
|---|---|---|---|---|---|---|---|
| 表施 | 16 220b | 11.63c | 0.56c | 15.87b | 3.27ab | 0.09 | 25.69b |
| 20 cm | 22 769a | 13.41a | 0.62a | 16.87a | 3.32a | 0.12 | 30.35a |
| 40 cm | 19 320ab | 12.66b | 0.59b | 14.37c | 3.26b | 0.10 | 24.57b |

数据来源:本课题组汪新颖等,2015。

各器官中$^{15}$N 占全株$^{15}$N 总量的百分率反映了肥料氮在树体内的分布及在各器官迁移的规律。按整株树前、中、后(接近根部为后)三部分(图 46-10),植株的果实、叶、梢在同一时期的$^{15}$N 分配率均以20 cm 沟施最高。果实膨大期树体各部分总吸氮量表现为:后部＞中部＞前部。20 cm 沟施较表施与40 cm 沟施在三部分叶中分别增加了 96.08%,81.82%,79.44%和 53.85%,52.94%和 40.00%,叶在20 cm 沟施时吸氮量最多。

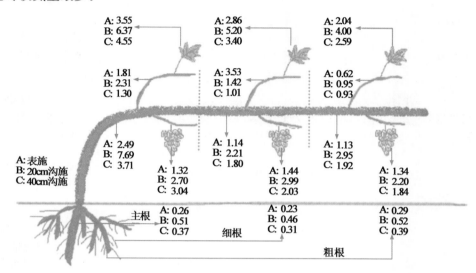

图 46-10　不同施肥深度各器官$^{15}$N 分配比例/%

#### 4.摘心时间延后技术

由于酿酒葡萄的控产要求高于鲜食葡萄,这直接影响到葡萄酒的品质,所以,在酿酒葡萄上的摘心措施上进行了调整,把花后摘心改为花前摘心,这样可以减少葡萄的穗粒数和果穗的紧实情况,从而降低果穗的产量,减轻霜霉病害的发生。

### 46.3.1.3　技术集成创新

(1)形成了 2 个河北省地方标准　2013 年申请了河北省地方标准"鲜食葡萄有机肥施用技术规程",2014 年 4 月通过了标准评审。

2014 年申请并批准了河北省地方标准"酿酒葡萄清洁生产技术规程",并已经完成送审稿。

(2)制定了 2 个技术规程　制定了"北方鲜食葡萄高产高效技术模式"和"北方酿酒葡萄高产高效技术模式",从修剪、施肥、灌水、耕作、病虫害防治和埋土防寒几个方面进行了规范。

(3)提出葡萄配方专用肥　通过各项技术的凝练,与湖北新洋丰肥业股份有限公司共同推出 2 个葡萄专用配方肥,养分含量分别为 16-6-22 和 16-12-18。

### 46.3.1.4　技术应用效果

#### 1.鲜食葡萄的应用效果

(1)对产量的影响　单施化肥的葡萄产量(14 655 kg)均低于农民传统处理(18 900 kg),化肥与低量有机肥配施产量达到 18 585 kg;化肥与适量有机肥配施产量最优,高达 21 510 kg(图 46-11)。

(2)对葡萄品质的影响　千粒重以当地传统的处理值最小,但与其他处理差异不显著。除维生素C 的传统处理显著低于其他处理外,其他指标各处理间均无显著差异。化肥＋适量有机肥处理的葡萄品质最高(表 46-10)。

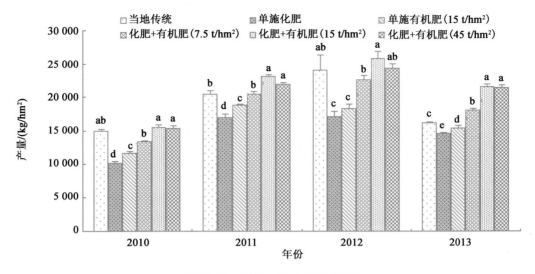

图 46-11  2010—2013 年葡萄产量

（数据来源：本课题组尹兴，2014）

表 46-10

有机肥试验对葡萄品质的影响

| 处理 | 千粒重/g | 可溶性固形物/% | pH | 维生素 C/(mg/100 g) | 可滴定酸/% | 固酸比 |
|---|---|---|---|---|---|---|
| 当地传统 | 1 019ab | 15.2a | 3.48ab | 13.02b | 0.50a | 30.40a |
| 单施化肥 | 1 079a | 15.56a | 3.59a | 13.24ab | 0.56a | 27.89a |
| 单施有机肥 | 10 750a | 15.4a | 3.53a | 13.63a | 0.59a | 26.19a |
| 化肥＋低量有机肥 | 1 055a | 15.3a | 3.62a | 13.66a | 0.56a | 27.72a |
| 化肥＋适量有机肥 | 1 057a | 15.0a | 3.64a | 14.257a | 0.58a | 26.12a |
| 化肥＋高量有机肥 | 1 037a | 15.2a | 3.66a | 13.44a | 0.59a | 25.94a |

数据来源：本课题组尹兴，2014。

（3）肥料偏生产力　 N，$P_2O_5$，$K_2O$ 的偏生产力以低量有机肥和化肥混施处理最高，高量的有机肥和化肥混施处理最低（图 46-12）。适量有机肥和化肥混施处理的磷肥偏生产力较高，仅低于高量有机肥的处理，氮和钾肥的偏生产力表现并不理想。由此可见，氮、钾肥可适当减少用量（尹兴，2014）。

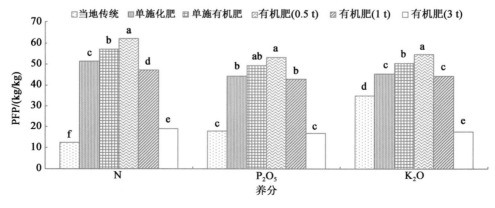

图 46-12  肥料偏生产力

(4)经济效益分析　四年试验中的单施化肥和单施有机肥处理均为负效益；化肥＋适量有机肥与化肥＋高量有机肥处理均表现为增收，其中以施适量有机肥配施化肥处理增收最高，分别为 12 105，36 030，24 975 和 65 730 元（图 46-13；尹兴，2014）。

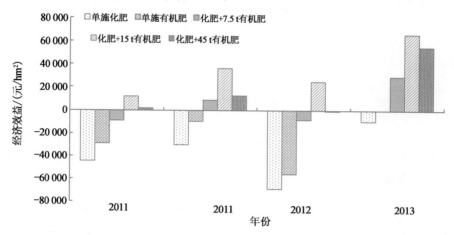

图 46-13　有机肥 2010—2013 年经济效益分析

**2. 酿酒应用效果**

(1)试验设计　试验设置在秦皇岛市昌黎县十里铺乡马庄村（昌黎优质酿酒葡萄产区——凤凰山产区），以酿酒葡萄赤霞珠为试验品种，小区面积为 10 m×5 m，每小区 40 株，重复 3 次。共设置 4 个处理，具体处理及养分投入情况见表 46-11。

表 46-11

**4＋X 处理养分投入情况表**

| 编号 | 处理 | 养分投入/(kg/hm²) | | | 备注 |
| --- | --- | --- | --- | --- | --- |
| | | N | P$_2$O$_5$ | K$_2$O | |
| A | 农民传统 | 1 485.0 | 832.5 | 817.5 | |
| B | 当地推荐 | 1 029.0 | 804.0 | 654.0 | |
| C | 高产高效 | 940.5 | 898.5 | 727.5 | 产量提高 15%～20%，养分效率提高 20% |
| D | 再高产高效 | 1 155.0 | 975.0 | 843.0 | 增产 20%～30%，施肥效率提高 30%～40% |

(2)产量和品质　与农民习惯相比，C 和 D 处理的增产率分别为 1.83% 和 8.89%，但产量间差异不显著（表 46-12）。品质方面，C 和 D 处理的千粒重显著高于农民习惯；维生素 C 含量以当地推荐的 B 处理显著低于其他处理；各处理的其他品质指标无显著差异（表 46-13）。

表 46-12

**4＋X 试验产量**

| 处理 | 产量/(t/hm²) | 增产/(t/hm²) | 增产率/% | 增收/(元/hm²) |
| --- | --- | --- | --- | --- |
| A | 32.68a | | | |
| B | 33.01a | 0.33 | 0.99 | 1 300 |
| C | 33.29a | 0.60 | 1.83 | 2 420 |
| D | 35.64a | 2.96 | 8.89 | 11 840 |

数据来源：本课题组乔继杰等，2014。

表 46-13

4＋X 试验品质

| 处理 | 千粒重/g | pH | 可溶性固形物/% | 维生素 C/(mg/100 g) | 可滴定酸/% | 固酸比 |
|---|---|---|---|---|---|---|
| A | 1 208.70a | 3.38 a | 20.33a | 10.19a | 0.80a | 25.84a |
| B | 1 228.03a | 3.36a | 19.83a | 9.55a | 0.76a | 26.42a |
| C | 1 351.37a | 3.41a | 19.67a | 9.99a | 0.81a | 24.70a |
| D | 1 281.37a | 3.44a | 19.57a | 9.76a | 0.79a | 25.18a |

数据来源：本课题组乔继杰等，2014。

（3）肥料偏生产力　4 个处理中的 $P_2O_5$ 偏生产力高于 N 和 $K_2O$。氮肥偏生产力为农民传统低于其他 3 个处理；磷肥偏生产力为高产高效和再高产高效处理显著高于农民传统和当地推荐；钾肥的偏生产力在 4 个处理间无显著差异（图 46-14；乔继杰等，2014）。

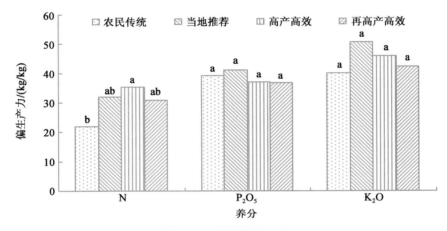

图 46-14　肥料偏生产力

### 46.3.1.5　示范应用

1. 鲜食葡萄示范应用

在河北省怀来县"葡萄高效示范园区"进行了 1 000 亩推广应用；怀来县土木镇、涿鹿县五堡镇和温泉屯镇、昌黎县葡萄沟等地推广面积 1 000 亩，合计推广 2 000 亩。涉及品种有维多利亚、红地球、白马奶、玫瑰香、摩尔瓦多、龙眼等。应用技术的产量明显高于农民传统（表 46-14）。

表 46-14

鲜食葡萄应用技术与传统的产量比较

| 品种 | 应用技术/(t/hm²) | 农民传统/(t/hm²) | 增产/(t/hm²) | 增产率/% |
|---|---|---|---|---|
| 维多利亚 | 51.77 | 44.48 | 7.29 | 16.39 |
| 龙眼 | 60.28 | 46.96 | 13.32 | 28.36 |
| 红地球 | 30.19 | 24.68 | 5.51 | 22.34 |
| 玫瑰香 | 33.28 | 29.16 | 4.12 | 14.12 |
| 摩尔瓦多 | 40.11 | 31.53 | 8.58 | 27.22 |

**2.酿酒葡萄施肥应用**

在河北省昌黎县耿氏酒堡进行了 500 亩推广应用,在昌黎县十里铺乡的马庄、耿庄进行了 500 亩应用;合计推广 1 000 亩。主要品种为赤霞珠,应用技术的产量明显高于农民传统(表 46-15)。

表 46-15

酿酒葡萄应用技术与传统的产量比较

| 地点 | 应用技术/(t/hm²) | 农民传统/(t/hm²) | 增产/(t/hm²) | 增产率/% |
|------|------|------|------|------|
| 耿氏酒堡 | 36.75 | 35.10 | 1.65 | 4.70 |
| 马庄 | 40.05 | 37.80 | 2.25 | 5.95 |
| 耿庄 | 34.65 | 33.00 | 1.65 | 5.00 |

## 46.3.2 水肥一体化技术

### 46.3.2.1 针对问题

河北葡萄主产区以传统的沟灌或漫灌的灌溉方式为主,滴灌比例较小;单次灌溉用水量大,生长季总体耗水高,损失严重;水肥一体化技术尚未得到大面积应用,而且该技术在实际应用中缺乏水肥的协调管理,水肥利用效率未能达到预期的效果,具有较大的提升空间。

### 46.3.2.2 技术突破

**1.水溶肥配置及可溶性检验**

根据葡萄在不同生育期对养分的需求及土壤养分供应状况,配置形成水溶性配方肥套餐,并对不同生育期的肥料组合进行可溶性检验分析,结果显示,用于鲜食和酿酒葡萄的肥料组合可溶性均达到100%(表 46-16)。

表 46-16

葡萄不同生育期水溶肥配方溶解性 %

| 项目 | 萌芽期 | 开花—坐果期 | 膨大期 | 浆果期 | 收获后 |
|------|------|------|------|------|------|
| 配方套餐Ⅰ(鲜食) | 100 | 100 | 100 | 100 | 100 |
| 配方套餐Ⅱ(酿酒) | 100 | 100 | 100 | 100 | 100 |

**2.构建灌溉施肥制度**

(1)设计原则 在确定葡萄目标产量前提下,计算实现目标产量养分理论需求量,依据土壤测试数据调整养分理论需求量,按葡萄各个生长阶段需肥规律配置,同时依据葡萄需水特征,建立灌溉施肥制度。

(2)灌溉施肥制度

①鲜食葡萄推荐方案:2 套技术方案,第一为滴灌施肥推荐方案;第二为移动式水肥一体化推荐方案(表 46-17,表 46-18)。

表 46-17

滴灌施肥方案

| 施肥阶段 | 施用次数 | 施肥配方 | 施肥量 /[kg/(hm²·次)] | 间隔 /d | 灌水量 /[m³/(hm²·次)] |
|---|---|---|---|---|---|
| 春季萌芽期 | 2 | 复合肥(26-12-12) | 75 | 7～10 | 300 |
| 开花—坐果 | 2 | 复合肥(26-12-12) | 75 | 7～10 | 150 |
| 果实膨大期 | 2 | 复合肥(20-20-20) | 45 | 10 | 120～150 |
| | | 磷酸二氢铵(12-61-0) | 30 | | |
| | | 硝酸钾(13.5-0-45) | 90 | | |
| 浆果期 | 3 | 复合肥(16-8-34) | 52.5 | 15 | 120～150 |
| | | 磷酸二氢铵 | 37.5 | | |
| | | 硝酸钾 | 75 | | |
| 收获后 | 1 | 复合肥(20-20-20) | 150 | | 300～375 |

表 46-18

移动式水肥一体化试验设计    kg/hm²

| 养分种类 | 上架 | 传统水肥管理 | | | | 移动式水肥一体化 | | | | | |
|---|---|---|---|---|---|---|---|---|---|---|---|
| | | 萌芽期 | 膨大期 | 着色期 | 合计 | 萌芽 | 花后 | 膨大期 | 浆果期 | 收获后 | 合计 |
| N | 127.50 | 581.25 | 601.95 | 345.00 | 1 655.70 | 39.00 | 39.00 | 48.00 | 69.00 | 30.00 | 226.50 |
| P₂O₅ | | 699.75 | 1 507.20 | | 2 206.95 | 18.00 | 18.00 | 54.00 | 84.00 | 30.00 | 204.00 |
| K₂O | | 191.25 | 399.45 | | 590.70 | 18.00 | 18.00 | 96.00 | 156.00 | 30.00 | 316.50 |

②酿酒葡萄推荐方案：见表 46-19 至表 46-21。

表 46-19

限产成龄树水肥一体化套餐

| 施肥阶段 | 施用次数 | 施肥配方 | 施肥量 /[kg/(hm²·次)] | 间隔/d | 灌水量 /[m³/(hm²·次)] |
|---|---|---|---|---|---|
| 春季萌芽期 | 2 | 20-20-20 | 37.5 | 10 | 150～225 |
| 开花—坐果 | 2 | 20-20-20 | 37.5 | 15 | 150～225 |
| 果实膨大期 | 3 | 20-20-20 与 16-8-34 交替施用 | 37.5 | 10 | 150～225 |
| 浆果期 | 4 | 16-8-34 | 37.5 | 10 | 120～150 |
| 收获后 | 1 | 20-20-20 | 75 | | 225～300 |

表 46-20

不限产成龄树水肥一体化套餐

| 施肥阶段 | 施用次数 | 施肥配方 | 施肥量 /[kg/(hm²·次)] | 间隔 /d | 灌水量 /[m³/(hm²·次)] |
|---|---|---|---|---|---|
| 春季萌芽期 | 4 | 20-20-20 | 45 | 10 | 75～120 |
| 开花—坐果 | 3 | 20-20-20 | 45 | 15 | 75～120 |
| 果实膨大期 | 6 | 20-20-20 与 16-8-34 交替施用 | 45 | 10 | 75～120 |
| 浆果期 | 4 | 16-8-34 | 90 | 10 | 75～120 |
| 收获后 | 2 | 20-20-20 | 75 | 10 | 225～300 |

表 46-21

不限产幼龄树水肥一体化套餐

| 施肥阶段 | 施用次数 | 施肥配方 | 施肥量 /[kg/(hm²·次)] | 间隔/d | 灌水量 /[m³/(hm²·次)] |
|---|---|---|---|---|---|
| 春季萌芽期 | 2 | 20-20-20 | 75 | 15 | 225～300 |
| 开花—坐果 | 2 | 20-20-20 | 75 | 15 | 150～225 |
| 果实膨大期 | 3 | 20-20-20 与 16-8-34 交替施用 | 75 | 10 | 150～225 |
| 浆果期 | 4 | 16-8-34 | 75 | 10 | 120～225 |
| 收获后 | 1 | 20-20-20 | 150 | | 225～300 |

### 3. 葡萄水肥一体化技术规程

在凝练试验数据及技术参数的基础上,编制河北省地方标准"酿酒葡萄水肥一体化技术规程"(2015 年颁布)(表 46-22)。

表 46-22

葡萄水肥一体化技术规程

| 范围 | | 产地要求、肥料种类、施肥、用量、施用时期、施用方法以及灌溉的用量、时期、方法等技术要求以及生产档案记载。适用于河北省涿怀盆地与燕山盆地主产区葡萄 |
|---|---|---|
| 水质净化 | | 符合《GB 5084 农田灌溉水质标准》的控制标准值 |
| 设施安装 | 管网系统 | 三级输送管网,即主干管、支管和滴灌带 |
| | 水肥混合装置 | 母液贮存罐:根据田块面积和施肥习惯选用适当大小的容器 施肥设备:将肥料母液贮存罐安装在高于蓄水池水面 1.0 m 以上的位置,通过阀门与给水管连接,肥料母液通过自身重力流入灌溉系统,可调节控制肥料母液流量和施肥时间精确控制施肥量。水溶解罐中肥料后,肥料溶液由出水管进入灌溉系统,将肥料带到作物根区 |
| | 过滤装置 | 使用叠片式过滤器过滤灌溉水 |
| | 控制系统 | 手动控制系统 |
| 施肥 | 基肥 | 基肥一般以有机肥、磷肥为主,还包括其他各种难溶性肥料,于转色期或采收后开沟施入 |
| | 追肥 | (1)肥料选择　使用水肥一体化专用型可溶性复合肥料,应根据土壤养分、养分配比,也可选用适宜养分配比的液体肥料。 (2)追肥施肥量　应根据葡萄的需肥特性及土壤的肥力和水分条件,调节施肥量,详见表 46-19 至表 46-21。 (3)施肥时间　应根据土壤肥力、葡萄营养状况及天气进行追肥。宜勤施薄施,通常 10～15 d 需追肥 1 次,参考表 46-19 至表 46-21。 (4)追肥方法　要执行灌溉-施肥-灌溉的三个步骤,追肥时先用清水滴灌 15 min 以上,然后打开肥料母液贮存罐的控制开关使肥料进入灌溉系统 |
| 设备维护 | 过滤器 | 每次灌溉施肥结束后将过滤器打开进行清洗,此外应定期拆出过滤器的滤盘进行清洗,保持水流畅通 |
| | 滴灌带 | 滴肥液前先滴 15 min 清水,肥液滴完后再滴 10～15 min 清水,以延长设备使用寿命,防止肥液结晶堵塞滴灌孔。发现滴灌孔堵塞时可打开滴灌带末端的封口,用水流冲刷滴灌带内杂物,可使滴灌孔畅通 |

### 4. 应用效果分析

(1)滴灌施肥对葡萄产量、品质的影响　2012—2013 年鲜食葡萄红地球产量统计显示(图 46-15),滴灌施肥技术的应用明显增加了葡萄的产量,平均增产19%。滴灌施肥维生素 C 含量较传统灌溉施肥有明显增加且差异性显著,推荐施肥Ⅲ+滴灌维生素 C 含量最大,达到 16.60 mg/100 g。滴灌施肥的固酸比明显高于传统灌溉施肥,推荐施肥Ⅰ+滴灌的差异性明显。说明滴灌施肥降低了葡萄酸度,提高了葡萄的糖度。滴灌施肥不仅提高了葡萄的粒径,增加单粒重,还改善了葡萄的品质(表 46-23;孙卓玲,2014)。

表 46-23

灌溉施肥对鲜食葡萄品质的影响

| 年份 | 处理 | 千粒重/g | 糖/% | pH | 可滴定酸/% | 维生素 C/(mg/100 g) | 固酸比 |
|---|---|---|---|---|---|---|---|
| 2012 | 传统灌溉施肥 | 10 281.11b | 15.80a | 3.70a | 0.60b | 14.36c | 26.31b |
| | 传统施肥+滴灌 | 10 998.44ab | 16.07a | 3.88a | 0.58b | 15.69b | 27.71ab |
| | 推荐施肥+滴灌 | 10 992.59ab | 16.94a | 11.44a | 0.62a | 16.30a | 27.34ab |
| 2013 | 传统灌溉施肥 | 11 044.11a | 15.23a | 3.25a | 0.52a | 10.42a | 26.47a |
| | 传统施肥+滴灌 | 11 779.11a | 15.80a | 3.33a | 0.52a | 8.89a | 30.87a |
| | 推荐施肥+滴灌 | 11 777.41a | 15.51a | 3.21a | 0.54a | 8.60a | 28.80a |

同一行不同字母表示达到 5%的显著水平(LSD 检验)。

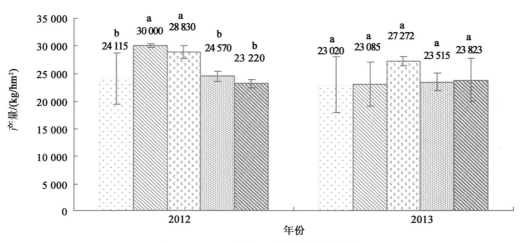

图 46-15　不同处理对葡萄产量的影响

(2)滴灌施肥的水分与肥料利用效率及节本增效分析　滴灌施肥对水分利用效率有明显影响(图 46-16),滴灌施肥显著提高了水分的利用效率,平均较传统灌溉施肥提高 165.7%;明显提高了土壤养分利用效率和化肥的利用效率,可以减少肥料的投入,降低肥料的成本(图 46-17);而且节本增效明显,与传统灌溉施肥相比,2 年平均节本增效 34 135 元/hm²(表 46-24)。

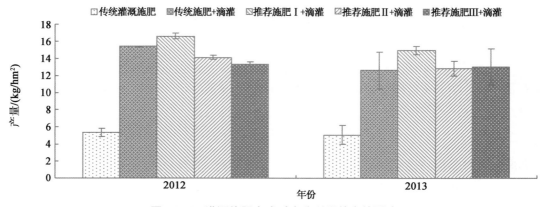

图 46-16　灌溉施肥方式对水分利用效率的影响

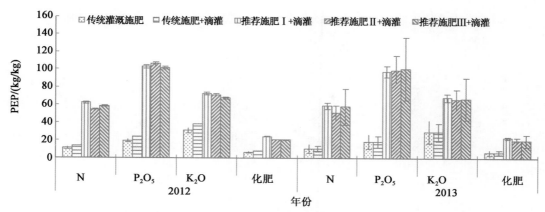

图 46-17　灌溉施肥方式对肥料偏生产力的影响

表 46-24

鲜食葡萄水肥一体化节本增效　　　　　　　　　　　　　　　　　　　　　　　　　　　　　　　元/hm²

| 年份 | 处理 | 施肥费用 | 节约肥料成本 | 节水费用 | 节约工本 | 产量收益 | 增收 | 滴灌设备费用 | 节本增效 |
|---|---|---|---|---|---|---|---|---|---|
| 2012 | 传统灌溉施肥 | 25 680 | 0 | 0 | 0 | 241 155 | 0 | 0 | 0 |
| | 传统施肥＋滴灌 | 25 680 | 0 | 2 100 | 1 350 | 300 000 | 58 845 | 2 145 | 60 165 |
| | 推荐施肥Ⅰ＋滴灌 | 9 645 | 16 035 | 2 100 | 1 350 | 288 300 | 47 145 | 2 145 | 64 485 |
| | 推荐施肥Ⅱ＋滴灌 | 8 955 | 16 725 | 2 100 | 1 350 | 245 700 | 4 545 | 2 145 | 22 590 |
| | 推荐施肥Ⅲ＋滴灌 | 9 750 | 15 915 | 2 100 | 1 350 | 247 200 | 6 045 | 2 145 | 23 280 |
| 2013 | 传统灌溉施肥 | 24 270 | 0 | 0 | 0 | 276 240 | 0 | 0 | 0 |
| | 传统施肥＋滴灌 | 24 270 | 0 | 2 100 | 1 350 | 277 020 | 780 | 2 145 | 2 085 |
| | 推荐施肥Ⅰ＋滴灌 | 11 490 | 12 780 | 2 100 | 1 350 | 327 270 | 51 030 | 2 145 | 65 115 |
| | 推荐施肥Ⅱ＋滴灌 | 10 800 | 13 470 | 2 100 | 1 350 | 276 180 | −60 | 2 145 | 14 730 |
| | 推荐施肥Ⅲ＋滴灌 | 11 595 | 12 675 | 2 100 | 1 350 | 276 870 | 630 | 2 145 | 14 610 |

数据来源:本课题组孙卓玲,2014。

　　(3)移动式水肥应用的效果分析　移动水肥处理葡萄产量为 29 595 kg/hm²,显著高于传统灌溉施肥的 24 115 kg/hm²,提高了 22.69%。果实糖度、维生素 C 含量均显著高于传统灌溉施肥,增加了葡萄的甜度,改善了葡萄的品质(表 46-25)。

表 46-25

移动水肥对葡萄产量及品质的影响

| 项目 | 产量 /(kg/hm²) | 千粒重 /(10³ g) | 糖 /% | pH | 可滴定酸 /% | 维生素 C 含量 /(mg/100 g) | 固酸比 |
|---|---|---|---|---|---|---|---|
| 传统 | 24 115b | 10.28a | 15.80 | 3.70a | 0.54 a | 14.36 b | 26.31a |
| 移动 | 29 595a | 10.96a | 17.17a | 3.77 a | 0.57a | 16.76 a | 27.67a |

同一列不同字母表示达到 5% 的显著水平(LSD 检验);数据来源于本课题组孙卓玲,2014。

　　移动式水肥一体化技术显著提高了葡萄的水分利用效率。传统灌溉施肥水分利用效率为 5.36 kg/m³,移动式水肥一体化水分利用效率为 6.58 kg/m³,提高了 22.76%。移动水肥 N,P₂O₅,K₂O 偏生产力明显高于传统灌溉施肥,分别提高了 491.54%,452.5%,141.91%;化肥的偏生产力为 24.21 kg/kg,较传统灌溉施肥提高 23.95 kg/kg,提高了 92 倍(图 46-18)。

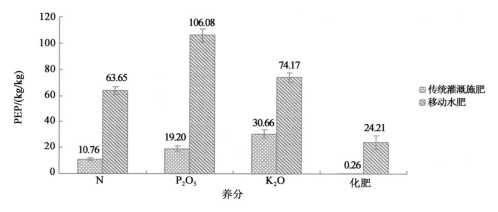

图 46-18　移动水肥对 N,$P_2O_5$,$K_2O$、化肥偏生产力的影响

移动式水肥一体化处理能明显提高葡萄的产量,增加效益(表 46-26),与传统灌溉施肥处理相比,移动式水肥一体化处理节约肥料成本 16 035 元/$hm^2$,增加收入 54 795 元,节本增效达到 70 830 元。

表 46-26

移动式水肥一体化节本增效　　　　　　　　　　　　　　　　　　　　　　　　　　　　　元/$hm^2$

| 处理 | 施肥费用 | 节约肥料成本 | 产量收益 | 增收 | 节本增效 |
|---|---|---|---|---|---|
| 传统水肥 | 25 680 | 0 | 241 155 | 0 | 0 |
| 移动水肥 | 9 645 | 16 035 | 295 950 | 54 795 | 70 830 |

数据来源:本课题组孙卓玲,2014。

**5.示范推广**

通过"示范基地＋肥料及灌溉企业＋酒庄或酒堡＋种植园主"形式,在耿氏酒堡、中粮华夏、长城桑干酒庄推广应用 500 亩,涉及品种为赤霞珠、雷司令等。

## 46.4　区域养分管理技术创新与应用的未来发展

**1.探明区域葡萄资源高效优质的关键制约因素**

在我国主要葡萄产区新疆、河北、山东、辽宁、陕西、宁夏等地,通过种植园主的问卷调研、典型园地追踪,明确各区域葡萄种植面积与产量、产区土壤特点、气候条件、主要种植模式及养分管理模式,开展葡萄生产的宏观分析,明确各主产区关键资源与技术制约因素。

**2.葡萄配方肥专用肥生产与应用**

总结分析鲜食和酿酒葡萄专用配方肥应用效果,进一步完善修订配方,同时在大配方的基础上,凝练出台针对品种、产量、树龄等细化的系列配方,积极与肥料企业合作实现技术物化及肥料登记;探索与基层农技推广部门及肥料企业的合作模式,促进葡萄配方肥专用肥的生产与广泛应用。

**3.葡萄水肥一体化技术的推广应用**

针对葡萄产区土壤沙性强、水肥投入量大、灌溉制度欠合理等问题,在凝练试验数据及技术参数的基础上,编制地方标准"酿酒葡萄水肥一体化技术规程",依据该规程拓展葡萄水肥一体化技术的推广应用,调控葡萄根系的生长发育状况和土壤环境,提高养分有效性,降低水分与养分的投入,增强植物对养分的吸收,减少肥料对地下水的污染。

**4.最佳养分资源管理技术的环境效应分析**

选择鲜食和酿酒葡萄典型园地设置田间定位试验,追踪"葡萄最佳养分资源管理技术"实施养分元素在土壤－树体－大气系统去向特征,探明主产区浅层地下水氮磷污染状况,探索分析环境养分对葡萄养分管理的影响,评价最佳养分资源管理技术的环境效应。

## 参考文献

[1] 杜国强,师校欣. 葡萄园营养与肥水科学管理. 北京:中国农业出版社,2013.

[2] 姜远茂,彭福田,巨晓棠. 果树施肥新技术. 北京:中国农业出版社,2013.

[3] 李华,宋贤士,朱建程. 葡萄经济施肥优化模式的初步研究. 数量经济技术经济研究,1989,03.

[4] 刘捍中,刘凤之. 葡萄优质高效栽培. 北京:金盾出版社,2013.

[5] 聂君,任晓远,沙洪珍. 葡萄优质高效栽培技术. 北京:化学工业出版社,2014.

[6] 秦嗣军. 双优山葡萄需肥规律及施肥效果的研究:硕士论文. 长春:吉林农业大学,2002.

[7] 邵国旭,陈宝江,王炳华,等. '京亚'葡萄树体营养积累与分布的研究,北方果树,2008(6):14-15.

[8] 宋贤士,朱建程,尹永胜. 葡萄施肥优化模式. 落叶果树,1994,02.

[9] 孙卓玲. 河北葡萄主产区水肥一体化技术研究:硕士论文. 河北农业大学,2014.

[10] 汪新颖,周志霞,王玉莲,等. 红地球葡萄不同施肥深度对$^{15}$N的吸收、分配与利用特性. 植物营养与肥料学报,2016,22(3):776-785.

[11] 王探魁,吉艳芝,张丽娟,等. 不同产量水平葡萄园水肥投入特点及其土壤-树体养分特征分析. 水土保持学报,2011,6(3):136-142.

[12] 王探魁,张丽娟,冯万忠,等. 河北省葡萄主产区施肥现状调查分析与研究. 北方园艺,2011,4(13):5-9.

[13] 王探魁. 河北葡萄主产区土壤与树体养分特征研究:硕士论文. 河北农业大学,2011.

[14] 谢海霞,侯振安,毛永强. 全球红葡萄生育期需肥的规律. 石河子大学学报(自然科学版),2007,25(4):429-431.

[15] 尹兴. 河北葡萄主产区土壤养分特征及有机肥量化研究:硕士论文. 河北农业大学,2014.

[16] 张福锁,陈新平,陈清. 中国主要作物施肥指南. 北京:中国农业大学出版社,2009.

[17] 张洪昌,段继贤,王顺利. 果树施肥技术手册. 北京:中国农业出版社,2014.

[18] 张志勇,马文奇. 酿酒葡萄'赤霞珠'养分累积动态及养分需求量的研究. 园艺学报,2006(3):466-470.

(执笔人:张丽娟　吉艳芝　尹兴　汪新颖　马振超　乔继杰　马文奇)

# 第47章

## 果类蔬菜养分管理技术创新与应用

## 47.1 果类蔬菜的发展与栽培现状

### 47.1.1 果类蔬菜的特点与产业发展

果类蔬菜是人们日常生活不可缺少的食品,直接影响着人们的身体健康和生活质量。同时作为新型经济化产业,也关系着农民的收入和人们生活水平的改善。其典型代表作物主要为番茄、辣椒(包括甜椒和彩椒)、茄子以及黄瓜(葫芦科)四种,是果类蔬菜的重要组成部分。果类蔬菜本身具有产量高、品质好、营养丰富、供应季节长、耐储藏以及商品性强等特点,尤其富含人体必需的各种营养物质,如维生素、碳水化合物、有机酸等。其中辣椒含有的维生素 C 含量最高,每 100 g 鲜品达 100 mg,为一般蔬菜的 3~4 倍;茄子含有的蛋白质含量较高,每 100 g 含有蛋白质 2.3 g;番茄含有的"番茄素"具有抑制细菌的作用;鲜黄瓜所含的丙醇二酸,可以抑制糖类物质在机体内转化为脂肪,具有一定的减肥功效。这四种蔬菜的营养成分均满足人们对几种维生素和矿物质的需要,同时对减缓人体衰老具有积极的意义,也是我国南方和北方的主要蔬菜种植种类(Chang et al.,2011)。

随着人们生活水平的逐步提高,蔬菜的需求量和消费量也日益增加。由国家发改委、农业部等制定并发布的《全国蔬菜产业发展规划(2011—2020)》可知,到 2020 年我国蔬菜人均占有量达 400 kg 左右(全国农业技术推广服务中心,2011)。与其他农作物相比,蔬菜尤其是果类蔬菜生产具有较高的经济效益。2011 年蔬菜已首次成为我国第一大农产品,全国蔬菜产量已从 1991 年的 2.04 亿 t 增长至2011 年的 6.79 亿 t,比 2011 年粮食总产量高出 1 亿 t,产值达到 1.26 万亿元,超过粮食总产值,果类蔬菜相较于叶菜、菜豆类蔬菜具有更高的产值水平。同时,蔬菜不同的栽培方式对经济效益影响也较大。王燕(2011)等对温州地区蔬菜生产效益的调查研究发现,设施栽培的经济效益平均每亩为 11 056 元,而露地栽培每亩的平均效益不及设施栽培的 1/5,且设施栽培面积只占露地栽培面积的 45%,而生产效益却是露地的 3 倍多。通过对北京市近三年来番茄的销售价格进行分析发现,1—4 月番茄的价格最高;七八月份最低,番茄价格存在明显的季节差价,而 1—4 月的冬春季蔬菜供应主要来源于设施蔬菜的生产。由此可见,果类蔬菜的设施栽培模式具有更高的经济效益。

### 47.1.2 果类蔬菜的栽培现状与分布

2009 年,我国果类蔬菜种植面积和产量分别占蔬菜总种植面积和总产量的 26% 和 21%,其中黄瓜、番茄、茄子和辣椒的种植面积分别为 103.5,91.7,73.7 和 66.2×10⁴ hm²,产量分别高达4 420,4 527,2 589 和 1 452×10⁴ t(农业部,2010;FAO,2010);2011 年果类蔬菜播种面积达 284.2×10⁴ hm²,仅次于叶菜类蔬菜,总产量达 10 637×10⁴ t,居蔬菜产量的第一位。我国蔬菜 90% 以上是在温室中生产,而大多采用塑料大棚温室种植(Chang et al.,2011)。北方节能日光温室的采光保温性能优越,能够保证喜温果菜蔬菜安全越冬生产,且多采取长季节栽培,一年一茬。普通日光温室的光温性为满足喜温果菜冬季安全生产要求,多采取早春和秋冬两茬栽培。塑料大、中棚除在华南和江南的部分地区通过集成内保温多层覆盖进行喜温果菜长季节栽培外,其他多推行春提前和秋延后两茬栽培措施。我国设施蔬菜种植主要集中于环渤海湾和黄淮海地区,占全国面积的 55%～60%;通过塑料大棚等发展的长江中下游地区,种植面积占全国的 18%～21%;而以平地和山地日光温室以及无土栽培为代表的西北地区,约占全国的 8%,其他地区(如华南地区)由于气候等原因,发展相对缓慢,占 15% 左右(喻景权,2011)。可见,果类蔬菜在集约化蔬菜生产中已占有非常重要的地位。除此之外,随着我国工业化、城镇化的推进,交通运输状况的改善以及全国鲜活农产品"绿色通道"的开通,在农业部编制的《全国蔬菜重点区域发展规划(2009—2015 年)》的指导下,蔬菜生产基地逐步向优势区域集中,形成华南与西南热区冬春蔬菜、长江流域冬春蔬菜、黄土高原夏秋蔬菜、云贵高原夏秋蔬菜、北部高纬度夏秋蔬菜、黄淮海与环渤海设施蔬菜等六大优势区域,呈现栽培品种互补、上市档期不同、区域协调发展的格局,有效缓解了淡季蔬菜供求矛盾,也为保障全国蔬菜均衡供应发挥了重要作用(全国农业技术推广服务中心,2011)。

## 47.2　果类蔬菜生产中存在的问题

随着种植业结构的调整,设施蔬菜栽培面积逐年加大,实现了蔬菜深冬栽培和周年栽培,社会经济效益良好,有力地促进了蔬菜的生产和发展。然而,设施温室栽培模式下低温弱光与果类蔬菜的喜温性、作物吸收水肥资源能力的强弱与连作障碍以及有机肥的施用等是果类蔬菜在生产中遇到的常见问题(图 47-1)。研究表明,在蔬菜生产过程中,长期单一种植、高水肥投入和有机肥品种单一施用是导致菜田资源利用效率低、环境污染以及土壤质量退化的根本原因(王敬国,2011)。

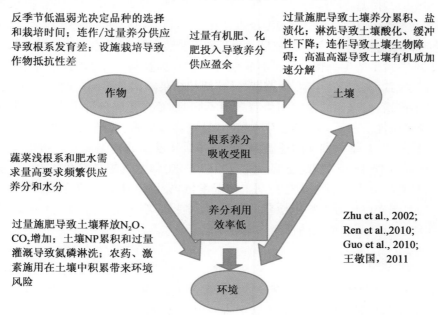

图 47-1　果类蔬菜高产高效的限制因子

### 47.2.1 水肥过量投入,养分利用率低,浪费严重

果类蔬菜的总养分投入量大,远超过作物需求,且基施养分量远大于追肥量,最高为追肥量的42倍。对各作物的N,$P_2O_5$,$K_2O$养分投入比例分析,平均养分比例为1:(0.6~0.9):(0.7~1.1),该养分投入特点表现出养分比例失衡,磷比例多,钾比例少(表47-1)。养分过量投入严重,N素平均盈余1 405 kg/hm²,P素($P_2O_5$)盈余1 301 kg/hm²,K素($K_2O$)盈余1 139 kg/hm²。

表 47-1

不同茬口下的作物基肥和追肥养分投入量　　　　　　　　　　　　　　　　　　　　　　　　　　kg/hm²

| 茬口 | 作物 | 样本数 | 基施 | | | 追施 | | | 总投入 | | |
|---|---|---|---|---|---|---|---|---|---|---|---|
| | | | N | $P_2O_5$ | $K_2O$ | N | $P_2O_5$ | $K_2O$ | N | $P_2O_5$ | $K_2O$ |
| 春大棚 | 番茄 | 10 | 1 071 | 1 003 | 1 030 | 249 | 118 | 380 | 1 320 | 1 121 | 1 411 |
| | 黄瓜 | 5 | 1 846 | 1 446 | 1 293 | 669 | 444 | 467 | 2 515 | 1 891 | 1 760 |
| | 茄子 | 3 | 739 | 560 | 619 | 612 | 189 | 508 | 1 350 | 750 | 1 128 |
| | 辣椒 | 2 | 461 | 529 | 406 | 324 | 130 | 488 | 785 | 658 | 895 |
| 越冬日光温室 | 番茄 | 3 | 1 656 | 1 502 | 1 459 | 515 | 286 | 928 | 2 171 | 1 788 | 2 387 |
| | 黄瓜 | 2 | 1 745 | 1 509 | 1 674 | 192 | 162 | 224 | 1 937 | 1 671 | 1 898 |

数据来源:刘朋朋,2012。

### 47.2.2 反季节低温弱光与果类蔬菜喜温性

低温弱光是设施蔬菜栽培中限制作物产量、品质的重要因素之一。随着日光温室冬季蔬菜生产的不断发展,低温及与之相伴的弱光危害给蔬菜生产带来的影响越来越受到人们的重视。低温是限制植物生长的一种主要环境因子。对农作物的生长发育影响很大,能使产量大幅度下降,给农民带来严重的经济损失。起源于热带的喜温性蔬菜作物(如番茄、黄瓜、茄子、辣椒等),在10~12℃就会受到冷害(Lyons, 1973),陈启林等(2001)研究发现低温与弱光的协同作用对喜温性蔬菜作物的伤害比单独的低温处理要严重得多。在京郊越冬茬番茄栽培体系中,在冬季低温频现阶段,保温能力较差的温室一般日温温度维持在6~8℃,夜温温度维持在5~7℃,最低日、夜温分别达到6,5℃;保温能力及加温措施较好的温室一般日温温度维持在10~13℃,夜温温度维持在8~11℃,最低日、夜温分别达到10,8℃。京郊越冬茬番茄生长受冬季低温影响较严重,株高、叶片生长速率受温度影响较大(高杰云,2014)。

番茄、辣椒、茄子、黄瓜的生长特性均具有喜温性。番茄为茄科草本植物,在温带地区多为一年生栽培,生长发育过程大致可分为发芽期、幼苗期、开花期和结果期四个不同的时期。辣椒属于短日照植株,对光周期要求不严格,对光照的要求因生育期而不同,种子在黑暗条件下容易发芽,而秧苗生长发育则要求良好的光照条件。茄子为一年生草本植物,具有喜温怕霜、喜光、耐热的习性。就其栽培环境条件而言,茄子与番茄相似,结果期间的适温为25~30℃,比番茄的适温高些。黄瓜属葫芦科植物,产量高,需水量大,喜湿但不耐涝,适宜的土壤湿度为60%~90%,空气相对湿度过大会使植株易染病菌,造成减产。同时,日光温室中辣椒在开花初期土壤温度低,会因落花而造成作物收获量减少。郭晓冬(2008)研究表明低温弱光可显著影响辣椒茎的伸长量、茎粗的增长量及叶面积的增长量,且低温对辣椒茎的伸长、茎粗增长及叶面积增长的抑制作用强于弱光。

### 47.2.3 土壤障碍问题严重

设施菜田常年处于半封闭状态下,具有气温高、湿度大、肥料投入量多等特点(Li et al., 2003)。因此,这种土地种植蔬菜几年以后,土壤肥力状况将发生显著变化,生产中就出现了因土壤质量退化而造成产量下降的问题。果类蔬菜在连作中易出现产量降低、品质变劣和病虫害严重现象。菜田土壤质量退化是由于人为因素对菜田利用不当,引起菜田土壤肥力质量、环境健康质量下降,并严重影响菜田

持续生产的土壤理化性状综合反映,突出表现为:土壤养分失衡、土壤板结酸化、土壤次生盐渍化、土壤土传病害及土壤重金属污染等。

## 47.3　解决思路与调控技术

通过大量的调研以及文献收集,把握了近几年来京郊果类蔬菜在土、肥、水方面的现状。针对目前的现状综合地上部、地下部管理提出合理有效的措施,在作物调控、环境调控、水肥调控、土壤调控方面提出单项优化技术并且进行集成应用,总结出适合推广的集成应用规范模式(图 47-2)。

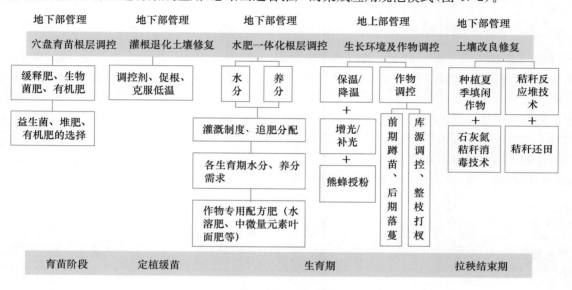

图 47-2　果类蔬菜高产高效关键技术

### 47.3.1　环境调控技术

设施菜田作为一种人工系统,其相对密闭的环境条件具有可控性强的特点。针对不同茬口的设施菜田微环境调控,主要从光照、温度、湿度等方面进行。增加光照技术:①清扫棚膜外表面,保持屋面干洁,通过防风等措施减少内表面结露,增加覆盖材料的透光率;②在保温前提下,尽可能早揭晚盖外保温和内保温覆盖物,增加光照时间;③合理密植和安排种植行向,作物行向以南北向较好,减少作物间的遮荫;④及时整枝打杈,进入盛产期,还应及时摘除下部老叶或过多的叶片,防止上下叶片互相遮荫;⑤地膜覆盖,促进地面反光,增加植株下层光照;⑥人工补光:在生产中使用的人工光源有白炽灯、荧光灯、金属卤化灯、高压钠灯、LED 发光二极管和激光等。研究表明,对日光温室黄瓜外源补充 3.5 h 光照,产量比不补外源光增加 93.5%,并显著提高作物的生长势,有效防治早衰(张福墁,2010;王洪安,2011;程瑞峰,2004)。保温技术:保温主要在晚秋、冬季及春季,主要措施包括:减少贯流放热和通风换气量、保温覆盖材料、增大保温比、增大地表热流量等,研究表明,越冬栽培的大棚蔬菜采用三膜覆盖保温,可使棚内最低温度提高 5℃以上(张福墁等,2010;陈可可,2011)。降温技术:降温主要在炎热夏季,主要的降温措施包括:遮光降温、屋面流水降温、蒸发冷却、通风换气降温等,研究表明利用水雾降温系统的温室内温度保持在 32℃左右,比非降温温室平均低 6℃(赵德菱等,2003)。

### 47.3.2　作物调控技术

合理进行作物调控,对作物更好地利用光照有非常重要的作用,在实际生产过程中通常采用 整枝技术、疏花疏果技术、授粉技术、育苗技术来调控库源和库强的关系,以达高产目的。整枝技术:①单干整枝:主要采取的是保留主枝,花下枝权及其他枝权随生摘除(打权),在 1 cm 长时,及时打掉,该技术简单,能够加快果实膨大,适用于短期密植栽培和长期栽培(以番茄为例)。②双干整枝:在番茄第 1 穗花开花后,保留粗壮花下枝,使其发育成枝干,与原有主枝共同上引成为两个果枝,其后期管理与单干整枝相同,此法可节省种苗,适于稀植。③换头整枝:前期采用单干整枝方式,但在第 3 或第 4 穗花开后,主茎掐尖使其停止生长,而保留第 3 或第 4 穗花的花下枝权,使其进一步生长成为主枝。④连续换头整枝:可有效降低植株高度,适于稀植和长季节栽培,但田间管理技术要求高,应用较少。研究表明,对辣椒的不同整枝方式:3 干整枝、4 干整枝的总产量分别比不整枝增产 18.1% 和 17.7%,以 3 干整枝所产生的经济价值最高。在番茄上的试验结果显示,双干整枝和一干半整枝的总产量分别比单干整枝增加 34.4% 和 33.7%(王治琴,2005;陈可可,2005)。

### 47.3.3 水肥调控技术

(1)有机肥推荐施用量 由于一般有机肥中含有的氮/磷比值常常小于作物对氮、磷的需求比例,即大量施用有机肥会使磷素在土壤中不断累积,不仅影响作物产量和品质,而且会构成严重的环境风险。英国规定每年所有的有机粪肥提供的氮素不能超过 250 kg/hm²,美国规定的值为 200 kg/hm²,综合考虑京郊菜田作物产出高、多以漫灌方式为主、灌水量大、农户种植水平不高等现状特点,需要较高量的有机肥投入以应对这些问题,故本研究提出推荐有机肥施氮素量最高为 250 kg N/hm²,其余氮素需求量在此基础上通过追肥的方式施入,与该施氮量相对应的常用有机肥施用量见表 47-2,并且可有效控制磷钾的投入量,避免过量积累所导致的环境风险。

表 47-2
不同种类有机肥推荐施用量及所带入的磷、钾养分量

| 有机肥 | 鲜基/(t/hm²) | 鲜基带入养分量/(kg/hm²) | | 风干基/(t/hm²) | 风干基带入养分量/(kg/hm²) | |
|---|---|---|---|---|---|---|
| | | $P_2O_5$ | $K_2O$ | | $P_2O_5$ | $K_2O$ |
| 猪粪 | 37 | 205 | 129 | 10 | 179 | 125 |
| 牛粪 | 52 | 114 | 145 | 13 | 112 | 139 |
| 羊粪 | 20 | 98 | 126 | 9 | 90 | 134 |
| 鸡粪 | 19 | 183 | 167 | 9 | 188 | 172 |
| 鸭粪 | 28 | 234 | 185 | 12 | 219 | 185 |
| 堆肥 | 58 | 146 | 277 | 31 | 156 | 397 |
| 沤肥 | 68 | 187 | 156 | 31 | 79 | 462 |
| 猪圈粪 | 53 | 189 | 191 | 21 | 212 | 239 |
| 牛栏粪 | 40 | 120 | 347 | 15 | 115 | 338 |
| 羊圈粪 | 26 | 90 | 228 | 16 | 98 | 255 |
| 腐殖酸类 | 46 | 110 | 335 | 21 | 111 | 278 |
| 秸秆类 | 67 | 66 | 311 | 23 | 70 | 308 |

数据来源:贾伟,2014。

(2)追肥推荐施肥 针对不同果类蔬菜不同茬口作物不同生育期的特点,结合根层水肥一体化技术进行推荐施肥。

### 47.3.4 土壤改良调控技术

(1)石灰氮-秸秆消毒技术 石灰氮($CaCN_2$)俗称乌肥或黑肥,主要成分为氧化钙和钙素,在遇水分解后生成液体氰胺与气体氰胺,石灰氮具有农药作用、肥料作用、改良土壤和保护环境作用。近年来,由于发现其对防治菜田土传病害的优良效果,对土壤消毒的应用技术研究越来越多(崔国庆等,2006)。

(2)夏季休闲期种植技术 填闲作物是指主要作物收获后在多雨季节种植的作物,可以吸收利用土壤氮素等养分、降低菜田氮淋溶损失,通过还田将所吸收的氮转移给下季作物,不仅可以避免养分浪费,而且对改善土壤微生物结构也有良好效果(赵小翠等,2010),该技术实施特点见案例分析。

（3）秸秆反应堆技术　秸秆生物反应堆技术是指利用生物工程技术，将农作物秸秆转化为作物所需要的 $CO_2$、热量、生防抗病孢子、矿质元素、有机质等，改善温室内土壤环境，提高棚室内二氧化碳浓度，增强防病、抗病能力，减少化肥使用量和农药喷施次数，进而获得高产、优质、无公害农产品的工艺设施技术（杨秋莲和徐全辉，2011），秸秆生物反应堆技术实施特点见案例分析。

# 47.4　技术模式与应用效果案例

## 47.4.1　建立根层养分调控技术

针对集约化设施蔬菜过量有机肥和化肥投入导致的蔬菜根区土壤养分积累、根系吸收养分障碍、养分利用效率低，环境污染等一系列影响蔬菜可持续生产的问题，基于蔬菜浅根系，养分需求量大，必须维持根层持续性较高养分供应浓度的特点，提出了根层养分综合调控原则。通过田间试验及文献数据总结，建立了果类蔬菜根层养分调控指标，为制定合理的养分管理策略提供了数据支持。

### 1. 氮素供应目标值

建立了基于根层氮素供应目标值的氮素调控技术。根据氮素来源多（有机肥、化肥、土壤和灌溉等）的特点，改变过去只认为化肥氮为有效氮来源的思路，指出综合考虑各种来源。在以根层调控理论为指导的氮素推荐过程中，首先要考虑氮肥以外其他来源的氮素，再以施肥为调控手段把根层氮素供应水平控制在适宜范围。施氮量＝氮素供应目标值－播前土壤无机氮－灌溉水带入氮量。在考虑有机肥养分供应的情况下，氮肥推荐量＝氮素供应目标值－播前土壤无机氮－有机肥氮素供应－灌溉水带入氮量（表 47-3）。

表 47-3

京郊果类蔬菜氮素供应目标值

| 种植模式/茬口 | | 目标产量/(t/hm²) | | | | 氮素供应目标值/(kg/hm²) | | | |
|---|---|---|---|---|---|---|---|---|---|
| | | 番茄 | 黄瓜 | 茄子 | 辣椒 | 番茄 | 黄瓜 | 茄子 | 辣椒 |
| 日光温室 | 冬春茬 | 90～120 | 120～150 | 120～150 | 60～75 | 525～600 | 600～720 | 600～750 | 390～450 |
| | 秋冬茬 | 75～90 | 75～90 | 75～90 | 45～60 | 450～525 | 450～525 | 450～525 | 345～405 |
| | 越冬长茬 | 150～225 | 150～225 | 150～225 | 90～105 | 750～1 050 | 750～1 050 | 750～1 050 | 525～570 |
| 塑料大棚 | 春茬 | 120～150 | 120～150 | 120～150 | 75～90 | 600～720 | 600～720 | 600～720 | 450～525 |
| | 秋茬 | 45～60 | 45～60 | — | — | 345～405 | 345～405 | — | — |
| | 长茬 | 120～180 | 150～180 | 150～180 | 90～105 | 600～825 | 720～825 | 750～825 | 525～600 |

根据不同季节的作物养分吸收规律和土壤氮素供应特点，建立了以调控根层氮素供应为核心的一年两季（冬春季/秋冬季）设施黄瓜和番茄生产体系根层氮素调控技术（图 47-3、图 47-4）。黄瓜 1～2 周，番茄 2～3 周测定一次根层土壤无机氮，其值等于或大于适宜根层氮素供应目标值时，不施用氮肥；小于适宜根层氮素供应目标值时，按照总值施用氮肥。

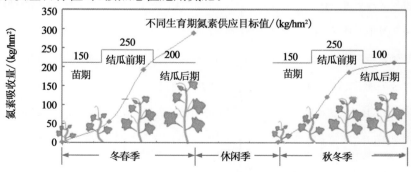

图 47-3　设施黄瓜根层氮素调控技术图

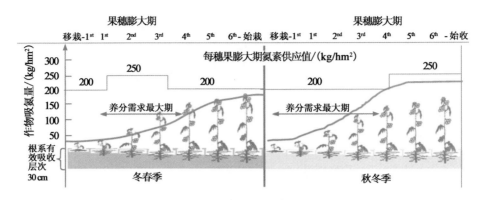

图 47-4　设施番茄根层氮素调控技术

　　通过文献总结和试验调研,定量京郊不同茬口果类蔬菜的生育期、产量及作物养分带走量,根据氮素供应目标值,提出了不同蔬菜不同茬口氮素推荐量(表 47-4 至表 47-7)。

表 47-4

不同栽培方式下设施番茄追施氮素推荐量

| 种植模式/茬口 | | 目标产量 /(t/hm²) | 氮素目标 供应值 /(kg N/hm²) | 氮素推荐 总量 /(kg N/hm²) | 追施氮肥 推荐量 /(kg N/hm²) |
|---|---|---|---|---|---|
| 日光温室 | 2 月下旬至 6 月下旬 (冬春茬) | 90～120 | 525～600 | 375～450 | 240～315 |
| | 8 月下旬至翌年 1 月下旬 (秋冬茬) | 75～90 | 450～525 | 300～375 | 165～240 |
| | 9 月中旬至翌年 6 月中旬 (越冬长茬) | 150～225 | 600～750 | 450～600 | 315～465 |
| 塑料大棚 | 3 月中旬至 7 月下旬 (春茬) | 120～150 | 600～675 | 450～570 | 315～435 |
| | 8 月中旬至 11 月中旬 (秋茬) | 45～60 | 345～405 | 195～255 | 90～120 |
| | 3 月中旬至 11 月中旬 (长茬) | 120～180 | 600～825 | 450～675 | 315～540 |

表 47-5

不同栽培方式下设施黄瓜追施氮素推荐量

| 种植模式/茬口 | | 目标产量 /(t/hm²) | 氮素目标 供应值 /(kg N/hm²) | 氮素推荐 总量 /(kg N/hm²) | 追施氮肥 推荐量 /(kg N/hm²) |
|---|---|---|---|---|---|
| 日光温室 | 2 月下旬至 6 月下旬 (冬春茬) | 90～120 | 600～720 | 450～585 | 315～435 |
| | 8 月下旬至翌年 1 月下旬 (秋冬茬) | 75～90 | 450～525 | 300～375 | 165～240 |
| | 9 月中旬至翌年 5 月中旬 (越冬长茬) | 150～225 | 600～750 | 450～600 | 315～465 |
| 塑料大棚 | 3 月中旬至 7 月下旬 (春茬) | 120～150 | 40～48 | 450～570 | 315～435 |
| | 8 月中旬至 11 月中旬 (秋茬) | 45～60 | 375～450 | 225～300 | 90～165 |
| | 3 月中旬至 11 月中旬 (长茬) | 120～180 | 720～825 | 570～675 | 435～540 |

表 47-6

**不同栽培方式下设施茄子追施氮素推荐量**

| 种植模式/茬口 | | 目标产量<br>/(t/hm²) | 氮素目标<br>供应值<br>/(kg N/hm²) | 氮素推荐<br>总量<br>/(kg N/hm²) | 追施氮肥<br>推荐量<br>/(kg N/hm²) |
|---|---|---|---|---|---|
| 日光温室 | 2 月下旬至 6 月下旬（冬春茬） | 90～120 | 600～750 | 450～600 | 315～465 |
| | 8 月下旬至翌年 1 月下旬（秋冬茬） | 75～90 | 450～525 | 300～375 | 165～240 |
| | 9 月中旬至翌年 5 月中旬（越冬长茬） | 150～225 | 600～750 | 450～600 | 315～465 |
| 塑料大棚 | 3 月中旬至 7 月下旬（春茬） | 120～150 | 600～720 | 450～570 | 315～435 |
| | 3 月中旬至 11 月中旬（长茬） | 45～60 | 750～825 | 600～825 | 465～540 |

表 47-7

**不同栽培方式下设施辣椒追施氮素推荐量**

| 种植模式/茬口 | | 目标产量<br>/(t/hm²) | 氮素目标<br>供应值<br>/(kg N/hm²) | 氮素推荐<br>总量<br>/(kg N/hm²) | 追施氮肥<br>推荐量<br>/(kg N/hm²) |
|---|---|---|---|---|---|
| 日光温室 | 2 月下旬至 6 月下旬（冬春茬） | 90～120 | 390～450 | 240～300 | 105～165 |
| | 8 月下旬至翌年 1 月下旬（秋冬茬） | 75～90 | 375～450 | 225～300 | 90～105 |
| | 9 月中旬至翌年 5 月中旬（越冬长茬） | 150～225 | 525～570 | 375～420 | 240～285 |
| 塑料大棚 | 3 月中旬至 7 月下旬（春茬） | 120～150 | 450～525 | 300～375 | 165～240 |
| | 3 月中旬至 11 月中旬（长茬） | 45～60 | 525～600 | 375～450 | 240～315 |

**2. 磷\钾素供应阈值**

汇总 77 个试验点数据资料，利用线性加平台进行拟合获得了果类蔬菜的根层磷养分（Olsen-P）供应临界值为 55.6 mg/kg，高于叶菜类。同时利用盆栽试验获得设施番茄苗期、花期、结果初期、结果中期和结果后期土壤有效磷（P）临界含量分别为：52.5,55.9,58.3,44.0 和 36.8 mg/kg，表明番茄生长前期比结果期需要更高的磷素供应。通过收集近年来发表的文献中关于果类蔬菜施肥研究的数据及部分试验数据，以最大产量的 85% 作为划分土壤有效磷和速效钾丰缺的标准，得到主要果类蔬菜土壤磷钾适宜指标（表 47-8）。氮磷钾推荐施用量（按照衡量监控原则）＝养分需求量×倍数－有机肥带入量；推荐倍数分别为 1.5,1.0,0.5,0。

表 47-8

果类蔬菜土壤磷钾养分分级指标 mg/kg

| 蔬菜种类 | 土壤有效磷分级指标 | | | 土壤速效钾分级指标 | | |
|---|---|---|---|---|---|---|
| | 低 | 中 | 高 | 低 | 中 | 高 |
| 设施番茄 | <30 | 30～90 | >106 | <100 | 100～170 | >170 |
| 设施黄瓜 | <60 | 60～90 | >90 | <160 | 160～200 | >200 |

**3. 中微量元素的供应特点及养分需求**

通过汇总文献数据及田间试验数据，明确了蔬菜栽培体系中元素之间的拮抗问题及不同蔬菜对元素的反应能力，一般而言，长年施用禽粪类的有机肥对补充土壤铁、锰、铜、锌等效果明显，菜园土壤很少存在铁、锰、锌、铜等养分供应不足的问题。常见中微量元素按照"因缺补缺"的原则进行。汇总 2012—2013 年在京郊进行的钙肥、镁肥、硼肥效果比较试验表明，与传统处理相比，施用钙、镁、硼肥，蔬菜产量分别增加 8.9%,2.4%,5.3%，每公顷收益分别增加 14.2%,10.8%,11.0%，同时增加了果实可溶性糖含量。

### 47.4.2　研发果类蔬菜专用配方肥，建立水肥一体化技术

根据果类蔬菜氮、磷、钾养分带走比例，结合水溶性肥料中 N，$P_2O_5$，$K_2O$ 的百分含量总和不小于 50% 的标准，计算得到 N，$P_2O_5$，$K_2O$ 的百分含量总和为 50%、适合果类蔬菜生产的水溶性肥料初始配方（表 47-9）。根据菜田土壤肥力及当季有机肥特点修正水溶肥初始配方，不同菜田的土壤氮、磷、钾养分含量水平差异很大，老菜田养分含量要高于新菜田，所以针对设施蔬菜种植年限不同，需要有针对性地给出不同的配方；在施用大量有机肥的情况下，要注意防止土壤磷的积累，减少配方中磷的比例，适当增加氮和钾的比例，改善土壤养分水平，培肥地力；在定植—开花期，虽然土壤中已经有较高含量的磷，仍需在肥料中提供较高的磷的比例，从而保证土壤溶液中具有较高的磷浓度，满足作物在这个生长阶段对磷的额外需求。

表 47-9

果类蔬菜养分吸收比例及水溶肥初始配方

| 作物 | 每形成 1 000 kg 果实养分吸收量/kg | | | 养分吸收比例（N∶P∶K） | 水溶肥初始配方 N+$P_2O_5$+$K_2O$≥50 |
| --- | --- | --- | --- | --- | --- |
| | N | P | K | | |
| 番茄（$n$=17） | 1.77~3.49 | 0.28~0.75 | 1.21~5.57 | 1.00∶(0.10~0.33)∶(0.68~2.44) | (14-21)-(3-10)-(21-32) |
| 平均 | 2.63 | 0.45 | 3.50 | 1∶0.18∶1.32 | 17-6-27 |
| 黄瓜（$n$=14） | 0.95~4.10 | 0.25~1.00 | 0.95~4.56 | 1.00∶(0.13~0.28)∶(0.73~1.59) | (14-20)-(5-12)-(20-30) |
| 平均 | 2.64 | 0.56 | 2.98 | 1∶0.21∶1.16 | 17-8-25 |
| 茄子（$n$=8） | 2.49~4.77 | 0.34~0.50 | 2.11~5.49 | 1.00∶(0.10~0.25)∶(0.53~2.67) | (14-22)-(4-9)-(21-31) |
| 平均 | 3.40 | 0.43 | 3.45 | 1.00∶0.15∶1.25 | 18-6-26 |
| 辣椒（$n$=9） | 2.50~7.57 | 0.23~1.44 | 3.44~7.99 | 1.00∶(0.06~0.31)∶(0.93~1.95) | (14-23)-(1-10)-(21-32) |
| 平均 | 4.84 | 0.63 | 5.79 | 1.00∶0.13∶1.24 | 19-5-26 |

我们在京郊选择有代表性的示范户，对四种果类蔬菜菜田进行长期追踪，根据所建立的养分管理模式进行应用推广，提出设施果类蔬菜水肥投入与产量的关系。2011—2013 年共累计布置 40 个试验点，涉及番茄、黄瓜、茄子、辣椒 4 种作物 3 个茬口，累计 80 亩。

（1）试验地点　北京市果类蔬菜创新团队高产示范点。

（2）试验方案设计　传统处理：按照负责农户的传统习惯管理；优化处理：结合 4 种果类蔬菜的不同生长规律、养分需求规律、当地土壤供肥规律，按照总量控制、科学分配的原则，确定底肥、追肥、灌水的数量和时期（图 47-5；彩图 47-5）；打药、整枝、嫁接等其他管理与传统相同；选用肥料配方为：18-5-27＋TE；22-4-24＋TE；25-5-20＋TE 等。

番茄平均增产 12.5%，节肥（N，$P_2O_5$，$K_2O$）14.1%，35%，20%；黄瓜平均增产 8.7%，节肥（N，

图 47-5　田间水肥优化对照试验示意图

$P_2O_5$,$K_2O$)5.7%,10.8%,11.2%;茄子平均增产7.1%,节肥(N,$P_2O_5$,$K_2O$)9.1%,5.8%,8.6%;辣椒平均增产10.5%,节肥(N,$P_2O_5$,$K_2O$)25.3%,19.6%,20.1%。优化处理单位施 N,P,K 量作物生产效率分别为 72,30,81(图 47-6)。且可以增加果实可溶性糖含量,同时降低果实有机酸含量,可溶性糖平均增加 9.76%,有机酸平均降低 3.80%(图 47-7)(周丽群,2012)。

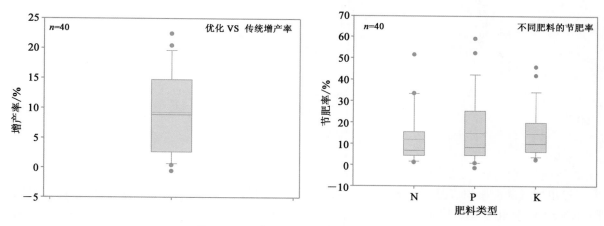

图 47-6　示范试验点平均增产及节肥效率

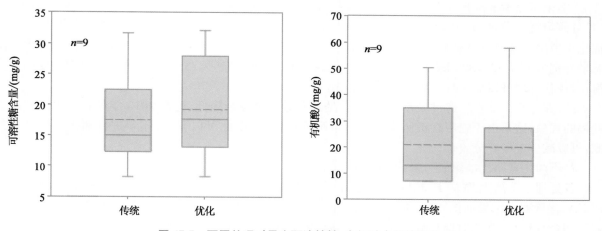

图 47-7　不同处理对果实可溶性糖、有机酸含量的影响

### 47.4.3　菜田土壤障碍因素克服技术

针对京郊老菜田连作、根结线虫等障碍问题,主要开展了石灰氮-秸秆土壤消毒、植物活性物质材料、生物肥改良土壤技术、夏季种植填闲作物及秸秆还田技术、秸秆生物反应堆技术、添加外源秸秆、促根、壮根技术等的试验效果及示范效应。利用土壤益生菌、功能性生物有机肥、作物秸秆、生物源抗线剂、间作拮抗作物等一系列生态调控措施达到预防根结线虫,提高产量和品质的目的,同时培肥土壤根际生态环境。

#### 47.4.3.1　夏季种植填闲作物及秸秆还田技术

设施番茄填闲轮作模式如图 47-8 所示。填闲作物的种植不仅能有效降低硝态氮在土壤中的累积,减少硝态氮的淋洗,并且能够改善土壤质量,回收利用残余的肥料氮,作为下茬作物的有效氮源,可以减少土壤硝酸盐的淋洗风险,同时可以提高氮素循环能力。2009—2010 年在大兴及 2011—2013 年在房山的试验主要结果如下:

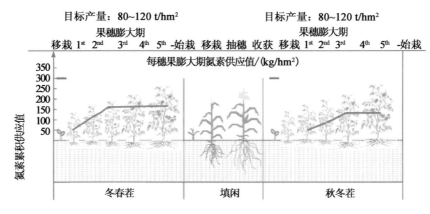

图 47-8　设施番茄与填闲作物轮作模式

**1.不同管理模式下土壤养分累积及平衡变化**

（1）土壤氮磷钾累积情况　土壤全氮基本维持在恒定水平,CN（传统水肥处理）,RN（优化水肥处理）,RN＋CC（优化水肥＋填闲玉米处理）之间均无显著性差异。随着土层深度的加深,其全氮含量逐渐降低,0～90 cm 土层除了传统处理,其余各处理均随着时间推移其浓度缓慢降低。

（2）土壤氮素淋洗情况　利用渗漏计追踪氮素淋洗,结果表明 2011—2012 年三季 CN,RN,RN＋CC 处理淋洗量分别为 442,217,114 mm,各占总灌溉量的 38%,36%,19%,其中传统处理淋洗量最大,优化＋填闲处理可以显著减少淋洗量;溶解性总氮淋洗冬春茬和秋冬茬之间无显著性差异,三季淋洗总量分别为 953,435,300 kg/hm²,各占氮素表观平衡的 30%,35%,23%,说明淋洗是氮素主要的损失途径,优化处理可以显著减少溶解性总氮淋洗。

（3）养分平衡估算　通过 5 茬的种植,各处理养分盈余逐渐降低,且在 2013 年冬春茬中出现磷素耗竭的现象,这是由于施用有机肥中磷素含量很低造成的;由此可以看出,逐年进行测土并且减量施肥,可以减少土壤养分盈余。

**2.不同生育期土壤微生物总 PLFAs 含量的变化**

各处理土壤微生物总 PLFAs 含量表示该处理的微生物量,不同生育期各处理土壤微生物总 PLFAs含量测定结果如图 47-9 所示。两处理土壤微生物总 PLFAs 含量在不同时期都呈现初花期和盛果期含量较高,其余时期稍低。对当季设施环境分析发现,坐果期采样前 4 天温度骤然下降（15 cm 土层温度下降 2～17℃）,可能是导致坐果期土壤微生物总 PLFAs 含量下降的主要原因。

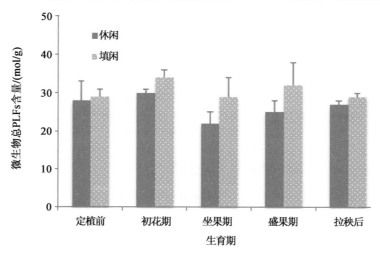

图 47-9　各生育期土壤微生物中 PLFAs 含量的变化

### 3.不同生育期土壤微生物多样性指数和均匀度变化

如图 47-10 所示,填闲模式不仅可以增加土壤微生物量,改善微生物群落结构,丰富微生物多样性,尤其是在前期的作用较显著,有利于促进苗期生长,防治或减轻苗期病害发生,且前期研究(郭瑞英,2007;姜春光,2011;赵小翠等,2010)也认为填闲玉米还可以有效降低土壤氮素累积与损失风险,降低资源浪费和环境污染。合理地利用休闲期,可以提高农民的经济效益,在我国具有较好的应用前景。

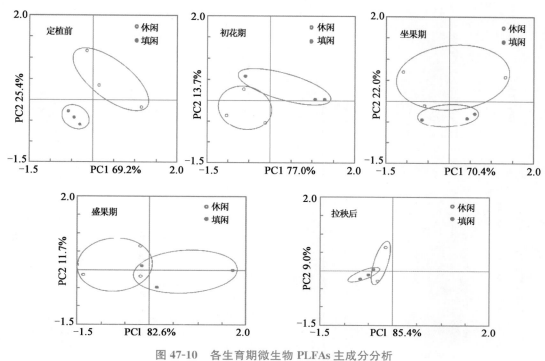

图 47-10　各生育期微生物 PLFAs 主成分分析

(PC1 和 PC2 分别表示各时期 PLFAs 第 1 主成分和第 2 主成分)

### 47.4.3.2　秸秆生物反应堆技术

设施蔬菜反季节栽培经历低温,土壤低温直接影响蔬菜根系生长和养分有效性,影响养分吸收利用;已有研究结果表明,采用内置式秸秆反应堆可以增加土壤温度、改善根层氮素浓度,是根层养分调控比较简便、经济的途径之一。试验设置对照和内置式反应堆两个处理,3 次重复,随机区组排列。秸秆反应堆及根层土壤样品采集如图 47-11 所示。

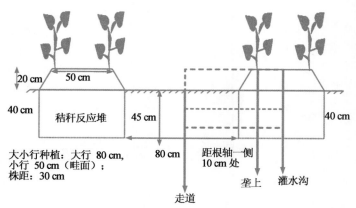

图 47-11　试验设置示意图

沙壤土设施黄瓜栽培中采用秸秆反应堆,分析秸秆反应堆增温技术对根层土壤不同形态氮素含量的影响结果表明,采用内置式秸秆反应堆处理的根层(0～30 cm)土壤各形态氮素含量均低于对照,而根层以下不同形态氮素含量却高于对照,表明秸秆反应堆在增加根层温度的同时降低了根层氮素浓度(图 47-12)。

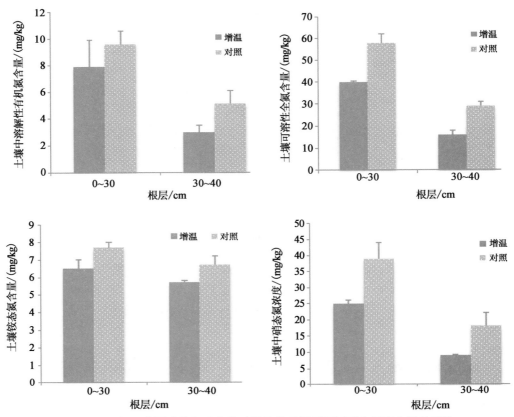

图 47-12　根层内置式秸秆反应堆对设施黄瓜根层不同形态氮素含量的影响

壤土设施番茄根层秸秆反应堆增温对根层土壤不同形态氮素含量的影响结果表明,增温处理降低了根层氮素含量(图 47-13),但与对照相比,根层 0～30 cm 番茄根系增长,根表面积和体积增加。

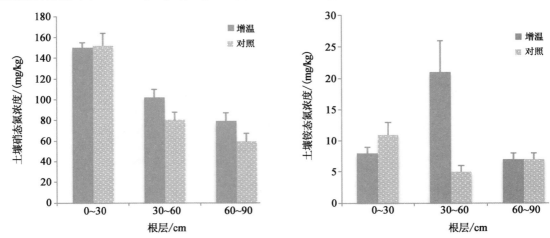

图 47-13　根层内置式秸秆反应堆对设施番茄根层不同形态氮素含量的影响

不同处理番茄根系长度和根系表面积结果表明,根层内置式秸秆反应堆增温可以显著提高根系长度和根系表面积,培育良好的根系,有助于提高养分吸收和作物产量(图 47-14)。

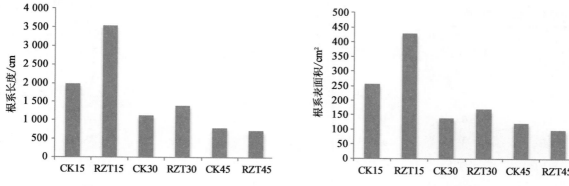

图 47-14　根层内置式秸秆反应堆对番茄不同层次根系长度和根系表面积的影响

### 47.4.3.3　生物肥改良土壤技术

利用土壤益生菌 AM 真菌和功能性生物有机肥(或生物菌肥)培育壮苗,通过添加作物秸秆(如烟草秸秆)和多功能生物肥改变根际微生态环境和提高土壤肥力,从植物中提取合成的生物源抗线剂(无线美、海绿素、阿维菌素等)进行灌根,同时套作拮抗类作物,如茼蒿、万寿菊等。从作物生长的苗期、定植、生长中后期采用以上技术不断进行生态调控。经过试验,取得了良好的效果。

相比较对照,综合处理在土壤线虫、植物根系根结指数、产量三个测定项目都得到了非常好的结果,首先土壤线虫平均减少 57.2%,植物根系根结指数降低 50%,产量增加了 17%(图 47-15),相当于每公顷增收 15 000 kg,经济效益提高了 15 000 元。在夏秋茬苦瓜试验中,土壤线虫防控效果达到了 70% 以上,产量也有明显的增加。这在很大程度上解决了设施菜田长年连作尤其是老菜田根结线虫发生严重的问题,真正地为农民提高了收入。

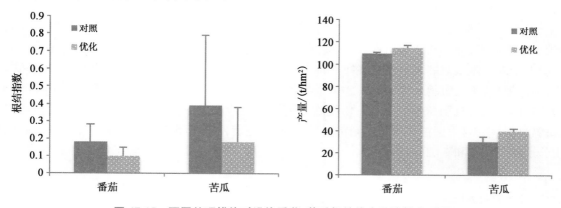

图 47-15　不同处理措施对设施番茄、苦瓜根结线虫防治技术研究

### 47.4.3.4　腐植酸促根技术

2009—2010 年、2010—2012 年、2012—2013 年分别通过基质添加 AM 真菌和生物有机肥育苗、茬口之间种植填闲作物等试验来研究缓解突然障碍因素的措施,2013—2014 年通过基质番茄栽培试验,研究腐植酸钾促根效果,结果表明,腐植酸有很好的促根效果,能明显提高番茄的根系活力、生物量。添加腐植酸处理根系活力最高,达到 1 069 μg/(g·h);未添加的处理活力为 627 μg/(g·h);地上部干重分别为 3.33,2.71 g/株;地下部干重分别为 0.22,0.18 g/株,为冬季设施蔬菜改善抗低温生长环境

提供了指导(表 47-10)(高杰云,2014)。

**表 47-10**

不同处理植株生物量在整个生育时期比较

g/株

| 处理 | 定植 15 d 后取样 | | 定植 30 d 后取样 | | 定植 45 d 后取样 | |
|---|---|---|---|---|---|---|
| | 地上部干重 | 地下部干重 | 地上部干重 | 地下部干重 | 地上部干重 | 地下部干重 |
| LP | 2.32bc | 0.19ab | 3.7ab | 0.41abc | 10.55abc | 0.47c |
| LPF | 2.21bc | 0.21ab | 4.3a | 0.46a | 12.57a | 0.56b |
| LG | 1.03d | 0.13c | 3.1be | 0.30bc | 12.28ab | 0.25e |
| LGF | 1.36d | 0.15bc | 2.8cde | 0.39a | 11.22abc | 0.39d |
| SP | 2.71ab | 0.18ab | 4.9bc | 0.6bc | 11.55bc | 0.59a |
| SPF | 3.33a | 0.23a | 5.2bcd | 0.62ab | 12.07abc | 0.68b |
| SG | 1.21d | 0.16bc | 4.1e | 0.5c | 12.22abc | 0.25e |
| SGF | 1.55cd | 0.22a | 4.7ed | 0.58bc | 13.02cd | 0.37d |

　　SP:适温＋普通基质;SPF:适温＋腐植酸钾＋普通基质;SG:适温＋高盐基质;SGF:适温＋腐植酸钾＋高盐基质;LP:低温＋普通基质;LPF:低温＋腐植酸钾＋普通基质;LG:低温＋高盐基质;LGF:低温＋腐植酸钾＋高盐基质;

　　表中数据为每个处理三株平均值,同一列内不同小写字母表示不同处理之间地上部干物重和地下部干物重在 $P<0.05$ 条件下差异显著。

### 47.4.4　根层综合集成调控技术

**1. 根层调控与水肥一体化和填闲作物综合应用技术集成**

　　本试验在北京市昌平区金六环农业园日光温室,采用膜下沟灌和膜下滴灌的灌溉方式,应用水肥一体化技术,根据目标产量和土壤养分含量进行推荐施肥,并依据田间蒸发量进行灌溉,同时在夏季休闲期种植糯玉米,以降低设施番茄生产中养分淋洗损失的风险,提高养分利用率和土壤质量,增加农民收入,实现设施番茄高产高效生产。

　　供试材料为番茄和糯玉米,品种分别为"仙客 2 号"和"天紫 22 号"。试验设计包含膜下沟灌和膜下滴灌 2 个主处理,分别在两个温室进行,灌溉量依据冠层蒸发量进行,膜下沟灌按照蒸发量的 1.4 倍灌溉,膜下滴灌灌溉量与冠层蒸发量一样。每个温室设 3 个副处理,分别为传统施肥＋休闲模式,优化施肥＋填闲模式,优化施肥＋休闲模式。每个处理定植前撒施 20 t/hm² 商品鸡粪(200 kg N/hm²)后翻耕,并穴施生物有机肥 20～25 g/株;传统施肥量按照当地农民习惯进行,优化施肥在定植前测定土壤无机氮含量,依据《中国主要作物施肥指南》推荐进行追肥。填闲模式在冬春季番茄拉秧后种植糯玉米,生长期间不灌溉和施肥(表 47-11)。

**表 47-11**

每季作物生长水肥投入情况

| 茬口/作物 | 定植时间 | 拉秧时间 | 传统水肥投入 | | 优化水肥投入 | |
|---|---|---|---|---|---|---|
| | | | 灌水 | 施肥 | 灌水 | 施肥 |
| 冬春茬/番茄 | 2010 年 2 月 24 日 | 2010 年 6 月 29 日 | 每次灌溉 20～50 mm,共灌溉 9 次,总计226 mm | 前三穗果每次养分投入 N-P₂O₅-K₂O 为 90-90-90 kg/hm²,总养分投入量 483-430-541 kg/hm² | 每次灌溉 10～30 mm,共灌溉 9 次,总计 171 mm | 第一二穗果投入 N-P₂O₅-K₂O 为 45-0-80 kg/hm²,第三穗果投入 N-P₂O₅-K₂O 为 30-0-80 kg/hm²,总养分投入量 323-260-511 kg/hm² |

续表 47-11

| 茬口/作物 | 定植时间 | 拉秧时间 | 传统水肥投入 | | 优化水肥投入 | |
| --- | --- | --- | --- | --- | --- | --- |
| | | | 灌水 | 施肥 | 灌水 | 施肥 |
| 填闲玉米 | 2010 年 7 月 3 日 | 2010 年 8 月 25 日 | — | | — | |
| 秋冬茬/番茄 | 2010 年 9 月 2 日 | 2011 年 1 月 15 日 | 每次灌溉 20~50 mm,共灌溉 9 次总计 226 mm | 第二三四穗果投入 N-$P_2O_5$-$K_2O$ 为 90-90-90 kg/hm²,总养分投入量 483-430-541 kg/hm² | 每次灌溉 10~30 mm,共灌溉 9 次,总计 171 mm | 第二三穗果投入 N-$P_2O_5$-$K_2O$ 为 35-0-80 kg/hm²,第四穗果投入 N-$P_2O_5$-$K_2O$ 为 30-0-80 kg/hm²,总养分投入量 303-160-511 kg/hm² |

**2. 以根层养分、促根防病、土壤调理为一体的根层综合调控技术**

以水肥一体化、促根调控、土壤调理集成设施果菜根层综合调控水肥一体化技术。改变传统的灌水施肥技术模式,以设施番茄黄瓜体系为主,研究了微喷、膜下滴灌条件下根层水肥促根技术,采用高磷启动液促进根系的生长,同时后期配合无线美/海绿素使用壮大根系,提高蔬菜对养分的利用效率。根际养分启动液的田间试验,分别在移栽后第 20 天于番茄根部一侧(5~10 cm)处注施含 170 mg N 的启动液 50 mL 及海绿素 50 mL(300 倍液),移栽后 30 天注施 240 mg N 的启动液 50 mL 及海绿素 50 mL(300 倍液)。养分启动液采用速溶性肥料,其氮磷钾(N-$P_2O_5$-$K_2O$)含量为 13-34-22。在根际启动液的基础上进一步综合了基于膜下微喷的氮素实时监控技术和磷肥恒量监控技术,与传统的水肥管理相比,采用根际启动液的根际综合调控处理能明显提高设施番茄的产量,并且 N-$P_2O_5$-$K_2O$ 的施用量分别减少了 70%,15% 和 42%,它又比仅仅采用根层氮素实时监控技术和磷肥恒量监控技术的处理,减少了 11%,8% 和 0% 的 N-$P_2O_5$-$K_2O$ 的投入。与此同时,番茄苗期的根长、根表面积和根系体积也显著增加(表 47-12),收获后土壤剖面的无机氮残留也明显减少,降低了氮素的淋洗风险。

根层综合调控水肥一体化技术的灌溉量和施肥量比农民传统水肥管理分别降低了 40.3% 和 38.4%,水分和氮肥的偏生产力分别增加 82.1% 和 90.4%。石灰氮-秸秆处理、施用生物有机肥和苗期海绿素灌根技术使蔬菜产量和产值分别增加 9.7% 和 10.1%,收获后 0~150 cm 土壤剖面的无机氮残留降低了 20.7%。

表 47-12

不同处理番茄产量、水肥投入以及早期根系生长情况

| 处理 | 灌溉量 /mm | 施肥量 N-$P_2O_5$-$K_2O$ /(kg/hm²) | 产量 /(t/hm²) | 根长 /cm | 根表面积 /cm² |
| --- | --- | --- | --- | --- | --- |
| $W_1F_c$ | 465 | 747-262-811 | 98ab | 3 840b | 518.2b |
| $W_2F_0$ | 330 | 0-0-428 | 96b | 4 230b | 627.5b |
| $W_2F_S$ | | 200-200-428 | 99ab | 4 114b | 615.2b |
| $W_2F_R$ | | 100-38-452 | 101a | 6 019a | 838.9a |

$W_1F_c$:农民习惯灌水施肥处理;$W_2F_0$:膜下微喷,只施有机肥,不施化学氮肥;$W_2F_S$:膜下微喷,灌溉制度以及有机肥施用量与处理 $W_2F_0$ 相同,采用关键生育时期追肥的氮肥推荐原则;$W_2F_R$:膜下微喷,有机肥的用量为 $W_2F_0$ 的 50%,苗期采用根际养分启动液,生育时期采用氮素实时监控技术。

土壤调理剂生石灰和石灰氮-秸秆还田土壤修复技术都能改善土壤酸化,提高土壤 pH 和作物产量,调理剂效果较石灰好一些。还能提高植株生长发育和果实产量,果实增产 2.84%~26.8%,提前果实采收期 3~4 d;植株发病率降低 14.3%~37.5%;提高蔬菜氮磷钾养分吸收量,果实品质改善,实现节本、增收、提质、增效。

**3. 综合集成调控技术大面积应用效果**

对集成技术进行应用分析,根层调控技术结合水肥一体化及填闲作物模式下 NPK 用量能分别减

少 40％～50％,70％～100％,20％～40％的用量,节约用水量 28％～32％;根层调控技术与秸秆反应堆相结合模式下平均增产 15.4％,每亩平均增收 700 元;生物有机肥育苗技术结合根层调控技术及根层防线虫技术模式下,根结线虫降低了 15.9％,每季每亩增收 597 元;通过根层调控及促根技术,能节约用水,提高根系活力(表 47-13),在番茄上的试验,平均增产 3.1％、亩增收 22％;黄瓜平均增产 1.5％、亩增收 14％;茄子平均增产 6.7％、亩增收 29％;辣椒平均增产 7.8％、亩增收 18％(表 47-14)。

**表 47-13**

综合集成调控技术应用效果分析

| 编号 | 时间 | 地点 | 集成技术 | 应用效果 |
|---|---|---|---|---|
| 1 | 2010 | 北京昌平 | 根层调控＋水肥一体化＋填闲作物 | 1. 优化模式节约 40％～55％,70％～100％和 20％～40％的 NPK 用量;<br>2. 节约用水 28％～32％;<br>3. 减少无机氮 154～403 kg N/hm² |
| 2 | 2006 | 京郊 | 根层调控＋秸秆反应堆 | 1. 应用面积 520 亩,平均增产 15.4％,每亩平均增收 700 元 |
| 3 | 2010 | 北京大兴 | 生物有机肥育苗技术＋根层保护技术＋根层防线虫技术＋根层调控技术 | 1. 根结线虫降低了 15.9 ％;<br>2. 节水 24.8％;节约 59.5％的 N 和 68.6％的 K;<br>3. 平均每亩每季增收 597 元 |
| 4 | 2011 | 山东寿光 | 根层水肥调控技术＋促根技术 | 1. 节约 29％用水量;<br>2. 根长提高 48％,根表面积增加 52％根体积增加 35％ |
| 5 | 2013 | 北京海淀 | 腐植酸促根技术 | 1. 根系活力提高 319 $\mu$g/(g・h);<br>2. 生物量增加 0.6 g/株(干基) |

**表 47-14**

综合集成调控技术应用示范推广情况

| 作物 | 点数 | 均产/(t/hm²) | 最高单产/(t/hm²) | 增产/% | 亩收益/万元 | 亩增收/% |
|---|---|---|---|---|---|---|
| 番茄 | 15 | 170 | 358 | 3.1 | 5.3 | 22 |
| 黄瓜 | 13 | 238 | 359 | 1.5 | 6.5 | 14 |
| 茄子 | 4 | 169 | 227 | 20.9 | 6.7 | 29 |
| 辣椒 | 3 | 118 | 143 | 21.3 | 7.8 | 18 |

# 参考文献

[1] 陈可可.不同整枝方式对越冬番茄生长的影响.长江蔬菜,2005,1:40-41.

[2] 陈可可.浙江冬季大棚不同覆盖方式保温效果研究.长江蔬菜,2011,12:17-19.

[3] 陈启林,山仑,程智位.低温下光照对黄瓜叶片光合特性的影响.中国农业科学,2001,34(6):632-636.

[4] 程瑞峰.外源补光解决温室黄瓜早衰问题的研究:硕士论文.杨凌:西北农林科技大学,2004.

[5] 崔国庆,李宝聚,石延霞,等.石灰氮土壤改良作用及病虫害防治效果.植物保护,2006,6:145-146.

[6] 高杰云,王丽英,严正娟,等.设施土壤栽培番茄配方施肥策略与技术研究.中国蔬菜,2014,1(1):7-12.

[7] 高杰云.越冬茬设施番茄养分吸收特征及施肥调控:硕士论文.北京:中国农业大学,2014.

[8] 郭瑞英,彭丽华,陈清,等.秸秆与氰胺化钙调控技术对温室黄瓜生长及氮素残留的影响.生态环境,2006,15(3):633-636.

［9］郭晓冬.低温弱光对日光温室辣椒生长及其生理功能的影响:博士论文.杨凌:西北农林科技大学,2008.

［10］贾伟.我国粪肥养分资源现状及其合理利用分析:博士论文.北京:中国农业大学,2014.

［11］姜春光,卢树昌,陈清.夏季种植甜玉米减少果类菜田土壤氮素损失的效果.北方园艺,2011,17:71-75.

［12］刘朋朋.京郊高产果类蔬菜施肥特征及优化施肥技术研究:硕士论文.北京:中国农业大学,2012.

［13］王洪安.北方温室人工补光光源特性及优化配置研究.吉林农业,2011,1:34-36.

［14］王敬国.设施菜田退化土壤修复与资源高效利用.北京:中国农业大学出版社,2011.

［15］王燕,徐佳蔚,朱隆静,等.温州地区蔬菜生产效益及其影响因素研究.长江蔬菜(学术版),2011(2):71-74.

［16］王治琴.番茄单干整枝技术.农业科技与信息,2005,5:19.

［17］杨秋莲,徐全辉.秸秆生物反应堆对温室气温和二氧化碳浓度的影响.安徽农业科学,2011,39(10):5971-5972.

［18］喻景权."十一五"我国设施蔬菜生产和科技进展及其展望.中国蔬菜,2011(2):11-23.

［19］张福墁,马国成.日光温室不同季节的生态环境对黄瓜光合作用的影响.华北农学报,1995,10(1):70-75.

［20］赵德菱,高崇义,梁建.温室内高压喷雾系统降温效果初探.农业工程学报,2000,16:1-6.

［21］赵小翠,姜春光,袁会敏,等.夏季种植甜玉米减少果类菜田土壤氮素损失的效果.北方园艺,2010,15:194-196.

［22］中华人民共和国农业部.中国农业统计年鉴.北京:中国农业出版社,2010:277.

［23］周丽群.京郊设施果类蔬菜施用大量元素水溶肥效果分析.北方园艺,2012,1:161-164.

［24］Chang J,Wu X,Liu,A. Q. ,et al. Assessment of net ecosystem services of plastic greenhouse vegetable cultivation in China. Ecological Economics,2011,70:740-748.

［25］FAO,2010. http://faostat. fao. org/site/567/DesktopDefault. aspx? PageID＝567♯ancor

［26］Guo J H,Liu,X J,Zhang Y,et al. Significant acidification in major Chinese croplands. Science,2010,327:1008-1010.

［27］Li L,Wu G. Numerical Simulation of Transport of Four Heavy Metals in Kaolinite Clay. Environ Eng. 1999,125(4):314-324.

［28］Lyons J M Chilling injury in plants. Annual Review of Plant Physiology,1973,24(1):445-466.

［29］Ren T,Christie P,Wang J,et al. Root zone soil nitrogen management to maintain high tomato yields and minimum nitrogen losses to the environment. Scientia horticulturae,2010,125(1):25-33.

［30］Zhu J H,Li X L,Christie P,et al. Environmental implications of low nitrogen use efficiency in excessively fertilized hot pepper (*Capsicum frutescens* L. ) cropping systems. Agriculture, ecosystems & environment,2005,111(1):70-80.

（执笔人:陈清　高杰云）

# 第 48 章

# 设施番茄高产高效养分管理技术创新与应用

## 48.1 设施蔬菜肥料施用状况

### 48.1.1 设施蔬菜肥料施用现状

随着人们生活水平的提高,蔬菜的种植面积和产量呈上升态势,且单产水平有所提高。据统计,2000 年我国蔬菜单产达到 27 t/hm²,年人均蔬菜持有量为 326 kg;到 2012 年全国蔬菜种植面积达到 1 950万 hm²,单产达到 32 t/hm²,人均蔬菜持有量达到 482 kg,超出世界平均水平的 3.9 倍。另外,近年来我国蔬菜种植结构也发生了变化,逐渐由数量型向效益型转变。

为了保证蔬菜产量,增加经济收入,在传统农业"粪大水勤,不用问人"、"有收无收在于水,多收少收在于肥"等传统思想的影响下,蔬菜施肥普遍过量。据调查,设施蔬菜每年氮和磷($P_2O_5$)投入量都在 2 000 kg/hm² 以上,分别为粮食作物的 8.5 和 17.5 倍,钾($K_2O$)的投入量也在 1 500～2 000 kg/hm² 之间,为粮食作物的 28 倍之多(表 48-1)。以番茄为例,在一般产量(每季 75～90 t/hm²)水平下,番茄全生育期 N,P 和 K 的吸收量分别仅为 286,53 和 426 kg/hm²(图 48-1)。可见,肥料养分投入总量大大超过了蔬菜作物正常生长的需求量。

表 48-1

不同种植模式下养分投入量比较            kg/hm²

| 作物 | 有机肥 | | | 化肥 | | | 总养分投入 | | |
|---|---|---|---|---|---|---|---|---|---|
| | N | $P_2O_5$ | $K_2O$ | N | $P_2O_5$ | $K_2O$ | N | $P_2O_5$ | $K_2O$ |
| 设施蔬菜 | 905 | 725 | 662 | 1 379 | 1 877 | 585 | 2 284 | 2 602 | 1 491 |
| 露地蔬菜 | 315 | 305 | 261 | 563 | 370 | 281 | 878 | 676 | 542 |
| 粮食作物 | 16.7 | 17.6 | 14.5 | 252 | 131 | 38.2 | 269 | 149 | 52.7 |

除施肥过多外,养分投入比例失调也影响番茄产量、品质和土壤健康。番茄对钾素的吸收量在三大营养元素中所占比例最大,钾的供应状况直接影响果实的商品品质。多年调查数据表明,寿光设施番茄养分投入比例为 N：$P_2O_5$：$K_2O$ =1.61：1.90：1(表 48-2),而番茄养分吸收氮、磷($P_2O_5$)和钾($K_2O$)比例约为 0.55：0.24：1。可见,番茄施肥中钾肥的投入比例低,容易导致钾肥不足或氮磷过量。

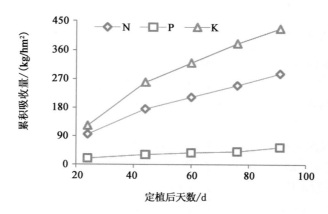

图 48-1　设施番茄 N,P,K 养分累积吸收规律

表 48-2

山东寿光保护地蔬菜氮磷钾养分施入比例

| 年份 | 样本数 | 有机肥 | 化肥 | 总养分投入 |
|---|---|---|---|---|
| | | N：P₂O₅：K₂O | N：P₂O₅：K₂O | N：P₂O₅：K₂O |
| 1997 | 30 | 1.49：1.56：1 | 2.51：3.55：1 | 2.12：2.80：1 |
| 1998 | 32 | 1.78：1.49：1 | 1.87：2.63：1 | 1.84：2.19：1 |
| 2001 | 63 | 1.25：1.11：1 | 1.36：2.10：1 | 1.30：1.60：1 |
| 2004 | 30 | 1.22：0.68：1 | 11.78：1.27：1 | 1.19：0.99：1 |
| 平均 | | 1.44：1.21：1 | 4.38：2.39：1 | 1.61：1.90：1 |

另外,传统生产中基肥约占 60%（表 48-3）,另外 40% 的肥料在蔬菜生育期内以追施。作物生育前期根系不发达,对养分需求量和利用能力有限,大量的基肥,作物很难有效利用。养分投入比例失调以及肥料的供给与作物需求规律不同步也是目前日光温室蔬菜施肥中存在的突出问题。

表 48-3

日光温室中基肥和追肥施用量和所占比例

| 项目 | N | | P₂O₅ | | K₂O | |
|---|---|---|---|---|---|---|
| | 基肥 | 追肥 | 基肥 | 追肥 | 基肥 | 追肥 |
| 施用量/(kg/hm²) | 1 222 | 845 | 1 474 | 1 031 | 925 | 664 |
| 所占比例/% | 59 | 41 | 59 | 41 | 58 | 42 |

施肥过量、基肥与追肥分配不合理不仅导致肥料损失,降低其利用率,而且在土壤中大量富集,对环境造成潜在的威胁。研究表明,氮素表观损失量与氮肥的施用量呈显著正相关关系（图 48-2）。通过分析 2004—2012 年土壤氮平衡发现,传统种植模式下氮肥的利用率仅为 7%（差减法计算）。据估算,每年淋溶到 90 cm 以下氮素达到 1 000 kg/hm²,导致地下水硝态氮含量超标,威胁环境健康。

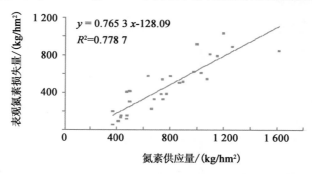

图 48-2　氮素供应总量与表观氮素损失量之间的相关关系

### 48.1.2 设施栽培土壤氮素平衡

揭示传统生产模式下,肥料的投入、吸收与损失状况是合理施肥的基础。土壤氮素的来源包括施入的化学氮肥和有机肥、上季残留在土壤剖面的矿质氮以及来源于灌溉水的无机氮等。在传统种植模式下,每季(1年两季)作物吸收氮量仅为 $375\sim406$ kg/hm²,占氮素总投入的 $15\%\sim17\%$,氮素的损失量达 $827\sim960$ kg/hm²,占氮素投入的 $35\%\sim38\%$(图 48-3),其中损失以硝态氮的淋失为主。不同种植年限的设施土壤无机氮残留有一定差异,种植年限超过 5 年的无机氮累积量高于 5 年以内的日光温室的,说明连年施肥造成了无机氮在剖面不断累积。采样调查数据表明,设施蔬菜(冬春季)收获后 $0\sim90$ cm 土壤剖面残留的无机氮为 $218\sim2\,046$ kg/hm²,平均高达 $1\,100$ kg/hm²(表 48-4),是作物氮素吸收量的 2 倍多,可以满足作物对氮素的需求。氮素的来源除 $0\sim90$ cm 无机氮残留外,单季灌溉水带入的无机氮达到 $32\sim254$ kg/hm²(表 48-5),并且呈逐年增加的趋势,这在制定施肥方案时不可忽视。

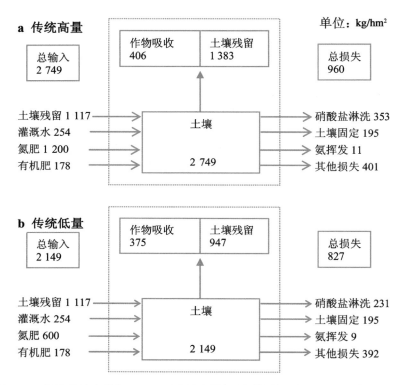

图 48-3　设施栽培土壤(0~90 cm)传统高量(a)和传统低量(b)处理氮素平衡分析

表 48-4

设施蔬菜 0~90 cm 土壤剖面无机氮累积情况

| 种植年限 | 样本数 | 0~90 cm 土壤无机氮含量(N)/(kg/hm²) |
| --- | --- | --- |
| <5 年 | 37 | 725(218~1 515) |
| >5 年 | 46 | 860(288~2 064) |
| >10 年 | 13 | 846(222~1 227) |
| 平均 | 96 | 709(218~2 046) |

表 48-5

每季来源于灌溉水的矿质态氮量

| 调查时间 | 调查作物 | 灌溉水带入氮量(N)/(kg/hm²) |
|---|---|---|
| 2000.8—2001.2 | 番茄 | 254 |
| 2001.2—2001.7 | 辣椒、番茄 | 172～250 |
| 2002.9—2004.1 | 番茄 | 42～52 |
| 2004.2—2006.1 | 番茄 | 54～118 |
| 2005.10—2006.6 | 黄瓜 | 192～228 |
| 2006.7—2008.1 | 番茄 | 97～121 |
| 2008.8—2009.7 | 番茄 | 32～76 |
| 2009.7—2012.6 | 番茄 | 117～166 |

### 48.1.3    设施番茄养分需求规律

了解掌握蔬菜的养分吸收规律是进行合理的 N 素管理的前提。随着生长的进行,番茄 N 和 K 的吸收都呈现上升后下降的趋势。在坐果期之前,番茄需 N,P 和 K 较少,随后氮和钾的吸收量明显增加。果实膨大期和采收初期是营养吸收旺盛期,不论冬春茬还是秋冬茬番茄对全 N,P 和 K 的吸收总量均达到全生育期的 60% 以上。但从吸收的绝对量来看,由于秋冬茬番茄果实膨大期和采收初期处于低温弱光的环境条件,因此,相同生育阶段对全 N,P 和 K 吸收的绝对量只相当于冬春茬番茄的 85%,71% 和 82%,全生育期对全 N,P 和 K 的吸收量约相当于冬春茬的 75%(图 48-4)。

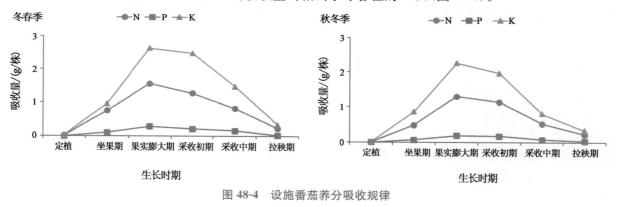

图 48-4    设施番茄养分吸收规律

## 48.2    设施蔬菜养分管理技术

### 48.2.1    氮素根层调控技术

氮素根层调控是指以高产、高效、优质和环境友好为生产目的,依托高产栽培体系,在基于养分资源综合管理原理和氮素平衡原理的基础上,以作物氮素需求为核心,分期动态监测来自环境和土壤的氮素,以施肥为调控手段把根层氮素供应控制在合理范围的一项技术。该技术的核心是确定蔬菜在不同时期的"氮素供应目标值"。目标值的确定取决于推荐期间作物的氮素吸收、最低的氮素供应量和推荐期间的根系深度。如果根层土壤无机氮含量低于此值,那么作物的产量和品质就会受到影响。该技术实现蔬菜生产过程中氮素需求和氮素供应相协调,避免过多引起氮素损失、降低利用率、威胁环境健康等,同时避免氮素过少降低作物生产力,保障作物产量。

根据氮素平衡理论,氮素供应需要满足目标产量下作物的氮素带走量,不可避免的氮素损失和必需的无机氮存留。氮素供应可通过以下途径实现：种植前或追肥前土壤无机氮残留、施用的氮肥、土壤有机氮或有机肥/残茬等矿化、沉降或灌溉等。基于养分资源综合管理原理，首先考虑环境（沉降或灌溉等）和土壤（无机氮残留和土壤有机氮矿化）的氮素输入。在蔬菜生长的某个生长阶段，来自环境和土壤这两项氮素输入之和等于或大于适宜根层氮素供应目标值时，不施用氮肥；当这两项氮素输入之和小于适宜根层氮素供应目标值时，施用氮肥，氮肥施用公式如下：

$$施氮量＝氮素供应目标值－环境氮素输入量－土壤有机氮矿化量－有机肥氮矿化量－土壤无机氮残留量$$

通过氮肥投入将根层土壤的氮素供应强度始终调控在合理的范围内，并以此实现作物根系氮素吸收与环境、土壤氮素供应和氮肥投入在时间上的同步和空间上的耦合，最大限度地满足作物高产与资源高效，避免过多氮肥施用对环境的不利影响。

准确的氮肥推荐用量依赖于作物氮素带走量，不可避免的氮素损失和必需的无机氮存留三项数据的准确量化，即需要准确量化适宜的氮素供应值。然而，一方面产量水平极大地影响着作物氮素带走量；另一方面氮素的矿化量在不同气候或管理条件下变异较大，特别是施用有机肥的设施蔬菜生产体系，氮素的供应更加复杂。因此，量化氮素供应目标值需要在既定的目标产量和环境中进行。在具有相同土壤类型的一个生产地区内，环境氮素输入和土壤氮矿化可视为常值；由于农民对某种蔬菜作物的生产措施相对固定，施肥灌溉习惯相差不大，因此，作物的氮素吸收、保证正常生长的最低无机氮存留、不可避免的氮素损失以及土壤氮矿化等参数变化不大，可以把环境氮素输入量、土壤有机氮矿化量和有机肥氮矿化量作为常值，在经过多次对比和反馈后，提出一个修正的氮素供应值，这样，可以在只考虑推荐前土壤无机氮含量和适宜的氮素供应值的情况下，实现基于根层氮素调控水平下的推荐施肥技术，氮肥推荐可简化为如下公式：

$$施氮量＝修正的氮素供应值－土壤无机氮残留量$$

### 48.2.2　设施番茄周年生产体系氮素供应目标值制定

基于以上的原理和技术，通过连续两年（2002年9月至2004年1月）的田间试验，以寿光当地的传统施肥处理为对照，通过设置不同的氮素供应目标值，对日光温室秋冬茬番茄产量、品质和叶柄汁液硝态氮浓度等指标进行统计，确定番茄在第一穗果膨大期、第二穗果膨大期和第四穗果膨大期合理的无机氮素供应水平（追肥前根层土壤无机氮＋追施化肥氮量）分别为237，173和153 kg/hm²（不考虑矿化）。在3次追肥期间土壤有机氮矿化数量分别为53，13和21 kg/hm²；有机肥矿化提供的氮素量分别为41，8和17 kg/hm²；灌溉水带入氮素量分别为11，5和5 kg/hm²（表48-6）。因此，若考虑土壤有机氮矿化、有机肥矿化、灌溉水带入的氮素等来源的氮素供应，则日光温室秋冬茬番茄在第一穗果膨大期、第二穗果膨大期和第四穗果膨大期时的氮素供应目标值分别为342，199和162 kg/hm²（考虑矿化）。目标产量为73 t/hm²的番茄全生育期的氮素供应目标值为481 kg/hm²。

表 48-6

氮素供应目标值　　　　　　　　　　　　　　　　　　　　　　　　　　　　　　　　kg/hm²

| 氮素输入项目 | 第一次追肥 | 第二次追肥 | 第三次追肥 |
|---|---|---|---|
| 根层土壤 $NO_3^-$-N 含量 | 152 | 163 | 139 |
| 追施化肥氮素量 | 85 | 10 | 14 |
| 土壤有机氮净矿化量 | 53 | 13 | 21 |
| 有机肥氮素净矿化量 | 41 | 8 | −17 |
| 灌溉水带入氮素量 | 11 | 5 | 5 |
| 阶段氮素供应目标值 | 342 | 199 | 162 |
| 总氮素供应目标值[1] | | | 481 |

[1]总氮素供应目标值＝移栽前根层土壤 $N_{min}$＋土壤有机氮矿化量＋有机肥氮素矿化量＋追施氮素量＋灌溉水带入氮素量

　　氮素供应目标值与植株氮素吸收量之间呈正相关关系,在植株氮素吸收量最大的时期,氮素供应目标值也最高,而在其后由于养分由营养器官向生殖器官的转移,不需要从土壤中吸收太多的氮素,土壤氮素供应目标值也明显降低(图 48-5)。所以,本试验氮素供应目标值与番茄整个生育期的氮素吸收量基本达到了同步,并且各时期均满足了植株正常生长的需要。

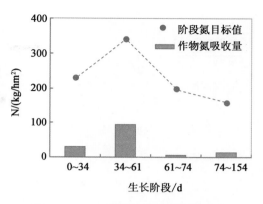

图 48-5　2003 年秋冬茬阶段番茄氮素
吸收量氮素供应目标值

### 48.2.3　设施番茄周年生产体系氮素供应目标值的完善

　　为了完善设施番茄氮素根层调控技术,于 2004 年 2 月至 2006 年 1 月进行了两年 4 季的田间试验,进一步验证了上述氮素供应目标值在实际生产上是否可行,并且针对不同生长季节条件下土壤氮素供应特点提出了施肥策略,形成了相应的技术体系和规程。在连续两年的田间试验中,设置了如下 4 个处理:

　　对照(NN):不施有机肥(鸡粪)和化学氮肥。

　　有机肥处理(MN):冬春季基施风干鸡粪 8 t/hm²(2004 年和 2005 年有机肥带入的氮素总量分别为 260 和 360 kg N/hm²);秋冬季基施风干鸡粪 11 t/hm²(2004 年和 2005 年有机肥带入的氮素总量分别为 316 和 258 kg N/hm²)。鸡粪均匀撒施后翻耕,不追施化学氮肥。

　　传统氮素处理(CN):冬春季和秋冬季基施有机肥情况同 MN 处理,根据当地农户调查结果,每次追施氮 120 kg/hm²。追肥时期根据番茄品种特性、长势以及气候状况确定。四个生长季总施氮量分别为 870,720,630 和 720 kg N/hm²。

　　氮素根层调控处理(SN):冬春季和秋冬季基施有机肥情况同 MN 处理。根据前两年的试验结果,在综合考虑灌溉水带入氮素、土壤和有机肥氮素矿化的基础上确定目标产量为 70 t/hm² 的情况下,2004 年冬春季番茄第一、二、三穗果膨大期根层氮素供应目标值为 300 kg/hm²,在第四、五、六穗果膨大期根层氮素供应目标值为 200 kg/hm²;秋冬季番茄在第一、二、三、四穗果膨大期根层氮素目标值为 200 kg/hm²,第五、六穗果膨大期则为 250 kg/hm²。2005 年冬春季在第一、二、三穗果膨大期根层氮素供应目标值下调为 250 kg/hm²,其余果穗膨大期氮素供应值不变。2005 年秋冬季果穗膨大期氮素供应值同 2004 年秋冬季。

　　传统施肥和根层调控处理番茄产量分别为 75.6～104.1 和 74.8～110.1 t/hm²(表 48-7),在四个生长季根层调控与传统施肥处理番茄产量均无差异,说明本试验中根层氮素供应目标值是可行的,能保证作物产量不降低。与传统处理相比,根层调控处理减少 62%～80% 的氮肥投入,节约了肥料成本,提高了效益(表 48-8)。同时优化施肥使冬春季氮素表观损失量由传统处理的 750 kg/hm² 降低到 362 kg/hm²,秋冬季由 591 kg/hm² 降低到 114 kg/hm²,做到了氮素资源的综合管理与作物的高效利用,减轻了过量施氮对环境产生的负面影响。

**表 48-7**

不同氮素处理对设施番茄冬春季/秋冬季体系产量的影响　　　　　　　　　　　　　　　　　　　　　t/hm²

| 处理 | 2004 冬春 | 2004 秋冬 | 2005 冬春 | 2005 秋冬 | 累计产量 |
|---|---|---|---|---|---|
| 传统处理 | 84.8a | 75.6a | 91.7a | 104.1a | 356.2a |
| 根层调控 | 84.2a | 74.8a | 100.9a | 110.1a | 370.0a |

同一列中同一生长季下带有相同字母表示不同氮素处理的产量在 0.05 水平差异不显著。

表 48-8

施氮量与效益分析

| 生长季节 | 施氮量/(kg/hm²) | | 产值/(万元/hm²) | | 肥料成本/(万元/hm²) | | 效益/(万元/hm²) | |
|---|---|---|---|---|---|---|---|---|
| | 调控 | 传统 | 调控 | 传统 | 调控 | 传统 | 调控 | 传统 |
| 2004 冬春 | 328 | 870 | 12.98 | 13.09 | 0.73 | 0.92 | 12.25 | 12.17 |
| 2004 秋冬 | 160 | 720 | 11.52 | 11.69 | 1.03 | 1.25 | 10.49 | 10.44 |
| 2005 冬春 | 127 | 630 | 17.04 | 15.37 | 0.66 | 0.86 | 16.38 | 14.51 |
| 2005 秋冬 | 201 | 720 | 27.33 | 25.75 | 1.12 | 1.36 | 26.21 | 24.39 |

效益＝施肥处理产值－肥料成本

通过四年田间试验得出,在综合考虑灌溉水和土壤氮素供应和传统有机肥投入和灌溉管理下,番茄目标产量不低于 75 t/hm² 时,冬春季番茄在第一、二、三穗果膨大期和第四、五、六穗果膨大期每次追肥后根层氮素供应分别不低于 250 和 200 kg N/hm²,秋冬季番茄在第一、二、三、四穗果膨大期和第五、六穗果膨大期每次追肥后氮素的供应分别不低于 200 和 250 kg N/hm²(图 48-6)。如果生长季内氮矿化量很高,供应值可进一步降低到 200 kg N/hm²,尤其在气温较高的冬春季。在移栽前以及每穗果膨大期前分别测试根层土壤硝态氮含量,以确定不同生长阶段的氮肥用量,在灌溉水带入氮素量高的情况下(季节超过 20 kg N/hm²)还要确定每次灌溉后灌溉水带入的氮素数量,则施氮量＝修正的氮素供应值－根层土壤硝态氮－灌溉水带入氮量。

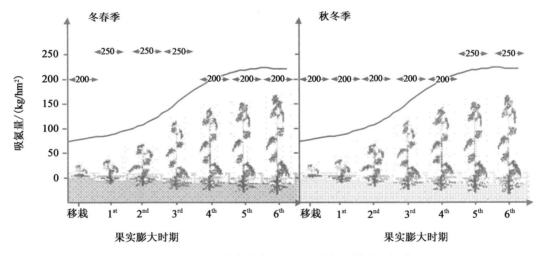

图 48-6　设施番茄生产体系氮素调控根层供应目标值

通过分析 2004—2012 年 8 年 16 季的数据得出,根层调控处理使每年化学氮肥的施用量从传统的 1 198 kg/hm² 降低到 350 kg/hm²,显著提高氮肥利用率 5 个百分点的同时对产量有所提高,并使氮肥损失显著降低 66%(图 48-7)。可见,结合生育期内多次土壤测试的实时监控将根层氮素水平维持在供应目标值水平的根层调控技术,可以充分利用来自环境和土壤的氮素,做到保证产量不降低的前提下有效减少氮肥的投入,提高氮素利用效率以及减少氮素的损失。

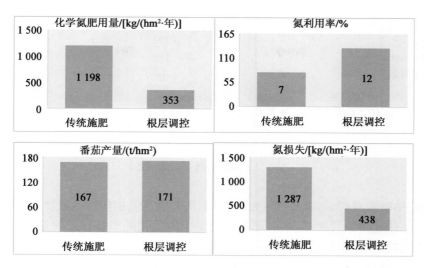

图 48-7　2004—2012 年传统施肥和根层调控施肥处理下氮肥施用量、利用率、产量和氮损失

## 48.3　微灌施肥技术与应用

### 48.3.1　水分与养分损失状况

虽然根层调控技术减少了氮肥的投入,但是大水漫灌,随水冲施的浇水施肥方式仍然导致水肥资源的大量损失。据统计,在大水漫灌模式下,2013 年 8—10 月传统处理和根层调控处理分别有 35% 和 27% 的灌溉水损失到 90 cm 土层以下,2014 年 1—3 月,两处理灌溉水的损失分别达到 34% 和 41%。

根层调控处理虽然使化肥氮的施用量大大降低,但是每一时期氮素供应目标值仍远远大于作物对氮素的吸收(图 48-8)。大水漫灌冲施的施肥方式导致大量氮素在土壤剖面累积和淋溶损失。据 2010—2012 年冬春季番茄收获后的数据统计,每年 6 月份累积在传统施肥和根层调控处理 0～180 cm 剖面土层的矿质态氮分别达 2 008 和 1 425 kg/hm²。冬春季番茄生长期间传统处理和根层调控处理硝态氮的淋失量(90 cm 以下)分别为 62 和 54 kg/hm²,而随后的秋冬季硝态氮的淋失量分别高达 220 和 174 kg/hm²(图 48-9)(灌水多 3～5 次,前期温度高,土壤和有机肥矿化多等)。朱建华测定的结果显示,在一个生长季节灌溉量 1 000 mm 的情况下,施氮量为 600,1 200 和 1 800 kg N/hm² 时,$NO_3^- $-N 的淋失量为 224.1,345.1 和 541.6 kg/hm²。可见,根层调控技术虽然在保证产量的基础上减少了化肥的投入,但是由于大水漫灌的管理方式,仍然导致大量氮素发生淋溶损失,频繁过量的灌溉限制了肥料利用率的提高。因此,要减少氮素损失,达到高产高效的目的,除了降低氮肥施用量之外,还需要合理的灌溉措施,减少氮肥随水的淋失。

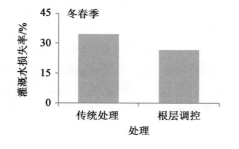
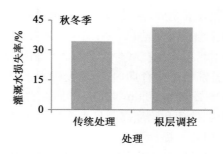

图 48-8　不同生长季灌溉水损失率

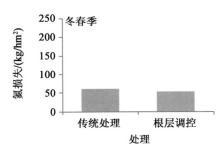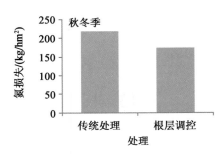

图 48-9　不同生长季番茄生长期间硝态氮淋失量

微灌施肥是借助微灌系统，将微灌和施肥结合，利用微灌系统中的水为载体，在灌溉的同时进行施肥，实现水和肥一体化利用和管理，使水和肥料在土壤中以优化的组合状态供应给作物吸收利用。设施蔬菜栽培中常用到的微灌施肥方式有滴灌、微喷灌和小管出流等。

### 48.3.2　设施番茄滴灌施肥技术与应用

滴灌是微灌的一种形式，是将水加压、过滤通过低压管道送达滴头以点滴方式滴入作物根部的一种方式。滴灌方式把需施用的肥料溶于水中，进行此方式的灌溉即成滴灌施肥。

1. 滴灌施肥在樱桃番茄上的应用

为了研究滴灌施肥对番茄产量的影响以及滴灌施肥中合适的施氮量，于 2008 年在日光温室中设置了漫灌冲肥、滴灌低肥、滴灌中肥、滴灌高肥四个处理，施肥量见表 48-9。漫灌冲施肥处理，按照当地农户习惯进行灌溉，记录灌水时间、次数和灌水及施肥量。滴灌施肥处理的灌溉时间和灌溉量由蔬菜生长需求和水分实时监测数据确定，不同生育时期的土壤含水量分别控制在苗期 55%～70% 田间持水量，开花坐果期 65%～85%，结果期 70%～90%。试验追肥所用肥料为尿素（46% N）、磷酸二氢钾（53% $P_2O_5$）、氯化钾（60% $K_2O$）。

表 48-9

不同灌溉施肥方式樱桃番茄的产量

| | 漫灌冲肥 | 滴灌低肥 | 滴灌中肥 | 滴灌高肥 |
| --- | --- | --- | --- | --- |
| 施肥量/(kg/hm²)* | 1 020 | 330 | 660 | 990 |
| 产量/(t/hm²) | 79.9 | 73.4 | 93 | 98.8 |
| 相对产量/% | 100 | 91.9 | 116.4 | 125.5 |
| 增产/% | — | −8.1 | 16.4 | 25.5 |

\* 施肥量为氮磷钾总养分量（其中漫灌冲肥处理比例为 N：$P_2O_5$：$K_2O$=4：1：6，滴灌所有处理比例为 N：$P_2O_5$：$K_2O$=7.5：1：11）。

除了低肥处理之外，滴灌施肥产量比漫灌冲肥均有所增加；滴灌高肥处理施肥量与漫灌施肥处理相差不大，但产量显著增加 26%；滴灌中肥处理施肥量仅为漫灌冲肥的 65%，产量却增加 16%（表 48-9）。说明采用滴灌施肥在减少养分投入的情况下，提高番茄产量，达到高产、高效的目的。

在樱桃番茄整个生育期内，漫灌处理灌水量为 4 800 m³/hm²（表 48-10）；滴灌处理较漫灌处理灌水量降低 2 340～2 450 m³/hm²，节水 50% 左右（表 48-10）。由于滴灌处理灌水量大幅度减少和产量有所增加，滴灌中肥处理和滴灌高肥处理实现了增产和灌溉水高效利用的统一，在增加产量 16%～26% 的同时，水分利用效率提高了 1.3～1.4 倍（表 48-10）。

不同灌溉施肥方法之间番茄果实的维生素 C 含量差异不大（表 48-11）；采用滴灌施肥，樱桃番茄果实可溶性糖含量均高于漫灌冲施肥方法。果实的糖酸比，能够很好地体现樱桃番茄可食部分的风味，滴灌施肥处理的糖酸比均高于漫灌冲施肥方式（表 48-11）。

表 48-10

不同灌溉施肥方式樱桃番茄的水分利用效率

| 处理 | 灌水量/(m³/hm²) | 节水量/(m³/hm²) | 水分利用效率/(kg/m³) |
|------|------|------|------|
| 漫灌冲肥 | 4 800 | | 16.6 |
| 滴灌低肥 | 2 340 | 2 460 | 31.3 |
| 滴灌中肥 | 2 390 | 2 410 | 38.9 |
| 滴灌高肥 | 2 460 | 2 340 | 40.2 |

表 48-11

不同灌溉施肥方式番茄果实的品质

| 处理 | 维生素 C/(mg/100 g) | 可溶性糖/% | 可滴定酸度/% | 糖酸比 |
|------|------|------|------|------|
| 漫灌冲肥 | 23.55 | 6.47 | 0.43 | 15.05 |
| 滴灌低肥 | 23.55 | 6.89 | 0.42 | 16.4 |
| 滴灌中肥 | 23.34 | 6.78 | 0.41 | 16.54 |
| 滴灌高肥 | 23.43 | 6.69 | 0.42 | 15.93 |

综上,采用滴灌施肥在增产 16%～26% 的基础上,节约灌溉用水 49%～51%,提高水分利用效率 1.3～1.4 倍,可达 39 kg/m³ 左右;增加了果实含糖量与糖酸比,并保证了维生素 C 的营养价值。可见滴灌施肥因为实现了适时适量、少量多次的策略,在保证和增加产量的同时,极大程度地减少了水分和养分的投入量,从而实现了作物高产、资源高效的生产目的。

2. 滴灌施肥在大果番茄上的应用

通过分析统计 2008—2012 年数据得出,滴灌施肥使每年的化肥($N + P_2O_5 + K_2O$)投入由漫灌施肥的 5 557 kg/hm² 降低到 2 056 kg/hm²,降幅达 63%。同时灌水量由 1 150 mm 降低到 580 mm(图48-10)。

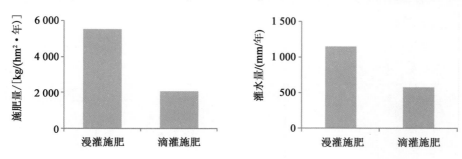

图 48-10　2008—2012 年间不同灌溉施肥模式平均年施肥量和灌水量

水肥投入的大幅降低,并没有导致番茄产量的降低。2008—2011 年期间,漫灌施肥和滴灌施肥平均每季产量分别为 74.7 和 81.1 t/hm²,滴灌施肥处理显著提高化学氮肥的偏生产力,同时使水肥利用效率增加近 1 倍(表48-12)。与漫灌施肥相比,2008—2009 年滴灌施肥使经济效益提高 20% 以上(表48-12)。

表 48-12

不同灌溉施肥模式下产量及水肥利用情况

| 处理 | 产量<br>/[t/(hm²·季)] | 化学氮肥偏生产力<br>/(kg/kg) | 水分利用效率<br>/(kg/m³) | 净经济效益<br>/[元/(亩·年)] |
|------|------|------|------|------|
| 漫灌施肥 | 74.7 | 86.8 | 14.5 | 21 707 |
| 滴灌施肥 | 81.1 | 446 | 27.7 | 27 665 |

滴灌施肥模式显著降低矿质态氮在土壤剖面的累积,土壤 0~100,100~200 和 200~300 cm 剖面分别显著降低 30%,40% 和 41%(图 48-11)。滴灌施肥使水分仅润湿耕层 0~30 cm 土层土壤,理论来说不会造成水肥向土壤下层的运移,在生长过程中土壤剖面 90 cm 处用渗漏计取不到渗漏液也证明水肥损失很少。滴灌施肥处理 200~300 cm 处的矿质态氮的累积是因为每年夏季休闲期间的高温闷棚(杀菌灭虫洗盐)期间和定植后都要进行一次大水漫灌所致。高温闷棚前的一次大水漫灌使滴灌施肥模式下 0~30 cm 矿质态氮的量由 436 kg/hm² 降低到 305 kg/hm²(图 48-12)。由此可见,滴灌施肥模式下,仍采用传统的高温闷棚和浇定植水等措施仍然导致部分肥料的淋溶损失。

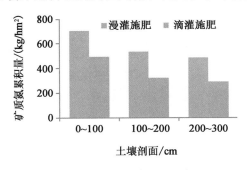

图 48-11 不同灌溉施肥模式对土壤 0~300 cm
剖面矿质态氮累积的影响

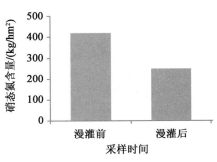

图 48-12 漫灌对土壤 0~30 cm
硝态氮含量的影响

氮素表观平衡是评价氮肥合理施用与否的关键,也是优化氮肥管理技术的重要指标。在估算氮素表观平衡时,为了比较客观地反映有机肥矿化所提供的植物有效性氮量,必须考虑有机肥矿化率。借鉴文献报道,本文在计算氮素表观平衡时,将有机肥氮素年矿化率假定为 40%。传统漫灌处理中,番茄氮素吸收量占总氮素输入量的 14%,滴灌处理条件下,番茄氮素吸收量占总氮素输入量显著提高到 32%~35%(表 48-13)。漫灌处理全年氮素表观盈余高达 1 024 kg N/hm²,而与其相比,滴灌处理全年平均氮素表观盈余为 −74 kg/hm²(表 48-13);传统漫灌处理中过量的氮素投入并没有增加产量,反而导致土壤中氮素盈余较高,增加了氮素淋洗的风险。

表 48-13

**2008—2009 年两种灌溉体系表观氮素(N)平衡**                                                                                     kg/hm²

| 处理 | 氮素输入 | | | | | 氮素输出 | | 表观氮平衡 |
| | 移栽前 0~90 cm 矿质氮 | 有机肥 | 化学氮肥 | | 灌溉水带入氮 | 作物吸收氮量 | 收获后 0~90 cm 矿质氮 | |
| | | | 基肥 | 追肥 | | | | |
| 秋冬季 | | | | | | | | |
| 滴灌施肥 | 407a | 242 | 0 | 163 | 39 | 193a | 572B | −59 |
| 漫灌施肥 | 482a | 242 | 346 | 689 | 43 | 152b | 1 339A | 166 |
| 冬春季 | | | | | | | | |
| 滴灌施肥 | 572b | 263 | 0 | 136 | 32 | 257a | 604b | −16 |
| 漫灌施肥 | 1 339a | 263 | 303 | 338 | 76 | 246a | 1 039a | 876 |
| 全年 | | | | | | | | |
| 滴灌施肥 | 407a | 505 | 0 | 299 | 72 | 450a | 604b | −74 |
| 漫灌施肥 | 482a | 505 | 649 | 1 027 | 119 | 398a | 1 039a | 1 042 |

虽然滴灌施肥省肥、省水、高产、高效,但在实际应用推广中存在系统对灌溉水质和肥料要求较高、灌溉设备动力不匹配(尤其是定频泵的出水量明显地高于单独某一农户滴灌出水总量)等问题限制了

其在日光温室的应用发展。另外滴灌施肥技术属于精准农业的范畴,在使用过程中应该有与之相配套的作物生产管理决策系统(农艺措施),以及决策数据来源,比如土壤温度、水分记录等。但是,目前尚缺乏针对设施蔬菜的农艺措施。这也是为什么农民不接受滴灌施肥系统或者是废弃该系统的原因。在调查中发现,农民普遍反映秋冬季滴灌施肥效果要好于冬春季,究其原因是冬春季作物耗水、需肥多,由于缺乏农艺指导,滴灌施肥容易导致水分暂时的亏缺,影响产量。因此,针对不同作物、在不同的生长条件下提出相应的农艺措施是滴灌施肥发挥其优势的必然。

### 48.3.3　微喷灌的推广与应用

为了发挥滴灌施肥省水省肥、省工的特点,又避免灌溉系统与动力不匹配、滴灌模式下不合理的农艺管理降低产量等问题,在实际生产中发展了微喷灌模式(图 48-13;彩图 48-13),该模式单位时间出水量大,对压力要求不敏感。据调查,2010 年寿光有 7 000 多亩日光温室采用微灌施肥模式,到 2014 年,寿光有约 4 万亩日光温室采用微灌施肥模式,其中微喷灌和滴灌分别占 87% 和 13%。微喷灌模式主要包括双管微喷带工程模式和单管微喷带工程模式等。通过调查分析,微喷灌模式在保证作物产量和经济效益前提下,降低肥料施用量 30%～50%(表 48-14)。

图 48-13　微喷灌在设施栽培中的应用

表 48-14

| 微喷灌节肥效果 | | | | | kg/亩 |
|---|---|---|---|---|---|
| 作物 | 灌溉方式 | N | P₂O₅ | K₂O | 总养分量 |
| 黄瓜 | 漫灌施肥 | 63 | 50 | 80 | 192 |
| | 微喷灌施肥 | 48 | 35 | 52 | 135 |
| 番茄 | 漫灌施肥 | 64 | 47 | 76 | 187 |
| | 微喷灌施肥 | 34 | 23 | 38 | 95 |

## 48.4　设施番茄水肥优化管理技术

以往氮素根层调控等施肥研究大多是在传统灌溉条件下进行的,大水漫灌不可避免地引发氮素的淋溶损失,导致根层调控氮素供应目标值偏高,因此在微灌施肥模式下,根层调控的氮素目标值应该进行优化,以进一步提高资源利用率。

### 48.4.1　以根层调控为核心的微灌施肥技术

本研究以冬春茬设施番茄为对象,以设施番茄生产体系氮素调控根层理论为基础。利用微灌施肥技术,研究根层水、肥综合调控对番茄产量、品质和土壤无机氮空间分布的影响,探索设施番茄水、肥调

控的养分管理技术,以提高水分和养分利用效率,为实现设施蔬菜最佳养分管理提供依据。试验设 4 个处理,分别为:

(1)传统水氮处理($W_1C$)  根据对当地农户调查的结果,整个生育时期共追施化学氮肥 5~6 次,每次施氮量 120 kg/hm²;灌溉采用当地传统漫灌,灌溉量由农户决定。

(2)传统灌溉+氮素根层调控处理($W_1S$)  在番茄的整个生育时期,通过测定根层硝态氮含量和灌溉水带入的氮素,调节施用化肥氮肥的数量,使根层土壤硝态氮浓度达到本章第三节中提出的根层养分供应目标值(式 4-1)。其中秋冬茬番茄第一、二穗果膨大期每次追肥时推荐的氮素供应目标值为 200 kg/hm²,第三、四、五穗果膨大期则为 250 kg N/hm²,灌溉量和方式与传统水氮处理相同。

$$追氮量 = 氮供应目标值 - 0~30\ cm\ 土壤\ NO_3^- \text{-}N - 灌溉水带入氮素 \tag{4-1}$$

(3)田间最大持水量+氮素追施调控处理($W_2S$)  每次灌溉前测定根层土壤(0~30 cm)的含水量,根据式(4-2)计算每次灌至田间最大持水量的灌溉量,采用小管出流的微灌方式,氮素追施调控同 $W_1S$ 处理。

$$灌溉量 = 0.3\ m \times 土壤容重 \times (田间最大持水量 - 土壤实际含水量) \tag{4-2}$$

(4)固定灌溉额+氮素追施调控处理($W_3S$)  根据土壤质地确定每次的灌溉量为 39 mm,氮素追施调控和灌水施肥方式同 $W_2S$ 处理。

试验选用的肥料品种分别为尿素(46% N)、普钙(12% $P_2O_5$)和硫酸钾(52% $K_2O$)。各处理磷、钾肥施用均按农民传统进行,磷肥施用量为 200 kg $P_2O_5$/hm²,全部作基肥施用,均匀撒施后翻耕;钾肥则全部作追肥,与氮肥混合施用,每次追施 80 kg $K_2O$/hm²。幼苗定植后,由于天气持续高温干旱,第一次追肥前的三次灌溉仍采用农民传统的大水漫灌,三次灌溉总量为 285 mm,从第一次追肥开始对 $W_2S$ 和 $W_3S$ 处理进行优化灌溉。

**1.水肥投入与产量**

与传统灌溉相比,微灌施肥措施下($W_2S$ 和 $W_3S$)果实膨大期灌水量分别减少 46% 和 30%,整个番茄生育期减少灌水量 25% 和 16%(表 48-15),但对产量没有影响(表 48-16)。微灌施肥措施下($W_2S$ 和

**表 48-15**

不同处理灌溉量及施氮量

| 生育期 | 灌溉量/mm | | | | 施氮量/(kg/hm²) | | | |
|---|---|---|---|---|---|---|---|---|
| | $W_1C$ | $W_1S$ | $W_2S$ | $W_3S$ | $W_1C$ | $W_1S$ | $W_2S$ | $W_3S$ |
| 移栽—1st FCD²(1~38 d) | 285 | 285 | 285 | 285 | 0 | 0 | 0 | 0 |
| 1st FCD(39~47 d) | 55 | 55 | 24 | 39 | 120 | 68 | 77 | 55 |
| 2nd FCD(48~57 d) | 61 | 61 | 30 | 39 | 120 | 73 | 26 | 58 |
| 3rd FCD(58~72 d) | 61 | 61 | 40 | 39 | 120 | 34 | 45 | 54 |
| 4th FCD(73~84 d) | 61 | 61 | 31 | 39 | 120 | 48 | 36 | 46 |
| 5th FCD(85~106 d) | 49 | 49 | 26 | 39 | 60 | 15 | 0 | 36 |
| 6th FCD-收获(107~123 d) | 47 | 47 | 30 | 39 | 60 | 73 | 44 | 0 |
| 全生育期 | 619 | 619 | 466 | 519 | 600 | 311 | 228 | 249 |

$W_1$ 表示传统漫灌方式,$W_2$ 和 $W_3$ 表示小管出流;1st~6th FCD 表示第一至第六果穗膨大;同一行相同字母表示不同处理土壤含水量在 0.05 水平下差异不显著。

$W_3S$)灌溉水农学效益分别为 20.8 和 17.7 kg/m³,比传统灌溉提高 5.5 和 2.4 kg/m³(表 48-16)。其中,田间持水量+氮素根层调控处理($W_2S$)的灌溉水农学效益又显著高于固定灌溉额+氮素根层调控

处理（$W_3S$）。可见微灌处理水分供应满足作物高产、高效的要求。

在传统灌溉基础上进行氮素根层调控减少 48% 的氮肥投入。同样采用氮素根层调控技术，微灌施肥模式下（$W_2S$ 和 $W_3S$）氮肥投入量较漫灌施肥模式下（$W_1S$）降低 27% 和 20%（表 48-15）。这表明优化灌溉措施可进一步下调氮肥的投入量。由此可以通过减少灌溉量和氮肥投入量，减少农民的生产投入成本，相应增加农民的经济效益。

**表 48-16**

不同处理番茄产量及灌溉水农学效益

| 处理 | 产量/(t/hm²) | 灌溉量/(m³/hm²) | 灌溉水农学效益/(kg/m³) |
|---|---|---|---|
| 传统水氮管理 | 94.1a | 6 190 | 15.2c |
| 传统灌溉＋氮素追施调控 | 94.4a | 6 190 | 15.3c |
| 田间持水量＋氮素追施调控 | 97.1a | 4 660 | 20.8a |
| 固定灌溉额＋氮素追施调控 | 92.0a | 5 190 | 17.7b |

同一列带有相同字母表示不同处理的产量在 0.05 水平下差异不显著；灌溉水农学效益＝各处理产量/灌溉量；同一列带有相同字母表示不同处理的水分农学利用率在 0.05 水平下差异不显著。

**2. 表观氮素损失**

番茄属浅根系作物，根系主要分布在 0～30 cm 土层内。因此，本研究中土壤氮素供应主要考虑 0～30 cm 土层，移出 0～30 cm 土层的氮素视为损失。

传统施肥模式下氮素的投入是番茄地上部带走总量的 4 倍以上，过量氮肥投入造成每季氮素表观损失高达 892 kg/hm²（表 48-17）。与传统水肥处理（$W_1C$）相比，采用氮素根层调控处理（$W_1S$）表观氮素损失减少 30%。与漫灌＋根层调控相比，微灌＋根层调控处理（$W_2S$ 和 $W_3S$）的表观氮素损失分别减少 19% 和 17%（表 48-17）。

**表 48-17**

2006 年秋冬季设施番茄种植系统表观氮素损失　　　　　　　　　　　　　　　　　　　　　　　kg/hm²

| 处理 | 移栽前 0～30 cm 矿质氮 | 有机肥 | 氮肥＋灌溉水带入氮 | 作物携出 | 收获后 0～30 cm 矿质氮 | 氮素表观损失量 |
|---|---|---|---|---|---|---|
| $W_1C$ | 388 | 158 | 721 | 169a | 206a | 892 |
| $W_1S$ | 388 | 158 | 432 | 168a | 186a | 624 |
| $W_2S$ | 388 | 158 | 325 | 170a | 197a | 504 |
| $W_3S$ | 388 | 158 | 353 | 174a | 210a | 515 |

表观氮素损失＝（移栽前 0～30 cm $N_{min}$＋有机肥 N＋氮肥＋灌溉水带入氮）－（收获后 0～30 cm $N_{min}$＋作物地上部吸收氮素）；有机带入氮以全氮计；同一列带有相同字母表示收获后 0～30 cm 土壤 $N_{min}$ 在 0.05 水平下差异不显著。

综上可见，通过微灌施肥措施，每次灌水至田间最大持水量并结合氮素根层调控处理无论在经济效益（产量），还是在资源利用方面都为最佳。在此模式下，每次灌水量在 24～40 mm 之间，平均为 30 mm，每次追施的氮肥为 26～77 kg/hm²，共追施 4 次，平均每次 46 kg/hm²。

为了使日光温室优化水肥管理更具有可操作性，在总结前期和本试验基础上得出，日光温室番茄每次灌水 30 mm 即可满足番茄对水分的需求；在考虑当地灌溉水带入氮素和作物氮素需求特征的情况下，认为设施番茄冬春季和秋冬季的关键施肥期分别为 4 月和 10 月，在此期间每隔 7～10 d 进行一次追肥，总共进行 3～4 次追肥，每次的氮肥追施量为 50 kg/hm² 为宜。

### 48.4.2　设施番茄水肥优化管理应用

于 2009 年进行了基于根层调控的微喷灌施肥试验。对于前面试验提出的灌水量 30 mm，施肥量

$50 \text{ kg/hm}^2$ 进行了试验验证，以保证该指标不会造成减产。

试验设置三个处理：

(1)传统灌溉施肥($W_1FC$)　传统灌水施肥处理，灌溉方式为漫灌。

(2)对照($W_2F_0$)　膜下微灌，只施有机肥，不施化学氮肥。番茄整个生育期灌溉 10 次，移栽时所有处理灌溉量为 60 mm，以后每次灌溉量为 30 mm。

(3)定额水肥调控($W_2F_S$)　膜下微灌，灌溉制度和有机肥施用与对照相同，在 3 月底和 4 月追氮肥 4 次，每次 $50 \text{ kg/hm}^2$。

对照、水肥定额调控追肥时间及钾肥用量相同，钾肥每次追施 $107 \text{ kg/hm}^2$，追 4 次。

**1. 水肥投入情况分析**

与传统灌溉施肥相比，番茄生长期内，微灌施肥节水 29%。传统施肥措施下单季 N，$P_2O_5$ 和 $K_2O$ 施用量达 1 046，383 和 $1 020 \text{ kg/hm}^2$；定额水肥调控处理三者施用量分别为 430，93 和 $589 \text{ kg/hm}^2$，分别较传统处理减少 59%，76% 和 42%（表 48-18）。可见，采用微灌施肥模式，结合定额养分调控措施，可以大幅度减少化学肥料投入，但对番茄产量没有影响（表 48-19）。

表 48-18

施肥与灌水统计

| 日期/(月/日) | 施肥量(N-$P_2O_5$-$K_2O$)/(kg/hm²) | | | 灌溉量/mm | | |
| --- | --- | --- | --- | --- | --- | --- |
| | $W_1F_C$ | $W_2F_0$ | $W_2F_S$ | $W_1F_C$ | $W_2F_0$ | $W_2F_S$ |
| 1/18 | 299-121-209 | 230-93-161 | 230-93-161 | | | |
| 1/24 | | | | 60 | 60 | 60 |
| 2/14 | | | | 45 | 30 | 30 |
| 3/6 | | | | 45 | 30 | 30 |
| 3/20 | 122-70-122 | 0-0-107 | 50-0-107 | 45 | 30 | 30 |
| 3/30 | 96-32-32 | | | 45 | 30 | 30 |
| 4/10 | 128-40-160 | 0-0-107 | 50-0-107 | 45 | 30 | 30 |
| 4/18 | 128-40-160 | | | 45 | 30 | 30 |
| 4/31 | 128-40-160 | 0-0-107 | 50-0-107 | 45 | 30 | 30 |
| 5/10 | 128-40-160 | 0-0-107 | 50-0-107 | 45 | 30 | 30 |
| 5/19 | | | | 45 | 30 | 30 |
| 总计 | 1 046-383-1 020 | 230-93-589 | 430-93-589 | 465 | 330 | 330 |

表 48-19

根层调控技术的肥料偏生产力和经济效益

| 处理 | 产量 /(t/hm²) | 氮肥偏生产力 /(kg/kg) | 产值 /(万元/hm²) | 成本 /元 | 利润 /(万元/hm²) |
| --- | --- | --- | --- | --- | --- |
| $W_1F_C$ | 98.1 | 94 | 35.3 | 75 600 | 28 |
| $W_2F_0$ | 95.6 | 415 | 34.4 | 5 631 | 33 |
| $W_2F_S$ | 98.9 | 230 | 35.6 | 34 327 | 32.2 |

单位养分(N-$P_2O_5$-$K_2O$)产量＝产量/肥料投入(N-$P_2O_5$-$K_2O$)

**2. 经济及环境效益分析**

传统模式和定额水肥调控下氮肥的偏生产力分别为 94 和 $470 \text{ kg/kg}$，定额调控提高了 4 倍。虽然定额调控措施增加了灌溉设备费用,但节水节肥,使得每公顷每季利润较传统处理高 4 200 元,对于农户来说,一年可增加收入 1 680 元(按一年两季,每户两棚 3 亩为例)。另外,微灌施肥可降低农民劳动力成本,提高劳动效率(表 48-19)。

土壤中硝酸盐淋失与施肥和灌水有密切关系,在传统大肥大水的情况下,土壤无机氮的淋失严重,水肥定额调控土壤剖面无机氮含量明显低于传统处理,有效地减少氮素的淋失(图 48-14)。

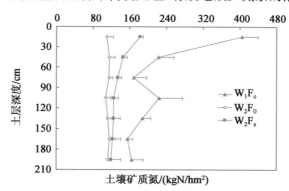

图 48-14 不同水肥管理对土壤剖面矿质氮含量的影响

可见在前期根层调控的基础上,为了便于农民操作,将每次灌溉量定为 30 mm,每次施氮量 50 kg/$hm^2$,在果实膨大期追施 4 次的定额水肥调控措施节水节肥,并且保证番茄产量,减少矿质氮淋溶,达到高效、生态环保的目的。

## 48.5 设施土壤退化及修复技术与应用

### 48.5.1 设施土壤退化现状

随着种植年限的延长,不合理的管理措施,导致土壤退化严重,主要表现为土壤酸化、次生盐渍化、土壤碳氮比低及养分供应失调等,直接影响到了蔬菜产业的可持续发展。

与粮田相比,寿光设施菜田土壤 C/N 比下降 2.4 个单位,菜田土壤碳素输入的量是农田输入量的 1.9 倍,而氮素投入量是农田投入量的 8.5~9.9 倍(表 48-20),设施菜田投入的 C/N 比为是菜田土壤 C/N 比下降的重要原因。

表 48-20

菜田与粮田土壤碳、氮变化的对比

| 年份 | 土壤利用类型 | 样本数 | 有机质/(g/kg) | 全氮/(g/kg) | C/N | 碳变化/% | 氮变化/% | C/N 变化/% |
|------|------|------|------|------|------|------|------|------|
| 1980 | 粮田 | 14 048 | 10.3 | 0.68 | 8.8 | 0 | 0 | 0 |
| 2005 | 粮田 | 947 | 13.7 | 0.86 | 9.6 | 34 | 26 | 10 |
| 2005 | 设施菜地 | 509 | 17.8 | 1.47 | 7.2 | 73 | 116 | −18 |

土壤氮含量的增加和 C/N 比的下降,伴随着设施菜田土壤明显的酸化和盐渍化。寿光设施蔬菜栽培土壤 pH 平均为 6.86,而露天菜地与自然土则分别为 7.86,7.68,设施栽培后土壤的 pH 明显低于露天菜地和自然土(表 48-21)。大量的施肥使 pH 由新棚的 7.69 逐步下降至 13 年棚龄的 4.31(图 48-15)。

设施蔬菜栽培土壤的总盐分明显高于露天菜地和自然土,设施菜地土壤全盐含量为 2.47 g/kg,比

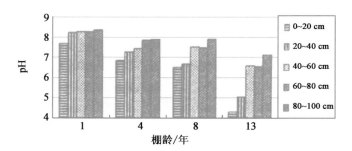

图 48-15　不同棚龄不同土壤层次 pH 变化

自然土壤提高近 1 倍(表 48-21)。可见,设施蔬菜栽培土壤有明显的酸化与次生盐渍化现象,如不及时治理将可能影响蔬菜的产量和品质,并严重制约该地区设施农业的可持续发展。

表 48-21

山东寿光市设施菜地的 pH 与盐分含量

| 土壤利用方式 | 调查样本数 | pH | | | 总盐分/(g/kg) | | |
|---|---|---|---|---|---|---|---|
| | | 平均值 | 标准差 | 变异系数/% | 平均值 | 标准差 | 变异系数/% |
| 设施菜地 | 28 | 6.86 | 0.63 | 9.16 | 2.47 | 0.7 | 28.29 |
| 露天菜地 | 3 | 7.86 | 0.32 | 3.52 | 1.17 | 0.59 | 50.19 |
| 自然土 | 3 | 7.68 | 0.59 | 7.67 | 1.41 | 0.44 | 30.82 |

日光温室蔬菜生产受栽培技术和销售渠道的影响,栽培模式单一,这种单一的栽培模式虽然在短期内可以带来可观的收益,但随着种植年限的增加,以及水肥的过量投入,不同程度地出现了由于营养失衡、致病菌积累等引起的土壤质量下降问题,进一步引起栽培作物生理病害、产量和品质下降等问题,即所谓的连作障碍现象。

长期以来蔬菜生产一直重视氮磷钾元素的施用,忽略了中微量元素的补充。以往北方土壤一直很少出现镁元素的缺乏,但近几年我国北方设施番茄也出现了缺镁症状,对番茄产量和品质造成了较大影响。据统计,寿光设施番茄秋冬季有 50% 以上的植株有缺镁症状。经研究表明,土壤交换性钾离子的显著增高可能是导致设施番茄缺镁的因素之一。

### 48.5.2　设施土壤退化修复技术

#### 1.施用高碳氮比秸秆土壤修复技术

通过总结 2008—2011 年试验数据得出,施用秸秆($8\sim9$ t/hm²)显著增加番茄每季产量,增幅为 5% 左右,同时提高氮肥偏生产力和水分利用效率(表 48-22)。

表 48-22

外源高碳氮比秸秆对番茄产量及水肥利用的影响

| 处理 | 产量/(t/hm²) | 化学氮肥偏生产力/(kg/kg) | 水分利用效率/(kg/m³) |
|---|---|---|---|
| 加秸秆 | 79.5a | 272a | 21.6a |
| 未加秸秆 | 75.9b | 261b | 20.6b |

施入碳氮比高的小麦秸秆显著降低 $0\sim180$ cm 土壤剖面矿质态氮含量(图 48-16)。在传统施肥和优化施肥模式下施用小麦秸秆使 $0\sim180$ cm 土壤剖面累积的矿质氮分别显著降低 836 和 473 kg/hm²,尤其在 $90\sim180$ cm 土层中,施用秸秆后较不施秸秆显著降低 443 和 437 kg/hm²(图 48-17)。

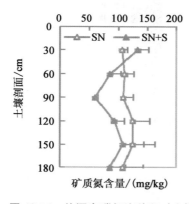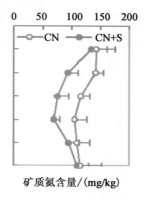

图 48-16　外源高碳氮比秸秆对土壤 0～180 cm 剖面矿质态氮含量的影响

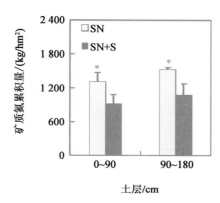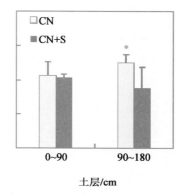

图 48-17　外源高碳氮比秸秆对土壤 0～180 cm 剖面矿质态氮累积量的影响

通过分析 2013 年冬春季和秋冬季硝态氮的淋失得出，根层调控基础是施用秸秆，使秋冬季和冬春季番茄生育期硝态氮淋失分别减少 20 和 48 kg/hm²（图 48-18），传统水肥管理基础上施用外源秸秆使秋冬季和冬春季番茄生育期硝态氮淋失分别减少 15 和 34 kg/hm²（图 48-18）。这说明施用高碳氮比有机物料有利于氮素的保持，减少氮素损失，对提高改善土壤质量和减少氮素对环境的影响都有积极意义。

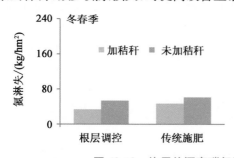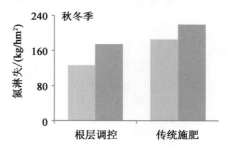

图 48-18　施用外源高碳氮比秸秆对硝态氮淋失的影响

### 2. 填闲作物阻控硝酸盐淋溶技术

填闲作物是指主要作物收获后，在多雨季节种植以吸收土壤氮素、降低氮素淋溶损失，并将所吸收的氮转移给后季作物的作物。利用填闲作物来减少氮淋溶的思想早在 20 世纪初就已被提出了，随着氮素过量施入及硝酸盐淋溶愈来愈严重，近几年又引起研究者们的兴趣。对于我国北方来说，夏季高温多雨，许多露地喜凉蔬菜无法种植，这个时期又是硝酸盐淋溶敏感期，若种植填闲作物，吸收土壤中残留的大量氮素，将能有效防止氮素淋溶。Vos 等通过试验表明，填闲作物能非常有效地吸收土壤淋溶液中的氮，吸收量可达 190 kg/hm²（纯氮计）。Gustafson 等通过试验表明，在主作物生长季节之外种植填闲作物一年可降低 75％的 $NO_3^-$ 淋溶损失,在接下来的一年中降低 50％左右。除此之外,种植填闲作物对缓解土壤盐渍化、减轻或消除连作障碍都有积极意义。因此,通过选择合适的填闲作物,通过其对土壤硝酸根的吸收利用,阻控硝态氮向地下水的淋溶对于保护环境和提高肥料利用率以及改善土壤质量都有重要意义。

试验于 2005 年 6 月至 2006 年 9 月在山东省寿光市圣城街道办事处西玉村进行。在日光温室夏季休闲期间,分别种植了玉米和大葱作为填闲作物(填闲—黄瓜—填闲),探索了填闲作物对土壤硝态氮的淋溶阻控作用,并评价了填闲作物的经济效益。

通过 2005 年、2006 年两年的试验结果表明,玉米对土壤残留氮素的利用率较大葱处理高出 1～1.5 倍(表 48-23);2006 年在 2005 年的基础上继续种植填闲作物,虽然地上部生物量以及氮素吸收量均有所降低,但是两种填闲作物的氮素利用率较 2005 年均有提高,这与连续种植填闲作物、本季作物收获后氮素残留较少有关系。

表 48-23
填闲作物收获时生物量、吸氮量及氮素吸收效率

| 年份 | | 生物量/(t/hm²) | 吸氮量/(kg/hm²) | 氮素吸收效率/％ |
| --- | --- | --- | --- | --- |
| 2005 | 玉米 | 18.5 | 225.8 | 19.8 |
| | 大葱 | 4.9 | 115.3 | 10.1 |
| 2006 | 玉米 | 11.3 | 133.9 | 21.4 |
| | 大葱 | 3.9 | 93.3 | 13.7 |

氮素吸收效率＝吸氮量×100％/(种植前 0～120 cm 矿质氮累积量)

在填闲作物生长季节中没有施用任何肥料,但玉米、大葱仍获得了较好的经济产量,分别达到 8.5,54 t/hm² 以上;种植玉米、大葱没有影响下茬蔬菜的产量以及外观品质。

不施肥情况下,玉米、大葱吸氮量分别达到 133,93 kg/hm² 以上(表 48-23)。2005 年经过一季填闲作物的种植,0～120 cm 各土层硝态氮含量均降到 135 kg/hm² 以下,2006 年降到 90 kg/hm² 以下,明显低于休闲处理,已经不会引起较强的硝酸盐淋失。与休闲相比不但提高了氮肥的利用率,减少了氮素的淋洗,而且还有较好的经济效益。

### 3. 土壤调理剂应用成效

2009 年以寿光市古城街道金旺村和寿光市圣城街道罗家村已经酸化的设施菜地作为试验点。采用土壤调理剂 A(石灰氮,钙镁磷肥,草木灰,菱镁矿,按重量比配比混合而成)和石灰进行了酸化土壤的改良试验。施用调理剂 A 和生石灰后作物的产量有所增加,但差异不显著。相较基础土样,五个处理土壤的 pH 均呈升高趋势,其中施用生石灰和调理剂 A 两个处理 pH 升高最多,说明生石灰和调理剂 A 对改良土壤酸化均有明显效果(图 48-19)。

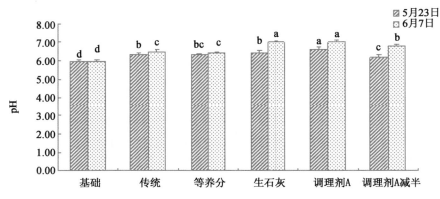

图 48-19　施用调理剂对土壤 pH 的影响

## 48.6　设施番茄高产高效综合技术

在前期大量研究的基础上,结合氮素根层调控技术、微灌施肥技术、退化土壤修复技术等,提出了设施番茄高产高效综合水肥管理技术,初步构建了在目标总产量为 150 t/hm² 时的"冬春季—夏季休闲—秋冬季"寿光典型的一年两季设施番茄种植体系的优化水氮管理模式,并进行了示范试验。

### 48.6.1　冬春季设施番茄优化水氮管理模式

**1. 播种育苗**

冬春季番茄在 11 月下旬或 12 月上旬播种育苗。

**2. 翻地施肥**

从上季番茄收获拉秧到冬春茬番茄定植之间只有 10~15 d,要及时整地,时间在 1 月底至 2 月初。整地前基施有机肥,一般施用风干鸡粪 6~10 t/hm²,普钙 1.5 t/hm²(200 kg/hm² P₂O₅),均匀撒施后翻耕,翻耕深度 20~30 cm,翻地后及时关闭风口闷棚 7~10 d。

**3. 移栽定植**

在番茄幼苗 3~4 片真叶展开时及时定植(约 2 月上旬)。冬春季栽苗时注意适度深栽,第一真叶以下部位可全部栽入土中,埋深约 10 cm。

**4. 水肥管理**

冬春茬番茄定植初期,外界温度低,为保证棚内温度,农户要关闭风口、加盖草苫,导致大棚通风较差。要避免因过量灌溉施肥造成棚内湿度过大,减少霉病和疫病的发生概率。

制定冬春茬番茄水肥管理模式如下:移栽灌水每亩 60 m³,移栽后 1 个月左右,浇水一次,灌溉量每亩 50 m³,前两次灌溉采用农民传统的大水漫灌,从第 3 次灌溉(3 月中旬)开始采用微灌(小管出流、微喷灌和滴灌),每次灌溉量为 13 m³。第一穗果实直径 2~3 cm 大小前,可适度控水蹲苗,防止徒长。待第一穗果实长至"乒乓球"大小时(3 月下旬)再开始进行灌水追肥。但是在我国北方地区,3 月下旬经常会出现阴雨天气,考虑到有机肥的养分释放特点以及灌溉水氮素的带入,因此在第一穗果时不进行追肥,这也就要求在 3 月底到 4 月上旬第二穗果实膨大时需要及时地追肥以满足作物正常生长的需要,追施氮肥 50 kg/hm²(图 48-20)。此后根据植株长势和天气状况在第三、四、五穗果实膨大期各追肥一次,共追肥 3~4 次,每次追施 50 kg N/hm²。进入 5 月之后,作物的氮素吸收减缓,此时起土壤温度逐渐升高,通过土壤和有机肥的矿化基本能满足其生长,并不需要追肥。追肥结束至收获拉秧前,根据天气状况和棚内土壤干旱情况,可酌情灌溉 2~3 次,每次灌溉量每亩 20 mm。钾肥全部作追肥,每穗果实膨大期各追施 80 kg K₂O/hm²。

### 48.6.2　秋冬季设施番茄优化水氮管理模式

**1. 播种育苗**

秋冬季番茄在 6 月下旬或 7 月上旬播种育苗。

**2. 翻地施肥**

上季番茄拉秧到秋冬季番茄定植之间有 50 d 左右的休闲时间。休闲季正值温度高、光照强的夏季,对存在根结线虫等问题的设施土壤需要通过秸秆—氰氨化钙(石灰氮)太阳能消毒处理。翻地(约 7 月初)时底肥施用风干鸡粪 8 t/hm²、普钙 1.5 t/hm²(200 kg P₂O₅/hm²)、石灰氮 900 kg/hm² 和秸秆 9 t/hm²(图 48-21)。同时为了增强石灰氮的消毒效果,可适当延长闷棚时间。

**3. 移栽定植**

在幼苗 3~4 片真叶展开时及时定植(7 月下旬或 8 月上旬)。秋冬茬番茄定植时夏季温度较高,埋

冬春茬

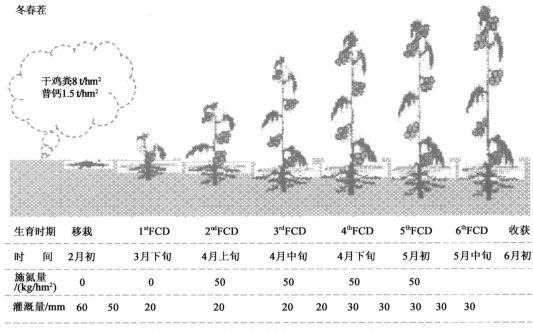

干鸡粪8 t/hm²
普钙1.5 t/hm²

| 生育时期 | 移栽 | | 1ˢᵗFCD | 2ⁿᵈFCD | 3ʳᵈFCD | 4ᵗʰFCD | 5ᵗʰFCD | 6ᵗʰFCD | 收获 |
|---|---|---|---|---|---|---|---|---|---|
| 时　间 | 2月初 | | 3月下旬 | 4月上旬 | 4月中旬 | 4月下旬 | 5月初 | 5月中旬 | 6月初 |
| 施氮量/(kg/hm²) | 0 | | 0 | 50 | 50 | 50 | 50 | | |
| 灌溉量/mm | 60 | 50 | 20 | 20 | 20 | 20 | 30 | 30 | 30　30　30 |

图 48-20　冬春季设施番茄优化水氮管理模式

根过深易导致根萎、根枯,栽苗时注意不能深栽,可待新根长出后再兜土作垄,同样使埋根深度达到 10 cm。

秋冬茬

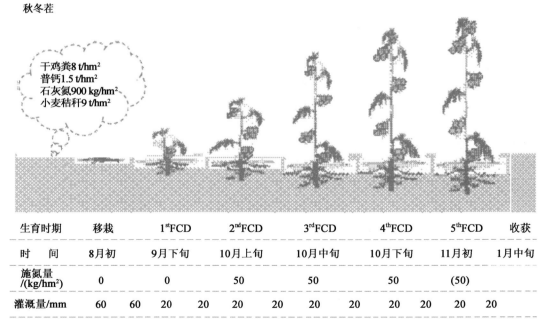

干鸡粪8 t/hm²
普钙1.5 t/hm²
石灰氮900 kg/hm²
小麦秸秆9 t/hm²

| 生育时期 | 移栽 | | 1ˢᵗFCD | 2ⁿᵈFCD | 3ʳᵈFCD | 4ᵗʰFCD | 5ᵗʰFCD | 收获 |
|---|---|---|---|---|---|---|---|---|
| 时　间 | 8月初 | | 9月下旬 | 10月上旬 | 10月中旬 | 10月下旬 | 11月初 | 1月中旬 |
| 施氮量/(kg/hm²) | 0 | | 0 | 50 | 50 | 50 | (50) | |
| 灌溉量/mm | 60 | 60 | 20　20 | 20　20 | 20　20 | 20　20 | 20　20 | 20 |

图 48-21　秋冬季设施番茄优化水氮管理模式

4.水肥管理

秋冬季番茄移栽时正值一年中最热的季节,定苗后大水漫灌的目的是调节温室微气候,保证幼苗的根系的活性以及促进土壤有益微生物的快速繁殖,同时缓解施用有机肥和化肥对秧苗造成的盐胁迫等影响。

制定秋冬季番茄水肥管理模式如下：移栽定植大水漫灌每亩 40 m³，7 d 左右再大水漫灌一次。而后采用微灌方式，根据番茄长势、天气状况和棚内土壤干旱情况，适时进行灌溉，每次灌溉量每亩 13 m³。当第一穗果长至"乒乓球"大小时开始进行灌水追肥，由于前期植株需氮量较小，而此时土壤温度较高，土壤和有机肥矿化能力较强，不追施任何氮肥。当番茄进入第二穗果实膨大期（9 月中旬）后，植株氮素吸收量增加，但考虑到小麦秸秆-氰氨化钙的施用，此时仍不追施任何化学氮肥。当番茄进入第 2，3，4 穗果实膨大期（10 月）时，由于植株生长较快且果实较多，植株需氮量增大，而此时外界温度逐渐降低，土壤供氮能力减弱，需要进行氮肥追施，每次氮肥追施量定为 50 kg N/hm²。秋冬季番茄一般留 5～6 穗，如果留六穗，可在第五穗果膨大至第六穗果实膨大期之间（11 月上旬）追施 50 kg/hm² 氮肥。考虑天气状况，8 月中旬至 9 月下旬可适量增加灌溉频率，每次灌溉量每亩 13 m³（图 48-21）。进入冬季后（11 月至翌年 1 月），外界气温和光照强度逐渐降低，番茄生长速度逐渐减缓，加之农民为保证棚温，开始拉封口、盖草苫，如果灌水较多，放风不及时，棚内湿度过大容易发生病虫害，可根据棚内情况酌情灌溉 2～3 次，灌溉量每亩 13 m³。钾肥全部作追肥，每穗果实膨大期各追施 80 kg/hm²。

### 48.6.3 设施蔬菜高产高效综合管理技术大面积应用效果

在潍坊寿光、昌乐、青州县市区，青岛的平度、胶州、胶南县市，烟台的海阳、招远、蓬莱等地建立多处示范基地，累计示范推广面积 22 万亩。与应用常规技术种植相比，综合管理技术使蔬菜产量平均每亩增加 380 kg，累计增产 8 641 万 kg，2007—2010 年推广面积和增产情况见表 48-24。采用该技术在减少投入成本的基础上，增加产量，提高经济效益。据统计，番茄每亩增加收入 773～1 295 元之间（表 48-25），平均每亩增收 1 011 元，取得显著经济效益。

表 48-24

设施蔬菜水肥优化管理技术推广面积和增产情况调查表

亩

| 地点 | 2007 年 | 2008 年 | 2009 年 | 2010 年 | 合计 | 平均增产/(kg/亩) | 累计增产/万 kg |
|---|---|---|---|---|---|---|---|
| 寿光市 | 13 640 | 22 760 | 29 520 | 41 560 | 107 480 | 360 | 3 836.8 |
| 青州市 | 3 200 | 4 460 | 5 020 | 6 400 | 18 880 | 425.7 | 803.8 |
| 昌乐县 | 1 800 | 3 560 | 4 260 | 5 520 | 15 140 | 377.7 | 571.8 |
| 安丘市 | — | 1 150 | 3 500 | 5 270 | 9 920 | 364.7 | 361.8 |
| 寒亭区 | — | 750 | 2 050 | 3 170 | 5 970 | 453.3 | 270.6 |
| 平度市 | — | 2 320 | 3 480 | 4 490 | 10 290 | 541.7 | 557.4 |
| 即墨市 | — | 600 | 1 400 | 2 500 | 4 500 | 446 | 200.7 |
| 胶州市 | — | 1 100 | 2 400 | 3 030 | 6 530 | 387.7 | 253.2 |
| 胶南市 | — | 2 000 | 4 000 | 5 900 | 11 900 | 326.5 | 388.5 |
| 招远市 | — | 3 500 | 5 500 | 8 280 | 17 280 | 377.8 | 652.9 |
| 海阳市 | — | 1 700 | 4 800 | 8 630 | 15 130 | 343 | 519 |
| 蓬莱市 | — | 1 000 | 1 700 | 2 500 | 5 200 | 431.5 | 224.4 |
| 合计 | 18 640 | 44 900 | 67 630 | 97 250 | 228 220 | 380 | 8 640.9 |

合计平均数为加权平均数。

表 48-25
设施蔬菜水肥优化管理大面积应用经济效益分析

| 地点 | 节约成本<br>/(元/亩) | 平均增产<br>/(kg/亩) | 平均价格<br>/(元/kg) | 增效益<br>/(元/亩) |
|---|---|---|---|---|
| 寿光市 | 183 | 360 | 2.3 | 1 011 |
| 青州市 | 316 | 425.7 | 2.3 | 1 295 |
| 昌乐县 | 208 | 377.7 | 2.4 | 1 114 |
| 安丘市 | 139 | 364.7 | 2.4 | 1 014 |
| 寒亭区 | 150 | 453.3 | 2.0 | 1 057 |
| 平度市 | 174 | 541.7 | 1.9 | 1 203 |
| 即墨市 | 120 | 446 | 2.0 | 1 012 |
| 胶州市 | 159 | 387.7 | 1.9 | 896 |
| 胶南市 | 153 | 326.5 | 1.9 | 773 |
| 招远市 | 158 | 377.8 | 1.9 | 876 |
| 海阳市 | 189 | 343 | 1.8 | 806 |
| 蓬莱市 | 120 | 431.5 | 2.0 | 983 |
| 合计 | 186 | 380 | 2.2 | 1 011 |

# 参考文献

[1] 曹文超,张运龙,严正娟,等. 种植年限对设施菜田土壤 pH 及养分积累的影响. 中国蔬菜,2012 (18):134-141.

[2] 樊兆博,刘美菊,张晓曼,等. 滴灌施肥对设施番茄产量和氮素表观平衡的影响. 植物营养与肥料学报,2011,17(4):970-976.

[3] 樊兆博. 寿光设施番茄滴灌施肥技术研究及农学效益分析:研究生论文. 青岛:青岛农业大学,2010.

[4] 高兵,李俊良,陈清,等. 设施栽培条件下番茄适宜的氮素管理和灌溉模式. 中国农业科学,2009,42 (6):2034-2042.

[5] 高兵,任涛,李俊良. 灌溉策略及氮肥施用对设施番茄产量及氮素利用的影响. 植物营养与肥料学报,2008,14(6):1104-1109.

[6] 高兵. 寿光一年两季设施番茄优化水氮管理模式的研究:研究生论文. 青岛:青岛农业大学,2008.

[7] 何飞飞,任涛,陈清,等. 日光温室蔬菜的氮素平衡及施肥调控潜力分析. 植物营养与肥料学报,2008,14(4):692-699.

[8] 何飞飞,肖万里,李俊良,等. 日光温室番茄氮素资源综合管理技术研究. 植物营养与肥料学报,2006,12(3):394-399.

[9] 何飞飞. 设施番茄周年生产体系中的氮素优化及环境效应分析:研究生论文. 北京:中国农业大学,2006.

[10] 雷宝坤,陈清,范明生. 寿光设施菜田碳、氮演变及其对土壤性质的影响. 植物营养与肥料学报,2008,14(5):914-922.

[11] 李俊良. 莱阳、寿光两种不同种植模式中蔬菜施肥问题的研究:研究生论文. 北京:中国农业大学,2001.

[12] 刘兆辉,江丽华,张文君,等. 山东省设施蔬菜施肥量演变及土壤养分变化规律. 土壤学报,2008,45 (2):296-303.

[13] 任涛. 设施番茄生产体系氮素优化管理的农学及环境效应分析:研究生论文. 北京:中国农业大

学,2007.

[14] 任智慧,陈清,李花粉,等.填闲作物防治菜田土壤硝酸盐污染的研究进展.环境污染治理技术与设备,2003,4(7):13-17.

[15] 任智慧,李花粉,陈清,等.甜玉米填闲减缓菜田土壤硝酸盐淋溶的研究.农业工程学报,2006,22(9):245-249.

[16] 汤丽玲,陈清,李晓林,等.日光温室秋冬茬番茄氮素供应目标值的研究.植物营养与肥料学报,2005,11(2):230-235.

[17] 汤丽玲.日光温室番茄的氮素追施调控技术及其效益评估:研究生论文.北京:中国农业大学,2004.

[18] 王闯,孙皎,王涛,等.我国蔬菜产业发展现状与展望.北方园艺,2014(4):162-165.

[19] 曾路生,高岩,李俊良,等.寿光大棚菜地酸化与土壤养分变化关系研究.水土保持学报,2010(4):157-161.

[20] 曾希柏,白玲王,苏世鸣,等.山东寿光不同种植年限设施土壤的酸化与盐渍化.生态学报,2010(7):1853-1859.

[21] 张宏威,康凌云,梁斌,等.长期大量施肥增加设施菜田土壤可溶性有机氮淋溶风险.农业工程学报,2013,29(21):99-107.

[23] 赵扩元.日光温室黄瓜种植体系土壤硝酸盐淋失的阻控措施研究:研究生论文.青岛:青岛农业大学,2007.

[24] 朱建华.蔬菜保护地氮素去向及其利用研究:研究生论文.北京:中国农业大学,2002.

[24] Gustafson A,Fleischer S,Joelsson A. A catchment-oriented and cost-effective policy for water protection. Ecological engineering,2000,14(4):419-427.

[25] Vos J,Van Der Putten P. Field observations on nitrogen catch crops. I. Potential and actual growth and nitrogen accumulation in relation to sowing date and crop species. Plant and Soil,1997,195(2):299-309.

（执笔人:梁斌　李俊良）

# 第49章

## 山东省大葱、生姜、大蒜高产高效施肥技术研究

## 49.1 山东省大葱高产高效施肥技术研究

### 49.1.1 典型试验研究

#### 49.1.1.1 高产条件下大葱干物质积累及养分吸收规律研究

通过试验研究不同氮素处理对山东章丘高产大葱的产量及其干物质积累和养分吸收规律的影响，并提出在当地管理措施条件下大葱的适宜氮素用量。

1. 材料与方法

(1)试验地概况 试验在山东章丘万新村进行，轮作体系为冬小麦—大葱。土壤为褐土，表层土壤(0～30 cm)有机质含量 13.5 g/kg、全氮 0.94 g/kg、速效磷 8.5 mg/kg、速效钾 109 mg/kg。0～30，30～60，60～90 cm 土层初始土壤无机氮含量分别为 34.2，34.9，22.9 kg/hm²。供试品种为农家自育种"万新一号"长白葱，2003 年 10 月 6 日育苗，2004 年 6 月 30 日移栽，定植行距为 75 cm，株距 4～5 cm，沟深 20～30 cm，种植密度 34.5 万株/hm²，11 月 18 日收获。试验期间降雨量 681 mm。

(2)试验设计 试验设 6 个处理(表 49-1)，在基施 8 000 kg/hm² 有机肥(全 N 20.6 g/kg，全 P 5.4 g/kg，全 K 15.7 g/kg，有机质含量为 23.4%)的基础上，分别设置 0，120，240，360，480 kg N/hm² 5 个氮素水平，同时设置一个不施有机肥和氮肥的对照处理。所有处理均为 3 次重复，小区面积为 22.5 m²。氮磷钾肥料分别采用尿素、重钙、硫酸钾，其中 20% 的氮肥、全部的有机肥、重钙和硫酸钾于定植前基施，即将基肥撒施到土壤表面后翻地、起垄后移栽。其余 80% 的氮肥分别于 8 月 8 日缓苗越夏期、9 月 16 日旺盛生长期、10 月 18 日假茎充实期按总氮量 19%，28%，33%，在距大葱根系 10～15 cm 处挖 3～5 cm 深的浅沟撒施尿素。试验大葱采用畦灌，全生育期灌溉量为 600 mm，其中第 1 次追肥前(缓苗越夏阶段)，没有灌溉；第 2 次追肥前灌溉量 100 mm；第 2、3 次追肥间灌溉量 250 mm；第 3 次追肥至收获时的灌溉量为 250 mm。从第 2 次追肥起，结合追肥进行培土。其他管理措施同当地农民生产习惯，整个生育期间没有喷施农药。

(3)测定项目及方法

①土壤样品分析:大葱定植前、每次追肥前在距大葱根系 10～15 cm 处采集 0～30，30～60 cm 土壤样品，迅速在实验室将鲜土过 5 mm 筛，用 0.01 mol/L CaCl₂ 浸提 1 h，过滤，滤液用流动分析仪法测

定土壤 $NH_4^+$-N 和 $NO_3^-$-N 含量,并同时用烘干法测定土壤水分含量。将基础土壤样品风干,过 1 mm 筛后采用常规法测定土壤速效磷、速效钾、pH 及有机质含量等。

表 49-1

2004 年在章丘进行大葱试验的不同氮素处理

| 处理 | 底肥(6 月 30 日) | | | | 追肥/(kg N/hm²) | | | 无机氮用量 (N)/(kg/hm²) |
| | 有机肥 /(kg/hm²) | 化肥/(kg/hm²) | | | 第一次 8 月 8 日 | 第二次 9 月 16 日 | 第三次 10 月 18 日 | |
| | | N | P₂O₅ | K₂O | | | | |
| --- | --- | --- | --- | --- | --- | --- | --- | --- |
| CK | 0 | 0 | 80 | 200 | 0 | 0 | 0 | 0 |
| MN0 | 8 000 | 0 | 80 | 200 | 0 | 0 | 0 | 0 |
| MN1 | 8 000 | 25 | 80 | 200 | 22 | 33 | 40 | 120 |
| MN2 | 8 000 | 50 | 80 | 200 | 45 | 65 | 80 | 240 |
| MN3 | 8 000 | 75 | 80 | 200 | 66 | 99 | 120 | 360 |
| MN4 | 8 000 | 100 | 80 | 200 | 90 | 130 | 160 | 480 |

②植株样品分析:分别在定植时(6 月 30 日)、8 月 8 日缓苗越夏期、9 月 16 日旺盛生长期、10 月 18 日假茎充实期和 11 月 18 日收获期等不同生长阶段,在每个小区取 0.75 m² 样品,用自来水冲洗干净后,除去多余的水分,测定生物产量。之后选取代表性样品于 105℃条件下杀青 30 min,然后在 70℃下烘干至恒重,称重。干样粉碎后分别采用 $H_2SO_4$-$H_2O_2$ 消煮,蒸馏法测定植株全氮、钒钼黄比色法测定全磷、火焰光度法测定全钾的含量。

2. 结果与分析

(1)大葱的产量及干物质积累特点　施氮明显地促进大葱的生长,表现在显著性提高大葱的产量。通过大葱各处理的氮素供应水平(氮肥施用量＋移栽前 0～60 cm 土层土壤无机氮数量)与大葱产量的相关关系分析(图 49-1),可以看出,在磷、钾肥供应充足的前提下,随着氮肥用量的增加,大葱的产量逐渐增加,采用 MCK,MN1,MN2,MN3,MN4 处理的平均产量拟合方程为:

$Y=-0.157X^2+145.95X+329\ 97$ $(R^2=0.835\ 9)$,通过计算得到最高产量供氮量为 465 kg/hm²。在本试验条件下,MN3 处理(360 kg/hm²)是该条件下的氮肥适宜用量,高产大葱的适宜氮素供应水平为 429 kg N/hm²。

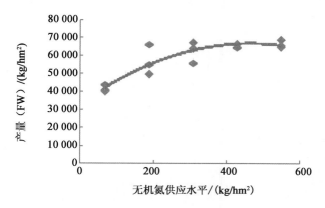

图 49-1　不同氮素供应水平对大葱产量的影响

大葱生长可分为缓慢生长期、葱白旺盛生长期和葱白充实期,从定植期到缓苗越夏期(定植后 40 d),大葱的干物质积累比较缓慢,但是从缓苗越夏期到旺盛生长期,直至收获,大葱干物质的积累呈线性上升趋势,旺盛生长期至假茎充实期大葱干物质的积累较前一阶段平缓,而从假茎充实期到收获期,干物质的积累量增加明显,可以看出大葱生长是无限生长。不同处理大葱干物质的积累规律基本一致,但积累量明显不同,不施氮肥 MN0 处理及对照处理在整个生育期间的干物质累积数量明显低于其他施氮肥处理。收获时,CK,MN0 处理间差异不显著,但与施无机氮处理均达到了 5% 的显著性水平。MN3,MN4 处理在整个生育期间干物质累积差异不明显,表现为最高产量水平下的累积。

以 MN3 处理为例,从定植到缓苗越夏期历时 40 d,由于试验点 2004 年 7 月至 8 月上旬的平均气温为 26.4℃,温度偏高,不利于大葱生长,该时期大葱生长缓慢,日均积累干物质量为 6.9 kg/hm²;而 8 月下旬至 10 月中旬,气温逐渐降低、昼夜温差增大,大葱生长量迅速增加,表现为该阶段的干物质日均积累量增加迅速,从缓苗越夏期到葱白充实期历时 63 d,日均积累干物质量为 46.27 kg/hm²;进入 10 月下旬以后,气温逐渐降低,大葱遇霜后,植株生长停止,大葱叶片中的有机物质继续向葱白中转运,进入葱白充实期,从葱白充实期到收获期经过 22 d,这阶段干物质的日积累量达到 133.13 kg/hm²。

(2)不同处理对大葱氮磷钾养分累积量的影响  大葱植株对氮磷钾养分累积吸收量变化见图 49-2。在基施 8 000 kg/hm² 有机肥(全 N 20.6 g/kg,全 P 5.4 g/kg,全 K 15.7 g/kg,有机质含量为 23.4%)的基础上,分别设置 0,120,240,360,480 kg N/hm² 5 个氮素水平,处理分别为 MCK,N1,N2,N3,N4。同时设置一个不施有机肥(处理 CK)和氮肥的对照处理。施用无机氮肥,增加了大葱对氮素的累积吸收量达 1.78 倍;随着氮肥用量的增加,大葱对氮素的吸收量增加,但差别不明显。氮肥的使用对大葱磷素累积吸收量没有规律性的影响。适量的氮肥可提高大葱对钾素的累积吸收量,过高则降低。N3 处理在移栽定植时、5 周后、11 周、15 周对氮(N)素的累积吸收量占总量的比例分别为:14%,

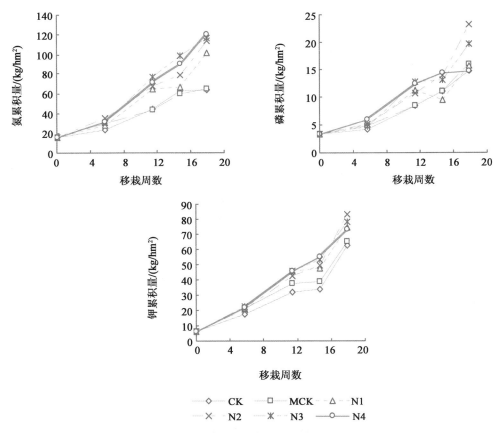

图 49-2  不同处理对大葱植株氮、磷、钾累积量的影响

26％,66％,85％;对磷(P)素的累积吸收量占总量的比例分别为:17％,24％,64％,66％;对钾(K)素的累积吸收量占总量的比例分别为:8％,29％,58％,68％。在本试验条件下,大葱对氮的吸收量最高,MN3处理累积了 N 116.92 kg/hm²,K₂O 94.50 kg/hm²,P₂O₅ 45.92 kg/hm²;氮(N)、磷($P_2O_5$)、钾($K_2O$)比例为:1:0.39:0.81;每生产 1 000 kg 大葱需从土壤中吸收氮(N)1.78 kg、磷($P_2O_5$)0.70 kg、钾($K_2O$)1.44 kg。

**3.结论**

试验条件下高产大葱的适宜氮素供应水平为 429 kg N/hm²。不同处理大葱干物质的积累规律基本一致,从缓苗越夏期到旺盛生长期之间,大葱干物质的积累呈直线上升趋势,旺盛生长期至假茎充实期干物质的积累较前一阶段平缓,而从假茎充实期到收获期,干物质的积累量增加明显。MN3 处理从定植到缓苗越夏期历时 40 d,日均积累干物质量为 6.9 kg/hm²;从缓苗越夏期到葱白充实期历时 63 d,日均积累干物质量为 46.27 kg/hm²;从葱白充实期到收获期经过 22 d,日均积累干物质量达到 133.13 kg/hm²。大葱植株体内氮磷钾养分含量前期高,后期逐渐降低。MN3 处理在定植到缓苗、缓苗到葱白开始充实、葱白充实到收获对氮、磷、钾的吸收比例分别为:1:0.08:1.12,1:0.12:0.44、1:0.37:1.42。施用无机氮肥,增加了大葱对氮素的累积吸收量;随着氮肥用量的增加,大葱对氮素的吸收量增加,但差别不明显。氮肥的使用对大葱磷素累积吸收量没有规律性的影响。适量的氮肥可提高大葱对钾素的累积吸收量,过高则降低。在本试验条件下,大葱对氮的吸收量最高,MN3 处理累积了 N 116.92 kg/hm²、K₂O 94.50 kg/hm²、P₂O₅ 45.92 kg/hm²;氮(N)、磷($P_2O_5$)、钾($K_2O$)比例为:1:0.39:0.81;每生产 1 000 kg 大葱需从土壤中吸收氮(N)1.78 kg、磷($P_2O_5$)0.70 kg、钾($K_2O$)1.44 kg。

### 49.1.1.2 不同施肥对大葱产量及品质的影响

在山东章丘大葱/小麦轮作典型种植制度下,通过不同施氮量试验,明确大葱的最佳施肥量以及不同施肥处理对大葱的维生素 C 和可溶性糖含量的影响。

**1.材料与方法**

(1)试验地概况 试验于 2007 年 6 月在山东省章丘万新村进行。试验地土壤为褐土:全氮 0.98 g/kg、速效磷 8.28 mg/kg、速效钾 109.36 mg/kg、有机质 13.5 g/kg。

(2)试验设计 本试验在基施有机肥 8 000 kg/hm²,磷肥($P_2O_5$ 120 kg/hm²)和钾肥($K_2O$ 200 kg/hm²)的基础上,设置 3 个氮素水平:分别是优化量的 75％(以 T3 表示)、优化量(T4)和优化量的 145％(T5)同时设不施肥的空白处理(T1)和单施有机肥处理(T2);每个处理 3 次重复,小区面积:20.25 m²。磷肥为过磷酸钙($P_2O_5$ 12％),钾肥为硫酸钾($K_2O$ 50％),氮肥为尿素(N 46％),有机肥为发酵牛粪。供试大葱品种:万新一号(农家品种)。

2006 年 10 月育苗,2007 年 6 月 22 日移栽,2007 年 11 月 19 日收获。整个生育期追肥 3 次:第一次追肥时间为 8 月 6 日(缓苗越夏期);第二次追肥时间为 8 月 31 日(旺盛生长期);第三次追肥时间为 9 月 28 日(假茎充实期)。处理 T3,T4,T5 每次追肥前用反射仪测定 0～30 cm 耕层土壤硝态氮含量。每个时期的氮素目标值减去所测处理土壤中残留氮素的量(土壤硝态氮含量)即为应施纯氮量,氮素各处理施用量见表 49-2。

(3)测定项目及方法

①土壤样品分析:土壤 $NO_3^-$-N 的测定:在每次追肥前取各小区 0～30,30～60 cm 土壤,收获时取 0～30,30～60,60～90 cm 土壤,用 0.01 mol/L CaCl₂ 浸提-紫外分光光度法测定。

②植株样品分析:大葱 $NO_3^-$-N、叶绿素、生物量、可溶性糖和维生素 C 的测定:分别在每次追肥前,从每小区取样 0.5 m²,实验室内测定每次所取样品的生物量、叶绿素含量;从第 2 次取样开始,用水杨酸法测定样品 $NO_3^-$-N 的含量;收获时,分别用斐林比色法和二氯酚靛酚滴定法测定样品可溶性糖和维

生素 C 含量。

表 49-2
不同氮素施用量

| 处理 | 底肥 | | 追肥次数(氮素实际用量(N)/(kg/hm²)) | | | 无机氮用量(N)/(kg/hm²) |
|------|------|------|------|------|------|------|
| | 有机肥/(kg/hm²) | 目标值/(kg/hm²) | 第 1 次 | 第 2 次 | 第 3 次 | |
| T1 | 0 | 0 | 0 | 0 | 0 | 0 |
| T2 | 8 000 | 0 | 0 | 0 | 0 | 0 |
| T3 | 8 000 | 30 | 4 | 18 | 92 | 144 |
| T4 | 8 000 | 45 | 23 | 35 | 134 | 237 |
| T5 | 8 000 | 60 | 27 | 102 | 242 | 431 |

**2. 结果与分析**

(1)不同供氮水平对大葱品质的影响　大葱维生素 C 和可溶性糖含量都是 T1 最高,随施氮量的增加两者含量逐渐降低(图 49-3)。其中维生素 C 含量 T2,T3,T4,T5 依次是 T1 的 54%,49%,34%,28%;低施氮量(144～237 kg N/hm²)对可溶性糖含量影响不明显,只有高施氮量(T5=431 kg N/hm²)时,大葱可溶性糖含量与对照 T1 之间差异显著。可见,氮素的过量使用对大葱甜度的提高是不利的。过量施用氮肥,N/K 比过高会减少植株对钾素的吸收,从而降低产品品质。

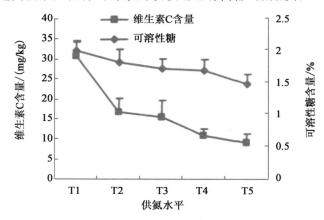

图 49-3　不同供氮水平下维生素 C、可溶性糖含量

大葱中硝态氮含量随施氮量的增加而升高。旺盛生长期取样时,前 4 个处理间硝态氮含量随施肥量的增加增幅很小,T4 仅为 T1 的 1.54 倍,差异不显著;T5 硝态氮含量为 412.92 mg/kg,是 T1 的 2.41 倍,T5 与 T4 差异达到极显著水平。假茎充实期取样时,大葱硝态氮含量几乎以 30% 的幅度随施氮量的增加而升高。收获时,T2 比 T1 的硝态氮含量有所降低;从 T2 到 T5 随施氮量的增加硝态氮含量依次升高,T5 硝态氮含量最高为 803.64 mg/kg,是 T4 的 145.41%。分析其原因是:T5施氮量过大导致大葱硝态氮含量增加,而 T4 的氮/磷=2.5,这个比例适合大葱的正常生长。

(2)不同供氮水平对大葱叶绿素含量和产量的影响　除旺盛生长期取样时的叶绿素含量以 T3最高(0.589 mg/g)外,其他处理叶绿素含量均随施氮量的增加先升高后降低,都是 T4 含量最高(图49-4)。方差分析显示,缓苗越夏期,大葱叶绿素含量 T4 与 T1 差异极显著,与 T2 间的差异也达到显著水平。旺盛生长期,叶绿素含量 T4 与 T1 差异极显著,T4 与 T3、T5 间差异显著。收获时,叶绿素含量 T5 与 T1 之间差异达到极显著水平。叶绿素是含氮的有机物,在叶片上叶绿素起着吸收光能的作用。其含量的高低是反映叶片光合性能强弱的指标之一,直接关系到碳水化合物的合成。

各处理产量的变化趋势如图 49-5 所示，以 T4 最高，为 45 041.67 kg/hm²，产量分别比空白处理增长了 4.11％，29.43％，36.84％，15.19％；经方差分析可知，T4 与 T1 差异极显著，T4 与 T5 差异也达到显著水平。

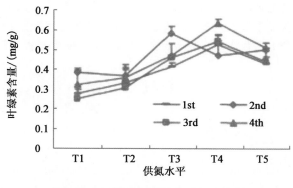

图 49-4　不同供氮水平下叶绿素含量

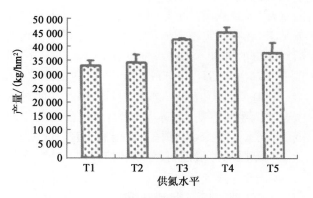

图 49-5　不同供氮水平下大葱产量

### 3. 小结

随施氮量的增加，大葱叶绿素含量、产量先升高后降低，以氮素优化处理（T4）最高；品质逐渐下降，其中维生素 C 和可溶性糖含量降低，硝酸盐含量升高。低施氮量（144～237 kg N/hm²）对可溶性糖含量影响不明显，只有高施氮量（T5＝431 kg N/hm²）时，大葱可溶性糖含量才与对照 T1 之间差异显著。大葱中硝态氮含量以 T5 最高为 803.64 kg/hm²，是 T4 的 154.41％。分析其原因是：T5 施氮量过大导致大葱硝态氮含量增加，而 T4 的 N/P＝2.5，这个比例适合大葱的正常生长。

因此建议在农民习惯施肥的基础上，重视有机肥的施用；适量减少氮肥投入，增加钾肥的施用；减少缓慢生长期的追肥量。为了达到大葱的优质高产、提高肥料利用率、建议氮素（N）目标值为 562.27 kg/hm²。

## 49.1.2　形成的关键技术

### 49.1.2.1　大葱高产高效施肥技术

#### 1. 提高整地质量

对于蔬菜产区，选择地势平坦、排灌条件良好地区，且 3 年内未种过葱、蒜、韭类的肥沃壤土或沙壤土，进行深耕松土，并施底肥，底肥以腐熟有机肥为主。对于麦茬田，小麦收获后秸秆打碎深翻入土，大葱开沟时尽可能避埋有秸秆的地方。一般大葱开沟行距 70～80 cm，过窄不利于培土，葱沟南北向，沟深和中线宽度为 30～50 cm。为防地下害虫，可于沟底施 50％辛硫磷 800 倍液，然后深刨 20 cm，使肥、药、土混匀。

#### 2. 优化定植密度和插栽方式

每年 6 月中、下旬是章丘大葱移栽定植期，期间无连阴雨和高温干旱天气是保证大葱苗齐苗壮、高产的基础。起苗后首先去除病、弱、残苗及杂株。然后按大小分级，一级苗株高 60 cm 以上，株重 60 g 以上，二级苗株高 50 cm 左右，株重 40 g 左右，三级苗 40 cm 左右，株重 20 g 左右，其余为等外苗。高产栽培应选用一、二级壮苗，淘汰三级苗和等外苗。

章丘大葱定植一般采用水插方式，水插是冬贮大葱的独特栽插技术，具体方式是：在葱沟放水，等水完全渗下后就可以插葱。用葱插的分叉头抵住葱根须，在勾线内要注意葱与葱之间的行距，叶面要与沟行平行。栽植时要注意深度，不要埋没心叶，过深会造成葱的窒息，如果过浅会造成倒伏，影响葱的生长和质量。一般大葱密度为 23 万～27 万株/hm²。

**3. 水分管理技术**

移栽定植期的水分管理：山东 6 月中下旬进入高温多雨夏季，移栽定植的葱苗常因阴雨天气多，雨量大，使根系得不到足够的氧气，土壤中积累的二氧化碳和有机酸等有毒物质影响新根喷发造成死苗、断垄，而导致减产。也常因天气晴热干旱而不利于新根生长返苗，使大葱移栽密度下降。根据前人研究结果，在移栽定植期内，当降水量少于 25 mm 出现高温干旱天气时，要适时浇水，满足葱苗移栽定植后对水分的需求。当降水量超过 70 mm 时，要及时排涝，中耕松土，减少缺氧中毒造成的葱苗死亡，保证成活率在 27 万～33 万株/hm² 是大葱高产的基础。

移栽后由于植株小，根系弱，需水较少，此时应掌握小水多浇的原则，并注意雨后排水；8 月下旬后，大葱进入生长盛期，需水量增大，应加强水分管理，保持土壤湿润。10 月下旬后，天气转凉，植株生长变缓，浇水要减少，以保持土壤湿润为宜。收刨前 7～10 d 停止浇水。

**4. 氮肥的总量控制、分期调控技术**

对于目标产量为 65 t/hm² 的大葱来说，结合氮肥阶段累积规律，从定植到缓苗越夏期为 30 kg N/hm²（基肥），从缓苗越夏期到旺盛生长期为 30 kg N/hm²（第一追肥），从旺盛生长期到假茎充实期为 120 kg N/hm²（第二追肥），从假茎充实期到收获为 90 kg N/hm²（第三追肥），氮肥的总用量为 280 kg/hm² 左右。氮肥分配比例为 10%，10%，45% 和 35%。

### 49.1.2.2 大葱高产高效规程

见表 49-3。

### 49.1.3 大葱高产高效技术应用推广

从表 49-4 可以看出近年在大葱示范试验中，高产高效处理和农民习惯处理的氮肥利用率分别为 15% 和 12%，高产高效处理比农民习惯提高 25% 以上；氮肥的偏生产力分别为 244 和 153 kg/kg；氮肥的农学效率分别为 88 和 49 kg/kg；大葱单位养分的经济效益分别为 88 和 49 元/kg。

农民习惯处理下的氮肥利用率为 12%，农学效率为 49 kg/kg。大葱高产高效模式的氮肥投入量比农民习惯降低 30% 左右，增产 10%～14%，氮素淋失较农民习惯减少了 21.4%～50%，氮肥利用率平均提高了 25%～70%，农民每亩增收 170～352 元/年，土壤的有机质含量增加 2%～4%。

为了将试验示范效果展示给农民，促进技术的快速应用，结合作物生长情况，2007 年 11 月 9 日，在章丘市枣园镇万新村举办了大葱科学施肥丰收日活动；2009—2012 年在章丘举办大葱高产高效观摩会共 3 次。期间多次在章丘市徐家村，万新村和庆元村举办"大葱高产高效栽培技术"培训会，对村民就高产高效技术进行培训。采取多种形式，向农民宣传新技术的性质特点、使用方法、增产节肥效果，并编写印刷大葱高产高效栽培技术规程等宣传材料万余份，免费发放给农民。2009—2013 年，在章丘、济宁进行了高产高效技术的应用推广，推广面积达到 23 万亩，平均每亩增产 103 kg，总收益增加 4 590 万元。随着技术的应用，增产潜力将会更加明显；技术的应用还可以改善大葱的品质和耐贮性，达到了节本、提质、增产、增收的目标，实现了经济效益和环境效益的"双赢"。

## 49.2 山东生姜养分资源优化管理技术研究

### 49.2.1 典型试验研究

#### 49.2.1.1 山东生姜的营养特性及优化施肥技术试验研究

在山东生姜主产区安丘市布置试验，以研究安丘生姜不同生长期的干物质累积规律和养分吸收规律，同时设置不同氮钾素水平，研究生姜高产的优化施肥技术。

**表49-3 山东章丘大葱—小麦轮作高产高效技术模式**

| 项目 | | | | | | | | | |
|---|---|---|---|---|---|---|---|---|---|
| 适宜区域 | 该技术操作规程适用于山东章丘大葱亩产3 500 kg、冬小麦亩产400 kg以上的地区推广应用 | | | | | | | | |
| 高产高效目标 | 大葱产量5 000 kg/亩，氮肥生产效率250 kg/kg；小麦产量450 kg/亩，氮肥生产效率35 kg/kg | | | | | | | | |
| 时期 | 整地—大葱定植期(5月下旬至7月上旬) | 缓苗越夏期间(5月下旬至7月上旬) | 葱白盛长初期(7月上旬至8月上旬) | 管状叶盛长期(8月上旬至9月下旬) | 葱白生长盛长期(9月上旬至9月下旬) | 葱白生长末期、小麦播种(10月上旬至11月上旬) | 大葱收获和小麦越冬期(11月上旬至中旬) | 返青—拔节期(3~4月) | 小麦收获期 |
| 主攻目标 | 提高整地质量和葱苗质量 | 促葱苗新根发育 | 促新叶生长 | 促管状叶生长 | 促葱白生长 | 促葱分向葱白运转；冬小麦播种 | 大葱适时收获；小麦浇冬水 | 控蘖壮株，防病虫草 | 适时收获 |
| 技术指标 | 精耕细整，葱眼、硫酸钾8~10 kg，葱苗均匀 | 留葱眼，中耕除草，保苗全 | 有机、无机结合追肥；浅培土 | 有机，无机配合追肥，中耕培土 | 无机追肥，中耕培垄破垄平沟 | 无机追肥，中耕破垄培土 | 促养分向葱白运转及培土及管理、小麦播种质量 | 苗基本苗15万~20万 | 苗总茎数60万~90万 |
| 主要技术措施 | 1. 行80 cm起垄，机施200 kg、硫酸钾8~10 kg，硫酸钾6~8 kg。2. 灌足底水后栽葱，葱苗大小一致，株距4~5 cm | 1. 保留葱眼，有利于根系的通风透气。2. 葱苗定植半个月后要适当浇水，以促新根。3. 灌足底水后浇水，忌中积水。 | 1. 葱旁苗撒施腐熟土杂肥2 000 kg或豆饼75~100 kg，二铵适当，硫酸钾6~8 kg。2. 浅锄遮，该阶段因温度过高，大葱生长较慢。主要管理措施是中耕除草，防止土壤板结 | 1. 葱旁15~20 cm追施尿素5~8 kg，硫酸钾6~8 kg。2. 中耕、破垄平沟，该阶段的培土可结合中耕，进行少量覆盖，深度控制在1/2葱沟 | 1. 葱旁15~20 cm追施尿素75~100 kg，硫酸钾8 kg。2. 追肥后培土，同时埋心叶，培土以不埋心叶为宜，沟内灌水。 | 1. 秋分后培土大，高度以培至最上叶片出口处为宜，不可埋没心叶。2. 寒露前后沟内距葱行20 cm处撒施尿素13~15 kg和氯化钾5~8 kg，后播种小麦10~12 kg。每隔6~7 d浇1次水，保持地内见湿不见干 | 1. 立冬前后大葱采收。2. 小麦出苗后查苗补种。3. 11月底到12月初灌水控制在40~50 m³/亩。4. 11月中下旬喷除草剂 | 1. 拔节前后随浇水施6~8 kg纯氮。2. 病虫草管理，喷药防治纹枯病、红蜘蛛，全蚀病的药剂 | 1. 一般6月5~15日收获 |

表 49-4

高产高效模式下大葱产量和氮肥生产效率

| 处理 | 产量<br>/(kg/hm²) | 收益<br>/(万元/hm²) | 氮素淋失量<br>/(kg/hm²) | 氮肥利用率<br>/% | 氮肥偏生产力<br>/(kg/kg) | 氮肥农学效率<br>/(kg/kg) |
|---|---|---|---|---|---|---|
| 高产高效技术 | $6.41 \times 10^4$ | 5.58 | 6.4 | 15 | 244 | 88 |
| 农民习惯 | $6.06 \times 10^4$ | 5.14 | 5.2 | 12 | 153 | 49 |

**1. 试验设计**

(1)基本概况　2009 年在山东安丘市夏坡村进行,试材为安丘地方大姜,供试土壤为棕壤性潮土。试验前 0～30 cm 耕层土壤养分状况为:有机质 1.22%,全氮 0.883%,全钾 1.49%,硝态氮 18.15 mg/kg,铵态氮 7.31 mg/kg,速效磷 28.74 mg/kg,速效钾 137.2 mg/kg,pH 6.74。

(2)试验设计　试验设 4 个氮水平,3 个钾水平,共 6 个处理。三次重复,随机区组排列。所有处理每亩均施入 $P_2O_5$ 6 kg,鸡粪 567.3 kg,磷肥全部基施,钾肥基施 40%、苗期追施 20%、旺盛生长期追施 40%,氮肥基施 30%、苗期追施 20%、旺盛生长期追施 50%。试验用氮肥为尿素(含 N 46%),磷肥为磷酸二铵(含 N 18%,$P_2O_5$ 46%),钾肥为硫酸钾(含 $K_2O$ 50%)。小区面积 4 m×7 m,2009 年 4 月中旬种植,5 月底拉遮阳网遮阴进入苗期追施壮苗肥,8 月初培土进入旺盛生长期同时追肥,9 月底再次追肥培土,10 月 28 日收获,生长期间要保持土壤相对含水量为 65%～80%,生长期降雨量为 568.8 mm。

(3)试验检测及方法　在生姜不同生长期取完整的植株样,取样时期和次数为苗期两次(6 月中旬、7 月中旬)、旺盛生长期 3 次(8 月初、9 月初、10 月初,收获时),测定其各部位的鲜重和干重及氮磷钾含量,土壤和植株养分的测定参照《土壤农化分析》,硝铵态氮用 FOSS 5 000 流动注射仪测定。

**2. 结果与分析**

(1)生姜的营养特性

①生姜的干物质累积规律:生姜的生育期很长,为 200 d 左右,全生育期又分为四个时期,出苗期、壮苗期、旺盛生长期、转色期(表 49-5)。出苗期生姜的生长非常缓慢,需要的养分也比较少,干物质累

表 49-5

生姜不同时期的干物质累积量

| 时期 | 天数<br>/d | 根茎 | | 茎叶 | | 阶段累积量占<br>全生育期的<br>百分率/% |
|---|---|---|---|---|---|---|
| | | 阶段增长量<br>/(g/株) | 日增长量<br>/(g/d) | 阶段增长量<br>/(g/株) | 日增长量<br>/(g/d) | |
| 出苗期 | 63 | 1.37 | 0.02 | 1.34 | 0.02 | 1.28 |
| 壮苗期 | 50 | 8.9 | 0.18 | 47.07 | 0.94 | 26.36 |
| 旺盛生长前期 | 34 | 32.29 | 0.95 | 30 | 0.88 | 29.34 |
| 旺盛生长后期 | 26 | 35.69 | 1.37 | 40.42 | 1.55 | 35.85 |
| 转色期 | 26 | 5.68 | 0.22 | 6.31 | 0.24 | 5.65 |
| 全生育期 | 199 | 87.15 | 0.44 | 125.14 | 0.63 | 100.00 |

积得也少,出苗期的日增长量仅为 0.02 g/d;出苗后进入壮苗期地下根茎的生长依然比较缓慢,其日增长量也仅为 0.18 g/d,但是地上部茎叶的生长已经开始明显加快,其日增长量达到了 0.94 g/d;在生姜生长到 113 d 后(立秋前后)开始培土,自此进入了生姜的旺盛生长期,生姜的生长开始迅速猛进,干物

质累积也迅速增加,此时期是生姜产量的主要形成期,这个时期的日增长量也达到最高,地下部根茎的日增长量达 1.37 g/d,地上部茎叶的日增长量达 1.55 g/d,旺盛生长期过后进入了转色期,生姜的生长趋于稳定,转色期生姜的日增长量明显下降,仅为 0.22 g/d。

生姜对氮、磷、钾吸收符合"Logistic"方程,表现出典型的"S"形曲线(图 49-6)。这说明生姜对氮、磷、钾的吸收与自身的生长规律相一致。生姜干物质各阶段积累量占全生育期的百分率,发芽期为 1.28、苗期为 26.36、旺盛生长期为 65.19、转色期为 5.65,生姜地下部块姜的干物质积累主要集中在旺盛生长期(占全生育期的 78%)。

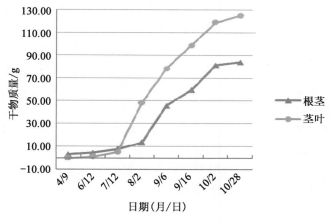

图 49-6　生姜干物质累积曲线

②生姜的养分需求规律:生姜出苗期生长缓慢,干物质累积很少,对养分的需求也很低;进入壮苗期后生姜的生长逐渐加快,干物质累积也逐渐增多,对养分的需要也随着增加,尤其是地上茎叶干物质的累积,此时期地上茎叶对钾素的需求量占钾素总需求量的 43%,对氮素的需求占总需求量的 33%;壮苗期过后进入了生姜的旺盛生长期,地下根茎开始迅猛增产,干物质累积迅速增加,对养分的需求随着迅速增加,此时期地下块姜对氮素的需求量占需求总量的 68%,是产量形成的主要期。

从表 49-6 可知,生姜一生中对钾素的需求量最多,地上部茎叶的需求量为 6 645.60 mg/株,地下

表 49-6

生姜不同时期的养分需求量

mg/株

| 项目 | 不同时期养分的需求量/(mg/株) | | | | | | 不同时期的吸收比例/% | | | | |
|---|---|---|---|---|---|---|---|---|---|---|---|
| | 出苗期 | 壮苗期 | 旺盛生长前期 | 旺盛生长后期 | 转色期 | 全生育期 | 出苗期 | 壮苗期 | 旺盛生长前期 | 旺盛生长后期 | 转色期 |
| 茎叶氮 | 29.39 | 989.64 | 637.77 | 923.00 | 421.66 | 3 001.46 | 0.98 | 32.97 | 21.25 | 30.75 | 14.05 |
| 茎叶钾 | 78.03 | 2 857.43 | 1 361.44 | 937.77 | 1 410.92 | 6 645.60 | 1.17 | 43.00 | 20.49 | 14.11 | 21.23 |
| 茎叶磷 | 13.21 | 470.81 | 296.63 | 406.23 | 133.85 | 1 320.73 | 1.00 | 35.65 | 22.46 | 30.76 | 10.13 |
| 根茎氮 | 17.03 | 110.92 | 515.16 | 539.04 | 323.72 | 1 545.80 | 1.10 | 7.18 | 33.33 | 34.87 | 20.94 |
| 根茎钾 | 22.96 | 165.92 | 509.26 | 630.79 | 254.71 | 1 643.20 | 1.40 | 10.10 | 30.99 | 38.39 | 15.50 |
| 根茎磷 | 9.40 | 74.56 | 267.34 | 247.48 | 139.11 | 761.09 | 1.24 | 9.80 | 35.13 | 32.52 | 18.28 |

部根茎的需求量为 1 643.20 mg/株;其次是氮素,地上部茎叶的氮素需求量为 3 001.46 mg/株,地下部块姜的氮素需求量为 1 545.80 mg/株,对磷素的需求最少。地上部茎叶的氮磷钾需求比例为 2.2∶1∶5,地下部根茎的氮磷钾需求比例为 2∶1∶2。

从不同的生长时期看,地上部茎叶对氮素需求最高的时期是旺盛生长期,占总需求量的52%;地下部根茎对氮素需求最高的时期也是旺盛生长期,此期是主要产量形成期,占全生育期需求总量的68%。然而就钾素而言,地上部茎叶对钾的需求主要集中在旺盛生长期和壮苗期,地下部根茎则主要集中在旺盛生长期。每生产1 000 kg姜需要从土壤中带走6.1 kg氮,2.36 kg磷,9.4 kg钾。

(2)不同肥料运筹对生姜产量及产地环境的影响

①不同肥料运筹对生姜产量的影响:构成生姜产量的因素主要有种植密度和单株姜的重量,而单株姜的重量大小则与其分枝数和子姜球数多少有关,这又取决于土壤的肥力和合理的肥料运筹。

由表49-7可以看出,不同的氮钾水平对生姜的产量以及产量构成因素影响很大,增施氮钾肥可以显著地增加生姜分枝数子球数和根茎重,最终增加生姜产量,N3K2处理达到最高值,单株根茎重788.93 g,根茎产量为55.62 t/hm²,其次是N2K3和N2K2处理,但三个处理间差异并不显著,N2K1产量为53.15 t/hm²,N1K2产量为49.63 t/hm²,N0处理的产量及其分枝数根茎重都是最低的,这说明低钾或低氮都会影响块姜的产量及其分枝数子球数等,说明氮钾素对生姜产量的影响是很大的。通过看产量与施肥量的相关图(图49-7)可知,单施钾肥的生姜最高产量施肥量是在900 kg/hm²,单施氮肥时获得最高产量的施肥量为750~800 kg/hm²。通过看表49-7中不同氮钾配比对生姜经济系数的影响,我们可以看出,N2K1处理的比值是最高的,其次是N2K3和N0K1处理,随着肥料用量增加产量也增加,但是其比值降低,这说明在氮素或钾素供给量不足的情况下,营养优先供应给地下部的块姜,所以导致生姜地下部产量和地上部产量的比值增大。

表49-7

不同肥料运筹对生姜产量的影响

| 处理 | 分枝数 | 子球数 | 根茎重/g | 地下根茎产量/(t/hm²) | 地上茎叶产量/(t/hm²) | 经济系数 |
|------|--------|--------|----------|----------|----------|----------|
| N0K2 | 6c | 8c | 672.61c | 47.42b | 44.04b | 0.52 |
| N1K2 | 7bc | 9bc | 704.00b | 49.63b | 47.05b | 0.51 |
| N2K2 | 10a | 14a | 776.89a | 54.77a | 54.65a | 0.50 |
| N3K2 | 10a | 14a | 788.93a | 55.62a | 54.91a | 0.50 |
| N2K1 | 8b | 11b | 753.94b | 53.15ab | 47.74b | 0.53 |
| N2K3 | 9ab | 13a | 778.20a | 54.86a | 51.26ab | 0.52 |

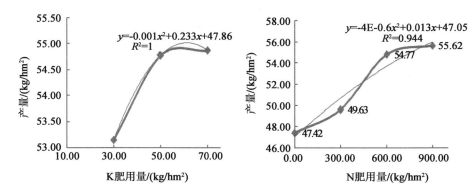

图49-7 氮肥、钾肥用量与产量的相关图

②不同氮水平对土壤硝态氮含量的影响:由图49-8可看出,增施氮肥处理的硝态氮含量均高于土壤硝态氮的原始值,N3PK处理的表层土壤的硝态氮含量为40 mg/kg左右,N2水平的表层土壤硝态

氮含量约为 34 mg/kg，N1 水平的为 27 mg/kg，均明显高于原始土，只有 N0K2 处理的硝态氮含量低于原始土，这说明随氮肥用量的增加硝态氮含量也增加，硝态氮含量与氮肥投入量有直接关系，氮肥用量越大，土壤中硝态氮含量就越多。

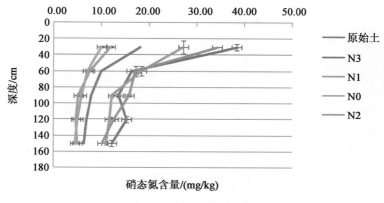

图 49-8　土壤硝态氮剖面图

从不同土层看，随土层深度的增加，硝态氮含量也随之降低，未种植作物之前的表层土壤硝态氮含量为 20 mg/kg 左右，60～150 cm 的土层中硝态氮的含量为 8～10 mg/kg。N0PK 处理由于没有施用氮肥，所以土壤的硝态氮含量要低于原始土，增施氮肥处理的土壤硝态氮含量虽然也随土层深度的增加而降低，但是各土层的硝态氮含量均高于不施氮肥的处理，这说明过量施用氮肥在土壤中会造成硝酸盐的累积，进而可能随灌水或降水进入地下水体从而污染水环境。

3. 结论

（1）试验结果表明，生姜所需氮、磷、钾的量是非常高的，每生产 1 000 kg 姜需要从土壤中带走 6.1 kg 氮，2.36 kg 磷，9.4 kg 钾，特别是氮、钾，明显高于番茄、黄瓜等蔬菜作物。施肥原则应该遵循施足底肥，苗期少追，适量补钾，盛长初期重施氮、钾，盛长后期补施钾、氮，每次用肥均应考虑氮、钾配合施用。

（2）研究结果表明，获得高产的最佳氮肥用量为 N 600～750 kg/hm²，获得最高产量的钾肥用量为 900 kg/hm²，但是考虑到氮钾配施的效果，合理的氮钾比例可以促进生姜根茎的养分，提高产量，同时还可以提高养分效率，减少过量施肥对环境带来的污染，因为生产上应适当控制氮钾肥用量，合理配比氮钾肥，以促进生姜根茎对养分的吸收，增加根茎产量改善品质，降低硝酸盐的危害，达到生姜高产优质和环境友好的目标。本研究的结果表明获得最佳产量的适宜的氮钾肥用量配比为 N 600～750 kg/hm²、$K_2O$ 750 kg/hm²。

### 49.2.1.2　山东大姜高产高效调控技术试验研究

通过研究不同管理模式对生姜产量、养分效率及土壤硝酸盐变化的影响，为当地生姜高产及资源高效利用提供理论依据，并形成高产高效模式下生姜的精准施肥技术。

1. 材料与方法

（1）试验地概况　试验点位于山东省安丘市夏坡村，供试品种为当地品种（安丘大姜）。土壤为棕壤性潮土，播前 0～30 cm 土层内土壤全氮含量 0.937 g/kg，速效磷 52.83 mg/kg，速效钾 130.81 mg/kg，有机质 14.1 g/kg。

（2）试验设计　试验共设 4 个处理，分别为农民习惯模式、高产高效模式、再高产模式、再高产高效模式，其中农民习惯模式按当地农民常规种植进行，高产高效、再高产和再高产高效模式分别为设置一定增产增效目标下各种管理措施的优化组合，要求高产高效模式比农民习惯模式增产 10％～15％，再高产模式和再高产高效模式比农民习惯模式增产 30%～40%,高产高效模式比农民习惯模式氮肥增效 10%～15%,再高产高效模式比再高产模式氮肥增效 15%～20%。每个模式重复三次,小区面积 40 m²。四个模式的具体方案见表 49-8、表 49-9。

表 49-8

试验设计方案

| 模式 | 增产目标 /% | 增效目标 /% | 肥料投入量 (N-P₂O₅-K₂O) /(kg/hm²) | 有机肥 /(kg/hm²) | 氮肥基追比 |
|---|---|---|---|---|---|
| 农民习惯 | — | — | 750-750-750 | 4 500 | 4:2:4 |
| 高产高效 | 10～15 | 10～15 | 600-90-750 | 4 500 | 2:2:4:2 |
| 再高产 | 20～40 | — | 900-135-1 125 | 4 500 | 2:2:4:2 |
| 再高产高效 | 20～40 | 15～20 | 750-112.5-937.5 | 6 000 | 2:2:3:2:1 |

表 49-9

试验施肥方案

| 模式 | 施肥时期 | 中微量元素 | 灌溉 /[h/(次·hm²)] | 培土次数和时期 | 种植密度 /(株/hm²) |
|---|---|---|---|---|---|
| 农民习惯 | 4 月中旬,6 月初,8 月初 | 不施用 | 45.00 | 1 次/8 月初 | 7.5×10⁴ |
| 高产高效 | 4 月中旬,6 月初,8 月初,9 月初 | 不施用 | 36.75 | 2 次/8 月初、9 月初 | 7.5×10⁴ |
| 再高产 | 4 月中旬,6 月初,8 月初,9 月初 | 增施硫酸镁、硼砂、硫酸锌 | 45.00 | 2 次/8 月初、9 月初 | 7.5×10⁴ |
| 再高产高效 | 4 月中旬,6 月初,8 月初,9 月初,9 月底 | 增施硫酸镁、硼砂、硫酸锌 | 36.75 | 3 次/8 月初、9 月初、9 月底 | 6.75×10⁴ |

有机肥为发酵鸡粪(有机质含量 33.19%,N 1.84%,P₂O₅ 5.87%,K₂O 1.98%),再高产高效模式底施 4 500 kg/hm²,结合第一次培土追施 1 500 kg/hm²,其他三个模式全部底施。磷肥为过磷酸钙,全部底施,硫酸镁 150 kg/hm²,硼砂 15 kg/hm²,硫酸锌 30 kg/hm² 全部底施,钾肥为硫酸钾,基追比 4:2:3:1,同高产高效模式处理的氮肥一起追施。

(3)测定项目及方法

①土壤样品分析:全氮含量采用凯氏定氮法测定;速效磷含量采用 0.5 mol/L NaHCO₃ 浸提钼锑抗比色法;速效钾含量采用 NH₄OAc 浸提火焰光度计法测定,有机质采用重铬酸钾硫酸氧化法测定。FIA5000 流动注射分析仪测定。

②植株样品分析:收获后按小区测产,每小区取 10 株植株样品考察其分枝数及产量构成,植株样品氮磷钾含量用浓硫酸-H₂O₂ 消煮后测定。

2. 结果与分析

(1)不同管理模式对生姜产量及构成因素的影响 从表 49-10 可以看出,产量最高的为再高产模式 69 977 kg/hm²,其次是再高产高效模式 68 634 kg/hm²,与农民习惯相比,高产高效、再高产和再高产高效 3 种高产模式分别增产 11.85%,25.75%和 23.34%,三个处理与农民习惯之间差异均达极显著水平,高产高效模式实现了产量提高 10%～15%的目标,再高产模式和再高产高效模式也实现了产量提高 20%～40%的目标。从产量构成因素看,单株姜分枝数最多的为高产高效处理,单墩姜最重的为再高产模式(933.13 g),再高产高效模式单墩姜重量仅次于再高产模式(915.13 g),两处理间差异并不显著。可见，优化管理措施可以显著提高单株分枝数和单墩姜重量，实现增产的目的。

表 49-10

不同管理模式对生姜产量及构成因素的影响

| 模式 | 单株分枝数/个 | 单株姜重量/g | 产量/(kg/hm²) | 增产率/% |
|------|------|------|------|------|
| 农民习惯 | 10.13c | 741.88c | 55 649cC | — |
| 高产高效 | 15.75a | 829.88b | 62 241bB | 11.85 |
| 再高产 | 15.13a | 933.13a | 69 977aA | 25.75 |
| 再高产高效 | 13.63b | 915.13a | 68 634aA | 23.33 |

(2)不同管理模式氮肥效率和经济效益评价　从表 49-11 可以看出，农民习惯较另外三种模式下产量较低，再高产高效与再高产产量差别不大。不同管理模式下氮肥偏生产力和养分的表观回收率差别很大，高产高效模式下氮肥偏生产力和养分回收率最高，分别为 103.74％和 54.28％。其次是再高产高效模式，然后是高产高效模式，农民习惯的氮肥偏生产力和养分回收率均最低，仅为 74.20％和 36.39％。与农民习惯相比，高产高效模式养分效率提高了 47.94％，实现了氮肥增效 10％～15％的目标，与再高产模式相比，再高产高效模式养分效率提高了 20.43％，也实现了氮肥增效 15％～20％的目标。三个高产模式都实现了增产增收的目的，以当年的市场价计算，三个模式分别比农民习惯模式每亩增收 3 515，7 641 和 6 925 元。由此可见，通过优化管理措施可以实现增产增收增效的目标。

表 49-11

不同管理模式氮肥效率和经济效益评价

| 模式 | 产量/(kg/hm²) | 增产/(kg/hm²) | 增收/(元/hm²) | 氮肥偏生产力/(kg/kg) | 总养分的表观回收率/% | 养分效率提高/% |
|------|------|------|------|------|------|------|
| 农民习惯 | 55 649 | — | — | 74.20 | 36.69 | — |
| 高产高效 | 62 241 | 6 592 | 52 727 | 103.74 | 54.28 | 47.94 |
| 再高产 | 69 977 | 14 328 | 114 626 | 77.75 | 40.48 | — |
| 再高产高效 | 68 634 | 12 985 | 103 883 | 91.51 | 48.75 | 20.43 |

生姜价格按 2010 年价格 8 元/kg 计算，总养分表观回收率＝作物吸收总养分量/肥料投入养分量×100％，根据总养分表观回收率计算养分效率的提高。

(3)不同管理模式下的氮素表观平衡　表 49-12 为不同管理模式的氮素表观平衡表，从表中可以看出，氮素损失量和损失率均是再高产模式最多，分别为 629.59 kg/hm² 和 50.91％，其次是农民习惯模式，然后是再高产高效模式，氮素损失量和损失率最低的为高产高效模式，分别为 389.93 kg/hm² 和 43.10％，这与其化学氮肥投入量基本成正比，再高产模式的氮肥投入量最高，高产高效模式的氮肥投入量最低，这说明增加氮肥投入量也增加了氮素损失的风险，通过优化管理措施可以在一定程度上降低氮素损失，提高氮素效率。

(4)不同管理模式对土壤硝态氮含量的影响　不同生长期和收获后 0～90 cm 土层土壤硝态氮含量的分布图。不同管理模式下土壤硝态氮含量呈现同样的趋势，收获时土壤硝态氮累积最多，随土层深度增加硝态氮含量降低，随生长期的推进，土壤硝态氮含量逐步增多，但是在旺长前期由于当季雨水较多，可能导致土壤硝态氮含量降低了。从图 49-9 可以看出，土壤硝态氮含量的趋势虽然一致，但是不同的管理模式硝态氮含量差别很大，农民习惯模式的土壤硝态氮含量最高，再高产模式由

**表 49-12**

氮素表观平衡表 kg/hm²

| 模式 | 化肥氮量 | 种植前土壤 | 灌水带入氮量 | 有机肥矿化量 | 姜带走氮量 | 茎叶带走氮量 | 土壤残留(0~90 cm) | 损失氮量 | 损失率/% |
|---|---|---|---|---|---|---|---|---|---|
| 农民习惯 | 750 | 146.98 | 168.11 | 21.64 | 77.58 | 197.57 | 288.93 | 522.66 | 48.09 |
| 高产高效 | 600 | 146.98 | 136.17 | 21.64 | 88.98 | 236.69 | 189.18 | 389.93 | 43.10 |
| 再高产 | 900 | 146.98 | 168.11 | 21.64 | 99.96 | 264.36 | 242.82 | 629.59 | 50.91 |
| 再高产高效 | 750 | 146.98 | 136.17 | 28.85 | 101.00 | 264.61 | 209.17 | 487.23 | 45.88 |

于其施氮量最大所以其硝态氮含量也是比较高的,高产高效模式和再高产高效模式土壤硝态氮含量都比较低,这可以看出通过优化管理措施可以降低土壤中硝态氮的含量,减少了地下水硝酸盐污染的风险。

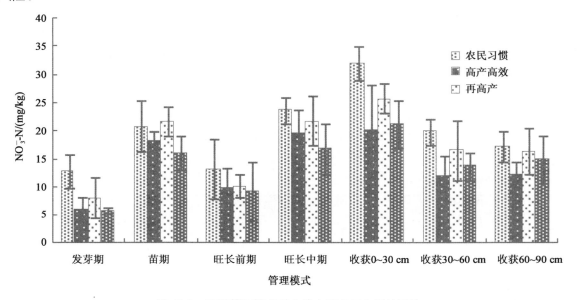

图 49-9 不同管理模式对土壤中硝态氮含量的影响

**3. 小结**

(1)该试验表明,在不同管理模式下生姜产量表现出显著的差异,其中优化管理措施的高产高效、再高产和再高产高效 3 种高产模式分别增产 11.85%,25.75% 和 23.34%,而且高产高效模式在降低氮肥用量的基础上还增加了生姜产量达到了预期的增产目标,再高产高效模式在不降低氮肥用量的条件下通过优化管理措施也达到了增产 20%~40% 的目标,而且高产高效模式和再高产高效模式土壤的硝态氮含量明显低于农民习惯模式,这说明通过调整基追肥比例、优化水肥技术、增施中微量元素和适当降低种植密度提高单产等措施,不仅可以提高生姜的产量,还可以降低土壤硝态氮的积累,降低土壤硝酸盐淋失的风险。

(2)在氮肥养分效率方面,高产高效模式和再高产高效模式也都达到了预期的目标,高产高效模式与农民习惯模式相比较,降低了氮素的损失率,养分效率提高了 47.94%,再高产高效模式与再高产模式相比较,也降低了氮素的损失率,养分效率提高了 20.43%,都达到了预期的增效目标,说明通过优化管理措施,如调整基追比例、调整灌水方式、精化耕作方式等,可以实现高产与高效的统一。

## 49.2.2 形成的关键技术

### 49.2.2.1 生姜高产高效施肥技术

**1.提高整地质量**

对于蔬菜产区,选择地势平坦、排灌条件良好且3年内未种过生姜的肥沃壤土或沙壤土,进行深耕松土,并施底肥,底肥以腐熟有机肥为主,如在12月初施腐熟农家肥60~75 t/hm²,然后进行深翻冻垡。一般生姜开沟行距70~80 cm,过窄不利于培土,沟南北向为主,沟深和中线宽度为30~50 cm。

**2.种子质量控制**

选姜:在种姜前将姜种取出,用清水洗净泥土,掰成小块,挑选姜球肥胖、组织紧实、皮色光亮、无病虫、无伤害、未受冻的当年的子姜球和孙姜球做姜种,种块大小以60~80 g为宜。

晒姜:将选出的种块放在草帘上,晒2~3 d,含水量大的肥胖品种应当多晒1~2 d。选气温高的天气晒姜种,一般于上午9:00前后取出,下午4:00前后收进室内,以防冻害。在晒姜过程中,把变褐、变黑和变软的姜块挑出淘汰。

困姜:把晒后的姜种堆于室内,覆盖草帘或棉被,闷放3~4 d,促进姜种内部养分转化,叫作"困种"。

催芽:将姜种放于相对湿度80%~85%、有加温条件的室内采取变温催芽。前期(5~7 d)22~24℃,中期(15 d左右)25~27℃,后期(7~10 d)20~22℃。当姜芽长到1~1.5 cm时,将温度降到18℃。挑选姜芽,每块姜种只留一个壮芽,其余的一律掰掉。

**3.播种技术控制**

根据气象条件和保护设施,确定适宜的播种期。生姜一般采用春播。10 cm地温稳定在15℃以上时即可播种,一般在4月上旬。大棚种植可以适当提前播种期。

在种植前,向姜沟中浇适量底水,为防地下害虫,可于沟底施50%辛硫磷800倍液,然后深刨20 cm,使肥、药、土混匀。选择姜块健壮肥大、姜芽饱满的姜种播种,摆放姜种时姜芽摆放方向与姜沟方向一致,每22 cm左右摆一个姜种,然后覆土,厚度3 cm左右;喷施除草剂,常用的除草剂有二甲戊乐灵;覆盖薄膜,封严压实。每亩用种量300~500 kg。每亩种植4 500株左右。

**4.水分管理技术**

生姜是对水分需求比较大的作物,从6月上旬出苗到10月下旬收获,土壤一直需要保持湿润状态。从播种到6月上旬出苗前,由于覆膜保湿同时生姜生长缓慢,对水分的需求较少,所以该阶段基本不浇水。山东七八月份为高温多雨季节,存在水量过多、排水不畅的地块容易产生涝害,使根系得不到足够的氧气,土壤中积累的二氧化碳和有机酸等有毒物质影响新根喷发,造成死秧、断垄,而导致减产。

从6月上旬到7月下旬为壮苗期,浇水采用"1/3沟"浇水法,小水勤浇,保持姜沟湿润,不可大水漫灌;八九月份,生姜进入旺盛生长期,此时浇水多采用"2/3沟"浇水法,大雨后应当马上排涝;到了10月,生姜进入生长后期,此时的灌水以保持土壤湿润为原则,采用"1/2沟"浇水法浇水。

**5.氮肥的总量控制、分期调控技术**

对于目标产量为75 t/hm²的生姜来说,结合氮肥阶段累积规律,播种时为120 kg N/hm²(基肥),从播种到出苗遮荫为120 kg N/hm²(第一追肥),从出苗遮荫到第一次培土为120 kg N/hm²(第二追肥),旺盛生长期间结合培土追肥再追肥两次,每次120 kg N/hm²。氮肥的总用量为600 kg/hm²左右。氮肥分配比例为:基肥20%,追肥4次,每次各20%。

### 49.2.2.2 大姜高产高效技术规程

见表49-13。

表49-13

山东鲁中地区生姜高产高效栽培技术规程

| 项目 | 整地—播种期（12月至翌年4月中上旬） | 出苗期（4月中旬至6月中上旬） | 苗期（6月中上旬至8月上旬） | 旺盛生长期（8月上旬至9月下旬） | 转色期（9月下旬至10月下旬） | 收获期（10下旬或11月上旬） |
|---|---|---|---|---|---|---|
| 适宜区域 | 该技术操作规程适用于山东鲁中地区生姜种植区大姜亩产5 000 kg以上和小姜亩产3 500 kg以上的地区推广应用 | | | | | |
| 高产高效目标 | 生姜产量5 000 kg/亩,小姜产量3 500 kg/亩,氮肥生产效率120 kg/kg | | | | 大姜5 000 kg/亩、小姜3 500 kg/亩 | |
| 不同时期苗相 | | | | | | |
| 主攻目标 | 提高整地质量和播种质量,确保苗全、苗齐、苗壮 | 保证苗齐苗壮 | 保证苗壮,促进地上部分分枝 | 促进地上分枝和地下块姜的繁殖 | 促进地下块姜的繁殖 | 适时收获肥藏 |
| 技术指标 | 精整细播,有机无机肥和中微肥结合施用 | 提高低温保苗齐苗壮 | 破垄遮荫,灌溉施肥,防病防虫 | 培土追肥,灌水防病虫害 | 灌水防虫害 | |
| 主要技术措施 | 整地施肥:在冬季施腐熟的农家肥(4 000 kg/亩)深翻进行冻晒,或在春季起垄前施腐熟有机肥(300~500 kg/亩)。姜种处理:播种前一个月进行晒姜困姜,然后选择无病虫害健壮的姜块做种姜进行催芽,选择姜芽大小一致的姜块播种,这也是保证苗齐苗壮的关键。播种技术:种植密度为每亩5 000~6 000株,视不同品种而定。防治地下害虫的药剂和除草剂,然后播种覆土4~5 cm随即覆地膜。水肥管理:垄内每亩沟施纯氮6~8 kg,$P_2O_5$ 10~12 kg $K_2O$ 12~15 kg,同时根据地块墒情每亩施硫酸锌1~2 kg硼砂0.5~1 kg钙镁肥料4~5 kg,浇足底水 | 水分管理:出苗期对水分需求较少,如果姜沟土很干,可少量浇水。该期的管理重点是提高地温 | 水肥管理:苗出齐后撤膜拉遮荫网进行遮荫降温,以防烤苗伤苗。1/3沟浇水法浇水,不可大水漫灌,结合松土破垄追施壮苗肥,每亩追施纯氮6~8 kg,$K_2O$ 8~10 kg。病虫害防治:以防治姜螟为主,每5~7 d喷一次,连喷2~3次 | 水肥管理:进入生长盛期,需水量多,基本5~7 d浇一次水,2/3沟浇水法浇水,不可大水漫灌,8月初、8月底、9月中下旬三次培土追肥,每亩每次追施纯氮6~8 kg,$K_2O$ 6.5~8.5 kg。病虫害防治:该期是大姜病虫害盛行期,地下病害主要是根茎腐烂病(即姜瘟)和癞皮病,地上主要病害有斑点病、炭疽病和条锈病 | 水分管理:保持土壤湿润,7~10 d浇一次水。收获前1/2沟浇水法浇一次水,不可大水漫灌。病虫害防治:做好后期病虫害的防治 | 姜不耐寒,通常于10月下旬初霜到来之前收获。收获前3~4 d停止浇水。有条件的也可扣棚保温适时晚收 |

### 49.2.3　生姜的养分资源管理技术应用推广

通过对于生姜的氮磷钾养分管理技术的应用,可以保证生姜产量≥4 000 kg/亩。通过试验表明:养分管理技术、农民习惯处理的氮肥利用率分别为 15.76% 和 12.72%,氮肥投入量比农民习惯降低 16.7%～33.3%,氮肥利用率提高了 19.35%～20.94%。生姜氮肥的偏生产力分别为 91.28 和 74.80 kg/kg;生姜氮肥的农学效率分别为 12.25 和 11.06 kg/kg;生姜单位养分的经济效益分别为 122.5 和 110.06 元/kg;农民每亩平均增收 170～194 元/年;土壤有机质含量增加 0.2%～11.6%,全氮含量增加 −9%～3.4%。

该技术与农民习惯相比可减少 20% 的氮肥投入,节约 86.7% 的磷肥,节肥效果明显,农民习惯处理每千克纯养分可产生 110.06 元的经济效益,应用该技术可产生 122.5 元的经济效益,节肥增收的效果非常明显。同时,氮磷钾养分管理技术、农民习惯处理的氮素表观损失量分别为 640.24 和 757.01 kg/hm$^2$,降低了 15.43%,生姜平产或略微增产,生姜的耐贮性也得到改善,农民每亩可净增收 497.6 元,达到了节肥、增产、增收的目标。

该模式于 2008—2010 年在山东安丘、聊城进行了应用推广,推广面积达到 6.14 万亩,平均每亩增产 79 kg,总收益增加 1 115 万元。通过编写并向农民免费发送"山东鲁中地区生姜高产高效栽培技术规程图"等宣传材料,对于该技术进行宣传普及;在安丘、莱芜、聊城等地建立大姜示范基地,通过示范带动农民接受并使用新技术。

## 49.3　山东大蒜最佳养分管理技术研究

### 49.3.1　高产条件下大蒜干物质积累及养分吸收规律研究

通过试验研究不同施肥处理对金乡白皮大蒜的产量及其干物质积累和养分吸收规律的影响,并提出在当地管理措施条件下大蒜的适宜施肥量。

**1.材料与方法**

(1)试验地概况　供试大蒜为地方品种金乡白皮蒜。供试土壤为潮土,其表层土壤(0～30 cm)有机质含量为 12.2 g/kg,全 N 0.92 g/kg,速效磷 15.6 mg/kg,速效钾 189.2 mg/kg,pH 7.8,0～30、30～60 cm 土层土壤无机 N（NH$_4^+$-N＋NO$_3^-$-N) 含量分别为 22.9,17.6 mg/kg,前茬作物为玉米。

(2)试验设计　试验设 6 个处理(P 和 K 用量相同,CK 表示不用氮肥,M 表示施用有机肥,N 表示施用氮肥),3 次重复,随机区组排列,小区面积 20.5 m$^2$。肥料施用方法为有机肥和磷、钾肥全部作基肥。氮肥作基肥与追肥相结合。试验处理及施肥情况见表 49-14。试验所用 N,P,K 和有机肥分别采用尿素(含 N 46%),重过磷酸钙(含 P$_2$O$_5$ 46%),硫酸钾(含 K$_2$O 50%),商品有机肥(含全 N 1.96%,全 P$_2$O$_5$ 2.09%,全 K$_2$O 1.65%,有机质 29.7% )。

表 49-14

试验设计　　　　　　　　　　　　　　　　　　　　　　　　　　　　　　　kg/hm$^2$

| 处理 | 底肥(10月6日) | | | | 追肥 | | 无机氮素施用总量 |
|---|---|---|---|---|---|---|---|
| | 有机肥 | 化肥 | | | 第一次(4月6日) | 第二次(4月27日) | |
| | | N | P$_2$O$_5$ | K$_2$O | | | |
| CK | 0 | 0 | 80 | 200 | 0 | 0 | 0 |
| MCK | 8 000 | 0 | 80 | 200 | 0 | 0 | 0 |
| MN1 | 8 000 | 25 | 80 | 200 | 47.5 | 47.5 | 120 |
| MN2 | 8 000 | 40 | 80 | 200 | 70.0 | 70.0 | 180 |
| MN3 | 8 000 | 50 | 80 | 200 | 95.0 | 95.0 | 240 |
| MN4 | 8 000 | 75 | 80 | 200 | 142.5 | 142.5 | 360 |

（3）测定项目及方法

①土壤样品分析:种植前分别采集 0～30,30～60,60～90 cm 土壤样品,生育期间分别在鳞芽花芽分化期(第 1 次追肥前)和蒜薹伸长期(第 2 次追肥前)每个小区采集 0～30 cm 土样样品。样品采用 0.01 mol/L CaCl₂ 提取,流动分析仪法测定土壤 $NH_4^+$-N 和 $NO_3^-$-N 含量(土壤 $N_{min}$ ＝ $NH_4^+$-N ＋ $NO_3^-$-N)。开氏法测定全氮,0.5 mol/L NaHCO₃ 浸提钼锑抗比色法测定速效磷,1 mol/L NH₄OAc 浸提火焰光度法测定速效钾,电位法测定 pH,油浴加热 $K_2Cr_2O_7$ 容量法测定有机质。

②植株样品分析:在苗期、鳞芽花芽分化期、蒜薹伸长期、鳞茎膨大期、收获期取 1 m² 的样品,测定生物产量。大蒜的茎、鳞茎和蒜薹烘干粉碎后采用 $H_2SO_4$-$H_2O_2$ 消煮,蒸馏法测定全氮含量;钒钼黄比色法测定全磷含量;火焰光度法测定全钾含量。

2. 结果与分析

（1）大蒜不同生育期干物质积累规律　大蒜整个生育期的干物质积累曲线见图 49-10。大蒜从种植到收获历经 232 d,在此期间大蒜的干物质逐渐积累,不同生育时期干物质的积累速度不同。蒜种(785.9 kg/hm²)占整个生育期干物质积累量的 6.2%;从种植到越冬前的苗期(70 d),干物质基本无变化,积累量为 11.8 kg/hm²,积累率仅为 0.1%,日均积累 0.17 kg/hm²;从苗期到鳞芽花芽分化期(110 d),干物质积累缓慢,积累量为 2 581.7 kg/hm²,积累率仅为 20.3%,日均积累 23.5 kg/hm²;从鳞芽花芽分化期到蒜薹伸长期(21 d),蒜薹迅速伸长,干物质积累加

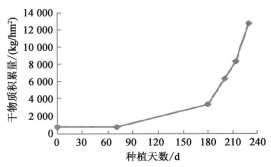

图 49-10　大蒜干物质积累曲线

快,积累量为 2 955.7 kg/hm²,积累率占 23.3%,日均积累 140.7 kg/hm²;从蒜薹伸长期到蒜薹收获期(14 d),蒜薹迅速伸长、成熟,鳞茎开始膨大,干物质积累加快,积累量为 2 041.7 kg/hm²,占 16.1%,日均积累 145.8 kg/hm²;从蒜薹收获期到蒜头收获期(17 d),蒜薹收获后,鳞茎迅速膨大,大蒜干物质的积累量明显增加,此阶段也是大蒜干物质积累最快的时期,积累量为 4 320.3 kg/hm²,占 34.0%,日均积累 254.1 kg/hm²。

（2）不同施肥对产量的影响　由表 49-15 可知,在磷、钾供应充足的情况下,随着氮肥用量的增加,蒜薹产量变化无规律性,MN3 处理产量最低,MN1 处理产量最高;蒜头的产量随着氮肥用量的增加而逐渐增加,MN1～MN4 依次比对照(CK)增产 25.4%,32.0%,38.6%,40.2%。其中 MN3 和 MN4 处理之间差异不显著。由于大蒜栽培中收获的主要是蒜薹和鳞茎,而在经济效益中起主导作用的是鳞茎的产量,所以定 MN3 为本试验的最佳施氮处理。

表 49-15

不同处理对蒜头和蒜薹产量的影响（FW）

| 处理 | 蒜薹产量 FW/(t/hm²) | | | | 增产率/% | 蒜头产量 FW/(t/hm²) | | | | 增产率/% |
| | Ⅰ | Ⅱ | Ⅲ | 平均 | | Ⅰ | Ⅱ | Ⅲ | 平均 | |
| --- | --- | --- | --- | --- | --- | --- | --- | --- | --- | --- |
| CK | 4.48 | 4.60 | 4.39 | 4.49c | — | 21.60 | 21.19 | 20.73 | 21.17e | — |
| MCK | 5.21 | 5.54 | 4.98 | 5.24a | 16.8 | 23.12 | 24.38 | 23.47 | 23.66d | 11.8 |
| MN1 | 5.31 | 5.22 | 5.80 | 5.44a | 21.3 | 27.89 | 25.48 | 23.26 | 26.54c | 25.4 |
| MN2 | 5.27 | 4.85 | 5.04 | 5.05ab | 12.5 | 28.15 | 27.93 | 27.78 | 27.95b | 32.0 |
| MN3 | 4.41 | 4.39 | 4.20 | 4.33c | −3.5 | 29.77 | 28.98 | 29.28 | 29.34a | 38.6 |
| MN4 | 4.61 | 4.88 | 4.44 | 4.64bc | 3.4 | 31.05 | 29.56 | 28.44 | 29.68a | 40.2 |

3. 结论

大蒜干物质的积累和养分的吸收趋势基本一致。大蒜在营养生长期,干物质积累缓慢,对氮、磷的吸收少,占 1/3 左右,对钾的吸收多,接近整个生育期的一半;在生殖生长期,干物质积累加快,收获前

期达到高峰,对氮、磷的吸收迅速增加。在实际生产中,大部分农民习惯于在大蒜返青和蒜薹生长期追施氮肥,并且磷肥用量大,氮、磷、钾配比不合理,直接制约大蒜的生产。因此应根据大蒜不同生育期对氮、磷、钾的吸收量以及大蒜的目标产量来确定氮、磷、钾的合理用量。本试验条件下,每生产1 000 kg大蒜需从土壤中吸收氮8.5 kg、磷1.4 kg、钾5.2 kg,吸收比例为1∶0.16∶0.61。

有机肥、磷肥和钾肥应全部作基肥施用,在苗期、鳞芽花芽分化期和鳞茎膨大期追施氮肥,以满足大蒜在不同生育时期对氮、磷、钾的需求,对大蒜的优质高产具有较好的效果。

### 49.3.2　形成的关键技术

#### 49.3.2.1　大蒜高产高效施肥技术

**1. 提高整地质量**

对于蔬菜产区,选择地势平坦、排灌条件良好且3年内未种过葱、蒜、韭类的肥沃壤土或沙壤土,进行深耕松土,并施底肥,底肥以腐熟有机肥为主,每亩施用3 000～5 000 kg。肥料撒施均匀后,要立即翻土深耕,耕翻深度一般25～30 cm,播种前采用平畦栽培,在整好的畦面上,按18 cm的行距平地开沟。

**2. 优化播种密度和播种方式**

大蒜的播种密度控制在45万～52.5万株/hm²,播种宜采用南北行种植,并将蒜瓣背连线与行平行,使叶片着生后充分接收阳光,增强光合作用;播种时按照适宜行距开3 cm左右浅沟,然后按照适宜株距在浅沟中按蒜瓣,大蒜播种不宜过深,并且应做到深浅一致,株距9 cm左右。

蒜种的选取也很重要,优质的蒜头由4～10瓣组成,蒜瓣整齐,个体大,味香辛辣。掰蒜瓣工作应在临近播种前进行,不要过早,防止蒜瓣干燥失水,影响出苗。掰好的种瓣应放在背阴通风处备用。

播种灌溉后观察墒情,一般是以人踩陷脚不超过2 cm为益,太湿人无法操作,太干了铺地膜时容易造成地膜破损。播种后喷施除草剂,畦面覆盖地膜,有利于保墒和提高地温,确保早出苗和出全苗;出苗后及时人工破膜,以防高温灼苗,此时可视雨水情况酌情灌溉缓苗水,或者在大蒜长出3片真叶时灌溉促苗水;立冬前后灌溉防冻水,结合病虫害防治。

**3. 水分管理技术**

大蒜耐旱性强,但根系入土浅,吸收能力弱,所以大蒜播种后要保持较高的土壤湿度;抽薹期是大蒜需水临界期,需水量占其全生育期总水量的40%左右。1周浇一次水,保持土壤湿润,采薹前5 d停水,以免蒜薹太脆,采收时易折断。幼苗期水分管理采取见干见湿的原则。幼苗期以后逐渐提高土壤水分,抽薹期和鳞茎膨大期土壤需水达到高峰,萌芽期如土壤湿润最好不浇水;出苗后适当控制浇水,以松土保墒为主,以免过早退母或徒长,促进根系向土壤深层发展;蒜头收获前5～7 d停止灌水,防止土壤湿度过大引起蒜皮腐烂、蒜头松散、不耐贮存。

**4. 大蒜覆膜技术**

栽完后立即浇水,地面湿泞时,用覆膜机,装上卷幅宽90 cm,厚0.004～0.005 mm的大蒜专用除草膜或普通地膜,从畦子的一个边开始推着覆膜机向前,将膜两边切入土中拉紧铺到畦面。一般每畦用四幅地膜。最后将畦头的地膜人工切入土中。

第一次浇水后5～7 d,有较多芽鞘顶紧地膜时,用细糜扫帚在膜上拍一遍,以帮助大蒜破膜。以后间隔2～3 d再拍一遍。拍过3遍后,再人工扎口放出没有拱出地膜的蒜苗。

#### 49.3.2.2　大蒜高产高效施肥技术规程

**1. 品种的选择**

根据栽培地点的自然条件,因地制宜选择经国家和省审定的优质、丰产、抗逆性强、商品性高的优良品种如苍山白蒜等。

**2. 播前准备**

(1)精细整地　10月中上旬整地,前茬作物收获后,及时清除残留枯枝落叶,深耕整平精细耙地,达到上松下实,地面平整。

(2)施肥　根据区域土壤测试结果,确定肥料配方为18-10-17(硫酸钾型),按目标产量蒜头1 000～1 300 kg/亩,蒜薹50～100 kg/亩,在施入优质有机肥200 kg/亩的基础上,底肥施用配方肥(18-10-17)40～50 kg/亩,一定做到种肥隔离,防止烧种烧苗;追肥两次,分别在3月中下旬蒜薹伸长期施用,配方肥40～50 kg/亩;5月中上旬蒜头膨大期施用,配方肥20～30 kg/亩。

**3. 精细播种**

(1)种子处理　选用蒜头圆整,蒜瓣肥大,色泽洁白,顶芽肥壮,无病斑、无伤口的蒜瓣作为蒜种,上年本地块收获蒜头不适宜作为蒜种。

(2)药剂拌种　在播种前,将蒜种浸泡在水中10～12 h,以利于出苗;然后用75％百菌清800倍液浸种1～2 h,以防土传、种传病害。

(3)适时播种　播种前可浅浇水一次,以利于播种与出苗;采用平畦栽培,株行距9～18 cm出苗,播深3 cm左右,播种密度控制在3.0万～3.5万株/亩,适宜播期为10月10—20日。

**4. 冬前管理**

播种后喷施除草剂,畦面覆盖地膜,有利于保墒和提高低温;出苗后及时人工辅助破膜,防止高温灼苗,并视雨水情况酌情灌溉缓苗水。立冬前后灌溉防冻水,结合病虫害防治。

**5. 春季管理**

(1)返青期　翌年2月底,天气转暖,蒜苗开始返青,若冬季干旱应及时灌溉返青水,若墒情较好,可推迟到3月中上旬。

(2)蒜薹伸长期　幼苗退母后,鳞芽、花芽开始分化,地下部发出第二批根,叶面积迅速扩大并达到最大值,蒜薹伸长,营养生长与生殖生长并进,此为肥水管理关键时期,可在春分前后追肥并及时灌溉。

(3)蒜头膨大期　蒜薹收获后顶端优势被解除,叶片叶鞘内营养逐渐向蒜头输送,蒜头迅速膨大,此时应确保营养供给并加强灌溉,追肥后应及时灌溉。

**6. 病虫综合防治**

(1)防治原则　按照"预防为主、综合防治"的原则,优先采用农业防治(蒜种处理、合理轮作、清洁管理)、生物防治(生物农药、天敌防治)、物理防治(杀虫灯、杀虫板)等方法,合理施用化学防治方法,禁止施用国家明令禁止的高毒、高残留农药。

(2)主要病害防治方法　大蒜叶枯病:30％氧氯化铜悬浮剂600～800倍液,或70％代森锰锌可湿性粉剂500倍液,7～10 d喷施1次,交替用药。

大蒜灰霉病:50％多菌灵可湿性粉剂400～500倍液,或50％腐霉利可湿性粉剂1 000～1 500倍液,7～10 d喷施1次,交替用药。

大蒜病毒病:1.5％植病灵乳剂1 000倍液,或20％病毒灵(盐酸吗啉胍)悬浮剂400～600倍液,7～10 d喷施1次,交替用药。

**7. 适时收获**

(1)蒜薹收获　当蒜薹抽出叶鞘,并开始甩弯时,选择晴天中午或午后及时采收。

(2)蒜头收获　蒜薹收获18 d左右,大蒜的叶片变为灰绿色,底叶枯黄脱落,假茎松软充分膨大后,及时收获。若天气较旱,应在收获前一天轻浇水1次,使土壤湿润。

## 49.3.3　大蒜高产高效技术在实际生产中应用

2012—2014年,在金乡周边地区进行大蒜的高产高效示范推广试验。从表49-16可以看出,实际测产结果,连续三年的高产高效处理产量均高于农民习惯,增产率分别为3.7％,6.94％和23.61％,农民收入分别增加227,251和1 055元/亩。高产高效处理表现了较好的增产增收效果。

表 49-16

2012—2014 年高产高效试验产量及收入比较

| 年份 | 试验地点 | 处理 | 实际产量 /(kg/亩) | 增产量 /(kg/亩) | 增产率 /% | 当年增加收入 /(元/亩) |
|---|---|---|---|---|---|---|
| 2011—2012 | 金乡县 | 农民习惯 | 1 089 | — | — | — |
| | | 高产高效 | 1 128 | 39 | 3.70 | 227 |
| 2012—2013 | 巨野县 | 农民习惯 | 2 030 | — | — | — |
| | | 高产高效 | 2 171 | 141 | 6.94 | 251 |
| 2013—2014 | 金乡县、鱼台县、单县 | 农民习惯 | 1 622 | — | — | — |
| | | 高产高效 | 2 005 | 383 | 23.61 | 1 055 |

通过技术模式的应用,氮肥投入量比农民习惯降低 20%～25%,作物产量增加了 3%～8%;大蒜季氮肥利用率提高了 2%～5%;周年栽培过程中硝态氮淋失量减少了 16%～20%,氮素流失量减少 30%～37%,磷素流失量减少 3%～5%。农民每亩增收 120～200 元/年,土壤的有机质含量增加2.5%～3.2%。

为了对该技术进行大范围的宣传推广,对农业技术推广人员和种植大户进行宣传培训大蒜的减施增效管理,于 2011 年 5 月在金乡举办了"高产高效测土配方施肥试验示范推广启动会"。2012 年 8 月,在巨野县举办"大蒜高产高效测土配方施肥示范推广网络(巨野)启动仪式暨技术培训会"。从作物营养的概念、肥料学的基本理论、我国大蒜生产现状、测土配方施肥技术、高产高效测土配方施肥大蒜试验进展、大蒜养分管理技术集成及大蒜的病虫害防治等方面为参会的 300 多位大蒜种植户和经销商进行了专题技术培训。2013 年 5 月,在巨野县举办了"大蒜－玉米(棉花)高效测土配方施肥大蒜观摩会",40 位乡镇经销商和 100 位农户参加。会上向农民及经销商免费发送大蒜高产高效栽培明白纸;与山东电视台农科频道合作,扩大培训会的宣传范围;在金乡、单县、巨野、鱼台等地建立种植大户示范基地,周边农民通过参观示范田,带动施用新技术的积极性。从 2008—2012 年在山东泰安、金乡和微山等地推广面积达到 29.5 万亩,平均每亩增产 85.7 kg,总收益增加 4 083 万元。

## 参考文献

[1] 江丽华,刘兆辉,等. 氮素对大葱产量影响和氮素供应目标值的研究. 植物营养与肥料学报,2007,13(5):890-896.

[2] 张文君,刘兆辉,江丽华,等. 氮素对大蒜产量影响和氮素供应目标值的研究. 土壤肥料科学,2008(7):254-259.

[3] 张文君,刘兆辉,江丽华,等. 氮素对大蒜生长及养分吸收的影响. 中国蔬菜,2006(12):20-23.

[4] 张文君,刘兆辉,江丽华,等. 高产条件下大蒜干物质积累和养分吸收规律的研究. 广西农业科学,2008,39(3):340-343.

[5] 张相松,隋方功,刘兆辉,等. 不同供氮水平对大葱土壤硝态氮运移及品质影响的研究. 土壤通报,2010,41(1):170-173.

[6] 郑福丽,江丽华,高新昊,等. 不同氮肥用量对姜产量与氮肥生产效率的影响. 江苏农业科学,2012,40(3):127-129.

[7] 郑福丽,江丽华,谭德水,等. 生姜的营养特性和优化施肥技术研究. 北方园艺,2011(16):13-16.

[8] 郑福丽,江丽华,谭德水,等. 生姜的营养特性及钾对生姜产量和土壤肥力的影响. 中国蔬菜,2011(6):68-72.

(执笔人:江丽华 石璟 郑福丽)

# 第 50 章
## 山东省甘薯养分管理技术创新与应用

甘薯[*Ipomoea batatas*(L.) Lam]又名红薯、红苕、地瓜等,属旋花科一年生或多年生蔓生草本的性喜温、短日照作物,根系发达,较耐旱,对土质要求不严,被称为荒地开发的先锋作物。甘薯适宜栽培于夏季平均气温 22℃ 以上、年平均气温 10℃ 以上、无霜期不短于 120 d、生长期降水量为 400～500 mm、土壤 pH 为 4.2～8.3、透气排水好的壤土和沙壤土的地区。甘薯是世界主要粮食作物之一,总产量仅次于水稻、小麦和玉米,居第 4 位。我国是世界上最大的甘薯种植国,面积和产量均居世界首位。山东省是我国甘薯主产区之一,地形复杂,以山地丘陵为主,约占全省总面积的 33%,适宜甘薯种植,常年种植面积在 35 万 hm² 左右,单产平均为 35.3 t/hm²,居全国第 1 位,重点分布在临沂、济宁、枣庄、泰安、烟台等丘陵山区和平原旱地,土质主要为棕壤和褐土,肥力水平中下等。种植品种以淀粉型为主,主要有徐薯18、鲁薯 7 号、泰中 7 号、济薯 15、商薯 19、烟薯 22 等,淀粉型甘薯种植面积约占山东省甘薯种植面积的 60%～70%。

## 50.1 山东省甘薯主产区栽培模式及土壤养分水分管理现状

### 1. 山东省甘薯主产区的主要栽培模式

山东省甘薯种植以春薯为主,占 80% 左右,夏薯主要是留种,部分供鲜食,占 20% 左右。甘薯栽培采用的新技术主要有新品种利用、种薯脱毒、地膜覆盖、测土配方施肥和种收机械化等,甘薯起垄机械化/半机械化水平达 70%,收获机械化/半机械化水平达 40% 以上。甘薯生产趋向区域化、专业化,主要栽培模式有丘陵山区淀粉型甘薯产业化栽培模式、城市郊区鲜食型甘薯"产贮销"一体化栽培模式和高产高效地膜覆盖栽培模式等。

丘陵山区淀粉型甘薯产业化栽培模式以地处沂蒙山西部的泗水县为主,该县及周边地区是山东省淀粉型甘薯主产区,全县年种植面积约 2.7 万 hm²,主要依托泗水利丰集团和水晶淀粉制品公司等大型淀粉加工企业,年加工鲜薯约 70 万 t,甘薯产业已发展成为当地农民的致富产业和支柱产业。该栽培模式的技术要点为采用酿热温床双膜覆盖育苗,即在苗床种薯下方填充粉碎秸秆、牛粪等酿热物,排种覆土后,在离覆土面 20 cm 高的地方覆盖第一层塑料薄膜,然后再在整个苗床上方搭建塑料小拱棚,高约 50 cm;使用机械足墒起垄,垄距 75 cm,垄高 30 cm;4 月 20 日前后拔苗栽插,密度为 5.2 万株/hm²,薯苗与水平面呈 45°斜插入土,栽深 5～7 cm;田间管理封垄前中耕 2～3 次,注意排水控长,及时收获。

城市郊区鲜食型甘薯"产贮销"一体化栽培模式以地处济南郊区的平阴县为例,属于传统的甘薯种植区,一年种植一季春甘薯,冬季土地休闲。每年 3 月底育苗,5 月初移栽,10 月中旬(霜降前)收获后贮藏,春节后上市销售,逐渐形成了"集中种植、分散贮藏、反季销售"的鲜食型甘薯产贮销一体化栽培模式,走出了一条甘薯高效产业化发展道路,实现了农业增效、农民增收。该栽培模式的技术要点也是采用酿热温床双膜覆盖育苗;使用机械足墒起垄,垄距 75 cm,垄高 30 cm;5 月 10—15 日拔苗栽插,密度为 6 万株/hm²,薯苗与水平面呈 45°斜插入土,栽深 5～7 cm;田间管理封垄前中耕 2～3 次,注意排水控长,及时收获;井窖贮藏保鲜。

高产高效地膜覆盖栽培模式,覆膜比不覆膜的 10 cm 地温提高 3～4℃,整个甘薯生长期的积温增加 360℃左右,5 月中旬遇旱能减少水分蒸发有利于保墒,秋季雨季时易于排水,预防涝害,还能改善土壤理化性质,平均增产 10%～20%,部分地区能达到 30%,并提前 15～20 d 收获,不仅有利于安排下茬作物,而且能充分利用光热资源。该栽培模式的技术要点为早育苗,地膜覆盖春薯一般于 3 月 10 日左右开始育苗,比不覆膜的春薯早育苗 10 d 左右,采用温室冷床单膜覆盖育苗,即在温室内苗床种薯覆土后,在离覆土面 50 cm 高的地方覆盖一层塑料薄膜;覆膜高产栽培必须足墒起垄,墒情不足要开沟造墒,使用机械足墒起垄,垄距 75 cm,垄高 30 cm;4 月中下旬栽插时结合炼苗、高剪苗等技术;密度为 5.2 万株/hm²,薯苗与水平面呈 45°斜插入土,栽深 5～7 cm;栽插后喷除草剂覆膜,及时破膜放苗;田间管理时注意防旱排涝、根外追肥、控制旺长、及时收获。

**2. 山东省甘薯主产区的土壤养分水分管理现状**

山东省甘薯主产区主要分布在鲁东、鲁南、鲁中等地区的丘陵山区和部分平原旱地,土壤主要为棕壤和褐土,肥力水平中下等。江苏省农科院的张永春研究员于 2009—2010 年分析了山东甘薯种植地区部分土壤样品 0～20 和 20～40 cm 土壤 pH、有机质、碱解氮、有效磷、有效钾等指标见表 50-1、表 50-2。结果表明,总体上土壤碱解氮含量较高,磷适中,钾不足,这一方面与甘薯种植中的长期施肥习惯(氮磷偏多,钾较少)有关,另一方面也说明了在甘薯上实施平衡施肥的重要性。

表 50-1

2009—2010 年甘薯土壤养分数据汇总(0～20 cm)

| 省份 | 统计项目 | pH | 有机质含量 /(g/kg) | 碱解氮 /(mg/kg) | 速效磷 /(mg/kg) | 速效钾 /(mg/kg) |
|---|---|---|---|---|---|---|
| 山东 | n | 29 | 30 | 29 | 30 | 29 |
| | 平均值 | 5.7 | 10.3 | 71.1 | 17.3 | 38.2 |
| | 最小值 | 4.7 | 3.6 | 11.1 | 3.8 | 17.7 |
| | 最大值 | 8.1 | 18.6 | 155.2 | 35.3 | 96.3 |
| | 标准差 | 1.0 | 2.6 | 23.2 | 10.1 | 17.3 |
| | 标准误 | 0.2 | 0.5 | 4.3 | 1.8 | 3.2 |

引自张永春,2010。

表 50-2

2009—2010 年甘薯土壤养分数据汇总(20～40 cm)

| 省份 | 统计项目 | pH | 有机质含量 /(g/kg) | 碱解氮 /(mg/kg) | 速效磷 /(mg/kg) | 速效钾 /(mg/kg) |
|---|---|---|---|---|---|---|
| 山东 | n | 29 | 30 | 29 | 30 | 29 |
| | 平均值 | 6.1 | 6.9 | 52.6 | 9.1 | 30.6 |
| | 最小值 | 4.9 | 3.9 | 4.2 | 4.2 | 17.7 |
| | 最大值 | 8.2 | 10.1 | 152.5 | 27.5 | 64.4 |
| | 标准差 | 0.9 | 1.6 | 27.4 | 5.5 | 12.2 |
| | 标准误 | 0.2 | 0.3 | 5.1 | 1.0 | 2.3 |

引自张永春,2010。

前述三种栽培模式的施肥方式大多是起垄前施足基肥,一般施优质土杂肥 45 000~60 000 kg/hm²,纯 N 45 kg,P₂O₅ 90 kg,K₂O 120 kg,有机肥撒匀后深耕 25 cm,化肥在起垄时作包馅肥使用,肥料离垄面 15 cm 以下,地膜覆盖栽培模式对栽插时施肥不足,出现叶黄脱肥的地块,可喷 2%尿素溶液 750 kg/hm²,2~3 次,每次时间间隔 7 d 左右;生长正常的地块,在中、后期喷 0.2%的磷酸二氢钾水溶液 900 kg/hm²,连喷 2~3 次。另据调查可知,还有相当大的甘薯种植区域不施用有机肥,仅起垄时基施 15-15-15 的复合肥 375~450 kg/hm²,田间管理比较粗放,产量多在 30 000~37 500 kg/hm²。

由于山东省的甘薯主要种植在丘陵山区,大多不具备灌溉条件,因此在水分管理方面属于粗放型,同时也说明该领域有较大的研究、应用和发展空间。

通过实地调查并结合查阅资料对山东省内部分甘薯主栽区的土肥水资源数据进行了汇总,结果见表 50-3。

**表 50-3**

山东省部分甘薯主要种植区的土壤养分水分资源数据调查汇总表

| 调查项目 | | 调查区域 烟台 | 泗水 | 邹城 | 平邑 | 曲阜 | 山亭 |
|---|---|---|---|---|---|---|---|
| 土地类型 | | 山地/丘陵 | 山地/丘陵/平原 | 山地/丘陵/平原 | 丘陵 | 山地/丘陵 | 山地/丘陵/平原 |
| 土壤质地 | | 壤土 | 壤土和沙土 | 壤土和沙土为主 | 壤土和沙土为主 | 壤土 | 壤土和沙土为主 |
| 土壤类型 | | 棕壤 | 褐土 | 棕壤 | 棕壤 | 棕壤 | 棕壤 |
| 土壤养分情况 | 速效氮/(mg/kg) | 75 | 76 | 80 | 60~100 | 80 | 55 |
| | 速效磷/(mg/kg) | 20 | 24 | 21 | 4~8 | 21 | 45 |
| | 速效钾/(mg/kg) | 100 | 83 | 110 | 70~120 | 100 | 120 |
| | 有机质/% | 1 | 1.4 | 1.1 | 0.6~1 | 1.1 | 1.2 |
| 施用肥料 | | 化肥为主 | 土杂肥和复合肥 | 土杂肥和复合肥 | 土杂肥和复合肥 | 棉饼、二铵或复合肥 | 土杂肥、豆子复合肥 |
| 年降水量 | 降水集中月份 | 7 月 | 7,8 月 | 7,8 月 | 7,8 月 | 7,8 月 | 7,8 月 |
| | 年最高降水量/mm | 1 100 | — | — | 1 185.1 | — | 1 180 |
| | 年平均降水量/mm | 722.2 | 752.0 | 752.4 | 784.8 | 752.4 | 851.0 |
| 气候灾害 | | 少有冻灾 | 旱灾 | 旱灾 | 旱灾 | 旱、涝灾 | 旱、涝灾 |
| 农田水利工程建设情况 | | 灌溉渠系工程 | 无 | 无 | 灌溉渠系工程 | 坡塘工程 | 无 |
| 灌溉情况 | | 旱作种植 | 旱作种植 | 旱作种植 | 旱作种植 | 旱作种植 | 旱作种植 |
| 灌溉方式 | | 引水灌溉 | 不灌溉 | 不灌溉 | 不灌溉 | 不灌溉 | 不灌溉 |

引自张立明,2010。

## 50.2 山东省甘薯栽培及土壤养分水分管理方面存在的问题

### 1.区域化、标准化种植及配套标准相对滞后

目前,山东省甘薯主要以一家一户零散种植方式为主,区域化、标准化及产业化栽培模式难于形成。一家一户的种植模式灵活性大,但往往存在盲目性、难于统一接受配套栽培技术指导、机械化程度低、市场信息不通畅等缺点,这些因素都制约着甘薯产业的发展。此外,甘薯配套的栽培技术规程规范

短期难于统一。

**2. 甘薯种植管理粗放**

甘薯耐旱,耐瘠薄,忌重茬。多年来受到种植观念的影响,甘薯种植、管理技术跟不上,造成不注重土壤的深松和深翻工作,不施或较少施化肥和有机肥,不重视水分管理,整个田间管理粗放,造成土壤肥力下降,甘薯产量,品质及贮藏性都大幅度降低,薯形也难达到一定的标准。

**3. 测土配方施肥、高效新型肥料及水肥一体化等施肥技术的推广应用有待于进一步加强**

土壤和肥料作为调控甘薯生长的关键因素,对甘薯产量和质量具有重要影响,但在山东省许多地区的甘薯实际生产中,土壤和肥料问题并未得到充分重视,导致产量和肥料利用率不高。根据作物需肥规律进行合理施肥不仅是测土配方施肥技术的重要组成部分,还是农业减施增效提高肥料利用效率的重要途径,其关键在于掌握作物不同生育期的需肥规律,调节作物需肥与土壤供肥之间的矛盾,既使得养分能满足作物生长需要,又能达到肥料利用高效、环境友好的目的。

目前关于甘薯施肥主要存在两方面的问题:一是大量养分元素的施用和甘薯生长需肥不一致,影响了甘薯产量,并造成了肥料损失和环境污染问题;二是甘薯生长需肥规律的调控研究主要集中于大量养分元素肥料,而对中、微量养分元素的需肥规律的研究并没有得到全面展开,而关于中、微量养分元素如何调控甘薯产量的研究则更少。

高效新型肥料能够针对作物生长的环境条件和作物的生理特征,目的在于协调养分释放和作物吸收之间的关系,提高土壤肥力、作物产量和肥料利用效率,降低养分损失。目前已有不少关于新型肥料在甘薯上的施用研究,但关于高效新型肥料的作用机理及甘薯的生理响应机制并不是很明确,这些肥料在生产实践中还是处于起步阶段,并未得到广泛应用,其机理及实际应用还需进一步研究和推广。

水分和养分对作物生长的影响是相互联系相互作用的,水肥对作物耦合效应可以产生三种不同的结果,分别为协同效应、叠加效应和拮抗效应。作物生长的水肥一体化调控研究的目的在于寻求水肥的最佳配比,通过以水促肥和以肥调水的手段,实现作物高产和水分养分的高效利用。目前,已有大量的关于水肥一体化调控研究见于报道,涉及的作物有小麦、水稻、玉米、大豆、辣椒等,但是关于甘薯的水肥一体化相关研究则较少,国内尚未见报道。因此,对甘薯进行水肥调控研究,获取最佳水肥组合方案,对于实现甘薯的水肥高效利用,以及甘薯产量的调控均具有重要意义。

## 50.3　今后山东省甘薯产业栽培技术与土壤养分水分方面的研究重点

**1. 甘薯大田栽培技术研究**

研究甘薯不同区域大田栽培条件下的优化栽培措施,主要研究覆膜技术对除草、提温、防止水分蒸发以及防止甘薯次生根生长等方面的研究,研究生长后期调控营养生长的栽培措施(生长调节剂)。

**2. 甘薯的适宜土壤条件研究**

分析研究不同地区甘薯的最佳适宜土壤类型,土壤养分供应状况及土壤培肥改良措施。

**3. 甘薯的最佳养分管理和专用肥研制**

根据不同地区土壤肥力特征、需肥规律和甘薯的生长特点,研制缓释性肥料,在主要产区上进行肥效试验,确定出适合山东省主要产区的甘薯专用肥配方。

**4. 甘薯的水分管理及水肥一体化技术应用**

在水源允许的地区进行水肥一体化技术研究,采用膜下滴灌技术、水肥一体化技术进行生产,在节水、节肥、节工、节药等方面进行经济效益分析,探讨出适合甘薯栽培的水肥一体化技术。

## 50.4　鲜食型甘薯的水肥一体化栽培技术

中国是世界上最大的甘薯生产国,种植面积和总产分别约占世界总面积和总产的65％和85％。

近年来,随着人民生活水平的提高,保健意识愈来愈强,甘薯已经从粮食作物转变为经济作物,逐渐成为生活中调节口味、丰富菜篮子的保健食品,在人们的膳食结构中发挥着越来越大的作用。根据其块根的品质特点和用途,甘薯主要分为鲜食型、淀粉型和色素型三种类型。据资料表明,鲜食型甘薯富含多种维生素及矿物质,特别是含有较多胡萝卜素及丰富细腻的食用纤维,是儿童发育、老年保健和防治多种富贵病的营养保健品。因此,国内外对鲜食甘薯的需求量连年上升,并且开始注重其风味品质的优劣。但我国当前的甘薯栽培过程中,存在薯苗移栽时多采用浇窝水的栽培方法,并且春季经常遭遇干旱天气,易出现甘薯生长前期缓苗慢的现象;存在忽视有机肥,偏重化肥,尤其是一次性基施氮肥的施肥方法,易出现生长中期地上部疯长,后期脱肥早衰等现象,影响光合产物向薯块转移,导致薯块产量不高,商品率低,品质不良等问题;再加上甘薯生产过程中较多地施用植物生长抑制剂、除草剂、农药等农用化学品物质,不能满足优质高产鲜食型甘薯生产的要求。

水肥一体化栽培技术采用选地、施有机肥、起垄、铺设滴灌带、覆黑色地膜、移栽、膜下滴灌施肥等一系列技术手段,并加强田间管理,解决甘薯生长过程中前期缓苗慢,中期地上部疯长,后期脱肥早衰,农用化学品用量大,导致的薯块产量不高、品质差等问题,实现鲜食型甘薯高产优质的协调统一。

具体步骤如下:

(1)选地:要求排水畅通,表土疏松,有灌溉水源的地块,最好是土层深厚、无甘薯病害的生茬沙质土壤,pH 为 5.0~7.0。

(2)基施有机肥:在第(1)步骤所选地块表面均匀撒施腐熟好的有机肥。

(3)起垄:在做好第(2)步骤的基础上,深耕 25~30 cm,耙细,起垄面中间略凹陷的大垄,垄高30~35 cm,垄宽 110~120 cm。

(4)铺设滴灌带:在第(3)步骤所起的垄面中间凹陷处铺设滴灌带。

(5)覆黑色地膜:采用人工或机械方法将黑色塑料地膜覆盖在已经铺设滴灌带的大垄表面。

(6)移栽:采用双排打孔器在覆膜垄面上打两行相互交错的孔穴,一次可打 20 个,株距 22~25 cm,行间距 45~50 cm;因为种薯常带有黑斑病和根腐病的病原物及部分线虫,育苗时薯块携带的病菌会从块根向薯苗顶部移动。采用高剪苗技术,即在苗床上距苗基部 3~5 cm 将苗剪下,可减轻薯苗黑斑病、茎线虫病等病原物的携带量,有效防止或减轻大田病害的发生。前提是高剪苗薯苗要适当多炼苗 3 d以上,以适应外界大田的环境,栽后缓苗快。再用稀释 1 000 倍的多菌灵溶液浸泡高剪苗基部5~8 min,把薯苗斜插船式移栽于孔穴中,然后及时滴水保苗,实验证明成活率可保证在 98% 以上。

(7)膜下滴灌施肥:在甘薯生长的团棵期、封垄期、薯块膨大期利用已经铺设的滴灌带进行膜下滴灌施肥,N,$P_2O_5$,$K_2O$ 的用量分别为 60~90,50~90,120~180 kg/hm²,N:$P_2O_5$:$K_2O$ 为 1:(0.8~1):(1.5~2),团棵期,封垄期和薯块膨大期的肥料用量分别为 2~3,3~4 和 3~4 份;在甘薯生长中后期,可采用因缺补缺技术(即微肥的种类及用量可结合土壤微量元素测定值确定),结合氮磷钾肥施用部分有机螯合态微量元素肥料,这样有利于薯块对微肥的直接吸收利用。通过上述方法栽培的甘薯矿物质含量、可溶性糖含量、维生素 C 含量、胡萝卜素含量、膳食纤维含量等指标均相应提高5%~20%。

在上述技术方案的基础上,加强田间管理,如果发生病虫害,可根据程度适当施用高效、低毒、低残留的生物农药加以防治,并在整个生育期内土壤缺水时利用已经铺设的滴灌带进行膜下滴灌。通过选地以利于根系发育、块根的形成和膨大,保证薯块的外观商品性;通过施用有机肥,可改善土壤物理性状,使土壤水、气协调,益于微生物的繁殖活动,加速有机肥料分解,利于薯苗生长、薯块增多和膨大。通过起高垄,可增大光合面积;覆黑色地膜,可提高地温、抑制杂草生长、防薯蔓不定根的发生,消除除草剂的使用,雨季利于排水,促进甘薯生长;采用高剪苗技术,可在很大程度上避免薯苗携带病菌,预防黑斑病、根腐病及线虫病。采用双排打孔器保证薯苗栽插深浅一致;通过根据甘薯需水需肥特性,分期进行滴灌施肥或浇水,起到提高薯苗成活率,防中期地上部疯长,防后期脱肥早衰,消除植物生长抑制剂的使用,促进甘薯光合产物向薯块转移,从而实现鲜食型甘薯的优质、高产。

## 50.5　推广应用效果

丘陵山区淀粉型甘薯产业化栽培模式,主要分布在泗水县及周边地区,推广种植面积约 2.7 万 $hm^2$。在使用脱毒苗、高剪苗、有效防治病虫害等技术手段的基础上,执行该栽培模式技术规程比常规栽培方式增加产量 20% 以上,平均产量达到 37 500 $kg/hm^2$,纯收入 15 000 元/$hm^2$ 左右,与常规栽培相比,在产量和质量上每公顷提高农民纯收入 6 000 余元。

城市郊区鲜食型甘薯"产贮销"一体化栽培模式,主要分布在平阴县安城乡及周边地区,推广种植 3 500 $hm^2$ 鲜食型甘薯,一般产鲜薯 37 500 $kg/hm^2$ 以上,纯收入均在 75 000 元/$hm^2$ 以上。

高产高效地膜覆盖栽培模式,主要分布在山东泗水县、平阴、菏泽等地,优质淀粉型甘薯覆膜增产 10%～20%,平均增收 1 800～3 600 元/$hm^2$,除去地膜成本,增收 1 000～2 800 元/$hm^2$。鲜食型甘薯不仅能提高上市,而且还能增加产量,每亩可增收 4 500～13 500 元/$hm^2$,效益显著。

鲜食型甘薯水肥一体化栽培技术,主要分布在青岛地区,推广种植 75 $hm^2$,采用该技术可以显著提高甘薯的秧苗成活率、商品薯率、薯块产量及部分品质指标。比同等条件下传统栽培方法薯块增产 15%～30%;外观商品性好,商品薯率提高 12.4%;鲜薯块的矿物质、还原型维生素 C、胡萝卜素、可溶性糖含量等品质指标均有明显改善,提高幅度为 5.1%～19.4%;明显减少或消除农用化学物质(植物生长抑制剂、化学类农药、除草剂等)的施用,实现了鲜食型甘薯优质高产的协调统一。

两种栽培方法收获的甘薯在秧苗成活率、商品薯率及诸多品质指标的比较如表 50-4、表 50-5 所示。

表 50-4

不同栽培技术条件下甘薯秧苗成活率、商品薯率和薯块产量指标比较表

| 栽培方法 | 秧苗成活率/% | 薯块产量/($kg/hm^2$) | 商品薯率/% |
|---|---|---|---|
| 传统栽培方法 | 92.2 | 39 873 | 77.3 |
| 水肥一体化栽培技术 | 98.7 | 50 511 | 86.9 |

表 50-5

不同栽培技术条件下甘薯薯块品质指标比较(鲜基)

| 栽培方法 | 还原型维生素 C /(mg/100 g) | 可溶性糖 /(g/100 g) | 胡萝卜素 /(μg/100 g) | Ca /(mg/kg) | Mg /(mg/kg) | Fe /(mg/kg) | Zn /(mg/kg) |
|---|---|---|---|---|---|---|---|
| 传统栽培方法 | 18.0 | 4.88 | 687 | 85.1 | 146.2 | 12.8 | 1.29 |
| 水肥一体化栽培技术 | 20.3 | 5.23 | 734 | 91.7 | 162.3 | 14.5 | 1.54 |

## 参考文献

[1] 董晓霞,孙泽强,张立明,等. 山东省主要土壤类型甘薯肥料利用率研究. 山东农业科学,2010,11:51-54,59.

[2] 杜义英,李军虎,刘兰服,等. 专用甘薯高产栽培技术. 粮食作物,2010,3:131-132.

[3] 高璐阳,房增国,史衍玺. 7 个鲜食型甘薯产量、产量构成及主要品质性状分析. 中国粮油学报,2013,28(12):37-41.

[4] 江苏省农业科学院,山东省农业科学院. 中国甘薯栽培学. 上海:上海科学技术出版社,1984.

[5] 李竞雄,杨守仁,周可湧,等. 作物栽培学(上). 北京:高等教育出版社,1958.

[6] 刘桂玲,张鹏,郑建利,等. 不同类型甘薯品种主要经济性状和营养成分差异. 中国粮油学报,2012,27(2):10-13.

［7］刘庆昌. 甘薯在我国粮食和能源安全中的重要作用. 科技导报,2004(9):21-22.

［8］刘中良,刘桂玲,郑建利,等. 山东甘薯生产现状与对策探讨. 安徽农业科学,2013,41（6）: 2399-2400.

［9］陆国权. 甘薯淀粉若干重要品质性状的基因型差异研究. 浙江大学学报,农业与生命科学版,2000, 26(4):379-383.

［10］马代夫,李洪民,李秀英,等. 中国甘薯育种与产业化　甘薯育种与甘薯产业发展. 北京:中国农业 大学出版社,2005.

［11］盛家廉,袁宝忠. 甘薯栽培技术. 北京:农业出版社,1980.

［12］史红志,王振学,张林. 邹城市甘薯生产中存在的问题及对策. 现代农业科技,2009,21:46-47.

［13］宋朝建,王季春. 甘薯高产潜力研究进展. 耕作与栽培,2007,2:45-47.

［14］烟台地区农科所. 甘薯. 北京:科学出版社,1978.

［15］张辉,张永春,宁运旺,等. 土壤与肥料对甘薯生长调控的研究进展. 土壤通报,2012,43(4): 995-1000.

［16］张立明,马代夫. 中国甘薯主要栽培模式. 北京:中国农业科学技术出版社,2012.

［17］张允刚. 国家甘薯种质资源描述规范和数据标准. 北京:中国农业出版社,2006.

［18］朱兆良,文启孝. 中国土壤氮素. 南京:江苏科学技术出版社,1992.

［19］Phillips S B,Warren J G,Mullins G L. Nitrogen rate and application timing affect"Beauregard" sweet potato yield and quality. Hortscience,2005,40(1):214-217.

（执笔人:房增国　李俊良）

# 第 51 章
## 花生养分资源管理技术创新与应用

## 51.1　我国花生高产高效现状及限制因素

### 51.1.1　花生生产概况

花生是我国重要的油料作物,近年来随我国人口的不断增长和人民生活水平的日益提高,我国人均食用植物油消耗量从 1978 年的 1.6 kg 上升到 2006 年的 6.7 kg,上升了 4.2 倍(万书波,2009),植物油消费总量从 2000 年的 1 200 多万 t 增长到 2011 年的 2 777 万 t(左青,2013),与食用植物油需求不断上升相反,中国油料作物(包括大豆)的种植面积却不断减少,据统计从 2001 年的 2 411.3 万 hm² 缩减到 2011 年的 2 174.4 万 hm²,减少了 9.8%,尤其是 2007 比 2001 减少了 16.8% 的种植面积(中国统计局年度统计数据,2012)。目前我国的国产植物油年产量维持在 900 万~1 000 万 t,2010 年,中国进口植物油达 1 823 万 t,进口依存度达 64%(胡增民,2012)。预计到 2030 年时我国人口达到 15.5 亿,国内植物油需求总量将达到 3 500 万 t 以上,提高油料自给率和保障食用油脂供给任务艰巨(廖伯寿,2008)。2010 年中央一号文件指出要大力发展油料生产,加快优质油菜、花生生产基地县建设,积极发展油茶、核桃等木本油料。《全国种植业发展第十二个五年规划》指出油料播种面积稳定在 2.1 亿亩以上,产量达到 3 500 万 t。油菜面积稳定在 1 亿亩以上,花生面积达到 7 000 万亩,含油率提高 1 个百分点,力争食用植物油自给率稳定在 40%。

我国是世界上重要的花生主产国,花生种植面积仅次于印度,但总产 1 500 万 t 居世界首位,据统计 2002—2012 年我国花生种植面积 500 万 hm² 左右占世界的 19.1%,而总产占全世界的 39.0%,平均单产 3 228.6 kg/hm² 是世界单产水平的 2.0 倍(FAO 数据库,2013)。花生约占油料作物总产量的 50%(万书波,2009)。据统计,2011 年花生播种面积为 458 万 hm² 仅为大豆和油菜籽面积的 58.1% 和 62.4%,而总产分别为大豆和油菜的 1.1 和 1.2 倍(中国统计局统计数据,2012)。花生仁含油量为 43%~55%(Maiti,2002;Singh,1995),单位面积产油量是油菜的 2 倍,大豆的 4 倍。花生 50% 以上用于榨油,年产花生油量为 230 万 t 左右占全年植物油产量的 1/4。相对于其他油料作物,花生具有生产规模大、种植效益高、产油效率高、油脂品质好、国际市场竞争力强的特点,目前花生油的总消费量约为 280 万 t 左右,而生产量仅为 230 万 t,需要在现有基础上增加 20%,重视和发展花生生产是解决我国植物油危机的有效途径(廖伯寿,2008;万书波,2008)。

我国花生种植广泛,我国(港澳台除外)31 个省、直辖市和自治区中除青海外其他 30 个省份均有花生种植,面积前十位的省份的种植面积占到全国花生种植面积的 83.2%,总产量前十位的省份合计总产占全国总产量的 87.9%,而山东、河南又是我国面积和总产最大的两个省份,种植面积合计为 180 多万 hm²,占全国花生总种植面积的 40% 左右,总产合计为 722.5 万 t,占全国总产的 50% 左右(万书波,2010)。依据纬度高低和热量条件、地貌类型以及不同生态类型品种适宜气候区的指标,我国花生种植区划分为黄河流域、长江流域、东北、东南沿海、云贵高原、黄土高原和西北花生区 7 个区,其中黄河流域花生区种植面积和总产均占全国的 50% 以上(山东省花生研究所,2003)。

### 51.1.2 花生高产高效现状

花生具有较高的光合效率和生产潜力。潘朝(1979)推算出南方珍珠豆型花生品种的高产潜力为 11.9 t/hm²,孙彦浩等(1998)根据花生产量构成要素推算出花生最高产量可达到 13.8 t/hm²,孙中瑞(1981)根据花生产量的形成模式及形成期生理辐射能推算出花生最高单产为 16.8 t/hm²,山东农业大学则推算出北方高产中熟大花生的最高产量潜力为 17.3 t/hm²(山东花生研究所,1980)。

20 世纪八九十年代以来由地膜覆盖、优良品种的培育、测土配方施肥、化控防倒伏等措施的应用,我国的花生产量水平得到了大幅度的提升,并出现了不少高产典型。山东省 1979—1980 年连续出现 46 块亩产千斤以上的高产田,产量幅度为 7.5~9.8 t/hm²,花生高产栽培大面积突破了 7.5 t/hm²,形成了较为完整的栽培技术体系(孙彦浩,1982;陈东文,1981;温兆令,1981),1991 年,在平度市仁兆镇 1.142 亩的土地上培创出 11.78 t/hm² 的世界花生高产纪录(孙彦浩,1992),2009 年平度市蓼兰镇 0.07 hm² 平均产量 10.3 t/hm²(王才斌等,2011)。河南省 1985 年淮阳县培创出 10.2 t/hm² 的高产田,1997 延津县高产达 9.95 t/hm²(张新友和汤丰收,1997)。湖南省邵阳县黄亭市 1983 年培创出产荚果 8.76 t/hm² 的湖南省花生最高纪录(夏晓农,1984)。进入 21 世纪以来,通过平衡施肥、施用缓释肥、起垄覆膜栽培、合理密植、实时化控和叶面喷肥等措施,高产纪录不断涌现,2004 年培创出 20 亩连片春播超高产田,平均每公顷达到 9.17 t,高产创建活动的进行更是进一步推动了小面积上花生产量的不断攀升,2010 年更是在 2 亩的地块上创造了 9.7 t/hm² 的高产。在印度利用地膜覆盖技术,小面积花生单产达到 9.5 t/hm²,津巴布韦花生单产也达到 9.6 t/hm²(郑亚萍等,2003)。但是在大面积上我国花生单位面积产量仍然较低,全国平均约为 3 502.5 kg/hm²,不同省份单产水平相差较大,近十年来全国花生单产水平最高的 10 个省份依次为山东、安徽、河南、江苏、湖北、新疆、天津、河北、上海和北京市,山东省的单产水平最高平均 4 464 kg/hm² 左右,而云南省单产水平只有 1 395 kg/hm²(中国统计局年农业统计年鉴,2002—2012)。

肥料对作物产量提高具有重要的作用,据统计肥料对作物增产的贡献约为 60% 以上(FAO Fertilizer Yearbook,1998)。1960—1995 年全世界的粮食产量实现翻番,但是氮肥用量增长了 6.9 倍,磷肥用量增加了 3.5 倍(Tilman et al.,2001)。据统计,我国水肥资源利用效率远低于世界平均水平,我国化肥的利用率仅为 30% 左右,约为发达国家的 1/2。长期以来我国是世界人均自然资源贫乏的国家之一,人均耕地不足世界平均水平的 1/2,人均水资源占有量仅为世界平均的 1/4,资源过度开采和大量使用化学肥料不仅对生态环境带来了严重影响,威胁到我国农产品的安全,同时也增加了生产成本。

### 51.1.3 花生高产高效限制因素

#### 1. 中低产田面积大,耕地质量差

油料作物的生产受不与粮食作物争地政策的影响,在山东省、河北省、河南省、辽宁等花生主产区 60%~70% 及以上种植在丘陵、旱薄地上、盐碱地或黄河故道上(潘德成等,2012;程增书等,2003;陈剑洪,2001)。种植花生的土壤多为丘陵旱地、粗沙和沙砾土和河流冲积的沙土,这些土壤一般都存在土层浅薄、质地过粗或过黏、结构性差、自然肥力低、抵御自然灾害的能力弱等缺点,加上物质投入少,栽培技术落后,田间管理粗放,花生产量平均比全国单产水平低 10%~30%,在个别年份减产幅度达 50% 左右(张晓莉等,2012;杨建群,2003),中低产田面积大是当前限制我国花生产量进一步提高的主要因素,另外土壤盐渍化、酸化、微量元素缺乏等因素严重制约了花生生产整体水平的提高。

限制花生中低产田产量持续增产的主要因素是土层浅薄、供肥保水能力差,植株个体小,群体数量不足。花生为地下结果作物,无论根系的生长还是果针的下扎都需要一个疏松的土壤,而且产量水平越高越要求土壤条件要好,高产花生必须具备深、活、松的土体结构和上松下实的土层结构(万书波,2003)。因此,加深耕作层,培肥和改良土壤,改善土壤的理化性质,提高土壤的通透性和蓄水性,增强抗旱耐涝能力是中低产田花生产量持续增产的重要途径。

**2.品种混杂,产量潜力低**

高产花生植株一般具有株型紧凑、叶片上冲性好,冠层光分布合理,耐密植,后期保叶性能好、落叶慢、不早衰、生育期长的特点,同时高产花生要求果数多、果饱,单株结果数 20 个以上,饱果率 70% 以上,双仁果率在 80% 以上,百果重 230~260 g。花生产量与生育期具有显著正相关关系,目前花生品种生育期以 140 d 左右适宜(Caliskan et al.,2007),而 20 世纪 90 年代培创的亩产 785.6 kg 的品种海花 1 号的生育期 150 d 以上(孙彦浩等,1994)。近年来随耕地面积的减少,粮油争地矛盾突出,早熟成为当前品种重要的育种目标,然而由于生育期短只有 110~130 d,早熟品种的产量潜力往往低于晚熟品种。近年来极端天气频发,病虫害危害严重,尽管有抗旱、耐寒或抗病品种,但往往这些品种抗逆不高产,难以在大田条件下大面积推广。

**3.自然灾害频发**

水分胁迫是影响作物生长发育的重要环境因子。干旱(drought)和湿涝(waterlogging)是水分胁迫的两个重要体现。花生是一种相对耐旱作物,但在其生长发育的关键时期,干旱胁迫将导致花生产量和品质不同程度的降低。从全球来看,20 世纪 80 年代相比 70 年代,南非和西非地区花生产量分别减产 25.8% 和 18.5%,其中最主要的原因就是干旱(Lombin et al.,1986;Fletcher et al.,1992;Reddy et al.,2003),而印度花生产量的起伏也主要和年降雨量相关(Rey et al.,2003)。我国花生面积 70% 以上地块无有效灌溉条件常年受到不同程度干旱危害,平均减产 20% 以上(潘德成,2012)。湿涝是湿(humid)和涝(flooding)的统称,从全球来看,约有 10% 的耕地遭受湿涝灾害,导致作物减产 20%,约 50% 的水浇地受到排水不良的影响(张福锁,1993)。花生起源于南美洲,适应半干旱和半湿润的环境,但在南美洲、东南亚花生产区特别是潮湿的热带地区年降雨量大,雨季明显,在花生生育前期和成熟之前的湿涝可引起严重减产,甚至失收(ICRISAT,1989;李林,2004a)。我国南方花生产区涝害明显,尤其是长江流域花生主产区春涝和春夏连涝、华南地区夏秋涝,一般减产 20%~30%,严重者减产 50% 以上(Liu,1989;李林,2004b),黄淮海地区近年来花生生育后期特别是临近收获期遭受阴雨天影响,花生秕果、烂果和芽果多,对产量品质也造成了严重的影响(董加贵,2009)。

温度是影响花生种子萌发、花芽分化、荚果形成的重要环境因子。苗齐苗壮是播种期温度低的地区花生植株健壮产量高的重要特征(Prasad et al.,2006)。低温干旱是我国北方大花生产区播种期的主要自然灾害。黄淮海地区播种期偏早,遇到寒流即发生大面积的低温烂种;播种稍晚,易发生春旱落干缺苗(王景珊,1985);在东北花生主产区无霜期短,热量不足,在秋季低温年份易发生低温冷害,影响荚果的正常发育和成熟。南方花生在夏秋季往往发生严重的高温胁迫,南方秋植花生生育后期遇低温常会造成叶片早衰,百果重下降,个别年份可减产 20%~30%(王才斌,2011;杨友林,2006)。

**4.栽培技术不规范,群体结构不合理**

花生栽培管理粗放在前期具体表现为播期偏早、播种密度偏低、耕作起垄质量差、播种机械性能不好造成缺苗断垄现象严重,花生群体数量不足。据统计目前山东省花生大多地方种植密度较低,春花生只有 5 000~6 000 墩/亩,夏花生 6 000~8 000 墩/亩,距高产密度每亩相差 2 000~3 000 墩(曾英松,2010)。研究表明合理密植可以提高花生群体光合累积,增加单位面积的荚果数和荚果饱满度进而提高荚果产量(王瑛玫,2014)。目前的花生品种合理的种植密度中晚熟品种 9 000~11 000 墩/亩(林国林,2012;张俊等,2010;唐洪杰,2013;程增书等,2006),国外的研究表明在伊朗和欧洲花生适宜的种植密度为 7~8 株/m²(Papastylianou,1995;Rasekh et al.,2010)。种植密度过低,不能充分利用光能,密度过高群体通风透光条件差,植株个体小(Bell and Wright,1998)。

花生生育后期高温高湿或氮肥过量,化学控制不及时或不科学,造成植株营养体生长过旺,产生倒伏现象,或由于病虫害防治不科学,叶片过早衰老脱落、荚果空壳落果。在花生生育中后期发生叶斑病、网斑病能引起大量落叶早衰,可减产 10%～20%,严重时 30% 以上(徐秀娟,1995;张满良等,1997)。Kvien(1991)认为在条件适宜的条件下,花生饱果成熟期仍不会衰老。但遇到干旱、湿涝和低温等逆境胁迫时,叶部病害加重,造成大量叶片脱落,出现早衰现象(程曦,2010;张凤,2012)。早衰是限制花生荚果产量持续提高的重要因素(李向东,2002;Malik,1990)。

**5. 肥料施用不合理**

花生一般被认为根瘤有固氮作物,每年固定的氮为 100～190 kg N/hm² (Boddey et al.,1990)。在美国等发达国家花生生产中一般不大量施用化肥,只是在有机质含量低的地块,施 15～30 kg N/hm² 作种肥(孙中瑞,1979;万书波,1990),阿根廷和尼日尔等国家花生一般不施无机肥,肥料靠牲畜粪便和作物秸秆还田(禹山林,2003;FAO,1990;Nyatsanga,1973)。印度花生一般施 12.5 kg N/hm²、25 kg P$_2$O$_5$/hm²,个别农户施用少量有机肥(胡文广,2000)。在非洲大部分花生主产国如尼日利亚、加纳、冈比亚等国家花生一般和禾本科作物轮作,花生的肥料来源于前茬作物残留(Lombin & Simgh,1986),花生推荐每公顷施 45～120 kg 过磷酸钙,某些地区施 10 kg K$_2$O,而对于轻壤土或土壤肥力水平很低的沙壤土,再施 10～20 kg N/hm²(杨新道,1973)。我国花生施用肥料比较普遍,存在盲目施用现象,主要表现在施肥数量、时期和施用方法等方面(万书波等,1990;戴栗红,2011)。据调查发现,山东省花生氮、磷(P$_2$O$_5$)、钾(K$_2$O)的平均施肥量分别为 181、131 和 134 kg/hm²,氮磷肥过量,覆盖地膜之后生育后期追肥困难,全省氮肥追肥比例不到 30%,基追比例小不合理,农户有机肥施用比例少(房增国,2009;赵秀芳,2009)。湖北省农户花生平均产量为 2 968.1 kg/hm²,平均氮磷钾肥用量分别为 114.7、60.7 和 25.2 kg/hm²,氮肥用量偏高,钾肥不足,有机肥施用少(余常兵,2011)。近年来随花生市场价格的不断攀升,花生的肥料投入量不断增大,在日照、青岛、威海、临沂等地区,多数农户施每亩地施 90～100 kg 复合肥,尤其是高产创建活动一般施 180～300 kg N/hm²、126～168 kg P$_2$O$_5$/hm²、216～288 kg K$_2$O/hm² 和 60 000～75 000 kg/hm² 优质圈肥或 22 500 kg/hm² 腐熟鸡粪(山东省平邑县农业局,2013;曾英松,2010)。山东省花生高产创建氮肥投入量 515.7 kg/hm²,远高于花生氮肥需求量,根瘤固氮占植株全氮的比例不超过 10%。在我国,作物的高产纪录或高产创建一般均不计成本,导致化肥利用率的降低,甚至会造成硝态氮的淋溶而使土壤酸化、水体富营养化、温室气体排放(Ju,2009;Guo et al.,2010;Lee et al.,2010;Zheng et al.,2004;Liu et al.,2013)等问题。

## 51.2  供氮水平对花生氮素累积特征及根瘤固氮潜力的影响

氮是植物蛋白质、酶和叶绿素重要的营养元素,它可以促进营养体的生长又可决定生殖体的发育(Jana et al.,1990;Wojnowska et al.,1995)。与花生的生长发育和产量品质形成关系密切(王才斌,2011;张翔,2010)。花生生长发育过程中所需氮素总量的 2/3 靠自身根瘤固氮(nitrogen-fixing root nodule)。近年来花生的高产栽培实践表明,花生根瘤固氮只能满足其需氮量的 40%～60%,另有一半左右需从土壤和肥料中获得(赵秀芬,2005)。生育前期适量施氮有利于豆科作物根瘤的形成和发育(Daimon et. al,1999;Mukhtar and Badreldin,1998;李向东等,1995),众多学者研究表明,在一定氮肥施用范围内,施氮可显著提高氮代谢、促进光合作用、增加百仁重和荚果籽仁产量(Ziaeidoustan,2013;Singh et al.,2001;谢吉先,2000)。Salvagiotti et al.(2008)通过分析 1966—2006 年 40 年间 637 个实验点的结果得出,大约一半的实验点表明,大豆基施氮肥有增产效果。花生荚果产量对供氮水平的响应因地点、土壤肥力水平不同有所差异。研究表明,在一定施氮范围内,花生荚果产量随施氮量的增加而增加,超过最佳施氮量后,荚果产量不再增加或有降低趋势(Gohari et al.,2010;谢吉先等,2000;孙彦浩,1998;王才斌,2007),也有部分学者研究认为氮肥对花生增产无效果(Lombin et al.,1985)。山东省花生研究所经过多年试验初步确立了土壤氮素的丰缺指标及最佳用量：在土壤全氮含量低于 0.45 g/kg 时，合理施用氮肥，可以增产 15％以上；介于 0.45～0.65 g/kg 之间时，合理施氮可增产 10％～15％；高于 0.65 g/kg 时，施氮增产不明显。

过量施 N 会造成花生地上部营养体徒长倒伏，叶面积增大，叶片相互遮蔽，群体透光率和净同化率低，下部叶片早衰，经济系数降低（孙虎等，2007；张翔等，2011；杨吉顺，2014；王才斌，1992）；而且还会限制苗期和花针期根瘤的侵染、繁殖和固氮能力，影响了根瘤对花生的供氮数量（黄循壮等，1991；张翔，2012；左元梅，2003），降低 N 肥利用率和荚果产量（万书波，2000；王才斌，1992；孙虎，2007；张思苏，1988）；过量施氮还会造成作物茎秆变软，病虫害加重；花生生长期氮肥流失严重，氮肥利用率低，同时加大花生收获期氮在土壤中的残留（孙虎等，2010；张思苏等，1989），甚至有可能引起 $N_2O$ 等温室气体的排放、地表水富营养化，地下水污染等环境问题（Ju et al.，2006；王才斌等，2007）。生物固氮不消耗化石能源、不产生环境污染、能够维持乃至提高生物多样性，是发展中国家等培肥土壤的重要途径（Zahran et al.，1999；Hardarson and Atkin，2003），在增加花生产量的同时，充分发挥花生的根瘤固氮潜力，提高氮肥利用率，减少氮肥损失，对保护生态环境具有重要的意义。

氮肥优化调控的核心是确定适宜的氮肥用量。关于适宜氮肥用量的确定，国内外有很多研究，综合起来有基于田间试验的肥料效应函数法、土壤测试法、养分平衡法和植株营养诊断法等（张福锁，2006）。肥料效应函数法是建立在田间试验—生物统计基础上的计量施肥方法，它借助于施肥量田间试验，确定施肥量和产量之间的数学关系，可以确定作物的最高和最佳施肥量等施肥参数，可以直观地反映不同元素的肥效，具有精确度高、反馈性好的特点（朱淑琴，1987；张福锁，2010）。拟合作物产量和施氮量的关系的函数有多种，Cerrato 和 Blackmer（1990）的研究发现，线性加平台和二次项加平台能更好地拟合产量和施氮量的关系。

氮肥水平对花生的干物质生产和氮素累积特征具有重要的影响，但目前研究仅局限于根据氮肥水平对花生荚果产量的影响确定优化施氮量，而优化施氮在干物质生产、氮素累积特征、根瘤固氮规律方面甚少，花生高效施氮的机理尚不清楚。本文针对高产条件下氮肥效率较低的问题，于 2010—2012 年开展了不同氮肥水平试验探讨高产花生荚果产量与施肥量的产量效应函数确定高产花生优化施氮量，并深入研究优化施氮对花生植株的氮吸收、累积与分配、根瘤固氮规律的影响，评价优化施氮和过量施氮对环境的影响，揭示花生高效施氮机理，为花生的高产高效施肥提供理论依据。

### 51.2.1　材料与方法

#### 1.试验设计

氮水平田间试验 2011 年于莱西市姜山镇（120°41′E，36°30′N）进行。试验地播种前 0～30 cm 土层的部分理化性状见表 51-1。试验设 5 个氮肥水平分别为 0,75,105,135 和 225 kg/hm²（传统施氮处理），3 次重复，随机区组排列，共 15 个小区，小区面积 32.5 m²，各小区基施磷钾肥纯 $P_2O_5$ 120 kg，$K_2O$ 150 kg，氮肥形态为尿素（含 N 46％），磷肥形态为过磷酸钙（含 $P_2O_5$ 12％），钾肥为硫酸钾（含 $K_2O$ 51％），所有肥料均于播种前均匀撒施于地表然后旋地起垄播种。供试花生品种为花育 22 号，5 月 15 日播种，足墒起垄覆膜栽培，垄距 85 cm，垄面宽 50 cm，垄上行距 30 cm，穴距 18 cm，每亩播 8 700 穴，花生生育期间给予良好管理，9 月 7 日收获。

表 51-1

试验地土壤理化性质(0～30 cm)

| 地点 | 年份 | 土壤类型 | 有机质 /(g/kg) | 全氮 /(g/kg) | 无机氮 /(kg/hm²) | 速效磷 /(mg/kg) | 速效钾 /(mg/kg) |
| --- | --- | --- | --- | --- | --- | --- | --- |
| 莱西姜山 | 2011 | 砂姜黑土 | 20.3 | 1.1 | 107.7 | 45.5 | 48.2 |

[15]N 同位素示踪微区试验 2011 年在莱西市姜山镇进行，试验地为砂姜黑土，其基础肥力见表 51-1。

试验设三个氮肥水平处理,施氮量分别为 75,105 和 225 kg/hm²,试验用硬化 PVC 无底圆桶进行,圆桶直径 40 cm,深度 50 cm,三个氮水平微区 ¹⁵N 施用量分别为 0.94,1.32 和 2.83 g;每处理 10 盆,随机区组设计。¹⁵N 标记的尿素(丰度均为 10.3%)购买于上海化工研究院,肥料施入地表 0～25 cm 土层中。供试花生品种花育 22 号,以不结瘤品系(BL)为对照。5 月 18 日播种,9 月 18 日收获。将圆桶在田间埋入土中,圆桶上边露出地表 5 cm,桶四周间距 0.8 m。将土壤按照 0～25 和 25～45 cm 原土层顺序装入桶内。每桶播 4 粒种子,齐苗后间苗,每桶留 3 棵长势均匀一致的植株,桶四周按大田密度种同品种花生做保护行,行距 40 cm,穴距 20 cm,每穴 2 粒种子。

**2.测定项目与方法**

花生施肥前,每个试验点用土钻按对角线法取 5 点土壤样品,土壤取样深度播前为 0～30 和 30～60 cm 两层。准确称取 12 g 鲜土,置于可密封塑料瓶中,加 0.01 mol/L CaCl₂ 溶液 100 mL,在 28℃ 温度下振荡浸提 1 h,待溶液静置 20～30 min 后过滤上层清液于可密封胶卷盒中,冷冻保存,浸提液解冻后用连续流动分析仪(TRAACS—2000,BRAN+LUEBBE,德国)测定土壤铵态氮和硝态氮含量。同时称取 20～30 g 土壤样品至铝盒中,用烘干法测定土壤含水量,其余部分土样风干后粉碎过 2 mm 筛测定土壤 pH、全氮、速效磷、速效钾和有机质含量。

在花生始花期、结荚期、饱果始现期和成熟期,每小区用土钻采 3 个取样点,土壤取样深度 0～30 和 30～60 cm 两层。参照上述方法测定土壤水分和土壤铵态氮和硝态氮含量。另外每小区选取三穴长势一致的植株分为叶(含落叶)、茎(含大叶柄)、根(包括根胚轴)、果针(含荚果摘除的果柄)和荚果(饱果、秕果、幼果)五部分装入牛皮纸袋,先 105℃ 下杀青 0.5～1 h,然后降至 80～85℃ 烘干至恒重,称重,粉碎过筛,以备植株氮磷钾等养分含量的测定,氮含量的测定:凯氏定氮法测定植株氮浓度(Horowitz,1970)。

在花生收获期各小区分别选取 2 个 2 m² 有代表性的样方(田块长宽比 3×2),测定其生物产量和经济产量,连续选取 5 穴生长一致的植株,测定荚果性状。

(1)氮肥效率的计算

氮肥的偏生产力(Partial factor productivity of applied N,PFP)=施肥区产量/施氮量

氮的农学效率(Agronomic efficiency of applied N,AE)=(施肥区产量－空白区产量)/施氮量

(2)氮素来源的计算

$$样品的原子百分超=样品丰度－自然样品丰度(0.366)$$

$$肥料氮积累量=植株氮素积累量×(样品^{15}N\ 原子百分超/肥料^{15}N\ 原子百分超)$$

$$土壤氮积累量/肥料氮积累量(比例系数)=(不结瘤系花生氮素积累量－不结瘤系花生肥料氮积累量)/不结瘤系花生肥料氮积累量$$

$$土壤氮积累量=肥料氮积累量×比例系数$$

$$根瘤固氮量=氮素积累量－土壤氮积累量－肥料氮积累量$$

(3)氮平衡数据计算

$$植株吸收氮量=植株氮素积累量×(植株样品^{15}N\ 原子百分超/肥料^{15}N\ 原子百分超)$$

$$土壤残留氮=土壤全氮量×(土壤样品^{15}N\ 原子百分超/肥料^{15}N\ 原子百分超)$$

$$损失的氮=施氮量－植株吸收的氮－土壤残留氮$$

**3.数据分析**

数据采用 Excel 2010 进行分析处理,SAS 统计分析软件进行方差分析、多重比较和线性＋平台的回归分析。

### 51.2.2 结果分析

**1.供氮水平对花生荚果产量的影响**

一定施氮范围内,花生荚果产量随施氮量的增加而增加,当氮肥增加到一定水平时,花生荚果产量

不再增加甚至有降低的趋势。线性＋平台模型可以较好地模拟姜山花生荚果产量对施肥的反应。花生最高荚果产量为 5 607.2 kg/hm²,最高荚果产量优化施肥量为 100 kg/hm²(图 51-1)。

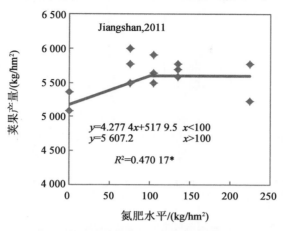

图 51-1　氮肥施用对花生荚果产量的影响

**2. 供氮水平对氮素累积与分配的影响**

由表 51-2 看出,施肥处理成熟期氮的累积量显著高于空白处理,优化施氮处理氮的累积量比空白处理多 31.0 kg/hm²,增幅 11.7%;过量施氮处理氮的累积量比空白处理多 52.4 kg/hm²,增幅 19.8%,差异达显著水平。从氮的阶段累积来看,优化施氮处理结荚前后氮的累积量和累积比例各对照差异不大,过量施氮处理结荚后的累积量比对照多 51.9 kg/hm²,增幅为 52.7%,差异达显著水平。从氮的累积比例看,优化施氮和过量施氮处理结荚前氮的累积比例比对照低 21.7 和 18.6 个百分点,显著低于对照,结荚后氮的累积比例分别比对照高 21.7 和 18.6 个百分点显著高于对照。结果表明优化施氮处理结荚前后氮的累积量有所增加但和对照相差不大,过量施氮处理结荚前后氮的累积量和对照相差不大,结荚后氮的累积量显著增加。

表 51-2

供氮水平对花生植株氮累积的影响

| 处理 | 氮累积量 /(kg/hm²) | 阶段累积量/(kg/hm²) | | 累积比例/% | |
|---|---|---|---|---|---|
| | | 结荚前 Pre-R₃ | 结荚后 Post-R₃ | 结荚前 Pre-R₃ | 结荚后 Post-R₃ |
| N0 | 265.3±5.1c | 166.8±24.7a | 98.5±26.7b | 37.1±9.7a | 62.9±9.7a |
| N105 | 296.3±15.7b | 179.6±2.9a | 116.7±18.6b | 60.7±4.2a | 39.3±4.2a |
| N225 | 317.7±26.9a | 167.3±32.1a | 150.4±29.1a | 46.7±14.6a | 53.3±14.6a |

**3. 氮素供应水平对根瘤数和根瘤鲜重的影响**

由图 51-2 可知,花生的根瘤数和根瘤鲜重随生育期的推进呈单峰曲线趋势,结荚期根瘤数和根瘤鲜重最大。苗期优化施氮处理的根瘤数分别比 N75 处理和农民常规施肥处理多 43.7% 和 192.2%;根瘤鲜重优化施氮处理高 16.3% 和 70.3%,结果表明适量施氮可以促进幼苗期花生根瘤的形成和发育;始花一成熟期在 0~225 kg/hm² 范围内,随氮肥水平的增加,花生单株根瘤数逐步减少,根瘤鲜重降低,优化氮肥处理的根瘤数和根瘤鲜重显著高于过量施氮处理,N75 和 N105 处理的单株根瘤数分别比过量施氮处理多 76.4 和 14.2 个,高 62.7% 和 11.7%,根瘤重分别比过量施氮处理重 32.1% 和 18.2%。

**4. 供氮水平对不同生育时期氮素来源的影响**

花生植株全氮来源于肥料、土壤吸收和根瘤固定的氮。由表 51-3 看出,花生植株来源于肥料氮的

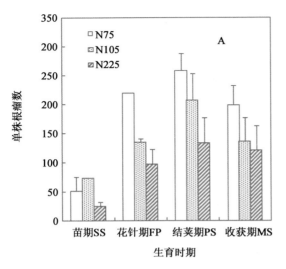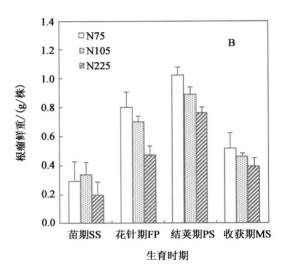

图 51-2　氮素供应水平对花生根瘤数(A)和根瘤鲜重(B)的影响

比例随施氮量的增加呈增加的趋势,根瘤固氮和土壤氮的比例随施氮量的增加因生育期的不同而有所差异。苗期优化施氮处理(N105)的根瘤固氮量和过量施氮处理(N225)相差不大,大约占植株全氮量的 11.6%～14.4%;肥料供氮量只有传统施氮处理的 46.5%,肥料供氮率显著低于传统施氮处理;土壤供氮量相差不大,但其土壤氮占植株全氮的比例显著高于传统施氮处理。花针期末优化施氮处理的根瘤固氮量由苗期的 18.5 mg/株增加到 196.0 mg/株,根瘤固氮率从 14.4% 增加到 36.3%,传统施氮处理的根瘤固氮量由苗期的 20.1 mg/株增加到 69.9 mg/株,而根瘤固氮率和苗期相差不大;优化施氮处理的肥料供氮量和供氮率显著低于传统施氮处理,而土壤供氮量和供氮率和传统施氮处理相差不大。成熟期优化施氮处理根瘤固氮量为 405.8 mg/株,是传统施氮处理根瘤固氮量的 3.88 倍,根瘤固氮率是传统施氮处理的 4.64 倍;而肥料供氮量仅为传统施氮处理的 33.5%,肥料供氮率仅为传统施氮处理的 37.5%;土壤供氮量比传统施氮处理少 204.7 mg/株,土壤供氮率少 7.2 个百分点。结果表明与过量施氮相比,优化施氮处理可以显著促进根瘤固氮能力,减少对肥料氮的依赖。

表 51-3

供氮水平对不同生育时期氮素来源的影响

| 生育时期 | 氮肥水平 /(kg/hm²) | 全氮 /(mg/株) | 肥料氮 NF | | 土壤氮 | | 根瘤固氮 | |
|---|---|---|---|---|---|---|---|---|
| | | | mg/株 | % | mg/株 | % | mg/株 | % |
| 苗期 | 75 | 202.7 | 35.1 | 17.5 | 151.1 | 75.3 | 16.5 | 7.2 |
| | 105 | 127.5 | 46.8 | 36.7 | 62.2 | 48.9 | 18.5 | 14.4 |
| | 225 | 179.8 | 100.8 | 55.7 | 58.9 | 32.7 | 20.1 | 11.6 |
| 花针期 | 75 | 640.1 | 91.7 | 14.3 | 347.8 | 54.4 | 200.6 | 31.3 |
| | 105 | 570.5 | 111.1 | 18.9 | 263.4 | 44.8 | 196.0 | 36.3 |
| | 225 | 541.2 | 216.5 | 39.6 | 254.8 | 46.7 | 69.9 | 13.7 |
| 结荚期 | 75 | 1 275.9 | 104.6 | 8.4 | 828.0 | 66.6 | 343.3 | 25.0 |
| | 105 | 1 209.0 | 165.2 | 13.7 | 749.4 | 62.2 | 294.4 | 24.1 |
| | 225 | 1 384.8 | 348.3 | 25.2 | 860.7 | 62.1 | 175.8 | 12.7 |
| 饱果期 | 75 | 1 430.3 | 134.6 | 9.4 | 1 146.2 | 80.2 | 149.8 | 10.3 |
| | 105 | 1 292.5 | 129.5 | 10.1 | 757.3 | 59.3 | 405.8 | 30.6 |
| | 225 | 1 452.5 | 386.0 | 26.9 | 962.0 | 66.5 | 104.5 | 6.6 |

**5.供氮水平对氮素吸收、损失及氮残留的影响**

由表 51-4 可知,随施氮量的增加植株氮吸收量增加,N105 和 N75 处理相差不大,N75 和 N105 分别比过量施氮处理(N225)少 60.9 和 60.8 kg/hm²,分别少吸收 66.1% 和 66.3%;施氮显著增加了氮素损失量,N75 和 N105 处理分别比过量施氮处理的氮素损失量少 60.9 和 42.5 kg/hm²,降幅分别为 93.2% 和 64.7%;随施氮量的增加氮素土壤氮的残留量显著上升,N75 和 N105 的土壤残留量为 39.3 和 50.7 kg/hm²,分别比过量施氮处理低 28.2 和 16.9 kg/hm²,平均低 49.5% 和 25.1%,结果表明与过量施氮处理相比,优化施氮可降低氮的损失及花生收获后氮在土壤中的残留,进而减小环境污染风险。

**表 51-4**

供氮水平对成熟期氮素残留、氮素吸收和氮素损失的影响　　　　　　　　　　　　　　　　　　　　kg/hm²

| 处理 | 施氮 | 土壤残留 | 植株吸氮 | 氮损失 |
|---|---|---|---|---|
| N75 | 74.3 | 39.3±0.2 | 31.3±5.5 | 4.4±5.7 |
| N105 | 105 | 50.6±11.0 | 31.3±8.4 | 23.1±11.5 |
| N225 | 225 | 67.6±11.5 | 92.1±6.2 | 65.3±15.9 |

植株吸收氮占总施氮量的比例,过量施氮处理和 N75 相差不大,N105 处理比过量施氮处理低 11.1 个百分点。随施氮水平的增加氮的损失率呈递增的趋势,N105 和 N225 处理分别比 N75 处理氮的损失率高 16.1 和 23.1 个百分点;成熟期氮的残留率则随施氮量的增加呈逐步降低的趋势,这可能由于尽管成熟期的氮的残留的绝对量显著增加,但由于施氮总量增加更多,导致氮的残留率降低(图 51-3)。

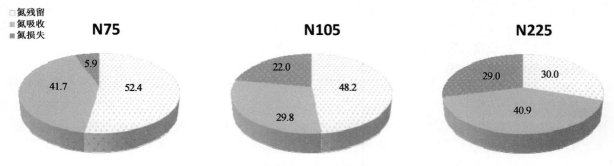

图 51-3　供氮水平对花生氮吸收率、氮残留率和氮损失率的影响

**6.供氮水平对氮的吸收利用效率**

由表 51-5 可看出,百千克荚果需氮量均随施氮水平的增加而增加,优化施氮处理的百千克荚果需氮量和对照相差不大,但过量施氮处理比对照多 0.7 kg,增加 13.7%,差异均达显著水平。随氮肥水平的增加,氮肥偏生产力和氮的农学效率显著降低,过量施氮处理比优化施氮处理氮肥偏生产力降低 54.0%,氮的农学效率降低 29.7%,差异达显著水平。结果表明随施氮水平的增加百千克荚果需氮量增加,优化施氮处理和对照的百千克荚果产量需氮量相差不大,过量施氮处理显著高于对照处理,优化施氮处理的氮的农学效率和氮肥偏生产力显著高于过量施氮处理。

**表 51-5**

供氮水平对成熟期氮素利用率的影响

| 处理 | 百千克荚果需氮量/kg | 氮的农学效率 AE | 氮的偏生产力 PFP |
|---|---|---|---|
| N0 | 5.1±0.2b | | |
| N105 | 5.3±0.4b | 3.7±0.9a | 53.0±0.9a |
| N225 | 5.8±0.1a | 2.6±0.2a | 24.4±1.7b |

### 51.2.3　讨论与结论

**1.供氮水平对花生产量及产量构成要素的影响**

花生具有根瘤固氮特性，一般认为花生根瘤固定的氮足够花生生长发育的需要，不再另外施用氮素肥料，Lombin 等(1985)研究认为氮肥对花生增产无效果，在美国等发达国家花生生产中一般不大量施用化肥，只是东南沿海一带施用一定的钙肥(孙中瑞，1979)。而大多研究表明氮肥对实现花生高产具有重要的意义(Lanier et al.，2005)。在一定施氮范围内，花生荚果产量随施氮量的增加而增加，超过最佳施氮量后，荚果产量不再增加或有降低趋势(Gohari et al.，2010；谢吉先等，2000；孙彦浩，1998；王才斌，2007)，万书波等(1990)研究认为，覆膜栽培条件下，要获得 5 250～6 000 kg/hm² 的荚果产量，一般需补充纯氮 170 kg/hm² 左右。陶寿祥等(1998)研究认为，荚果产量为 6 000～6 750 kg/hm² 时，地膜覆盖栽培的最佳施氮量应为 184.6 kg/hm²，本研究结果表明一定施氮范围内，花生荚果产量随施氮量的增加而增加，当氮肥增加到一定量时，荚果产量不再增加甚至有降低的趋势，最高荚果产量优化施氮量为 100 kg/hm²。优化施氮处理在不降低荚果产量的基础上，节肥 36.9%～55.5%。从产量构成要素看，与对照相比，姜山实验点优化施氮处理主要提高了花生饱满度。杨吉顺等(2014)研究表明施氮增产主要是提高了有效果数、百仁重和出仁率。

**2.供氮水平对氮素累积、分配与氮素效率的影响**

氮的吸收量随施氮水平的增加而增加，优化施氮处理结荚前后氮的累积量有所增加但和对照相差不大，过量施氮处理结荚后氮的累积量显著增加；从结荚前后阶段氮的累积比例看，优化施氮和过量施氮处理姜山实验点和对照差异不大。随施氮水平的增加氮的吸收量增加，优化施氮处理和对照的百千克荚果产量需氮量相差不大，过量施氮处理显著高于对照处理，优化施氮处理的氮的农学效率和氮肥偏生产力显著高于过量施氮处理。

**3.供氮水平对根瘤固氮潜力与氮素损失、残留的影响**

氮肥会抑制根瘤菌对根毛的侵染、根瘤的形成发育和功能(左元梅等，2003；Gibson.，1977；Daimon et. al，1999，宋海星等，1994)，但也有研究表明大豆或花生生长初期适量供应氮肥能促进根瘤的发育，提高根瘤固氮潜力(吴海燕等，2004；李向东等，1997；孙虎等，2007)。本研究结果表明随施氮量的增加，花生的根瘤数和根瘤鲜重显著减少或降低，优化施氮处理可以减轻氮肥对根瘤固氮能力的抑制作用。苗期优化施氮处理的根瘤固氮量和过量施氮处理相差不大，大约占植株全氮量的 11.6%～14.4%，花针期末优化施氮处理的根瘤固氮量由苗期的 18.5 mg/株增加到 196.0 mg/株，根瘤固氮率从 14.4%增加到 36.3%，而传统施氮处理的根瘤固氮量由苗期的 20.1 mg/株增加到 69.9 mg/株，而根瘤固氮率和苗期相差不大只有 13.7%；成熟期优化施氮处理根瘤固氮量为 405.8 mg/株，是传统施氮处理根瘤固氮量的 3.88 倍，根瘤固氮率是传统施氮处理的 4.64 倍；而肥料供氮量仅为传统施氮处理的 33.5%。

花生氮素化肥的当季利用率随施氮量的增加显著降低，而氮的损失率显著升高(万书波等，2000；张思苏，1989；王在序等，1984)，过量施氮不仅导致花生籽仁中的硝酸盐含量的富集，同时还会造成土壤硝酸盐的大量累积(王才斌等，2007)，硝酸盐有可能从土壤－作物体系中进入水体造成水污染(Walker R. 1990；Corre&Breimer T. 1979)。本研究结果表明，随施氮量的增加氮素土壤氮的残留量显著上升，优化施氮处理的土壤残留量分别比过量施氮处理平均低 25.1%，说明优化施氮会降低过量施氮处理氮在土壤中的残留，进而减小环境污染风险。氮素损失量优化施氮处理比过量施氮处理降低 64.7%，结果表明与过量施氮处理相比，优化施氮可降低氮的损失及花生收获后氮在土壤中的残留，进而减小环境污染风险。

## 51.3　控释氮和速效氮配施对花生氮累积特征的影响

花生是我国重要的油料作物，在我国油料作物中面积居第二位，但总产量居第一位(万书波，

2003)。花生的持续增产对保障食用油脂安全具有重要的意义。山东省是我国重要的花生主产区,常年花生播种面积 80 万 hm²,占全国 20%左右,总产 300 万 t 占全国总产量的 25%左右,出口量占全国的 60%以上,花生单产、总产和出口量均居国家首位(万书波,2009)。2007 年以来由于国家对食用油脂安全的重视和高产创建活动不断推进,高产地块不断涌现,重现率增加。然而随花生荚果产量的不断增加,花生的需肥量增大,花生生育后期不追肥,难以满足高产的需要。研究表明花生生育后期尤其是饱果期叶片早衰脱落,叶片的净光合速率下降、光合持续期短是限制花生荚果充实和产量进一步提高的重要因素(李向东等,2003;王才斌等,2004)。

控缓释肥作为一种新型肥料,具有缓慢释放肥效期长的特点,可以提供作物整个生育期的养分需求,在花卉、蔬菜和主要粮食作物上得到了广泛的应用(Malhi,2010;张民等,2000;何刚等,2010;赵斌等,2010)。研究表明缓释肥可以减轻无机氮肥对根瘤侵染的抑制作用,提高大豆花生等豆科作物的根瘤固氮能力(Kaushala,2005;Takahashi,1991;Karim,1995)。研究表明丘陵旱薄地上单施缓释肥增产效果不如单施普通复合肥,其原因可能是因为在丘陵旱薄地上单施缓释肥由于养分释放慢,前期花生营养生长不良苗弱,光合群体不足,果针下扎少,尽管后期能持续发挥肥效,达不到理想的增产效果(马超等,2009;郑亚萍等,2011)。缓释肥和速效无机氮按照一定比例混合施用,可能增产效果会更好,控释氮和速效氮按比例复混对花生干物质及氮累积特征的影响鲜有报道。本文旨在通过研究控释氮和速效氮按一定比例配施对花生荚果产量和氮的累积动态及土壤硝态氮的影响,以期探明控释氮和速效氮配施的效果及其高产高效机理。

### 51.3.1　材料与分析

#### 1.试验设计

2012 年在日照东港区三庄镇(119°40′E,35 °30′N)大田条件下进行,试验地土壤为棕壤土,播种前 0~30 cm 土层有机质 16.7 g/kg,全氮 0.7 g/kg,无机氮 59.7 kg N/hm²,速效磷(Olsen-P)49.8 mg/kg,速效钾 NH₄OAc-K 88.3 mg/kg。试验设置基施氮 135 kg/hm²,控释掺混氮(基施 54 kg/hm² 的无机氮肥和 81 kg/hm² 控释氮)两个处理,处理分别用 N135 和 N 控表示,3 次重复,随机区组排列,小区长 7 m,宽 4.8 m(6 垄×0.8 m),小区面积 31.2 m²,小区间过道 0.5 m,各处理磷钾施肥量纯 P₂O₅ 90 kg/hm²,K₂O 120 kg/hm²。供试花生品种为日花 2 号中晚熟花生品种,5 月 7 日播种,起垄造墒覆膜栽培,垄距80 cm,垄面宽 50 cm,垄上行距 30 cm,穴距 18 cm,每亩播 9 200 穴。生育期间给予良好管理,9 月 20 日收获。

#### 2.测定内容与数据处理

在花生始花期、结荚期、饱果始现期和成熟期,每小区用土钻采 3 个取样点,土壤取样深度 0~30 cm 和 30~60 cm 两层。参照流动分析仪测定土壤铵态氮和硝态氮含量。另外每小区选取三穴长势一致的植株分为叶(含落叶)、茎(含大叶柄)、根(包括根胚轴)、果针(含荚果摘除的果柄)和荚果(饱果、秕果、幼果)五部分装入牛皮纸袋,先 105℃下杀青 0.5~1 h,然后降至 80~85℃烘干至恒重,称重,粉碎过筛。氮含量的测定:凯氏定氮法测定植株氮浓度(Horowitz,1970)。

在花生收获期各小区分别选取 2 个 2 m² 有代表性的样方(田块长宽比 3×2),测定其生物产量和经济产量,连续选取 5 穴生长一致的植株,测定荚果性状。

氮肥效率的计算:

氮肥的偏生产力(partial factor productivity of applied N, PFP)=施肥区产量/施氮量

氮的农学效率(agronomic efficiency of applied N, AE)=(施肥区产量-空白区产量)/施氮量

### 51.3.2　结果与分析

#### 1.控释氮和速效氮配施对花生产量的影响

由表 51-6 可看出,控释掺混氮肥处理比基肥处理荚果产量增加 414.6 kg/hm²,增产 6.3%;由花生

产量三要素来看,控释掺混氮肥处理比基肥处理多 18.3 万个果,荚果的饱满度由荚果的饱果率、双仁果率和千克果数综合体现,控释掺混氮肥处理的饱果率比基肥处理高 16.6 个百分点,显著高于基肥处理;千克果数比基肥处理少 16 个果。结果表明控释掺混氮肥通过提高单位面积果数和荚果的饱满度实现花生增产,其中提高荚果饱满度可能是比基肥处理增产的原因。

表 51-6

控释氮和速效氮配施对花生产量构成要素的影响

| 氮水平 | 产量 /(kg/hm²) | 单株结果数 | 公顷果数 | 荚果饱满度 | | |
|---|---|---|---|---|---|---|
| | | | | 饱果率 | 双仁果率/% | 千克果数 |
| N135 | 6 602.4±166.4b | 15.8±3.4a | 376.8±68.4a | 49.5±4.9b | 73.3±13.0a | 451.3±33.5a |
| N 控 | 7 017.0±160.5a | 15.7±2.1a | 395.1±55.6a | 66.1±3.6a | 72.7±7.7a | 435.3±10.1a |

**2. 控释氮和速效氮配施对干物质累积与分配的影响**

由表 51-7 可看出,控释掺混氮肥可增加花生成熟期的干物质重,控释掺混氮肥处理比基肥处理多 1%。从干物质的阶段累积来看,控释掺混氮肥处理结荚前的干物质累积量比基肥处理减少 1.0 t/hm²,结荚后的干物质累积量比基肥处理增加 1.1 t/hm²,增幅为 15.3%,结荚后的干物质累积比例比基肥处理增加 5.2 个百分点。结果表明控释掺混氮肥结荚前干物质的累积量与对照相差不大,结荚后干物质的累积量增加,从累积比例看,控释掺混氮肥结荚前的干物质累积比例显著低于基肥处理,结荚后的干物质累积比例高于基肥处理。

表 51-7

控释氮和速效氮配施对干物质累积动态的影响

| 处理 | 植株干重 /(t/hm²) | 累积量/(t/hm²) | | 累积比例/% | |
|---|---|---|---|---|---|
| | | 结荚前 | 结荚后 | 结荚前 | 结荚后 |
| N135 | 12.3±1.6 | 5.2±1.4 | 7.1±1.9 | 39.3±11.3 | 60.7±3.3 |
| N135 CR | 12.4±2.3 | 4.2±0.7 | 8.2±1.9 | 34.1±5.1 | 65.9±5.1 |

**3. 控释氮和速效氮配施对氮累积与分配的影响**

由表 51-8 可看出,控释掺混氮肥处理的氮吸收量比基肥处理增加 29.5 kg/hm²,增幅为 8.5%。从氮的阶段累积来看,与基肥处理相比,结荚前后的氮累积量均比基肥处理有所增加,结荚前和结荚后氮的累积量分别增加 5.9% 和 10.2%,从阶段氮的累积量看,结果表明控释掺混氮肥氮累积量高于对照,从累积比例看,控释掺混氮肥结荚后的氮累积比例高于基肥处理,但差异不显著。

表 51-8

控释氮和速效氮配施对氮累积动态的影响

| 地点 | 处理 | 氮累积量(N) /(kg/hm²) | 累积量/(kg/hm²) | | 累积比例/% | |
|---|---|---|---|---|---|---|
| | | | 结荚前 | 结荚后 | 结荚前 | 结荚后 |
| 三庄 | N135 | 346.6±35.1 | 137.2±18.3 | 209.5±53.4 | 40.0±9.3 | 60.0±9.3 |
| | N135 CR | 376.1±14.6 | 145.3±14.4 | 230.8±28.9 | 38.7±5.3 | 61.3±5.3 |

**4. 控释氮和速效氮配施对土壤硝态氮含量的影响**

由图 51-4 可知,各处理硝态氮的含量随生育期的推进呈先升高后降低的趋势,基肥处理在始花期硝态氮含量达到峰值之后显著降低,而控释掺混氮肥处理在结荚期硝态氮含量才达到峰值,峰值比基肥处理高 78.24 kg/hm²,增幅为 30.9%,峰值过后控释掺混氮肥处理的硝态氮含量的降低幅度小于基肥处理,成熟期控释掺混氮肥处理的硝态氮含量比基肥处理高 38.9%。由此可见,控释掺混氮肥处理能在花生生育后期维持较高的氮素供应水平满足高产花生生育后期氮素需求。

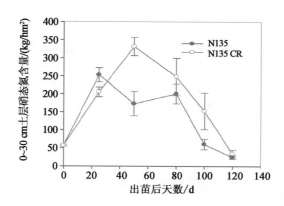

图 51-4　控释氮和速效氮配施对花生田 0～30 cm 土层硝态氮含量的影响

**5.控释氮和速效氮配施对氮肥效率的影响**

控释掺混氮肥花生百千克荚果需氮量和对照差异不大。与基肥处理相比,控释掺混氮肥处理氮的农学效率和氮肥偏生产力分别比对照高 34.0% 和 7.2%。由以上可看出,控释掺混氮肥对百千克荚果需氮量无显著影响,但显著提高氮的农学效率和氮肥偏生产力(表 51-9)。

表 51-9

控释氮和速效氮配施对氮素利用效率的影响

| 处理 | 百千克荚果需氮量/(kg/百千克) | 氮的农学效率 AE | 氮肥偏生产力 PFP |
| --- | --- | --- | --- |
| N135 | 4.9±1.1a | 5.3±1.5b | 49.8±1.5b |
| N135 CR | 5.2±0.9a | 8.8±1.4a | 53.4±1.4a |

### 51.3.3　讨论与结论

**1.控释氮和速效氮配施对产量及产量构成要素的影响**

本研究结果表明控释掺混氮肥显著提高花生荚果产量,控释掺混氮肥处理比基肥处理增产 6.3%。从产量构成要素看,控释掺混氮肥处理一是通过增加单位面积的果数,二是通过提高荚果的饱满度实现花生增产,其中提高荚果饱满度可能是比基肥处理增产的原因。与常规施肥相比,熊金燕等(2010),董亮等(2009)和陈亮等(2012)也研究表明缓控释掺混氮肥单株结果数和百果重增加,花生荚果产量增加。

**2.控释氮和速效氮配施对干物质累积的影响**

刘志远(2012)研究表明大豆各器官干物质积累在盛荚期前随基肥施用量的增加而增加,盛荚期后则与追氮量、根系吸收能力和根瘤固氮能力有关。李向东等(2000)研究表明花生初花期追施氮肥,可以延缓叶片衰老,改善花生群体光合性能。本研究结果表明,三庄实验点控释掺混氮肥处理比基肥处理结荚前的干物质累积量比基肥处理减少 1.0 t/hm²,结荚后的干物质累积量比基肥处理增加 1.1 t/hm²,增幅为 15.3%,结荚后的干物质累积比例比基肥处理增加 5.2 个百分点。结果表明优化氮调控可促进结荚后光合产物的形成和累积。

**3.控释氮和速效氮配施对氮素累积的影响**

陈超等(2012)研究结果表明在等量氮肥条件下,控释掺混肥肥料释放均匀,花生生育后期不脱肥早衰,有利于产量的提高,提高氮素利用率。本研究结果表明,控释掺混氮肥处理结荚后的氮累积量比基肥处理增加 40.0 kg/hm²,增幅为 21.0%,结荚后的氮累积比例比基肥处理增加 4.4 个百分点。由此可见与基肥处理相比,控释掺混氮肥提高了结荚后植株的氮素累积比例。

**4.控释氮和速效氮配施对残留、损失和氮效率的影响**

董元杰等(2008)研究表明与常规肥料相比施用控释掺混肥料能够在花生结荚期和饱果成熟期提高剖面相同土层土壤中铵态氮的含量,降低硝态氮的含量,减少对地下水产生污染的风险。本研究结果表明各处理硝态氮的累积随生育期的推进呈先升高后降低的趋势，基肥处理在始花期硝态氮含量达到峰值之后显著降低，而控释掺混氮肥处理生育前期硝态氮含量少于基肥处理，在结荚期才达到峰值，峰值比基肥处理高 78.24 kg/hm$^2$，增幅为 30.9%，峰值过后控释掺混氮肥处理的硝态氮含量的降低幅度小于基肥处理，成熟期控释掺混氮肥处理的硝态氮含量比基肥处理高 38.9%。

总之，控释氮和速效氮肥优化配施可显著提高花生荚果产量，从产量构成要素看，主要通过提高荚果的饱满度实现花生增产。控释氮和速效氮肥优化配施能在花生生育后期维持较高的氮素供应水平，提高结荚后植株的氮素吸收比例，显著提高氮的农学效率和氮肥偏生产力。

## 51.4 青岛市花生施肥现状及测土配方施肥示范效果

近年来随油料作物耕地面积的减少，国内油脂供需矛盾突出，食用油价格攀升，食用油安全日益受到国家和消费者的重视(万书波，2008)。花生的单位面积产油量是大豆的 4 倍，油菜的 2 倍，是我国重要的油料作物(周垂钦，2009)，促进花生产业的健康发展对保障我国粮油安全具有重要的战略意义。青岛市是山东出口大花生的主要产地，常年播种面积 109 万 hm$^2$、总产 50 万 t，分别占全省的 12.5%和 15.1%，平均荚果产量为 490 kg/hm$^2$ 左右比全国和全省平均水平高 64%和 25%，居全省第一(王溯，2010)。近年来青岛市花生产量水平徘徊不前，原因可能由于农户施肥不合理、管理措施粗放、土壤理化性状恶化造成的。测土配方施肥是以土壤测试和肥料田间试验为基础，根据作物对土壤养分的需求规律、土壤养分的供应能力和肥料效应，在合理施用有机肥的基础上，提出氮、磷、钾及中微量元素肥料的施用量、施用时期和施用方法的一套施肥技术体系(张福锁，2011)。自 20 世纪 70 年代开展活动以来，测土配方在推动粮食增产、科学施肥、农民增收和保障粮食安全方面做出了重大贡献。尽管测土配方活动在花生上开展了部分工作，但远不如水稻、小麦和玉米等粮食作物，为此，本文结合测土配方施肥活动，调查了青岛市五个县市的花生种植地块的供肥能力、农户施肥情况及测土配方施肥的效果，以期推动测土配方施肥活动的健康发展。

### 51.4.1 材料与方法

课题组总结了 2006—2008 年青岛的平度、莱西、胶南、即墨和胶州五个县市 65 个 3414 试验，其中即墨 18 个，胶南 10 个，莱西 23 个，平度 10 个，胶州 4 个。3414 试验设置氮、磷、钾 3 个因素、4 个水平，共计 14 个处理，试验处理分别为 N0P0K0、N0P2K2、N1P2K2、N2P0K2、N2P1K2、N2P2K2、N2P3K2、N2P2K0、N2P2K1、N2P2K3、N3P2K2、N1P1K2、N1P2K1 和 N2P1K1。农户施肥情况调查，调查方法是不同县市使用统一格式的农户施肥情况调查表，调查内容包括种植花生品种、产量水平，肥料的种类，肥料名称，养分含量和肥料用量。调查的县市包括胶南、莱西和平度，共发放 41 份调查表。施用率=施用该养分的农户占被调查农户的百分比。田间示范试验，结合测土配方活动调查青岛五个县市测土配方施肥活动应用效果，其中 2006 年调查了莱西 2 个样点，2007 年调查了平度、莱西、即墨、胶南 29 个实验样点，2008 年调查了胶州 4 个，即墨 5 个样点的配方施肥试验效果。采用 Excel 2003 进行数据整理，SAS. 10 统计软件进行数据统计分析和多重比较，Excel 2003 作图。

### 51.4.2 结果与分析

#### 1. 空白土壤供肥情况

由表 51-10 可看出，青岛市花生田不施肥料的空白产量为 3 490.5～4 635.0 kg/hm$^2$，平均 3 975.3 kg/hm$^2$。各县市间比较，平度＞莱西＞即墨＞胶州和胶南，其中平度的空白区产量最高为 4 635.0 kg/hm$^2$，比青岛市平均水平高 659.7 kg/hm$^2$，高 14.6%，胶南市的空白区的花生产量最低只有 3 490.5 kg/hm$^2$，比青岛市平均水平低 12.2%。青岛市花生田氮、磷、钾肥空白区产量分别为 4 636.2，4 563.0 和 4 596.3 kg/hm$^2$，氮的空白区产量最高；各县市间存在着较大差异，平度的氮磷钾肥空白区产量最高，分别比青岛市平均空白产量高 6.6%,11.4% 和 16.1%,而胶南市氮磷钾肥空白区产量最低,分别比青岛市平均空白产量低 10.8%,3.6% 和 9.5%。

表 51-10

青岛市花生田土壤供肥情况 kg/hm²

| 县市 | 样本数 | 空白区产量 | 氮肥空白区产量 | 磷肥空白区产量 | 钾肥空白区产量 |
|------|--------|-----------|---------------|---------------|---------------|
| 即墨 | 18 | 4 029.0 | 4 612.5 | 4 392.0 | 4 453.5 |
| 胶南 | 10 | 3 490.5 | 4 123.5 | 4 362.0 | 4 060.5 |
| 胶州 | 4 | 3 528.0 | 4 764.0 | 4 611.0 | 5 167.5 |
| 莱西 | 13 | 4 194.0 | 4 750.5 | 4 411.5 | 4 090.5 |
| 平度 | 10 | 4 635.0 | 4 930.5 | 5 038.5 | 5 209.5 |
| 平均 | 55 | 3 975.3 | 4 636.2 | 4 563.0 | 4 596.3 |

## 2. 农户施肥状况

青岛市胶南、莱西和平度市农户施肥状况调查结果显示(表 51-11),花生 $N:P_2O_5:K_2O$ 平均施用量分别为 120,90 和 105 kg/hm²,$N:P_2O_5:K_2O$ 的比例为 1.3:1:1.2。从各县市来看,胶南有 40% 的农户施用有机肥,有机肥的用量为 24.6 t/hm²,胶南的氮肥投入量比较大,但磷钾肥施用量较少;莱西的氮肥和磷肥投入量较少,而平度的投入量相对较多,平度钾肥的施用量最大,而胶南施用量最少。从肥料施用率上看,胶南、莱西、平度由于均施用复合肥,所以氮磷钾肥的施用率为 100%,只是在施用量上不同。

表 51-11

农户施肥情况

| 县市 | 样本数 | 产量/(kg/hm²) | 氮 施用量/(kg/hm²) | 氮 施用率/% | 磷 施用量/(kg/hm²) | 磷 施用率/% | 钾 施用量/(kg/hm²) | 钾 施用率/% | 有机肥 施用量/(kg/hm²) | 有机肥 施用率/% |
|------|--------|--------------|------|------|------|------|------|------|------|------|
| 胶南 | 6 | 4 995.0 | 132.0 | 100 | 75.0 | 100 | 87.0 | 100 | 24.6 | 40 |
| 莱西 | 23 | 5 685.0 | 111.0 | 100 | 76.5 | 100 | 102.0 | 100 | 0 | 0 |
| 平度 | 10 | 5 040.0 | 108.0 | 100 | 118.5 | 100 | 112.5 | 100 | 0 | 0 |
| 合计 | 39 | 5 385.0 | 120.0 | 100 | 90.0 | 100 | 105.0 | 100 | 24.6 | 9.5 |

## 3. 测土配方施肥示范效果

配方肥处理花生产量水平比农民常规施肥处理增加,增幅仅为 1%,差异不显著(表 51-12)。但配方施肥处理的氮肥用量为 142.5 kg/hm²,比农民常规施肥少 54 kg/hm²,节肥 28%,磷肥用量为 141.0 kg/hm² 比农民常规施钾量少 55.5 kg/hm²,节肥 28.2%;钾肥用量比农民常规施钾量少 61.5 kg/hm²,节肥 27.4%。由此可见测土配方施肥在花生产量略有增加的前提下,节肥 1/4 以上,既节约了肥料成本,又提高了肥料利用效率。

表 51-12

测土配方施肥示范推广效果 kg/hm²

| 处理 | 样本数 | 产量 | 氮肥 | 磷肥 | 钾肥 |
|------|--------|------|------|------|------|
| 农民常规 FNP | 44 | 4 897.5 | 196.5 | 196.5 | 223.5 |
| 配方施肥 | 44 | 4 944.0 | 142.5 | 141.0 | 162.0 |
| 节肥/% | 44 | | 28 | 28.2 | 27.4 |

### 51.4.3 讨论与结论

青岛市花生田不施肥料的空白产量为 3 975.3 kg/hm$^2$,各县市间比较平度＞莱西＞即墨＞胶州和胶南,结果表明平度市的土壤供肥能力最高,胶南市最低;氮磷钾肥空白区产量间比较,即墨和莱西氮肥的空白区产量最高,磷肥空白产量低,说明在即墨莱西市磷钾肥的效果比较好,胶南磷肥空白区产量最高,说明胶南市土壤磷积累较丰富,施磷效果不如增施氮肥和钾肥增产效果好,在胶州和平度市钾肥空白区产量较高,表明增施氮和磷肥有利于提高花生产量。不同土壤类型间比较,砂姜黑土的空白区产量显著高于棕壤土,即砂姜黑土的土壤供肥能力高于棕壤土。两种土壤类型,氮磷肥的最大施肥量差异不大,但钾肥的最大施肥量棕壤土显著高于砂姜黑土,说明砂姜黑土的保水保肥能力好,可以在不降低花生产量的情况下适当减少钾肥用量,提高钾肥利用效率。

农户施肥状况调查结果显示,花生 N : P$_2$O$_5$ : K$_2$O 平均施用量分别为 120,90 和 105 kg/hm$^2$,N : P$_2$O$_5$ : K$_2$O 的比例为 1.3 : 1 : 1.2。本研究比房增国、赵秀芬报道的山东省施肥量低,主要原因可能是本研究主要调查的无机肥料的养分投入量,有机肥养分含量未计算入内。从各县市的氮磷钾肥的投入情况看,胶南的氮肥投入量比较大,但磷钾投入量较少,而平度的钾肥投入量相对较多。

测土配方施肥是花生持续增产的重要措施,与农民常规施肥相比,测土配方施肥在花生产量水平不降低的情况下,氮、磷、钾肥分别节肥 28%,28.2% 和 27.4%,显著节约了成本,提高了效益。

## 参考文献

[1] 柴晓娟,王改云,杨红丽,等. 花生中低产田改良的技术措施. 现代农业科技,2008,12:244.

[2] 陈超,万勇善,刘风珍,等. 肥效后移对花生光合特性与产量的影响. 山东农业大学学报(自然科学版),2012,43(4):615-620.

[3] 陈剑洪. 福建省花生生产现状与发展对策,花生科技,2001,2:28-30.

[4] 陈强,崔斌,张逢星,等. 缓释肥料的研究与进展. 宝鸡文理学院学报(自然科学版),2000,20(3):189-192,200.

[5] 程增书,李玉荣,徐桂真,等. 河北省花生生产、科研现状及产业化发展对策. 花生学报,2003,32(增刊):60-63.

[6] 戴栗红. 浅析黑山地区花生施肥存在的问题及对策. 农业科技通讯,2011,12:156-158.

[7] 戴树荣. 覆膜花生氮、磷、钾适宜施用量研究. 福建农业科技,2004(1):31-321.

[8] 董亮,张玉凤,刘兆辉,等. 不同包膜控释肥对花生生物性状及养分含量的影响. 现代农业科技,2009,23:23-26.

[9] 董文召,汤丰收,张新友. 河南省花生产业现状与发展建议. 河南农业科学,2007,10:8-10,15.

[10] 董元杰,万勇善,张民,等. 控释掺混肥对花生生育期间剖面土壤铵态氮和硝态氮含量变化的影响. 华北农学报,2008,23(6):203-207.

[11] 范开业,张贵国,唐洪杰,等. 控释尿素和普通尿素不同配比对花生产量的影响. 山东农业科学,2013,45(13):91-92.

[12] 房增国,赵秀芬,李俊良. 山东省不同区域花生施肥现状分析. 中国农学通报,2009,25(3):129-133.

[13] 郭峰,初长江,王才斌,等. 控释肥料对不同品种花生(*Arachis hypogaea* L.)叶片生理的影响. 土壤通报,2012,43(5):1227-1231.

[14] 何刚,张崇玉,王玺,等. 包膜缓释肥料的研究进展及发展前景. 贵州农业科学,2010,38(6):141-145.

[15] 胡文广,封海胜. 印度花生栽培技术考察报告. 花生科技,2000,4:15-18.

［16］黄循壮. 不同施氮水平对花生结瘤与供氮和产量的影响. 华南农业大学学报,1991,12(1):68-72.

［17］李春俭. 高级植物营养学. 北京:中国农业大学出版社,2008.

［18］李俊庆,朱红霞,杨德才,等. 旱地花生氮磷钾养分积累与分配规律初探. 土壤肥料,1999,5:33-35.

［19］李林,邹冬生,刘登望,等. 花生等农作物耐湿涝性研究进展. 中国油料作物学报,2004a,26(3):105-110.

［20］李向东,吴爱荣,张高英,等. 夏花生施用氮肥对根瘤中固氮酶和叶片硝酸活性的影响. 山东农业大学学报,1995,26(4):496-452.

［21］李向东,张高英. 高产夏花生营养积累动态的研究. 山东农业大学学报,1992,23(1):36-40.

［22］马超,王德民,吴正锋,等. 缓释肥对旱薄地花生产量及其性状的影响. 作物杂志,2009,1:57-59.

［23］欧阳惠. 水旱灾害学. 北京:气象出版社,2001.

［24］潘德成,孔雪梅,赵阳. 辽宁省花生生产增产潜力分析. 辽宁农业科学,2012,3:35-38.

［25］山东省花生研究所,万书波. 中国花生栽培学. 上海:上海科学技术出版社,2003.

［26］山东省花生研究所. 花生栽培生理. 上海:上海科学技术出版社,1990.

［27］山东省平邑县农业局. 2009 年平邑县花生高产创建技术总结. 农业知识,2009,34:8-10.

［28］沈阿林,张翔,吕爱英. 河南省花生产区土壤养分管理与施肥中的问题及对策. 河南农业科学,2002,3:16-19.

［29］孙虎,李尚霞,王月福,等. 施氮量对不同花生品种积累氮素来源和产量的影响. 植物营养与肥料学报,2010,16(1):153-157.

［30］孙彦浩,陈殿绪,张礼凤. 花生施氮肥效果与根瘤菌固 N 的关系. 中国油料作物学报,1998,20(3):69-72.

［31］孙彦浩,梁裕元,余美炎,等. 花生对氮磷钾三要素吸收运转规律的研究. 土壤肥料,1979,5:40-43.

［32］孙彦浩,陶寿祥. 花生亩产 785.6 千克超高产田考察验收简报. 农业科技通讯,1992,3:36.

［33］孙彦浩,王才斌,陶守祥,等. 试论花生的高产潜力和途径. 花生科技,1998,4:5-9.

［34］孙中瑞,于善新. 美国花生生产技术. 花生科技,1979,4:37-47.

［35］孙中瑞. 花生高产潜力估算. 花生科技,1981,1:1-4.

［36］唐洪杰,陈香艳,魏萍,等. 不同播期和密度对临花 5 号产量的影响. 农业科技通讯,2013,5:65-66.

［37］陶寿祥,陈殿绪,张礼凤. 覆膜花生氮磷钾施用效果及最佳用量试验初报. 花生科技,1998(4):18-20.

［38］万书波,封海胜,左学青,等. 不同供氮水平花生的氮素利用效率. 山东农业科学,2000,1:31-33.

［39］万书波,张思苏,刘光臻. 应用$^{15}$N 示踪法研究花生施用氮肥的技术. 核农学通报,1990,11(5):215-218.

［40］万书波. 花生产业经济学. 北京:中国农业出版社,2010.

［41］万书波. 我国花生产业面临的机遇与科技发展战略. 中国农业科技导报,2009,11(1):7-12.

［42］王才斌,孙彦浩,姚君平,等. 高产花生施氮效应研究Ⅰ. 群体生理参数. 花生科技,1994,1:1-4.

［43］王才斌,万书波. 花生生理生态学. 北京:中国农业出版社,2011.

［44］王才斌,吴正锋,刘俊华等. 不同供氮水平对花生硝酸盐积累与分布的影响. 植物营养与肥料学报,2007,13(5):915-919.

［45］王德民,张林,来敬伟. 邹城市春播花生稳定增产的主要技术障碍及解决措施. 山东农业科学,2009,9:111-114.

［46］王华松,孔显民,张伟. 氮磷钾配施对砂姜黑土花生产量的影响. 花生科技,2000(2):26-27.

［47］王晶姗,封海胜,栾文琪. 低温对花生出苗的影响及耐低温种质的筛选,中国油料作物学报,1985,3:28-32.

［48］王溯,刘岩一. 青岛市花生生产现状与发展对策. 农业科技通讯,2010,2:16-18.

[49] 王瑛玫. 花生合理密植的增产机制及影响因素分析. 农业开发与装备,2014:89.

[50] 闻兆令,张立来. 1 303 斤花生高产栽培技术简报. 花生科技,1981,1:4-8.

[51] 夏晓农,杨学文. 花生亩产 1 168.4 斤的技术简介. 湖南农业科学,1984,2:45-46.

[52] 谢吉先,季益芳,刘军民,等. 氮肥用量对花生生育及产量的影响. 花生科技,2000,2:14-18.

[53] 杨吉顺,李尚霞,张智猛,等. 施氮对不同花生品种光合特性及干物质积累的影响. 核农学报,2014, 28(1):154-160.

[54] 杨建群. 安徽省花生生产和市场的现状及思考. 花生学报,2003,32(增刊):52-55.

[55] 杨新道. 西非洲的花生施肥. 花生科技,1978,1:61-62.

[56] 杨友林. 低温对秋花生产量和产量性状的影响及防范措施. 安徽农业科学,2006,34(17): 4271-4272.

[57] 余常兵,李银水,谢立华,等. 湖北省花生平衡施肥技术研究Ⅳ农户花生施肥现状. 湖北农业科学, 2011,50(21):4354-4356.

[58] 禹山林,陶寿祥,宋连生,等. 阿根廷花生科技考察报告. 花生学报,2003,32(1):26-28.

[59] 曾英松. 山东省春花生高产栽培关键技术. 农业知识,2010,31:8-9.

[60] 张福锁. 测土配方施肥技术. 北京:中国农业大学出版社,2011.

[61] 张福锁. 环境胁迫与植物营养. 北京:北京农业大学出版社,1993.

[62] 张俊,王铭伦,于旸,等. 不同种植密度对花生群体透光率的影响. 山东农业科学,2010,10:52-54.

[63] 张思苏,刘光臻,王在序,等. 应用$^{15}$N 示踪法研究花生对不同氮素化肥的吸收利用. 山东农业科学,1988(4):9-11.

[64] 张思苏,余美炎,王在序,等. 应用$^{15}$N 示踪法研究花生对氮素的吸收利用. 中国油料,1988,2: 52-56.

[65] 张翔,张新友,张玉亭,等. 氮用量对花生结瘤和氮素吸收利用的影响. 花生学报,2012,41(4): 12-17.

[66] 张晓莉. 兴城市花生中低产田障碍因素及改良措施. 农业与技术,2012,32(10):216.

[67] 张新友,汤丰收. 花生高产专家谈. 郑州:中原农民出版社,1997.

[68] 赵斌,董树亭,张吉旺,等. 控释肥对夏玉米产量和氮素积累与分配的影响. 作物学报,2010,36 (10):1760-1768.

[69] 赵秀芬,房增国,李俊良. 山东省不同区域花生基肥和追肥用量及比例分析. 中国农学通报,2009, 25(18):231-235.

[70] 赵秀芬,房增国,李俊良. 山东省不同区域花生种植生产中的管理措施分析. 中国农学通报,2009, 25(14):113-117.

[71] 郑亚萍,孙秀山,成强,等. 缓释肥对旱地花生生长发育及产量的影响. 山东农业科学,2011,8: 68-70.

[72] 郑亚萍,田云云,沙继锋,等. 花生生产潜力与高产途径. 花生学报,2003,31(1):26-29.

[73] 周垂钦,祝清俊,段友臣,等. 我国花生油产业发展现状与前景. 中国油脂,2009,34(10):5-8.

[74] 朱建华,陶寿祥,李朝科,等. 日本花生科研生产现状及发展我国花生科研生产的建议. 花生科技 S,1999:71-73.

[75] 朱淑琴,吴晓林. 肥料效应函数法应用及问题分析. 青海农林科技,1987,4:55-62.

[76] 朱兆良. 中国土壤氮素研究. 土壤学报,2008,45(5):778-783.

[77] Bell M J and Wright G C. Groundnut growth and development in contrasting environments. 1. Growth and plant density responses. Expl Agric,1998,34:99-122.

[78] Boddey R M,Urquiaga S,Neves M C P,et al . Quantification of the contribution of N2 fixation to field-grown grain Legume-A strategy for the practical application of technique. Soil Biol Bio-

chem,1990,22:649-655.

[79] Caliskan S,Caliskan M E,Arslan M,et al. Effect of sowing date and growth duration on growth and yield of groundnut in a Mediterranean-type environment in Turkey. Field Crop Research, 2008,105:131-140.

[80] Cox F R. Effect of temperature treatment on peanut vegetative and reproductive growth1. Peanut Sci,1979,6:14-17.

[81] Daimon,Hori K J,Shimizu A et al. Nitrate-induced inhibition of root nodule formation and Nitrogenase activity in the peanut (Arachis hypogaea. L). Plant Prod. Sci. ,1999,2(2):81-86 .

[82] Fletcher S M ,Zhang P, Carley D H. Groundnuts:production,utilization,and trade in the 1980s. Groundnut:A Global Perspective,1992:57-76.

[83] Gibson A H. The influence of environment and management practices on the legume-Rhizobium symbiosis. Treatise on nitrogen fixation: IV Agronomy and ecology. 4:420-450 In A. H. Gibson (ed) Wiley-Interscience Publ. ,New York,1977.

[84] Gohari A A,Niyaki S A N. Effects of Iron and nitrogen fertilizer on yield and yield components of peanut (Arachis hypogaea. L) in Astaneh Ashrafiyeh,Iran. Am-Euras J. Agric&Environ Sci, 2010,9(3):256-262.

[85] Golombek S D,Johansen C. Effect of soil temperature on vegetative and reproductive growth and development in three Spanish genotypes of peanut. Peanut Sci,1997,24:67-72.

[86] Guo J H,Liu X J,Zhang Y,et al. Significant acidification in major Chinese croplands. Science, 2010,327:1008-1010.

[87] Hardarson G ,Atkin C. Optimising biological N2 fixation by legumes in farming system. Plant and Soil,2003,252:41-51.

[88] Ju X T,Kou C L,Zhang F S,et al. Nitrogen balance and groundwater nitrate contamination: Comparison among three intensive cropping systems on the North China Plain. Environmental Pollution,2006,143:117-125.

[89] Ju X T,Xing G X,Chen X P,et al. Reducing environmental risk by improving N management in intensive Chinese agricultural systems. PNAS,2009,106 (9):3041-3046.

[90] Karim M K and Yoshida T. Nitrogen fixation in peanut at various concentrations of 15-N-Urea and slow release 15-N-fertilzier. Soil Science and Plant Nutrition,1995,41(1):55-63.

[91] Kaushala T,Ondab M,Itoa S,et al . N-15 analysis of the promotive effect of deep placement of slow-release N fertilizers on growth and seed yield of soybean. Soil Science and Plant Nutrition, 2005,51(6):885-892.

[92] Khan MK and Yoshida T. Nitrogen fixation in peanut determined by acetylene reduction method and 15N istope dilution teecdnologyl. Techinique. Soil Sci Plant,1994.

[93] Lanier J E,Jordan D L,Spears J F,et al. Peanut response to inoculation and nitrogen fertilizer. Agron J,2005,97:79-84.

[94] Liu X J,Zhang Y,Han W X,et al. Enhanced nitrogen deposition over China. Nature,2013,494, 28:459-462.

[95] Lombin G,Simgh L. Fertilizer response of groundnuts (Arachis hypogea L. ) under continuous intensive cultivation in the Nigerian savannash. Fertilizer Research,1986,10:43-58.

[96] Lombin G,Singh L and Yayock J Y. A decade of fertilizer research on groundnuts (Arachis hypogaea L. ) in savannah zone of Nigeria. Fertilizer Research,1985,6:157-170.

[97] Malhi S S,Soon Y K,Grant C A,et al. Influence of controlled-release urea on seed yield and N

concentration, and N use efficiency of small grain crops grown on Dark Gray Luvisols Canadian Journal Of Soil Science, 2010, 90(2):363-372.

[98] Malhi S S, Soon Y K, Grant C A, et al. Influence of controlled-release urea on seed yield and N concentration, and N use efficiency of small grain crops grown on Dark Gray Luvisols Canadian Journal Of Soil Science, 2010, 90(2):363-372.

[99] Nyatsanga T, Pierrd W H. Effect of nitrogen fixation by legumes on soil acidity. Agron J, 1973, 65:936-940.

[100] Prasad P V V, Boote K J, Thomas J M G, et al. Influence of Soil temperature on seedling emergence and early growth of peanut cultivar in field conditions. J Agronomy Crop Sci, 2006, 192: 168-177.

[101] Prasad P V V, Craufurd P Q, Summerfield R J. Effect of high air and soil temperature on dry matter production, pod yield and yield components of groundnut. Plant Soil, 2000a, 222: 231-239.

[102] Takahashi Y, Chinushi T, Nagumo Y. Effect of deep placement of controlled release nitrogen-fertilizer (coated urea) on growth, yield, and nitrogen-fixation of soybean plants. 1991, 37(2): 223-231.

[103] Wright G C, Hammer G L. Distribution of nitrogen and radiation use efficiency in peanut canopies Australian Journal of Agri. Research, 1994, 45 (3):565-574.

[104] Zahran H M. Rhizobium-legume symbiosis and nitrogen fixation under severe conditions and in an arid climate. Microbiol. Mol. Biol. Rev, 1999, 63(4):968-989.

（执笔人：吴正锋）

# 第52章

## 萝卜养分管理技术创新与应用

## 52.1 萝卜发展概况

萝卜为十字花科萝卜属二年生草本植物,属半耐寒性、长日照蔬菜,是以直根膨大形成的肉质根为食用器官的根菜类蔬菜,在我国蔬菜生产中占有重要地位。我国萝卜栽培历史悠久,由于其营养丰富、用途广泛,在不同季节、不同区域、不同土壤条件下均可种植,适应性强,且具有较高的生产效益和可观的市场发展前景。因此,全国各地均有种植,并形成了各自独特的生态类型。

### 52.1.1 萝卜的栽培类型和品种

**1. 依栽培季节分类(从播种到采收)**

(1)春夏型萝卜 一般3—4月播种,5—6月收获,生育期45～70 d。此类型萝卜生长期间需低温长日照条件,产量较低,供应期短,栽培不当易抽薹。

(2)夏秋型萝卜 此类型萝卜是在夏季播种,秋季收获,生育期40～70 d。此类型生育期间正值雨季高温阶段,耐热、抗病能力强。

(3)秋冬型萝卜 此类型萝卜为秋种冬收,生长期一般60～120 d,多为大型和中型品种。该类型萝卜品种多,由于生长季节的气候条件适宜,因而产量高,品质好,耐贮藏,为萝卜生产中最重要的一类。

(4)冬春型萝卜 主要在长江流域栽培,晚秋至初冬露地播种,翌年2—3月收获。此类型萝卜耐寒性强,不易空心,抽薹迟,是解决当地春淡的主要蔬菜品种。

(5)四季型萝卜 为扁圆形或长型小萝卜,生长期很短,露地除严寒、酷暑外,随时可以播种,该类型萝卜耐热耐寒、适应性强、抽薹迟,品质好,但产量低。

**2. 依萝卜对春化反应的不同分类**

(1)华南萝卜生态型 该类型萝卜可以在较高温度下通过春化,冬性最弱。

(2)华中萝卜生态型 该类型萝卜通过春化所要求的温度比华南生态型稍低,因此冬性比华南生态型萝卜强。

(3)北方萝卜生态型 该生态型萝卜通过春化要求的温度低,所需时间较长,冬性较强。

(4)西部高原萝卜生态型 该生态型萝卜通过春化所要求的温度更低,而且时间长,抽薹迟,冬性很强。

### 52.1.2 萝卜栽培发展历程

从 1961 年至今我国萝卜种植大概经历了两个发展阶段,第 1 阶段为 1961—1992 年间,萝卜种植面积平稳上升阶段,从 1961 年的 4.4 万 hm² 稳步上升到 1992 年的 9.8 万 hm²,31 年间萝卜种植面积增长了 122.2%。第 2 阶段为 1993—2010 年间,萝卜种植面积大幅提升阶段,从 1993 年的 12.3 万 hm² 稳步上升到 2010 年的 46.5 万 hm²,17 年间萝卜种植面积增长了 277.9%。由此可见,我国萝卜发展十分迅速。但我国的萝卜单产情况却不容乐观,1996 年以前我国萝卜单产一直高于世界平均水平,从 1961 年的13 t/hm² 上升到 1996 年的 23 t/hm²,1996 年以后,我国萝卜单产水平经历了先降后升的 U 形走势,由 1997 年的 20 t/hm² 下降到 2001 年的 18 t/hm² 的低谷,而后又大幅提升,2010 年达 34 t/hm²。

我国萝卜产业在世界萝卜产业中的地位越来越重要,目前我国已成为世界上第一大萝卜生产国,从 1961 年到 20 世纪 90 年代初期,萝卜种植面积(产量)占世界萝卜种植面积(产量)的比重一直徘徊在 12%~15%。20 世纪 90 年代中期到 2010 年萝卜种植面积(产量)占世界萝卜种植面积(产量)的比重迅速上升。2010 年底,萝卜种植面积占世界萝卜种植面积的比重已经达到 40%,而萝卜产量占世界萝卜产量的比重高达 47%。

### 52.1.3 区域特色萝卜发展现状

**1. 潍坊青萝卜**

潍坊萝卜已有 300 多年的种植历史,种植品种形成了大樱、二樱和小樱三个品系,现生产上主要以二樱和小樱为主,其共有特点是,叶片羽状分裂、叶色深绿、叶面光亮;肉质根长圆形,出土部分大约占 4/5,皮较薄,深绿色,外覆一层白粉,呈灰绿色,肉翠绿色,质地紧实,脆甜,稍有辣味;肉质根 500~750 g,每亩产量为 3 000~4 000 kg。近年来,潍坊萝卜产业发展迅速,种植面积逐年增加,截至 2007 年,潍坊萝卜种植面积达到 2 000 hm²,总产量为 6 万 t 左右。

**2. 天津卫青萝卜**

天津卫青萝卜依产地分为三个类型:沙窝萝卜、葛沽萝卜和灰堆萝卜。随着经济的发展和城镇化进程的加快,有些老产地面积不断缩小,甚至消失,同时伴随有新产地的崛起,至今形成了 3 个新主产地类型,分别为西青区的沙窝萝卜、津南区的葛沽萝卜和武清区的田水铺萝卜,这 3 个产地均以设施栽培为主,此外宝坻区也维持着较大的种植面积,但以露地栽培为主。各类型之间在外形和肉质根致密程度上稍有不同,共同特点是绿皮、绿肉、酥脆多汁、甜辣可口。2011 年天津地区卫青萝卜的种植面积约 665 hm²,其中西青区约 330 hm²,津南区约 50 hm²,武清区约 140 hm²,宝坻区约 145 hm²。近年来,设施栽培发展迅速,目前春保护地种植面积约占全年 10%,秋延后保护地种植占全年种植总面积的 64%,露地只占 26%。卫青萝卜的产业化生产模式已开始建立,形成了"合作社+农户"的生产模式。

**3. 云南加工型萝卜**

加工型萝卜是指专用于脱水、干燥加工成萝卜干条或干丝的萝卜类型。近年来,云南省由于其优越的地理位置和适宜的气候条件,加工型萝卜产业规模和市场占有率不断扩大,产品质量不断提高,出口量也在逐年增加。据统计,云南省常年萝卜种植面积达 5 万 hm²,用以加工丝、条的白萝卜种植面积达3 万 hm² 以上,鲜萝卜年产量接近 300 万 t,丝条产量接近 20 万 t,已成为红河州的石屏县,玉溪市的红塔区、通海县、江川县,楚雄州的禄丰县、南华县,曲靖的陆良县以及丽江等彝族少数民族地区的特色农业支柱产业。

**4. 冀西北坝上错季萝卜**

冀西北坝上高原区位于北纬 48.48°,东经 114.53°,是指河北省西北部包括张家口(张北、尚义、康保、沽源四县)、丰宁、围场以北的地区,属于我国东部季风农业气候大区与西北干旱农业气候大区过渡带,即北方农牧交错带,是内蒙古高原的一部分。该区地势较高,光照充足,有效积温少,气候冷凉,昼夜温差大,污染源少,十分有利于喜凉蔬菜的生长和后期养分积累。且该地区蔬菜 7—9 月集中上市的

3个月,恰好是京、津及东南沿海夏秋淡季,市场需求量大,加之通往全国各地便捷的交通干线和完整的蔬菜运销"绿色通道"政策支持,使得错季蔬菜的发展在冀西北坝上地区具有了得天独厚的气候优势和区位优势。坝上地区自1996年引进抗抽薹萝卜品种开始,至今已有20余年的种植历史,萝卜种植面积已超过7 000 hm²,总产量达37万t。该区错季萝卜不仅外观长势美观,而且具有皮薄肉脆,味甜多汁,形状端正、口感和食用品质好等特点,深受国民及韩国、日本、新加坡等外国客商的青睐。因此,近年来,坝上蔬菜产业发展迅猛,已成为河北省主要蔬菜产区,全国最大的、以根茎叶菜为主的冷凉山区夏秋季蔬菜优势产区,全国第五大蔬菜生产基地,坝上各县也形成了多个各具特色的优势蔬菜产业带,对于保证京、津及东南沿海夏秋淡季的市场供应发挥了重要作用,成为带动当地经济发展的重要支柱产业。

## 52.2　萝卜生产现状及存在的主要问题

### 1. 播种现状及存在问题

萝卜栽培历史悠久,但目前仍停留在人工播种阶段。而人工播种的劳务成本高,播种速度慢,播种质量受人为因素影响大,导致播种延时,生产中缺苗断垄现象严重等问题突出。以冀西北坝上为例,限制萝卜机械化播种的原因主要有以下几个方面:①适宜于当地特殊环境条件和市场需求的萝卜品种多为进口品种,种子价格高,这就要求生产中必须实现单粒播种以节省种子投入成本;②萝卜种子小,不规则,且多为包衣种子,种皮薄而脆,播种过程中必须保证不破坏包衣层和种皮;③适宜于萝卜生长的土壤质地差别较大,且地形不平整。在上述复杂情况下要实现萝卜的单粒精播,就为萝卜播种机的性能提出了较高的要求,同时也就在很大程度上限制了高性能萝卜播种机的研制、普及和推广。

### 2. 施肥现状及存在问题

由于菜农普遍缺乏科学施肥的基本知识,加之对经济利益的片面追求,生产中施肥量偏高、氮磷钾养分投入比例失衡、重大量元素轻中微量营养元素等盲目施肥现象普遍,成为制约萝卜产业经济效益进一步提升的另一个重要障碍因素。而且随着萝卜产业的进一步发展壮大,长期不合理施肥带来一系列的问题,如生产成本的增加、萝卜品质的下降(特别是硝酸盐含量超标问题)、养分资源和能源的浪费、土壤性质的劣化、水资源的污染等。在冀西北坝上进行的调查问卷结果显示(表52-1),菜农施肥的盲目性和随机性很大,导致养分投入量差别也很大,氮最低投入量只有67.5 kg/hm²,最高投入量可达349.5 kg/hm²,平均氮投入量145.2 kg/hm²,氮磷钾养分施用量变异系数(CV)分别达38.4%,29.2%和41.6%,氮磷钾养分投入比例平均为1:0.74:0.45;养分失衡现象严重,特别是钾肥和中微量营养元素施用量明显不足。显然,养分投入情况与萝卜本身的养分需求特性明显不吻合。

表 52-1
萝卜生产中氮磷钾养分投入状况

| 地点 | 样本量 | 代表面积/hm² | 养分投入量/(kg/hm²) | | | N:P₂O₅:K₂O |
| --- | --- | --- | --- | --- | --- | --- |
| | | | N | $P_2O_5$ | $K_2O$ | |
| 张家口尚义县 | 60 | 433.3 | 145.24 | 122.89 | 86.09 | 1:0.85:0.59 |
| 张家口张北县 | 15 | 39.4 | 155.22 | 82.80 | 0 | 1:0.53:0 |
| 承德丰宁县 | 15 | 23.3 | 155.85 | 63.45 | 45.45 | 1:0.41:0.29 |
| 总计 | 77 | 496 | 151.84 | 113.00 | 68.66 | 1:0.74:0.45 |

对总体施用情况进行统计,结果表明,萝卜产区约66%的农户习惯用复合肥作底肥(且其中近50%采用15-15-15的复合肥),另有33%的农户习惯用二铵作底肥,尿素等其他类型肥料仅占1%左右。说明坝上错季菜产区的菜农对15-15-15的复合肥以及二铵肥料情有独钟。对不同区域的施肥习惯进行比较,结果表明,施肥习惯表现出明显的区域性。如张家口市的尚义县85%以上的农户习惯以氮磷钾三元复合肥作底肥,且施用的肥料氮磷钾养分配比种类较多(10-8-10,15-15-16,14-15-17,15-15-

15 等）；承德市的丰宁县底肥也多采用氮磷钾三元复合肥，但以氮磷钾等养分比例的三元复合肥（15-15-15）为主；而张北县则多以二铵作底肥，部分农户另施用少量尿素。追肥则多为尿素，萝卜生长期间，视萝卜生长情况，或不追肥，或追肥 1～2 次，追肥量 5～20 kg/亩不等，16.3％的农户同时追施硫酸钾 10～20 kg/亩。从有机肥料施用情况来看，因为发酵不好的农家肥对萝卜外观商品性状影响较大，所以生产中菜农对有机肥的施用比较谨慎，施用量也较小，特别是种植面积较大的农户，基本不施有机肥。

对萝卜施肥量与产量的关系进行分析（图 52-1），结果发现，萝卜产量与氮肥、磷肥、钾肥用量之间并没有表现出明显的相关性。究其原因，一方面可能是由于各户施肥习惯不同，造成土壤肥力状况各异，最终导致萝卜对不同投肥量的响应不敏感；另一方面由于当地市场对萝卜收获规格大小的需求，一般均为长 35 cm，直径 7 cm，净重 1 kg 左右，因此，在株行距确定的前提下，单位面积萝卜产量基本确定，为 60 t/hm² 左右。加之萝卜生育期短，对养分的需求量较小，因此出现了产量与施肥量之间相关性不明显的结果。此结果进一步说明了生产中肥料施用的盲目性。

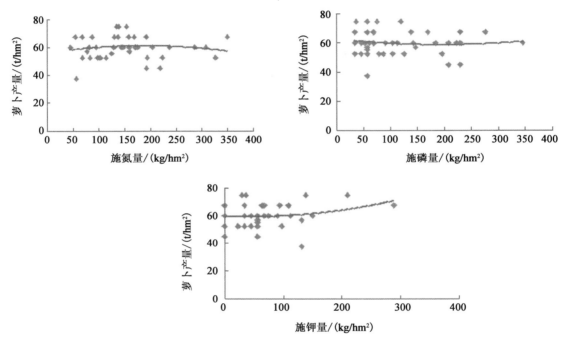

图 52-1　萝卜氮磷钾施用量与产量的关系

### 3. 土壤肥力现状及存在问题

冀西北坝上地区萝卜地土壤一般为沙壤质栗钙土，从土样测定分析结果看（表 52-2），耕层有机质含量平均 11.08 g/kg、碱解氮 30.64 mg/kg、速效磷 11.81 mg/kg、速效钾 95.09 mg/kg，土壤肥力变异很大，土壤总体肥力水平明显偏低。从空间分布上看，各养分含量随着土层加深呈现明显的下降趋势。由此可见，在该区域种植萝卜时，必须适量补充养分，才能保证其正常生长。

表 52-2

**土壤养分状况**

| 土层 /cm | 有机质/(g/kg) | | 碱解氮/(mg/kg) | | 速效磷/(mg/kg) | | 速效钾/(mg/kg) | |
|---|---|---|---|---|---|---|---|---|
| | 变化范围 | 均值 | 变化范围 | 均值 | 变化范围 | 均值 | 变化范围 | 均值 |
| 0～20 | 6.64～14.94 | 11.08 | 10.21～40.17 | 30.64 | 2.42～21.38 | 11.81 | 63.17～139.40 | 95.09 |
| 20～40 | 6.31～10.55 | 9.29 | 11.57～41.53 | 24.85 | 0.37～12.77 | 3.78 | 53.00～93.66 | 69.10 |
| 40～60 | 5.30～8.68 | 7.18 | 12.25～25.87 | 20.42 | 0.37～2.12 | 0.85 | 37.76～58.09 | 47.92 |

**4. 病虫害问题**

由于菜农的种植习惯差别很大,特别是不科学的种植习惯非常普遍,随着萝卜连茬种植年限的延长,萝卜的黑腐病、软腐病、病毒病、分叉、裂根、糠心等一系列生产问题日益凸显,严重制约当地萝卜产业的健康发展。近年来对萝卜生产管理技术的调查统计表明,严重年份有 20%~25% 的地块发生黑心病,按亩净收入平均 2 700 元计算,仅黑心病问题造成的直接经济损失就可达 7 500~10 500 元/hm²。

危害萝卜的常见害虫有黄条跳甲虫、小菜蛾、蚜虫以及地下害虫(主要是小地老虎)。黄条跳甲虫主要为害苗期,从子叶展开开始为害,如子叶受害,对萝卜生长影响很大,在萝卜肉质根膨大期会钻入土里为害根茎,影响萝卜商品品质。

## 52.3 萝卜养分管理技术创新与应用

### 52.3.1 研究思路

本部分内容以位于冀西北坝上高寒半干旱区的错季萝卜主产区为研究区域,以当地萝卜主栽品种为主研对象,确定了以下研究思路:首先通过问卷调查和取土化验的方法,了解当地萝卜生产中的栽培管理现状、土壤肥力现状及存在的主要问题;其次对不同品种萝卜的生长发育特性及养分需求特性进行比较分析和综合评价,研究不同基因型萝卜的生长发育特性及养分需求特性,为明确适宜于当地特殊环境条件的、商品性状好、养分利用率高的优势萝卜品种提供参考。在此基础上,采用田间小区试验方法,研究在当地土壤肥力和气候条件下,主栽萝卜品种的氮、磷、钾最佳用量和配比,旨在为实现萝卜生产中的科学管理,特别是施肥技术的优化提供理论依据,为促进萝卜产业的可持续健康发展提供技术支撑。

### 52.3.2 关键技术研究进展

#### 52.3.2.1 研究区域概况

冀西北高原(坝上地区)海拔高度 1 400~1 500 m,全区土地面积约 1.73 万 km²,占河北省土地面积的近 1/10。该区属于寒温大陆性季风气候,平均气温 3.78℃,无霜期 95~110 d,蔬菜生长季为 5—9 月,生长季月平均气温为 12.1~19.4℃,特别是 6—8 月平均气温 17.3~19.4℃,月均最高气温 24.9℃,最低气温 11.0℃,土壤 5 cm 地温月平均 15.2~23.0℃,此温度特别有利于根菜类肉质根的形成与膨大。坝上地区光照充足,光能资源丰富,为全省之冠,5—9 月总日照时数 1 276.0 h,每天日照时数平均 8 h 以上,年降水量 390.7 mm,是全省少雨中心之一,特别是盛夏秋初,5—9 月降水总和为全年的 87%,6—8 月占全年的 67.7%,雨热同季,且此时正值蔬菜生产旺季,既可满足蔬菜生长对温度和水分的要求,又可有效减少灌溉次数,特别有利于蔬菜作物的生长和光合作用的进行,实现蔬菜的高效生产。以上各个环境条件是区别其他生态类型区而独有的气候环境,特别是夏秋季节低温、强辐射已成为区域生产喜凉类蔬菜得天独厚的气候优势资源。

河北坝上高原呈坡状高原景观,有岗地、坡梁、旱滩、二阴滩和下湿滩地五种地貌单元。由于成土作用弱,以玄武岩、花岗岩及其他岩石风化而成的残积、坡积体为主,土层浅薄,土壤以砂质栗钙土为主,土壤瘠薄,保蓄能力差。因此,要想提高当地农业生产的经济效益、社会效益和生态效益,就要合理开发和高效利用坝上地区水、土、气候等农业资源,充分挖掘该区旱沙地的增产潜力。

#### 52.3.2.2 萝卜的生长发育特性及生产中的主要养分限制因子分析

**1. 萝卜的生长发育特性及氮磷钾对萝卜生物量的影响**

随着萝卜的生长发育,地下部肉质根的生物量逐渐增加,收获时达到最大(表 52-3);而地上部叶片的生物量各施肥处理之间表现出不同的变化趋势,PK,NK,NP 和 NPK$_{追}$处理叶片生物量在肉质根膨大期达到峰值,而 NPK 处理的叶片生物量则在整个生育时期内表现为持续增加,与膨大期相比较,收获期叶片生物量提高了 14.6%。此结果表明萝卜叶片生长受氮、磷、钾肥供应的显著影响,NPK 适量配合施用时,肉质根膨大后期叶片仍可以保持旺盛的生长势,生物量持续增加,而减少任一元素的供应,或钾肥前期供应不足时,肉质根膨大以后叶片的生长均会受到显著影响,甚至表现出一定的早衰现象。

表 52-3

不同施肥处理萝卜各生育时期的生物量 kg/hm$^2$

| 处理 | 苗期 | | 肉质根膨大期 | | 收获期 | |
|---|---|---|---|---|---|---|
| | 地上鲜重 | 地下鲜重 | 地上鲜重 | 地下鲜重 | 地上鲜重 | 地下鲜重 |
| PK | 573dD | 128cC | 5 407cC | 12 411dD | 4 655dC | 23 478dD |
| NK | 1 169bB | 278bB | 12 449aA | 22 936bB | 10 578cB | 44 461bcC |
| NP | 1 193bB | 234bB | 10 408bB | 16 648cC | 1 048cB | 49 111bB |
| NPK | 1 551aA | 431aA | 12 375aA | 24 257aA | 14 175aA | 61 434aA |
| NPK$_{追}$ | 1 026cBC | 262bB | 12 400aA | 16 730cC | 11 641bB | 49 918bB |

NPK$_{追}$表示钾肥按基追比 1:1 施用,其他各处理则均为一次性基施。表中小写英文字母代表 0.05 水平的差异显著性,大写字母代表 0.01 水平的差异显著性(Duncan 法),下同。

对各施肥处理之间作进一步比较,可以看出(表 52-3),在 3 个关键的生育时期,无论是叶片的生物量还是肉质根产量,均以 NPK 处理最高,PK,NK 和 NP 处理,即不施氮、磷或钾肥都会导致萝卜产量显著下降,尤以不施氮肥的 PK 处理降低幅度最大,与 NPK 处理相比较,苗期、肉质根膨大期和收获期叶片鲜重分别下降 63.1%,56.3%和 67.2%;肉质根产量分别下降 70.4%,48.8%和 61.8%。由此可见,在当地土壤肥力条件下,氮是当地萝卜产量形成的主要限制因子。不施磷肥(NK)或钾肥(NP)时也会导致萝卜生物产量的显著降低,但下降幅度明显减小,收获期叶片生物量比 NPK 处理分别下降了 25.4%和 26.0%,肉质根产量分别下降了 27.6%和 20.1%。钾肥基追各半时,萝卜叶片和肉质根产量同样受到显著影响,尤以对肉质根产量的影响最大,与 NPK 处理相比较,苗期、肉质根膨大期和收获期肉质根产量分别下降 39.3%,31.0%和 18.7%。说明在氮肥、磷肥用量相同的条件下,等量钾肥一次性基施比分次追施效果好。

**2. 氮磷钾对萝卜干物质累积量及累积速率的影响**

(1)对萝卜叶片干物质累积的影响   萝卜叶片干物质累积量总体呈现先增加后降低的变化趋势(图 52-2),即苗期萝卜代谢慢,干物质积累量也较低;肉质根膨大期萝卜代谢旺盛,干物质迅速积累并达到峰值;收获期由于部分营养物质向肉质根转移,导致叶片干物质累积量在肉质根膨大期后呈下降趋势。

不同施肥措施之间相比较,仍以 NPK 合理配施的萝卜叶片干物质累积量最高,不施氮肥的 PK 处理最低,与 NPK 处理相比,苗期、肉质根膨大期和收获期的降低幅度分别达 62.8%,55.7%和 52.8%,差异极显著。而不施磷肥或钾肥的 NK 和 NP 处理与 NPK 处理相比较,虽然干物质累积量显著降低,但下降幅度显著低于不施氮肥的 PK 处理。此结果同样说明了氮对叶片干物质累积的影响最大,钾次之,而磷最小。与一次性基施相比较,钾肥基追各半苗期干物质累积量下降 31.7%,差异极显著;后期钾肥的补充使其干物质累积量增加,虽然肉质根膨大期和收获期仍低于 NPK 处理,但差异不显著,与对叶片鲜重的影响有所不同。

(2)对肉质根干物质累积的影响   肉质根干物质累积变化趋势与肉质根鲜重变化趋势一致(图 52-

2),即随着萝卜的生长发育而逐渐增加,收获期达到最大。各处理之间比较,仍以氮素对肉质根干物质累积量的影响最大,与 NPK 处理相比,PK 处理三个时期干物质累积量分别下降 69.0%,41.2% 和 50.5%,达显著差异;其次是钾,磷的影响程度最小。钾肥基追各半时,三个关键生育时期的肉质根干物质累积量亦显著低于钾肥一次性基施的处理。

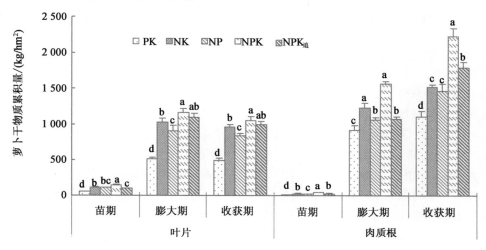

图 52-2　萝卜叶片和肉质根干物质累积变化趋势

(3)对萝卜干物质积累速率的影响　对萝卜各生育阶段的干物质累积速率进行比较,可以看出(表52-4),从播种到苗期这一阶段,植株生长发育较慢,干物质累积速率普遍偏低,但叶片的累积速率比肉质根快;苗期到肉质根膨大期是萝卜干物质累积速率最快的阶段,肉质根膨大期到收获期萝卜干物质累积速率呈下降趋势,特别是叶片,各处理干物质累积速率均表现为负增长。各处理之间比较,氮、磷、钾对萝卜干物质累积速率的影响程度与对萝卜干物质累积的影响结果一致。

表 52-4

不同施肥处理萝卜的干物质累积速率　　　　　　　　　　　　　　　　　　　　　　kg/(hm² · d)

| 生育阶段 | 部位 | PK | NK | NP | NPK | NPK追 |
|---|---|---|---|---|---|---|
| 播种—苗期 | 叶片 | 1.82d | 3.81b | 3.71bc | 4.89a | 3.34c |
|  | 肉质根 | 0.42d | 0.87b | 0.67c | 1.37a | 0.84b |
| 苗期—肉质根膨大期 | 叶片 | 24.44d | 47.98b | 42.11c | 53.87a | 52.77ab |
|  | 肉质根 | 47.90c | 79.31a | 54.88b | 80.42a | 55.16b |
| 肉质根膨大期—收获期 | 叶片 | — | — | — | — | — |
|  | 肉质根 | 12.99c | 20.64b | 28.66c | 47.23a | 51.37a |

**3. 氮磷钾对萝卜根冠比的影响**

根冠比的大小反映了植物根系与地上部分的相关性。从苗期至收获期,由于肉质根的生物累积量明显大于叶片,因此,萝卜的根冠比显著增加(表 52-5)。各处理之间比较,PK,NK,NP 与 NPK 根冠比在肉质根膨大期和收获期均没有明显差异,但苗期 NP 和 NK 处理却显著低于 NPK 处理;钾肥基追各半时,与钾肥一次性基施相比较,由于二者叶片生物量差异不大,但肉质根产量显著下降,所以导致其根冠比显著降低。

表 52-5

不同施肥处理萝卜的根冠比

| 处理 | 苗期 | 肉质根膨大期 | 收获期 |
|---|---|---|---|
| PK | 0.27±0.06abA | 1.93±0.32aA | 4.59±0.71aA |
| NP | 0.21±0.05bA | 1.86±0.29aA | 4.42±0.57aA |
| NK | 0.21±0.02bA | 1.63±0.11abA | 4.75±0.46aA |
| NPK | 0.29±0.00aA | 1.89±0.14aA | 4.54±0.29aA |
| NPK追 | 0.26±0.03abA | 1.40±0.11bA | 4.30±0.17aA |

**4. 氮磷钾对萝卜水分含量的影响**

萝卜叶片和肉质根的含水量变化趋势不同(图 52-3)。叶片的含水量由苗期到肉质根膨大期,除 NK 处理略高于 91%外,其余处理的含水量均在 90%~91%之间,变幅不大;但由肉质根膨大期至收获期,地上部的含水量变化趋势受施肥影响显著。不施氮肥或磷肥时,含水量显著下降,可能与氮或磷营养缺乏影响萝卜的生理代谢和根系发育有关。而不施钾肥或氮、磷、钾肥配合施用的处理,收获期含水量持续增加,但仍以 NPK 处理的含水量最高。由此可见影响萝卜叶片含水量的单因素大小为氮>磷>钾。

各时期萝卜肉质根的含水量均高于叶片,且随萝卜的生长发育而提高。不同施肥处理之间比较,除 PK 处理的萝卜含水量较低外,其他各处理的含水量差异都不大,收获期水分含量变幅在 96.3%~96.9%之间。由此可见,氮依然是萝卜水分吸收利用的关键限制因素。

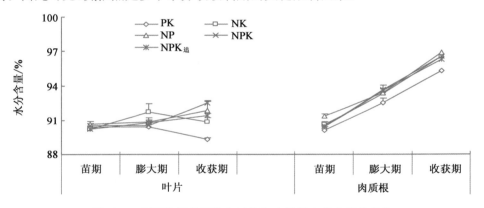

图 52-3 不同施肥处理萝卜叶片和肉质根水分含量的变化

**5. 氮磷钾对萝卜叶片叶绿素含量的影响**

SPAD 值是反应植物叶片叶绿素含量水平高低的一个重要指标,而植物的叶绿素含量又与其自身的营养水平,特别是 N 素供应水平密切相关。因此,可以用叶绿素含量估计植株的氮营养状况,作为植株氮素诊断的一种简易手段。由表 52-6 可以看出,PK 处理即氮胁迫时萝卜叶片的叶绿素含量最低,与朱新民的研究结果一致,且随着萝卜的生长发育,叶绿素含量显著降低;而其他各处理在不同生育时期的 SPAD 值差异不显著。此结果表明氮肥对萝卜叶片的叶绿素含量影响显著,而磷、钾肥对其影响不明显。

表 52-6

不同施肥处理萝卜各生育时期 SPAD 值

| 处理 | 苗期 | 肉质根膨大期 | 收获期 |
|---|---|---|---|
| PK | 45.2±3.8bA | 42.2±1.0bA | 38.5±1.94bB |
| NP | 48.8±1.1abA | 47.1±1.7aB | 49.4±1.54aA |
| NK | 49.2±0.3abA | 48.4±1.8aAB | 48.1±3.62aA |
| NPK | 49.6±1.0aA | 47.6±1.3aAB | 48.4±1.05aA |
| NPK追 | 49.1±0.7abA | 46.5±2.8aAB | 49.4±2.33aA |

**6. 小结与讨论**

对萝卜生物量及干物质累积特性的研究结果表明,在供试土壤肥力条件下,萝卜肉质根产量和干物重均随其生长发育逐渐增加,且变化趋势不受养分供应的影响;而叶片生物量在肉质根膨大期以前逐渐增加,膨大期以后,缺乏氮、磷、钾其中任一元素,或钾肥前期供应不足时,叶片生长均会受到显著影响。而且总体来看,氮对生物量的影响最大,钾次之,磷最小,因此生产中只有氮磷钾科学配施才能保证萝卜高产。魏明吉的研究结果也证明了氮对萝卜的产量影响达到极显著水平,氮、磷、钾对萝卜生物量的影响大小顺序是氮＞磷＞钾。造成此种差异的原因可能与供试土壤的肥力水平、萝卜品种以及气候条件等有关。钾是影响萝卜生长的重要营养元素之一,结合生产实践中当地菜农追施钾肥的习惯,本研究设计了钾肥一次性基施和基追结合两种不同的养分供应方式并进行了比较。结果表明,在氮磷钾肥施用总量相同的情况下,钾肥一次性基施比分次追施效果显著。由此看来,保证萝卜生育前期钾的充足供应是冀西北错季菜产区实现萝卜高产的重要措施。

水分含量是影响蔬菜作物外观商品性状的重要指标之一。本研究结果表明,氮素供应仍然是主要的影响因素,磷钾对水分含量的影响程度表现为磷＞钾,与对生物量干鲜重的影响结果正好相反。三大营养元素对萝卜叶绿素含量的影响与魏明吉的研究结果相似,同样只有氮影响最显著,而磷钾影响不明显。

### 52.3.2.3　不同萝卜品种的生长发育特性及养分需求特性

**1. 主要萝卜品种农艺性状介绍**

各品种的主要农艺性状为:

春冠:露地直播生育期70 d左右,抗抽薹能力强,表皮光滑,青头部分颜色浅,根型筒状,美观、收尾好,肉质细腻,口感好。

春冠35:根型圆筒状,青首,外观商品性状好,抗抽薹能力强,适宜在高寒地区及平原地区早播。

春光:原产于日本,极晚抽薹,抗黄萎病和病毒病,不易糠心,整齐度高,优质高产,最适宜冷凉地4—5月播种,6—7月收获。

春辉:原产于日本,属极晚抽薹品种,根茎7～8 cm,根长37 cm,根重1.2 kg左右,须根量、空心少,适合加工。

春雪圣:原产于日本,属极晚抽薹品种,低温生长优良,根茎7～8 cm,根长37 cm左右,根重1.2 kg左右,须根少,空心症状极少发生,适于加工。

春蕾:原产于日本,皮色雪白,肉质脆甜,耐低温,生长快,根均匀,裂痕少,品质佳,易腌制。

**2. 收获期不同萝卜品种的鲜、干生物量比较**

由于基因型差异,生长至70 d收获时,供试各品种萝卜叶片与肉质根的生物量明显不同(表52-7)。叶片鲜、干重以春冠35最大,其次是春蕾,二者差异不显著,春雪圣最低,而春冠、春光和春辉叶片的鲜干生物量均为中等水平,且三品种之间差异不显著。对肉质根产量进行比较,可知,春冠35与春辉产量最高,春雪圣最低,较其他品种产量下降幅度达31.8%～37.0%;各品种肉质根干物质量的差异与鲜重不同,春辉、春光和春蕾肉质根干重较高,且差异不显著,春冠35低于上述三个品种,但显著高于春冠和春雪圣。对供试的6个品种萝卜叶片和肉质根的生物量进行比较,结果发现二者并没有表现出明显的相关性(相关系数为0.499),说明不同品种萝卜的生长发育特性表现出各自不同的特征。

表 52-7

不同品种萝卜的鲜、干重比较　　　　　　　　　　　　　　　　　　　　　　　　　　　　　　　　　　　　kg/hm²

| 项目指标 | | 春冠 | 春冠35 | 春光 | 春辉 | 春雪圣 | 春蕾 |
|---|---|---|---|---|---|---|---|
| 生物量 | 叶片 | 14 889bc | 17 032a | 13 379cd | 13 090cd | 12 350d | 16 358ab |
| | 肉质根 | 65 934c | 82 929a | 76 700b | 83 037a | 52 288d | 77 025b |
| 干物质量 | 叶片 | 1 328ab | 1 454a | 1 200bc | 1 201bc | 1 152c | 1 443a |
| | 肉质根 | 2 028c | 2 497b | 2 656ab | 2 827a | 1 891c | 2 698ab |

### 3. 不同萝卜品种的养分累积分配特征

（1）氮累积分配特征　随着萝卜的生长发育，植株氮素逐渐累积（表 52-8），收获时总氮累积量达 74.9～106.9 kg/hm²。不同生育时期植株体内的氮累积分配量不同。生长 50 d 之前氮主要集中于叶片，肉质根中氮累积分配系数仅为 0.19～0.34，50 d 之后，生长重心转移至肉质根，氮素向生长旺盛部位转移，至收获时，肉质根的氮分配系数达 0.53～0.61。

**表 52-8**

不同品种萝卜氮累积分配特征

| 生长天数 | | 春冠 | 春冠35 | 春光 | 春辉 | 春雪圣 | 春蕾 |
|---|---|---|---|---|---|---|---|
| 叶片/(kg/hm²) | 35 | 9.5a | 9.0b | 6.9d | 7.6c | 8.0c | 8.7b |
| | 50 | 25.7b | 37.4a | 29.4b | 26.6b | 22.5c | 19.8c |
| | 70 | 37.8b | 40.9a | 31.7d | 33.9c | 30.91d | 42.1a |
| 肉质根/(kg/hm²) | 35 | 1.5b | 1.0e | 1.3c | 1.0e | 1.2d | 1.8a |
| | 50 | 7.2d | 9.3b | 8.6b | 13.5a | 5.4e | 9.8bc |
| | 70 | 43.0d | 54.9b | 43.2d | 50.9c | 45.3d | 64.8a |
| 整株/(kg/hm²) | 35 | 11.1a | 10.1c | 8.2f | 8.7e | 9.2d | 10.5b |
| | 50 | 32.9d | 46.7a | 38.1b | 40.0b | 27.9e | 28.2e |
| | 70 | 80.8d | 95.8b | 74.9e | 84.8c | 76.2e | 106.9a |
| 肉质根氮分配系数 | 35 | 0.14c | 0.10e | 0.16b | 0.12d | 0.13d | 0.17a |
| | 50 | 0.22b | 0.22bc | 0.23b | 0.34a | 0.19c | 0.33a |
| | 70 | 0.53d | 0.57c | 0.58bc | 0.60a | 0.59ab | 0.61a |

品种之间比较，可以看出，播种后 35 d，春冠叶片吸氮能力最强，故其累积量最大，春冠 35 次之，但与春蕾差异不显著，春光最低；生长至 50 d 时，春冠 35 叶片氮素迅速累积且显著高于其他品种，春蕾最小，但与春雪圣差异不显著；70 d 收获时，则以春蕾叶片的氮素累积量最高，春冠 35 次之，且二者显著高于其他四个品种，春雪圣最低。由此可见，与其他 5 个品种相比，春蕾萝卜在播种后 35 d 之前以及 50～70 d 两个阶段是其吸氮速率较快、累积氮量明显较高的时期，而 35～50 d 期间的累积吸氮量则明显较低。

肉质根的氮累积量在 35 d 时明显低于叶片，仅 1.0～1.8 kg/hm²，其中春蕾最高，故其肉质根氮分配系数显著高，春冠 35 最低；50 d 时，则以春辉的肉质根氮累积量显著高于其他品种，春蕾其次，春雪圣最低；70 d 时，春蕾肉质根氮累积量最高，春冠 35 次之，二者显著高于春辉，其他三品种差异则不显著；而肉质根氮累积分配系数以春辉、春雪圣和春蕾较高，春冠最低。

植株总氮量受各部位氮累积量的影响，因此各品种总氮量差异与叶片和肉质根氮累积量差异并不一致。由表 52-8 可知，在供试的 6 个品种萝卜中，春蕾的氮吸收累积能力最强，春冠 35 其次，春辉和春冠为中等水平，而春雪圣和春光累积吸氮量最低。

（2）磷累积分配特征　随着萝卜的生长发育，植株磷（$P_2O_5$）累积量总体呈增加趋势，但总量小于氮，且其分配规律与氮相似。在整个生育期间，肉质根内磷的分配系数逐渐增大（表 52-9）。收获时（70 d），春光、春辉、春雪圣和春蕾肉质根磷累积分配量高于叶片，春冠 35 两部位的磷分配量基本相当，而春冠肉质根中磷的分配量低于叶片。

播种后 35 d，春蕾叶片磷累积量最高，春冠与春雪圣次之，春光最低；50 d 时，春冠 35 叶片磷累积量显著高于其他品种，春蕾与春雪圣最低；至 70 d 收获时，春冠 35 仍保持最高的磷累积量，春辉最低，但与春雪圣差异不显著，其他三个品种之间差异不大。从整个生育时期来看，春蕾品种叶片磷的累积变化趋势与氮相似。

　　各品种肉质根磷累积差异表现为,35 d 时,春蕾最高,春冠次之,春辉最低,其他三个品种差异不显著;生长至 50 d 时,以春辉磷累积量最高,春冠与春雪圣显著低于春光、春冠 35 和春蕾,且后三者差异显著,表现为春光>春蕾>春冠 35;收获时,各品种间肉质根磷累积量差异显著,表现为春辉>春蕾>春光>春冠 35>春雪圣>春冠。由此可见,与其他品种相比较,春辉品种肉质根对磷的累积特征表现为生长 35 d 之前吸磷速率较低,对磷的累积总量也最低;35 d 以后,随萝卜的生长发育,累积吸磷量迅速提高。春蕾肉质根随生长发育对磷的累积变化趋势与叶片相似。

　　对整个生育期各品种的磷累积总量进行比较分析可知,春冠 35 累积吸磷量最高,春辉和春蕾次之,春光磷累积量显著高于春雪圣,而春冠累积吸磷能力最差。

表 52-9

不同品种萝卜 $P_2O_5$ 累积分配特征

| | 生长天数 | 春冠 | 春冠 35 | 春光 | 春辉 | 春雪圣 | 春蕾 |
|---|---|---|---|---|---|---|---|
| 叶片/(kg/hm²) | 35 | 5.0b | 4.4c | 3.3d | 4.1c | 5.2b | 5.6a |
| | 50 | 15.6c | 17.8a | 16.1b | 16.0b | 11.7d | 11.7d |
| | 70 | 28.8b | 39.0a | 29.0b | 23.9c | 25.5c | 28.5b |
| 肉质根/(kg/hm²) | 35 | 1.4b | 1.2c | 1.1c | 0.9d | 1.2c | 1.5a |
| | 50 | 4.6e | 7.5d | 7.9b | 9.3a | 4.5e | 7.7c |
| | 70 | 25.2f | 38.2d | 42.0c | 49.8a | 37.1e | 44.5b |
| 整株/(kg/hm²) | 35 | 6.4b | 5.6d | 4.5f | 4.9e | 6.2c | 7.2a |
| | 50 | 20.2c | 25.3a | 24.0b | 25.3a | 16.3e | 19.3d |
| | 70 | 54.1e | 76.5a | 72.0c | 74.3b | 62.6d | 73.6b |
| 肉质根磷分配系数 | 35 | 0.23b | 0.21c | 0.25a | 0.17e | 0.19d | 0.21c |
| | 50 | 0.23f | 0.30d | 0.33c | 0.37b | 0.28e | 0.40a |
| | 70 | 0.47d | 0.50c | 0.59b | 0.68a | 0.59b | 0.61b |

　　(3)钾累积分配特征　各品种萝卜的钾($K_2O$)累积总量变幅为 $74.0 \sim 112.6$ kg/hm²(表 52-10)。播种后 35 d,植株体内的钾主要分配在叶片中;50 d 时,除春辉与春蕾外,仍表现为与苗期相似的分配动态;由于钾是活跃的阳离子,积极参与肉质根内淀粉的合成与积累,故 50 d 之后,植株吸收的钾主要集中于肉质根,各品种肉质根的钾分配量明显高于叶片。各品种间比较,以春光与春辉肉质根钾分配系数最大,春雪圣最小。

　　70 d 收获时,叶片钾累积量以春蕾最高,而肉质根钾累积量则以春辉最高,但二者总钾量无显著差异;春冠 35 总钾量显著低于上述二品种;春冠品种 35 d 时各部位钾累积量仅显著低于春蕾,但收获时,其肉质根钾累积量和整株累积量均降至最低;春光钾累积趋势与春冠相反,萝卜生长的前 35 d,钾累积能力最低,随后其累积吸钾能力逐渐提高,到 70 d 收获时,总钾量显著高于春冠和春雪圣;在萝卜生长的三个关键时期,与其他品种相比较,春雪圣叶片钾累积呈"低-低-高"的变化趋势,收获时仅略低于春蕾,但其总钾量较低,仅显著高于春冠。

　　各品种总钾累积量大小与肉质根钾累积量变化趋势一致。可见,植株总钾累积量主要取决于肉质根中钾的累积。

表 52-10

不同品种萝卜 $K_2O$ 累积分配特征

| | 生长天数 | 春冠 | 春冠 35 | 春光 | 春辉 | 春雪圣 | 春蕾 |
|---|---|---|---|---|---|---|---|
| 叶片/$(kg/hm^2)$ | 35 | 5.1b | 5.2b | 3.7d | 5.2b | 4.6c | 5.5a |
| | 50 | 18.4b | 22.4a | 17.6bc | 16.2c | 13.9d | 13.3d |
| | 70 | 21.1c | 22.8b | 16.2d | 21.2c | 25.9a | 26.2a |
| 肉质根/$(kg/hm^2)$ | 35 | 2.4b | 1.7d | 1.4f | 2.0c | 1.5e | 2.6a |
| | 50 | 10.5d | 15.2b | 10.9d | 18.0a | 9.3e | 14.5c |
| | 70 | 52.9d | 82.5b | 69.5c | 91.4a | 55.9d | 82.9b |
| 整株/$(kg/hm^2)$ | 35 | 7.5b | 6.8d | 5.0f | 7.2c | 5.9e | 8.2a |
| | 50 | 29.5c | 37.6a | 28.6cd | 33.7b | 23.2e | 27.8d |
| | 70 | 74.0e | 105.3b | 85.7c | 112.6a | 81.8d | 109.1a |
| 肉质根钾分配系数 | 35 | 0.32a | 0.24c | 0.27b | 0.27b | 0.25c | 0.32a |
| | 50 | 0.36d | 0.40b | 0.38c | 0.53a | 0.40b | 0.52a |
| | 70 | 0.71c | 0.78b | 0.81a | 0.81a | 0.68d | 0.77b |

**4. 不同萝卜品种形成 1 000 kg 产量的养分需求量比较**

形成 1 000 kg 产量所需养分量取决于该品种的产量与养分累积量。由于品种差异,各品种形成单位产量时所需养分量不同(表 52-11)。春雪圣产量最低,各养分累积总量也普遍偏低,但按单位产量养分分配量计算,形成 1 000 kg 产量所需 N,$P_2O_5$ 和 $K_2O$ 量均显著高于其他品种;春蕾次之;春光需 N 量最小,春冠对磷、钾需求量均最低。不同品种萝卜对 N,$P_2O_5$,$K_2O$ 的吸收比例存在阶段性差异,在 50 d 之前,对养分的吸收为 N>$K_2O$>$P_2O_5$,收获时,除春冠外,其他各品种萝卜养分需求均表现为 $K_2O$>N>$P_2O_5$。

表 52-11

各品种萝卜形成 1 000 kg 产量所需养分量及比例      kg

| 品种 | N | $P_2O_5$ | $K_2O$ | N∶$P_2O_5$∶$K_2O$ | | |
|---|---|---|---|---|---|---|
| | | | | 35 d | 50 d | 70 d |
| 春冠 | 1.23c | 0.82c | 1.12d | 1∶0.58∶0.67 | 1∶0.24∶0.28 | 1∶0.67∶0.91 |
| 春冠 35 | 1.16d | 0.93b | 1.27c | 1∶0.53∶0.68 | 1∶0.22∶0.28 | 1∶0.80∶1.09 |
| 春光 | 0.94f | 0.90b | 1.12d | 1∶0.54∶0.59 | 1∶0.21∶0.23 | 1∶0.96∶1.19 |
| 春辉 | 1.02e | 0.91b | 1.43b | 1∶0.57∶0.83 | 1∶0.27∶0.83 | 1∶0.89∶1.40 |
| 春雪圣 | 1.46a | 1.16a | 1.70a | 1∶0.67∶0.69 | 1∶0.21∶0.65 | 1∶0.79∶1.16 |
| 春蕾 | 1.34b | 0.95b | 1.43b | 1∶0.66∶0.75 | 1∶0.39∶0.75 | 1∶0.71∶1.07 |

**5. 不同萝卜品种氮、磷、钾生产效率及偏生产力比较**

养分生产效率(FPE)表示萝卜吸收养分转化为产量的能力。遗传因素是影响肉质根产量和养分累积量的主要原因之一,因此,不同品种养分生产效率各异。表 50-12 结果表明,春光与春辉的肉质根氮生产效率最高,春冠 $P_2O_5$ 生产效率最高,春冠和春光的钾生产效率最高。养分干物质生产效率(DMPE)是评价营养元素生理利用效率的重要指标。由表 52-12 可知,同一品种不同养分的干物质生产效率不同,春光氮干物质生产效率显著高于其他品种,而磷、钾的干物质生产效率则属中等水平;春蕾的氮干物质生产效率最低,磷、钾则属中上等水平;春辉的钾干物质生产效率最低;春冠的磷、钾干物质生产效率均最高;而春雪圣各养分的干物质生产效率均明显偏低。氮的生产效率与干物质生产效率呈极显著正相关关系,相关系数达 0.919;钾素的二指标亦呈显著相关($r=0.888$);而磷素的 FPE 和

DMPE 之间无显著相关性。

　　肥料偏生产力(PFP)反映了作物吸收肥料和土壤养分后所产生的边际效应。在肥料投入等量的条件下,不同品种的各养分偏生产力表现各异(表 52-12)。春冠 35 氮、磷、钾的偏生产力均最高,但氮、钾的偏生产力与春辉差异不显著;春光的磷肥偏生产力显著高于春蕾,但上述两个品种的氮、钾偏生产力差异不显著,春冠各养分的偏生产力显著低于上述品种,但显著高于春雪圣。

表 52-12

不同品种氮、磷、钾的生产效率及偏生产力比较 　　　　　　　　　　　　　　　　　　　　　　　　　　kg/kg

| 品种 | 养分生产效率(FPE) | | | 干物质生产效率(DMPE) | | | 偏生产力(PFP) | | |
|------|------|------|------|------|------|------|------|------|------|
| | N | P₂O₅ | K₂O | N | P₂O₅ | K₂O | N | P₂O₅ | K₂O |
| 春冠 | 815.9b | 1 218.2a | 1 254.0a | 43.0c | 64.9a | 66.4a | 439.6c | 1 785.1d | 664.8c |
| 春冠 35 | 865.8b | 1 073.7b | 1 088.3c | 41.6d | 51.6d | 52.3c | 561.3a | 2 320.4a | 855.3a |
| 春光 | 1 024.8a | 1 081.2b | 1 228.1a | 50.9a | 53.8c | 61.0b | 511.3b | 2 198.7b | 759.2b |
| 春辉 | 979.7a | 1 126.5ab | 979.2d | 46.2b | 53.9c | 46.9e | 553.5a | 2 164.5b | 837.3a |
| 春雪圣 | 685.6c | 834.9c | 836.1e | 40.2e | 48.9e | 49.0d | 348.6d | 1 425.7e | 535.7d |
| 春蕾 | 720.7c | 1 056.5b | 1 157.2b | 38.7f | 56.7b | 61.1b | 513.5b | 2 067.7c | 788.7b |

### 6. 小结与讨论

　　最大限度地挖掘品种的遗传潜力并提高产量和养分利用能力,一直是农业上研究的重点。在施肥、灌溉等管理措施均一致的情况下,春冠 35 与春辉的肉质根产量最高,春雪圣产量最低,可见遗传因素对产量影响显著。作物对氮、磷、钾的吸收特性不仅反映了作物本身的特点,而且反映了作物的品种特点。在冀西北坝上冷凉气候条件下,春冠萝卜的氮累积量大于钾,而其他品种萝卜对养分的吸收总量均表现为 $K_2O > N > P_2O_5$。萝卜对氮、磷、钾养分的吸收高峰均出现在 50~70 d,该阶段其吸收量分别占全生育期吸收总量的 49.17%~72.36%,62.67%~73.95% 和 60.15%~74.50%。生育前期植株吸收的养分主要贮存在叶片内,以促进叶片形成更多的光合产物和营养物质,为后期肉质根生长奠定基础,收获时则主要贮存在肉质根内。

　　不同品种萝卜对氮、磷、钾三大营养元素的吸收累积特性表现出了各自不同的特征。春蕾的氮累积量最高,春冠 35 磷累积量最高,而春辉对钾的累积量最高,上述三品种的另两种养分的累积量亦普遍高于另外三个品种,说明这三个品种对氮磷钾的吸收累积利用能力较强;而春光和春雪圣氮累积量显著低于其他各品种,春冠的磷、钾累积量最低,即三者对养分的吸收利用能力相对较差。因此,相比较春光、春雪圣和春冠三个品种,春辉、春冠 35 和春蕾为养分高效累积型品种。不同品种萝卜各养分的分配系数也不同,春辉和春蕾肉质根氮、磷、钾分配系数均较高,春冠 35 和春光肉质根中则仅有钾元素的分配系数较高,氮、磷分配系数相对偏低,而春雪圣肉质根氮、磷分配系数较高,钾分配系数最低,春冠的肉质根各养分分配系数均较低。

　　养分生产效率(FPE)是作物产量与养分累积量的比值。养分积累是干物质生产的前提,且二者呈极显著正相关关系。因此,作物的干物质生产特性和养分积累特性共同决定单位养分生产的干物质量(养分干物质生产效率)的多少,即作物对营养元素的生理利用效率。本试验在施肥量及栽培措施均一致的前提下,氮的 FPE 与 DMPE 呈极显著正相关关系,钾素的二指标亦呈显著相关,而磷素的 FPE 和 DMPE 之间则无明显相关性。不同品种萝卜的养分生产效率与干物质生产效率表现各异,其中,春光氮的养分生产效率和干物质生产效率最高,春冠磷、钾的生产效率和干物质生产效率最高;春蕾氮与春辉钾的生产效率和干物质生产效率均较低,而春冠 35 各养分的生产效率和干物质生产效率均为中等水平。可见,某一品种体内养分含量高,并不意味着该品种养分生理利用效率也高;春雪圣各养分的干物质生产效率均普遍偏低。由此可见,春光为氮养分生理利用高效率品种,春冠为磷钾养分生理利用高效率品种;而春雪圣无论是从养分的吸收累积角度还是从养分的生理利用角度分析,均属于低效率品种。

分析各品种萝卜在整个生长发育期的养分吸收利用特性可知,播种后 35 d 时间内,由于当地气温明显较低,萝卜生长发育较慢,一直为苗期发育阶段,此时对氮的需求量最高,而对磷、钾的需要量较少,因此,此期应注意氮肥的施用,以促进苗齐苗壮,但切忌施氮肥量过大,造成叶部徒长,导致输送到根部的同化物质减少,影响肉质根产量;35~50 d 为肉质根膨大期,肉质根的加粗生长与伸长生长同步进行,但仍以叶片生长为主,根系对钾的吸收量显著增加,其次是氮和磷;50 d 以后则是产量形成的关键时期,叶片生长较肉质根缓慢,大量同化产物向肉质根转移,因而这个时期是养分吸收的高峰期,加强肥、水供应是促进肉质根迅速发育的关键。各供试品种萝卜对氮磷钾三要素的需求特性,除春冠外,均表现为对钾的需求量最高,氮其次,磷最低,但形成 1 000 kg 产量对氮磷钾的养分需求量各异。因此,生产中应针对不同品种萝卜对养分的不同需求特性,结合土壤肥力变异合理调控氮磷钾养分供应,以实现萝卜的高产、高效生产。

### 52.3.3 关键技术集成及其应用成效

**1. 萝卜起垄播种一体机的研制及其应用效果**

与机械专家合作,成功研了萝卜起垄播种一体机,播种密度、均匀度以及单粒播种等技术难题基本克服,申请的专利《气吸式萝卜精量播种机》获得了授权(专利号:ZL 2011 2 0225969.0)。过去采用人工播种,按当地平均播种速度每人每天 2.5 亩地计算,播完 1 000 亩的萝卜,每天 20 人需 20 d 时间完成播种。按播种 1 亩地 30 元计算,则用工费用 75×20×20＝3 万元;而若采用机械播种,按每天平均播种 50 亩算,20 d 完成播种的话,只需要一台播种机(2~3 人)即可。因此,该播种机的应用大大提高了生产效率,降低了生产成本,提高了播种质量。

**2. 高效栽培集成技术的推广应用**

根据萝卜的生长发育特性和养分需求特性,并结合当地土壤肥力特性,确定了萝卜专用肥料配方,申请的《一种萝卜专用的长效复混肥料》已获授权,同时制定了萝卜高产高效栽培技术规程,并已通过审定(标准号 DB13/T2043—2014)。集成技术经过示范推广,当地菜农的不科学施肥习惯已得到明显改善,肥料利用效率和经济效益明显提高(表 52-13、表 52-14)。

**表 52-13**

农民施肥习惯的变化

| 年度 | 指标 | 底肥 | | 追肥 | |
|------|------|------|------|------|------|
| 2009 | 肥料品种 | 19-22-7 的复合肥 | 二铵 | 尿素 | 硫酸钾 |
| | 用肥量/(kg/hm²) | 375 | 225 | 225 | 225 |
| | 养分投入(kg/hm²) | N 216;P$_2$O$_5$ 186;K$_2$O 140 | | | |
| | 投入养分比例 | N:P$_2$O$_5$:K$_2$O＝1:0.86:0.65 | | | |
| 2010 | 肥料品种 | 24-7-9 的复合肥 | 商品有机肥 | 尿素 | 尿素 |
| | 用肥量/(kg/hm²) | 300 | 750 | 75 | 75 |
| | 养分投入/(kg/hm²) | N 141;P$_2$O$_5$ 21;K$_2$O 27 | | | |
| | 投入养分比例 | N:P$_2$O$_5$:K$_2$O＝1:0.15:0.19 | | | |
| 2011 | 肥料品种 | 17-6-22 的复合肥 | | 尿素 | |
| | 用肥量/(kg/hm²) | 600 | | 75 | |
| | 养分投入(kg/hm²) | N 137;P$_2$O$_5$ 36;K$_2$O 132 | | | |
| | 投入养分比例 | N:P$_2$O$_5$:K$_2$O＝1:0.26:0.97 | | | |
| 2012 | 肥料品种 | 20-10-18 的复合肥 | | 尿素 | |
| | 用肥量/(kg/hm²) | 600 | | 75 | |
| | 养分投入(kg/hm²) | N 155;P$_2$O$_5$ 60;K$_2$O 108 | | | |
| | 投入养分比例 | N:P$_2$O$_5$:K$_2$O＝1:0.39:0.70 | | | |

**表 52-14**

农民常规施肥和优化施肥的养分利用效率比较

| 处理 | PFP/(kg/kg) | | | 养分回收率/% | | |
|---|---|---|---|---|---|---|
| | N | P | K | N | P | K |
| 农民常规施肥 | 280.2 | 324.2 | 434.6 | 23.1 | 19.5 | 24.7 |
| 优化施肥 | 347.6 | 868.9 | 450.7 | 27.3 | 25.3 | 31.4 |
| 提高/% | 24.1 | 168.1 | 3.7 | 18.2 | 29.7 | 27.1 |

# 参考文献

[1] 河北省农业区划办公室,河北省气象局.河北省农业气候及其区划.北京:气象出版社,1988.

[2] 侯凤君.潍坊青萝卜发展现状与方向研究:学位论文.泰安:山东农业大学,2005.

[3] 胡向东,李娜,何忠伟.中国萝卜产业发展现状与前景分析.农业生产展望,2012,10:35-37.

[4] 霍习良,刘树庆,林恩勇,等.河北张北坝上波状高原岗梁地与滩地母质特性比较.河北农业大学学报,1995,18(S1):61-64.

[5] 江立庚,曹卫星,甘秀芹,等.不同施氮水平对南方早稻氮素吸收利用及其产量和品质的影响.中国农业科学,2004,37(4):490-496.

[6] 李志宏,刘宏斌,张云贵.叶绿素仪在氮肥推荐中的应用研究进展.植物营养与肥料学报,2006,12(1):125-132.

[7] 刘树庆,刘玉华,张立峰.高寒半干旱区农牧业持续发展理论与实践.北京:气象出版社,2001.

[8] 刘贤娴,王淑芬,李莉娜,等.萝卜肉质根膨大过程中主要农艺学性状的变化.山东农业科学,2010,4:31-33.

[9] 乔颖丽,孙芳.冀西北坝上地区蔬菜产业链模式分析.农村经营管理,2008,12:18-19.

[10] 秦鱼生,涂仕华,孙锡发.不同氮、钾水平对萝卜产量和硝酸盐含量的影响.西南农业学报,2003,16:113-115.

[11] 陶婧,钟利,龙荣华,等.云南加工型萝卜生产现状及发展建议.中国蔬菜,2012,13:6-9.

[12] 童淑媛,宋凤斌.SPAD值在玉米氮素营养诊断及推荐施肥中的应用.农业系统科学与综合研究,2009,25(2):233-237.

[13] 王超楠,王旭玲,赵冰,等.天津"卫青萝卜"产业现状与展望.天津农业科学,2012,18(5):107-110.

[14] 王振民.根冠与烟草品质的关系.科技咨询导报,2007(23):237.

[15] 魏明吉.氮磷钾对萝卜生长发育、产量及品质的影响:学位论文.武汉:华中农业大学,2004.

[16] 吴凯,于静洁.首都圈典型沙区水分资源的变化趋势及其利用.地理科学进展,2001,20(3):209-216.

[17] 阳显斌,张锡洲,李廷轩,等.磷素籽粒生产效率不同的小麦品种磷素吸收利用差异.植物营养与肥料学报,2011,17(3):525-531.

[18] 杨福存.坝上蔬菜栽培的理论与技术.北京:气象出版社,2003.

[19] 张锋,王建华,余松烈,等.白首乌氮、磷、钾积累分配特点及其与物质生产的关系.植物营养与肥料学报,2006,12(3):369-373.

[20] 张俊花.冀西北坝上高寒区萝卜和甘蓝地膜覆盖节水生产研究:学位论文.保定:河北农业大学,2006.

[21] 张俊平.冀西北高寒区白萝卜反季节栽培技术.长江蔬菜,2007(9):13-14.

[22] 张阔. 冀西北坝上冷凉地区萝卜生长发育特性及养分需求特性研究:学位论文. 保定:河北农业大学,2012.

[23] 张秀芝,易琼,朱平,等. 氮肥运筹对水稻农学效应和氮素利用的影响. 植物营养与肥料学报,2011,17(4):782-788.

[24] 赵付江,申书兴,李青云,等. 茄子氮效率品种差异的研究. 华北农学报,2007,22(6):60-64.

[25] 赵璞,刘李峰. 我国胡萝卜产业发展现状分析. 上海蔬菜,2006,2:4-6.

[26] 赵新华,束红梅,王友华,等. 施氮量对棉铃干物质和氮累积量及分配的影响. 植物营养与肥料学报,2011,17(4):888-897.

[27] 朱新民,周进财,李强,等. 氮钾配施对水萝卜产量和品质的影响. 安徽农学通报,2007,13(14):116-117.

[28] 祝丽香,王建华,耿慧云,等. 桔梗的干物质累积及氮、磷、钾养分吸收特点. 植物营养与肥料学报,2010,16(1):197-202.

[29] Le Gouis J,Be'ghin D,Heumez E,et al. Genetic differences for nitrogen uptake and nitrogen utilization efficiencies in winter wheat. Eur. J Agro. ,2000,12:163-173.

[30] Singh U,Ladha J K,Castillo E G,et al . Genotypic variation in nitrogen use efficiency in medium and long duration rice. Field Crops Res. ,1998,58:35-53.

## 发表的主要论文

[1] 孙志梅,马文奇,王雪,等. 冀西北高寒半干旱区萝卜栽培技术规程(标准号 DB13/T2043-2014). 河北省质量技术监督局.

[2] 孙志梅,谢永军,张阔. 一种萝卜专用的长效复混肥料. 专利公告号:CN102531762A .

[3] 王雪,张阔,孙志梅,等. 氮素水平对萝卜干物质累积特征及源库活性的影响. 中国农业科学,2014,47(21):4300-4308.

[4] 张晋国,张斌,孙志梅,等. 气吸式萝卜精量播种机. 专利分类号:A01C7/04(2006.01)I.

[5] 张阔,孙志梅,刘建涛,等. 冀西北坝上地区不同萝卜品种的养分吸收特性比较. 植物营养与肥料学报,2013,19(1):191-199.

[6] 张阔,孙志梅,王平,等. 冀西北高寒半干旱区不同萝卜品种的生长发育特性比较. 华北农学报,2012,27(6):167-172.

[7] 张阔,许靖,陈随菊,等. 不同施肥措施对冀西北坝上萝卜生长发育的影响. 河北农业大学学报,2011,34(2):22-26.

[8] 张阔. 冀西北坝上冷凉地区萝卜生长发育特性及养分需求特性研究:学位论文. 保定:河北农业大学,2012.

(执笔人:孙志梅　王雪　张阔　马文奇)

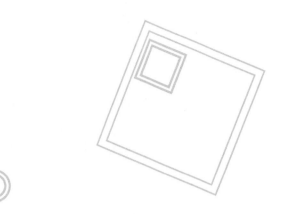

# 第四部分
# 华东区域养分管理技术创新与应用

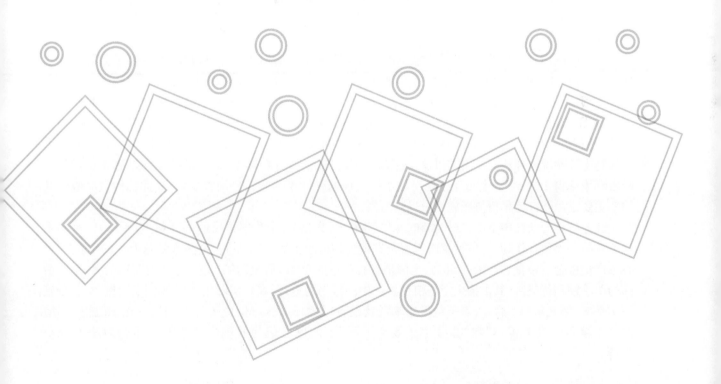

# 第 53 章

## 长江中下游水稻养分管理技术创新与应用

人口的不断增加、土地面积的减少和食物的短缺是全世界面临的主要问题,生产足够的食物以满足世界较贫穷地区是 21 世纪重大挑战之一。"十一五"期间,我国粮食总产量连续 5 年增长,用不到世界 10% 的耕地面积养活了世界近 20% 的人口,为世界粮食安全做出了重大贡献。水稻是我国第一大粮食作物,占我国粮食 40% 左右,其总产量与播种面积列世界第一、二位。我国约有 60% 的人口以稻米为食,年水稻种植面积 $32 \times 10^6$ hm²,占世界水稻种植面积的 20%,同时我国也是世界上最大的稻米生产国,年稻米产量占全世界的 35%,我国水稻的稳产增产对保障国家粮食安全和世界粮食供应起到了重要作用。

化肥的施用对粮食的增产起着重要的作用,化肥用量的增加,为我国粮食增产提供了重要的物质保障。目前,我国氮肥用量占全球氮肥用量的 30%,成为世界第一大消费国。氮肥对水稻生产的影响仅次于水,我国水稻氮肥用量占全球水稻氮肥总用量的 37%,占全国氮肥总消费量的 24%。稻田施用氮肥后,由于在土壤-水系统中氨的挥发、反硝化作用、表面流失以及渗漏作用等造成氮肥的损失,因此氮肥利用率相对偏低。氮肥的损失量与氮肥施用时期、施用方法、氮肥种类、土壤理化性状、气候特点及作物生长状况密切相关。研究报道,我国稻田氮肥吸收利用率为 30%~35%,而江苏省水稻的氮肥吸收利用率仅 19.9%,显著低于全国平均水平。根据统计年鉴和农户调查显示,如此低的氮肥吸收利用率主要是由于江苏稻田氮肥施用量过高所致。

江苏省地处长江中下游,气候温和、水网稠密、土壤肥沃,是我国重要的商品粮生产基地。水稻是江苏省第一大粮食作物,水稻种植面积占全省粮食种植面积的 40% 左右、全国水稻总面积的 7%,年稻谷总产量占全省粮食总产量的 58%、全国稻谷总产量的 10%,居全国第二位,是我国面积最大、单产最高的单季粳稻优势区,其水稻生产是粮食生产中的重中之重,但农户实际生产中养分施用量大、养分施用不平衡、氮肥运筹不合理、氮肥利用效率低及没有考虑环境养分供应等生产问题突出。"施肥不增产""土壤养分过量积累"和"养分生产效率下降"等问题已成为我国农业生产中亟待解决的重要问题。

## 53.1 江苏省农民种植习惯对水稻产量与氮肥利用效率的影响

### 53.1.1 农民种植方式调研

江苏省农户调研在 2009 年 7 月、2010 年 2 月、2011 年 2 月和 2012 年 2 月各进行了一次,主要调研作物是单季晚稻,共调研了 12 个市。江苏省 2008 年,2009 年,2011 年,2012 年的水稻有效问卷分别为 128,434,102,71 份。从图 53-1 可以看出,目前江苏省水稻种植方式以机械插秧为主占 50%,其次为直播稻占 30%,其中手插秧等其他方式占 20%,且随着农业现代化、机械化的进程,以机械插秧的播种方式将会呈现出逐渐增加的趋势。但不同种植方式下,也存在一些问题,如机械插秧下的苗小苗弱密度低的问题;直播稻下的群体过大易倒伏的问题;还有在播种前推广秸秆还田的方式所带来的僵苗不发补苗难的问题,这些问题都有待进一步去解决。

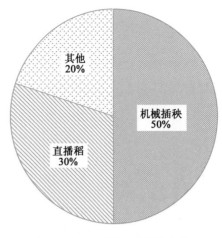

图 53-1　江苏省水稻播种方式

### 53.1.2　农民施肥习惯调研

据报道,作为长三角经济发达地区江苏省水稻平均氮肥用量已达 300 kg/hm²,有的农田甚至达到 350 kg/hm²,肥料的增产作用已微乎其微,如果仍一味地增加化肥用量,则会更加降低肥料利用率,加重对环境的污染。刘钦普(2012)通过分析江苏省 1979—2009 年粮食产量与化肥使用量的关系,得出江苏省粮食产量的年平均增长率是 1.1%,化肥使用的年平均增长率是 4.1%,化肥使用量大大地超出了环境安全使用量。本节针对江苏省化肥施用的不合理、肥料利用率低等现象,从农户作物施肥现状入手,摸清江苏省化肥使用的现状,分析影响高产高效的原因,为提出科学的施肥措施和决策提供理论依据。

从四次农户调研的结果来看,江苏省水稻平均施氮量为 337 kg/hm²,变异系数为 27.7%。每公顷平均产量为 8 132 kg,变异系数为 11.7%(图 53-2)。随着氮肥施用量的增加,氮肥偏生产力(PFPN)呈现显著下降趋势(图 53-3),平均为 26.3 kg/hm²,变异系数为 30.7%。由图 53-2 可知,氮肥在一定的施用范围内,减少施氮量有利于增加 PFPN,但是超过这个范围,降低施氮量效果就不明显。

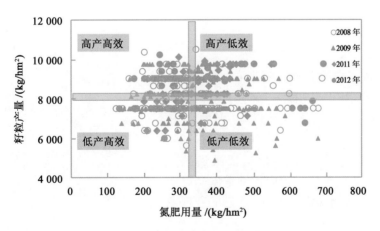

图 53-2　农户氮肥投入量与水稻产量的关系

**1. 农民施肥习惯下水稻氮肥效益分析**

由表 53-1 可知,以全省农户的平均施氮量(337 kg/hm²)和单产(8 132 kg/hm²)为标准划分,综合考量作物高产与养分高效(高产高效)的双重标准来进行农户水稻氮肥效益分析,我们发现只有 33.2%的农户实现高产高效,平均施氮量为 279 kg/hm²,PFPN 为 32.9 kg/hm²。有 6.8%的农户可以得到高

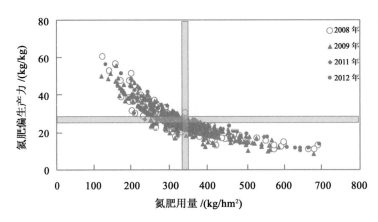

图 53-3　水稻氮肥施用量和氮肥偏生产力的关系

产,但是氮肥投入较高,平均每公顷为 381 kg,PFPN 为 23.5 kg/hm²,视为高产低效。另外,有 34.6% 的农户同样施入较少的氮肥(269 kg/hm²)在获得高养分效益(PFPN 为 28.6 kg/hm²)时而作物产量却不见提高,视为低产高效。还有 25.4% 的农户在平均施氮量达到 423 kg/hm² 时,其产量却很低,最终导致养分效益 PFPN 只有 17.9 kg/hm²,视为低产低效。由此可见,相较于 33.2% 的作物高产与养分高效模式的农户水稻种植方式,其还有近 70% 的农户能够在减少氮肥用量的同时提高作物产量,且实现高产高效水稻种植模式的潜力巨大。

表 53-1

水稻氮肥效益分析

| 处理 | 施氮量 /(kg/hm²) | 产量 /(kg/hm²) | 平均施氮量 /(kg/hm²) | 频率 /% | PFPN /(kg/kg) |
|---|---|---|---|---|---|
| 低产低效 | >337 | <8 132 | 423 | 25.4 | 17.9 |
| 低产高效 | <337 | <8 132 | 269 | 34.6 | 28.6 |
| 高产低效 | >337 | >8 132 | 381 | 6.8 | 23.5 |
| 高产高效 | <337 | >8 132 | 279 | 33.2 | 32.9 |

**2. 农民施肥习惯下水稻养分运筹分析**

在对农户施肥过程中的养分运筹来看(图 53-4),农户施肥过程中以基蘗肥:穗粒肥=(10:0)～(9:1)和 (4:6)～(3:7)的数量共占调研样本量 45%。基蘗肥:穗粒肥=8:2,7:3,6:4 和 5:5 时,分别占 16%,15%,13% 和 11%。随着穗粒肥的增多,样本量呈依次递减趋势,由此可见,农户在习惯施肥过程中常常重施基蘗肥而忽视穗粒肥,进而加大水稻生长后期脱肥早衰现象而引起作物产量降低的风险。

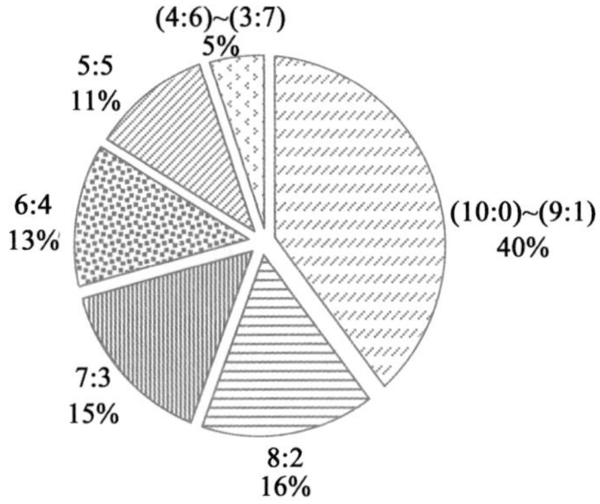

图 53-4　不同氮肥运筹处理的样本量比例

## 53.2　氮肥用量对水稻生产的影响

### 53.2.1　氮肥用量对水稻产量及产量构成的影响

在理解了不同土壤地力对作物影响的同时,我们又针对性地在低肥力土壤上(如皋试验点)进行了不同氮肥用量试验的研究,以明确氮肥用量对水稻生产的影响。试验设置 0,100,200,250,300,350 和 400 kg/hm² 共 7 个氮肥用量,氮肥运筹为基肥:分蘖肥:促花肥:保花肥＝4:2:2:2。结果发现,氮肥用量与水稻籽粒产量之间存在极显著的相关性,在 0～250 kg/hm² 施氮量时,产量随施氮量的增加而增加,250～400 kg/hm² 施氮量时,产量之间没有明显的差异(图 53-5)。在对产量与产量构成之间进行分析时发现,产量与穗数呈极显著的相关性,且趋势与氮肥用量和产量关系之间一致,而穗数的变化从移栽后植株的分蘖动态可以看出(图 53-6)。同时,我们还发现氮肥用量与穗数以及氮肥用量与每穗粒数之间的关系,随着氮肥用量的增加,穗数逐渐增加,而每穗粒数却表现出随氮肥用量的增加而降低的趋势,因此,如何协调氮肥用量对产量及产量组成之间的协同平衡关系,以及通过何种手段来调控这一协同平衡关系,是我们以后更加关注的焦点。

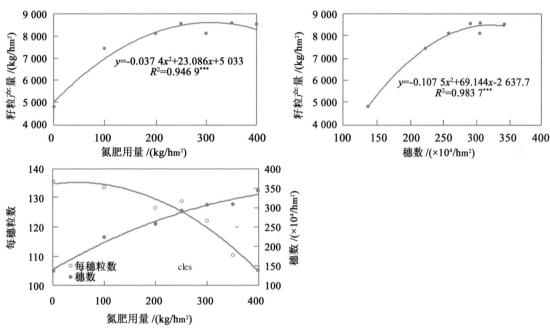

图 53-5　氮肥用量与水稻产量及产量组成因素之间的相关性

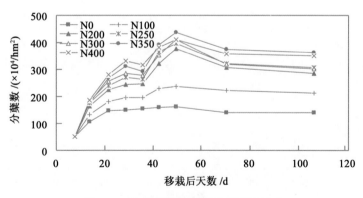

图 53-6　氮肥用量对水稻分蘖数的影响

## 53.2.2　氮肥用量对水稻生物量及植株氮素营养的影响

水稻不同部位生物量的变化也与产量变化一致,在 0～250 kg/hm² 施氮量时,生物量随施氮量的增加而增加,250～400 kg/hm² 施氮量时,生物量之间没有明显的差异(图 53-7)。但在不同施氮量下,植株各部位的氮浓度、氮累积均差异显著,且随着施氮量的增加而增加,可随着施氮量的增加其增加幅度明显降低。同时氮素累积比例也能很好地反映出植株的氮代谢,在 0～250 kg/hm² 施氮量时,叶、茎氮素累积比例随施氮量的增加而增加,250～400 kg/hm² 施氮量时,叶、茎氮素累积比例没有明显的差异。因此,适当量的氮肥有利于水稻作物的生长,过量施用反而会造成资源浪费,加大环境风险。

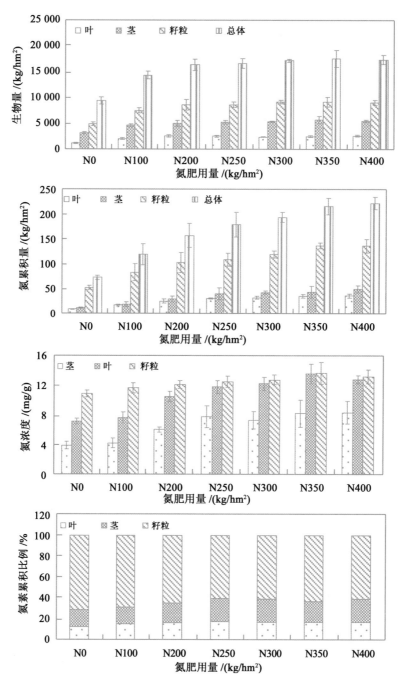

图 53-7　氮肥用量对水稻生物量、氮浓度、氮累积量和氮素累积比例的影响

## 53.3　养分优化管理对水稻产量及氮肥效率的影响

在初步明确氮肥用量对水稻生产研究作用的同时,结合农户习惯施肥中重施氮肥以及忽视粒肥,所带来产量与效益降低的现象,如养分投入量和施用时期或土壤供氮过程发生变化,不能与作物

需求同步。同时,在追求水稻生产中最佳施氮量与最佳氮肥运筹管理的模式创新上也作了进一步探索。为此,我们从 2008—2012 年进行了多点试验的研究,试验设计了六个施肥处理:不施氮肥(CK)、农民习惯施氮(FFP)和四个优化施氮(OPT)处理。四个优化施氮处理分别为:高效处理(OPT1):在使作物产量不降低的情况下,通过降低氮肥用量 50% 使氮肥效率显著提高;高产高效处理(OPT2):适当降低氮肥用量 25%,使作物产量和氮肥效率均显著提高;超高产处理(OPT3):在高产高效的基础上,继续增加氮肥 25% 以及其他养分的用量,最大限度地增加作物产量;创新集成优化处理(OPT4):集成优化处理肥料施用原则为氮肥总量控制,分次施用;磷钾肥衡量监控;根据需要增施有机肥。同时,适当选用一些其他农艺和栽培措施,如叶面喷肥、增施有机肥、深耕、宽窄行、高低密度等。

**1. 养分优化管理对水稻产量及氮肥效率的影响**

从表 53-2 可以看出,相较于不施氮处理,养分优化管理显著地影响水稻的产量及组成,但不同养分优化处理与农民习惯施肥之间的产量没有显著的差异。从产量的构成因子可以看出,农民习惯施肥主要是通过增加穗数来实现高产,而养分优化管理则是在降低氮肥用量、适当肥料运筹下协同提高穗粒数和千粒重来实现高产,最终导致养分优化处理的收获指数显著高于农民习惯施肥处理。

表 53-2

养分优化管理对水稻产量及产量构成因子的影响

| 处理 | 穗数 /($\times10^4$/hm$^2$) | 穗粒数 | 结实率 /% | 千粒重 /g | 产量 /(kg/hm$^2$) | 增产率 /% | 收获指数 |
|---|---|---|---|---|---|---|---|
| CK | 185.5c | 128.4b | 96.2a | 28.1a | 5 215b | — | 0.46c |
| FFP | 311.1a | 141.1ab | 97.3a | 25.6c | 9 082a | 74.2 | 0.50b |
| OPT1 | 268.6b | 140.6ab | 97.0a | 27.4ab | 8 957a | 71.8 | 0.52ab |
| OPT2 | 289.8ab | 154.6ab | 96.7a | 25.4c | 9 389a | 80.0 | 0.53a |
| OPT3 | 266.8b | 160.9a | 97.6a | 26.7bc | 9 272a | 77.8 | 0.52ab |
| OPT4 | 285.9ab | 155.0ab | 97.8a | 26.7bc | 9 280a | 77.9 | 0.52ab |

养分优化管理在影响水稻产量的同时,也显著地影响水稻的氮肥利用效率(表 53-3),养分优化管理在氮肥用量显著低于农民习惯施肥的基础上,其植株的总氮累积量与农民习惯施肥没有显著差异,但氮肥的偏生产力、农学效率和回收利用率均显著地高于农民习惯施肥处理。结合表 53-2 和表 53-3 可知,在氮肥用量显著降低的前提下,养分优化管理的产量与农民习惯施肥差异不显著,但较农民习惯施肥的氮肥利用效率显著提高,表明养分优化管理具有农业生产中协同稳产与增效的双重作用。

**2. 养分优化管理对水稻苗期根系形态参数的影响**

为了明确养分优化管理影响水稻产量及氮肥效率的内在机制,我们也探索性地研究了养分优化管理对水稻苗期根系形态参数的影响(图 53-8,表 53-4),可知养分优化管理显著地影响苗期水稻根系的形态参数,苗期水稻的总根长、总根表面积、平均直径、总根体积和总根尖数均表现为不施氮处理>优化处理>农民习惯处理,且不同处理间的差异达到显著水平,表明养分优化处理有利于建立高产高效的水稻根系构成。

表 53-3

养分优化管理对水稻氮肥利用率的影响

| 处理 | 氮肥用量 /(kg/hm²) | 氮累积量 /(kg/hm²) | 偏生产力 /(kg/hm²) | 农学效率 /(kg/kg) | 回收利用率 /% |
|---|---|---|---|---|---|
| CK | 0 | 98.2b | — | — | — |
| FFP | 350 | 224.3a | 25.9d | 11.0c | 36.0b |
| OPT1 | 180 | 214.3a | 49.8a | 20.8a | 64.5a |
| OPT2 | 270 | 236.0a | 34.8c | 15.5b | 51.0ab |
| OPT3 | 240 | 227.2a | 38.6b | 16.9b | 53.7ab |
| OPT4 | 240 | 254.2a | 38.7b | 16.9b | 65.0a |

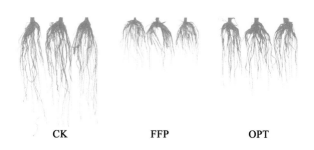

图 53-8　养分优化管理对苗期水稻根系形态的影响

表 53-4

养分优化管理对苗期水稻根系形态参数的影响

| 处理 | 总根长 /(×10³ cm) | 总根表面积 /cm² | 平均直径 /mm | 总根体积 /cm³ | 总根尖数 /(×10⁴) |
|---|---|---|---|---|---|
| CK | 9.39a | 856.9a | 1.86a | 6.75a | 8.37a |
| FFP | 6.02c | 515.5c | 0.86c | 3.65c | 5.37c |
| OPT | 7.59b | 764.8b | 1.53b | 5.38b | 7.13b |

**3. 养分优化管理对水稻地上部形态参数的影响**

养分优化管理在影响水稻地下部根系形态参数的同时,也显著地影响水稻的地上部形态参数(图 53-9 至图 53-13)。从不同生育时期水稻总生物量可以看出(图 53-9),农民习惯处理生育前期的生物量显著地高于养分优化处理,而养分优化处理则在生育后期显著地高于农民习惯处理,叶面积指数(图 53-10)和叶片的 SPAD 值(图 53-11)也表现出相似的趋势,表明养分优化处理有利于建立高产高效的水稻地上部形态构成。

农民习惯种植条件下,在水稻成熟收获时时常存在大面积的倒伏现象,有研究表明水稻近基部越长其倒伏的风险越大,为明确其内在的机理,我们也作了一定的探索。从图 53-12 可以看出,农民习惯处理其水稻的株高要明显地高于养分优化处理,主要表现为水稻近基部的倒 5 节和倒 4 节的长度明显地高于养分优化处理,且不同节间长度百分比也表现出相似的趋势(图 53-13),表明近基部的增长是农民习惯种植倒伏风险的重要因素之一。

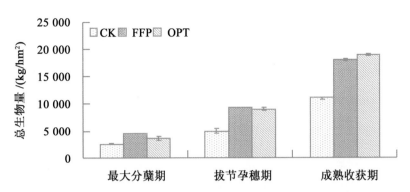

图 53-9　养分优化管理对不同生育时期水稻总生物量的影响

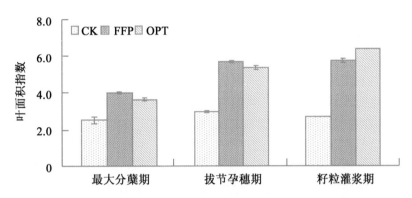

图 53-10　养分优化管理对不同生育时期水稻叶面积指数的影响

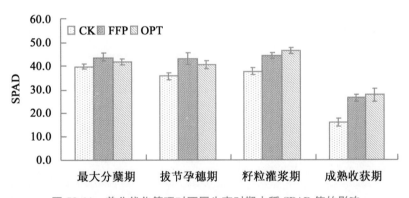

图 53-11　养分优化管理对不同生育时期水稻 SPAD 值的影响

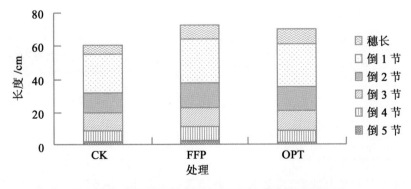

图 53-12　养分优化管理对成熟期水稻节间长度的影响

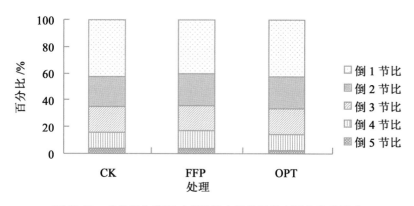

图 53-13　养分优化管理对成熟期水稻节间长度百分比的影响

## 53.4　不同供氮浓度对水稻养分生理的影响

### 1. 不同供氮浓度对水稻光合生理的影响

为了探明氮肥用量对水稻内在生理机制的影响,我们在进行田间氮肥用量试验的同时,还进行室内可控条件下不同供氮浓度营养液模拟培养试验,试验设置 3 个供氮浓度,分别为 20,40,100 mg/L,记为低氮(LN)、中氮(MN,适中的优化氮肥用量)、高氮(HN,农民习惯基肥过量),重点关注水稻的光合能力变化。我们的试验结果表明,与低氮处理相比,高氮处理的净光合速率和羧化效率均显著提高,但是两个处理的气孔导度并没有显著区别。与低氮处理相比,高氮处理的胞间 $CO_2$ 浓度显著降低。中氮处理的所有光合指标分别与低氮和高氮处理没有显著差异(表 53-5)。另外,随着供氮浓度的提高,叶片有机氮和 Rubisco 酶含量均显著提高,与低氮处理相比,中氮处理的有机氮和 Rubisco 酶含量提高了 12% 和 15%,高氮处理则提高了 43% 和 39%(表 53-6)。

表 53-5

不同供氮浓度对叶片净光合速率、气孔导度、胞间 $CO_2$ 浓度和羧化效率的影响

| 处理 | 净光合速率<br>$P_n$<br>/[μmol/(m・s)] | 气孔导度<br>$g_w$<br>/[mol $H_2O$/(m・s)] | 细胞间隙 $CO_2$ 浓度<br>$C_i$<br>/(μmol/mol) | 羧化效率<br>CE |
|---|---|---|---|---|
| 低氮 LN | 17.9±2.1a | 0.53±0.14a | 290±13a | 0.112 6±0.004 5b |
| 中氮 MN | 18.6±1.0ab | 0.50±0.10a | 281±7ab | 0.119 9±0.0 008ab |
| 高氮 HN | 20.6±1.6a | 0.48±0.10a | 269±13b | 0.127 1±0.005 0a |

表 53-6

不同供氮浓度对水稻叶片有机氮和 Rubisco 酶含量的影响

| 处理 | 有机氮含量<br>/(mg/cm²) | Rubisco 酶含量<br>/(mg/cm²) | CE/Rubisco | 光合氮素利用率 |
|---|---|---|---|---|
| 低氮 LN | 0.146 3±0.005 7c | 0.122 7±0.008 0a | 0.92 | 122 |
| 中氮 MN | 0.163 2±0.014 7b | 0.140 5±0.009 4a | 0.85 | 114 |
| 高氮 HN | 0.207 4±0.000 3a | 0.170 4±0.015 2a | 0.75 | 99 |

在对叶片氮素含量和光合速率、羧化效率、叶绿素含量及 Rubisco 酶含量之间进行相关性分析可知,叶片氮素含量与光合速率和叶绿素含量之间呈现良好的正相关关系(图 53-14),同时叶片有机氮含量与羧化效率和 Rubisco 酶含量之间也呈现出明显的正相关关系(图 53-15)。但是随着供氮浓度

的提高,叶片光合氮素利用率和 Rubisco 酶活性(CE/Rubisco 酶含量)显著降低,与低氮相比,中氮和高氮处理的 Rubisco 酶活性分别降低了 7.0% 和 18.7%,而光合氮素利用率则分别降低了 6.8% 和 18.8%(表 53-6)。

同时,叶片的净光合速率与 $CO_2$ 传导度之间也呈现出良好的正相关关系,净光合速率的大小随着 $CO_2$ 传导度的提高而提高(图 53-16),在这 3 个相关性之中,净光合速率与 $CO_2$ 总导度的相关性最好。

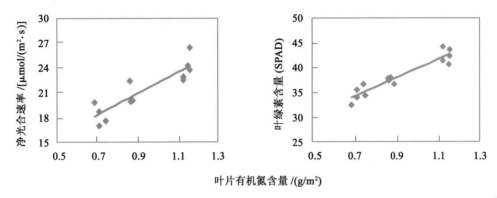

图 53-14　叶片有机氮和净光合速率及叶绿素含量的关系

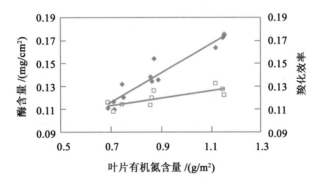

图 53-15　叶片有机氮和 Rubisco 酶(实心点)及羧化效率(空心点)的关系

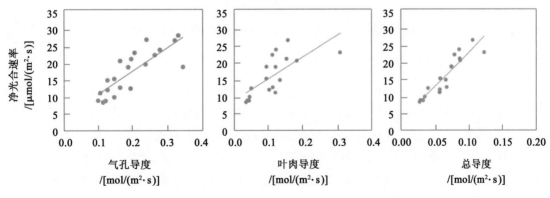

图 53-16　$CO_2$ 传导度与净光合速率之间的关系

**2. 养分优化管理对水稻水分生理的影响**

不同氮肥浓度在影响水稻光合生理的同时,也显著地影响着水稻的水分生理变化,从图 53-17 可以看出,不同生育时期不同养分管理下水稻叶片含水量之间表现出显著的差异,整体而言,水稻的叶片含水量呈现出先增加后降低的趋势；习惯施肥处理在水稻生育前期的叶片含水量高于养分优化处理，而在生育后期则显著地低于养分优化处理。不同养分管理下的叶片氮浓度差异显著，为了探讨叶片氮浓度与叶片含水量之间的关系，对叶片氮浓度和叶片含水量进行不同生育时期的相关性分析（图53-18），可以看出，各生育时期叶片氮浓度与叶片含水量之间存在着显著的正相关关系，表明这可能也是水稻高产高效的水氮耦合生理作用的内在机制。

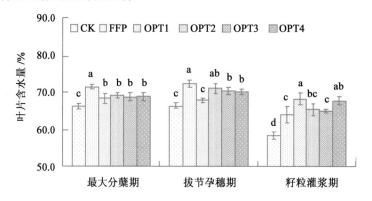

图 53-17　养分优化管理对不同生育时期水稻叶片含水量的影响

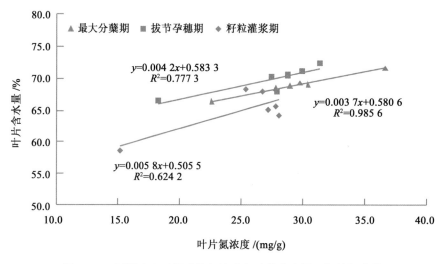

图 53-18　不同生育时期叶片氮浓度与叶片含水量之间的相关性

### 3. 养分优化管理对水稻冠层温度生理的影响

红外成像仪普遍地应用于作物逆境生理的研究，不同养分管理也会带来作物的养分逆境情形，为此我们也探讨性地利用红外成像仪在水稻不同养分管理模式下的应用。试验结果表明，不同养分管理模式在显著地影响水稻光合生理和水分生理的同时，也显著地影响着水稻冠层温度生理的变化，从图53-19（彩图53-19）可以看出，分蘖期水稻冠层温度以不施氮肥处理最高，优化处理次之，习惯施肥处理温度最低（表53-7）。本研究只是以分蘖期水稻为研究对象，但这一明显现象的稳定性及其不同生育时期的变化趋势有待进一步去研究。

不同养分管理下的地上部生物量差异显著，为了探讨叶片冠层温度与地上部生物量之间的关系，对分蘖期叶片冠层温度与地上部生物量进行相关性分析（图53-20），可以看出，叶片冠层温度与地上部生物量之间存在着显著的负相关关系，冠层温度越高，生物量生产越低，但关于冠层温度变化与水稻生产的内在机制的原因暂时还不是很清楚，有待进一步去研究分析。

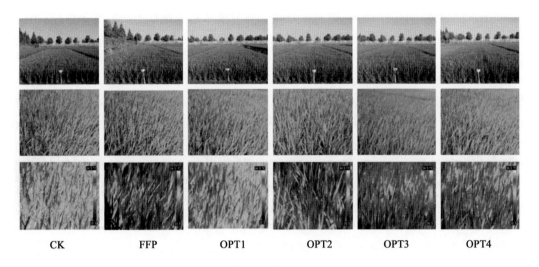

|  | CK | FFP | OPT1 | OPT2 | OPT3 | OPT4 |

图 53-19　养分优化管理对分蘖期水稻冠层温度的影响

表 53-7

不同养分管理分蘖期水稻的冠层温度

| 处理 | 最低温度 $T_{min.}$ | 最高温度 $T_{max.}$ | 温度差 $\Delta T$ | 平均温度 $T_{ave.}$ |
| --- | --- | --- | --- | --- |
| CK | 30.7 | 37.4 | 6.7 | 32.6 |
| FFP | 29.7 | 35.4 | 5.7 | 31.5 |
| OPT1 | 30.8 | 36.9 | 6.1 | 32.2 |
| OPT2 | 30.1 | 35.6 | 5.5 | 31.6 |
| OPT3 | 30.1 | 34.8 | 4.7 | 31.5 |
| OPT4 | 29.9 | 35.6 | 5.7 | 31.8 |

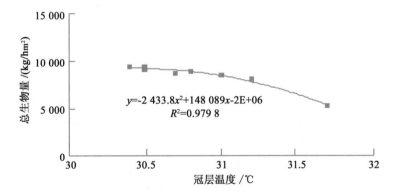

$$y=-2\,433.8x^2+148\,089x-2E+06$$
$$R^2=0.979\,8$$

图 53-20　分蘖期冠层温度与总生物量之间的关系

## 53.5　微量元素锌肥对水稻产量及籽粒锌含量的影响

锌(Zn)是作物生长发育必需的微量元素,对作物的生长发育起着重要的生理生化作用,同时锌也是人体健康所必需的营养元素。但长期以来,由于习惯施肥多偏重于 N,P 和 K 而忽视微量元素肥料,加之高产品种的推广和复种指数的提高等原因,很大程度上加重了土壤锌的缺乏,从而对作物生长及产量和品质产生不良影响,进而影响人体的锌营养水平。据 WHO 报道,世界范围内在引起疾病的 20 多个因素中,锌的缺乏排在第 11 位,在发展中国家,锌的缺乏在引起疾病的十大因素中排第 5 位。因此,人体锌缺乏的问题亟待解决。近年来,通过饮食补锌受到了越来越多的研究者关注,其中通过促进禾谷类作物尤其是粮食作物对微量元素的生物强化,提供高微量元素含量的食品原料被认为是最有前景的途径之一。

我国是世界上水稻总产量最高的国家,约60%的居民以稻米为主食。其中,长江中下游是我国的重要水稻产区之一,随着农业生产的发展,该区域水稻产量不断提高,但大量元素肥料对水稻增产的作用下降,同时农作物产量不断提高加快了土壤锌元素的消耗,要保持高产水稻的可持续生产,从改善施肥技术的角度出发,需要综合考虑包括锌在内的微量元素的需求特点。从2010—2012年,我们先后参与国际锌协会项目和harvestPlus项目,在江苏省选取不同土壤锌含量地区综合开展了不同锌肥品种、不同锌肥用量及不同锌肥施用方法的试验,重点研究了施用锌肥对水稻产量及籽粒锌含量的影响。下面以江苏省土壤锌含量较低的如东县为例进行相关结果的叙述。

**1. 锌肥施用方法和土壤锌含量对水稻产量及产量构成因子的影响**

施用锌肥对水稻产量及产量构成因子的影响结果表明(表53-8),不同锌肥的施用方法下,水稻籽粒产量均达到显著差异,两个试验点表现一致。相对于对照而言,栟茶1试验点(DTPA-Zn为0.60 mg/kg)的增产率为2.6%~13.0%,而栟茶2位点的为0.3%~7.4%,总体而言,两个试验点施用锌肥平均增产率为5.8%。就产量够成因子而言,不同锌肥施用方法处理显著地影响水稻的穗数、穗粒数、结实率和千粒重,且均显著地高于对照处理。不同位点间的差异仅表现在穗粒数上,具体表现为栟茶2试验点(DTPA-Zn为0.84 mg/kg)的穗粒数显著高于栟茶1实验点。由表53-8还可以看出,不同位点不同锌肥的施用方法下,均是锌肥土壤处理的产量及组成明显高于锌肥喷施处理,表现出随土壤施锌量增加而增加的趋势,其中,尤以锌肥土施+喷施处理的产量最高,且栟茶1试验点的增产效果高于栟茶2试验点。

表53-8

锌肥施用方法对水稻产量和产量构成因子的影响

| 位点 | 处理 | 穗数/(×10⁴/hm²) | 穗粒数 | 结实率/% | 千粒重/g | 籽粒产量/(kg/hm²) | 增产率/% |
|---|---|---|---|---|---|---|---|
| 栟茶1 | CK | 227.1 | 118.0 | 96.9 | 28.1 | 7 982 | — |
| | S15 | 243.3 | 120.7 | 97.2 | 28.6 | 8 190 | 2.6 |
| | S30 | 242.6 | 122.0 | 97.5 | 28.3 | 8 799 | 10.2 |
| | F7.2 | 239.1 | 122.1 | 97.0 | 28.5 | 8 298 | 4.0 |
| | S15+F7.2 | 245.4 | 124.3 | 97.2 | 28.4 | 8 518 | 6.7 |
| | S30+F7.2 | 255.2 | 123.7 | 97.4 | 28.3 | 9 016 | 13.0 |
| 栟茶2 | CK | 239.1 | 126.0 | 97.4 | 27.1 | 8 397 | — |
| | S15 | 248.2 | 127.2 | 97.8 | 27.6 | 8 624 | 2.7 |
| | S30 | 259.5 | 129.4 | 97.6 | 27.8 | 9 038 | 7.6 |
| | F7.2 | 241.9 | 130.5 | 97.9 | 27.7 | 8 423 | 0.3 |
| | S15+F7.2 | 252.4 | 131.7 | 97.8 | 27.5 | 8 715 | 3.8 |
| | S30+F7.2 | 253.1 | 132.1 | 97.7 | 27.6 | 9 019 | 7.4 |
| 方差分析 | | | | | | | |
| 位点 | | ns | | ** | ns | ns | * |
| 施锌方法 | | ** | ** | ** | ** | ** | |
| 位点×施锌方法 L×Zn | | ns | ns | ns | ns | ns | |

CK表示不施锌,对照;S15表示土壤施用锌肥15 kg/hm²;S30表示土壤施用锌肥30 kg/hm²;F7.2表示叶面喷施锌肥7.2 kg/hm²;S15+F7.2表示土壤施用锌肥15 kg/hm²+叶面喷施锌肥7.2 kg/hm²;S30+F7.2表示土壤施用锌肥30 kg/hm²+叶面喷施锌肥7.2 kg/hm²。

ns表示差异不显著,* 表示在0.05水平上显著差异,** 表示在0.01水平上显著差异。下同。

**2. 锌肥施用对水稻籽粒锌含量的影响**

锌肥的施用在显著地影响水稻籽粒产量的基础上,也表现出显著地影响水稻籽粒锌含量(图 53-21),两个试验位点的趋势相一致,均表现为土施+喷施>喷施>土施>对照。枡茶 2 试验点水稻各部位的锌浓度和锌累积量均高于枡茶 1 试验点,即土壤有效锌高的土壤更有利于水稻植株对锌的吸收与利用,表明土壤锌的背景值与水稻对锌的吸收与累积存在明显的相关性。同时,在对水稻籽粒锌浓度和氮浓度进行相关分析的结果表明(图 53-22),水稻籽粒中的氮浓度和锌浓度之间也存在显著的正相关关系,枡茶 1 和枡茶 2 两个位点的相关系数分别为 $R^2 = 0.694\ 7, R^2 = 0.672\ 7$。

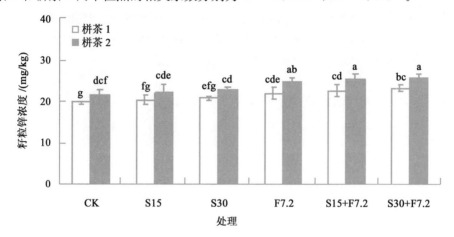

图 53-21　锌肥施用方法和土壤锌含量对成熟期水稻各部位锌浓度和锌累积量的影响
方柱上不同字母表示在 0.05 水平上显著差异。

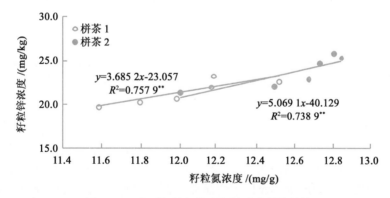

图 53-22　水稻籽粒氮浓度与锌浓度的相关性

**3. 水稻籽粒中锌浓度的双硫腙(DTZ)染色鉴定**

双硫腙(DTZ)为一种螯合指示剂,可与铅、铜、锌等螯合,不同的金属螯合后呈现出不同的颜色,并以颜色的深浅来指示该金属的相对含量。由于其与不同金属螯合指示的差异性及特殊性,故常用来进行籽粒锌含量的指示定位,红色的深浅表明锌含量的高低。从图 53-23(彩图 53-23)中不同处理糙米的颜色深浅可以看出,锌肥的施用能明显地提高水稻籽粒中的锌浓度(红色越深表明锌含量越高),相对于对照而言,喷施处理糙米的颜色变化远大于土施。

因此,锌肥的施用显著地提高水稻产量,各处理较对照增产幅度为 0.3%～13.0%,且随施锌量的增加而增加;其中,锌临界缺乏土壤的增产效果高于低锌土壤。锌肥的施用方法也能显著地影响水稻的产量和水稻植株各部位的锌含量和累积量,锌肥土壤施用的增产效果高于叶面喷施,而叶面喷施对提高水稻籽粒锌含量上要显著高于土壤施用,不同的锌肥施用方法下水稻籽粒锌含量为:土施+喷施>喷施锌>土施锌>对照。另外,锌肥的施用在提高水稻植株产量和锌营养的同时,也相

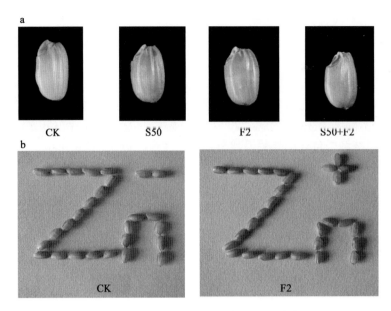

**图 53-23　锌肥施用方法糙米的 DTZ 染色**

a：CK 表示不施锌，对照，S50 表示土施锌 50 kg/hm²；F2 表示叶面喷施 0.3％锌肥 2 次；S50＋F2 表示土

　施锌肥 50 kg/hm²＋叶面喷施 0.3％锌肥 2 次。

b：CK：Zn 字符右上角"－"为不施锌肥糙米 DTZ 染色，对照；F2：Zn 字符右上角"＋"为叶面喷施 0.3％锌

　肥 2 次糙米 DTZ 染色，喷锌处理。

应地提高植株对氮的吸收与累积，表现为氮锌协同作用。综上，在土壤锌含量较低的地区，结合锌肥的土壤施用和叶面喷施，能最大限度地提高锌肥在水稻增产和增加籽粒锌营养品质上的双重效应。

## 53.6　养分管理模式创新对水稻生产及应用的影响

　　试验取得了显著的效果，其结果如图 53-24 和图 53-25 所示，我们从 2008—2012 年以来的田间试验的优化处理的水稻产量和氮肥的偏生产效率全部达到作物高产与氮肥高效（高产高效）协同提高的双重目的。同时，通过总结分析，创新一个稻田养分管理的模型（图 53-26），在这个模型中，我们通过产量差的方式，把不施氮肥的基础产量与农民习惯施肥之间的产量差定义为养分的初级贡献阶段，即在当前农户种植方式下，无论怎么施肥都能较不施肥所获得的产量；把农民习惯种植条件下与优化种植处理之间所获得的产量差定义为养分的高级贡献阶段，即在当前农户种植方式下，合理适当地控制氮肥用量、前氮后移、增施有机肥、深翻等农艺农技措施来协同提高作物高产和养分高效，最终实现作物高产、养分高效和生态友好三位一体的稻田氮肥管理模式创新。

　　综上所述，养分投入是农田生态重要的管理措施，养分投入量的多少也对生态系统的生产力及其环境有着重要的影响。目前水稻产量的徘徊不前以及农业面源污染加剧的主要原因是：养分投入过量、施用时期不合理、忽视土壤供应能力以及不合理的农艺等栽培措施，致使养分供应不能与作物需求同步。因此，未来水稻高产高效的养分综合管理，应该在农户习惯种植的基础上进一步改良，使之具有以下诸多优点：①水稻根系持续生长能力强，根系分布广，根系活力强，后期不早衰；②减少养分随水流失，降低环境风险，提高养分效率；③适度密植增加作物群体的光合能力和延长光合功能期，积累较多光合同化物；④充分地协调植株的养分生理、光合生理、水分生理和温度生理，使之达到高产高效的双重目标。

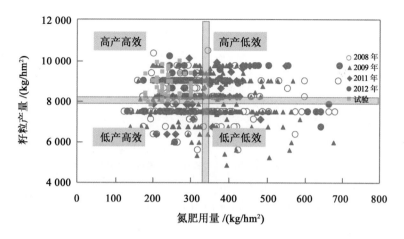

图 53-24　水稻氮肥优化管理与产量的关系

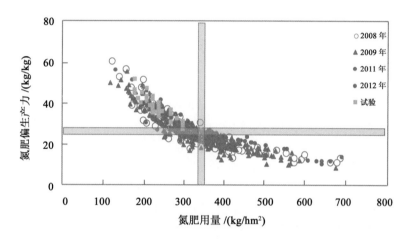

图 53-25　水稻氮肥优化管理与氮肥偏生产力的关系

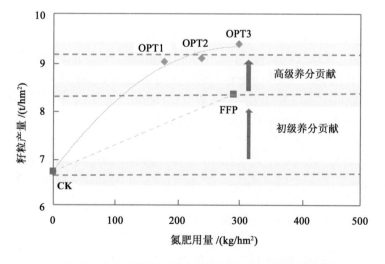

图 53-26　氮肥用量与养分贡献状态的水稻产量反应曲线

# 参考文献

[1] 高辉，张洪程，冯加根. 江苏粮食安全问题的目标定位与对策. 农业现代化研究，2007，28(3)：271-274.

[2] 邹春琴，张福锁. 中国土壤-作物：中微量元素研究现状和展望. 北京：中国农业大学出版社，2009.

[3] Bouwman L, Goldewijk K K, Van Der Hoek K W, et al. Exploring global changes in nitrogen and phosphorus cycles in agriculture induced by livestockproduction over the 1900—2050 period. Proceedings of the National Academy of Sciences, 2013, 110：20882-20887.

[4] Cakmak I, Pfeiffer W H, McClafferty B. Biofortification of durum wheat with zinc and iron. Cereal Chemistry, 2010, 87(1)：10-20.

[5] Canfield D E, Glazer A N, Falkowski P G. The evolution and earth's nitrogen cycle. Science, 2010, 330：192-196.

[6] Chen X P, Cui Z L, Vitousek P M, et al. Integrated soil-crop system management for food security. Proceedings of the National Academy of Sciences, 2011, 108：6399-6404.

[7] Guo J H, Liu X J, Zhang Y, et al. Significant acidification in major Chinese croplands. Science, 2010, 327：1008-1010.

[8] Ju X T, Xing G X, Chen X P, et al. Reducing environmental risk by improving N management in intensive Chinese agricultural systems. Proceedings of the National Academy of Sciences, 2009, 106：3041-3046.

[9] Liu X J, Zhang Y, han W X, et al. Enhanced nitrogen deposition over China. Nature, 2013, 494：459-462.

[10] Mueller N D, GerberJ S, Ray D K, et al. Closing yield gaps through nutrient and water management. Nature 2012, 490：254-257.

[11] Ozturk L, Yazici M A, Yucel C, et al. Concentration and localization of zinc during seed development and germination in wheat. Physiologia Plantarum, 2006, 128：144-152.

[12] Sebilo M, Mayer B, Nicolardot B, et al. Long-term fate of nitrate fertilizer in agricultural soils. Proceedings of the National Academy of Sciences, 2013, 110：18185-18189.

[13] Welch R M, Graham R D. Breeding for micronutrients in staple food crops from a human nutrition perspective. Journal of Experimental Botany, 2004, 55：353-364.

[14] World Health Organization (WHO). The World Health Report 2002, Geneva：WHO, 2002.

[15] Zhang F S, Chen X P, Vitousek P. Chinese agriculture：An experiment for the world. Nature, 2013, 497：33-35.

[16] Zhang W F, Dou Z X, He P, et al. New technologies reduce greenhouse gas emissions from nitrogenous fertilizer in China. Proceedings of the National Academy of Sciences, 2013, 110：8375-8380.

(执笔人：郭九信　郭世伟)

第54章

长江下游水稻—小麦养分
管理技术创新与应用

## 54.1　长江下游水稻—小麦产量和养分管理技术发展历程

水稻和小麦是我国两个最大的粮食作物,其播种面积和总产量占全国粮食总产的70%以上。稻—麦两熟轮作是长江下游主要的作物种植体系,目前该区域稻—麦两熟的面积已有600多万 $hm^2$,随着农村劳动力的转移和种植业结构的变化,稻—麦两熟的种植面积还在扩大(Li et al.,2012)。因品种改良、栽培技术进步和化肥投入量的增加,该区域稻—麦两熟周年产量由50年前的不足3.0 $t/hm^2$ 增加到目前的13.5 $t/hm^2$,这为保证我国粮食供应和社会稳定起到了十分重要的作用。但是,该区稻—麦生产的化肥特别是氮肥投入量大、氮肥利用效率低是一个突出的问题。据统计,目前长江下游稻麦两熟区周年的氮肥施用量平均为534 $kg/hm^2$,氮肥的偏生产力(籽粒产量/施氮量)平均为25.3 $kg/kg$ N,比生态条件相似的印度稻麦两熟区的氮肥偏生产力(40.5 $kg/kg$ N)低60%(李鸿伟,2012)。过多的氮肥投入不仅造成资源的浪费,降低农民收入,还会带来严重的环境污染问题(Ju et al.,2009;Peng et al.,2009;Guo et al.,2010;Zhang et al.,2013)。

为了提高氮肥利用效率,减少氮素损失对环境的不利影响,我国农业科学工作者对稻麦的氮肥吸收规律、氮肥的损失途径和施用技术等进行了大量研究,创建、集成或引进了一系列稻麦氮肥高效利用施肥技术。这些技术包括:氮肥总量控制与作物分生育期调控相结合的氮素管理技术,实地养分管理技术,精确施肥技术,测土配方施肥,水稻"三定"栽培技术和"三控"施肥技术,等等(张福锁等,2006;Peng et al.,2006;凌启鸿,2007;蒋鹏等,2011;钟旭华,2011)。这些技术的共同特点是:根据目标产量和土壤供肥能力确定总施氮量,根据作物长势长相或叶色对追肥进行调节;减少基肥施用量,增加穗肥施用比例(前氮后移)。这些技术可以减少无效分蘖,减轻病虫害发生和倒伏。但这些技术大多集中在保持目前产量水平或略有增产前提下提高氮肥利用效率(张福锁等,2013)。自1997年以来,尽管化肥投入量不断增加,但我国水稻单产却增加十分缓慢。我国水稻单产的年增产率,20世纪80年代为3.7%,90年代为0.9%(Katsura et al.,2007);2000—2007年为0.5%(Normile,2008)。

随着人口的增长和经济发展,我国的粮食需求仍将呈现持续刚性增长。要实现2030年中国粮食安全,总产必须在现有基础上提高40%以上,单产增加45%以上,即年均增长率要达到2.0%(Peng et al.,2010)。如何实现在持续提高作物产量的同时协同提高资源利用效率?这不仅是生产上需要解决的重大技术问题,也是重大的科学命题。因此,创新并应用水稻—小麦高产高效养分管理技术,对于实现作物高产、优质、高效、安全、生态的目标,具有重大的意义。

## 54.2 长江下游水稻—小麦高产高效生产的主要限制因素

### 54.2.1 水稻高产高效的限制因素

作者通过调查、实地取证和试验,明确了限制长江下游水稻高产与养分高效利用的主要因素有以下4个:

**1.秧苗质量差**

在目前生产中,许多农民为节省秧田和省工而加大播种量,从而造成播种密度过密。对江苏230个种稻农户的调查结果显示,麦茬常规中熟粳稻湿润育秧(秧龄30 d左右,手工移栽)的播种量,超过合适播种量的农户占82.7%;用于培育机插秧的秧苗,超过合适播种量的农户占85.0%。播种量过大将导致秧苗个体素质差,移栽时植伤严重,分蘖发生慢,每穗颖花数少,最终造成产量不高。

**2.水稻移栽密度过稀**

传统的手工移栽方式因劳动强度大、劳力紧缺常造成移栽密度过稀。目前机插秧行距过大(30 cm),机插秧操作工人为加快插秧速度多挣钱,加大栽插丛距,使得栽插密度得不到保证。据对230个农户调查,手插秧移栽密度过小的农户占76.6%,机插秧移栽密度过小的农户占72.5%。移栽过稀,易造成穗数不足,农民需要增加肥料投入和增加前期施肥的比例以获得较多的穗数,这已成为目前大面积水稻生产的普遍问题,严重影响了产量提高和氮肥高效利用。

**3.氮肥施用量大,前期施肥比例高**

据作者对仪征市和常熟市180个农户的调查结果,2010年水稻的平均产量为8.13 t/hm²,水稻生长季的施氮量变动在180～540 kg/hm²,平均280 kg/hm²,其中前期(移栽后10 d内)施用比例平均为72.5%。氮肥的偏生产力(PFP,单位施氮量的稻谷产量)为15.6～44.5 kg/kg N,平均为29.2 kg/kg N (表54-1)。氮肥施用过多,原因是目标产量定得过高,技术部门一般以丰产田或丰产方的产量作为产量目标,并制定相应的施肥量,而事实上大面积水稻生产产量比丰产田的产量要低得多,一般为丰产田产量的80%～90%。前期施肥比例过高的主要原因是受传统施肥(如双季稻栽培"一轰头")的影响,也与栽插密度稀有关。

表 54-1

江苏水稻氮肥施用总量与前期施用量农户调查数据(*n*=180)

| 基因型 | 总施氮量 /(kg/hm²) | 基肥+分蘖肥施氮量 | | 产量 /(t/hm²) | 氮肥偏生产力 /(kg/kg N) |
|---|---|---|---|---|---|
| | | /(kg/hm²) | 占总施氮量/% | | |
| 常规粳稻 | 298 | 212 | 71.1 | 8.24 | 27.7 |
| 杂交籼稻 | 262 | 194 | 74.0 | 8.02 | 30.6 |
| 平均 | 280 | 203 | 72.5 | 8.13 | 29.2 |

**4.大水漫灌或断水过早**

目前水稻生产上大多数农户在灌溉方式上采用大水漫灌,生育后期则断水过早。据调查,采用大水漫灌方式的农户占76.0%,生育后期断水过早的农户占57.3%。其主要原因,一是认为"水稻离不开水",二是多数地方水稻灌溉是个体承包,承包户为了减少灌溉次数,每次灌水田里均满满灌上水,在生育后期则过早关闭排灌站不灌水。大水漫灌造成肥料损失,特别是在施肥期;大水漫灌会抑制分蘖发生和根系生长,增加稻瘟病和纹枯病的发生;断水过早则严重影响结实率和产量。

水稻氮肥利用效率低还与一些水稻品种的耐肥性太强、大穗型超级稻品种迟开花的弱势粒充实差、结实率低有密切关系。

### 54.2.2　小麦高产高效的限制因素

**1. 稻茬麦土壤板结, 小麦生育早期发苗差**

长江下游以水稻—小麦连作的种植面积占总种植面积的 80% 以上。水稻收获后种植小麦的一个主要问题是稻田板结, 土壤通透性差, 造成小麦苗期不发, 分蘖能力弱, 促使农民前期氮肥施用增多, 影响产量和氮肥利用效率。

**2. 氮肥施用量大、前期施肥比例高**

根据我们在江苏灌南县和东海县 160 个农户的调查, 2012 年小麦的平均产量为 7.28 $t/hm^2$, 小麦生长季的施氮量变动在 220～460 $kg/hm^2$, 平均 270 $kg/hm^2$, 其中前期(基肥＋冬前分蘖肥)施用比例平均为 73.2%。氮肥的偏生产力(PFP, 单位施氮量的稻谷产量)为 17.5～33.2 kg/kg N, 平均为 27.0 kg/kg N (表 54-2)。氮肥施用过多及前期施肥的比例过高, 与其播种过迟、前期发苗慢有密切关系。

表 54-2

江苏小麦氮肥施用总量与前期施用量农户调查数据(n＝160)

| 调查县 | 总施氮量 /($kg/hm^2$) | 基肥＋分蘖肥施氮量 | | 产量 /($t/hm^2$) | 氮肥偏生产力 /(kg/kg N) |
| --- | --- | --- | --- | --- | --- |
| | | /($kg/hm^2$) | 占总施氮量/% | | |
| 东海(n＝77) | 285 | 200 | 70.2 | 7.81 | 27.4 |
| 灌南(n＝83) | 255 | 194 | 76.1 | 6.75 | 26.5 |
| 平均 | 270 | 197 | 73.2 | 7.28 | 27.0 |

**3. 基肥面施, 雨前施肥**

一些地方为了小麦早播种, 在水稻收获前套播小麦。小麦的基肥在水稻收获后进行氮肥面施。这样影响了氮肥利用效率。不少农户为了省工, 采用雨前追施氮肥, 使得小雨起不到施肥效果, 大雨使氮肥流失。

**4. 水分管理不到位**

在长江中下游, 小麦在春天返青期雨水较多, 容易产生渍害; 在播种前后及抽穗开花期雨水少, 容易发生干旱。特别是近年来气候的变化, 小麦生长期经常会遇到渍害—干旱交替发生。由于水分管理不到位, 造成小麦产量损失。

近年来由于直播稻和"籼改粳"的面积扩大, 水稻收割期较 10 年前推迟了 20 d 左右。这样, 使得小麦的有效生长期缩短, 影响产量和氮肥利用效率。

## 54.3　长江下游水稻—小麦养分管理技术创新与应用

### 54.3.1　研究技术思路

以"三因(因地、因苗、因种)"高效养分管理技术(水稻)/实地氮肥管理技术(小麦)、全生育期轻-干湿交替灌溉技术(水稻)/控制低限土壤水分灌溉技术(小麦)为核心技术, 以壮秧培育与足苗移栽技术(水稻)/精细播种技术(小麦)、"秸秆全量还田技术"、"磷钾叶面肥喷施技术"等为配套技术, 集成创新水稻—小麦高产高效养分管理技术, 建立水稻—小麦高产高效养分管理技术示范点(方、片), 制作适合于长江下游推广应用的"水稻—小麦高产高效养分管理技术"标准化操作技术规程, 通过建立示范点、培训、印发明白纸、发放技术录像光盘、科技人员实地操作示范等方式, 大面积示范应用"水稻—小麦高产高效养分管理技术"(图 54-1)。

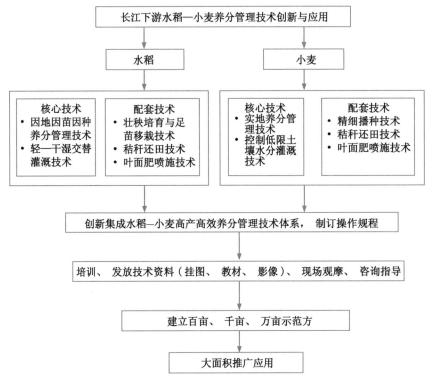

图 54-1  研究工作技术路线图

## 54.3.2  水稻高产高效养分管理技术的创新与应用

### 54.3.2.1  核心技术

**1. 三因养分管理技术**

该技术可概括为因地(基础地力)、因苗(叶色)、因种(品种类型)的"三因"养分管理技术。技术参数确定方法:

(1)因地  根据基础地力和目标产量确定总施氮量。

$$总施氮量＝(目标产量－基础地力产量)/氮肥农学利用率$$

①目标产量:参考在正常栽培下当地或田块收到的实际产量,确定目标产量。

②氮肥利用效率:目前,长江下游水稻的氮肥农学利用率施用每千克 N 增加的稻谷产量(AE),粳稻为 8～11 kg,籼稻为 9～12 kg;根据试验结果,应用实地氮肥管理技术,AE 可达 14～18 kg,因此,在试验和示范应用中,AE 确定为 15 kg(稻谷)/kg N。

③基础地力产量(不施氮区产量):根据 161 个田块的氮空白区试验,根据产量水平将地力分为3类(表 54-3):

地力较差:正常栽培下产量$<7.5$ t/hm$^2$,基础地力产量粳稻为 4.2 t/hm$^2$,籼稻为 4.60 t/hm$^2$。

地力中等:正常栽培下产量$\geq 7.5$ t/hm$^2$,$<9.0$ t/hm$^2$,基础地力产量粳稻为4.95 t/hm$^2$,籼稻为 5.25 t/hm$^2$。

基础地力好:正常栽培下产量$\geq 9.0$ t/hm$^2$,基础地力产量粳稻为 6.30 t/hm$^2$,籼稻为 6.55 t/hm$^2$。

如果在中等地力的田块需要达到 9.0 t/hm$^2$ 产量,则粳稻施氮量＝(9 000－4 950)/15＝270 kg/hm$^2$;籼稻施氮量＝(9 000－5 250)/15＝250 kg/hm$^2$。

如果在较好地力的田块上要获得 9.0 t/hm$^2$ 产量,则粳稻施氮量＝(9 000－6 300)/15＝180 kg/hm$^2$;

籼稻施氮量＝(9 000－6 550)/15＝163 kg/hm$^2$。

表 54-3

不同地块基础地力基础产量(不施氮的产量)　　　　　　　　　　　　　　　　　　　　　　　　t/hm$^2$

| 地点 | 施氮区产量 | 地力分类 | 田块数 | 粳稻产量 | | 籼稻产量 | |
|------|-----------|---------|--------|---------|------|---------|------|
| | | | | 变幅 | 平均 | 变幅 | 平均 |
| 连云港 | ＜7.5 | 低 | 12 | 3.45～4.50 | 4.20 | 3.90～4.95 | 4.65 |
| | ≥7.5,＜9.0 | 中 | 31 | 4.35～5.25 | 4.95 | 4.65～5.60 | 5.25 |
| | ≥9.0 | 高 | 14 | 4.95～6.60 | 6.30 | 5.20～6.80 | 6.50 |
| 扬州 | ＜7.5 | 低 | 11 | 3.42～4.52 | 4.22 | 3.85～4.98 | 4.60 |
| | ≥7.5,＜9.0 | 中 | 37 | 4.25～5.18 | 4.86 | 4.50～5.65 | 5.21 |
| | ≥9.0 | 高 | 12 | 4.90～6.65 | 6.21 | 5.15～6.75 | 6.45 |
| 无锡 | ＜7.5 | 低 | 8 | 3.52～4.58 | 4.25 | 3.95～4.98 | 4.67 |
| | ≥7.5,＜9.0 | 中 | 22 | 4.45～5.32 | 5.01 | 4.74～5.70 | 5.29 |
| | ≥9.0 | 高 | 14 | 5.08～6.75 | 6.36 | 5.28～6.95 | 6.58 |
| 平均 | ＜7.5 | 低 | 31 | 3.42～4.58 | 4.20 | 3.85～4.98 | 4.60 |
| | ≥7.5,＜9.0 | 中 | 90 | 4.25～5.32 | 4.95 | 4.50～5.70 | 5.25 |
| | ≥9.0 | 高 | 40 | 4.90～6.75 | 6.30 | 5.15～6.95 | 6.55 |

(2)因苗　根据叶色对追肥使用量进行调节。

通过田间试验和大田调查等方式,对 32 个粳稻品种和 14 个籼稻品种产量在 6 t/hm$^2$ 以上不同生育期的叶色值(绿素仪测定值,SPAD)和叶色卡(LCC)叶色值进行了测定,确定了分蘖肥、穗肥粒肥施用的 SPAD 值,粳稻分别为 40,39 和 38,对应的 LCC 值为 3.5～4.0;籼稻的分蘖肥、穗肥粒肥施用的叶色临界值 38,37 和 36,对应的 LCC 值为 3.0～3.5(表 54-4)。

表 54-4

产量 9.0 t/hm$^2$ 以上不同生育期叶色值

| 类型 | 生育/叶龄期 | SPAD 值 | | LCC 值 | |
|------|-----------|---------|------|--------|------|
| | | 范围 | 平均 | 范围 | 平均 |
| 粳稻 | 分蘖期[1] | 38.4～43.2 | 40.2 | 3.3～4.0 | 3.56 |
| | 倒 4 叶 | 36.8～41.3 | 38.7 | 3.0～3.7 | 3.48 |
| | 倒 3 叶 | 37.2～42.5 | 39.3 | 3.2～3.9 | 3.52 |
| | 倒 2 叶 | 37.5～42.8 | 39.2 | 3.2～3.9 | 3.51 |
| | 破口期[2] | 36.1～39.6 | 37.7 | 3.0～3.7 | 3.47 |
| 籼稻 | 分蘖期[1] | 35.6～40.5 | 38.4 | 2.8～3.5 | 3.21 |
| | 倒 4 叶 | 34.4～39.5 | 37.2 | 2.6～3.5 | 3.10 |
| | 倒 3 叶 | 35.5～39.3 | 37.4 | 2.7～3.6 | 3.13 |
| | 倒 2 叶 | 35.6～39.4 | 37.2 | 2.7～3.6 | 3.15 |
| | 破口期[2] | 34.6～39.1 | 36.1 | 2.5～3.2 | 2.94 |

[1] 机插秧或抛秧稻移栽后 12～15 d 测定;

[2] 全田 10%抽穗。

(3)因种　根据品种源库特征或穗型大小确定穗肥施用策略。

研究表明,在相同的叶色情况下,品种的类型不同,穗肥的施用对产量有明显影响。根据研究结果确定:穗数型品种(每穗颖花数≤130 粒)重施促花肥;大穗型品种(每穗颖花数≥160 粒)保(花肥)、粒(肥)结合;中穗型品种(130＜每穗粒数＜160 粒)促(花肥)、保(花肥)结合(表 54-5)。

(4)磷钾肥的施用 磷钾肥采用年度恒量监控技术,即根据目标产量水平、土壤有效磷、钾含量,推荐施用磷、钾肥用量(表54-6、表54-7)。中微量元素做到因缺补缺(表54-8)。

表 54-5

不同类型品种施用穗肥对产量的影响

| 品种类型 | 施肥期 | 颖花数 /(×10⁴ 朵/m²) | 结实率 /% | 千粒重 /g | 产量 /(t/hm²) |
|---|---|---|---|---|---|
| **大穗型** 每穗颖花数≥160 (两优培九、连稻6号、常优3号) | 不施穗肥 | 4.08c | 77.5c | 27.4a | 8.69d |
| | 倒4叶[1] | 5.09a | 70.35 | 26.5b | 9.49c |
| | 倒3叶 | 4.76b | 75.7d | 26.8b | 9.66bc |
| | 倒2叶 | 4.67b | 82.4b | 27.9a | 10.74a |
| | 破口期[2] | 4.10c | 86.5a | 27.5a | 9.75b |
| **小穗型** 每穗颖花数≤130 (武2635、徐稻3号、徐稻5号) | 不施穗肥 | 3.48d | 88.5a | 27.5a | 8.47d |
| | 倒4叶[1] | 4.05a | 87.8a | 27.4a | 9.74a |
| | 倒3叶 | 3.87b | 88.2a | 26.6a | 9.42b |
| | 倒2叶 | 3.75c | 88.5a | 27.7a | 9.22b |
| | 破口期[2] | 3.50d | 89.6a | 27.8a | 8.72c |
| **中穗型** 130<每穗颖花数<160 (淮稻11、盐粳30237、宁粳3号) | 不施穗肥[1] | 3.92b | 82.5c | 26.8a | 8.67c |
| | 倒4叶 | 4.48a | 82.1d | 26.7a | 9.82a |
| | 倒3叶 | 4.27a | 84.1 | 26.5a | 9.52a |
| | 倒2叶 | 4.32a | 84.1a | 26.6a | 9.66a |
| | 破口期[2] | 3.95b | 84.5b | 26.7a | 8.91c |

[1] 每期施用尿素 150 kg/hm²;
[2] 全田 10% 抽穗;倒4叶为促花肥;倒2叶为保花肥,破口期为粒肥;
[3] 同栏同品种类型内不同字母者表示 $P=0.05$ 水平上差异显著。

表 54-6

江苏土壤磷分级及水稻磷肥用量

| 产量水平/(kg/hm²) | 肥力等级 | Olsen-P/(mg/kg) | 磷肥用量(P₂O₅)/(kg/hm²) |
|---|---|---|---|
| 7 500 | 极低 | <5 | 60 |
| | 低 | 5~10 | 45 |
| | 中 | 11~20 | 30 |
| | 高 | 21~30 | 0 |
| | 极高 | >30 | 0 |
| 9 000 | 极低 | <5 | 90 |
| | 低 | 5~10 | 70 |
| | 中 | 11~20 | 50 |
| | 高 | 21~30 | 30 |
| | 极高 | >30 | 0 |
| 10 500 | 极低 | <5 | 120 |
| | 低 | 5~10 | 95 |
| | 中 | 11~20 | 70 |
| | 高 | 21~30 | 45 |
| | 极高 | >30 | 15 |

表 54-7

江苏土壤钾分级及水稻钾肥用量

| 产量水平/(kg/hm²) | 肥力等级 | 速效钾(K)/(mg/kg) | 钾肥用量(K₂O)/(kg/hm²) |
|---|---|---|---|
| 7 500 | 极低 | <50 | 135 |
| | 低 | 50～100 | 105 |
| | 中 | 101～130 | 75 |
| | 高 | 131～160 | 45 |
| | 极高 | >160 | 0 |
| 9 000 | 极低 | <50 | 170 |
| | 低 | 50～100 | 130 |
| | 中 | 101～130 | 90 |
| | 高 | 131～160 | 50 |
| | 极高 | >160 | 0 |
| 10 500 | 极低 | <50 | 205 |
| | 低 | 50～100 | 165 |
| | 中 | 101～130 | 125 |
| | 高 | 131～160 | 85 |
| | 极高 | >160 | 45 |

表 54-8

土壤微量元素丰缺指标及对应用肥量(因缺补缺)

| 元素 | 提取方法 | 临界指标/(mg/kg) | 基施用量/(kg/hm²) | 施用方法 |
|---|---|---|---|---|
| Zn | DTPA | 0.5 | $ZnSO_4$:15～30 | 基肥、种肥、叶面肥 |
| B | 沸水 | 0.5 | 硼砂:8～12 | 基肥、种肥、叶面肥 |

依据上述原理和技术参数指标,建立了水稻因种实地氮肥管理模式(表 54-9、表 54-10)。

表 54-9

产量 9 t/hm² 以上粳稻因种实地氮肥管理模式

| 总施肥量确定方法 | 根据目标产量、基础地力产量和氮肥农学利用率(15 kg 稻谷千克 N)确定总施氮量(纯氮 180～300 kg/hm²);磷钾肥采用年度恒量监控技术,建议施用 $P_2O_5$ 50～70 kg/hm²,$K_2O$ 90～130 kg/hm²。磷肥和钾肥分基肥和拔节肥(促花肥)两次使用,前后两次的比例为:磷肥 7:3;钾肥 5:5 | | | |
|---|---|---|---|
| 基肥 | 总施氮量的 40% 左右 (75～105 kg N/hm²) | | | |
| 追肥 | 施氮量范围/(kg N/hm²) | SPAD 值 | LCC 值 | 施氮量/(kg N/hm²) |
| 分蘖肥(小苗移栽分两次施用) | 45±15 | ≥40 | ≥4.0 | 30 |
| | | 38<SPAD<40 | 3.5<LCC<4 | 45 |
| | | ≤38 | ≤3.5 | 60 |
| 穗肥(促花肥、保花肥) | 90±15 | ≥39 | ≥4.0 | 75 |
| | | 37<SPAD<39 | 3.5<LCC<4.0 | 90 |
| | | ≤39 | ≤3.5 | 105 |
| | | 穗数型品种以促花肥为主,大穗型品种以促花肥为主,中穗型品种促(花肥)、保(花肥)结合 | | |
| 粒肥 | 0～30 | ≥38(大穗型品种) | ≥3.5(大穗型品种) | 15 |
| | | <38(大穗型品种) | <3.5(大穗型品种) | 30 |
| | | ≥38(中穗型品种) | ≥3.5(中穗型品种) | 0 |
| | | <38(中穗型品种) | <3.5(中穗型品种) | 15 |
| | | 穗数型品种 | 穗数型品种 | 0 |

表 54-10

**产量 9 t/hm² 以上籼稻因种实地氮肥管理模式**

| 总施肥量确定方法 | 根据目标产量、基础地力产量和氮肥农学利用率(15 kg 稻谷千克 N)确定总施氮量(纯氮 150～270 kg/hm²);磷钾肥采用年度恒量监控技术,建议施用 P₂O₅ 50～70 kg/hm²,K₂O 90～130 kg/hm²。磷肥和钾肥分基肥和拔节肥(促花肥)两次使用,前后两次的比例为:磷肥 7:3;钾肥 5:5 | | | |
|---|---|---|---|---|
| 基肥 | 总施氮量的 40% 左右 (60～90 kg N/hm²) | | | |
| 追肥 | 施氮量范围/(kg N/hm²) | SPAD 值 | LCC 值 | 施氮量/(kg N/hm²) |
| 分蘖肥(小苗移栽分两次施用) | 45±15 | ≥38<br>36<SPAD<38<br>≤36 | ≥3.5<br>3.0<LCC<3.5<br>≤3.0 | 30<br>45<br>60 |
| 穗肥(促花肥、保花肥) | 75±15 | ≥37<br>35<SPAD<37<br>≤35 | ≥3.5<br>3.0<LCC<3.5<br>≤3.0 | 60<br>75<br>90 |
| | | 穗数型品种以促花肥为主,大穗型品种以促花肥为主,中穗型品种促(花肥)、保(花肥)结合 | | |
| 粒肥 | 0～30 | ≥36(大穗型品种)<br><36(大穗型品种)<br>≥36(中穗型品种)<br><36(中穗型品种)<br>穗数型品种 | ≥3.0(大穗型品种)<br><3.0(大穗型品种)<br>≥3.0(中穗型品种)<br><3.0(中穗型品种)<br>穗数型品种 | 15<br>30<br>0<br>15<br>0 |

**2. 全生育期轻-干湿交替灌溉技术**

根据水稻不同生育期需水特点,确定了各生育期节水灌溉的低限土壤水势指标,并建立了全生育期轻-干湿交替灌溉技术:

(1)从移栽至返青建立浅水层;

(2)返青—有效分蘖临界叶龄期前 2 个叶龄期($N-n-2$),进行间隙湿润灌溉,低限土壤水势为 $-5\sim-15$ kPa;

(3)$N-n-1$ 叶龄期至 $N-n$ 叶龄期,进行排水搁田,低限土壤水势为 $-15\sim-25$ kPa 并保持 1 个叶龄期;

(4)$N-n+1$ 叶龄期至二次枝梗分化期初(倒 3 叶开始抽出),进行干湿交替灌溉,低限土壤水势为 $-20\sim-30$ kPa;

(5)从二次枝梗分化期(倒 3 叶抽出期)至出穗后 10 d,进行间隙湿润灌溉,低限土壤水势为 $-5\sim-15$ kPa;

(6)从抽穗后 11 d 至抽穗后 45 d,进行干湿交替灌溉,低限土壤水势为 $-10\sim-20$ kPa。

各生育期达到上述指标即灌 2～3 cm 浅层水,地下水位低,沙土地及穗数型粳稻品种取上限值,地下水位高、黏土地及大穗型杂交籼稻等取下限值;常规籼稻和杂交粳稻取中间值(图 54-2)。

为方便在生产上推广应用,明确了与土壤水势相对应的土壤外观形态指标和主要生育期灌溉的土壤外观形态指标(表 54-11、表 54-12)。

### 54.3.2.2　配套技术

(1)机插壮苗培育与足穗移栽技术　技术要点:①精播匀播、软盘或硬盘育秧。每盘播干谷 100 g、秧大田比 1:80;②大田整平,耢田 18~24 h 后进行机插秧;③秧龄控制在 20 d 内,栽足基本苗,株行距 30 cm×11.7 cm,每亩 1.6 万~1.8 万穴,每穴 3~4 苗,每亩基本苗 7 万~8 万。

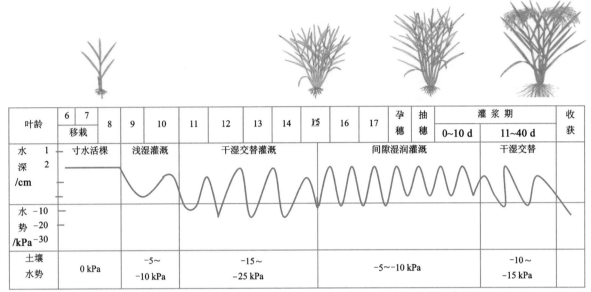

1)各生育期达到上述指标即灌 3~5 cm 浅层水,地下水位低、沙土地及穗数型粳稻品种取上限值,地下水位高、黏土地及大穗型杂交籼稻等取下限值;

2)籼稻和杂交粳稻取中间值。

图 54-2　水稻高产高效灌溉模式

表 54-11

部分地方的土壤水势与对应的土壤外观状况

| 地点 | 土壤质地 | 土壤水势/kPa | | | | |
|---|---|---|---|---|---|---|
| | | −10 | −20 | −30 | −40 | −50 |
| 灌云,伊芦 | 黏土 | 表土湿润粘手 | 缝宽 5~10 mm | 田边有裂缝,缝宽增大,由边开始发白 | 全田有裂缝,缝宽 10~20 mm | 缝宽增大,达 20 mm 左右 |
| 高邮,周巷 | 黏土 | 表土湿润不粘手 | 田边有裂缝,缝宽 5 mm | 田边表土干白,裂缝增加 | 田边裂缝宽 10 mm 左右,表土干白的面积扩大 | 全田有裂缝,裂缝达 10 mm 左右,表土部分干白 |
| 沭阳,陇集 | 沙土 | 表土湿润按有手印 | 田边开始有裂缝,不陷脚 | 田边表土干白,全田裂缝,缝宽 <10 mm | 全田表土干白,裂缝加宽 | |
| 灌南,新安 | 黏土 | 土沉实不粘脚 | 表土手捏成球 | 田面有细缝,不陷脚 | 细缝增多,土壤坚硬,手捏破碎 | 田发白,细缝增多增宽 |
| 宜兴,万石 | 黏土 | 表土湿润按有手印 | 土沉实,不粘脚 | 表土发硬,田边发白 | 田边有细缝,田发白的面积增大 | 细缝增多,田中间土发硬 |
| 淮安,淮阴区 | 黏土 | 表土湿润不粘手 | 田边有裂缝,不陷脚 | 田边表土发白,中间土沉实 | 田面有裂缝,中间土壤开始发硬 | 发白面积增大,表土部分干白 |

表 54-12

高产高效灌溉的土壤外观形态指标

| 地点 | 生育期 | | | | | | |
|---|---|---|---|---|---|---|---|
| | 移栽—返青 | 返青—有效分蘖临界叶龄期 | 有效分蘖临界叶龄期—拔节 | 拔节—二次枝梗分化期初 | 二次枝梗分化期—出穗后15 d | 抽穗后16~45 d | 收获 |
| 赣榆 | 2~3 cm 浅水层 | 表土湿润粘手 | 田边有裂缝，边开始发白 | 田边开始有裂缝，不陷脚 | 田边土开始发硬，不陷脚 | 田边有 0.1~0.3 mm 裂缝 | 田边表土部分干白 |
| 宿迁 | | | | | | | |
| 灌南 | | 土沉实不粘脚 | 田面有细缝，不陷脚 | 土沉实不粘脚 | 土沉实不粘脚 | 田面有细缝，不陷脚 | |
| 高邮 | | | | | | | |
| 淮阴 | | 表土湿润，按有手印 | 田边有裂缝，田边开始发白 | 田边有 0.1~0.3 mm 裂缝，不陷脚 | 田边土开始发硬，不陷脚 | 田边开始有0.1~0.3 mm裂缝，开始发白 | |
| 姜堰 | | 表土湿润，按有手印 | 田边有裂缝，田边开始发白 | 表土湿润，按有手印 | 田边土开始发硬，不陷脚 | 田边有 0.1 mm 小裂缝 | |
| 宜兴 | | 表土湿润粘手 | 田边有裂缝，边开始发白 | 土沉实不粘脚 | 田边土开始发硬，不陷脚 | 田边有 0.4~0.6 mm 裂缝 | |
| 常熟 | | 土沉实不粘脚 | 田边有裂缝，边开始发白 | 土沉实不粘脚 | 田边土开始发硬，不陷脚 | 田边有 0.3~0.5 mm 裂缝 | |
| 丹阳 | | 表土湿润粘手 | 田边有裂缝，边开始发白 | 田边表土发白，中间土沉实 | 土沉实不粘脚 | 田面有细缝，不陷脚 | |

各生育期达到上述指标值即灌 2~3 cm 浅层水，自然落干至指标值后再灌水，如此循环。

(2)麦秸秆全量还田技术　技术要点:收割机收割麦子时将秸秆切碎并均匀铺撒在田里,上水后用拖拉机将秸秆旋入土中,糖平并表土沉实后用插秧机插秧。

(3)叶面肥喷施技术　技术要点:在乳熟期叶面喷施 $KH_2PO_4$ 促进籽粒灌浆,浓度为 5 g/L,用量 1 500 L/hm²。促进籽粒充实,提高结实率和弱势粒粒重。

(4)病虫害综防低毒低残留农药使用技术　技术要点:水稻病虫害区域性预测预报,使用低毒、低残留、高效、安全、环保型化学农药与生物农药协同利用技术。重点推广应用防治稻螟、纵卷叶螟等重大虫害的生物农药"阿栋"及检测绿黄隆、克百威、三唑磷残留的酶联免疫速测技术(含试剂盒)。

以"因地、因苗、因种养分管理技术"、"全生育期干湿交替精确灌溉技术"为核心技术、以"壮秧培育与足穗移栽技术"、"麦秸秆全量还田技术"、"叶面肥喷施技术"和"病虫害综防低毒低残留农药使用技术"为配套技术,建立"水稻高产高效养分管理技术"体系。

为在生产上应用,绘制了适合江苏省不同区域的水稻高产高效栽培技术模式图(图 54-3 至图 54-5)。

### 54.3.2.3　技术应用效果

以"三因(因地、因苗、因种)高效养分管理技术"、"全生育期轻-干湿交替灌溉技术"为核心技术、以"高产优质品种选用"、"壮秧培育与小苗移栽技术"、"麦秸秆全量还田技术"、"磷钾叶面肥喷施技术"等为配套技术,集成了水稻高产与水肥高效利用的养分管理技术体系;在江苏宜兴、高邮、淮阴、灌南、灌云、沭阳、赣榆 7 个县市建立百亩千亩方和百亩示范方 7 个,示范方平均增产 14.1%,氮肥利用效率(产量/施氮量)提高 21.8%;灌溉水分利用效率(产量/灌溉水量)提高 35.2%(表 54-13);示范应用面积累计 370.1 万亩,增产 7.73%,氮肥利用效率提高 19.42%,灌溉水分利用效率提高 28.95%(表 54-14)。

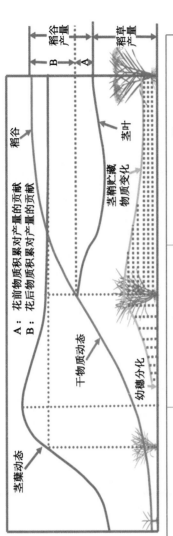

A：花前物质积累对产量的贡献
B：花后物质积累对产量的贡献

稻谷　茎叶
茎鞘贮藏物质变化
干物质动态
幼穗分化
茎蘖动态

稻谷产量＝B＋A　　稻草产量

| 　 | 6月 | | | 7月 | | | 8月 | | | 9月 | | | 10月 | | |
|---|---|---|---|---|---|---|---|---|---|---|---|---|---|---|---|
| 　 | 上 | 中 | 下 | 上 | 中 | 下 | 上 | 中 | 下 | 上 | 中 | 下 | 上 | 中 | 下 |
| 　 | 芒种 | | 夏至 | 小暑 | | 大暑 | 立秋 | | 处暑 | 白露 | | 秋分 | 寒露 | | 霜降 |

| 生育期 | 移栽 | 有效分蘖临界期 | 拔节期 | 孕穗—抽穗期 | 乳熟期 | 蜡熟期 | 成熟期 |
|---|---|---|---|---|---|---|---|
| 叶面积指数 | 0.5 | 2.5~5.0 | 4~5 | 8~7 | 7~6 | 5~4 | 2.5~2.0 |

高产高效指标：产量：650~700 kg/亩；每亩穗数 21 万~23 万，每穗粒数 130 粒以上，结实率 90%以上，干粒重 26~27 g；氮肥利用率（农学利用率）≥15 kg/kg N；灌溉水利用率≥1.40 kg/m³；稻米品质达到国家 3 级米标准

**栽培策略与技术**

养分管理：培育壮秧，小苗移栽，秸秆还田；因种实地养分管理：按目标产量和稻田基础产量确定总施肥量范围；氮、磷、钾多元配合；用 SPAD 和 LCC 看苗追肥；穗肥施用保（花肥）、保（花肥）结合。

| 20 kg 45% 复合肥+5 kg 尿素 | 分蘖肥两次施，每次 5~8 kg 尿素 | 促花肥：4~6 kg；尿素+10 kg 45% 复合肥 | 保花肥：5~6 kg 尿素 | 总施氮量每亩 16~20 kg，P₂O₅ 每亩 4.5 kg，K₂O 每亩 4.5 kg |

灌溉：浅水层　同隙灌溉　轻搁田　干湿交替灌溉［灌浅水层（2~3 cm）—自然落干（田面无水）—灌浅水层—自然落干］　灌浅水层—自然落干

病虫害防治：在加强预测预报的基础上，采用高效低毒低残留农药，结合生物农药的无公害防治技术

图 54-3　南粳 9108 高产高效栽培模式图

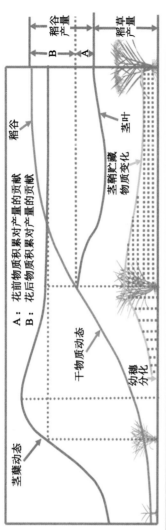

茎蘖动态

A：花前物质积累对产量的贡献
B：花后物质积累对产量的贡献

干物质动态

稻谷

茎鞘贮藏物质变化

幼穗分化

茎叶

稻谷产量　稻草产量

| | 6月 | | 7月 | | | 8月 | | | 9月 | | | 10月 | | |
|---|---|---|---|---|---|---|---|---|---|---|---|---|---|---|
| | 中 | 下 | 上 | 中 | 下 | 上 | 中 | 下 | 上 | 中 | 下 | 上 | 中 | 下 |
| 节气 | 芒种 | 夏至 | 小暑 | | 大暑 | 立秋 | | 处暑 | 白露 | | 秋分 | 寒露 | | 霜降 |
| 生育期 | 移栽 | | 有效分蘖临界期 | | | 拔节期 | | | 孕穗—抽穗期 | | 乳熟期 | 蜡熟期 | | 成熟期 |
| 叶面积指数 | 0.5 | | 2.5~5.0 | | | 4~5 | | | 8~7 | | 7~6 | 5~4 | | 2.5~2.0 |

高产高效指标：产量：650~700 kg/亩；每亩穗数 22 万~24 万，每亩粒数 130 粒以上，结实率 85%以上，千粒重 26~27 g；氮肥利用率（农学利用率）≥35 kg/kg N；灌溉水利用率≥1.30 kg/m³；稻米品质达国家 3 级米标准

栽培策略与技术

养分管理：培育壮秧，小苗移栽，秸秆还田；因种实地养分管理；按目标产量和稻田基础产量确定总施肥量范围，氮、磷、钾多元配合；用 SPAD 和 LCC 看苗追肥；穗肥施用促（花肥）保（花肥）结合。

| 20 kg 45% 复合肥 + 5 kg 尿素 | 分蘖肥两次施，每次 5~8 kg 尿素 | 促花肥：4~6 kg 尿素 + 8~10 kg 氯化钾 | 保花肥：5~8 kg 尿素 |

总施氮量 每亩 15~20 kg，P₂O₅ 每亩 3 kg，K₂O 每亩 8 kg

灌溉：浅水层 | 间隙灌溉 | 轻搁田 | 干湿交替灌溉[灌浅水层（2~3 cm）—自然落干（田面无水）—灌浅水层—自然落干]

病虫害防治：在加强预测预报的基础上，采用高效低毒低残留农药，结合生物农药的无公害防治技术

图 54-4 武运粳 24 高产高效栽培模式图

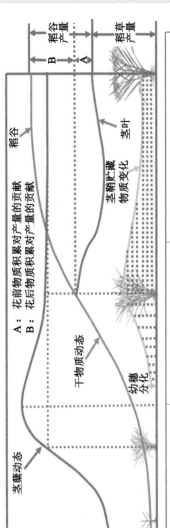

A：花前物质积累对产量的贡献
B：花后物质积累对产量的贡献

稻谷产量　稻草产量

稻谷　稻草　茎叶

茎鞘贮藏物质变化

干物质动态

茎叶动态

幼穗分化

| 生育期 |  | 芒种 |  | 夏至 | 小暑 |  | 大暑 | 立秋 |  | 处暑 | 白露 |  | 秋分 | 寒露 |  | 霜降 |
|---|---|---|---|---|---|---|---|---|---|---|---|---|---|---|---|---|
| 月 | | 6 月 | | | 7 月 | | | 8 月 | | | 9 月 | | | 10 月 | | |
| | | 上 | 中 | 下 | 上 | 中 | 下 | 上 | 中 | 下 | 上 | 中 | 下 | 上 | 中 | 下 |

| 生育期 | 移栽 | 有效分蘖临界期 | 拔节期 | 孕穗—抽穗期 | 乳熟期 | 蜡熟期 | 成熟期 |
|---|---|---|---|---|---|---|---|
| 叶面积指数 | 0.5 | 2.5~5.0 | 4~5 | 8~7 | 7~6 | 5~4 | 2.5~2.0 |

高产高效指标：产量：650~700 kg/亩；每亩穗数21万~23万，每穗粒数130粒以上，结实率90%以上，干粒重26 g左右；氮肥利用率（农学利用率）≥35 kg/kg N；灌溉水利用率≥1.30 kg/m³；稻米品质达国家3级米标准

栽培策略与技术：培育壮秧，小苗移栽，秸秆还田；因种实地养分管理；按目标产量和稻田基础产量确定总施肥量范围；氮、磷、钾多元配合；用SPAD和LCC看苗追肥；穗肥施用促（花肥）、保（花肥）结合。

养分管理：
基肥 20 kg 45% 复合肥＋5 kg 尿素；
分蘖肥 两次施，每次5~8 kg 尿素；
促花肥：4~6 kg 尿素＋15 kg 45%复合肥；
保花肥：6~8 kg 尿素；
总施氮量 每亩17~20 kg，P₂O₅ 每亩5 kg，K₂O 每亩5 kg

灌溉：浅水层　间隙灌溉　轻搁田　干湿交替灌溉［灌浅水层(2~3 cm)—自然落干(田面无水)—灌浅水层—自然落干］

病虫害防治：在加强预测预报的基础上，采用高效低毒低残留农药，结合生物农药的无公害防治技术

图 54-5　连粳 7 号高产高效栽培模式图

表 54-13

水稻高产高效养分管理技术示范方产量和氮肥利用效率

| 地点 | 栽培方式 | 施氮量<br>/(kg/hm²) | 穗数<br>/(×10⁴/hm²) | 颖花数<br>/(粒/穗) | 结实率<br>/% | 千粒重<br>/g | 产量<br>/(t/hm²) | PFP<br>/(kg/kg) | 灌溉水量<br>/(m³/hm²) | WUE<br>/(kg/m³) |
|---|---|---|---|---|---|---|---|---|---|---|
| 高邮 | 当地高产栽培 | 305 | 315 | 132 | 88.7 | 26.4 | 9.58 | 31.4 | 5 760 | 1.66 |
| | 高效养分管理 | 290 | 361 | 136 | 91.6 | 26.5 | 11.51 | 39.7 | 4 650 | 2.48 |
| 灌云 | 当地高产栽培 | 300 | 309 | 124 | 87.5 | 26.8 | 8.91 | 29.7 | 5 625 | 1.58 |
| | 高效养分管理 | 275 | 322 | 132 | 90.2 | 26.8 | 10.21 | 37.1 | 4 575 | 2.23 |
| 灌南 | 当地高产栽培 | 290 | 305 | 128 | 91.8 | 26.5 | 9.37 | 32.3 | 5 850 | 1.60 |
| | 高效养分管理 | 270 | 320 | 134 | 93.5 | 26.6 | 10.54 | 39.0 | 4 800 | 2.20 |
| 淮安市 | 当地高产栽培 | 300 | 308 | 127 | 91.5 | 26.4 | 9.35 | 31.2 | 5 730 | 1.63 |
| | 高效养分管理 | 285 | 321 | 134 | 93.3 | 26.5 | 10.51 | 36.8 | 4 665 | 2.25 |
| 宿迁 | 当地高产栽培 | 290 | 311 | 127 | 91.1 | 26.5 | 9.14 | 31.5 | 6 315 | 1.45 |
| | 高效养分管理 | 275 | 325 | 132 | 92.8 | 26.7 | 10.54 | 38.3 | 5 640 | 1.87 |
| 赣榆 | 当地高产栽培 | 300 | 310 | 129 | 91.5 | 26.3 | 9.51 | 31.7 | 6 150 | 1.55 |
| | 高效养分管理 | 270 | 328 | 133 | 93.6 | 26.5 | 10.67 | 39.5 | 5 625 | 1.90 |
| 宜兴 | 当地高产栽培 | 285 | 312 | 127 | 92.4 | 26.6 | 9.55 | 33.5 | 5 685 | 1.68 |
| | 高效养分管理 | 270 | 328 | 131 | 93.8 | 26.6 | 10.64 | 39.4 | 4 950 | 2.15 |
| 平均 | 当地高产栽培 | 296 | 310 | 128 | 90.6 | 26.5 | 9.34 | 31.6 | 5 874 | 1.59 |
| | 高效养分管理 | 276 | 329 | 133 | 92.7 | 26.6 | 10.66 | 38.5 | 4 986 | 2.15 |

表中产量为实收产量。

表 54-14

水稻高产高效养分管理技术大面积应用产量和氮肥利用效率

| 地点 | 栽培方式 | 应用面积<br>/(×10³ hm²) | 施氮量<br>/(kg/hm²) | 产量<br>/(t/hm²) | PFP<br>/(kg/kg) | 灌水量<br>/(m³/hm²) | WUE<br>/(kg/m³) |
|---|---|---|---|---|---|---|---|
| 淮安市 | 当地高产栽培 | | 300 | 8.62 | 28.73 | 5 780 | 1.49 |
| | 高效养分管理 | 50.7 | 270 | 9.28 | 34.37 | 4 735 | 1.96 |
| 连云港市 | 当地高产栽培 | | 305 | 8.28 | 27.15 | 5 850 | 1.42 |
| | 高效养分管理 | 70.6 | 275 | 8.92 | 32.44 | 4 860 | 1.84 |
| 宿迁市 | 当地高产栽培 | | 280 | 8.72 | 31.14 | 5 905 | 1.48 |
| | 高效养分管理 | 56.0 | 250 | 9.41 | 37.64 | 4 850 | 1.94 |
| 扬州市 | 当地高产栽培 | | 290 | 8.92 | 30.76 | 5 640 | 1.58 |
| | 高效养分管理 | 54.0 | 265 | 9.44 | 35.62 | 4 610 | 2.05 |
| 宜兴市 | 当地高产栽培 | | 280 | 9.01 | 32.18 | 5 355 | 1.68 |
| | 高效养分管理 | 15.4 | 245 | 9.65 | 39.39 | 4 730 | 2.04 |
| 平均 | 当地高产栽培 | | 291 | 8.67 | 29.79 | 5 706 | 1.52 |
| | 高效养分管理 | 246.7 | 261 | 9.34 | 35.79 | 4 757 | 1.96 |

表中产量为实收产量。

## 54.3.3 小麦养分管理技术的创新与应用

### 54.3.3.1 核心技术

1. 实地养分管理技术

(1)基础地力产量的确定　在江苏省苏南、苏中和苏北 131 个田块进行氮空白区试验,研究土壤的供氮能力。根据产量水平将地力分为 3 类：

地力较差：正常栽培下小麦<5.0 t/hm², 小麦基础地力（氮空白区）产量为 2.4 t/hm²；

地力中等：正常栽培下小麦产量≥5.0 t/hm², <7.5 t/hm²；基础地力产量为 3.5 t/hm²；

基础地力好：水稻正常栽培下小麦产量≥7.5 t/hm²；基础地力产量为 4.60 t/hm²（表 54-15）。

表 54-15

江苏不同地块基础地力小麦产量（不施氮的产量）

| 施氮区产量 /(t/hm²) | 地力分类 | 田块数 | 小麦产量/(t/hm²) | |
| --- | --- | --- | --- | --- |
| | | | 变幅 | 平均 |
| <5.0 | 低 | 32 | 1.95～3.55 | 2.40 |
| ≥5.0, <7.5 | 中 | 65 | 3.35～4.90 | 3.50 |
| ≥7.5 | 高 | 34 | 4.35～6.60 | 4.60 |

（2）追施氮肥的叶色诊断技术　以冬性、半冬性小麦品种泰山 23 和连麦 6 号为供试材料，大田栽培，设置 7 种施氮量处理：0,70,140,210,280,350,420 kg N/hm²，施用尿素折合成纯氮，按基肥：分蘖肥：穗肥＝5:2:3 施用，各处理 P, K 肥均为（$P_2O_5$）120 kg/hm² 和（$K_2O$）180 kg/hm²，全部基肥，小区面积 4 m × 5 m＝20 m²，行距 24 cm，基本苗每公顷 180 万，重复 3 次；测定各期叶色值（SPAD 值）并分析其与产量的关系。依据两个小麦品种分蘖期和旗叶露尖期的 SPAD 值与产量的关系，绘制成回归分析图（图 54-6）。

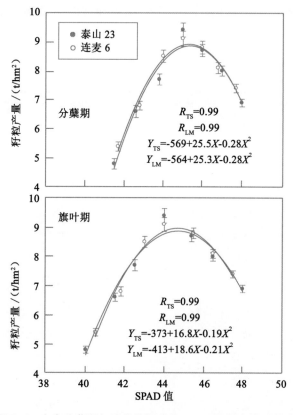

图 54-6　小麦分蘖期与穗分化期叶片 SPAD 值与产量回归分析

相关分析表明，两个主要生育时期的叶片的 SPAD 平均值与产量均呈明显的二次曲线关系，依据曲线方程可以算得水稻产量最高时的各个主要生育阶段的 SPAD 平均值。由图 54-6 中泰山 23 和连麦 1 号二次曲线方程，可以分别计算出两个品种分蘖期和旗叶露尖期施氮的 SPAD 临界值分别为 44～46

和 43~45。根据 SPAD 与 LCC 对应关系，LCC 临界值分别为 4.0~4.5 和 4.0~4.5。

根据叶色值，构建了小麦实地氮肥管理技术（表 54-16）。

**表 54-16**

小麦实地氮肥管理模式

| 总施肥量确定方法 | 根据目标产量、基础地力产量和氮肥农学利用率（13 kg/kg N)公式确定总施氮量范围。如目标产量为 7.5 t/hm²，基础地力产量为 4.6 t/hm²，氮肥农学利用率为 13 kg/kg N，则总施氮量为 225 kg/hm² | | | 施氮量/(kg/hm²) |
|---|---|---|---|---|
| 基肥 | 基肥占总施氮量的 40% | | | 90 |
| 追肥 | 施氮量范围/(kg/hm²) | SPAD 值 | LCC 值 | 95~155 |
| 分蘖肥 | 30±10 | ≥46<br>44<SPAD<46<br>≤44 | ≥4.5<br>4.0<LCC<4.5<br>≤4.0 | 20<br>30<br>40 |
| 保花肥 | 90±15 | ≥45<br>43<SPAD<45<br>≤43 | ≥4.5<br>4.0<LCC<4.5<br>≤4.0 | 75<br>90<br>105 |
| 总施氮量 | | | | 185~245 |

（3）磷、钾肥施用量的确定　根据小麦目标产量、壤磷和钾的含量确定小麦磷、钾肥的施用量（表 54-17 和表 54-18）。

**表 54-17**

长江下游土壤磷分级及小麦磷肥用量

| 产量水平/(kg/hm²) | 肥力等级 | Olsen-P/(mg/kg) | 磷肥用量(P₂O₅)/(kg/hm²) |
|---|---|---|---|
| 4 500 | 极低 | <5 | 120 |
| | 低 | 5~10 | 90 |
| | 中 | 11~20 | 60 |
| | 高 | 21~30 | 30 |
| | 极高 | >30 | 0 |
| 6 000 | 极低 | <5 | 140 |
| | 低 | 5~10 | 105 |
| | 中 | 11~20 | 70 |
| | 高 | 21~30 | 35 |
| | 极高 | >30 | 0 |
| 7 500 | 极低 | <5 | 160 |
| | 低 | 5~10 | 120 |
| | 中 | 11~20 | 80 |
| | 高 | 21~30 | 40 |
| | 极高 | >30 | 0 |

表 54-18

长江下游土壤钾分级及小麦钾肥用量

| 产量水平<br>/(kg/hm²) | 肥力等级 | 速效钾(K)<br>/(mg/kg) | 钾肥用量(K₂O)<br>/(kg/hm²) |
|---|---|---|---|
| 4 500 | 极低 | <50 | 80 |
| | 低 | 50~100 | 60 |
| | 中 | 101~130 | 40 |
| | 高 | 131~160 | 20 |
| | 极高 | >160 | 0 |
| 6 000 | 极低 | <50 | 120 |
| | 低 | 50~100 | 90 |
| | 中 | 101~130 | 60 |
| | 高 | 131~160 | 30 |
| | 极高 | >160 | 0 |
| 7 500 | 极低 | <50 | 160 |
| | 低 | 50~100 | 120 |
| | 中 | 101~130 | 80 |
| | 高 | 131~160 | 40 |
| | 极高 | >160 | 0 |

与常规高产栽培相比,建立的小麦实地养分管理技术,氮肥施用量减少了 18.2%,产量增加了 16%~18%,氮肥偏生产力提高了 36%~42%（表 54-19）。

表 54-19

小麦实地氮肥管理对产量的影响

| 品种 | 处理 | 施氮量<br>/(kg/hm²) | 穗数<br>/(×10⁴/hm²) | 每穗<br>粒数 | 千粒重<br>/g | 产量<br>/(t/hm²) | 氮肥偏生产力<br>/(kg/kg N) |
|---|---|---|---|---|---|---|---|
| 泰山 23 | 当地高产 | 330 | 513a | 33.2b | 44.5b | 7.58c | 23.0b |
| | 实地管理 | 270 | 507a | 36.8a | 46.8a | 8.67a | 32.1a |
| 连麦 6 号 | 当地高产 | 330 | 505a | 35.7b | 42.7b | 7.66b | 23.2b |
| | 实地管理 | 270 | 503a | 38.9a | 45.5a | 8.89a | 32.9a |

品种内比较。

2. 控制低限土壤水分灌溉技术

根据小麦高产形成的需水规律,分生育期确定需要灌溉的土壤含水量(土壤水势),并以此作为灌溉的指标,使土壤水分供应与小麦高产形成的水分需求相一致。

在 3 叶 1 心期施促蘖肥前视墒情(土壤水势<−40 kPa)灌水;

在旗叶露尖时施保花肥前视墒情(土壤水势<−40 kPa)灌水;

在扬花期视墒情(土壤水势<−40 kPa)灌水。

每次灌溉水量 300~375 m³/hm²。

分别于 2011—2012 年在江苏扬州和连云港进行"小麦控制低限土壤水分的灌溉方法"(简称控灌方法)试验,以当地小麦习惯灌溉法为对照,控灌方法与对照除灌溉方法不同外,其余栽培措施,如播种期和播种方法、施肥时期和施肥量、病虫害防治等完全一致。结果表明,与对照相比,控灌方法较对照的产量提高了 11%~23%,灌溉水利用效率(产量/灌溉水量)增加了 150%~165%(表 54-20)。

表 54-20

小麦控制低限土壤水分的灌溉方法(控灌方法)产量与灌溉水利用效率(WUE)

| 年份/土壤类型 | 灌溉方法 | 穗数/(个 m²) | 每穗粒数 | 千粒重/g | 实收产量/(t/hm²) | 灌溉水量/(m³/hm²) | WUE/(kg/m³) |
|---|---|---|---|---|---|---|---|
| 2011 年 | | | | | | | |
| 黏土 | 对照 | 492 | 32 | 43 | 6.60 | 1 800 | 3.67 |
| | 控灌方法 | 513* | 35* | 44 | 7.71** | 800** | 9.64** |
| 壤土 | 对照 | 505 | 33 | 43 | 7.03 | 1 800 | 3.91 |
| | 控灌方法 | 522* | 34 | 45* | 7.83** | 900** | 8.70** |
| 沙土 | 对照 | 476 | 35 | 42 | 6.72 | 1 800 | 3.73 |
| | 控灌方法 | 485 | 36 | 45** | 7.65** | 1 000** | 7.65** |
| 2012 年 | | | | | | | |
| 黏土 | 对照 | 484 | 42 | 35 | 7.02 | 1 800 | 3.90 |
| | 控灌方法 | 523** | 43 | 38* | 8.22** | 800** | 10.23** |
| 壤土 | 对照 | 511 | 41 | 36 | 7.31 | 1 800 | 4.06 |
| | 控灌方法 | 525* | 46** | 37 | 8.52** | 900** | 9.47** |
| 沙土 | 对照 | 514 | 40 | 35 | 7.04 | 1 800 | 3.91 |
| | 控灌方法 | 521 | 45** | 38** | 8.69** | 1 000 | 8.69** |

### 54.3.3.2　配套技术

(1)秸秆还田技术　收割机收割水稻时将秸秆切碎并均匀铺撒在田里,用拖拉机将秸秆深翻埋入土中,整平后用播种机播种。

(2)精细播种技术　水稻收获后抢墒播种,基本苗 150 万～180 万/hm²,坚持用机械精播、匀播、条播,确保齐苗、匀苗和壮苗。

(3)化学调控抗倒和叶面肥喷施技术　视苗情在 3 叶期及起身期各喷一次壮丰安,每次用量 450 mL/hm²;在开花后 5～7 d 叶面喷施 $KH_2PO_4$ 促进籽粒灌浆,浓度为 5 g/L,用量 1 500 L/hm²。

以"实地养分管理技术"、"控制低限土壤水分灌溉技术"为核心技术,以"秸秆还田技术"、"精细播种技术"、"化学调控抗倒和叶面肥喷施技术"为配套技术,集成了小麦高产与水肥高效利用的养分管理技术体系并制成模式图在生产上示范应用(图 54-7)。

### 54.3.3.3　技术应用效果

在江苏高邮、灌南和东海县建立小麦高产高效养分管理技术万亩示范方。与当地高产相比,示范方氮肥施用量平均减少了 13.8%,增产 17.0%,氮肥利用效率(产量/施氮量)提高 35.5%(表 54-21);推广应用面积 232 万亩,氮肥施用量减少了 16.1%,增产 12.5%,氮肥利用效率提高 29.8%(表 54-22)。

表 54-21

小麦高产高效养分管理技术万亩示范方产量和氮肥生产率(PFP)

| 地点 | 栽培方式 | 施氮量/(kg/hm²) | 穗数/(×10⁴/hm²) | 粒数/(粒/穗) | 千粒重/g | 实产/(t/hm²) | PFP/(kg/kg N) |
|---|---|---|---|---|---|---|---|
| 高邮 | 当地高产 | 330 | 570 | 32.5 | 40.2 | 7.42 | 22.5 |
| | 高产高效 | 290 | 632 | 34.3 | 41.4 | 8.86 | 30.6 |
| 灌南 | 当地高产 | 320 | 586 | 28.3 | 40.5 | 6.57 | 20.5 |
| | 高产高效 | 270 | 624 | 29.8 | 40.7 | 7.35 | 27.2 |
| 东海 | 当地高产 | 350 | 655 | 29.2 | 40.6 | 7.67 | 21.9 |
| | 高产高效 | 300 | 745 | 30.1 | 41.2 | 9.15 | 30.5 |
| 平均 | 当地高产 | 333 | 604 | 30.0 | 40.4 | 7.22 | 21.7 |
| | 高产高效 | 287 | 667 | 31.4 | 41.1 | 8.45 | 29.4 |

实产为专家现场割方获得的产量。

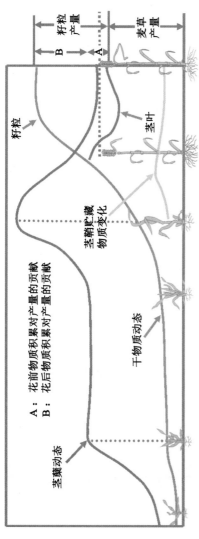

A：花前物质积累对产量的贡献
B：花后物质积累对产量的贡献

籽粒

茎鞘贮藏物质变化

茎叶

干物质动态

茎蘖动态

籽粒产量 / 麦草产量

| 月份 | 10月 | | | 11月 | | | 12月 | | | 1月 | | | 2月 | | | 3月 | | | 4月 | | | 5月 | | | 6月 | | |
|---|---|---|---|---|---|---|---|---|---|---|---|---|---|---|---|---|---|---|---|---|---|---|---|---|---|---|---|
| | 上 | 中 | 下 | 上 | 中 | 下 | 上 | 中 | 下 | 上 | 中 | 下 | 上 | 中 | 下 | 上 | 中 | 下 | 上 | 中 | 下 | 上 | 中 | 下 | 上 | 中 | 下 |

| 生育期 | 播种 | 越冬 | 返青 | 拔节 | 孕穗 | 抽穗 | 成熟期 |
|---|---|---|---|---|---|---|---|
| 叶面积 | | 2.0~2.2 | 2.5~3.0 | 4.6~4.8 | 8.0~8.5 | 6.5~7.0 | 0.6~0.8 |
| 干物质 | | 120~140 | 150~180 | 250~280 | 600~650 | 750~800 | 1 350~1 400 |

产量及构成：穗数>750×10⁴/hm²，每穗粒数>30 粒，干粒重>40 g

气候状况：总辐射 117.6~125.5 kcal/(cm²·年)；日照：2 394~2 631 h/年；年均温 13.2~14.0℃，无霜期 206~223 d；年均降水 910~980 mm

土壤状况：沙壤土，容重 1.29 g/cm³；全氮 1.23 g/kg；有机质 3.16%；速效磷 31.4 mg/kg；速效钾 148.6 mg/kg

水肥运筹：秸秆全量或半量还田。氮肥总量 270~390 kg/hm²，主要生育期施 N 量依据叶片 SPAD 值确定。P₂O₅：150 kg/hm²；K₂O：225 kg/hm²；农家肥和磷肥全部基施。氮肥：氮肥的 40%~50%和钾肥的 60%作基肥，苗肥：氮肥的 10%~20%；腊肥：拔节后期氮肥的 30%~40%及钾肥的 40%。视墒情好坏灌冬越水和抽穗扬花水，每次灌溉定额为 540~600 m³/hm²。3 叶期及起身期各喷一次壮丰安，每次用量 450 mL/hm²；在开花后 5~7 d 叶面喷施 KH₂PO₄ 促进籽粒灌浆，浓度为 5 g/L，用量 1 500 L/hm²

栽培措施：10 月 20 日左右播种，基本苗 150 万~180 万/hm²，精播匀播条播

图 54-7 长江中下游小麦单产 9 t/hm² 栽培模式图

**表 54-22**

小麦高产高效养分管理技术大面积应用产量和氮肥生产率（PFP）

| 地点 | 栽培方式 | 应用面积 /(×10³ hm²) | 施氮量 /(kg/hm²) | 产量 /(t/hm²) | PFP /(kg/kg N) |
|------|---------|------|------|------|------|
| 扬州 | 当地高产 | | 315 | 6.86 | 21.8 |
| | 高产高效 | 56.3 | 280 | 7.54 | 26.9 |
| 淮安 | 当地高产 | | 310 | 6.78 | 21.9 |
| | 高产高效 | 36.5 | 270 | 7.75 | 28.7 |
| 连云港 | 当地高产 | | 340 | 7.06 | 20.8 |
| | 高产高效 | 61.8 | 290 | 8.14 | 28.1 |
| 平均/累计 | 当地高产 | | 322 | 6.90 | 21.5 |
| | 高产高效 | 154.6 | 270 | 7.76 | 27.9 |

实产为专家现场割方获得的产量。

# 参考文献

[1] 蒋鹏，黄敏，Md. Ibrahim，等. "三定"栽培对双季超级稻养分吸收积累及氮肥利用率的影响. 作物学报，2011，37(12)：2194-2207.

[2] 李鸿伟，杨凯鹏，曹转勤，等. 稻麦连作中超高产栽培小麦和水稻的养分吸收与积累特征. 作物学报，2013，39(3)：464-477.

[3] 凌启鸿. 水稻精确定量栽培理论与技术. 北京：中国农业出版社，2007.

[4] 张福锁，范明生. 主要粮食作物高产栽培与资源高效利用的基础研究. 北京：中国农业出版社，2013.

[5] 张福锁，马文奇，陈新平. 养分资源综合管理理论与技术概论. 北京：中国农业大学出版社，2006.

[6] 钟旭华. 水稻三控施肥技术. 北京：中国农业出版社，2011.

[7] Li H，Liu L J，Wang Z Q，et al. Agronomic and physiological performance of high-yielding wheat and rice in the lower reaches of Yangtze River of China. Field Crops Research，2012，133：119-129.

[8] Ju X T，Xing G X，Chen X P，et al. Reducing environmental risk by improving N management in intensive Chinese agricultural systems. Proceedings of the National Academy of Sciences of the United States of America，2009，106：3041-3046.

[9] Peng S B，Tang Q Y，Zou Y B. Current status and challenges of rice production in China. Plant Production Science，2009，12：3-8.

[10] Guo J H，Liu X J，Zhang Y，et al. Significant acidification in major Chinese croplands. Science，2010，327：1008-1010.

[11] Zhang F S，Chen X P，Vitousek P. An experiment for the world. Nature，2013，497(7447)：33-35.

[12] Peng S B，Buresh R J，Huang J L，et al. Strategies for overcoming low agronomic nitrogen use efficiency in irrigated rice systems in China. Field crops research，2006，96：37-47.

[13] Katsura K，Maeda S，Horie T，et al. Analysis of yield attributes and crop physiological traits of

Liangyoupeijiu, a hybrid rice recently bred in China. Field Crops Research，2007，103：170-177.

[14] Normile D. Reinventing rice to feed the world. Science，2008，321：330-333.

[15] Peng S B，Buresh R J，Huang J L，et al. Dobermann A. Improving nitrogen fertilization in rice by site-specific N management. Agronomy for Sustainable Development，2010，30：649-656.

（执笔人：杨建昌）

第 55 章

安徽省水旱轮作高产高效技术模式
与大面积应用

## 55.1 安徽省水旱轮作生产现状及存在问题

安徽省是一个农业大省,水稻种植面积多年来位于全国第 5 位,2012 年种植为 221.5 万 $hm^2$,在全国的粮食安全中具有重要意义,但安徽省水稻的单产只有 6 235 $kg/hm^2$ 居于全国第 21 位,安徽省水稻生产的现状是种植面积大,单产水平低。农户平均产量低并不表明安徽省水稻产量潜力低,2007 年安徽省的水稻产量纪录达到了 12 656 $kg/hm^2$,比农户平均产量高 103%,据安徽省水稻中籼稻主导品种的相关信息统计表明,这些品种的区试产量达到了 9 045 $kg/hm^2$,比农户平均产量高 45%,农户水稻产量与产量纪录等间的差异显著(图 55-1)。2008—2009 年农户调查数据($n=371$)计算水稻的氮肥偏生产力(PFPN),PFPN<20 $kg/kg$ 的所占比例为 17%,PFPN 介于 20~30 $kg/kg$ 的所占比例达到 46%,PFPN<30 $kg/kg$ 的所占比例超过 50%。水稻的实例说明安徽省作物生产的肥料效率不高。

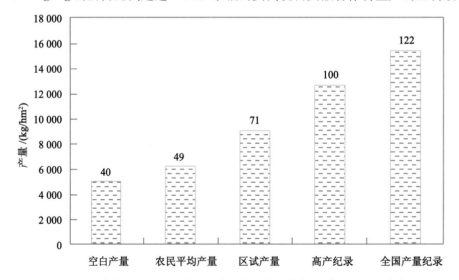

图 55-1　安徽省水稻当前生产的平均产量与品种区试产量、高产纪录间存在差距

**1. 限制安徽省水稻产量的环境因素**

高温是限制安徽省水稻高产潜力发挥的一个重要因子,水稻适宜开花温度介于 25~30℃之间,超

过 30℃ 会造成结实率下降等问题,从而影响水稻产量,而在安徽省的水稻生长季超过 30℃ 的现象时常发生,安徽省一季稻开花时期为 8 月 15—25 日,在水稻开花期间平均温度大于 30℃ 的频率近 10 年来超过 10%,且在 2002 年之后,每年均有发生(图 55-2),这严重限制了当地水稻产量潜力的发挥。

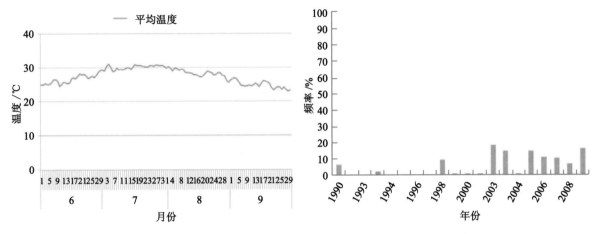

图 55-2　安徽省水稻季气温变化情况(左)和平均温度高于 30℃ 的频率(右)

季节性干旱是限制安徽省水稻高产潜力发挥的另一个重要环境因子,年总降雨量 700～800 mm,满足两季作物生长的水分需求;降雨集中(5—9 月),月降雨量变异大,季节性干旱频发(图 55-3)。

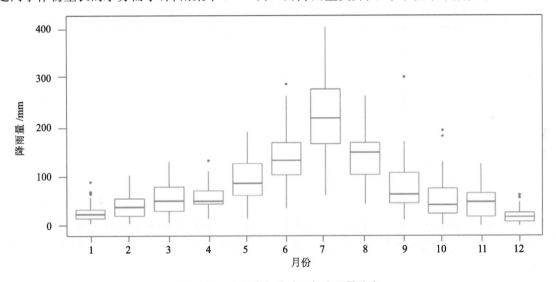

图 55-3　安徽省部分地区年降雨量分布

**2. 限制安徽省作物产量的土壤因素**

中低产田面积大、类型多、分布广,是安徽省耕地资源的一个突出特点。安徽省中低产田面积占耕地总面积的 82.9%,中低产田在各地均有分布,主要为皖北的砂姜黑土、黄潮土,江淮丘陵的黄褐土、黄棕壤,沿江的灰潮土和长江以南的黄红壤,几乎涵盖了安徽省五大自然区域的主要土壤类型。其主要障碍因素有:

(1)土壤有机质含量低　土壤有机质是土壤肥力的重要物质基础,土壤肥力水平高低一般与有机质含量有密切的关系,高产土壤有机质的含量一般要达到 3% 左右,安徽省目前的旱地土壤有机质含量多在 1.5% 左右,土壤蓄肥、供肥、保水能力差。

(2)养分含量低,供给失调　安徽省水稻土壤有效磷平均为 $(13.9 \pm 67)$ mg/kg,主要集中于 10～

15 mg/kg 范围内,小于 5 mg/kg 的比例为 9%,5~10 mg/kg 的比例为 23% mg/kg,10~15 mg/kg 的比例为 50%,15~20 mg/kg 的比例为 17%,>20 mg/kg 的比例只有 1%,80% 以上处于中低磷肥力水平。安徽省水稻土壤速效钾平均含量为(96.6±36.8) mg/kg,其中,小于 60 mg/kg 的比例为 17%,60~90 mg/kg 的比例为 29% mg/kg,90~120 mg/kg 的比例为 31%,120~150 mg/kg 的比例为 16%,>150 mg/kg 的比例只有 6%,67% 处于中低钾肥力水平(图 55-4)。

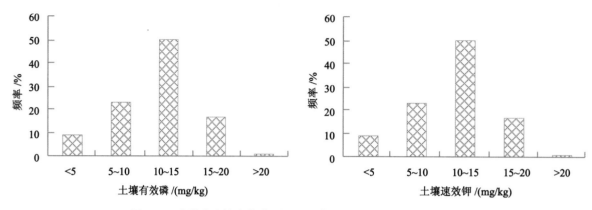

图 55-4  安徽省土壤有效磷(左)和土壤速效钾(右)含量分布频率图

肥料施用上,结构不合理,化肥为主,有机肥和农家肥有限。大部分地区土壤养分非均匀化趋势明显,中微量元素的缺乏更为普遍。部分地区和种植模式下氮磷等某些养分投入过量,加剧了养分之间和养分与其他生产要素之间的不协调。土壤养分限制因子已由某一占绝对主要地位因素如氮素转变为其他多种因子。

**3. 管理粗放限制了安徽省作物产量潜力的发挥**

2008—2009 年农户调查数据(表 55-1)表明,安徽省一季稻生产中,氮肥施用总量<90 kg/hm² 所占比例为 4%,90~120 kg/hm² 所占比例为 9%,120~150 kg/hm² 所占比例为 20%,150~180 kg/hm² 所占比例为 21%,180~210 kg/hm² 所占比例为 15%,210~240 kg/hm² 所占比例为 11%,>240 kg/hm² 所占比例为 19%。基肥比例<40% 农户数为 13%,氮肥总量的 40%~50% 作为基肥施用的比例为 15%,50%~60% 作为基肥施用的比例为 18%,60%~70% 作为基肥施用的比例为 13%,70%~80% 作为基肥施用的比例为 15%,80%~90% 作为基肥施用的比例为 8%,>90% 作为基肥施用的比例为 18%(图 55-5)。数据表明安徽省一季稻生产中施肥总量变异大,氮肥时期分配不合理。产量与施肥量之间没有相关性,高量施肥未高产,农户间施肥量变异大,施肥盲目。说明技术到位率低,是限制安徽省水稻高产高效的重要因子。

表 55-1

不同氮肥用量条件下的小麦产量分布频率($n$=371,2008—2009 年农户调查数据)

| 氮肥用量/(kg/hm²) | <90 | 90~120 | 120~150 | 150~180 | 180~210 | 210~240 | >240 |
|---|---|---|---|---|---|---|---|
| 频率/% | 4 | 9 | 20 | 21 | 15 | 11 | 19 |

2008 年对安徽省水稻/小麦主要区生产情况和施肥现状进行了调研,调研采用入户问答的方式,完成了水稻和小麦各 200 份问卷。调查结果表明:江淮地区一年只种植一季水稻的农户占 36%,沿江地区使用的水稻品种以产量较高的新两优 6 号和丰两优 6 号为主,且习惯施用氯化钾及 BB 肥等肥料。水稻产量的最大值是 10 980 kg/hm²,最低产量为 5 250 kg/hm²,平均产量为(7 979±917) kg/hm²;平均施氮量为(203±68) kg/hm²,最大值为 523 kg/hm²,最小值为 80 kg/hm²;江淮之间和沿江地区的水稻生产的氮素效率较高,低氮高产的比例分别为 43% 和 35%,而淮北地区高氮高产的比例较高,达到

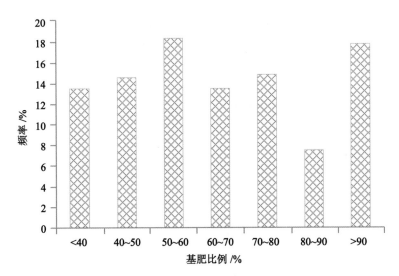

图 55-5　小麦生产实践中氮作为基肥的频率分布($n=371$,2008—2009 年农户调查数据)

了所有调查农户的 60%(表 55-2)。小麦产量的最大值是 9 150 kg/hm²,最低产量为 2 100 kg/hm²,平均产量为(6 663±1 016) kg/hm²;平均施氮量为(212±87) kg/hm²,最大值为 779 kg/hm²,最小值为 56 kg/hm²,变异较大;江淮之间和淮北地区的小麦生产的氮素投入和产量水平均不高,低氮低产的比例都很高,分别为 46% 和 38%,高氮高产的比例也较高,分别达到了所有调查农户的 33% 和 32%,说明在安徽省的小麦生产中,产量与氮素投入有很大的相关性。

表 55-2

安徽省水稻和小麦产量及施肥现状　　　　　　　　　　　　　　　　　　　　　　　　　　　　　%

| 地区 | 水稻 | | | | 小麦 | | | |
|---|---|---|---|---|---|---|---|---|
| | 低氮低产 | 低氮高产 | 高氮高产 | 高氮低产 | 低氮低产 | 低氮高产 | 高氮高产 | 高氮低产 |
| 淮北 | 3 | 10 | 60 | 27 | 38 | 11 | 33 | 18 |
| 江淮 | 22 | 43 | 7 | 27 | 46 | 11 | 32 | 11 |
| 沿江 | 9 | 35 | 40 | 16 | — | — | — | — |

　　水稻的分蘖数受水层深度的影响,移栽时水层太深,在前期易造成肥料流失、缓苗慢的问题,需要晒田时仍有相当深度的水层,分蘖期长,无效分蘖比例大,后期无效分蘖死亡,有效穗较低,后期易发生群体密闭、倒伏问题。移栽密度不足是安徽省水稻生产的另一问题,结果是密度低导致有效穗不足,限制产量潜力的发挥。安徽省稻茬小麦存在播期早、种量大的问题,冬前生长过旺,存在冻害的风险,无效分蘖多,资源浪费,群体通风透气性差,易发生病虫害,茎秆细弱,后期倒伏风险大。

## 55.2　安徽省水稻技术模式及大面积应用效果

　　**1. 适期播种与移栽,适应环境条件,是提高产量的重要途径**

　　从图 55-6 中可以看出,不同播种与移栽期,水稻产量间存在差异,随着播种与移栽期的推迟,产量逐渐增加,但到了第Ⅳ期,即 5 月 20 日播种,6 月 20 日移栽,正好在开花期遇到高温,造成产量下降,之后随着播种期的推迟,产量又有所增加(图 55-6)。所以适期播种与移栽,是避开水稻开花期高温,提高结实率,增加产量的重要措施之一。

　　**2. 创建合理群体是获得高产的关键**

　　栽培粗放是安徽省的水稻产量徘徊不前的重要原因,合理群体的构建是水稻获得高产的关键措施

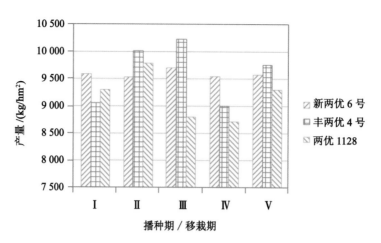

**图 55-6　安徽省不同水稻品种和播栽期对产量的影响**

图中Ⅰ代表 4 月 20 日播种，5 月 20 日移栽；Ⅱ代表 4 月 30 日播种，5 月 30 日移栽，Ⅲ代表 5 月 10 日
播种，6 月 10 日移栽，Ⅳ代表 5 月 20 日播种，6 月 20 日移栽，Ⅴ代表 5 月 30 日播种，6 月 30 日移栽。

之一。

（1）提高栽插密度，保证有效穗数，是提高产量的重要保障。在安徽省获得高产的单位面积有效穗
应为 195 万～225 万穗/hm²，栽培措施是插足基本苗 68 万～82 万苗/hm²，即 24 万穴/hm²，每穴插 3
个分蘖的单株苗。

（2）浅湿灌溉、强根促蘖，是提高有效穗的重要途径。水稻的分蘖分为有效分蘖和无效分蘖。提高
群体的茎蘖成穗率是水稻群体质量的一种综合指标，水稻的分蘖数受水层深度的影响，1～7 cm 水深范
围内，随着水深的增加，每穴分蘖数逐渐增加，长期淹灌处理的分蘖数较高，分蘖期长，但无效分蘖比例
大，后期无效分蘖死亡，有效穗较低。保持土壤湿润（无水层）的湿灌处理分蘖总数较低，但其能够达到
70%以上的高成穗率（图 55-7）。分蘖期进行轻度水分胁迫处理可有效地抑制无效分蘖。水稻具有水
陆两生特性，只要在孕穗、开花、灌浆这几个需水高峰时期保持田间有水，其他时段只要土壤充分湿润
（土壤湿度在 70%以上），也能正常满足水稻生理需水的要求。但水分对群体的形成具有重要影响，如
果在分蘖期有充足的水分，分蘖数会不断进行。所以，水分供应在保证水稻生长的同时，对调控群体具
有重要意义。一般单位面积总茎蘖达到 240 万～270 万/hm²，即平均每穴 9～11 个苗时立即晒田控制
总茎数，晒田时间要坚持"时到不等苗"和"苗到不等时"的原则，水稻生育进程推迟，晒田时间也相应推
迟，从生育期看，也就是在栽后 20 d 左右，一般在 6 月 25 日至 7 月 2 日晒田为宜。

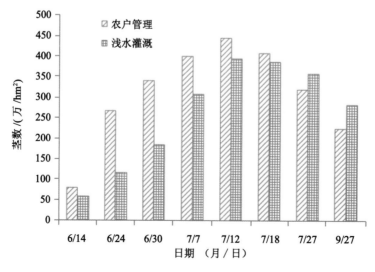

**图 55-7　不同灌水方式对水稻茎蘖数的影响**

对于水稻有效穗的发育,水分和氮肥间存在交互作用,在一定施氮量范围内,随着施氮量的增加,有效穗增加,等 N 量条件下,浅水灌溉分蘖数高于深水灌溉,浅水促进分蘖。通过水分管理,可增加单位面积有效穗数(表 55-3)。

表 55-3

不同灌水方式下不同施氮量对单位面积有效穗的影响

| 施氮量 | 0.0 | 137 kg N/hm² (0.7×OPT) | 195 kg N/hm² (OPT) | 254 kg N/hm² (1.3×OPT) |
|---|---|---|---|---|
| 常规灌溉 | 11.9 | 14.0 | 19.3 | 20.0 |
| 浅水灌溉 | 14.5 | 16.1 | 20.4 | 20.5 |

浅水灌溉:无水层保持土壤湿润,在小区每隔 2 m 抽沟,沟宽 10 cm,沟深 10 cm,保持沟内水深 8 cm 的节水灌溉方式;常规灌溉:按田间水分状况和水稻生长发育需要灌水,6 cm 深水活苓,7~10 d,3 cm 浅水分蘖(20~25 d),落水干田(7~10 d),6 cm 深水孕穗扬花至齐穗,3 cm 浅水结实。

### 3. 适宜的施肥总量和运筹是获得水稻高效生长的关键

施肥不合理的现状造成了氮肥生产效率不高。氮肥总量和时期分配是水稻资源高效的关键因子,氮肥总量的确定是依据作物目标产量的吸氮量来确定,在一定范围内,随着水稻吸氮量的增加而提高,依据曲线方程可以算得水稻吸氮量,若以目标产量为 9.0 t/hm² 计算,按施氮量与水稻产量间的关系式 $y=0.025x-43.04$ 计算,则水稻的总吸氮量约为 180 kg/hm²,按照氮肥区域总量控制的原则,推荐施氮肥 165~210 kg/hm²。根据安徽省水稻的氮素阶段吸收规律(图 55-8),推荐基肥:分蘖肥:穗肥的比例为4:4:3。磷/钾肥总量的确定:依据作物目标产量和磷钾施肥指标体系来确定;根据安徽省土壤有效磷和速效钾状况,安徽省一季稻磷肥(P₂O₅)用量范围 60~105 kg 和钾肥(K₂O)75~135 kg(图 55-9)。若基肥施用了有机肥,可酌情减少化肥用量。

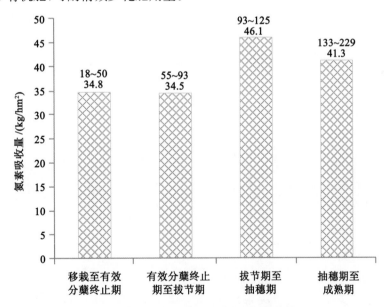

图 55-8　水稻不同生育期阶段氮吸收量

### 4. 高产高效技术增产增效显著

在凤台、肥东和贵池 3 地的多点示范试验结果表明(表 55-4),高效处理在当地能获得较高的产量,与农民习惯相比,平均增产 16.9%,高效处理的 PFPN 均比当地农民习惯高,平均提高 26.2%。在肥东示范结果中,高产高效处理产量比农户习惯处理增产 23.4%,氮肥增效 22.2%;在凤台示范结果中,高产高效处理产量比农户习惯处理增产 18.1%,氮肥增效 27.9%;在贵池实现了高产高效处理产量比农户习惯处理增产 9.1%,氮肥增效 27.3%的效果。

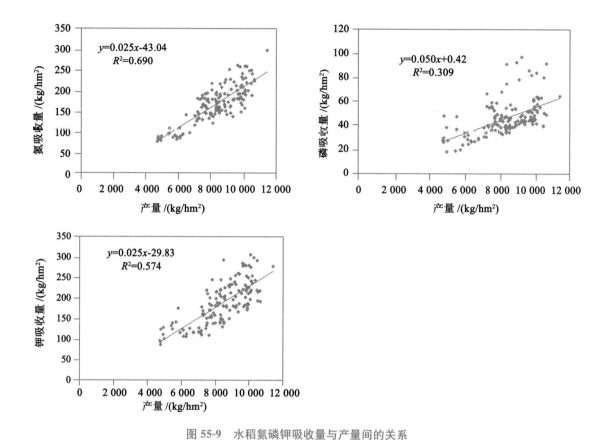

**图 55-9　水稻氮磷钾吸收量与产量间的关系**

表 55-4

安徽省水稻 4＋X 试验的产量和效率比较

| 地区 | 处理 | 水稻产量 /(kg/hm²) | 增产 /% | 效率 /(kg/kg) | 增效 /% |
|---|---|---|---|---|---|
| 肥东(n＝10) | 不施氮 | 5 728 | — | | — |
| | 农民习惯 | 7 402 | — | 45 | — |
| | 高产高效 | 9 134 | 23.4 | 55 | 22.2 |
| 凤台(n＝9) | 不施氮 | 5 620 | — | | — |
| | 农民习惯 | 7 489 | — | 38 | — |
| | 高产高效 | 8 844 | 18.1 | 49 | 27.9 |
| 贵池(n＝6) | 不施氮 | 4 929 | — | | — |
| | 农民习惯 | 8 233 | — | 39 | — |
| | 高产高效 | 8 983 | 9.1 | 50 | 27.3 |

## 55.3　安徽省稻茬麦技术模式及大面积应用效果

**1. 创建合理群体是获得高产的关键**

（1）适期播种，确保冬前壮苗。不同播期对小麦的群体发育和产量的影响极为明显，因此，正确掌握播种时期很重要。冬小麦从播种至出苗约需 0℃以上的积温 120℃，以后每长出 1 片叶子需积温约为 75℃。冬性和半冬性品种的冬前主茎叶龄为 6 叶和 6 叶 1 心为壮苗,达到 8 叶时为旺苗;冬性和半冬性品种生长到壮苗需要 0℃以上的积温为 570～645℃,在安徽省,满足冬前(日平均气温达到 0℃)积温达到 570～645℃的时期是 10 月 18—23 日,即是当地适宜的播种期。播期一般不早于 10 月 10 日,最好不晚于 10 月 31 日(图 55-10)。播种期偏早,冬前积温超过上述指标,小麦就会旺长,冬季或春季容易遭受冻害。

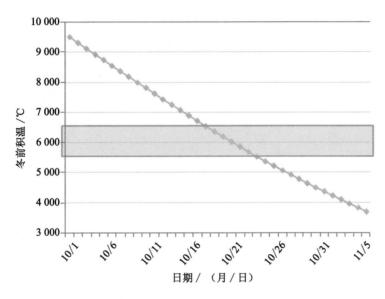

图 55-10　安徽省小麦种植区冬前积温及小麦适宜播种期

　　(2)半精量播种,控制适宜群体数量。在安徽省的小麦生产中,如果获得高产,有效穗数要达到 600 万/hm² 左右,按照成穗规律,春季最高苗数在 1 875 万/hm² 左右,冬前苗数应控制在 1 125 万穗/hm²,亩基本苗数为 270 万～300 万/hm²(表 55-5),随着精量半精量播种机的应用,播量在 150 kg/hm² 即能达到群体需要。如果播量过大,会造成群体过大,后期病虫害严重,存在大面积倒伏的危险,在安徽省种植品种多以多穗型品种为主,多穗型品种保证基本苗 225 万～300 万/hm²,播种量 135～165 kg/hm²,考虑到水稻茬土壤耕性不好,适当增加播量,一般播种量 180～240 kg/hm²。10 月 25 日以后播种的,每推迟 1 d 增加基本苗 15 万,即增加播种量 7.5 kg/hm²,旋耕整地作业的播种量增加 10%～15%。

　　适期半精量播种可以在保证有效穗的情况下提高穗粒数(表 55-5)。

表 55-5
适期半精量播种对稻茬麦产量构成要素的影响

| 项目 | 有效穗 /(万穗·hm²) | 增减 /% | 穗粒数 /(粒/穗) | 增减 /% | 千粒重 /g | 增减 /% |
|---|---|---|---|---|---|---|
| 农民传统 | 501 | 0 | 29.9 | 0 | 30.4 | 0 |
| 高产高效 | 519 | 3.5 | 32.4 | 8.4 | 32.8 | 7.9 |

**2. 适宜的氮肥总量和运筹是获得稻茬麦肥料高效的关键**

　　氮肥总量的确定:根据小麦氮素吸收量与产量的关系(图 55-11),计算可以得出,安徽省 3414 试验计算小麦的最佳施氮量为 180～210 kg/hm²。按照区域总量控制、分期调控技术原理,安徽省稻茬麦的生产推荐施氮量为 180～210 kg/hm²。氮肥(纯 N)90～105 kg/hm²(总量的 50%)基施,拔节前期(3 月中上旬)第一次追施(纯 N)45～75 kg/hm²(总量的 30%),孕穗期(4 月上旬)第二次追施(纯 N)30～45 kg/hm²(总量的 20%)。磷/钾肥总量的确定:依据作物目标产量和磷钾施肥指标体系来确定;根据安徽省土壤有效磷和速效钾状况,磷钾恒量监控原理,安徽省稻茬麦磷肥($P_2O_5$)用量范围30～90 kg/hm² 和钾肥($K_2O$)45～135 kg/hm²。若基肥施用了有机肥,可酌情减少化肥用量。在水稻收获后及早粉碎秸秆,耕翻入土,施农家肥 3 000 kg/hm²,硫酸锌 15 kg/hm²。

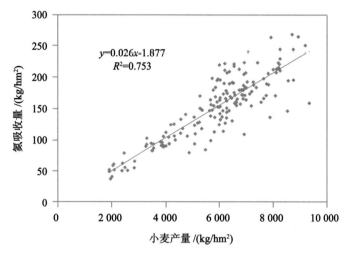

图 55-11  小麦氮素吸收量与产量的关系

### 3. 高产高效技术增产增效显著

在凤台的试验中,高产高效处理的产量为 6 689 kg/hm²,比农户习惯处理增产 15.8%;高产高效处理的 $PFP_N$ 与农民习惯相比,提高 32.4%,在肥东的试验中,高产处理的产量为 6 132 kg/hm²,较农户习惯处理增产 13.7%;$PFP_N$ 比农民习惯提高 39.6%(表 55-6)。

表 55-6

安徽省小麦 4+x 试验的产量和效率比较

| 项目 | 凤台 | | | | 肥东 | | | |
| --- | --- | --- | --- | --- | --- | --- | --- | --- |
| | 产量/(kg/hm²) | 增减/% | PFPN/(kg/kg) | 增减/% | 产量/(kg/hm²) | 增减/% | PFPN/(kg/kg) | 增减/% |
| 农民习惯 | 5 777 | | 24.1 | | 5 394 | | 22.5 | |
| 高产高效 | 6 689 | 15.8 | 31.9 | 32.4 | 6 132 | 13.7 | 31.4 | 39.6 |
| 不施氮 | 3 605 | | | | 2 470 | | | |

## 55.4 高产高效测土配方施肥技术促进大面积高产高效

我国地块分散,全国有 2 亿多农户,户均耕地 6.5 亩,每家有好几块地,全国约 7 亿个地块。朱启臻报道(2011,农民日报)农村人口老龄化程度达到 30%,农业劳动者的平均年龄为 57 岁。配方肥是小农户经营条件下实现作物高产高效的重要抓手。针对土壤养分含量不高、农户施肥变异较大、测土配方施肥项目数据没有充分利用、技术单一、多数没考虑高产栽培技术和增产增效潜力没有发挥等问题,安徽省开展了高产高效测土配方施肥技术研究与示范推广工作。以大量田间试验为基础,明确了各种作物需肥规律、各地土壤供肥性能和肥料效应,并且依托农业部测土配方施肥项目成果,按照"省级大配方,县级小调整;县级大配方,田块小调整"的技术思路制定安徽省主要作物专用肥配方,利用安徽省司尔特肥料有限公司的生产技术优势,开发配方肥。在基于 GIS 平台,利用地统计学工具,利用县域土壤测试数据和施肥指标体系设计了不同地区的作物专用肥配方,并制定了系列高产高效测土配方施肥技术规程,如安徽省一季稻高产高效测土配方施肥技术,安徽省双季稻高产高效测土配方施肥技术,芜湖县一季稻高产高效测土配方施肥技术,宣州区双季稻高产高效测土配方施肥技术等。技术规程核心内容包括①高产栽培技术(品种、播期、密度、水分);②高效施肥技术(包括养分需求规律,施肥量、施肥时期);③县域配肥技术(土壤养分空间变异、高效施肥技术)。

2010 年起,在芜湖县开展了配方肥的试验示范工作,结果表明,施用了配方肥的用户可以实现 4%~7% 的增产效果,如果施用了配方肥同时使用了配套的高产栽培技术,可以实现 15% 的增产效果(图 55-12),芜湖县 2010 年"大配方,小调整"工作实现了农民满意、政府满意、领导满意。在芜湖模式成功之后,在安徽省逐渐建立了当涂、宣城、怀宁、霍邱、全椒和明光等高产高效测土配方施肥技术示范基地,从表 55-7 可以看出,合作企业 2011—2013 年配方肥销售量累计达到 64 万 t,应用面积接近 30 000 万 hm²,在大面积上实现了施肥配方肥处理比农户习惯增产 13.8%,增效 27.4%,小调整处理比农户习惯增产 18.6%、增效 32.7% 的效果。

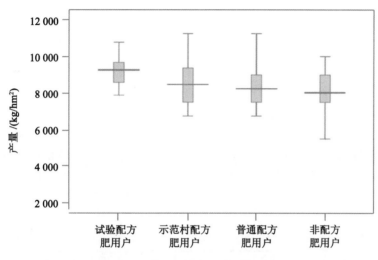

图 55-12 芜湖县配方肥应用效果统计

表 55-7

配方肥销售量及推广面积统计

| 适宜作物 | 配方<br>N-P₂O₅-K₂O | 2011 年 | | 2012 年 | | 2013 年 | |
|---|---|---|---|---|---|---|---|
| | | 配方肥销售量/万 t | 应用面积/万 hm² | 配方肥销售量/万 t | 应用面积/万 hm² | 配方肥销售量/万 t | 应用面积/万 hm² |
| 水稻 | 17-12-16<br>18-12-15<br>20-15-10<br>17-13-15 | 9 | 3 960 | 11 | 4 725 | 15 | 7 500 |
| 小麦 | 18-12-15<br>25-13-7<br>13-20-15 | 5 | 2 340 | 11 | 4 725 | 13 | 6 375 |
| 合计 | | 14 | 6 300 | 22 | 9 450 | 28 | 13 875 |

(执笔人:孙义祥 袁嫚嫚 邬刚)

**第56章**

# 安徽省沿江地区水稻
# 高产高效栽培养分管理技术

安徽省沿江地区为长江中下游冲积平原的一部分,土地肥沃,水热条件好,常年水稻产量占全省的50%以上,是安徽省重要的稻米生产基地。

然而,由于传统的农业发展的弱势及改革开放后的经济高速发展和城市化潮流,导致城市周边"田改塘"(淡水养殖)甚至"撂荒"的情况并不鲜见,农作物栽培管理粗放,养分资源利用率低、面源污染日益加剧。这些现象,无疑给水稻的高产高效栽培带来了很多问题,任其发展,必定对当地粮食市场上稻米的有效供给产生影响,甚至在一定程度上威胁国家的粮食安全,影响到社会的安定团结。

我们通过前期调查,认真梳理了沿江地区水稻的生产过程,研究了其中影响水稻生产的主要问题,并布置了相关的田间试验。在此基础上,提出了适应未来资源环境和经济发展的水稻生产模式(核心是养分管理模式),为水稻的高产高效栽培提供技术支持。

## 56.1　沿江地区水稻生产中存在的主要问题

根据对沿江地区水稻生产状况的调查,当前水稻生产的主要问题有农业生产方式传统、劳动生产率低,农业生产技术落后,农业资源利用不合理、农业生态环境日益恶化等。

### 56.1.1　农业生产方式传统

安徽省沿江地区地势平坦,土地肥沃,属传统的农业生产区域。长期以来,农业生产基本上以一家一户、分散经营的小农经济模式进行,规模小,农业机械化一直很难推行,劳动生产率低,种粮的经济效益差,农民种粮积极性不高。

安徽毗邻江苏、浙江等东部发达地区,而沿江地区交通便利,改革开放后受东部沿海开放地区辐射影响大,经济发展较好,城市化水平相对较高。城市的高度开放和乡镇企业的迅速发展,已有80%以上的农村青壮年劳动力投入到了非农产业,而把农业生产留给了妇女、儿童及老人。妇女承担着60%的农事操作,有的地方甚至高达80%,从事农业的劳动力趋于弱化。农业劳动力不足的问题较为突出,往往在水稻生产的关键时期,找不到合适的劳动力从事生产,影响水稻生产的正常进行。

由于劳动强度大、劳力不足、机械缺乏,现在的水稻生产相较于传统的"精耕细作"明显简单、粗放。在以联产承包责任制为主体的农业经济体制下,不少地方农民种田是为了"糊任务",水稻生产陷入了低效益低投入的恶性循环中。

### 56.1.2 栽培技术落后

**1. 播种过密,秧苗素质差**

目前,沿江地区水稻生产基本上采取育秧移栽方式进行。育秧方法主要有旱育秧和水育秧。旱育秧虽然秧苗素质更好,但需要更加精心管理,消耗更多时间和精力,因此,农民更乐意采用更传统、熟悉的水育秧方法。为省事、节约劳力,育秧时,大多采用小秧床、高密度方式,极易出现秧苗分蘖少、素质差,导致水稻本田期长势弱,产量难以提高。

**2. 栽插过稀,基本苗不足**

在现有的生产力水平下,水稻栽插过稀、基本苗不足的问题比较普遍。主要原因:一方面,传统生产方式下,水稻栽插是一项需要消耗大量时间和体力的高强度生产活动,劳力不足难以高质量完成。由于进城务工的壮劳力很多不能按农事需要及时返乡,80%～90%的农户雇佣"栽秧队"栽插。栽秧队工资基本上按亩包干计算,所以出现栽稀、赶量、多挣钱的现象。另一方面,很多农户思想上一直认为栽密易生虫、易倒伏,不如稀植。

根据水稻高产的需要,一般栽插密度要求在 22.5 万～25.5 万穴/hm²,而本区很多地方的栽插密度大多在 18 万～22.5 万穴/hm²,有的甚至更低,这无疑影响水稻高产的实现。

**3. 水浆管理不正确,水肥效率低**

当前,农田主要是一家一户管理,水源调控无法统一进行,由于生产投入不足,稻田水浆管理不正确的现象愈加普遍。其具体表现有:

(1)灌深水 为减少灌水次数以节省时间,很多农户插秧时水灌得过深,插秧后田间仍然白花花的一片,只有几个叶尖露出。过深的水层,将抑制水稻的分蘖,最终使得整个田块成穗减少,产量难以提高。

(2)不烤田 正常情况下,烤田对抑制水稻的无效分蘖、减少生长冗余、提高水稻产量具有重要意义。但烤田作用的发挥与烤田的时机、程度的把握等有很大关系,毫无疑问,烤田是水稻生产中的"技术活"。因水稻种植的经济效益不高,很多农户不愿意在烤田上花费更多的精力,插秧后田里从来不断水。如此做法,或是易造成水稻根系缺氧,生长不良,或是田间生长过旺,无效分蘖增多及病虫害偏重,易倒伏。田间水分过多,也不利于水稻对土壤养分的吸收,造成养分损失浪费,降低肥料利用率。

(3)后期断水过早 水稻生长后期对水分仍然非常敏感,若断水过早易造成灌浆不充分、瘪粒增多。很多农户为保障机械下田作业以"及时收获、尽快获益",不考虑水稻的需水规律,往往在灌浆期过早断水,致使水稻灌浆受阻,产量降低。

**4. 病虫害防治不得力,农药残留隐患增加**

水稻生产中的病虫害防治也存在很多问题,影响水稻产量的提高。有下列多种表现:

(1)重视虫害防治,忽视病害防治。

(2)重视后期治理,忽视前期预防。

(3)不依据病虫发生规律盲目施药。常常错过施药的最佳时机,防治效果不佳,甚至完全没有效果。

(4)用药不对路,用法不正确。

不能根据病虫害发生情况准确使用农药,而且过度强调药效、随意加大农药用量的情况经常发生,不仅效果不好,还污染了环境,增加了稻谷中的农药残留,降低了稻米的安全品质。

### 56.1.3 肥料施用不合理

肥料施用不合理的现象一直存在,近年表现尤为突出,主要体现在以下几个方面:

**1. 有机、无机养分严重失衡**

我国的农业生产中有施用有机肥料的传统，这种做法使得我国农业延续了数千年而不衰。但化学肥料普及后，有机肥料的施用量逐年下降，尤其是改革开放后最为明显。现在沿江地区农田有机肥用量普遍很少，甚至部分农田根本不施有机肥。种"卫生田"几乎成了当下的流行趋势，农田土壤有机质的消耗主要靠根茬残留补充。这种方式固然不会造成土壤有机质的完全消耗，但却使得土壤有机质维持低水平循环状态，土壤肥力难以提高，人们必须消耗更多的时间和精力用于农田作物管理，否则很难保证作物正常生长发育，高产优质的难度加大，长期可持续发展的潜力不足。

**2. 养分供应不平衡，随意性大**

施肥缺乏"量"的概念，肥料施用大多数情况下还是依据习惯决定。施肥量不足及过量施肥同时并存，过量施肥更加普遍。部分农户，原本田间水稻长势很好，看到别人施肥，担心自己的庄稼"长不过别人的"也施用肥料。

偏施氮肥、氮磷钾比例不合理现象仍然大量存在。微量元素肥料的施用未予以足够的重视，不仅影响产量，稻米中某些人体必需微量元素的缺乏也降低了稻米的营养品质。

肥料施用很少考虑土壤的保肥、供肥性能，使得不同的农田上，同样的施肥数量在水稻增产效果、环境影响等多方面存在很大的差异。

**3. 肥料运筹不符合科学原理**

农户为了省事，不按水稻的养分需求施用肥料，大多采取"一炮轰"的模式，肥料中的养分供应与水稻的养分需求不能很好匹配，肥料养分损失较多，肥料利用率低。

**4. 施肥方法简单**

肥料施用，机械深施方法很少采用，一般都是人工撒施，肥料中养分较易散失，水稻对肥料中养分的吸收困难，肥料促长、高产的作用难以发挥。

这些问题使得水稻持续高产难以实现，养分资源利用效率降低，而且，还造成了农业面源污染日益加剧、生态环境不断恶化。

## 56.2 水稻高产高效技术集成

安徽省《2011年水稻产业提升行动实施方案》明确提出：围绕实现水稻单产、质量、效益等基本目标，以大县、大片和大户为重点，扎实推进100万 $hm^2$ 水稻核心示范区建设，统筹布局，滚动发展，连片推进，扩大辐射带动效应。大规模推进水稻高产创建活动，集成技术和生产要素，创建一批单季稻单产超10 500 $kg/hm^2$，双季稻单产超13 500 $kg/hm^2$ 的高产典型，全面提升稻作水平。以单季稻和双季晚稻为主体，选择10个水稻主产县（市、区）整建制开展水稻良种补贴与良种挂钩，改善品种多乱杂格局，提升稻米品质和效益。2014年马鞍山市《水稻产业提升行动实施方案》中提出，全市水稻单产达7 725 $kg/hm^2$ 以上，较上年提高2%（其中部级高产创建核心示范片平均亩产10 500 $kg/hm^2$ 以上），总产稳定在76万t以上，水稻优质率达96%，其中高档优质米约占80%，发展订单生产4万 $hm^2$（其中核心示范区订单兑现率90%以上），项目示范区每公顷增加效益1 500元以上。

但是，要实现各级政府在水稻产业提升行动计划中所提出的目标绝非易事。从当前情况看，沿江地区水稻生产形势较为严峻，劳力不足、技术落后、农业资源紧缺、环境污染、生态恶化等正在威胁着当下提高水稻生产水平的进程。

解决这些问题的根本出路在于实现水稻生产的现代化，通过集约化生产方式增加水稻产量、改善品质，提高水分和养分资源利用效率、减少浪费，保护农业生态环境。

为实现这些目标，2011年开始，我们与马鞍山盛农农业科技有限公司合作，开展现代化水稻高产优质高效种植技术集成研究与应用工作，主要内容是水稻机械化生产与养分资源管理技术，其中机械化是基础,养分管理是重点,病虫草害控制等技术为辅助。

## 56.2.1 技术集成路线

要建立适应沿江地区现代化水稻高产优质生产体系,必须以现代农业科学原理为指导,集成现代农业科学研究成果,转变农业生产方式,做好农田基本建设,提高农业资源利用效率。具体路线见图 56-1。

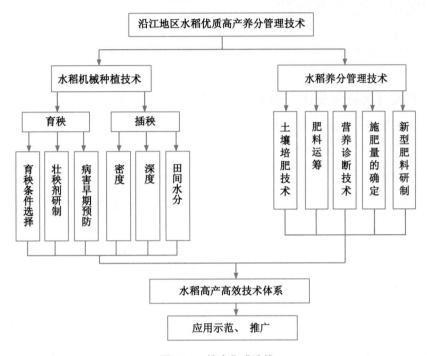

图 56-1 技术集成路线

## 56.2.2 关键技术突破

执行过程中,重点解决了影响现代化生产方式建立的关键技术,包括机械插秧、土壤培肥、合理施肥等。

**1. 机械插秧技术**

机械插秧原本是成熟技术,在提高生产效率方面,作用显著。但沿江地区推广、应用机械插秧技术一直不理想。究其原因,除了生产方式的限制,很大程度上与存在技术障碍有关。主要技术障碍有两项,一是机插秧育秧技术要求高,一般农户无法完成;二是机械插秧,水稻田间生长发育并没有明显优势,很多情况下,甚至不如人工插秧,增产作用不大。再加上机械插秧时间安排农户无法掌控,"很不自由",因而不愿采用机械插秧。所以,地方农机部门多年推广机械插秧的努力,成效不大。

采用引进、研发,育秧技术、田间促长技术问题已经得到有效解决,通过广泛宣传、认真示范,具有一定规模的农户已经接受机械插秧方式,水稻种植的规模效益得到体现。

**2. 土壤培肥技术**

在一定生产条件下,土壤肥力是水稻产量高低的决定因素。传统种植方式下,农户重视土壤培肥。但土壤培肥劳动投入大,短期内难见成效,受利益驱动,现在农户一般不愿在土壤培肥上投入时间、精力。为了耕种方便,作物秸秆一般采用近似原始的"刀耕火种"的方式处理。既浪费资源,又污染环境、损害健康。缺少有机物质的投入,土壤培肥愈加艰难,水稻持续高产稳产、优质根本无法保障。

通过研究,建立了沿江地区规模化种植下秸秆还田、提高土壤肥力的技术方法,取得一定成效。

**3. 合理施肥技术**

在与农户的沟通、交流中,分析现有资源条件下"一炮轰"的施肥方式的不合理性,宣传科学施肥的原理与技术,"总量控制、分段实施"的现代施肥方式得到很多种粮大户的认可,并在生产中加以应用,取得良好效果。

## 56.3 水稻养分管理技术创新

土壤养分管理技术创新主要做了两项工作,土壤培肥及在此基础上的肥料合理使用,包括施肥量和不同时期的肥料比例。

### 56.3.1 土壤有机质含量提升研究

利用土壤有机质提升计划研究沿江地区规模化种植下的秸秆还田技术,初步建立了秸秆还田的技术模式。

### 56.3.2 施肥量研究

运用"3414"田间试验设计开展最佳施肥量研究。同时,结合土壤测试研究了不同施肥量组合土壤养分、电导率和 pH 等的变化情况。

**1. 试验时间和地点**

试验于 2013 年 6—11 月,在安徽马鞍山市盛农农业科技有限公司进行,试验地点农田基础设施完善,灌溉方便。

**2. 材料和方法**

(1)供试土壤 长江冲积物母质发育的潮土。土壤耕层基本肥力性状为:有机质 21.70 g/kg,全氮 3.92 g/kg,全磷 0.08 g/kg,碱解氮 71.50 mg/kg,速效磷 5.7 mg/kg,速效钾 170.36 mg/kg,pH 6.03,电导率 0.11 dS/m,肥力水平中等。

(2)供试作物 水稻品种为镇稻 16。

(3)供试肥料 氮肥品种为尿素,含氮(N)量 46%;磷肥品种为过磷酸钙,含磷($P_2O_5$)量 12%;钾肥品种为氯化钾,含钾($K_2O$)量 60%。

(4)试验设计 采用"3414"试验方案。2 水平的设置主要依据"测土配方施肥项目技术规范"和"安徽省'3414'肥效田间试验总体方案"的指导意见、水稻品种的营养特性、预期产量水平、土壤的供肥作用、生产技术条件并适当参考当地农户的高产施肥状况等确定。试验因素水平设置见表 56-1,试验方案见表 56-2。

磷、钾肥作底肥一次性施用,N 肥 60% 作基肥、20% 分蘖肥、20% 穗肥。

小区面积 20 m²(8.3 m×2.4 m),重复 3 次。处理间间隔 0.5 m,重复间间隔 1 m。各处理田埂铺设塑料薄膜以有效隔离。小区单灌单排,严禁串灌串排。

(5)试验实施 2013 年 6 月 8 日播种,7 月 3 日移栽,栽插密度 30 cm×10 cm,每亩约 2 万穴。

氮肥基追比为 6:4,追肥在分蘖期和孕穗期分 2 次追施,施肥量各占总追肥量 1/2。磷、钾肥作底肥一次施入。

田间管理包括除草、病虫害防治等均按常规方式进行。

(6)样品采集与分析测试 收获后,分小区计产,并采用五点取样法,采集小区 10~25 cm 的土壤样品以及植株样品,分析测定,各项目测定采用"测土配方施肥项目技术规范"中规定的方法。

(7)数据分析与处理 试验数据分析与处理主要使用 Microsoft Excel 2003、DPS 7.05,并参考测土配方施肥"3414 试验分析器"等软件进行。

表 56-1

施肥水平设置

| 代码 | 施肥水平/(kg/hm$^2$) | | |
| --- | --- | --- | --- |
| | N | P$_2$O$_5$ | K$_2$O |
| 0 | 0 | 0 | 0 |
| 1 | 120 | 45 | 60 |
| 2 | 240 | 90 | 120 |
| 3 | 360 | 135 | 180 |

表 56-2

水稻"3414"田间试验码值方案

| 试验编号 | 处理 | N | P | K |
| --- | --- | --- | --- | --- |
| 1 | N0P0K0 | 0 | 0 | 0 |
| 2 | N0P2K2 | 0 | 2 | 2 |
| 3 | N1P2K2 | 1 | 2 | 2 |
| 4 | N2P0K2 | 2 | 0 | 2 |
| 5 | N2P1K2 | 2 | 1 | 2 |
| 6 | N2P2K2 | 2 | 2 | 2 |
| 7 | N2P3K2 | 2 | 3 | 2 |
| 8 | N2P2K0 | 2 | 2 | 0 |
| 9 | N2P2K1 | 2 | 2 | 1 |
| 10 | N2P2K3 | 2 | 2 | 3 |
| 11 | N3P2K2 | 3 | 2 | 2 |
| 12 | N1P1K2 | 1 | 1 | 2 |
| 13 | N1P2K1 | 1 | 2 | 1 |
| 14 | N2P1K1 | 2 | 1 | 1 |

**3. 结果与分析**

试验结果见表 56-3。

(1)不同施氮量对水稻产量的影响　分析表中数据可知,处理 N1P2K2、处理 N2P2K2、处理 N3P2K2 的水稻产量均高于处理 N0P2K2,差异达显著水平,其增产率分别为 21％,31％和 38％。表明磷、钾肥施用量相同而施氮量不同的情况下,随着氮肥施用量的增加,水稻的产量逐渐增加,但其单位施氮量的增产效果却有下降趋势。说明施用氮肥有利于水稻产量的提高,但施氮量超过一定范围,水稻增产效果不明显,符合"报酬递减律"。已有研究表明(朱兆良,1998),氮肥施用过量还可能导致水稻产量下降。因此,在水稻生产中要合理施用氮肥,提高肥料利用率,才能保证水稻生产高产高效。

(2)不同施磷量对水稻产量的影响　不同施磷量处理水稻产量有一定影响。与缺磷区(处理 N2P0K2)水稻产量相比,处理 N2P1K2 水稻产量增加 11％,处理 N2P2K2 增加 7％,而处理 N2P3K2 下降 3％。在氮、钾施量相同而磷肥施用量不同的情况下,随着磷肥施用量的增加,水稻产量先增加再下降,这与王伟妮等研究结果相同(王伟妮等,2011)。说明在一定范围内,施加磷肥有利于水稻产量的提高,而磷肥施用过量时水稻产量反而降低。说明水稻过量施用磷肥是不恰当、也是没有必要的。

(3)不同施钾量对水稻产量的影响　不同施肥处理水稻产量无显著性差异。与缺钾区(处理 N2P2K0)水稻产量相比,处理 N2P2K1、处理 N2P2K2、处理 N2P2K3 产量均有所增加,增产率为 4.7％,3.5％ 和 3.9％,增产幅度有下降趋势。氮、磷肥施用量相同而钾肥施用量不同的情况下,随着钾肥施用量的增加,水稻产量先增加再减少。表明施用钾肥能提高水稻产量,但施肥过量,水稻增产效果不明显,肥料利用率低,生产成本增加。

表 56-3

"3414"试验各处理水稻产量

| 编号 | 处理 | 施肥水平/(kg/hm²) | | | 亩产(干重)/(kg/hm²) | 增产量/(kg/hm²) | 增产率/% | 位次 |
|---|---|---|---|---|---|---|---|---|
| | | N | P | K | | | | |
| 1 | N0P0K0 | 0 | 0 | 0 | 6 663±292.5c | 0 | 0 | 14 |
| 2 | N0P2K2 | 0 | 90 | 120 | 7 314±649.5c | 651 | 9.8 | 13 |
| 3 | N1P2K2 | 120 | 90 | 120 | 8 844±961.5ab | 2 181 | 32.7 | 10 |
| 4 | N2P0K2 | 240 | 0 | 120 | 8 945±651ab | 2 282 | 34.2 | 9 |
| 5 | N2P1K2 | 240 | 45 | 120 | 9 921±1 098ab | 3 258 | 48.9 | 3 |
| 6 | N2P2K2 | 240 | 90 | 120 | 9 566±708ab | 2 901 | 43.5 | 6 |
| 7 | N2P3K2 | 240 | 135 | 120 | 8 648±978b | 1 985 | 29.8 | 12 |
| 8 | N2P2K0 | 240 | 90 | 0 | 9 242±154.5ab | 2 579 | 38.7 | 7 |
| 9 | N2P2K1 | 240 | 90 | 60 | 9 675±234ab | 3 012 | 45.2 | 4 |
| 10 | N2P2K3 | 240 | 90 | 180 | 9 605±903ab | 2 942 | 44.1 | 5 |
| 11 | N3P2K2 | 360 | 90 | 120 | 10 065±760.5a | 3 402 | 51.1 | 2 |
| 12 | N1P1K2 | 120 | 45 | 120 | 9 135±769.5ab | 2 471 | 37.1 | 8 |
| 13 | N1P2K1 | 120 | 90 | 60 | 8 811±484.5ab | 2 148 | 32.2 | 11 |
| 14 | N2P1K1 | 120 | 45 | 60 | 10 092±672a | 3 429 | 51.5 | 1 |

(4)肥料效应方程的拟合 通过对试验数据回归分析,拟合肥料效应函数如下:

$$y=445.54+16.11N+22.42P+5.36K+0.10N×P-0.13N×K+1.07P×K-0.34N^2-3.95P^2-0.68K^2(r=0.99)$$

通过对上述肥料效应方程的数学分析,可以求得试验条件下的施肥方案(表 56-4)。

表 56-4

施肥方案  kg/hm²

| 方案 | N | P₂O₅ | K₂O | 水稻产量 |
|---|---|---|---|---|
| 最大施肥 | 348 | 57 | 72 | 10 313 |
| 最佳施肥 | 331 | 40 | 0 | 10 184 |

为保持土壤钾素平衡,建议钾肥施用量($K_2O$)37.5~45 kg/hm²。

(5)相对产量

空白的相对产量 $\dfrac{处理1(N0P0K0)产量}{处理6(N2P2K2)产量}×100\%=69.67\%$

缺氮的相对产量 $\dfrac{处理2(N0P2K2)产量}{处理6(N2P2K2)产量}×100\%=76.46\%$

缺磷的相对产量 $\dfrac{处理4(N2P0K2)产量}{处理6(N2P2K2)产量}×100\%=93.52\%$

缺钾的相对产量 $\dfrac{处理8(N2P2K0)产量}{处理6(N2P2K2)产量}×100\%=96.62\%$

相对产量的计算结果表明,试验地的土壤肥力达中等偏上水平,土壤的养分状况为缺氮,而磷、钾相对丰富。这符合沿江地区大多数农田土壤的基本状况,试验地的土壤具有较好的代表性,试验结果可以在更广阔的范围内应用推广。

（6）氮、磷、钾肥配施对土壤有机质及土壤有效养分状况的影响　土壤有机质是土壤固相部分的重要组成成分,具有提高土壤的保肥性、缓冲性和活化磷等作用。土壤有机质含有丰富的植物生长需求的营养元素,如 N、P、K、Ca、Mg、S、Fe 等及一些微量元素,为植物生长提供养分。同时有机质还能减轻重金属及农药给土壤和作物带来的影响(李文芳等,2004;何牡丹等,2007)。

土壤碱解氮,也叫有效氮,其含量能够反映土壤对农作物的氮素供应情况,包括铵态氮、硝态氮、酰铵等其与作物生长有密切关系。

土壤速效磷是指土壤中容易为作物吸收利用的磷,包括水溶性磷和弱酸溶性磷,其含量是判断土壤供磷能力的一项重要指标。

土壤速效钾指土壤中容易为植物吸收利用的钾素,包括水溶性的钾和代换性钾。在一般土壤中水溶性钾的含量很少,代换性钾的含量则因土壤种类不同而有很大差异。速效钾的含量水平是反映钾肥肥效的主要指标。

"3414"试验各处理土壤有机质及有效氮磷钾含量的影响见表56-5。

表 56-5
不同处理土壤有机质有效养分含量

| 编号 | 处理 | 有机质 /(g/kg) | 碱解氮 /(mg/kg) | 速效磷 /(mg/kg) | 速效钾 /(mg/kg) |
|---|---|---|---|---|---|
| 1 | N0P0K0 | 16.30±0.18e | 123.17±3.01d | 0.974 3±0.053 7f | 100.53±1.81d |
| 2 | N0P2K2 | 16.60±0.54de | 124.08±1.13d | 1.466 4±0.049 7ab | 116.79±2.31a |
| 3 | N1P2K2 | 17.86±0.08ab | 128.33±2.25cd | 1.500 4±0.042 9a | 109.86±0.70bc |
| 4 | N2P0K2 | 17.25±0.34bcd | 132.42±5.63bc | 0.995 9±0.078 8f | 108.42±2.06bc |
| 5 | N2P1K2 | 16.32±0.26e | 125.50±4.92d | 1.121 4±0.093 8ef | 110.33±0.43bc |
| 6 | N2P2K2 | 17.38±0.32bc | 146.58±4.88a | 1.544 4±0.037 1a | 108.42±1.23bc |
| 7 | N2P3K2 | 17.49±0.07bc | 134.17±2.08bc | 1.453 3±0.043 4abc | 111.77±0.70b |
| 8 | N2P2K0 | 17.10±0.76cd | 135.92±2.18b | 1.301 2±0.112 3cd | 107.70±2.52c |
| 9 | N2P2K1 | 16.87±0.62cde | 133.00±3.28bc | 1.327 1±0.041 1bcd | 108.42±0.43bc |
| 10 | N2P2K3 | 17.50±0.24bc | 133.58±5.49bc | 1.287 4±0.083 0d | 116.79±2.07a |
| 11 | N3P2K2 | 18.40±0.42a | 149.92±4.02a | 1.453 3±0.083 0abc | 107.94±3.13c |
| 12 | N1P1K2 | 16.95±0.19cde | 137.67±3.62b | 1.259 7±0.196 0de | 117.99±2.37a |
| 13 | N1P2K1 | 17.45±0.00bc | 147.00±3.28a | 1.411 8±0.036 0abcd | 107.70±2.29c |
| 14 | N2P1K1 | 17.28±0.57bcd | 132.42±2.38bc | 1.107 6±0.087 5f | 111.77±1.93b |

从表56-5中可以看出,各处理土壤有机质含量差异显著。其中,空白处理 N0P0K0 的土壤有机质含量最低,说明施肥能提高土壤有机质含量,不同施肥处理对土壤有机质含量影响差异性显著;处理 N3P2K2 的有机质含量最高,与其他处理相比对有机质影响达到显著性差异,相较于空白处理增长了 12.8%,说明 3 水平氮、2 水平磷与 2 水平钾配施时对土壤有机质含量影响最大,此时的土壤环境更利于有机质的积累。

表 56-5 中数据还显示,土壤有机质含量处理 N3P2K2＞处理 N1P2K2＞处理 N2P2K2＞处理 N0P2K2,处理 N1P2K2 与处理 N2P2K2 差异性不显著,说明在磷、钾肥施量相同而氮肥施量不同时,随着氮肥施量增加,土壤有机质含量变化整体趋势为逐渐升高;土壤有机质含量处理 N2P3K2＞处理 N2P2K2＞处理 N2P0K2＞处理 N2P1K2,处理 N2P3K2 与处理 N2P2K2 差异不显著,与处理 N2P0K2 和处理 N2P1K2 差异达显著水平,说明在氮钾施量相同而磷肥施量不同的情况下,随着磷肥施量的增加,土壤

有机质的含量先下降再升高,但增长幅度有所下降;土壤有机质含量处理 N2P2K3>处理 N2P2K2>处理 N2P2K0>处理 N2P2K1,处理 N2P2K3 与处理 N2P2K2 差异不显著,与处理 N2P2K0 和处理 N2P2K1 差异达显著水平,说明在氮磷施量相同而钾肥施量不同的情况下,随着钾肥施量的增加,土壤有机质的含量先下降再升高,但增长幅度有所下降。

与全素区(处理 N2P2K2)土壤有机质含量相比,缺氮区(处理 N0P2K2)、缺磷区(处理 N2P0K2)和缺钾区(处理 N2P2K0)土壤有机质分别下降了 4.5%,0.8%,1.7%,表明各肥料因子对土壤有机质的影响表现为 N>K>P,影响土壤有机质的主导因子是氮肥。试验表明,在一定范围内氮、磷、钾肥施用量的增加均可促进土壤有机质含量的提高,但施肥过量土壤有机质含量增长幅度会有所下降。

土壤碱解氮,各处理差异极显著。由表 56-5 可知,所有施肥处理土壤碱解氮含量均高于空白处理(N0P0K0),显然施肥有利于土壤碱解氮含量的提高;处理 N3P2K2 土壤碱解氮含量最高,与空白处理相比提高了 21.7%,除处理 N1P2K1 外,与其他处理差异显著,说明处理 N3P2K2 的施肥水平为土壤碱解氮的增长提供了有利的土壤环境。

土壤碱解氮含量处理 N3P2K2>处理 N2P2K2>处理 N1P2K2>处理 N0P2K2,处理 N3P2K2 与处理 N2P2K2 差异不显著,表明磷钾肥施量相同而氮肥施量不同时,土壤碱解氮含量随氮肥施用量的增加而增加,但增幅呈下降趋势;土壤碱解氮含量处理 N2P2K2>处理 N2P3K2>处理 N2P0K2>处理 N2P1K2,说明氮钾肥施量相同而磷肥施量不同时,随着磷肥施量增加,土壤碱解氮含量先下降再升高,当磷肥施用超过一定量时,碱解氮含量会降低;根据土壤碱解氮含量处理 N2P2K2>处理 N2P2K0>处理 N2P2K3>处理 N2P2K1 可知,氮磷肥施量相同而钾肥施量不同时,增加钾肥施用量,土壤碱解氮含量先下降再升高,当钾肥施用超过一定量时,碱解氮含量会降低。说明在一定范围内,氮磷钾肥配施对碱解氮含量的提高有促进作用,但磷钾肥施用量超出范围时,会表现出拮抗作用。

与全素区(处理 N2P2K2)土壤碱解氮含量相比,缺氮区(处理 N0P2K2)、缺磷区(处理 N2P0K2)和缺钾区(处理 N2P2K0)土壤碱解氮分别下降了 15.3%,9.7%,7.3%,表明各肥料因子对土壤碱解氮的影响表现为 N>P>K,影响土壤碱解氮含量的主导因子是氮肥。

土壤速效磷,各处理差异极显著。由表 56-5 可知,所有施肥处理中空白处理 N0P0K0 土壤速效磷含量最低,显然施肥有利于土壤速效磷含量的提高;处理 N2P2K2 土壤速效磷含量最高,相较于空白处理提高 58.5%。除与处理 N2P2K2 差异不显著外,与其他处理差异均达显著水平,说明处理 N2P2K2 的施肥水平更有利于土壤速效磷含量的提高。

处理 N2P0K2<处理 N2P1K2<处理 N2P3K2<处理 N2P2K2,氮、钾肥施量相同而磷肥施量不同时,随着施磷量的增加,土壤速效磷含量逐渐提高,当施磷过量时,土壤速效磷含量会有所下降。土壤速效磷含量处理 N3P2K2<处理 N0P2K2<处理 N1P2K2<处理 N2P2K2,处理 N2P2K3<处理 N2P2K0<处理 N2P2K1<处理 N2P2K2,这两组试验结果表明氮肥或钾肥用量作为单一变量是,对土壤速效磷含量的影响所表现出的规律相同,都存在阈值,即氮肥(或钾肥)施量在一定范围内时,随着氮肥(钾肥)用量增加土壤速效磷含量也增大,但当用量超过这一阈值时,速效磷的含量将会降低。

与全素区(处理 N2P2K2)土壤速效磷含量相比,缺氮区(处理 N0P2K2)、缺磷区(处理 N2P0K2)和缺钾区(处理 N2P2K0)土壤速效磷分别下降了 5.1%,35.5%,15.8%,表明各肥料因子对土壤速效磷的影响表现为 P>K>N,影响土壤速效磷的主导因子是磷肥。

土壤速效钾,各处理差异极显著。由表 56-5 可知,所有施肥处理中空白处理 N0P0K0 土壤速效钾含量最低,显然施肥有利于土壤速效钾含量的提高;处理 N1P1K2 土壤速效钾含量最高,相较于空白处理提高 7.8%,差异达显著水平,说明处理 N1P1K2 的施肥水平更有利于土壤速效钾含量的提高。

肥料配施处理中氮、磷或钾肥作为唯一变量进行比较时,土壤速效钾含量为处理 N0P2K2>处理 N1P2K2>处理 N2P2K2>处理 N3P2K2,处理 N2P3K2>处理 N2P1K2>处理 N2P2K2>处理 N2P0K2,处理 N2P2K3>处理 N2P2K2>处理 N2P2K1>处理 N2P2K0,从单因素角度分析可知,随着氮肥施用比例增大,速效钾含量逐渐降低,而随着施磷或施钾比例增大,速效钾含量逐渐增大。说明施用磷钾肥对土壤速效钾含量提高有促进作用,而施氮肥由于增加了 N/K,造成了钾的过多消耗,表现为抑制作用。

与全素区(处理 N2P2K2)土壤速效钾含量相比,缺氮区(处理 N0P2K2)土壤速效钾含量增加 7.7%,缺磷区(处理 N2P0K2)土壤速效钾含量不变,缺钾区(处理 N2P2K0)下降 0.7%,表明各肥料因子对土壤速效钾的影响表现为 N>K>P,影响土壤速效钾的主导因子是氮肥,氮肥的施量会影响磷钾肥肥效的发挥。

(7)氮磷钾配施对土壤氮磷全量含量的影响　土壤全氮是土壤肥力的重要指标之一,包括所有形式的有机和无机氮素,是标志土壤氮素总量和供应植物有效氮素的源和库,综合反映了土壤的氮素状况。

土壤全磷量是指土壤中磷的总贮量,是土壤肥力的重要指标之一,包括有机磷和无机磷两大类。土壤磷是植物磷素的唯一来源,土壤中全磷不易被作物吸收,全磷含量高作物不一定能吸收,但如果土壤全磷含量过低时,可能会导致磷素供应不足,影响作物生长。大量研究表明长期不施肥耕作,土壤全磷量明显下降(Dalal et al.,1997;Haas et al.,1961;Agbenin et al.,1997;林葆等,1996;赵秉强等,2002;郑铁军等,1998;周宝库等,2004;周宝库等,2005;孔宏敏等,2004)。

"3414"各处理土壤全氮、全磷含量见表 56-6。

表 56-6
不同施肥处理土壤全氮、全磷含量　　　　　　　　　　　　　　　　　　　　　　　　　　　　　g/kg

| 编号 | 处理 | 全氮 | 全磷 |
| --- | --- | --- | --- |
| 1 | N0P0K0 | 2.80±0.10d | 0.053 3±0.007 3e |
| 2 | N0P2K2 | 3.14±0.21abcd | 0.062 4±0.003 6bcde |
| 3 | N1P2K2 | 3.18±0.09abcd | 0.076 4±0.002 9a |
| 4 | N2P0K2 | 2.86±0.07cd | 0.062 2±0.005 6bcde |
| 5 | N2P1K2 | 3.10±0.15abcd | 0.077 4±0.004 0a |
| 6 | N2P2K2 | 3.08±0.40abcd | 0.067 5±0.005 4abcd |
| 7 | N2P3K2 | 3.24±0.31abc | 0.058 6±0.007 9de |
| 8 | N2P2K0 | 3.01±0.23bcd | 0.058 9±0.007 1cde |
| 9 | N2P2K1 | 3.10±0.26abcd | 0.072 8±0.004 3a |
| 10 | N2P2K3 | 3.15±0.23abcd | 0.068 8±0.003 7abc |
| 11 | N3P2K2 | 3.36±0.24ab | 0.060 4±0.004 7bcde |
| 12 | N1P1K2 | 3.24±0.03abc | 0.061 7±0.000 9bcde |
| 13 | N1P2K1 | 3.47±0.17a | 0.073 3±0.003 5a |
| 14 | N2P1K1 | 2.95±0.06bcd | 0.069 3±0.007 3ab |

全氮测定结果显示,空白处理 N0P0K0 土壤全氮含量最低,说明施肥对土壤全氮含量的增加有促进作用;处理 N1P2K1 土壤全氮含量最高,与空白处理相比提高了 23.9%,差异性显著,表明 1 水平氮、2 水平磷和 1 水平钾配施是提高土壤全氮含量的最佳施肥方案。与全素区(处理 N2P2K2)的土壤全氮含量相比,缺氮区(处理 N0P2K2)土壤全氮含量提高了 2.0%,缺磷区(处理 N2P0K2)、缺钾区(处理 N2P2K0)土壤全氮含量则分别下降了 6.9% 和 2.1%,可知氮磷钾对土壤全氮含量影响作用大小的排序为 P>K>N。

全磷测定结果显示,处理间差异达到极显著水平。空白处理 N0P0K0 的土壤全磷含量最低,与其他处理均达到显著水平,说明施肥能提高土壤全磷含量;处理 N1P2K1 土壤全磷含量最高,较空白处理增长了 45.2%,说明 2 水平氮、1 水平磷与 2 水平钾配施时提供的土壤环境更有利于土壤全磷量的积累。与全素区(处理 N2P2K2)土壤全磷含量相比,缺氮区(处理 N0P2K2)、缺磷区(处理 N2P0K2)和缺钾区(处理 N2P2K0)土壤全磷含量分别下降了 7.6%、7.9%和 12.8%,各肥料因子对土壤全磷量的影响表现为 K>P>N,表明影响土壤全磷量的主导因子是钾肥而不是磷肥,这与王伟妮等(王伟妮等, 2011)研究一致,说明了养分平衡施用的重要性。

(8)氮磷钾配施对土壤 pH 的影响    pH 表示土壤酸碱度,其大小由土壤溶液中氢离子的浓度决定,根据 pH>7、≤7,判断土壤是否为碱性土、中性土或是酸性土。水稻适宜在微酸性土壤生长,pH 对土壤微生物生存、酶活性大小及水稻对硝态氮的吸收(贾莉君等,2006;段英华等,2004;张亚丽等, 2004;段英华等,2005;曹云等,2005;段英华等,2005)等均有明显作用,从而影响水稻产量。

"3414"各处理土壤 pH 见表 56-7。

表中数据显示,空白处理 N0P0K0 的 pH 最高,说明施肥会导致土壤 pH 下降,但下降幅度不大;处理 N3P2K2 的土壤 pH 最低,与空白处理相比下降了 5.36%,达到显著水平,说明氮磷钾配施水平越高且施氮比例越大,对土壤 pH 的影响越大。与全素区(处理 N2P2K2)土壤 pH 相比,缺氮区(处理 N0P2K2)、缺磷区(处理 N2P0K2)和缺钾区(处理 N2P2K0)土壤 pH 分别提高了 4.5%,2.2%和 1.3%,缺氮区与全素区 pH 差异显著,说明施加氮肥会降低土壤 pH,造成土壤酸化。

(9)氮磷钾配施对土壤电导率的影响    土壤电导率是测定土壤水溶性盐的指标,而土壤水溶性盐是土壤的一个重要属性,是判定土壤中盐类离子是否限制作物生长的因素。研究表明,土壤电导率包含了反映土壤品质和物理性质的丰富信息(Rhoades et al.,1990),例如土壤中盐分、水分及有机质含量等都不同程度地影响着土壤电导率的改变(孙宇瑞,2000)。在一定程度上土壤电导率可以作为土壤生产潜力的指导,进而预测作物产量(赵勇,2009),为配方施肥提供依据。

"3414"各处理土壤电导率结果见表 56-8。

表 56-7
不同施肥处理土壤 pH

| 编号 | 处理 | pH |
|---|---|---|
| 1 | N0P0K0 | 6.16±0.08a |
| 2 | N0P2K2 | 6.15±0.11a |
| 3 | N1P2K2 | 5.99±0.19ab |
| 4 | N2P0K2 | 6.01±0.05ab |
| 5 | N2P1K2 | 6.14±0.28ab |
| 6 | N2P2K2 | 5.88±0.11ab |
| 7 | N2P3K2 | 5.94±0.05ab |
| 8 | N2P2K0 | 5.96±0.17ab |
| 9 | N2P2K1 | 6.03±0.22ab |
| 10 | N2P2K3 | 5.98±0.09ab |
| 11 | N3P2K2 | 5.83±0.03b |
| 12 | N1P1K2 | 6.05±0.21ab |
| 13 | N1P2K1 | 6.00±0.20ab |
| 14 | N2P1K1 | 6.02±0.20ab |

表 56-8
不同施肥处理土壤电导率

| 编号 | 处理 | 电导率/(dS/m) |
|---|---|---|
| 1 | N0P0K0 | 0.108 0±0.004 6b |
| 2 | N0P2K2 | 0.127 7±0.004 2ab |
| 3 | N1P2K2 | 0.110 0±0.004 4b |
| 4 | N2P0K2 | 0.113 0±0.004 4ab |
| 5 | N2P1K2 | 0.128 7±0.015 3ab |
| 6 | N2P2K2 | 0.121 0±0.008 7ab |
| 7 | N2P3K2 | 0.128 3±0.007 6ab |
| 8 | N2P2K0 | 0.124 3±0.015 0ab |
| 9 | N2P2K1 | 0.133 3±0.018 9ab |
| 10 | N2P2K3 | 0.137 3±0.013 9a |
| 11 | N3P2K2 | 0.123 0±0.020 4ab |
| 12 | N1P1K2 | 0.131 0±0.020 5ab |
| 13 | N1P2K1 | 0.139 3±0.014 2a |
| 14 | N2P1K1 | 0.118 0±0.016 6ab |

比较表中数据可以看出,施肥与否对土壤的电导率有较大的影响。空白处理N0P0K0的土壤电导率最低,处理N1P2K1的土壤电导率最高,与空白处理相比增长了29%,达到显著水平,说明氮磷钾配施时提高磷的比例所提供的养分环境更有利于土壤电导率的提高。施肥各处理间,电导率也有所变化,与全素区(处理N2P2K2)土壤电导率相比,缺氮区(处理N0P2K2)和缺钾区(处理N2P2K0)土壤电导率分别提高了6%和3%,缺磷区(处理N2P0K2)土壤电导率下降了7%,表明各肥料因子对土壤电导率的影响表现为P>K>N,影响土壤电导率的主导因子是磷肥,原因可能是土壤长期耕种磷肥施用较少导致土壤磷酸盐浓度低,从而影响电导率。但方差分析表明各施肥处理间差异不显著,说明沿江地区正常施肥管理下,土壤可溶性盐分积累的情况差异不大。

### 4.讨论

(1)氮磷钾肥对水稻产量的影响　研究表明,在一定施氮范围内,随着氮肥施用量的增加,水稻产量逐渐增加(舒时富,2009),当施氮量超过一定程度,水稻产量有下降趋势(鲁伟林等,2011;黄进宝等,2007)。本试验结果与此有相似之处,在磷钾肥施用量相同时,水稻产量随着施氮量的增加而增加,虽然最大施氮量处理的水稻产量没有降低,但增加幅度却有所下降,可能是试验中最大施氮量并未超出水稻生长的最佳施氮范围。水稻增产率下降意味着单位肥料利用率下降,这与江立庚等研究结果相符合(江立庚等,2004)。研究证明,氮肥施用量过多或不足既无法提高水稻产量,又不利于氮肥利用率的提高(Li et al.,2012),还会造成水体富营养化等环境污染。

王伟妮等研究表明,随着磷肥施用量的增加,水稻产量先增加再下降(王伟妮等,2011)。刘凤艳等(刘凤艳等,2010)研究结果表明,在氮肥和钾肥施用量不变时施磷,水稻产量随施磷量增加而显著增加;而施磷量过高或过低时,水稻后期生物量较低,水稻千粒重、结实率因施磷过高而下降,产量也相对降低。本试验中在氮、钾施量相同而磷肥施用量不同的情况下,随着磷肥施用量的增加,水稻产量先增加再下降,与前人研究结果一致,符合"报酬递减律"。

付立东等研究表明,随着钾肥施用量的增加,水稻产量先增加再下降,呈抛物线形式(付立东等,2012;李珣等,2010;侯云鹏等,2009;陈正刚等,2006),本试验结果与付立东等研究结果类似。与不施肥处理相比,施用钾肥能提高水稻产量,但增产幅度不大,且随着施钾量的增加,水稻产量先增加再降低。说明在一定范围内,施钾肥可以促进产量提高,当超出范围时,钾肥不再是限制水稻增产的主要因素。胡春艳等(胡春艳等,2009)研究表明,在氮、磷肥充足条件下,施用钾能明显提高水稻产量。而进一步提高氮肥施用量,施钾增产效果更加明显,说明氮钾交互作用可以进一步促进水稻高产。

王成瑷等(2010)研究发现,氮、磷、钾肥中任意两种肥料配施,其产量都不如氮、磷、钾3种营养元素配施产量高,对于水稻提高产量和改善品质可同步进行。郑强等(郑强等,2008)研究认为,氮、磷、钾合理配施可以达到水稻的最佳效益产量。

试验表明,氮、磷、钾肥配施能够相互促进发挥肥效,在一定氮、磷、钾施用量范围内,氮磷钾肥料中任一种肥料水平的提高都有利于另外两种肥料肥效的发挥。本试验研究表明,氮磷钾配施时三种因子对水稻产量的影响作用N>P>K,说明氮肥对水稻产量的提高起主导作用。处理N2P1K1产量最高,说明施肥过高或不足都很难提高水稻产量,只有当氮磷钾施肥量适宜、配施比合理时才是最佳施肥方案,既保证了水稻产量,又提高了资源利用率,避免或减轻环境污染。

(2)氮磷钾肥对土壤养分含量的影响　不同施肥下,所有施肥处理的土壤有机质含量均高于不施肥处理(处理N0P0K0),说明施肥能提高土壤有机质,这与黄晶等(黄晶等,2013)研究一致。处理N3P2K2的土壤有机质含量最高,比不施肥处理提高了12.8%,这是因为氮磷钾肥对土壤有机质积累量的增加均有促进作用,作用大小为N>K>P,且施肥量在符合有机质增长的最适施肥量范围内。土壤有机质的变化是氮磷钾肥交互作用的结果,其含量提高有利于水稻种植的可持续发展。

试验中施肥处理的土壤含氮量相较于不施肥处理均有所提升,周卫军等(周卫军等,2010)研究得出相同结论。土壤中全氮与碱解氮的变化规律不一致。水稻在生育过程中不断吸收土壤有效氮,氮肥在土壤中会转化为$NH_4^+$和$NO_3^-$,易发生氨挥发和硝酸盐淋失,因而施加氮肥会增加土壤碱解氮的含量,补充失去的含氮量,达到养分平衡。而全氮不易被水稻吸收,也不易流失,在土壤中留存的时间较长,黄晶等研究表明土壤全氮的肥效作用可以长达十几年。试验表明,施肥过多或不足会破坏土壤养分平衡,导致肥料利用率低,影响水稻产量。

磷是水稻生长必不可少的营养元素,土壤磷含量对水稻产量有显著影响。试验中施肥处理土壤含磷量(包括速效磷和全磷)均高于不施肥处理,说明施肥有利于土壤含磷量的提高,这与周江明(周江明,2014)和周卫军(周卫军等,2010)等研究结果类似。根据缺素区与全素区磷含量比较结果,各肥料因子对土壤速效磷的影响表现为 P>K>N。而对土壤速效磷的影响表现为 K>P>N,这与鲁剑巍等研究结果相同,说明氮磷钾配施时会交互作用,影响肥效的发挥,也充分说明了平衡施肥的重要性。在氮钾肥施量相同的情况下,随着施磷量的增加,土壤速效磷与全磷含量变化趋势均表现为先增大再减小,说明在一定范围内,增加施磷量能提高土壤含磷量,但超过一定程度会表现出拮抗作用。

试验结果表明,不同施肥处理土壤速效钾含量高于不施肥处理,且与不施肥相比最大提高了7.8%,差异达显著水平,说明施肥能提高土壤速效钾含量,这与刘枫等(刘枫等,2006;侯云鹏等,2009;蒋毅敏等,2002;刘国栋等,2000;李贵勇等,2010;刘建祥等,2003;刘丽华等,2011;刘立军等,2011;刘玲玲等,2008;Xu et al.,2006;Shao et al.,2012)研究一致。缺素区与全素区(处理 N2P2K2)土壤速效钾含量比较可知,只施氮磷肥或氮钾肥土壤速效钾含量基本不变,而只施磷钾肥处理速效钾相对提高了7.7%,说明施用一定量的氮肥对土壤速效钾含量增加有抑制作用,因此只有合适氮磷钾配施比例及施肥量才能使肥料发挥出最佳效果。

(3)氮磷钾配施对土壤 pH 的影响 蔡泽江等研究表明,长期施用氮肥或氮磷钾配施,土壤 pH 显著下降,且单施氮肥时 pH 下降幅度最大(蔡泽江等,2011),这与本研究结果一致。所有施肥处理土壤 pH 均小于不施肥处理,缺氮区处理 pH 明显大于缺磷区、缺钾区,说明施用氮肥更容易导致土壤 pH 降低,可能是因为氮肥在土壤中会发生硝化反应生成 $NO_3^-$ 增加土壤酸度。造成土壤 pH 下降的各因子影响力为 N>P>K。水稻生长的最适土壤酸碱度为弱酸性,pH 过高或过低,会直接影响水稻生长,轻者导致水稻产量下降,重者致使水稻无法生长。所以在施肥时既要考虑其对水稻产量的影响,也要顾虑到其对土壤环境影响。

(4)氮磷钾配施对土壤电导率的影响 Rhoades 等(Rhoades et al.,1990)研究指出土壤电导率包含了反映土壤品质和物理性质的丰富信息,赵勇等(赵勇等,2009)研究认为在一定程度上土壤电导率可以作为土壤生产潜力的指导,进而可以评估作物产量。试验不施肥处理 N0P0K0 的土壤电导率最低,说明施肥有利于土壤电导率的提升,施肥能够增加土壤有机质等养分含量,土壤水溶性盐含量得到提高,从而提高电导率。试验表明各肥料因子对土壤电导率的影响表现为 P>K>N,磷肥是影响土壤电导率含量的主导因子,可能是因为土壤长期耕种施磷量不合理导致土壤磷酸盐浓度低,从而影响电导率。

### 56.3.3 肥料运筹研究

田间试验设置了"一炮轰"和氮肥基蘖肥:追肥为 6:4 两种肥料运筹模式,基蘖肥与追肥的综合运用比"一炮轰"平均增产 12%,氮肥利用率由 35%提高到 42%,显示,在现有的资源条件下,水稻生产中氮肥分期施用是很有必要的。

## 56.4 水稻养分管理技术研究成果与应用

### 56.4.1 技术规程与生产模式

通过引进、试验和技术集成,项目组制定水稻机插秧育秧技术规程一项及水稻高产高效栽培技模式一套。

**1. 水稻机插秧育秧技术规程**

(1)秧苗标准　适宜机插秧秧龄以 20 d 左右较为适宜,苗高 14～17 cm,叶龄为 3.5～4.5 叶,秧苗的白根数为 16 条左右,100 株秧苗干重达到 3 g 以上。

(2)育秧方法　配制营养土使用自配壮秧剂,壮秧剂用量 0.45 kg/100 kg 土,充分混匀。

机械装盘、播种　使用塑料硬盘育秧,按大田需要配规格 58.0 cm×28.0 cm×2.5 cm 的机插专用软盘 375～450 片/hm²。营养土装盘、播种采用专用机械一次完成。若手工播种,按以下方法操作:先在秧盘内铺一层(约 2 cm 厚)营养土,浇水湿透,均匀播种,最后覆土。覆土厚度为 3～5 mm,盖土 10 min 内不能转湿时要用喷雾器补水,不可采用泼浇补水,以免破坏盖土层而露籽。

堆码催芽:在地面平整、通风良好的室内,将播种好的秧盘叠加后,用较厚的塑料膜覆盖,封闭,控制温度在 25℃左右进行催芽。

移入秧田:秧田应选择运输便利,地势平坦,阳光充足,给排水方便的地块,pH 呈弱酸性且地力肥沃的更佳。秧田宜长期固定,便于管理。播种、催芽后 7～10 d 秧苗出齐,掀去塑料膜,适时适量浇水,选择阳光较弱的时间段将秧盘移入秧田。

秧田管理:灌溉以土壤不发白,中午不卷叶为准,旱时浇水或灌跑马水,一般采用浅水灌溉,长期深水灌溉会影响稻秧盘根,机插秧前 3 d 要控水炼苗,对秧龄到期但不能及时移栽的秧苗要及早控水控苗以保证秧苗质量。注意病虫害防治。除特殊情况无须施肥。

(3)效果　在同样施肥的条件下,使用自配壮秧剂,平均增产 9%。

**2. 水稻高产技术管理模式**

制订了安徽沿江地区水稻高产优质技术模式一套,见表 56-9。

## 56.4.2　技术应用效果

示范区面积为 133 400 m²(200 亩),水稻平均产量 10 350 kg/hm²,普通种植区水稻平均产量 9 000 kg/hm²,增产率为 15%,总产增产 1.8 t。

示范区肥料、农药比公司普通种植区节约 30% 左右,施肥、除草等人工成本节约 40% 左右。劳动强度降低,节本增效、增产增效,示范区综合经济效益每亩增加 300 元,共增加 6 万元。以示范区所在的马鞍山盛农科技公司为例,常年水稻种植面积为 7 000 亩,若全面推广应用示范区养分管理技术,每年可增加经济效益 210 万元。

# 56.5　水稻养分管理技术创新未来展望

新中国成立以来,我国已经成为世界上粮食产量增长最快的国家之一,但粮食供需仍然长期处于紧张平衡状态(马永欢等,2009;张永恩等,2009;王宏广等,2005)。未来工业化、城镇化的发展以及人口增长和消费水平的提高将导致我国耕地面积的减少和粮食需求的持续增长(张永恩等,2009)。在未来中国粮食需求将强劲增长的形势下,现阶段粮食增产面临前所未有的挑战:随着人口数量的不可逆增加和粮食消费水平的逐步提高,将导致我国粮食需求的不可逆增加。有关专家在对粮食消费因素、生产因素、进口因素进行趋势性分析基础上,对稻谷等主要粮食品种进行供需预测认为,2020 年我国粮食消费量为6.93亿 t,生产量为 6.44亿 t,进口量为 0.49亿 t(吕新业等,2012)。到 2030 年,我国对粮食需求将比 2010 年增加约 0.7亿 t(张永恩等,2011)。因此,促进农业生产发展的高产高效,是保障我国粮食安全的最为行之有效的措施(张永恩等,2012)。而水稻作为我国最主要的粮食作物,其高产高效发展是至关重要的。

表56-9

安徽沿江地区水稻高产优质技术模式

| 适宜区域 | 安徽沿江地区 | | | | |
|---|---|---|---|---|---|
| 目标产量 | 目标产量 9 750 kg/hm²，产量构成：每公顷穗数 360 万~390 万，每穗粒数 100~120 粒，结实率 85% 以上，千粒重 26 g 左右 | | | | |
| 生育时期 | 5/25~5/30 播种 ；秧田期 6/12~6/18 移栽 ；6/18~7/25 分蘖 ；8/2 前后拔节 ；拔节长穗期 8/20~8/25 抽穗 ；灌浆结实期 10/10~10/25 成熟 | | | | |
| 主要技术措施 | 稻种处理 | 育秧技术 | 秧田管理 | 整地及插秧 | 水稻田间管理 |

**稻种处理**

1. 挑选合适稻种
参考当地积温等生态条件，选用审定推广的熟期适宜的符合机插稻秧龄特点的高产、优质、多抗的水稻品种。
2. 确保稻种质量
浸种前无选择晴天晒种，以提高发芽率，一般两天左右为宜。稻种发芽率要求在 90% 以上，含水量不高于 14.0%。
3. 稻种筛选
用清水浸种 6 h 左右，去除空粒、瘪粒，再用 1 mL 25%咪鲜胺乳油兑水 3 kg 浸种，12 h 后将稻种捞起滤干，进行催芽

**育秧技术**

1. 营养土配制
选择经秋耕冬翻的稻田土、菜园土等（近期喷施过除草剂的土壤不能使用）的土壤，稳土粉碎后备用。在经处理过的土壤中拌入壮秧剂，配制营养土。配比例根据壮秧剂使用说明确定。
2. 机械育秧
根据预计安全齐穗期、确定播期。在室内采用自动化播种机播种，机插每盘播种 100~125 g。机插大田需配 58.0 cm×28.0 cm×2.5 cm 的机插专用软盘 375~450 片/hm²

**秧田管理**

1. 水浆管理
灌溉以土壤不发白、中午不卷叶为准，旱时浇水或增加水层。采用浅水灌溉，一般采用跑马水，长期深水灌溉会影响稻秧根，机插秧前期要控水炼苗，对秧龄到期但不能及时移栽的秧苗要及早控水轻控秧苗以保证秧苗质量。
2. 病虫草害防治
注意田间观察，及时防治灰飞虱、稻蓟马、稻叶瘟、稻纹枯病等病虫害。一旦发现秧苗有纹枯病发生苗立即用药，并做好控水降湿工作，尤其其超龄秧苗

**整地及插秧**

1. 耕整水稻田
水稻田耕整要检查灌排水渠及时清理、维修，保证水渠畅通。
2. 耕翻地
土壤含水量为 25%~30% 时比较适宜耕地，耕作深度为 20 cm 左右，采用耕翻、旋耕、深松及耙耕相结合的方法。以翻一年、松旋二年的周期为宜，5 月份放水泡田

**水稻田间管理**

1. 水浆管理
灌水：水稻灌溉一般采用浅水灌溉，水层保持在 3 cm 左右，一般选择在清晨或傍晚时及时灌水，做到浅水勤灌，保证水稻生长不缺水。若遇低温天气可适当增加水层，深水护苗。田间实行浅-湿-干节水灌溉技术。
移栽后至够苗浅水促蘖，在苗数达到预期穗数的 80% 时放水烤田。确定方法是在田间选择代表性稻穴，做好标记，记录分蘖动态，平均每株长近 2 个分蘖时即可。此时每穴总茎蘖数达到总苗数的 9 苗，每穴数约 11 苗，平均每穴总茎蘖数 300 万。烤田：机插水稻的开始与常规手插稻一样，遵循"苗到不等时，时到不等苗"的原则，在有效分蘖临界叶龄期前，烤田先轻后重，当群体总茎蘖数达到穗数苗 80% 左右开始排水烤田。以湿交替，达到田间水清、后期（穗期）撒干搁田。一般烤重至到田面出现小裂缝，能看见水稻白根，叶韧坚挺、色素较淡，晒 5~7 d 后，烤田程度达到田面出现小裂缝，能看见水稻白根，叶韧坚挺、色素较淡，一直要延续到倒 3 叶中期。后，烤田复稻至正常水层。烤田不能太重，每次烤田时间不能太长，否则容易造成有效分蘖死亡，导致有效穗数不足。烤田后的水浆管理与传统人工插秧基本相同，要坚持浅水灌溉，以湿为主、干湿交替，达到田间水清、后期（穗期）撒干搁田。
2. 肥料运筹：氮肥前期（基蘖肥）复混肥（15-15-15）450 kg，中期（长粗肥）、后期（穗肥）比例以 6:1:3。
(1) 基肥（kg/hm²）复混肥（15-15-15）450 kg，撒后耕翻。
(2) 追肥（kg/hm²）分蘖肥：移栽后 5~7 d 追施 165 kg 尿素；拔节肥：倒 4 叶时施 5 kg 尿素；穗肥：两次施用：倒 3.5 至倒 4 叶时施 5 kg 尿素，倒 1.5 至倒 2 叶时施 75 kg 尿素。
根外追肥：齐穗后叶面喷 0.2% $KH_2PO_4$-1%尿素混合液。
3. 化学药剂除草
谨慎选择除草剂，一般与水育秧田、直播田、抛秧田除草剂通用，若选用丁草胺和苄

续表56-9

| | 稻种处理 | 育秧技术 | 秧田管理 | 整地及插秧 | 水稻田间管理 |
|---|---|---|---|---|---|
| 主要技术措施 | 4. 适温催芽　将浸泡后选好的稻种,在30~35℃条件下破胸。稻种破胸率达到85%以上时,控制温度在25℃左右进行催芽。催芽时要适时翻动,使稻芽达到齐、快、匀、壮,催芽原则为高位露白。当芽长1 mm时,降温保湿催芽。芽长1 mm时,降温则方可播种 | 3. 秧苗标准　适宜机插秧秧龄以18~25 d较为适宜,苗高14~17 cm,叶龄为3.5~4.5叶,秧根的白根数为16条左右,100株秧苗干重达到3 g以上。<br>4. 秧田整理　秧田与水稻田比例约为1:(80~100),1 hm²种植田需秧田100~125 m²。在移入秧盘前一周放水整田,精做秧板,其规格为:畦面宽130 cm,秧板间沟宽30 cm,深20 cm,沟周四沟沟宽30 cm,沟深20 cm。板面达到实、平、光、直。秧板做好后排水晾板,为移入秧盘做准备。秧盘移入大田前,可喷施锐劲特等药剂预防地下害虫 | 更要重视。<br>3. 秧苗追肥　机插秧采用配制的营养土育秧,一般不需要追肥,若有缺肥现象可施少量氮肥。 | 在插秧前3~5 d进行水整地,使田块平整,提高插秧质量。<br>3. 插秧　插秧时期:日平均气温稳定达到13℃时开始插秧,6月中旬结束。插秧规格:行穴距为30 cm×13 cm,每穴3~4株基本苗 | 嘧磺隆除草,对芽期禾本科杂草和幼龄阔叶杂草有较好的防效。但对芽后禾本科杂草防除效果较差,因此选用上述除草剂化除时,应在整好田后结合泥浆沉淀施撒施,具体情况具体分析,灵活掌握化学除草时期。整好田后不能及时栽插的,能够及时栽插的可干栽,保水层5~7 cm,3~5 d后水机插,田不平可采用喷雾法,1 d后上水保持水层5~7 d。后5~7 d拌肥于傍晚撒施,5~7 d内保持水层5~7 cm,田平可采用喷雾。<br>如果前期除草效果不好的,再次除草,禾本科采用千金乳油、阔叶杂草采用苯达松,一天后上水保持水层5~7 d提高防效,草量少时采用人工拔除。用苄嘧磺隆兑水喷雾后,一天后上水保持水层5~7 d。<br>4. 病虫害防治　田间病虫害主要有稻飞虱、潜叶蝇、负泥虫、二化螟、稻瘟病、叶枯病等,以预防为主,防治结合。<br>防治稻飞虱:稻飞虱防治宜早不宜迟。喷洒农药时要对准水稻植株与水面交界处,要喷湿喷透,施药量根据说明使用准确配施,施药后3 d内田间保持3 cm水层。在早上雾水干后或下午光照不强时进行喷施,可以提高防治效果。<br>防治潜叶蝇:插秧前田间末施药的田块,水稻机插秧后开始返青时叶面喷施吡虫啉、啶虫脒等药剂同防治潜叶蝇。<br>防治负泥虫:在虫害发生期施用,药剂同防治叶蝇。<br>防治二化螟:水稻二化螟解化至低龄幼虫高峰期为最佳防治时期,可用锐劲特、三唑磷、杀虫双等药剂。<br>防治稻瘟病:稻瘟病应以预防为主,坚持在水稻开始抽穗、齐穗期两次用药。<br>5. 机械收割　水稻完全成熟时采用机械收获,收割前密切关注天气变化,适时收割。收割时采用稻草粉碎收割机,将稻秆粉碎还田,培肥土壤。优质品种,单独收获。收获后采用烘干设备及时烘干,收获损失率不大于2% |

沿江地区种植的水稻为安徽优势粮食作物之一,促进水稻的高产高效不仅是发展现代农业的需要,也是解决农民切实需求的最有效途径。而要达到高产高效,无非两种途径:一种是增加粮食产出;另一种是减少资源投入。无论哪种途径,都离不开技术支持。从整个粮食生产来看,近20年来技术进步对粮食单产增产贡献份额已达到35%,即粮食单产增长中有1/3是靠技术进步获得的(朱希刚,2000)。

我们目前的研究是以水稻机械化种植下的养分资源管理为重点展开的,取得了一定的研究成果。但从当前的水稻生产看,未来仍有许多问题需要解决,概括起来如下:

(1)水稻机械化生产是现代化水稻种植发展的必然趋势。但是,目前安徽沿江地区机插秧水稻生产技术推广缓慢,主要存在操作技术要求高、农民文化素质较低、适宜机插秧稻品种有限等问题(张培江等,2012)。现时,沿江地区很多种粮大户雇人生产的情况很常见,规模上去了,方式仍然传统,效益低下。研究农民容易接受的水稻机械种植技术,提高水稻生产技术水平是迫切需要解决的问题。

(2)沿江地区目前大多只种一季水稻,土地和水热资源富余。如何建立以机械化水稻生产为中心的耕作制度,及研究在此制度下的养分管理技术,实现沿江稻区水稻高产高效生产,值得大家关注。

(3)在水稻氮素利用效率上,测土配方施肥试验取得一定成效,但远未达到理想状态。从目前的试验结果看,氮肥利用率可达到45%左右,相较习惯施肥有明显提高,但与发达农业体相比还有很大差距。解决氮肥利用率问题任重而道远,还有许多工作要做。

(4)水稻养分管理技术与农业物联网技术整合。物联网被称为继计算机、互联网之后世界信息产业的第三次浪潮,物联网技术被誉为全球一个新的经济增长点,国家和政府部分非常重视物联网产业的发展。物联网技术在水稻生产中的应用,既能改变粗放的农业经营管理方式,也能提高作物疫情疫病防控能力,确保农产品质量安全,引领现代农业发展。目前,在我们绝大多数粮食主产区,水稻生产管理过程中都是通过人工凭经验来进行。不仅效率低,并且精确度不够,造成生产中资源浪费、生产成本增高、水稻产量降低等不利影响。而规模化经营为水稻生产过程中使用物联网技术准备了组织基础。

例如,在水稻生育过程中,可以利用物联网实时监测生长的环境信息、养分信息和作物病虫害情况。利用相关传感器准确、实时地获取土壤水分、环境温湿度、光照等情况,通过实时的数据监测和专家经验相结合,配合控制系统调理作物生长环境,引入水肥一体化技术,改善作物营养状态,提高养分利用率。同时还可以发现作物的病虫害发生情况并进行有效防治,维持作物最佳生长条件。最终实现水稻栽培高产高效的目标。

## 参考文献

[1] 蔡泽江,孙楠,王伯仁,等. 长期施肥对红壤 pH、作物产量及氮、磷、钾养分吸收的影响. 植物营养与肥料学报,2011,17(1):71-78.

[2] 曹云,范晓荣,贾莉君,等. 不同品种水稻对 $NO_3^-$ 同化的差异及其机理初探. 南京农业大学学报,2005,106(1):52-56.

[3] 陈正刚,陆引罡,朱青. 贵州西南部中海拔地区水稻平衡施肥及钾肥效应. 贵州农业科学,2006,34(1):50-51.

[4] 段英华,张亚丽,沈其荣,等. 增硝营养对不同基因型水稻苗期氮素吸收同化的影响. 植物营养与肥料学报,2005,1(2):160-165.

[5] 段英华,张亚丽,沈其荣. 水稻根际的硝化作用与水稻的硝态氮营养. 土壤学报,2004,41(5):803-809.

[6] 段英华,张亚丽,沈其荣. 增硝营养对不同基因型水稻苗期吸铵和生长的影响. 土壤学报,2005,42 (2):260-265.

[7] 付立东,王宇,李旭,等. 滨海盐碱稻区钾肥施入量对水稻产量及钾肥利用率的影响. 农业工程, 2012,2(1):80-83.

[8] 何牡丹,李志忠,刘永泉. 土壤有机质研究方法进展. 新疆师范大学学报:自然科学版,2007,26 (3):249-251.

[9] 侯云鹏,尹彩侠,秦裕波,等. 冲积土水稻钾肥适宜用量的研究. 吉林农业科学,2009,34(5):25-27.

[10] 胡春艳,陶乐明,刘枫,等. 安徽沿江地区水稻施钾效应研究. 安徽农业科学,2009,37(29): 14073-14074.

[11] 黄进宝,范晓晖,张绍林,等. 太湖地区黄泥土壤水稻氮素利用与经济生态适宜施氮量. 生态学 报,2007,27(2):588-595.

[12] 黄晶,高菊生,张杨珠,等. 长期不同施肥下水稻产量及土壤有机质和氮素养分的变化特征. 应用 生态学报,2013,24(7):1889-1894.

[13] 贾莉君,范晓荣,尹晓明,等. pH 对水稻幼苗吸收 $NO_3^-$ 的影响. 植物营养与肥料学报,2006,12 (5):649-655.

[14] 江立庚,曹卫星,甘秀芹,等. 不同施氮水平对南方早稻氮素吸收利用及其产量和品质的影响. 中 国农业科学,2004,37(4):490-496.

[15] 蒋毅敏,刘怀富,李义刚. 水稻施钾技术应用研究. 广西农学报,2002(2):1-4.

[16] 孔宏敏,何圆球,吴人付,等. 长期施肥对红壤旱地作物产量和土壤肥力的影响. 应用生态学报, 2004,15(5):782-786.

[17] 李贵勇,杨从党,Kwak Kang Su,等. 亚热带和温带生态条件下水稻生长速率和产量的相关性研 究. 生态环境学报,2010,19(3):706-711.

[18] 李文芳,杨世俊,文赤夫,等. 土壤有机质的环境效应. 环境科学动态,2004(4):31-32.

[19] 李珣,付立东,齐春华. 氮磷钾不同施入量对水稻产量的影响. 北方水稻,2010,40(4):19-21,24.

[20] 林葆,林继雄,李家康. 长期施肥的作物产量和土壤肥力变化. 北京:中国农业科学技术出版 社,1996.

[21] 刘枫,何传龙,王道中,等. 江淮丘陵区水稻钾、氮吸收特性与施钾效应研究. 土壤通报,2006,37 (2):314-317.

[22] 刘凤艳,朱志强. 寒地水稻磷肥不同施用量对比试验. 现代化农业,2010,8:18-19.

[23] 刘国栋,刘更另. 粳稻不同品种(系)钾素积累动态变化的微区试验. 作物学报,2000,26(2): 243-249.

[24] 刘建祥,杨肖娥,杨玉爱,等. 低钾胁迫下水稻钾高效基因型若干生长特性和营养特性的研究. 植 物营养与肥料学报,2003,9(2):190-195.

[25] 刘立军,常二华,范苗苗,等. 结实期钾、钙对水稻根系分泌物与稻米品质的影响. 作物学报, 2011,37(4):661-669.

[26] 刘丽华,赵永敬,李明杰,等. 钾肥施用时期对水稻产量及穗部结实的影响. 东北农业大学学报, 2011,42(4):22-26.

[27] 刘玲玲,彭显龙,刘元英,等. 不同氮肥管理条件下钾对寒地水稻抗病性及产量的影响. 中国农业 科学,2008,41(8):2258-2262.

[28] 鲁伟林,余新春,严德远,等. 传统施肥对水稻性状及氮肥利用的影响. 安徽农业科学,2011,39 (15):8967-8968.

[29] 吕新业,胡非凡. 2020 年我国粮食供需预测分析:农业经济问题(月刊). 2012,10:11-18.

[30] 马永欢,牛文元. 基于粮食安全的中国粮食需求预测与耕地资源配置研究. 中国软科学,2009,3:

11-16.

[31] 舒时富,郑天翔,贾兴娜,等. 氮肥和密度对精量穴直播水稻的影响 I-产量形成特性. 中国农学通报,2009,25(21):142-146.

[32] 孙宇瑞. 土壤含水率和盐分对土壤电导率的影响. 中国农业大学学报,2000,5(4):39-41.

[33] 王成瑗,张文香,赵磊,等. 氮磷钾肥料用量对水稻产量与品质的影响. 吉林农业科学,2010,35(1):28-33.

[34] 王宏广. 中国粮食安全研究. 北京:中国农业出版社,2005.

[35] 王伟妮,鲁剑巍,何予卿,等. 氮、磷、钾肥对水稻产量、品质及养分吸收利用的影响. 中国水稻科学,2011,25(6):615-653.

[36] 张永恩,褚庆全,工宏广. 城镇化进程中的中国粮食安全形势和对策. 农业现代化研究,2009,30(3):270-274.

[37] 张永恩,褚庆全,王宏广. 发展高产农业保障粮食安全的探索和实践. 中国农业科技导报,2012,14(2):17-21.

[38] 张永恩. 中国粮食安全:实践与探索. 北京:中国农业出版社,2011.

[39] 张永恩. 中国粮食高产的模式、效益与应用研究:学位论文. 北京:中国农业大学,2009.

[40] 赵秉强,张夫道. 我国的长期肥料定位试验研究. 植物营养与肥料学报,2002,8(增刊):3-8.

[41] 赵勇,李民赞,张俊宁. 冬小麦土壤电导率与其产量的相关性. 农业工程学报,2009,10,25(2):34-37.

[42] 郑强,郭伦,周琴. 不同施肥配方对水稻产量的影响及肥效研究. 耕作与栽培,2008,5:24-28.

[43] 郑铁军. 黑土长期施肥对土壤磷的影响. 土壤肥料,1998(1):39-41.

[44] 周宝库,张喜林,李世龙,等. 长期施肥对黑土磷素积累及有效性影响的研究. 黑龙江农业科学,2004(4):5-8.

[45] 周宝库,张喜林. 长期施肥对黑土磷素积累、形态转化及其有效性影响的研究. 植物营养与肥料学报,2005,11(2):143-147.

[46] 周江明. 不同有机肥料对水稻产量和土壤肥力的影响. 浙江农业科学,2014(2):156-162.

[47] 周卫军,陈建国,谭周进,等. 不同施肥对退化稻田土壤肥力恢复的影响. 生态学杂志,2010,29(1):29-35.

[48] 朱希刚. 农业科技成果产业化的运行机制. 农业科技管理. 2000,2:6-9.

[49] 朱兆良. 我国氮肥的使用现状、问题和对策 //李庆逵,朱兆良,于天仁. 中国农业持续发展中的肥料问题. 南京:江苏科学技术出版社,1998.

[50] Dalal R C. Long-term phosphorus trends in vertisols under continuous cereal cropping. Aust. J. Soil Res. ,1997,35:327-339.

[51] Haas H J,Grunes D L,Reichman G A. Phosphorus changes in Great Plains soils as influenced by cropping and manure applications . Soil Sci. Soc. Am. Proc. , 1961,25:214-218.

[52] Agbenin J O, Goladi J T. Carbon, nitrogen and phosphorus dynamics under continuous cultivation as influenced by farmyard manure and inorganic fertilizers in the savanna of northern Nigeria. Agric. Ecosys. Environ. ,1997,63: 17-24.

[53] Rhoades J D, Shouse P J, A lves N A, et al. Determ ining soil salinity from soil electrical conductivity using different models and estimates Soil Sci Soc Am J,1990,54:46-54.

[54] Yong Li, Xiuxia Yang,Binbin Ren, et al. Why Nitrogen Use Efficiency Decreases Under High Nitrogen Supply in Rice (*Oryza sativa* L. ) Seedlings . J Plant Growth Regul, 2012(31):47-52.

[55] Xu L,Zhang Y-Z,Zhou W-J,et al. Effect of different fertilizer application systems on soil fertili-

ty quality and rice yield. Research of Agricultural Modernization，2006，27（2）：153-156.

[56] Shao X-H，Zhang J-Z，Xia X-Q，et al. Effect of long-term fertilization on enzyme activities and chemical properties of paddy soils Ecology and Environmental Sciences，2012，21(1)：74-77.

（执笔人：汪建飞　陈世勇）

## 第 57 章

# 梨高产高效养分管理技术初探

梨是我国继苹果、柑橘之后的第三大栽培果树。随着农业产业结构调整,梨园面积越来越大,已成为部分地区农村的支柱产业。据联合国粮农组织统计,2011 年全世界梨收获面积和产量分别达到161.4 万 hm² 和 2 390 万 t,比 2001 年分别增长了 3.73％和 45.29％。中国一直是世界上最大的梨生产国,2011 年的收获面积和产量分别达到了 113.18 万 hm² 和 1 594.51 万 t,分别占世界的 70.12％和66.72％(国家梨产业技术体系提供)。梨园集约化生产加强,氮磷肥投入越来越高,很多地区肥料投入过量,果园土壤酸化、盐渍化、地下水硝酸盐、有机磷超标等问题日趋严重,而单位面积产量低、品质差、生理病害多、耐贮性低、抗逆性差等问题直接影响到梨农的经济效益。梨树在年生长周期活动中,萌芽、开花、坐果及花芽分化等,都需消耗大量营养物质。因此,应根据梨树不同的需肥时期、不同的需肥种类,及时补充不同的肥料,以满足树体的需求。但是,国内主要梨产区梨园施肥制度与施肥技术仍然相当落后,果农普遍凭经验施肥,施肥不及时或养分配比不当而影响树体生长、花芽分化、果实发育及果实品质的现象时有发生(安华明,2008;刘秀春,2011),已成为限制我国梨产业化发展的重要障碍因素。

## 57.1 全国梨主产县梨园土壤养分状况

### 1. 土壤 pH

土壤 pH 与成土母质、气候有很大关系。梨树对土壤 pH 的适应范围较广,在 pH 5.5～8.5 的土壤中均能正常生长。优质丰产的梨园,以 pH 6.0～7.5 为宜。但从我们对全国梨主产县市的梨园土壤pH 的测定分析可以看出,土壤 pH 小于 5.5 的梨园占总调查梨园的 30％,土壤 pH 5.5～6.0 的梨园占总调查梨园的 7％,6.0～7.5 的梨园占总调查梨园的 38％,高于 7.5 的梨园占总调查梨园的 24％。南方梨园土壤 pH 普遍较低而北方梨园土壤 pH 一般较高,如云南、福建、重庆、四川大部分梨园土壤 pH低于 5.5,甘肃和新疆梨园土壤 pH 均高于 7.5,但在北方的梨园中仍有较大比例 pH 较低的梨园,这除了有部分原因与土壤种类有关,还与施肥不当造成土壤酸化的现象密切相关(图 57-1),如四川、湖北、山东和河北四省的梨园土壤 pH 变异较大,表明因施肥不当造成部分梨园土壤酸化的可能性较高。

### 2. 梨园有机质含量

全国主要梨园土壤有机质的含量高低差别较大。从全国范围来看,有机质含量在 1％～2％的梨园占 55％左右,低于 1％的梨园占 15％左右,高于 2％的梨园占 30％左右,其中,高于 3％的梨园主要是黑

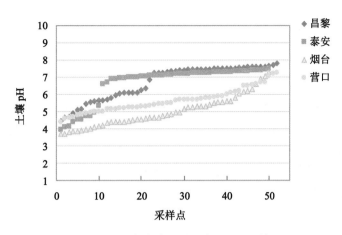

图 57-1　环渤海湾地区梨生产区梨园土壤 pH

龙江等省的示范梨园,与其所处的地域环境和土壤类型有关。如果以优质果园对土壤有机质含量的要求在 2% 以上为参照,河南、山西、北京、河北、徐州、山东、老河口、甘肃、陕西等省有 80%～90% 的梨园土壤有机质含量低于 2%,四川、湖北、新疆等省有 50%～60% 的梨园土壤有机质含量低于 2%,辽宁、黑龙江有 60%～80% 的梨园土壤有机质含量高于 2%。河南省梨园土壤有机质含量低于 1% 的梨园占 60%,1%～1.5% 的梨园占 30%,1.5%～2% 的梨园仅占 10%;山西省梨园土壤有机质含量低于 1% 的梨园占 30%,1%～1.5% 的梨园占 50%,1.5%～2% 的梨园占 20%,其他如北京、河北、徐州、山东、老河口、甘肃、陕西等省市土壤有机质含量整体偏低,培肥工作严峻,应加大有机肥的投入力度。

### 3. 梨园土壤全氮与碱解氮含量

从全国范围看,梨园土壤全氮含量低于 1% 的梨园占 39% 左右,1%～1.5% 的梨园占 38%,高于 1.5% 的梨园占 23%。如果以 1%～1.5% 为适宜含量,则有 60% 左右梨园土壤存在全氮含量过高或过低现象。与土壤有机质含量相对应,河南和山西省梨园土壤全氮含量也较低。河北、甘肃、山东、北京、陕西、老河口、四川、湖北、新疆有 30%～60% 的梨园土壤全氮含量较低。同时,河北、山东、北京、陕西、四川、新疆、辽宁、云南等省有 20%～40% 的梨园土壤全氮含量较高(>1.5%),福建和黑龙江等省有 60%～80% 的梨园土壤全氮含量较高(>1.5%)。

全国梨园土壤碱解氮的含量显示,80% 梨园土壤碱解氮含量低于 100 mg/kg,碱解氮含量较低。从各省的情况来看,河北、甘肃、河南、山西、陕西几乎全部梨园的碱解氮都低于 100 mg/kg,北京、四川、黑龙江和福建有部分梨园土壤碱解氮含量高于 150 mg/kg。据调查,河北省有机肥和化肥投入氮量高达 1 000 kg/hm²,但其土壤中碱解氮平均含量仅 10～95 mg/kg(表 57-1),较高的氮素投入量与较低的土壤碱解氮含量形成了鲜明的对比。进一步的调查结果表明,当地大水漫灌可能是造成土壤中碱解氮含量较低的重要原因之一。

表 57-1

河北省五个梨主产区梨园土壤碱解氮含量　　　　　　　　　　　　　　　　　　　　　　　　　mg/kg

| 项目 | 昌黎 | 滦南 | 泊头 | 辛集 | 晋州 |
|---|---|---|---|---|---|
| 范围 | 10.10～94.50 | 26.11～70.29 | 18.58～67.31 | 21.89～76.94 | 18.68～45.12 |
| 平均值 | 40.93 | 46.35 | 46.88 | 48.35 | 34.72 |
| 变异系数/% | 59 | 31 | 27 | 43 | 26 |

### 4. 梨园土壤有效磷含量

对全国主要梨土壤有效磷含量的分析表明,60% 左右的梨园土壤有效磷含量高于 30 mg/kg,土壤有效磷富集现象明显。低于 15 mg/kg 的梨园有 20%，表明有 20% 的梨园土壤有效磷缺乏，应加大磷肥的投入。只有 20% 的梨园土壤有效磷含量在 15～30 mg/kg。对各省示范县梨园土壤有效磷含量的统计显示，云南有 50% 左右的梨园有效磷含量较低，黑龙江和山西等省有 30% 左右的梨园土壤有效磷含量较低，湖北、四川、辽宁、福建、甘肃有 20% 左右的梨园土壤有效磷含量较低，河南、徐州有 10% 的梨园土壤有效磷含量较低，黑龙江、烟台、河北和山东等省都有少量梨园土壤有效磷含量较低，陕西省的梨园除有 1 个梨园土壤有效磷含量处于 15～30 mg/kg 范围内，其余全部梨园土壤有效磷含量均在 30 mg/kg 以上；山东、河北有 90% 的梨园土壤有效磷含量高于 30 mg/kg，新疆、福建、四川、湖北等省也都有 50%～80% 的梨园土壤有效磷含量过高。河北省五个梨主产县梨园土壤有效磷除了个别地区含量较低外，平均含量为 41～100 mg/kg（表 57-2）。这不仅与磷肥的投入过多有关，而且也可能与其不适当的施肥方式有关。

表 57-2

河北省五个梨主产区梨园土壤有效磷含量                                                                                                          mg/kg

| 项目 | 昌黎 | 滦南 | 泊头 | 辛集 | 晋州 |
|---|---|---|---|---|---|
| 范围 | 35.43～139.49 | 30.91～198.94 | 31.58～99.49 | 7.20～84.47 | 28.94～79.03 |
| 平均值 | 83.58 | 97.7 | 56.04 | 41.53 | 48.6 |
| 变异系数/% | 37 | 54 | 37 | 62 | 35 |

### 5. 梨园土壤速效钾含量

全国主要梨园土壤速效钾含量与有效磷含量有相似之处，高于 120 mg/kg 的梨园占 63%，低于 80 mg/kg 的梨园土壤速效钾含量大约在 15%，梨园土壤速效钾也有大量富集现象。其中，陕西所有梨园土壤速效钾含量均高于 120 mg/kg；甘肃、山西、四川、黑龙江、新疆、河北、山东、辽宁等省约有 80% 的梨园土壤速效钾含量在 120 mg/kg 以上；云南、湖北、福建、河南、湖北等省有 20%～50% 的梨园土壤速效钾含量低于 80 mg/kg，同时，有 30%～50% 的梨园土壤速效钾含量高于 120 mg/kg。河北省五个梨主产县梨园除滦南和昌黎地区有低于 120 mg/kg 的土壤速效钾含量外（图 57-2），其他几乎所有地区都高于 120 mg/kg。造成这种现象可能与膨大期大量施钾肥有关。

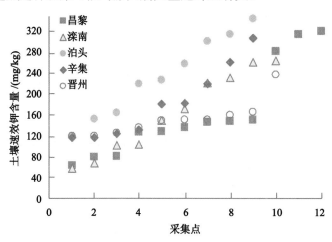

图 57-2　河北五个梨生产区梨园土壤速效钾含量

### 6. 梨园土壤交换性钙、镁含量

梨园土壤交换性钙、镁含量与土壤类型、地理环境有关。江苏、甘肃、陕西、山西、河南和新疆等省所有梨园土壤交换性钙含量均在 1 000 mg/kg 以上，而福建等省 90% 的梨园土壤交换性钙含量低于 500 mg/kg，500～1 000 mg/kg 的梨园仅占 10%（图 57-3）。云南 40% 的梨园、山东烟台 20% 的梨园土壤交换性钙含量低于 500 mg/kg。其他如河北、湖北、山东、四川等省均有部分梨园土壤交换性钙含量较低,低于 500 mg/kg。与土壤交换性钙含量的区域变异相似,福建等省梨园 90％左右的土壤交换性镁的含量低于 60 mg/kg,云南、湖北等省有 40％左右的梨园土壤交换性镁含量低于 60 mg/kg,烟台、河北、山东、徐州、老河口等省均有部分梨园土壤交换性镁含量较低。其他各省梨园土壤交换性镁含量较高。

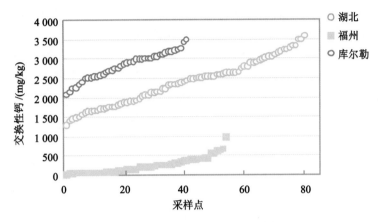

图 57-3　湖北、福建和新疆梨生产县梨园土壤交换性钙含量

### 7. 梨园土壤有效铁、锰、锌、铜、硼含量

全国梨园土壤有效铁含量低于 10 mg/kg 的梨园占 40％,10～20 mg/kg 的梨园占 25％,高于 20 mg/kg 的梨园占 35％左右。其中,山西和陕西等省几乎所有梨园土壤有效铁含量均较低,低于 10 mg/kg;甘肃、河南、新疆、山东、河北等省有 50％～80％的梨园有效铁含量低于 10 mg/kg,黑龙江 20％～30％的梨园有效铁含量较低,四川、徐州、福建、湖北和云南等省市总的看来土壤有效铁含量在 10 mg/kg 以上。

从全国范围来看,全国主要梨园土壤有效锰的含量在 5～20 mg/kg 范围内的占 50％,有效锰含量低于 5 mg/kg 的梨园比例较小,约有 10％,这部分梨园土壤有缺锰的可能。30％～40％的梨园土壤有效锰含量较高,在 20 mg/kg 以上。在这部分梨园土壤中,有部分土壤有效锰含量较高,甚至超过 200 mg/kg,极有可能引发梨树因锰过量而导致的粗皮病。对各省来说,新疆和河北等省有效锰含量低于 5 mg/kg 的梨园占 50％～60％,河南、辽宁等省有 10％～20％的梨园土壤有效锰含量低于 5 mg/kg,福建、江苏、北京、山西等省市都有少量梨园土壤有效锰含量较低。其他如甘肃、陕西、湖北、云南、四川、黑龙江、山东等省梨园土壤有效锰均在 5 mg/kg 以上。

从全国范围看,20％左右的梨园土壤有效锌含量低于 1 mg/kg,有缺锌的可能;处在 1～2 mg/kg 范围内的梨园约占 30％。各省均有梨园土壤有效锌含量极低的现象,其中,山西和甘肃等省市有 50％～60％的梨园土壤锌含量低于 1 mg/kg;新疆等地梨园土壤有效锌含量低于 1 mg/kg 的梨园占 40％左右,河南、北京、徐州、湖北、四川、山东、辽宁、福建等省市有 10％～20％的梨园土壤有效锌含量低于 1 mg/kg。其他各省如云南、陕西、山东、黑龙江、河北等省均有少量梨园有效锌含量低于 1 mg/kg。全国主要梨园土壤有效铜的含量基本较高,只有黑龙江、河南和新疆等省个别梨园土壤有效铜含量极低。据统计,全国主要梨园土壤有效硼的含量低于 0.5 mg/kg 的占 53％,应引起高度重视,处于适宜范围 (0.5～1 mg/kg)及含量丰富(1 mg/kg)的梨园分别约占 20％。其中,各省超过 50％的梨园土壤有效硼缺乏的有湖北、四川、福建、老河口、山东、辽宁、黑龙江、河南、山西和北京等省市,尤其以湖北、四川、福建、老河口等省市梨园土壤缺硼现象严重,约 90％的梨园土壤有效硼含量低于 0.5 mg/kg。甘肃等省有 10％左右的梨园有效硼含量低于 5 mg/kg。

## 57.2　梨树营养水平状况

### 1. 梨树叶片氮磷钾含量

梨树叶片中氮含量的适宜值一般为 20～24 g/kg（李港丽等，1987）。从全国范围来看，梨园梨树叶片中氮含量有较大差异。山东、河北、新疆和北京等省（区）有 40%～60% 梨园梨树叶片中氮含量低于 20 g/kg，河南、烟台、江苏等省市有 30% 左右梨园梨树叶片中氮含量低于适宜值，云南、湖北、四川有 10%～20% 梨园梨树叶片中氮含量低于适宜值，安徽、陕西、辽宁、山西、黑龙江等省有少量梨园梨树叶片氮含量低于适宜值，表现出潜在的缺氮。福建和甘肃等省所有梨园梨树叶片氮含量均在适宜值以上，其中，甘肃梨园叶片含量普遍超出适宜值范围。福建、山西、陕西、合肥、四川、云南、河南、北京等省市有 30%～70% 梨园梨树叶片氮含量高于适宜值，有氮过量的可能，应引起重视。

梨树叶片中磷的含量基本稳定在 1～2 g/kg，超过 2 g/kg 和低于 1 g/kg 的样品较少。其中，河北、河南、黑龙江、北京、甘肃等省市均有少量叶片样品中磷的含量超过 2 g/kg，可能引起磷的过量，从而引发其他元素的失调。梨树叶片中钾的含量适宜值范围一般为 12～20 g/kg。从全国范围来看，全国大部分梨园梨树叶片钾含量处于较低和适宜范围内，超出适宜值的梨园较少。辽宁、黑龙江、云南、北京、陕西等省市有 70% 左右的梨园叶片钾含量低于适宜值，山西、河南、四川等省有 50%～60% 的梨园梨树叶片钾含量低于适宜值，山东、安徽、湖北、徐州等省市有 30%～40% 的梨园梨树叶片钾含量低于适宜值，河北、福建、甘肃等省有少量梨园梨树叶片钾含量较低。新疆等省所有梨园叶片钾含量均在适宜值范围以上，其中新疆、福建、山东等省有 10%～20% 的梨园叶片钾含量高于适宜值。

如表 57-3 所示，环渤海地区梨园叶片含 P 量基本处于适宜状态，部分地区存在 N、K 缺乏的现象。其中，叶片 N 平均含量为 20.92 g/kg，在适宜范围内的叶片样本占总样本的 52.22%，35.96% 的样品 N 含量低于适宜值范围；叶片含 P 量在适宜范围内的样本数占 83.25%，其平均含量为 1.38 g/kg，低量样本仅占 16.26%；叶片平均含 K 量为 13.01 g/kg，在适宜范围内的梨园为 70.94%，低含量梨园占 25.62%。

**表 57-3**

环渤海地区主要梨园叶片矿质营养元素含量

| 营养元素 | 范围 | 平均值 | 分布频率/% | | | 适宜范围* |
| --- | --- | --- | --- | --- | --- | --- |
| | | | 低量样品 | 适量样品 | 高量样品 | |
| N/(g/kg) | 15.54～26.42 | 20.92 | 35.96 | 52.22 | 11.82 | 20.0～24.0 |
| P/(g/kg) | 1.00～2.47 | 1.38 | 16.26 | 83.25 | 0.49 | 1.2～2.5 |
| K/(g/kg) | 2.76～24.00 | 13.01 | 25.62 | 70.94 | 3.45 | 10.0～20.0 |
| Ca/(g/kg) | 10.06～28.01 | 17.59 | 0.00 | 97.54 | 2.46 | 10.0～25.0 |
| Mg/(g/kg) | 1.83～8.27 | 3.87 | 5.91 | 93.60 | 0.49 | 2.5～8.0 |
| Fe/(mg/kg) | 83.74～207.08 | 137.23 | 1.90 | 81.01 | 17.09 | 96.0～168.0 |
| Zn/(mg/kg) | 11.09～91.13 | 23.03 | 40.39 | 59.11 | 0.49 | 20.0～60.0 |

\* 引自张玉星，2003。

### 2. 梨树叶片其他矿质营养元素

张玉星（2003）指出，梨叶片钙适宜值为 10～25 g/kg。据图 57-4 显示的几个梨产区数据表明，福建省和山东烟台部分梨园更易发生叶片缺钙现象。联系该地区的土壤状况发现，福建省梨园土壤为酸性，土壤有效钙含量很低，绝大部分低于 500 mg/kg。而山东烟台的梨园土壤则是由于土壤酸化造成 pH 下降，大部分梨园土壤 pH 在 4～5 之间。因此，要改善树体的钙素营养，应当从改良土壤出发。

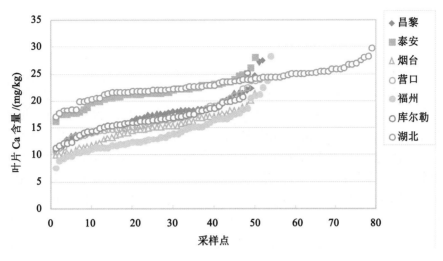

图 57-4　全国部分地区梨叶片钙含量分析

如果按照锌适宜值为 20～60 mg/kg 来看,则除了福建省梨叶片锌含量较高外(图 57-5),其他各省都存在大量锌缺乏现象,与成土木质、气候等没有必然的联系。因此,锌是梨树栽培过程中应当及时补充的一种微量元素。

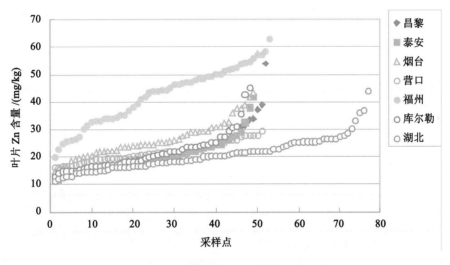

图 57-5　全国部分地区梨叶片锌含量分析

同样,如果按叶片中硼的适宜值为 20～50 mg/kg 计,则除了新疆外,其他各省都出现不同程度的缺硼症状(图 57-6),说明补充硼肥也是一项必需的工作。

**3. 不同品种叶片中矿质元素含量**

比较环渤海地区主要梨园中不同品种叶片矿质元素含量可以看出(表 57-4),除 Mg,Zn 外,不同品种间叶片中各矿质营养含量差异明显。与其他品种相比,鸭梨、绿宝石叶片含 N 量最低,苹果梨叶片含 N 量最高,但其含 K 量最低;莱阳茌梨叶片中 P,K 含量较高,但 N 含量偏低;秀丰、砀山酥梨均存在不同程度的缺 K,丰水叶片中 K,Ca 含量最高,而南果梨、巴梨、伏洋梨叶片中 Ca 含量最低;同时秀丰梨叶片含 Zn 量也处于缺乏状态。

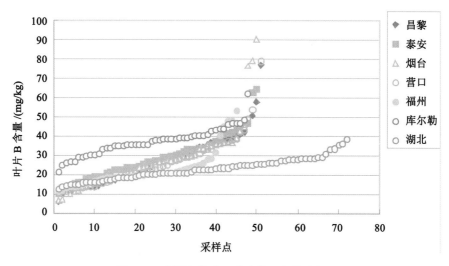

图 57-6　全国部分地区梨叶片硼含量分析

表 57-4
不同品种叶片中矿质元素含量差异比较

| 品种 | N/(g/kg) | P/(g/kg) | K/(g/kg) | Ca/(g/kg) | Mg/(g/kg) | Fe/(mg/kg) | Zn/(mg/kg) |
|---|---|---|---|---|---|---|---|
| 黄冠 | 20.52cd | 1.34cdef | 17.71ab | 18.61bcd | 3.67ab | 192.99a | 25.43ab |
| 鸭梨 | 17.51e | 1.24ef | 16.65ab | 18.57bcd | 4.13ab | 178.32a | 19.60ab |
| 南果梨 | 22.73b | 1.37cde | 10.53de | 15.37e | 4.32a | 137.22bc | 21.52ab |
| 苹果梨 | 24.51a | 1.56ab | 9.84e | 18.35cd | 3.72ab | 187.66a | 21.81ab |
| 锦丰 | 21.86bc | 1.51abc | 10.74de | 18.56bcd | 3.79ab | 123.48cd | 21.81ab |
| 巴梨 | 22.58b | 1.37cde | 10.02e | 14.99e | 3.73ab | 116.13cd | 23.26ab |
| 伏洋梨 | 21.06bc | 1.42bcd | 12.92cd | 15.42e | 3.71ab | 101.06d | 22.63ab |
| 黄金 | 19.17de | 1.42bcd | 15.42bc | 16.69de | 3.14b | 120.20cd | 25.03ab |
| 丰水 | 21.45bc | 1.39bcde | 16.59ab | 22.12a | 4.22ab | 125.26cd | 27.01ab |
| 莱阳茌梨 | 19.06de | 1.61a | 19.27a | 17.79cde | 3.14b | 110.39cd | 27.80a |
| 绿宝石 | 18.63e | 1.22ef | 14.82bc | 19.07bcd | 4.15ab | 158.95ab | 25.27ab |
| 秀丰 | 18.61e | 1.26def | 8.39e | 21.45ab | 3.79ab | 124.58cd | 17.94b |
| 砀山酥梨 | 20.48cd | 1.19f | 8.98e | 20.44abc | 3.97ab | 115.13cd | 20.99ab |

　　N/K 和 N/Ca 变动范围从 0.6～4.7 和 0.5～3.5(图 57-7 和图 57-8)。究其原因,可能存在如下几个方面:土壤施氮量过高、抑制了钾的吸收而导致 N/K 过高(如叶片钾含量不足 10 g/kg);土壤施氮量很低而导致 N/K 过低;叶片钙含量很低(易出现缺钙症状)。

　　**4. 土壤状况与叶片营养间的相关性**

　　土壤的 pH 也对叶片营养元素的吸收有极大的影响,特别是对 N,P,Ca,Mg,Zn 等元素的影响最大。土壤 pH 与叶片中的 Ca,Mg 含量呈极显著正相关,与 Zn 呈极显著负相关(宋晓晖等,2011),即在一定范围内随着 pH 的升高,叶片中的 Ca,Mg 含量增加,而 Zn 含量减少,这说明 Ca,Mg,Zn 之间存在着某种拮抗作用。土壤有机质与叶片中 N,Mg 含量呈极显著正相关,表明增加土壤中的有机质,可以提高叶片中的养分含量。叶片 N,P,K,Ca,Mg,Zn 与对应的土壤有效养分均呈显著正相关关系,与丁平海等(1994)、刘运武(1998)的研究结果一致,说明提高土壤特定元素含量,可以在一定程度上提高相对应的树体中该元素的水平。丁平海等(1994)将不同品种叶片矿质营养含量与 0～20 cm 土层中矿质营养含量之间的相关性进行分析,结果表明,土壤中 N,P,K,Zn 等元素有效养分含量与叶片中相应的

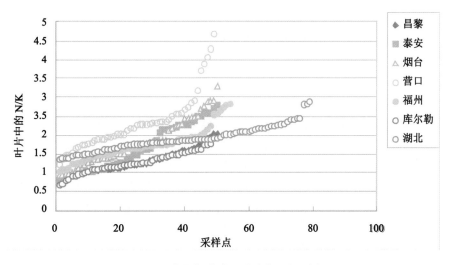

图 57-7　全国部分地区梨叶片 N/K 分析

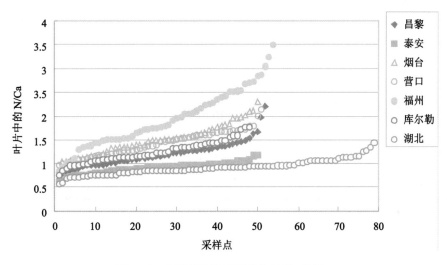

图 57-8　全国部分地区梨叶片 N/Ca 分析

元素含量之间呈正相关,叶片中 N,P,K,Zn 的缺乏,与土壤中相应的有效态元素含量较低有关。土壤中 Ca,Mg,Mn 等元素表现为与叶片中相应元素呈负相关。此外,本研究中叶片中的 K 含量与全氮、碱解氮含量呈极显著负相关,但与有效 P 含量呈极显著正相关,这与叶片内营养元素拮抗研究中,K 与 N 显著负相关,K 与 P 显著正相关结果一致。这说明在生产中一些果农为了提高产量而施用大量 N 肥具有盲目性,应该合理平衡 N,P,K 的配比,科学施肥才可以促进植物养分吸收。

## 57.3　全国梨主产县梨园施肥现状及存在问题

### 1. 梨园有机肥的施用现状

　　土壤肥力是土壤的基本属性,即能满足植物对水、肥、气、热的需求,保证植物正常生长发育。提高果园土壤肥力,培肥土壤,是改良果园土壤、提高果品质量、促进果业可持续发展的关键。有机质是土壤中来源于生命的物质,是土壤肥力的重要物质基础。梨园土壤增施有机肥,不仅可为梨树的生长提供全面的营养物质,更主要是提高土壤有机质含量,改善土壤微生物活性,增加土壤酶活性,促使良好的微团聚体形成,改善土壤的理化性状,增强土壤的缓冲性能,为梨树的根系发育提供良好的土壤环境。方成泉等(2003)提出,梨树施肥应以有机肥为主、化肥为辅。调查中发现,各地有机肥的投入量存在较大差异,与当地梨主栽品种、养殖业发展状况、梨的社会经济效益及梨农对有机肥的认知等有关。各地施用有机肥的种类与当地畜禽养殖业有直接关系,如有的地区以鸡粪为主,有的地区以牛羊粪为主。从全国范围看,山西、云南、山东、江苏、河南、甘肃、湖北、福建、新疆等梨园施用有机肥比较普遍,施用有机肥的梨园占被调查梨园的80%～100%;河北、陕西、四川、黑龙江梨园有60%左右施用有机肥。

在我国梨树主栽省,有的地区施用有机肥的数量较多,但反映出来的果品质量及土壤有机质含量却相对不高。这除了施用时期(如有的是春施)造成的肥料当季利用率不高、梨树养分补给不足,还与有机肥的腐熟程度及施用方式有关。在很多梨园现场调研中发现,有机肥不是施入到土壤中,而是覆盖在树下,仅仅充当了"覆盖"材料,失去了有机肥的"改土"作用和增加土壤养分的作用。同时,梨园施用的有机肥大部分是未经(完全)腐熟的鸡粪或牛羊粪等。这些有机肥不仅速效养分含量低,而且易携带病原菌,在土壤中腐熟时还会与梨树发生"争氮"现象,不利于梨树的生长。因此,应加强腐熟有机肥、商品有机肥和微生物有机肥的施用。商品有机肥不仅在生产过程中通过高温发酵消灭了病原菌,而且其所含的大部分迟效态养分也通过此过程转化为速效养分,是施用起来方便、干净、效果好的优质肥料。微生物有机肥则在商品有机肥生产过程中添加了活性微生物,具有促生、抑病的作用。本课题组连续5年在烟台市蓬莱巴梨园施用不同种类有机肥料发现,促生微生物有机肥能显著降低巴梨腐烂病发生率(表57-5,陈桥伟,2014,硕士毕业论文)。

**表57-5**

不同施肥处理对巴梨腐烂病的影响 %

| 处理 | 轻度发病率 | 中度发病率 | 重度发病率 | 总发病率 |
|---|---|---|---|---|
| 空白 | 11.1 | 33.3 | 33.3 | 77.8 |
| 促生微生物有机肥 | 22.2 | 11.1 | 0 | 33.3 |
| 溶磷微生物有机肥 | 44.4 | 33.3 | 0 | 77.8 |
| 联业有机肥 | 44.4 | 22.2 | 0 | 66.7 |
| 阿波罗有机肥 | 44.4 | 33.3 | 0 | 77.8 |
| 当地施肥方式 | 55.5 | 11.1 | 11.1 | 77.8 |

**2. 氮、磷、钾化肥的比例**

张卫峰(2010)指出,长期以来,我国化肥产品与农业需求脱节,养分浪费和损失极其严重,既增加了农民负担,又增加了温室气体的排放。通过调查我们发现,尿素和复混肥是梨树常用的化肥,多数地区以这两种肥料为主,部分地区以单施尿素或三元素复混肥为主,且施用的复混肥以高浓度的氮磷钾复混肥为主。大量施用尿素,磷、钾肥配比比例过低及经常施用一种比例的三元素复混肥易造成土壤养分不平衡,使树体营养不均衡,易遭受病、虫害,抵御干旱、低温等逆境的能力差,因此前几年梨树施肥提出"控氮、增磷钾"。环渤海湾地区主要梨园有效磷含量的分析结果发现,90%的梨园土壤中有效磷有积累现象,其中20%以上的梨园土壤有效磷含量都在100 mg/kg以上,与卢树昌(2008)、刘成先(2005)的结果一致。刘成先(2009)也指出,由于减少氮肥的投入,南果梨在生长期间出现由于缺氮而导致的"红叶病",但土壤中有效磷含量大大超标,导致南果梨叶片内氮、磷、钾三元素营养失衡。这些结果反映出一个主要问题:即目前梨树上的施肥仍然处在"盲目施肥"、"经验施肥"状态。梨园土壤平衡施肥的实质是:根据土壤养分状况,合理施用氮、磷、钾肥料,有的地区"减氮、增磷钾",有的地区要"保证氮肥、控制磷肥",有的地区则是"控制氮肥、增施磷肥"等,其核心是在合理判断土壤养分状况的基础上,优化肥料产品结构。同时,应当根据梨树需肥规律,选用适当比例的氮磷钾复合肥,而不是一味使用高浓度的氮磷钾复合肥。除了氮磷钾化肥的投入不平衡,追肥过程中肥料施用也存在方法上的错误,如很多地区梨农常将复合肥、尿素、微量元素肥料等撒在树下,大水漫灌,使肥料中的氮流失、磷钾固定作用严重,从而导致根系周围的氮磷钾养分浓度不平衡,抑制了梨树的生长和发育(董彩霞等,2012)。

湖北省主要梨园投入肥料种类及投入量比重见图57-9。可以看出,湖北省梨园施用的氮素养分42.4%来源于尿素,有25.1%来源于复合肥氮,剩下的由有机肥和碳铵提供,分别占17%和15.5%。施用的磷素养分有65.8%来源于复合肥,16.2%来源于过磷酸钙,有机肥提供的磷占12.4%,磷酸二氢钾只占5.6%。施用的钾素养分67.6%来源于复合肥,23.1%来源于有机肥,剩下的由硫酸钾和磷酸二氢钾提供,分别占5%和4.3%。调查区域施用的复合肥大多为三元素高浓度复合肥,有65.8%的磷和67.6%的钾依靠复合肥提供,容易导致磷钾肥的施用比例失调,这也是磷钾肥的投入比例接近1:1的重要原因。复合肥由于养分浓度高,施用省时省力而受农民的欢迎,因此,可以结合梨树的需肥规律,研发梨专用复合肥,在方便农民使用的同时,又解决了滥用高浓度复合肥导致氮磷钾肥投入比例失调的问题。

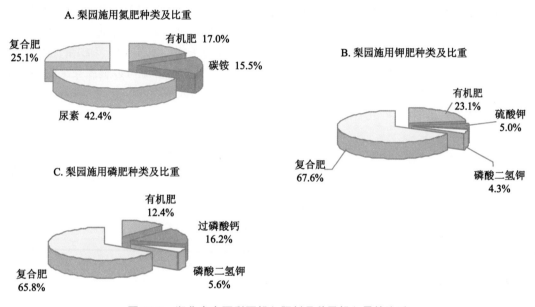

图57-9 湖北省主要梨园投入肥料品种及投入量的比重

### 3. 施肥时期

梨树的施肥时期可以分为两大类,一是基肥,二是追肥,应根据肥料的特性和树体生长发育特点来确定施肥时期。Mitcham和Elkins(2007)指出,早春根系吸收的氮素大多用于叶片和枝条的生长,几乎不用于花的发育、坐果、早期果实发育等过程,而梨树的开花、坐果及早期果实发育需要的氮素几乎全部来自树体贮藏的氮,显示出梨树贮藏营养的重要性。基肥,即秋季施肥,是一年中最重要的施肥,主要是增加树体贮藏营养,一般是有机肥配施化肥。基肥的施用原则是秋施,即使中晚熟品种的基肥也应在晚秋、初冬施用,而不能推迟到春施。秋施基肥是各级技术人员都知道的原则,但是实际实施起来却不尽然。各时期施用化肥的比例反映出各地的施肥习惯。有部分梨园主要集中在基肥和膨大期施用化肥,全国有一半的被调查梨园有萌芽前追施化肥的习惯;有30%的被调查梨园在花芽分化期追施化肥;化肥养分投入比例为50%~90%。追施化肥的种类中,尿素和三元素复混肥是我国梨园普遍施用的两种肥料,占总施用化肥梨园的62%和56%。果实膨大期追肥以尿素和复合肥为主,也有少量施用碳铵、过磷酸钙、硝铵、冲施肥等。相当多的地区秋施基肥推迟成为冬施或春施。由于有机肥施入土壤中需要较长时间才能矿化成无机养分,被根系吸收利用,而且春天施用有机肥不仅对肥效和根系吸收利用产生不利的影响,在春天施用时还会使土壤大量失水,对春季干旱保水极为不利。再者,使用速效性氮、钾作为基肥且施用时期较晚,会造成养分的大量流失。同时,冬季在根系被迫休眠之前施入的肥料能促进根系发育,长出新根,生命活力强,是第二年春天根系吸收水分和养分的主要部分。因此,如果基肥施入较晚,对梨树根系发育、养分吸收、贮存营养均有不利的影响。

Mitcham 和 Elkin(2007)还指出,梨树吸收氮素的活跃期为其旺盛生长期间,从春季营养生长开始,到夏末叶片功能下降结束,休眠期氮素吸收量极少,因此,美国加利福尼亚地区不建议梨农在 10 月至翌年 3 月之间追肥。在整个生长季节中,氮肥少量、多次施用,有利于树体高效吸收和利用。这一点对于沙质土壤来说尤其重要。我国各地梨农追肥的施用时期、肥料种类和数量均有较大差异。

以湖北省主要梨园氮磷钾化肥投入比例为例。氮肥的基追比为 0.84,磷肥的基追比为 1.87,钾肥的基追比为 2.34(图 57-10)。氮肥的基追比接近于 1,由于梨园投入的氮主要为速效氮肥,在基肥中投入过多的速效氮肥,有可能使基肥时期的氮供应速率大于梨树对氮的吸收利用速率,而在冬季休眠期根系活动趋于停滞,基肥中施用的速效氮肥不能被梨树有效利用而损失掉,造成氮肥资源浪费和环境压力。因此,建议速效氮肥的施用可以根据梨树的生长发育规律,少量多次,在关键时期多施用。或选用养分释放曲线与梨树需肥规律较一致的缓控释氮肥。磷肥施入土壤后容易被固定,使其养分缓慢释放,其肥力效果可延续较长时间,因此,磷肥适宜在基肥时施用。钾肥的基追比较大,基肥中大量施用钾肥,利于提高树体中钾的贮藏量,增强树体的抗冻害能力,为来年的萌发与开花积聚充足的养分;但是,钾是品质元素,在果实糖积累方面有重要作用,因此在膨大期增施钾肥可以提高梨果的品质。

由图 57-11 可知,氮磷钾的年平均施用比例约为 1:0.36:0.34,一般习惯上认为梨园的氮磷钾合理的投入比例为 1:0.5:1,因此,湖北省梨园的氮磷钾肥投入不平衡,磷钾肥投入偏少。

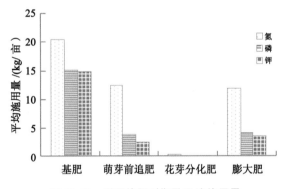

图 57-10　梨园施肥时期及平均施用量

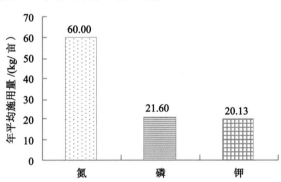

图 57-11　梨园氮磷钾年平均施用量

**4. 施肥深度**

施肥的位置和深浅直接决定了梨树对肥料养分的吸收利用效率。梨树是深根系作物,一般 60% 的根群集中在 30～60 cm 的深度范围内。姜远茂(2007)指出,梨树根系水平伸展较大,但距主干较近部位根系较集中。距主干 1 m 之内的根占总根量的 57.4%,1～2 m 占 36.7%。粗度在 1 mm 以下的细根主要分布在树冠下 10～50 cm 的土层内。李振凯和张玉芳(2007)认为,浅层根系对形成花芽和提高果品质量起着决定作用,所以不论施基肥还是追肥,都应该针对浅层根系进行。对施肥深度而言,全国各地穴施和条施的深度存在较大差异,有的较深,达到 40 cm 深,有的较浅,在 15 cm 左右。各地施肥深度有一定差异,可能与当地梨树的施肥习惯有关。但梨树品种多样,根系的分布差异也较大,应当根据梨树根系生长特点和肥料种类而采取适宜的施肥深度,例如,宫美英和张凤敏(2004)指出,梨树大根受伤或断裂后,伤口不易愈合,且再生能力较差,因此施肥多采用放射状沟多点位施肥法,避免伤及根系;有些速效氮肥,不宜过于靠近根系;另外,肥料表施时会造成氮肥挥发损失并引起根系上返,尤其在土壤表层湿润时更是如此。我国各地大部分省市都是采用穴施或者条施的方式,部分省市有采用撒施的方式。

**5. 从梨园养分资源投入量与产量水平的关系谈梨园的合理施肥**

以湖北省为例(图 57-12),主要梨园平均总的氮素投入达到 900 kg/hm²,其中由有机肥提供的为

59 kg/hm²,来源于化肥的为 841 kg/hm²;平均的磷素投入为 324 kg/hm²,其中由有机肥提供的为 23 kg/hm²,化肥提供的为 301 kg/hm²;平均的钾素投入为 302 kg/hm²,其中由有机肥提供的为 38 kg/hm²,化肥提供的为 264 kg/hm²。每公顷总的养分投入为 1 526 kg,其中由有机肥提供的总养分为 120 kg,化肥提供的总养分为 1 406 kg。化肥偏生产力(即化肥效率)是指单位投入的化肥所能生产的果实产量。随着化肥氮用量的增加,化肥氮效率逐渐降低。其中潜江市梨园化肥氮效率最高,均在 200 kg/kg 以上,最高接近 400 kg/kg。利川市梨园与钟祥市的大部分梨园化肥氮效率在 50 kg/kg 以下,化肥氮效率较低。其他梨园的化肥氮效率大都在 50~150 kg/kg 之间。

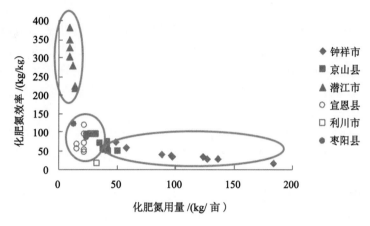

图 57-12　湖北省主要梨园化肥氮效率

根据化肥氮的投入量与梨的产量做散点图,可以发现湖北省六个县市的梨园可以分为三大类:低氮高产型、低氮低产型、高氮高产型(图 57-13)。

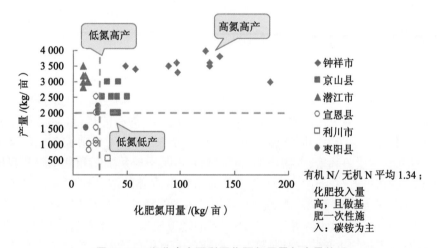

图 57-13　湖北省主要梨园化肥氮用量与产量关系

(1)低氮高产型　潜江市 9 个果园的化肥氮用量在 9.2~13.8 kg/亩,平均为 10.43 kg/亩;产量变幅为 2 800~3 500 kg/亩,平均产量达到 3 100 kg/亩,在调查区域内为高产水平。在养分资源管理方面与其他县市比较,潜江市梨园的有机肥投入比重高,有机肥氮与化肥氮比在 0.86~1.72 范围内,平均值为 1.34,远远高于全省的投入有机肥氮与化肥氮之比(平均为 0.2)。

(2)低氮低产型　利川市的化肥氮施用占总氮肥施用量的 76.2%,但是产量水平较低。该地区施肥方式为:在基肥时将整个生育期的肥料一次性施入,其中有机肥氮占 10.3 kg/亩,复合肥氮占 7.5 kg/亩,碳铵氮为 25.5 kg/亩,氮肥结构以速效氮肥为主。这种施肥方式导致土壤的养分供应与梨树的养分吸收规律及梨树的生长规律不一致,可以满足梨树在秋季对养分吸收贮藏的需要,但是在萌芽期、花芽分化、果实膨大等重要生理时期梨树只能依靠土壤中存留的氮养分资源和树体中的贮藏营养,而没有通过施用追肥来及时向土壤及树体提供足够的养分,对梨树的生长及最终的产量形成影响较大。同时,基肥施用的氮肥主要是碳铵,施入土壤后快速释放转化,使土壤中的速效氮在短期内含量较高,其释放速率可能大于梨树对氮的吸收速率,导致大部分的氮不能被及时吸收而损失掉,不仅浪费了氮肥资源,且多余的氮可能淋溶进入地下水造成环境污染问题。结合图 57-12,我们认为利川市可以适量提高肥料投入量,并在膨大期进行追肥,不但可以满足梨树各个生育时期对养分的需求,还可以提高肥料的利用率。

(3)高氮高产型 钟祥市梨园产量与化肥氮的施用量均高于全省的平均值,该地区梨园的高产与高氮肥投入密不可分,10 个果园的化肥氮施用量为 48.8~183.3 kg/亩,平均每亩施用化肥氮 108.79 kg。本市不同果园间化肥氮施用量相差 3.76 倍,但产量相差不大,最低产量为 3 000 kg/亩,最高产量为 4 000 kg/亩,且化肥氮投入量最高的果园其产量是最低的。产量不是随着氮肥投入量的增加而无限制的提高,当过量投入氮肥时,不但产量不会增加,反而会降低。长期大量投入化肥氮,会造成土壤的板结和盐渍化,破坏土壤结构,不利于梨园土壤的可持续利用。同时,大量投入化肥氮势必增加生产成本,减少利润。结合图 57-12 中化肥氮效率,我们建议适当减少化肥氮的投入量而增加有机肥的投入。

**6. 施肥建议**

目前我国梨园施肥普遍存在着盲目施肥的现象,农民片面追求大果、高产而大量施用氮肥,不注重氮磷钾养分配比,如大多数梨园施用的复合肥为 1:1:1 型。这种高氮磷钾型复合肥与梨树的需氮磷钾规律(1:0.5:1)差距太大,造成梨园土壤磷素大量积累,不利于其他养分的吸收。在实际应用中,应根据梨树的需肥规律、梨园土壤的供肥规律合理选用适宜氮磷钾比例的复合肥。同时,应加大梨园有机肥的施用,在提高土壤有机质的同时,活化土壤中的锌、硼等微量元素。在施肥技术方面,应避免各种肥料表施和撒施现象,而要适当的深施。

## 57.4 梨周年养分带走量带来的启发

修剪枝条和落叶管理是果树生产中的重要措施,合理的修剪对果树的生长促进和产量提高都有显著的作用。果树枝条修剪量较大,刘洪杰(2011)等研究表明我国梨园的修剪枝条量在 2 000kg/hm² 左右。传统上修剪的枝条被作为生物能源给燃烧掉了,仅利用了其固有的热量,而其含有的矿质养分元素则没有被充分利用,且燃烧产生的废气还对环境造成了污染。如今对修剪枝条也探索出了较多的应用方法,包括枝条堆肥、食用菌栽培、生物化工、新型燃料等,其中枝条堆肥和食用菌在栽培应用较为常见(张乃文,2013)。果树修剪枝条作为栽培食用菌的培育基质方面,安华明等(2008)研究指出,添加 50 % 梨修剪枝条木屑的养料用于栽培杏鲍菇与全用玉米芯的栽培配方相比较,产量相当,但前者的成本更低。在枝条堆肥方面,Sakamoto 等(2004)用苹果的修剪枝条与家禽粪便进行混合堆肥,经过半年左右的堆肥,制成有益于植物生长的有机肥料。王引权(2005)用对葡萄枝条堆肥化进程中的生物化学变化和物质转化特征进行了研究证明,葡萄枝条堆肥能作为优质的营养有机肥和土壤改良剂。果树落叶中同样含有大量的养分,在生产中,落叶常与枝条一样被作为燃料随意烧掉,还有些果园任其被风刮走,使养分没有得到利用。如今有的果农也已经认识到了落叶养分还田的重要性,他们将落叶直接覆盖在果树的树盘上,让落叶自然腐烂分解,这样虽然会对养分还田有一定的作用,却给病虫提供了安全的越冬环境。因此合理的科学指导果园管理措施是果树生产中必不可少的。

梨树的生长、果实发育、产量和品质的形成离不开必需营养元素的供应,其对产量的形成和品质的改善有重大影响。养分归还学说认为植物从土壤中吸收养分,每次收获必从土壤中带走某些养分,使土壤中养分减少,土壤贫化,要维持地力和作物产量,就要归还植物带走的养分(陆景陵,1994)。近年来,随着梨园集约化生产加强,氮磷钾肥料投入越来越高,而中微量元素投入不足;肥料投入过量不仅破坏果园土壤污染环境还在一定程度上降低果实品质。吸收到树体中的矿质营养元素主要通过修剪枝条、果实收获和落叶等途径从树体中移走。李鑫等(2007)指出,李的枝条、果实与叶片和根相比,虽然养分含量较低,但是养分的积累量多。目前,叶片分析、土壤分析、生理生化指标测定及缺素症状鉴定是指导施肥的重要手段和主要依据(张秀平,2007)。如果把盛果期果树周年萌芽、长叶、开花、结果、落叶整个过程做一个有机整体来看,其养分的吸收和带走量应该是动态平衡的,如果能对由于果实采收、修剪枝条和落叶移走的各种养分总量进行研究,就能使其作为合理施肥的依据并应用于生产实践。我们通过分析 4 个梨树品种,研究每年梨树因枝条修剪、落叶和果实采收从树体移走的大中量养分量,以期为梨树合理施肥和养分管理提供科学依据。

**1. 氮、磷、钾、钙和镁的养分带走量**

从梨园每年修剪枝条、落叶和果实带走的大、中量养分总量(图 57-14、图 57-15)可以看出,带走的养分中以 Ca 最多,大约是 307 kg/hm²,其次是 N,K,分别是 Ca 的 60% 和 32%。Mg 和 P 的带走量较低,约为 N 和 K 的 14%,11% 和 27%,20%。从养分输出的部位来看,修剪枝条平均带走的 N,P,Ca 和 Mg 量均高于果实和落叶,占相应元素总带走养分量的 45.1%～58.2%;对于 K 来说,修剪枝条带走的 K 量低于果实带走量(绿宝石除外),平均约为果实的 66.0%;落叶带走的 N,Ca,Mg 养分量占总养分量的 32.0%,40.2%,43.9%,显著高于果实带走的比例;而果实带走的 P,K 养分量占总养分量的 41.0% 和 46.1%,显著高于叶片带走比例(8.9% 和 23.2%)。品种间比较,黄冠枝条修剪带走的 N,P,K 和 Ca 最高,分别比其他 3 个品种高 148%,61%,37% 和 109%,修剪枝条的 Mg 带走量则以绿宝石为最高,是其余品种的 1.4 倍;黄冠落叶输出的 N,P,K,Ca,Mg 养分量均最高,分别比其他三个品种高 116%,44%,89%,90% 和 114%。而对于果实来说,果实收获带走的 Ca 量 4.6～5.6 kg/hm²,品种间差异不大;而带走的 N,P,K 量均以鸭梨最高,分别高于其他 3 个品种 41%,43% 和 32%;Mg 的带走量则以黄冠最多。

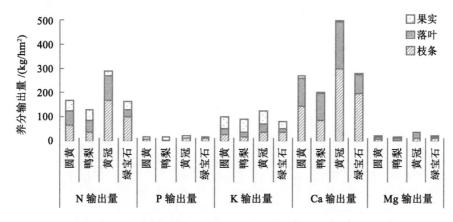

图 57-14　梨园修剪枝条、落叶和果实 N,P,K,Ca,Mg 带走量

**2. 铁、锰、铜、锌和硼的养分带走量**

如图 57-16、图 57-17 所示,梨园枝条修剪、落叶和果实带走的微量元素总量很少,带走量多少顺序为 Fe,Mn,Zn,B,Cu,其中除铁元素平均为 3.35 kg/hm² 外,其余均不足 1 kg/hm²,其中 Cu 的带走量最低仅为 0.11 kg/hm²,为梨园带走养分最多的 Ca 元素的万分之四。梨园修剪枝条带走的微量元素养分约为带走总养分量的 30.8%～57.3%,落叶带走的养分量占梨园带走养分总量的 25.6%～64.1%,二者均远高于果实带走的养分量。Fe 和 Mn 的养分输出量为落叶带走的养分量最多,其次为修剪枝条带走的,再其次为果实带走的;而 Cu,Zn 和 B 的养分输出则以修剪枝条带走的最多,落叶其次。品种间比较,黄冠修剪枝条和落叶的铁、锰、铜、锌、硼养分输出量均为最高,分别为 2.50,0.20,0.08,0.31,0.16 和 3.20,0.48,0.05,0.21,0.12 kg/hm²,其余 3 个品种修剪枝条和落叶微量元素养分

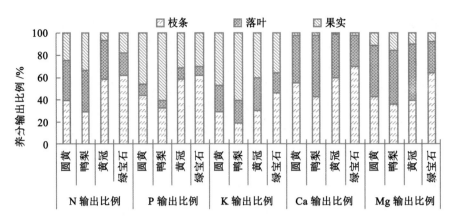

图 57-15　落叶和枝条修剪带走大量和中量养分带走量占总养分带走量的比例

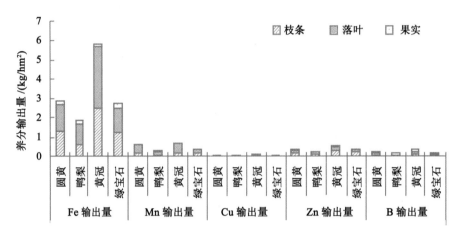

图 57-16　梨园修剪枝条、落叶和果实 Fe,Mn,Cu,Zn,B 带走量

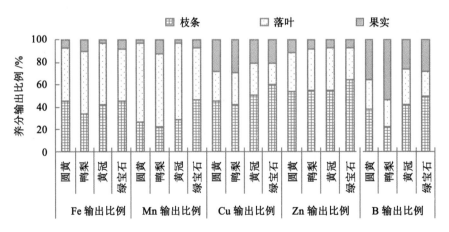

图 57-17　梨果、落叶和枝条修剪带走微量养分带走量占总养分带走量的比例

输出量为黄冠的 42.7%～69.6% 和 38.7%～57.8%。果实中的 Fe 输出量以绿宝石为最高,是其余品种的 1.1～1.4 倍;Mn 和 B 的输出量以鸭梨最高,是其余品种的 1.6～2.4 倍和 1.2～1.9 倍;Cu 和 Zn 的输出量则分别是黄冠和圆黄为最高。

在研究的 4 个梨品种中,圆黄属于沙梨系统、鸭梨属于白梨系统、黄冠和绿宝石均属于种间杂种。不同部位的养分含量均呈现以下规律:N,Ca,Mg,Fe,Mn,Zn 和 Cu 为落叶＞枝条＞果实,P 为枝条≥果实＞落叶,K 为果实≥落叶＞枝条,B 为落叶＞果实≥枝条;修剪枝条的养分含量除 Ca 和 Fe 元素外都随着生长年限的增加养分含量降低。每公顷梨园中修剪枝条输出的 N,P,K 都远远多于果实和落叶。这与顾曼如(1992)、陈艳秋(2000)、刘洪杰等(2011)的研究是一致的。

本研究中梨园 N,P,K 素施入量分别为 390,112.1 和 157.1 kg/hm$^2$,与传统认为最优比例 2:1:2 相比较(陈磊,2010),氮磷钾投入比例为 3.4:1:1.4,氮素的投入比例太高,而钾肥投入比例较低。多数梨园施肥以氮肥投入为主(谢凯,2013)。Sanchez 等(1991)研究表明,梨园施氮量在 100～150 kg/hm$^2$ 时,氮素利用率只能达到 15%～20%,且随施氮量的增加氮肥利用率降低。从整个梨园氮磷钾输出量平均分别为 184.5,19.5 和 99.1 kg/hm$^2$ 来看,磷带走量占投入量的比例很低,表明生产中磷投入量相对太高。

梨树生产中,果实收获养分输出为梨树的经济输出部分,其余部位的养分输出大多都没有得到经济利用。国外果园施氮量一般为果实带走量的 3～4 倍(Klein,1989),而国内大多果园为 10～12 倍(彭福田等,2003)。本研究中果实 N,P,K 素平均带走量分别为 33.3,8.0 和 45.7 kg/hm$^2$,相应养分投入量是其带走量的 12,14 和 3 倍,表明氮磷投入量过高。枝条修剪带走的养分量较高,N、P、K 养分输出量占到整个养分输出量的 50%、50% 和 31%,表明每年投入的养分中,有 50% 左右的 N 和 P 通过枝条修剪带走。本研究中平均每棵树的枝条修剪量约为 28～66 kg/棵,换算到每公顷 8 000～29 000 kg,这与刘洪杰等人研究的梨园每年最适枝条修剪量为 1 500～2 250 kg/hm$^2$ 的研究相差较大(刘洪杰等,2011)。这与果园氮素养分投入较高,营养生长旺盛,导致每年冬季修剪量过大有直接关系。

钙对稳定植物细胞结构、信息传导和果实发育有着重要作用。Ca 在土壤中含量较为丰富,但是由于钙在植物体内主要通过木质部运输,相较于叶片,果实中仅有少量的钙运入,因此,在果树生长发育期间,易引起生理缺钙现象,如黄冠梨易产生由于缺钙导致的果面褐斑病,苹果的苦痘病、水心病和痘斑病等。我们发现,Ca 为梨园输出量最多的养分元素,且绝大部分是通过枝条修剪或落叶带走。生产上应据此合理补充钙肥。叶面补钙是一种有效地增加果实钙和树体钙营养的措施。

微量元素在梨树中的含量较少,且每年的输出量也较少,每公顷输出量大多不足 1 kg。但是微量元素作为植物的必需元素,在植物体中具有不可或缺的作用,它们主要是植物体内酶的基本组分或激活剂。根系常年维持在固定的位置上以及常年的化肥施用使土壤板结,微量元素的有效性降低,可利用态减少,使树体微量元素得不到有效补充,果树上的微量元素缺素症越来越常见。果树在缺素症状表现之前,其生长就已经因缺素而受到了明显的抑制,生产上应采用防治的手段,而不是等出现缺素症再治疗。本研究中,梨园输出的微量元素矿质养分在 0.11～3.35 kg/hm$^2$,其中落叶和枝条修剪带走的微量矿质元素占到了梨园带走量的 65.6%～94.9%。因此将落叶和枝条合理还田不仅可以相应减少氮、磷和钾化肥的投入,还能使土壤中的微量元素得到补充平衡,有效地预防梨树微量元素的缺乏。

品种间养分输出量存在较大差异。在同一种施肥模式下,黄冠各种养分输出量最多,鸭梨最少,因此应当根据不同品种合理施肥。生产上常常通过来年大量使用化肥补充前一年树体带走的养分。然而大量施用化肥带来的负面作用越来越突出:一是导致土壤物理性状恶化,土壤板结严重,瘠薄化,缓冲能力变小;二是导致土壤化学性状恶化,土壤酸化,矿质营养元素失衡;三是导致土壤生物环境的恶化,土壤微生物链遭到破坏,病虫害增加,连作障碍越来越突出;四是化肥对我们居住的生态环境特别是水体造成了污染。而有机肥在改善土壤性状,平衡植物营养上有着广泛的作用:具有肥效长,缓效释放,相对于单一使用化肥而言,有机肥施用量稍大也不会像化肥一样产生相应对土壤和植物体的危害,反而能熟化土壤,增强土壤的保肥、供肥能力和缓冲能力,同时还能补充微量元素,为植株的生长提供创造良好的土壤条件(谢凯,2012)。故使用有机肥替代大量化肥施用是我国现代梨园亟待推广的。

## 57.5　增加土壤有机质含量是实现梨高产高效养分管理技术的根本之路

### 1. 有机肥的施用有利于梨树根系的生长

采用壕沟剖面分层分段挖掘法取样。以树干为原点,向树冠外围水平延伸至 150 cm 处,朝树干方向每隔 30 cm 挖掘长 30 cm、宽 50 cm、深 20 cm 的长方土体。垂直深度挖至距地表 100 cm 深处,即水平方向和垂直方向各分 5 段,共挖掘 25 个土体。捡出各土体中的所有根系,用水冲洗干净,取出杂物、死根后,采用根系扫描仪(LA1600 scanner,Canada)扫描获得根系图像,用根系分析软件(Winrhizo 2003b,Canada)进行根系长度、根表面积等相关根系指标分析。并将根系直径分为<1 mm(Ⅰ),1~3 mm(Ⅱ),>3 mm(Ⅲ)三个径级(Bohm,1985),计算不同径级根系的根长密度、根表面积密度。最后将根系置于 75℃ 烘箱中烘干至恒重,称取根系干重。采样过程中记载蚯蚓的条数和所在土体的空间位置。

(1)梨树根系空间分布特性　梨树根系生物量垂直方向上主要分布在 0~60 cm 土层,且随着深度的增加呈先增加后降低;水平方向距离树干 0~30 cm 处的土壤根系生物量密度最大,且随深度的增加而逐渐降低。我们还发现,随着距树干水平距离的增加,根系最大生物量密度所分布的土层深度也随之增加。这可能是由于Ⅲ级根系的重量所占比例最高,因此其空间分布特性决定了根系总生物量的分布。

郝仲勇等(1998)研究发现根径小于 2 mm 的根占根长比重最大。本文试验也证实,Ⅰ级根系的根长密度最大,Ⅱ级根系次之。垂直方向上Ⅰ级根系长度主要分布在 $Y=0~80$ cm,其中 $Y=40~60$ cm 土层分布最多,水平方向上主要分布在 $X=30~90$ cm。Ⅱ级根系与Ⅰ级根系的空间分布特征相似;Ⅲ级根系垂直方向上在 $Y=20~40$ cm 土层的根长密度最大,水平方向上则在距树干 $X=0~30$ cm 处。Ⅰ级根系的根表面积最小,Ⅱ级、Ⅲ级根系相近。各级根系的根表面积空间分布特征与根长密度的分布相似,垂直方向上均随着土层深度的增加先增加后减小,水平方向上Ⅰ级、Ⅱ级根系根表面积密度随离树干距离的增加呈先增加后减小的趋势,Ⅲ级根系根表面积则随离树干距离的增加而减小。

(2)不同施肥处理对梨树细根生长的影响　根系中粗根虽然占总生物量的比例较高,但它的生物量没有明显的季节性变化,其生物生产力只占总生产力的 10% 以下。而细根虽然只占总生物量的 5% 左右,却要消耗净初级生产力的 50%~70% 来维持它的动态过程。同时,细根处在不断地变化中,比粗根表现出较强的可塑性。因此研究细根的生长更能反映不同有机肥处理改善土壤环境,促进梨树根系生长的作用。我们发现微生物有机肥处理下Ⅰ级、Ⅱ级根系在大部分土层和距树干不同水平区域的根长密度和根表面积均较大。可见,微生物有机肥处理促进了细根的生长。李向民等(1998)研究发现深沟施用有机肥诱发了细根数量的大幅增加,使细根在总根量中所占的比例大幅提高。路超等(2010)研究也发现穴施牛粪后苹果树各形态根量均不同程度增加,其中直径<2 mm 的根量增加最多。这可能与施用有机肥后,土层疏松,结构良好,改善了土壤的营养和通气状况,增强了保水保肥能力,为根系创造了一个适宜的生存环境有关。李秀菊等(1998)研究还发现施入有机物料增加了土壤微生物数量,而微生物产生的激素也提高了根系的生理功能。本研究还发现垂直方向上微生物有机肥处理的根系最大根长密度分布在 $Y=60~80$ cm 土层,较对照(不施肥)的最大根长密度分布土层深,这充分表明有机肥有利于根系生长和根系在深层土壤的分布。梨树根系生长量的增加,特别是深层土壤中根系比重的增加,扩大了根系的营养范围。水平方向上对照的根系根长密度和根系密度最大区域位于距树干 $X=30~60$ cm 处,而微生物有机肥处理在距树干 $X=60~90$ cm 处,这可能由于根系具有趋肥性,有机肥集中施用在 $X=60~90$ cm 区域,在肥沃土壤和培肥条件下,根系生长期发根多、细而密,促使细根的生长中心发生迁移。

(3)不同施肥对梨园土壤蚯蚓数量的影响　蚯蚓是腐食性土壤动物,在分解过程中蚯蚓的作用仅次于土壤微生物而居于其他动物之上,是土壤生态系统中最重要生物因子之一,它通过改变土壤的理化和生物学特性来提高土壤肥力,其活动可增加养分的有效性、加速有机质的矿化以及改良土壤结构等(Lavelle et al.,1997)。施用有机肥后土壤中的蚯蚓数量显著增加,且主要集中于施肥区。乔玉辉等(2004)研究也发现秸秆还田可以大大提高土壤蚯蚓的数量,且随着有机物投入的增加,土壤中蚯蚓数量也在不断增加。有机肥的施入可以增加蚯蚓的种群数量和种群生物量,随着时间的增加这种趋势越明显。这可能与有机物的投入为土壤生物生存提供了充足的食物来源,增加了土壤生物数量有关。因此,大量的蚯蚓也是土壤高度肥沃的标志。Ketterings(1997)等研究发现,蚯蚓钻洞可提高土壤的孔隙度,改善土壤的通气和结构,保证了其他土壤动物和好氧微生物的氧气和水分需求。同时为其他土壤动物进入较深土层提供大量通道,增加其他土壤动物活动量和活动范围,加快有机质的分解。因此蚯蚓能改善土壤理化性质,促进有机物的矿化,稳定土壤养分的循环,提高土壤养分的有效性和养分周转率。

## 2. 有机肥能增加梨园土壤微生物量

土壤微生物在土壤养分循环、转化和平衡过程中起着重要的调节作用。有机肥的施用比不施肥及施化肥处理能不同程度地提高土壤微生物数量（图 57-18）。有机肥含有较多的有机质，为微生物快速生长提供了丰富的碳源，且生物有机肥本身所含的微生物在施入土壤后会迅速增殖，因此，微生物有机肥处理下的土壤微生物数量呈现最高。施用有机肥可显著提高土壤有机碳和土壤微生物量碳氮含量（谢凯等，2013；徐永刚等，2003）。

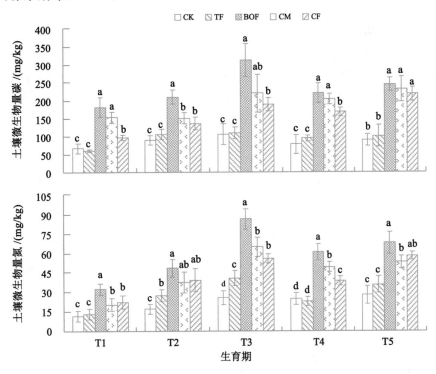

图 57-18　不同施肥处理对梨园土壤微生物量碳、氮含量的影响

土壤微生物量氮含量的变化趋势与微生物量碳相似，但幼果期至第一次膨大期时变化幅度更大，增幅为 46.4%～71.9%，很可能是由于萌动期施入尿素，增加了微生物对矿质态氮的固持。在整个生育期微生物有机肥处理的土壤微生物量氮含量均为最高。

## 3. 有机肥能提高梨园土壤矿质态氮含量

在梨的栽培中，人们习惯于在萌动期施尿素。在河北省辛集开展的工作表明，梨园萌动期施用尿素后，土壤中的铵态氮（$NH_4^+$-N）含量会迅速提高，到幼果期时土壤 $NH_4^+$-N 含量会急剧下降，降幅为 55.8%～90.7%。与施有机肥处理相比较，该时期纯施化肥下 $NH_4^+$-N 含量显著高于其他施肥处理。第一次膨大期和第二次膨大期土壤 $NH_4^+$-N 含量低至 1 mg/kg，处理间差异不显著。萌动期纯施化肥处理的土壤硝态氮（$NO_3^-$-N）含量最高，为 206 mg/kg，显著高于其他处理。由于 $NH_4^+$-N 的转化，萌动期至幼果期各施肥处理的土壤 $NO_3^-$-N 含量有不同程度的增加，增幅为 1.9%～35.3%。萌动期至第一次膨大期，纯施化肥处理的土壤 $NO_3^-$-N 含量最高，可能与化肥含有含量相对较高的速效养分有关。第一次膨大期至第二次膨大期，各处理的土壤 $NO_3^-$-N 含量大幅下降，降幅为 66.1%～80.2%。这可能与该时期梨果实迅速膨大，树体从土壤中需要吸收氮素养分较多有关。第二次膨大期微生物有机肥处理的 $NO_3^-$-N 含量最高，为鸡粪处理和纯施化肥处理的 1.62 和 1.30 倍。

通过跟踪研究梨园土壤矿质态氮含量可以发现（图 57-19），纯施化肥处理下整个生育期内土壤矿质态氮含量均较低，这可能由于大量无机氮肥施入土壤，缺少外来碳源的加入导致土壤微生物对无机氮的固定能力较低，而梨树第一次膨大期前从土壤中吸收的氮素较少，可能导致氮素损失较多。微生物有机肥的施用可以使土壤矿质态氮在第二次膨大期和成熟期时高于其他处理,从而为梨树根系的生长提供较多的可利用态氮素。施用有机肥能刺激土壤微生物活动,从而将梨树来不及吸收利用的部分化肥氮固持转化为有机氮,减少土壤氮素的损失;当根系开始活动、树体需肥量增加时,微生物体释放和分解出固定的氮素供梨树生长所需。因此,土壤氮素的固持和释放改善了土壤供氮特性,提高了氮素利用率,对梨果产量的提高和品质的改善具有重要意义。

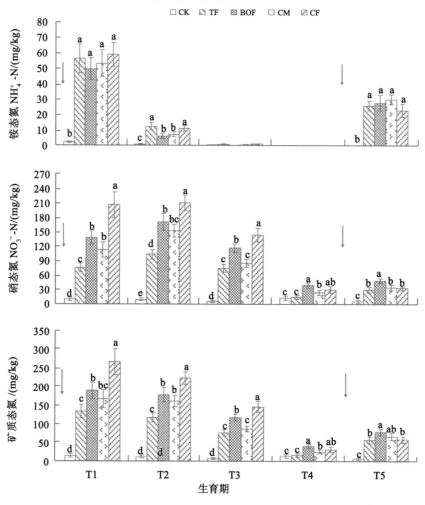

图 57-19　不同施肥处理对梨园土壤矿质态氮含量的影响(箭头表示梨园施入尿素)

**4. 有机肥能促进梨树生长及产量提高,改善品质**

施用有机肥后梨树百叶重,叶面积和新梢生长量等均较不施肥处理有不同程度提高,果实单果重和产量有所增加,梨果可溶性固形物和糖酸比也有所提高,品质得到改善。高晓燕(2007)、赵国栋(2010)等的研究也表明,施用商品有机肥和堆肥加生物微肥可以调控新梢生长和根系发育,增加叶面积和百叶重,提高果实品质。这可能与有机肥的施用提高了土壤中的微生物数量和微生物量碳氮含量,使得根系生长的微域环境得到改善,根系活力加强有关(Baldi,2010)。同时,根际土壤中微生物的代谢产物如有机酸等可以溶解难溶性微量元素养分,促进根系对养分的吸收利用,从而带动了地上部的生长,光合能力增强,果实品质和产量得以提高。施用有机肥可显著提高土壤微生物数量和微生物量碳氮含量,其中微生物有机肥处理对促进梨树新梢和叶片生长,提高产量和品质等效果最为显著,可能与该生物有机肥中的功能菌多黏类芽孢杆菌(*B. polymyxa*)有关。多黏类芽孢杆菌施入土壤后可以迅速繁殖,改善土壤结构;Aslantas 等(2007)在苹果上的试验也证实多黏类芽孢杆菌有机肥可以促进根系以及地上部的新梢和叶片的生长,提高果实产量。

## 57.6　梨对氮钾养分需求规律是高产高效养分管理技术的核心内容

### 57.6.1　梨氮素吸收利用特点

**1. 梨对不同时期施$^{15}$N-尿素的吸收、利用与分配特性研究**

氮是植物维持营养生长和生殖生长所必需的元素。无论是常绿还是落叶树木,树体当季的生长所需要的氮源都主要来自树体内部再循环的氮,在有些种类上供应叶片生长的氮90%来自于树体内部的再循环。在梨树上,Sanchez 等(1990)在田间栽培的'Comice' pear (*Pyruscommunis* L.)上的试验表明早春(盛花期前4周)供应的氮在花后两周之前对于梨树的开花和坐果没有明显的作用。落叶果树在落叶前叶片内的部分氮会再调用进入终年生器官内(Cheng et al.,2002;Jordan et al.,2011),Castagnoli 等(1990)在桃和油桃上的试验揭示叶片内有45%～50%的氮被再调用回流树体,这一比例与树体氮状况无关。所以在凋落前衰老叶片内的氮向终年生器官内的转运和树体秋季吸收的氮在树体内的累积这两个过程是贮藏氮的重要来源。

早春供应的氮优先供给枝条和果实的生长(Sanchez et al.,1991)。果实采收前3周施用的氮肥可提高树体氮的贮藏,保障下一年春季的开花而并未提高当季果实的氮含量(Sugar et al.,1992;Khemira et al.,1998a)。在一些落叶树木中,与夏季吸收的氮相比秋季吸收的氮更多地用于贮藏供接下来春季生长的再利用(Millard,2010)。春季开花期,树体生长所需氮源主要来自于贮藏氮的再利用,Abbe Fetel 的幼树开花和短枝叶片的生长所需氮的80%来自于贮藏氮(Tagliavini et al.,1997),在成年 Comice 梨树上,这一比例为70%(Sanchez et al.,1990,1991),这一比例受前一年秋季和当年春季施氮量的影响(Tagliavini et al.,1998;Jordan et al.,2013)。然后,从盛花期后根系新吸收的氮逐渐增加,逐渐成为枝条生长的主要氮源(Tagliavini et al.,1997;Quartieri et al.,2002)。

2011年秋季至2013年秋季,在甘肃省景泰县条山农场布置了8年生黄冠梨的$^{15}$N 试验,分别在三个施肥时期即秋季基肥期(采后20 d)、萌芽前(萌芽前30 d)、膨大期(采前40 d)单独施用标记的$^{15}$N 尿素,研究不同施肥时期施用的氮肥对梨树当季和下一季生长的影响。结果表明:

(1)秋季基肥施用的氮在梨树越冬休眠之前已大量被梨树吸收并贮藏于梨树根系成为树体贮藏营养,供应梨树春季的萌芽、开花、坐果、叶片生长、新梢生长、幼果膨大以及根系生长,对梨树当季生长的贡献高于另两个时期追施的氮。

(2)萌芽前追肥施用的氮至果实膨大期在梨树各个器官中均有分布,从幼果至果实膨大期在果实内增长最快,但是分布比例显著少于秋季基肥期施用的氮,此时萌芽前追肥施用的氮在土壤中的残留量处于极低水平并保持稳定,由于这一时期内土壤温度快速升高,而前期梨树根系并未活动,导致氮肥损失严重,利用效率远低于基肥施用的氮。

(3)膨大期追施的氮至果实采收时在土壤中仍有大量的残留,在梨树树体内主要分布于当年生新梢内,进入果实内的量极低。膨大期追施的氮对梨树第二年的生长具有重要作用,越冬期主要贮藏于梨树一年生新梢和根系内,盛花期在花内的分布比例低于基肥期施用的氮,幼果期之后在果实叶片等新生器官内的分布显著高于另两个施肥时期施用的氮。这些结果表明,要重视采后基肥的施用,增加梨树的贮藏营养保障下一季早春新生器官的生长。春季追肥在时间上应适当向后推迟至梨树根系快速生长期,可以提高树体对追肥的吸收效率减少损失。膨大期追施的氮肥并未大量进入果实,而是促进这一时期花芽和叶芽的分化,保障下一季的开花和叶片生长。

**2. 梨树氮素吸收利用规律初探**

根据上述试验,推算出氮素吸收利用规律。由于该试验所用梨树为计划间伐树,非永久树,因此计算的吸收量可能偏低(图57-20,本课题组未发表资料)。花后1个月内,新生器官(包括果实、叶片和一年生枝条)氮素积累量较快,之后增幅降低,在采收前1个月左右(100 d)达到最大值,随着果实的采收和叶片氮素的回流,叶片和枝条中总氮积累量逐渐降低,此时当年生枝条氮素积累仍有增加趋势。对于果实而言,幼果期(花后 0~30 d)果实内氮素积累量为整个时期果实氮素积累量的23.8%,膨大期占果实氮素积累总量的71.6%,成熟期果实氮积累量仅占4.6%,即果实氮素基本维持不变(图 57-21)。终年生器官(根系、多年生枝条、树干)内贮藏的氮从萌芽期开始逐渐被再利用,供应新生器官生长发育,尤其是多年生枝条内的氮减少速率最快、幅度最大,在花后 90 d 左右终年生器官内总的氮积累量降至最低。果实采收后,叶片内的光合产物和氮素同化产物向终年生器官转运,氮素积累量逐渐增加(图 57-22)。

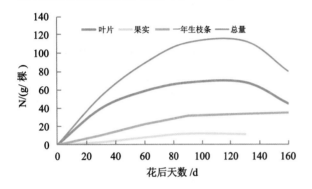

图 57-20　花后梨树各营养器官氮素积累规律

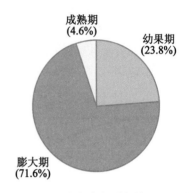

图 57-21　果实中氮在各时期的积累百分比

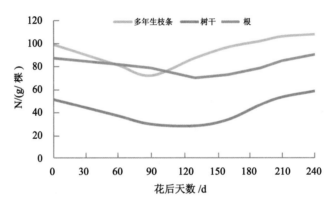

图 57-22　树体终年生器官氮素积累规律(12 个月)

### 3. 通过减氮试验确定施肥量

如前所述,梨园过量施氮现象严重,过量施氮肥不仅提高肥料成本而且增产效果不明显。由于梨树具有贮藏营养的特性,在开展施肥试验时往往要经过 2~3 年才能见到效果,这种缺乏时效性的特点决定了梨树施肥试验开展的艰巨性。为了更好地为生产服务,我们在甘肃景泰条山农场通过调查几年来的施肥量,以农场制定的最高施肥量 996.9 kg N/hm² 为最高施氮量,在此基础上设置了减少 20%(797.5 kg/hm²),30%(697.8 kg/hm²),50%(498.5 kg/hm²)和 100%(不施氮肥)五个处理,连续 3 年通过研究不同减氮水平下梨产量的影响程度,从而获得最佳施氮量。结果表明:开展减氮试验第一年秋季,最高施氮水平下梨产量为 96.8 t/hm²,而 20%,30%,50%和 100%减氮水平下梨产量分别减产4.3%,5.6%,5.2%和45.8%(未发表资料),贮藏营养的存在使产量减少的幅度远小于施氮量的减少幅度。开展减氮处理第二年秋季,最高施氮水平下梨产量为 94.8 t/hm²,而 20%,30%,50%和 100%减氮水平下梨产量分别减产 3.6%,11.5%,14.3%和41.2%,表明连续两年减氮处理后,30%以上的减氮水平会大大降低产量。减氮试验的第三年,由于早春发生"倒春寒"气候,梨果遭受严重冻害,几乎绝产,影响了试验正常进行。根据连续 2 年的试验结果,减氮 20%处理即施氮量为 797 kg/hm² 与其他处理相比,既能保证梨连续高产稳产,又可以降低肥料的投入,显著增加经济效益。实际上,在本项工作开展的同时,该农场也进行了氮肥施用量的调整,据当地梨园施氮量的最新调查结果表明,该农场目前施氮量为 814 kg/hm²,产量水平为 67.5~75 t/hm²,充分说明在原有基础上减少 20% 左右的施氮量是合理的。

**4. 通过设置不同施氮水平确定适宜施氮量**

确定最佳施氮量的另一途径是设置不同的施氮水平。江苏某梨园为棚架栽培模式,由于在 2011 年考察了日本梨园土肥管理及修剪技术之后,按照日本推荐的施肥量进行施肥,导致了严重的梨园缺氮现象。在该种条件下,我们开展了施氮水平试验,设置五个处理,分别为每株梨树 0,0.25,0.5,1.0,1.5 kg 氮(以下各处理标记为 N-0,N-0.25,N-0.5,N-1.0,N-1.5),即 0,165,330,660,990 kg N/hm²,各处理间磷钾肥施用量一致。

自 2012 年秋至今在该梨园开展施氮水平试验结果表明,随施氮量增加,产量和树干直径呈先上升后下降趋势(图 57-23 和图 57-24)。适宜施氮量可以显著提高产量,过量施氮或施氮不足则影响产量(图 57-23)。2013 年是缺氮后第一年补肥,以株施 1 kg N 的增产效果和可溶性固形物含量的增加最明显;连续施肥处理 2 年后(2014 年),仍以株施 1 kg N 产量最高,树干直径最大。从果实可溶性糖、可滴定酸度和糖酸比可以看出,随施氮量增加,这些指标没有显示出较大的差异(表 57-6)。但是,对果实各种类糖含量的分析结果发现,株施 0.5 kg N 处理可明显提高果实中果糖、蔗糖、总糖含量和甜度(表 57-7),因此,从果实品质来看,N-0.5 处理(即 330 kg N/hm²)为最佳施氮量。株施 1 kg N 在补氮初期表现出对产量的极大促进,但果树具有贮藏营养特性,可能较低的施氮量在随后几年中能带来产量和品质的同时最大化。该试验仍在进一步进行之中。

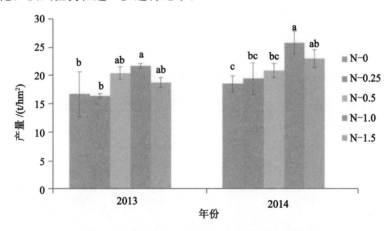

图 57-23　连续两年不同施氮水平对梨产量的影响

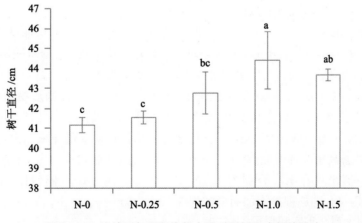

图 57-24　连续两年不同施氮水平对梨树干直径的影响

表 57-6

不同施氮水平对梨品质的影响

| | 可溶性固形物 | | 可溶性糖/% | 可滴定酸/‰ | 糖酸比 |
| --- | --- | --- | --- | --- | --- |
| | 2013 年 | 2014 年 | | | |
| N-0 | 12.63±0.70b | 12.17±0.18a | 10.39±0.36a | 9.31±0.90ab | 116.49±9.10a |
| N-0.25 | 11.98±0.35b | 12.18±0.11a | 8.61±0.25b | 9.58±0.71a | 91.66±6.75b |
| N-0.5 | 12.62±1.00b | 12.55±0.47a | 9.11±0.55b | 7.88±0.46bc | 111.98±2.50a |
| N-1.0 | 14.75±1.91a | 12.43±0.30a | 8.44±0.69b | 7.59±0.39c | 118.39±4.69a |
| N-1.5 | 12.54±0.12b | 12.14±0.18a | 8.73±0.10b | 7.77±0.62bc | 112.78±7.64a |

表 57-7

不同施氮水平对梨果实各糖组分的影响 g/kg

| | 果糖 | 山梨醇 | 葡萄糖 | 蔗糖 | 总糖 | 甜度 |
| --- | --- | --- | --- | --- | --- | --- |
| N-0 | 53.11±3.23ab | 30.16±5.12a | 19.04±1.99a | 15.74±0.24ab | 126.90±0.04a | 12.25±1.17ab |
| N-0.25 | 49.60±4.91bc | 24.59±4.30a | 19.67±3.41a | 10.03±2.32b | 98.96±1.71b | 11.05±0.85b |
| N-0.5 | 58.00±3.85a | 25.81±4.03a | 20.22±1.03a | 16.71±2.30a | 125.29±0.23a | 13.08±0.74a |
| N-1.0 | 46.79±1.78bc | 22.99±0.83a | 17.13±1.30a | 14.61±3.34ab | 101.52±3.32b | 10.83±0.42b |
| N-1.5 | 46.33±2.62c | 24.56±3.51a | 16.51±1.78a | 14.99±4.58ab | 97.03±4.25b | 10.31±0.45b |

果实甜度＝(葡萄糖×0.7)＋(果糖×1.4)＋蔗糖＋(山梨醇×0.5)

### 57.6.2 梨钾素吸收利用特点

自 2012 年秋季,连续两年在 16 年生黄冠梨丰产园($60\sim70$ t/hm²)和中产园(平均产量 $30\sim45$ t/hm²)上开展不同施钾水平试验(K0:不施钾;K1:150 kg/hm²;K2:300 kg/hm²;K3:450 kg/hm²),取得了初步的结果。试验地土壤养分含量如表 57-8 所示。

表 57-8

不同产量水平梨园土壤养分含量(2012 年秋季) mg/kg

| 产量水平/(t/hm²) | pH | 碱解氮 | 速效磷 | 速效钾 |
| --- | --- | --- | --- | --- |
| 30～45 | 8.38 | 44.91 | 19.11 | 65 |
| 60～70 | 7.78 | 74.97 | 70.20 | 182 |

**1. 施钾对果实单果重和品质指标的影响**

丰产园中施钾处理的单果重高于不施钾处理,且随施钾量增加单果重增加,K2 处理较 K0 处理增加了 12.44%,在 K3 处理中单果重下降,应该是由挂果数增多引起的(数据未展示);中产园单果重为 K0＜K1＜K2＜K3,随施肥量增加,单果重增加。K3 较 K0 单果重增加了 20.00%。丰产园中可溶性固形物随施钾量增加先增加后下降,K2 时达到最大值,中产园中,可溶性固形物随施钾量增加而增加,K3 处理下可溶性固形物含量最高,白利度值为 12.4,且显著高于其他三个处理。可溶性糖与可固变化规律一致。果实中可滴定酸与糖含量变化相反,随施钾量增加可滴定酸不断下降。丰产园 K0 处理中的可滴定酸 1.19‰显著高于施钾处理,在 K3 处理中可滴定酸降低到 1.00‰,中产园可滴定酸含量最高值出现在 K0,最小值出现在 K3,分别为 1.15‰,1.07‰。通过计算糖酸比,丰产园、中产园均为 K3＞K2＞K1＞K0,仍符合随施钾量增加而增加规律(表 57-9)。

**2. 施钾对果实钾含量和果实积累量的影响**

随果实发育,果实钾含量下降(图 57-25)。产量水平不同的两个梨园,其果实钾含量在幼果期和成熟期差异不大,但在果实发育过程中,钾素下降幅度不同。幼果期两园果实钾含量均最高,其中丰产园钾含量高于中产园。膨大Ⅰ期到膨大Ⅱ期,丰产园果实钾含量变化不大,而中产园果实钾含量迅速下降,成熟期丰产园与中产园果实钾含量均在 1.0% 左右。成熟期不同施钾水平下果实钾素含量在处理间为 K3>K2>K1>K0。

表 57-9

钾对梨果实品质的影响

| 项目 | 丰产园 | | | | 中产园 | | | |
| --- | --- | --- | --- | --- | --- | --- | --- | --- |
| | K0 | K1 | K2 | K3 | K0 | K1 | K2 | K3 |
| 单果重/g | 294.7±9.7c | 312.7±2.6b | 331.4±7.4a | 302.5±3.0bc | 254.6±9.6b | 272.7±12.3b | 305.1±9.9a | 307.2±4.8a |
| 可溶性固形物 (brix) | 11.7±0.2b | 11.8±0.3b | 12.7±0.1a | 11.8±0.1b | 11.5±0.3b | 11.7±0.2b | 11.4±0.3b | 12.4±0.1a |
| 可溶性糖/% | 11.3±0.4b | 11.6±0.5ab | 12.1±0.6a | 11.0±0.6b | 10.2±0.7b | 10.7±0.5ab | 10.7±0.5ab | 11.1±0.5a |
| 可滴定酸/‰ | 1.19±0.05a | 1.11±0.05b | 1.12±0.05b | 1.00±0.07c | 1.15±0.03a | 1.13±0.05ab | 1.13±0.04ab | 1.07±0.02b |
| 糖酸比 | 94.52 | 105.14 | 108.04 | 110.814 | 88.61 | 94.87 | 94.25 | 103.17 |

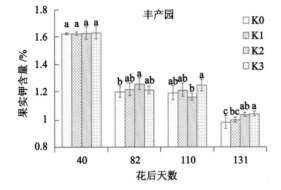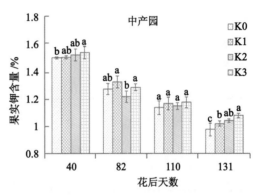

图 57-25　果实中钾含量变化

如图 57-26 所示,果实从坐果到成熟,钾的积累量不断增加,丰产园和中产园钾素积累趋势有所不同,丰产园平均钾素积累速率高于中产园。丰产园在幼果期(花后 40 d)单株果实钾积累量在 8 g 左右,随后果实中积累量几乎呈线性上升,由幼果期到膨大Ⅱ期到达 120 g/株左右,成熟期积累量 K1,K2,K3 分别为 186.19,188.96 和 190.43 g/株,与不施钾肥处理 K0 相比,施肥处理显著高于不施肥处理;中产园在幼果期果实钾积累量为 3.8～5.0 g/株,幼果期至膨大Ⅱ期(花后 110 d)也几乎呈直线增加,但膨大Ⅱ期之后果实中钾积累速率下降,积累量均显著高于 K0,成熟期施钾处理与不施钾处理相比,K1,K2,K3 均提高了 18.01 g/株,22.64 g/株,24.82 g/株。

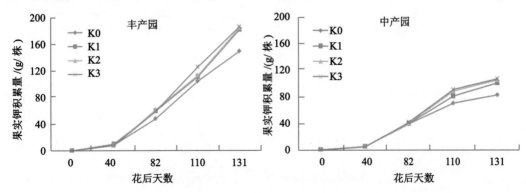

图 57-26　果实中钾积累变化

### 3. 施钾对产量的影响

丰产园与中产园通过增施钾肥均提高了产量（表 57-10），分别由 61.5,33.0 kg/hm² 增加到了 71.9,42.0 t/hm²,不同施肥水平下增产量均为 K1＜K2＜K3。在同一施肥量处理下,丰产园增产量均高于中产园;增产率与增产量相反,中产园均高于丰产园,最大值达到 27.2%,而高产园仅为 16.9%,这与中产园产量基数较低有关。钾肥贡献率[(施钾区产量－不施钾区产量)/施钾区产量×100] 可以反映钾肥的生产能力。中产园中钾肥贡献率高于高产园,最大值为 21.4%,高产园为 14.4%,即在不同产量水平的果园中,钾肥贡献率是不同的,产量较低的果园钾肥增产效果更明显。

表 57-10

施钾对产量的影响

|  | 施钾处理 | 产量/(t/hm²) | 增产量/(t/hm²) | 增产率/% | 钾肥贡献率/% |
|---|---|---|---|---|---|
| 丰产园 | K0 | 61.5±0.5 |  |  |  |
|  | K1 | 67.2±0.6 | 5.72 | 9.3±0.9 | 8.5±0.8 |
|  | K2 | 69.8±1.7 | 8.34 | 13.6±2.8 | 11.9±2.0 |
|  | K3 | 71.9±0.7 | 10.37 | 16.87±1.1 | 14.4±0.8 |
| 中产园 | K0 | 33.0±1.2 |  |  |  |
|  | K1 | 37.2±1.4 | 4.18 | 12.7±4.3 | 11.3±3.5 |
|  | K2 | 41.0±3.3 | 7.86 | 23.8±7.6 | 18.9±5.2 |
|  | K3 | 42.0±0.7 | 8.98 | 27.2±2.0 | 21.4±1.2 |

通过施钾量与产量的拟合可以发现,随施钾量的增加,两园施钾量与产量的关系符合二次曲线方程,施钾量与产量呈现较好的相关性(图 57-27),相关系数分别为 0.962 1 和 0.911 2。理论上,丰产园和中产园施钾量分别为 499 和 511 kg/hm² 时,产量可以达到最大值。通过比较中产园与丰产园产量水平的差异,可以看出丰产园挂果数和单果重均较高(比中产园高 42.5%),表明中产园在 450 kg/hm² 基础上再增施钾肥达到增产可能是行不通的,需要结合修剪、整形调整树势,提高挂果量和单果重来提高产量。

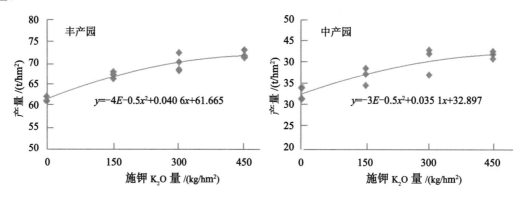

图 57-27　施钾对产量的影响

### 4. 施钾对钾肥利用率的影响

$$钾肥偏生产力(kg/kg) = \frac{施钾区产量}{施钾量}$$

$$钾肥农学利用率(kg/kg) = \frac{施钾区产量－不施钾区产量}{施钾量}$$

$$钾肥吸收利用率 = \frac{施钾区植株总吸钾量 - 不施钾区植株总吸钾量}{施钾量} \times 100\%$$

$$钾肥生理利用率(kg/kg) = \frac{施钾区产量 - 不施钾区产量}{施钾区植株总吸钾量 - 不施钾区总吸钾量}$$

如表 57-11 所示,偏钾肥生产力($PFP_K$)代表单位施肥量上的产量变化情况,随施钾量增加,$PFP_K$下降,其中丰产园各施钾量下 $PFP_K$ 均远高于中产园,K1,K2 和 K3 下分别高 80.9%,71.1% 和 71.2%,表明单位施钾量下丰产园的产出量较高。通过计算钾肥农学利用率(KAE),我们发现,丰产园钾肥农学利用率较高,K1 水平下丰产园比中产园高,K3 水平下单位施钾量可增产 23.04 kg,中产园则为 19.96 kg,表明等施钾量下丰产园增产量大于中产园。进一步通过果实和叶片的总吸钾量的增加与施钾量的比值(钾素吸收利用率,KRE)我们发现,随施钾量增加,钾素吸收利用率逐渐降低,即增施钾肥后产量先快速提高,而后缓慢上升。丰产园各施钾水平下 KRE 均高于中产园,表明丰产园树体对钾的吸收利用能力高于中产园。丰产园钾肥生理利用率(KPE)随施钾量增加而增加,中产园则在 K3 处理下下降。丰产园 K3 水平、中产园 K2 水平下出现最大值,分别为 414.0 和 405.2 kg/kg,即果实和叶片内每积累 1 kg 钾素,丰产园可增加 414.0 kg 果实,中产园可增加 405.2 kg 果实。中产园 K3 处理下 KPE 降低,可能是供钾过多产生了钾素的奢侈吸收。

表 57-11

不同钾水平下钾肥利用率变化

| | 施钾处理 | 钾肥偏生产力<br>($PFP_K$) | 农学利用率<br>(KAE) | 钾肥吸收利用率<br>(KRE) | 钾肥生理利用率<br>(KPE) |
|---|---|---|---|---|---|
| 丰产园 | K1 | 448.2±3.7 | 38.2±3.7 | 14.2±1.6 | 269.4±26.4 |
| | K2 | 232.8±5.5 | 27.8±5.5 | 7.9±0.3 | 351.6±69.5 |
| | K3 | 159.7±1.6 | 23.0±1.6 | 5.6±0.6 | 414.0±28.0 |
| 中产园 | K1 | 247.8±9.6 | 27.9±9.6 | 8.4±2.0 | 297.8±102.0 |
| | K2 | 136.1±8.4 | 26.2±8.4 | 6.2±1.7 | 405.2±130.0 |
| | K3 | 93.3±1.5 | 20.0±1.5 | 5.3±0.1 | 392.6±28.9 |

### 5. 梨树对钾素吸收积累规律

如图 57-28 所示,自梨树开花后,叶片和果实中钾素积累量均呈上升趋势,花后 1 个多月(花后 40 d)是叶片和果实快速生长期,其中叶片钾积累量呈直线增加,丰产园钾积累速率高于中产园;此间果实钾积累速率较慢。随着果实发育(花后 40~130 d),果实钾积累速率逐渐增加,丰产园高于中产园,此间叶片钾素积累较缓,在膨大 I 期(花后 82 d)达到最大值,至成熟期(花后 131 d)有下降趋势。相较而言,丰产园叶片钾积累量为 139.6 g/株,中产园仅为 90.7 g/株。采后 1 个月(花后 151 d)叶片钾下降幅度增加,可能与回流到树体有关。丰产园果实在幼果期、膨大期和成熟期分别积累了 5%,60%

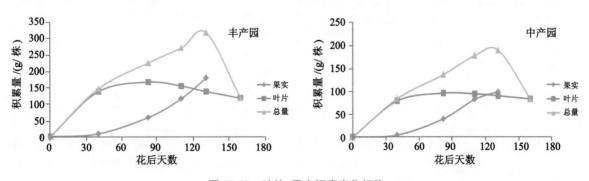

图 57-28 叶片、果实钾素变化规律

和 35%（图 57-29 丰产园）；中产园果实在幼果期、膨大期和成熟期分别积累了 5%，79% 和 16%（图 57-29 中产园）。与中产园相比，丰产园膨大 Ⅱ 期至成熟期果实钾仍保持较高的积累速率，因此，成熟期果实钾积累比率比中产园高 19%。

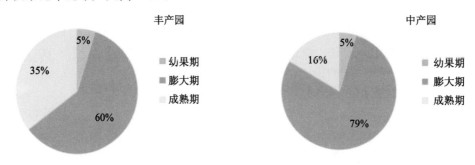

图 57-29 各时期果实中钾积累量百分比

## 57.7 梨高产高效养分管理技术探索

### 1. 梨氮磷钾养分需求规律

据本课题组在河北省辛集 15 年生黄冠梨上的初步研究结果表明（图 57-30），果实中钾素从花后 40 d 开始就迅速累积，70 d 后积累更为迅速，100 d 后积累速度稍有降低；果实中氮的积累量从花后 40 d 开始积累量相对较为平缓，100 d 后积累量变化不大；磷的积累量一直非常低，这说明钾是盛果期梨树果实养分需要量最大的元素。相对于果实来说，叶片中氮磷钾养分远远高于果实养分。花后 40 d 时，叶片中氮磷钾含量较高，随着叶片生长、果实发育，叶片中氮磷钾养分含量有降低趋势，花后 100 d 时氮素含量迅速增加，是否与膨大期施肥有关还需进一步验证。从叶片和果实总养分积累量看，整个生育期中氮的积累量仍然最高，钾次之，磷最低，氮∶磷∶钾接近 3∶1∶2.5。这说明，生产上应该改变只重氮磷钾而轻钾肥的现状，应当减少磷肥的施用而增加钾肥的施用，氮钾投入比例接近 1。

### 2. 氮素养分管理技术

（1）重视有机肥 图 57-31 中三个施肥时期分别是采后 1 个月施肥、萌芽期施肥和膨大期施肥，其中采后施肥是结合有机肥施入的。梨园秋季施用氮肥后，由于梨树叶片的光合作用和蒸腾依然活跃，根系仍具有吸收营养的能力，因此秋季施用的氮肥在落叶前可以被树体吸收并贮藏于根系成为贮藏营养，为下季梨树生长供应充足的氮；同时土壤温度逐渐降低，施入土壤的氮肥在越冬期间损失较少，至早春在土壤中有较高的残留（图 57-31），可以供梨树当季吸收利用。结合有机肥施用氮肥，可以增加速效氮的固定，减少氮的流失。另外，有机肥进入土壤中需要较长时间的矿化才能释放有效养分，秋季施用可以有充足的时间进行矿化；同时，有机肥的施用可以明显促进根系发生和生长。因此，秋季应当结合施用有机肥来施氮肥。

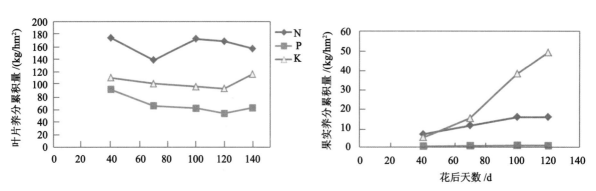

图 57-30 黄冠梨开花后叶片和果实中氮磷钾养分积累量的动态变化

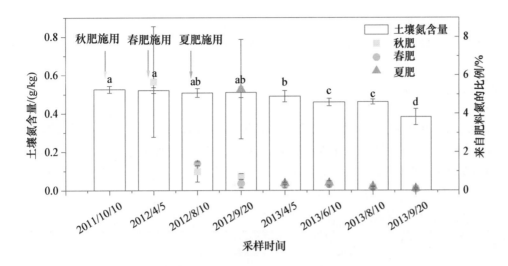

图 57-31　土壤氮含量和 3 个施肥时期施用的标记氮在土壤中的变化

（2）早春追肥后移　早春树体新生器官的生长所需要的氮主要依靠树体的贮藏氮而非新吸收的氮，但从幼果期开始至果实膨大期当季新吸收的氮进入果实内的增速最快，对产量的影响在此时期最显著，因此春季追肥在时间上应适当向后推迟至花后 2～3 周，这样不仅可以有效减少因早春根系活力低而造成的肥料浪费现象，而且可以在根系活跃吸收时有充足的养分供应，从而满足树体对养分的需要。

（3）膨大期追肥、喷施相结合　膨大期追肥一般在果实采收前 30～40 d 进行，此时梨树的花芽和叶芽已经开始分化，追肥可以满足芽分化对氮素的需求，优质的芽可以保证下一季的开花和枝叶生长。根据已有的研究结果，膨大期（采前 1 个月内）追施的氮肥只有少量进入果实，主要进入当年生枝叶内，因此此时期追肥可以提高枝叶的氮含量。在芽分化开始前还可以选择叶面喷施氮肥的方式，快速提高当年生枝叶的氮含量保障芽的正常分化。

（4）以果定氮、总量控制　一般认为梨按每 100 kg 果实需氮 0.45 kg，实际生产中的施氮量远远大于根据该需氮量计算出来的施氮量。根据甘肃省条山农场 3 年的减氮试验，发现施肥水平在 800 kg/hm² 时产量水平为 75～95 t/hm²，即每百千克梨果需氮肥 0.8～1.0 kg；根据江苏铜山亩产 4 500 kg 的丰产梨园连续两年的跟踪研究，计算得到每百千克梨果需氮量也是 0.8 kg 左右，因此，可以初步采用百千克果需氮量 0.8～1 kg 来计算目标产量需氮量。但由于梨的栽培方式很多，如纺锤形、棚架、开心形等，栽培方式的不同对养分的需求量势必存在一定的差异。因此还需开展试验进一步证实。在施用时期上，按基∶追∶追比例为 60%∶20%∶20% 施用。

**3. 磷素养分管理技术**

通过测定生育期间叶片和果实的磷含量、计算磷积累量以及修剪枝条、落叶等带走量中磷的带走量来看，磷素是梨需要量很小的元素。鉴于目前梨园中普遍出现的有效磷含量高的现状及磷对树体生长、越冬及果实发育的重要性，建议采用低磷复合肥。对于有效磷含量极高的梨园，可以不施化学磷肥，而增施有机肥，以活化土壤中的磷。

**4. 钾素养分管理技术**

根据计算梨周年带走的钾量以及生育期内叶片和果实内钾素积累量规律，初步认为，梨对氮、钾的需求量基本一致，因此，在计算需钾量时，可以借鉴氮，基本与氮的用量接近。据铜山亩产 4 500 kg 的丰产梨园连续两年的跟踪研究，计算得到每百千克梨果需钾量为 0.5～0.7 kg。在施肥时期上，由于钾对于增强树体的抗逆性有重要作用以及钾对果实的特殊作用，建议在基肥时需加大、在春季施肥时减少、在膨大期施肥时加大钾素的投入，三者可以按照 4∶2∶4 的比例施用。

**5. 微量元素管理技术**

在重视施有机肥的基础上,按"因缺补缺"原则补充微肥。

## 57.8  施肥建议与注意的问题

根据本课题组近几年来在梨树营养与施肥方面开展的工作,初步提出梨高产高效养分管理技术集成(施肥建议)(表 57-12)。由于开展工作的时间短、地域跨度大、品种多、栽培方式多等多方面的原因,有些结论尚需要进一步的试验验证。

表 57-12

梨高产高效养分管理技术集成(施肥建议)

| 生育时期 | 采果肥 | 基肥 | 花后 2 周 | 膨大期 |
|---|---|---|---|---|
| 施肥作用 | 恢复树势,增加贮藏营养 | 有机肥:改善土壤环境,增加土壤微生物数量;有利于无机养分的固定,减少流失 | 促进坐果;促进枝叶生长 | 促进花芽分化、促进果实膨大、增加贮藏营养 |
| 肥料用量 | 氮:60%;钾:40%; | 磷:适量 | 氮:20%;钾:20%;磷适量 | 氮:20%;钾:40%;磷适量 |
| 配肥技术 | 叶面肥:尿素(或硝酸钾,待定) | 高氮低磷高钾 | 中氮低磷中钾 | 中氮低磷高钾 |

## 57.9  后记

有三点需要提醒注意:①梨树养分管理与施肥技术应该是建立在合理的修剪手段基础上的。树体生长、果实发育、产量提高、品质改善无不与修剪技术息息相关,因此修剪是果树营养生长与生殖生长平衡的必要手段。在我们开展工作中发现,同时期栽培的梨树,由于修剪技术不到位而影响了树体生长,也影响了产量。即使通过再合理的氮磷钾养分搭配,也无法达到高产。②在开展梨树的施肥试验过程中,树体的贮藏营养是影响试验结果的重要因素之一。一般施肥后的第一年的结果都不具有可信性。例如,如果试验开始之初所选的树是有轻微元素缺乏的,则施肥肥效会很明显,但切莫急于下结论,因为这种适宜施肥量下可能带来新的较高的树体贮藏营养,在来年的施肥试验中,可能会出现因养分过量而下降的现象,而较低施肥量试验处理则可能因贮藏营养的继续积累而获得较高产量及较好的果实品质,因此应继续跟踪 2~3 年才能得到真正适宜的肥料施用量。③我们开展的所有工作都是基于大田试验,都是在当地施肥习惯下根据试验目的开展的。通过在不同的地区开展施肥试验,初步结果发现梨的氮素积累量稍高于钾素积累量。这可能与在传统施肥中,氮肥往往远高于钾肥投入,在我们开展试验时尽管调整了氮钾肥比例,但仍然是氮肥投入高于钾肥投入有关。在后续的研究工作中,应有所改进。

## 参考文献

[1] 安华明,徐彦军,樊卫国,等.利用梨枝屑栽培杏鲍菇的基质配比筛选.安徽农业科学,2008,36(6):2301-2302.

[2] 安华明,黄伟,刘明,等.福泉主要梨园土壤养分状况与施肥策略.山地农业生物学报,2008,27(3):259-263.

[3] Bohm W. 根系研究法.北京:科学出版社,1985.

［4］曹志平，乔玉辉，王宝清，等.不同土壤培肥措施对华北高产农田生态系统蚯蚓种群的影响.生态学报，2004，24(10)：2302-2306.

［5］陈磊，伍涛，张绍铃，等.丰水梨不同施氮量对果实品质形成及叶片生理特性的影响.果树学报，2010，27(6)：871-876.

［6］陈艳秋，曲柏宏，牛广才，等.苹果梨果实矿质元素含量及其品质效应的研究.吉林农业科学，2000，25(6)：44-48.

［7］丁平海，郗荣庭，张玉星，等.河北省主要苹果营养状况及施肥设计.河北农业大学学报，1994，17(3)：5-10.

［8］董彩霞，赵静文，姜海波，等.我国主要梨园施肥现状分析.土壤，2012,44(5):754-761.

［9］方成泉，林盛华，李连文，等.我国梨生产现状及主要对策.中国果树，2003(1):47-50.

［10］高晓燕，李天忠，李松涛，等.有机肥对梨果实品质及土壤理化性状的效应.中国果树，2007(5):26-28.

［11］宫美英，张凤敏.梨树的十大特性和相应栽培对策.西北园艺，2004(10):17-18.

［12］顾曼如，束怀瑞，等.红星苹果的矿质元素含量与品质关系.园艺学报，1992,19(4):301-306.

［13］郝仲勇，杨培岭，刘洪禄，等.苹果树根系分布特性的试验研究.中国农业大学学报，1998,3(6):63-66.

［14］姜远茂，张宏彦，张福锁.北方落叶果树养分资源综合管理理论与实践.北京：中国农业大学出版社，2007.

［15］李港丽，苏润宇，沈隽.几种落叶果树叶内矿质元素含量标准值的研究.园艺学报，1987，14(2):81-89.

［16］李向民，许春霞，苏陕民，等.旱作果园深沟施肥对苹果树根系分布的影响.西北植物学报，1998,18(4)：590-594.

［17］李鑫，张丽娟，刘威生，等.李营养积累、分布及叶片养分动态研究.土壤，2007，39(6):982-986.

［18］李秀菊，董淑富，刘用生，等.施用不同量有机肥盆栽苹果土壤中生长素及细胞分裂素含量分析.植物生理学通讯，1998，34(3)：183-185.

［19］李振凯，张玉芳.我国果园土壤管理制度改革方向.河北果树，2007(6):36-37.

［20］刘成先.关于果树营养与施肥的几个问题.北方果树，2009,03:46-48.

［21］刘成先.果园土壤管理与施肥(三)施肥(续).北方果树，2005(4):48-50.

［22］刘洪杰，刘俊峰，李建平.果园修剪树枝综合利用技术农机化研究.农机化研究，2011(2)：218-221.

［23］刘秀春，高树青，王炳华.辽宁省果树主产区果园土壤养分调查分析.中国果树，2011(3):63-66.

［24］刘运武.施用氮肥对温州蜜柑产量和品质的影响.土壤学报，1998,35(1):124-128.

［25］卢树昌，陈清，张福锁，等.河北果园主分布区土壤磷素投入特点及磷负荷风险分析.中国农业科学，2008,41(10):3149-3157.

［26］路超，王金政，安国宁.穴施基质对苹果根系生长与分布的影响.江西农业学报，2010，22(6)：84-85.

［27］彭福田，姜远茂，顾曼如，等.落叶果树氮素营养研究进展.果树学报，2003,20(1):54-58.

［28］宋晓晖，谢凯，赵化兵，等.环渤海湾地区主要梨园树体矿质营养元素状况研究.园艺学报，2011,11:2049-2058.

［29］王引权，Frank S，张仁陟，等.葡萄枝条堆肥化过程中的生物化学变化和物质转化特征.果树学报，2005，22(2):115-120.

［30］谢凯，李元军，等.环渤海地区主要梨园土壤养分状况及养分投入.土壤通报，2013，44(1):131-137.

［31］谢凯.不同有机肥对梨树生长及土壤性状的影响.南京农业大学,2012.

［32］徐永刚,宇万太,马强,等.长期不同施肥制度对潮棕壤微生物生物量碳、氮及细菌群落结构的影响.应用生态学报,2003,21(8):2078-2085.

［33］张乃文.枝条修剪对梨园养分平衡的影响及枝条再利用研究.南京农业大学,2013.

［34］张卫峰.化肥行业减排的革新思路:优化产品结构科学施用肥料.中国农资,2010(3):22.

［35］张秀平.测土配方施肥技术应用现状与展望.宿州教育学院学报,2010,13(2):163-166.

［36］张玉星.果树栽培学各论.北京:中国农业出版社,2003.

［37］赵国栋,魏钦平,张强,等.沙土1/4根域施用有机肥对苹果幼树生长的影响.果树学报,2010,27(2):179-182.

［38］Aslantas R,Cakmakci R,Sahin F. Effect of plant growth promoting rhizobacteria on young apple tree growth and fruit yield under orchard conditions. Scientia Horticulturae,2007,111:371-377.

［39］Baldi E,Toselli M,Marangoni B. Nutrient partitioning in potted peach (*Prunus persica* L.) trees supplied with mineral and organic fertilizers. Plant Nutrition,2010,33:2050-2061.

［40］Castagnoli S P,Dejong T M,Weinbaum S A,et al. Autumn foliage applications of $ZnSO_4$ reduced leaf nitrogen remobilization in peach and nectarine. J. Am. Soc. Hortic. Sci,1990,115:79-83.

［41］Cheng L,Dong S,Fuchigami L H. Urea uptake and nitrogen mobilization by apple leaves in relation to tree nitrogen status in autumn. J. Hortic. Sci. Biotechnol,2002,77:13-18.

［42］Jordan M O,Vercambre G,Gomez L,et al. The early spring N uptake of young peach trees (*Prunus persica*) is affected by past and current fertilizations and levels of C and N stores. J. Tree Physiology,2013,34:61-72.

［43］Jordan M O,Vercambre G,Le Bot J,et al. Autumnal nitrogen nutrition affects the C and N storage and architecture of young peach trees. J. Trees-Structure and Function,2011,25:333-344.

［44］Ketterings Q M,Blair J M,Marinissen J C Y. Effect of earthworms on soil aggregate stability and carbon and nitrogen storage in a legume cover crop agroecosystem. Soil Biology and Biochemistry,1997,29:401-408.

［45］Khemira H,Azarenko A N,Sugar D,et al. Postharvest nitrogen application effect on ovule longevity of Comice pear trees. J. Plant Nutr,1998a,21:405-411.

［46］Klein I,Levin I,Bar Yosef B,et al. Drip Nitrogen Fertigation of "Starking Delicious" Apple Trees. Plant Soil,1989,119:305-314.

［47］Lavelle P,Bignell D,Lepage M,et al. Soil function in a changing world:the role of invertebrate ecosystem engineers. European Journal of Soil Biology,1997:159-193.

［48］Millard P,Grelet G A. Nitrogen storage and remobilization by trees:ecophysiological relevance in a changing world. J. Tree Physiology,2010,30:1083-1095.

［49］Mitcham E,Elkins R. Pear Production and handling Manual Paperback. M.:University of California,2007.

［50］Quartieri M,Millard P,Tagliavini M. Storage and remobilization of nitrogen by pear (*Pyrus communis* L.) trees as affected by timing of N supply. J. European Journal of Agronomy,2002,17:105-110. DOI:10.1016/s1161-0301(01)00141-1.

［51］Sakamoto K,Aoyama M. Comparison of coarsely shredded and finely shredded apple prunings in composting with poultry manure and calcium cyanamide. Japanese Journal of Soil Science and

Plant Nutrition，2004，75(5)：583-591.

[52] Sanchez E E，Righetti T L，Sugar D，et al． Recycling of nitrogen in field growth Comice pears. Journal of Horticultural Science，1991，66(4)：479-486.

[53] Sanchez E E，Righetti T L，Sugar D，et al． Recycling of nitrogen in field-grown 'Comice' pears. J. Hort. Sci,1991,66：479-486.

[54] Sanchez E E，Righetti T L，Sugar D，et al． Seasonal differences，soil texture and uptake of newly absorbed nitrogen in field-grown pear trees. J. Hort. Sci,1990,65：395-400.

[55] Sugar D，Righetti T L，Sanchez E E，et al． Management of nitrogen and calcium in pear trees for enhancement of fruit resistance to post-harvest decay. J. Hort. Technology,1992,3：382-387.

[56] Tagliavini M，Millard P，Quartieri M. Storage of foliarabsorbed nitrogen and remobilization for spring growth in young nectarine (*Prunus persica* var. *nectarina*) trees. J. Tree Physiol,1998, 18：203-207.

[57] Tagliavini M，Quartieri M，Millard P. Remobilized nitrogen and root uptake of nitrate for spring leaf growth，flowers and developing fruits in pear (*Pyrus communis* L. ) trees. J. Plant Soil, 1997,195：137-142. DOI:10. 1023/A:1004207918453.

（执笔人：董彩霞）

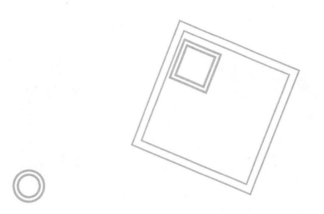

第五部分
华中区域养分管理技术创新与应用

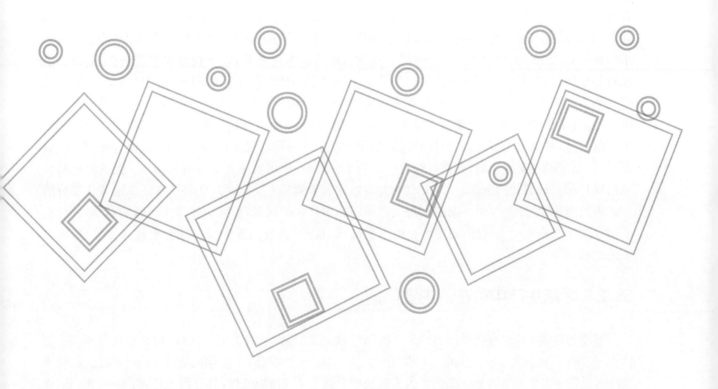

# 第 58 章

## 湖南省平原区双季稻养分管理技术创新与应用

## 58.1 区域养分管理技术发展历程

新中国成立以来,湖南在水稻施肥技术的研究与应用推广方面取得了令人瞩目的成就,对发展我国的水稻生产,提高稻谷产量和肥料利用率等方面作出了重大贡献。自 20 世纪 90 年代以来,随着我国社会主义市场经济体制的逐步建立和完善以及农村第二、第三产业和乡镇企业的不断发展和壮大,农民就业向多元化方向发展,种田不再是农民就业的唯一途径,社会向农业生产,特别是向以水稻种植业为主的粮食生产发起了挑战。从当前湖南的情况来看,以下现象非常普遍:一是部分农民对耕地"重用轻养",采用掠夺式生产经营;二是施肥不合理,有机肥施用比率逐年减少,无机肥施用比率不断上升,相当多的地方基本不施有机肥,不仅造成化肥利用率低,而且也导致肥效和肥力下降;三是过量化肥、农药等的施用对耕地的污染程度不断增加。直接后果造成投入增加,管理粗放,生产效益低,耕地地力下降,农田环境污染加重。基于这一客观现实,在农业部公益性行业(农业)科研专项、国家科技支撑计划、湖南省教育厅创新平台基金、中国农业大学—司尔特测土配方施肥研究基地项目等科研课题的资助下,湖南农业大学植物营养课题组,开展了湖南平原区水稻最佳养分管理的研究与示范工作,探明了湖南水稻生产和施肥中存在的问题,找到一些解决问题的对策,并建立了适合湖南水稻生产实际的、简单可行的水稻高产、优质、高效的养分资源综合管理技术体系,取得了一些进展。

## 58.2 区域生产中存在的主要问题

湖南洞庭湖平原区包括岳阳、益阳、常德和长沙的 24 县市区的大部分区域,拥有耕地面积 280 万 hm²,水稻生产面积有 160 万 hm²。年日照时数为 1 300～1 800 h,年平均温度在 16～18℃之间,年平均降水量在 1 200～1 700 mm 之间。为大陆型中亚热带季风湿润气候,具有两个特点:第一,光、热、水资源丰富,三者的高值又基本同步,4—10 月,总辐射量占全年总辐射量的 70%～76%,降水量则占全年总降水量的 68%～84%。第二,气候年内与年际的变化较大。冬寒冷而夏酷热,春温多变,秋温陡降,春夏多雨,秋冬干旱。

洞庭湖平原区土壤肥沃,土壤养分状况各项指标处于较高的水平,非常适合水稻生产,据统计,

2011 年洞庭湖平原区粮食作物播种面积占总面积的 63%,其中水稻面积占粮食播种面积的 89%,其单产水平据调查统计(2011 年统计数据),早稻单产平均为 409.0 kg/亩,晚稻单产平均为 445 kg/亩。

区域双季稻生产整体情况较好,但存在一些问题急待解决,以促进产量和效率协同提高,具体存在如下方面的制约因素:地力因子影响产量和效率协同提高;穗数不足限制产量和效率协同提高;育秧方式轻简限制高产;养分管理不合理限制产量和效率协同提高;品种病虫抗性下降,病虫害危害增加;劳动力投入和质量问题;农户重视程度问题;全程机械化程度低等。

**1. 地力因子影响产量和效率协同提高**

1997—2007 年 10 年间,湖南省耕地质量对比见图 58-1,其中高产田比率下降了 7.7 个百分点,中产田增加了 7.64 个百分点,低产田基本持平,整体来说耕地质量面积变化主要是高产田向中产田的退化,高产田块有缩小的趋势。这与土壤养分的变化也存在密切的关系,研究表明,土壤养分及组成的变化,对水稻的高效生产存在一定的影响。随着土壤全氮水平的降低(表 58-1),土壤生产力水平有下降的趋势,其中,与土壤供氮能力密切相关的固定态铵、可矿化态氮和有机氮的变化对土壤生产力的影响和全氮一致,同样随着全磷、有效磷含量的降低(表 58-2),土壤生产力水平下降趋势明显。

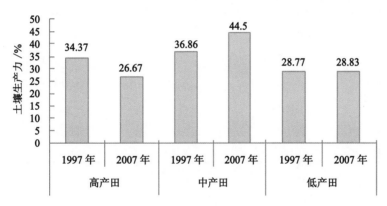

图 58-1　湖南省 1997—2007 年耕地质量对比图

表 58-1

不同土壤生产力水平下土壤氮素含量差异

| 土壤生产力水平 | 全氮/(g/kg) | 固定态铵/(g/kg) | 有机氮组成成分/(mg/kg) | | | | | 可矿化氮/(mg/kg) |
| --- | --- | --- | --- | --- | --- | --- | --- | --- |
| | | | 氨态氮 | 氨基酸氮 | 未知氮 | 非酸解氮 | 微生物生物量氮 | |
| 高产水稻 | 2.70 | 568.34 | 636.63 | 420.83 | 660.13 | 696.71 | 67.04 | 25.48 |
| 中产水稻 | 2.47 | 494.67 | 442.14 | 382.86 | 637.51 | 745.70 | 50.04 | 21.45 |
| 低产水稻 | 2.30 | 437.49 | 393.54 | 342.88 | 579.71 | 745.83 | 35.85 | 19.65 |

表 58-2

不同土壤生产力水平下土壤磷素含量差异

| 土壤生产力水平 | 全磷/(g/kg) | 有效磷/(mg/kg) | 无机磷组分/(mg/kg) | | | |
| --- | --- | --- | --- | --- | --- | --- |
| | | | Fe-P | Al-P | Ca-P | O-P |
| 高产水稻 | 0.80 | 39.83 | 37.08 | 69.95 | 125.34 | 174.06 |
| 中产水稻 | 0.65 | 25.96 | 26.97 | 49.88 | 96.31 | 148.74 |
| 低产水稻 | 0.52 | 13.66 | 19.84 | 38.40 | 85.06 | 128.92 |

　　由于农业操作模式的转变以及大量化肥的不合理施用等许多因素的影响,农田土壤有酸化的趋势,2006—2010 年调查数据表明(表 58-3),和第二次土壤普查相比,湖南省耕地土壤酸化严重,其中强酸性的土壤增加了 96.54 万 hm²,增加了约 196.5%。土壤酸碱度的变化对产量的形成具有一定影响,表 58-4 中多地试验数据说明,土壤酸度增加,产量有下降的趋势。

表 58-3

不同时期湖南省耕地土壤酸碱度面积变化情况 　　　　　　　　　　　　　　　　　　　　　　万 hm²

| 调查时期 | pH 分级 | | | | | | |
| --- | --- | --- | --- | --- | --- | --- | --- |
| | 极强酸性 | 强酸性 | 中等酸性 | 中性 | 中等碱性 | 强碱性 | 极强碱性 |
| 2006—2010 年调查 | 0.36 | 145.67 | 126.13 | 46.33 | 56.60 | 0.73 | 0.04 |
| 第二次土壤普查 | 1.73 | 49.13 | 155.73 | 68.93 | 74.07 | 1.73 | — |

　　数据来源于湖南省土壤肥料学会会讯,表中 pH 分级分别为:极强酸性<4.5,强酸性 4.5~5.5,中等酸性 5.5~6.5,中性 6.5~7.5,中等碱性 7.5~8.5,强碱性 8.5~9.0,极强碱性>9。

表 58-4

不同 pH 条件下水稻产量表现(2009 年试验数据)

| 基础土样地点 | | 速效磷 /(mg/kg) | pH | 早稻产量 /(kg/hm²) | 晚稻产量 /(kg/hm²) |
| --- | --- | --- | --- | --- | --- |
| 宁乡 | 回龙铺 | 64.00 | 6.40 | 6 617.8 | 6 788.6 |
| | 回龙铺 | 55.92 | 7.13 | 6 525.4 | 6 715.3 |
| | 回龙铺 | 48.92 | 5.76 | 6 481.3 | 6 629.6 |
| 湘阴 | 白泥湖 | 46.56 | 5.49 | 6 940.5 | 6 766.0 |
| | 白泥湖 | 16.20 | 5.33 | 6 928.6 | 6 843.1 |
| | 白泥湖 | 13.29 | 5.12 | 3 521.8 | 5 559.0 |
| 湘阴 | 农科所 | 25.49 | 5.46 | 6 462.4 | 6 837.2 |
| | 白泥湖 | 21.69 | 5.72 | 6 346.1 | 6 670.2 |
| 益阳 | 笔架山 | 9.38 | 6.56 | 5 786.1 | 5 300.0 |
| | 笔架山 | 7.84 | 6.16 | 5 601.6 | 5 227.8 |
| | 笔架山 | 6.88 | 5.75 | 4 881.7 | 4 416.7 |

**2. 穗数不足限制产量和效率协同提高**

　　移栽和抛栽密度越来越小,抛栽不匀,基本苗数少,导致穗数不足,成为湖南水稻高产的限制因子。生产上常采用增施氮肥促进分蘖的方法,导致成穗率降低,穗形变小,发生倒伏,降低肥料利用率。在合理氮用量范围内,在相同氮用量条件下,随着种植密度的增加,产量有增加趋势,因此应适量用氮和增加种植密度,促进高产和高效。

**3. 养分管理不合理限制产量和效率协同提高**

　　养分管理上存在如下问题:养分施用量不合理问题突出;忽略有机肥的施用,偏施化学氮肥严重;追肥措施弱化,追肥次数和追肥品种类型有简化趋势;养分利用率潜力有待发挥。由图 58-2 可以看出,在施肥用量调查样本中(早稻 $n=136$,晚稻 $n=33$),氮肥用量早稻不足占 36.76%,过量占 21.32%,适宜的只占 41.91%,晚稻不足 18.18%,过量占 57.58%,适宜的只占 24.24%;磷肥用量早稻不足占 81.62%,过量占 7.35%,适宜的只占 11.76%,晚稻不足 30.30%,过量占 36.36%,适宜的只占 33.33%;钾肥用量早稻不足占 82.35%,过量占 8.09%,适宜的只占 9.56%,晚稻不足 57.58%,过量占 33.33%,适宜的只占 9.09%。有机无机施用比率不合理,全部施用化肥的约占了 90%,稻田施用有机肥的比率偏低。施肥大多采用一基一追,有简化趋势,且重施基肥,弱化了追肥次数和用量。氮肥利用率(PFP)偏低(表 58-5),和世界发达国家相比有提升空间。

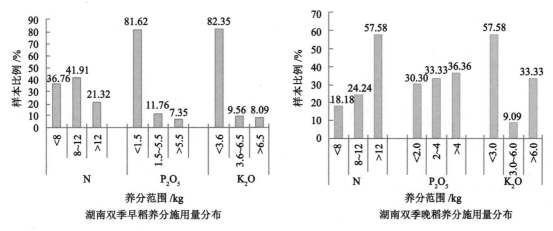

图 58-2　湖南省双季稻养分施用量分布图(2008 年)

表 58-5

湖南水稻养分施用量与产量情况(2008—2009 年)

| 水稻类型 | | 施用总量/(kg/hm²) | | | 平均产量 /(kg/hm²) | 样本数 | PFP(N) /(kg/kg) |
| | N | P₂O₅ | K₂O | 总养分 | | | |
|---|---|---|---|---|---|---|---|
| 2008 年 | 早稻 | 234.3 | 71.1 | 109.2 | 414.6 | 6 535.5 | 136 | 27.89 |
| | 晚稻 | 220.8 | 73.5 | 102.2 | 396.5 | 7 503.0 | 33 | 33.98 |
| 2009 年 | 早稻 | 168.8 | 87.8 | 123.0 | 379.6 | 6 361.5 | 163 | 37.70 |
| | 晚稻 | 192.8 | 111.0 | 126.8 | 430.6 | 6 768.0 | 163 | 35.11 |

(N)PFP:世界平均 37.2;中国 35.5;日本 75。

## 58.3　湖南平原区双季稻养分管理技术创新与应用

### 58.3.1　针对问题

(1)地力退化、酸化下的耕地质量改善;

(2)高产条件下的有效穗数与成穗质量;

(3)合理养分管理下的产量与效率协同提高。

### 58.3.2　技术创新模式

针对农民水稻生产中习惯模式存在的诸多问题,从种植方式、水分管理、养分管理、病虫害防治等方面进行了优化和创新,具体技术要点见表 58-6。

表 58-6

双季稻高产高效技术模式("双高"栽培技术模式)技术要点

| | "双高"技术模式 | 农民习惯 |
|---|---|---|
| 种植方式 | (1)迟-迟搭配:早稻选用生育期较长的品种;<br>(2)以摆代抛:改塑盘秧撒抛栽为点摆栽,提高密度和均匀性;<br>(3)增苗减氮:适当增加栽插密度和基本苗数,减少前期氮肥用量,减少倒伏风险和氮面源污染;<br>(4)垄厢栽培扩大群体 | 早-迟搭配偏多;<br>习惯抛栽;<br>栽插密度和基本苗数偏低 |

续表 58-6

| | "双高"技术模式 | 农民习惯 |
|---|---|---|
| 水分管理 | (1)改淹水灌溉为好气间歇灌溉；<br>(2)提前晒田提高成穗率；<br>(3)推迟脱水促进杂交稻二次灌浆 | 水分管理不精细，随意性大，脱水偏早 |
| 养分管理 | (1)N、P、K、Si、Zn 平衡施肥；<br>(2)稻草还田、施用有机肥；<br>(3)N 肥：前肥后移，总量控制，测苗调节；<br>(4)配合施用石灰或磷肥采用钙镁磷调节土壤 pH | 偏施氮肥，轻中微量元素；<br>偏施化肥，轻施有机肥；<br>N 肥前后期失衡；<br>土壤酸化 |
| 病虫害防治 | (1)三个关键生育期进行预防；<br>(2)病虫发生时对口控治 | 防治不及时或过量用药 |

### 58.3.3 关键技术

**1. 合理密植技术**

由表 58-7 和表 58-8 可以看出，水稻产量与氮用量和种植密度存在一定的相关性，在合适的有效穗数和适宜的氮用量条件下，水稻可以获得高产，根据多年试验结果，在湖南平原区双季稻种植密度可参考表 58-9 中指标。

表 58-7

不同氮用量与种植密度下早稻产量及产量构成差异(2012 年)

| 处理 | 有效穗<br>/(株/m²) | 每穗粒数<br>(粒) | 结实率<br>/% | 千粒重<br>/g | 产量<br>/(kg/hm²) |
|---|---|---|---|---|---|
| N0D36 | 342.0 | 80.4 | 81.1 | 24.3 | 5 988.8gh |
| N0D30 | 318.5 | 84.6 | 80.4 | 24.3 | 5 409.1hi |
| N0D24 | 294.0 | 89.0 | 79.5 | 24.5 | 4 765.9i |
| N60D36 | 379.7 | 90.5 | 77.3 | 24.1 | 6 615.9defg |
| N60D30 | 365.0 | 91.1 | 77.1 | 24.1 | 6 320.3efg |
| N60D24 | 351.8 | 95.0 | 75.8 | 24.4 | 6 122.3fg |
| N120D36 | 428.7 | 98.6 | 73.0 | 23.7 | 7 571.0ab |
| N120D30 | 396.1 | 100.6 | 73.9 | 23.9 | 7 246.2abcd |
| N120D24 | 361.6 | 102.9 | 75.6 | 23.9 | 6 741.7cdef |
| N180D36 | 487.1 | 95.6 | 71.8 | 23.6 | 7 893.4a |
| N180D30 | 436.5 | 98.6 | 72.9 | 23.9 | 7 542.2ab |
| N180D24 | 400.6 | 99.1 | 73.7 | 23.9 | 7 377.2abc |
| N240D36 | 491.6 | 88.0 | 70.3 | 23.1 | 7 685.4a |
| N240D30 | 455.0 | 89.6 | 72.2 | 23.2 | 7 377.6abc |
| N240D24 | 410.2 | 93.6 | 72.6 | 23.4 | 6 989.8bcde |

表中氮用量分别为 0、60、120、180、240 kg/hm²，分别用 N0、N60、N120、N180 和 N240 表示；种植密度分别为 24 万、30 万、36 万蔸/hm²，分别用 D24、D30 和 D36 表示。

表 58-8

不同氮用量与种植密度下晚稻产量及产量构成差异(2012 年)

| 处理 | 有效穗<br>/(株/m²) | 每穗粒数 | 结实率<br>/% | 千粒重<br>/g | 产量<br>/(kg/hm²) |
|---|---|---|---|---|---|
| N0D30 | 262.5 | 142.6 | 73.8 | 23.3 | 7 113.6ef |
| N0D24 | 232.0 | 149.3 | 71.5 | 23.6 | 6 655.0fg |
| N0D18 | 185.6 | 171.9 | 71.5 | 23.9 | 6 222.3g |
| N50D30 | 298.8 | 124.1 | 87.6 | 24.2 | 7 691.9de |
| N50D24 | 269.9 | 133.3 | 84.0 | 24.3 | 7 553.5e |
| N50D18 | 231.0 | 152.2 | 82.1 | 24.3 | 7 316.0ef |
| N100D30 | 332.5 | 116.5 | 90.8 | 24.6 | 8 812.5abc |
| N100D24 | 318.2 | 119.6 | 88.9 | 24.6 | 8 576.3bc |
| N100D18 | 268.1 | 133.9 | 86.8 | 24.6 | 8 516.1cd |
| N150D30 | 365.0 | 125.8 | 83.2 | 24.3 | 9 484.0a |
| N150D24 | 319.0 | 134.8 | 80.3 | 24.3 | 9 196.7abc |
| N150D18 | 288.3 | 145.6 | 77.3 | 24.3 | 8 651.6bc |
| N200D30 | 329.7 | 123.3 | 83.5 | 24.1 | 9 377.5ab |
| N200D24 | 310.0 | 129.1 | 80.1 | 24.1 | 9 213.4abc |
| N200D18 | 277.1 | 142.7 | 77.6 | 24.1 | 8 556.2bc |

表中氮用量分别为 0,50,100,150,200 kg/hm²,分别用 N0,N50,N100,N150 和 N200 表示;种植密度分别为 18 万,24 万,30 万蔸/hm²,分别用 D18,D24 和 D30 表示。

表 58-9

湖南平原区高产双季稻种植密度推荐表

| 品种类型 | | 密度 | 每亩蔸数/万蔸 | 每亩有效穗 |
|---|---|---|---|---|
| 早稻 | 早、中熟品种<br>迟熟高产品种 | 16.7 cm×20 cm<br>16.7 cm×23.3 cm<br>或 20 cm×20 cm | 2<br>1.8~2 | 常规早稻需要 20 万~22 万穗,杂交早稻需要 18 万~20 万,超高产须达到 24 万穗 |
| 晚稻 | 杂交稻<br>常规稻 | 23.3 cm×23.3 cm<br>16.7 cm×23.3 cm<br>或 20 cm×20 cm | 1.7 左右<br>1.8~2 | 双季晚稻要求达到 18 万~20 万穗,超高产须达到 22 万穗 |

**2. 氮肥优化施用技术**

　　氮肥优化施用可采用三方面的技术。定氮技术:根据地力、目标产量等情况确定氮肥用量。前氮后移技术:氮肥总量的 50% 作基肥,50% 作追肥,追肥按分蘖肥:穗肥=3:2 的比例施用。氮肥增效技术:配合施用硝化抑制剂或脲酶抑制剂等。

　　开展的不同氮用量下不同水稻品种产量差异试验结果表明(表 58-10、表 58-11),早稻氮用量在常规基础上减少 40%,其农学效率虽有所提高,但减产明显,所试 12 个品种都有减产现象;晚稻氮用量在常规基础上减少 33.3%,其农学效率有所提高,同时减产不显著,有的增产,所试 14 个品种有 5 个增产,有 4 个产量略有减少,但差异不明显。

　　在洞庭湖平原区,根据土壤氮素养分状况以及水稻目标产量,可按表 58-12 开展氮肥基肥用量使用和按表 58-13 开展氮肥追肥使用。

表 58-10

不同氮用量下(减量)不同早稻品种产量(2013 年) 　　　　　　　　　　　　　　　　　　　kg/hm²

| 品种 | 中氮 | CK | 全氮 | 中氮对 CK 增产率/% | 中氮对全氮 减产率/% | 中氮农学 效率 |
|---|---|---|---|---|---|---|
| 陆两优 611 | 5 202.60 | 3 361.68 | 7 413.33 | 54.76 | 29.82 | 20.45 |
| 湘早籼 32 | 4 142.07 | 2 801.40 | 6 760.00 | 47.86 | 38.73 | 14.90 |
| 株两优 173 | 4 602.30 | 2 821.41 | 7 360.00 | 63.12 | 37.47 | 19.79 |
| 株两优 211 | 5 422.71 | 3 141.57 | 6 626.67 | 72.61 | 18.17 | 25.35 |
| 湘早籼 45 | 4 622.31 | 2 861.43 | 7 180.00 | 61.54 | 35.62 | 19.57 |
| 八两优 96 | 4 862.43 | 3 281.64 | 6 960.00 | 48.17 | 30.14 | 17.56 |
| 中嘉早 17 | 4 842.42 | 3 201.60 | 6 980.00 | 51.25 | 30.62 | 18.23 |
| 株两优 819 | 4 522.26 | 2 941.47 | 7 133.33 | 53.74 | 36.60 | 17.56 |
| T 优 705 | 4 122.06 | 3 981.99 | 6 693.33 | 3.52 | 38.42 | 1.56 |
| T 优 167 | 4 322.16 | 3 581.79 | 7 206.67 | 20.67 | 40.03 | 8.23 |
| 陆两优 211 | 4 682.34 | 3 301.65 | 6 493.33 | 41.82 | 27.89 | 15.34 |
| 中早 39 | 4 202.10 | 3 361.68 | 6 500.00 | 25.00 | 35.35 | 9.34 |

CK 不施氮、中量施氮(N) 90 kg/hm²、全量施氮(N)150 kg/hm²。

表 58-11

不同氮用量下(减量)不同晚稻品种产量(2013 年) 　　　　　　　　　　　　　　　　　　　kg/hm²

| 品种 | 中氮 | CK | 全氮 | 中氮对 CK 增产率/% | 中氮对全氮 减产率/% | 中氮农学 效率 |
|---|---|---|---|---|---|---|
| T 优 27 | 7 393.70 | 6 223.11 | 7 813.33 | 18.81 | 5.37 | 9.75 |
| 丰源优 272 | 7 263.63 | 6 223.11 | 7 773.33 | 16.72 | 6.56 | 8.67 |
| 湘丰优 103 | 6 133.07 | 5 272.64 | 6 333.33 | 16.32 | 3.16 | 7.17 |
| 华两优 164 | 7 143.57 | 5 492.75 | 7 200.00 | 30.05 | 0.78 | 13.76 |
| 丰源优 227 | 8 094.05 | 6 653.33 | 8 106.67 | 21.65 | 0.16 | 12.01 |
| 深优 9586 | 6 883.44 | 5 222.61 | 7 573.33 | 31.80 | 9.11 | 13.84 |
| 丰源优 2297 | 7 653.83 | 6 483.24 | 7 746.67 | 18.06 | 1.20 | 9.75 |
| 准两优 608 | 6 903.45 | 5 982.99 | 7 026.67 | 15.38 | 1.75 | 7.67 |
| 湘丰优 9 号 | 6 583.29 | 5 472.74 | 6 240.00 | 20.29 | −5.50 | 9.25 |
| T 优 227 | 7 963.98 | 6 083.04 | 7 680.00 | 30.92 | −3.70 | 15.67 |
| T 优 207 | 7 153.58 | 4 882.44 | 6 493.33 | 46.52 | −10.17 | 18.93 |
| V227 | 7 463.73 | 6 203.10 | 7 626.67 | 20.32 | 2.14 | 10.51 |
| 金优 284 | 6 593.30 | 5 692.85 | 6 480.00 | 15.82 | −1.75 | 7.50 |
| 丰源优 299 | 7 113.56 | 6 553.28 | 6 666.67 | 8.55 | −6.70 | 4.67 |

CK 不施氮、中量施氮(N)120 kg/hm²、全量施氮(N)180 kg/hm²。

表 58-12

双季稻氮肥基肥推荐用量

| 碱解氮 /(mg/kg) | 双季早稻目标产量/(kg/hm²) | | | |
|---|---|---|---|---|
| | 4 500 | 5 250 | 6 000 | 6 750 |
| >200 | 46.75 | 54.25 | 61.75 | 69.25 |
| 150~200 | 48.75 | 56.25 | 63.75 | 71.25 |
| 100~150 | 57.75 | 65.25 | 72.75 | 80.25 |
| 50~100 | 60.75 | 68.25 | 75.75 | 83.25 |
| <50 | 63.75 | 71.25 | 78.75 | 86.25 |

续表 58-12

| 碱解氮 /(mg/kg) | 双季晚稻目标产量/(kg/hm²) | | | |
| --- | --- | --- | --- | --- |
| | 5 250 | 6 000 | 6 750 | 7 500 |
| >200 | 49.5 | 57.0 | 64.5 | 72.0 |
| 150~200 | 51.5 | 59.0 | 66.5 | 74.0 |
| 100~150 | 60.5 | 68.0 | 75.5 | 83.0 |
| 50~100 | 63.5 | 71.0 | 78.5 | 86.0 |
| <50 | 66.5 | 74.0 | 81.5 | 89.0 |

表 58-13

双季稻氮肥追肥推荐用量

| 碱解氮 /(mg/kg) | 双季早稻目标产量/(kg/hm²) | | | |
| --- | --- | --- | --- | --- |
| | 4 500 | 5 250 | 6 000 | 6 750 |
| >200 | 46.75 | 54.25 | 61.75 | 69.25 |
| 150~200 | 48.75 | 56.25 | 63.75 | 71.25 |
| 100~150 | 57.75 | 65.25 | 72.75 | 80.25 |
| 50~100 | 60.75 | 68.25 | 75.75 | 83.25 |
| <50 | 63.75 | 71.25 | 78.75 | 86.25 |

| 碱解氮 /(mg/kg) | 双季晚稻目标产量/(kg/hm²) | | | |
| --- | --- | --- | --- | --- |
| | 5 250 | 6 000 | 6 750 | 7 500 |
| >200 | 49.5 | 57.0 | 64.5 | 72.0 |
| 150~200 | 51.5 | 59.0 | 66.5 | 74.0 |
| 100~150 | 60.5 | 68.0 | 75.5 | 83.0 |
| 50~100 | 63.5 | 71.0 | 78.5 | 86.0 |
| <50 | 66.5 | 74.0 | 81.5 | 89.0 |

从表 58-14 可以看出,高产高效管理能显著提高有效穗数,其氮肥适当后移,氮肥按基肥:分蘖肥:穗肥为 5:3:2 施用,前期叶片含氮量 >2.5%,对分蘖影响不大,提高了成穗质量和成穗率,提高了产量。

表 58-14

不同氮肥运筹模式下水稻有效穗与产量差异

| 处理 | 早稻 | | | 晚稻 | | |
| --- | --- | --- | --- | --- | --- | --- |
| | 分蘖期叶含氮量/% | 有效穗/(万/hm²) | 产量/(kg/hm²) | 分蘖期叶含氮量/% | 有效穗/(万/hm²) | 产量/(kg/hm²) |
| 农民习惯(n=6) | 2.86 | 231.53 | 6 039.50 | 2.93 | 211.83 | 6 617.67 |
| 高产高效(n=6) | 2.83 | 313.45 | 6 869.50 | 2.91 | 307.33 | 7 387.67 |

### 3. 磷肥优化施用技术

开展的不同磷用量下不同水稻品种产量差异试验结果表明(表 58-15、表 58-16),早稻磷用量在常规基础上减少 50%,减产明显,所试 12 个品种都有减产现象;晚稻磷用量在常规基础上减少 33.3%,有个别品种减产,同时减产不显著,但增产的比率较多,所试 15 个品种有 9 个增产,最大的达到了8.35%。

表 58-15

不同磷用量下(减量)不同早稻品种产量
kg/hm²

| 品种 | 中磷 | CK | 全磷 | 中磷相对CK增产率/% | 中磷相对全磷减产率/% | 中磷农学效率 |
|---|---|---|---|---|---|---|
| 陆两优 611 | 5 382.69 | 4 782.39 | 7 413.33 | 12.55 | 27.39 | 13.34 |
| 湘早籼 32 | 4 462.23 | 3 941.97 | 6 760.00 | 13.20 | 33.99 | 11.56 |
| 株两优 173 | 4 402.20 | 3 801.90 | 7 360.00 | 15.79 | 40.19 | 13.34 |
| 株两优 211 | 5 102.55 | 4 302.15 | 6 626.67 | 18.60 | 23.00 | 17.79 |
| 湘早籼 45 | 4 402.20 | 4 362.18 | 7 180.00 | 0.92 | 38.69 | 0.89 |
| 八两优 96 | 4 682.34 | 4 462.23 | 6 960.00 | 4.93 | 32.73 | 4.89 |
| 中嘉早 17 | 4 102.05 | 3 681.84 | 6 980.00 | 11.41 | 41.23 | 9.34 |
| 株两优 819 | 4 262.13 | 4 202.10 | 7 133.33 | 1.43 | 40.25 | 1.33 |
| T优 705 | 4 422.21 | 3 721.86 | 6 693.33 | 18.82 | 33.93 | 15.56 |
| T优 167 | 4 162.08 | 3 801.90 | 7 206.67 | 9.47 | 42.25 | 8.00 |
| 陆两优 211 | 4 762.38 | 4 262.13 | 6 493.33 | 11.74 | 26.66 | 11.12 |
| 中早 39 | 3 981.99 | 3 861.93 | 6 500.00 | 3.11 | 38.74 | 2.67 |

CK 不施磷、中量施磷($P_2O_5$)45 kg/hm²、全磷施磷($P_2O_5$)90 kg/hm²。

表 58-16

不同磷用量下(减量)不同晚稻品种产量
kg/hm²

| 品种 | 中磷 | CK | 全磷 | 中磷相对CK增产率/% | 中磷相对全磷减产率/% | 中磷农学效率 |
|---|---|---|---|---|---|---|
| T优 27 | 7 943.97 | 7 373.69 | 7 813.33 | 7.73 | −1.67 | 19.01 |
| 丰源优 272 | 7 363.68 | 7 243.62 | 7 773.33 | 1.66 | 5.27 | 4.00 |
| 湘丰优 103 | 6 713.36 | 6 293.15 | 6 333.33 | 6.68 | −6.00 | 14.01 |
| 华两优 164 | 7 393.70 | 7 343.67 | 7 200.00 | 0.68 | −2.69 | 1.67 |
| 丰源优 227 | 8 274.14 | 7 994.00 | 8 106.67 | 3.50 | −2.07 | 9.34 |
| 深优 9586 | 6 873.44 | 7 143.57 | 7 573.33 | −3.78 | 9.24 | −9.00 |
| 丰源优 2297 | 7 653.83 | 7 603.80 | 7 746.67 | 0.66 | 1.20 | 1.67 |
| 准两优 608 | 7 073.54 | 7 173.59 | 7 026.67 | −1.39 | −0.67 | −3.34 |
| 湘丰优 9 号 | 6 463.23 | 6 483.24 | 6 240.00 | −0.31 | −3.58 | −0.67 |
| T优 227 | 7 773.89 | 7 783.89 | 7 680.00 | −0.13 | −1.22 | −0.33 |
| T优 207 | 6 003.00 | 5 902.95 | 6 493.33 | 1.69 | 7.55 | 3.34 |
| V227 | 7 503.75 | 7 533.77 | 7 626.67 | −0.40 | 1.61 | −1.00 |
| 金优 284 | 6 803.40 | 6 753.38 | 6 480.00 | 0.74 | −4.99 | 1.67 |
| 丰源优 299 | 7 223.61 | 7 193.60 | 6 666.67 | 0.42 | −8.35 | 1.00 |

CK 不施磷、中量施磷($P_2O_5$)30 kg/hm²、全磷施磷($P_2O_5$)45 kg/hm²。

**4. 有机无机配施技术**

开展了有机无机配施对水稻生长的影响差异比较(图 58-3,图 58-4),共设置了 6 个处理,T1:不施肥处理;T2:不施氮肥处理;T3:纯化肥处理;T4:20%的猪粪+80%的化肥;T5:20%的猪粪堆肥+80%的化肥;T6:20%的沼渣沼液+80%的化肥。

有机无机配施可以有效提高全年双季稻产量,其中为 20%的猪粪堆肥代替 20%的化肥效果最好。

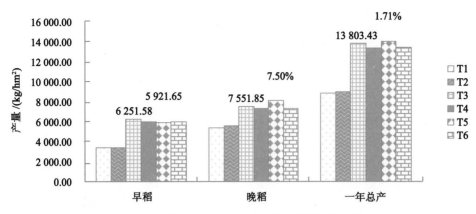

图 58-3　有机无机肥配施下双季稻产量差异比较

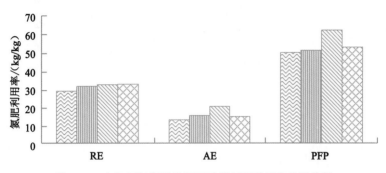

图 58-4　有机无机肥配施下双季稻氮肥利用率差异比较

**5. 测土配方施肥技术**

结合中国农业大学-司尔特测土配方施肥协作网的支持,开展了水稻高产高效测土配方施肥的试验与示范工作,制定了三个水稻区域大配方(表 58-17)。

表 58-17

湖南区域水稻配方肥配方

| 作物 | 配方 | 适用区域 |
|------|------|----------|
| 双季稻 | 20-8-12(晚稻) | 洞庭湖平原区和部分双季稻区 |
| | 20-10-10(早稻) | |
| 一季稻 | 22-8-10(超级稻) | 浏阳等一季稻区 |

(1)增产效果(表 58-18)

表 58-18

增产效果

| 作物 | 试验地点 | 比农民习惯增产/(kg/亩) | | 增产率/% | | |
|------|----------|----------|----------|----------|----------|----------|
| | | 大配方 | 小调整 | 大配方 | 小调整 | 大配方/小调整 |
| 早稻 | 赫山(2012) | 59.3 | 44.43 | 10.3 | 7.7 | 1.34 |
| 早稻 | 宁乡(2012) | 26.6 | 11.1 | 6.8 | 2.8 | 2.43 |
| 早稻 | 宁乡(2012) | 26.6 | 18.7 | 6.8 | 4.7 | 1.45 |
| 早稻 | 湘阴(2012) | −16.6 | −35.2 | −2.8 | −5.9 | — |
| 晚稻 | 赫山(2012) | −32.6 | 8.9 | −6.3 | 1.7 | — |
| 晚稻 | 湘阴(2012) | 33.3 | 3.7 | 4.6 | 0.5 | 9.20 |

续表58-18

| 作物 | 试验地点 | 比农民习惯增产/(kg/亩) | | 增产率/% | | |
|------|---------|-------------|------|---------|------|------------|
| | | 大配方 | 小调整 | 大配方 | 小调整 | 大配方/小调整 |
| 晚稻 | 湘阴(2012) | 33.3 | −14.9 | 4.6 | −2.0 | — |
| 一季稻 | 浏阳(2012) | 21 | 28 | 3.9 | 5.2 | 0.75 |
| 一季稻 | 浏阳(2012) | 21 | 11 | 3.9 | 2.0 | 1.95 |
| 早稻 | 湘阴(2013) | 17.3 | 25.6 | 3.9 | 5.8 | 0.67 |

（2）节肥效果（表58-19）

表 58-19

节肥效果

kg/亩

| 作物 | 试验地点 | 大配方 | | | | 小调整 | | | |
|------|---------|------|-----------|--------|-----------------|------|-----------|--------|-----------------|
| | | N | $P_2O_5$ | $K_2O$ | $N+P_2O_5+K_2O$ | N | $P_2O_5$ | $K_2O$ | $N+P_2O_5+K_2O$ |
| 早稻 | 赫山(2012) | 0 | 0 | −2 | −2 | −1 | 0 | −3 | −4 |
| 早稻 | 宁乡(2012) | 0 | 0 | −2 | −2 | −1 | 0 | −3 | −4 |
| 早稻 | 宁乡(2012) | 0 | 0 | −2 | −2 | −1 | 0 | −2 | −3 |
| 早稻 | 湘阴(2012) | 0 | 0 | −2 | −2 | −1 | +1 | −2 | −2 |
| 晚稻 | 赫山(2012) | −0.5 | 0 | +1 | +0.5 | −1 | 0 | +0.5 | −0.5 |
| 晚稻 | 湘阴(2012) | −0.5 | 0 | +1 | +0.5 | −1 | −0.5 | 0 | −1.5 |
| 晚稻 | 湘阴(2012) | −0.5 | 0 | +1 | +0.5 | −1 | 0 | +0.5 | −0.5 |
| 一季稻 | 浏阳(2012) | −1.36 | −0.6 | +2.1 | +0.14 | −0.76 | −0.6 | +1.5 | +0.14 |
| 一季稻 | 浏阳(2012) | −1.36 | −0.6 | +2.1 | +0.14 | −1.36 | 0 | +1.5 | +0.14 |
| 早稻 | 湘阴(2013) | −0.7 | −3 | 0 | −3.7 | −0.7 | −3 | +1 | −2.7 |

（3）氮肥增效（表58-20）

表 58-20

氮肥增效

| 作物 | 试验地点 | 氮肥效率(PFP)/(kg/kg) | | | 增效/% | |
|------|---------|--------|--------|--------|--------|--------|
| | | 农民习惯 | 大配方 | 小调整 | 大配方 | 小调整 |
| 早稻 | 赫山(2012) | 57.8 | 63.7 | 69.2 | 10.2 | 19.7 |
| 早稻 | 宁乡(2012) | 39.4 | 42.0 | 44.9 | 6.6 | 14.0 |
| 早稻 | 宁乡(2012) | 39.4 | 42.0 | 45.8 | 6.6 | 16.2 |
| 早稻 | 湘阴(2012) | 59.5 | 57.8 | 62.2 | −2.8 | 4.5 |
| 晚稻 | 赫山(2012) | 51.9 | 51.2 | 58.6 | −1.3 | 12.9 |
| 晚稻 | 湘阴(2012) | 72.6 | 79.9 | 81.0 | 10.1 | 11.6 |
| 晚稻 | 湘阴(2012) | 72.6 | 79.9 | 79.0 | 10.1 | 8.8 |
| 一季稻 | 浏阳(2012) | 41.0 | 47.6 | 45.8 | 16.1 | 11.7 |
| 一季稻 | 浏阳(2012) | 41.0 | 47.6 | 46.7 | 16.1 | 13.9 |
| 早稻 | 湘阴(2013) | 49.5 | 55.7 | 56.7 | 12.5 | 14.5 |

（4）节支增收（表 58-21）

表 58-21

节支增收情况

| 作物 | 试验地点 | 节支/(元/亩) | | 增产/(元/亩) | | 合计/(元/亩) | |
|---|---|---|---|---|---|---|---|
| | | 大配方 | 小调整 | 大配方 | 小调整 | 大配方 | 小调整 |
| 早稻 | 赫山(2012) | 12 | 22 | 172 | 129 | 184 | 151 |
| 早稻 | 宁乡(2012) | 12 | 22 | 77 | 32 | 89 | 54 |
| 早稻 | 宁乡(2012) | 12 | 16 | 77 | 54 | 89 | 70 |
| 早稻 | 湘阴(2012) | 12 | 10 | −48 | −102 | −36 | −92 |
| 晚稻 | 赫山(2012) | −3 | 2 | −95 | 26 | −98 | 28 |
| 晚稻 | 湘阴(2012) | −3 | 8 | 97 | 11 | 94 | 19 |
| 晚稻 | 湘阴(2012) | −3 | 2 | 97 | −43 | 94 | −41 |
| 一季稻 | 浏阳(2012) | −2 | −1 | 61 | 81 | 59 | 80 |
| 一季稻 | 浏阳(2012) | −2 | −2 | 61 | 32 | 59 | 30 |
| 早稻 | 湘阴(2013) | 21 | 16 | 50 | 74 | 71 | 90 |

水稻、油菜价格分别按 2.9,5.0 元/kg 计算；纯 N,$P_2O_5$,$K_2O$ 价格分别按 4.8,6.2 和 5.8 元/kg 计算。

## 58.3.4　技术集成成效

### 1. 干物质积累与养分吸收

水稻生产双高技术的运用，百千克籽粒/干物质的养分吸收量（表 58-22），早稻为 1.56，晚稻为 1.83，和前期一些学者的试验结果相比，早晚稻都取得了好的效果，尤其是早稻，提高了养分利用效率，百千克籽粒养分吸收量降低到了一个较理想的水平。

表 58-22

百千克籽粒/干物质的养分吸收量

| 作物 | 均值 | 变异 | 区域 | 数据来源 |
|---|---|---|---|---|
| 早稻 | 1.83 | 1.55～2.00 | 安徽省 | 吴文革等,2005 |
| | 1.81 | 1.43～2.18 | 江西省 | 陈爱忠等,2006—2008 |
| | 1.76 | 1.66～1.82 | 湖南衡阳益阳岳阳 | 邹应斌等,2007 |
| | 1.56 | 1.46～1.66 | 湖南湘阴益阳 | 试验总结 |
| 晚稻 | 1.85 | 1.32～2.38 | 江西省 | 陈爱忠等,2006—2008 |
| | 1.64 | 1.5～1.89 | 湖南衡阳益阳岳阳 | 邹应斌等,2007 |
| | 1.83 | 1.36～2.10 | 湖南湘阴益阳 | 试验总结 |

表 58-23 和表 58-24 表明，花前和花后的阶段干物质累积与氮素养分吸收对水稻产量的形成具一定的影响，前期重施肥尤其是氮肥，其干物质累积与氮素养分吸收所占比率较大，但产量不一定高；而氮肥后移，在保证有效群体的情况下，延缓机体尤其是功能叶的衰老，促进后期即花后的干物质累积与氮素养分吸收，能有效提高产量（图 58-5）。

### 2. 不同模式产量和氮肥利用率表现

不同模式试验结果表明（表 58-25），将多种技术集成形成的超高产高效模式在洞庭湖区早晚稻增产显著，和农民习惯施肥比较，增产 20%～28%，氮肥增效 9%～12%。

表 58-23

早稻阶段干物质累积与氮素养分吸收 %

| 产量水平 | 干物质累积 | | N 累积 | |
|---|---|---|---|---|
| | 花前 | 花后 | 花前 | 花后 |
| 6 | 0.53 | 0.47 | 0.60 | 0.40 |
| 6~6.5 | 0.49 | 0.51 | 0.57 | 0.43 |
| 7.0~7.7 | 0.44 | 0.56 | 0.51 | 0.49 |
| 8.25~9 | 0.43 | 0.57 | 0.60 | 0.40 |
| 7.5~8.5 | 0.45 | 0.55 | 0.50 | 0.50 |

表 58-24

晚稻阶段干物质累积与氮素养分吸收 %

| 产量水平 | 干物质累积 | | N 累积 | |
|---|---|---|---|---|
| | 花前 | 花后 | 花前 | 花后 |
| 6 | 0.30 | 0.70 | 0.55 | 0.45 |
| 6.3~6.75 | 0.35 | 0.65 | 0.53 | 0.47 |
| 7.0~7.7 | 0.31 | 0.69 | 0.40 | 0.60 |
| 8.25~9 | 0.32 | 0.68 | 0.53 | 0.47 |
| 7.5~8.5 | 0.34 | 0.66 | 0.44 | 0.56 |

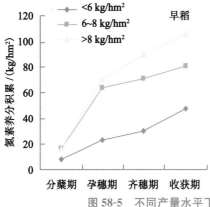 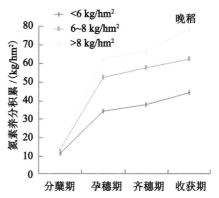

图 58-5 不同产量水平下双季稻阶段氮素养分累积规律

表 58-25

不同模式试验结果

| 作物 | 处理 | 产量/(kg/hm²) | 对农民习惯增产/% | PFP/(kg/kg) | PFP 对农民习惯增加/% |
|---|---|---|---|---|---|
| 早稻 | 不施氮肥 | 5 461.00 | | | |
| | 农民习惯 | 5 820.80 | | 36.40 | |
| | 高产高效 | 7 239.00 | 24.00 | 44.80 | 8.10 |
| | 超高产 | 7 704.70 | 32.00 | 38.10 | 1.70 |
| | 超高产高效 | 7 508.30 | 28.00 | 48.20 | 11.80 |
| 晚稻 | 不施氮肥 | 5 813.20 | | | |
| | 农民习惯 | 7 366.00 | | 44.64 | |
| | 高产高效 | 8 530.20 | 15.80 | 60.30 | 15.66 |
| | 超高产 | 9 059.30 | 23.00 | 46.46 | 1.80 |
| | 超高产高效 | 8 868.80 | 20.40 | 53.75 | 9.11 |

## 58.3.5 大面积应用效果

1. 建立了技术规程(表 58-26、表 58-27)

表 58-26

湖南湘北地区双季早稻高产高效技术模式

| 适宜区域 | 该技术模式适用于湘北洞庭湖双季稻区早稻推广应用 | | | | | |
| --- | --- | --- | --- | --- | --- | --- |
| 目标 | 产量 460~480 kg/亩，产量较当地习惯栽培提高 15%~20%，氮肥利用效率提高 20%~30% | | | | | |
| 时期 | 秧田期<br>3 月下旬至 4 月中下旬 | 整地移栽<br>4 月下旬 | 分蘖期<br>5 月上中旬 | 拔节长穗期<br>5 月中旬至 6 月上中旬 | 灌浆结实期<br>6 月中旬至 7 月中旬 | 收获期<br>7 月中下旬 |
| 生育期图片 | | | | | | |
| 主攻目标 | 培育壮秧 | 合理密植,促苗早发 | 促蘖,足苗,壮株 | 壮秆,培育大穗,促进稳健生长 | 促灌浆,防早衰,增实粒,增粒重,防病虫 | 适时收获 |
| 技术指标 | | 苗 1.8 万~2.0 万蔸 | 最大苗总茎数 22 万~24 万 | 分蘖成穗率 80%~90% | 亩有效穗数 16 万~18 万,穗粒数 110~120 粒/穗,千粒重(28±1.0)g | 适时收获 |
| 主要技术措施 | 1. 良种选择：选择具有高产潜力的能够在 7 月 15 日以前成熟的早稻品种,例如两优 287,株两优 819,金优 974 等。<br>2. 种子处理：播前消毒和浸种。消毒可用药剂如强氯精或米鲜胺胶溶液或 1%生石灰澄清液浸种或专用浸种剂浸种、浸后清水洗净,吸足水分后再催芽。<br>3. 秧田准备：(1)水育秧：秧田宜选择排灌方便、向阳背风、土质松软、杂草少、肥力较高的田块。播前 10 d 进行翻耕,一般每亩施纯 N 约 2.5 kg 相当于尿素 5 kg 左右)。且做到氮磷钾配合施用(N:P₂O₅:K₂O=2:1:2)。(2)旱育秧：秧田应选择背风向阳、土壤肥沃、结构良好、排灌方便、靠近土壤的秧田或旱地、菜园。秧田要施足基肥,要耙松、整平。<br>4. 养青土准备：将选好的过筛细泥土按每百斤充配过磷酸钙 5 kg,已堆沤腐熟的有机肥 50 kg 加专用育秧壮秧剂 0.25~0.5 kg 充分搅拌均匀制成营养土备用。<br>5. 播种：常规早稻每亩大田用种量 4~5 kg,每平方米秧床播种 200~250 g,每亩大田需秧床 20~25 m²,杂交早稻每亩大田用种量 2.25~2.5 kg,每平方米播 125 g,每亩大田需秧床 18~20 m²。塑盘育秧每孔播杂交稻种 1~2 粒,播常规稻种 2~3 粒。塑盘育苗 2 万穴。<br>6. 苗床管理：塑盘育苗保持秧床湿润,水不上秧厢面,秧龄 30 d 左右。在三叶期施断奶肥,亩施断奶尿素 5 kg。<br>7. 病虫防治：及时防好稻蓟马、稻蓟蝬 二化螟等病虫,移栽前 5 d 施药,带药下田。 | 1. 本田整地：采用机械浅旋耕整田或畜力耕整,要达到"田平,表层泥融,田中杂草少,寸水不露泥"。<br>2. 本田基肥：移栽前 1~2 d 施用基肥：亩施 5 kg 纯 N(相当于尿素约 10.8 kg),5.4 kg P₂O₅(相当于过磷酸钙或钙镁磷肥约 45 kg),4~5 kg K₂O(相当于氯化钾 7~8 kg),施肥后平整田面,达到泥肥相融。<br>3. 移栽：人工插秧,株行距为 20 cm×23.3 cm 或 13.3 cm×23.3 cm,每穴插 2 粒种子;抛栽或摆栽(塑盘秧),每亩 2 万穴。<br>4. 水分管理：插秧或抛栽时浅水活苗,抛秧后,用低桩地膜覆盖,保温促全苗。 | 1. 分蘖肥：移栽后 5~7 d 每亩施 2 kg 纯 N(相当于尿素约 4.3 kg),2 kg K₂O(相当于氯化钾约 3 kg)。<br>2. 水分管理：浅水分蘖,达到所需有效穗苗数的 90%时晒田控蘖。<br>3. 病虫防治：主要防治二化螟、稻纵卷叶螟、纹枯病,稻曲病等。<br>4. 杂草防治：除治三棱草、鸭舌草、慈姑等杂草,可用苄·松 100 g/亩加 72%2,4-D 丁酯 40 g/亩兑水 25 kg/亩喷雾。 | 1. 穗肥：幼穗分化初期每亩施 3 kg 纯 N(相当于尿素约 6.5 kg),2 kg K₂O(相当于氯化钾约 3 kg)。<br>2. 水分管理：浅水达到分蘖数的 90%效够苗数时晒田搁蕈。<br>3. 病虫防治：主要防治二化螟、稻纵卷叶螟、稻曲病,纹枯病,稻瘟病。 | 1. 穗粒肥：视天气和叶色每亩施 1~1.5 kg 纯 N(相当于尿素 2~3 kg)。<br>2. 病虫害防治：主要防治稻瘟病、穗颈瘟、稻飞虱等。在始穗至齐穗期,晴天傍晚或阴天每亩用谷粒饱 1 包或磷酸二氢钾 150 g 加水 40 kg 进行叶面喷施。<br>3. 水分管理：以湿润和浅水相间灌溉干湿交替,收获前 5~7 d 脱水。 | 1. 适时收获<br>2. 稻草还田 |

表58-27
湖南湘北地区双季稻高产高效技术模式

| 项目 | 秧田期 6月中下旬至7月下旬 | 整地移栽 7月下旬 | 分蘖期 8月上旬 | 投节长穗期 8月中下旬至9月上旬 | 灌浆结实期 9月上中旬至10月中下旬 | 收获期 10月中下旬 |
|---|---|---|---|---|---|---|
| 适宜区域 | 该技术模式适用于湖南湘北洞庭湖双季稻区晚稻亩产450 kg以上的地区推广应用 | | | | | |
| 目标 | 产量520~540 kg/亩，N肥PFP50~55 kg/kg，产量较当地习惯栽培提高15%~20%，氮肥利用效率提高20%~30% | | | | | |
| 生育期图片 | | | | | | |
| 主攻目标 | 培育壮秧 | 合理密植，促苗早发 | 促蘖、足苗、壮株 | 壮秆、培育大穗、促进稳健生长 | 促灌浆、防早衰、增实粒、增粒重、防病虫 | 适时收获 |
| 技术指标 | | 苗1.6万~1.8万兜 | 最大苗总茎数20万~24万 | 分蘖成穗率80±5% | 亩有效穗数16万~18万，穗粒数120~130粒/穗，千粒重(30±1.0) g | |

主要技术措施

**（秧田期）**
1. 良种选择：选择具有高产潜力的能够在9月13日以前抽穗的中熟品种，例如金优207，丰源优299等。若晚稻为迟熟品种则早稻宜搭配早熟品种。
2. 种子处理：播前消毒和浸种。滑苗可用药剂如强氯精或咪鲜胺胶溶液或1%生石灰澄清液或专用浸种剂浸种，浸后清水洗净，吸足水分后再催芽。
3. 秧田准备：(1)水育秧：秧田宜选择排灌方便，向阳背风，土质松软，杂草少，肥力较高的田块。播前10 d进行翻耕，一般每公顷施尿素75 kg左右。(2)旱育秧：秧田应选择避风向阳，土壤肥沃，结构良好，排灌方便，犁耙土壤或距离近的稻田或菜园。秧田要施足基肥，要耙碎、整平、作畦。
4. 营养土准备：将选好的泥土充配过磷酸钙5 kg，已堆沤腐熟的有机肥50 kg加旱育秧壮秧剂0.25~0.5 kg充分拌匀均匀成营养土备用。
5. 播种：常规晚稻每大田用种量4~5 kg，每平方米秧床播200~250 g，每亩大田需秧床20~25 m²；杂交早稻每亩大田用种量2.25~2.5 kg，每平方米播125 g，每亩2万穴。
6. 苗床管理：塑盘育苗大田用床18~20 m²。2粒，播前规律秧2~3粒。出苗前为防大雨受冻要用稻杆或薄膜覆盖（不能用油菜壳）。苗施尿素5 kg。龄30 d左右。在三叶期施断奶肥，水不上秧箱面，秧
7. 病虫防治：及时搞好稻蓟马、稻螟蛉、二化螟等病虫防治，移栽前5 d施药，带药下田

**（整地移栽）**
1. 本田整地：采用机械浅旋耕整田，要达到"田平，表层泥融，田中杂草净，寸水不露泥"。
2. 本田基肥：早稻稻草2/3还田，亩施5 kg纯N（相当尿素约10.8 kg），3 kg P₂O₅（相当于过磷酸钙约25 kg），3 kg K₂O（相当于氯化钾约5 kg），施磷肥平整田面，达到土肥相融。
3. 移栽：在秧苗3.7~4.1叶期移栽或抛栽，人工插秧，株行距为20 cm×16.6 cm或13.3 cm×23.3 cm，每穴播2粒种子，抛栽或摆栽（塑盘秧），每亩2万穴。
4. 水分管理：移栽后寸水活苗抛秧田湿润活苗

**（分蘖期）**
1. 分蘖肥：移栽后5~7 d每亩施2 kg干尿素纯N（相当干尿素约4.3 kg），3 kg K₂O（相当氯化钾约5 kg）。
2. 水分管理：浅水促蘖，达到所需有效穗苗数的90%时要晒田控蘖。
3. 病虫防治：主要防治二化螟，稻纵卷叶螟，纹枯病，稻飞虱。
4. 杂草防治：除治三棱草、薰草、慈姑等杂草，可用苯达松100 g/亩加72% 2,4-D丁酯40 g/亩兑水25 kg/亩喷雾。

**（投节长穗期）**
1. 穗肥：幼穗分化初期每亩施干尿素3 kg每亩施干尿素素约6.5 kg，1.5 kg K₂O（相当于氯化钾约2.5 kg）。
2. 水分管理：浅水勤灌，够苗晒田。
3. 病虫防治：主要防治二化螟，稻纵卷叶螟，纹枯病，稻飞虱。

**（灌浆结实期）**
1. 穗粒肥：视天气和叶色亩施纯N1~1.5 kg（相当尿素2~3 kg）。在始穗至齐穗期，晴天傍晚或阴天每亩用合拍150 g饱1包磷酸二氢钾20 g加水40 kg进行叶面喷施。
2. 病虫害防治：主要防治稻穗瘟、穗颈瘟、稻纵卷叶螟、稻飞虱等。
3. 水分管理：以湿润和浅水相间灌溉，稻长穗后，水相间灌溉湿干湿壮秆大。收获前5~7 d脱水。

**（收获期）**
1. 适时收获
2. 不得割青

**2. 建立不同推广机制**

(1)与农技部门合作建立高产高效示范片。

(2)与司尔特公司合作开发推广配方肥。

(3)与湘晖农业科技开发有限公司合作开发机插秧育苗基质,推广双高技术。

**3. 双高技术应用效果**

共建立双高水稻生产示范片 10 个,其中建立配方肥示范片 4 个,开展不同规模培训会 96 场,培训农民 7 500 多人次。

效果:5 年早晚两季累计示范 20 000 亩,辐射推广 50 万亩,示范田产量早稻产量 6.7～7.8 t/hm²,晚稻达到 7.4～8.2 t/hm²,分别较农民习惯增产 6.9%～27.6% 和 4.8%～28.8%,养分利用效率提高 10.7%～53.3% 和 15.6%～57.4%。

## 58.4　区域养分管理技术创新与应用的未来发展

当前,随着社会的发展、人口的增加,我国耕地承受着越来越大的压力。双季稻生产事关国家粮食安全,其生产做到既高产又高效,养分管理技术极为重要。今后中国将继续促进农业的现代化,农业生产将走集约化、规模化经营的道路,同时将兼顾环境生态改善的功能,形成农业和农业企业规模经营发展后,农业科技将有更好的载体,因而区域养分管理技术将有非常美好的应用前景。

今后洞庭湖平原区养分管理技术的研究与运用可以湖南省大力推进双季稻生产全程机械化为契机,结合水稻机插育秧基质及配套技术的应用,继续研究和大面积推广示范双季稻高产高效栽培技术。进一步明确双高模式下高产高效的机理;对现有高产高效综合栽培技术进行优化和简化,尽量进行物化和转化;做好农艺与农机的对接;依托测土配方施肥和机械化生产做好推广示范工作。

(执笔人:刘强　彭建伟　荣湘民)

# 第 59 章

# 湖南省水稻高产高效
# 技术创新与应用

湖南省是全国水稻生产大省,水稻年播种面积和稻谷总产常年各占全国的 13% 左右,特别是双季稻生产保持稳步发展,其面积稳居全国第一,单产保持在前三名。总体来看,湖南省水稻生产呈现面积由增加到减少、单产逐渐增加的大趋势,目前播种面积稳定在 6 000 万亩以上、单产稳定在 6 t/hm² 以上(图 59-1)。

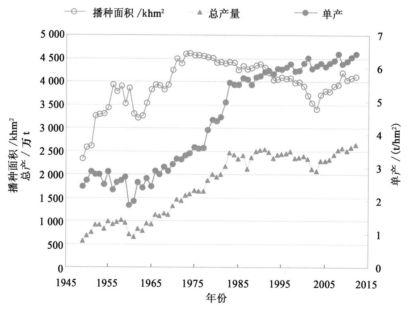

图 59-1　湖南省历年(1949—2012 年)水稻播种面积、稻谷单产与总产

(资料来源:湖南省农业统计年鉴)

1983 年以前,湖南省水稻生产一直以高产为主攻目标。但从 1983 年起,由于粮食积压开始主攻稻米品质,湖南省水稻进入了优质与高产并重时代,优质稻播种面积逐步达到 50% 左右。20 世纪 90 年代中期开始,为克服产量下降、单产潜力徘徊的努力,使湖南省水稻在 20 世纪进入到以提高产量潜力为主兼顾米质的超级稻和超级杂交稻育种时代。因此,长期以来,高产是湖南省水稻育种和栽培的共同目标,多数水稻品种对肥料特别是氮肥的需求量越来越大,栽培上施肥过多与养分利用效率偏低的现象普遍存在,高产不高效的问题日显突出。

湖南省水稻高产高效栽培技术的研究与创新经历了 2 个关键阶段,一是在九五国家水稻丰产工程建立的一次性施肥法的基础上,自 2000 年开始,通过引进国际水稻研究所的实地养分管理(site-specific nutrient management,SSNM)技术并使之本土化,使水稻 N 肥利用效率得到明显提高,进而在"十一五"建立了水稻养分资源综合管理技术体系;二是在水稻养分资源综合管理技术体系的基础上,通过栽培、土壤和植物营养学科的密切结合,既注重高产,又注重养分高效利用,在"十二五"实现了水稻高产高效栽培技术的创新与应用。

## 59.1　湖南省水稻养分资源综合管理技术体系的建立与应用

### 59.1.1　湖南省水稻生产养分管理概况

**1. 湖南省水稻生产养分管理存在的问题**

一直以来,我国水稻生产中存在肥料用量大、养分利用率低,化肥用量大、肥料养分流失严重等问题,据试验统计,我国水稻肥料中氮素的农学利用率由 1958—1963 年的 15~20 kg/kg 降低到 1981—1983 年的 9.1 kg/kg,20 世纪 90 年代甚至降低到 3~4 kg/kg N。造成肥料氮素农学利用率低的原因可能是连年重施氮肥造成土壤背景氮含量偏高,降低了水稻对当季肥料氮素的吸收利用率。

湖南省水稻生产施肥存在的主要问题是重化肥轻有机肥,其中化肥施用又以氮肥用量偏多、磷肥和钾肥用量偏少。2004—2005 年对湖南省安化、常宁、洞口、桂东、衡南、衡山、衡阳、会同、耒阳、醴陵、浏阳、南县、宁乡、祁东、祁阳、邵东、桃源、湘乡、新化、益阳、沅江等 21 县(市)的水稻养分资源管理的现状进行了农户抽样调查,结果(表 59-1)表明,湖南水稻生产用肥以化肥为主,其中主要是复合肥(平均 348.6 kg/hm²)、碳铵(平均 388.6 kg/hm²)、尿素(平均 138.6 kg/hm²)、氯化钾(平均 70.3 kg/hm²)和过磷酸钙(平均 228.7 kg/hm²);有机肥有猪粪、菜籽饼、厩肥及草木灰等。值得指出的是湖南是养猪大省,生猪年出栏 6 800 多万头,但猪粪的利用很少,平均只有 1 753 kg/hm²,在所调查的 21 个县(市)中只有 13 个县施用猪粪,其余 8 个县没有施用猪粪。

由表 59-1 进一步计算出水稻生产肥料氮、磷、钾养分的平均施用量归纳于表 59-2。目前,湖南省水稻生产的肥料养分约有 90% 的氮素和磷素、80% 的钾素来自化学肥料,而来自有机肥料的偏少。其中:氮肥早稻平均为 159.3 kg/hm²,晚稻平均为 167.7 kg/hm²;磷肥($P_2O_5$)早稻平均为 55.5 kg/hm²,晚稻平均为 48.6kg/hm²;钾肥($K_2O$)早稻平均为 85.1 kg/hm²,晚稻平均为 103.7 kg/hm²。早晚稻肥料氮、磷($P_2O_5$)、钾($K_2O$)之比为 1:(0.29~0.35):(0.53~0.62)。从总体上来看,氮肥、磷肥、钾肥的施用极不平衡,其中水稻生产中氮肥用量偏多,磷肥和钾肥用量偏少,特别是化肥中氮肥的过量施用,不仅降低了化肥中氮的吸收利用率,而且对农业生产带来许多不利影响:一是由于残留在土壤中的化肥被雨水冲刷后流入江湖,加剧了水体的富营养化;二是由于土壤中氮素等营养元素过多,造成土壤中其他元素的相对缺乏,从而破坏土壤养分平衡。三是有机肥施用量的减少,造成土壤板结,土壤微生物活力与土壤保水能力下降,使肥料施用效果显著降低。

根据对湖南省 21 个县(市)2 455 户农户水稻生产中氮肥用量和产量的调查结果,将农民的施肥水平划分为不足、适量和过量 3 种类型。其中:早稻(968 户)氮肥用量小于 100 kg/hm² 为不足,在 100~150 kg/hm² 为适量,大于 150 kg/hm² 为过量;晚稻(956 户)氮肥用量小于 110 kg/hm² 为不足,在 110~165 kg/hm² 为适量,大于 165 kg/hm² 为过量;中稻(531 户)氮肥用量小于 135 kg/hm² 为不足,在 135~195 kg/hm² 为适量,大于 195 kg/hm² 为过量。从调查结果可以发现:氮肥用量不足的农户早稻为 19.3%,晚稻为 27.6%,中稻为 23.4%,平均为 23.4%;氮肥过量施用的早、晚、中稻农户分别为 50.6%,38.7% 和 55.6%,平均为 48.3%;氮肥适量施用的早、晚、中稻农户分别为 30.1%,33.7% 和 21.1%,平均为 28.3%。

表 59-1

湖南省 21 县(市)2003—2005 年水稻生产施肥情况调查　　　　　　　　　　　　　　　　　　　kg/hm²

| 地点 | 产量/(t/hm²) | 复合肥[1] | 尿素 | 钾肥 | 碳铵 | 过磷酸钙 | 草木灰 | 猪肥[2] | 厩肥[3] | 菜籽饼 |
|---|---|---|---|---|---|---|---|---|---|---|
| 安化县 | 6.80 | 0.0 | 63.4 | 61.2 | 474.2 | 0.0 | 0.0 | 9 506 | 4 870 | 0 |
| 常宁市 | 5.88 | 405.0 | 153.0 | 60.0 | 681.0 | 452.5 | 0.0 | 0 | 0 | 0 |
| 洞口县 | 6.71 | 45.5 | 187.1 | 122.0 | 708.2 | 696.2 | 0.0 | 0 | 4 | 1 |
| 桂东县 | 9.49 | 717.0 | 227.4 | 57.1 | 242.0 | 50.0 | 29.3 | 594 | 579 | 0 |
| 衡南县 | 6.70 | 135.0 | 181.3 | 100.0 | 520.0 | 415.0 | 0.0 | 0 | 0 | 310 |
| 衡山县 | 10.56 | 16.3 | 147.4 | 95.6 | 716.9 | 676.2 | 0.0 | 8 315 | 0 | 684 |
| 衡阳县 | 7.33 | 171.8 | 162.9 | 51.4 | 694.6 | 345.0 | 0.0 | 0 | 0 | 0 |
| 会同县 | 6.70 | 503.6 | 177.8 | 29.5 | 24.9 | 203.2 | 0.0 | 484 | 2 842 | 0 |
| 耒阳县 | 6.23 | 451.5 | 134.3 | 99.2 | 642.9 | 471.4 | 0.0 | 0 | 0 | 0 |
| 醴陵市 | 6.86 | 477.7 | 108.5 | 70.7 | 133.7 | 63.3 | 0.0 | 774 | 281 | 0 |
| 浏阳市 | 7.06 | 565.0 | 223.2 | 204.0 | 539.5 | 1.1 | 0.0 | 283 | 23 | 0 |
| 南县 | 7.16 | 285.2 | 185.0 | 19.0 | 392.1 | 362.5 | 0.0 | 0 | 0 | 0 |
| 宁乡县 | 5.76 | 578.9 | 54.1 | 15.7 | 39.9 | 18.2 | 5.6 | 107 | 0 | 0 |
| 祁东县 | 6.43 | 665.0 | 165.0 | 89.5 | 637.5 | 0.0 | 0.0 | 0 | 0 | 0 |
| 祁阳县 | 6.37 | 676.5 | 77.2 | 8.3 | 32.5 | 53.9 | 0.0 | 475 | 0 | 0 |
| 邵东县 | 6.26 | 145.8 | 129.6 | 6.4 | 719.2 | 0.0 | 0.0 | 6 506 | 737 | 0 |
| 桃源县 | 4.73 | 61.0 | 154.8 | 28.8 | 229.0 | 176.8 | 0.0 | 0 | 0 | 72 |
| 湘乡市 | 6.50 | 218.3 | 40.7 | 5.4 | 57.4 | 10.7 | 8.6 | 1 153 | 208 | 0 |
| 新化县 | 6.22 | 792.9 | 197.2 | 208.0 | 0.0 | 303.0 | 0.0 | 7 478 | 7 071 | 0 |
| 益阳县 | 5.62 | 201.1 | 9.6 | 97.7 | 500.9 | 313.3 | 10.7 | 522 | 0 | 0 |
| 沅江县 | 3.65 | 207.9 | 132.0 | 47.0 | 173.0 | 191.0 | 279.1 | 621 | 893 | 0 |
| 平均 | 6.62 | 348.6 | 138.6 | 70.3 | 388.6 | 228.7 | 15.9 | 1 753 | 834 | 51 |

[1] 复合肥养分含量为 N 16%、P₂O₅ 6%、K₂O 7%,或者 N 12%、P₂O₅ 6%、K₂O 7%;[2] 包括猪粪、牛粪和鸡粪;[3] 包括厩肥、土杂肥和塘泥;每个县调查 50 户,调查面积 380.4 hm²。

表 59-2

湖南省 21 县(市)2003—2005 年水稻生产肥料养分用量及来源调查　　　　　　　　　　　　　　kg/hm²

| 项目 | | 复肥 | 肥料Ⅰ[1] | 肥料Ⅱ[2] | 猪粪 | 牛粪 | 鸡粪 | 菜饼 | 厩肥 | 合计 |
|---|---|---|---|---|---|---|---|---|---|---|
| 早稻 | N | 39.57 | 54.23 | 52.20 | 9.14 | 0.26 | 0.32 | 0.03 | 3.52 | 159.3 |
| | P₂O₅ | 18.26 | 28.08 | 2.22 | 3.86 | 0.15 | 1.25 | 0.03 | 1.62 | 55.5 |
| | K₂O | 25.55 | 39.63 | 1.23 | 12.18 | 0.08 | 0.68 | 0.02 | 5.63 | 85.1 |
| 晚稻 | N | 45.23 | 61.58 | 49.04 | 6.95 | 0.20 | 0.05 | 1.22 | 3.41 | 167.7 |
| | P₂O₅ | 24.14 | 15.77 | 3.36 | 2.94 | 0.12 | 0.15 | 0.66 | 1.41 | 48.6 |
| | K₂O | 31.91 | 54.44 | 2.25 | 9.26 | 0.06 | 0.09 | 0.05 | 5.58 | 103.7 |

[1] 肥料Ⅰ指尿素、过磷酸钙或者氯化钾;[2] 肥料Ⅱ指碳铵、其他的复合磷肥或者复合钾肥。每个县调查 50～60 户,调查面积 380.4 hm²。

**2. 湖南省稻田生态系统的肥料养分利用效率**

湖南省 21 县(市)水稻施肥情况调查结果(表 59-3)表明,在农民习惯施肥条件下,早稻的籽粒产量平均为(5.39±1.39) t/hm²,氮、磷(P₂O₅)、钾(K₂O)肥的平均偏生产力分别为 33.8,95.5,63.3 kg/kg,中晚稻平均籽粒产量为(6.94±1.73) t/hm²,氮、磷(P₂O₅)、钾(K₂O)肥的平均偏生产力分别为 41.4,142.9,67.0 kg/kg。对于以双季稻为主体的水稻种植体系来说,每千克氮、磷(P₂O₅)、钾(K₂O)可以分别生产 37.7,117.4,65.3 kg 籽粒产量。

表 59-3

湖南省 21 县(市)2003—2005 年双季稻种植体系周年肥料养分利用效率

| 项目 | 早稻 | | | 中晚稻 | | | 早稻＋中晚稻 | | |
|---|---|---|---|---|---|---|---|---|---|
| | N | P₂O₅ | K₂O | N | P₂O₅ | K₂O | N | P₂O₅ | K₂O |
| 籽粒产量/(t/hm²) | | 5.39±1.39 | | | 6.94±1.73 | | | 12.33 | |
| 施肥量/(kg/hm²) | 159.3 | 56.4 | 85.1 | 167.7 | 48.6 | 103.7 | 327.0 | 105.0 | 188.8 |
| 养分偏生产力/(kg/kg) | 33.8 | 95.5 | 63.3 | 41.4 | 142.9 | 67.0 | 37.7 | 117.4 | 65.3 |

养分偏生产力＝籽粒产量/施入的肥料养分量

对于水稻氮肥偏生产力来说,单位面积籽粒产量和氮肥用量均影响氮肥的偏生产力。图 59-2 表明在农民习惯施肥条件下,双季早稻和中晚稻的氮肥偏生产力均是随着单位面积籽粒产量的增加而呈线性增加,随着单位面积氮肥用量的增加而呈非线性二次函数降低,后者表现出极显著的相关性。

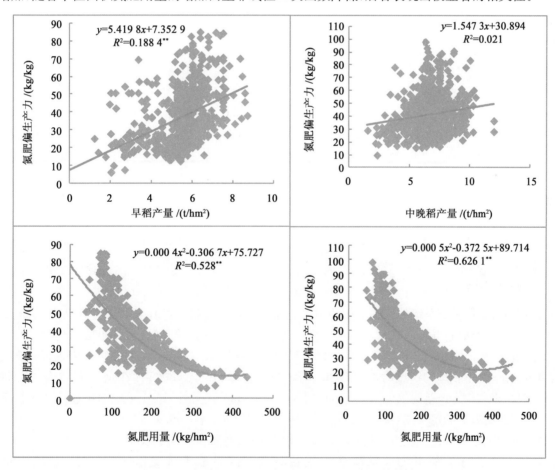

图 59-2　水稻籽粒产量和氮肥用量与氮肥偏生产力的关系

**3. 湖南省稻田生态系统的养分循环特征**

(1)湖南省稻田生态系统的氮素输入　从表 59-4 可以看出:化肥氮是双季稻种植体系氮输入的主要来源,其中在早稻生长季,氮素的输入总量为 103.2～264.0 kg/hm²,平均 183.6 kg/hm²,尽管调查农户的氮肥施用量变异较大,变幅为 71.0~220.2 kg/hm²,化肥氮的平均输入量早稻为 146.0 kg/hm²,占总氮素输入量的 79.5%。其他几个途径氮素的年输入约 25.5 kg/hm²,约占平均年总输入量的 13.9%。在晚稻生长季氮素的输入量平均 192.8 kg/hm²,变幅为 109.4~276.2 kg/hm²,化肥氮仍然是系统氮素输入的主要来源,平均为 155.8 kg/hm²,变幅为 78.3~233.4 kg/hm²,占总输入平均量的 80.8%。但是,根据国际水稻所的研究,稻田生物固氮也是双季稻种植体系氮素收入的重要来源。从双季稻系统的角度看,氮素年平均输入量为 376.5 kg/hm²,其中早季约为 48.8%,晚季约为 51.2%。输入总量的变异范围也较大,为 212.7~540.3 kg/hm²,可能是由于双季稻生产系统中同时存在氮素输入不足或过量的现象,这种现象的发生往往与农户养分资源管理不合理有关。农田生态系统生产力的提高和维持,以及养分资源高效利用的重要条件之一是养分的合理输入和优化管理。

表 59-4

湖南双季稻种植体系 2003—2004 年稻田氮素的输入量　　　　　　　　　　　　　　　　　　　　　　kg/hm²

| 作物 | 输入项 | 习惯施肥氮素输入量 | 测苗施肥氮素输入量 | 数据来源 |
|---|---|---|---|---|
| 早稻 | 氮肥 | 71.8~220.2(146.0) | 99.0~123.3(109.6) | 试验区调查 |
| | 有机肥 | 5.9~18.3(12.2) | 10.2~14.0(12.0) | 试验区调查 |
| | 降雨 | 2.0 | 2 | 试验区估测 |
| | 灌溉水 | 3.0 | 3 | 试验地估测 |
| | 种子 | 0.5 | 05 | 试验地估测 |
| | 生物固氮 | 20.0 | 20 | 根据文献报道 |
| | 总输入 1) | 103.2~264.0 (183.6) | 134.7~162.8(147.1) | (调查 968 户) |
| 晚稻 | 氮肥 | 78.3~233.4(155.8) | 115.6~154.2(132.8) | 试验区调查 |
| | 有机肥 | 5.7~17.4(11.5) | 0.0 | 试验区调查 |
| | 降雨 | 2.0 | 2 | 试验区估测 |
| | 灌溉水 | 3.0 | 3 | 试验地估测 |
| | 种子 | 0.5 | 0.5 | 试验地估测 |
| | 生物固氮 | 20.0 | 20 | 根据文献报道 |
| | 总输入 2) | 109.4~276.2 (192.8) | 141.1~179.7(158.3) | (调查 987 户) |
| 体系总输入 1)+2) | | 212.7~540.3(376.5) | 275.8~342.5(305.4) | |

括号中数值为平均值。

(2)湖南省稻田生态系统的土壤供氮能力　　土壤养分供应是指作物在某一个生育期内,从土壤中吸收的所有非当季肥料养分的数量。在稻田生态系统中,土壤养分的来源包括:土壤矿化、生物固氮、大气干湿沉降、灌溉水、施肥、作物残茬等。根据我们在宁乡县 2004 年 10 个农户责任田进行的施肥与不施肥对比试验,早稻地力产量为 4.30 t/hm²,晚稻为 4.66 t/hm²。2005 年在全省 11 个县(市)进行的对比试验,早稻地力产量为 3.69 t/hm²,晚稻为 4.77 t/hm²。另外,2001—2003 年连续 3 年在宁乡县进行不同施肥方法的定位试验结果发现,一季稻地力产量为 5.60~6.40 t/hm²。

为了证明土壤持续供氮能力,我们于 2002—2005 年在湖南农业大学农学院(长沙,28°13′N)水稻所的试验基地进行了稻田土壤供氮能力定位试验。试验地土壤类型为河沙泥,土壤有机质 25.43 g/kg、全氮 2.88 g/kg、全磷 0.83 g/kg、全钾 11.01 g/kg、碱解氮 89.58 mg/kg、速效磷 16.72 mg/kg、速效钾 64.56 mg/kg、pH 5.5。试验设早稻和晚稻均施用氮肥[(120+130) kg/hm²] 和不施用氮肥 2 个处理。试验结果(表 59-5)表明:①在连续 4 年早季和晚季均不施用氮肥的条件下,双季晚稻平均产量为 4.95 t/hm²,其中第一年为 5.38 t/hm²、第二年为 5.18 t/hm²、第三年为 4.77 t/hm²、第四年为 4.48 t/hm²;②在连续 4 年早季和晚季均施用氮肥的条件下,双季晚稻平均产量 6.27 t/hm²,比不施氮肥处理增加1.32 kg/hm²,即施肥增产的幅度为26.5%,方差分析达显著水平。由此可见,水稻生产随着不施用氮肥年限的延长,土壤持续供氮能力减弱,产量表现为逐渐下降。

表59-5

长沙稻田土壤供氮能力定位试验产量和产量构成[1]

| 年份 | 处理 | 总苗数 株/m² | 总穗数 /(×10⁴/hm²) | 每穗总粒数 | 结实率 /% | 千粒重 /g | 理论产量 /(t/hm²) | 实测产量 /(t/hm²) |
|------|------|------|------|------|------|------|------|------|
| 2002 | 施氮肥 | 388.02 | 275.55 | 118.4 | 70.1 | 24.2 | 5.53 | 6.35 a |
|      | 不施氮肥 | 303.65 | 205.20 | 131.7 | 67.9 | 25.8 | 4.73 | 5.38 b |
| 2003 | 施氮肥 | 475.72 | 289.58 | 99.7 | 86.8 | 25.5 | 6.40 | 6.47 a |
|      | 不施氮肥 | 323.08 | 217.71 | 114.9 | 85.1 | 25.7 | 5.47 | 5.18 b |
| 2004 | 施氮肥 | 484.38 | 306.25 | 118.8 | 84.8 | 26.9 | 8.30 | 7.63 a |
|      | 不施氮肥 | 291.15 | 181.25 | 129.7 | 85.5 | 27.0 | 5.43 | 4.77 b |
| 2005 | 施氮肥 | 365.63 | 249.48 | 101.3 | 84.6 | 23.9 | 5.11 | 4.62 a |
|      | 不施氮肥 | 277.08 | 166.15 | 120.5 | 85.6 | 25.4 | 4.35 | 4.48 b |
| 平均 | 施氮肥 | 428.44 | 280.22 | 109.6 | 81.6 | 25.1 | 6.34 | 6.27 a |
|      | 不施氮肥 | 298.74 | 192.58 | 124.2 | 81.0 | 26.0 | 5.00 | 4.95 b |

[1] 2002年品种为汕优63,2003—2005年品种为金优207。

(3)湖南省稻田生态系统的氮素、磷素和钾素表观平衡 在稻田生态系统中,水稻养分去向包括收获作物带走的氮素、磷素、钾素养分及其养分的损失量,其中损失量包括氮素和钾素的淋洗、氨挥发和氮素硝化、反硝化损失等。对于双季稻种植体系,盈余量最大为氮素(166.9 kg/hm²),其次为磷素(30.1 kg/hm²),钾素的盈余量最小(11.0 kg/hm²)。氮素和磷素的盈余主要表现在早季过量的氮肥、磷肥的投入,而钾素在晚季表现为紧平衡可能与稻草连年被移走有关(表59-6)。另外,随着大气和水源氮污染的不断加重,降水和灌溉带入稻田的氮素也在逐年增加,年灌溉水带入稻田氮素约6.0 kg/hm²,湿沉降带入稻田的氮素约4.0 kg/hm²。

表59-6

湖南省宁乡县双季稻种植体系稻田养分平衡情况                                                                 kg/hm²

| 主要项目 | 早季 | | | 晚季 | | | 早稻+晚稻 | | |
|------|------|------|------|------|------|------|------|------|------|
|      | N | P₂O₅ | K₂O | N | P₂O₅ | K₂O | N | P₂O₅ | K₂O |
| 化肥 | 146.0 | 48.5 | 66.4 | 155.8 | 43.3 | 88.6 | 301.8 | 91.8 | 155.0 |
| 有机肥 | 12.2 | 7.9 | 18.5 | 11.5 | 5.1 | 15.0 | 23.7 | 13.0 | 33.6 |
| 灌水[1] | 3.0 | 1.1 | 24.1 | 3.0 | 1.1 | 24.1 | 6.0 | 2.3 | 48.2 |
| 生物固定[2] | 20.0 | — | — | 20.0 | — | — | 40.0 | — | — |
| 种子 | 0.5 | 0.1 | 0.1 | 0.5 | 0.1 | 0.1 | 1.0 | 0.2 | 0.1 |
| 湿沉降[2] | 2.0 | 0.7 | 6.0 | 2.0 | 0.7 | 6.0 | 4.0 | 1.4 | 12.0 |
| 输入总计 | 183.6 | 58.3 | 115.2 | 192.8 | 50.3 | 133.8 | 376.5 | 108.6 | 248.9 |
| 作物带走 | 91.6 | 34.4 | 104.1 | 118.1 | 44.2 | 133.9 | 209.6 | 78.6 | 238.0 |
| 盈余 | 92.1 | 24.0 | 11.1 | 74.8 | 6.1 | -0.1 | 166.9 | 30.1 | 11.0 |

[1] 根据试验区调查;[2] 根据文献估测。

(4)稻田生态系统的磷钾循环特征 从表59-7可以看出,在早季磷素的总输入量为11.08～105.58 kg/hm²,平均为58.33 kg/hm²,钾素为38.95～191.35 kg/hm²,平均为115.15 kg/hm²。与氮肥相似,化肥是双季稻生产中磷素和钾素的主要来源,其中磷素占输入总量的83.3%,钾素为57.7%,其他途径的磷素和钾素输入量分别为9.81和48.73 kg/hm²,分别为总输入量的16.8%和42.3%。在晚季磷素的输入量50.29 kg/hm²,钾素为133.78 kg/hm²,其中化肥仍然是磷素和钾素的主要来源,分别为 43.26 和 88.58 kg/hm², 分别占总输入量的 86.1% 和 66.2%, 其他途径的输入量分别为 7.03 和 45.2 kg/hm², 分别占总输入量的 13.9% 和 33.8%。全年磷素养分输入量为 108.62 和 248.9 kg/hm²。

**表 59-7**

湖南省双季稻种植体系 2003—2005 年稻田磷素和钾素的输入量　　　　　　　　　　　　　　　　　kg/hm²

| 作物 | 输入项 | 磷输入量(P₂O₅) | 钾输入量(K₂O) | 数据来源 |
|---|---|---|---|---|
| 早稻 | 化肥 | 7.9～89.17(48.52) | 6.89～125.97(66.42) | 试验区调查 |
| | 有机肥 | 1.28～14.48(7.88) | 1.87～35.19(18.54) | 试验区调查 |
| | 降雨 | 0.68 | 6.02 | 试验区估测 |
| | 灌溉水 | 1.14 | 24.10 | 试验地估测 |
| | 种子 | 0.11 | 0.07 | 试验地实测 |
| | 总输入 1) | 11.08～105.58(58.33) | 38.95～191.35(115.15) | 调查 968 户 |
| 晚稻 | 化肥 | 8.48～78.07(43.26) | 16.28～160.87(88.58) | 试验区调查 |
| | 有机肥 | 1.03～9.13(5.10) | 2.71～27.32(15.01) | 试验区调查 |
| | 降雨 | 0.68 | 6.02 | 试验区估测 |
| | 灌溉水 | 1.14 | 24.10 | 试验地估测 |
| | 种子 | 0.11 | 0.07 | 试验地实测 |
| | 总输入 2) | 11.44～89.13(50.29) | 49.18～213.79(133.78) | 调查 987 户 |
| 体系总输入 1)+2) | | 22.52～194.71(108.62) | 88.13～405.14(248.93) | |

### 4. 湖南省稻田生态系统的土壤肥力特征

从桃江县、衡阳县和邵阳县的不同肥料类型和施肥方法的定位试验结果(表 59-8)可以看出,衡阳县连续 13 年不施肥条件下,双季稻年产量平均 7.08 t/hm²,施用化肥和配合施用化肥与有机肥处理平均产量比试验前增加 0.67～1.71 t/hm²,单施有机肥处理产量与试验前持平。对于施用化肥和配合施用化肥与有机肥处理的土壤氮素、磷素、有机质含量均比试验前略有增加。但是,桃江县连续 11 年的定位试验结果则有所不同,无论是施用化肥、有机肥或者是化肥与有机肥配施,试验期间的平均产量均比试验前略有减少,但土壤氮素、磷素、有机质含量均比试验前增加较大。1999—2002 年邵阳县不同施肥方法的定位试验结果与桃江县一致。

一般用稻田土壤肥力自然监测结果来说明稻田土壤肥力的变化特征。常德市 1990—2000 年 24 个主要水稻土种,76 个养分监测点的平均结果(图 59-3)表明:有机质含量虽有不同程度的波动,但总的来说基本持平,有上升趋势。2000 年稻田土壤有机质含量比试验前上升 0.5 g/kg,升幅 1.72%,比试验期间有机质含量的总平均值上升 0.72 g/kg,升幅 2.5%;全量氮的含量呈明显上升趋势 2000 年稻田全氮含量比试验前上升 0.56 g/kg,升幅 28.8%,比试验期间全量氮含量的总平均值上升 0.44 g/kg,升幅 21.4%;有效氮含量有下降趋势,2000 年稻田有效氮含量比试验前降低 9.53 mg/kg,降幅 6.5%,比试验期间有效氮含量的总平均值降低 16.0 mg/kg,降幅 10.4%。稻田土壤有机质含量的变化能基本上代表土壤肥力的变化动态,常德市定位调查的 14 个主要水稻土种有机质含量上升的有河沙泥、河潮泥、青泥田、酸紫泥、青紫泥等 5 种土壤,持平的有红黄泥、酸紫砂泥、中性紫泥等 3 种土壤,下降的有紫潮泥、青隔紫泥田、白胶泥、黄泥田、青沙泥、浅灰黄泥等 6 种土壤。

表 59-8

不同施肥方式对土壤肥力和稻田持续生产能力的影响

| 地点 | 处理 | 平均年施肥量 | | | 试验前、后土壤养分含量 | | | | 平均年产量 |
| | | N /(kg/hm²) | P /(kg/hm²) | K /(kg/hm²) | 有机质 /(g/kg) | 速效 N /(mg/kg) | 有效 P /(mg/kg) | 速效 K /(mg/kg) | /(t/hm²) |
|---|---|---|---|---|---|---|---|---|---|
| 桃江 | 试验前 | | | | 33.3 | 149.0 | 8.1 | 64.0 | 10.5 |
| 1988— | 空白 | 0.0 | 0.0 | 0.0 | 33.8 | 172.0 | 5.21 | 46.1 | 6.30 |
| 1998 年 | 化肥 | 328.1 | 31.7 | 158.5 | 39.5 | 200.1 | 9.30 | 60.8 | 9.87 |
| | 习惯施肥 | 280.1 | 63.9 | 94.9 | 51.1 | 200.1 | 21.87 | 51.8 | 9.86 |
| | 30+70 配肥 | 328.3 | 70.7 | 160.4 | 53.0 | 243.6 | 19.54 | 60.3 | 10.41 |
| | 60+40 配肥 | 328.5 | 97.8 | 171.5 | 64.0 | 285.3 | 36.0 | 66.4 | 10.32 |
| 衡阳 | 试验前 | | | | 28.6 | 110.0 | 7.48 | 63.1 | 10.7 |
| 1982— | 空白 | 0.0 | 0.0 | 0.0 | 28.0 | 105.0 | 7.22 | 60.6 | 7.08 |
| 1994 年 | 有机肥 | 334.5 | 75.9 | 247.7 | 32.7 | 121.0 | 10.52 | 65.6 | 10.83 |
| | 化肥 | 334.5 | 16.5 | 202.9 | 28.3 | 116.0 | 5.76 | 67.3 | 11.37 |
| | 50+50 配肥 | 337.5 | 40.9 | 206.6 | 32.0 | 125.0 | 7.70 | 62.3 | 12.41 |
| 邵阳 | 试验前 | | | | 39.2 | 139.6 | 16.9 | 51.6 | 11.5 |
| 1999— | 空白 | 0.0 | 0.0 | 0.0 | 39.6 | 145.0 | 20.2 | 32.6 | 7.35 |
| 2002 年 | 化肥 | 352.0 | 27.6 | 164.3 | 39.6 | 159.0 | 22.4 | 41.6 | 10.53 |
| | 习惯施肥 | 420.1 | 49.1 | 189.4 | 40.8 | 160.0 | 26.4 | 53.1 | 10.74 |
| | 35+65 配肥 | 352.1 | 46.3 | 284.2 | 41.6 | 163.0 | 26.0 | 54.8 | 10.82 |
| | 45+55 配肥 | 351.1 | 52.0 | 313.4 | 40.8 | 154.0 | 24.2 | 59.0 | 11.26 |
| | 55+45 配肥 | 352.4 | 57.8 | 344.5 | 40.8 | 153.0 | 27.3 | 67.3 | 11.73 |

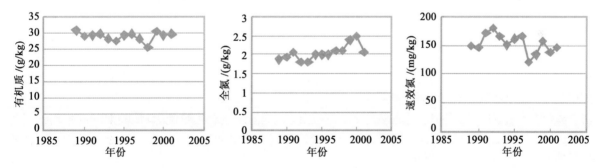

图 59-3　常德市稻田土壤肥力自然监测结果(1989—2001 年)

左:有机质;中:全量氮;右:速效氮

## 59.1.2　湖南省水稻养分资源综合管理技术体系的建立

### 59.1.2.1　双季稻植株 NPK 含量与养分吸收量

水稻叶片光合作用与氮素含量有关。在一定的叶片含氮量范围内,叶片的氮素含量与光合作用呈正相关。水稻植株氮素含量在分蘖期最高,一般为 4%~5% 的含氮量,此后随着植株的生长发育,个体加大,植株氮素含量下降,到成熟期植株氮素含量一般不到 1%。从图 59-4 可以看出,水稻植株叶片氮素含量在移栽后 15~20 d,即分蘖期接近 5%,达到最高值。分蘖期以后植株叶片含氮量逐渐下降,至成熟期达到最低值。但是,在结实成熟期早稻和晚稻植株氮素变化动态表现出一定差异,即早稻下降较快,晚稻下降较慢,这可能与成熟期间的温度和光照条件有关。

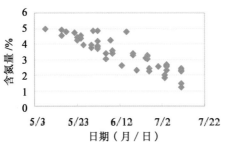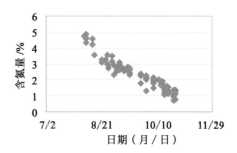

图 59-4　水稻叶片含 N 量的变化特点

左:早稻;右:晚稻

　　双季稻不同生育时期的植株氮、磷、钾养分含量均以分蘖期最高,分别为 2.91%～3.85%,0.33%～0.45% 和 3.02%～3.07%,其次为孕穗期、抽穗期和成熟期。双季稻植株氮、磷、钾养分吸收量在分蘖期氮素为 76.1～101.4 kg/hm²、磷素 8.9～11.4 kg/hm²、钾 60.5～105.2 kg/hm²,分别为成熟期的 49.4%～63.4%,30.7%～40.3%,40.0%～57.5%,到抽穗期养分吸收量达到成熟期的 92.0% 以上(表 59-9)。由此可见,不同生育时期植株氮素、磷素和钾素养分含量和养分吸收量在早晚两季中不同,这可能与早晚稻生长期间的气候条件有关。

表 59-9

水稻不同生育时期植株养分含氮量和养分吸收量

| 养分 | 类型 | 最高分蘖期 | | 孕穗期 | | 齐穗期 | | 成熟期 | |
|---|---|---|---|---|---|---|---|---|---|
| | | 含量/% | 吸收量/(kg/hm²) | 含量/% | 吸收量/(kg/hm²) | 含量/% | 吸收量/(kg/hm²) | 含量/% | 吸收量/(kg/hm²) |
| N | 早稻 | 3.85 | 76.07 | 1.97 | 145.07 | 1.51 | 151.43 | 1.10 | 154.03 |
| | 晚稻 | 2.91 | 101.37 | 1.62 | 141.83 | 1.42 | 147.07 | 1.03 | 159.90 |
| P | 早稻 | 0.45 | 8.93 | 0.33 | 24.33 | 0.29 | 29.43 | 0.21 | 29.10 |
| | 晚稻 | 0.33 | 11.43 | 0.29 | 25.40 | 0.26 | 27.17 | 0.18 | 28.37 |
| K | 早稻 | 3.07 | 60.53 | 2.03 | 149.4 | 1.73 | 173.30 | 1.17 | 163.1 |
| | 晚稻 | 3.02 | 105.17 | 2.07 | 180.90 | 1.82 | 188.56 | 1.18 | 183.06 |

表 59-10

双季稻不同施肥方法试验成熟期植株各器官养分含量和吸收量

| 植株器官 | 处理 | 植株养分含量/% | | | 植株养分吸收量/(kg/hm²) | | |
|---|---|---|---|---|---|---|---|
| | | N | P | K | N | P | K |
| 稻草 | FFP | 0.610 | 0.113 | 2.120 | 37.08 | 6.67 | 129.63 |
| | SSNM | 0.663 | 0.107 | 2.020 | 41.13 | 6.59 | 115.57 |
| | −F | 0.427 | 0.133 | 1.840 | 16.49 | 5.08 | 69.29 |
| 空秕粒 | FFP | 0.947 | 0.410 | 0.377 | 6.60 | 2.12 | 1.71 |
| | SSNM | 1.013 | 0.437 | 0.327 | 7.38 | 2.42 | 1.77 |
| | −F | 1.327 | 0.403 | 0.307 | 4.75 | 1.33 | 1.01 |
| 实粒 | FP | 1.220 | 0.303 | 0.110 | 78.77 | 19.93 | 7.31 |
| | SSNM | 1.253 | 0.363 | 0.127 | 81.86 | 25.19 | 8.58 |
| | −F | 1.047 | 0.390 | 0.113 | 43.91 | 17.17 | 4.82 |
| 全株 | FFP | 0.937 | 0.223 | 1.490 | 122.47 | 28.75 | 138.65 |
| | SSNM | 0.980 | 0.260 | 1.463 | 130.47 | 31.84 | 125.92 |
| | −F | 0.777 | 0.280 | 1.353 | 63.24 | 23.61 | 75.12 |

不同施肥方法对植株养分含量和吸收量均有一定的影响。表 59-10 表明：①稻草中氮素含量以 SSNM 施肥处理高于农民习惯施肥处理，但两者均显著高于不施肥处理；磷素和钾素含量则处理间差异不大，早稻和晚稻试验结果一致。②植株氮素、钾素吸收量均以 SSNM 处理和习惯施肥处理显著高于无肥处理，但磷素吸收量则处理间没有差异。从表 59-10 还可以看出，钾素主要积累在稻草中，约占总吸收量的 95%；氮素和磷素主要积累在籽粒中，分别约占总吸收量的 54% 和 63%。如果水稻能够保持 50% 的收获指数，则每生产 1 000 kg 稻谷植株所需要吸收的养分量为 17.6～18.6 kg N，7.3～7.7 kg $P_2O_5$，21.3～26.8 kg $K_2O$（表 59-11）。

表 59-11

双季稻地上部植株氮磷钾的吸收总量及其比例

| 品种 | | 产量/(t/hm²) | 生产 1 000 kg 稻谷养分需要量/kg | | | N:$P_2O_5$:$K_2O$ | 资料来源 |
| --- | --- | --- | --- | --- | --- | --- | --- |
| | | | N | $P_2O_5$ | $K_2O$ | | |
| 早稻 | 威优 402 | 8.3 | 18.6 | 7.7 | 23.7 | 1:0.44:1.25 | 邹应斌，2001 |
| | 华联 2 号 | 7.4 | 17.6 | 7.5 | 23.5 | 1:0.43:1.34 | 张杨珠，1998 |
| | 中鉴 100 | 7.0 | 17.9 | 7.9 | 21.3 | 1:0.44:1.19 | 邹应斌，2003 |
| 晚稻 | 威优 198 | 8.5 | 18.1 | 7.3 | 26.8 | 1:0.40:1.24 | 邹应斌，2001 |
| | 威优 77 | 7.5 | 17.9 | 7.4 | 24.0 | 1:0.42:1.34 | 张杨珠，1998 |
| | 中香 1 号 | 6.8 | 17.8 | 7.7 | 21.9 | 1:0.43:1.23 | 邹应斌，2003 |
| IRRI | 适量施肥 | | 14～16 | 5.5～6.4 | 16.9～19.3 | 1:0.40:1.21 | Peng，2006 |
| | 过量施肥 | | 17～23 | 6.6～10.9 | 20.5～32.5 | 1:0.43:1.31 | |

### 59.1.2.2　养分资源综合管理技术体系的建立

为了证明不同氮肥施用方法对水稻产量及其肥料利用率的影响，笔者于 2001—2003 年在宁乡县回龙铺镇十家村进行了不同氮肥施用量和施用方法定位试验。供试品种为汕优 63。试验前测定土壤养分含量，土壤有机质 46.5 g/kg、全氮 2.56 g/kg、全磷 0.67 g/kg、全钾 15.4 g/kg、碱解氮 199.5 mg/kg、有效磷 9.5 mg/kg、有效钾 57.4 mg/kg。试验设传统施肥（FP：180 kg/hm²）、测苗施肥（SSNM：100～120 kg/hm²）、不施肥（－F）3 种处理，同时各处理施磷肥（P）40 kg/hm²、钾肥（K）100 kg/hm²、锌肥（$ZnSO_4$）5 kg/hm² 作基肥。

随着植株个体的生长，植株氮素吸收量增加。表 59-12 表明，虽然水稻分蘖期植株氮素养分含量高，但由于植株个体小、干物质生长量少，氮素吸收量也少。早晚稻氮素吸收量分别达到成熟期总吸收量的 28.31% 和 30.17%。随着植株个体的增大，干物质生产量的增加，氮素吸收量迅速增加，到孕穗期早晚稻氮素吸收量分别达到成熟期的 82.2% 和 91.0%，成熟期氮素总吸收量早晚稻分别为 169.7 和 178.9 kg/hm²。表 59-12 结果还表明：①试验地土壤供氮能力较强，不施氮肥处理 3 年平均产量 5.83 t/hm²，变幅为 5.64～6.40 t/hm²；②产量较高的处理为 SSNM 处理，3 年平均为 7.08 t/hm²，表明施氮增产的幅度为 1.2 t/hm²；③氮肥农学利用率最高的处理为 SSNM 施肥，3 年平均为 9.6 kg/kg N，说明减少氮肥用量可以提高氮肥的农学利用率；④与传统施肥方法比较，SSNM 施肥处理减少 38.9% 的氮肥用量，其产量增加 0.36 t/hm²，增产 5.30%；⑤SSNM 的施氮量为 100～120 kg/hm²，比目前湖南省水稻生产的用肥量减少 30.9%～34.4%。水稻适宜施 N 量为 100～120 kg/hm²，植株吸 N 量为 150 kg/hm² 左右（图 59-5）。

表 **59-12**

不同氮肥施用量和施用方法定位试验植株含 N 量和 N 素吸收量

| 年份 | 处理 | 氮肥 | 产量/(kg/hm²) | AE | 植株 N 含量 /% | | | | N 素吸收量/(kg/hm²) | | | |
|------|------|------|---------------|-----|------|------|------|------|------|------|------|------|
| | | | | | 稻草 | 秕粒 | 实粒 | 全株 | 稻草 | 空秕粒 | 实粒 | 全株 |
| 2001 | —N | 0 | 6.40b | — | 0.41 | 0.76 | 1.15 | 0.81 | 20.2c | 3.0c | 67.7c | 90.8c |
| | FP | 180 | 7.32a | 5.0 | 1.15 | 1.22 | 1.79 | 1.44 | 78.1a | 9.2a | 123.1a | 210.1a |
| | SSNM | 110 | 7.75a | 12.3 | 0.85 | 1.02 | 1.50 | 1.17 | 56.4b | 6.5b | 107.2b | 169.7b |
| 2002 | —N | 0 | 5.64b | — | 0.53 | 1.19 | 1.11 | 0.85 | 24.2c | 09.8c | 53.7b | 87.6c |
| | FP | 180 | 6.29a | 3.6 | 1.34 | 1.69 | 1.86 | 1.60 | 67.1a | 13.7b | 94.8a | 175.5a |
| | SSNM | 100 | 7.00a | 13.6 | 0.86 | 1.44 | 1.58 | 1.25 | 43.6b | 15.4a | 88.6a | 147.7b |
| 2003 | —N | 0 | 6.03 | — | 0.55e | 1.42 | 1.14c | 0.85 | 34.6c | 6.8c | 64.7c | 106.1c |
| | FP | 180 | 6.57a | 2.4 | 1.34a | 1.47 | 1.76a | 1.51 | 111.8a | 8.7a | 106.4a | 226.9a |
| | SSNM | 120 | 6.50a | 3.0 | 1.01bc | 1.59 | 1.55b | 1.26 | 81.8b | 9.8a | 87.2b | 178.9b |

氮肥农学利用率(AE,kg/kg N)=氮肥处理籽粒产量—非氮肥处理籽粒产量/氮肥用量。

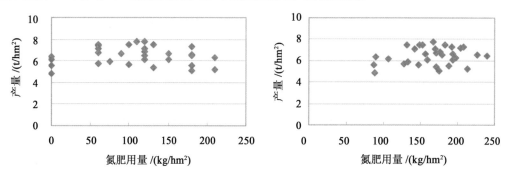

图 **59-5** 水稻产量与施 N 量和植株吸 N 量间的关系

**1. 氮肥总量控制与分阶段调控技术**

图 59-6 归纳总结了双季水稻种植体系植株养分吸收规律和生长发育规律。根据图 59-6 不同生长发育阶段的形态指标和养分吸收量可以分阶段实施施肥等农艺技术措施的调控。双季早稻和晚稻均可划分为播种、移栽、分蘖、孕穗、抽穗和成熟等 6 个生长阶段,各生长阶段调控的形态指标主要是主茎叶片数、群体苗数、叶面积指数等,生理指标主要有干物质积累量、NPK 养分吸收量等。但是,由于光照和温度等气候因子的影响,各生长阶段的形态指标早稻和晚稻不尽一致。

(1)基于养分平衡的氮肥总量控制　20 世纪 60 年代初期,矮秆品种替代高秆品种的推广应用,生产上通过增加插植密度和增施氮肥的方法,以增加单位面积有效穗数而增加产量。到 70 年代中期,杂交水稻的大面积推广应用,为了节约用种量,采取了适度稀植、减少每穴基本苗,以及培育壮秧和增施氮肥的方法,以获得高产所需要的有效穗数。由于长期偏施或过量施用氮肥,而磷肥和钾肥则施用不足,这就造成了水稻的不平衡施肥。然而,无限制地施用养分已成为增加产量目标的限制因素。高产的双季水稻生产加剧了土壤磷、钾养分降低的风险,因为:籽粒产量增加带走的磷、钾养分;籽粒带走的养分没有得到由来自作物残茬、有机肥和无机料的养分所补充;稻农从田间转移的稻草含有大量的钾。但是,适宜的肥料氮、磷、钾施用的比例因地而异,即依赖于产量目标和土壤背景养分供应能力。

平衡施肥是指提供给植株各种适宜的养分,而不偏施或不过量施用某一种肥料养分。基于养分平衡的肥料养分总量控制主要是依据目标产量、土壤地力产量和肥料养分的吸收利用率,即肥料用量

（kg/hm²）＝每生产 1 t 稻谷的植株养分吸收量×（目标产量－地力产量）/肥料养分吸收利用率（％）。一般每生产 1 t 稻谷植株养分吸收量为：氮素 17～18 kg、磷素 2.8～3.0 kg、钾素 17～18 kg。土壤养分供应能力是指土壤养分对产量的限制，一般用不施肥的空白区的产量，即地力产量来测定。

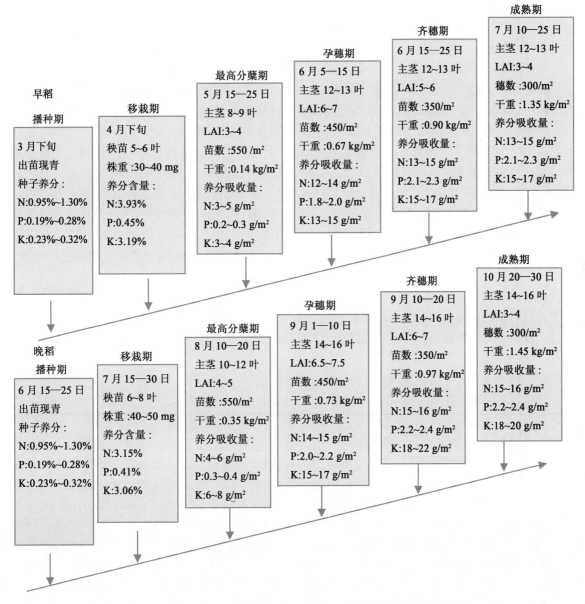

图 59-6　双季早稻和晚稻生长发育与养分吸收动态

　　（2）基于水稻生长发育与养分吸收规律的氮素分阶段调控技术　确定目标产量：目标产量的确定原则是在现有产量水平上避免过量施肥，可根据前 3 年的平均产量加上 10％～20％的增产幅度，或者以应用当地农户报告的最高产量的 80％作为目标产量。一般在气候条件好的高产季节，选择高产目标，在气候条件较差和由于倒伏、病虫危害减产的风险加大的低产季节，选择中产目标。

　　估计土壤养分供应能力：应用肥料养分空白区的产量（气候条件好、种植条件好），估计土壤 N，P，K 养分的供应能力的指标。一般选择有代表性的 10～20 个农户的稻田作为推荐施肥技术示范区，每块稻田设置 5 m×15 m 的试验区，并划分为 3 个 5 m×5 m 的肥料养分试验区。其中：

　　－F：在不施用任何 N，P，K 肥料的空白区（－F）处理测定 N 限制产量，小区间作埂以防止农民施用的 N 肥在小区间相互流动，如果在微量元素缺乏时还要施用足够的锌肥及其他的微量元素。

－P：在不施用 P 肥的小区测定 P 限制产量。试验小区施用 N 肥和 K 肥，但不施用 P 肥。施用足够的 N 肥和 K 肥以达到推荐试验区域的产量目标。最好是应用 LCC 进行适当的分次施用 N 肥方法，以避免倒伏。

－K：在不施用 K 肥试验小区测定 K 限制产量。试验小区施用 N 肥和 P 肥，但不施用 K 肥，施用足够的 N 肥和 P 肥以达到推荐试验区域的产量目标，并通过 LCC 读数采用分次施用 N 肥的方法，以避免过量施用氮肥。

计算肥料氮施用量和施用时间：氮肥用量应根据目标产量和地力养分供应能力确定。在地力产量的基础上，一般每增加 1 t 籽粒产量需要施用(N)40 kg/hm²。氮肥一般分基肥和追肥分次施用。其中，

基肥：一般以 35%～40% 的氮肥作基肥施用。当无肥区产量较低(<3 t/hm²)、株行距较大(<20 蔸/m²)、气温或水温较低、种植杂交水稻的稻田，应适当增加基肥的用量。

追肥：氮肥作追肥应分次施用。在移栽后 12～14 d 或直播后 21 d 开始，在分蘖中期、幼穗分化始期和抽穗开花期测定叶色。用叶色卡(LCC)法作为田间诊断指标，以确定氮肥的施用量。测定方法是：①选择最上部全展叶片或心叶下一叶测定叶片叶色，因为它能代表水稻植株的 N 素营养状态。如果叶色为 3～4 之间，则叶色读数为 3.5。②测定叶色时，用身体遮光测定叶色，因为叶色读数受太阳光照射角度和强度的影响。③随机在一丘田选取 10 片叶测定，如果其中有 6～7 片叶的 LCC 值低于临界值，则不推迟氮肥的施用时间。注意尽量不要在穗分化始期和开花期施用过量的氮肥，以减少倒伏的风险。

估计肥料磷素($P_2O_5$)用量：磷肥施用的目的是防止植株缺磷，而不是在植株出现缺磷症状时才施用磷肥。可持续的作物生产要求土壤保持较高的磷素水平，特别是在双季稻高产栽培的条件下，更应该保持土壤一定的磷素水平。在土壤供磷能力比较差的地方，磷肥施用原则是每增加 1 t 目标产量，施用($P_2O_5$)20 kg/hm²。

估计肥料钾素($K_2O$)用量：钾肥施用原则与磷肥的施用一致。但是，水稻对钾素的需要量大于磷素。水稻吸收的钾素 80% 以上保留在稻草内，在估计水稻钾素用量时应充分考虑稻草还田情况。在土壤供钾能力比较差的地方，钾肥施用原则是每增加 1 t 目标产量，施用($K_2O$)30 kg/hm²。

**2. 磷钾恒量监控技术(长期管理措施)**

磷素在土壤中移动性小，其有效性受土壤中的残留量、土壤固定及土壤有机质高低的影响。根据桃江县 1988—1998 年的不同肥料施用的定位试验结果(表 59-8)，长期不施肥的无肥区由于土壤磷素亏损严重，有效磷含量逐渐下降，连年施用化肥的化肥区有效磷含量为 9.3 mg/kg，比试验前上升 14.8%，连年施用有机肥(30%)和化肥(70%)的 30% 有机肥区为 34.1 mg/kg，上升 321.0%，连年施用有机肥(60%)和化肥(40%)的 60% 有机肥区为 87.6 mg/kg，上升 981.5%。由此可见，增施磷肥，特别是增施有机磷肥对于提高土壤有效磷的作用明显。从长期定位试验来看，当土壤有效磷含量低于 8～9 mg/kg 时，施用(P)30～40 kg/hm²，可以长期将土壤有效磷含量调控在一个合理的范围内，每 2～3 年监测一次土壤有效磷含量，以决定磷肥的用量。从表 59-8 还可以看出，由于作物地上部，特别是稻草从土壤中带走大量的钾素，土壤中钾素亏损严重，土壤中供钾水平由钾素投入量，土壤缓效钾的矿物钾的矿化来维持。无肥区由于长期不施钾肥，速效钾含量明显下降到 46.1 mg/kg，比试验前下降 28.0%，化肥区为 60.8 mg/kg，比试验前下降 5.0%，30% 有机肥区为 60.3 mg/kg，比试验前下降 6.2%，60% 有机肥区为 66.8 mg/kg，比试验前上升 4.4%。可见，高肥土壤在钾肥欠平衡的情况下，对于提高土壤钾素供应水平及保持土壤钾素供应强度有着极为重要的积极作用。

根据湖南省常德市 1989—2001 年对于 24 种水稻土壤，76 个养分观测点的平均结果表明，在长期以施用化肥为主的稻田，土壤全量磷和有效磷含量均有下降趋势，其中全量磷比试验前下降 0.46 g/kg，降幅 36.51%；有效磷下降 1.18 mg/kg，降幅 14.93%，比试验期间的平均值下降 1.13 mg/kg，降幅 14.39%。稻田土壤全量钾和有效钾基本持平，其中全量钾比试验前下降 0.5 g/kg，降幅 2.30%，与试验期间土壤全量钾含量的总平均值上升 0.29 g/kg，降幅 1.39%；有效钾含量比试验前上升 5.45 mg/kg，

升幅 7.63％,但比试验期间的平均值下降 1.17 mg/kg,降幅 1.49％(表 59-13)。

表 59-13
湖南省常德市稻田土壤肥力长期监测结果(1989—2001 年)

| 年份 | 有机质 /(g/kg) | 全氮 /(g/kg) | 全磷 /(g/kg) | 全钾 /(g/kg) | 速效氮 /(mg/kg) | 速效磷 /(mg/kg) | 速效钾 /(mg/kg) |
|---|---|---|---|---|---|---|---|
| 1989 | 30.9 | 1.87 | 0.91 | 19.8 | 149.80 | 8.40 | 66.40 |
| 1990 | 29.0 | 1.94 | 1.26 | 21.7 | 147.80 | 7.90 | 71.40 |
| 1991 | 29.4 | 2.05 | 0.96 | 21.7 | 172.90 | 11.5 | 75.70 |
| 1992 | 29.7 | 1.82 | 0.72 | 22.5 | 180.10 | 8.7 | 63.60 |
| 1993 | 28.2 | 1.80 | 0.70 | 23.6 | 165.03 | 7.00 | 69.41 |
| 1994 | 27.3 | 2.00 | 0.70 | 23.1 | 151.97 | 8.34 | 82.58 |
| 1995 | 29.5 | 2.00 | 0.90 | 21.1 | 161.99 | 7.01 | 71.11 |
| 1996 | 29.9 | 2.00 | 0.60 | 19.1 | 165.71 | 6.68 | 71.20 |
| 1997 | 28.2 | 2.10 | 0.70 | 18.2 | 121.59 | 8.59 | 84.35 |
| 1998 | 25.6 | 2.10 | 0.60 | 16.3 | 133.28 | 5.80 | 102.60 |
| 1999 | 30.3 | 2.40 | 0.80 | 21.5 | 158.23 | 8.10 | 90.38 |
| 2000 | 29.5 | 2.50 | 0.80 | 21.2 | 138.27 | 6.72 | 70.85 |
| 2001 | 29.9 | 2.07 | 1.54 | 21.9 | 147.60 | 6.50 | 68.00 |
| 平均 | 29.9 | 2.05 | 0.8 | 20.9 | 153.40 | 7.80 | 76.00 |

**3. 肥料施用方法**

水稻栽培技术的核心是肥水的调控。自 20 世纪 50 年代末以来,经过单季改双季,高秆改矮秆,常规稻改杂交稻,有机肥替代化肥等大量的研究和应用,创造了许多成功的水稻施肥方法。例如,"两促一控"、"稳前改中"、以水带氮深施、"球肥深施"、叶龄模式施肥、测土配方施肥、一次性全层施肥等一系列施肥技术。其中,推广面积最大、应用时间最长的施肥技术是"两促一控"施肥法。"两促一控"法之所以广泛采用,是因为除了技术本身具有较普遍的实用性外,还有它的特定作用。自 50 年代以来,矮秆品种的应用,需要以多穗获得高产,前期就要一哄而起,促进多发分蘖;到 70 年代末,杂交水稻的应用,采用单本或双本稀植,需要以分蘖穗为主,其分蘖穗占总穗数的 80％以上。更加要求早发分蘖和提高分蘖成穗率,以大穗和多穗获得高产;到 90 年代化学肥料基本取代了有机肥料,化肥的足额供应和大量施用为水稻"两促一控"施肥法的推广应用提供了物质条件,也进一步促进了杂交水稻的推广应用。如移栽前足量施用基肥,移栽后大量施用分蘖肥,必定促进分蘖的大量发生,同时又由于前期苗数过多,中期不得不晒田控制无效分蘖的生长和发生,以保持后期有良好的群体结构和较多的分蘖成穗,即中期落水晒田可以起到控制分蘖,促进地下部根系生长的作用。近年笔者采用 SSNM 指导农民进行晚稻施肥的参与式试验,结果当季节省肥料 20％～25％,并且产量有所增加。

根据 SSNM 的施肥方法和湖南水稻生产的实际情况,大致确定了湖南水稻生产的肥料用量范围(表 59-14),其中肥料氮素的 35％～40％作基肥,60％～65％用作追肥,追肥在分蘖中期、穗分化始期、抽穗期施用,其比例分别为 30％～25％,25％～20％和 10％～5％。在追肥时要根据叶色卡(LCC)或 SPAD 的观测值确定其氮肥用量范围。一般品种 LCC 的临界值为 4,SPAD 的临界值为 34～36,根据 LCC 测定值的大小适量施用氮肥。

### 59.1.2.3　田间试验与研究方法

测苗定量施肥(简称:SSNM)试验示范及其对比试验的施肥方法是:①目标产量。目标产量的确定

表 59-14

湖南水稻生产的目标产量和肥料用量范围

| 项目 | | 早稻 | 晚稻 | 一季稻/中稻 |
|---|---|---|---|---|
| 目标产量/(t/hm²) | | 5.5~6.0 | 6.5~7.0 | 8.0~8.5 |
| 地力产量/(t/hm²) | | 3.5~4.0 | 4.2~4.8 | 5.5~6.0 |
| 养分来源于肥料量[1]/(kg/hm²) | N | 27~45(36) | 30~50(40) | 36~54(45) |
| | P | 4.5~7.5(6) | 5~8.5(6.7) | 6~9(7.5) |
| | K | 27~45(36) | 30~50(40) | 36~54(45) |
| 肥料养分施用量[2]/(kg/hm²) | N | 90~150(120) | 100~160(135) | 120~180(150) |
| | P | 22~38(30) | 25~42(33) | 30~45(37.5) |
| | K | 75~125(100) | 85~140(110) | 100~150(125) |

[1] 按每生产 1 t 稻谷植株所需要吸收的养分量计算,即 18 kg N,3 kg P,18 kg K;[2] 按肥料养分利用率计算,即 N 为 30%,P 为 20%,K 为 36%;括号中数字为平均数。

方法有两种:一是以某一水稻区域前 3 年的平均产量,加上 10%~20% 的增产幅度;二是以某一水稻区域潜在产量的 75%~80%,一般以当地农户的最高产量作为潜在产量。②土壤供 N 能力,在不施用任何 N,P,K 肥料的空白区(简称:−F)处理测定 N 限制产量。一般选择有代表性的 5~10 个农户的稻田设置空白区试验,以各空白区的平均产量作为试验区域内的地力产量。③肥料用量。由于肥料品类的不同,采用测苗定量施肥的方案也有所不同(表 59-15)。④测定比色卡(LCC)值,并作为水稻生长期间植株氮素状况的田间诊断指标,以确定氮肥的施用量。在分蘖中期(移栽后 12~15 d)、幼穗分化始期、抽穗期用比色卡测定水稻叶色。采用对比试验的方法,将一块田分为两半,一半采用 SSNM 施肥方法,另一半按照农民习惯施肥方法(简称:FFP)进行栽培管理。

表 59-15

基于不同肥料品种类型的 SSNM 施肥方案

| 施肥时期 | 方案一 | 方案二 |
|---|---|---|
| 移栽前 1 d | 复合肥 375 kg/hm²(含 N 量 12%) | 碳铵 270 kg/hm²,或者尿素 90 kg/hm²<br>过磷酸钙 450 kg/hm²<br>氯化钾 60 kg/hm² |
| 插秧后 12~13 d | 当 LCC>3.5,尿素 30 kg/hm²<br>当 LCC=3.0~3.5,尿素 60 kg/hm²<br>当 LCC<3.5,尿素 90 kg/hm² | 当 LCC>3.5,尿素 30 kg/hm²<br>当 LCC=3.0~3.5,尿素 60 kg/hm²<br>当 LCC<3.5,尿素 90 kg/hm² |
| 幼穗分化期 | 复合肥 375 kg/hm²(含 N 量 12%) | 当 LCC>3.5,尿素 30 kg/hm²<br>当 LCC=3.0~3.5,尿素 60 kg/hm²<br>当 LCC<3.5,尿素 90 kg/hm²<br>氯化钾 60 kg/hm² |
| 抽穗期 | 当 LCC>3.5,不施肥<br>当 LCC<3.5,尿素 30 kg/hm² | 当 LCC>3.5,不施肥<br>当 LCC<3.5,尿素 30 kg/hm² |

水稻植株含氮量既与氮肥施用量有关,也与氮肥施用方法有关。定位试验结果(表 59-16)表明:分蘖中期 SSNM 施肥法处理植株含氮量略低于习惯施肥法处理,其中叶片含氮量分别为 2.95% 和 3.07%,全株含氮量分别为 3.72% 和 3.90%;幼穗分化始期两处理叶片和全株含氮量相同,前者为 3.22%,后者为 2.36%;抽穗期 SSNM 施肥法处理植株含氮量也低于习惯施肥法处理,叶片含氮量分别为 2.86% 和 2.94%,全株分别为 1.56% 和 1.71%;成熟期 SSNM 法处理则明显低于习惯法处理,其中稻草含氮量分别为 0.91% 和 1.28%,全株分别为 1.22% 和 1.51%。成熟期 SSNM 法处理的稻草含

氮量与习惯法处理差异不大,可能与习惯法前期重施氮肥后氮的流失量有关。

表 59-16

不同施肥方法处理的水稻植株叶片和植株含氮量　　　　　　　　　　　　　　　　　　　　　　　　　　　　　　　%

| 生育期 | 处理 | 叶片含 N 量 | | | | 全株含 N 量 | | | |
| --- | --- | --- | --- | --- | --- | --- | --- | --- | --- |
| | | 2001 年 | 2002 年 | 2003 年 | 平均 | 2001 年 | 2002 年 | 2003 年 | 平均 |
| 分蘖中期 | −F | 3.363 | 3.471 | 3.40b | 3.41 | 2.60 | 2.64 | 2.55b | 2.60 |
| | FFP | 3.852 | 3.883 | 3.95a | 3.90 | 3.12 | 3.09 | 2.99a | 3.07 |
| | SSNM | 3.88 | 3.398 | 3.88a | 3.72 | 3.10 | 2.80 | 2.96a | 2.95 |
| 穗分化始期 | −F | 2.577 | 2.452 | 2.45b | 2.49 | 1.77 | 1.66 | 1.62b | 1.68 |
| | FFP | 3.311 | 3.269 | 3.05a | 3.22 | 2.54 | 2.35 | 2.20a | 2.36 |
| | SSNM | 3.355 | 3.147 | 3.15a | 3.22 | 2.57 | 2.30 | 2.20a | 2.36 |
| 抽穗期 | −F | 2.018 | 2.293 | 2.00b | 2.10 | 1.01 | 0.90 | 1.00b | 0.97 |
| | FFP | 2.992 | 2.923 | 2.89a | 2.94 | 1.87 | 1.56 | 1.71a | 1.71 |
| | SSNM | 2.821 | 3.019 | 2.75a | 2.86 | 1.62 | 1.47 | 1.58a | 1.56 |
| 成熟期 | −F | 0.406 | 0.526 | 1.55a | 0.83 | 0.80 | 0.86 | 0.85c | 0.84 |
| | FFP | 1.147 | 1.344 | 1.34b | 1.28 | 1.43 | 1.60 | 1.52a | 1.51 |
| | SSNM | 0.845 | 0.859 | 1.01c | 0.91 | 1.15 | 1.25 | 1.25b | 1.22 |

### 59.1.2.4　湖南省水稻养分资源综合管理技术规程

湖南水稻常年播种面积在 360 万～400 万 hm² 及以上,稻草资源十分丰富,常年干稻草产量 2 200 万 t 以上,相当于每年有约 40 万 t 钾素、17 万 t 氮素、3 万 t 磷素及其他矿物养分用于稻田,是十分重要的有机肥源。湖南也是养猪大省,每年有 6 800 万头以上生猪出栏,猪粪是最重要的有机肥来源之一。利用猪粪下田和稻草还田既是解决目前有机肥缺乏和培肥地力的重要途径,又是促进有机物料就地转化,实现增产、高效、省工、节本的有效措施。

不同目标产量栽培条件下水稻养分资源管理不同,因为:①计划用肥量既与目标产量有关,也与养分吸收利用率(N 约 30%、P 约 20%、K 约 36%)和稻田土壤供肥能力有关。根据笔者连续 4 年在湖南省宁乡县的定位试验结果发现,在不施肥条件下地力产量一季稻为 5.5～6.0 t/hm²、双季稻 3.7～4.8 t/hm²。大量试验研究表明,每生产 1 000 kg 稻谷地上部植株 N,P,K 养分的吸收量分别为 17～18,2.8～3.0,17～18 kg,也有的研究发现养分吸收量随着稻谷产量的提高而增加。②计划有效穗数既与目标产量有关,也与栽插密度、每穴的基本苗数、灌溉措施及品种分蘖特性等有关。通过对产量与产量构成因素间的研究发现,随着有效穗数的增加而产量呈增加的趋势。根据不同目标产量,制定相应的栽培技术规范和适宜种植的区域(表 59-17)。同时育秧、移栽、施肥、灌溉、病虫防治等要求也不尽一致。

表 59-17

不同目标产量条件下的栽培技术措施

| 目标产量 /(t/hm²) | 穴数 | 株行距 /cm | 尿素 /(kg/hm²) | 过钙 /(kg/hm²) | 钾肥 /(kg/hm²) | 苗数控制(苗/穴) | | |
| --- | --- | --- | --- | --- | --- | --- | --- | --- |
| | | | | | | 基本苗 | 最高苗 | 穗数 |
| ≥12.0 | 20.0 | (30+20)×20 | 400 | 750 | 400 | 1.5～2 | 18～20 | 16～17 |
| 10～12.0 | 29.6 | (30+15)×15 | 350 | 700 | 350 | 1.5～2 | 16～18 | 15～16 |
| 8～10 | 33.3 | (25+15)×15 | 300 | 650 | 300 | 1.5～2 | 14～16 | 14～15 |
| 6～8 | 38.1 | (20+15)×15 | 250 | 600 | 250 | 1.5～2 | 12～14 | 13～14 |

(1)适时精量播种、培育健壮秧苗　根据品种或组合的生育特性安排适宜的播种期和移栽期。例如,湖南双季早稻的适宜播种期为 3 月下旬,晚稻在 6 月 20 日前后,湘北可适当提早,湘南可适当推

迟。湘西南、湘西北一季稻种植的适宜播种期在 4 月下旬,在湘中、湘北、湘南等地区一季稻种植的适宜播种期在 5 月 20 日前后,适宜秧龄不超过 25~30 d。

移栽秧苗要求单株分蘖率高和分蘖数多,生产上要做到稀播和匀播。播种量一般为 150~200 kg/hm²,大田用种量为 20~30 kg/hm²,播种前进行种子消毒处理。秧田施肥以有机肥为主,配合施用化肥,浅水灌溉。

(2)宽窄行移栽、改善群体结构　现有的水稻高产品种(组合)一般植株较高,个体生长量大。生产上应适当增大行距,缩小株距。多蘖秧苗每苑插单本,少蘖秧苗可插双本。这样有利于控制株高,提高成穗率,减少纹枯病和其他病虫害的发生概率。

(3)间歇灌溉、协调根叶生长　在整个水稻生长期间,采用浅水插秧活棵,薄露发根促蘖。当茎蘖数达到计划穗数的 80% 时开始晒田,至泥土表层发硬(俗称"木皮")结束,营养生长过旺的田适当重晒。复水后至成熟期采用干湿交替灌溉,以协调根系和地上部植株的平衡生长。

(4)测苗定量施肥、促进群体平衡　采用测苗定量施肥方法,其不同目标产量的肥料用量可根据表59-18 确定。氮肥总量的 35%~40% 作基肥,65%~60% 作追肥,磷肥全部作基肥,钾肥总量的 50% 作基肥和 50% 作追肥(穗分化始期)。氮肥在分蘖中期(移栽后 13~15 d,25%~30%)、幼穗分化始期(15%~25%)和抽穗期(0~10%)3 次追施,氮肥用量根据 SPAD 值或 LCC 值确定(表 59-18)。

**表 59-18**

测苗定量施肥方法的氮肥追施用量和施用时期

| 叶色诊断临界值 (SPAD 或 LCC) | | 分蘖肥 (移栽后 13~15 d) | 穗肥 幼穗分化始期/% | 粒肥 抽穗期/% |
|---|---|---|---|---|
| SPAD≤35 | LCC≤3.5 | 30 | 25 | 10 |
| 35~37 | 3.5~4.0 | 25 | 20 | 5 |
| ≥37 | ≥4.0 | 20 | 15 | 0 |

(5)防治病虫、保持健康群体　病虫草害的防治方法按当地植保部门的病虫情报的要求进行。在搞好种子消毒的基础上,秧田期重点防治稻蓟马、稻飞虱,本田期预防稻飞虱、稻纵卷叶螟、稻二化螟、稻纹枯病、稻瘟病等。目前水稻生产中农民习惯偏施氮肥,容易感染纹枯病、稻瘟病和稻曲病,前期田间裸露面积大,杂草生长迅速;后期生长繁茂,容易忽视对稻飞虱和稻纹枯病等群体中下部病虫害的防治。

### 59.1.3　湖南省水稻养分资源综合管理技术体系的应用和示范效果

**1. 田间试验对比效果**

采用测苗定量(SSNM)方法施肥,有利于实现节肥增产的节约型水稻生产。2004—2005 年在宁乡县双江口镇和回龙铺镇早季、晚季分别进行了 SSNM 施肥与传统施肥的比较试验,结果在不增加磷肥、钾肥用量的条件下,采用 SSNM 施肥方法早晚两季分别减少 22.8% 和 20.8% 的用氮量,而产量略有增加(表 59-19)。其中:早稻增加 0.1 t/hm²,增产 1.7%;晚稻增加 0.42 t/hm²,增产 6.5%;2005 在长沙县干杉镇和春华镇分别进行了早稻和晚稻的施肥比较试验,结果早晚稻分别比传统施肥方法减少氮肥用量 33.1% 和 22.3%,产量分别增加 0.12 和 0.23 t/hm²,分别增产 2.0% 和 3.1%。同时,采用测苗定量施肥方法有利于提高氮肥农学利用率,其中:宁乡县早稻氮肥农学利用率为 12.88 kg/kg N,晚稻为 15.46 kg/kg N,分别比习惯施肥方法高 3.52 和 5.63 kg/kg N,增幅分别为 37.6% 和 66.4%;长沙县早稻为 27.44 kg/kg N,晚稻为 17.86 kg/kg N,分别比习惯施肥方法提高 9.88 和 5.20 kg/kg N,增幅分别为 56.3% 和 41.1%。

**2. 示范推广效果**

为了考察测苗定量施肥(SSNM)的适用范围和应用效果,2005 年湖南省粮油生产局组织湖南

12 个县(市)进行了 SSNM 施肥的应用示范,结果在不增加磷、钾肥用量的条件下,早晚稻分别比习惯施肥法减少 18.3% 和 23.0% 的用氮量,而产量略有增加(表 59-20)。其中:早稻增加 10.15 t/hm²,增产 2.28%;晚稻增加 0.36 t/hm²,增产 5.35%。地力产量(无肥区)早稻平均为 3.69 t/hm²,变幅为 2.82~4.45 t/hm²;晚稻平均为 4.77 t/hm²,变幅为 4.00~6.78 t/hm²。与试验示范结果相同,采用测苗定量施肥方法提高了氮肥农学利用率,11 个示范县早稻平均为 23.33 kg/kg N,晚稻平均为 17.54 kg/kg N,分别比习惯施肥方法平均高 5.18 和 6.12 kg/kg N,增幅平均分别为 28.5% 和 53.6%。从表 59-20 还可以看出,采用 SSNM 施肥方法的氮肥农学利用率(AE)早稻平均为 19.7 kg/kg,变幅为 12.6~24.7 kg/kg,晚稻平均为 15.3 kg/kg,变幅为 10.0~21.6 kg/kg。早晚稻分别比习惯施肥法增加 3.9 和 3.1 kg/kg。

表 59-19

SSNM 施肥与传统施肥试验产量和产量构成

| 年份 | 类型 | 处理 | 施肥量/(kg/hm²) | | | 穗数 /m² | 总粒数 /穗 | 结实率 /% | 千粒重 /g | 产量 /(t/hm²) | AE(N) /(kg/kg) |
|---|---|---|---|---|---|---|---|---|---|---|---|
| | | | N | P₂O₅ | K₂O | | | | | | |
| 宁乡 (2004 — 2005 年) | 早稻 (5) | SSNM | 132 | 42 | 84 | 305.1 | 91.7 | 80.6 | 12.1 | 6.00a | 12.88 |
| | | FFP | 171 | 42 | 84 | 309.2 | 92.0 | 79.2 | 29.5 | 5.90a | 9.36 |
| | | —F | 0.0 | 0.0 | 0.0 | 242.7 | 85.7 | 82.7 | 29.7 | 4.30b | — |
| | 晚稻 (10) | SSNM | 141 | 43 | 85 | 288.4 | 121.7 | 90.5 | 28.3 | 6.84a | 15.46 |
| | | FFP | 179 | 43 | 85 | 271.3 | 121.8 | 89.7 | 27.8 | 6.42a | 9.83 |
| | | —F | 0.0 | 0.0 | 0.0 | 224.5 | 107.9 | 91.4 | 28.0 | 4.66b | — |
| 长沙 2005 年 | 早稻 (6) | SSNM | 117 | 45 | 63 | 472.7 | 66.52 | 86.0 | 22.9 | 6.10a | 27.44 |
| | | FFP | 176 | 45 | 63 | 458.2 | 64.59 | 88.3 | 23.0 | 5.98a | 17.56 |
| | | —F | 0.0 | 0.0 | 0.0 | 321.8 | 50.06 | 84.6 | 24.0 | 2.89b | — |
| | 晚稻 (6) | SSNM | 154 | 45 | 81 | 335.8 | 117.8 | 71.4 | 30.0 | 7.65a | 17.86 |
| | | FFP | 199 | 45 | 81 | 334.4 | 116.3 | 73.2 | 30.0 | 7.42a | 12.66 |
| | | —F | 0.0 | 0.0 | 0.0 | 247.4 | 102.3 | 70.2 | 29.0 | 4.90b | — |

括号中数字为农户数。

表 59-20

湖南省 11 县(市)2005 年 SSNM 应用效果

| 地点 | 农户数 | 实测产量 /(t/hm²) | | | 施肥量/(kg/hm²) | | | | | | AE(N 肥) /(kg/kg) | |
|---|---|---|---|---|---|---|---|---|---|---|---|---|
| | | SSNM | FFP | —F | N | | P₂O₂ | | K₂O | | SSNM | FFP |
| | | | | | SSNM | FFP | SSNM | FFP | SSNM | FFP | | |
| 长沙县 | 9 | 5.83 | 5.72 | 3.18 | 131.0 | 179.4 | 45.0 | 49.5 | 63.0 | 69.0 | 19.4 | 17.7 |
| 攸县 | 3 | 6.39 | 6.39 | 4.34 | 123.0 | 141.0 | 48.0 | 48.0 | 90.0 | 90.0 | 16.7 | 14.5 |
| 宁乡县 | 13 | 6.56 | 6.25 | 3.12 | 137.3 | 176.0 | 42.0 | 42.0 | 84.0 | 84.0 | 22.8 | 17.8 |
| 汨罗市 | 5 | 7.02 | 6.69 | — | 109.2 | 123.2 | 30.0 | 42.0 | 32.0 | 56.3 | — | |
| 资阳区 | 9 | 5.99 | 6.02 | 4.45 | 124.7 | 156.8 | 46.4 | 87.2 | 67.1 | 70.5 | 12.6 | 10.0 |
| 安仁县 | 15 | 6.69 | 6.36 | 3.72 | 118.0 | 152.6 | 53.2 | 62.0 | 84.7 | 130.3 | 22.4 | 17.3 |
| 邵阳县 | 5 | 7.14 | 7.10 | 3.93 | 128.1 | 179.4 | 54.0 | 86.4 | 67.5 | 81.0 | 24.7 | 17.7 |
| 茶陵县 | 10 | 7.34 | 7.24 | — | 114.0 | 115.4 | 15.0 | 15.0 | 77.0 | 76.1 | — | |
| 早稻(69) | | 6.53 | 6.39 | 3.79 | 121.6 | 148.8 | 38.7 | 49.7 | 66.3 | 79.3 | 19.7 | 15.8 |

续表 59-20

| 地点 | 农户数 | 实测产量 /(t/hm²) | | | 施肥量/(kg/hm²) | | | | | | AE(N 肥) /(kg/kg) | |
| --- | --- | --- | --- | --- | --- | --- | --- | --- | --- | --- | --- | --- |
| | | | | | N | | P₂O₂ | | K₂O | | | |
| | | SSNM | FFP | −F | SSNM | FFP | SSNM | FFP | SSNM | FFP | SSNM | FFP |
| 长沙县 | 9 | 7.21 | 6.90 | 4.89 | 154.2 | 198.6 | 45.0 | 45.0 | 81.0 | 81.0 | 13.0 | 10.1 |
| 攸县 | 3 | 7.08 | 6.68 | 4.86 | 130.5 | 159.0 | 48.0 | 48.0 | 90.0 | 90.0 | 13.9 | 11.5 |
| 宁乡县 | 13 | 6.23 | 5.82 | 4.54 | 128.1 | 152.0 | 37.5 | 36.9 | 69.0 | 63.9 | 10.0 | 8.4 |
| 汨罗市 | 9 | 6.41 | 5.97 | — | 115.6 | 191.8 | 26.0 | 6.0 | 41.5 | 85.5 | — | |
| 资阳区 | 9 | 6.03 | 5.92 | 4.00 | 137.0 | 166.4 | 49.2 | 87.0 | 80.0 | 80.4 | 14.0 | 11.5 |
| 安仁县 | 15 | 6.98 | 6.61 | 4.62 | 125.6 | 164.8 | 56.4 | 71.0 | 95.5 | 142.8 | 15.8 | 12.1 |
| 邵阳县 | 5 | 6.99 | 6.90 | 4.01 | 133.7 | 185.4 | 0.0 | 0.0 | 67.5 | 90.0 | 21.6 | 15.6 |
| 浏阳市 | 13 | 7.78 | 7.39 | 4.82 | 129.2 | 136.4 | 44.7 | 36.3 | 80.9 | 86.4 | 19.9 | 18.8 |
| 衡南县 | 3 | 7.02 | 6.63 | 4.40 | 142.5 | 189.0 | 37.5 | 37.5 | 60.0 | 60.0 | 15.6 | 11.8 |
| 永顺县 | 15 | 9.29 | 8.57 | 6.78 | 131.4 | 181.5 | 90.0 | 99.6 | 90.0 | 93.9 | 13.6 | 9.9 |
| 晚稻(94) | | 7.10 | 6.74 | 4.77 | 132.8 | 172.5 | 43.4 | 38.9 | 75.5 | 87.4 | 15.3 | 12.2 |

## 59.2　水稻高产高效技术的创新与应用

水稻养分资源综合管理技术体系由于实现了对不同来源养分资源的综合管理,较大幅度降低了水稻的施肥量,从而明显提高了肥料利用特别是氮肥的利用效率。但是仅仅靠养分资源的管理,水稻产量很难进一步提高。为了实现双季稻产量和效率协同提高,在水稻养分资源综合管理技术体系的基础上,通过栽培、土壤和植物营养学科的密切结合,既注重养分高效利用,又注重高产,实现了双季稻产量和 N 肥利用效率协同提高 10%～20%的目标。

### 59.2.1　限制双季稻产量和效率协同提高 10%～20%的主要限制因子

通过实地调查、试验研究和分析,明确了限制双季稻高产与氮肥高效利用的主要因素是栽培措施不当,即秧苗素质差、栽插密度过稀、前期施肥量大、后期断水过早等直接影响了群体质量和造成资源浪费。

**1. 种子质量差与秧苗素质差**

秧苗好坏对水稻产量影响很大。目前商品水稻种子质量参差不齐。据对市场上征集的 158 个早稻品种的质量检测,种子破胸率平均可达 85.6%,变异系数只有 12.4%,但是与种子出苗和成苗直接相关的活力指标低而变幅大,其中发芽率平均只有 77.6%,但种子活力(15℃发芽率)平均只有 60.8%,成秧率平均只有 62%,活力指数的变幅为 2.5～135.6,对一播全苗和秧壮秧匀不利(表 59-21)。为此生产上往往加大播种量,同时生产中农民为节省秧田和省工而加大播种量,从而造成播种密度过大,导致秧苗个体素质差,移栽时植伤严重,分蘖发生慢,每穗颖花数少,最终造成产量不高。

**2. 水稻移(抛)栽密度过稀**

传统的手工移栽由于劳动强度大、劳力紧缺而易造成移栽密度过稀。大面积生产调查和试验表明

（图 59-7），双季稻产量与穗数呈极显著正相关，表明由于农民过分稀植导致的穗数不足限制了水稻产量的提高。

**表 59-21**

湖南种子市场收集的 158 个早稻品种的种子质量与出苗情况

| 性状 | 破胸/% | 30℃发芽率/% | 15℃发芽率/% | 活力指数 | 成秧率/% |
|---|---|---|---|---|---|
| 平均值 | 85.6 | 77.6 | 60.8 | 37.9 | 62.0 |
| 最小值 | 51.0 | 21.0 | 19.0 | 2.5 | 31.0 |
| 最大值 | 97.7 | 92.7 | 79.7 | 135.6 | 87.0 |
| *CV* | 12.4 | 17.2 | 21.6 | 66.7 | 20.6 |

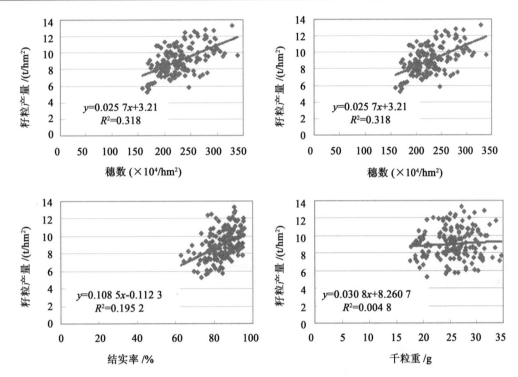

图 59-7　湖南双季稻产量及产量构成因素的调查与相关分析

移（抛）栽过稀，一方面使得农民增加肥料投入和增加前期施肥的比例，以获得较多的穗数；另一方面移栽密度过稀造成穗数不足，严重影响了产量提高和氮肥高效利用，已成为目前水稻大面积生产的普遍问题。

**3. 氮肥前期施肥比例高，损失大**

根据对湖南省双季稻区大面积调查结果，湖南双季稻生产施氮量虽然在逐渐减少，但氮肥偏生产力（PFP，单位施氮量的稻谷产量）仍然较低。如 2009 年早稻平均施氮量为 168.8 kg/hm²，产量为 6.36 t/hm²，PFP 平均为 37.7 kg/kg N；晚稻平均施氮量为 192.8 kg/hm²，产量为 6.77 t/hm²，PFP 平均为 35.1 kg/kg N（表 59-22）。

研究显示，目前双季稻区农民普遍采用一基一追的施肥方式，即将所有的肥料在插秧后 1 周内全部施完，是氮肥偏生产力（PFP）偏低的重要原因。2009 年调查结果（表 59-23）显示，施用基肥的农户比例达 100%，施用蘖肥的农户比例高达 76.1%，而施用穗肥的农户只有 18.4%。由于前期水稻群体小，施肥后氨挥发比例高，N 肥损失大，导致 N 肥利用效率低。

表 59-22

水稻养分施用量与产量情况(2008—2009 年)

| 水稻类型 | | 施用总量/(kg/hm²) | | | | 平均产量/(t/hm²) | 样本数 | PFP/(kg/kg N) |
|---|---|---|---|---|---|---|---|---|
| | | N | P₂O₅ | K₂O | 总养分 | | | |
| 2008 年 | 早稻 | 234.3 | 71.1 | 109.2 | 414.6 | 6.54 | 136 | 27.89 |
| | 晚稻 | 220.8 | 73.5 | 102.2 | 396.5 | 7.50 | 133 | 33.98 |
| 2009 年 | 早稻 | 168.8 | 87.8 | 123.0 | 379.5 | 6.36 | 163 | 37.70 |
| | 晚稻 | 192.8 | 111.0 | 126.8 | 430.5 | 6.77 | 163 | 35.11 |

表 59-23

双季稻施用基肥和追肥的农户比例(2009 年)

| 项目 | 基肥 | 分蘖肥 | 穗肥 |
|---|---|---|---|
| 样本总数 | 163 | 163 | 163 |
| 样本数 | 163 | 124 | 30 |
| 比例/% | 100.00 | 76.1 | 18.4 |

**4. 后期断水过早**

目前水稻生产上大多数农户在灌溉方式上采用大水漫灌,生育后期则断水过早。据调查,采用大水漫灌方式的农户占 60% 以上,生育后期断水过早(齐穗后即断水)的农户占 90% 以上。其主要原因,一是多数地方灌排体制不健全,水稻灌溉不方便,二是为了机械化收割。大水漫灌不利于根系生长和分蘖发生成穗,增加稻瘟病和纹枯病的发生;断水过早则严重影响结实率和产量。

### 59.2.2 双季稻产量与效率协同提高 10%~20% 的关键技术及技术集成

**1. 关键技术**

(1)种子活力调控　水稻秧苗素质优劣与整齐度是种子活力的重要表现,对于本田群体建立和产量形成具有重要影响。水稻种子活力可以通过种子精细分级处理和种子包衣处理等进行调控。表 59-24 显示,通过种子精细分级和去除比重在 1.0 以下的种子,出苗率、健秧率、成秧率均较市售商品种子大幅度提高,移栽后具有增穗增粒的明显作用。

表 59-24

种子精细分级对秧苗素质和产量的影响

| 种子比重 | 出苗率/% | 健秧率/% | 成秧率/% | 苗高/cm | 叶挺长/cm | 穗数/(×10⁴/hm²) | 粒数/穗 | 产量/(t/hm²) |
|---|---|---|---|---|---|---|---|---|
| 0.9 | 22.1 | 59.0 | 13.0 | 19.8 | 6.6 | 11.8 | 168.2 | 6.23 |
| 1 | 79.1 | 78.6 | 62.2 | 26.1 | 9.5 | 15.7 | 127.5 | 6.46 |
| 1.1 | 84.4 | 87.9 | 74.2 | 25.7 | 9.6 | 15.4 | 142.3 | 6.45 |
| 1.15 | 85.3 | 88.2 | 75.2 | 25.5 | 9.5 | 13.6 | 174.8 | 6.61 |
| 1.2 | 93.9 | 96.9 | 91.0 | 26.0 | 9.5 | 13.7 | 173.7 | 6.40 |
| CK | 76.7 | 84.3 | 64.6 | 25.6 | 8.8 | 11.9 | 160.3 | 6.05 |

采用自研浸种型种衣剂包衣处理后,具有减少脚秧和促进小苗成秧的效果,使成秧率较对照提高幅度达 5.9%~14.5%。包衣处理全面提高了早稻秧苗素质,首先促进了根的生长,总根数和白根数均高于 CK;其次秧苗地上部干重明显增加,茎基宽普遍高于对照,秧苗株高略有增加,对恶苗病的防效达 100%。同时在露天湿润育秧中的效果最好,显示包衣处理在逆境条件下的抗寒抗逆能力明显强于对照(表 59-25、表 59-26)。

表 59-25

种子包衣处理对早稻成秧率的影响

| 育秧方式 | 品种 | 处理 | 哑谷/% | 脚秧/% | 出苗/% | 成秧率 | |
|---|---|---|---|---|---|---|---|
| | | | | | | % | 比 CK |
| 盖膜旱秧 | 金优 402 | CK | 13.5 | 20.9 | 86.5 | 65.6 | |
| | | T | 11.7 | 12.5 | 88.3 | 75.8 | +10.2 |
| | 湘早籼 28 | CK | 18.0 | 17.8 | 82.0 | 64.2 | |
| | | T | 15.2 | 13.4 | 84.8 | 71.4 | +7.2 |
| 盖膜水秧 | 金优 402 | CK | 30.5 | 6.1 | 69.5 | 63.4 | |
| | | T | 19.5 | 11.2 | 80.5 | 69.3 | +5.9 |
| | 湘早籼 28 | CK | 10.0 | 18.2 | 90.0 | 71.8 | |
| | | T | 11.7 | 9.1 | 88.3 | 79.2 | +7.4 |
| 露天水秧 | 金优 402 | CK | 16.7 | 18.4 | 83.3 | 64.9 | |
| | | T | 16.1 | 11.7 | 83.9 | 72.3 | +7.5 |
| | 湘早籼 28 | CK | 19.2 | 29.2 | 80.8 | 51.6 | |
| | | T | 30.6 | 20.8 | 80.0 | 66.1 | +14.5 |

表 59-26

种子包衣处理对早稻秧苗素质的影响

| 育秧方式 | 品种 | 处理 | 株高/cm | 叶挺长/cm | 叶龄 | 总根数/株 | 白根数/株 | 茎基宽/(cm/10 株) | 百株干重/g | 恶苗病株/% |
|---|---|---|---|---|---|---|---|---|---|---|
| 盖膜旱秧 | 金优 402 | CK | 15.9 | 5.7 | 2.8 | 7.7 | 7.7 | 1.70 | 3.254 | 0.05 |
| | | T | 16.3 | 5.7 | 2.8 | 9.1 | 9.1 | 1.83 | 3.686 | 0 |
| | 湘早籼 28 | CK | 14.7 | 5.6 | 2.6 | 7.9 | 6.9 | 1.75 | 2.730 | 0.10 |
| | | T | 16.1 | 5.9 | 2.9 | 8.9 | 7.9 | 1.80 | 2.805 | 0 |
| 盖膜湿润育秧 | 金优 402 | CK | 18.3 | 6.1 | 3.9 | 12.8 | 4.5 | 2.41 | 2.896 | 0.03 |
| | | T | 18.7 | 6.5 | 4.2 | 16.8 | 6.1 | 2.70 | 3.214 | 0 |
| | 湘早籼 28 | CK | 17.1 | 6.2 | 4.1 | 11.4 | 3.7 | 2.32 | 2.936 | 0.05 |
| | | T | 17.8 | 6.3 | 4.1 | 14.0 | 5.1 | 2.24 | 3.142 | 0 |
| 露天湿润育秧 | 金优 402 | CK | 15.5 | 5.9 | 3.7 | 12.0 | 5.5 | 2.15 | 2.072 | 0.02 |
| | | T | 16.4 | 6.1 | 3.8 | 13.1 | 7.5 | 2.85 | 2.308 | 0 |
| | 湘早籼 28 | CK | 15.1 | 5.8 | 3.4 | 11.5 | 6.1 | 2.10 | 1.894 | 0.02 |
| | | T | 16.1 | 6.1 | 3.4 | 12.0 | 6.5 | 2.60 | 2.132 | 0 |

　　进一步将种子精细分级与种子种衣剂处理相结合,可以使种子发芽率大幅度提高。如图 59-8 所示,种子比重在 1.0 以上的种子经包衣处理后,种子发芽率都达到 90% 以上。

　　(2)增密　栽插密度是决定双季稻群体大小的起点。为观察栽插密度对水稻产量形成的影响,设置了低 N(112.5 kg/hm²)和高 N(225 kg/hm²)2 个 N 肥水平,在每一施氮量下设置 5 种栽插密度(D1～D5):3 万,2.4 万,2 万,1.43 万,1 万穴/667 m²,晚稻分别为 2.4 万,2 万,1.43 万,1 万,0.67 万穴/667 m²。各处理每穴移栽基本苗数相同,早稻 3～5 株,晚稻 2～3 株。

　　不同栽插密度对茎蘖数的影响见图 59-9,表明双季稻茎蘖数的动态变化受栽插密度的较大影响。双季稻有效穗数以高 N 水平较高,但主要由密度决定(表 59-27)。

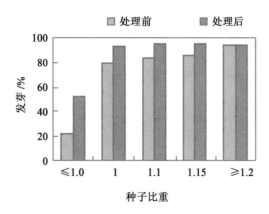

图 59-8　种子分级与包衣对种子发芽的影响

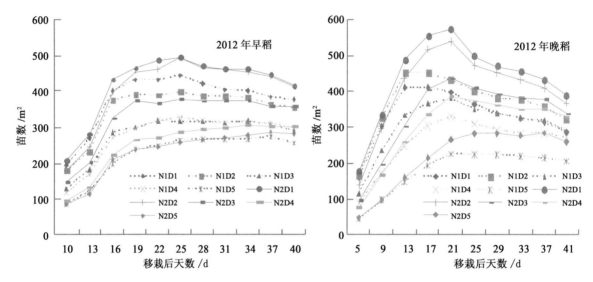

图 59-9　双季稻不同密度和施氮量条件下群体的茎蘖数动态

表 59-27

双季稻不同密度和施氮量条件下的有效穗数　　　　　　　　　　　　　　　　　　　　　　　　　　　穗/m²

| 处理组合 | 低 N(112.5 kg/hm²) | | 高 N(225 kg/hm²) | |
| --- | --- | --- | --- | --- |
| | 早稻 | 晚稻 | 早稻 | 晚稻 |
| D1 | 343.9b | 303.8d | 382.7a | 395.4a |
| D2 | 297.8c | 326.8c | 366.5a | 386.7ab |
| D3 | 277.4cd | 299.7d | 331.3b | 369.8b |
| D4 | 286.8cd | 258.3e | 281.8cd | 346.1c |
| D5 | 243.8d | 207.3f | 267.9e | 262.3e |

　　（3）前氮后移　水稻生产上除了氮肥施用过多外,生育前期的施肥比例高也是造成产量不高、氮肥利用效率低的重要原因。研究结果表明,在相同施氮量(150 kg/hm²)情况下,双季稻以基蘖肥(基肥+分蘖肥)与穗肥的比例为 7∶3 时产量最高。适当前氮后移,可以减少无效分蘖,提高分蘖成穗率,增加每穗颖花数和提高结实率,进而增加产量和氮肥利用效率(表 59-28)。

　　双季稻生产上,由于前期群体小,基蘖肥施肥的氨挥发比例高,特别是晚稻生产条件下,前期温度高,农民将肥料 100% 作基蘖肥的施肥方法,可使肥料通过氨挥发损失的比例高达 58.9%。而 N 肥30% 后移做穗肥,可使前期氨挥发比例大幅度减少,N 肥利用效率大幅度增加(表 59-29)。

表 59-28

**不同施 N 比例(基蘖肥与穗肥)对双季早稻陆两优 996 产量的影响**

| 基蘖肥:穗肥 | 穗数/($\times 10^4$/hm²) | 粒数/穗 | 结实率/% | 千粒重/g | 产量/(t/hm²) |
|---|---|---|---|---|---|
| 5:5 | 272.5 | 124.8 | 81.3 | 27.9 | 6.92 |
| 6:4 | 277.7 | 128.2 | 82.4 | 28.1 | 7.86 |
| 7:3 | 285.5 | 123.4 | 85.0 | 28.0 | 8.01 |
| 8:2 | 287.7 | 120.8 | 82.1 | 27.8 | 7.75 |
| 9:1 | 277.2 | 123.3 | 81.2 | 28.0 | 7.01 |

表 59-29

**N 肥后移对氨挥发量与 N 肥利用率的影响**

| 季别 | 基肥:蘖肥:穗肥 | 施氮量/(kg/hm²) | 前期挥发占氨挥发总量/% | 中后期氨挥发量占挥发总量/% | 氨气总挥发量/(kg/hm²) | 氨挥发量占施氮量/% | N 肥吸收利用率/% |
|---|---|---|---|---|---|---|---|
| 早稻 | 7:3:0 | 150 | 99.6 | 1.85 | 58.80a | 39.2a | 34.1 |
|  | 5:2:3 | 150 | 93.2 | 8.72 | 43.34b | 28.9b | 46.4 |
| 晚稻 | 7:3:0 | 165 | 99.9 | 0.01 | 97.29a | 58.9a | 13.5 |
|  | 5:2:3 | 165 | 94.7 | 8.16 | 61.70b | 37.4b | 51.8 |

(4)化学调控　双季稻生长后期常遇逆境胁迫而影响灌浆结实,如双季早稻后期高温逼熟,双季晚稻后期低温冷害导致结实不良。为此,在抽穗期喷施由生长调节剂和营养元素组配的叶面肥诱抗宝、诱抗素+谷粒饱,结果对双季早稻和晚稻叶片延衰和促进籽粒灌浆结实具有较好的调节作用,齐穗 10 d 高效 LAI 增加,结实率和千粒重提高,最后产量提高 5% 以上,其中以诱抗素+谷粒饱效果最好(表 59-30)。

表 59-30

**抽穗期喷施生长调节剂对双季稻产量的影响**

| 品种 | 处理 | 齐穗 10 d 高效 LAI | 齐穗 10 d 高效叶面积率/% | 结实率/% | 千粒重/g | 产量/(t/hm²) |
|---|---|---|---|---|---|---|
| 中嘉早 17 | 诱抗素+谷粒饱 | 3.87 | 65.9 | 85.6 | 24.9 | 8.97 |
|  | 诱抗宝 | 3.76 | 64.6 | 83.3 | 24.8 | 8.69 |
|  | CK | 3.66 | 62.9 | 81.9 | 24.3 | 8.14 |
| 天优华占 | 诱抗素+谷粒饱 | 3.83 | 47.2 | 88.8 | 23.8 | 9.20 |
|  | 诱抗宝 | 3.65 | 44.08 | 86.8 | 23.6 | 8.97 |
|  | CK | 3.44 | 42.5 | 85.4 | 23.3 | 8.43 |

(5)垄厢(畦)增氧栽培　土壤的氧营养状况是影响水稻根系生长发育和构建和谐稻田生态环境的关键性因素,水稻根际氧营养状况不良会限制根系对 N,P,K 等养分的吸收。在传统水稻栽培中,通常采取水旱轮作、中耕耘田、排水搁(晒)田、冬垡晒田等措施,以增加土壤的通透性与氧含量。垄畦(厢式) 栽培与好气灌溉(间歇灌溉、薄露灌溉)、落水晒田、稻田养殖(鱼、虾、蟹、鸭等)、水旱轮作等农艺措施对水稻根际氧营养状况均有一定的改善作用。研究表明,垄畦( 厢式) 栽培可以起到与化学增氧和干湿交替类似的促根作用(表 59-31),同时增加土壤日温差(图 59-10),有利于干物质的形成与积累,明显提高产量(表 59-32)。

表 59-31

分蘖期化学增氧与干湿交替增氧处理对国稻 1 号根系生长的影响

| 处理 | 孔隙度<br>/% | 根数<br>/(根/穴) | 最长根长<br>/cm | 根体积<br>/(cm³/穴) | 根重<br>/(g/穴) | 根冠比<br>/% |
|---|---|---|---|---|---|---|
| CK | 27.01a | 334.33n | 26.75a | 16.00c | 2.09a | 13.44a |
| T1 | 21.84b | 306.00c | 26.16a | 19.50bn | 1.94a | 12.41a |
| T2 | 23.65b | 326.00b | 26.13a | 23.65a | 1.95a | 13.59a |
| T3 | 25.34ab | 364.50a | 25.58a | 23.50a | 1.82a | 11.37 |

T1:追施过氧化尿素增氧;T2:追施过氧化钙增氧;T3:干湿交替增氧;CK:淹水对照。

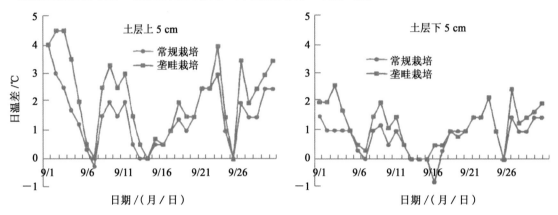

图 59-10　垄畦(厢式)栽培对土壤昼夜温差的增加作用

表 59-32

垄畦(厢式)栽培对双季早稻陆两优 996 的增产效应

| 栽培方式 | 有效穗<br>/(×10⁴/hm²) | 穗粒数<br>/穗 | 结实率<br>/% | 千粒重<br>/g | 产量<br>/(t/hm²) |
|---|---|---|---|---|---|
| 常规栽培 | 245.8 | 128.3 | 88.7 | 26.8 | 7.25 |
| 垄畦/厢栽培 | 270.1 | 130.7 | 91.8 | 26.4 | 8.36 |

（6）水稻实地氮肥管理（SSNM）　实地氮肥管理（SSNM），即依据土壤养分的有效供给量、水稻的目标产量和稻株对养分的吸收量、当季的氮肥利用率确定总施氮量的范围，主要生育期（分蘖期、穗分化期和抽穗期）追肥根据叶绿素测定仪（SPAD）或叶色卡（LCC）读数值进行调节。采用 SSNM 对水稻进行养分管理可以大幅度提高肥料养分利用效率。与农民习惯施肥方法相比，实地氮肥管理的施氮量减少了 20%，产量增加了 1.7%～7.5%，氮肥偏生产力提高了 31.7%～35.1%（表 59-33）。

表 59-33

实地氮肥管理(SSNM)对水稻产量和氮肥利用效率的影响(宁乡县回垅铺镇)

| 地点 | 类型 | 处理 | 施 N 量<br>/(kg/hm²) | 有效穗数<br>/(×10⁴/hm²) | 每穗<br>粒数 | 结实率<br>/% | 千粒重<br>/g | 产量<br>/(t/hm²) | PFP<br>/(kg/kg) |
|---|---|---|---|---|---|---|---|---|---|
| 十家村 | 早稻 | SSNM | 132 | 305.1 | 91.7 | 80.61 | 29.93 | 6.00 | 45.4 |
| | | FFP | 171 | 309.2 | 92.04 | 79.21 | 29.5 | 5.90 | 34.5 |
| 十家村 | 晚稻 | SSNM | 140 | 297.9 | 123.9 | 89.80 | 28.43 | 4.30 | 49.7 |
| | | FFP | 179 | 263.6 | 119.71 | 87.74 | 27.38 | 6.56 | 36.8 |
| 天鹅村 | 晚稻 | SSNM | 141 | 278.9 | 119.43 | 91.13 | 28.20 | 6.75 | 47.9 |
| | | FFP | 177 | 278.9 | 123.94 | 89.62 | 28.23 | 6.28 | 35.5 |

FFP:习惯施肥法;SSNM:实地氮肥管理。

### 2. 高产高效技术集成

以增密技术、SSNM 定 N 技术、N 肥后移技术为主体技术,集成了"定苗定 N"的高产高效栽培技术体系;以"定苗定 N"、垄厢增氧栽培技术、种子处理增强活力技术、后期化学调控增强灌浆活性技术为主体技术集成了"两定三增"再高产高效栽培技术体系(图 59-11)。

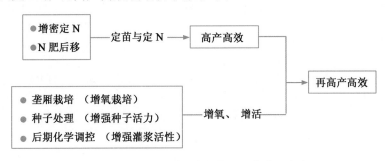

**图 59-11　双季稻高产高效栽培技术体系集成**

## 59.2.3　双季稻高产高效群体物质生产与养分吸收规律

为了研究水稻高产与氮肥高效利用(简称高产高效)群体生长发育、物质生产与养分吸收规律,设置了以下几个栽培模式处理(表 59-34、表 59-35)。

**表 59-34**

试验处理及其施肥设计

| 处理 | 施氮量 | 氮肥处理 | 磷、钾、锌肥 | 叶面肥 |
|---|---|---|---|---|
| T1<br>氮空白区 | 不施氮肥 | 0 | 基肥施用 $P_2O_5$ 45 kg/hm$^2$ 和 $K_2O$ 90 kg/hm$^2$ | |
| T2<br>农民习惯 | 早稻 150 kg N/hm$^2$<br>晚稻 165 kg N/hm$^2$ | 基肥:分蘖肥:穗肥=8:2:0 | 基肥施 $P_2O_5$ 30 kg/hm$^2$ 和 $K_2O$ 60 kg/hm$^2$ | |
| T3<br>高产高效<br>栽培模式 | 早稻 120 kg N/hm$^2$<br>晚稻 135 kg N/hm$^2$ | 基肥:分蘖肥:穗肥=5:2:3,其中穗肥据 SPAD 值增减 | 基肥施用 $P_2O_5$ 45 kg/hm$^2$,$K_2O$ 90 kg/hm$^2$,硫酸锌 5 kg/hm$^2$ | |
| T4<br>再高产<br>栽培模式 | 早稻 180 kg N/hm$^2$<br>晚稻 190 kg N/hm$^2$ 其中含饼肥 N 20 kg/hm$^2$ | 菜籽饼肥作基肥。化肥 N 基肥:分蘖肥:穗肥:粒肥=5:2:2:1,其中穗粒肥据 SPAD 值增减 | $P_2O_5$ 50 kg/hm$^2$、硫酸锌 5 kg/hm$^2$、硅肥 450kg/hm$^2$ 作基肥;$K_2O$ 100 kg/hm$^2$ 按基肥 60%、穗肥 40% 施用 | 抽穗期叶面喷施调节剂 |
| T5<br>再高产高<br>效栽培模式 | 早稻 150 kg N/hm$^2$<br>晚稻 165 kg N/hm$^2$ 其中含饼肥 N 20 kg/hm$^2$ | 菜籽饼肥作基肥。化肥 N 基肥:分蘖肥:穗肥=5:2:2:1,其中穗粒肥据 SPAD 值增减 | $P_2O_5$ 50 kg/hm$^2$ 作基肥;$K_2O$ 100 kg/hm$^2$(基肥 60%,穗肥 40%);硫酸锌 5 kg/hm$^2$ 作基肥 | 同 T4 |

### 1. 双季稻高产高效群体生长发育与物质生产规律

(1)高产高效群体的最高茎蘖数和分蘖成穗率　多年定位试验结果平均值(表 59-36)表明,最高茎蘖数以超高产栽培最高,显著高于当地高产栽培(对照),高产高效栽培以及再高产高效栽培则较对照略有增加,最终成穗数和成穗率均以高产高效栽培、超高产栽培、超高产高效栽培的高于对照,并且上述各处理的茎蘖成穗率早稻均接近或大于 80%,晚稻高于或接近 70.0%。

表 59-35

各处理栽培管理设计

| 处理 | 育秧栽培 | 栽植密度 | 水分管理 |
|------|----------|----------|----------|
| T1 | 同 T3 | 密度一半同 T2、一半同 T3 | 同 T3 |
| T2 | 湿润育秧 | 早稻 20 cm×20 cm，晚稻 23.3 cm×23.3 cm，每穴 2 苗 | 常规灌溉，生育中期排水重晒田，齐穗后断水 |
| T3 | 湿润育秧，精量稀播 | 早稻 16.7 cm×20 cm，晚稻 20 cm×20 cm，每穴 2 苗 | 间歇好气灌溉，收获前一周断水 |
| T4 | 种子精选，早稻旱育秧，其余同 T3 | 垄畦宽窄行移栽，早稻：13.3×(16.7+33.7) cm；晚稻 16.7×(16.7+33.7)cm。每穴 2 苗 | 间歇好气灌溉，收获前一周断水 |
| T5 | 同 T4 | 垄厢宽窄行移栽，密度同 T4 | 同 T4 |

表 59-36

不同栽培模式下双季稻的茎蘖成穗率

| 品种 | 处理 | 最高茎蘖数 /(个/m²) | 有效茎蘖数 /(个/m²) | 成穗率 /% |
|------|------|------|------|------|
| 早稻陆两优 996 | T2 | 323.6 | 205.8 | 64.4 |
| | T3 | 342.5 | 269.3 | 79.4 |
| | T4 | 363.1 | 290.7 | 80.4 |
| | T5 | 335.0 | 277.7 | 83.1 |
| 晚稻 C 两优 396 | T2 | 322.5 | 216.4 | 67.4 |
| | T3 | 349.8 | 242.6 | 69.9 |
| | T4 | 415.2 | 282.3 | 69.6 |
| | T5 | 403.7 | 278.7 | 70.7 |

T2：当地高产栽培；T3：高产高效栽培；T4：超高产栽培；T5：再高产高效栽培。同一品种内比较，均值。

(2)高产高效群体的叶面积与干物质积累量　多年定位试验平均值(表 59-37)表明，在穗分化始期、抽穗期和成熟期，高产高效栽培、超高产栽培、超高产高效栽培的 LAI 显著高于当地高产栽培(对照)，表明上述处理形成较大群体，具有较大的光合叶面积。从表 59-37 可以看出，晚稻各处理群体的 LAI 均明显大于早稻群体。相应地，高产高效栽培、超高产栽培、超高产高效栽培的干物质生产量均大于对照(T2)，且晚稻大于早稻。收获指数在处理间略有差异，以高产高效栽培、超高产栽培、超高产高效栽培大于对照，且早稻明显大于晚稻。

表 59-37

不同栽培模式下双季稻成熟期干物质积累、收获指数与齐穗期叶面积指数

| 处理 | 早稻 | | | 晚稻 | | |
|------|------|------|------|------|------|------|
| | 总干物重 /(t/hm²) | 收获指数 /% | 齐穗期 LAI | 总干物重 /(t/hm²) | 收获指数 /% | 齐穗期 LAI |
| T1 | 508.5+87.7 | 58.7+1.4 | 1.19+0.06 | 898.8+67.0 | 53.6+2.2 | 2.32+0.39 |
| T2 | 953.3+53.7 | 57.1+1.6 | 3.20+0.87 | 1 127.5+102.5 | 51.0+1.6 | 4.42+2.12 |
| T3 | 1 111.4+45.3 | 57.9+1.1 | 3.73+0.65 | 1 310.8+112.9 | 52.7+4.0 | 5.17+0.41 |
| T4 | 1 275.2+108.8 | 58.0+2.4 | 4.83+0.93 | 1 624.7+175.2 | 52.9+2.7 | 6.61+1.09 |
| T5 | 1 147.8+96.5 | 58.2+2.2 | 4.08+0.81 | 1 540.7+170.2 | 52.7+1.8 | 6.02+0.30 |

(3)高产高效群体的粒叶比　由表 59-38 可知，各处理的颖花/叶(cm²)、实粒/叶(cm²)和粒重/叶(cm²)，早稻均表现为高产高效栽培、超高产高效栽培高于当地高产栽培(对照)，说明在高产高效栽

培、超高产高效栽培模式下,库的增加超过叶量的增加,同时提高了叶源的质量,加强了叶源对产量的贡献;晚稻各高产高效栽培处理的粒叶比均低于对照,说明在高产高效栽培模式下,晚稻叶源的量不是产量的限制因子。

表 59-38

不同栽培模式下双季稻的粒叶比

| 品种 | 处理 | 颖花/叶(cm²) | 实粒/叶(cm²) | 粒重(mg)/叶(cm²) |
|---|---|---|---|---|
| 早稻陆两优 996 | T2 | 0.70 | 0.59 | 18.2 |
| | T3 | 0.80 | 0.64 | 19.1 |
| | T4 | 0.66 | 0.56 | 16.6 |
| | T5 | 0.72 | 0.61 | 18.0 |
| 晚稻 C 两优 396 | T2 | 0.70 | 0.50 | 15.5 |
| | T3 | 0.60 | 0.46 | 13.9 |
| | T4 | 0.58 | 0.45 | 13.1 |
| | T5 | 0.59 | 0.45 | 13.5 |

T2:当地高产栽培;T3:高产高效栽培;T4:超高产栽培;T5:再高产高效栽培。同一品种内比较,均值。

**2. 高产高效群体的产量与产量构成**

高产高效栽培和超高产高效栽培的产量,早稻分别为 7.44 和 8.06 t/hm²,分别较当地高产栽培(对照)的产量增加了 15% 和 24%;晚稻分别为 8.46 和 9.59 t/hm²,分别较当地高产栽培(对照)的产量增加了 14% 和 29%;全年平均分别为 15.90 和 17.65 t/hm²,分别较当地高产栽培(对照)的产量增加了 14% 和 27%(表 59-39)。

从产量构成因素来看,高产高效栽培的产量显著提高主要得益于总颖花量(单位面积穗数×每穗粒数)的显著增加(表 59-40),高产高效栽培的每平方米颖花量,早稻应达到 3 万、晚稻应达 3.45 万以上。

根据研究结果,将高产高效群体诊断指标列于表 59-41。

表 59-39

不同栽培模式下的双季稻产量　　　　　　　　　　　　　　　　　　　　　　　　　　　　t/hm²

| 季别 | 处理 | 2009 年 | 2010 年 | 2011 年 | 2012 年 | 4 年平均 | 增幅/% |
|---|---|---|---|---|---|---|---|
| 早稻-陆两优 996 | T2 | 6.87 | 5.95 | 6.03 | 7.1 | 6.49 | 100 |
| | T3 | 7.67 | 7.17 | 6.97 | 7.95 | 7.44 | 115 |
| | T4 | 8.87 | 7.50 | 8.64 | 9.82 | 8.71 | 134 |
| | T5 | 7.73 | 7.37 | 7.61 | 9.54 | 8.06 | 124 |
| 晚稻-C 两优 396 | T2 | 7.5 | 6.5 | 6.77 | 8.92 | 7.42 | 100 |
| | T3 | 8.55 | 7.62 | 7.66 | 9.99 | 8.46 | 114 |
| | T4 | 9.67 | 9.52 | 9.29 | 10.56 | 9.76 | 132 |
| | T5 | 9.47 | 8.61 | 8.68 | 11.6 | 9.59 | 129 |
| 全年-双季稻 | T2 | 14.37 | 12.45 | 12.80 | 16.02 | 13.91 | 100 |
| | T3 | 16.22 | 14.79 | 14.63 | 17.94 | 15.90 | 114 |
| | T4 | 18.54 | 17.02 | 17.93 | 20.38 | 18.46 | 133 |
| | T5 | 17.2 | 15.98 | 16.29 | 21.14 | 17.65 | 127 |

T2:当地高产栽培;T3:高产高效栽培;T4:超高产栽培;T5:再高产高效栽培。同一品种内比较,均值。

表 59-40

不同栽培模式下的双季稻产量构成因素

| 季别 | 处理 | 总颖花量 /(万/m²) | 穗数 /m² | 穗粒数 /(粒/穗) | 结实率 /% | 千粒重 /g |
|---|---|---|---|---|---|---|
| 早稻,与产量相关系数(r) | | 0.95** | 0.87** | 0.43** | −0.44** | −0.04 |
| 晚稻,与产量相关系数(r) | | 0.88** | 0.79** | 0.50** | 0.01 | 0.27* |
| 早稻陆两优996 | T2 | 2.42+0.05 | 210+27.3 | 120+13.2 | 84.0+4.1 | 26.1+0.7 |
| | T3 | 3.07+0.06 | 269+30.6 | 115+12.7 | 80.4+3.8 | 26.1+0.1 |
| | T4 | 3.36+0.35 | 291+50.5 | 117+8.6 | 85.0+6.1 | 25.8+0.6 |
| | T5 | 3.05+0.34 | 278+50.4 | 111+9.6 | 84.6+4.9 | 26.0+0.4 |
| 晚稻C两优396 | T2 | 3.24+0.49 | 221+20.1 | 147+11.2 | 72.5+2.6 | 26.1+1.0 |
| | T3 | 3.45+0.10 | 243+3.4 | 143+6.0 | 76.8+8.6 | 26.0+0.7 |
| | T4 | 4.18+0.21 | 282+42.1 | 150+14.0 | 79.1+4.9 | 26.4+0.7 |
| | T5 | 4.14+0.24 | 279+13.4 | 150+15.2 | 76.5+3.5 | 26.3+0.5 |

T2:当地高产栽培;T3:高产高效栽培;T4:超高产栽培;T5:再高产高效栽培。同一品种内比较,均值。

表 59-41

双季稻高产高效群体指标(产量＞10 t/hm²)

| 项目 | 指标 | |
|---|---|---|
| | 早稻 | 晚稻 |
| 总颖花量/(×10⁴/m²) | ＞3.0 | ＞3.4 |
| 结实率/% | ＞80 | ＞75 |
| 千粒重/g | ＞26 | ＞26 |
| 分蘖成穗率/% | ＞80 | ＞70 |
| 齐穗期叶面积指数 | 3.5~6.0 | 5.0~7.0 |
| 成熟期干物质重/(t/hm²) | ＞11 | ＞13 |
| 粒叶比(颖花/叶/cm²) | ＞0.70 | ＞0.60 |
| 收获指数 | ＞0.55 | ＞0.52 |

### 3. 不同栽培模式下的氮素积累与氮肥利用率

随施氮量增加,水稻群体的吸氮量呈增加趋势,但是高产高效栽培、超高产栽培、再高产高效栽培的吸氮量均大于对照(T2)。无论是氮肥的农学利用率还是偏生产力,高产高效栽培和超高产高效栽培均显著高于当地高产栽培(表 59-42)。

表 59-42

不同栽培模式下双季稻的吸氮量和氮肥利用效率

| 季别 | 处理 | 施肥量 /(kg/hm²) | N吸收量 /(kg/hm²) | 农学利用率 /(kg/kg) | 偏生产力 /(kg/kg) |
|---|---|---|---|---|---|
| 早稻陆两优996 | T1 | 0 | 36.8+0.52 | | |
| | T2 | 150 | 82.4+7.38 | 19.4+1.90 | 43.3+3.88 |
| | T3 | 120 | 97.7+9.14 | 27.3+6.18 | 61.4+3.51 |
| | T4 | 180 | 115.9+5.64 | 23.9+5.86 | 48.0+5.24 |
| | T5 | 150 | 104.7+1.80 | 19.3+14.25 | 53.3+6.87 |

续表 59-42

| 季别 | 处理 | 施肥量 /(kg/hm²) | N 吸收量 /(kg/hm²) | 农学利用率 /(kg/kg) | 偏生产力 /(kg/kg) |
|---|---|---|---|---|---|
| 晚稻 C 两优 396 | T1 | 0 | 56.0＋3.40 | | |
| | T2 | 165 | 79.0＋4.01 | 13.7＋7.96 | 47.6＋8.79 |
| | T3 | 135 | 108.8＋5.85 | 20.2＋3.79 | 62.1＋8.20 |
| | T4 | 195 | 153.4＋12.49 | 19.2＋2.37 | 49.6＋3.28 |
| | T5 | 165 | 142.8＋8.67 | 17.8＋8.02 | 57.7＋8.57 |

T1:不施用氮肥;T2:当地高产栽培;T3:高产高效栽培;T4:超高产栽培;T5:再高产栽培。同一品种内比较,均值。

### 59.2.4 双季稻高产高效栽培技术体系的应用成效

双季稻高产高效技术体系是以增密技术、SSNM 定 N 技术和 N 肥后移技术为核心技术,以干湿灌溉技术、病虫综合管理技术为配套技术,综合集成的"定苗定 N"高产与 N 肥高效栽培技术体系,简称高产高效栽培。

#### 1. 在不同地力田块的试验效果

2009—2010 年在浏阳进行了不同地力水平的双季稻高产高效栽培试验,以当地高产栽培(农民习惯)为对照。结果(表 59-43、表 59-44)表明,在不同栽培模式下,高产高效模式产量均比当地高产栽培大幅度

表 59-43

双季稻高产高效栽培的产量表现(浏阳)

| 年份 | 田块类型 | 季别 | N 空白 /(t/hm²) | 当地高产 /(t/hm²) | 高产高效 /(t/hm²) | 增产 /% | 周年增产 /% |
|---|---|---|---|---|---|---|---|
| 2009 | 高产丘 | 早稻 | 4.40 | 6.11 | 6.49 | 6.22 | 9.8 |
| | | 晚稻 | 5.09 | 5.97 | 6.77 | 13.40 | |
| | 中产丘 | 早稻 | 3.69 | 4.91 | 5.35 | 8.96 | 6.8 |
| | | 晚稻 | 4.73 | 5.94 | 6.21 | 4.55 | |
| | 低产丘 | 早稻 | 2.75 | 4.51 | 4.86 | 7.76 | 12.3 |
| | | 晚稻 | 3.81 | 4.57 | 5.34 | 16.85 | |
| 2010 | 高产丘 | 早稻 | 4.65 | 5.31 | 7.66 | 44.26 | 30.9 |
| | | 晚稻 | 4.70 | 6.00 | 7.05 | 17.50 | |
| | 中产丘 | 早稻 | 4.40 | 5.06 | 7.09 | 40.12 | 27.8 |
| | | 晚稻 | 4.65 | 5.86 | 6.77 | 15.53 | |
| | 低产丘 | 早稻 | 3.09 | 4.35 | 5.69 | 30.80 | 28.6 |
| | | 晚稻 | 3.74 | 4.87 | 6.16 | 26.49 | |

表 59-44

不同基础地力下的双季稻产量(浏阳)

| 季别 | 田块类型 | N 空白 /(t/hm²) | 当地高产 /(t/hm²) | 高产高效 /(t/hm²) | 增产 /% |
|---|---|---|---|---|---|
| 早稻 | 高产丘 | 4.53 | 5.71 | 7.08 | 23.9 |
| | 中产丘 | 4.05 | 4.99 | 6.22 | 24.8 |
| | 低产丘 | 2.92 | 4.43 | 5.28 | 19.1 |
| 晚稻 | 高产丘 | 4.90 | 5.99 | 6.91 | 15.5 |
| | 中产丘 | 4.69 | 5.90 | 6.49 | 10.0 |
| | 低产丘 | 3.78 | 4.72 | 5.75 | 21.8 |

提高,产量增幅为 6.8%～30.9%,其中早稻在高产丘和中产丘增幅均大于低产丘,但是晚稻则低产丘增幅远远大于高中丘,其原因有待进一步研究,在不同基础地力下,其产量高产丘＞中产丘＞低产丘。

　　高产高效栽培的氮肥农学利用率(AE)和偏生产力(PFP)较当地高产栽培均大幅度提高,且农学利用率增加比例为高产田＞中产田＞低产田,但在偏生产力方面,不同基础地力间,其增加幅度没有明显差异(表 59-45、表 59-46)。通过两年数据统计分析表明(表 59-47),在不同基础地力间,氮肥农学利用率在相同模式下其基础地力间差异不大,但是偏生产力,在相同栽培模式下,无论早稻晚稻均表现为:高产田＞中产田＞低产田,间接表明高产田施肥比中低产田施肥增产效果明显。

表 59-45

氮肥利用率在不同基础地力下的表现　　　　　　　　　　　　　　　　　　　　　　　　　　　　　kg/kg

| 年份 | 田块类型 | 季别 | 农学利用率 | | | 偏生产力 PFP | | |
|---|---|---|---|---|---|---|---|---|
| | | | 当地高产 | 高产高效 | 提高/% | 当地高产 | 高产高效 | 提高/% |
| 2009 | 高产田 | 早稻 | 11.4 | 17.4 | 52.6 | 40.7 | 54.1 | 32.9 |
| | | 晚稻 | 5.3 | 12.4 | 134.0 | 36.2 | 50.2 | 38.7 |
| | 中产田 | 早稻 | 8.1 | 13.8 | 70.4 | 32.7 | 44.6 | 36.4 |
| | | 晚稻 | 7.4 | 11.0 | 48.6 | 36.0 | 46.0 | 27.8 |
| | 低产田 | 早稻 | 11.7 | 17.6 | 50.4 | 30.1 | 40.5 | 34.6 |
| | | 晚稻 | 4.6 | 11.3 | 145.7 | 27.7 | 39.5 | 42.6 |
| 2010 | 高产田 | 早稻 | 4.0 | 19.1 | 377.5 | 32.2 | 48.6 | 50.9 |
| | | 晚稻 | 6.7 | 14.9 | 122.4 | 30.8 | 44.8 | 45.5 |
| | 中产田 | 早稻 | 4.0 | 17.1 | 327.5 | 30.7 | 45.0 | 46.6 |
| | | 晚稻 | 6.2 | 13.5 | 117.7 | 30.1 | 43.0 | 42.9 |
| | 低产田 | 早稻 | 7.7 | 16.5 | 114.3 | 26.4 | 36.1 | 36.7 |
| | | 晚稻 | 5.8 | 15.4 | 165.5 | 25.0 | 39.1 | 56.4 |

表 59-46

不同基础地力下不同模式氮肥利用率　　　　　　　　　　　　　　　　　　　　　　　　　　　　　kg/kg

| 田块类型 | 处理 | 农学利用率 AE | 偏生产力 PFP |
|---|---|---|---|
| 高产田 | 当地高产 | 6.9 | 35.0 |
| | 高产高效 | 16.0 | 49.4 |
| | 提高/% | 132.3 | 41.3 |
| 中产田 | 当地高产 | 6.4 | 32.4 |
| | 高产高效 | 14.4 | 44.7 |
| | 提高/% | 126.0 | 38.0 |
| 低产田 | 当地高产 | 7.5 | 27.3 |
| | 高产高效 | 15.2 | 38.8 |
| | 提高/% | 116.3 | 42.4 |

表 59-47

两年来氮肥利用率在不同基础地力下的表现　　　　　　　　　　　　　　　　　　　　　　　　　　kg/kg

| 季别 | 田块类型 | 农学利用率 | | | 偏生产力 | | |
|------|---------|---------|---------|---------|---------|---------|---------|
| | | 当地高产 | 高产高效 | 提高/% | 当地高产 | 高产高效 | 提高/% |
| 早稻 | 高产田 | 7.7 | 18.25 | 137.0 | 36.45 | 51.35 | 40.9 |
| | 中产田 | 6.05 | 16.45 | 171.9 | 31.7 | 44.8 | 41.3 |
| | 低产田 | 9.7 | 17.05 | 75.8 | 28.25 | 38.3 | 35.6 |
| 晚稻 | 高产田 | 6 | 13.65 | 127.5 | 33.5 | 47.5 | 41.8 |
| | 中产田 | 6.8 | 12.25 | 80.1 | 33.05 | 44.5 | 34.6 |
| | 低产田 | 5.2 | 13.35 | 156.7 | 26.35 | 39.3 | 49.1 |

**2. 在不同地点的试验效果**

于 2011 年在湖南双季稻产区宁乡、醴陵、祁阳、浏阳进行了双季稻高产高效栽培试验,以当地高产栽培(农民习惯)为对照,结果(表 59-48、表 59-49)表明,高产高效栽培在各地点均表现明显的增产和 N 肥增效效果,其中早稻增产 9.8%～15.8%,晚稻增产 12.2%～18.8%,N 肥农学利用率和偏生产力均大幅度提高。

表 59-48

双季稻高产高效栽培在不同地点的产量表现

| 季别 | 地点 | N 空白/(t/hm²) | 当地高产/(t/hm²) | 高产高效/(t/hm²) | 增产/% |
|------|------|---------|---------|---------|---------|
| 早稻 | 宁乡 | 2.56 | 6.03 | 6.65 | 10.3 |
| 陆两优 996 | 醴陵 | 3.67 | 5.90 | 6.83 | 15.8 |
| | 祁阳 | 3.43 | 6.13 | 6.73 | 9.8 |
| | 浏阳 | 3.31 | 6.03 | 6.97 | 15.6 |
| 晚稻 | 宁乡 | 5.52 | 7.15 | 8.02 | 12.2 |
| 两优 396 | 醴陵 | 4.62 | 6.65 | 7.76 | 16.7 |
| | 祁阳 | 4.29 | 6.11 | 7.26 | 18.8 |
| | 浏阳 | 5.19 | 6.30 | 7.48 | 18.7 |

表 59-49

双季稻高产高效栽培在不同地点的 N 肥利用率　　　　　　　　　　　　　　　　　　　　　　　　kg/kg

| 季别 | 地点 | 农学利用率 | | | 偏生产力 PFP | | |
|------|------|---------|---------|---------|---------|---------|---------|
| | | 当地高产 | 高产高效 | 提高/% | 当地高产 | 高产高效 | 提高/% |
| 早稻 | 宁乡 | 12.0 | 26.0 | 116.7 | 40.2 | 47.3 | 17.7 |
| | 醴陵 | 14.3 | 26.3 | 83.8 | 39.3 | 56.9 | 44.7 |
| | 祁阳 | 14.0 | 27.5 | 96.5 | 40.9 | 56.1 | 37.2 |
| | 浏阳 | 19.8 | 30.5 | 54.0 | 40.2 | 58.1 | 44.5 |
| 晚稻 | 宁乡 | 9.9 | 18.5 | 87.5 | 43.3 | 59.4 | 37.1 |
| | 醴陵 | 12.3 | 23.3 | 88.7 | 40.3 | 57.5 | 42.6 |
| | 祁阳 | 11.0 | 18.3 | 66.1 | 37.0 | 50.1 | 35.3 |
| | 浏阳 | 14.1 | 18.3 | 29.8 | 45.6 | 56.8 | 24.6 |

### 3. 在不同年份的试验效果

在浏阳建立了高产高效 4＋X 定位试验，2009—2011 年连续 3 年的试验结果（图 59-12、图 59-13）表明，高产高效栽培比当地高产栽培早稻产量平均提高 18％，晚稻产量平均提高 17％，氮肥农学利用率早、晚稻分别平均提高 63％和 96％。

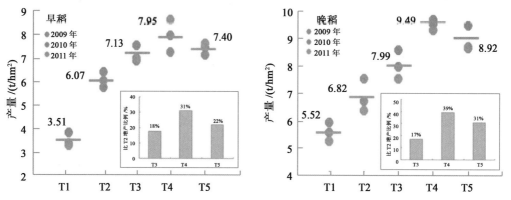

**图 59-12　双季稻高产高效栽培在同一地点（浏阳）不同年份的产量表现**
T1：N 空白；T2：当地高产；T3：高产高效；T4：再高产；T5：再高产高效

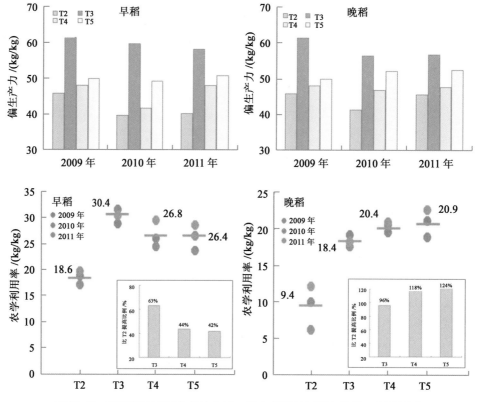

**图 59-13　双季稻高产高效栽培在同一地点（浏阳）不同年份的 N 肥利用率**
T1：N 空白；T2：当地高产；T3：高产高效；T4：再高产；T5：再高产高效

### 4. 百亩示范效果

2009 年在浏阳永安镇建立了 300 亩双季稻高产高效示范片，示范区产量早稻达到 7.8 t/hm²，晚稻达到 8.2 t/hm²，分别较农民生产田增产 27.9％和 28.1％；N 肥 PFP 早、晚稻分别达到 57.8 和 54.7 kg/kg，较农民生产田分别提高 42.1％和 40.9％（表 59-50）。

表 59-50

浏阳市 2009 年双季稻高产高效示范效果

| 季别 | 氮肥用量 | 产量/(t/hm²) | | | 偏生产力 PFP/(kg/kg) | | |
|------|----------|--------------|---|---|----------------------|---|---|
| | | 当地高产 | 高产高效 | 提高/% | 当地高产 | 高产高效 | 提高/% |
| 早稻 | 135 kg/hm² | 7.8 | 6.1 | 27.9 | 57.8 | 40.7 | 42.1 |
| 晚稻 | 150 kg/hm² | 8.2 | 6.4 | 28.1 | 54.7 | 36.4 | 40.9 |

2010 年在浏阳永安镇建立了 400 亩双季稻高产高效核心示范田,产量早稻(陆两优 996)达 6.57 t/hm²,晚稻(天优华占)达到 7.12 t/hm²,分别较农民生产田增产 15.8%和 19.6%,养分利用效率分别提高 33.6%和 37.2%。

2010 年在醴陵市泗汾镇建立了 400 亩双季稻高产高效核心示范田,产量早稻(陆两优 996)达 6.74 t/hm²,晚稻(培两优 292)达到 7.01 t/hm²,分别较农民生产田增产 14.2%和 17.9%,养分利用效率分别提高 38.4%和 38.8%。

2011 年在湖南浏阳市永安镇进行了双季晚稻再高产高效百亩示范,产量达到 8.42 t/hm²,比当地农民栽培(6.41 t/hm²)增产 31.4%,N 肥 PFP 达到 70.2 kg/kg,比当地农民栽培提高 20.4%。

## 参考文献

[1] 敖和军,邹应斌,申建波,等.早稻施氮对连作晚稻产量和氮肥利用率及土壤有效氮含量的影响.植物营养与肥料学报,2007,13(5):772-780.

[2] 林葆.提高作物产量,增加施肥效应.//中国土壤学会.中国土壤科学的现状与前景.南京:江苏科学技术出版社,1991.

[3] 彭少兵,黄见良,钟旭华,等.提高中国稻田氮肥利用率的研究策略.中国农业科学,2002,35(9):1095-1103.

[4] 章秀福,王丹英,邵国胜.垄畦栽培水稻的产量、品质效应及其生理生态基础.中国水稻科学,2003,17(4):343-348.

[5] 赵峰,王丹英,徐春梅,等.根际增氧模式的水稻形态、生理及产量响应特征.作物学报,2010,36(2):303-312.

[6] 邹应斌,黄见良,屠乃美,等."旺壮重"栽培对双季杂交稻产量形成及生理特性的影响.作物学报,2001,27(3):343-350.

[7] 邹应斌,唐启源,黄见良,等.不同配比肥料一次性施用对优质水稻产量和品质的影响.中国农业科技导报,2003,5(4):36-41.

[8] 邹应斌.双季稻超高产栽培技术体系研究与应用.长沙:湖南科学技术出版社,1999.

[9] Shaobing Peng, Roland J Buresh, Jianliang Huang, et al. Strategies for overcoming low agronomic nitrogen use efficiency in irrigated rice systems in China. Field Crops Research,2006,96:37-47.

(执笔人:唐启源　邹应斌)

# 第60章

## 湖北省水稻养分管理
## 技术创新与应用

## 60.1 基于区域尺度的水稻氮肥用量推荐技术

**1. 利用肥料效应函数估算的最佳经济施氮量**

首先将早、中、晚稻各"3414"试验中设定的 2 水平施氮量(medium N rate,MNR)与通过肥料效应函数估算的最佳经济施氮量(EONR)分别划分为 6 个等级,分析其在各等级的频率分布情况(图 60-1)。由图可以看出,MNR 和 EONR 的分布情况大不相同。MNR 分布较集中,早、中、晚稻均主要分布在 $150\sim200$ kg/hm² 之间,分布频率分别高达 75.9%,77.3% 和 89.2%;且早、中、晚稻的 MNR 在 $\leqslant50$ kg/hm² 和 $>250$ kg/hm² 区间均无分布。EONR 分布范围则较广,除早稻分布在 5 个用量区间,中、晚稻在 6 个用量区间均有分布;且早、中、晚稻均是在 $100\sim150$ 和 $150\sim200$ kg/hm² 区间的分布频率最大。结果表明,EONR 相较于 MNR 在不同田块间具有更大的变异,其在估算时更多地考虑了各田块的实际情况(如土壤供氮能力、氮肥增产效应等)。

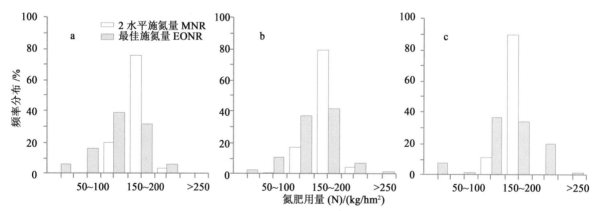

图 60-1 早稻(a)、中稻(b)和晚稻(c)2 水平施氮量和最佳经济施氮量频率分布图

早、中、晚稻试验设定的 MNR 均值分别为 167,172 和 169 kg/hm²,而估算得出的 EONR 分别为 135,149 和 158 kg/hm²,EONR 相较于 MNR 分别降低了 19.2%,13.4% 和 6.5%。而早、中、晚稻 MNR 和 EONR 所对应的稻谷产量均值之间的差异不足 1%,如早稻产量分别平均为 6 593 和

6 529 kg/hm²,中稻分别为 8 293 和 8 220 kg/hm²,晚稻分别为 6 955 和 6 988 kg/hm²(图 60-2)。另外,早、中、晚稻 MNR 和 EONR 所对应的稻谷产量分布情况也基本一致。结果表明 EONR 相较于 MNR 更加合理,故可在不降低稻谷产量的基础上降低水稻氮肥用量。

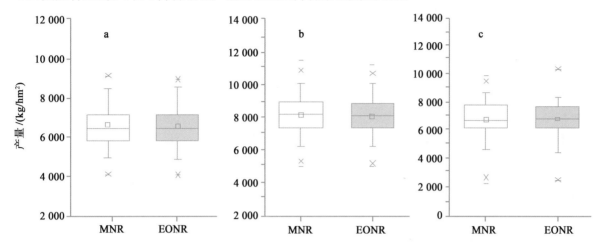

图 60-2  早稻(a)、中稻(b)和晚稻(c)在 2 水平施氮量和最佳经济施氮量下的产量分布图
箱体中的"—"和"□"分别代表中值和均值,箱体的上、下边界线代表 75% 和 25% 点位,连接在箱体外的上、下小横线代表 95% 和 5% 点位,"×"代表 99% 和 1% 点位,"—"代表最大值和最小值。

### 2. 结合土壤供氮能力的区域平均适宜施氮量

早、中、晚稻在湖北省的区域平均适宜施氮量(RMONR)分别为 135,149 和 158 kg/hm²(表 60-1)。不同稻区的水稻 RMONR 值各不相同,其大小顺序早稻表现为:鄂东南 > 鄂东 > 江汉平原 > 鄂东北,中稻表现为鄂东>鄂西北>鄂东北 > 鄂中 > 鄂东南 = 江汉平原 > 鄂西南,晚稻表现为鄂东南 > 江汉平原 > 鄂东 > 鄂东北。从全省来看,早稻和晚稻的 RMONR 具有南高,北低的分布特征;而中稻的 RMONR 具有东、北高,西、南低的分布特征。表 60-1 中列出的 50% 和 90% 置信区间的氮用量为湖北省及各稻区 50% 和 90% 的田块可施用的氮用量范围。

表 60-1

| 早、中、晚稻在湖北省不同稻区的区域平均适宜施氮量 | | | | | | | kg/hm² |
|---|---|---|---|---|---|---|---|
| 指标 | 湖北省 | 鄂东 | 江汉平原 | 鄂东南 | 鄂东北 | 鄂中 | 鄂西北 | 鄂西南 |
| 早稻 | | | | | | | | |
| 均值 | 135 | 133 | 132 | 154 | 98 | — | — | — |
| 标准差 | 47 | 49 | 39 | 42 | 46 | — | — | — |
| 50%置信区间 | 110~180 | 110~180 | 110~165 | 130~180 | 60~145 | — | — | — |
| 90%置信区间 | 40~205 | 40~200 | 70~200 | 90~225 | 40~155 | — | — | — |
| 中稻 | | | | | | | | |
| 均值 | 149 | 168 | 142 | 142 | 147 | 146 | 159 | 140 |
| 标准差 | 45 | 41 | 51 | 45 | 33 | 41 | 39 | 45 |
| 50%置信区间 | 120~180 | 140~200 | 110~175 | 120~170 | 120~165 | 120~165 | 145~180 | 110~180 |
| 90%置信区间 | 75~225 | 90~240 | 50~225 | 70~225 | 100~220 | 70~225 | 75~215 | 90~225 |
| 晚稻 | | | | | | | | |
| 均值 | 158 | 158 | 164 | 166 | 116 | | | |
| 标准差 | 52 | 56 | 49 | 46 | 50 | | | |
| 50%置信区间 | 130~200 | 130~200 | 115~200 | 130~190 | 100~140 | | | |
| 90%置信区间 | 50~240 | 40~250 | 110~240 | 110~240 | 50~185 | | | |

不同土壤供氮能力（Indigenous soil N supply，INS）等级下的水稻 EONR 和 EOY 均值也不相同（表 60-2 至表 60-4）。对于湖北省来说，早、中、晚稻的 EONR 均随 INS 等级的下降（早稻从等级 1 到等

表 60-2

湖北省不同稻区不同土壤供氮能力等级下的早稻最佳经济施氮量和最佳理论产量（利用无氮产量代表土壤供氮能力）

| 稻区 | 均值 | 标准差 | 无氮产量（土壤供氮能力）/(kg/hm²) | | | | | |
|---|---|---|---|---|---|---|---|---|
| | | | >7 245 | 5 597~7 245 | 4 324~5 597 | 3 340~4 324 | 2 581~3 340 | ≤2 581 |
| | | | 1 级 | 2 级 | 3 级 | 4 级 | 5 级 | 6 级 |
| 最佳经济施氮量/(kg/hm²) | | | | | | | | |
| 鄂东 | 133 | 49 | — | 111 | 130 | 148 | (118) | — |
| 江汉平原 | 132 | 39 | (91) | — | 138 | 113 | (138) | (205) |
| 鄂东南 | 154 | 42 | 146 | (164) | 152 | 156 | (188) | |
| 鄂东北 | 98 | 46 | — | 82 | 119 | — | — | — |
| 湖北省 | 135 | 47 | 119 | 121 | 137 | 143 | 148 | (205) |
| 最佳理论产量/(kg/hm²) | | | | | | | | |
| 鄂东 | 6 494 | 1 016 | — | 7 223 | 6 759 | 5 802 | (7 412) | |
| 江汉平原 | 6 524 | 1 477 | (8 115) | — | 7 421 | 5 277 | (5 504) | (5 553) |
| 鄂东南 | 6 612 | 1 183 | 8 236 | (7 226) | 6 266 | 5 537 | (5 378) | |
| 鄂东北 | 6 457 | 360 | — | 6 413 | 6 513 | | | |
| 湖北 | 6 529 | 1 088 | 8 188 | 7 022 | 6 689 | 5 652 | 6 098 | (5 553) |

括号中的数值表示样本数太少，该平均值没有代表性。

表 60-3

湖北省不同稻区不同土壤供氮能力等级下的中稻最佳经济施氮量和最佳理论产量（利用无氮产量代表土壤供氮能力）

| 稻区 | 均值 | 标准差 | 无氮产量（土壤供氮能力）/(kg/hm²) | | | | | |
|---|---|---|---|---|---|---|---|---|
| | | | >8 892 | 6 970~8 892 | 5 464~6 970 | 4 283~5 464 | 3 357~4 283 | ≤3 357 |
| | | | 1 级 | 2 级 | 3 级 | 4 级 | 5 级 | 6 级 |
| 最佳经济施氮量/(kg/hm²) | | | | | | | | |
| 鄂东 | 168 | 41 | 112 | 183 | 161 | 176 | 181 | — |
| 江汉平原 | 142 | 51 | 113 | 132 | 147 | 147 | (90) | |
| 鄂东南 | 142 | 45 | — | 139 | 142 | 147 | 156 | — |
| 鄂东北 | 147 | 33 | (180) | 120 | 152 | 153 | — | (165) |
| 鄂中 | 146 | 41 | 126 | 143 | 153 | 137 | (195) | — |
| 鄂西北 | 159 | 39 | — | 161 | 162 | 170 | 201 | 181 |
| 鄂西南 | 140 | 45 | 118 | 129 | 133 | 159 | 120 | 160 |
| 湖北省 | 149 | 45 | 119 | 146 | 150 | 153 | 156 | 169 |
| 最佳理论产量 EOY/(kg/hm²) | | | | | | | | |
| 鄂东 | 8 010 | 1 059 | 9 746 | 8 825 | 7 977 | 7 213 | 5 871 | — |
| 江汉平原 | 8 458 | 1 056 | 9 777 | 8 839 | 8 328 | 8 308 | (5 303) | |
| 鄂东南 | 7 203 | 858 | — | 8 261 | 7 406 | 6 874 | 6 592 | |
| 鄂东北 | 8 042 | 1 048 | (10 061) | 8 906 | 7 973 | 7 039 | — | (6 526) |
| 鄂中 | 8 803 | 1 048 | 9 805 | 9 435 | 8 500 | 7 574 | (9 190) | — |
| 鄂西北 | 8 682 | 1 109 | — | 10 419 | 8 388 | 8 183 | 8 700 | 7 566 |
| 鄂西南 | 7 917 | 1 331 | 10 727 | 8 827 | 7 887 | 7 196 | 6 883 | 6 568 |
| 湖北省 | 8 220 | 1 169 | 9 939 | 9 063 | 8 152 | 7 403 | 7 232 | 6 958 |

括号中的数值表示样本数太少，该平均值没有代表性。

级 5,中稻从等级 1 到等级 6,晚稻从等级 2 到等级 5)呈逐渐升高的趋势,而 EOY 则呈现逐渐降低的趋势。对于不同稻区来说,早、中、晚稻各稻区的 EONR 随 INS 等级的下降也均呈现逐渐升高的趋势(除了早稻在江汉平原稻区的 EONR 随 INS 等级的变化没有明显变化趋势)。当然,部分稻区 EONR 的升高趋势并非从 INS 等级 1 升高到等级 6,如中稻在鄂东稻区的 EONR 是从等级 3 升高到等级 5,在鄂中稻区是从等级 1 升高到等级 3,在鄂西北稻区是从等级 2 升高到等级 5,在鄂西南稻区是从等级 1 升高到等级 4。结果表明,EONR 并非在所有稻区均是随着 INS 的下降而一直升高。这可能是因为 EONR 除了受 INS 影响外,还受其他因素影响,且考虑到还有试验样本数的限制,故部分稻区个别 INS 等级下的 EONR 值在整条趋势线上出现了一定的偏离。另外,由于试验样本数的限制,早、中、晚稻在部分稻区个别 INS 等级下的 EONR 和 EOY 均值没有代表性。

表 60-4

湖北省不同稻区不同土壤供氮能力等级下的晚稻最佳经济施氮量和最佳理论产量(利用无氮产量代表土壤供氮能力)

| 稻区 | 均值 | 标准差 | 无氮产量(土壤供氮能力)(INS)/(kg/hm²) | | | | | |
|------|------|--------|------|------|------|------|------|------|
| | | | — | >6 891 | 4 037~6 891 | 2 366~4 037 | ≤2 366 | — |
| | | | 1 级 | 2 级 | 3 级 | 4 级 | 5 级 | 6 级 |
| 最佳经济施氮量/(kg/hm²) | | | | | | | | |
| 鄂东 | 158 | 56 | — | 153 | 157 | 161 | (105) | — |
| 江汉平原 | 164 | 49 | — | — | 164 | — | — | — |
| 鄂东南 | 166 | 46 | — | — | 164 | — | (240) | — |
| 鄂东北 | 116 | 50 | — | — | 116 | — | — | — |
| 湖北省 | 158 | 52 | — | 153 | 157 | 161 | 172 | — |
| 最佳理论产量/(kg/hm²) | | | | | | | | |
| 鄂东 | 6 993 | 1 374 | — | 8 984 | 7 195 | 5 229 | (2 975) | — |
| 江汉平原 | 7 700 | 1 140 | — | — | 7 700 | — | — | — |
| 鄂东南 | 6 905 | 1 097 | — | — | 7 061 | — | (2 702) | — |
| 鄂东北 | 6 398 | 564 | — | — | 6 398 | — | — | — |
| 湖北省 | 6 988 | 1 259 | — | 8 984 | 7 146 | 5 229 | 2 839 | — |

括号中的数值表示样本数太少,该平均值没有代表性。

## 60.2 基于区域尺度的水稻磷肥用量推荐技术

**1.利用肥料效应函数估算的最佳经济施磷量**

图 60-3 显示,早、中、晚稻的 2 水平施磷量(medium P rate, MPR)与最佳经济施磷量(EOPR)在 7 个等级的分布频率均不相同。与 MNR 一样,MPR 分布较集中,早稻主要分布在 60~80 kg/hm² 之间,分布频率高达 64.6%;中稻主要分布在 40~60 和 60~80 kg/hm² 之间,分布频率分别为 51.5% 和 40.5%;晚稻主要分布在 40~60 kg/hm² 之间,分布频率高达 65.7%;且早、中、晚稻的 MPR 在 0 和 0~20 kg/hm² 区间均无分布。EOPR 分布范围则较广,除晚稻分布在 6 个用量区间,早、中稻在 7 个用量区间均有分布;且早、中、晚稻均主要集中在 40~60 kg/hm² 区间,所占比例分别为 52.6%,38.7% 和

46.2%。另外,早、中、晚稻分别有 5.3%,3.4% 和 6.6% 的试验点其 EOPR 为 0,即在湖北省有 3%～6% 的田块水稻种植时可不施磷肥。

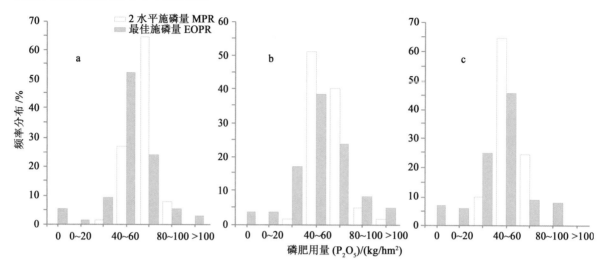

图 60-3　早稻(a)、中稻(b)和晚稻(c)2 水平施磷量和最佳经济施磷量频率分布图

湖北省早、中、晚稻试验设计的 MPR 均值分别为 69,64 和 56 kg/hm²,通过肥料效应函数估算得出的 EOPR 分别为 53,55 和 45 kg/hm²,EOPR 相较于 MPR 分别降低了 23.2%,14.1% 和 19.6%(图 60-3)。湖北省早、中、晚稻 MPR 所对应的稻谷产量均值分别为 6 593,8 293 和 6 955 kg/hm²,而 EOPR 所对应的稻谷产量均值分别为 6 597,8 281 和 6 952 kg/hm²,MPR 和 EOPR 所对应稻谷产量均值间的差异不足 1%(图 60-4)。早、中、晚稻 MPR 和 EOPR 所对应的稻谷产量分布情况也基本相同。可见,目前湖北省水稻的磷肥用量可在不降低产量的基础上降低 15%～20%。

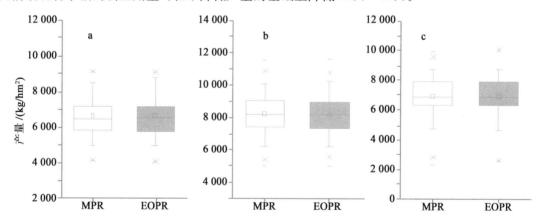

图 60-4　早稻(a)、中稻(b)和晚稻(c)在 2 水平施磷量和最佳经济施磷量下的产量分布图

箱体中的"—"和"□"分别代表中值和均值,箱体的上、下边界线代表 75% 和 25% 点位,连接在箱体外的上、下小横线代表 95% 和 5% 点位,"×"代表 99% 和 1% 点位,"—"代表最大值和最小值。

**2.结合土壤供磷能力的区域平均适宜施磷量**

早、中、晚稻在湖北省及各稻区的区域平均适宜施磷量(RMOPR)见表 60-5。湖北省早、中、晚稻的 RMOPR 分别为 53,55 和 45 kg/hm²。早稻在不同稻区的 RMOPR 大小顺序为鄂东南 > 江汉平原 > 鄂东 > 鄂东北,中稻为江汉平原 = 鄂西南 > 鄂东北 > 鄂东 = 鄂西北 > 鄂中 > 鄂东南,晚稻为江汉平原 > 鄂东北 > 鄂东 > 鄂东南,可见不同稻区的 RMOPR 值各不相同。分析发现,湖北省早稻 RMOPR 值具有南高、北低的分布特征;晚稻 RMOPR 值具有北高、南低的分布特征;而中稻的 RMO-

PR 值在湖北省东部地区为北高、南低，在中西部地区则为南高、北低。同样，湖北省及各稻区 50% 和 90% 田块可施用的磷肥适宜用量范围已列在表 60-5 中。

表 60-5

早、中、晚稻在湖北省不同稻区的区域平均适宜施磷量　　　　　　　　　　　　　　　　　　　　　　　kg/hm²

| 指标 | 湖北省 | 鄂东 | 江汉平原 | 鄂东南 | 鄂东北 | 鄂中 | 鄂西北 | 鄂西南 |
|---|---|---|---|---|---|---|---|---|
| 早稻 | | | | | | | | |
| 均值 | 53 | 50 | 53 | 58 | 48 | — | — | — |
| 标准差 | 21 | 24 | 14 | 22 | 13 | — | — | — |
| 50%置信区间 | 45～65 | 45～65 | 45～65 | 45～65 | 45～58 | — | — | — |
| 90%置信区间 | 0～90 | 0～90 | 30～70 | 25～95 | 20～65 | — | — | — |
| 中稻 | | | | | | | | |
| 均值 | 55 | 56 | 60 | 45 | 58 | 53 | 56 | 60 |
| 标准差 | 25 | 24 | 27 | 22 | 19 | 23 | 16 | 31 |
| 50%置信区间 | 40～75 | 40～60 | 45～75 | 30～60 | 40～75 | 40～70 | 45～70 | 40～80 |
| 90%置信区间 | 10～100 | 20～110 | 10～110 | 0～85 | 35～90 | 10～90 | 35～85 | 0～100 |
| 晚稻 | | | | | | | | |
| 均值 | 45 | 46 | 55 | 40 | 51 | — | — | — |
| 标准差 | 21 | 22 | 25 | 19 | 14 | — | — | — |
| 50%置信区间 | 35～60 | 35～60 | 40～70 | 40～50 | 35～60 | — | — | — |
| 90%置信区间 | 0～80 | 0～90 | 25～95 | 0～60 | 35～65 | — | — | — |

　　无论是以土壤有效磷还是无磷产量代表土壤供磷能力（indigenous soil P supply，IPS），湖北省及大部分稻区早稻的 EOPR 均值均随 IPS 等级的下降呈逐渐升高的趋势（表 60-6 和表 60-7）。然而，早稻 EOY 表现不同，当以土壤有效磷代表 IPS 时，湖北省及各稻区的 EOY 值随 IPS 等级的变化没有明显的变化趋势；当以无磷产量代表 IPS 时，EOY 值随 IPS 等级的下降呈逐渐下降的趋势。另外，由于试验样本数的限制，在部分稻区个别 IPS 等级下的 EOPR 和 EOY 均值没有代表性。

　　对于湖北省来说，当以土壤有效磷代表 IPS 时，中稻的 EOPR 均值均随 IPS 等级的下降呈逐渐升高的趋势；而当以无磷产量代表 IPS 时，EOPR 则是随 IPS 等级的下降先升高（从等级 1 到等级 5）而后下降（等级 6）（表 60-8 和表 60-9）。当以无磷产量代表 IPS 时，中稻在部分稻区的 EOPR 也是随 IPS 等级的下降先升高后下降（鄂东、鄂东南和鄂中稻区），其余稻区的 EOPR 则是随 IPS 等级的下降呈逐渐升高的趋势。湖北省及部分稻区中稻水田土壤 IPS 较低时其水稻 EOPR 也较低的结果表明，在低 IPS 的田块上无须施用较多的磷肥即可获得较好的增产效果。对于中稻 EOY 来说，当以土壤有效磷代表 IPS 时，湖北省及各稻区的 EOY 值随 IPS 等级的变化没有明显的变化趋势；当以无磷产量代表 IPS 时，EOY 值随 IPS 等级的下降呈逐渐下降的趋势。

表 60-6

湖北省不同稻区不同土壤供磷能力等级下的早稻最佳经济施磷量和最佳理论产量(利用土壤有效磷代表土壤供磷能力)

| 稻区 | 均值 | 标准差 | 土壤有效磷(土壤供磷能力)(IPS)/(mg/kg) | | | | | |
|---|---|---|---|---|---|---|---|---|
| | | | >35.7 | 19.8~35.7 | 11.0~19.8 | 6.1~11.0 | 3.4~6.1 | ≤3.4 |
| | | | 1级 | 2级 | 3级 | 4级 | 5级 | 6级 |
| 最佳经济施磷量/(kg/hm²) | | | | | | | | |
| 鄂东 | 50 | 24 | 0 | 44 | 50 | 60 | 51 | — |
| 江汉平原 | 53 | 14 | — | 38 | 55 | 56 | 60 | — |
| 鄂东南 | 58 | 22 | — | — | 52 | 58 | (58) | (55) |
| 鄂东北 | 48 | 13 | — | — | 45 | (41) | — | — |
| 湖北省 | 53 | 21 | 0 | 42 | 53 | 57 | 56 | (55) |
| 最佳理论产量/(kg/hm²) | | | | | | | | |
| 鄂东 | 6 563 | 954 | 6 609 | 7 028 | 6 563 | 6 594 | 5 373 | |
| 江汉平原 | 6 555 | 1 411 | | 5 133 | 7 443 | 6 843 | 5 481 | — |
| 鄂东南 | 6 761 | 1 382 | — | — | 6 381 | 6 913 | (6 448) | (8 751) |
| 鄂东北 | 6 402 | 479 | — | — | 6 455 | (6 553) | — | — |
| 湖北省 | 6 597 | 1 120 | 6 609 | 6 396 | 6 623 | 6 726 | 5 631 | (8 751) |

括号中的数值表示样本数太少,该平均值没有代表性。

表 60-7

湖北省不同稻区不同土壤供磷能力等级下的早稻最佳经济施磷量和最佳理论产量(利用无磷产量代表土壤供磷能力)

| 稻区 | 均值 | 标准差 | 无磷产量(土壤供磷能力)(IPS)/(kg/hm²) | | | | | |
|---|---|---|---|---|---|---|---|---|
| | | | >8 007 | 6 575~8 007 | 5 400~6 575 | 4 434~5 400 | 3 642~4 434 | ≤3 642 |
| | | | 1级 | 2级 | 3级 | 4级 | 5级 | 6级 |
| 最佳经济施磷量/(kg/hm²) | | | | | | | | |
| 鄂东 | 50 | 24 | (52) | 36 | 53 | 56 | 59 | — |
| 江汉平原 | 53 | 14 | — | 51 | 51 | 62 | 64 | 40 |
| 鄂东南 | 58 | 22 | — | 54 | 55 | 61 | 65 | — |
| 鄂东北 | 48 | 13 | — | (58) | 48 | (41) | — | — |
| 湖北省 | 53 | 21 | (52) | 47 | 52 | 58 | 59 | 40 |
| 最佳理论产量/(kg/hm²) | | | | | | | | |
| 鄂东 | 6 563 | 954 | (8 415) | 7 227 | 6 741 | 6 045 | 5 193 | — |
| 江汉平原 | 6 555 | 1 411 | — | 8 267 | 6 854 | 5 722 | 4 969 | 4 728 |
| 鄂东南 | 6 761 | 1 382 | — | 8 448 | 6 905 | 5 717 | 5 653 | — |
| 鄂东北 | 6 402 | 479 | — | (7 166) | 6 272 | (6 553) | — | — |
| 湖北省 | 6 597 | 1 120 | (8 415) | 7 817 | 6 689 | 5 920 | 5 512 | 4 728 |

括号中的数值表示样本数太少,该平均值没有代表性。

表 60-8

湖北省不同稻区不同土壤供磷能力等级下的中稻最佳经济施磷量和最佳理论产量(利用土壤有效磷代表土壤供磷能力)

| 稻区 | 均值 | 标准差 | 土壤有效磷(土壤供磷能力)/(mg/kg) | | | | | |
|---|---|---|---|---|---|---|---|---|
| | | | >32.9 | 15.9~32.9 | 7.7~15.9 | 3.7~7.7 | ≤3.7 | — |
| | | | 1 级 | 2 级 | 3 级 | 4 级 | 5 级 | 6 级 |
| 最佳经济施磷量/(kg/hm²) | | | | | | | | |
| 鄂东 | 56 | 24 | 52 | 55 | 54 | 59 | (52) | — |
| 江汉平原 | 60 | 27 | (60) | 45 | 57 | 71 | 79 | — |
| 鄂东南 | 45 | 22 | — | 32 | 44 | 46 | — | — |
| 鄂东北 | 58 | 19 | 51 | 55 | 60 | 62 | — | — |
| 鄂中 | 53 | 23 | 18 | 44 | 55 | 63 | (75) | — |
| 鄂西北 | 56 | 16 | — | 54 | 50 | 60 | (77) | — |
| 鄂西南 | 60 | 31 | 50 | 49 | 55 | 76 | 62 | — |
| 湖北省 | 55 | 25 | 48 | 49 | 53 | 61 | 73 | — |
| 最佳理论产量/(kg/hm²) | | | | | | | | |
| 鄂东 | 8 033 | 1 078 | 7 832 | 8 364 | 7 938 | 7 774 | (7 248) | — |
| 江汉平原 | 8 485 | 1 068 | (7 807) | 8 339 | 8 400 | 8 812 | 8 385 | — |
| 鄂东南 | 7 270 | 938 | — | 7 715 | 7 225 | 6 963 | — | — |
| 鄂东北 | 8 221 | 1 145 | 8 115 | 8 777 | 7 938 | 7 851 | — | — |
| 鄂中 | 8 878 | 1 039 | 8 287 | 8 712 | 8 912 | 9 028 | (9 560) | — |
| 鄂西北 | 8 906 | 1 078 | — | 8 326 | 8 679 | 9 188 | (9 494) | — |
| 鄂西南 | 7 932 | 1 318 | 6 655 | 8 243 | 7 699 | 8 163 | 7 744 | — |
| 湖北省 | 8 281 | 1 192 | 7 821 | 8 417 | 8 190 | 8 383 | 8 372 | — |

括号中的数值表示样本数太少,该平均值没有代表性。

表 60-9

湖北省不同稻区不同土壤供磷能力等级下的中稻最佳经济施磷量和最佳理论产量(利用无磷产量代表土壤供磷能力)

| 稻区 | 均值 | 标准差 | 无磷产量(土壤供磷能力)/(kg/hm²) | | | | | |
|---|---|---|---|---|---|---|---|---|
| | | | >9 464 | 7 902~9 464 | 6 598~7 902 | 5 509~6 598 | 4 600~5 509 | ≤4 600 |
| | | | 1 级 | 2 级 | 3 级 | 4 级 | 5 级 | 6 级 |
| 最佳经济施磷量/(kg/hm²) | | | | | | | | |
| 鄂东 | 56 | 24 | 27 | 54 | 59 | 60 | 53 | 43 |
| 江汉平原 | 60 | 27 | 37 | 56 | 58 | 71 | (70) | — |
| 鄂东南 | 45 | 22 | — | 40 | 45 | 47 | 41 | (45) |
| 鄂东北 | 58 | 19 | 43 | 41 | 58 | 63 | 70 | |
| 鄂中 | 53 | 23 | 44 | 52 | 60 | 41 | (36) | |
| 鄂西北 | 56 | 16 | 34 | 56 | 58 | 60 | — | |
| 鄂西南 | 60 | 31 | 44 | 54 | 57 | 61 | 79 | |
| 湖北省 | 55 | 25 | 40 | 54 | 57 | 58 | 59 | 43 |

续表 60-9

| 稻区 | 均值 | 标准差 | 无磷产量(土壤供磷能力)/(kg/hm²) | | | | | |
|---|---|---|---|---|---|---|---|---|
| | | | >9 464 | 7 902~9 464 | 6 598~7 902 | 5 509~6 598 | 4 600~5 509 | ≤4 600 |
| | | | 1 级 | 2 级 | 3 级 | 4 级 | 5 级 | 6 级 |
| 最佳理论产量/(kg/hm²) | | | | | | | | |
| 鄂东 | 8 033 | 1 078 | 10 609 | 8 967 | 8 075 | 7 457 | 6 570 | 6 832 |
| 江汉平原 | 8 485 | 1 068 | 10 023 | 9 580 | 8 142 | 7 670 | (5 640) | — |
| 鄂东南 | 7 270 | 938 | — | 8 621 | 7 839 | 6 708 | 6 463 | (6 328) |
| 鄂东北 | 8 221 | 1 145 | 10 493 | 10 005 | 8 242 | 7 368 | 7 106 | — |
| 鄂中 | 8 878 | 1 039 | 1 0312 | 9 215 | 8 436 | 7 176 | (5 507) | — |
| 鄂西北 | 8 906 | 1 078 | 10 665 | 9 894 | 8 801 | 7 909 | — | — |
| 鄂西南 | 7 932 | 1 318 | 10 805 | 8 996 | 8 030 | 7 247 | 6 478 | — |
| 湖北省 | 8 281 | 1 192 | 10 407 | 9 282 | 8 203 | 7 315 | 6 605 | 6 706 |

括号中的数值表示样本数太少,该平均值没有代表性。

无论是以土壤有效磷还是无磷产量代表 IPS,湖北省及各稻区晚稻的 EOPR 均值均随 IPS 等级的下降呈逐渐升高的趋势(表 60-10 和表 60-11)。然而,晚稻 EOY 表现不同,当以土壤有效磷代表 IPS 时,湖北省及各稻区的 EOY 值随 IPS 等级的变化没有明显的变化趋势;当以无磷产量代表 IPS 时,EOY 值随 IPS 等级的下降呈逐渐下降的趋势。另外,由于试验样本数的限制,晚稻在部分稻区个别 IPS 等级下的 EOPR 和 EOY 均值没有代表性。

表 60-10

湖北省不同稻区不同土壤供磷能力等级下的晚稻最佳经济施磷量和最佳理论产量(利用土壤有效磷代表土壤供磷能力)

| 稻区 | 均值 | 标准差 | 土壤有效磷(土壤供磷能力)/(mg/kg) | | | | | |
|---|---|---|---|---|---|---|---|---|
| | | | >27.0 | 12.2~27.0 | 5.5~12.2 | ≤5.5 | — | — |
| | | | 1 级 | 2 级 | 3 级 | 4 级 | 5 级 | 6 级 |
| 最佳经济施磷量/(kg/hm²) | | | | | | | | |
| 鄂东 | 46 | 22 | 23 | 40 | 50 | 55 | — | — |
| 江汉平原 | 55 | 25 | — | 73 | (44) | — | — | — |
| 鄂东南 | 40 | 19 | — | 34 | 40 | 47 | — | — |
| 鄂东北 | 51 | 14 | — | 47 | (63) | — | — | — |
| 湖北省 | 45 | 21 | 23 | 43 | 47 | 52 | — | — |
| 最佳理论产量/(kg/hm²) | | | | | | | | |
| 鄂东 | 6 917 | 1 340 | 6 971 | 7 366 | 6 691 | 6 840 | — | — |
| 江汉平原 | 7 852 | 1 100 | — | 8 279 | (8 047) | — | — | — |
| 鄂东南 | 6 873 | 1 264 | — | 6 789 | 7 063 | 6 288 | — | — |
| 鄂东北 | 6 578 | 453 | — | 6 637 | (6 400) | — | — | — |
| 湖北省 | 6 952 | 1 288 | 6 971 | 7 262 | 6 854 | 6 594 | — | — |

括号中的数值表示样本数太少,该平均值没有代表性。

表 60-11

湖北省不同稻区不同土壤供磷能力等级下的晚稻最佳经济施磷量和最佳理论产量(利用无磷产量代表土壤供磷能力)

| 稻区 | 均值 | 标准差 | 无磷产量(土壤供磷能力)/(kg/hm²) | | | | | |
| | | | >8 664 | 6 649~8 664 | 5 103~6 649 | 3 916~5 103 | 3 005~3 916 | ≤3 005 |
| | | | 1 级 | 2 级 | 3 级 | 4 级 | 5 级 | 6 级 |
| 最佳经济施磷量/(kg/hm²) | | | | | | | | |
| 鄂东 | 46 | 22 | 42 | 44 | 45 | 54 | (90) | (10) |
| 江汉平原 | 55 | 25 | — | 53 | 61 | — | — | — |
| 鄂东南 | 40 | 19 | (0) | 40 | 42 | (38) | — | (52) |
| 鄂东北 | 51 | 14 | — | 42 | 54 | — | — | — |
| 湖北省 | 45 | 21 | 28 | 42 | 44 | 53 | (90) | 31 |
| 最佳理论产量/(kg/hm²) | | | | | | | | |
| 鄂东 | 6 917 | 1 340 | 10 016 | 7 934 | 7 004 | 5 515 | (4 300) | (2 952) |
| 江汉平原 | 7 852 | 1 100 | — | 8 410 | 6 735 | — | — | — |
| 鄂东南 | 6 873 | 1 264 | (9 050) | 7 833 | 6 698 | (4 536) | — | (2 684) |
| 鄂东北 | 6 578 | 453 | — | 7 194 | 6 372 | — | — | — |
| 湖北省 | 6 952 | 1 288 | 9 694 | 7 919 | 6 840 | 5 417 | (4 300) | 2 818 |

括号中的数值表示样本数太少,该平均值没有代表性。

## 60.3 基于区域尺度的钾肥用量推荐技术

**1.利用肥料效应函数估算的最佳经济施钾量**

早、中、晚稻 3414 试验设定的 2 水平施钾量(medium K rate,MKR)与通过肥料效应函数估算的最佳经济施钾量(EOKR)的频率分布情况见图 60-5。水稻的 MKR 分布均较集中,其中早稻和中稻均主要分布在 60~90 kg/hm² 之间,分布频率分别为 67.1% 和 49.2%;晚稻主要分布在 90~120 kg/hm² 之间,分布频率为 55.9%。另外,早、中、晚稻的 MKR 在 0 和 0~30 kg/hm² 之间均无分布,早稻和晚稻的 MKR 在 >150 kg/hm² 区间也无分布。EOKR 相较于 MKR 的分布范围更广,在 7 个用量区间均有分布。早、中、晚稻分别主要集中在 30~60,60~90 和 60~90 kg/hm² 之间,所占比例分别为 37.7%,32.7% 和 44.9%。另外,早、中、晚稻分别有 3.9%,3.2% 和 6.1% 的试验点其 EOKR 为 0,即在湖北省有 3%~6% 的田块水稻种植时可不施钾肥。

湖北省早、中、晚稻试验设定的 MKR 分别平均为 84,93 和 103 kg/hm²,利用肥料效应函数估算得出的 EOKR 分别平均为 71,74 和 78 kg/hm²,EOKR 相较于 MKR 分别降低 15.5%,20.4% 和 24.3%(图 60-5)。图 60-6 中,湖北省早、中、晚稻 MKR 所对应的稻谷产量均值分别为 6 593,8 293 和 6 955 kg/hm²,EOKR 所对应的稻谷产量均值分别为 6 632,8 293 和 6 975 kg/hm²,MKR 和 EOKR 所对应的稻谷产量均值之间的差异均小于 1%。另外,早、中、晚稻 MKR 和 EOKR 所对应的稻谷产量的分布情况也基本一致。结果表明,目前湖北省可在不降低水稻产量的基础上减少 15%~25% 的钾肥施用量。

**2.结合土壤供钾能力的区域平均适宜施钾量**

早、中、晚稻在湖北省的区域平均适宜施钾量(RMOKR)分别为 71,74 和 78 kg/hm²(表 60-12)。

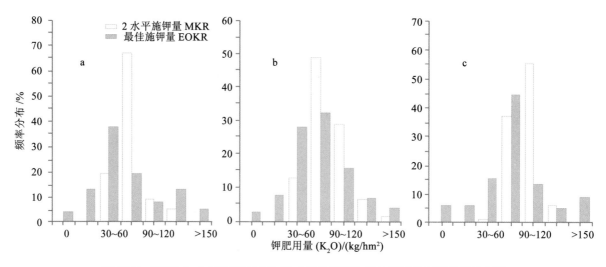

图 60-5　早稻(a)、中稻(b)和晚稻(c)2 水平施钾量和最佳经济施钾量频率分布图

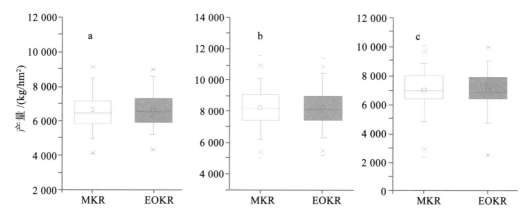

图 60-6　早稻(a)、中稻(b)和晚稻(c)在 2 水平施钾量和最佳经济施钾量下的产量分布图

箱体中的"—"和"□"分别代表中值和均值,箱体的上、下边界线代表 75%和 25%点位,连接在箱体外的上、下小横线代表 95%和 5%点位,"×"代表 99%和 1%点位,"—"代表最大值和最小值。

早、中、晚稻在不同稻区的 RMOKR 差异较大,其中早稻的大小顺序表现为鄂东南>鄂东>江汉平原>鄂东北,中稻表现为鄂西南>鄂东>江汉平原>鄂东北>鄂西北>鄂中>鄂东南,晚稻表现为江汉平原>鄂东南>鄂东北>鄂东。从全省来看,早稻和晚稻 RMOKR 值均具有南高、北低的分布特征;而中稻的 RMOKR 值在湖北省东部地区为北高、南低,在中西部地区则为南高、北低。同样,湖北省及各稻区早、中、晚稻种植时 50%和 90%田块可施用的钾肥适宜用量范围已列在表 60-12 中。

当以土壤速效钾代表土壤供钾能力(indigenous soil K supply, IKS)时,早稻在湖北省及各稻区的 EOKR 均值均随 IKS 等级的下降呈逐渐升高的趋势,EOY 随 IKS 等级的变化则没有表现出明显的变化趋势(表 60-13)。当以无钾产量代表 IKS 时,早稻在湖北省及部分稻区的 EOKR 均值也是随 IKS 等级的下降呈逐渐升高的趋势,EOY 则呈逐渐降低的趋势(表 60-14)。然而,在部分稻区 EOKR 的升高趋势并非从 IKS 等级 1 升高到等级 6,如江汉平原稻区的 EOKR 是从等级 2 升高到等级 3。可见,由于除 IKS 外的其他因素的影响,并非所有稻区的 EOKR 均是随 IKS 的下降而一直升高。另外,与 EONR、EOPR 一样,早稻由于试验样本数的限制在部分稻区个别 IKS 等级下的 EOKR 和 EOY 均值也是没有代表性的。

表 60-12

早、中、晚稻在湖北省不同稻区的区域平均适宜施钾量 kg/hm²

| 指标 | 湖北省 | 鄂东 | 江汉平原 | 鄂东南 | 鄂东北 | 鄂中 | 鄂西北 | 鄂西南 |
|---|---|---|---|---|---|---|---|---|
| **早稻** | | | | | | | | |
| 均值 | 71 | 67 | 55 | 93 | 50 | — | — | — |
| 标准差 | 42 | 38 | 37 | 47 | 25 | — | — | — |
| 50%置信区间 | 45～90 | 45～80 | 20～90 | 60～120 | 30～75 | — | — | — |
| 90%置信区间 | 10～160 | 0～135 | 0～120 | 20～170 | 20～90 | — | — | — |
| **中稻** | | | | | | | | |
| 均值 | 74 | 82 | 77 | 61 | 74 | 64 | 68 | 95 |
| 标准差 | 41 | 44 | 41 | 39 | 35 | 28 | 31 | 56 |
| 50%置信区间 | 50～95 | 60～100 | 50～110 | 35～90 | 50～90 | 45～90 | 45～80 | 50～120 |
| 90%置信区间 | 20～150 | 10～170 | 20～150 | 10～120 | 0～130 | 10～105 | 25～135 | 20～205 |
| **晚稻** | | | | | | | | |
| 均值 | 78 | 74 | 87 | 83 | 76 | — | — | — |
| 标准差 | 42 | 44 | 31 | 44 | 28 | — | — | — |
| 50%置信区间 | 60～95 | 55～90 | 65～115 | 60～105 | 55～90 | — | — | — |
| 90%置信区间 | 0～170 | 0～180 | 45～135 | 0～160 | 55～120 | — | — | — |

表 60-13

湖北省不同稻区不同土壤供钾能力等级下的早稻最佳经济施钾量和最佳理论产量(利用土壤速效钾代表土壤供钾能力)

| 稻区 | 均值 | 标准差 | \>158.8 | 93.3～158.8 | 54.8～93.3 | 32.2～54.8 | ≤32.2 | — |
|---|---|---|---|---|---|---|---|---|
| | | | 1级 | 2级 | 3级 | 4级 | 5级 | 6级 |
| **最佳经济施钾量/(kg/hm²)** | | | | | | | | |
| 鄂东 | 67 | 38 | — | 62 | 62 | 83 | 92 | |
| 江汉平原 | 55 | 37 | — | 61 | 63 | — | — | |
| 鄂东南 | 93 | 47 | — | 69 | 85 | 90 | (169) | |
| 鄂东北 | 50 | 25 | — | 54 | 64 | | | |
| 湖北省 | 71 | 42 | — | 64 | 67 | 85 | 100 | |
| **最佳理论产量/(kg/hm²)** | | | | | | | | |
| 鄂东 | 6 596 | 939 | — | 6 335 | 6 747 | 6 590 | 7 212 | |
| 江汉平原 | 6 699 | 1 529 | — | 4 752 | 6 895 | — | — | |
| 鄂东南 | 6 738 | 1 070 | — | 6 595 | 6 577 | 7 205 | (6 345) | |
| 鄂东北 | 6 399 | 530 | — | 6 194 | 6 914 | | | |
| 湖北省 | 6 632 | 1 040 | — | 6 299 | 6 806 | 6 727 | 6 664 | |

*第二行表头:土壤速效钾(土壤供钾能力)/(mg/kg)*

括号中的数值表示样本数太少,该平均值没有代表性。

表 60-14

湖北省不同稻区不同土壤供钾能力等级下的早稻最佳经济施钾量和最佳理论产量(利用无钾产量代表土壤供钾能力)

| 稻区 | 均值 | 标准差 | 无钾产量(土壤供钾能力)/(kg/hm²) | | | | | |
| | | | >8 096 | 6 411~8 096 | 5 077~6 411 | 4 021~5 077 | ≤4 021 | — |
| | | | 1级 | 2级 | 3级 | 4级 | 5级 | 6级 |
| 最佳经济施钾量/(kg/hm²) | | | | | | | | |
| 鄂东 | 67 | 38 | 45 | 45 | 75 | 87 | — | — |
| 江汉平原 | 55 | 37 | (18) | 62 | 72 | 53 | — | — |
| 鄂东南 | 93 | 47 | (120) | 73 | 87 | 112 | — | — |
| 鄂东北 | 50 | 25 | — | (55) | 49 | — | — | — |
| 湖北省 | 71 | 42 | 61 | 59 | 70 | 89 | | |
| 最佳理论产量/(kg/hm²) | | | | | | | | |
| 鄂东 | 6 596 | 939 | 8 557 | 7 359 | 6 482 | 5 131 | — | — |
| 江汉平原 | 6 699 | 1 529 | (8 470) | 8 020 | 5 810 | 5 201 | — | — |
| 鄂东南 | 6 738 | 1 070 | (8 958) | 7 748 | 6 333 | 5 815 | — | — |
| 鄂东北 | 6 399 | 530 | — | (6 934) | 6 332 | — | — | — |
| 湖北省 | 6 632 | 1 040 | 8 662 | 7 598 | 6 415 | 5 454 | | |

括号中的数值表示样本数太少,该平均值没有代表性。

与早稻表现一致,当以土壤速效钾代表 IKS 时,中稻在湖北省及部分稻区的 EOKR 均值均随 IKS 等级的下降呈逐渐升高的趋势,EOY 随 IKS 等级的变化则没有表现出明显的变化趋势(表 60-15)。当以无钾产量代表 IKS 时,中稻在湖北省及部分稻区的 EOKR 均值也是随 IKS 等级的下降呈逐渐升高的趋势,EOY 则呈逐渐降低的趋势。当然,也存在部分稻区 EOKR 的升高趋势不是从 IKS 等级 1 升高到等级 6(表 60-16)。

表 60-15

湖北省不同稻区不同土壤供钾能力等级下的中稻最佳经济施钾量和最佳理论产量(利用土壤速效钾代表土壤供钾能力)

| 稻区 | 均值 | 标准差 | 土壤速效钾(土壤供钾能力)/(mg/kg) | | | | | |
| | | | >199.4 | 102.7~199.4 | 52.9~102.7 | 27.3~52.9 | ≤27.3 | — |
| | | | 1级 | 2级 | 3级 | 4级 | 5级 | 6级 |
| 最佳经济施钾量/(kg/hm²) | | | | | | | | |
| 鄂东 | 82 | 44 | 48 | 67 | 83 | 98 | (131) | — |
| 江汉平原 | 77 | 41 | 62 | 75 | 76 | 88 | 129 | |
| 鄂东南 | 61 | 39 | — | 52 | 54 | 88 | | |
| 鄂东北 | 74 | 35 | — | 55 | 77 | 80 | 72 | |
| 鄂中 | 64 | 28 | 66 | 58 | 68 | 84 | (105) | |
| 鄂西北 | 68 | 31 | | 62 | 66 | 79 | | |
| 鄂西南 | 95 | 56 | — | 101 | 85 | 90 | | |
| 湖北省 | 74 | 41 | 59 | 69 | 73 | 89 | 91 | — |

续表 60-15

| 稻区 | 均值 | 标准差 | 土壤速效钾(土壤供钾能力)/(mg/kg) | | | | | |
| --- | --- | --- | --- | --- | --- | --- | --- | --- |
| | | | >199.4 | 102.7~199.4 | 52.9~102.7 | 27.3~52.9 | ≤27.3 | — |
| | | | 1级 | 2级 | 3级 | 4级 | 5级 | 6级 |
| 最佳理论产量/(kg/hm²) | | | | | | | | |
| 鄂东 | 8 006 | 1 026 | 8 313 | 8 080 | 7 915 | 7 895 | (7 765) | — |
| 江汉平原 | 8 602 | 1 088 | 9 593 | 8 608 | 8 375 | 9 288 | 7 745 | |
| 鄂东南 | 7 299 | 829 | — | 7 241 | 7 383 | 7 019 | — | — |
| 鄂东北 | 8 103 | 1 039 | — | 7 889 | 7 901 | 7 543 | 9 114 | |
| 鄂中 | 8 886 | 1 090 | 10 590 | 8 605 | 9 118 | 8 774 | (8 548) | — |
| 鄂西北 | 8 914 | 1 186 | — | 8 639 | 9 134 | 9 434 | | |
| 鄂西南 | 7 905 | 1 327 | — | 7 984 | 8 073 | 7 265 | — | — |
| 湖北省 | 8 602 | 1 088 | 9 512 | 8 370 | 8 251 | 7 985 | 8 524 | — |

括号中的数值表示样本数太少,该平均值没有代表性。

表 60-16

湖北省不同稻区不同土壤供钾能力等级下的中稻最佳经济施钾量和最佳理论产量(利用无钾产量代表土壤供钾能力)

| 稻区 | 均值 | 标准差 | 无钾产量(土壤供钾能力)/(kg/hm²) | | | | | |
| --- | --- | --- | --- | --- | --- | --- | --- | --- |
| | | | >9 723 | 7 952~9 723 | 6 503~7 952 | 5 319~6 503 | 4 350~5 319 | ≤4 350 |
| | | | 1级 | 2级 | 3级 | 4级 | 5级 | 6级 |
| 最佳经济施钾量/(kg/hm²) | | | | | | | | |
| 鄂东 | 82 | 44 | 70 | 90 | 80 | 82 | 70 | — |
| 江汉平原 | 77 | 41 | 79 | 73 | 76 | 79 | — | (69) |
| 鄂东南 | 61 | 39 | — | 46 | 61 | 66 | 50 | — |
| 鄂东北 | 74 | 35 | (0) | 74 | 77 | 87 | (73) | |
| 鄂中 | 64 | 28 | 44 | 60 | 74 | 75 | (51) | — |
| 鄂西北 | 68 | 31 | (34) | 63 | 68 | 71 | — | — |
| 鄂西南 | 95 | 56 | 68 | 74 | 86 | 100 | 132 | |
| 湖北省 | 74 | 41 | 51 | 73 | 75 | 76 | 78 | (69) |
| 最佳理论产量/(kg/hm²) | | | | | | | | |
| 鄂东 | 8 006 | 1 026 | 11 453 | 9 036 | 8 102 | 7 288 | 6 966 | — |
| 江汉平原 | 8 602 | 1 088 | 10 622 | 9 427 | 8 047 | 7 587 | — | (5 745) |
| 鄂东南 | 7 299 | 829 | — | 8 403 | 7 845 | 6 906 | 6 476 | — |
| 鄂东北 | 8 103 | 1 039 | (10 126) | 9 309 | 8 147 | 7 058 | (6 825) | |
| 鄂中 | 8 886 | 1 090 | 10 482 | 9 419 | 8 265 | 7 821 | (5 413) | — |
| 鄂西北 | 8 914 | 1 186 | (10 637) | 9 940 | 8 458 | 7 251 | — | — |
| 鄂西南 | 7 905 | 1 327 | 10 746 | 9 354 | 8 119 | 7 192 | 6 455 | |
| 湖北省 | 8 602 | 1 088 | 10 550 | 9 393 | 8 118 | 7 147 | 6 500 | (5 745) |

括号中的数值表示样本数太少,该平均值没有代表性。

当以土壤速效钾代表 IKS 时,晚稻在湖北省及大部分稻区的 EOKR 均值均随 IKS 等级的下降呈逐渐升高的趋势,而 EOY 随 IKS 等级的变化没有表现出明显的变化趋势(表 60-17)。当以无钾产量代表 IKS 时,晚稻在湖北省及部分稻区的 EOKR 均值也是随 IKS 等级的下降呈逐渐升高的趋势,EOY 则呈逐渐降低的趋势(表 60-18)。另外,与早稻一样,晚稻由于试验样本数的限制在部分稻区个别 IKS 等级下的 EOKR 和 EOY 均值也是没有代表性的。

表 60-17

湖北省不同稻区不同土壤供钾能力等级下的晚稻最佳经济施钾量和最佳理论产量(利用土壤速效钾代表土壤供钾能力)

| 稻区 | 均值 | 标准差 | 土壤速效钾(土壤供钾能力)/(mg/kg) | | | | | |
| | | | — | >99.9 | 45.9~99.9 | 21.1~45.9 | ≤21.1 | — |
| | | | 1级 | 2级 | 3级 | 4级 | 5级 | 6级 |
| 最佳经济施钾量/(kg/hm²) | | | | | | | | |
| 鄂东 | 74 | 44 | — | 59 | 77 | 80 | | |
| 江汉平原 | 87 | 31 | — | 111 | 68 | — | — | |
| 鄂东南 | 83 | 44 | — | 79 | 84 | 89 | | |
| 鄂东北 | 76 | 28 | | 58 | 104 | | | |
| 湖北省 | 78 | 42 | — | 73 | 79 | 82 | | |
| 最佳理论产量/(kg/hm²) | | | | | | | | |
| 鄂东 | 6 972 | 1 340 | | 6 994 | 7 219 | 6 793 | | |
| 江汉平原 | 7 904 | 1 155 | — | 7 713 | 8 046 | — | — | |
| 鄂东南 | 6 860 | 1 177 | — | 6 475 | 7 120 | 6 802 | | |
| 鄂东北 | 6 341 | 551 | | 6 343 | 6 338 | | | |
| 湖北省 | 6 975 | 1 274 | — | 6 800 | 7 224 | 6 795 | — | |

括号中的数值表示样本数太少,该平均值没有代表性。

表 60-18

湖北省不同稻区不同土壤供钾能力等级下的晚稻最佳经济施钾量和最佳理论产量(利用无钾产量代表土壤供钾能力)

| 稻区 | 均值 | 标准差 | 无钾产量(土壤供钾能力)/(kg/hm²) | | | | | |
| | | | >8 487 | 6 891~8 487 | 5 595~6 891 | 4 543~5 595 | 3 689~4 543 | ≤3 689 |
| | | | 1级 | 2级 | 3级 | 4级 | 5级 | 6级 |
| 最佳经济施钾量/(kg/hm²) | | | | | | | | |
| 鄂东 | 74 | 44 | 69 | 62 | 76 | 79 | 90 | (61) |
| 江汉平原 | 87 | 31 | — | 76 | 102 | — | (45) | |
| 鄂东南 | 83 | 44 | (10) | 52 | 91 | (46) | (158) | (158) |
| 鄂东北 | 76 | 28 | — | — | 70 | 86 | — | — |
| 湖北省 | 78 | 42 | 54 | 60 | 80 | 82 | 94 | 120 |
| 最佳理论产量/(kg/hm²) | | | | | | | | |
| 鄂东 | 6 972 | 1 340 | 9 640 | 7 894 | 7 096 | 6 232 | 5 091 | (3 313) |
| 江汉平原 | 7 904 | 1 155 | — | 8 246 | 8 177 | — | (6 128) | |
| 鄂东南 | 6 860 | 1 177 | (8 970) | 7 834 | 6 841 | (5 822) | (4 650) | (2 502) |
| 鄂东北 | 6 341 | 551 | — | — | 6 699 | 5 804 | — | — |
| 湖北省 | 6 975 | 1 274 | 9 473 | 7 909 | 7 091 | 6 143 | 5 176 | 2 719 |

括号中的数值表示样本数太少,该平均值没有代表性。

附表60-1

湖北省一季中稻高产高效技术模式图

| 适用区域 | 本技术规程适用于湖北省一季中稻区 | | | | | | |
|---|---|---|---|---|---|---|---|
| 高产高效目标 | 产量600 kg/亩以上，氮肥生产效率60 kg/kg N 以上 | | | | | | |
| 生育进程（月/日） | 4/20—5/20 播种、育秧 | 5/20—6/20 移栽 | 6/20—7/15 分蘖期 | 6/25—7/20 拔节期 | 7/15—8/15 抽穗期 | 8/15—9/15 灌浆期 | 9/15—9/20 收获 |
| 主攻目标 | 秧苗成活率高，苗壮、齐、全，根系发达 | 适龄移栽、合理密植、提高栽播质量 | 分蘖发生早，发得足，形成大蘖和壮蘖 | 建立合理的群体结构、控蘖壮杆、防病防倒 | 提高结实率、防病治虫、促灌浆增粒重、减少脱粒 | | 适时收获 |
| 技术指标 | 秧田播种量 2~2.5 kg/亩 | 适时早栽，移栽密度是每亩1.3万~1.5万蔸 | 5~7 d长出一片新叶，分蘖盛期主茎绿叶数应有5~6片，叶片上挺呈竖苗状。单株有效分蘖数6个左右，节间5个左右 | | 稻株生长健壮、基部粗圆、叶片挺直青秀，亩有效穗25万左右，每穗有效粒数90~100粒，千粒重25 g左右 | | 蜡熟末期，九层以上籽粒变成金黄色收获 |
| 主要技术指标 | 1. 秧田与大田比按1:8备足苗床。2. 苗床肥：播前20 d，亩施腐熟有机肥1 300~1 500 kg 或亩施3 d前30%复合肥40 kg。3. 苗田追肥：3叶中期，两段育秧寄插后3~5 d着苗追施尿素5 kg。重施起身肥，亩施尿素7.5~10 kg。4. 灌溉：浅水勤灌，切忌断水。5. 苗床虫害：播种前每亩用30%恶霉灵水剂200~400 mL进行苗床消毒。6. 移栽前防治稻蓟马，每亩用25%阿克泰水分散剂2~3 g，或者10%大功臣可湿性粉剂15~20 g，兑水40 kg细雾喷施 | 1. 整地：冬季作物收获以后旱干耕晒田数日，然后再灌水犁耙1~2次，保证田面平整、耕层松软、无杂草残茬、利于插秧和根系的生长。2. 施基肥：亩施25-12-16复合肥1袋（25 kg/袋）。3. 采用宽窄行或宽行窄株移栽，株行距7 cm×4 cm 或3.5 cm×8 cm，每蔸2~3苗，移栽密度是每亩1.3万~1.5万蔸。4. 栽插时，应严格要求，做到匀、直、浅、稳，尽量不伤苗。 | 1. 分蘖肥：移栽后5~7 d 亩施尿素4 kg。2. 灌溉：分蘖期以后要干湿交替，露泥分蘖，分蘖后期晒田，阻止无效分蘖。3. 亩用卞乙或卞丁磺隆15~30 g，进行大田除草。注意防治一代二化螟 | | 1. 穗肥：晒田复水后，亩施尿素4 kg。2. 灌溉：浅水勤灌。3. 防治病虫，稻纵卷叶螟、二化螟，纹枯病、白叶枯病和稻瘟病。5%井冈霉素水剂每亩150 mL或12.5%纹霉清悬浮剂每亩100~200 mL，或20%纹霉清悬浮剂60~100 mL或15%粉锈宁可湿性粉剂50 g，兑水50~70 kg喷雾 | 说明：1. 大田总施肥量按纯氮（N）10 kg，磷（$P_2O_5$）3 kg，钾（$K_2O$）4 kg左右，其中氮肥60%作基肥，20%作分蘖肥，20%作穗肥；磷肥、钾肥全部作基肥。2. 如果施用有机肥则应计算其养分含量。3. 大田基肥在插秧前1~2 d施用；分蘖肥在插秧后5~7 d施用；穗肥在7月15—20日施用 | |

附表60-2

湖北省双季早稻高产高效技术模式图

| 适用区域 | 本技术规程适用于湖北省双季稻区 | | | | | | |
|---|---|---|---|---|---|---|---|
| 高产高效目标 | 产量500 kg/亩以上，氮肥生产效率56 kg/kg N | | | | | | |
| 生育进程（月/日） | 4/1~4/20 播种、育秧 | 4/20~4/30 移栽 | 5/01~5/25 分蘖期 | 5/10~5/30 拔节期 | 5/25~6/05 抽穗期 | 6/05~7/10 灌浆期 | 7/10~7/20 收获 |
| 主攻目标 | 适时播种，培育壮秧，实现秧苗齐、匀、全、壮 | 适龄移栽，合理密植，提高栽播质量 | 促根增蘖，壮秧足苗 | 建立合理的群体结构，壮秆、防病防倒 | | 提高结实率，防病治虫，促灌浆增粒重，减少脱落 | 适时收获 |
| 技术指标 | 秧田播种量2~2.5 kg/亩 | 适时早栽，移栽密度每亩1.3万~1.5万蔸 | 单株有效分蘖数6个左右 | 单株有效茎6个左右，节间5个左右 | 亩有效穗22万个左右，每穗有效粒数90~100粒，千粒重25 g左右 | | 蜡熟末期，九层以上籽粒变成金黄色收获 |
| 主要技术指标 | 1. 秧田与大田比按1:8备足苗床。<br>2. 苗床肥：播前20 d，亩施腐熟有机肥1 300~1 500 kg或播前3 d亩施30%复合肥40 kg。<br>3. 苗田追肥：2叶期，两段育秧寄插后3~5 d看苗施肥，重施起身肥，亩施尿素5 kg。亩施尿素7.5~10 kg。<br>4. 灌溉：浅水勤灌，切忌断水。<br>5. 苗床虫害：播种前每亩用30%恶霉灵水剂200~400 mL进行苗床消毒。<br>6. 移栽前防治稻蓟马，每亩用25%阿克泰水分散剂2~3 g，或者10%大功臣可湿性粉剂15~20 g，兑水40 kg，细雾喷施 | 1. 整地：多次耕、耙、耖田，使土壤达到细碎、松软，无杂草残茬，利于插秧和根系的生长。<br>2. 施基肥：亩施尿素约9 kg，磷肥33 kg，氯化钾6 kg，撒施。<br>3. 采用宽行或宽行窄株移栽，株行距7 cm×4 cm或3.5 cm×8 cm，每蔸2~3苗，移栽密度是每亩1.3万~1.5万蔸。<br>4. 栽插时，应严格要求，做到匀、直、浅、稳、尽量不伤苗 | 1. 分蘖肥：移栽后5~7 d内亩施尿素8 kg，氯化钾3 kg，撒施。<br>2. 灌溉：栽淬水后，栽插后保持适当的深水一段时间，到分蘖期以后要干湿交替，露泥分蘖，分蘖后期晒田，阻止无效分蘖。<br>3. 苗用乙或下，苗用下中旬；进行大田除草。<br>4. 5月中下旬：注意防治一代二化螟。 | 1. 穗肥：晒田复水后，亩施尿素5 kg，4 kg氯化钾撒施。<br>2. 粒肥：看苗追施30%复合肥5 kg，齐穗后采取根外喷肥，亩施磷酸二氢钾0.5~1 kg，加尿素0.8~1.2 kg，分两次喷施。<br>3. 灌溉：浅水勤灌。<br>4. 防治病虫：此期防治稻螟虫，稻纵卷叶螟，稻苞虫，纹枯病，白叶枯病和稻瘟病。5%井冈霉素水剂每亩150 mL或12.5%纹霉清悬浮剂100~200 mL，60~100 mL或20%纹霉清悬浮剂50 g，兑水50~70 kg喷雾 | | 说明：1. 大田总施肥量按纯氮(N)9 kg、磷肥($P_2O_5$)7 kg、钾($K_2O$)10 kg左右，其中氮肥35%、磷肥50%作基肥，氮肥30%、钾肥25%作分蘖肥，氮肥25%作穗肥，氮肥10%作粒肥。<br>2. 如果施用有机肥、复合肥、碳酸氢铵等肥料，则应计算其养分含量。<br>3. 大田基肥在插秧前1~2 d施用；分蘖肥在插秧后5~7 d施用；穗肥在5月末到6月初施用；粒肥在6月中下旬施用 |

附表60-3
湖北省双季晚稻高产高效技术模式图

| 项目 | | | | | | | |
|---|---|---|---|---|---|---|---|
| 适用区域 | 本技术规程适用于湖北省双季稻区 | | | | | | |
| 高产高效目标 | 产量650 kg/亩以上，氮肥生产效率59 kg/kg N 以上 | | | | | | |
| 生育进程（月/日） | 6/15—7/15 播种、育秧 | 7/15—7/25 移栽 | 7/25—8/15 分蘖期 | 8/05—8/20 拔节期 | 8/15—9/15 抽穗期 | 9/15—10/01 灌浆期 | 10/01—10/15 收获 |
| 主攻目标 | 秧苗成活率高，苗壮，全、根系发达 | 适龄移栽，合理密植，提高栽播质量 | 分蘖发生早，发得足，形成大蘖和壮蘖 | 建立合理的群体结构，控蘖壮杆，防病防倒 | | 提高结实率，防病治虫，促灌浆增粒重，减少脱落 | 适时收获 |
| 技术指标 | 秧田播种量2～2.5 kg/亩 | 适时早栽，移栽密度每亩1.3万～1.5万蔸 | 5～6 d长出一片新叶，分蘖盛期主茎绿叶数应有5～6片，叶片上挺呈坚挺状。单株有效分蘖数6个左右，节间5个左右 | | 稻株生长健壮，基部粗圆，叶片挺直青秀，亩有效穗22万～23万，穗总粒数130～140粒，结实率85%左右，千重26～27 g | | 蜡熟末期，九层以上籽粒变成金黄色收获 |
| 主要技术指标 | 1. 秧田与大田比按1:8备足苗床。2. 苗床肥：播前20 d，亩施腐熟有机肥1 300～1 500 kg或播前3 d亩施30%复合肥40 kg。3. 苗田追肥：3叶期，两段育秧寄捅后3～5 d着苗追肥，亩施尿素5 kg。重施起身肥，亩施尿素7.5～10 kg。4. 灌溉：浅水勤灌，切忌断水。5. 苗床虫害：播种前每亩用30%恶霉灵水剂200～400 mL进行苗床消毒。6. 移栽前防治稻蓟马，每亩用25%阿克泰分散剂2～3 g，或者10%大功臣可湿性粉剂15～20 g，兑水40 kg，细雾喷施 | 1. 整地：平整稻田，土地深翻，使稻田土块细碎，土肥相融，耕层松软，无杂草残茬，利于插秧和根系的生长。2. 施基肥：亩施尿素约7 kg，磷肥58 kg，氯化钾9 kg。3. 采用宽窄行或宽行窄株栽秧，株行距7 cm×4 cm或3.5 cm×8 cm，移栽密度每蔸2～3苗，移栽每亩是1.3万～1.5万蔸。4. 栽插时，应严格要求，做到匀、直、浅、稳，尽量不伤苗 | 1. 分蘖肥：移栽后5～7 d内亩施尿素6 kg，氯化钾4 kg。2. 灌溉：分蘖期以后要干湿交替，露田要干晒分蘖，分蘖后期泥田晒田，阻止无效分蘖。3. 苗用卞乙或卞磺隆15～30 g，进行大田除草。注意防治一代二化螟 | | 1. 穗肥：晒田复水后，亩施尿素7 kg，氯化钾3 kg，撒施。2. 粒肥：看苗追施3 kg尿素，齐穗后采取根外喷施，亩加施磷酸二氢钾0.5～1 kg，加尿素0.8～1.2 kg，分两次喷施。3. 灌溉：浅水勤灌。4. 防治病虫：此期防治稻苞虫、纹枯病，白叶枯病和稻瘟病。每亩用5%井冈霉素水剂150 mL或12.5%纹霉清100～200 mL，或20%纹霉清悬浮剂60～100 mL或15%粉锈宁可湿性粉剂50 g，兑水50～70 kg喷雾 | 说明：1. 大田总施肥量按纯氮（N）11 kg，磷（$P_2O_5$）4 kg，钾（$K_2O$）10 kg左右，其中氮肥35%，磷肥50%作基肥，钾肥全部，氮肥25%作分蘖肥，氮肥25%作穗肥，钾肥10%作粒肥，氮肥25%、钾肥25%作穗肥，复合肥、碳酸氢铵等肥料，则应计算其养分含量。2. 如果施用有机肥、复合肥、碳酸氢铵等肥料，则应计算其养分含量。3. 大田基肥在插秧前1～2 d施用；分蘖肥在插秧后5～7 d施用；穗肥在8月20～30日施用；粒肥在9月末施用 |

（执笔人：李小坤　鲁剑巍　任涛　丛日环　王伟妮）

# 第 61 章

## 冬油菜养分管理
## 技术创新与应用

油菜是目前仅次于大豆的世界第二大油料作物,同时油菜也是重要的食用植物油、饲用蛋白和生物柴油的重要来源。我国油菜生产在世界油菜生产中占着举足轻重的地位,截至 2013 年底我国油菜的播种面积达到 750 万 hm²,占到世界油菜播种面积的 21% 左右。菜籽油是我国传统的食用油,在我国食用油市场中具有举足轻重的地位,然而我国的食用油自足率不足 40%,因此保证油菜的播种面积和产量对于保证我国食用油的安全具有重要作用。

在油菜生产中,施肥是重要的栽培管理措施之一。科学研究与生产实践证实,肥料投入在油菜生产中起到非常关键的作用,科学施肥可以明显提高油菜籽产量,改善油菜品质,同时能显著增加农民经济收益。然而,在我国油菜生产实践中,施肥不科学的现象仍然存在,不少地区滥施氮肥现象突出,过低或过高的情况同时存在,氮、磷、钾比例不协调的现象非常普遍,这些问题影响了油菜的产量与生产效益。此外我国油菜生产仍属于劳动密集型产业,劳动用工量大,用工成本占到油菜生产总成本的 50% 以上,再加上肥料、农药及种子的投入,使得种油菜收益率极低,农民种油菜积极性不高,严重影响我国油菜产业的可持续发展。因此我们总结近几年在长江流域冬油菜主产区开展的油菜试验,从土壤、作物和肥料方面提出了油菜种植土壤养分丰缺指标体系、油菜养分需求量的预测、土壤和植物快速诊断等养分管理技术体系,并且结合目前油菜的轻简化生产提出了适合油菜免耕直播、秸秆覆盖、机械化生产等配套养分资源综合管理技术,以期为我国油菜可持续发展提供理论支持和技术借鉴。

## 61.1 油菜种植土壤养分丰缺指标体系

### 61.1.1 技术原理

利用缺素处理(−P、−K 或 −B)占全肥处理(NPKB)的相对产量数据与土壤有效养分测定值的关系作散点图,选择对数方程拟合油菜籽相对产量与土壤有效养分测定值之间的关系。结合长江流域油菜生产实际,把相对产量<60% 的土壤养分测定值定为"严重缺乏",60%～75% 为"缺乏"、75%～90% 为"轻度缺乏"、90%～95% 为"适宜"、>95% 为"丰富",以此确定土壤养分丰缺指标。

### 61.1.2 主要结果

#### 1. 土壤有效磷丰缺指标

采用对数方程拟合—P 处理相对产量与土壤有效磷之间的关系,结果显示,三种方法测试的土壤有效磷含量均与其相应的相对产量呈极显著正相关(图 61-1)。据方程计算出土壤有效磷的临界指标,可知基于常规法"严重缺乏"范围为(P)<6.0 mg/kg(实际计算值为(P)5.9 mg/kg,为方便推广应用,将临界指标定为相近的 0.5 的倍数值,下同),"缺乏"为(P)6.0～12.0 mg/kg,"轻度缺乏"为(P)12.0～25.0 mg/kg,"适宜"为(P)25.0～30.0 mg/kg,"丰富"为(P)>30.0 mg/kg;基于 ASI 法和 M3 法土壤有效磷"严重缺乏"的指标分别为(P)<5.5 mg/L 和(P)<8.0 mg/kg,"缺乏"指标为(P)5.5～12.5 mg/L 和(P)8.0～23.5 mg/kg,"轻度缺乏"为(P)12.5～28.5 mg/L 和(P)23.5～70.0 mg/kg,"适宜"为(P)28.5～38.0 mg/L 和(P)70.0～100.0 mg/kg,"丰富"为(P)>38.0 mg/L 和(P)>100.0 mg/kg。从表 61-1 中可以看出,常规法、ASI 法和 M3 法测定的土壤有效磷含量低于相应适宜临界值的比例分别占 88.7%,88.9% 和88.9%,三者结论一致,说明长江流域土壤磷素缺乏面积较大,在油菜生产中应重视磷肥的施用。

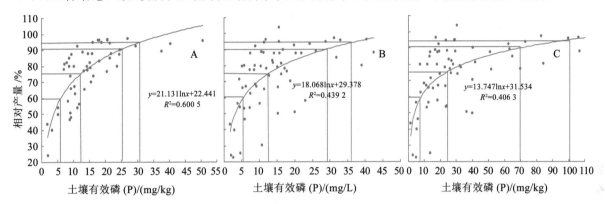

**图 61-1　油菜相对产量与土壤有效磷之间的关系**
A:常规法;B:ASI 法;C:M3 法

**表 61-1**
基于常规法、ASI 法和 M3 法的土壤有效磷、钾、硼分级指标

| 肥力等级 | 有效磷 | | | 有效钾 | | | 有效硼 | |
|---|---|---|---|---|---|---|---|---|
| | Olsen-P /(mg/kg) | ASI-P /(mg/L) | M3-P /(mg/kg) | NH₄OAc-K /(mg/kg) | ASI-K /(mg/L) | M3-K /(mg/kg) | HWB /(mg/kg) | ASI-B /(mg/L) |
| 严重缺乏 | <6.0 | <5.5 | <8.0 | — | — | — | — | — |
| 缺乏 | 6.0～12.0 | 5.5～12.5 | 8.0～23.5 | <60 | <30 | <50 | <0.2 | <0.25 |
| 轻度缺乏 | 12.0～25.0 | 12.5～28.5 | 23.5～70.0 | 60～135 | 30～75 | 50～135 | 0.2～0.6 | 0.25～1.0 |
| 适宜 | 25.0～30.0 | 28.5～38.0 | 70.0～100.0 | 135～180 | 75～100 | 135～185 | 0.6～0.8 | 1.0～1.5 |
| 丰富 | >30.0 | >38.0 | >100.0 | >180 | >100 | >185 | >0.8 | >1.5 |

**2. 土壤有效钾丰缺指标**

根据油菜相对产量与土壤有效钾的相关性分析(图 61-2),确定基于常规法土壤有效钾的临界指标:"严重缺乏"为(K)<25 mg/kg,"缺乏"为(K)25～60 mg/kg,"轻度缺乏"为(K)60～135 mg/kg,"适宜"为(K)135～180 mg/kg,"丰富"为(K)>180 mg/kg;基于 ASI 法的临界指标:"严重缺乏"为(K)<13 mg/L,"缺乏"为(K)13～30 mg/L,"轻度缺乏"为(K)30～75 mg/L,"适宜"为(K)75～100 mg/L,"丰富"为>100 mg/L;基于 M3 法的临界指标:"严重缺乏"为(K)<20 mg/kg,"缺乏"为(K)20～50 mg/kg,"轻度缺乏"为(K)50～135 mg/kg,"适宜"为(K)135～185 mg/kg,"丰富"为(K)>185 mg/kg,其中三种方法"严重缺乏"临界值"(K)25 mg/kg"、"(K)13 mg/L"和"(K)20 mg/kg"均是根据方程计算的外推结果,供试田块中没有出现土壤有效钾含量"严重缺乏"的现象,表明该区域目前不属于严重缺钾地区。

**3. 土壤有效硼丰缺指标**

本试验研究中,—B 处理相对产量与土壤有效硼呈极显著正相关,但是在试验条件下,基于 M3 法的土壤有效硼丰缺指标未能建立,原因可能是 M3 法测试的土壤有效硼含量不能反映油菜生产中土壤硼素供应状况(图 61-3)。常规法测定的土壤有效硼"缺乏"指标为(B)<0.2 mg/kg,"轻度缺乏"为

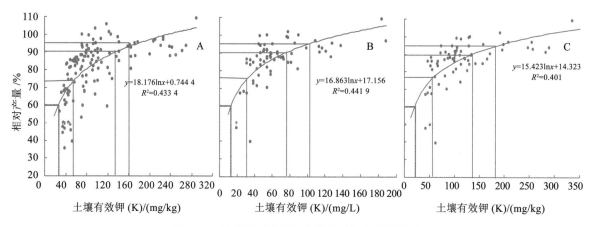

图 61-2　油菜相对产量与土壤有效钾之间的关系
A:常规法;B:ASI 法;C:M3 法

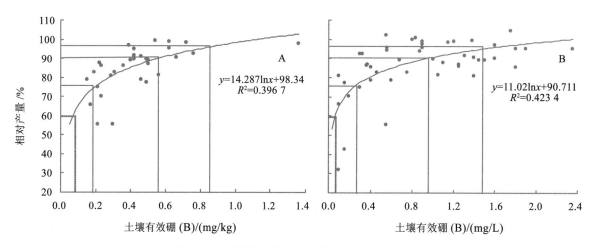

图 61-3　油菜相对产量与土壤有效硼之间的关系
A:常规法;B:ASI 法

(B)0.2～0.6 mg/kg,"适宜"为(B)0.6～0.8 mg/kg,"丰富"为(B)>0.8 mg/kg;ASI 法"缺乏"指标为(B)<0.25 mg/L,"轻度缺乏"为(B)0.25～1.0 mg/L,"适宜"为(B)1.0～1.5 mg/L,"丰富"为(B)>1.5 mg/L。常规法测试结果显示,约 3/4 试验田的土壤有效硼含量处于"缺乏"或"轻度缺乏"范围,而 ASI 法测定的土壤有效硼含量处于"缺乏"或"轻度缺乏"级别的田块约占总数的 1/2,此结果说明长江流域油菜生产中 1/2～3/4 的田块需施用硼肥,以保证油菜丰产。

### 61.1.3　主要结论

基于常规法土壤有效磷"严重缺乏"、"缺乏"、"轻度缺乏"、"适宜"和"丰富"的指标分别为<6.0,6.0～12.0,12.0～25.0,25.0～30.0 和>30.0 mg P/kg;基于 ASI 法土壤有效磷 5 级指标分别为<5.5,5.5～12.5,12.5～28.5,28.5～38.0 及>38.0 mg P/L;基于 M3 法土壤有效磷 5 级指标分别为<8.0,8.0～23.5,23.5～70.0,70.0～100.0 及>100.0 mg P/kg;基于常规法、ASI 法和 M3 法土壤有效钾"缺乏"的指标分别为<60 mg K/kg,<30 mg K/L 和<50 mg K/kg,"轻度缺乏"的指标为 60～135 mg K/kg,30～75 mg K/L 和 50～135 mg K/kg,"适宜"的指标为 135～180 mg K/kg,75～100 mg K/L 和 135～185 mg K/kg,"丰富"的指标为>180 mg K/kg,>100 mg K/L 和>185 mg K/kg;常规法和 ASI 法土壤有效硼"缺乏"的指标分别为(B)<0.2 mg/kg 和(B)<0.25 mg/L,"轻度缺乏"的指标为(B)0.2～0.6 mg/kg 和(B)0.25～1.0 mg/L,"适宜"的指标为(B)0.6～0.8 mg/kg 和(B)1.0～

1.5 mg/L,"丰富"的指标为(B)>0.8 mg/kg 和(B)>1.5 mg/L。

## 61.2 基于 QUEFTS 模型的油菜养分需求量预测

### 61.2.1 技术原理

QUEFTS 模型的建立包括 5 个步骤,每一步输出的结果是下一步需要输入的参数。

第一步:建立空白试验,或根据土壤性质,测定土壤潜在氮磷钾供应能力。

第二步:建立土壤潜在供肥量和作物 N,P,K 实际吸收量之间的关系式。

第三步:建立作物氮、磷和钾实际吸收量和产量范围(YND,YNA,YPD,YPA,YKD,YKA)之间的关系式。当某种养分相对其他两种来说其供给量很低时,该养分为限制养分,作物体内该养分为最大稀释状态(YND),此时养分内部效率最大。随着该养分供给量的增加,它不再成为限制元素,直到充分供应时,作物体内该养分为最大积累状态(YNA)。根据养分最大稀释和最大积累两个关键点,可以获得氮、磷和钾养分控制的产量范围。

第四步:建立氮、磷和钾两两对应的产量范围和最终的预估产量(YE)之间的关系式。最终产量决定于 3 种养分决定的产量范围。如 YPD 和 YPA 决定的产量上下限及 YND 和 YNA 决定的产量左右限(图 61-4),最终氮和磷共同决定的产量只能是一条曲线。那么假设它为一条抛物线,通过模拟可以计算 YNP 值。同理,可计算氮、磷和钾两两元素决定的共 6 个产量值。最后,以 6 个产量的平均值为最终的预估产量(YE),计算养分限制下的生产力。

第五步:估算作物产量和氮磷钾养分需求量。QUEFTS 模型预测产量与养分吸收量的关系曲线由直线-曲线-平台 3 部分组成。直线部分表明,由于养分吸收量低,养分内部效率高,养分吸收量同作物产量呈直线相关;曲线部分表明,当接近目标产量时养分内部效率开始下降,养分吸收量同作物产量呈曲线关系,产量继续增加的趋势有所减缓;平台部分表明,当作物养分吸收量继续增加且超过需求时,所吸收的养分不能够继续转化为产量,此时与最大积累线重合。根据模型可计算出单位产量的氮磷钾养分需求量。

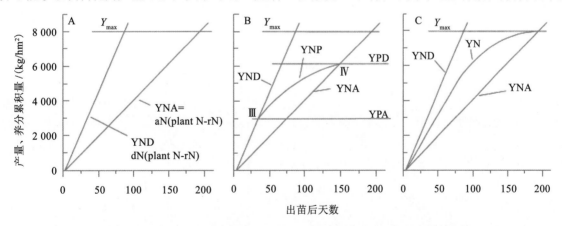

**图 61-4 由 QUEFTS 模型计算出的地上部干物质氮素积累量和产量示意图**

A. 中的 YNA 和 YND 分别代表最大氮素积累线和稀释线,$Y_{max}$ 代表最大潜在产量,QUEFTS 模型计算出某种养分的利用效率取决于其他养分的交互作用。B. 中 YPA 和 YPD 表明在一定的 P 吸收量下最大积累线和稀释线,而 YNP 代表在 N 和 P 吸收量共同决定的产量。C. 中 YN 代表在没有养分限制的条件下,达到某一产量的最佳氮吸收量。

### 61.2.2 主要结果

**1. 直播和移栽冬油菜产量和养分累积量的关系**

基于产量和收获指数筛选的产量和养分累积量数据,分别建立直播和移栽冬油菜产量和植株氮、磷、钾累积量的关系(图 61-5)。由此分别获得三种养分对应产量可能的最小和最大范围,即冬油菜氮、磷、钾内部效率的上限和下限。直播冬油菜的氮、磷、钾内部效率范围分别为:13.2~33.4 kg/kg N,57.0~184.0 kg/kg P 和 8.8~25.0 kg/kg K,而移栽冬油菜则分别为 13.4~30.1 kg/kg N,74.6~196.7 kg/kg P 和 10.0~25.4 kg/kg K。即直播植株方式下,aN = 13.2,dN = 33.4,aP = 57.0,dP = 184.0,aK = 8.8,dK = 25.0;而移栽种植方式下,aN = 13.4,dN = 30.1,aP = 74.6,dP = 196.7,aK = 10.0,dK = 25.4。直播冬油菜中氮磷钾养分最大稀释量 d 与最大积累量 a 的比值(d/a)分别是 N 2.5,P 3.2 和 K 2.9,而移栽冬油菜则分别是 2.3,2.6 和 2.5,可见直播冬油菜产量与各养分累积量之间的相关性低于移栽冬油菜。

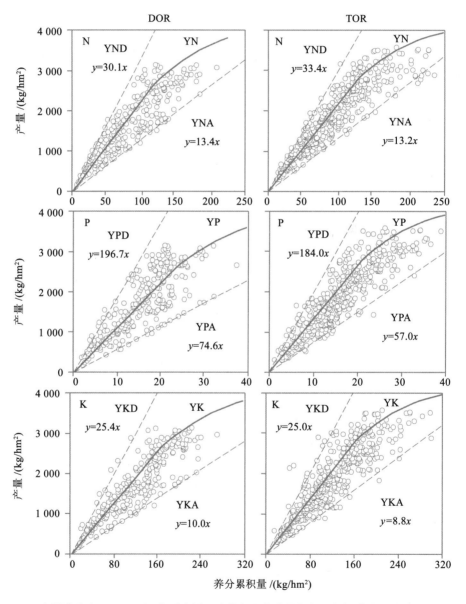

**图 61-5　产量潜力为 4 000 kg/hm² 时直播和移栽冬油菜产量与氮、磷、钾养分吸收量之间的关系**

每幅图中数据点范围中间曲线(YN,YP,YK)为氮磷钾养分累积量,范围左侧直线(YND,YPD,YKD)为氮、磷、钾养分最大稀释线,即养分内部效率上限,右侧直线(YNA,YPA,YKA)为氮磷钾养分最大积累线,即养分内部效率下限。养分内部效率的上限和下限分别为所有数据点去除 2.5% 边界所得。

**2. 一定目标产量下直播和移栽冬油菜的养分需求量**

通过将目标产量代入 YN，YP，YK 曲线，可以分别获得直播和移栽冬油菜在不同产量水平下的氮、磷、钾养分需求量。当产量水平较低时，直播和移栽冬油菜的产量与各养分累积量表现为直线关系。当产量超过拐点水平后，冬油菜养分累积量与产量的比值随产量增加而逐渐增大，即生产单位产量的养分需求量更高，养分内部效率下降（表 61-2）。直播冬油菜的产量拐点在 2 550 kg/hm² 左右，低于此产量时氮、磷、钾的内部效率分别为 22.6 kg/kg N，109.8 kg/kg P 和 16.0 kg/kg K，其相应的百千克籽粒养分需求量分别为 4.42 kg N，0.91 kg P(2.08 kg $P_2O_5$) 和 6.26 kg K(7.51 kg $K_2O$)，氮、磷、钾需求量比例为 1∶0.21∶1.42。移栽冬油菜的产量拐点在 2 700 kg/hm² 左右，低于此产量时氮、磷、钾的内部效率分别为 21.9 kg/kg N，132.0 kg/kg P 和 17.4 kg/kg K，相应的百千克籽粒养分需求量分别为 4.57 kg N，0.76 kg P(1.74 kg $P_2O_5$) 和 5.75 kg K(6.90 kg $K_2O$)，氮、磷、钾需求量的比例为 1∶0.17∶1.26。可以看出，直播冬油菜在各产量水平的磷素和钾素需求量均明显高于移栽冬油菜。但是，两种种植方式下冬油菜的氮素需求量相差较小，产量水平较低时直播冬油菜的需氮量略低于移栽冬油菜，当产量达到 3 000 kg/hm² 时两者基本一致。因此，相比移栽冬油菜，直播冬油菜获得相同的产量水平时需要吸收更多的磷素和钾素。

表 61-2

利用 QUEFTS 模型计算不同目标产量下直播和移栽冬油菜的氮磷钾养分需求量

| 种植方式 | 产量 /(kg/hm²) | 养分吸收量 /(kg/hm²) | | | 养分内部效率 /(kg/kg) | | | 百千克籽粒需求量 /kg | | |
|---|---|---|---|---|---|---|---|---|---|---|
| | | N | P | K | N | P | K | N | P | K |
| 直播 | 1 000 | 44.2 | 9.1 | 62.6 | 22.6 | 109.8 | 16.0 | 4.42 | 0.91 | 6.26 |
| | 1 500 | 66.3 | 13.7 | 93.9 | 22.6 | 109.8 | 16.0 | 4.42 | 0.91 | 6.26 |
| | 2 000 | 88.5 | 18.2 | 125.3 | 22.6 | 109.8 | 16.0 | 4.42 | 0.91 | 6.26 |
| | 2 500 | 110.6 | 22.8 | 156.6 | 22.6 | 109.8 | 16.0 | 4.42 | 0.91 | 6.26 |
| | 3 000 | 140.1 | 28.8 | 198.4 | 21.4 | 104.0 | 15.1 | 4.67 | 0.96 | 6.61 |
| | 3 500 | 182.8 | 37.6 | 258.9 | 19.1 | 93.0 | 13.6 | 5.22 | 1.08 | 7.40 |
| | 3 750 | 214.5 | 44.2 | 303.8 | 17.5 | 84.9 | 12.3 | 5.72 | 1.18 | 8.10 |
| 移栽 | 1 000 | 45.7 | 7.6 | 57.5 | 21.9 | 132.0 | 17.4 | 4.57 | 0.76 | 5.75 |
| | 1 500 | 68.5 | 11.4 | 86.2 | 21.9 | 132.0 | 17.4 | 4.57 | 0.76 | 5.75 |
| | 2 000 | 91.4 | 15.2 | 115.0 | 21.9 | 132.0 | 17.4 | 4.57 | 0.76 | 5.75 |
| | 2 500 | 114.2 | 18.9 | 143.7 | 21.9 | 132.0 | 17.4 | 4.57 | 0.76 | 5.75 |
| | 3 000 | 140.4 | 23.3 | 176.6 | 21.4 | 128.8 | 17.0 | 4.68 | 0.78 | 5.89 |
| | 3 500 | 181.9 | 30.2 | 228.9 | 19.2 | 116.0 | 15.3 | 5.20 | 0.86 | 6.54 |
| | 3 750 | 212.5 | 35.2 | 267.4 | 17.7 | 106.4 | 14.0 | 5.67 | 0.94 | 7.13 |

长江流域冬油菜潜在产量设定为 4 000 kg/hm²。

## 61.2.3 主要结论

直播冬油菜产量和养分吸收量的 QUEFTS 模型系数 aN＝13.2，dN＝33.4，aP＝57.0，dP＝184.0，aK＝8.8，dK＝25.0。移栽冬油菜的 QUEFTS 模型系数 aN＝13.4，dN＝30.1，aP＝74.6，dP＝196.7，aK＝10.0，dK＝25.4。根据模型计算目标产量为 3 000 kg/hm² 时，直播冬油菜每生产 100 kg 籽粒的氮、磷、钾养分需求量分别为 4.67 kg N，2.08 kg $K_2O$ 和 7.51 kg $K_2O$，而移栽冬油菜则分别为 4.68 kg N，1.74 kg $P_2O$ 和 6.90 kg $K_2O$。

## 61.3 冬油菜合理的施肥量

### 61.3.1 技术原理

结合土壤养分丰缺指标法和养分平衡法进行长江流域冬油菜推荐施肥。

$$施肥量 = \frac{作物吸收养分量 - 土壤养分供应量}{肥料利用率}$$

其中作物养分吸收量和土壤养分供应量根据目标产量及缺素区相对产量与百千克籽粒养分需求量计算,氮、磷和钾素肥料利用率分别设置为34.2%,17.2%和36.9%。

油菜产量是由当地的气候、土壤条件、油菜品种和作物管理水平决定的。不同区域油菜单产水平相差较大,以2012年为例,据中国统计年鉴记载(2010),本研究中所涉及的长江流域冬油菜的10个省(市)以江苏省油菜平均单产最高,达到2 590 kg/hm²;江西省单产最低,仅1 246 kg/hm²;湖北省油菜单产居中,为1 974 kg/hm²。根据不同地区油菜单产水平的差异,分别以1 500,2 250,3 000及3 750 kg/hm²为目标产量,确定不同相对产量水平或土壤养分含量分级的直播和移栽冬油菜氮、磷、钾肥推荐施用量。

### 61.3.2 主要结果

**1. 直播和移栽冬油菜氮肥推荐用量**

以相对产量50%,60%,75%,90%和95%对土壤氮素肥力进行分级。基于不同目标产量水平,计算各土壤氮素肥力条件下直播和移栽冬油菜的氮肥推荐用量(表61-3、表61-4)。当目标产量分别为1 500,2 250,3 000和3 750 kg/hm²时,在相对产量<50%(即施氮增产超过100%)的地区,直播冬油菜的氮肥推荐用量(N)分别为84.1,126.3,177.8和272.2 kg/hm²,而移栽冬油菜的氮肥推荐用量(N)分别为88.7,133.2,181.9和275.3 kg/hm²。当相对产量达到75%(即施氮增产33%)的地区,直播冬油菜的氮肥推荐用量(N)分别为42.1,63.1,88.9和136.1 kg/hm²,而移栽冬油菜的氮肥推荐用量(N)分别为44.4,66.6,90.9和137.6 kg/hm²。

表 61-3

不同目标产量下直播冬油菜的氮肥用量推荐量

| 目标产量 /(kg/hm²) | 相对产量 | | 土壤基础养分供应量(N)/(kg/hm²) | 养分需求量(N)/(kg/hm²) | 氮肥推荐用量(N) | |
|---|---|---|---|---|---|---|
| | /% | /(kg/hm²) | | | /(kg/hm²) | /(kg/亩) |
| 1 500 | 50 | 750 | 33.2 | 66.3 | 84.1 | 5.6 |
| | 60 | 900 | 39.8 | 66.3 | 67.3 | 4.5 |
| | 75 | 1 125 | 49.7 | 66.3 | 42.1 | 2.8 |
| | 90 | 1 350 | 59.7 | 66.3 | 16.8 | 1.1 |
| | 95 | 1 425 | 63.0 | 66.3 | 8.4 | 0.6 |
| 2 250 | 50 | 1 125 | 49.8 | 99.5 | 126.3 | 8.4 |
| | 60 | 1 350 | 59.7 | 99.5 | 101.0 | 6.7 |
| | 75 | 1 688 | 74.6 | 99.5 | 63.1 | 4.2 |
| | 90 | 2 025 | 89.6 | 99.5 | 25.3 | 1.7 |
| | 95 | 2 138 | 94.5 | 99.5 | 12.6 | 0.8 |

续表 61-3

| 目标产量 /(kg/hm²) | 相对产量 | | 土壤基础养分供应量(N)/(kg/hm²) | 养分需求量(N) /(kg/hm²) | 氮肥推荐用量(N) | |
| --- | --- | --- | --- | --- | --- | --- |
| | /% | /(kg/hm²) | | | /(kg/hm²) | /(kg/亩) |
| 3 000 | 50 | 1 500 | 70.1 | 140.1 | 177.8 | 11.9 |
| | 60 | 1 800 | 84.1 | 140.1 | 142.2 | 9.5 |
| | 75 | 2 250 | 105.1 | 140.1 | 88.9 | 5.9 |
| | 90 | 2 700 | 126.1 | 140.1 | 35.6 | 2.4 |
| | 95 | 2 850 | 133.1 | 140.1 | 17.8 | 1.2 |
| 3 750 | 50 | 1 875 | 107.3 | 214.5 | 272.2 | 18.1 |
| | 60 | 2 250 | 128.7 | 214.5 | 217.8 | 14.5 |
| | 75 | 2 813 | 160.9 | 214.5 | 136.1 | 9.1 |
| | 90 | 3 375 | 193.1 | 214.5 | 54.4 | 3.6 |
| | 95 | 3 563 | 203.8 | 214.5 | 27.2 | 1.8 |

表 61-4

不同目标产量下移栽冬油菜的氮肥用量推荐量

| 目标产量 /(kg/hm²) | 相对产量 | | 土壤基础养分供应量(N)/(kg/hm²) | 养分需求量(N) /(kg/hm²) | 氮肥推荐用量(N) | |
| --- | --- | --- | --- | --- | --- | --- |
| | /% | /(kg/hm²) | | | /(kg/hm²) | /(kg/亩) |
| 1 500 | 50 | 750 | 34.3 | 68.5 | 88.7 | 5.9 |
| | 60 | 900 | 41.1 | 68.5 | 71.0 | 4.7 |
| | 75 | 1 125 | 51.4 | 68.5 | 44.4 | 3.0 |
| | 90 | 1 350 | 61.7 | 68.5 | 17.7 | 1.2 |
| | 95 | 1 425 | 65.1 | 68.5 | 8.9 | 0.6 |
| 2 250 | 50 | 1 125 | 51.4 | 102.8 | 133.2 | 8.9 |
| | 60 | 1 350 | 61.7 | 102.8 | 106.5 | 7.1 |
| | 75 | 1 688 | 77.1 | 102.8 | 66.6 | 4.4 |
| | 90 | 2 025 | 92.5 | 102.8 | 26.6 | 1.8 |
| | 95 | 2 138 | 97.7 | 102.8 | 13.3 | 0.9 |
| 3 000 | 50 | 1 500 | 70.2 | 140.4 | 181.9 | 12.1 |
| | 60 | 1 800 | 84.2 | 140.4 | 145.5 | 9.7 |
| | 75 | 2 250 | 105.3 | 140.4 | 90.9 | 6.1 |
| | 90 | 2 700 | 126.4 | 140.4 | 36.4 | 2.4 |
| | 95 | 2 850 | 133.4 | 140.4 | 18.2 | 1.2 |
| 3 750 | 50 | 1 875 | 106.3 | 212.5 | 275.3 | 18.4 |
| | 60 | 2 250 | 127.5 | 212.5 | 220.2 | 14.7 |
| | 75 | 2 813 | 159.4 | 212.5 | 137.6 | 9.2 |
| | 90 | 3 375 | 191.3 | 212.5 | 55.1 | 3.7 |
| | 95 | 3 563 | 201.9 | 212.5 | 27.5 | 1.8 |

**2. 直播和移栽冬油菜磷肥推荐用量**

　　根据长江流域冬油菜土壤磷素丰缺指标,将土壤有效磷含量按 6,12,25 和 30 mg/kg 进行分级,对应的相对产量分别为 60%,75%,90% 和 95%。基于不同目标产量水平,计算各土壤磷素肥力条件下直播和移栽冬油菜的磷肥推荐用量（表 61-5；表 61-6）。当目标产量分别为 1 500，2 250，3 000 和 3 750 kg/hm² 时，在土壤有效磷含量较低（低于 6 mg/kg，相对产量<60%）的地区，直播冬油菜的磷肥推荐用量分别为 54.8，82.0，115.2 和 176.8 kg $P_2O_5$/hm²，而移栽冬油菜的磷肥推荐用量分别为 52.7，77.5，106.2 和 160.4 kg $P_2O_5$/hm²。在土壤有效磷含量丰富（达到 25 mg/kg 时，相对产量为 90%）的地区，直播冬油菜的磷肥推荐用量分别为 13.7，20.5，28.8 和 44.2 kg $P_2O_5$/hm²，而移栽冬油菜的磷肥推荐用量分别为 13.0，19.4，26.5 和 40.1 kg $P_2O_5$/hm²。

表 61-5

不同目标产量下直播冬油菜的磷肥用量推荐量

| 目标产量 /(kg/hm²) | 土壤有效磷 /(mg/kg) | 相对产量 | | 土壤基础养分供应量 P /(kg/hm²) | 养分需求量 P /(kg/hm²) | 磷肥推荐用量 | | |
| --- | --- | --- | --- | --- | --- | --- | --- | --- |
| | | /% | /(kg/hm²) | | | P /(kg/hm²) | $P_2O_5$ /(kg/hm²) | $P_2O_5$ /(kg/亩) |
| 1 500 | 6 | 60 | 900 | 8.2 | 13.7 | 23.9 | 54.8 | 3.7 |
| | 12 | 75 | 1 125 | 10.3 | 13.7 | 15.0 | 34.3 | 2.3 |
| | 25 | 90 | 1 350 | 12.3 | 13.7 | 6.0 | 13.7 | 0.9 |
| | 30 | 95 | 1 425 | 13.0 | 13.7 | 3.0 | 6.8 | 0.5 |
| 2 250 | 6 | 60 | 1 350 | 12.3 | 20.5 | 35.8 | 82.0 | 5.5 |
| | 12 | 75 | 1 688 | 15.4 | 20.5 | 22.4 | 51.3 | 3.4 |
| | 25 | 90 | 2 025 | 18.5 | 20.5 | 9.0 | 20.5 | 1.4 |
| | 30 | 95 | 2 138 | 19.5 | 20.5 | 4.5 | 10.3 | 0.7 |
| 3 000 | 6 | 60 | 1 800 | 17.3 | 28.8 | 50.3 | 115.2 | 7.7 |
| | 12 | 75 | 2 250 | 21.6 | 28.8 | 31.4 | 72.0 | 4.8 |
| | 25 | 90 | 2 700 | 25.9 | 28.8 | 12.6 | 28.8 | 1.9 |
| | 30 | 95 | 2 850 | 27.4 | 28.8 | 6.3 | 14.4 | 1.0 |
| 3 750 | 6 | 60 | 2 250 | 26.5 | 44.2 | 77.2 | 176.8 | 11.8 |
| | 12 | 75 | 2 813 | 33.2 | 44.2 | 48.3 | 110.5 | 7.4 |
| | 25 | 90 | 3 375 | 39.8 | 44.2 | 19.3 | 44.2 | 2.9 |
| | 30 | 95 | 3 563 | 42.0 | 44.2 | 9.7 | 22.1 | 1.5 |

表 61-6

不同目标产量下移栽冬油菜的磷肥用量推荐量

| 目标产量 /(kg/hm²) | 土壤有效磷 /(mg/kg) | 相对产量 | | 土壤基础养分供应量 P /(kg/hm²) | 养分需求量 P /(kg/hm²) | 磷肥推荐用量 | | |
| --- | --- | --- | --- | --- | --- | --- | --- | --- |
| | | /% | /(kg/hm²) | | | P /(kg/hm²) | $P_2O_5$ /(kg/hm²) | $P_2O_5$ /(kg/亩) |
| 1 500 | 6 | 60 | 900 | 6.8 | 11.4 | 22.7 | 52.0 | 3.5 |
| | 12 | 75 | 1 125 | 8.6 | 11.4 | 14.2 | 32.5 | 2.2 |
| | 25 | 90 | 1 350 | 10.3 | 11.4 | 5.7 | 13.0 | 0.9 |
| | 30 | 95 | 1 425 | 10.8 | 11.4 | 2.8 | 6.5 | 0.4 |
| 2 250 | 6 | 60 | 1 350 | 10.2 | 17.0 | 33.8 | 77.5 | 5.2 |
| | 12 | 75 | 1 688 | 12.8 | 17.0 | 21.1 | 48.4 | 3.2 |
| | 25 | 90 | 2 025 | 15.3 | 17.0 | 8.5 | 19.4 | 1.3 |
| | 30 | 95 | 2 138 | 16.2 | 17.0 | 4.2 | 9.7 | 0.6 |

续表 61-6

| 目标产量<br>/(kg/hm²) | 土壤有效磷<br>/(mg/kg) | 相对产量 | | 土壤基础养<br>分供应量 P<br>/(kg/hm²) | 养分需求量<br>P<br>/(kg/hm²) | 磷肥推荐用量 | | |
| --- | --- | --- | --- | --- | --- | --- | --- | --- |
| | | /% | /(kg/hm²) | | | P<br>/(kg/hm²) | P₂O₅<br>/(kg/hm²) | P₂O₅<br>/(kg/亩) |
| 3 000 | 6 | 60 | 1 800 | 14.0 | 23.3 | 46.4 | 106.2 | 7.1 |
| | 12 | 75 | 2 250 | 17.5 | 23.3 | 29.0 | 66.4 | 4.4 |
| | 25 | 90 | 2 700 | 21.0 | 23.3 | 11.6 | 26.5 | 1.8 |
| | 30 | 95 | 2 850 | 22.1 | 23.3 | 5.8 | 13.3 | 0.9 |
| 3 750 | 6 | 60 | 2 250 | 21.1 | 35.2 | 70.0 | 160.4 | 10.7 |
| | 12 | 75 | 2 813 | 26.4 | 35.2 | 43.8 | 100.3 | 6.7 |
| | 25 | 90 | 3 375 | 31.7 | 35.2 | 17.5 | 40.1 | 2.7 |
| | 30 | 95 | 3 563 | 33.4 | 35.2 | 8.8 | 20.1 | 1.3 |

**3. 直播和移栽冬油菜钾肥推荐用量**

根据长江流域冬油菜土壤钾素丰缺指标,将土壤速效钾含量按 26,60,135 和 180 mg/kg 进行分级,对应的相对产量分别为 60%,75%,90% 和 95%。基于不同目标产量水平,计算各土壤钾素肥力条件下直播和移栽冬油菜的钾肥推荐用量(表 61-7 和表 61-8)。当目标产量分别为 1 500,2 250,3 000 和 3 750 kg/hm² 时,在土壤速效钾含量较低(低于 26 mg/kg,相对产量<60%)的地区,直播冬油菜的钾肥推荐用量($K_2O$)分别为 99.1,148.6,209.3 和 320.5 kg/hm²,而移栽冬油菜的钾肥推荐用量($K_2O$)分别为 77.3,116.0,158.4 和 239.9 kg/hm²。在土壤速效钾含量丰富(达到 135 mg/kg 时,相对产量为 90%)的地区,直播冬油菜的钾肥推荐用量($K_2O$)分别为 24.8,37.2,52.3 和 80.1 kg/hm²,而移栽冬油菜的钾肥推荐用量($K_2O$)分别为 19.3,29.0,39.6 和 60.0 kg/hm²。

表 61-7

不同目标产量下直播冬油菜的钾肥用量推荐量

| 目标产量<br>/(kg/hm²) | 土壤速效钾<br>/(mg/kg) | 相对产量 | | 土壤基础养分供应量<br>K/(kg/hm²) | 养分需求量<br>K/(kg/hm²) | 钾肥推荐用量 | | |
| --- | --- | --- | --- | --- | --- | --- | --- | --- |
| | | /% | /(kg/hm²) | | | K/(kg/hm²) | K₂O/(kg/hm²) | K₂O/(kg/亩) |
| 1 500 | 26 | 60 | 900 | 56.3 | 93.9 | 82.5 | 99.1 | 6.6 |
| | 60 | 75 | 1 125 | 70.4 | 93.9 | 51.6 | 61.9 | 4.1 |
| | 135 | 90 | 1 350 | 84.5 | 93.9 | 20.6 | 24.8 | 1.7 |
| | 180 | 95 | 1 425 | 89.2 | 93.9 | 10.3 | 12.4 | 0.8 |
| 2 250 | 26 | 60 | 1 350 | 84.5 | 140.9 | 123.9 | 148.6 | 9.9 |
| | 60 | 75 | 1 688 | 105.7 | 140.9 | 77.4 | 92.9 | 6.2 |
| | 135 | 90 | 2 025 | 126.8 | 140.9 | 31.0 | 37.2 | 2.5 |
| | 180 | 95 | 2 138 | 133.9 | 140.9 | 15.5 | 18.6 | 1.2 |
| 3 000 | 26 | 60 | 1 800 | 119.0 | 198.4 | 174.4 | 209.3 | 14.0 |
| | 60 | 75 | 2 250 | 148.8 | 198.4 | 109.0 | 130.8 | 8.7 |
| | 135 | 90 | 2 700 | 178.6 | 198.4 | 43.6 | 52.3 | 3.5 |
| | 180 | 95 | 2 850 | 188.5 | 198.4 | 21.8 | 26.2 | 1.7 |
| 3 750 | 26 | 60 | 2 250 | 182.3 | 303.8 | 267.1 | 320.5 | 21.4 |
| | 60 | 75 | 2 813 | 227.9 | 303.8 | 166.9 | 200.3 | 13.4 |
| | 135 | 90 | 3 375 | 273.4 | 303.8 | 66.8 | 80.1 | 5.3 |
| | 180 | 95 | 3 563 | 288.6 | 303.8 | 33.4 | 40.1 | 2.7 |

表 61-8

不同目标产量下移栽冬油菜的钾肥用量推荐量

| 目标产量 /(kg/hm²) | 土壤速效钾 /(mg/kg) | 相对产量 | | 土壤基础养分供应量 K/(kg/hm²) | 养分需求量 K /(kg/hm²) | 钾肥推荐用量 | | |
|---|---|---|---|---|---|---|---|---|
| | | /% | /(kg/hm²) | | | K /(kg/hm²) | K₂O /(kg/hm²) | K₂O /(kg/亩) |
| 1 500 | 26 | 60 | 900 | 51.7 | 86.2 | 64.4 | 77.3 | 5.2 |
| | 60 | 75 | 1 125 | 64.7 | 86.2 | 40.3 | 48.3 | 3.2 |
| | 135 | 90 | 1 350 | 77.6 | 86.2 | 16.1 | 19.3 | 1.3 |
| | 180 | 95 | 1 425 | 81.9 | 86.2 | 8.1 | 9.7 | 0.6 |
| 2 250 | 26 | 60 | 1 350 | 77.6 | 129.3 | 96.7 | 116.0 | 7.7 |
| | 60 | 75 | 1 688 | 97.0 | 129.3 | 60.4 | 72.5 | 4.8 |
| | 135 | 90 | 2 025 | 116.4 | 129.3 | 24.2 | 29.0 | 1.9 |
| | 180 | 95 | 2 138 | 122.8 | 129.3 | 12.1 | 14.5 | 1.0 |
| 3 000 | 26 | 60 | 1 800 | 106.0 | 176.6 | 132.0 | 158.4 | 10.6 |
| | 60 | 75 | 2 250 | 132.5 | 176.6 | 82.5 | 99.0 | 6.6 |
| | 135 | 90 | 2 700 | 158.9 | 176.6 | 33.0 | 39.6 | 2.6 |
| | 180 | 95 | 2 850 | 167.8 | 176.6 | 16.5 | 19.8 | 1.3 |
| 3 750 | 26 | 60 | 2 250 | 160.4 | 267.4 | 199.9 | 239.9 | 16.0 |
| | 60 | 75 | 2 813 | 200.6 | 267.4 | 125.0 | 149.9 | 10.0 |
| | 135 | 90 | 3 375 | 240.7 | 267.4 | 50.0 | 60.0 | 4.0 |
| | 180 | 95 | 3 563 | 254.0 | 267.4 | 25.0 | 30.0 | 2.0 |

#### 4. 硼肥用量

直播和移栽油菜对缺硼都尤为敏感,本方案中未考虑直播和移栽种植方式,根据目前长江流域土壤有效硼含量,将其划分"缺乏"和"适宜"两级,其中热水溶法和 ASI 法测定的土壤有效硼的临界值分别是 0.6 mg/kg 和 1.0 mg/L。为保证油菜的正常生长,并防止土壤硼素富集对后茬水稻等产生毒害,当土壤有效硼含量<0.6 mg/kg 或 1.0 mg/L 时,每公顷基施硼砂 7.5～15 kg;当土壤有效硼含量>0.6 mg/kg 或 1.0 mg/L 时,除少数高产地区需基施少量硼砂外,一般不推荐基施硼肥(表 61-9)。若植株出现缺硼症状,可在薹期和初花期喷施浓度为 0.2% 的硼砂。

表 61-9

不同目标产量下油菜硼砂用量推荐

| 目标产量 /(kg/hm²) | 土壤有效硼分级 | | 硼砂推荐用量 | |
|---|---|---|---|---|
| | HWS-B/(mg/kg) | ASI-B/(mg/L) | /(kg/hm²) | /(kg/亩) |
| 1 500 | <0.6 | <1.0 | 7.5 | 0.5 |
| | >0.6 | >1.0 | 蕾薹期喷硼 1 次 | 蕾薹期喷硼 1 次 |
| 2 250 | <0.6 | <1.0 | 7.5 | 0.5 |
| | >0.6 | >1.0 | 蕾薹期喷硼 1 次 | 蕾薹期喷硼 1 次 |
| 3 000 | <0.6 | <1.0 | 15.0 | 1.0 |
| | >0.6 | >1.0 | 蕾薹期喷硼 1～2 次 | 蕾薹期喷硼 1～2 次 |
| 3 750 | <0.6 | <1.0 | 15.0 | 1.0 |
| | >0.6 | >1.0 | 7.5 | 0.5 |

### 61.3.3　主要结论

#### 1. 油菜施肥原则

针对长江流域油菜种植中磷钾肥用量普遍较低,养分比例不协调,有机肥施用不足,秸秆还田率低,硼等微量元素缺乏时有发生等问题,提出以下施肥原则:

(1)依据土壤肥力条件和目标产量,平衡施用氮、磷、钾肥,主要是调整氮肥用量、增施磷、钾肥;

(2)依据土壤有效硼状况,补充硼肥;

(3)增施有机肥,提倡有机无机配合和秸秆还田(覆草);

(4)氮、钾肥分期施用,适当增加生育中期的氮、钾肥施用比例,提高肥料利用率;

(5)肥料施用应与其他高产优质栽培技术相结合。

#### 2. 油菜施肥建议

根据长江流域油菜区土壤养分现状,油菜施肥的增产效应及油菜养分吸收规律的研究结果,提出以下施肥建议:

(1)油菜籽产量水平 3 000 kg/hm² 以上　移栽油菜氮肥(N)180～225 kg/hm²,磷肥($P_2O_5$)90～135 kg/hm²,钾肥($K_2O$)90～150 kg/hm²,硼砂 15.0 kg/hm²;直播油菜氮肥(N)180～210 kg/hm²,磷肥($P_2O_5$)105～150 kg/hm²,钾肥($K_2O$)105～165 kg/hm²,硼砂 15.0 kg/hm²。

(2)产量水平 1 500～3 000 kg/hm²　移栽油菜氮肥(N)105～180 kg/hm²,磷肥($P_2O_5$)45～90 kg/hm²,钾肥($K_2O$)60～150 kg/hm²,硼砂 7.5 kg/hm²;直播油菜氮肥(N)90～180 kg/hm²,磷肥($P_2O_5$)60～105 kg/hm²,钾肥($K_2O$)75～120 kg/hm²,硼砂 7.5 kg/hm²。

(3)产量水平 1 500 kg/hm² 以下　移栽油菜氮肥(N)75～105 kg/hm²,磷肥($P_2O_5$)30～45 kg/hm²,钾肥($K_2O$)30～60 kg/hm²,硼砂 7.5 kg/hm²;直播油菜氮肥(N)60～90 kg/hm²,磷肥($P_2O_5$)30～60 kg/hm²,钾肥($K_2O$)45～90 kg/hm²,硼砂 7.5 kg/hm²。

若基肥施用了有机肥,可酌情减少化肥用量。

以上为长江流域冬油菜推荐施肥量的平均水平,实际生产中可根据土壤养分丰缺状况适当增减肥料用量。

施肥时期:60%的氮、40%的钾作基肥施用,20%的氮、30%的钾作苗肥(移栽后 50 d)、20%的氮、30%的钾作薹肥(移栽后 90 d),其余肥料作基肥施用。

## 61.4　基于土壤测试的冬油菜氮素实时监控技术

### 61.4.1　技术原理

适宜的根层氮素供应需要恰好满足作物高产、优质的氮素需求,同时不会带来环境污染的压力。目标产量下作物的氮素吸收是确定根层氮素供应目标值的主要因素,因此根据油菜的氮素吸收特点,结合实际生产中油菜施肥的习惯,确定了油菜各生育时期氮素供应目标值(表 61-10)。通过每次施肥前 2～3 d 取根层土壤测定其无机氮含量,根据公式 1 计算各时期的施肥量。

施肥量=不同生育时期氮素供应目标值－追肥前根层土壤 $N_{min}$ 含量

表 61-10

油菜不同生育时期的氮素供应目标值

| 生育时期/d | 各时期氮素吸收比例<br>/% | 主要根系分布深度<br>/cm | 氮素供应目标值<br>N/(kg/hm²) |
| --- | --- | --- | --- |
| 移栽—越冬期(1~60) | 40~60 | 0~20 | 130 |
| 越冬期—薹期(60~120) | 20~30 | 0~40 | 100 |
| 薹期—花期(120~150) | 15~25 | 0~60 | 100 |
| 花期—收获(150~200) | 0~10 | 0~60 | 50 |

目标产量为 3.0 t/hm²，百千克籽粒的氮素需求量为 5.2 kg N。

### 61.4.2　主要结果

**1. 不同处理油菜的产量和施肥量**

尽管两年产量存在明显差异，但氮肥施用均能明显提高油菜的产量。与固定推荐施肥量处理（FN）相比，2011—2012 年根层氮素调控处理（SN）在不影响产量的情况下，减少了 42% 的化学氮肥投入；2012—2013 年 SN 处理增加了 29% 的氮肥投入，但其产量明显高于 FN 处理。在 2012—2013 年，降低各生育时期的氮素供应目标值，其氮肥用量明显降低，但 SN$_{0.75}$ 处理产量明显低于 SN 处理；相反，提高各生育时期的氮素供应目标值，氮肥用量随之增加，而 SN$_{1.25}$ 和 SN 处理油菜的产量差异不显著。见表 61-11。

表 61-11

不同处理油菜的产量和施肥量

| 处理 | 氮肥/(kg N/hm²) | | 籽粒产量/(t/hm²) | |
| --- | --- | --- | --- | --- |
| | 2011—2012 年 | 2012—2013 年 | 2011—2012 年 | 2012—2013 年 |
| 0-N[1] | 0 | 0 | 1.39±0.25b[2] | 0.27±0.050c |
| FN | 180 | 180 | 2.63±0.079a | 1.85±0.085b |
| SN | 104 | 233 | 2.41±0.16a | 2.07±0.11a |
| SN$_{0.75}$ | — | 180 | — | 1.79±0.14b |
| SN$_{1.25}$ | — | 304 | — | 2.18±0.088a |

[1] 0-N：不施氮肥处理；FN：固定推荐施肥量处理，氮肥推荐用量为（N）180 kg/hm²，按照 60% 基肥，20% 越冬肥和 20% 薹肥施用；SN：根层氮素调控处理，根据各时期的氮素供应目标值和追肥前根层土壤无机氮含量确定施肥量；SN$_{0.75}$：各时期氮素供应目标值为 SN 处理的 0.75 倍；SN$_{1.25}$：各时期氮素供应目标值为 SN 处理的 1.25 倍。

[2] 同一列相同字母表示处理间差异不显著（$P < 0.05$，LSD 法）。

**2. 油菜地上部氮素吸收**

油菜地上部氮素吸收存在明显的年际差异（图 61-6）。2011—2012 年，除收获期 SN 处理的氮素吸收量明显低于 FN 处理外，其余各时期两者氮素吸收并无明显差异。从各生育时期氮素分配来看，移栽-越冬期是油菜氮素积累的关键时期，其氮素积累量占整个生育时期氮素积累量的 48.3%~56.6%，其次是越冬期-薹期、薹期-花期。在 2012—2013 年，SN 处理氮肥投入量明显高于 FN 处理，薹期之后 FN 处理氮素吸收量均明显低于 SN 处理。由于 2012—2013 年冬季的低温，影响油菜生长，移栽-越冬期的氮素积累量明显低于 2011—2012 年。相反，薹期-花期的氮素积累量占整个生育时期的 54.7%~63.4%。

**3. 氮肥利用率**

2011—2012 年，SN 处理在不影响产量的情况下明显减少化学氮肥投入，其氮肥回收利用率和农学效率均高于 FN 处理。在 2012—2013 年，虽然 SN 处理增加了氮肥投入，但其产量和地上部氮积累量明显增加，因此其氮肥回收利用率仍高于 FN 处理，调整氮素供应目标值各处理氮素回收利用率也

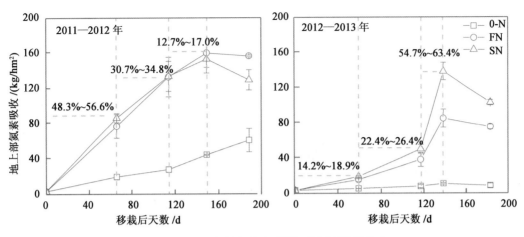

图 61-6　不同年份各生育时期油菜氮素积累特点

要低于 SN 处理。与 FN 处理相比,SN 处理氮肥投入量增加 29%,但其产量只增加 12%,因此它的农学效率要低于 FN 处理(表 61-12)。

表 61-12

不同处理的氮肥利用率

| 处理 | 氮肥回收利用率/% | | 农学效率/(kg/kg) | |
| --- | --- | --- | --- | --- |
| | 2011—2012 年 | 2012—2013 年 | 2011—2012 年 | 2012—2013 年 |
| FN | 52.7 | 36.8 | 6.92 | 8.77 |
| SN | 63.5 | 40.2 | 9.82 | 7.73 |
| $SN_{0.75}$ | — | 35.9 | — | 8.45 |
| $SN_{1.25}$ | — | 32.3 | — | 6.28 |

**4. 表观氮素损失**

从不同生育时期的表观氮素损失来看,在 2011—2012 年,尽管基肥投入量较高,但由于苗期作物氮素吸收量较大,因此表观氮素损失很低。进入薹期后,作物氮素吸收逐渐减少,而土壤保持较高的氮素供应能力,其表观氮素平衡略有盈余。从整个生育时期来看,与 FN 处理相比,SN 处理充分考虑土壤氮素供应,减少化学氮肥投入,表观氮素损失仅为(N)13.0 kg/hm²,明显低于 FN 处理。在 2012—2013 年,由于冬季低温影响了油菜的生长,作物前期氮素吸收较低,因此除 0-N 处理外,其余各处理均表现较高的氮素损失。从薹期到花期,由于此阶段作物较高的氮素吸收量,因此其氮素损失为负值。从整个生育时期来看,由于 SN 处理增加化学氮肥投入,其表观氮素损失高于 FN 处理。降低各阶段的氮素供应目标值,氮素表观损失随之降低;相反,$SN_{1.25}$ 处理的表观氮素损失则明显高于 SN 处理(图 61-7)。

### 61.4.3　主要结论

冬季气候条件的复杂多变影响了油菜苗期的生长和地上部氮素积累与分配,增加了基于土壤无机氮测试来协调氮素供应和作物氮素需求之间的复杂性。从两年的结果来看,正常年份下,根层氮素调控可以在保证产量的前提下,减少化学氮肥投入,提高氮肥利用率;在冷冬的情况下,前期过高的氮素供应目标值增加了氮素损失的风险,但通过及时的土壤测试,协调土壤氮素供应和作物氮素需求之间的矛盾。尽管增加氮肥投入,但是产量和氮肥利用率均明显提高。根据油菜相对产量和各生育时期氮素供应(土壤+肥料)的关系,调整移栽到越冬期、越冬期-薹期、薹期-花期、花期-收获期根层土壤适宜氮素供应目标值分别为(N)100,95,85 和 70 kg/hm²。但是考虑到基肥对于油菜苗期生长的重要性,以及气候变化对油菜苗期生长的影响,建议在保证油菜苗期充足氮素供应基础上,重点调控越冬期和薹

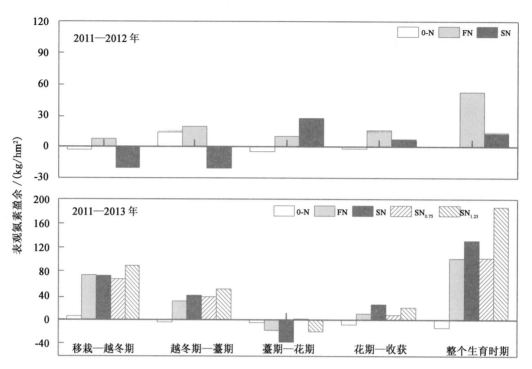

图 61-7　油菜不同生育时期表观氮素损失

期的追肥,以实现油菜生产的高产高效和环境友好。

## 61.5　冬油菜植株氮素无损诊断技术

### 61.5.1　技术原理

叶绿素计 SPAD 通过测量叶片在 940 nm 近红外光和 650 nm 红光处的透光系数继而估测作物氮素营养状况,具有操作简单、迅速、非破坏性等优点;Greenseeker 手持光谱仪通过从距离作物冠层 0.6~1.0 m 高度主动发射近红外光[(780±6) nm] 和红光[(671±6) nm],获得经作物冠层反射的光谱数据,再转化为归一化植被指数 NDVI(是多种植被指数中应用最广泛的一种,表示植物生长状态及植被空间的分布)反映作物氮素营养状况。

植株叶片的叶绿素含量同叶片氮浓度存在显著相关关系,不同生长时期不同施肥量的植株叶片 SPAD 值存在着差异,在作物需肥的关键期,合理施肥的作物叶片 SPAD 值高于氮供应不足的作物叶片 SPAD 值,利用 SPAD 值可以判断当前叶片氮营养状况。同样不同生长时期不同施肥量的作物群体的生物量、氮素含量也存在明显差异,利用 NDVI 值则可以从冠层角度判断当前作物群体氮素营养状况。

### 61.5.2　主要结果

**1. 不同施氮水平下油菜叶片 SPAD 值和冠层 NDVI 值的生育期变化**

冬油菜叶片 SPAD 值随生育期逐渐增加,至花期达到最大。不同氮处理间叶片 SPAD 值变化趋势较一致,随施氮水平增加而提高,与对照相比,氮肥施用后,油菜六叶期、十叶期、薹期和花期叶片 SPAD 值分别平均增加 5.8,10.9,4.6 和 6.2 个单位,差异明显。不同生育期油菜冠层 NDVI 值呈先增加后降低趋势。从六叶期开始,油菜叶片叶绿素含量增加,在红光-近红外光波段呈高吸收低反射现象,使得 NDVI 值逐渐增大。花期对红光吸收降低,反射增大,导致 NDVI 值下降。总体而言,氮肥施用可明显提高油菜冠层 NDVI 值,较不施氮相比,上述各时期冠层 NDVI 值分别平均提高 32.4%,36.5%,31.4% 和 38.6%,差异显著(图 61-8)。

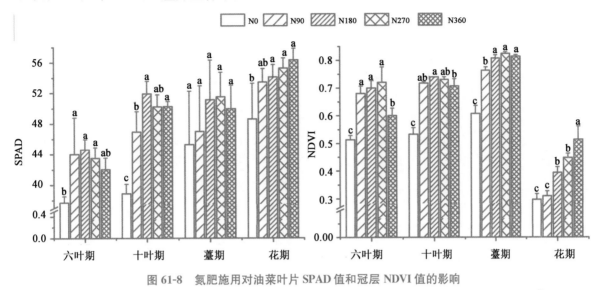

图 61-8　氮肥施用对油菜叶片 SPAD 值和冠层 NDVI 值的影响

**2. 不同施氮水平油菜叶片 SPAD 值、冠层 NDVI 值与叶绿素含量及氮素营养参数的关系**

油菜各生育期不同施氮量的叶片 SPAD 值和冠层 NDVI 值与叶绿素含量、叶片含氮量及氮素累积量均呈显著的正相关关系,该结果表明无论从个体(叶片 SPAD 值)或群体(冠层 NDVI 值)两种不同角度评价氮肥施用对油菜各生育期叶绿素含量(Chl-a 与 Chl-a+b)和氮素营养指标(叶片含氮量与氮素累积量)的影响以及研究油菜氮素营养状况与临界 SPAD/NDVI 值的筛选,均具有较高的可行性(表 61-13)。

表 61-13

油菜叶片 SPAD 值及冠层 NDVI 值与叶绿素含量、叶片含氮量的相关系数

| 不同生育时期 | 叶绿素 a | | 叶绿素含量 | | 叶片含氮量 | | 氮素累积量 | |
|---|---|---|---|---|---|---|---|---|
| | SPAD | NDVI | SPAD | NDVI | SPAD | NDVI | SPAD | NDVI |
| 六叶期 | 0.979** | 0.954* | 0.987** | 0.935* | 0.996** | 0.922* | 0.956* | 0.983** |
| 十叶期 | 0.927* | 0.907* | 0.907* | 0.908* | 0.950* | 0.981** | 0.849 | 0.914* |
| 薹期 | 0.970** | 0.971** | 0.969** | 0.970** | 0.948* | 0.890* | 0.977** | 0.956* |
| 花期 | 0.977** | 0.886* | 0.977** | 0.901* | 0.971** | 0.932* | 0.884* | 0.682 |

**3. 基于叶片 SPAD 值和冠层 NDVI 值的油菜氮素营养诊断临界值的确定**

作物氮素营养诊断的关键是临界值的确定。临界值是指作物刚好出现缺素症状时,能显著影响作物生长发育和最终产量的植株体内养分含量。一般情况下,临界产量为最高产量的 90%～95%,以确保作物有充足的养分供应而不至于减产。本研究以最高理论产量的 90% 作为临界值产量,根据不同生育期 SPAD/NDVI-产量关系函数,分别确定 4 个生育期的最适 SPAD/NDVI 和临界 SPAD/NDVI 及最高理论产量(表 61-14)。

### 61.5.3　主要结论

氮肥施用可明显提高油菜籽粒产量、叶片 SPAD 值及冠层 NDVI 值,显著增加叶绿素含量、叶片含氮量与氮素累积量;油菜整个生育期不同施氮水平叶片 SPAD 值及冠层 NDVI 值与叶绿素含量、叶片含氮量、氮素累积量和产量之间均呈显著或极显著正相关关系。通过回归方程得出冬油菜理论最高产

量和临界值产量分别为 2 952 和 2 657 kg/hm²。六叶期、十叶期、薹期和花期临界 SPAD 值分别为 43.4,49.5,50.0 和 54.6,临界 NDVI 值分别为 0.67,0.71,0.79 和 0.43。主动遥感光谱仪 SPAD-502 与 Greenseeker 分别能够从单叶和冠层两种尺度上对油菜氮素营养状况作营养诊断。

表 61-14

油菜各生育期临界 SPAD 值和 NDVI 值

| 生育期 | 理论最高产量 /(kg/hm²) | 最适 SPAD /NDVI 值 | 临界值产量 /(kg/hm²) | 临界 SPAD /NDVI 值 |
|---|---|---|---|---|
| 六叶期 | 2 952 | 44.9/0.72 | 2 657 | 43.4/0.67 |
| 十叶期 | 2 952 | 52.1/0.75 | 2 657 | 49.5/0.71 |
| 薹期 | 2 952 | 51.4/0.83 | 2 657 | 50.0/0.79 |
| 花期 | 2 952 | 56.1/0.49 | 2 657 | 54.6/0.43 |

## 61.6 冬油菜氮肥合理运筹

### 61.6.1 技术原理

氮肥一次性施用作物的产量效果往往不理想,并且极易造成养分的损失,污染环境。合理的氮肥运筹则是保证作物高产优质,提高氮肥利用率,减少环境污染的有效途径之一。

根据作物的氮素吸收特点,确定各时期氮肥的分配比例,协调作物氮素需求和肥料氮素供应,从而提高作物的产量和氮肥利用率。苗期作为油菜生长的关键时期,也是油菜氮素营养的临界期。充足氮素营养,一方面可以满足油菜苗期对氮素的需求,另一方面可以提高作物体内氮素浓度,减轻多变的冬季气候对油菜幼苗的影响,维持油菜群体数量。薹期之后油菜进入快速生长时期,氮素吸收速率明显提高,必要的氮肥施用对于保证油菜后期的光合产物的形成、积累和转运同样非常重要。

### 61.6.2 主要结果

氮肥施用能明显提高油菜的产量,无论移栽或直播油菜,N0 处理油菜产量均明显低于其他处理。在相同氮肥投入情况下,氮肥运筹方式同样对油菜的产量和氮肥利用率产生明显影响。对于移栽油菜,随着氮肥施用次数的增加,油菜的产量呈现先升高后降低的趋势,两年均以 2 或 3 次施用处理油菜的产量最高。尤其在 2010—2011 年,随着施肥次数的增加,油菜的产量明显降低;而在 2011—2012 年,氮肥施用次数各处理间油菜的产量差异不显著,但以 3 次施用处理油菜的氮肥利用率最高。对比两年的结果可知,对于基础产量较低的田块,氮肥施用次数越多,产量降低的幅度越大,说明前期充足的氮素营养对于基础地力较差田块油菜产量的重要性;相反,对于基础产量较高的田块,适当的分次施用可以明显提高油菜的氮肥利用率。直播油菜的结果与移栽油菜类似,基础产量对于氮肥运筹的结果影响较大。在基础产量较高的情况下,氮肥分次施用对油菜产量影响较小,但是适当的分次施用能明显提高油菜的氮肥利用率,以氮肥 3 次施用的利用率最高。在中等地力情况下,同样以氮肥 3 次施用的效果最好,其产量和氮肥利用率均最高,但如果施用次数过多,同样会影响油菜的产量。在基础产量较低的情况下,以氮肥 1 次施用效果最好,施用次数越多,油菜减产的幅度越大(表 61-15、表 61-16)。

表 61-15

| 不同氮肥运筹方式对移栽和直播油菜产量的影响 | | | | | | | kg/hm² |
|---|---|---|---|---|---|---|---|
| | 季节 | N$_0$ | N$_{1次}$ | N$_{2次}$ | N$_{3次}$ | N$_{4次}$ | N$_{5次}$ |
| 移栽 | 2010—2011 年 | 274±185d | 1 718±113b | 1 949±99a | 1 538±99c | 1 452±134c | — |
| | 2011—2012 年 | 1 082±85b | 2 432±246a | 2 572±237a | 2 608±109a | 2 380±213a | — |

续表 61-15　　　　　　　　　　　　　　　　　　　　　　　　　　　　　　　　　　　　　kg/hm²

| | 季节 | $N_0$ | $N_{1次}$ | $N_{2次}$ | $N_{3次}$ | $N_{4次}$ | $N_{5次}$ |
|---|---|---|---|---|---|---|---|
| 直播 | 2009—2010 年 | 1 915±113b | 3 080±255a | 2 955±35a | 2 950±21a | 3 010±198a | — |
| | 2010—2011 年 | 80±15c | 1 149±57a | 1 089±186ab | — | 1 117±37ab | 930±109b |
| | 2011—2012 年 | 581±178c | 2 217±66b | — | 2 461±69a | 2 195±137b | 2 111±185b |

移栽:$N_0$,不施氮肥处理;$N_{1次}$,100%基肥;$N_{2次}$,60%基肥＋40%越冬肥;$N_{3次}$,60%基肥＋20%越冬肥＋20%薹肥;$N_{4次}$,40%基肥＋20%越冬肥＋20%薹肥＋20%花肥。

直播:$N_0$,不施氮肥处理;$N_{1次}$,100%基肥;$N_{2次}$,60%基肥＋40%越冬肥;$N_{3次}$,60%基肥＋20%提苗肥＋20%越冬肥;$N_{4次}$,40%基肥＋20%提苗肥＋20%越冬肥＋20%薹肥;$N_{5次}$:20%基肥＋20%提苗肥＋20%越冬肥＋20%薹肥＋20%花肥。

表 61-16

不同氮肥运筹方式对移栽和直播油菜氮肥利用率的影响　　　　　　　　　　　　　　　　　　　　　　　%

| | 季节 | $N_{1次}$ | $N_{2次}$ | $N_{3次}$ | $N_{4次}$ | $N_{5次}$ |
|---|---|---|---|---|---|---|
| 移栽 | 2010—2011 年 | 44.9 | 46.4 | 36.7 | 34.0 | — |
| | 2011—2012 年 | 40.4 | 47.8 | 51.3 | 37.3 | — |
| 直播 | 2009—2010 年 | 33.4 | 36.7 | 44.9 | 40.3 | — |
| | 2010—2011 年 | 29.8 | 25.7 | — | 24.8 | 22.7 |
| | 2011—2012 年 | 42.2 | — | 50.3 | 38.2 | 38.4 |

### 61.6.3　主要结论

合理的氮肥运筹能明显提高油菜的产量和氮肥利用率。对于土壤基础地力较低的田块,在不增加肥料用量的情况下,建议基肥一次性施用,以保证苗期充足的氮素营养,从而获得较高的产量;对于基础地力较高的田块,则建议分次施用,以提高油菜的产量和氮肥利用率。对于移栽油菜,建议分 2 次施用,分别为 60%基肥和 40%越冬肥;对于直播油菜,则建议分 3 次施用,分别为 60%基肥、20%提苗肥和 20%越冬肥。

## 61.7　基肥施用深度

### 61.7.1　技术原理

施肥深度对作物根系的生长、养分吸收和产量都有很大的影响。施肥过浅,对油菜后期生长的养分供应不利,并且如果基肥用量较大可能会抑制油菜的出苗率和前期生长;相反,施肥过深,一方面会影响油菜苗期的生长,另一方面深施肥将增加机械的动力消耗,增加生产成本。因此适宜的施肥深度对于改善油菜生长,提高油菜产量,推进油菜的机械化生产具有重要的作用。

### 61.7.2　主要结果

**1.不同基肥施用深度对油菜主根和侧根生长的影响**

不同施肥深度对油菜主根产生明显影响,施肥 10 和 15 cm 处理主根的长度要高于 0 和 5 cm 处理,尤其是苗期,其主根长度要明显高于 0 和 5 cm 处理。施肥深度对油菜主根的直径并没有产生明显影响,各处理各时期两年差异均不显著。但是地下 5 和 15 cm 处主根的直径各处理间存在明显差异,均以 10 和 15 cm 施肥处理的直径最大,显著高于其他两个处理。与 0 cm 处理相比,2010—2011 年和 2011—2012 年两季苗期和花期 10 和 15 cm 主根的干物质重分别提高 50%～75%,20%～40%和

$26\%\sim37\%$,$31\%\sim33\%$。见表 61-17。

**表 61-17**

不同基肥施用深度对油菜主根生长的影响

| 处理 | 苗期 | | | | 花期 | | | | |
| --- | --- | --- | --- | --- | --- | --- | --- | --- | --- |
| | 长度/cm | 直径/mm | | 主根重量/(g/株) | 长度/cm | 直径/mm | | | 主根重量/(g/株) |
| | | Top | Top-5 cm | | | Top | Top-5 cm | Top-10 cm | |
| 2010—2011 年 | | | | | | | | | |
| $D_0$[1] | 10.6c[2] | 12.4a | 4.7c | 1.6b | 18.2a | 16.3a | 10.3c | 5.1b | 3.5c |
| $D_5$ | 11.5c | 12.8a | 5.3b | 1.9b | 18.3a | 16.9a | 10.9c | 6.0b | 3.6c |
| $D_{10}$ | 12.9b | 13.7a | 5.9ab | 2.4a | 20.1a | 16.8a | 14.2a | 8.1a | 4.8a |
| $D_{15}$ | 14.9a | 13.7a | 6.2a | 2.8a | 19.1a | 16.8a | 13.0b | 9.2a | 4.4b |
| 2011—2012 年 | | | | | | | | | |
| $D_0$ | 11.0b | 10.5a | 6.0bc | 2.0b | 18.5a | 15.0a | 10.6c | 5.9b | 3.6b |
| $D_5$ | 10.9b | 11.3a | 5.6c | 2.2b | 18.3a | 16.0a | 11.3bc | 6.7b | 3.8b |
| $D_{10}$ | 12.9a | 10.4a | 6.7ab | 2.8a | 20.4a | 15.7a | 12.4ab | 7.9a | 4.7a |
| $D_{15}$ | 13.3a | 11.0a | 7.2a | 2.6a | 21.2a | 15.7a | 13.1a | 8.2a | 4.8a |

[1] $D_0$、$D_5$、$D_{10}$、$D_{15}$ 分别代表施肥深度为 0,5,10 和 15 cm。
[2] 同一列同一年份相同字母表示处理间差异不显著(LSD法,$P < 0.05$)。

0~5 cm 土层的侧根的根系密度明显高于 5~10 cm 和 10~15 cm 土层,而各层根系密度则和基肥施用深度明显相关。从两年结果来看,0~5 cm 土层,无论在苗期和花期,均以 5 cm 处理根系分布最多,明显高于 0 cm、10 cm 和 15 cm。在 5~10 cm 土层,则以基肥施用深度为 10 cm 处理的根系密度最高;10~15 cm 土层则以 15 cm 处理根系分布最多。见图 61-9。

**2. 不同基肥施用深度对油菜产量的影响**

氮肥施用能明显提高油菜的产量,不同施肥深度处理之间油菜产量差异显著。从两年的结果来看,均以 10 cm 处理油菜的产量最高,显著高于 0 和 5 cm 处理,但是其与 15 cm 处理产量差异不显著。与 0 cm 处理相比,施肥 10 cm 处理油菜产量两年分别增产 55% 和 24%。见图 61-10。

### 61.7.3 主要结论

基肥施用 10 和 15 cm 均能明显改善油菜主根和侧根的生长,促进油菜的干物质和养分的积累,进而提高油菜的产量。与基肥直接表面撒施,基肥施用 10 cm 处理油菜产量两年分别增产 55% 和 24%。因此在使用油菜直播机械进行施肥、播种一体化生产的过程中,基肥施用深度应该控制在 10 cm 左右比较合适。

## 61.8 控释尿素的应用

### 61.8.1 技术原理

油菜的生育时期长,对氮素需求量大,整个生育时期一般需要追肥 2~3 次,劳动用工量大。控释尿素借助聚合物包膜,减缓尿素在土壤中的释放和转化,有效延长了氮肥的肥效,减少施肥次数,同时它可以减少氮素的损失,提高作物的氮肥利用率。

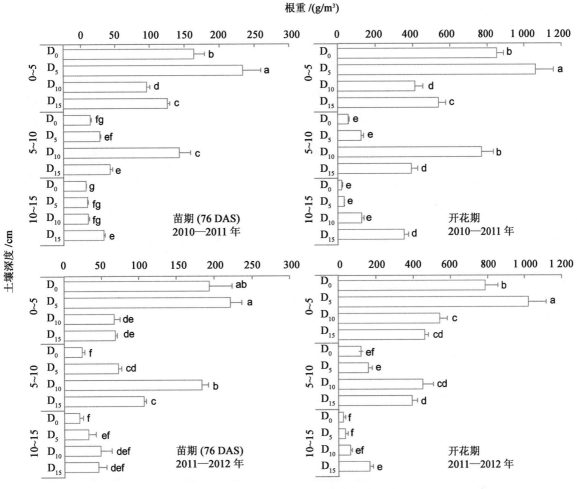

**图 61-9　不同基肥施用深度对油菜侧根根系分布的影响**

同一时期相同字母表示处理间差异不显著(LSD 法，$P<0.05$)

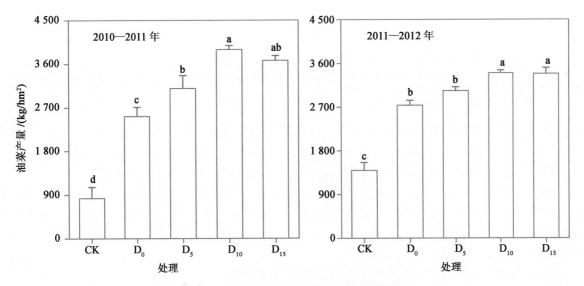

**图 61-10　不同基肥施用深度对油菜产量的影响**

同一年份相同字母表示处理间油菜产量差异不显著(LSD 法，$P<0.05$)

### 61.8.2 主要结果

**1. 控释尿素施用对油菜籽产量和经济效益的影响**

与不施氮处理相比,所有试验点施氮处理的油菜籽均增产,增产量为 187~2 057 kg/hm²,增产率为 10.9%~429.4%。相同施肥条件下油菜籽产量随施肥量的增加而增加。与普通尿素低量处理(UB-L)相比,普通尿素高量处理(UB-H)油菜籽增产 180~564 kg/hm²,增产率为 9.4%~31.1%;与控释尿素低量处理(CRU-L)相比,控释尿素高量处理(CRU-H)油菜籽增产 90~294 kg/hm²,增产率为 4.2%~13.5%。除浠水试验点外,控释尿素一次性基施处理的油菜籽产量明显高于普通尿素一次性基施处理。当施氮量为 180 kg/hm² 时,增产量为 148~483 kg/hm²,增产率为 7.1%~25.4%,当施氮量为 135 kg/hm² 时,增产量为 162~586 kg/hm²,增产率为 10.6%~32.5%。在相同氮素投入情况下,控释尿素一次性施用处理(CRU-H)和普通尿素分次施用(UD-H)处理油菜籽产量在所有的试验点均没有明显差异,说明本研究条件下控释尿素一次性基施可以达到普通尿素分次施用的效果。见表 61-18。

表 61-18

控释尿素施用对油菜籽产量和经济效益的影响

| | 处理[1] | 浠水 | 鄂州 | 沙洋 | 进贤 | 荆州 | 赤壁 | 平均值 |
|---|---|---|---|---|---|---|---|---|
| 产量 | CK | 1 040c | 1 300d | 1 708d | 1 323d | 479 d | 1 425c | 1 213 |
| /(kg/hm²) | UB-H | 2 554a | 2 620b | 2 075b | 1 668b | 2 362b | 1 900b | 2 197 |
| | UD-H | 2 574a | 2 843a | 2 265a | 1 778a | 2 416ab | 2 241ab | 2 353 |
| | CRU-H | 2 578a | 2 837a | 2 223ab | 1 843a | 2 536a | 2 383a | 2 400 |
| | UB-L | 2 331b | 2 056c | 1 895c | 1 525c | 1 801c | — | 1 922 |
| | CRU-L | 2 361b | 2 543b | 2 133ab | 1 687b | 2 387ab | 2 100ab | 2 202 |
| 相对纯收益[2] | CK | — | — | — | — | — | — | — |
| /(元/hm²) | UB-H | 4 687.5 | 3 960.0 | 386.3 | 303.8 | 6 071.3 | 791.3 | 2 700.0 |
| | UD-H | 4 154.4 | 4 188.2 | 490.7 | 1 08.0 | 5 665.7 | 1 461.9 | 2 678.2 |
| | CRU-H | 4 404.9 | 4 401.2 | 568.7 | 587.4 | 6 351.2 | 2 229.9 | 3 090.5 |
| | UB-L | 4 098.8 | 2 092.5 | −41.3 | 15.0 | 4 215.0 | — | 2 076.0 |
| | CRU-L | 4 177.5 | 3 885.0 | 817.5 | 588.8 | 6 378.8 | 1 755.0 | 2 933.8 |

[1] CK:不施肥处理;UB-H:普通尿素一次性基施;UD-H:普通尿素分次施用;CRU-H:控施尿素一次性基施;UB-L:普通尿素减量25%一次性基施;CRU-L:控释尿素减量25%一次性基施。

[2] 2009—2010 年度油菜籽市场价格为 3.75 元/kg,氮肥价格为 5.5 元/kg,追肥需要 0.5 个工时,油菜整个生育期追肥两次。

对不同施肥处理的纯收益增量进行了分析,结果表明,等养分量条件下除浠水试验点外,均以 CRU-H 处理的收益最大。与 UB-H 处理相比,CRU-H 处理平均增收 390.5 元/hm²(除浠水试验点外平均增收 525.1 元/hm²);与 UD-H 处理相比,CRU-H 处理在所有的试验点均增收,增幅为 78.0~768.0 元/hm²,平均为 412.3 元/hm²。同一施肥方式下随着施肥量的增加,经济效益增加,与 CRU-L 处理相比,CRU-H 处理的收益不同的试验点有增有减,变化幅度为 −248.8~516.2 元/hm²,初步推断控释尿素的最佳施肥量在 135~180 kg/hm² 之间,UB-H 处理在不同的试验点也表现出有增有减,变化幅度为 −510.0~963.7 元/hm²。

**2. 控释尿素施用对油菜不同生育阶段的氮肥利用率的影响**

控释尿素一次基施和尿素分次施用均显著提高了油菜生长后期的氮肥利用率,随着生育期的推进效果更明显。与等养分量的尿素一次性基施相比,施用控释尿素处理苗期的氮肥利用率降低 0.6%~8.6%(平均 5.2%),薹期,花期和成熟期的氮肥利用率分别提高了 1.1%~15.2%(5.4%),2.2%~16.8%(10.0%)和 9.3%~16.8%(13.6%)。UD 处理薹期,花期和成熟期的氮肥利用率平均分别提高了 3.5%,8.4% 和 10.3%。CRU 处理与 UD 处理相比,氮肥利用率有增加趋势,但差异不显著(表 61-19)。

表 61-19

控释尿素施用对油菜氮肥表观利用率的影响　　　　　　　　　　　　　　　　　　　　　　　　　　%

| 地点 | 处理 | 苗期 | 薹期 | 花期 | 成熟期 |
|---|---|---|---|---|---|
| 浠水 | CK | — | — | — | — |
| | UB-H | 12.7 | 25.2 | 36.7 | 40.5 |
| | UD-H | 14.0 | 34.7 | 46.6 | 51.7 |
| | CRU-H | 9.6 | 33.8 | 43.7 | 56.9 |
| | UB-L | 13.7 | 29.6 | 32.3 | 41.6 |
| | CRU-L | 10.9 | 31.6 | 42.0 | 58.4 |
| 鄂州 | CK | — | — | — | — |
| | UB-H | 17.7 | 32.7 | 33.7 | 31.0 |
| | UD-H | 16.1 | 30.3 | 45.4 | 41.8 |
| | CRU-H | 9.3 | 37.7 | 50.5 | 46.7 |
| | UB-L | 18.7 | 34.2 | 34.8 | 33.0 |
| | CRU-L | 10.1 | 35.9 | 49.6 | 43.2 |
| 进贤 | CK | — | — | — | — |
| | UB-H | 9.8 | 10.8 | 13.3 | 15.7 |
| | UD-H | 9.2 | 12.2 | 14.7 | 22.4 |
| | CRU-H | 9.2 | 15.2 | 15.8 | 26.6 |
| | UB-L | 11.7 | 13.5 | 15.6 | 16.3 |
| | CRU-L | 9.9 | 14.6 | 17.8 | 25.6 |
| 赤壁 | CK | — | — | — | — |
| | UB-H | 18.7 | 24.4 | 17.2 | 15.6 |
| | UD-H | 16.7 | 30.0 | 27.8 | 28.1 |
| | CRU-H | 7.8 | 39.6 | 33.9 | 31.8 |
| | CRU-L | 7.7 | 33.3 | 31.9 | 30.4 |

### 61.8.3　主要结论

与普通尿素一次施用相比,施用控释尿素明显改善了油菜中后期的生长,促进了油菜生长中后期的干物质量和氮素积累,进而提高油菜的产量和氮肥利用率。比普通尿素一次性基施增产 7.1%～32.5%,氮积累量增加了 12.7%～21.4%,氮肥利用率提高 9.3%～16.8%。控释尿素一次性基施同样可以达到普通尿素分次施用的增产效果,但明显减少劳动力投入成本。冬油菜最佳控施尿素用量在 135～180 kg N/hm² 之间,通过控释尿素的一次性基施达到高产、高效和省工的目的。

## 61.9　控释尿素和普通尿素配合施用

### 61.9.1　技术原理

目前控释氮肥的价格高于普通尿素,推广应用过程中农民虽然增产但不一定增收;另外苗期是油菜氮素积累的关键时期,其氮素吸收量占整个生育期的 33.8%～47.8%,因此苗期充足的氮素营养对于油菜高产是非常重要的,所以在基施控释氮肥时掺入一定量的普通尿素,既可降低肥料成本,又保证了油菜苗期的氮素需求。

### 61.9.2 主要结果

**1. 控释尿素与普通尿素配施对油菜籽产量及经济效益的影响**

与 CK 处理相比,施氮显著提高油菜籽的产量,增幅为 26.1%～149.5%。与 UB 处理相比,除浠水试验点外,CRU 处理的油菜籽产量增加 175～217 kg/hm²,增幅为 8.3%～10.5%,CRU+U 处理的油菜籽产量增加 190～337 kg/hm²,增幅为 11.4%～12.9%。CRU+U 处理与 CRU 处理的油菜籽产量在所有试验点均没有显著差异。与 UB 处理相比,除浠水试验点外,CRU 处理的经济收益增加283.6～441.2 元/hm²,CRU+U 处理的经济收益增加 488.9～1 040.2 元/hm²。与 CRU 处理相比,CRU+U 处理的经济收益增加 205.3～599.0 元/hm²。见表 61-20。

表 61-20

控释尿素与普通尿素配施对油菜籽粒产量及经济效益的影响

| 试验点 | 处理[1] | 籽粒产量<br>/(kg/hm²) | 增产量<br>/(kg/hm²) | 增幅<br>/% | 纯收益增量[2]<br>/(元/hm²) |
|---|---|---|---|---|---|
| 浠水 | CK | 1 040b[3] | — | — | — |
| | UB | 2 554a | 1 514 | 145.6 | 4 687.5 |
| | CRU | 2 578a | 1 538 | 147.9 | 4 404.9 |
| | CRU+U | 2 595a | 1 555 | 149.5 | 4 617.7 |
| 鄂州 | CK | 1 300c | — | — | — |
| | UB | 2 620b | 1 320 | 101.5 | 3 960.0 |
| | CRU | 2 837a | 1 537 | 118.2 | 4 401.2 |
| | CRU+U | 2 957a | 1 657 | 127.5 | 5 000.2 |
| 进贤 | CK | 1 323c | — | — | — |
| | UB | 1 668b | 345 | 26.1 | 303.8 |
| | CRU | 1 843a | 520 | 39.3 | 587.4 |
| | CRU+U | 1 858a | 535 | 40.4 | 792.7 |

[1] CK:不施肥处理;UB:普通尿素一次性基施处理;CRU:控释尿素一次性基施处理;CRU+U:60%控释尿素和40%普通尿素配施一次性基施。

[2] 2009—2010 年度油菜籽市场价格为 3.75 元/kg,氮肥价格为 5.5 元/kg,控释尿素比普通尿素价格高 0.8 元/kg((N)2.1 元/kg)。

[3] 同一列同一地点相同字母表示处理间差异不显著($P<0.05$)。

**2. 配施对油菜干物质量、氮积累量和氮肥利用率的影响**

施氮明显促进了苗期干物质和氮素的积累,与 CK 处理相比,各施氮处理的干物质量和氮素积累量分别增加 0.2%～55.2%和 59.1%～155.8%。不同施肥处理的苗期干物质量和氮积累量在不同的试验点效果表现略有不同:浠水和鄂州试验点表现为 UB 处理≈CRU+U 处理>CRU 处理,进贤试验点各施氮处理之间均没有显著差异,可见配施比单施控释尿素提高了苗期的氮素积累量。在成熟期,所有试验点干物质均表现出 CRU 处理≈CRU+U 处理>UB 处理,CRU 处理比 UB 处理的干物质量和氮积累量分别增加为 1.8%～22.0%和 16.9%～18.3%,氮肥利用率提高 9.0%～12.3%(平均11.2%)。CRU+U 处理比 UB 处理的干物质量和氮积累量分别增加 5.4%～20.9%和 8.7%～18.8%,氮肥利用率提高 4.8%～12.6%(7.6%)。见表 61-21。

表 61-21
控释尿素与普通尿素配施对油菜干物质量、氮积累量和氮肥利用率的影响

| 试验点 | 处理 | 苗期 | | 成熟期 | | 氮肥利用率 /% |
| | | 干物质量 /(kg/hm²) | 氮素积累量 /(kg/hm²) | 干物质量 /(kg/hm²) | 氮素积累量 /(kg/hm²) | |
| --- | --- | --- | --- | --- | --- | --- |
| 浠水 | CK | 603c[1] | 24.3c | 4 202c | 56.8c | — |
| | UB | 929a | 47.1a | 8 872b | 129.8b | 40.5 |
| | CRU | 812b | 40.4b | 9 033b | 151.7a | 52.7 |
| | CRU+U | 898a | 44.6ab | 9 348a | 141.1a | 46.8 |
| 鄂州 | CK | 1 214c | 26.4c | 4 552c | 65.0c | — |
| | UB | 1 829a | 58.3a | 8 185b | 120.8b | 31.0 |
| | CRU | 1 216b | 42.0b | 9 026ab | 142.9a | 43.3 |
| | CRU+U | 1 831a | 54.0a | 9 581a | 143.5a | 43.6 |
| 进贤 | CK | 500b | 11.3b | 5 417c | 63.4c | — |
| | UB | 729a | 28.9a | 6 268b | 91.7b | 15.7 |
| | CRU | 776a | 26.7a | 7 645a | 107.8a | 24.7 |
| | CRU+U | 768a | 26.3a | 7 578a | 100.4a | 20.5 |

[1] 同一列同一地点相同字母表示处理间差异不显著（$P < 0.05$）。

### 61.9.3　主要结论

与普通尿素一次性基施相比,控释尿素与普通尿素配施可增产 11.4%～12.9%,增收 488.9～1 040.2 元/hm²。配施处理与全施控释尿素处理油菜籽产量无明显差异,但每公顷可增收 205.3～599.0 元。配施的氮肥利用率与单施控释尿素没有显著差异,但高于普通尿素一次施用 7.6 个百分点。综上所述,冬油菜生产中可以采用 60% 控释尿素和 40% 普通尿素配合一次性基施。

## 61.10　免耕直播技术

### 61.10.1　技术原理

免耕栽培具有保持土壤水分、保护耕层土壤结构、节省劳力等优势,是今后我国油菜轻简化生产的重要出路之一。但是免耕会促进杂草的生长,同样土壤紧实度的增加会影响作物根系的生长,减少作物的产量,因此如果在油菜生产中盲目推行免耕,可能会得到适得其反的效果。了解免耕油菜的效果,完善油菜免耕栽培配套措施对于最终实现油菜的轻简化具有重要作用。

### 61.10.2　主要结果

#### 1. 两种耕作方式下杂草发生状况的比较

在薹肥施用之前调查了两种耕作方式下杂草的发生状况。免耕促进了杂草的生长,免耕处理杂草的数量及干物质量累量分别达到翻耕处理的 1.7 和 2.2 倍。在养分吸收方面,翻耕和免耕处理总的 N,$P_2O_5$ 和 $K_2O$ 的养分支出量差异不大,但在养分的分配方面二者差别明显,免耕处理杂草 N,$P_2O_5$ 及 $K_2O$ 的吸收量分别可占到总养分支出量的 22.2%,18.2% 和 36.0%,远高于翻耕处理的 10.6%,7.3% 和 14.5%,而由油菜吸收带走的养分量则相应减少。说明在免耕条件下,杂草的生长及对养分的竞争吸收对油菜的生长及养分吸收极为不利。见表 61-22。

表 61-22

两种耕作方式下杂草发生状况的比较      kg/hm²

| 处理 | 杂草数量 /(×10⁴/hm²) | 杂草干物 质积累量 | 杂草养分吸收量 | | | 油菜养分吸收量 | | | 总养分支出量 | | |
|---|---|---|---|---|---|---|---|---|---|---|---|
| | | | N | P₂O₅ | K₂O | N | P₂O₅ | K₂O | N | P₂O₅ | K₂O |
| 翻耕 | 117.3b* | 297.6b | 8.4b | 1.9b | 18.8b | 70.9a | 24.0a | 111.1a | 79.3a | 25.9a | 129.9a |
| 免耕 | 196.0a | 643.6a | 10.2a | 4.5a | 46.7a | 56.7b | 19.2b | 82.9b | 72.9a | 24.7a | 129.6a |

\* 同一列相同字母表示两个处理间经过 t 检验差异显著(P<0.05)。

**2. 两种耕作方式对油菜根系生长及干物质积累的影响**

两种耕作方式下油菜根系生长状况存在很大差异。免耕对于油菜主根的生长表现为明显的抑制作用,各生育阶段免耕处理的主根长及主根干物质积累量均明显低于翻耕处理;而侧根生长情况与主根正好相反,在不同的生育阶段无论从最长侧根长、最粗侧根粗还是侧根干物质积累量来看,免耕处理均优于翻耕处理。总体来看,翻耕处理根系的生长状况优于免耕处理,与翻耕处理相比,免耕处理根系总干物质积累量在苗期、薹期和角果期分别下降了 23.1%,34.3% 和 26.7%,平均下降幅度达到 28.0%。由于根系生长受到抑制,免耕处理地上部生长也受到很大影响,各生育阶段地上部干物质积累量均低于翻耕处理,但与根系生长受到极大抑制相比,免耕处理地上部生长受到的抑制作用相对较小,各生育阶段与翻耕处理相比的平均下降幅度仅为 15.7%。见表 61-23。

表 61-23

两种耕作方式对油菜根系生长及干物质积累的影响

| 生育期 | 处理 | 主根长 /cm | 主根粗 /mm | 最长 侧根长 /cm | 最粗 侧根粗 /mm | 主根 干物质 积累量 /(kg/hm²) | 侧根 干物质 积累量 /(kg/hm²) | 根部 干物质 积累量 /(kg/hm²) | 地上部 干物质 积累量 /(kg/hm²) |
|---|---|---|---|---|---|---|---|---|---|
| 苗期 | 翻耕 | 12.8a* | 6.64a | 7.1a | 1.41b | 159a | 48a | 207a | 1 047a |
| | 免耕 | 9.8b | 6.63a | 9.3a | 2.36a | 105b | 54a | 159b | 837b |
| 薹期 | 翻耕 | 14.8a | 11.03a | 13.3a | 3.92a | 216a | 108a | 324a | 2 358a |
| | 免耕 | 11.1b | 10.58a | 14.7a | 4.21a | 123b | 90a | 213b | 1 815b |
| 角果期 | 翻耕 | 17.0a | 13.24a | 14.0b | 3.55b | 481a | 149a | 630a | 8 640a |
| | 免耕 | 13.4b | 12.56a | 19.4a | 4.70a | 249b | 213b | 462b | 7 824a |

\* 同一列同一时期相同字母表示两个处理间经过 t 检验差异显著(P<0.05)。

**3. 两种耕作方式对油菜产量的影响**

不同年份翻耕和免耕处理油菜产量变化趋势不同,2008—2009 年免耕处理油菜籽粒产量低于翻耕处理,减产幅度达到 10.7%;2011—2012 年免耕处理油菜籽的产量则高于翻耕处理。从经济效益方面考虑,由于免耕栽培比翻耕少了土壤耕整的工序,减少了劳动成本的投入,因此从两年的结果来看,免耕处理的经济效益都要好于翻耕处理,尤其是在 2011—2012 年,免耕处理的纯收入比翻耕处理多 2 570 元。由此可见,如果油菜的免耕生产措施得当,其增产增收潜力较大。见表 61-24。

### 61.10.3   主要结论

免耕会产生两点不利效应导致油菜产量下降,一是土壤紧实度过大限制了油菜根系的生长和养分的吸收,二是杂草发生较多,与油菜的养分竞争加剧。由于免耕条件下土壤紧实度大导致油菜根系多集中于表层,对较深层次的养分吸收能力有限,因此在免耕条件下应适当加大养分的供应量以保证油菜生长对养分的需求;对于杂草问题,除了采用除草剂进行控制外,还可在免耕条件下采用秸秆覆盖的方式抑制杂草的生长。

表 61-24

两种耕作方式对油菜产量及经济效益的影响

| 年份 | 处理 | 产量<br>/(kg/hm²) | 毛收入<br>/(元/hm²) | 肥料投入<br>/(元/hm²) | 翻地投入<br>/(元/hm²) | 纯收入<br>/(元/hm²) |
|------|------|------|------|------|------|------|
| 2008—2009 年 | 翻耕 | 1 913 | 6 887 | 2 144 | 750 | 3 992 |
| | 免耕 | 1 707 | 6 145 | 2 144 | 0 | 4 001 |
| 2011—2012 年 | 翻耕 | 2 015 | 10 075 | 2 144 | 750 | 7 181 |
| | 免耕 | 2 379 | 11 895 | 2 144 | 0 | 9 751 |

毛收入＝籽粒产量×籽粒价格,籽粒价格为 2009 年 5 月和 2012 年 6 月湖北省油菜籽的统一收购价分别为 3.6 和 5.0 元/kg;肥料投入＝N 投入＋$P_2O_5$ 投入＋$K_2O$ 投入,N,$P_2O_5$ 和 $K_2O$ 的价格按照 2008 年湖北省平均价格计,分别为 3.83,4.86 和 6.12 元/kg;翻地投入按 50 元/666.7 m² 计(资料来源于本实验室未发表的调查数据);纯收入＝毛收入－肥料投入－翻地投入

## 61.11　油菜田稻草还田技术

### 61.11.1　技术原理

水稻秸秆是重要的生物质资源,富含各种大中微量元素。水稻秸秆还田不仅可以解决秸秆焚烧带来的环境污染问题,还可补充土壤养分库,维持和提升土壤肥力。秸秆还田后不仅可以通过自身分解所释放的营养成分、化学物质等直接影响作物生长,也可以通过影响作物生长的环境因子间接影响作物的生长。这些影响有些是有利的,有些是有弊的,在实际生产中应当通过选择适当的还田方式,调整配套的技术措施来尽量发挥其有利效应,规避不利效应,才能提升秸秆还田的效率,否则盲目的秸秆还田不仅不能提升作物的产量,反而会造成减产。

### 61.11.2　主要结果

**1. 不同稻草还田方式对油菜出苗的影响**

稻草覆盖还田对油菜出苗有明显抑制作用,与不覆盖处理(NT)相比,覆盖还田处理(NT＋SM)的出苗率降低了 20.4％;稻草翻压还田对油菜的出苗影响较小,还田处理(CT＋SI)油菜出苗率虽然低于还田处理(CT),但二者之间的差异并不显著。耕作对油菜出苗并无明显影响,翻耕(CT)和免耕处理(NT)的出苗率相当。各处理出苗率的差异导致了各处理在收获时的有效植株密度各不相同。与不还田(NT)相比,稻草覆盖还田处理(NT＋SM)的有效密度降低了 24.1％;而稻草翻压还田对油菜植株的有效密度并无明显影响。耕作对油菜植株的群体数量影响明显,虽然翻耕处理(CT)和免耕处理(NT)的出苗率相当,但免耕处理保持了较高的油菜群体的存活率,与翻耕处理相比,免耕处理的有效植株密度提高了 13.7％。见图 61-11。

**2. 不同耕作及稻草还田方式对油菜籽粒产量的影响**

稻草覆盖还田在 2010—2011 季明显地增加了油菜产量,与不覆盖处理相比,增产幅度达 25.6％。在 2011—2012 季,总体来看稻草还田对油菜产量有明显影响,与不还田处理相比,稻草还田处理的油菜产量增加了 7.0％。但不同的还田方式增产效果有较大差别,翻压还田条件下,稻草还田的增产幅度为 8.5％,差异显著,而覆盖还田条件下,稻草还田的增产幅度仅为 5.7％,差异不显著。氮肥施用增产效果明显,施氮处理的籽粒产量在 2010—2011 季和 2011—2012 季分别比不施氮处理提高了 113.3％和 117.7％。在 2010—2011 季,对于籽粒产量,稻草还田和施氮存在明显的正交互作用,稻草不覆盖的条件下,由氮肥施用导致的油菜增产幅度为 91.8％,而在稻草覆盖条件下,增产幅度提升到 132.9％,差异显著。见图 61-12。

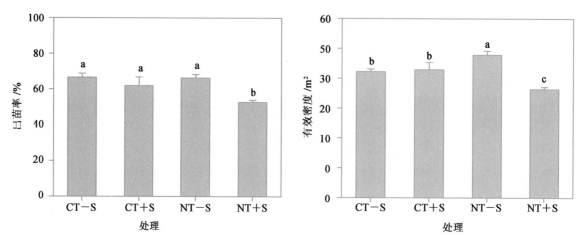

**图 61-11  耕作及稻草还田对油菜出苗及群体数量的影响**

CT-S：翻耕，秸秆不还田处理；CT+S：翻耕，秸秆还田处理；NT-S：免耕，秸秆不还田处理；

NT+S：免耕，秸秆还田处理。同一图上相同字母表示处理间差异不显著($P<0.05$)

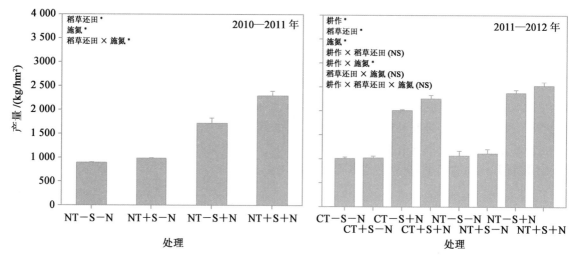

**图 61-12  耕作及稻草还田对油菜籽粒产量的影响**

### 3. 不同耕作及稻草还田方式对油菜苗期土壤温度的影响

稻草覆盖对 0～5 和 5～10 cm 土层具有明显的保温作用。在 4 个测定时期，与不覆盖处理（NT）相比，稻草覆盖处理（NT+SM）的 0～5 和 5～10 cm 土层 7 时地温平均提高了 1.4℃和 0.7℃，而 13 时地温则平均降低了 1.2℃和 1.2℃，这样稻草覆盖处理的 0～5 和 5～10 cm 土层整日地温变化幅度比不覆盖处理分别减少了 22.3％和 35.4％，差异显著。随着土层深度的增加稻草覆盖的保温作用逐渐减弱，在 10～20 cm 土层，稻草覆盖处理（NT+SM）与不覆盖处理（NT）的地温日较差并没有显著性差异。稻草翻压还田对土壤温度的调节作用要弱于稻草覆盖还田。稻草翻压还田之后明显的土壤温度变化只出现在 5～10 cm 土层。在 4 个测定时期，与不还田处理（CT）相比，稻草翻压还田处理（CT+SI）在该土层的地温日较差平均降低了 9.8％，说明稻草翻压还田在 5～10 cm 土层具有一定的保温作用。耕作对土壤温度也有一定影响，与翻耕（CT）相比，免耕（NT）导致了 0～5 和 5～10 cm 土层地温日较差的降低，4 个时期平均的降低幅度分别为 6.8％和 19.2％，说明免耕在 0～10 cm 土层具有一定的保温作用。见表 61-25。

表 61-25

耕作及稻草还田对苗期土壤温度的影响

| 处理 | 日期/(年/月/日) | | | | | | | | | | | |
| --- | --- | --- | --- | --- | --- | --- | --- | --- | --- | --- | --- | --- |
| | 2011/11/26 | | | 2011/12/16 | | | 2012/01/15 | | | 2012/02/15 | | |
| | 7 h | 13 h | 日较差 | 7 h | 13 h | 日较差 | 7 h | 13 h | 日较差 | 7 h | 13 h | 日较差 |
| 0～5 cm 土层土壤温度/℃ | | | | | | | | | | | | |
| CT | 14.3 | 26.6 | 12.3ab | 0.8 | 13.4 | 12.6a | −2.7 | 9.3 | 12.0a | 3.3 | 16.4 | 13.1a |
| CT＋SI | 13.9 | 25.9 | 12.1b | 1.0 | 13.6 | 12.6a | −2.4 | 9.2 | 11.6ab | 3.3 | 16.3 | 13.0a |
| NT | 12.9 | 25.8 | 12.8a | 1.1 | 13.0 | 11.9a | −2.0 | 8.8 | 10.8b | 3.6 | 14.7 | 11.1b |
| NT＋SM | 13.4 | 25.3 | 11.8b | 2.6 | 11.6 | 9.0b | 0.6 | 7.6 | 7.0c | 4.5 | 12.9 | 8.4c |
| 5～10 cm 土层土壤温度/℃ | | | | | | | | | | | | |
| CT | 12.4 | 20.1 | 7.6a | 3.8 | 9.9 | 6.2a | −0.9 | 5.1 | 6.0a | 3.8 | 11.6 | 7.8a |
| CT＋SI | 12.9 | 19.8 | 6.9ab | 4.2 | 10.0 | 5.8ab | −0.6 | 5.0 | 5.6ab | 4.1 | 10.6 | 6.5b |
| NT | 12.8 | 19.1 | 6.3b | 4.5 | 9.4 | 4.9b | −0.5 | 4.8 | 5.3b | 4.2 | 10.0 | 5.8b |
| NT＋SM | 12.5 | 16.6 | 4.1c | 5.1 | 8.1 | 3.0c | 1.4 | 4.2 | 2.8c | 4.7 | 9.2 | 4.5c |
| 10～20 cm 土层土壤温度/℃ | | | | | | | | | | | | |
| CT | 13.9 | 17.0 | 3.1ab | 6.1 | 8.1 | 2.0a | 2.6 | 4.1 | 1.5a | 4.9 | 8.3 | 3.4a |
| CT＋SI | 13.9 | 17.3 | 3.4a | 6.2 | 7.9 | 1.7a | 2.7 | 3.9 | 1.2ab | 4.7 | 8.1 | 3.4a |
| NT | 13.7 | 16.4 | 2.7ab | 6.2 | 7.7 | 1.5a | 2.9 | 3.9 | 1.0ab | 4.8 | 8.1 | 3.3a |
| NT＋SM | 13.3 | 15.7 | 2.4b | 6.3 | 7.8 | 1.5a | 2.9 | 3.8 | 0.9b | 4.7 | 7.6 | 2.9a |

**4. 不同耕作及稻草还田方式对油菜不同生育阶段土壤水分状况的影响**

稻草覆盖对 0～30 cm 土层的土壤水分状况有明显的改善作用。与不覆盖处理(NT)相比,整个生育期稻草覆盖处理(NT＋SM)0～10,10～20 和 20～30 cm 土层的土壤含水量平均提高了 12.3%,5.8% 和 12.3%,差异显著。稻草翻压还田对土壤水分状况的改善作用仅限于 0～20 cm 土层,而且效果弱于稻草覆盖还田。与不还田处理(CT)相比,整个生育期稻草翻压还田处理(CT＋SI)0～10 和 10～20 cm 土层土壤含水率的平均提高幅度分别为 6.5% 和 5.8%。耕作对 0～20 cm 土层的土壤含水率有明显影响,与翻耕处理相比,免耕处理整个生育期 0～10 和 10～20 cm 土层的土壤含水率平均提高了 9.8% 和 11.2%,差异显著,表明免耕在 0～20 cm 土层具有保水作用。见图 61-13。

### 61.11.3 主要结论

翻压和覆盖在油菜季均是可行的稻草还田方式,整个油菜生育期稻草翻压处理和覆盖处理 0～30 cm 的土壤储水量平均分别较不还田处理提高了 4.8% 和 9.8%;稻草覆盖显著降低了油菜越冬期 0～10 cm 土层土壤温度的日变化幅度,保温效果明显。与覆盖还田相比,稻草翻压还田对土壤温度的调节作用相对较弱,较明显的土壤温度改变仅出现在 5～10 cm 土层。从产量结果来看,稻草翻压增产效果明显,而稻草覆盖对油菜产量有一定的正效应,但效应的大小在不同年份有所不同,在干旱年份(2010—2011 年),稻草覆盖的增产效果明显,而在降水相对正常的年份(2011—2012 年),稻草覆盖的增产未达到显著性水平。两种还田方式在技术环节上还有改进的空间,特别是稻草覆盖还田,增加播种量和改变追肥方式均十分必要。

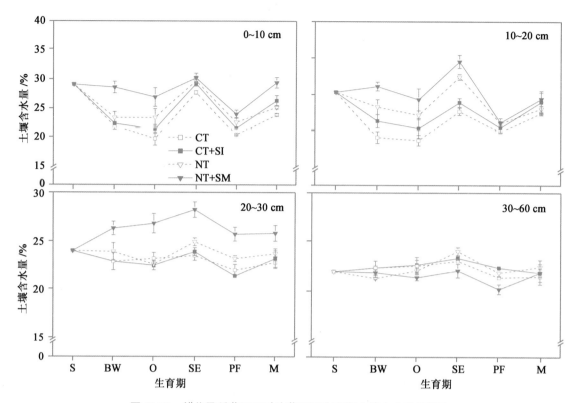

图 61-13　耕作及稻草还田对油菜不同生育期土壤含水量的影响

横坐标：S、BW、O、SE、PF 和 M 分别表示播种期、冬前期、越冬期、抽薹期、角果期和成熟期

## 61.12　油菜适宜稻草覆盖量及相应播种量的确定

### 61.12.1　技术原理

秸秆覆盖还田在保持土壤水分、降低土壤温度的日较差、减少水土流失等方面具有明显功效，但是研究发现稻草覆盖抑制了油菜的出苗，导致群体数量的减少，影响油菜产量潜力的发挥。合理的稻草覆盖量，以及根据稻草的覆盖量合理地调整油菜的播种量对于进一步提高油菜的产量潜力具有重要意义。

### 61.12.2　主要结果

**1. 不同稻草覆盖量对油菜干物质积累、养分吸收及产量的影响**

稻草覆盖能明显促进油菜的干物质积累和养分吸收。在油菜关键生育期的冬前期（播种后 53 d）、越冬期（播种后 84 d）、薹期（播种后 115 d）、花期（播种后 143 d）、角果期（播种后 174 d）和成熟期（播种后 192 d），稻草覆盖处理平均的干物质积累量均高于对照处理，分别是不覆盖处理的 1.4，1.4，1.5，1.2，1.1 和 1.2 倍，氮、磷、钾养分吸收情况与干物质积累的情况相似。但在整个生育期，不同的稻草用量处理之间在干物质积累及对养分的吸收方面均未表现出明显的差异。见图 61-14。

从产量的结果来看，与不覆盖处理相比，稻草覆盖能明显提高油菜的产量，平均增产幅度达到 16.0%。不同覆盖量处理间，以 3 750 kg/hm² 处理的产量最高，随着稻草还田量的增加，油菜籽产量略有下降。见图 61-15。

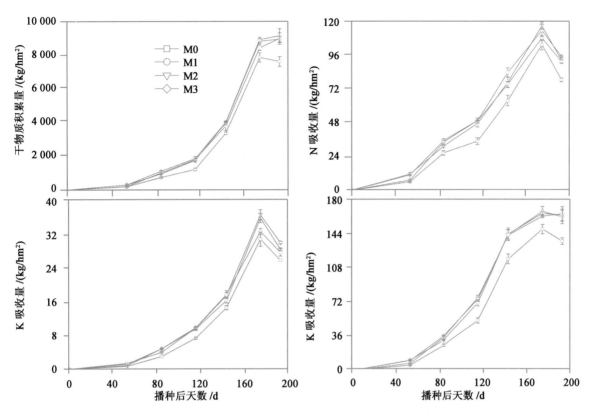

图 61-14　不同稻草覆盖量对油菜干物质积累及养分吸收的影响

M0,M1,M2 和 M3 分别代表秸秆覆盖量为 0,3 750,7 500 和 15 000 kg/hm²

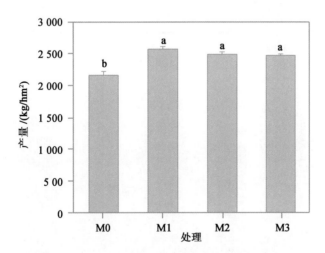

图 61-15　不同稻草覆盖量对油菜产量的影响

相同字母表示处理间油菜产量差异不显著($P<0.05$)

**2. 稻草覆盖条件下增加播种量对油菜群体数量及产量的影响**

稻草覆盖对油菜出苗有明显抑制作用。相同播种量条件下,稻草覆盖处理出苗率比不覆盖处理降低了 14.0%。稻草覆盖条件下,增加播种量对油菜出苗率没有明显影响,各播种量处理间没有显著差异。与出苗率的结果相同,相同播种量下,稻草覆盖处理收获时的有效植株密度也明显低于不覆盖处理,与之相比,降低幅度为 12.7%,差异显著。稻草覆盖条件下,随着播种量的增加,油菜收获时的有效植株密度也明显增加,播种量为原播种量的 1.2 倍时(MS2),有效密度比原播种量处理(MS1)提高了

17.3%,与不覆盖处理相当(—MS1)。播种量为原播种量的1.6倍时(MS4),有效密度达到最大,与原播种量处理相比(MS1)有效密度增加了51.2%,与不覆盖处理(—MS1)相比也增加了32.0%,差异显著。见图61-16。

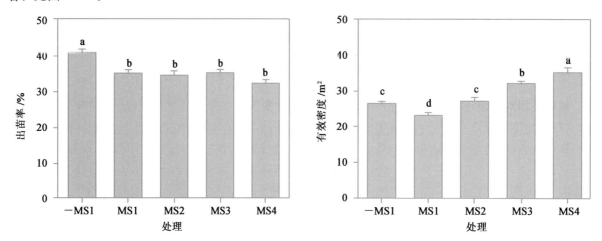

**图61-16　稻草覆盖及稻草覆盖条件下不同播种量对油菜出苗及群体数量的影响**
—MS1:稻草不覆盖,播种量为3 kg/hm²;MS1:稻草覆盖,播种量为3 kg/hm²;MS2:稻草覆盖,播种量为3.6 kg/hm²;MS3:稻草覆盖,播种量为4.2 kg/hm²;MS4:稻草覆盖,播种量为4.8 kg/hm²。
同一图上相同字母表示处理间差异不显著($P<0.05$)

从产量结果来看,不论播种量增加与否,稻草覆盖都明显增加了油菜的籽粒产量,平均的增加幅度达到41.4%。稻草覆盖条件下,随着播种量的增加,油菜籽粒产量也逐渐增加,但提升幅度小于有效密度的增加幅度。播种量为原播种量的1.6倍(MS4)时,产量达到最大,与原播种量处理(MS1)相比,增产幅度为13.0%,差异显著。见图61-17。

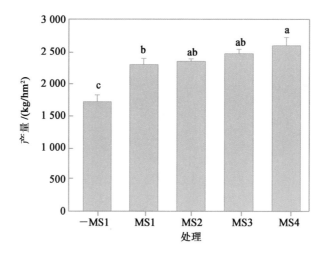

**图61-17　稻草覆盖及稻草覆盖条件下不同播种量对油菜产量的影响**
相同字母表示处理间差异不显著($P<0.05$)

### 61.12.3　主要结论

稻草覆盖可明显增加油菜的产量,平均的增产幅度达到16.0%。3个稻草用量处理中,以覆盖量为3 750 kg/hm²的处理产量最高,随着覆盖量的进一步增加产量略有降低,但差异不大。以此作为判断依据同时兼顾操作方便的原则,在实际生产中应当推荐7 500 kg/hm²的覆盖量,相当于前季稻草全量还田。增加播种量显著增加了油菜的群体数量,当播种量达到原播种量的 1.6 倍时,有效密度可增加 51.2%,增加播种量是充分发挥稻草覆盖增产效应的有效措施。在稻草覆盖的情况下,建议播种量增加 20%~30%。

## 61.13　油菜田稻草覆盖还田下合理氮肥施用技术

### 61.13.1　技术原理

秸秆还田对土壤环境的影响十分明显,不仅可以改变土壤水分和温度状况,还可提升微生物的活性,这些变化不仅可以直接影响土壤中氮的固定-矿化平衡,也可间接影响氮在土壤中的运移过程及作物对氮的吸收;同时秸秆覆盖后影响后期氮肥的追施,增加氮素潜在损失。由于氮素的行为发生改变,秸秆还田条件下作物对施氮的反应必然与秸秆不还田有很大差别,因此为了充分发挥秸秆还田的增产培肥潜力,提高氮肥的利用效率,在秸秆还田之后重新评估氮肥的施用效果,并以此为依据调整氮肥的管理策略就显得十分必要。

### 61.13.2　主要结果

#### 1. 稻草还田及施氮对土壤氨挥发的影响

稻草覆盖可在一定程度上降低基施氮肥的氨挥发损失,基施氮肥后施氮不覆盖处理的氨挥发损失在 2010—2011 季和 2011—2012 季分别占到施入氮量的 3.6% 和 1.5%,而稻草覆盖之后氨挥发量占施入氮量的比例分别降低了 1.7% 和 1.0%。薹期追施氮肥之后氨挥发的结果与基肥氮肥正好相反,稻草覆盖加剧了氨的挥发,覆盖处理氨挥发量占施氮量的比例在 2010—2011 季和 2011—2012 季分别比不覆盖处理提高了 7.6% 和 12.2%。综合来看,稻草覆盖还田导致了土壤氨挥发的增加,稻草覆盖处理氨挥发总量占总施氮量的比例在 2010—2011 季和 2011—2012 季分别比不覆盖处理提高了 1.3% 和 3.1%。见表 61-26。

表 61-26

油菜不同生育期氨挥发损失占施入氮的比例

| 处理[1] | 基肥施用后 | | 追肥施用后 | | 全生育期 | |
|---|---|---|---|---|---|---|
| | 氨挥发量/(kg N/hm²) | 占施氮量比例/% | 氨挥发量/(kg N/hm²) | 占施氮量比例/% | 氨挥发量/(kg N/hm²) | 占施氮量比例/% |
| 2010—2011 年 | | | | | | |
| −S−N | 0.60 | | 0.48 | | 1.08 | |
| −S+N | 5.83 | 3.63 | 3.12 | 4.00 | 8.95 | 3.75 |
| +S−N | 0.92 | | 0.95 | | 1.87 | |
| +S+N | 3.87 | 1.91 | 8.61 | 11.61 | 12.48 | 5.05 |
| 2011—2012 年 | | | | | | |
| −S−N | 0.53 | | 0.36 | | 0.89 | |
| −S+N | 2.66 | 1.48 | 3.72 | 5.09 | 6.38 | 2.61 |
| +S−N | 0.66 | | 0.32 | | 0.98 | |
| +S+N | 1.38 | 0.50 | 11.74 | 17.30 | 13.12 | 5.78 |

[1] −S−N:秸秆不还田,不施氮肥处理;−S+N:秸秆不还田,施氮肥处理;+S−N:秸秆覆盖还田,不施氮肥处理;+S+N:秸秆覆盖还田,施氮肥处理。

#### 2. 稻草还田及施氮对油菜季氮素收支平衡的影响

稻草覆盖还田处理明显增加了播种到薹期油菜氮素吸收,减少其表观氮素损失,两年分别减少了 19.6%和 53.6%的表观氮素损失,但是秸秆还田处理薹期到成熟期的表观氮素损失却高于不覆盖处理。从整个生育期的结果来看,2010—2011 年秸秆覆盖和不覆盖处理表观氮素损失接近,但是2011—2012 年秸秆覆盖却增加表观氮素损失,与不覆盖处理相比,平均增加 24.6%的表观氮素损失见表 61-27。

表 61-27

稻草还田对油菜不同生育阶段氮素平衡的影响                                           kg/hm⁰

| 处理 | 施氮量 | 初始土壤无机氮 | 秸秆氮 | 植株氮吸收 | 土壤残留无机氮 | 表观氮损失 |
|---|---|---|---|---|---|---|
| 2010—2011 年 | | | | | | |
| 播种到抽薹(追肥前) | | | | | | |
| −S+N | 144 | 54 | 0 | 46b* | 50a | 102a |
| +S+N | 144 | 54 | 4 | 74a | 46a | 82b |
| 抽薹到成熟 | | | | | | |
| −S+N | 66 | 50 | 0 | 41a | 22a | 53b |
| +S+N | 66 | 46 | 5 | 32b | 14b | 71a |
| 播种到成熟 | | | | | | |
| −S+N | 210 | 54 | 0 | 87b | 22a | 155a |
| +S+N | 210 | 54 | 9 | 105a | 14b | 153a |
| 2011—2012 年 | | | | | | |
| 播种到抽薹(追肥前) | | | | | | |
| −S+N | 144 | 57 | 0 | 86b | 87a | 28b |
| +S+N | 144 | 57 | 5 | 100a | 93a | 13c |
| 抽薹到成熟 | | | | | | |
| −S+N | 66 | 87 | 0 | 83a | 37a | 33b |
| +S+N | 66 | 93 | 8 | 72b | 32b | 63a |
| 播种到成熟 | | | | | | |
| −S+N | 210 | 57 | 0 | 169ab | 37a | 61c |
| +S+N | 210 | 57 | 13 | 172a | 32a | 76b |

*同一时期相同字母表示处理间经过 $t$ 检验差异不显著($P<0.05$)。

**3. 稻草还田对油菜氮素利用效率的影响**

在 2010—2011 季,稻草覆盖还田明显提升了油菜氮素的利用效率,与不还田处理相比,稻草覆盖还田处理的氮素回收率和氮素农学利用率分别增加了 51.6%和 59.0%。与 2010—2011 季不同,在2011—2012 季,稻草覆盖还田对油菜的氮素利用效率并无明显影响。见表 61-28。

### 61.13.3 主要结论

稻草覆盖能明显改善薹期之前油菜的生长和氮素吸收,但薹期之后这种正效应逐渐减弱。由于秸秆覆盖造成的机械阻隔引起薹期追施氮肥氨挥发损失明显增加,导致氮素供应不足,是造成薹期之后稻草覆盖正效应逐渐减弱的重要原因。因此在秸秆覆盖还田条件下,建议采用普通尿素和控释尿素配合一次性基施,从而保证后期氮素供应,提高油菜的产量和氮肥利用率。

表 61-28

稻草还田对油菜氮素利用效率的影响

| 处理 | 氮素回收率/% | 氮素农学利用率/(kg/kg) |
|---|---|---|
| 2010—2011 年 | | |
| −S+N | 21.3b* | 3.9b |
| +S+N | 32.3a | 6.2a |
| 2011—2012 年 | | |
| −S+N | 49.1a | 6.2ab |
| +S+N | 49.3a | 6.7a |

*同一年份相同字母表示处理间经过 $t$ 检验差异不显著($P<0.05$)。

## 61.14　周年轮作的冬油菜合理氮肥用量

### 61.14.1　技术原理

氮肥施入到土壤后,除了被作物吸收带走,以及通过挥发、淋洗损失到环境中外,还有很大一部分残留在土壤中。一般情况下一季作物收获后残留的肥料氮通常占施氮量的 15%～30%,最高可达 48%。残留的氮以多种形式存在于土壤中,包括无机氮、固定态铵、微生物氮以及土壤稳定组成中的有机氮等,与土壤中固有的氮不同,残留肥料氮的有效性明显高于土壤固有的氮,使其很容易被后茬作物所吸收利用。在水旱轮作上的研究表明旱作和水田施用的氮肥在下一季的利用率分别为 4.2%～4.4% 和 2.4%～5.2%,因此考虑到残留氮的后效可以减少后季作物的氮肥用量。

### 61.14.2　主要结果

**1. 前茬氮肥投入对油菜产量和氮素吸收量的影响**

前茬水稻的氮肥用量会对油菜产量产生明显的影响,在油菜季不施氮肥的情况下,随着水稻季氮肥用量的增加,油菜的产量呈现逐渐增加的趋势,其中水稻季施氮量为(N)330 kg/hm² 时油菜的产量最高,比水稻季不施氮肥处理显著增产 280 kg/hm²,但是如果水稻季施用了氮肥,各处理油菜的产量差异并不明显。与不施用氮肥处理相比,油菜季施用氮肥后能明显提高油菜的产量,各处理平均增产 1 618 kg/hm²。但是当季的油菜产量同样受到水稻季氮肥用量的影响,水稻季不施氮处理油菜产量明显低于其他施用氮肥的处理,并且油菜的产量随着前季水稻氮肥用量的增加而增加,同样以水稻氮肥用量最高的 N4(N)(330 kg/hm²)处理的油菜产量最高,达到 3 152 kg/hm²。见表 61-29。

表 61-29

不同施氮量对油菜产量和氮素吸收量的影响

| 油菜处理 | 水稻处理 | 油菜产量/(kg/hm²) | 增产量/(kg/hm²) | 增产率/% |
|---|---|---|---|---|
| −N | N0 | 1 059b | — | — |
| | N1 | 1 166ab | 107 | 10.1 |
| | N2 | 1 300ab | 241 | 22.8 |
| | N3 | 1 324a | 265 | 25.0 |
| | N4 | 1 339a | 280 | 26.4 |

续表 61-29

| 油菜处理 | 水稻处理 | 油菜产量/(kg/hm²) | 增产量/(kg/hm²) | 增产率/% |
|---|---|---|---|---|
| +N | N0 | 2 508c | — | — |
| | N1 | 2 663bc | 155 | 6.2 |
| | N2 | 2 944ab | 436 | 17.4 |
| | N3 | 3 011ab | 503 | 20.1 |
| | N4 | 3 152a | 644 | 25.7 |

**2. 前茬残留氮在油菜季的利用**

在水稻—油菜轮作条件下,残留在土壤中的水稻季施用的氮肥能够明显增加油菜的产量和氮素吸收量,水稻季残留的氮素仍有 2.9%~4.7% 可以被下季油菜所吸收利用。在水稻季施肥的基础上,油菜季施用氮肥能明显提高油菜的产量,增产量从 1 449~1 813 kg/hm²。如果以水稻季不施氮肥,油菜施用氮肥的增产量作为评估水稻季氮肥后效的依据,油菜要增产 1 449 kg/hm²,那么在水稻季施用 (N)82.5~330 kg/hm² 的情况下,油菜季的氮肥用量可以在现有的基础上相应地减少 (N)5~33 kg/hm²。见表 61-30。

表 61-30
水稻季不同施氮量的后效

| 水稻处理 | 油菜施氮增产量 /(kg/hm²) | 油菜氮肥农学效率 /(kg/kg) | 目标产量施氮量 /(kg/hm²) | 替代施氮量 /(kg/hm²) |
|---|---|---|---|---|
| N0 | 1 449 | 8.8 | 165 | |
| N1 | 1 497 | 9.1 | 160 | 5 |
| N2 | 1 644 | 10.0 | 145 | 20 |
| N3 | 1 687 | 10.2 | 142 | 23 |
| N4 | 1 813 | 11.0 | 132 | 33 |

## 61.14.3  主要结论

合理的氮肥施用能明显提高前季水稻和后季油菜的产量,在整个周年水旱轮作中水稻季氮肥具有一定的后效,因此油菜生长季应该在充分考虑前茬水稻氮肥后效的基础上进行氮肥的优化推荐施用。水稻季施用 (N)82.5~330 kg/hm² 的情况下,油菜季的氮肥用量可以在现有的基础上相应地减少 (N)5~33 kg/hm²。

附表 61-1

## 长江上游油菜—水稻轮作制中移栽油菜施肥技术模式

| 月份 | 9月 上 | 9月 中 | 9月 下 | 10月 上 | 10月 中 | 10月 下 | 11月 上 | 11月 中 | 11月 下 | 12月 上 | 12月 中 | 12月 下 | 1月 上 | 1月 中 | 1月 下 | 2月 上 | 2月 中 | 2月 下 | 3月 上 | 3月 中 | 3月 下 | 4月 上 | 4月 中 | 4月 下 | 5月 上 | 5月 中 | 5月 下 |
|---|---|---|---|---|---|---|---|---|---|---|---|---|---|---|---|---|---|---|---|---|---|---|---|---|---|---|---|
| 节气 | 白露 | | 秋分 | 寒露 | | 霜降 | 立冬 | | 小雪 | 大雪 | | 冬至 | 小寒 | | 大寒 | 立春 | | 雨水 | 惊蛰 | | 春分 | 清明 | | 谷雨 | 立夏 | | 小满 |

**品种类型及目标产量：** 根据区域土壤类型、耕作水平、降雨量、积温等生态条件。选用植株高大、分枝数多、角果数多、熟期适中的"双低"油菜品种。如川油 21、川油 18、川油 20、蜀杂 6 号、蜀杂 9 号、油研 9 号、油研 10 号、云油 22 号、渝黄 1 号等。根据品种特点确定密度。肥力水平及光温特点，肥力水平高或湿度大的地块适当稀植，光照好的地块适当密植。目标产量 2 250~3 000 kg/hm²

**生育期：** 9 月上旬至 10 月上旬播种、育苗，因不同地区不同品种而异，10 月上旬至 11 月上旬移栽，4/25 左右收获

**育苗：** 选用土壤肥力中等，土质疏松，地势平坦，靠近水源，排灌方便的田块作苗床。苗床与大田的比例按 1：(5~6) 备足苗床，均匀播种，一般播种量为 11.25 kg/hm²

**移栽：** 开厢利于窝，窝子应平坦宽阔，土质疏松，不宜过深过窄过板结。在移栽的前一天下午，先用清粪水适度浸泡苗床地。移栽时选取根系发育良好，株体匀称，生长健壮，大小均一的直立苗，先将植株直立于窝心，再四周垒土于窝心，然后将植株作定根水，使窝子浸透而无多余水分渗漏为宜

**施肥：**
- 苗床基肥：每公顷施腐熟有机肥 30~45 t、尿素 300 kg、过磷酸钙 750 kg、氯化钾 150 kg，将肥料与土壤耙匀后播种
- 苗田追肥：一般可结合间苗浇稀粪水 1~2 次，每公顷 1.5~2.25 t。如底肥足，长势旺盛的，在 4.5 叶期不宜追肥，应注意行疏苗，防止长高脚。在移栽前可喷施硼肥 1 次，浓度为 0.2%
- 本田基肥：在移栽前 1~2 d 穴施基肥，施肥深度为 10~15 cm。每公顷施 20-9-11+B 的配方肥 750 kg
- 本田追肥：移栽后 1~2 d 施苗肥，在移栽后 50 d 左右（元旦前），看苗追施 0~30 kg/hm² 的氮(N)，每公顷施尿素 0~65 kg
- 腊肥（越冬肥）：
- 说明：大田总施肥量按每公顷纯氮(N)150~180 kg、磷($P_2O_5$)68 kg、钾($K_2O$)83 kg、硼砂 15 kg。其中氮肥的 83.3%~100%作基肥，0~16.7%作越冬肥；磷、钾、硼肥全部作基肥施用

**灌溉：** 浇好底墒水，灵活灌苗水，适时灌冬水，灌好蕾薹水，稳浇开花水，补灌角果水

**病虫草防治：**
- 苗床虫害：用 40%多虫灵 100 g 兑水 50 kg 喷雾，可防治霜霉病、白锈病和猝倒病；苗床期主要防治菜青虫、蚜虫、跳甲虫、菜叶虫等小菜蛾，每公顷用氧化乐果 1 500 g 或多杀菊酯 750 mL 兑水 750 kg 喷雾。移栽前 1~2 d 要全面防治 1 次，做到带药移栽
- 苗期：应注意防治病虫害，主要有：菜青虫、蚜虫、白粉病、锈病和菌核病
- 薹花期：应注意防治白锈病、菌核病、病毒病和蚜虫、潜叶蝇。当 10%的蕾、花上有蚜虫，平均每角薹有蚜 3~5 头时应防治。40%乐果乳剂以水稀释 1 000~1 500 倍液，每公顷每次用药液 1 125 kg
- 开花角果期：油菜花角期要注意防治霜霉病和菌核病、干旱少雨的地区要注意喷灌蚜虫。每公顷用 50%多菌灵可湿性粉剂稀释 500 倍液、40%的菌核净 1 000 倍 1 125 kg，子油菜盛花期叶片病株率达 10%以上开始喷药，根据病害程度防治 1~2 次，两次间隔时间 7~10 d
- 说明：具体防治时间按照当地植保部门的病虫情报确定。用足水量，以提高防治效果

**收获：** 适宜的收获时间约在油菜终花后 25~30 d，全田有 2/3 角果成黄绿色，一般在 4 月下旬收获。收获过程力争做到"三轻"（轻割、轻放、轻搬），力求在每个环节上把损失降到最低限度。堆放油菜时，应把角果成熟的角果放在垛内、茎秆朝垛外，以利后熟。为促进部分未完全成熟的角果的后熟，应将收获后的油菜及时堆垛后熟

附表61-2
长江中游油菜-水稻轮作制中移栽油菜施肥技术模式

| 月份 | 9月 | | | 10月 | | | 11月 | | | 12月 | | | 1月 | | | 2月 | | | 3月 | | | 4月 | | | 5月 | |
|---|---|---|---|---|---|---|---|---|---|---|---|---|---|---|---|---|---|---|---|---|---|---|---|---|---|---|
| | 上 | 中 | 下 | 上 | 中 | 下 | 上 | 中 | 下 | 上 | 中 | 下 | 上 | 中 | 下 | 上 | 中 | 下 | 上 | 中 | 下 | 上 | 中 | 下 | 上 | 下 |
| 节气 | 白露 | 秋分 | 寒露 | 寒露 | 霜降 | 立冬 | 立冬 | 小雪 | 大雪 | 大雪 | 冬至 | 小寒 | 小寒 | 大寒 | 立春 | 立春 | 雨水 | 惊蛰 | 惊蛰 | 春分 | 清明 | 清明 | 谷雨 | 立夏 | 立夏 | 小满 |

**品种类型及产量构成：** 选用植株高大，分枝数多，角果数多，熟期适中的品种。双低油菜选用华双5号、中双10号、杂交油菜选用中油杂12号、华油杂14号、皖油杂22号、华油杂23号、中油7号、皖油7号等。移栽密度9.75万~11.25万株/hm²。收获时，单株分枝数16个左右，单株有效角果数350~400个，每公顷果数3 900万~4 500万个，每个角果实粒数20~25粒，千粒重3.5~4.0 g

**生育期：** 9/15~9/30播种，育苗(30~35 d)，10/15~10/30移栽，10/25~2/10苗期，越冬期(100 d左右)，2/10~3/10蕾薹期，3/10~4/15开花期，4/15~5/10角果发育成熟期，5/10~5/15收获

**育苗：** 选用土壤肥力中等、土质疏松、地势平整、排灌方便的田块作苗床。苗床与大田的比例按1:(5~6)备足苗床，均匀播种，一般播种量为7.5 kg/hm²

**移栽：** 方式：人工移栽或机栽。株行距25 cm×30 cm，20 cm×33 cm，移栽时要做到"三要三边"和"四栽"，即：行宜栽直，根要栽正，棵要栽稳，边移栽、边浇定根水。大小苗分栽、栽新鲜苗、栽直根苗、栽紧根苗

**施肥：**
苗床基肥：每公顷施腐熟有机肥30~45 t，尿素300 kg，过磷酸钙750 kg，氯化钾150 kg，将肥料与土壤拌匀后播种

苗田追肥：一般可结合间苗浇稀粪水1~2次，每公顷1.5~2.25 t，如底肥足，长势旺盛的，在4、5叶期不宜追肥，盛的，防止徒长高脚，在移栽前要喷施硼肥1次，浓度为0.2%

本田基肥：在移栽前1~2 d穴施基肥，施肥深度为10~15 cm，每公顷施20-9-11+B的配方肥600 kg

腊肥(越冬肥)：移栽后50 d左右(元旦前)，看苗追施45~75 kg/hm²的氮(N)，每公顷施尿素100~150 kg

说明：大田总施肥量按每公顷纯氮(N)165~195 kg，磷(P₂O₅)54 kg，钾(K₂O)66 kg，硼砂15 kg。其中氮肥的60%~70%作基肥，30%~40%作越冬肥；磷、钾、硼肥全部作基肥施用。或一次性基施25-9-11的缓控释肥料600 kg/hm²

**灌溉：** 浇好底墒水，灵活保苗水，适时灌冬水、灌好蕾薹水，稳浇开花水，补灌角果水。春后雨水增多，及时做好清沟排水，防渍害，防旱衰

**病虫草防治：** 苗床虫害：油菜出苗后检查虫情，在幼虫3龄以前喷药，90%敌百虫结晶稀释1 000~1 500倍液，每公顷每次用液1 125 kg。移栽前3 d：每公顷用20%克无踪(广谱杀性除草剂)1 500~2 250 mL兑水675~750 kg喷雾

苗后草害：一般在杂草2~4叶期，每公顷用10.8%高效盖草能乳油300~450 mL兑水562.5 kg，均匀喷雾。抽薹开花期：当10%的蕾、花上有蚜虫，平均每蕾有蚜虫3~5头时应防治。40%乐果乳剂兑水稀释1 000~1 500倍液，每公顷每次用药液1 125 kg

菌核病防治：每公顷用50%多菌灵可湿性粉剂稀释500倍液，40%的菌核净1 000倍1 125 kg；于油菜盛花期叶病株率达10%以上开始喷药，根据病害程度防治1~2次，两次间隔时间7~10 d

说明：具体防治时间按照当地植保部门的病虫情报确定。用足水量，以提高防治效果

**收获：** 适宜的收获时间在油菜终花后25~30 d，全田有2/3角果成黄绿色，一般在5月上中旬收获。收获过程力争做到"三轻"(轻割、轻放、轻捆)，力求在每个环节上把损失降到最低限度。为促进部分未完全成熟的角果的后熟，应将收获后的油菜及时堆垛后熟。堆放菜时，应把角果放在垛内，茎秆朝垛外，以利后熟

附表 61-3

**长江下游油菜-水稻轮作制中移栽油菜施肥技术模式**

| 月份 | 9月 | | | 10月 | | | 11月 | | | 12月 | | | 1月 | | | 2月 | | | 3月 | | | 4月 | | | 5月 | | |
|---|---|---|---|---|---|---|---|---|---|---|---|---|---|---|---|---|---|---|---|---|---|---|---|---|---|---|---|
| | 上 | 中 | 下 | 上 | 中 | 下 | 上 | 中 | 下 | 上 | 中 | 下 | 上 | 中 | 下 | 上 | 中 | 下 | 上 | 中 | 下 | 上 | 中 | 下 | 上 | 中 | 下 |
| 节气 | 白露 | | 秋分 | 寒露 | | 霜降 | 立冬 | | 小雪 | 大雪 | | 冬至 | 小寒 | | 大寒 | 立春 | | 雨水 | 惊蛰 | | 春分 | 清明 | | 谷雨 | 立夏 | | 小满 |

**品种类型及产量构成**：适用植株高大、分枝数多、角果数多、角果重高产的品种。双低油菜选用中双 10 号、杂交油菜选用中油杂 12 号、皖油 22 号、杂油 7 号等。熟期适中的品种。每公顷角果数 350～400 个左右，每个角果实粒数 20～25 粒。千粒重 3.5～4.0 g。移栽密度 9.75 万～11.25 万株/hm²。收获时，单株分枝数 16 个左右，单株角果数 3 900 万～4 500 万个

**生育期**：9/30～10/15 播种，育苗(30～35 d)，10/30～11/15 移栽，越冬期(100 d 左右)，2/20～3/20 苗期，3/20～4/25 开花期，4/25～5/20 角果发育成熟期，5/20～5/30 收获

**育苗**：适用土壤肥力中等，土质疏松，地势平整，靠近水源，排灌方便的田块作苗床。苗田与大田的比例按 1:(5～6) 备足苗床，均匀播种，一般播种量为 7.5 kg/hm²

**移栽**：方式：人工移栽或机栽。株行距 25 cm×30 cm，20 cm×33 cm，移栽时要做到"三要三边"和"四栽"，即"行要栽直，根要栽正，棵要栽稳，边起苗，边栽苗，边浇定根水。大小苗分栽。裁新鲜苗、裁直根苗、裁壮根苗

**施肥**：

苗床基肥：每公顷施施腐熟有机肥 30～45 t，尿素 300 kg，过磷酸钙 750 kg，氯化钾 150 kg，将肥料与土壤拌匀后播种

苗田追肥：一般可结合窝苗浇稀粪水 1～2 次，每公顷 1.5～2.25 t。如底肥足、长势旺盛的，在 4.5 叶期不宜追肥。苗、防止旺长高脚。在移栽前 1 次喷施硼肥 1 次，浓度为 0.2%

腊肥(越冬肥)：移栽后 50 d 左右(元旦前)，看苗施追肥 45～75 kg/hm² 的氮(N)，每公顷施尿素 100～150 kg

本田基肥：在移栽前 1～2 d 穴施，施肥深度为 10～15 cm。每公顷施 20-9-11+B 的配方肥 750 kg

本田果肥：在移栽前 1～2 d 施基肥，施肥深度为 10～15 cm。每公顷施 20-9-11 的缓释肥 750 kg

说明：大田总施肥量按每公顷纯氮(N)195～225 kg，磷(P₂O₅)68 kg，钾(K₂O)83 kg，硼砂 15 kg。其中氮肥的 65%～75% 作基肥，25%～35% 作越冬肥；磷、钾、硼肥全部作基肥。一次性基施 25-9-11 的缓释肥料 600 kg/hm² 施用。

**灌溉**：浇好底墒水。灵活掌握苗水。适时灌溉冬水。灌好蕾薹水。稳浇开花水。补灌角果水。春后雨水增多，及时做好清沟排水，防渍害、防旱衰

**病虫草防治**：

苗床虫害：油菜出苗后检查虫情，在幼虫 3 龄以前喷药，90% 敌百虫晶体粉剂 1 000～1 500 倍液。每公顷用 90% 敌百虫晶体 1 125 kg。

苗后茎叶处理：一般在杂草 2～4 叶期，可每公顷用 10.8% 高效盖草能乳油 300～450 mL 兑水 562.5 kg，均匀喷雾。

油菜开花期：当 10% 的蕾、花上有蚜虫，平均每蕾有蚜虫 3～5 头时应防治。40% 乐果乳剂兑水稀释 1 000～1 500 倍液，每公顷每次施药液 1 125 kg

移栽前 3 d：每公顷用 20% 克无踪(广谱触杀性除草剂)1 500～2 250 mL 兑水 675～750 kg 喷雾

菌核病防治：每公顷用 50% 多菌灵可湿性粉剂稀释 500 倍液，40% 的菌核净 1 000 倍 1 125 kg，于油菜盛花期叶病株率达 10% 以上开始喷药，根据病害程度防治 1～2 次，两次间隔时间 7～10 d

说明：具体防治时间按照当地植保部门的病虫害预报确定

**收获**：适宜的收获时间约在全田约 2/3 角果的后熟，应将收获后的角果的后熟。适宜的收获时间约在全田油菜终花后 25～30 d，全田有 2/3 角果呈黄绿色，一般在 5 月中下旬收获。收获过程中力争做到"三轻"(轻割、轻放、轻搬)，力求在每个环节上把损失降到最低限度。为促进部分未完全成熟的角果的后熟，堆放油菜时，应将角果放在垛内、茎秆朝垛外，以利后熟

附表 61-4

长江上游油菜-水稻轮作制中直播油菜施肥技术模式

| 月份 | 9月 | | | 10月 | | | 11月 | | | 12月 | | | 1月 | | | 2月 | | | 3月 | | | 4月 | | | 5月 | | |
|---|---|---|---|---|---|---|---|---|---|---|---|---|---|---|---|---|---|---|---|---|---|---|---|---|---|---|---|
| | 上 | 中 | 下 | 上 | 中 | 下 | 上 | 中 | 下 | 上 | 中 | 下 | 上 | 中 | 下 | 上 | 中 | 下 | 上 | 中 | 下 | 上 | 中 | 下 | 上 | 中 | 下 |
| 节气 | 白露 | | 秋分 | 寒露 | | 霜降 | 立冬 | | 小雪 | 大雪 | | 冬至 | 小寒 | | 大寒 | 立春 | | 雨水 | 惊蛰 | | 春分 | 清明 | | 谷雨 | 立夏 | | 小满 |

**品种类型及目标产量：** 早播的可选用中熟、高产、高抗品种，退播的可选用冬春双发、长势旺的品种。如川油 21,川油 18,川油 20,蜀杂 6 号,蜀杂 9 号,油研 10 号,油研 9 号,云油 22 号,渝黄 10 号,渝黄 1 号等。根据各地土壤类型、耕作水平、降雨量、积温等生态条件的不同,选择适宜当地种植的"双低"油菜品种。播种量 3.00～3.75 kg/hm²,目标产量 2 250～3 000 kg/hm²

**生育期：** 多数品种种在 10 月上中旬播种,少数在 9 月下旬或 10 月下旬播种,4/25 左右收获

**播种：** 方式：人工播种或机播。人工可播种挖窝点播,免耕挖窝点播,翻耕开沟条播,或散播。播前精细整地,填平脚窝,削高补低,整平厢面,以减少播种时的丛籽、深籽和烂籽。出苗后 10 d 左右油菜苗有 2 片真叶时,及时间去弱苗、瘦苗,留丛苗、留下壮苗。4～5 片真叶时定苗。每公顷留足 27 万～33 万株感应苗。机播：一般在 10 月上中旬为宜。播量控制在 2.25～3.75 kg/hm²。在满足直播油菜基本苗的农艺要求前提下,最大限度地减少同苗用工。油菜籽播种深度为 1.5～2.0 cm

**施肥：** 基肥：每公顷施用 22-10-8+B 的配方肥 750 kg,苗肥：出苗后 30 d 左右,看苗追施 N 30～45 kg/hm²,即,追施尿素 65～100 kg/hm²
说明：大田总施肥量按每公顷纯氮(N)165～195 kg,磷($P_2O_5$)75 kg,钾($K_2O$)60 kg,其中氮肥的 77%～100%作基肥,剩余 0～23%作追肥一次性施用

**灌溉：** 浇好底墒水,灵活灌苗水。适时灌冬水,灌好蕾薹水,稳浇开花水,补灌角果水。春后雨水增多,及时做好清沟排水,防渍害,防早衰

**病虫草防治：**
播种前 4～5 d：
用 10%草甘膦水剂 500 mL,或用 41%农达 100 mL,兑水 50 kg 喷施,进行第一次除草。
油菜出苗后：
检查虫情,在幼虫 3 龄以前施药,90%敌百虫结晶兑水稀释 1 000～1 500 倍液,每公顷施药液 1 125 kg

油菜 4～5 叶期：
每公顷用 30%双净 1 125～1 500 mL,或每公顷用精禾草克 600～900 mL,或每公顷用 10.8%高效盖草能 450 mL,兑水 450 kg 喷雾,进行第二次除草。
抽薹开花期：
当 10%的蕾、花上有蚜虫,平均每蕾有蚜虫 3～5 头时应防治。40%乐果乳剂兑水稀释 1 000～1 500 倍液,每公顷施药液 1 125 kg

菌核病防治：
每公顷用 50%多菌灵可湿性粉剂稀释 500 倍液,40%的菌核净 1 000 倍或 1 125 kg,于油菜盛花期叶病株率达 10%以上开始喷药,根据病害程度防治 1～2 次,两次间隔时间 7～1C d

说明：具体防治时间按当地植保部门的病虫情报确定。用足水量,以提高防治效果

**收获：** 适宜的收获时间在油菜终花后 25～30 d,全田有 2/3 角果成黄绿色,一般在 4 月下旬收获。收获过程中力争做到"三轻"(轻割、轻放、轻捆),力求在每个环节上把角果损失降到最低限度。
为促进部分未完全成熟的角果的后熟,应将收获的油菜及时堆垛后熟。堆放油菜时应把角果放在垛内,茎秆朝垛外,以利后熟

附表 61-5

**长江中游油菜-水稻轮作制中直播油菜施肥技术模式**

| 月份 | 9月 | | | 10月 | | | 11月 | | | 12月 | | | 1月 | | | 2月 | | | 3月 | | | 4月 | | | 5月 | | |
|---|---|---|---|---|---|---|---|---|---|---|---|---|---|---|---|---|---|---|---|---|---|---|---|---|---|---|---|
| | 上 | 中 | 下 | 上 | 中 | 下 | 上 | 中 | 下 | 上 | 中 | 下 | 上 | 中 | 下 | 上 | 中 | 下 | 上 | 中 | 下 | 上 | 中 | 下 | 上 | 中 | 下 |
| 节气 | 白露 | | 秋分 | 寒露 | | 霜降 | 立冬 | | 小雪 | 大雪 | | 冬至 | 小寒 | | 大寒 | 立春 | | 雨水 | 惊蛰 | | 春分 | 清明 | | 谷雨 | 立夏 | | 小满 |

| 项目 | 内容 |
|---|---|
| 品种类型及产量构成 | 早播的可选用中熟、高产、高抗品种,迟播的可选用冬春双发、长势旺的品种。双低油菜选用华双5号、中双9号、沪油15号、中双油杂2号、华油杂14号;杂交油菜选用中油杂2号、华油杂14号。每公顷有效株数27万~33万株,单株结角150~200个,每个角果实粒数18粒左右、千粒重3.5~4.0 g。每公顷有效角果数3 600万个,每个角果实粒数18粒左右、千粒重3.5~4.0 g |
| 生育期 | 9/10~9/25播种,9/25~2/5苗期,越冬期(130 d左右),2/10~3/10蕾薹期,3/10~4/15开花期,4/20~5/15角果发育成熟期,5/10~5/15收获 |
| 播种 | 方式:人工播种或机播。人工:可条播或散播。播前精细整地,墒平田面,以减少播种时的丛籽、深籽和烂籽。出苗后10 d左右油菜苗有2片真叶时,及时间苗、间去弱苗、瘦苗、丛苗,留下壮苗。4~5片真叶时定苗,每公顷留足27万~33万株成活苗。一般在9月中下旬为宜。播量控制在0.15~0.25 kg。播量随播期的推迟而增加,一般按9月下旬2.25 kg/hm²,10月上旬3 kg/hm²,10月中旬3.75 kg/hm²。在满足直播油菜基本苗的农艺要求前提下,最大限度地减少间苗用工。油菜籽播种深度为1.5~2.0 cm。 |
| 施肥 | 基肥:每公顷施22-10-8+B的配方肥750 kg。　苗肥:出苗后30 d左右,看苗追肥N 30~45 kg/hm²,即,追施尿素65~100 kg/hm²。<br>说明:大田总施肥量按每公顷纯氮(N)165~195 kg,磷(P₂O₅)75 kg,钾(K₂O)60 kg,其中氮肥的78%~85%作基肥,剩余15%~22%作追肥一次性施用。或一次性基施27-10-8+B的缓控释肥料600 kg/hm²。 |
| 灌溉 | 浇好底墒水,灵活灌冬水,适时灌冬水,灌好蕾薹水,稳浇开花水,补灌角果水。春后雨水增多,及时做好清沟排水,防渍害、防早衰。 |
| 病虫草防治 | 播种前4~5 d:用10%草甘膦水剂500 mL,或41%农达100 mL,兑水50 kg喷施,进行第一次除草。油菜出苗后:检查虫情,在幼虫3龄前以前喷药,90%敌百虫结晶稀释1 000~1 500倍液,每公顷每次用药液1 125 kg<br>油菜4~5叶期:每公顷用30%双草净1 125~1 500 mL,或每公顷苗用精禾草克600~900 mL,或每公顷用10.8%高效盖草能450 mL,兑水450 kg喷雾,进行第二次除草。抽薹开花期:当10%的蕾、花上有蚜虫3~5头时应防治。平均每薹有蚜虫3~5头时,每公顷用40%乐果乳剂兑水稀释1 000~1 500倍液,每公顷每次用药液1 125 kg<br>菌核病防治:每公顷用50%多菌灵可湿性粉剂稀释500倍液,40%的菌核净1 000倍1 125 kg;油菜盛花期叶病率达10%以上开始喷药,根据病害程度防治1~2次,两次间隔时间7~10 d<br>说明:具体防治时间按照当地植保部门的病虫情报确定。用足水量,以提高防治效果。 |
| 收获 | 适宜的收获时间约在油菜终花后25~30 d,全田有2/3角果成黄绿色,一般在5月中下旬收获。收获过程力争做到"三轻"(轻割、轻放、轻捆),力求在每个环节上把损失降到最低限度。为促进部分未完全成熟的角果的后熟,应将收获后的油菜及时堆株后熟。堆放油菜时,应把角果放在株内,茎秆朝株外,以利后熟 |

附表61-6　长江下游油菜—水稻轮作制中直播油菜施肥技术模式

| 月份 | 9月 | | | 10月 | | | 11月 | | | 12月 | | | 1月 | | | 2月 | | | 3月 | | | 4月 | | | 5月 | | |
|---|---|---|---|---|---|---|---|---|---|---|---|---|---|---|---|---|---|---|---|---|---|---|---|---|---|---|---|
| | 上 | 中 | 下 | 上 | 中 | 下 | 上 | 中 | 下 | 上 | 中 | 下 | 上 | 中 | 下 | 上 | 中 | 下 | 上 | 中 | 下 | 上 | 中 | 下 | 上 | 中 | 下 |
| 节气 | 白露 | | 秋分 | 寒露 | | 霜降 | 立冬 | | 小雪 | 大雪 | | 冬至 | 小寒 | | 大寒 | 立春 | | 雨水 | 惊蛰 | | 春分 | 清明 | | 谷雨 | 立夏 | | 小满 |
| 品种类型及产量构成 | 早播的可选用中熟、高产、高抗旺长双发、长势旺品种。如浙油50、中双11号、沪油21、宁杂19号、沪杂21等。迟播的可选用能冬春双发、长势旺品种。播种量3.75~5.25 kg/hm²,间苗后控制每公顷有效株数27万~33万株,单株有效角果150~200个,每公顷有效角果数3 600万~4 050万个,每个角果实粒数18粒左右,千粒重3.5~4.0 g | | | | | | | | | | | | | | | | | | | | | | | | | | |
| 生育期 | 9/25~10/15播种,10/15~2/5苗期,越冬期(130 d左右),2/10~3/20蕾薹期,3/20~4/25开花期,4/25~5/20角果发育成熟期,5/20~5/30收获 | | | | | | | | | | | | | | | | | | | | | | | | | | |
| 播种 | 方式:人工播种或机播。人工:可条播或散播,播前精细整地,填平脚窝,削高补低,整平田面,以减少播种时的丛苗。出苗后10 d左右油菜苗有2片真叶时,及时间苗,间去弱苗、瘦苗,留下壮苗。4~5片真叶时定苗,每公顷留足27万~33万株成活苗。机播:一般在9月中下旬为宜。播量随播期的推迟而增加,一般按9月下旬2.25 kg/hm²,10月上旬3 kg/hm²,10月中旬3.75 kg/hm²。在满足直播油菜基本苗的农艺要求前提下,最大限度地减少间苗用工。油菜籽直播播种深度为1.5~2.0 cm | | | | | | | | | | | | | | | | | | | | | | | | | | |
| 施肥 | 基肥:每公顷施22-10-8+B的配方肥750 kg　苗肥:出苗后30 d左右,看苗追肥N 30~45 kg/hm²,即,追施尿素65~100 kg/hm²　说明:大田总施肥按每公顷纯氮(N)165~195 kg,磷($P_2O_5$)75 kg,钾($K_2O$)60 kg,其中氮肥的78%~85%作基肥,剩余15%~22%作追肥一次性施用。或一次性基施27-10-8+B的缓控释肥料600 kg/hm² | | | | | | | | | | | | | | | | | | | | | | | | | | |
| 灌溉 | 浇好底墒水,适时灌冬水、灌好蕾薹水、稳浇开花水,补灌角果水。春后雨水增多,及时做好清沟排水,防渍害、防早衰 | | | | | | | | | | | | | | | | | | | | | | | | | | |
| 病虫草防治 | 播种前4~5 d:用10%草甘膦水剂500 mL,或41%农达100 mL,兑水50 kg喷施,进行第一次除草。油菜出苗后:检查虫情,在幼虫3龄以前喷药,90%敌百虫晶体稀释1 000~1 500倍液,每公顷收用液1 125 kg 　油菜4~5叶期:用10%双草净1 125~1 500 mL,或每公顷用精禾草克600~900 mL,或每公顷用10.8%高效盖草能450 mL,兑水450 kg喷雾,进行第二次除草。抽薹开花期:当10%的蕾、花上有蚜虫,平均每株蚜虫3~5头时应防治。40%乐果乳剂兑水稀释1 000~1 500倍液,每公顷每次用药液1 125 kg 　菌核病防治:每公顷用50%多菌灵可湿性粉剂稀释500倍液,40%的菌核净1 000倍1 125 kg,于油菜盛花期中病株率达10%以上开始喷药,根据病害程度防治1~2次,两次间隔时间7~10 d 　说明:具体防治时间按照当地植保部门的病虫情报确定。用足水量,以提高防治效果 | | | | | | | | | | | | | | | | | | | | | | | | | | |
| 收获 | 适宜的收获时间约在油菜终花后25~30 d,全田有2/3角果成黄绿色,一般在5月中下旬收获。收获过程力争做到"三轻"(轻割、轻放、轻捆),力求在每个环节上把损失降到最低限度。为促进部分未完全成熟的角果的后熟,应将收获后的油菜及时堆放后熟。堆放油菜时,应把角果放在垛内,茎秆朝垛外,以利后熟 | | | | | | | | | | | | | | | | | | | | | | | | | | |

## 发表的主要论文

[1] 卜容燕，任涛，鲁剑巍，等.水稻-油菜轮作条件下氮肥效应及其后效.中国农业科学，2012，45（24）：5049-5056.

[2] 苏伟，鲁剑巍，李云春，等.氮肥运筹方式对油菜产量、氮肥利用率及氮素淋失的影响.中国油料作物学报，2010，32(4)：559-562.

[3] 苏伟.油菜轻简化生产中几项养分管理关键技术的初步研究：硕士学位论文.武汉：华中农业大学，2010.

[4] 王素萍，李小坤，鲁剑巍，等.施用控释尿素对油菜籽产量、氮肥利用率及土壤无机氮含量的影响.植物营养与肥料学报，2012，18(6)：1449-1456.

[5] 王寅，鲁剑巍，李小坤，等.移栽和直播油菜的氮肥施用效果及适宜施氮量.中国农业科学，2011，44(21)：4406-4414.

[6] 王寅.直播和移栽冬油菜氮磷钾施用效果的差异及机理研究：博士学位论文.武汉：华中农业大学，2014.

[7] 邹娟，鲁剑巍，陈防，等.长江流域油菜氮磷钾肥料利用率现状研究.作物学报，2011，37(4)：729-734.

[8] 邹娟.冬油菜施肥效果及土壤养分丰缺指标研究：博士学位论文.武汉：华中农业大学，2010.

[9] Ren T，Lu J W，Li H，et al. Potassium-fertilizer management in winter oilseed-rape production in China. Journal of Plant Nutrition and Soil Science，2013，176：429-440.

[10] Wang Y，Liu B，Ren T，et al. Establishment method affects oilseed rape yield and the response to nitrogen fertilizer. Agronomy Journal，2014，106：131-142.

[11] Su W，Liu B，Liu X W，et al. Effect of depth of fertilizer banded-placement on growth，nutrient uptake and yield of oilseed rape（Brassica napus L.）. European Jounral of Agronomy（In press），2014.

[12] Su W，Lu J W，Wang W N，et al. Influence of rice straw mulching on seed yield and nitrogen use efficiency of winter oilseed rape（Brassica napus L.）in intensive rice-oilseed rape cropping system. Field Crops Research，2014，159：53-61.

（执笔人：鲁剑巍　任涛　李小坤　丛日环　邹娟　王寅　苏伟）

# 第 62 章

## 湖南省稻田油菜养分管理技术创新与应用

## 62.1 湖南稻田油菜养分管理技术发展历程

油菜是湖南省主要的经济作物,也是冬季用地和养地的主要农作物,对提高农民经济收入和农民生活水平有极其重要的意义。近年来,在原总书记胡锦涛同志"大力发展油菜生产"的批示和农业部"振兴油料生产计划"的推动下,湖南省油菜种植面积不断扩大,单产进一步提高,农民种植油菜的积极性也有所提高。但养分管理技术发展相对缓慢,跟不上品种更新和种植结构的变化。为此,在农业部行业计划、国家油菜产业体系、湖南省重大专项、中国农业大学——司尔特测土配方施肥研究基地项目等科研课题的资助下,湖南农业大学植物营养课题组,进一步探讨了湖南油菜养分管理技术,在施肥量与种植密度的关系、适宜养分配比、基肥与追肥的比例、稻-稻-油三熟制早熟油菜的养分需求规律等方面取得了一些进展。

## 62.2 湖南油菜养分管理中存在的主要问题

### 1. 养分投入不合理(养分配比、基肥与追肥比例)

实践证明,油菜生产中氮肥的作用明显大于磷、钾和其他肥料。因此,农民偏重施用氮肥的现象非常普遍(表 62-1),造成氮肥利用率明显下降,增加环境风险。此外,在不施用控释肥的前提下,把绝大多数甚至全部肥料作为基肥一次施用,基肥与追肥比例严重失调(表 62-2);还有不少农户播种时施用每亩 30～50 kg 复合肥,如果长势不好,苗期再追施每亩 3～5 kg 尿素,却从不过问其复合肥的养分比例,从而导致氮磷钾配比不合理、基肥比例过高等问题。

表 62-1

油菜氮磷钾配比(衡阳县为例)　　　　　　　　　　　　　　　　　　　　　　　　　　　　　kg/亩

| 项目 | N | $P_2O_5$ | $K_2O$ |
| --- | --- | --- | --- |
| 农民习惯施肥 | 16～19 | 2～3 | 3～5 |
| 高产高效施肥 | 10～12 | 5～6 | 6～7 |

表 62-2

氮肥的基施与追施占总施氮量的比例　　　　　　　　　　　　　　　　　　　　　　　　　　　　　　　　　%

| 项目 | 基肥 | 苗肥 | 薹肥 |
|---|---|---|---|
| 农民习惯施肥 | 60~100 | 0~40 | 0 |
| 高产高效施肥 | 50 | 20~30 | 20~30 |

**2. 种植密度偏低、密度与施肥量的关系不明确**

在农村劳动力不足、农民勤劳程度降低的大背景下,油菜种植密度不断下降(表 62-3),产量潜力得不到充分发挥,严重浪费光能和水肥资源。在迟播条件下因密度低而降低油菜产量的现象更加明显。另外,油菜机械化收割要求茎秆较细、群体较大的高种植密度栽培模式。但施肥量较多时,过高的密度反而抑制其生长,因此亟须探明油菜肥密关系。

表 62-3

油菜种植密度　　　　　　　　　　　　　　　　　　　　　　　　　　　　　　　　　　　　　　万株/亩

| 直播油菜 | | 移栽油菜 | |
|---|---|---|---|
| 农民习惯 | 高产高效密度 | 农民习惯 | 高产高效密度 |
| ≤1.5 | ≥2 | ≤0.3 | ≥0.5 |

**3. 缺乏适宜于稻—稻—油三熟制的早熟油菜施肥技术**

双季稻区三熟制栽培,要求生育期约 180 d 的早熟油菜品种,生育期的大幅度缩短,必定导致其养分需求规律与常规油菜品种不同,且三熟制栽培以机械化轻简栽培为前提,需要研究机械化轻简栽培条件下的油菜施肥技术。此外,早熟油菜播种期稻田土壤水分过高,严重抑制油菜出苗,因此,如何通过合理施肥促进土壤水分较高的稻田油菜发芽是目前亟须解决的问题。

## 62.3　湖南省油菜养分管理技术创新与应用

### 62.3.1　针对问题

(1)施肥量与种植密度的关系;
(2)氮磷钾养分配比以及基、追肥比例;
(3)机械化轻简栽培的早熟油菜施肥技术。

### 62.3.2　关键技术突破

**1. 不同施肥量下合理种植密度**

由表 62-4 可知,相同施肥水平下,在施肥量较低处理(施肥水平 0,1,2)油菜籽粒产量随密度的增加而增加,而施肥量较高处理(施肥水平 3,4)油菜籽粒产量在密度较低时随施肥量增加而增加,超过一定密度后随施肥量增加产量反而减少,从而出现一个产量的拐点:施肥水平 3 的产量拐点密度为 37.5 万株/$hm^2$,施肥水平 4 的产量拐点密度为 22.5 万株/$hm^2$。相同密度条件下,油菜籽粒产量随施肥量的增加而增加,但增加幅度却因密度的不同而不同。以施肥水平由 3 增加到 4 为例,相应密度条件下籽粒产量增加幅度分别为 26.5%,31.5%,32.8%,16.3%,11.6%,8.4%,即种植密度较高时施肥量增加引起的增产效应下降,边际产量降低。

总之,当 N,$P_2O_5$,$K_2O$ 施用量,分别为 120,60,105 kg/$hm^2$ 或以下时,密度越高产量越高,密度达到 45 万株/$hm^2$ 仍增产;分别为 180,90,158 kg/$hm^2$ 时,密度超过 37.5 万株/$hm^2$ 就会减产;分别为 240,120,210 kg/$hm^2$ 时,密度超过 22.5 万株/$hm^2$ 就会减产。考虑到较高施肥量下肥料利用率和肥料边际效应比较低的问题，我们推荐稻田油菜 N,P₂O₅,K₂O 施用量分别为 180,90,158 kg/hm²，密度为 30 万～37.5 万株/hm²；或 N,P₂O₅,K₂O 施用量分别为 120～180,60～90,105～158 kg/hm²，密度为 37.5 万株/hm² 以上。

**表 62-4**

不同种植密度和施肥水平条件下的籽粒产量 kg/hm²

| 密度/(万株/hm²) | 施肥水平 4 | 施肥水平 3 | 施肥水平 2 | 施肥水平 1 | 施肥水平 0 |
|---|---|---|---|---|---|
| 7.5 | 1 967.72aA(b) | 1 555.95bB(b) | 1 235.86cC(b) | 377.82dD(b) | 108.91eD(b) |
| 15.0 | 2 182.58aA(ab) | 1 760.28bB(ab) | 1 314.25cC(ab) | 490.54dD(ab) | 141.84eE(ab) |
| 22.5 | 2 300.94aA(a) | 1 732.72bB(ab) | 1 372.28cC(ab) | 469.56dD(ab) | 170.13eE(ab) |
| 30.0 | 2 225.76aA(a) | 1 914.08bB(a) | 1 456.17cC(ab) | 499.63dD(ab) | 222.55eD(a) |
| 37.5 | 2 186.85aA(ab) | 1 978.02aA(a) | 1 476.79bB(ab) | 582.46cC(a) | 213.00dC(a) |
| 45.0 | 2 088.48aA(ab) | 1 927.89bA(a) | 1 541.92cB(a) | 598.58dC(a) | 224.81eD(a) |

1. 多重比较采用 Duncan 氏新复极差法，同一行小写字母相同者，表示在 P<5% 水平上差异不显著，同一行大写字母相同者，表示在 P<1% 水平上差异不显著。

2. 扩弧内字母表示相同施肥水平下不同密度处理籽粒产量的多重比较结果。同一列字母相同者，表示在 P<5% 水平上差异不显著。

3. 施肥水平 0～4 的 N,P₂O₅,K₂O 施用量分别为 0,0,0 kg/hm²；60,30,53 kg/hm²；120,60,105 kg/hm²；180,90,158 kg/hm²；240,120,210 kg/hm²。

**2. 合理氮磷钾配比**

由图 62-1 可以看出，高施氮比例处理的籽粒产量(处理 1～6)普遍高于低施氮比例处理(处理 7～12)，都达到 1 680 kg/hm² 以上，而且处理间的差异达到显著水平；施磷比例对产量的影响也表现出类似的趋势，即高施磷比例处理(处理 1～3 和处理 7～9)的产量略高于低施磷比例处理(处理 4～6 和处理 10～12)；而施钾比例对产量的影响并没有表现出一致的规律。所有处理中，处理 1(N:P₂O₅:K₂O= 1:0.50:0.58)的产量最高，为 1 830 kg/hm²，其次是处理 2，为 1 800 kg/hm²，处理 5 的产量位居第 3，为 1 785 kg/hm²。以上结果表明，施氮比例对籽粒产量的影响最大，其次是施磷比例，施钾比例影响最小。总之，从产量最高的处理氮磷钾配比(N:P₂O₅:K₂O=1:0.50:0.58)来看，与以往的油菜氮磷钾配比相比钾的比例明显减少。显然，目前稻田普遍采用秸秆还田，稻田油菜的施钾比例可适当减少。我们推荐的氮磷钾配比为 N:P₂O₅:K₂O=1:0.50:0.58。

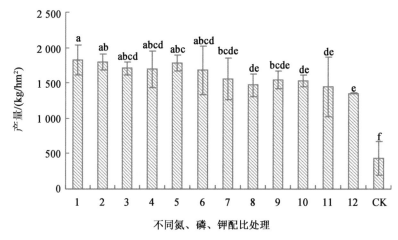

**图 62-1 不同氮磷钾配比对冬油菜产量的影响**

不同字母代表差异达 5% 显著水平。处理 1～12 的 N:P₂O₅:K₂O 比例分别为，1:0.50:0.58,1:0.50:0.88,
1:0.50:1.17,1:0.33:0.58,1:0.33:0.88,1:0.33:1.17,1:0.60:0.70,1:0.60:1.05,1:0.60:1.40,
1:0.40:0.70,1:0.40:1.05,1:0.40:1.40,处理 12 为不施肥对照。

**3. 合理的基肥与追肥比例**

基肥与追肥比例对冬油菜产量及产量构成因素影响的测定结果见表 62-5。由表 62-5 可以看出，氮肥的基肥与追肥比例对油菜产量产生显著影响,在磷钾均做基肥一次性施入的条件下,各处理之间的产量差异达显著水平,其中以基肥:苗肥:薹肥=5:2:3 的产量最高,较全部做基肥提高了 206%,其次是以基肥:苗肥:薹肥=6:2:2,较全部做基肥提高了 269%。单株角果数和每角果粒数的变化趋势与产量一致,而基肥与追肥比例对千粒重没有显著影响。总之,原来普遍采用的氮肥基肥比例为 60%~70% 是不太合理的,而目前不少农户在不施用缓控释肥的情况下,将 70% 以上甚至 100% 的氮肥作基肥施用,明显影响了油菜生长与产量,降低了氮肥利用率。因此,我们推荐的油菜氮肥基肥与追肥比例为,基肥、苗肥和薹肥分别占 50%、20% 和 30%。

表 62-5

氮肥(尿素)后移对油菜产量与产量构成因素的影响

| 处理/% | | | 单株角果数 /个 | 每角果粒数 /粒 | 千粒重 /g | 产量 /(kg/hm²) |
|---|---|---|---|---|---|---|
| 基肥 | 苗肥 | 薹肥 | | | | |
| 60 | 20 | 20 | 117.5aAB | 12.6cB | 5.85aA | 1 470bA |
| 50 | 20 | 30 | 135.4aA | 16.6abAB | 5.48aA | 1 770aA |
| 100 | | | 64.2bBC | 13.7bcAB | 5.34aA | 480cB |
| | 不施肥(CK) | | 40.3bC | 12.8cB | 5.00aA | 285dC |

**4. 机械化播种早熟油菜专用控释肥研发**

为解决茬口矛盾和农村劳动不足问题,稻-稻-油三熟制,要求油菜播种时将开沟、播种与施肥通过播种机一次完成。为此,我们在研发新型肥料控释包衣剂和早熟油菜品种氮磷钾配比研究的基础上,研发了油菜专用控释肥,该肥料的应用效果如下:

(1)油菜专用普通复混肥和包膜控释肥最高产量施肥量和经济施肥量　由表 62-6 可以看出,在 5 种不同施肥量下,包膜控释肥处理的籽粒产量(早熟油菜品种杂 1613)均高于普通复混肥,其中包膜控释肥施用量为 750 kg/hm² 时的籽粒产量达 1 805 kg/hm²,相当于等养分含量的普通复混肥施用量为 1 500 kg/hm² 时的产量(1 852 kg/hm²)。

表 62-6

两种肥料的不同用量对油菜产量的影响                                    kg/hm²

| 施肥量 | 普通肥 | 控释肥 |
|---|---|---|
| 2 250 | 1 845ab | 1 929a |
| 1 500 | 1 852ab | 2 119a |
| 750 | 1 513b | 1 805ab |
| 375 | 903cd | 1 172c |
| 0(CK) | 621.5e | |

根据表 62-7 的数据,以施肥量(普通肥为 $X_1$,控释肥为 $X_2$)为自变量,籽粒产量(普通肥为 $Y_1$,控释肥为 $Y_2$)为因变量,对籽粒产量-施肥量进行拟合,得到抛物线方程(图 62-2)为:$Y_1=-0.086\ 4X_1^2+21.542X_1+562.02$,$R^2=0.974\ 3$;$Y_2=-0.135\ 5X_2^2+29.091X_2+603.6$,$R^2=0.990\ 5$。根据该抛物线方程计算最高产量施肥量与经济施肥量结果如表 62-7 所示。由表 62-7 可以看出,包膜控释肥与普通复混肥相比,在最高产量施肥量下,施肥量减少 13.9%,而产量增加 13.6%;经济施肥量下,施肥量减少 10.5%,产量增加 14.7%,纯利润增加幅度为 18.2%,且在经济施肥量下,包膜控释肥的纯利润为 7 286.1元/hm²、普通复混肥的纯利润为 6 166.3 元/hm²,前者比后者提高了 18.2%。

表 62-7

两种肥料的最高产量施肥量与经济施肥量以及对应产量                kg/hm²

| 项目 | 普通肥 | | 控释肥 | | 施肥量减少和产量增加/% | |
|---|---|---|---|---|---|---|
| | 施肥量 | 产量 | 施肥量 | 产量 | 施肥量 | 产量 |
| 最高产量施肥量及产量 | 1 871 | 1 905 | 1 611 | 2 164 | 13.9 | 13.6 |
| 经济施肥量及产量 | 1 452 | 1 836 | 1 299 | 2 106 | 10.5 | 14.7 |

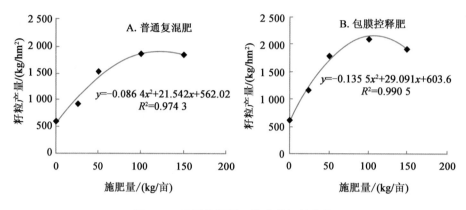

图 62-2   不同施肥量下的油菜籽粒产量

(2)两种肥料对早熟油菜品种养分吸收及肥料利用率的影响差异   不同用量油菜专用普通复混肥和包膜控释肥条件下,不同生育期油菜养分吸收量列于表 62-8。由表可以看出,无论施肥量高低,所有生育期植株氮、磷、钾吸收量,控释肥处理均高于普通肥处理。有趣的是包膜控释肥的施用,不仅增加植株养分吸收量,还提高养分收获指数(表 62-9)。由表 62-9 可以看出,除籽粒中累积比较少的钾素之外,氮素和磷素的养分收获指数,控释肥处理均高于普通肥处理,说明油菜专用包膜控释肥不仅促进植物对养分的吸收,还促进已吸收的养分向籽粒的转运。由表 62-8 和表 62-9 还可以看出,两种肥料均为随着施肥量的增加植株养分吸收量提高,而养分收获指数却减少。

表 62-8

两种肥料的不同用量对植株养分吸收的影响                  kg/hm²

| 养分 | 施肥量 | 苗期 | | 盛花期 | | 收获期 | |
|---|---|---|---|---|---|---|---|
| | | 普通肥 | 控释肥 | 普通肥 | 控释肥 | 普通肥 | 控释肥 |
| 氮 | 2 250 | 62.52 | 71.03 | 156.60 | 202.43 | 148.16 | 166.43 |
| | 1 500 | 69.18 | 87.54 | 142.29 | 176.52 | 137.85 | 177.76 |
| | 750 | 54.01 | 59.32 | 118.64 | 170.01 | 110.18 | 122.40 |
| 磷 | 2 250 | 6.41 | 6.94 | 25.98 | 27.01 | 20.60 | 23.10 |
| | 1 500 | 6.99 | 8.78 | 19.64 | 24.64 | 20.13 | 22.82 |
| | 750 | 5.53 | 5.85 | 16.95 | 23.14 | 17.36 | 19.50 |
| 钾 | 2 250 | 49.30 | 57.76 | 123.26 | 119.75 | 124.91 | 131.19 |
| | 1 500 | 57.94 | 77.45 | 124.66 | 141.96 | 126.45 | 144.18 |
| | 750 | 46.35 | 50.34 | 104.23 | 136.67 | 98.04 | 113.23 |

**表 62-9**

两种肥料的不同用量对养分收获指数的影响　　　　　　　　　　　　　　　　　　　　　　%

| 施肥量/<br>(kg/hm²) | 氮 | | 磷 | | 钾 | |
|---|---|---|---|---|---|---|
| | 普通肥 | 控释肥 | 普通肥 | 控释肥 | 普通肥 | 控释肥 |
| 2 250 | 47.08 | 50.54 | 76.99 | 79.37 | 8.42 | 8.83 |
| 1 500 | 46.74 | 53.24 | 78.59 | 82.42 | 8.29 | 8.17 |
| 750 | 55.10 | 60.45 | 77.60 | 86.99 | 9.57 | 9.24 |

植株养分吸收量的增加必然会提高肥料利用率,用差减法计算肥料利用率结果表明(表 62-10),无论施肥量高低,施用控释肥条件下氮、磷、钾肥料的利用率均有不同程度的提高,其中氮、磷、钾肥利用率的提高幅度分别为 18.7%～45.7%、17.9%～20.0% 和 8.8%～34.2%,可见,控释肥对氮肥利用率的提高效应相对明显。

**表 62-10**

两种肥料的不同用量对肥料利用率的影响　　　　　　　　　　　　　　　　　　　　　　%

| 施肥量/<br>(kg/hm²) | 氮肥利用率 | | | 磷肥利用率 | | | 钾肥利用率 | | |
|---|---|---|---|---|---|---|---|---|---|
| | 普通肥 | 控释肥 | 增加 | 普通肥 | 控释肥 | 增加 | 普通肥 | 控释肥 | 增加 |
| 2 250 | 36.2 | 42.9 | 18.7 | 10.3 | 12.2 | 17.9 | 39.6 | 43.1 | 8.8 |
| 1 500 | 48.5 | 70.7 | 45.7 | 15.0 | 18.0 | 20.0 | 60.7 | 75.5 | 24.3 |
| 750 | 66.3 | 79.9 | 20.5 | 23.8 | 28.5 | 20.0 | 74.1 | 99.4 | 34.2 |

肥料利用率以不施任何肥为对照计算的,因此比不施某一种养分为对照计算结果偏高。

## 62.4　湖南省稻田油菜养分管理技术的应用

从 2012 年 9 月到 2014 年 4 月两年期间,在湖南省衡阳县、宁乡县、湘潭县、耒阳县、安仁县等地推广应用以上技术,累计应用面积达 2 000 亩,早熟油菜品种平均产量 1 800 kg/hm² 以上,平均增产 20.3%,得到了农户的好评。为更好地推广该技术,2013 年 4 月 22 日在衡阳县西度镇召开了"稻田油菜施肥技术"现场观摩会,来自全国各地的专家、学者、农业技术人员、企业代表以及农资经销商等 60 多人以及当地农民 50 多人参加会议。现场观摩后,相关人员针对稻田油菜养分管理技术进行了交流,回答了农户提出的问题,为稻田油菜养分管理技术的推广应用以及油菜专用配方肥的尽快普及打下了坚实基础。

（执笔人:宋海星　刘强　田昌）

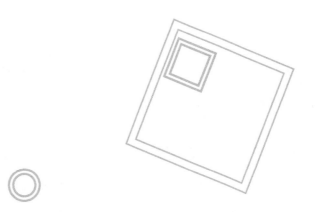

# 第六部分
# 华南区域养分管理技术创新与应用

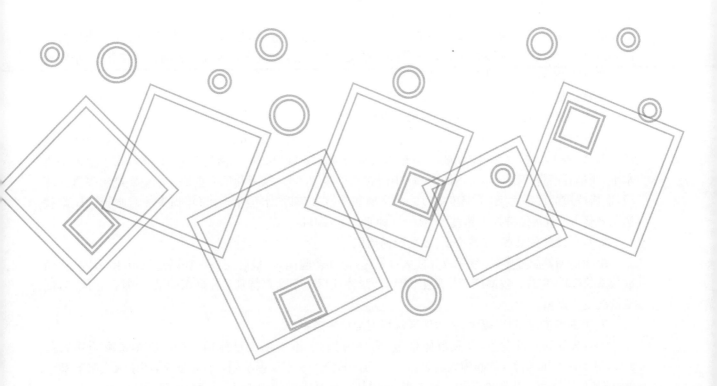

# 第 63 章

## 广东省水稻养分管理技术创新与应用

## 63.1　广东水稻生产的突出问题与对策

水稻是我国最重要的粮食作物，其产量高低和质量好坏，直接关系到国家粮食数量和质量安全。进入 20 世纪 90 年代以后，随着经济的快速发展和城镇化进程的加快，我国水稻生产形势发生了重大变化，面临许多新的挑战。一是随着人口的持续增长，粮食需求呈刚性增加，而耕地面积却不断减少。要保障国家粮食安全，就必须提高粮食单产。二是化肥农药过量施用导致的环境污染等问题日益突出，必须协调好高产与环保的关系。三是随着城镇化的发展，大量青壮年农村劳动力进城务工，稻农素质下降，要求水稻栽培技术简单、易操作。

在水稻栽培技术上，存在 3 个突出问题：

**1. 氮肥施用量大，利用率低，环境污染严重**

我国水稻每公顷施氮量 180 kg，比世界平均高 75％，氮肥利用率仅 30％～35％，比发达国家低 10～20 个百分点（彭少兵等，2002）。广东水稻每公顷施氮量 190 kg（汤建东等，2002），高于全国平均水平，而稻谷产量却比全国平均低 16％（中国农业年鉴，2005），氮肥利用率更低。大量氮肥流失进入环境，造成严重的面源污染（王家玉等，1996）。据测算，仅广东的水稻生产，每年损失的氮肥折合尿素就达 1.8 亿 kg，直接经济损失超过 3.5 亿元（钟旭华等，2011）。

**2. 水稻无效分蘖多，成穗率低，攻高产易倒伏**

由于前期氮肥过多，导致无效分蘖大量发生，苗峰普遍偏高，最高苗数往往高达每亩 40 万左右，而成穗率仅 50％左右。攻高产则易发生倒伏，产量往往反而不高。特别是在广东的沿海地区，台风多，倒伏情况更为严重。

**3. 病虫害多，农药用量大，威胁稻米食用安全和生态平衡**

无效分蘖的大量发生，导致群体郁蔽，病虫害猖獗，不得不大量使用农药。广东每季施用农药 5 次，每生产 1 kg 稻谷，约需施农药 1 g（朱智伟，2006）。这不仅影响稻米食用安全，还杀灭大量有益生物，破坏生态平衡。化肥农药的大量施用，还增加了种稻成本，影响种稻效益和农民增收。

因此，研究开发操作简单的水稻高产高效施肥新技术，在提高水稻产量的同时，合理降低化肥农药用量，对于保障国家粮食安全，保护生态环境，促进水稻生产的可持续发展，都具有重要意义。

经过系统调研和文献分析，笔者认为，施肥不当是造成上述一系列问题的主要原因。氮肥利用率低是施肥不当的直接结果，而无效分蘖多、病虫害多和倒伏问题，也与施肥不当密切相关。因此，我们提出了研发以控肥、控苗、控病虫为主要内容的"三控"施肥技术的设想，并确定了"以优化施肥为重点、以群体调控为手段"的基本策略。总体思路是：先围绕控肥、控苗、控病虫3个方面展开理论研究，解决关键技术问题，然后再进行技术集成，形成技术体系并示范推广。

在"控肥"方面，首先摸清水稻施肥现状和存在问题，探明氮肥利用率低的主要原因，找出提高氮肥利用率的技术途径。同时要协调好高产与氮高效的关系，在提高产量的同时，提高肥料利用率，减少环境污染。

在"控苗"方面，首先从植株氮素供应和碳水化合物供应的角度，弄清水稻无效分蘖发生的机理，探明成穗率低的原因，找出控制无效分蘖、提高成穗率，进而实现高产稳产的可行方法。特别是针对晒田易受天气影响、控蘖效果不稳定的问题，寻找受天气影响小的无效分蘖控制手段。

在"控病虫"方面，首先探明水稻群体动态对病虫害发生发展的影响，找出与病虫害密切相关的水稻群体指标，探寻通过群体调控减少病虫害的可能性，并找出有效的调控手段。

## 63.2　提高水稻氮肥利用率的理论与技术研究

### 63.2.1　广东省水稻施肥情况调查与分析

在前期典型调查的基础上，2005 年我们对广东省 10 个县市 500 个农户进行了系统调查，2004 年广东省早、晚稻施肥情况见表 63-1 和表 63-2。广东省早稻平均 $N$，$P_2O_5$ 和 $K_2O$ 施用量分别为 197.3，52.8 和 87.1 $kg/hm^2$，施用养分总量（$N+P_2O_5+K_2O$）337.2 $kg/hm^2$。晚稻平均 $N$，$P_2O_5$ 和 $K_2O$ 施用量分别为 190.8，54.4 和 85.8 $kg/hm^2$，施用养分总量（$N+P_2O_5+K_2O$）331.0 $kg/hm^2$。氮、磷、钾比例（$N：P_2O_5：K_2O$）早稻为 1：0.27：0.44，晚稻为 1：0.29：0.45。早稻和晚稻的施肥量及氮、磷、钾比例差别不大。不同县市之间的施肥量（特别是钾肥施用量）差别较大，早、晚稻趋势一致。

表 63-1

**500 个农户 2004 年早稻施肥量**　　　　　　　　　　　　　　　　　　　　　　　　　　　　　$kg/hm^2$

| 稻作区 | 县（市）名称 | 化肥 | | | 有机肥 | | | 总量 | | | $N：P_2O_5：K_2O$ |
|---|---|---|---|---|---|---|---|---|---|---|---|
| | | $P_2O_5$ | $K_2O$ | $N$ | $P_2O_5$ | $K_2O$ | $N$ | $P_2O_5$ | $K_2O$ | $N$ | |
| 粤北 | 始兴 | 146.3 | 44.5 | 69.3 | 11.8 | 4.3 | 13.3 | 158.1 | 48.8 | 82.7 | 1：0.31：0.52 |
| | 连平 | 189.8 | 64.7 | 61.6 | 14.6 | 4.4 | 7.8 | 204.4 | 69.1 | 69.4 | 1：0.34：0.34 |
| | 平均 | 173.4 | 57.1 | 64.5 | 13.6 | 4.4 | 9.9 | 187.0 | 61.5 | 74.4 | 1：0.33：0.40 |
| 中北 | 清城 | 191.2 | 52.6 | 109.1 | 3.0 | 1.6 | 6.1 | 194.3 | 54.2 | 115.2 | 1：0.28：0.59 |
| | 五华 | 186.2 | 48.7 | 20.6 | 14.8 | 5.5 | 14.3 | 201.0 | 54.2 | 34.9 | 1：0.27：0.17 |
| | 新兴 | 182.2 | 52.8 | 65.0 | 10.9 | 4.4 | 7.1 | 193.1 | 57.2 | 72.1 | 1：0.30：0.37 |
| | 高要 | 193.2 | 51.7 | 125.4 | 2.4 | 1.5 | 3.3 | 195.7 | 53.3 | 128.7 | 1：0.27：0.66 |
| | 平均 | 188.1 | 50.8 | 69.2 | 9.1 | 3.7 | 8.9 | 197.2 | 54.4 | 78.1 | 1：0.28：0.40 |
| 中南 | 潮安 | 209.9 | 37.3 | 78.3 | 0.0 | 0.0 | 0.0 | 209.9 | 37.3 | 78.3 | 1：0.18：0.37 |
| | 阳东 | 200.9 | 59.4 | 122.6 | 0.0 | 0.0 | 0.0 | 200.9 | 59.4 | 122.6 | 1：0.30：0.61 |
| | 澄海 | 185.6 | 36.6 | 76.1 | 0.0 | 0.0 | 0.0 | 185.6 | 36.6 | 76.1 | 1：0.20：0.41 |
| | 平均 | 202.0 | 46.0 | 95.6 | 0.0 | 0.0 | 0.0 | 202.0 | 46.0 | 95.6 | 1：0.23：0.47 |
| 雷琼 | 雷州 | 193.9 | 55.6 | 106.0 | 3.9 | 1.8 | 5.4 | 197.8 | 57.4 | 111.4 | 1：0.29：0.56 |
| 全省平均 | | 191.3 | 50.5 | 81.7 | 6.0 | 2.3 | 5.47 | 197.3 | 52.8 | 87.1 | 1：0.27：0.44 |

每个县（市）调查 50 个农户，全省共调查 500 个农户。各稻作区和全省平均为加权平均值。

表 63-2

**500 个农户 2004 年晚稻施肥量**　　　　　　　　　　　　　　　　　　　　　　　　　　　kg/hm²

| 稻作区 | 县(市)名称 | 化肥 | | | 有机肥 | | | 总量 | | | N：P₂O₅：K₂O |
|---|---|---|---|---|---|---|---|---|---|---|---|
| | | $P_2O_5$ | $K_2O$ | N | $P_2O_5$ | $K_2O$ | N | $P_2O_5$ | $K_2O$ | N | |
| 粤北 | 始兴 | 146.6 | 39.3 | 71.1 | 7.3 | 2.7 | 8.4 | 153.9 | 41.9 | 79.5 | 1：0.27：0.52 |
| | 连平 | 189.8 | 62.9 | 60.5 | 11.2 | 3.4 | 6.1 | 201.0 | 66.2 | 66.6 | 1：0.33：0.33 |
| | 平均 | 173.5 | 54.0 | 64.5 | 9.8 | 3.1 | 6.9 | 183.3 | 57.1 | 71.4 | 1：0.31：0.39 |
| 中北 | 清城 | 188.2 | 43.5 | 115.2 | 3.0 | 1.6 | 6.1 | 194.3 | 54.2 | 115.2 | 1：0.28：0.59 |
| | 五华 | 185.7 | 25.0 | 31.5 | 11.4 | 4.3 | 10.7 | 196.4 | 51.4 | 31.5 | 1：0.26：0.16 |
| | 新兴 | 184.3 | 29.4 | 72.5 | 12.3 | 4.9 | 7.9 | 192.2 | 54.5 | 72.5 | 1：0.28：0.38 |
| | 高要 | 193.2 | 45.2 | 127.1 | 3.0 | 1.5 | 2.5 | 195.7 | 52.3 | 127.1 | 1：0.27：0.65 |
| | 平均 | 187.8 | 33.9 | 76.3 | 8.1 | 3.3 | 7.4 | 195.2 | 52.6 | 76.3 | 1：0.27：0.39 |
| 中南 | 潮安 | 182.3 | 55.6 | 84.1 | 0.0 | 0.0 | 0.0 | 182.3 | 55.6 | 84.1 | 1：0.30：0.46 |
| | 阳东 | 200.9 | 59.4 | 122.6 | 0.0 | 0.0 | 0.0 | 200.9 | 59.4 | 122.6 | 1：0.30：0.61 |
| | 澄海 | 173.7 | 40.1 | 67.1 | 0.0 | 0.0 | 0.0 | 173.7 | 40.1 | 67.1 | 1：0.23：0.39 |
| | 平均 | 188.3 | 54.4 | 96.5 | 0.0 | 0.0 | 0.0 | 188.3 | 54.4 | 96.5 | 1：0.29：0.51 |
| 雷琼 | 雷州 | 189.5 | 41.3 | 106.4 | 5.7 | 2.3 | 7.5 | 197.0 | 56.9 | 106.4 | 1：0.29：0.54 |
| 全省平均 | | 185.8 | 45.4 | 84.7 | 5.2 | 2.0 | 4.6 | 190.8 | 54.4 | 85.8 | 1：0.29：0.45 |

有机肥占总施肥量的比例,粤北稻作区最高,中北稻作区次之,雷琼稻作区再次,中南稻作区则基本上不施有机肥。但总的来看,各稻作区的有机肥施用量都很少。全省平均,有机肥提供的 N,P,K,早稻分别占总施肥量的 3.0%,4.3% 和 6.3%,晚稻分别占 2.7%,3.6% 和 5.4%。

广东每季水稻施肥 3～5 次。在施肥时间上,前期氮肥施用量大,基肥和分蘖肥占总施氮量的 80% 左右,中、后期施氮量较少甚至不施氮肥。

调查结果表明,广东水稻施肥中存在的主要问题是:

**1. 氮肥过量施用,利用率低**

早、晚稻平均施氮量 194 kg/hm²,若以无氮区产量 3 000 kg/hm²、每生产 100 kg 稻谷消耗氮素 2.0 kg 计,则氮肥吸收利用率为 23.2%。据报道,珠江口水域严重富营养化,近海 90% 海水重度污染,其中最严重的是氮污染。稻田氮素流失可能是其原因之一。

**2. 施肥时间不合理,前期施氮过多**

农民施肥采用"三板斧"方式,前期猛攻苗,在施用基肥的基础上,在移栽后 10 d 内连续施用回青肥和分蘖肥,前期施氮量达到总施氮量的 80% 以上,造成前期生长过快,分蘖过多,产生大量无效分蘖。由于此时植株幼小,吸氮能力有限,加上经常下雨,导致大量氮肥损失。到了生育中期(够苗后),又不得不采用重晒田的办法控制无效分蘖。由于群体过大,中期不敢施肥或施肥量很少,影响大穗培育。后期则往往脱肥早衰,灌浆结实不良。

**3. 氮钾养分不平衡**

目前施钾量普遍偏低,这可能是结实率低、纹枯病重和后期倒伏的重要原因。全省平均,早稻和晚稻的钾肥施用量(以 $K_2O$ 计)均不及氮肥施用量(以纯 N 计)的 50%(表 63-1 和表 63-2)。

**4. 有机肥施用量少,土壤肥力有下降趋势**

2004 年广东省水稻肥料投入中有机肥所占比例,氮肥和磷肥都不到 5%,钾肥不到 10%(表 63-1 和表 63-2)。

### 63.2.2 影响水稻氮肥利用率的因素

**1. 施氮量对氮肥利用率的影响**

氮肥吸收利用率与环境污染密切相关,农学利用率与氮肥经济效益密切相关,而氮收获指数则反映了氮素养分分配到籽粒的比例。2001—2003 年,我们进行了 3 年的田间试验,设 8 个不同施氮处理,重复 4 次。各处理的施肥时间和施肥量如表 63-3。

表 63-3

2001—2003 年氮肥试验的处理设计 kg/hm²

| 处理 | 总施氮量(N) | | | 穗粒肥施氮量(N) | | |
|------|------|------|------|------|------|------|
| | 2001 年 | 2002 年 | 2003 年 | 2001 年 | 2002 年 | 2003 年 |
| N1 | 0 | 0 | 0 | 0 | 0 | 0 |
| N2 | 60 | 60 | 60 | 27 | 27 | 27 |
| N3 | 120 | 120 | 120 | 54 | 54 | 54 |
| N4 | 180 | 180 | 180 | 81 | 81 | 81 |
| N5 | 200 | 200 | 200 | 65 | 65 | 25 |
| N6 | 140 | 140 | 150 | 65 | 65 | 25 |
| N7 | 30 | 45 | 75 | 30 | 45 | 45 |
| N8 | 100 | 100 | 110 | 30 | 30 | 40 |

试验结果表明:氮肥吸收利用率、农学利用率、氮收获指数都与总施氮量、基蘖肥施氮量呈显著负相关,而与穗粒肥施氮量相关不显著(图 63-1)。表明总施氮量和基蘖肥施氮量越大,氮肥利用率越低,而增加穗粒肥施氮量对氮肥利用率影响较小。可见,要提高氮肥利用率,就必须控制总施氮量和基蘖肥施氮量。

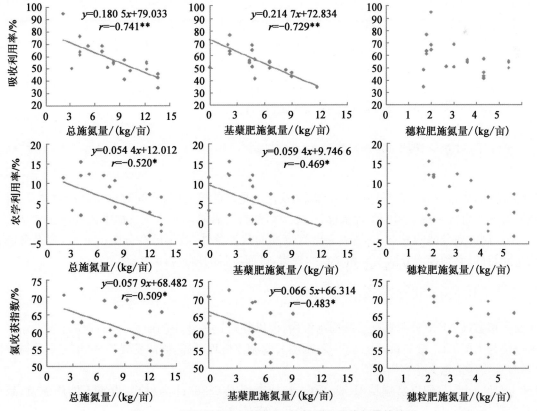

图 63-1 氮肥利用率与基蘖肥、穗粒肥和总施氮量的关系

**2. 不同生育期施氮的氮肥利用率差异**

2004—2005 年，我们进行了 2 年 4 季的田间试验。设基肥、分蘖肥、穗粒肥 3 个施肥时期，每个时期设施氮和不施氮 2 个水平，共 8 个处理（表 63-4），重复 4 次。收获时测定产量和吸氮量，计算氮肥利用率。

**表 63-4**

不同处理的植株吸氮量、氮肥吸收利用率、农学利用率和氮肥偏生产力

| 氮肥处理 | 吸氮量 /(kg/hm²) | 氮肥吸收利用率 /% | 农学利用率 /(kg/kg) | 氮肥偏生产力 /(kg/kg) |
|---|---|---|---|---|
| T1 (0-0-0) | 100 d | — | — | — |
| T2 (0-0-60) | 141b | 71.3a | 12.1a | 115.6a |
| T3 (0-60-0) | 112c | 18.4cd | 4.3c | 107.8b |
| T4 (0-60-60) | 145b | 38.1b | 9.1ab | 60.9c |
| T5 (60-0-0) | 118c | 31.1bc | 6.9bc | 110.4b |
| T6 (60-0-60) | 150ab | 42.3b | 9.6ab | 61.4c |
| T7 (60-60-0) | 118c | 14.0d | 5.7bc | 57.4c |
| T8 (60-60-60) | 155a | 31.8bc | 4.7c | 39.2d |

"0-60-0"表示基肥、分蘖肥和穗粒肥施氮量(N)分别为 0，60，0 kg/hm²，2005 年早季施氮量为相应数值的 75%。表中吸氮量和氮肥利用率数据为 4 季的平均值。同一列内标有相同字母者在 0.05 水平上无显著差异。

结果表明，不同时期施用的氮肥，其利用率相差很大；穗粒肥的利用率最高，基肥次之，分蘖肥最低。同样施氮 60 kg/hm²，基肥的利用率为 31.1%，分蘖肥为 18.4%，而穗粒肥为 71.3%（表 63-4）。前人的研究也得到了类似的结果。李满兰等(1986)采用同位素示踪法测定结果，分蘖期施氮的利用率为 21.3%，穗分化期为 53.3%，抽穗期为 53.9%。蒋彭炎(1998)在浙江的研究结果，基肥的氮肥利用率为 35.8%，分蘖肥为 26.9%～29.2%，穗粒肥为 50.2%～60.6%。可见，在控制总施氮量的基础上，适当减少基蘖肥施氮量，增加穗粒肥施氮量，可以提高氮肥利用率。

综上所述，控制总施氮量和基蘖肥施氮量，适当增加穗粒肥施氮量，是在实现高产的同时，提高氮肥利用率，减少氮肥损失和环境污染的重要技术途径。

## 63.3 水稻无效分蘖控制理论与技术研究

"穗数适宜，成穗率高"，是提高群体质量，实现高产稳产的核心问题，同时也是高产群体苗、株、穗、粒合理发展的可直接掌握应用的综合指标(蒋彭炎，1998；凌启鸿，2000)。成穗率的提高主要从 2 方面着手：一是控制无效分蘖的发生；二是改善已有分蘖的营养条件，减少已有分蘖的死亡，提高分蘖存活率。欲达此目的，必须摸清分蘖发生和衰亡的规律，进而有目的地进行调控。

### 63.3.1 叶面积指数对分蘖的调控作用

叶面积指数(LAI)对分蘖具有反馈抑制作用，但以往对这种作用的研究一直停留在定性水平。研究水稻分蘖与 LAI 的定量关系，对于进一步阐明分蘖调控机理，预测群体发展趋势，增强群体调控的预见性，具有重要理论意义和实用价值。

1997—1998 年，我们以常规稻 IR72，IR64 和杂交稻 IR68284H 为材料，设置不同施氮量、栽插密度、每穴苗数等处理，建立了水稻分蘖与 LAI 之间的定量关系。

研究发现，在一定施氮水平下，相对分蘖速率（RTR）与 LAI 呈负指数关系（图 63-2），可用下式定量描述：

$$RTR = \alpha(e^{-\kappa \, LAI} - \beta) \tag{63-1}$$

式中：$\alpha, \beta, K$ 为模型参数。回归方程的决定系数介于 0.87～0.99 之间，均达极显著水平（表 63-5）。

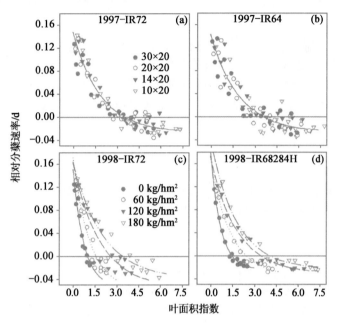

图 63-2　相对分蘖速率与叶面积指数的关系

表 63-5

不同施氮水平下方程 1 的参数值及其相应的临界 LAI

| 年份 | 品种 | 施氮量 /(kg/hm²) | 参数值 | | | 决定系数 $r^2$ | 临界 LAI |
| --- | --- | --- | --- | --- | --- | --- | --- |
| | | | $\alpha$ | $\beta$ | $K$ | | |
| 1997 | IR72 | 180 | 0.17 | 0.15 | 0.54 | 0.91 | 3.5 |
| | IR64 | 180 | 0.17 | 0.16 | 0.51 | 0.87 | 3.6 |
| 1998 | IR72 | 0 | 0.20 | 0.26 | 1.34 | 0.96 | 1.0 |
| | | 60 | 0.23 | 0.26 | 0.87 | 0.94 | 1.6 |
| | | 120 | 0.22 | 0.26 | 0.54 | 0.91 | 2.5 |
| | | 180 | 0.20 | 0.20 | 0.49 | 0.95 | 3.3 |
| | IR68284H | 0 | 0.21 | 0.12 | 1.42 | 0.99 | 1.5 |
| | | 60 | 0.21 | 0.17 | 0.72 | 0.98 | 2.5 |
| | | 120 | 0.20 | 0.15 | 0.55 | 0.98 | 3.5 |
| | | 180 | 0.23 | 0.10 | 0.56 | 0.99 | 4.1 |

随着 LAI 的提高，RTR 呈负指数下降。当 LAI 达到某一阈值（临界 LAI）时，RTR 为 0，分蘖停止。当 LAI 进一步增大时，RTR 为负值，死亡分蘖数超过新生分蘖数，群体茎蘖数下降。在氮素营养供应充足的情况下，分蘖停止时的临界 LAI 为 3.6～4.1。随着施氮量的降低，临界 LAI 也降低（表 63-5）。

人们早就注意到，水稻分蘖的停止与群体叶面积指数（LAI）的大小有关。雷宏俶和王天铎（1961）

在总结水稻密肥试验时发现,分蘖高峰期到达的迟早主要由群体 LAI 决定。在氮肥充足的条件下,不同栽插密度处理,分蘖高峰期的 LAI 比较接近,为 3.7～4.0。插植密度愈大,肥料愈多,群体叶面积发展愈快,分蘖高峰期到达愈早。Simon 和 Lemaire(1987)研究了不同密度和肥料处理下,黑麦草、多花黑麦草和苇状羊茅的分蘖与 LAI 的关系,发现所有处理的分蘖速度均在 LAI 达到 3 时显著下降;当 LAI 进一步提高时,分蘖迅速停止。Tanaka 等(1966)、Yoshida 和 Hayakawa(1970)也注意到叶面积发展造成的遮荫兑水稻分蘖的抑制作用。Blum 等(1990)在研究小麦从水分逆境中恢复后的分蘖情况时,发现前期接受轻微干旱处理的,在逆境解除后,分蘖大量发生,其最终茎蘖数比未受逆境处理的对照还要多。他们认为,这与前期干旱抑制了叶面积的发展有关。

我们的研究不仅证实了叶面积对分蘖的反馈抑制作用,并且建立了二者的定量关系。基于这一结果可见,在群体调控中,不仅要考虑植株(叶片)含氮量对分蘖的影响,而且要考虑 LAI 的反馈调节作用。

### 63.3.2 叶片含氮量和叶面积指数在分蘖调控中的互作效应

Yoshida 等(1970)研究发现,RTR 与叶片含氮量(NLV)关系密切,随着 NLV 的增加,RTR 直线增加。当 NLV 降至 2% 时,分蘖停止。这一关系可以表示为:

$$RTR = \omega NLV - \phi \tag{63-2}$$

式中,$\omega$ 和 $\phi$ 为模型参数,$\phi$ 为临界 NLV,此时分蘖停止。

我们采用 1995 年在菲律宾国家水稻研究所(PRRI)和国际水稻研究所(IRRI)开展的田间试验数据,对模型进行检验。该试验的供试品种为 IR72,设不同施氮量和施氮时期共 9 个处理(表 63-6)。随机区组设计,重复 4 次。在移栽后 21,23,25,27,35,42,44,46,48,51,56 d 和开花期分别取样 12 穴。每个样品,数计茎蘖数,测定干重、叶面积和含氮量。采用了建立数学模型进行拟合的方法,用单纯形反复试算法进行模型拟合。用平均绝对偏差(MD)和决定系数($r^2$)衡量模拟准确度。

表 63-6

不同处理在不同时期的施氮量及总施氮量(N)

| 施氮处理 | 施氮量/(kg/hm²) | | |
| --- | --- | --- | --- |
| | 分蘖中期 | 穗分化始期 | 总施氮量 |
| N1 | 0 | 0 | 0 |
| N2 | 0 | 50 | 50 |
| N3 | 0 | 100 | 100 |
| N4 | 50 | 0 | 50 |
| N5 | 50 | 50 | 100 |
| N6 | 50 | 100 | 150 |
| N7 | 100 | 0 | 100 |
| N8 | 100 | 50 | 150 |
| N9 | 100 | 100 | 200 |

采用式(63-2)进行模拟,结果表明,NLV 确实可以在一定程度上解释不同氮肥处理间的茎蘖动态差异,其决定系数达到 0.52～0.56。但是由该模型计算出的茎蘖数,表现出明显的"高氮高估、低氮低估"的趋势(图 63-3)。特别是施氮量高的 N9 处理,在移栽后 40～60 d 之间,实测茎蘖数已停止增长并随后下降,而采用式(63-2)计算出的茎蘖数,却一直在快速增加,明显偏离实测值(图 63-3)。

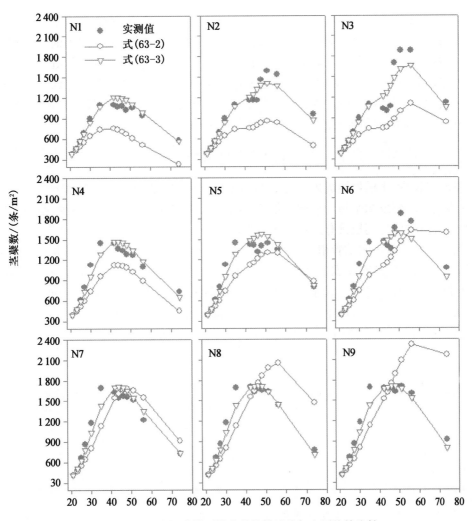

图 63-3　不同数学模型的茎蘖数模拟值与实测值的比较

相关分析表明,式(63-2)的估计偏差与 LAI 呈极显著负相关,相关系数为 $-0.42^{**}\sim-0.45^{**}$,表明 LAI 对分蘖有显著作用,是一个重要因子。

将我们发现的 RTR-LAI 定量关系式(63-1)加入式(63-2)中,得:

$$RTR=\lambda NLV\ e^{-\kappa LAI}-\mu \tag{63-3}$$

式中,$\lambda$、$\mu$ 和 $\kappa$ 为参数。由图(63-3)可见,式(63-3)明显优于式(63-2),其决定系数提高到 $0.61\sim0.92$,估计偏差与 LAI 的相关性降为不显著(相关系数为 $-0.03\sim-0.15$)。从不施氮到高氮处理,式(63-3)都能较准确地模拟群体茎蘖动态(图 63-3)。

由式(63-3)可见,RTR 主要由 NLV 和 LAI 2 个因素决定,可以通过直接控制叶片含氮量达到控制无效分蘖的目的。由于施氮时间、数量完全可控,与传统的晒田相比,这一办法不受天气影响,稳定性好,且易操作。

在式(63-3)中,令 RTR=0,得到分蘖停止时的临界 NLV 与 LAI 的关系式:

$$NLV_c=\mu e^{\kappa LAI} \tag{63-4}$$

即临界 NLV 随着 LAI 的提高而呈指数上升,LAI 越大,分蘖开始死亡时的 NLV 就越高。

在水稻生长前期,LAI 很小,其临界 NLV 也小,此时较低的 NLV 即可维持分蘖存活,甚至有新的分蘖产生。要防止分蘖过多和苗峰过高,就必须防止基本苗太多和叶片含氮量过高。而到了中、后期,

LAI 成倍增加，临界 NLV 大幅提高，此时必须维持较高的叶片含氮量，才能防止已有分蘖死亡。控制幼穗分化始期的 LAI，适当提高此时的叶片含氮量，对于维持已有分蘖的存活，提高群体成穗率至关重要。因此，对分蘖应该"先控后保"，前期控氮减少无效分蘖，中期适当增施氮肥防止分蘖死亡，从而提高成穗率。中期施氮不仅可起到保蘖作用，还可促进颖花分化、减少颖花退化、促进大穗形成，对稳穗和增粒都有积极意义。传统技术是"先促后控"，前期重施氮肥狠促分蘖，中期施氮量少，导致前期分蘖过多，中期因植株含氮量偏低而导致分蘖大量死亡，成穗率低。

### 63.3.3　水稻群体成穗率与干物质积累动态的关系

已有大量研究表明，水稻群体成穗率与茎蘖动态密切相关。但是，关于成穗率与干物质积累动态的关系，研究很少。研究成穗率与干物质积累动态的关系，从碳水化合物供应角度，阐明群体成穗率的决定机制，对于群体的优化调控具有重要指导意义。

笔者采用数学模拟与田间试验相结合的方法，应用 2 个水稻分蘖动态模型（TIL 和 RGR 模型），分析干物质积累动态对茎蘖动态及成穗率的影响，同时用一组独立的田间试验（1998 年，4 个氮水平，3 种栽插密度，共 12 个处理）数据进行同样的分析，以相互印证。

对 TIL 模型的 117 个和 RGR 模型的 115 个模拟群体的分析表明，成穗率与最高茎蘖数、穗分化始期干重、穗分化始期干重占抽穗期干重的比例都呈极显著负相关，而与抽穗期干重相关不显著（表 63-7）。

表 63-7

群体成穗率与干物质积累动态指标的相关系数

| 性状 | TIL 模型 | RGR 模型 |
| --- | --- | --- |
| 最高苗数 | $-0.703^{**}$ | $-0.710^{**}$ |
| 穗分化始期干重（WPI） | $-0.814^{**}$ | $-0.793^{**}$ |
| 抽穗期干重（WHD） | $-0.176^{ns}$ | $-0.192^{ns}$ |
| WPI/WHD 比 | $-0.915^{**}$ | $-0.939^{**}$ |

\* 和 \*\* 分别表示在 0.05 和 0.01 水平上显著，ns 表示未达到 0.05 显著水平。

在抽穗期干物质积累总量相近的情况下，前期干物质积累越多，越有利于产生大量分蘖，苗峰越高，而中期干物质生产相对较少，致使大量分蘖在中期因碳水化合物匮乏而死亡，成穗率大幅下降（图 63-4）。

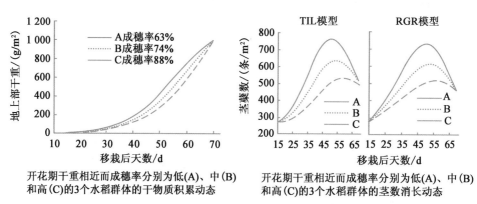

开花期干重相近而成穗率分别为低(A)、中(B)
和高(C)的3个水稻群体的干物质积累动态

开花期干重相近而成穗率分别为低(A)、中(B)
和高(C)的3个水稻群体的茎数消长动态

图 63-4　干物质积累动态（左）与群体茎蘖动态（右）的对应关系

1998 年田间试验结果如表 63-8 所示。穗分化前干物质积累量大的，往往苗峰高，成穗率低。成穗率与穗分化始期干重（$r=-0.606^*$）、穗分化始期干重与抽穗期干重的比例（$r=-0.722^{**}$）分别呈显著或极显著负相关，与模型分析结果一致。

表 63-8

不同施氮量和栽插密度处理的穗分化始期干重(WPI)、开花期干重(WFL)、WPI/WFL 比、开花期茎蘖数、最高茎蘖数和成穗率

| 施氮量 /(kg/hm²) | 栽插密度 /cm | 穗分化始期干重 (WPI)/(g/m²) | 开花期干重 (WFL)/(g/m²) | WPI/WFL 比 /% | 开花期茎 蘖数($n_{FL}$) | 最高茎蘖 数($n_{max}$) | 成穗率 /% |
|---|---|---|---|---|---|---|---|
| 0 | 30×20 | 106 | 504 | 21.0 | 369 | 510 | 72.4 |
| | 20×20 | 138 | 497 | 27.8 | 360 | 536 | 67.2 |
| | 10×20 | 158 | 534 | 29.6 | 432 | 599 | 72.1 |
| 60 | 30×20 | 195 | 641 | 30.4 | 386 | 594 | 65.0 |
| | 20×20 | 219 | 743 | 29.5 | 433 | 735 | 58.9 |
| | 10×20 | 299 | 790 | 37.8 | 484 | 931 | 52.0 |
| 120 | 30×20 | 267 | 915 | 29.2 | 586 | 775 | 75.6 |
| | 20×20 | 325 | 943 | 34.5 | 580 | 993 | 58.4 |
| | 10×20 | 374 | 1075 | 34.5 | 687 | 1 290 | 53.3 |
| 180 | 30×20 | 321 | 984 | 32.6 | 640 | 847 | 75.6 |
| | 20×20 | 394 | 1 104 | 35.7 | 653 | 1 074 | 60.8 |
| | 10×20 | 486 | 1 238 | 39.3 | 729 | 1 434 | 50.8 |

　　水稻群体成穗率与群体干物质积累动态密切相关。前期干物质积累过多,必然导致无效分蘖多,苗峰高,成穗率低。控制前期生长速率,加快中期生长速率,对分蘖实行"先控后保",可以大幅提高成穗率。而要控制穗分化前的物质生产速率,就必须控制基蘖肥施氮量。从碳水化合物供应角度,也证明了对分蘖"先控后保"的必要性和可行性。

　　2001—2005 年我们以汕优 63、博优 998 和粤杂 122 等品种为材料,在广东高要、新兴和广州开展田间试验,结果发现无氮区最高茎蘖数平均达到 324 个/m²,若成穗率为 85%,其有效穗数可达 275 穗/m²,可以基本满足高产所需穗数的要求。即使按成穗率 70% 计,无氮区的平均有效穗数仍可达 227 穗/m²,仅比目标有效穗数少 43.5 穗/m²,每穴只需增加 1.7 个分蘖即够。最高茎蘖数最少的 2005 年晚季,每穴也仅需增加 4 个分蘖,即可达到目标有效穗数(表 63-9)。

　　可见,在保证栽插密度和基本苗的情况下,高产所需的穗数是比较容易达到的,没有必要在前期施用大量氮肥促进分蘖。而且,在前期大量施氮的情况下,若中期遇上多雨天气,晒田控蘖效果不好,则必然导致无效分蘖多、病虫害和倒伏严重的问题。

## 63.4　水稻群体调控减少病虫害的理论与技术研究

　　随着产量水平的提高,水稻群体越来越繁茂,病虫害加重。长期以来,人们在制定施肥和栽培技术方案时,对高产考虑得多,对病虫害防治考虑较少,病虫害主要通过药剂防治手段解决。长期依赖药剂防治的结果,不仅导致种稻成本增加,还导致了稻米安全等一系列问题,特别是在华南双季稻区,气候高温多湿,病虫害更为猖獗。在栽培措施不当(如偏施氮肥)的情况下,药剂防治效果大打折扣。如何协调好高产与防病虫的矛盾,实现安全高效,日益受到关注。研究病虫害发生与植株群体指标的关系,通过群体调控减少病虫害,进而减少农药用量,对于提升稻米食用安全性,保护生物多样性,具有重要意义。

表 63-9

无氮区最高茎蘖数与目标有效穗数的比较

| 地点 | 年份和季节 | 品种 | 栽插密度/cm | 最高茎蘖数/m² | 有效穗数/m² | | 需增加分蘖数/穴 | |
|---|---|---|---|---|---|---|---|---|
| | | | | | 按85%成穗率 | 按70%成穗率 | 按85%成穗率 | 按70%成穗率 |
| IRRI | 1998 早季 | IR72 | 30×20 | 510.0 | 433.5 | 357.0 | −6.5 | −3.5 |
| IRRI | | IR72 | 20×20 | 535.5 | 456.0 | 375.0 | −7.4 | −4.2 |
| IRRI | | IR68284H | 30×20 | 517.5 | 441.0 | 363.0 | −6.8 | −3.7 |
| IRRI | | IR68284H | 20×20 | 582.0 | 495.0 | 408.0 | −9.0 | −5.5 |
| 平均 | | | | 536.3 | 456.4 | 375.8 | −7.4 | −4.2 |
| 高要 | 2001 晚季 | 汕优 63 | 20×20 | 421.5 | 358.5 | 295.5 | −3.5 | −1.0 |
| 高要 | 2002 晚季 | 汕优 63 | 20×20 | 334.5 | 283.5 | 234.0 | −0.6 | 1.5 |
| 新兴 | 2003 晚季 | 博优 998 | 20×20 | 351.0 | 298.5 | 246.0 | −1.1 | 1.0 |
| 广州 | 2004 早季 | 粤杂 122 | 20×20 | 375.0 | 319.5 | 262.5 | −2.0 | 0.3 |
| 广州 | 2004 晚季 | 粤杂 122 | 20×20 | 268.5 | 228.0 | 187.5 | 1.7 | 3.3 |
| 广州 | 2005 早季 | 粤杂 122 | 20×20 | 273.0 | 232.5 | 190.5 | 1.5 | 3.2 |
| 广州 | 2005 晚季 | 粤杂 122 | 20×20 | 241.5 | 205.5 | 169.5 | 2.6 | 4.0 |
| 平均 | | | | 323.6 | 275.1 | 226.5 | −0.2 | 1.8 |

2004—2005 年，我们以纹枯病为代表性状，研究了水稻病害发生与植株群体指标的关系。结果表明，影响纹枯病发生的因素包括气象条件和群体条件 2 大类。主要群体指标见表 63-10。

表 63-10

纹枯病病情指数与若干群体指标的相关系数

| 生育期 | 群体指标 | 2004 年早季 ($n=32$) | 2004 年晚季 ($n=32$) | 2005 年早季 ($n=32$) | 2005 年晚季 ($n=32$) | 4 季合并 ($n=128$) |
|---|---|---|---|---|---|---|
| 穗分化始期 | 茎蘖数 | 0.362* | 0.473** | 0.326ns | 0.355* | −0.076ns |
| | 叶绿素含量（SPAD） | 0.263ns | 0.391* | 0.171ns | 0.458** | 0.083ns |
| | 茎蘖数×SPAD | 0.372* | 0.485** | 0.348ns | 0.425* | −0.020ns |
| 抽穗期 | 茎蘖数 | 0.241ns | 0.442* | 0.365 | 0.466** | 0.255** |
| | 叶绿素含量（SPAD） | 0.449** | 0.400* | 0.087ns | 0.492** | 0.158ns |
| | 茎蘖数×SPAD | 0.369* | 0.467** | 0.329ns | 0.536** | 0.246** |
| | 叶面积指数 | 0.342ns | 0.451** | 0.479** | 0.632** | 0.367** |
| | 叶面积指数×SPAD | 0.411* | 0.463** | 0.438* | 0.629** | 0.359** |

* 和** 分别表示在 0.05 和 0.01 水平上显著，ns 表示未达到 0.05 显著水平。

回归分析表明，穗分化始期茎蘖数（TILPI）、叶片叶绿素含量（SPADPI）、抽穗期叶面积指数（LAIHD）和叶片叶绿素含量（SPADHD），是影响纹枯病发生的主要群体指标，它们与日平均温度和相对湿度一起，可以解释不同年份、不同季节、不同施氮处理纹枯病病情指数变异的 82.7%。其回归方程为：

$$DS = -971.44 + 0.001\,73\,SPADPI \times TILPI + 0.048\,50\,SPADHD \times LAIHD + 34.44\,Tav + 0.601\,3\,RH, R^2 = 0.827\,4, n = 128$$

可见，上述群体指标是共同决定纹枯病发生的，调控它们中的任何一个，都可达到减少纹枯病发生的目的。由于抽穗期 LAI 和 SPAD 对产量影响大，因此，应通过控制最高茎蘖数和穗分化始期 SPAD 来减少纹枯病，从而达到既减少纹枯病又高产的目的。

研究结果还表明，群体过大而郁蔽，通风透光性差，是纹枯病严重的重要原因。纹枯病病情指数随着抽穗期群体透光率的提高而下降（图 63-5）。

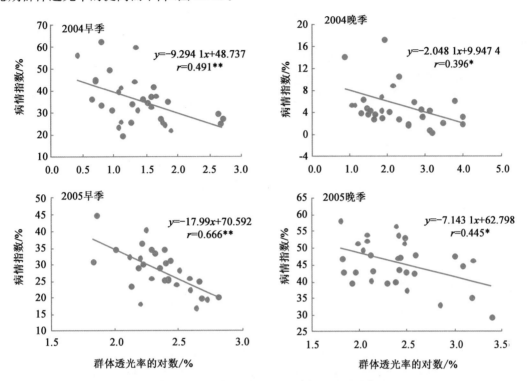

图 63-5　纹枯病病情指数与群体透光率的关系

回归分析表明，群体透光率与平均温度、相对湿度一起，可以解释不同年份、不同季节、不同施氮处理的纹枯病病情指数变异的 80.2%，其回归方程为：

$$DS = -792.30 + 28.90\ Tav + 0.8814\ RH - 8.2030\ lnLTR$$
$$R^2 = 0.8022, n = 128$$

国内外大量研究表明，稻株氮素营养及群体动态对水稻害虫的存活、发育和生殖特性均有显著影响，因此，通过群体调控，可以减少虫害的发生（吕仲贤等，2005）。

可见，在保证穗数的前提下尽量降低苗峰，提高成穗率，适当降低穗分化始期的叶绿素含量和抽穗期叶面积指数，提高群体通透性，是协调高产与防病矛盾、培育健康群体的主攻方向。

## 63.5　水稻"三控"施肥技术体系的建立

### 63.5.1　水稻"三控"施肥技术概述

**1. 水稻三控施肥技术的主要内容**

水稻三控施肥技术是针对我国水稻生产中化肥农药过量施用、氮肥利用率低、种稻效益差和环境污染重等突出问题，由广东省农业科学院水稻研究所主持研制的新型高效安全施肥及配套技术体系，其主要内容是控肥、控苗、控病虫，简称"三控"，故而得名。"控肥"就是控制总施氮量和基蘖肥施氮量，提高氮肥利用率,减少环境污染;"控苗"就是控制无效分蘖和最高苗数,提高成穗率和群体质量,实现高产稳产;"控病虫"就是优化群体结构,控制病虫害的发生,减少农药用量,提升稻米食用安全性。

**2. 水稻三控施肥技术的主要特点**

与传统技术相比,三控施肥技术的最大特点是氮肥后移,前期的基肥和分蘖肥施氮量减少,而中、后期的穗肥和粒肥施氮量大幅增加。在传统技术中,基肥和分蘖肥施氮量占总施氮量的80%以上,穗肥和粒肥占20%以下,而在二控施肥技术中,基肥和分蘖肥所占比例一般在60%左右,而穗肥和粒肥占40%左右。特别是分蘖肥,三控施肥技术比传统技术减少了50%以上,而且施用时间明显推迟。基蘖肥的减少有效地控制了无效分蘖,并提高了氮肥利用率。

**3. 采用三控施肥技术的水稻生长发育动态特征**

与传统技术相比,采用三控施肥技术的水稻前期生长较慢,但中、后期加快,逐渐赶上最终超过传统技术。整个生育期植株较挺直,通风透光好。

我们做过严格的对比试验。同一块田分为两半,中间做田埂隔开。一半采用习惯栽培法做对照,另一半采用三控施肥技术,同样的秧苗同时插秧。移栽期,相同品种同期移栽。

在分蘖期,由于三控施肥技术前期施肥少,分蘖较少,叶色偏淡,叶片较挺直,而对照前期施肥多,分蘖多,叶色浓绿,叶片披散。分蘖期,三控的苗数较少,叶色较淡。此时,农户往往有些担心。其实不用担心,不是三控技术的苗太少了,而是传统技术的苗太多了。要改变观念。

幼穗分化开始以后,三控施肥技术施用了较多穗肥,叶色转深,比传统技术要绿得多。但是叶片仍然是挺直的,通风透光好,这样病虫害还能得到有效控制。幼穗分化期,三控叶色转深。幼穗分化期叶色较深,有利于形成大穗。

到了抽穗期,采用三控施肥技术的水稻抽穗整齐,植株比传统技术的略高一些,叶色依然比传统技术深。抽穗期,三控抽穗整齐,叶色仍较深。

成熟期,采用三控施肥技术的水稻,穗大粒多,谷粒饱满,而且穗子在叶子下面,俗称"叶下禾",与传统技术形成鲜明的对比。"叶下禾"这种长相的好处是,叶片受光好,有利于增强后期光合作用,增加物质生产,为籽粒充实打下物质基础。

采用三控施肥技术的水稻抗倒性明显比传统技术要好,倒伏明显减轻,这在早稻和天气不好时表现得尤为明显。三控技术抗倒性强。

### 63.5.2 水稻"三控"施肥技术规程

#### 63.5.2.1 选用良种,培育壮秧

水稻三控施肥技术对品种和育秧没有特殊要求,杂交稻、常规稻、超级稻、优质稻均可,育秧方式可采用湿润育秧、旱育秧或塑料软盘育秧等。

(1)选用良种,保证用种量 选用适合当地的高产优质良种。每公顷用种量,千粒重为20 g的常规稻品种为30.0 kg,杂交稻为15.0 kg。若千粒重高于20 g,其用种量相应增加,反之则相应减少。

(2)适时播种 早稻在常年平均气温稳定通过12℃时播种。广州地区一般为2月下旬至3月上旬播种,南部早些,北部迟些。晚稻的播种期根据品种生育期和安全齐穗期确定,保证水稻齐穗前的日平均温度达到23℃以上。广州地区一般在7月中旬左右播种。播种前晒种1~2 d,进行种子精选和消毒,然后浸种催芽。当达到"根一粒谷长、芽半粒谷长"时,即可播种。

(3)稀播匀播 湿润育秧按秧田:本田=1:10备足秧田,抛秧的每公顷本田用434孔秧盘750个或561孔秧盘600个,机插育秧按照秧田:本田=1:(80~100)的比例准备秧田。按畦(盘)定量播种,播后蹋谷,早稻播种后盖塑料薄膜保温。

(4)秧田施肥 湿润育秧每公顷秧田施三元复合肥(含氮量15%以上)375 kg作基肥,二叶一心期每公顷施尿素45 kg和氯化钾45 kg作断奶肥,移栽前3~4 d每公顷施尿素75~150 kg作送嫁肥。秧

盘育秧配制了营养土的,如不出现脱肥一般不施肥,在移栽前看苗施用送嫁肥。

(5)秧田水分管理　在播种后至一叶一心期保持沟里有水,水不上秧板。一叶一心以后秧板才上水。第二叶到第三叶期,采取湿润与浅灌相结合。三叶期后保持浅水层,但不能淹没心叶。

### 63.5.2.2　合理密植,插足基本苗

(1)适龄移栽　根据育秧方式不同,可采用人工插秧、抛秧、机插或铲秧栽插等方式。湿润育秧和抛秧的,早稻秧龄一般 25~30 d,晚稻秧龄 15~20 d。机插秧的适宜移栽叶龄为 3~4,早稻 15~20 d,晚稻 12~15 d。做到适龄移栽,防止超秧龄。

(2)合理密植,插足基本苗　要求栽插规格 20 cm × 16.7 cm 或 20 cm × 20 cm,抛秧 50 盘(434 孔秧盘)或 40 盘(561 孔秧盘),每公顷栽插或抛植(2.4~33)×$10^5$ 穴,杂交稻每穴 1~2 粒谷苗,每公顷基本苗数达到 4.5×$10^5$ 条以上,常规稻每穴 3~4 粒谷苗,每公顷基本苗数达到 9×$10^5$ 条以上。有条件的地方,推荐采用宽行窄株或宽窄行插植方式。

耐肥抗倒、分蘖力弱、株型紧凑的品种应适当密些,反之宜适当稀些;大穗型品种和杂交稻适当稀些,多穗型品种和常规稻适当密些;肥田可适当稀些,瘦田应适当密些。目前广东相当部分地区的水稻栽插密度偏稀,是导致产量水平偏低的重要原因之一。

基本苗是水稻群体发展的起点。合理密植,插足基本苗,有利于水稻群体早生快发,按时够苗,增加主茎和低位分蘖比例,培育大穗,提高稻穗整齐度。如果密度太稀,基本苗太少,前期就不得不重施促蘖肥,才能达到高产所需穗数。这会带来 3 个不良后果:一是高节位分蘖增加,穗头不整齐。随着分蘖节位的提高,分蘖的生长期缩短,穗子变小。虽然穗数不少,但由于穗间差距大,平均每穗粒数少,难以获得高产。二是前期重施促蘖肥,往往导致无效分蘖大量发生,降低成穗率和群体质量。三是水稻前期群体小,吸肥能力有限,重施促蘖肥必然导致肥料不能及时被吸收,造成大量肥料损失,污染环境。"三控"施肥技术前期施肥少,分蘖较少,插足基本苗对保证穗数和培育大穗都十分重要。

### 63.5.2.3　确定总施肥量

#### 1. 确定目标产量和地力产量

目标产量是指当季要达到的稻谷产量。要本着"积极稳妥"的原则,确定合理的目标产量,避免定得太高或太低。目标产量要根据品种、土壤、气候条件及栽培管理水平确定。在实践中,具体有 3 种方法:

(1)根据产量潜力确定。一般可设定为当地同类品种取得的最高产量的 80%~90%。例如,某品种(或产量潜力相近的品种)在当地种植获得的最高产量为 9 000 kg/$hm^2$,则其目标产量可设定为 7 200~8 100 kg/$hm^2$。

(2)在前 3 年平均产量的基础上增加 10%左右。例如,某品种在当地前 3 年平均产量为 6 750 kg/$hm^2$,则其目标产量可设定为 7 425 kg/$hm^2$,即 7 500 kg/$hm^2$ 左右。

(3)在前 3 年平均产量的基础上增加 375~750 kg/$hm^2$。例如,某品种在当地前 3 年平均产量为 6 750 kg/$hm^2$,则其目标产量可设定为 7 125~7 500 kg/$hm^2$。

在具体应用时,可同时采用上述 2 种或 3 种方法估算出目标产量,相互参照确定,比较稳妥。

地力产量,又称为空白区产量,是指在不施用某一营养元素肥料的情况下,水稻完全依靠土壤(严格地说,还有灌溉水、干湿沉降等)供应的养分,而获得的稻谷产量。地力产量可通过田间试验确定,也可通过调查估计。各地开展的肥料试验积累了不少地力产量数据,可参考应用。一般中等肥力田块的地力产量为 3 750 kg/$hm^2$ 左右。

#### 2. 确定总施氮量

(1)根据目标产量和无氮区地力产量确定,以纯 N 计。以地力产量为基础,每增产 100 kg 稻谷需增施纯氮 5 kg 左右。即:

$$总施氮量(kg/hm^2)=[目标产量(kg/hm^2)-地力产量(kg/hm^2)]\times5\div100$$

例如:地力产量为 4 500 kg/hm²,目标产量为 7 500 kg/hm²,则总施氮量=(7 500-4 500)×5÷100=150(kg/hm²)。

(2)根据目标产量和氮肥偏生产力估计。在缺乏无氮区产量资料的情况下,可用此法,即:

$$总施氮量(kg/hm^2)=目标产量(kg/hm^2)\div氮肥偏生产力$$

氮肥偏生产力是衡量氮肥利用率高低的指标,可取稻谷 50 kg/kg N。例如:目标产量为 7 500 kg/hm²,则总施氮量为 150 kg/hm²。早稻适当少施,晚稻适当多施。值得注意的是,采用此法算出的,是在前作分别为冬闲和早稻的情况下,早稻和晚稻的总施氮量。如果前作是蔬菜、马铃薯或绿肥的,则要考虑前作的肥料残效,适当减少施氮量。

(3)根据习惯栽培的常年施氮量对总施氮量进行校正。根据上述 2 种方法得出总施氮量后,最好再根据习惯栽培法的常年施氮量进行校正。多年多点的示范应用表明,采用三控施肥技术后,在比习惯栽培法增产 5%～10%的情况下,一般其总施氮量比习惯栽培法减少 10%～30%。如果按照上述 2 种方法算出的总施氮量比习惯栽培法的施氮量还高,则可将习惯栽培法的总施氮量设定为当季的总施氮量,以后再逐步优化。

**3. 确定磷、钾肥总量**

(1)根据目标产量和地力产量确定。磷、钾肥的施用量也可根据目标产量和地力产量确定。在无磷区地力产量的基础上,每增产 100 kg 稻谷需增施磷肥(以 $P_2O_5$ 计)2～3 kg(早稻多些,晚稻少些)。例如,若无磷区地力产量为 5 250 kg/hm²,目标产量为 7 500 kg/hm²,则磷肥(以 $P_2O_5$ 计)施用量为:(7 500-5 250)×2÷100=45(kg/hm²)。

在无钾区地力产量的基础上,每增产 100 kg 稻谷需增施钾肥(以 $K_2O$ 计)4～5 kg。例如,若无钾区地力产量为 5 250 kg/hm²,目标产量为 7 500 kg/hm²,则钾肥(以 $K_2O$ 计)施用量为:(7 500-5 250)×4÷100=90(kg/hm²)。

(2)根据总施氮量估算。在缺乏无磷区和无钾区地力产量资料的情况下,在总施氮量确定后,可按 N:$P_2O_5$:$K_2O$=1:(0.2～0.4):(0.8～1)的比例,估算磷、钾肥施用量。例如,若施氮量为 150 kg/hm²,则磷肥施用量(以 $P_2O_5$ 计)为 30～60 kg/hm²,钾肥施用量(以 $K_2O$ 计)为 120～150 kg/hm²。有稻草还田的,钾肥可适当减少。

**4. 根据纯养分施用量计算具体的肥料施用量**

上面算出的是肥料的纯养分施用量。具体的肥料施用量,可根据纯养分施用量和肥料的养分含量计算,即:

$$肥料施用量=纯养分施用量\div肥料养分含量$$

例如,若总施 N 量为 150 kg/hm²,尿素的含 N 量为 46%,则尿素施用量为 150÷46%=326(kg/hm²);若不用尿素而改用含 N 量为 15%的复合肥,则该复合肥的施用量为 150÷15%=1 000(kg/hm²)。若磷肥施用量为每公顷 45 kg $P_2O_5$,过磷酸钙的 $P_2O_5$ 含量为 12%,则过磷酸钙施用量为 45÷12%=375(kg/hm²)。若钾肥施用量为每公顷 90 kg $K_2O$,氯化钾的 $K_2O$ 含量为 60%,则氯化钾施用量为 90÷60%=150(kg/hm²)。

### 63.5.2.4 确定不同时期施肥量及比例

**1. 氮肥施用时间及比例**

(1)不同时期施氮比例

移栽稻:在总施氮量确定后,即可按照基肥占 40%～50%、分蘖肥占 20%左右、穗肥占 20%～30%、粒肥占 5%～10%的比例,确定移栽稻各阶段的施氮量。

直播稻：基肥占 15%～20%，三叶期占 15%～20%，分蘖肥占 40%左右，穗肥占 20%，粒肥占5%～10%。

具体施用量在追肥前可根据叶色适当调整，叶色深则适当少施，叶色浅则适当多施。分蘖力强的品种，其基肥施用量要适当减少，否则要适当增加。

（2）分蘖肥的施用时间　三控施肥技术中的分蘖肥实际上是保蘖肥，其施用时间一般为移栽后 15 d 左右。在珠江三角洲地区，早稻一般在移栽后 15～17 d，晚稻一般在移栽后 12～15 d。如果在移栽后 20 d 内开始穗分化的，可把分蘖肥并入基肥中施入。对于保水保肥能力差的土壤，或者栽插密度和基本苗数达不到要求的，应在移栽后 5～7 d 每公顷增施尿素 45～75 kg。

在移栽后半个月左右才施分蘖肥，会不会太迟呢？不会的。在施足基肥和保证栽插密度的情况下，达到目标有效穗数是没有问题的。移栽后半个月施肥，主要是为了防止已有分蘖死亡，起到保蘖的作用，而不是为了促进新的分蘖的发生。由于促蘖肥在基肥里，保证了分蘖早生快发，分蘖节位低；保蘖肥的施用又促进了分蘖的健康成长，避免了大量分蘖死亡。如分蘖肥施得太早，反而会导致分蘖过多，成穗率下降。

（3）穗肥的施用时间　对于 5～6 个伸长节间的品种，穗肥在幼穗分化 Ⅱ 期（第一次枝梗原基分化期）施用，此时叶龄余数为 2.5 左右，距抽穗约 27 d。在珠江三角洲地区，早稻一般为移栽后 35～40 d，晚稻一般为移栽后 30～35 d。对于 4 个伸长节间品种，穗肥在穗分化 Ⅲ 期以后施用。如果叶色偏深或群体偏大，应推迟施肥时间，并减少施氮量。

（4）粒肥的施用时间　在破口抽穗期施用，也可结合喷施破口药，将尿素 7.5～15 kg/hm² 加磷酸二氢钾 3 kg/hm² 兑水叶面喷施。

**2. 磷、钾肥施用时间及比例**

磷肥全部作基肥施用。钾肥的一半作基肥或分蘖肥施用，另一半作穗肥施用。

### 63.5.2.5　制订施肥方案

根据总施肥量、施肥时间及施肥比例、品种生育期等数据，即可制订出施肥方案。现以早稻全生育期 120～135 d，晚稻全生育期 105～120 d，每公顷目标产量 6 750～7 500 kg，地力产量 3 750～4 500 kg 为例，对施肥方案具体说明如下：

**1. 移栽稻**

基肥：移栽前，每公顷施碳铵 300～375 kg 或尿素 120～150 kg，过磷酸钙 225～375 kg。

分蘖肥：早稻移栽后 15～17 d，每公顷施尿素 60～90 kg，氯化钾 60～90 kg；晚稻移栽后 12～15 d，每公顷施尿素 75～105 kg，氯化钾 75～90 kg。

穗肥：早稻移栽后 35～40 d，晚稻移栽后 30～35 d，每公顷施尿素 90～120 kg，氯化钾 75～90 kg。

粒肥：破口抽穗期，如果叶色偏淡而且天气好，每公顷施尿素 30～45 kg，叶色偏绿或天气不好不施。

**2. 直播稻**

基肥：播种前，每公顷施尿素 60～75 kg，早稻施过磷酸钙 375 kg，晚稻施过磷酸钙 225 kg。

三叶期：早稻播种后 13～15 d，晚稻播种后 10 d 左右，每公顷施尿素 60～75 kg。

分蘖肥：早稻播种后 30～35 d，晚稻播种后 25 d 左右，每公顷施尿素 90～120 kg，氯化钾 90 kg。

穗肥：早稻播种后 60～65 d，晚稻播种后 55 d 左右，每公顷施尿素 60～90 kg，氯化钾 90 kg。

抽穗期：每公顷施尿素 30 kg 左右（看天看苗）。

如果用复合肥，各时期施肥量以氮肥为基准折算，余下部分用单质肥料补足。

通常将施肥方案与配套技术一起，写成技术规程表，或制作成技术挂图，以方便使用。

### 63.5.2.6　水分管理

移栽后保持浅水层，促进早回青、早分蘖，当全田苗数达到目标有效穗数 80%～90%时（早稻移栽后 25 d 左右,晚稻移栽后 20 d 左右)开始晒田,但不要重晒。倒二叶抽出至剑叶露尖时停止晒田,此后保持浅水层至抽穗。抽穗后保持田间干干湿湿,养根保叶,收割前 7 d 左右断水,不要断水过早。

### 63.5.2.7 病虫害防治

以防为主,按病虫测报及时防治病虫害。秧田期注意防治稻飞虱、叶蝉、稻蓟马、稻瘟病等,移栽前 3 d 左右喷施送嫁药。移栽后注意防治稻瘟病、纹枯病、稻飞虱、三化螟和稻纵卷叶螟等,移栽后 40~50 d 防治纹枯病一次。破口抽穗期防治稻瘟病、纹枯病、稻纵卷叶螟等,后期注意防治稻飞虱。采用三控施肥技术的水稻病虫害一般较轻,可酌情减少施药次数。

### 63.5.2.8 注意事项

在应用水稻三控施肥技术过程中,应注意以下 4 点:

(1)要保证栽插密度,每公顷栽插 $2.7 \times 10^5$ 穴左右,不能太稀。

(2)农家肥要计入总施肥量,并相应减少化肥用量。冬季种植紫云英的,每压青 1 000 kg 紫云英可少施尿素 5 kg。冬季种植马铃薯或蔬菜的,早稻酌情少施化肥。早稻稻草还田的,晚稻钾肥可减少 50%。

(3)在水分管理上,中期晒田不要太重,后期断水不要太早。采用三控施肥技术,水稻的无效分蘖大幅减少,不宜重晒田,也没有必要重晒田。由于穗子较大,后期绿叶也较多,要保证灌浆中、后期水分供应,才能保证谷粒充实饱满。

(4)采用三控施肥技术,水稻前期生长较慢,分蘖较少,叶色较淡,这是前期"控肥"以后无效分蘖减少的结果,是正常的,请不要着急。只要按规程操作,达到目标产量的有效穗数是不成问题的。

## 63.6 水稻"三控"施肥技术的示范推广及其成效

多年多地的示范应用表明,与传统技术相比,水稻三控施肥技术具有 3 大优势:一是高产稳产,增产增收。一般增产 10% 左右,且抗倒性增强,稳产性好,每公顷增收节支 1 500 元以上。二是省肥省药,安全环保。一般节省氮肥 20% 左右,氮肥利用率提高 10 个百分点,环境污染减轻。纹枯病、稻纵卷叶螟和稻飞虱等病虫害减少,可少打农药,有利于稻米食用安全。三是操作简便,适应性广。只要按技术规程去做,就可获得稳定的增产增收效果,不同品种、不同土壤和气候条件下均可应用,效果稳定,深受广大农户的欢迎。

(1)高产稳产,一般增产 10% 左右。对广东、广西、江西、海南等地 36 点次的对比试验数据的统计结果,三控施肥技术平均产量为 6 981 kg/hm²,比传统技术对照增产 739.5 kg/hm²,增幅为 12.5%。2010—2012 年,兴宁市应用三控施肥技术开展连片示范,连续 3 年平均产量超过 10 500 kg/hm²,最高田块产量达 12 255 kg/hm²,刷新了当地的高产纪录。

(2)节省氮肥 20% 左右,氮肥利用率达到 40%,比传统技术提高 10 个百分点以上(相对提高 30% 以上),环境污染大幅减轻。对广东、广西、江西、海南等地 36 点次对比试验统计结果,三控施肥技术平均施氮 147.3 kg/hm²,比传统技术节省(N)38.0 kg/hm²,节省 19.4%。三控施肥技术的氮肥偏生产力(每施用 1 kg 纯 N 增产稻谷的千克数)平均为(N)47.0 kg/kg,比对照提高(N)13.1 kg/kg,提高 42.3%。

据我们在广州的对比试验,三控施肥技术在施氮量比对照减少 10% 左右的情况下,其吸氮量比对照多(N)18.2 kg/hm²,高 15.5%。三控施肥技术的氮肥吸收利用率平均为 39.5%,比对照的 25.4% 提高 14.1 个百分点,相对提高 55.5%。氮肥吸收利用率的大幅提高,使氮肥流失大幅减少,环境污染显著减轻。

(3)无效分蘖减少 20%~30%,成穗率明显提高。三控施肥技术的有效穗数与传统技术对照持平,但无效分蘖大幅减少,成穗率提高。据对 26 点次统计,三控施肥技术的无效分蘖平均比传统技术每公

顷减少 $6.45 \times 10^5$ 条,减少幅度达 26.6%。无效分蘖的减少,使群体最高茎蘖数下降,苗峰降低。26 点次平均,三控施肥技术的最高茎蘖数为每公顷 $5.12 \times 10^6$ 条,比对照下降 $6.26 \times 10^5$ 条,降幅为 10.5%。三控施肥技术的成穗率平均为 65.4%,比对照提高 7.42 个百分点,相对提高 13.4%,差异达极显著水平。无效分蘖的减少、苗峰的降低和成穗率的提高,使群体的通透性得到改善,为提高群体质量、培育大穗以及减少病虫害和倒伏打下了基础。

(4)抗倒性明显增强。各地在示范推广过程中普遍反映,应用三控施肥技术后,水稻抗倒性明显增强,倒伏大幅减轻,稳产性明显提高。这是三控施肥技术深受广大基层干部和农户欢迎的重要原因之一。

应用三控施肥技术的水稻基部节间明显缩短。据我们测定,三控施肥技术的基部第 1,2,3 节间都比传统技术短 20% 以上,而第 4 节间和穗颈节间则反而比传统技术长,最终三控施肥技术的株高比对照略高。在雷州,发现三控施肥技术的基部第 1,2,3 节间分别比传统技术短 42.9%,14.8% 和 27.2%(吴华荣等,2008)。在阳东,也发现三控施肥技术的基部第 1,2,3 节间分别比传统技术短 15.6%,18.6% 和 5.1%(麦荣骧等,2011)。较短的基部节间是三控施肥技术抗倒性增强的重要原因。

(5)病虫害大幅减轻,纹枯病、稻飞虱和稻纵卷叶螟为害相对减少 30%~50%,一般每季可少打农药 1~2 次。各地反映,应用三控施肥技术后,水稻病虫害明显减轻,可少打农药 1~2 次。三控施肥技术的纹枯病病情指数平均为 13.9,而对照为 23.9,三控比对照下降 45.9%;三控施肥技术稻飞虱平均为每丛 4.6 头,比对照少 2.2 头,减少 34.4%;三控施肥技术的稻纵卷叶螟为害率为 3.5%,比对照低 5.1 个百分点,相对下降 56.2%。浙江省金华市和宁波市将三控施肥技术作为水稻病虫害绿色防控与农药减量增效关键技术之一,取得了良好效果。

群体透光率高是三控施肥技术病虫害少的重要原因。据测定,三控施肥技术在拔节期的群体透光率比传统技术相对提高 50% 以上,孕穗期和抽穗期的透光率也较高。

(6)每亩节省化肥成本 30 元以上,节本 20%;每亩增收节支 180 元以上,增收 30% 以上,经济效益显著。据统计,三控施肥技术的化肥成本平均为每公顷 1 704 元,比传统技术节省 495.8 元,节省 22.5%。由于病虫害减少,农药成本也有所降低。化肥农药成本的降低和产量的提高,使三控施肥技术比传统技术每公顷平均增收 2 826 元,增收 39.7%。

2008 年以来,水稻"三控"施肥技术先后入选广东省农业主推技术、农业部主推技术、农业部超级稻"双增一百"技术、广东省农业面源污染治理技术等,被广泛应用于粮食高产创建、超级稻示范、科技入户、农业面源污染治理等活动中,为粮食增产、农民增收和环境保护做出了应有的贡献。2011 年成为广东省地方标准(DB44/T 969—2011)。2012 年获广东省科学技术一等奖。

在水稻"三控"施肥技术的示范推广过程中,我们印发了大量的技术挂图、技术手册、技术 VCD 等技术资料,建立了专用的技术网站——水稻三控信息网(http://www.sankong.org/),长期为广大农户和农技人员提供技术咨询服务,解决疑难问题。研发的水稻三控施肥软件(N Manager v1.0)于 2010 年投入使用,并被广东农村信息直通车工程采用为村村通远程服务软件(http://hospital.gdcct.gov.cn/wcmhp/self_index/201112/t20111205_628267.html)。

目前,国家日益关注农村发展、农业增效和农民增收问题。随着生活水平的提高和社会经济的发展,人们对食品(稻米)安全、环境污染、可持续发展等问题日益重视。水稻三控施肥技术作为一项节本增效、环境友好、增进食物安全的新技术,具有良好的应用前景。

## 参考文献

[1] 黄农荣,梁向明,李嘉明,等. 水稻三控施肥技术在高要市的示范应用效果. 广东农业科学,2009(3):17-19,24.

[2] 黄农荣,钟旭华,陈荣彬,等. 水稻三控施肥技术示范效果及增产增收原因分析. 中国稻米,2009(3):54-56.

［3］黄农荣,钟旭华,郑海波.水稻三控施肥技术的应用效果.广东农业科学,2007(5):16-18.

［4］黄农荣,胡学应,钟旭华,等.水稻三控施肥技术的示范推广进展.广东农业科学,2010(12):21-23.

［5］蒋彭炎.科学种稻新技术.北京:金盾出版社,1998.

［6］蒋彭炎.水稻三高一稳栽培法论丛.北京:中国农业科学技术出版社,1993.

［7］雷宏俶、王天铎.密肥条件对稻田群体蘖数变化的影响。实验生物学报,1961,7(3):227-239.

［8］李满兰,陈炜钦,潘玉兴,等.不同地力稻田的施氮效果.广东农业科学,1986(6):4-6.

［9］梁友强,蔡汉雄,李康活,等.广东水稻塑料软盘育苗抛秧高产栽培技术规程.广东农业科学,1996
(3):15-18.

［10］凌启鸿.作物群体质量.上海:上海科学技术出版社,2000.

［11］吕仲贤,Heong K L,俞晓平,等.稻株含氮量和密度对褐飞虱存活、发育和生殖特性的影响.生态
学报,2005,25(8):1838-1843.

［12］麦荣骥,黄红保,黄农荣,等.阳东县水稻"三控"施肥技术试验示范。广东农业科学,2011(12):
62-63.

［13］彭少兵,黄见良,钟旭华,等.提高中国稻田氮肥利用率的研究策略.中国农业科学,2002,35(9):
1095-1103.

［14］汤建东,叶细养,饶国良,等.广东省稻田肥料施用现状及其合理性评估.土壤与环境,2002,11(3):
311-314.

［15］田卡,钟旭华,黄农荣.三控施肥技术对水稻生长发育和氮素吸收利用的影响.中国农学通报,
2010,26(16):150-157.

［16］王家玉,王胜佳,陈义,等.稻田土壤中氮素淋失的研究.土壤学报,1996,33(1):28-36.

［17］王强,钟旭华,黄农荣,等.光、氮及其互作对作物碳氮代谢的影响研究进展.广东农业科学,2006
(2):37-40.

［18］吴华荣,丁万春,蔡腾友,等.水稻"三控"施肥技术在雷州市的示范应用效果.广东农业科学,
2008(12):79-80,86.

［19］张福锁.养分资源综合管理.北京:中国农业大学出版社,2003.

［20］中国农业年鉴编辑委员会.中国农业年鉴2005.北京:中国农业出版社,2006.

［21］钟旭华,黄农荣,郑海波,等.不同时期施氮对华南双季杂交稻产量及氮素吸收和氮肥利用率的影
响.杂交水稻,2007,22(4):62-66,70.

［22］钟旭华,黄农荣,郑海波,等.水稻抽穗期叶色诊断指标与叶面积指数及结实期日照时数的关系.中
国农学通报,2006,22(10):147-153.

［23］钟旭华,黄农荣,郑海波,等.水稻三控施肥技术的生物学基础.广东农业科学,2007(5):19-22.

［24］钟旭华,黄农荣,郑海波.华南双季杂交稻氮素养分消耗量及其影响因素研究.植物营养与肥料学
报,2007,13(4):569-576.

［25］钟旭华,黄农荣,郑海波.水稻三控施肥技术规程.广东农业科学,2007(5):13-15,43.

［26］钟旭华,彭少兵,J E Sheehy,等.水稻群体成穗率与干物质积累动态关系的模拟研究.中国水稻科
学,2001,15(2):107-112.

［27］钟旭华,彭少兵,R J Buresh,等.影响杂交水稻纹枯病发生的若干植株群体指标.中国水稻科学,
2006,20(5):535-542.

［28］钟旭华,黄农荣,胡学应.水稻三控施肥技术.北京:中国农业出版社,2011.

［29］钟旭华,黄农荣,胡学应.水稻"三控"施肥技术.北京:中国农业出版社,2011.

［30］钟旭华.广东双季稻施肥指南//张福锁,等.中国主要作物施肥指南.北京:中国农业大学出版
社,2009.

［31］钟旭华,等.广东省地方标准:水稻三控施肥技术规程,DB44/T 969—2011.

[32] 朱智伟. 当前我国稻米品质状况分析. 中国稻米,2006(1):1-4.

[33] Blum A,Ramaiah S,Kanemasu ET,et al. Wheat recovery from drought stress at the tillering stage of development. Field Crops Res,1990,24:67-85.

[34] Cassman K G,Peng S,Olk D C,et al. Opportunities for increased nitrogen-use efficiency from improved resource management in irrigated rice systems. Field Crops Research,1998,56:7-39.

[35] Dobermann A C,Witt C,Dawe D,et al. Site-specific nutrient management for intensive rice cropping systems in Asia. Field Crops Research,2002,74:37-66.

[36] Peng S B,Buresh R J,Huang J L,et al. Improving nitrogen fertilization in rice by site-specific N management. A review. Agronomy for Sustainable Development,2010,30(3):649-656.

[37] Simon J C,Lemaire G. Tillering and leaf area index in grasses in the vegetative phase. Grass and Forage Science,1987,42(4):373-380.

[38] Tanaka A,Kawano K,Yamaguchi J. Photosynthesis,respiration,and plant type of the tropical rice plant. Tech Bull,1966,No 7,IRRI-International Rice Research Institute,Los Banos.

[39] Yoshida S,Hayakawa Y. Effects of mineral nutrition on tillering of rice. Soil Sci Plant Nutr,1970,16:186-191.

[40] Zhong X,Peng S,Huang N,et al. The development and extension of "Three Controls" technology in Guangdong,China. In:Palis F G,Singleton GR,Casimero M C,Hardy B. ,editors. Research to impact:Case studies for natural resources management of irrigated rice in Asia. Los Baños (Philippines):International Rice Research Institute,2010.

[41] Zhong X,Peng S,Sheehy J E,et al. Parameterization,validation and comparison of three tillering models for irrigated rice in the tropics. Plant Production Science,1999,2(4):258-266.

[42] Zhong X,Peng S,Sanico A L,et al. Quantifying the interactive effect of leaf nitrogen and leaf area on tillering of rice. Journal of Plant Nutrition,2003,26(6):1203-1222.

[43] Zhong X,Peng S,Sheehy J E,et al. Relationship between tillering and leaf area index:Quantifying critical leaf area index for tillering in rice. Journal of Agricultural Science (Camb. ),2002,138:269-279.

（执笔人：钟旭华　黄农荣　田卡　潘俊峰）

# 第64章

## 大豆高产高效养分管理技术

## 64.1 大豆的生产现状

大豆富含蛋白质、脂肪、碳水化合物和各种维生素,是重要的粮食、油料、饲料和能源兼用作物。大豆富含低聚糖、异黄酮、皂苷等生理活性物质,具有促进生长、提高免疫力、改善肉质等生理功能,是畜牧、水产养殖等产业的主要饲料(Graham et al.,2003;Liu,1997;陈应志等,2005)。在农业生产方面,作为具有生物固氮能力的豆科植物,大豆是一种优良的轮作和间套作作物,具有培肥土壤、提升地力等作用(Bohlool et al.,1992)。

近年来,随着大豆消费的增长以及畜牧业的快速发展,我国大豆供需出现严重不平衡。1995年,国内大豆需求量为1 686万t,2012年为7 370万t,增长达到4.43倍。然而,国内大豆生产量却一直徘徊不前。1995年国内大豆生产量为1 350万t,2012年仅有1 280万t。在国内大豆需求旺盛而生产量供应不足的情况下,我国通过大量进口,以弥补日益扩大的供需缺口。1995年,我国大豆进口量为292万t,2012年进口量则高达6 245万t,导致我国对进口大豆的依赖度超过了80%(祁旺定等,2014)。可见,促进我国大豆生产、提高大豆产量,对保障我国大豆产业可持续发展具有着重要的现实意义和应用前景。

中国是化肥生产和消费大国,化肥的总产量和消费量均占世界1/3以上(李红莉等,2010)。过量施用化肥对环境污染造成了巨大的压力,低效率的投入产出比阻碍了农业的可持续发展。靠化肥单方面的投入已不能满足现代农业的发展需要,必须结合其他手段来实现农业的可持续发展。据联合国粮农组织(FAO)1995年估计,全球每年通过生物固定的氮量已近$2\times10^6$ t(相当于$4\times10^6$ t尿素),约占全球植物需氮量的3/4(沈世华等,2003)。据报道,豆科作物所需要的氮至少有60%来自于生物固氮(Herridge et al.,2008)。虽然大豆具有生物固氮的功能,但若施肥不当或接种不当仍会因缺氮而减产(图64-1A)。大豆增产的措施有很多种(刘忠堂等,2006),其中接种高效根瘤菌已是美国、巴西等大豆出口大国作为大豆增产的主要措施,早已大面积的推广应用(陈文新等,2004)。根瘤菌菌剂的应用实际上是新型肥料——生物肥的应用,具有比传统化肥更环保,更符合现代可持续性农业的发展。然而,在我国,大豆生产还普遍依靠施用化学氮肥来满足作物对氮的需求(郭庆元等,2003)。但是在大豆生产中,大量施用氮肥不仅会抑制其生物固氮的能力,而且还会造成植株因营养生长过旺而减产(Wahab et al.,1995)(图64-1B)。

本文将重点介绍高效根瘤菌菌剂结合最佳养分管理,进行大豆高产高效栽培的技术及其应用实例。

图 64-1　大豆缺氮(A)及施氮过量(B)的症状

## 64.2　高效根瘤菌的筛选及菌剂的制备

高效根瘤菌的筛选是大豆高效生产的关键。根瘤菌的筛选主要根据根瘤菌自身的特性(包括固氮能力、匹配性及竞争能力等)及环境适应性(包括土壤、水、温度的适应性等),具体如下:

### 64.2.1　高效根瘤菌的主要筛选标准

**1. 细菌自身的特性:固氮能力,宿主匹配性及竞争能力**

根瘤菌虽然没有特定的标准,但一般认为高效的根瘤菌应当具有较高的固氮酶活性、较强的竞争结瘤能力、较广的宿主范围等(师尚礼等,2007)。大量适应土壤环境的土著根瘤菌与接种的根瘤菌竞争,土著菌在很多情况下都占优势(Hafeez et al.,2005),可往往其结瘤固氮能力不强(Sessitsch et al.,1996)。因此,对豆科作物进行根瘤菌有效共生匹配的筛选十分必要。根瘤菌高效与否还与豆科作物的品种相关,适宜的宿主能更好地发挥根瘤菌和宿主的生产潜力。

**2. 环境适应性:土壤、水、温度的适应性**

抗逆性和适应性是筛选出高效根瘤菌的重要指标,土壤的理化性状(如酸碱度、养分状况、土壤质地及通气性等)和生物学特性(如微生物群落、菌根真菌等)等因素都影响根瘤菌-豆科作物整个系统的有效运作(慈恩等,2005)。在根瘤菌接种效果影响因素中,土著根瘤菌的丰度(即单位土体中土著根瘤菌的数量)是影响接种效果的重要因素。土著根瘤菌丰度的估测主要通过采用 MPN(most probable number)法,即稀释培养计数法进行。

### 64.2.2　高效根瘤菌分离筛选的主要步骤

高效根瘤菌的分离筛选如图 64-2 所示,主要包括分离、纯化、鉴定等步骤。

**1. 高效根瘤菌的分离**

分离活体植物根瘤:即从离开土壤不久的根段上小心取下根瘤(为防止根瘤破裂,摘取时可带一点根段),冲洗干净;然后取大于 3 mm 的根瘤 2~3 个,放入 95％的乙醇中处理 30 s 后,取出用无菌水冲洗 5~6 次,放入 0.1％ HCl 灭菌 3~5 min,取出再用无菌水冲洗 5~6 次。然后在用火焰灭过菌的载玻片上切成两半;用接种针挑取少量瘤内中间组织(图 64-2)接入平板培养基划直线,或者用无菌镊子夹住半个瘤,切口面向培养基表面划线,28℃下培养箱进行培养。

**2. 高效根瘤菌的纯化**

待长出菌体后,从平板上挑选形态上像根瘤菌(杆状细菌)的菌落在平板上划线培养。3 d 之后观察菌落情况,一直观察到 15 d,因为慢生根瘤菌需 7~15 d 出现菌落。培养 3~5 d 菌落直径达 2~

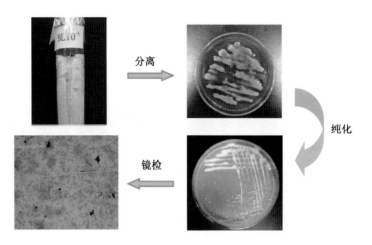

图 64-2　高效根瘤菌分离纯化的主要步骤

4 mm为快生型根瘤菌,培养7~10 d菌落才1 mm的为慢生型根瘤菌。挑取多个单菌落后接种到液体培养基,摇菌培养,等生长到浑浊即可镜检判断其纯度。若不纯,则需重复以上步骤,继续划板纯化。

**3. 高效根瘤菌的初步鉴定(镜检)**

可以根据以下两方面初步判断是否为根瘤菌。①菌落形态:根瘤菌的菌落为圆形、乳白色、半透明、边缘整齐,黏质或多或少。②菌体形态:挑取菌落形态像根瘤菌的单菌落划板培养,从中挑取菌落进行液体摇菌培养,等生长到浑浊时,油镜下观察,是否为杆状游动的细菌(图64-2;彩图64-2)。

**4. 高效根瘤菌的16S rDNA鉴定及宿主回接鉴定**

通过多次的分离纯化得到纯的单菌落,提取DNA,通过PCR扩增,分析16S rDNA对分离纯化的根瘤菌菌株测序鉴定,确定各菌株所属的株系,建立相应的资源库。

用已分离纯化出来的根瘤菌菌株进行宿主回接试验,确定分离根瘤菌菌株的真实性。一般认为固氮酶活性高的根瘤菌其固氮效果更好,用乙炔还原法对回接的大豆根瘤样品进行固氮酶活性的测定,筛选出固氮酶活性较高的根瘤菌。

### 64. 2. 3　高效根瘤菌菌剂的制备

根瘤菌菌剂主要有琼脂、固体、颗粒、液体和冻干等5种主要剂型。其中固体菌剂具有有效期较长、菌数较高、制作容易等优点,目前已为大多数生产厂家采用(吴红慧等,2004)。这里主要介绍以基质为载体制作固体根瘤菌菌剂。基质可选碎木屑、草炭、草木灰、蛭石、高岭石或珍珠岩等,又以碎木屑、草炭、草木灰等较为经济,应用更为广泛。本文主要介绍以草炭和草木灰混合物(1:1)为基质制作根瘤菌菌剂。

**1. 高效根瘤菌菌液的制备**

按照YMA(yeast mannitol agar)培养基配方(表64-1),配制一定量的根瘤菌液体培养基装到锥形瓶中,用滤菌膜封口(滤菌膜外面放一层报纸写标签),放入高压灭菌锅灭菌(灭菌锅的设置参数为120℃,20 min)。灭菌完毕后,把灭菌后的YMA液体放入室温冷却,等冷却到室温,放入紫外灭菌后超净工作,进行接种根瘤菌。从4℃冰箱取出保存根瘤菌的圆板固体培养基,放入超净工作台,点燃酒精灯,用酒精喷壶往接种环上喷少量酒精,接着放在酒精灯上灼烧1~2 min,然后接种环前端部分悬空放在超净台上,冷却。冷却至室温后,在酒精灯附近打开保存根瘤菌的圆板固体培养基的封口膜,左手半打开圆板培养基,右手拿接种环挑取单克隆菌落,接种环放入灭菌的YMA液体培养基中,在酒精灯火焰旁边烧一下瓶口,封上滤菌膜,贴上标签(标签标明日期、姓名、菌株名称),全程需要在超净工作台上操作,防止被污染造成菌液培养失败。然后放入摇床,摇床设定参数为180 r/min,28℃,培养时间一般为4~5 d。

表 64-1

**YMA(yeast mannitol agar)培养基配方**　　　　　　　　　　　　　　　　　　　　　　　　　　　　g/L

| 试剂 | 用量 | 试剂 | 用量 |
|---|---|---|---|
| 甘露醇 | 10 | 磷酸氢二钾 | 0.25 |
| 硫酸镁 | 0.2 | 磷酸二氢钾 | 0.25 |
| 氯化钠 | 0.1 | 碳酸钙 | 3(保存时加) |
| 酵母粉 | 3 | 琼脂 | 15 |

### 2. 高效根瘤菌菌液检测(镜检)

有液体培养基出现混浊时开始取样,用分光光度计在 600 nm 波长以不接菌的液体培养基调零测 OD(optical density)值。当 OD 值为 1 左右,根瘤菌密度约为 $10^6$ cell/mL 时可用。同时吸取 1 mL 菌液,在 100×油镜上观察根瘤菌情况,确认是否成功繁殖根瘤菌。

### 3. 高效根瘤菌固体菌剂的制备

不同的根瘤菌菌株与不同基因型的大豆宿主配对,其固氮效果不同。在生产中大规模应用前,需要对其进行相关的盆栽和大田试验。从表 64-2 可以看到,不同菌株不同大豆品种间差异较大,R4 菌株与 HX-3 大豆的匹配性较好,有更好的固氮效果。有针对性选择匹配性高的根瘤菌菌株才能更好地发挥根瘤菌和大豆的共生固氮作用。

表 64-2

**接种根瘤菌对不同大豆品种固氮酶活性**　　　　　　　　　　　　　　　　　　　　　　　　　μmol/(g·h)

| 氮水平 | 菌株 | 基因型 | | | | | |
|---|---|---|---|---|---|---|---|
| | | BD2 | BX10 | HC-1 | HC-2 | HX-1 | HX-3 |
| LN | CK | 4.50 | 5.75 | 6.50 | 6.00 | 11.75 | 9.75 |
| | R2 | 27.50 | 26.75 | 22.50 | 16.50 | 25.75 | — |
| | R4 | 26.75 | 19.75 | 20.75 | 21.25 | 36.25 | 45.25 |
| HN | CK | 8.50 | 7.50 | 3.25 | 4.00 | 11.00 | 6.50 |
| | R2 | 32.25 | 17.50 | 33.50 | 33.75 | 41.75 | 28.25 |
| | R4 | 39.75 | 31.00 | 21.50 | 30.00 | 41.50 | 46.25 |

在大豆生产实际中,土壤类型及微量元素的含量对结瘤具有十分重要的影响。如图 64-3 所示,不配加微量元素的根瘤菌菌剂,在田间的应用效果较差。

图 64-3　根瘤菌拌施微量元素对大豆生长的影响

将已制备出来根瘤菌菌液与高温灭菌过的基质拌匀制成根瘤菌菌剂,基质与菌液比例为 2∶1,液体根瘤菌里面应该加入适量的微量元素,微量元素含量应该与将要接种根瘤菌的土壤相匹配。

制成的固体根瘤菌菌剂如果不能马上使用,应该放入冷库低温保存,但不能长期保存。在4℃低温下,最好在一个月以内施用。

#### 4. 高效根瘤菌菌剂的田间施用方法

将根瘤菌菌剂倒入容器中,缓慢地加水,一边加水一边搅拌,直到菌剂变为糊状为宜(大约200 g菌剂加入100 mL水左右),然后将大豆种子加入其中,用棍子把大豆与菌剂搅拌均匀,使大豆表皮裹上一层薄而均匀的菌剂(加水要适宜,如果加水太多则会使菌剂过稀,影响拌种的效果,同时影响大豆的萌发率)。拌种完毕后,把黏附根瘤菌菌剂的大豆播入土中即可。在室外拌菌时,菌剂应放在阴凉处,避免阳光直射。制作出来的根瘤菌菌剂田间用量约200 g/亩。

## 64.3 高效根瘤菌菌剂的应用实例

我们在不同纬度,不同土壤类型上进行高效根瘤菌接菌田间试验,都取得了显著效果。所用到的根瘤菌均为我们实验室在广东酸性土壤中筛选出的高效根瘤菌。

#### 1. 南方典型的酸性红壤

在广东进行了接种根瘤菌的田间试验及应用推广。2007年在广东省湛江市遂溪县进行田间试验,其土壤基本理化性状为pH 5.02,碱解氮73.50 mg/kg,速效磷0.94 mg/kg,速效钾93.60 mg/kg,属于典型的南方酸性土壤类型,供试土壤没有大豆种植历史。采取大豆拌根瘤菌人工穴播的方式,起垄栽培,种植密度为30 cm×15 cm。结果显示接种根瘤菌对大豆产量影响达到了显著水平。经接种处理的华春2号、华春3号和华春4号的产量分别比对照增产了46.21%,49.33%和40.57%(表64-3),增产效果明显。本试验说明筛选的根瘤菌确为高效根瘤菌,且适合南方酸性土壤种植使用,与当地的品种匹配性较高,对提高大豆产量具有重要作用。

表 64-3

酸性缺磷土壤中接种根瘤菌处理对不同大豆品系生长的影响

| 品种 | 地上部干重/(g/株) | | 产量/(kg/hm²) | | 结荚数/(个/株) | |
|---|---|---|---|---|---|---|
| | CK | 接种 | CK | 接种 | CK | 接种 |
| 华春2号 | 10.39 | 17.36 | 2 034.94 | 2 975.40 | 19.67 | 37.67 |
| 华春3号 | 7.88 | 20.04 | 1 631.48 | 2 436.30 | 18.33 | 39.67 |
| 华春4号 | 4.60 | 6.87 | 1 353.17 | 1 902.15 | 11.33 | 10.33 |

2008年在广东梅州地区进行了1 000亩示范。磷高效大豆品种在肥沃土壤上,接种高效根瘤菌菌剂后,在基本不施氮肥、仅施10%的磷钾肥(按农业部推荐施肥标准计算),产量能超过美国平均产量10%以上。而在瘦瘠土壤上,施用不到10%的氮肥、20%的磷肥和10%的钾肥,产量可达世界平均水平(表64-4)。试验成功后,在华南地区进行了推广应用。

表 64-4

2008年广东梅州磷高效大豆产量及肥料施用量比较

| 项目 | 世界 | 美国 | 中国 | 广东梅州 | |
|---|---|---|---|---|---|
| | | | | 肥沃土壤 | 瘦瘠土壤 |
| 平均产量/(t/hm²) | 2.25 | 3.02 | 1.70 | 3.45 | 2.25 |
| 磷肥施用量/(kg/hm²) | — | 6.5 | 31.5 | 3.1 | 19.2 |
| 氮肥施用量/(kg/hm²) | — | 2.7 | 50 | 0 | 6.2 |
| 钾肥施用量/(kg/hm²) | — | 16.8 | 36 | 3.6 | 3.6 |

磷高效大豆产量及肥料施用量报告来自2008年10月22日梅州大豆1 000亩种植现场,由5个大豆专家、3个植物营养学专家测得。世界、美国、中国数据来自文献。

#### 2. 东北的黑土

2011年于黑龙江佳木斯友谊农场的黑土地上,我们进行了接种高效根瘤菌菌剂的田间示范。友谊农场土壤基本理化性质为 pH 5.56,有机质 32.2 g/kg,碱解氮 185 mg/kg,有效磷 9.3 mg/kg,速效钾 225 mg/kg。前茬作物为玉米,示范面积为 120 亩(其中 60 亩为农户施肥对照)。

采取机播方式,首先用已制备好的根瘤菌菌剂与大豆拌种(图 64-4),为防止菌剂的基质对播种机造成影响,可以用筛子过滤掉较大的基质,然后按常规的机播方式进行播种,种植品种选用当地常规大豆品种垦丰 17,种植密度为 2 万株/亩,施肥用量为二铵 11 kg/hm²,钾肥 5 kg/hm²。

图 64-4 大豆高效根瘤菌菌剂大田施用流程

在常规施肥条件下减少 50%的施氮量、接种根瘤菌高产高效示范试验,60 亩地实测增产 22.5%(图 64-5)。相对于传统用肥,根瘤菌的使用可以做到减少肥料投入同时能保证不减产甚至可以增产。这不仅减少农民的投入、增加收益,也为我国解决过量施用化肥造成环境污染现状提供一种途径。

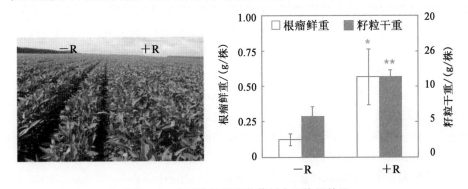

图 64-5 大豆高效根瘤菌菌剂大田施用效果

－R:不接种高效根瘤菌,农户施肥习惯;＋R:接种根瘤菌,在农户施肥习惯上减少 50%的氮肥

(Qin et al.,2012)

### 3. 河北的褐土

2014 年在河北赵县碱性褐土土壤进行接种根瘤菌田间试验。本试验地前茬作物为小麦,采用留茬机播的种植方式。试验地土壤基本理化性质为 pH 8.18,有机质 2.4%,碱解氮 110 mg/kg,有效磷 25.7 mg/kg,速效钾 130 mg/kg。试验用种为冀豆 12,种植密度每亩 2 万株左右,根瘤菌拌种后直接用微型播种机播种。施肥方案为对照施肥是河北农科院推荐大豆用肥磷酸二铵 12 kg/亩,氯化钾 8 kg/亩;接菌处理施肥量为对照一半(磷酸二铵 6 kg/亩,氯化钾 4 kg/亩),所有处理肥料都为一次性施入。

在常规施肥条件下减少 50%的施氮量,接种根瘤菌试验,10 亩试验地实测增产 13.9%(图 64-6)。我们在酸性土壤上筛选出来高效根瘤菌具有广泛的适用性,在南北方都能发挥作用,但接菌效果差异明显,筛选匹配适合的根瘤菌可以更好地挖掘大豆的生产潜力。

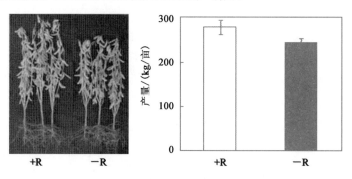

**图64-6　赵县高效根瘤菌田间试验效果**

—R:不接种高效根瘤菌,农户施氮习惯;＋R:接种根瘤菌,在农户施肥习惯上减少50％的氮肥

# 参考文献

[1] 陈应志,邱丽娟. 中国大豆良种推广应用现状及发展战略. 大豆通报,2005(4):1-5.

[2] 祁旺定,尚明瑞. 中国大豆产业发展问题研究. 中国农学通报,2014(17):88-96.

[3] 李红莉,张卫峰,张福锁,等. 中国主要粮食作物化肥施用量与效率变化分析. 植物营养与肥料学报,2010,16(5):1136-1143.

[4] 沈世华,荆玉祥. 中国生物固氮研究现状和展望. 科学通报,2003(6):535-540.

[5] 刘忠堂,毕远林. 从科技进步谈黑龙江省大豆产量的提高和增产潜力. 大豆通报,2006(1):1-3.

[6] 陈文新,陈文峰. 发挥生物固氮作用减少化学氮肥用量. 中国农业科技导报,2004(6):3-6.

[7] 郭庆元,李志玉,涂学文. 大豆高产优质施肥研究与应用. 中国农学通报,2003,19(3):89-96,104.

[8] 师尚礼,刘建荣,张勃,等. 甘肃寒旱区苜蓿根瘤菌抗逆性评价. 草地学报,2007(1):1-6.

[9] 慈恩,高明. 环境因子对豆科共生固氮影响的研究进展. 西北植物学报,2005,25(6):1269-1274.

[10] 吴红慧,周俊初. 根瘤菌培养基的优化和剂型的比较研究. 微生物学通报,2004,31(2):14-19.

[11] Bohlool B B,Ladha J K,Garrity D P,et al. Biological nitrogen fixation for sustainable agriculture:A perspective. Plant and Soil,1992,141(1-2):1-11.

[12] Graham P H,Vance C P. Legumes:Importance and constraintsto greater use. Plant Physiology,2003,131(3):872-877.

[13] Herridge D F,Peoples M B,Boddey R M. Global inputs of biological nitrogen fixation in agricultural systems. Plant Soil,2008(311):1-18.

[14] Hafeez F Y,Naeem F I,Naeem R,et al. Symbiotic effectiveness and bacteriocin production by Rhizobium leguminosarum bv. viciae isolated from agriculture soils in Faisalabad. Environmental and Experimental Botany,2005,54(2):142-147.

[15] Liu K. Chemistry and Nutritional Value of Soybean Components. Soybeans,1997:25-114.

[16] Sessitsch A,Wilson K J,Akkermans A D L,et al. Simultaneous Detection of Different Rhizobium Strains Marked with Either the Escherichia coli gusA Gene or the Pyrococcus furiosus celB Gene. APPLIED AND ENVIRONMENTAL MICROBIOLOGY,1996,62(11):4191-4194.

[17] Wahab A M A,Abd-Alla M H. Effect of different rates of N-fertilizers on nodulation,nodule activities and growth of two field grown cvs. of soybean. Fertilizer research,1995,43(1-3):37-41.

(执笔人:许锐能　廖红)

# 第 65 章

# 华南地区水肥一体化的主要技术模式
## ——以广东为例

广东省的地形主要为丘陵山地和沿海平原。珠江三角洲地区为冲积平原。主要种植热带亚热带作物。该地区总体降雨丰沛,但季节分布及区域分布极不平衡。缺乏灌溉条件是农业生产高产高效的限制因素。由于该地区的独特地形、土壤、气候及作物,形成了多种水肥一体化的模式。下面作一介绍。

## 65.1 广东的主要灌溉模式

### 1. 船式喷灌机

船式喷灌机目前大量用于地面平整、有充分水源的菜地或其他适于喷灌的作物(图 65-1;彩图 65-1)。在珠江三角洲一带的蔬菜生产中非常普及。其动力为汽油或柴油发动机,连接一个水泵加压,将水喷洒出去。应用时将沟里放满水,然后将喷灌机浮于水面。其吸水口在船底。发动后人拖着喷水管在水沟中前行,对左右两边的作物进行喷水。喷洒范围及射程由软管出水口的花洒的大小及孔径决定,水滴可大可小。总体讲水滴越小,射程越短。一般苗期水滴要小,以免打伤苗,苗长大后水滴宜大,射程远,提高工作效率。国内已有多家企业生产,价格在每台 1 000 元左右。

**图 65-1　船式喷灌机在珠江三角洲地区菜地上应用**

### 2. 固定式喷灌系统

固定式喷灌系统目前只用在集约化的蔬菜基地,特别是港资、台资等外资经营的蔬菜农场比较普及(图 65-2;彩图 65-2)。一些苗木场也采用。水源为井水或河水,喷头间距 8~15 m,喷头流量 1~2 $m^3$/h。输水管为 PVC 管,地埋,喷头支撑管为 4 或 6 分镀锌管。喷头通常为塑料制造。一般每个轮灌区 6~8 亩。对种植叶菜类蔬菜,喷灌是较好的灌溉模式。一些平地茶园也安装了喷灌系统。

图 65-2　固定式喷灌在叶菜类蔬菜上的应用

### 3. 移动喷灌

在甘蔗上有试点,但没有推广(图 65-3;彩图 65-3)。主要是能耗大,要行走的路面,要充足的水源。

图 65-3　卷盘式移动喷灌机在甘蔗上的应用

### 4. 喷水带

喷水带也称为水带或微喷带,是目前应用非常广泛的一种灌溉设备。主要用于草本作物的栽培。如香蕉、西瓜、胡萝卜、瓜类蔬菜、草莓等(图 65-4;彩图 65-4)。特别是结合覆膜,应用效果更好。目前在全国范围都有应用。其使用面积可能超过滴灌,是华南最普及的设施灌溉模式。可能广东地区大部分香蕉都是用喷水带灌溉。其原理是在末级管道上直接开 0.5~1 mm 的微孔出水,在一定的压力下(30~100 kPa),水从孔口喷出,高度几十厘米至 1 m。喷水带无须单独安装出水器,灌水方式大大简化。喷水带规格有 φ25、φ32、φ40、φ50 四种,单位长度流量为每米 50~150 L/h。喷水带简单、方便、实用。只要将喷水带按一定的距离铺设到田间就可以直接灌水,收放和保养方便。对灌溉水的要求显著低于滴灌,抗堵塞能力强，一般只需做简单过滤即可使用。工作压力低，能耗少。不受轮灌区面积限制，一般每条水带都安装一个开关，可以根据系统提供压力的大小在现场增加或减少水带的条数，操作非常方便。在生产中，当采用膜下喷水带时则相当于滴灌，目前这种膜下水带的灌溉模式在大棚蔬菜、大田西瓜、草莓、哈密瓜等作物上应用相当普及。在铺喷水带时将出水口朝下，变成类似滴灌湿润作物，这种灌溉形式不仅具有喷水带灌溉本身的主要优点，同时也具有滴灌的优点，如灌水均匀，不伤害作物，并保持良好的土壤性状等。为了保证均匀灌溉，一般要控制水带的铺设长度。总体讲流量越大，管径越小，则铺设长度越短。

图 65-4　喷水带在香蕉(a)和草莓(b)上的应用

喷水带灌溉的局限性：

(1)在作物生长初期，由于作物还没有封行，当使用喷水带进行灌溉尤其是将灌溉与施肥结合时，一方面很容易滋生杂草，从而影响作物的正常生长；另一方面又加大了水、肥资源的浪费。

(2)喷水带的直径较大，当喷水带的开口数较多时，会使单位长度的流量加大，减少最大铺设长度，同时也影响喷水带出水的均匀性。

(3)在高温季节，特别是在南方，在作物生长期间容易形成高温、高湿环境，引发病虫害的发生、传播等。

(4)喷水带在田间的应用受地形的影响较大，它要求地块相对平整，否则可能影响出水的均匀性。

**5. 微喷灌**

微喷灌目前主要用于平地果园、苗圃及城市绿化带。应用面积非常有限。应用的微喷头种类多样，流量为 20～500 L/h(图 65-5；彩图 65-5)。

木瓜园

柑橘育苗　　　　　　　　　火龙果栽培

图 65-5　微喷灌的应用

### 6. 滴灌

近些年滴灌在山地果园迅速推广。因滴灌不受地形限制，非常适合丘陵山地。目前应用面积最大的是柑橘、其次是香蕉、葡萄等（图 65-6；彩图 65-6）。其他果树也在示范推广。山地对滴灌有特殊要求，一般用厚壁毛管，壁厚 0.9 mm 以上，用外置或内置压力补偿滴头，确保出水均匀。目前应用最广的模式是自压重力滴灌系统，特别是缺少三相电的地方，这种模式最适宜推广。常规做法是先在山顶建蓄水池，用 220 V 电压的小水泵将山脚的水抽到山顶，然后自压灌溉。或者引更高山上的泉水灌溉。自压灌溉的轮灌区大小不受限制，非常适合丘陵山地地形复杂的特点。由于对滴灌材料有特殊要求，一次性投资较大。目前有灌溉补贴的地区，滴灌都在快速推广，如脐橙、沙田柚。整个南方地区的果园、茶园、经济林等主要种植在丘陵山地，现在劳力问题是最突出的问题，未来滴灌会有巨大的市场。

图 65-6　滴灌在香蕉栽培(a)和柑橘栽培(b)中的应用

### 7. 小管出流灌

小管出流模式主要用于平地果园（图 65-7）。出流管是直接插在薄壁 PE 支管内，只能在低压下运行。压力稍高，小管就会被挤出。出水也不均匀。目前只有零星应用。

图 65-7　小管出流灌在香蕉栽培中的应用

### 8. 拖管淋灌

这是广东山地果园普遍应用的模式。对山地果园，主要在山顶建蓄水池。在田间建立主管及支管输水系统，在支管上一定位置安装快速接头，利用重力自压随时可以拖管淋灌（图 65-8；彩图 65-8）。在平地果园，建蓄水池，用泵加压将水输入主管及支管网。

图 65-8 拖管淋灌在木瓜园(a)和柑橘园(b)中的应用

### 9. 挑水浇灌

这是广东小规模菜地普遍采用的灌溉模式(图 65-9;彩图 65-9)。通常一个水桶可以装 20～25 kg 水,水桶连接一个长柄,长柄尾端安装一个花洒。使用时挑着两只水桶,边走边淋水。

图 65-9 挑水浇灌冬种马铃薯(a)和叶菜类蔬菜(b)

## 65.2 广东通过灌溉系统施肥的主要模式

### 1. 淋灌施肥

先把肥料在一个容器内溶解成母液。挑水浇灌时,每桶水加一小勺母液,搅匀淋施(图 65-10;彩图 65-10)。蔬菜的追肥大部分是采用这种模式。当拖管淋灌时,在配肥池中先溶解好肥料,然后通过自压或泵加压将肥液与水按一定比例混匀,淋施到每株作物。果园和马铃薯的追肥大部用这种模式。

图 65-10 肥料溶解后通过挑水(a)和拖管(b)淋施

**2. 喷灌施肥**

喷灌系统大部分时候用于喷水。有时也用于喷施尿素、磷酸二氢钾、硝酸钾、叶面肥料等。

**3. 喷水带施肥**

是一种非常普及的施肥方法。根据加压系统的特点采用不同的施肥方法。主要有泵吸肥法和泵注肥法。

**4. 滴灌施肥**

只要安装有滴灌的地方,现在普遍通过滴灌系统施肥。施肥方法多种多样。目前主要用于荔枝、龙眼、香蕉、柑橘、葡萄、甘蔗等作物。

## 65.3 主要灌溉施肥方法

**1. 旁通罐法**

旁通罐法目前只有零星的应用。主要原因是进口罐价格昂贵,国产罐易生锈。还有旁通罐施肥操作不便,特别是大面积地块,频繁的倒肥耗费劳力。

**2. 泵吸肥法**

是目前推广面积最大的施肥方法。广泛用于滴灌、喷水带、拖管淋灌等灌溉模式。该方法施肥准确,操作方便,施肥设施简单,价格低廉。移动灌溉施肥机也是采用泵吸肥法原理。

**3. 泵注肥法**

对于有压管道施肥,主要采用泵注肥法。采用的泵有小功率的清水泵、汽油泵及柴油泵。广东的果园及菜园绝大部分配备了喷施农药用的柱塞泵。这种泵很多情况下用于施肥。

**4. 自压重力施肥法**

在有重力自压灌溉的地方使用,主要用于山地果园、茶园的滴灌、淋灌系统。施肥方便、设施造价低、坚固耐用。

## 65.4 用于灌溉的主要肥料

大部分种植户都已经认识到水肥一体化的好处,知道肥料溶解后施用效果好、见效快,省肥料。根据具体的灌溉模式,种植户选择肥料存在很大区别。通常所有常规肥料都可以用于淋灌。除水溶性肥料外,很多农户将过磷酸钙、普通复合肥、农用磷铵等肥料都溶解后施用。通常是头天晚上将肥料泡在桶内,第二天将上清液倒出淋施。也有现场边溶边用的。近些年冲施肥推广非常快,客观上讲促进了水肥一体化的普及。喷灌只要不堵喷头各种肥料都有人应用。滴灌对肥料的要求最高。目前主要是尿素、氯化钾、水溶性复合肥、溶解性好的液体肥用于滴灌。可以讲肥料不配套及滴灌用的肥料的高价格是限制南方地区滴灌推广的一个因素。

## 65.5 灌溉制度的制定

由于南方存在降雨,而降雨在不同地区分布不均,地块小、山地多等因素,导致该地区基本上没有什么灌溉制度。主要是凭经验灌溉。由于张力计只适合用于中壤土及轻质土壤,而南方大部分地区土壤黏重,不适合用张力计。目前指导灌溉主要是用目测法(挖开土壤剖面查看)和指测法(根据土壤质地在不同含水量下的表现判断)。事实上目测法和指测法在南方地区非常实用。

## 65.6 施肥制度的制定

以香蕉、荔枝、龙眼、柑橘、马铃薯、甜玉米等为例。

### 65.6.1　香蕉合理灌溉施肥制度的建立

**1. 施肥方案**

通常生产 1 t 香蕉需肥量为氮 2.0 kg,磷 0.5 kg,钾 6.0 kg。每亩香蕉营养体需要的养分量为氮 15 kg,磷 4 kg,钾 65 kg。滴灌时养分利用率通常为氮 $80\% \sim 90\%$,磷 $25\% \sim 75\%$,钾 $80\% \sim 90\%$。根据数据资料就可以计算出香蕉理论需肥量(表 65-1)。

表 65-1

香蕉不同目标产量的养分需求量 　　　　　　　　　　　　　　　　　　　　　　　　　　　　　kg/亩

| 目标产量 | 养分需求量 | | |
| --- | --- | --- | --- |
| | N | $P_2O_5$ | $K_2O$ |
| 2 500 | 25 | 17 | 90 |
| 4 000 | 29 | 20 | 100 |
| 5 500 | 32 | 22 | 113 |
| 6 500 | 35 | 25 | 122 |

以每亩 4 500 kg 目标产量计算出香蕉滴灌条件下所需的施肥量(表 65-2)。

香蕉对氮钾养分的需求比例为 1:3 左右,硝酸钾的氮钾比例刚好接近 1:3,正好与香蕉需要的氮钾比例相同。硝酸钾完全溶于水,且无任何副成分,在土壤中也没有残留。因此,在有条件的地方,可以用硝酸钾代替上述施肥方案中的氯化钾。由于硝酸钾提供的氮足够用,尿素可以不用,制定另外一套施肥方案(表 65-3)。

表 65-2

香蕉滴灌施肥推荐用量 (株行距 2 m×2 m, 每亩约 170 株)

| 养分 | kg/亩 | 折成肥料 | kg/亩 |
| --- | --- | --- | --- |
| N | 30 | 尿素 | 65 |
| $P_2O_5$ | 20 | 过磷酸钙 | 150 |
| $K_2O$ | 110 | 氯化钾 | 180 |
| Mg | 10 | 硫酸镁 | 50 |
| Ca | 10 | 硝酸钙 | 40 |

\* 过磷酸钙在定植时作基肥施用,其他肥料通过滴灌施用。

表 65-3

香蕉滴灌施肥标准 (株行距 2 m×2 m, 每亩约 170 株)

| 养分 | kg/亩 | 折成肥料 | kg/亩 |
| --- | --- | --- | --- |
| N | 30 | | |
| $P_2O_5$ | 20 | 过磷酸钙 | 150 |
| $K_2O$ | 110 | 硝酸钾 | 230 |
| Mg | 10 | 硫酸镁 | 50 |
| Ca | 10 | 硝酸钙 | 40 |

由于香蕉的生长受气温等因素影响,春蕉、夏蕉、秋蕉生育天数也不同,一般春蕉的生育期为 11 个

月左右,而夏蕉和秋蕉的生育期为 13 个月左右。因此很难确定具体的施肥日期。经过多年的研究及示范,我们提出香蕉的"按叶片数施肥法",即根据香蕉叶片数量来确定施肥量和施肥次数。在生产上,这种施肥方法可操作性强,容易被农民接受使用。组培苗移栽时出来的第一片花叶为第 9 叶,用记号笔或油漆在叶柄或叶片上做记号,以后根据叶片数确定施肥时间和施肥量。这种操作模式把非常复杂的香蕉施肥方案变得很简单,一个普通的农户就可以独立完成整个香蕉生育期的施肥管理,他们完全不用担心施肥过多或不够,也不用担心施肥的时间不对,该方法已在多地香蕉产区推广。

过磷酸钙在移苗前全部做基肥施用。每株施有机肥 2.5 kg 左右,沿滴灌管方向开沟施用,盖少量土。有机肥有土杂肥、禽畜粪等。其他可溶的肥料都通过滴灌施肥系统施入田间,根据每个轮灌区的香蕉株数来确定施肥总量,然后将肥料倒入施肥池,慢慢通过管道施入田间。

香蕉目前大量采用的是水带灌溉。应用水带灌溉强烈建议采用膜下水带形式。施肥同滴灌的方案类似。可以根据氮磷钾的需要量与目标产量的关系,根据市场上已有的水溶肥料制定多种施肥方案。核心的措施是养分平衡,少量多次。

**2. 灌水量的确定**

研究表明,香蕉在营养体最大时,晴天每株每天耗水约 25 kg,多云天耗水约 18 kg,阴天耗水约 9.5 kg。根据滴灌管滴头的间距和流量,平均每株香蕉有 4 个滴头,每小时出水 11 kg。也就是说,即使在耗水最大的情况下,滴灌 2.5 h 可以满足香蕉需水要求,通常滴灌时间不超过 4 h。滴灌能使深层土壤湿润,香蕉根系分布于更深土层,可以避免夏季高温危害。在多雨季节,滴灌用来施肥,此时应该尽量缩短滴肥的时间,一般控制在 1 h 内完成,并且尽量避开暴雨天气进行滴肥,以免雨水或过量灌溉将肥料淋失到根系层以下。

### 65.6.2 荔枝及龙眼合理施肥和灌溉制度的建立

**1. 施肥计划**

由于木本果树具有贮藏营养的特点,对其定出一个最佳施肥量是非常困难的事。叶片分析虽有一定的帮助,但可操作性差,无法推广应用。由于荔枝及龙眼的营养和荔枝龙眼果园土壤的复杂性,目前还无法给出一个最佳的具体施肥方案。只要遵循一些施肥原则,一般都能达到较好的效果。华南地区的荔枝龙眼园普遍缺乏氮磷钾镁硼锌元素,重点要补充这些养分,要求施肥做到有机肥和无机肥配合,土壤施肥和叶面施肥配合,肥料采用"少量多次"淋施或滴灌施用,主要在开花前后、果实发育及抽梢期施用。根据叶片颜色、厚度、光泽、梢粗度及长度来判断肥料是否足够和平衡。

通常氮、钾等化肥通过灌溉系统施用,磷肥和有机肥做基肥用,微量元素用叶面肥补充。通过灌溉系统的施肥原则为"总量减半、少量多次、养分平衡"。对于第一次用灌溉系统施肥的用户,化肥用量在往年的基础上减少一半,减半后每次的施用量遵循少量多次的原则施用,一般"一梢三肥",果实发育期每 10 d 天 1 次。表 65-4 是深圳西丽果场滴灌施肥量。

表 65-4

荔枝或龙眼滴灌施肥数量(树龄 15～20 年,供参考)

| 施肥时间及生育期/(月/日) | 施肥量/(kg/亩) | | | |
| --- | --- | --- | --- | --- |
| | 尿素 | 氯化钾 | 磷酸一铵 | 硫酸镁 |
| 2/19—2/24(花芽形态分化期) | 1.5 | | 2.0 | 2.0 |
| 4/9—4/15(盛花期) | 3.0 | 3.0 | 2.0 | — |
| 4/17—4/25(初始坐果期) | 3.0 | 3.0 | — | 2.0 |
| 5/15—6/2(果实生长发育) | 3.0 | 5.0 | — | — |
| 6/20—7/2(第 1 次秋梢) | 5.0 | 2.0 | 1.5 | 4.0 |
| 8/18—8/28(第 2 次秋梢) | 5.0 | | | 4.0 |

每个生育时期的肥料并非一次施完,而是分多次施。表中为各时期的累积量。含微量元素的叶面肥要求在每次打农药时喷施。

**2. 滴灌及微喷灌的主要技术参数**

在荔枝园或龙眼园适合安装微喷灌和滴灌。当采用微喷灌时,通常每株树冠下安装一个微喷头,流量为 100～500 L/h,喷洒半径 3～5 m。当采用滴灌时,通常每行树拉一条滴灌管,滴头间距 60～80 cm,流量 2～3 L/h。不管是微喷灌还是滴灌,都需要一个首部加压系统,通常包括水泵、过滤器、压力表、空气阀、施肥装置等。过滤器是关键设备,微喷灌一般用 60～80 目过滤器,滴灌用 100～120 目过滤器。灌溉与施肥系统的设计和安装由专业公司负责完成。

**3. 水分管理**

果实发育期保持均衡的土壤水分可以防裂果。对于不过黏过沙的土壤而言,灌溉计划可以由田间埋设的张力计制定。在田间 30 和 60 cm 深度埋两支张力计。当 30 cm 张力计读数达 15 kPa 时开始滴灌,滴到 60 cm 张力计读数为零时停止灌溉。下一次滴灌照此进行。主要灌水时期为抽梢期、开花前后和果实生长发育期。整个冬季如无过度干旱一般不灌溉。但张力计埋设有一定技巧,要求与土壤充分接触,否则反映的结果不准确。当对微喷灌或滴灌有一定的使用经验后,可以用简单方法了解土壤水分状况。只要用锄头挖开滴头下的土壤,用手抓捏,能握成团而不粘手表示土壤处于水分正常状态。土壤缺水也可从树体上反映出来,叶片无光泽或发干都表示缺水。

### 65.6.3　滴灌施肥条件下砂糖橘施肥方案

**1. 施肥方案的制定**

通常生产 1 t 砂糖橘要带走氮约 1.6 kg,磷 0.24 kg,钾 2.5 kg,钙 0.6 kg,镁 0.18 kg。每亩成龄砂糖橘园营养体需要的养分量为氮 25 kg,磷 4 kg,钾 7 kg,钙 13 kg,镁 3.5 kg。

滴灌时养分利用率通常为氮 80%～90%,磷 50%～60%,钾 80%～90%。

不同目标产量下砂糖橘的养分需求量见表 65-5。

表 65-5

不同目标产量下砂糖橘的养分需求量　　　　　　　　　　　　　　　　　　　　　　　kg/亩

| 产量 | 养分需求量 | | | | |
| --- | --- | --- | --- | --- | --- |
| | N | $P_2O_5$ | $K_2O$ | Ca | Mg |
| 2 500 | 20 | 5 | 25 | 15 | 5 |
| 3 500 | 23 | 6 | 30 | 16 | 6 |
| 4 500 | 26 | 7 | 35 | 17 | 7 |

以每亩 3 500 kg 产量计算出的砂糖橘滴灌施肥量(表 65-6)。

表 65-6

每亩砂糖橘滴灌施肥标准 (每亩约 100 株,以氯化钾作为钾肥来源)

| 养分 | kg/亩 | 折成肥料 | kg/亩 | kg/每株 |
| --- | --- | --- | --- | --- |
| N | 23 | 尿素 | 50 | 0.5 |
| $P_2O_5$ | 6 | 过磷酸钙 | 50 | 0.5 |
| $K_2O$ | 30 | 氯化钾 | 50 | 0.5 |
| Mg | 6 | 硫酸镁 | 40 | 0.4 |
| Ca | 16 | 硝酸钙 | 30 | 0.3 |

钾肥可以采用氯化钾,也可以用硝酸钾(表 65-7)。当用硝酸钾时,尿素用量要减少 1/3。

表 65-7

**每亩砂糖橘滴灌施肥标准（每亩约 100 株，以硝酸钾作为钾肥来源）**

| 养分 | kg/亩 | 折成肥料 | kg/亩 | kg/每株 |
|---|---|---|---|---|
| N | 23 | 尿素 | 35 | 0.35 |
| $P_2O_5$ | 6 | 过磷酸钙 | 50 | 0.5 |
| $K_2O$ | 30 | 硝酸钾 | 65 | 0.65 |
| Mg | 6 | 硫酸镁 | 40 | 0.4 |
| Ca | 16 | 硝酸钙 | 30 | 0.3 |

上述肥料中，过磷酸钙全部做基肥用，可以与有机肥混合堆沤后扩穴改土用。也可以在采果后直接撒在滴灌管下。硫酸镁可以在每次放梢前与氮肥一起施，一年 4 次，每次 100 g。硝酸钙主要在果实发育期间施，自坐果后至采果前 1 个月分 6 次施入，每次 50 g。每放 1 次梢施 3 次尿素，即"一梢三肥"。当采用氯化钾时，0.5 kg 尿素约分 10 次施入，每次 50 g。氯化钾在果实发育阶段施，分 7 次施，每次 75 g。当采用硝酸钾时，尿素仍然分 10 次施，硝酸钾在果实发育阶段施，分 7 次施，每次 100 g。施肥时，尿素可以与硫酸镁、氯化钾、硝酸钾、硝酸钙一起施。但硫酸镁不能和钾肥混合后一起施。可以先施硫酸镁后施钾肥。

每次打药时，配合打叶面肥，解决微量元素的问题。当有机肥充足时，上面肥料用量可以减少使用。

总体的施肥原则是少量多次。如果新梢生长量过长过大，要减少氮的用量。

对新定植的树，争取"一梢三肥"。肥料用量为成龄树的 1/5～1/4。肥料种类不变。关键原则是"少量多次"。

上述施肥方案随选择的肥料不同有不同的实施方案。只要考虑到养分的平衡、足够的数量，采用少量多次的方法施用，都能获得显著的效果。其他柑橘类（如贡柑、脐橙、沙田柚、蜜柚、春田橘、潮州柑等）的施肥方案都大同小异。

**2. 灌溉制度**

水分管理就是一直保持萌芽至采果前半个月土壤的湿润状态。如一个滴头每小时出水 2.3 kg。一棵树安排 4 个滴头，滴 1 h 9.2 kg 水，2 h 18.4 kg，4 h 36.8 kg。如滴 4 h，深层土壤可以储存很多水，根系下扎。干旱季节每 10～15 d 灌 1 次。建议滴灌后挖开滴头下的土壤，用手抓捏可知土壤湿度。

**3. 滴灌及微喷灌的主要技术参数**

在柑橘园适合安装微喷灌和滴灌。微喷灌只能在平地果园使用。当采用微喷灌时，通常每株树冠下安装一个微喷头，流量为 100～500 L/h，喷洒半径 3～5 m。当采用滴灌时，通常每行树拉一条滴灌管，滴头间距 60～80 cm，流量 2～3 L/h。平地柑橘园可以采用普通的滴灌系统，而山地果园必须采用压力补偿式滴灌，以保证出水的均匀性。不管是微喷灌还是滴灌，都需要一个首部加压系统，通常包括水泵、过滤器、压力表、空气阀、施肥装置等。过滤器是关键设备，微喷灌一般用 60～80 目过滤器，滴灌用 100～120 目过滤器。

## 65.6.4　华南冬种马铃薯采用滴灌后施肥制度及灌溉制度的建立

马铃薯生产已在广东省形成一定种植规模。其中惠东县及周边面积超过 10 万亩，是广东省马铃薯出口的主要基地。马铃薯生长周期短，产量高，效益好，是许多经济欠发达地区农民脱贫致富的重要途径。高产优质的马铃薯生产与合理的水肥管理有密切关系。滴灌最适合在冬种马铃薯上应用，节工、节肥、增产效果明显。特别是维持苗期均匀水分状况，促进发芽具有显著作用。

**1. 滴灌系统的构成**

广东省种植马铃薯的规格一般为畦宽 1.2 m，每畦 2 行，行距 15～17 cm，株距 25 cm。理论苗数每亩 4 400 株。对马铃薯而言，滴灌是最佳灌溉方式。一般每畦铺设一条滴灌管，放在两行之间。滴灌管壁厚 0.2～0.6 mm，滴头流量为 1.38 L/h，滴头间距为 25～30 cm。滴管最大铺设长度为 120 m，工作压力为 6～7 kPa 水压。滴灌管使用寿命 1～5 年。主输水管可以采用 PVC 硬管或涂塑软管。根据田间电力供应情况，可以采用固定首部或移动首部。首部包括水泵、过滤器、施肥设备、空气阀、开关等。如采用移动首部，可以选用汽油机或柴油机水泵，将汽油机水泵（或柴油机水泵）、过滤器、施肥桶、水表及开关等组合安装于一个固定支架上，组成移动首部，可以用摩托车载回家。

**2. 施肥计划的制定**

制定施肥计划之前取土壤分析，了解土壤的养分供应潜力。根据文献资料，马铃薯每吨块茎含氮 3.8 kg，五氧化二磷 0.6 kg，氧化钾 4.4 kg。以目标产量 3 t 计算，块茎带走的氮为 11.4 kg，磷 1.8 kg，钾 13.2 kg。根据养分归还学说，要保持原有地力平衡，必须归还至少这么多养分回到土壤。采用滴灌施肥氮磷钾利用率非常高，所以推荐施肥量定为氮每亩 12 kg，五氧化二磷 2.5 kg，氧化钾 15 kg。另外适量补充镁和钙，计划每亩施 2.0 kg 镁和 3.0 kg 钙。微量元素硼锌等通过滴施含氨基酸的叶面肥解决。具体通过滴灌应用的肥料及用量（以亩计算）为尿素（N 46%）14 kg、液体磷铵（$P_2O_5$ 29%，N 10%）10 kg、硫酸钾（$K_2O$ 50%）30 kg、硝酸镁（Mg 9.4%，N 10.9%）21 kg、硝酸钙（Ca 16.9%，N 11.8%）18 kg。氨基酸液体肥每亩 2 kg。

根据马铃薯养分吸收规律及滴灌施肥少量多次的特点，上述肥料在定植后每 10 d 施一次。具体分配比例见表 65-8。

表 65-8

华南冬种马铃薯肥料分配表 %

| 定植后天数/d | 施用比例 | | | | | |
| --- | --- | --- | --- | --- | --- | --- |
| | N | $P_2O_5$ | $K_2O$ | Ca | Mg | 叶面肥 |
| 0 | 2 | 10 | 0 | 0 | | |
| 10 | 4 | 15 | 0 | 0 | | |
| 20 | 6 | 15 | 5 | 0 | 25 | 25 |
| 30 | 15 | 20 | 8 | 25 | 25 | 25 |
| 40 | 22 | 20 | 12 | 30 | 25 | 50 |
| 50 | 25 | 20 | 15 | 30 | 25 | |
| 60 | 15 | | 30 | 15 | | |
| 70 | 6 | | 30 | | | |
| 80 | 5 | | | | | |
| 90 | | | | | | |

根据表 65-8 的养分用量，可选择多种肥料制定多个施肥方案。但总的要求是肥料溶解性好，施肥少量多次，养分平衡。

施肥时先开始滴灌，待滴灌 20 min 后开始施肥。每种肥料称量好后倒入施肥桶或肥料池。打开施肥开关与滴灌水一同进入田间。整个施肥时间持续 0.5～1 h。滴完肥后要继续滴清水 20～30 min。在土壤湿度大时，施肥时间要在 30 min 内完成，否则会造成肥料淋失。

**3. 水分管理**

播种至收获期间一直保持土壤均匀的湿度。对中等质地的土壤来讲，用手抓捏土壤，如果土壤散开,表明水分不足;如果能抓捏成团表明土壤处于适宜水分状况;如果抓捏时流水或成泥浆,表明水分过多。对沙壤土来讲,由于保水性差,需要采取少量多次的办法进行灌溉。水分过多容易导致种薯腐烂,出苗不齐。

**4.系统维护**

滴灌或施肥时,经常检查田间管道是否漏水。过滤器要及时清洗。汽油机注意及时补充机油。收获前将管回收,下次再用。

### 65.6.5　甜玉米灌溉施肥方案的确定

甜玉米栽培一般选用育苗移栽或者直播,按 1.1 m 宽开沟起垄,沟 20 cm,垄中央浅开施肥沟,每亩施腐熟农家肥 1~2 t,平衡型复合肥 50 kg,充分混合后耙平。每个垄面上铺设两条滴灌带,滴头间距 30 cm,每个滴头每小时出水 2.7 kg,根据天气和土壤湿度情况,每次灌溉时间 2~3 h。

由于甜玉米是短季节作物,玉米收获后还需要轮作其他作物,主管道选择可以回收的 PE 软带,使用寿命 2 年左右,田间阀门采用方便开启、闭合的闸阀。田间采用薄壁滴灌带。

玉米采用滴灌栽培,必须配合使用水溶性较好的肥料,提高肥料利用率,减少施肥人工,提高产量,改善作物品质。具体施肥建议如下:

根据滴灌系统要用水溶肥特点,建议使用 10-5-17 水溶肥配方,每亩用量为 30 kg,尿素 13 kg,氯化钾 5 kg。具体分配见表 65-9。

表 65-9

甜玉米滴灌施肥计划表　　　　　　　　　　　　　　　　　　　　　　　　　　　　　　kg/亩

| 定植后天数/d | 10-5-17 | 尿素 | 氯化钾 |
|---|---|---|---|
| 定植后 | 1 | 1 | |
| 定植后 7 | 2 | 1 | |
| 定植后 14 | 2 | 1.5 | |
| 定植后 21 | 2 | 1.5 | |
| 定植后 28 | 3 | 2 | |
| 定植后 35 | 3 | 2 | |
| 定植后 42 | 5 | 2 | |
| 定植后 49 | 4 | 2 | |
| 定植后 56 | 4 | | 2 |
| 定植后 63 | 3 | | 2 |
| 定植后 70 | 1 | | 1 |

特别注意土壤湿度与滴肥时间的关系。由于是连续使用,滴灌施肥后要不要滴清水关系不大。

（执笔人:张承林　李中华）

# 第 66 章

## 甘蔗区域养分管理技术创新与应用

## 66.1 区域养分管理技术发展历程

甘蔗是我国最重要的糖料作物,2012 年甘蔗种植面积为 2 499 万亩,占糖料种植面积 2 853 万亩的 87.6%,甘蔗产量约 10 746 万 t,单产 4.2 t/亩;广西、云南、广东、海南四省是我国最主要的甘蔗生产区,也是农业部(2008—2015)区划三大甘蔗优势区域,2012 年广西、广东、云南、海南植蔗面积分别为 1 639 万,245 万,492 万和 87 万亩。其中广东甘蔗种植区域主要集中在粤西,种植面积为 219 万亩,平均单产为 5.1 t/亩左右,位居全国其他蔗区之首。但与世界先进甘蔗生产国家及地区相比,还有一定的差距,例如夏威夷、澳大利亚等具有较高的单产(8 t/亩左右),因此,国内甘蔗品种单产提升潜力较大。我国是以旱地甘蔗为主(占总植蔗面积的 80% 以上),旱地生产条件较差,管理水平低是影响甘蔗产量提高的重要因素,我国每年受干旱影响的甘蔗产量损失在 20% 以上。其次是甘蔗栽培管理粗放,尤其是施肥技术落后,肥料投入大,生产成本高。甘蔗产区的跨度大,在不同海拔,不同省份,不同气候带都有分布,不同地区的土壤也不同,针对不同区域的甘蔗栽培有不同的相对应措施,因此,如何根据甘蔗可持续发展的要求,做好区域养分及水分高效利用技术的研发推广,采用以调整植期、抗旱栽培、节水灌溉、测土配方施肥、蔗叶还田等技术措施来解决我国甘蔗生产的养分高效利用与土地培肥问题具有重要现实意义。

目前有关高校研究所的甘蔗科研技术人员对各蔗区甘蔗区域养分综合管理进行了大量研究,相关技术集成措施主要包括:

(1)针对区域选育适宜的甘蔗新品种 根据不同蔗区的气候、土壤及生产条件选育出的新品种适应当地栽培,水肥利用率提升,如在粤西蔗区和云南部分蔗区采用的新品种有粤糖 00-236、粤糖 159、粤糖 55 号等品种,在生产上表现良好。

(2)改良培肥土壤 通过施用石灰调节土壤 pH 改良酸性土壤,测土配方施肥、生物有机肥施用、甘蔗专用缓控释肥、糖蜜酒精废液定量还田有机结合等都取得了一定的成效。

(3)其他措施 包括:①深耕提高根系生长和肥料利用率,采用大马力拖拉机进行深耕整地,犁深 35 cm 以上,一犁两耙,机犁开植沟,宽约 25 cm;②增加中微量元素补充施用;③配合机械化,适当加宽行距至 1.1 m 以上,苗下种量控制在 2 800~3 300 个双芽苗;④除草光降解地膜覆盖技术。

进一步的养分管理技术,还包括,养分高效种质筛选,根层养分调控技术,肥料减量增效施用技术等深入养分管理的相关技术正在相关研究人员中大量开展。

## 66.2 区域生产中存在的主要问题

**1. 甘蔗施肥管理粗放,氮磷钾比例失衡**

甘蔗生长中,由于甘蔗生物量大、生长周期长,在生长期内从土壤中吸取的养分是比较多的,研究资料结果表明,每生产 1 t 蔗茎约需从土壤中吸收氮素(N) $1.5\sim2.0$ kg、磷素($P_2O_5$)$1.0\sim1.5$ kg、钾素($K_2O$)$2.0\sim3.3$ kg。因此化肥的投入成为甘蔗生产重要的栽培措施,加之我国甘蔗主产区的土壤是典型的酸性红壤(图 66-1),磷、钾等养分的缺乏使得甘蔗生产对肥料的依赖性更强。然而由于长期不注重施用有机质肥,偏重施用化肥,造成土壤保水保肥力逐年下降,肥效低。同时偏施重施氮素化肥,不注重磷钾肥的配施,造成甘蔗氮、磷、钾养分代谢失调。施肥技术落后,主要靠人工或牛犁浅施,施后不覆土等。在施肥中没有考虑各品种的需肥特性,不同品种均采用同样的肥料品种和施肥水平,使得甘蔗在需肥时没有及时供应或肥料不能及时被吸收利用被土壤固定、挥发。这些做法使得我国甘蔗单位面积肥料施用量大,特别是氮素化肥的用量更大,是巴西、澳大利亚、美国的 $5\sim10$ 倍,而肥料当季利用率较低,其中尿素为 20%,钙镁磷肥为 10%,氯化钾为 30%。据我们对粤、桂两省(区)肥料利用的调查,肥料投入一般占甘蔗生产成本的 40%~45%,平均超过 475 元/亩。

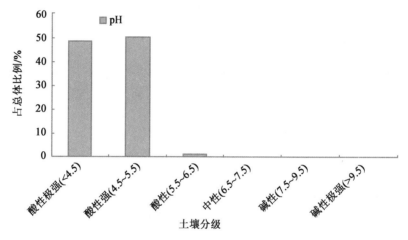

图 66-1 粤西蔗区土壤 pH 分级情况

**2. 偏施化肥,土壤酸化严重**

从 20 世纪 70 年代末期以来,为了增加产量,甘蔗施肥普遍存在单施化肥、不重视有机肥、大量施氮肥的现象,这不但给甘蔗高产优质带来不利的影响,而且造成土壤肥力的下降,土壤酸化严重,长期连作导致土壤的土传病害增加,土壤微生物群落比例失调,严重影响甘蔗生长。通过对广东蔗区 2 000 多份土样调查分析发现(图 66-2),广东蔗区土壤的 pH 大多在 $4.0\sim5.5$ 之间,约占总样本数的 99%。而其中 pH 低于 4.5 占 48.6%,属于极强酸性土壤,整个粤西蔗区土壤平均 pH 为 4.55,土壤酸化极其严重,对甘蔗的产量和蔗糖分有一定的影响。

**3. 中微量养分地域分布差异大,部分中微量元素失衡**

华南热带、亚热带地区具有热量丰富、降水充沛、雨热同季、无霜期短等气候特征,农业生产优势得天独厚。然而,丰富的热量与降雨也加速了土壤矿化与养分离子淋失,造成该区域作物生长必需营养元素缺乏种类多、缺乏程度严重等问题,湛江地区多数土壤呈某些中微量元素缺乏状态,土壤的中微量元素地域分布差异很大。调查分析发现:土壤中的有效铁、水溶性硼缺乏;有效锰、有效铜在调查地区普遍含量较高;土壤中的有效锌地域差异大,徐闻县土壤有效锌含量低,在分级上属于很低水平的占样本数约 40%,而在吴川市土壤有效锌含量高,在分级上属于很高水平的占样本数约 50%;土壤中的有

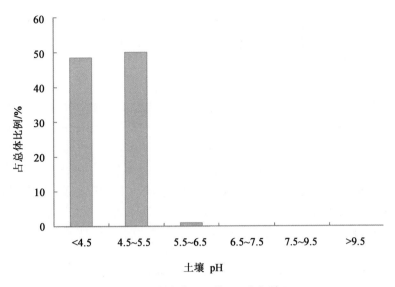

图 66-2　广东蔗区土壤 pH 分级情况

效镁普遍含量较低,抽样结果表明吴川市 90％以上土壤样本有效镁含量低,徐闻县 50％左右的土壤样本有效镁含量低。另外,酸性土壤铝和锰的溶解性增大,在土壤溶液中大量积累,对植物造成毒害,是酸性土壤限制植物生长的主要因子。研究表明在铝胁迫条件下甘蔗生长受抑制,根系和茎叶生长随着铝浓度的提高呈下降趋势;铝胁迫对甘蔗地上部分的影响大于地下部分;铝胁迫影响了甘蔗对 P,K,Ca,Mg 等的吸收。

**4. 缺乏适宜甘蔗全程机械化生产的甘蔗品种及配套农艺技术**

澳大利亚、美国等发达国家早在 30 多年前已实现了甘蔗生产的全程机械化,部分生产环节机械化正在向自动化、智能化方向发展,从而使生产效率不断提高,经济效应不断增长、竞争优势不断提升。然而我国甘蔗生产除耕整地、运输实现机械化外,劳动量最大的种植、收获等环节主要依靠人工去完成,导致生产效率极低。另外甘蔗收获能否做到适时、高效、优质、低耗,不仅关系到甘蔗的产量、品质、经济效益,还直接影响到来年宿根蔗的生长及管理。目前我国甘蔗收获机械化普及率受到蔗区地形、气候、生产体制、农机与农艺配套、适用的甘蔗品种、收割机性能、机手素质、收购体制等多方面因素的限制。其中适宜机械化生产的甘蔗品种及配套的农艺措施是其中重要的方面。对品种而言,除了要求具备手工生产的高产、高糖、抗病性、抗旱性等指标外,同时还要求适宜机械化耕种特性(例如:抗倒伏、抗压性强、剥叶易、气生根少、宿根再生能力强、分蘖成茎率高、条数多等),而我国蔗区目前大多数种植的都是从台湾引进的品种,这些品种宿根性较差,易倒伏,不能满足机械化耕种的要求。在农艺措施上,我国蔗农长期以来习惯于窄行距栽培,一般行距都在 0.8～1.0 m,而机收的行距要求在 1.3 m 以上,这就要求改变传统的种植习惯,而若直接增宽行距而不改变其他措施则会导致明显减产,因此需要调整多方面的生产措施以达到不减产目的。

## 66.3　区域养分管理技术创新与应用

**1. 甘蔗专用配方设计及示范**

广西是最大的甘蔗生产地区,面积占全国甘蔗总面积的约 70％,宾阳是广西区甘蔗种植大县,种甘蔗 39 万亩左右,甘蔗平均单产在 3.3～4 t,广西全区 2011 榨季甘蔗单产 4.54 t,总体单产偏低,产量提高潜力巨大。宾阳县的土壤多为红壤和砖红壤,土壤酸、黏、瘦、板,气性较差,有机质含量低,平均 pH 为 5.5,有机质含量 2.15％,全氮含量为 0.102％,全磷含量 0.09％,全钾含量 0.24％。宾阳甘蔗主要施肥基本情况:基肥 50 kg 复合肥,苗期 15 kg 尿素,拔节前 50 kg 复合肥及 20 kg 尿素,甘蔗产量

3.7 t/亩。根据宾阳县土壤养分基本情况,以及甘蔗养分需求特征和广西高产创建和配方肥应用情况,联合新洋丰公司制定生产甘蔗专用配方肥见表 66-1、图 66-3 和图 66-4(彩图 66-4)。

表 66-1

不同配方处理的施肥量                                                            kg/亩

| 处理 | 习惯施肥 | 大配方 |
|---|---|---|
| 养分投入量 | N:40<br>$P_2O_5$:18<br>$K_2O$:30 | N:27<br>$P_2O_5$:12<br>$K_2O$:18<br>MgO:1.6<br>$SiO_2$:2.7 |

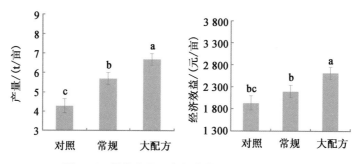

图 66-3　甘蔗专用配方肥产量和经济效益表现

图 66-4　分蘖期不同施肥处理甘蔗生长情况

**2. 甘蔗除草地膜生产与大田推广应用**

甘蔗除草地膜主要用于甘蔗的地膜覆盖栽培,国内糖价的变化直接影响糖厂的效益及蔗农种蔗的积极性。进入 20 世纪 90 年代末期至 21 世纪初,国内糖价大幅下跌,最低跌至每吨 2 000 元以下,从而引致国内制糖企业大规模的关、停、并、转,原使用较多的广东省省内的阳江春湾糖厂、珠海红旗农场、番禺各糖厂及江西东乡糖厂已不存在或由于蔗区甘蔗种植面积锐减,甘蔗除草地膜使用减少;另一方面由于糖价的下降导致的蔗价下降,蔗农减少投入(地膜、肥料、农药),除草地膜的推广十分困难。

甘蔗除草地膜向云南、广西及广东省的其他甘蔗种植区发展,同时不限于糖蔗,向果蔗种植方面推广。至今,甘蔗除草地膜已在我国各主要植蔗省(区)全面推广。2001—2005 年,共生产、推广 2 900 t,现年推广面积占全国各省(区)植蔗总面积的 12.22%。直接获毛利 348 万元。推广面积 109.95 万亩,其中广东 35.75 万亩,广西 21.35 万亩,云南 21.7 万亩,江西 4.2 万亩,福建 14.55 万亩,浙江 5.15 万亩,其他 7.25 万亩。亩增蔗平均 1 t,蔗农增收 3.237 亿元,糖厂增收 3.287 亿元,省工节支 0.47 亿元,合计增收节支总额接近 7 亿元。

该项成果 2014 年获广东省科学技术进步奖三等奖。

甘蔗除草地膜的推广,基本解决了甘蔗地膜覆盖种植出现的膜下杂草的防除问题,是甘蔗地膜覆盖栽培技术的又一进步;甘蔗除草地膜的应用,缓解了蔗农砍、运、种的压力,特别是在劳动力价格越来越高的情况下,有利于甘蔗糖业的可持续发展。具有较大的经济效益与社会效益。

**3. 施用生物有机肥研究与示范**

生物有机肥是近些年新开发出来的一种含有大量特定微生物菌落的新型肥料。它具有无污染、无公害、肥效持久、壮苗抗病、改良土壤、提高产量、改善作物品质等优点。将 3 种生物有机肥和 1 种普通有机肥在 3 个地点进行甘蔗试验,选择 3 个不同品种在施用同样的化肥基础上施用有机肥每亩120 kg。结果表明施用生物有机肥能提升甘蔗单产,对亩产糖量的提升作用显著,见图 66-5(彩图 66-5)和图 66-6。

图 66-5　施用生物有机肥的田间效果

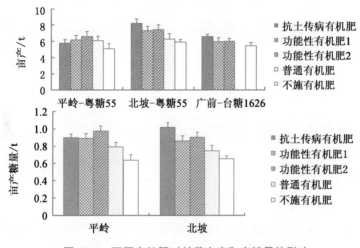

图 66-6　不同有机肥对甘蔗亩产和产糖量的影响

(执笔人:黄振瑞)

# 第 67 章

## 果树输液研究

美国国家情报委员会在《在全球水资源安全情况机构评估》中指出,未来十年,水问题将可能增加世界各地的紧张局势,这些问题包括水资源短缺,水质差和水灾。该报告称,这些问题会增加政府不稳定和崩溃的风险。农业使用了世界淡水的 70%。根据不同作物特性,加强农业节水新技术研究和应用,具有战略意义。

20 世纪 90 年代后期我们开始进行果树输液研究。自 2008 年有体系稳定资助以后,我们才有条件对果树输液进行系统研究、示范。从根系输液到强力高压输液、虹吸输液、营养袋输液、管道输液。获国家发明专利授权 2 项,实用新型专利授权 5 项。输液的好处有以下几点:①可以进行水肥药一体化输液,比目前的水肥一体化微灌多了农药内容;②水、肥、药 100% 的进入树体,水、肥、药用量少,利用率高;③不污染土壤环境和大气环境;④管道输液成本低,果树通过蒸腾拉力和根压自动调节水肥药吸收量,可以全年输液,技术含量高,提高果实产量和品质,管理简单,极为省工;⑤营养袋输液和虹吸输液可以有效应对突发干旱;⑥在矫正缺素症、防治病虫害和植物生长调节剂应用等方面有独特效果。目前,果树各类形式的输液面积在全国越来越多,为果树高产高效发挥了重要作用。

## 67.1 根系输液的方法、效果、机理

### 67.1.1 根系输液方法

传统根系输液方法:距主干一定距离刨出一定粗度的根剪断后,插入盛有营养液或水的瓶内,使断根直接吸收营养液,俗称'埋瓶法'。'埋瓶法'操作时营养液容易溢出,根容易被损坏,瓶中营养液不易被完全吸收。

我们改进后的方法:在距树干 1 m 左右的不同方位挖出一定粗度的根,剪断后将根插入盛有营养液或水的'乳胶套'中。采用'乳胶套'盛营养液,断根只需插入营养液先端 2~3 cm,不损坏根;乳胶套绑紧口后倾斜,营养液被完全吸收。'乳胶套'根系输液具有操作简单易行,不伤根、不漏液的优点。

### 67.1.2 根系输液矫正苹果缺铁失绿效果与机理研究

#### 67.1.2.1 根系输液矫正苹果缺铁失绿效果

**1. 材料与方法**

试验在永年县前曹庄村果园进行,试材为 1992 年定植的青香蕉苹果树,1996 年用切接的方法更新

为早熟品种伏帅。在预备试验的基础上,于 1997 年、1998 年 5 月出现黄叶时,用不同的铁肥品种进行根系输液处理:①$5.99 \times 10^{-3}$ mol/L N-Fe;②EM-Fe:30 mL EM(李维炯等,1995;EM 为中国农业大学李维炯教授提供)$+1\,470$ mL 去离子水$+1.5$ g $FeSO_4$(浓度为 $3.60 \times 10^{-3}$ mol/L);③JG-1 饱和型果树复绿注射剂(山西果树研究所产):75 mL 复绿剂$+1\,500$ mL 去离子水;④对照:去离子水。每处理 3 株树,每株树在 5 个方向刨出 5 条直径 $0.5 \sim 1.0$ cm 粗的根,剪断后插入盛有 100 mL 铁液或去离子水的乳胶套中,500 mL/株。处理后观察复绿状况,按周厚基法(周厚基等,1988)对叶片失绿程度进行分级。处理前和处理后 10 d 分别采样,用丙酮法测定叶片的叶绿素含量,用原子吸收分光光度计测定叶片中总铁和活性铁含量。总铁和活性铁含量分别用 Duncan's 法进行多重比较。

**2. 结果与分析**

(1)复绿效果　处理后第 5 天观察,N-Fe 处理的复绿效果显著,由处理前的 5 级黄叶复绿为 1 级,没有产生肥害;EM-Fe 处理的效果不如 N-Fe 好,由处理前的 5 级黄叶复绿为 3 级,没有出现肥害现象;JG-1 型复绿剂处理有复绿现象,但小叶大部分仍黄,落叶现象较严重。对照没有复绿效果。

(2)叶绿素含量　N-Fe,EM-Fe,JG-1 型复绿剂和对照处理前叶绿素含量分别为 0.35,0.37,0.40,0.34 mg/g 鲜重,处理后分别为 0.72,0.58,0.50,0.30 mg/g 鲜重,增加的百分数分别为 105.71%,56.76%,25.00%,$-11.76\%$,处理间的差异达显著水平(图 67-1)。

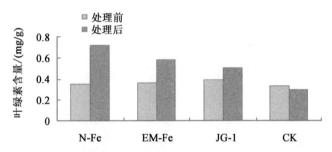

图 67-1　不同铁肥根系输液处理对高接苹果树叶片叶绿素含量的影响

(3)叶片中铁含量　从表 67-1 可以看出,JG-1 型复绿剂增加总铁和活性铁含量均最多,超出了正常范围,因而导致了肥害;N-Fe 增加叶片中铁的含量比较合适,因此获得了较好的复绿效果;EM-Fe 处理增加叶片中铁含量较少,效果不理想。

表 67-1

铁肥处理对叶片铁含量的影响　　　　　　　　　　　　　　　　　　　　　　　　　　　mg/kg

| 项目 | N-Fe | | EM-Fe | | JG-1 | | CK | |
|---|---|---|---|---|---|---|---|---|
| | 总铁 | 活性铁 | 总铁 | 活性铁 | 总铁 | 活性铁 | 总铁 | 活性铁 |
| 处理前 | 120.67 | 35.87 | 131.25 | 34.45 | 169.20 | 45.69 | 162.17 | 40.00 |
| 处理后 | 194.97 | 76.94 | 155.16 | 52.25 | 325.22 | 132.08 | 155.16 | 42.08 |
| 增幅/% | 61.57b | 114.50b | 18.22c | 51.67c | 92.21a | 189.08a | $-4.32$d | 5.20d |

不同字母表示差异显著($P < 0.05$)。

**3. 讨论**

我国现有果树面积 853.3 万 $hm^2$,其中苹果面积 298.7 $hm^2$(孔庆信等,1998;史光瑚,1998)。自 1993 年以来,全国苹果市场开始明显滑坡,价格低、卖果难已经持续数年。苹果是多年生经济作物,完全靠新植新品种适应市场的需要是不可能的,因此,高接更新在生产上应用十分普遍。但是对于高接后带来的一些问题,特别是石灰性土壤上缺铁失绿的加重,急需解决。

$5.99 \times 10^{-3}$ mol/L N-Fe 根系输液处理对缺铁失绿的高接苹果树具有较好的复绿效果;JG-1 型复

绿剂是比较适宜注射的铁肥品种,用于根系输液一方面能显著增加叶片中总铁和活性铁含量,造成肥害,另一方面小黄叶复绿效果不好,说明不是适宜根系输液的铁肥品种。EM-Fe不易导致肥害,但复绿效果有待进一步试验加强。

### 67.1.2.2　根系输液矫正苹果缺铁失绿症机理

#### 1. 邻二氮杂菲铁示踪试验

整根对铁的吸收已有较多的研究,一般而言,铁可以$Fe^{2+}$,$Fe^{3+}$或铁的螯合物形式被植物吸收。大多数植物在缺铁条件下,根系分泌$H^+$的量增加,根际还原能力升高,土壤中的$Fe^{3+}$被还原为$Fe^{2+}$,然后才能被根系所吸收。单子叶中的禾本科植物可直接吸收土壤中的$Fe^{3+}$。无论何种植物,整根对铁的吸收都是一个复杂的主动吸收过程,受多种因素的影响。石灰性土壤上生长的植物容易发生缺铁失绿症,主要是由于土壤中的铁以$Fe^{3+}$形态存在,果树不能直接吸收利用。在这种土壤上即使施入二价铁肥,也大多被氧化成$Fe^{3+}$。但是对断根铁素营养研究缺乏报道。为此,通过根系输液,研究了苹果树对铁的吸收、运输和分配。

(1)材料和方法　试材为邯郸农业高等专科学校标本园3年生长富2/八棱海棠,药剂为自制的$5.99 \times 10^{-3}$ mol/L N-Fe+0.1‰邻二氮杂菲,将其pH调至酸性(4.3)。根据邻二氮杂菲与$Fe^{2+}$结合生成红色螯合物、不与$Fe^{3+}$反应的原理,利用邻二氮杂菲铁做$Fe^{2+}$的示踪剂。根系输液处理从树的不同方位挖出5条直径0.5～1.0 cm粗的根,剪断后分别插入100 mL邻二氮杂菲铁液中,每株用500 mL(图67-2)。插入铁肥后立即对树进行大扒皮处理,大扒皮后第一小时每10 min测量一次邻二氮杂菲铁液上升高度,以后每小时测量一次,直至邻二氮杂菲铁上升到梢端叶片为止。然后将整株树彻底刨出,室内解剖观察。

N-Fe 5.99×10⁻³mol/L+0.1‰ 邻二氮杂菲
500 mL/株

图67-2　根系输液示意图

(2)结果与分析

①铁吸收、运输形态:铁肥根系输液后从根紧靠形成层的木质部被吸收,由于断根截面呈明显红色(图67-3),可以肯定吸收的是二价铁。断根内亦可见邻二氮杂菲铁(图67-4),表明铁在根内以二价态运输。铁上运到枝叶后仍为二价态(图67-5和图67-6),说明根系输液的铁肥是靠蒸腾拉力被动吸收和运输。为了进一步验证主动吸收和被动吸收铁在茎内运输的形态,用完整根和断根的紫罗兰通气培养在邻二氮杂菲铁液中,培养10 h左右后(断根株叶脉显红),对茎进行徒手切片,显微观察照相。图67-7显示整根的茎中导管内没有红色,图67-8(彩图67-8)显示断根的茎中导管内有红色,说明整根对铁肥是主动吸收,断根对铁肥是被动吸收,铁在茎内运输是二价态。

②运输途径:根系输液的铁在茎内是沿靠近形成层的木质部向上运输的(图67-9;彩图67-9),大扒皮后形成层细胞主要留在木质部上,可撕下一层透明膜。邻二氮杂菲铁在靠近形成层的木质部运输时清晰可见。5条根插入红色铁肥后在主干上可见5条红道(图67-10和彩图67-10,另2条在树体另一边),

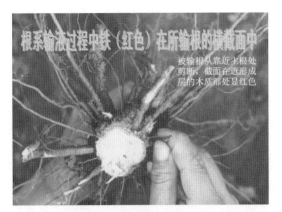

图 67-3　被输根横截面中的铁

图 67-4　邻近主根横截面中的铁

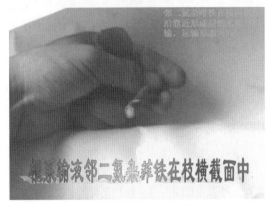

图 67-5　枝条横截面中的铁

图 67-6　叶片和果实中的铁

图 67-7　紫罗兰根横截面中的铁

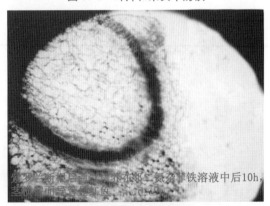

图 67-8　紫罗兰茎横截面中的铁

图 67-9　根系输液的运输

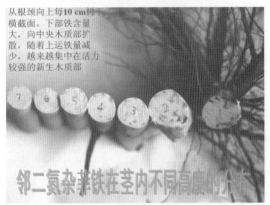

图 67-10　铁在茎内不同高度的分布

说明铁肥从所插根被吸收而向上运输,红色宽度受所插根粗度的影响,本试验所插根直径分别为 0.600,0.412,0.680,0.462,0.340 cm 时,主干距地表 10 cm 处的红道宽度分别为 0.494,0.390, 0.614,0.394,0.240 cm。根茎与红色宽度的相关系数达 0.97。因此,插入铁肥的根愈多或愈粗,铁在树冠上分布就愈广,治愈缺铁失绿症效果就愈好。

③运输速度:铁肥根系输液处理后 10 min 就有一红道上升至距主干地表 9.30 cm 处,第 1 小时每 10 min 平均上升高度 6.13 cm,至第 5 小时即上升到新梢顶端 192.40 cm 处,平均每小时上升 38.48 cm。由此可见,铁肥根系输液处理后在地上部树冠内运输速度很快,铁在较短时间内可到达叶片,可以较快克服苹果缺铁黄化,这对提高苹果产量和品质具有重要意义。

④根系输液处理铁在树体内的分布:根系输液后铁肥主要向上运输,在根内分布很少,除所插根外,其他侧根的截面只有极少数(不足 5%)在靠近主根处略显红色,铁在主干内分布,越向上越集中到靠近形成层的木质部,图 67-10 所示为从根向上每 10 cm 横断面上铁的分布情况,说明下部铁量大,向中央木质部扩散,随着上运铁量减少,越来越集中在活力较强的新生木质部中。用卡尺测量,铁液离形成层距离,由远到近依次为 1.380,1.170,0.930,0.280,0.054,0.050 cm。铁在主干上横向运输时,横向分布有逐渐扩散的趋势,经在主干上距地表 10 cm 处不同时间抽样测量红道宽度,从早晨 6:25—7:25 每 10 min 量一次,红道宽度分别为 0.158,0.450,0.614,0.694,0.788,0.970,0.986 cm,这种逐渐扩散有利于扩大铁在树冠上的分布,从而减轻铁分布的局限性。根系输液进入树体内的铁到叶片中后,是经过主脉、侧脉、支脉中的导管运输,最后进入叶肉细胞。因此,铁在叶片中含量的多少依次为:主脉、侧脉、支脉、叶肉。这可以从某个侧面解释为什么树体缺铁失绿时叶片的外观表现总是叶肉先黄化,叶脉后黄化。

(3)讨论 邻二氮杂菲的分子式是 $C_{12}H_8N_2$,在 pH $2\sim9$ 的范围内,与二价铁生成橙红色的螯合物,溶液颜色数日不变。其反应如下:

红色

利用这一反应,可以鉴定水稻的亚铁危害,在水稻的新切面上滴加 0.1% 的邻二氮杂菲水溶液, 10 min 后观察颜色变化,如出现红色则证明亚铁危害,红色愈深,危害愈重(中国科学院南京土壤研究所,1978)。我们首次利用这一原理,示踪果树断根吸收、运输和分配铁的机制,无论从理论还是实践上,都具有十分重要的意义。

整根条件下,铁从土壤中首先进入由根表细胞的细胞壁和细胞间隙所组成的根系质外体中,部分铁在此形成水溶性较低的无定形铁氧化物(Bienfait,1988)。当铁供应量较多或根系氧化能力很强时,氧化物沉淀到根系质外体空间,形成根系质外体铁库( 张福锁等,1996;Armstrong et al.,1992;Flessa et al.,1992;Marschner et al.,1994)。邻二氮杂菲铁根系输液结果表明,断根吸收的铁由于叶的蒸腾拉力,很快被运往叶片中,很少形成水溶性较低的无定形铁氧化物,形不成根质外体铁库。

植物体内铁的运输形式是铁素营养研究的重点之一。Tiffin(1970)首先报道,整根条件下,铁由根部向茎叶中长距离运输的主要形态是柠檬酸铁,即以铁的三价态运输。邻二氮杂菲铁根系输液结果表明,断根吸收的二价铁肥仍以二价态运往地上部。曾骧(1992)指出,铁和锌等金属离子在木质部导管中运输较慢,其原因是容易在导管中沉淀。铁从外皮层穿过皮层细胞进入木质部导管的短距离运输机理尚不清楚。铁除了从侧根萌发处的老根区进行质外体运输外,其吸收、运转主要通过共质体途径(张福锁,1992)。本研究表明,根系输液处理的铁肥,铁主要沿着靠近形成层的新生木质部向树冠上运输,其运输速度主要受蒸腾拉力的影响,凡是影响蒸腾拉力的生态环境因子都影响其运输速度。晴朗天气下,每小时运输速度可达数十厘米。因此,根系输液矫正缺铁失绿症复绿较快。矿质元素跨膜运输到细胞质中是一个需能的过程,这个需能的运转过程是由位于原生质膜上的"ATP 酶-质子泵"和"还原泵"来操纵的。尤其对于双子叶植物和非禾本科单子叶植物来说,铁的还原和吸收与质子泵的驱动相偶联。叶片细胞原生质膜上的质子泵的活性取决于叶片的代谢活性,叶片自由空间的 pH 对叶细胞原生质膜上 $Fe^{3+}$ 的还原作用有影响。用酸处理叶片能够活化原生质膜上的质子泵,从而使黄化叶片复绿的现象说明了这一点(Mengel et al.,1988)。至今不清楚养分如何从木质部导管以及与之相关连的叶细胞自由空间跨过原生质膜进入单个叶细胞的细胞质中。根系输液时红色的邻二氮杂菲铁以 $Fe^{2+}$ 态进入叶片自由空间,细胞壁的最大孔径为 5 nm(Carpita et al.,1979),经计算邻二氮杂菲长、宽、高均为 0.9 nm 左右,因此推断,邻二氮杂菲铁螯合物能够穿过细胞壁而到达膜。徒手切片观察叶肉细胞内没有邻二氮杂菲铁(由于切片较厚,未能显微摄影),说明邻二氮杂菲铁没有直接进入叶肉细胞内,这对于控制进入细胞内的铁含量、防止进入铁过多引起铁中毒是重要的。邻二氮杂菲与 $Fe^{2+}$ 在跨膜运输前如何分离,$Fe^{2+}$ 如何进入细胞质,邻二氮杂菲释往何处,都需要进一步深入研究。

红色的邻二氮杂菲铁进入树体后在体内清晰可见,铁在体内的动态变化过程有待于进一步研究。

同位素常用于示踪矿质元素在植物体内的吸收、运输与分配,其显著优点是精确性高。缺点是价格昂贵,要求精密仪器测定,容易污染环境,不利人体健康。

本试验首次利用果树可以扒皮的特点,采用二价铁的红色螯合物邻二氮杂菲铁,成功的示踪了铁在果树体内的吸收、运输与分配。与常用的 [59]Fe 相比,具有便于动态和直观观察、适应性广、成本低、无污染、对人体安全等显著优点,为矿质元素的示踪研究提供了新思路,开辟了新途径。

铁肥根系输液后主要向地上部运输,根系中分布很少。根系输液的铁在树冠上分布有一定的局限性,但可通过适当增加输铁液的根量和所输根粗度予以基本解决。

**2. [59]Fe 示踪试验**

根系输液防治缺铁失绿症时存在的一个问题是:铁液在树冠内的分配有一定的局限性,这种局限性与铁肥输入根的数量密切相关。为了进一步探索根系输液的局限性机制和解决办法,测定铁在树体内的移动性,进行了该项研究。

(1)材料和方法　试材为在培养室内用营养液培养的八棱海棠苗,苗高 30 cm 左右时(1999 年 1 月 7 日)进行以下处理:①断 1 条根;②断 2 条根;③断 3 条根;④全部断根;⑤不断根对照。这 5 个处理依次用符号 C1,C2,C3,C,I 来表示。前 3 个处理置分根盒培养,所断的根置含 [59]Fe 放射性强度为 40 $\mu ci$ 的营养液盒中培养、未断的根置-Fe 营养液盒中培养。第 4,5 个处理置 [59]Fe 放射性强度为 40 $\mu ci$ 的 ＋Fe 营养液中培养。1 月 11 日将所有处理的苗留高 20 cm、从基向上第 8 位叶短截,置-Fe 营养液中培养,至 1 月 25 日,短截口已长出新梢时将苗按根、茎木质部、茎韧皮部、新梢、叶(按不同节位)等部分分解,用 BH 1216 低本底 $\alpha$、$\beta$ 测量仪器测定 $\beta$ 放射性强度。不同器官和组织中 [59]Fe 分配百分数的差异性用 Duncan's 法做多重比较。

(2)结果与分析

①不同处理 [59]Fe 在不同器官中的分配:通过分析图 67-11 可以看出,断根有利于增加叶片中的铁含量,而且叶片中的铁含量与断根的数量密切相关,全部断根植株的叶片中分配的 [59]Fe 百分数最高,随着断根数量的减少,叶片中分配的 [59]Fe 百分数依次降低,整根处理的植株叶片中分配的 [59]Fe 百分数最少,差异均达显著水平。根中分配的 [59]Fe 百分数与叶片中相反,整根中最多,全部断根的处理中最少。这说明整根吸收的铁大量淀积在根中,断根吸收的铁大部分运往叶片。与根和叶片相比,茎的木质部中分配的 [59]Fe 百分数相对较少,总的趋势与根相似,断根数量愈多,茎中所占 [59]Fe 愈少,这也是断根吸收的铁较少为导管吸附所致。新梢和韧皮部中均测到了 [59]Fe,说明在缺铁胁迫条件下,铁的再利用比较明显,断根促进铁的再利用。

②[59]Fe 在不同节位叶中的分配:短截后,[59]Fe 在不同节位叶中的分配呈现以下规律:第一,低位叶中分配的 [59]Fe 少。分析这是由于老叶需要铁少,对铁的竞争能力弱,而且在缺铁胁迫的条件下,可能老

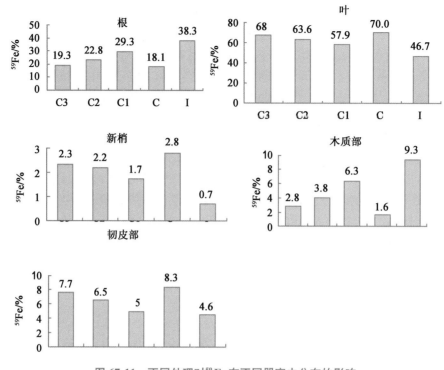

**图 67-11  不同处理对$^{59}$Fe 在不同器官中分布的影响**
C3:断 3 条根;C2:断 2 条根;C1:断 1 条根;C:根全断;I:不断根

叶中还有少量铁外运所造成的。第二,从基部向上第 7 位叶分配的$^{59}$Fe 数量最多,第 8 位叶(短截口下第一叶)低于第 7 位叶,但高于其他部位叶。分析这种现象是叶片本身的生长代谢状况和顶端优势综合作用的结果。第 7 和第 8 位叶都具有较强的顶端优势,但第 8 位叶比第 7 位叶幼嫩,蒸腾拉力没有第 7 位叶强。第三,全部断根或整根的处理不同节位叶片中分配的$^{59}$Fe 百分数差异较小,断一定数量根的处理不同节位叶片中分配的$^{59}$Fe 百分数差异较大,这种现象说明了根系输液中铁分配的不均衡性和局限性(图 67-12)。

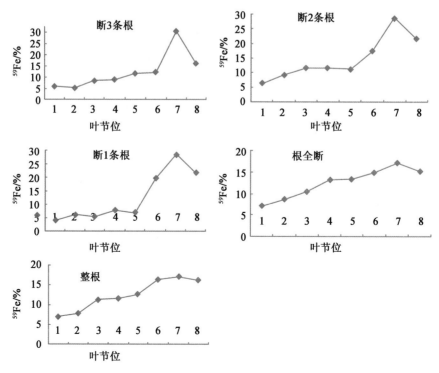

**图 67-12  $^{59}$Fe 在不同节位叶中的分布**

(3)讨论　铁在韧皮部中的移动性较差,使得植物体内累积的铁不能及时运到生长活跃的部位,导致铁在植物体内的利用率低。但当铁缺乏时,移动性能够大大提高。此外,铁的移动性与环境因素密切相关。植物基因型差异及其他营养元素的供应状况也是影响铁在韧皮部中移动的因素。组织衰老可以促进铁的韧皮部运输,老叶遮荫后明显提高了菜豆根和老叶中累积的$^{59}$Fe 向新叶转移的相对数量和速率,一般可提高 6 个百分点左右(Mass et al.,1988;邹春琴,1995)。本试验结果表明,断根可促进铁在韧皮部中的运输,因此,断根有利于提高铁在树体内的再利用效率。

矿质元素在枝条不同节位叶片中的含量不同,刚达到成熟阶段的发育正常叶片,是树体同化代谢功能最活跃的部位。本项试验证明,苹果这种叶片中的铁含量也最高。管长志(1994)报道,$^{59}$Fe 在叶片中的分配规律是:幼叶较老叶分配多;叶尖、边缘分配较多;高磷、高 $HCO_3^-$、高 pH 处理的叶脉分布较多,在叶肉组织内分布较均匀;缺铁胁迫处理时叶片内$^{59}$Fe 的分布不均匀,叶肉组织较叶脉少,分布特点与缺铁黄叶病相似。

### 67.1.3　根系输液提高妃子笑荔枝坐果的效果研究

#### 67.1.3.1　材料与方法

试材为 2002 年 4 月定植的妃子笑树,株行距 3 m×5 m。2007 年 11 月 18 日进行 PP333 处理。处理方法如下:

(1)土壤浸施　每株 5 g 多效唑(PP333)加 0.5 kg 水,距树干 1 m 挖 10 cm 深浅沟,倒入 PP333 溶液后覆土。

(2)根系输液　每株树挖出 5 条直径 0.5 cm 左右的根并短截,分别插入盛有 1 g PP333 加 0.5 kg 水的矿泉水瓶中。

(3)对照　不处理作为对照。每处理 4 株树。

另于 1 月 25 日抹除 4 株妃子笑的第一批花穗,另取 4 株于 3 月 30 日盛花期进行主干环剥。

#### 67.1.3.2　结果

**1. PP333 根系输液的单株果实数量显著高**

5 月 16 日调查单株平均果数如下:根系输液 PP333,152 个;土壤浸施 PP333,99 个;抹除花穗的,78 个;主干环剥的,102 个;对照,46 个。

**2. PP333 根系输液对果实生长的影响**

妃子笑荔枝果实前期膨大较慢,花后 40~50 d 是果实膨大期。果实在横径和纵径上的膨大速度不同,在花后前 40 d 横径增长不大,花后 40~50 d 果实横径迅速增长。而果实纵径增长的过程比较平缓。由于妃子笑是早熟品种,花后 50 d 果实基本长成,是单 S 生长形。处理 20 d 后,根系输液处理的果实显著大于其他处理(图 67-13)。

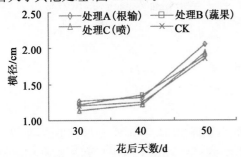
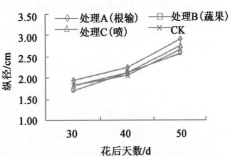

图 67-13　不同处理对果实横径和纵径的影响

## 67.2 虹吸输液方法、效果

### 67.2.1 虹吸输液

"果树和林木虹吸输液套具"是广西大学农学院薛进军等 2009 年发明的一项新技术(专利号:200920140525.X),该技术采用简单的装置直接向树体的木质部输入营养液。主要优点是可以达到水、肥、药一体化的目的,使营养液被吸收后 100% 利用,节约水资源,达到抗旱急救的目的。

虹吸输液的方法是:先在树干上低于容器部位用电钻打孔(孔径较虹吸管外径略小,深约 3 cm),将装有营养液的容器挂在距地面一定高度的枝杈上,用孔径略小的软管插入树干上已打好的孔内,用吸球将所输液吸至虹吸管另一端后,即开始输液(图 67-14 和图 67-15)。

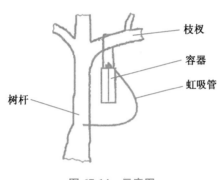

图 67-14 示意图

图 67-15 装置实物图

### 67.2.2 虹吸输液的效果

#### 67.2.2.1 鸡嘴荔虹吸输营养液试验

1. 材料与方法

(1)虹吸输营养液吸收情况 试验在广西大学果树标本园进行,试验材料为 2002 年定植的鸡嘴荔,株行距为 3 m×5 m,土壤 pH 5.1。虹吸输液套具(试验选用常见的矿泉水瓶),电钻(粗度为 6 mm),洗耳球。

2011 年 2 月 19 日(开花期)对鸡嘴荔进行虹吸输液处理,随机选取生长健壮、树势一致的鸡嘴荔植株,对 12 棵鸡嘴荔进行相同的输液处理,将输液瓶中装满(550 mL)营养液(液体配方肥),每隔 1 d 用量筒重复加满一次营养液,在量筒上读取加入营养液的量,即为鸡嘴荔 1 d 对营养液的吸收量,至 3 月 19 日为止,分别记录,观察一段时间鸡嘴荔对营养液的吸收情况。

(2)虹吸输液对枝梢及花穗生长的影响 试验在广西大学果树标本园进行,试验材料为 2002 年定植的鸡嘴荔。土壤 pH 5.1,株行距为 3 m×5 m,开始输液时间为 2011 年 2 月 28 日。

试验设 4 个处理:

①550 mL 水+5.5 g 可溶性复合肥(N:$P_2O_5$:$K_2O$=18:8:24);

②550 mL 水+5.5 mL 液体配方肥(N:$P_2O_5$:$K_2O$=28:12:36);

③550 mL 水+2.75 g 尿素+2.75 g $KH_2PO_4$;

④对照:单株土施沟施 0.5 kg 尿素+0.5 kg 磷酸二氢钾后淋 20 kg 水。单株小区,重复 3 次。

测定方法:处理开始,每株树选取 3 个枝条和 3 个花穗,每隔 10 d 用皮尺和游标卡尺测量枝条长度、枝条粗度以及花穗长度,每次测量重复 3 次,最后结果计算 3 次的平均数对比虹吸输营养液对树体生长的影响。

（3）虹吸输液对叶片及果实品质的影响　试验在广西大学果树标本园进行,试验材料为 2002 年定植的鸡嘴荔。土壤 pH 5.1,株行距为 3 m×5 m,开始输液时间为 2010 年 4 月 27 日。

处理同（2）。

**2. 测定内容和方法**

（1）植株叶片　处理前开始,从各处理植株的东、南、西、北 4 个方向分别采集 4 张无病虫害、无畸形的老熟叶片,每处理共 48 张。叶片采回实验室后,经 0.1% 肥皂水→自来水→去离子水洗净并擦干。

叶绿素含量测定:取洗净擦干后的新鲜荔枝叶片,每处理 12 张,剪碎(去掉叶脉)混匀,称取剪碎的新鲜样品 0.1 g,共 3 份;将剪碎样品放入具盖的黑色胶卷盒中,加入丙酮、乙醇($V$ : $V$ = 1 : 1)混合液 10 mL,避光提取至叶片变白无绿色为止(约 48 h),期间摇动数次,加速提取。将提取液倒入比色杯中,以 80% 丙酮为空白对照,用 UV-7000 型分光光度计在波长 663,645 nm 下比色,测定并计算叶绿素含量。

矿质元素的测定:其余叶片经 105℃ 杀青 30 min,然后在 65℃ 烘箱中烘至恒重。取出,粉碎,过 100 目筛,密封放置待测。叶片全 N 含量用 $H_2SO_4$-$H_2O_2$ 消煮,半微量蒸馏法测定;全 P 含量用 $H_2SO_4$-$H_2O_2$ 消煮,锑钼抗比色法测定;全 K 含量用 $H_2SO_4$-$H_2O_2$ 消煮,火焰光度法测定;叶片 Ca,Mg 含量分别用 $LaCl_3$-1 mol/L 盐酸液浸提,原子吸收分光光度法测定。

叶面积大小、百叶重、百叶厚的测定:处理至开花后,从各处理植株的东、南、西、北 4 个方向分别采集 10 张无病虫害、无畸形的老熟叶片,每处理共 120 张。叶片采回实验室后,经 0.1% 肥皂水→自来水→去离子水洗净并擦干。每处理取出 30 张用叶面积测定仪(CI-203)进行叶面积大小的测定,并用电子天平和游标卡尺分别测量各处理 100 张叶片的百叶重和百叶厚。

（2）果实　产量和单果重的测定于 2010 年 6 月 16 日随机从每株树的东、南、西、北 4 个方向各选取 5 个果实,采后带回实验室洗净擦干,用千分之一天平测定不同处理的单果重;采果时实测单株产量。

果实纵径、横径及果肉厚的测定　将以上这些称量过单果重的果实,按不同处理分开,并用游标卡尺分别测量各处理后果实的纵径、横径以及果肉厚。

果实品质分析:另外,从各植株的上、中、下 3 个部位分别采摘大小均匀、成熟度相当的 5 粒果,用 WYT24 型手持糖量计测定可溶性固形物含量,取平均值。每株另外采摘 100 粒果,液氮处理后用冰盒带回实验室,贮于 −70℃ 冰箱中,用于测定可溶性糖、果糖和葡萄糖的含量(郑强卿,2009)。可溶性糖测定方法为蒽酮比色法,葡萄糖和果糖的测定方法分别使用南京建成生物工程研究所制的果糖试剂盒(紫外法)和葡萄糖试剂盒(葡萄糖-过氧化物酶法)。

数据用 SPSS 数据分析软件处理,Duncan's 法进行多重比较。

### 67.2.2.2　龙眼试验材料与方法

**1. 材料与方法**

（1）虹吸输液吸收情况试验　试验在广西大学果树标本园进行,试验材料为 2002 年定植的早熟一号龙眼,株行距为 3 m×5 m,土壤 pH 5.1。

2009 年 3 月 20 日(初花期)对早熟一号龙眼进行虹吸输液处理,随机选取生长健壮、树势一致的早熟一号龙眼植株,对 12 棵早熟一号龙眼进行相同的输液处理,将输液瓶中装满(550 mL)营养液(液体配方肥),每隔 1 d 用量筒重复加满一次营养液,在量筒上读取加入营养液的量,即为早熟一号龙眼 1 d 对营养液的吸收量,至 4 月 20 日为止,分别记录,观察一段时间早熟一号龙眼对营养液的吸收情况。

（2）虹吸输液对结果母枝生长的影响　试验在广西大学果树标本园进行,试验材料为 2002 年定植的早熟一号龙眼。土壤 pH 5.1,株行距为 3 m×5 m,开始输液时间为 2010 年 9 月 2 日。

试验处理同"鸡嘴荔",处理开始前,每株树选取 5 个结果母枝,以后每隔 10 d 用皮尺测量结果母枝长度,每次测量重复 3 次,最后结果计算 3 次的平均数对比虹吸输不同营养液对结果母枝生长的影响。

（3）虹吸输液对叶片及果实品质的影响　试材同"植株叶片",开始处理时间为 2009 年 12 月

12 日。

试验处理同"鸡嘴荔"。

（4）氯酸钾虹吸输液试验　试验于 2011 年 4 月 12 日正造花花穗抽生结束后,选用不成花或成花较少且生长较为一致的石硤龙眼树作为试验树,对试验树按照采后修剪的标准和方法进行修剪,促使其重新抽生新梢用于开花和结果。并于 4 月 18 日开沟（沿试验树的滴水线附近挖宽 20 cm,深 20 cm 的环形沟）施肥:每株试验树施 5 kg 蚯蚓粪和 0.75 kg 大量元素复合肥（N∶$P_2O_5$∶$K_2O$＝18∶8∶24）。待第一批新梢转绿后于 5 月 18 日上午进行试验处理。

处理 A:虹吸输液氯酸钾,每株试验树同时做 2 个输液滴灌袋子,每个袋子的容积为 2 L,其中分别溶解了 63 g 分析纯氯酸钾,分别在 2 个大枝上打孔输液,输液流速约为每秒 1 滴,每个输液滴灌袋大概需要 6～7 d 可被吸收完,然后及时装入新的同一浓度的氯酸钾溶液,每棵树均更换 6 次,使每棵树输液的氯酸钾含量达到 750 g。

处理 B:土施氯酸钾,沿试验树的滴水线附近挖宽 20 cm,深 20 cm 的环形沟,将 750 g/株氯酸钾均匀施入环形沟,覆土掩埋,然后每株试验树淋水 40 kg,以利于药剂的吸收,以后每隔 5 d 淋水一次,每次淋水 30 kg,共淋水 4 次。

处理 C:对照,不施用氯酸钾,每株试验树只淋水 40 kg,其他处理完全相同。

氯酸钾处理前,统计每株石硤龙眼试验树的末次枝梢数。处理后每隔一天观察记录一次物候期情况,记录不同处理的抽穗时间,统计抽穗数,计算出各处理的抽穗率,抽穗率＝（抽穗数/末次枝梢数）×100%。

（5）乙烯利虹吸输液控龙眼冲梢试验　2012 年 3 月 15 日,在广西大学农学院果树标本园以 10 年生盛果期桂香龙眼品种为试材,株距 3 m,行距 5 m,虹吸输液 2 L 乙烯利溶液,浓度分别为 300,600,900 mg/kg,以输清水为对照,每处理 5 株树,2011 年 4 月 25 日盛花期调查冲梢情况。

（6）虹吸输液示踪试验　以 2 年生石硤龙眼盆栽苗为试材,示踪铁为 600 倍硫酸亚铁加 0.1% 的邻二氮杂菲,成为二价铁的红色螯合物（简称红铁）。设置 3 个处理:①虹吸输液,每株从主干部位输入 500 mL 红铁;②强力高压注射,每株从主干部位用 3 个大气压强力注射 500 mL;③不输为对照。每处理 3 株树。将示踪试验树从盆中整体拔出,冲洗掉根部泥土,从注射孔分别向上、下将树体每隔 10 cm 剪断,观察红铁的分布情况。

**2. 测定内容与方法**

（1）植株叶片　测定矿质元素含量、叶面积大小、百叶重、百叶厚的测定方法同前。

（2）果实　于 2010 年 7 月 30 日采果,产量和单果重、果实纵径、横径及果肉厚和果实品质分析方法,数据分析法同前。

（3）虹吸输液对叶片水势和相对含水量影响

以 2002 年定植的储良龙眼为试材,虹吸输液水为处理,未虹吸输液为对照,每处理 5 株树,2013 年 6 月 10 日处理,6 月 20 日取每个处理的最上端幼嫩枝条,用压力室法测定其水势。取一年生新梢顶端向下第 6～8 节叶片,刚转绿的叶片每株树 10 张,称鲜样质量,然后在蒸馏水中浸泡 24 h 后称其饱和鲜样质量。最后将其在 100～105℃下烘干,称其干样质量。相对含水量＝（鲜样质量－干样质量）/（饱和鲜样质量－干样质量）×100%。

### 67.2.2.3　结果与分析

**1. 鸡嘴荔对虹吸输液吸收情况调查**

从表 67-2 可以看出,虹吸输液鸡嘴荔每株树每天吸收量 52 mL,全年折合 18.72 L。株行距 3 m×5 m,亩栽 45 株,折合每亩每年输水量 842.4 L。有报道认为,输液对水肥药的利用效率是滴灌的 50 倍,照此折算,相当于每亩每年滴灌 42.12 $m^3$ 溶液。

表 67-2

鸡嘴荔虹吸输液吸收量情况

| 吸收量/[mL/(d·株)] | 吸收量/[L/(株·年)] | 吸收量/[L/(亩·年)] |
|---|---|---|
| 52.00 | 18.72 | 842.40 |

**2. 虹吸输营养液对鸡嘴荔枝梢及穗生长的影响**

(1) 虹吸输营养液对鸡嘴荔梢长的影响　由图 67-16 可知,虹吸输营养液在不同程度上都能增加枝条的长度,在整个虹吸输液过程中,可溶性复合肥处理的枝条从开始测量时的 10.92 cm 增长到 21.16 cm,总增长量为 10.24 cm;液体配方肥处理的枝条从开始测量时的 11.36 cm 增长到 21.75 cm,总增长量为 10.39 cm;尿素＋$KH_2PO_4$ 处理的枝条从开始测量时的 11.05 cm 增长到 19.21 cm,总增长量为 8.16 cm;CK 处理的枝条从开始测量时的 11.26 cm 增长到 15.06 cm,总增长量为 3.80 cm。以液体配方肥的增长最多,其生长季的平均生长量比可溶性复合肥、尿素＋$KH_2PO_4$、CK 分别增长 0.03,0.45,1.32 cm。

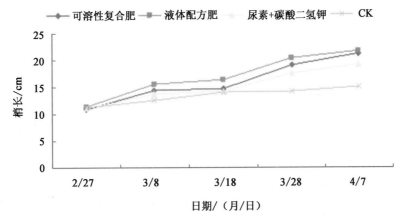

图 67-16　不同处理对鸡嘴荔梢长的影响

(2) 虹吸输营养液对鸡嘴荔梢粗的影响　由图 67-17 可知,虹吸输不同营养液在不同程度上都能增加枝条的粗度,在整个虹吸输液过程中,可溶性复合肥处理的枝条从开始测量时的 2.33 mm 增粗到 3.94 mm,总增粗 1.61 mm;液体配方肥处理的枝条从开始测量时的 2.17 mm 增粗到 3.89 mm,总增粗 1.72 mm;尿素＋$KH_2PO_4$ 处理的枝条从开始测量时的 2.31 mm 增粗到 3.78 mm,总增粗 1.47 mm;对照(CK)处理的枝条从开始测量时的 2.31 mm 增粗到 3.68 mm,总增粗 1.37 mm。以液体配肥的效果最佳,其总增粗量比可溶性复合肥、尿素＋$KH_2PO_4$、CK 分别增粗 0.11,0.65,0.35 mm。

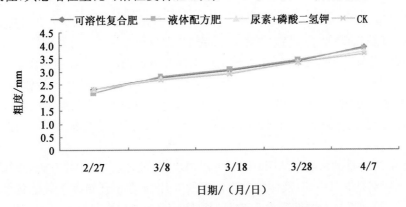

图 67-17　不同处理对鸡嘴荔梢粗的影响

(3)虹吸输营养液对鸡嘴荔穗生长的影响　由图 67-18 可知,虹吸输营养液在不同程度上都能增加花穗的长度,在整个虹吸输液过程中,可溶性复合肥处理的花穗从开始测量时的 18.73 cm 增长到 22.31 cm,总增长 3.58 cm;液体配方肥处理的花穗从开始测量时的 19.89 cm 增长到 24.80 cm,总增长 4.91 cm;尿素＋$KH_2PO_4$ 处理的花穗从开始测量时的 16.26 cm 增长到 22.30 cm,总增长 6.04 cm;CK 处理的花穗从开始测量时的 15.42 cm 增长到 19.15 cm,总增长 3.73 cm。以液体配肥的效果最佳,其总增长量比对照(CK)增加 1.18 cm。

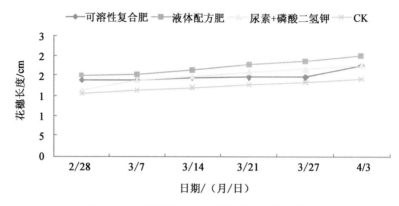

图 67-18　不同处理对鸡嘴荔花穗生长的影响

**3. 虹吸输营养液对鸡嘴荔植株叶片及营养元素含量的影响**

(1)对叶片百叶重、百叶厚和叶面积的影响　经虹吸输营养液处理后,植株叶片的百叶重、百叶厚、叶面积都受到不同程度的影响。由表 67-3 可看出,在经过 3 次输液处理后,不同处理的百叶重分别为 40.55,46.95,39.71,27.80 g,百叶厚分别为 3.75,3.85,3.67,3.24 cm,叶面积分别为 16.83,17.25,15.22,11.95 cm²,以液体配方肥处理的效果最佳,差异显著。

表 67-3
虹吸输营养液对鸡嘴荔叶片百叶重、百叶厚和叶面积的影响

| 处理 | 百叶重/g | 百叶厚/cm | 叶面积/cm² |
| --- | --- | --- | --- |
| 可溶性复合肥 | 40.55b | 3.75b | 16.83b |
| 液体配方肥 | 46.95a | 3.85a | 17.25a |
| 尿素＋$KH_2PO_4$ | 39.71c | 3.67b | 15.22c |
| 对照(CK) | 27.80d | 3.24c | 11.95d |

同列小写字母不同表示差异显著($P<0.05$)。

(2)对叶片叶绿素含量的影响　由图 67-19 可以看出,不同的处理对植株叶片叶绿素含量水平有影响。在处理前,各处理间的叶绿素含量差异不大,都在 2.10 mg/g 左右,而处理 2 个月之后,各处理间的叶绿素含量均有所差异。整体发现,4 个处理均以液体配方肥的叶片叶绿素含量最高,在各阶段叶绿素含量分别为 2.15,4.01,3.98,3.61 mg/g;含量最低的是 CK,均要明显小于液体配方肥。这说明经一段时间处理后液体配方肥处理相对其他处理,能更好地促进植株叶片叶绿素的合成,进而增强了植株的光合作用,体内碳水化合物增多,为鸡嘴荔果实的生长发育提供了营养基础,这在果树生产上有重要的应用价值。

(3)对植株叶片 N 含量的影响　从图 67-20 可以得出,经处理后,液体配方肥处理的叶片 N 含量要高于其他各处理。特别是 5 月中旬,液体配方肥处理的叶片 N 含量开始高于其他各处理,其中液体配方肥处理为 1.79%,可溶性复合肥处理为 1.64%,尿素＋$KH_2PO_4$ 处理为 1.46%,CK 处理为 1.61%。原因可能是液体配方肥的养分含量高,能够很好地促进鸡嘴荔 N 素营养的吸收和积累。6 月上旬以

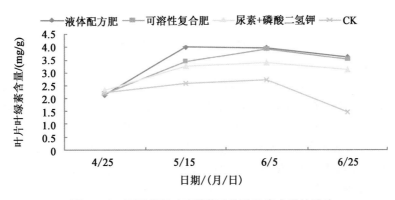

图 67-19　不同处理对鸡嘴荔叶片叶绿素含量的影响

后,各处理的叶片 N 含量开始呈下降趋势,下降趋最大的是可溶性复合肥,到 6 月下旬时,液体配方肥处理的叶片 N 含量为 2.12%,可溶性复合肥处理的叶片 N 含量为 0.28%,尿素+$KH_2PO_4$ 处理为 0.48%,CK 处理的叶片 N 含量为 0.26%。可能原因是鸡嘴荔树正处于"果实膨大到成熟期"阶段,会消耗树体内大量的 N 素营养。从整体试验来看,液体配方肥处理的能较大幅度增加鸡嘴荔叶片的 N 素含量,较好的促进果树对 N 元素的吸收和运转,保证花穗和果实养分的需要,对最终产量有一定的影响。

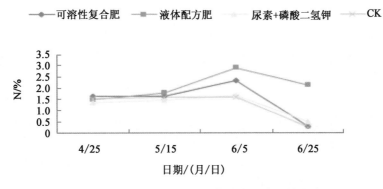

图 67-20　不同处理对鸡嘴荔叶片 N 含量的影响

（4）对植株叶片 P 含量的影响　从图 67-21 可以得出,前 3 处理叶片 P 含量在各个月份的变化趋势较为一致。处理前,各处理的叶片含 P 量相差不大,其中液体配方肥处理的含量为 0.091%,可溶性复合肥处理的含量为 0.093%,尿素+$KH_2PO_4$ 处理的含量为 0.092%,CK 处理的含量为 0.101%。而处理 40 d 后(到 6 月 5 日),液体配方肥处理的叶片 P 含量达到最高,含量为 0.139%,比可溶性复合肥提高 14.880%,比尿素+磷酸二氢钾提高 15.830%,比 CK 提高 24.110%,并在以后的月份中一直处于最高。

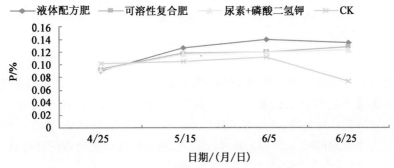

图 67-21　不同处理对鸡嘴荔叶片 P 含量的影响

(5)对植株叶片 K 含量的影响　从图 67-22 可以得出,各处理的叶片 K 含量在处理前均无显著差异。而处理后液体配方肥处理叶片 K 含量上升趋势明显要比其他 3 个处理高,到 6 月上旬时,各处理均达到最大值,液体配方肥处理的叶片 K 含量达 1.234%,可溶性复合肥处理的叶片 K 含量达 1.183%,尿素＋磷酸二氢钾处理的叶片 K 含量达 0.988%,CK 处理的叶片 K 含量达 0.965%,此后各处理的 K 含量呈下降的趋势。到 6 月下旬,液体配方肥处理的叶片 K 含量达 1.172%,可溶性复合肥处理的叶片 K 含量达 0.992%,尿素＋$KH_2PO_4$ 处理的叶片 K 含量达 0.965%,CK 处理的叶片 K 含量达 0.812%,由此说明鸡嘴荔在果实生长发育期间对 K 素营养的需求量比较大,从而出现植株叶片 K 含量下降的趋势。本试验还能发现,液体配方肥处理相对其他处理能够很好促进果树对 K 素营养的吸收,显著提高树体的 K 营养水平。

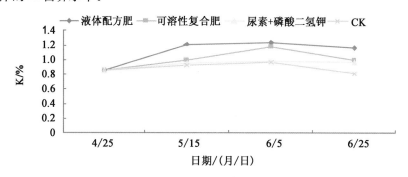

图 67-22　不同处理对鸡嘴荔叶片 K 含量的影响

(6)对植株叶片 Ca 含量的影响　从图 67-23 中可以得出,液体配方肥、可溶性复合肥处理的叶片中 Ca 含量高于尿素＋$KH_2PO_4$ 和对照(CK)处理,处理 40 d 后 Ca 含量达到最大值,液体配方肥处理的叶片含 Ca 量为 1.89%,可溶性复合肥处理的叶片含 Ca 量为 1.87%,尿素＋$KH_2PO_4$ 处理的叶片含 Ca 量为 0.99%,CK 处理的叶片含 Ca 量为 0.93%,往后的 20 d 又慢慢下降。原因可能是鸡嘴荔果实生长会消耗一些营养元素,而尿素＋$KH_2PO_4$ 和 CK 处理没有给植株提供相应的养分,因此其变化趋势都不明显。从试验可以看出液体配方肥、可溶性复合肥处理都能较好的提高植株叶片中 Ca 素营养的含量,但还是以液体配方肥处理的效果较显著。

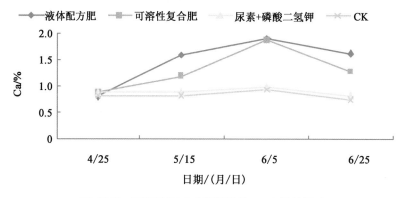

图 67-23　不同处理对鸡嘴荔叶片 Ca 含量的影响

(7)对植株叶片 Mg 含量的影响　从图 67-24 可以得出,各处理叶片 Mg 含量在整个过程中变化幅度不是很大,但经液体配方肥和可溶性复合肥处理的叶片 Mg 含量均要高于尿素＋$KH_2PO_4$ 和对照(CK)处理。从开始处理到 6 月上旬,各处理的叶片 Mg 含量均呈上升趋势,并在 6 月 5 号测量时达到最高值,其中液体配方肥处理的叶片含 Mg 量达 0.46%,可溶性复合肥处理的叶片含 Mg 量达 0.45%,尿素＋$KH_2PO_4$ 处理的叶片含 Mg 量达 0.41%,CK 处理的叶片含 Mg 量达 0.43%。6 月上旬以后,各处理的叶片 Mg 含量开始呈下降趋势,并在 6 月下旬达到最低,其中液体配方肥处理的叶片含 Mg 量达 0.39%,可溶性复合肥处理的叶片含 Mg 量达 0.38%,尿素+$KH_2PO_4$ 处理的叶片含 Mg 量达 0.32%,CK 处理的叶片含 Mg 量达 0.32%。这可能是鸡嘴荔在果实生长发育期间需要一定的 Mg 营养元素,故叶片中 Mg 的含量有所下降。但从各处理间的差异性可以发现,液体配方肥处理的叶片 Mg 含量高于其他处理,说明液体配方肥相对其他各处理更有利于树体吸收,并使叶片中 Mg 元素含量提高,从而起到促进鸡嘴荔果实生长和发育的作用。

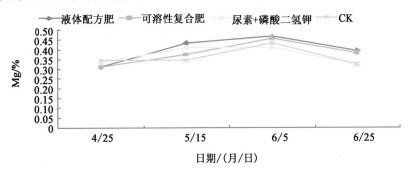

图 67-24  不同处理对鸡嘴荔叶片 Mg 含量的影响

**4. 虹吸输营养液对鸡嘴荔平均单果重和平均单株产量的影响**

不同处理平均单果重分别是 25.05,27.06,22.36,18.20 g,平均单株产量分别是 35.00,36.10,26.95,25.75 kg,以液体配方肥处理最好,与其他处理差异显著(表 67-4)。单株产量液体配方肥比尿素+$KH_2PO_4$、CK 增加 16.07%,18.57%,差异显著。

表 67-4

虹吸输营养液对鸡嘴荔平均单果重和平均单株产量的影响

| 处理 | 平均单果重/g | 平均单株产量/kg |
| --- | --- | --- |
| 可溶性复合肥 | 25.05b | 35.00ab |
| 液体配方肥 | 27.06a | 36.10a |
| 尿素+$KH_2PO_4$ | 22.36d | 26.95bc |
| 对照(CK) | 18.20e | 25.75c |

**5. 虹吸输营养液对鸡嘴荔果实品质的影响**

不同处理的可溶性糖含量分别是 6.20%,6.95%,5.40%,5.30%,葡萄糖含量分别是 2.03%,2.40%,1.75%,1.65%,果糖含量分别是 0.47%,0.47%,0.33%,0.32%,可溶性固形物含量分别是 17.95%,19.00%,17.55%,16.30%,都以液体配方肥最高,葡萄糖和可溶性固形物含量均显著高于其他处理(表 67-5)。

表 67-5

虹吸输营养液对鸡嘴荔可溶性固形物和糖含量的影响                                                                %

| 处理 | 可溶性糖 | 葡萄糖 | 果糖 | 可溶性固形物 |
| --- | --- | --- | --- | --- |
| 可溶性复合肥 | 6.20a | 2.03ab | 0.47a | 17.95b |
| 液体配方肥 | 6.95a | 2.40a | 0.47a | 19.00a |
| 尿素+$KH_2PO_4$ | 5.40a | 1.75b | 0.33a | 17.55c |
| 对照(CK) | 5.30a | 1.65b | 0.32a | 16.30d |

**6. 虹吸输营养液对鸡嘴荔果实农艺性状的影响**

数据显示(表 67-6),果实的农艺性状得到明显改善,不同处理果实横径分别是 34.59,36.41,

33.74，31.80 mm，果实纵径分别 31.94，33.77，31.28，29.18 mm，果肉厚分别 9.12，10.58，8.98，5.80 mm，都以液体配方肥最高，与其他处理差异显著。

表 67-6

虹吸输营养液对鸡嘴荔果实农艺性状的影响          mm

| 处理 | 果肉厚 | 果实纵径 | 果实横径 |
|------|--------|----------|----------|
| 可溶性复合肥 | 9.12b | 31.94b | 34.59b |
| 液体配方肥 | 10.58a | 33.77a | 36.41a |
| 尿素+KH$_2$PO$_4$ | 8.98b | 31.28b | 33.74bc |
| 对照（CK） | 5.80c | 29.18c | 31.80 d |

**7. 早熟一号龙眼对虹吸输液吸收情况调查**

将早熟一号龙眼吸收情况列于表 67-7，从 3 月 20 日至 4 月 20 日为止平均每天最大吸收量为 17.67 mL，最少吸收量为 6.33 mL，处理 12 株树平均吸收营养液的量达 12.42 mL；从开始到结束处理时间为 1 个月，吸收总量最高为 583.00 mL，最少吸收量为 209.00 mL，总吸收量的平均值为 411.25 mL。

表 67-7

早熟一号龙眼吸收情况调查表          mL

| 日期/(月/日) | 1 | 2 | 3 | 4 | 5 | 6 | 7 | 8 | 9 | 10 | 11 | 12 |
|------|---|---|---|---|---|---|---|---|---|----|----|----|
| 3/20 | 5 | 15 | 10 | 10 | 9 | 10 | 4 | 9 | 7 | 5 | 5 | 10 |
| 3/21 | 5 | 15 | 14 | 6 | 11 | 10 | 5 | 6 | 4 | 11 | 6 | 3 |
| 3/22 | 5 | 20 | 12 | 9 | 11 | 18 | 7 | 11 | 4 | 10 | 12 | 9 |
| 3/23 | 7 | 15 | 14 | 4 | 7 | 13 | 12 | 13 | 6 | 15 | 5 | 4 |
| 3/24 | 13 | 17 | 30 | 9 | 15 | 20 | 15 | 15 | 7 | 17 | 5 | 6 |
| 3/25 | 5 | 10 | 15 | 6 | 10 | 14 | 6 | 15 | 5 | 7 | 5 | 4 |
| 3/26 | 5 | 15 | 13 | 10 | 20 | 15 | 11 | 9 | 8 | 10 | 6 | 11 |
| 3/27 | 3 | 10 | 12 | 8 | 13 | 14 | 13 | 9 | 12 | 12 | 7 | 5 |
| 3/28 | 4 | 12 | 11 | 9 | 15 | 15 | 10 | 9 | 13 | 12 | 9 | 8 |
| 3/28 | 5 | 7 | 8 | 7 | 10 | 12 | 11 | 11 | 9 | 8 | 7 | 8 |
| 3/29 | 15 | 25 | 17 | 13 | 15 | 26 | 14 | 22 | 12 | 11 | 19 | 20 |
| 3/30 | 5 | 15 | 22 | 14 | 20 | 11 | 6 | 14 | 10 | 11 | 11 | 10 |
| 3/31 | 4 | 20 | 17 | 16 | 16 | 10 | 10 | 20 | 10 | 15 | 13 | 7 |
| 4/1 | 5 | 17 | 20 | 16 | 14 | 13 | 7 | 12 | 14 | 8 | 14 | 13 |
| 4/2 | 4 | 19 | 17 | 20 | 16 | 11 | 6 | 10 | 13 | 9 | 14 | 11 |
| 4/3 | 5 | 20 | 25 | 25 | 10 | 20 | 17 | 23 | 7 | 15 | 11 | 10 |
| 4/4 | 3 | 14 | 20 | 20 | 8 | 15 | 12 | 21 | 9 | 17 | 10 | 10 |
| 4/5 | 4 | 16 | 21 | 15 | 5 | 11 | 10 | 22 | 10 | 19 | 8 | 5 |
| 4/6 | 5 | 15 | 18 | 17 | 20 | 10 | 9 | 13 | 10 | 13 | 10 | 12 |
| 4/7 | 17 | 20 | 21 | 18 | 9 | 15 | 13 | 10 | 15 | 10 | 13 | 9 |
| 4/8 | 5 | 15 | 20 | 18 | 15 | 10 | 8 | 16 | 10 | 13 | 10 | 10 |
| 4/9 | 5 | 16 | 18 | 20 | 15 | 10 | 9 | 15 | 5 | 13 | 15 | 13 |
| 4/10 | 4 | 16 | 20 | 15 | 10 | 8 | 10 | 15 | 6 | 10 | 10 | 8 |
| 4/11 | 5 | 15 | 21 | 15 | 17 | 9 | 10 | 13 | 6 | 8 | 8 | 7 |
| 4/12 | 6 | 18 | 20 | 13 | 10 | 21 | 13 | 20 | 15 | 20 | 10 | 11 |
| 4/13 | 7 | 22 | 20 | 20 | 22 | 19 | 20 | 11 | 17 | 8 | 12 | 15 |
| 4/14 | 5 | 17 | 15 | 12 | 15 | 20 | 12 | 20 | 12 | 10 | 10 | 11 |

续表 67-7

| 日期/(月/日) | 1 | 2 | 3 | 4 | 5 | 6 | 7 | 8 | 9 | 10 | 11 | 12 |
| --- | --- | --- | --- | --- | --- | --- | --- | --- | --- | --- | --- | --- |
| 4/15 | 10 | 14 | 25 | 20 | 14 | 16 | 12 | 18 | 13 | 15 | 5 | 6 |
| 4/16 | 5 | 25 | 15 | 8 | 8 | 13 | 10 | 14 | 8 | 18 | 22 | 12 |
| 4/17 | 9 | 25 | 14 | 13 | 20 | 15 | 20 | 13 | 23 | 21 | 11 | 15 |
| 4/18 | 7 | 13 | 23 | 13 | 15 | 12 | 10 | 15 | 21 | 6 | 15 | 18 |
| 4/19 | 8 | 15 | 20 | 18 | 20 | 18 | 8 | 16 | 8 | 8 | 18 | 8 |
| 4/20 | 9 | 20 | 15 | 10 | 10 | 14 | 15 | 13 | 8 | 10 | 17 | 15 |
| 平均值 | 6.33 | 16.1 | 17.67 | 13.48 | 13.48 | 14.18 | 10.76 | 14.33 | 10.21 | 11.97 | 10.7 | 9.82 |
| 总量 | 209 | 548 | 583 | 445 | 445 | 468 | 355 | 473 | 337 | 395 | 353 | 324 |

**8. 虹吸输营养液对早熟一号龙眼结果母枝生长的影响**

由图 67-25 可知,虹吸输不同营养液在不同程度上都能改变树体营养,显著增加结果母枝长度,在整个虹吸输液过程中,可溶性复合肥处理的结果母枝从 20.11 cm 增长到 30.39 cm,总增长 10.28 cm,液体配方肥处理的结果母枝从开始测量时的 21.71 cm 增长到 33.89 cm,总增长 12.18 cm;尿素＋$KH_2PO_4$ 处理的结果母枝从开始测量时的 18.91 cm 增长到 28.83 cm,总增长 9.92 cm;CK 处理的结果母枝从开始测量时的 18.82 cm 增长到 23.24 cm,总增长 4.42 cm。以液体配肥的效果最佳,其总增长量比可溶性复合肥,尿素＋$KH_2PO_4$,CK 分别增加 1.90,3.36,7.86 cm。

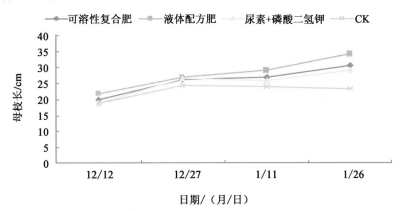

图 67-25　不同处理对早熟一号龙眼结果母枝生长的影响

**9. 虹吸输营养液对早熟一号龙眼植株叶片及营养元素含量的影响**

(1)对叶片百叶重、百叶厚和叶面积的影响　经虹吸输不同营养液处理后,植株叶片的百叶重、百叶厚、叶面积都受到不同程度的影响。由表 67-8 可看出,在经过三次输液处理后,不同处理的百叶重分别为 50.50,71.30,48.77,39.17 g,百叶厚分别为 3.39,4.07,3.72,3.63 cm,叶面积分别为 17.38,28.11,15.63,15.53 cm²,都以液体配方肥处理的效果最佳,差异显著。

表 67-8

虹吸输营养液对早熟一号龙眼叶特性的影响

| 处理 | 百叶重/g | 百叶厚/cm | 叶面积/cm² |
| --- | --- | --- | --- |
| 可溶性复合肥 | 50.50b | 3.39ab | 17.38b |
| 液体配方肥 | 71.30a | 4.07a | 28.11a |
| 尿素＋$KH_2PO_4$ | 48.77b | 3.72bc | 15.63c |
| 对照(CK) | 39.17c | 3.63c | 15.53c |

(2)对植株叶片 N 含量的影响　从图 67-26 可以得出,经处理后,液体配方肥处理的叶片 N 含量要高于其他各处理。开始输液后,液体配方肥处理叶片 N 含量开始高于其他各处理,输液后 45 d,各处理叶片中 N 含量达最大值,其中液体配方肥处理为 1.97%,可溶性复合肥处理为 1.90%,尿素+$KH_2PO_4$ 处理为 1.83%,CK 处理为 1.63%。原因可能是液体配方肥的养分含量高,能够很好地促进早熟一号龙眼 N 素营养的吸收和积累。在龙眼的整个生长过程中,N 素营养一直都处于上升趋势,从整体试验来看,液体配方肥处理能较人幅度增加早熟一号龙眼叶片的 N 素含量,较好地促进果树对 N 元素的吸收和运转,有利结果母枝养分的积累和果实养分的需要,对最终产量有一定的影响。

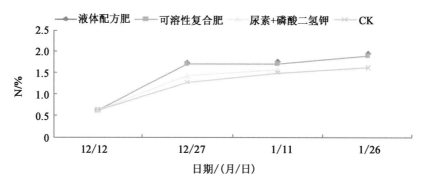

图 67-26　不同处理对早熟一号龙眼叶片 N 含量的影响

(3)对植株叶片 P 含量的影响　从图 67-27 可以得出,各处理叶片 P 含量在各个月份的变化趋势较为一致。处理前,各处理的叶片含 P 量相差不大,输液后 15 d,各处理上升趋势明显,其中液体配方肥处理的含量为 0.23%,可溶性复合肥处理的含量为 0.19%,尿素+磷酸二氢钾处理的含量为 0.18%,CK 处理的含量为 0.17%。1 月 11 日后 P 含量变化平稳,处理 45 d 后(到 1 月 26 日),液体配方肥处理的叶片 P 含量达到最高含量 0.25%,分别比可溶性复合肥提高 19.05%,尿素+$KH_2PO_4$ 提高 31.58%,CK 提高 38.89%。

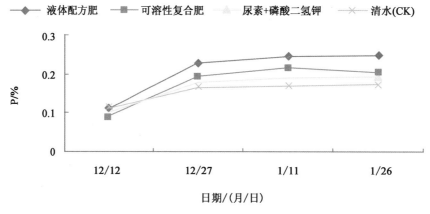

图 67-27　不同处理对早熟一号龙眼叶片 P 含量的影响

(4)对植株叶片 K 含量的影响　从图 67-28 可以得出,各处理的叶片 K 含量在处理前均无显著差异。整个输液过程中各处理的变幅都不大,到 1 月下旬,各处理均达最大值,液体配方肥处理的叶片 K 含量达 1.17%,可溶性复合肥处理的叶片 K 含量达 1.14%,尿素+$KH_2PO_4$ 处理的叶片 K 含量达 1.13%,CK 处理的叶片 K 含量达 1.05%,整个生长过程中,龙眼叶片中的 K 含量都一直上升,液体配方肥处理的更为明显,由此说明早熟一号龙眼在花芽分化前对 K 素营养有一定的需求,从而出现植株叶片 K 含量的积累。

(5)对植株叶片 Ca 含量的影响　从图 67-29 中可以得出,液体配方肥、可溶性复合肥处理的叶片

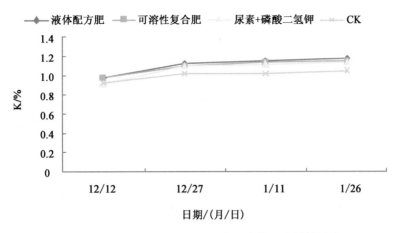

图 67-28　不同处理对早熟一号龙眼叶片 K 含量的影响

中 Ca 含量高于尿素＋$KH_2PO_4$ 和 CK 处理,处理 45 d 后 Ca 含量达到最大值,液体配方肥处理的叶片含 Ca 量为 2.86％,可溶性复合肥处理的叶片含 Ca 量为 2.78％,尿素＋$KH_2PO_4$ 处理的叶片含 Ca 量为 1.85％,CK 处理的叶片含 Ca 量为 1.96％。从试验可以看出液体配方肥、可溶性复合肥处理都能较好地提高植株叶片中 Ca 素营养的含量,尿素＋$KH_2PO_4$ 和 CK 处理后的 Ca 素营养的含量依然处于低水平状态,这与不同营养液的元素组成有关。

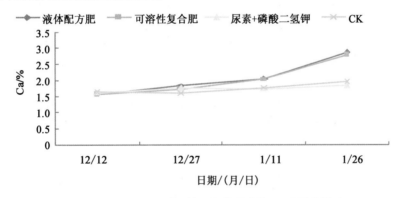

图 67-29　不同处理对早熟一号龙眼叶片 Ca 含量的影响

　　(6)对植株叶片 Mg 含量的影响　　从图 67-30 可以得出,各处理叶片 Mg 含量在整个过程中变化幅度不是很大,但经处理后液体配方肥(0.37％)和可溶性复合肥(0.35％)处理的叶片 Mg 含量均高于尿素＋$KH_2PO_4$(0.25％)和 CK (0.23％)处理。从开始处理到 1 月 26 日,各处理的叶片 Mg 含量均呈上升趋势,并达到最高值。丰产龙眼叶片 Mg 含量为 0.2％～0.3％(苏明华等,1988),相比本试验结果与此相符,液体配方肥处理的效果更好。

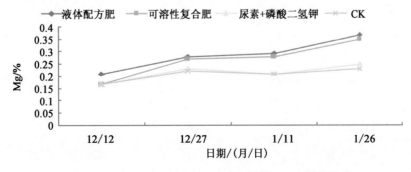

图 67-30　不同处理对早熟一号龙眼叶片 Mg 含量的影响

**10. 虹吸输营养液对早熟一号龙眼平均单果重和平均单株产量的影响**

虹吸输不同营养液对早熟一号龙眼平均单果重和平均单株产量都有所提高,2010 年处理后平均单果重和平均单株产量都以液体配方肥最高,不同处理平均单果重分别是 8.23,9.87,7.08,5.82 g,平均单株产量分别是 62.33,72.00,54.00,29.67 kg,以液体配方肥处理最好,与其他处理差异显著(表 67-9),平均单果重液体配方肥比可溶性复合肥、尿素+$KH_2PO_4$、CK 增加 19.9%,39.41%,69.6%,差异显著。平均单株产量液体配方肥比可溶性复合肥、尿素+$KH_2PO_4$、CK 增加 15.51%,33.3%,14.27%。

表 67-9

虹吸输营养液对早熟一号龙眼平均单果重和平均单株产量的影响

| 处理 | 平均单果重/g | 平均单株产量/kg |
|---|---|---|
| 可溶性复合肥 | 8.23b | 62.33b |
| 液体配方肥 | 9.87a | 72.00a |
| 尿素+$KH_2PO_4$ | 7.08bc | 54.00c |
| 对照(CK) | 5.82c | 29.67d |

**11. 虹吸输营养液对早熟一号龙眼可溶性固形物和糖含量的影响**

可溶性糖包括葡萄糖、果糖、蔗糖。2010 年处理后,不同处理的可溶性糖含量分别是 10.10%,12.03%,9.29%,6.63%,葡萄糖含量分别是 3.37%,5.08%,2.53%,1.86%,果糖含量分别是 0.64%,0.64%,0.60%,0.56%,可溶性固形物含量分别是 17.04%,20.12%,15.55%,14.30%,都以液体配方肥最高,葡萄糖和可溶性固形物含量均显著高于其他处理(表 67-10)。就果糖和可溶性糖而言,4 个处理间差异不显著,但葡萄糖的含量,液体配方肥处理比尿素+$KH_2PO_4$ 增加 37.14%,比 CK 增加 45.45%,差异显著;可溶性固形物含量,液体配方肥处理比可溶性复合肥增加 15.3%,比尿素+$KH_2PO_4$ 增加 22.7%,比 CK 增加 28.9%,差异显著,各含糖指标都以液体配方肥处理的最高。

表 67-10

虹吸输营养液对早熟一号龙眼可溶性固形物和糖含量的影响　　　　　　　　　　　　　　　　　%

| 处理 | 可溶性糖 | 葡萄糖 | 果糖 | 可溶性固形物 |
|---|---|---|---|---|
| 可溶性复合肥 | 10.10b | 3.37b | 0.64a | 17.04b |
| 液体配方肥 | 12.03a | 5.08a | 0.64a | 20.12a |
| 尿素+$KH_2PO_4$ | 9.29bc | 2.53bc | 0.60a | 15.55bc |
| 对照(CK) | 6.63c | 1.86c | 0.56a | 14.30c |

**12. 虹吸输营养液对早熟一号龙眼果实的影响**

由表 67-11 数据显示,不同处理果实横径分别是 23.70,24.33,23.56,23.41 mm,果实纵径分别为 23.70,24.33,23.56,23.41 mm,果肉厚分别为 0.69,0.74,0.68,0.59 mm,都以液体配方肥最高,但各处理间差异均不显著。

表 67-11

虹吸输营养液对早熟一号龙眼果实农艺性状的影响　　　　　　　　　　　　　　　　　mm

| 处理 | 果肉厚 | 果实纵径 | 果实横径 |
|---|---|---|---|
| 可溶性复合肥 | 0.69a | 23.70a | 23.70a |
| 液体配方肥 | 0.74a | 24.33a | 24.33a |
| 尿素+$KH_2PO_4$ | 0.68a | 23.56a | 23.56a |
| 对照(CK) | 0.59a | 23.41a | 23.41a |

**13. 虹吸输液对早熟一号龙眼叶水势和相对含水量的影响**

从表 67-12 可以看出,虹吸输液显著提高了龙眼叶片水势和叶片相对含水量,分别为 $-0.80$ MPa 和 93%,显著高于对照的 $-0.92$ MPa 和 89%,说明虹吸输液显著改善了龙眼水分状况。

表 67-12

虹吸输液对早熟一号龙眼叶片水势及相对含水量影响

| 项目 | 虹吸输液 | 对照 |
|---|---|---|
| 水势/MPa | $-0.80$a | $-0.92$b |
| 相对含水量/% | 93a | 89b |

**14. 不同处理对石硖龙眼反季节催花效应的影响**

由表 67-13 和表 67-14 可知,虹吸输液氯酸钾与土施氯酸钾都可以诱导石硖龙眼开花,但是出现分批抽穗的现象。5 月 18 日开始虹吸输液氯酸钾,在处理后 40 d,虹吸输液氯酸钾处理的龙眼树有红点出现,开始花芽分化,其抽穗率为 27.73%,处理后 94 d,第二次花芽分化且抽穗率为 14.28%,处理后 142 d,第三批花芽分化且抽穗率为 13.40%,土施氯酸钾处理的石硖龙眼在处理后 45 d 发现红点,第一批抽穗率为 16.85%,处理后 145 d 第二批花芽分化且抽穗率为 42.30%。

表 67-13

不同处理对石硖龙眼抽穗时间的影响

| 处理 | 处理日期/(月/日) | 第一批/(月/日) | 处理到抽穗/d | 第二批/(月/日) | 处理到抽穗/d | 第三批/(月/日) | 处理到抽穗/d |
|---|---|---|---|---|---|---|---|
| A | 5/18—6/24 | 6/28—7/8 | 40 | 8/20—9/5 | 94 | 10/7—10/28 | 142 |
| B | 5/18 | 7/3—8/15 | 45 | 10/10—11/3 | 145 | — | — |
| CK | 5/18 | — | — | — | — | — | — |

时间:现红点—始花期。

表 67-14

不同处理对石硖龙眼抽穗率的影响

| 处理 | 抽穗率/% | | | |
|---|---|---|---|---|
| | 第一批 | 第二批 | 第三批 | 总计 |
| A | 27.73±3.25 | 14.28±3.00 | 13.40b±0.56 | 55.41 |
| B | 16.85b±1.47 | 42.3±12.24 | 0b±0.00 | 59.15 |
| CK | 0 | 0 | 0 | 0 |

不同小写字母表示不同处理之间的差异显著性($P<0.05$)。

**15. 乙烯利虹吸输液控龙眼冲梢效果**

乙烯利处理 45 d 后,2011 年 4 月 25 日盛花期调查,虹吸输液乙烯利的处理没有 1 个花穗出现冲梢,控冲梢率达到 100%,而喷清水处理的对照冲梢率为 32.8%。处理还发现,$600\times10^{-6}$,$900\times10^{-6}$ 乙烯利虹吸输液导致少量枝条落叶,随浓度增加,落叶加重。因此,$300\times10^{-6}$ 乙烯利虹吸输液处理控冲梢效果最好。

**16. 虹吸输液去向**

通过红铁输液示踪后将龙眼幼树解剖可以看出,铁肥强力高压注射孔口以下红色面积逐段缓慢减少,直到孔下 40 cm(第 4 个 10 cm 处)仍可见到红铁,且主根与侧根中都发现红铁。而虹吸输液孔口以下 20 cm(第 2 个 10 cm)处,红色面积显著减少,只在边缘部分看到很少红铁,至第 3 个 10 cm 处,红铁已经很少(图 67-31),说明强力高压注射铁向根运输比虹吸输液多。高压注射处理的红铁在注射孔上随距离加大逐渐向靠近形成层的木质部集中,至孔口以上 50 cm 处,红铁基本分布在靠近形成层的木质部。虹吸输液处理的红铁从输液孔向上直到树体顶端红色都比较均匀地分布在整个木质部(图 67-31)。说明虹吸输液铁向上运输比强力高压注射多。不同施肥方式铁在叶片内的分布不同。叶片观察发现,高压注射处理和对照的叶片没有红铁显示,而虹吸输液处理的叶片主叶脉与侧叶脉都可见明显红铁。由于红铁是二价铁和邻二氮杂菲的螯合物,说明虹吸输液进入叶片的是二价铁。

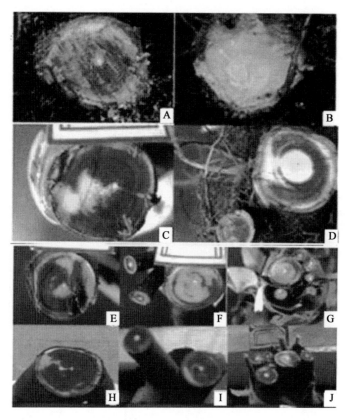

图 67-31　红铁输液示踪结果

A. 虹吸孔下 1~10 cm;B. 虹吸孔下 2~10 cm;C. 高压孔下 1~10 cm;D. 高压孔下 2~10 cm;
E. 高压孔上 2~10 cm;F. 高压孔上 5~10 cm;G. 高压孔上 7~10 cm;H. 虹吸孔上 2~10 cm;
I. 虹吸孔上 5~10 cm;J. 虹吸孔上 7~10 cm;K. 对照;L. 虹吸输液;M. 高压注射

### 67.2.2.4　结论与讨论

本试验是在常规施肥的基础上,建立虹吸输不同营养液的施肥措施,解决生产上由于化肥用量增高,施肥过量而导致的肥料利用率低而造成树体生长发育过程中一系列的栽培管理问题。

(1)虹吸输液对鸡嘴荔吸量、枝条及穗的试验研究　鸡嘴荔对营养液具有一定的吸量,且受环境的影响明显,试验结果发现,1 个月的连续测量值中有明显的低谷期,3 月上旬测量中的吸收量很小,是因为测量期间遇到连续的下雨天,土壤及空气的相对湿度都比较大,此时树体对水分的需求量不高,从而减少了对营养液的吸收量,相反,当天气晴朗且温度较高时,植株对水分的需求量大,对营养液的吸收量相应增大。

虹吸输不同营养液处理的鸡嘴荔枝条生长均有一个共同的趋势,说明各个处理没有改变鸡嘴荔正常的生长动态。但鸡嘴荔枝条生长与花穗的生长趋势不同,枝条生长变幅较大,到 3 月下旬后生长较平稳,而花穗的生长在 2 月下旬到 3 月下旬处于一种平稳状态,原因是植株在营养生长和生殖生长间形成的一种自发的树体营养调整,2 月 27 日到 3 月 28 日测量时为营养生长的旺盛时期,枝条生长量大,每 10 d 测量一次,液体配方肥处理的效果最佳,枝条平均增长 2.40 cm,增粗 0.66 mm。当 3 月下旬以后开始进入生殖生长时期,植株营养为了保证开花结果而多供应花穗,此时枝条生长开始减弱,生长量减少,每 10 d 测一次,液体配方肥处理的枝条增长 1.40 cm,增粗 0.44 mm。而花穗在这个时期生长较快,每次增长大于 1.43 cm。

(2)虹吸输营养液对鸡嘴荔叶片营养的影响研究　植物叶片叶绿素是反映光合能力和生长发育是否正常的指标,是植物进行光合作用的主要器官,而叶绿体是光合作用的重要器官,叶绿素(Chl)是叶绿体中主要的色素成分,在光能的吸收、传递和转换中起着重要的作用,其含量的多少直接影响光合作用的进行。虹吸输液体配方肥促进鸡嘴荔叶绿素含量的提高、增加叶片厚度,叶片重以及叶面积的大小,进而增强了植株的光合作用。

在鸡嘴荔的生长期,N,P,K 等营养元素起着非常重要的作用,其含量高,能增加鸡嘴荔叶绿素含量和促进枝条的健康生长,使果实积累糖分的能力增强,N 素含量高可以为酿酒葡萄产量和品质的提高提供充足的养分,打下坚实的基础(孙权等,2007)。

在鸡嘴荔的生长期,N 使果实积累糖分的能力增强。P 在碳水化合物合成和运输方面起着重要的作用。K 可提高鸡嘴荔可溶性固形物含量,参与光合作用、糖的转化及运输的作用。虹吸输液体配方肥,能很好地提高植株叶片内 N,P,K,Ca,Mg 营养元素的含量,4 月下旬到 6 月下旬连续 2 个月对鸡嘴荔叶片进行营养分析,各处理在 5 月上旬均出现含量高峰期,液体配方肥处理叶片 N,P,K,Ca,Mg 5 种元素均高于其他各处理。

(3)虹吸输营养液对鸡嘴荔果实的影响研究　不同处理中都以液体配方肥效果最佳,能显著增加平均单果重和平均单株产量,提高荔枝果实的可溶性固形物和葡萄糖含量,增加果肉厚和果实纵、横径的大小。各处理间果糖、可溶性糖的含量均无显著性差异。相关研究表明,适量施肥可以提高番茄果实可溶性固形物的含量,过量或过低施用会降低可溶性糖等的含量(董洁,2009)。本试验输入不同营养液与此结果相符合。液体配方肥为最佳营养配方。

(4)虹吸输营养液对早熟一号龙眼吸量及结果母枝的试验研究　早熟一号龙眼对营养液的吸收量较大,且也受环境的影响明显,试验结果发现,1 个月的连续测量值中吸量波动不大,因在这 1 个月中,天气晴朗,没有阴雨天气的影响,但由于每棵树受小区域气候的影响,所以土壤及空气的相对湿度也不一样,此时树体对水分的需求量不同,从而每棵树的吸量具有一定的差异。

虹吸输不同营养液处理的早熟一号龙眼结果母枝生长均有一个共同的趋势,说明各个处理没有改变早熟一号龙眼正常的生长动态。从输液开始每 15 d 测量一次,经 45 d 生长后,液体配方肥处理的效果最佳,增长 12.18 cm,1 月 26 日测量时达到最大值 33.89 cm。为早熟一号龙眼花芽分化提供了良好的营养环境。

(5)虹吸输营养液对早熟一号龙眼叶片营养的影响研究　虹吸输液体配方肥促进早熟一号龙眼增加叶片厚度、叶片重以及叶面积的大小,进而增强了植株的光合作用。

在早熟一号龙眼的生长期,N,P,K 等营养元素起着非常重要的作用,其含量高,能增加早熟一号龙眼枝条的健康生长,使果实积累糖分的能力增强,N 素含量高可以为酿酒葡萄产量和品质的提高提供充足的养分,打下坚实的基础(孙权等,2007)。在早熟一号龙眼的生长期,N 使果实积累糖分的能力增强,本研究结果表明,早熟一号龙眼叶片,N,P,K,Ca,Mg 含量在整个采样期大致呈上升的变化趋势。P 在碳水化合物合成和运输方面起着重要的作用。K 可提高早熟一号龙眼可溶性固形物含量,参与光合作用、糖的转化及运输的作用,Ca 与果皮的增厚有关(韦剑锋等,2006)。Mg 是叶绿素的成分,试验结果表明,早熟一号龙眼叶片 Mg 含量递增,这可能是因为 Mg 移动性较强,随着叶片的逐渐成熟 Mg 渐渐储存到叶片中去,叶片发挥 Mg 的储存库作用,生理分化结束后,用于形态分化,导致 Mg 含量降低(陆景陵,2007),但罗瑞鸿等(2003)认为 Mg 元素在龙眼叶片中的含量和成花没有规律性,这可能与不同的果树品种有关。

虹吸输液体配方肥,能很好地提高植株叶片内 N,P,K,Ca,Mg 营养元素的含量,12 月中旬到 1 月下旬连续 1.5 个月对早熟一号龙眼叶片进行营养分析,各处理在 1 月下旬均出现含量高峰期,液体配方肥处理叶片 N,P,K,Ca、Mg 5 种元素均高于其他各处理。尿素＋$KH_2PO_4$ 和 CK 处理的 Ca,Mg 含量明显低于液体配方肥和可溶性复合肥处理。这与营养液中元素的营养成分有关。

(6)虹吸输营养液对早熟一号龙眼果实的影响研究 不同处理中都以液体配方肥效果最佳,能显著增加平均单果重和平均单株产量,提高早熟一号龙眼果实的可溶性固形物和葡萄糖含量,增加果肉厚和果实纵、横径的大小,但各处理间果肉厚和果实纵、横径的大小没有显著性差异,各处理间果糖、可溶性糖的含量也均无显著性差异。相关研究表明,适量施肥可以提高番茄果实可溶性固形物的含量,过量或过低施用会降低可溶性糖等的含量(董洁,2009)。本试验输入不同营养液与此结果相符合。液体配方肥为最佳营养配方。本试验表明,不同的营养液配方对产理和品质的影响不尽一致,液体配方肥处理增加了龙眼产量,提高了龙眼的品质。

(7)虹吸输液对果树水分营养的影响 虹吸输液可以显著改善果树水分营养状况,叶片水势和相对含水量都显著高于对照;虹吸输液氯酸钾比土施氯酸钾显著提早龙眼反季成花,为龙眼在越冬前成熟奠定了基础;红铁示踪证明虹吸输液的营养快速进入叶片,同时也有部分进入根系,为在较短时间内矫正果树缺素症,促进根系生长提供了新途径。

## 67.3 强力高压输液方法和效果

### 67.3.1 强力高压输液方法

高压注射机装水肥药溶液的容器是压力罐,下端有出水口,三通管的一端接压力罐的出水口,另一端是 3 条并联的软管,软管尾端连插头;中部的入水口可与水肥药溶液的输入管相连接,上端的进气加压口可与压力气输入管相连接(图 67-32)。

压力罐上装有压力表。

高压输液时,先通过虹吸输液将水肥药溶液从压力罐的进水口注入压力罐,然后从进气口加压至约 5 个大气压。用电钻在果树或林木的主干不同方向上打 3 个孔后,将三通管上 3 条并联的软管的中空插头分别插入树干上的孔,然后打开出水口的开关,水肥药溶液在高压下进入树体。

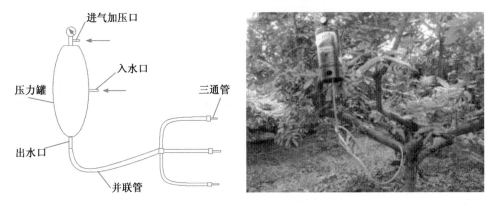

图 67-32 装置示意图和实物照片

### 67.3.2 树干强力高压注射铁肥矫正缺铁失绿症机理研究

树干强力高压注射铁肥矫正缺铁失绿症的效果,尤其是长效性已有研究报道,但对其机理研究甚少,本试验用邻二氮杂菲铁和 $^{59}$Fe 对其进行了探索。

### 67.3.2.1　材料和方法

**1. 邻二氮杂菲铁处理**

试材为3年生长富2/八棱海棠,用自制的N-Fe(浓度$5.99\times10^{-3}$ mol/L)+0.1%邻二氮杂菲,形成$Fe^{2+}$的红色螯合物。选3株生长一致的树,在主干光滑处,错落有致地打3个直径为0.8 cm,深2.0 cm左右的注射孔,在气压303.975 kPa(m/d)下,3孔同时注入共500 mL邻二氮杂菲铁,约40 min注完后,堵塞注孔,将树刨出,移至室内,全树扒皮、解剖后进行观察。

**2. $^{59}$Fe处理**

试材为中国农业大学曲周实验站1997年田间培养的八棱海棠苗,1998年春用切接的方法嫁接品种长富2,1998年12月15日从田间刨出,置植物培养室用营养液培养,营养室光照强度为250 $\mu$mol/$(m^2 \cdot s)$,光照时间为12 h/d。营养液组成同环剥试验。1999年1月26日选生长一致的植株,在砧木光滑部位(砧木中部)打孔注射5 mL含$^{59}$Fe的营养液(放射性强度40 $\mu$ci);处理5株,置营养室的营养液中继续培养24 h,于1月27日将植株做如下处理:注射植株分解为根、砧茎、长富2茎木质部和韧皮部、新梢、叶。分解后置烘箱中80℃下烘干、称重、粉碎,取样用BH 1216低本底$\alpha$、$\beta$测量仪器测定$\beta$放射性强度。计算不同器官和组织中$^{59}$Fe分配的百分数。

### 67.3.2.2　结果与分析

**1. 邻二氮杂菲铁示踪结果**

邻二氮杂菲铁从注射孔进入树体内被吸收,大扒皮后外观见不到红色的邻二氮杂菲铁(图67-33),说明铁液在距形成层较远处的中央木质部运输(图67-34)。对根、干横截后观察,3孔所注铁液连为一体,注射孔向下运输红色面积渐大,根系铁含量较多,不但主根末端具红色邻二氮杂菲铁,所有侧根都含有红色铁液,距主根140 cm处的细根内也观察到了邻二氮杂菲铁。邻二氮杂菲铁从注射孔向上红色面积渐小,渐向中央木质部集中,即距形成层渐远,孔上5,10,15,20 cm处红色的邻二氮杂啡铁距形成层分别为0.422,0.688,0.720,0.790 cm。邻二氮杂菲铁上运到注射孔上端120 cm左右处,而未达梢端,表明强力高压注射铁容易运输到根系,而向上运输较难。强力高压注射速度按铁液达注射孔上运高度,至侧根最远处计,折合每小时450 cm左右。

图67-33　邻二氮杂菲铁的示踪

图67-34　示踪铁液在木质部的运输

**2. $^{59}$Fe试验结果**

注射后铁分布在根和砧茎中(图67-35)。砧茎是注射铁的部位,因此铁含量最多,$^{59}$Fe计数为6 156,所占百分数为74.3%,根中$^{59}$Fe计数2 129,所占百分数为25.7%。说明强力高压注射进入树体内的铁向下往根部运输较易,向上运输较难,与邻二氮杂菲铁示踪试验结果相一致。叶中没有测到

$^{59}$Fe,说明一般情况下强力高压注射的铁不容易直接到达叶片内,主要贮存在根和茎干里,以后主要通过蒸腾作用运输到叶中、被再利用。因此,树干强力高压注射铁具有明显的贮存铁的作用。

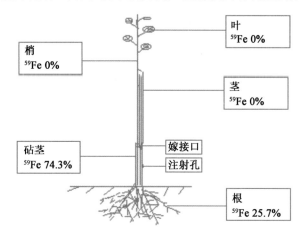

图 67-35　$^{59}$Fe 在注射株内的分配

### 67.3.2.3　讨论

邻二氮杂菲铁主干注射示踪结果表明,注入的铁肥沿中央木质部运输,大量的铁进入根系,注射铁向上运输比向下运输要难一些。注射铁肥以二价态为主要形式贮存在茎干和根的中央木质部,随蒸腾拉力上运到叶片中,发挥矫正缺铁失绿症的作用。因此,强力注射铁肥,注入量不宜过多,浓度不宜过大,不要直接将铁肥强力注入到叶中,生产中强力注射铁肥经常导致落叶或其他形式的肥害可能与注射量过多有关。铁肥主干强力高压注射容易导致落叶的原因究竟是先危害根、间接致落叶,还是由于直接危害叶有待于进一步研究。强力注射铁肥矫正缺铁失绿的机理是先贮存、再利用。具有迟效性和长效性的特点。所以,最好在缺铁失绿症发生前注入铁肥。

熊志勋等(1994)报道,每盆装风干土 10 kg,4 月定植金冠、秦冠、宁光苹果苗,正常管理。7 月 6 日分别在砧木、接穗部位注射$^{59}$Fe 标记的铁盐,注射后 10,30 d 取样测量放射性活度。结果表明:$^{59}$Fe 绝大部分集中在注射孔周围,但也有部分铁在树干内转移,而且不同品种之间有一定差异,宁光输出的铁较多,金冠和秦冠之间差异不大。我们的试验表明,注射孔周围没有铁的集中,注入的铁都迅速转移到根和枝干内。

## 67.4　管道输液方法效果

### 67.4.1　管道输液的方法

**1.作用原理**

将盛装水肥药的容器置于高处,并将容器通过主管、支管和输液管与树干连接,利用形成的位差压力使水肥药进入树体。已获专利授权:专利号20112029908.3。

**2.输液装置**

(1)盛装水肥药的容器　容器置于距地面 1.5 m 以上高处,形成位差压力,容器有进水孔、出水口、排水孔,打开盖可放入肥料、农药等,进水孔为入水处,排水孔为冲洗沉淀、杂物的出口,出水口接主管。

(2)主管　用 PVC 硬管制作,连接容器的出水口,容器出水口和主管间有开关。

(3)支管　用软管制作,插入主管中通向果树行间。

(4)输液软管　采用医用输液软管制作,一端插入软管,输液时用电钻在果树或林木的主干上打孔,将输液软管另一端插入主干上的孔中。

（5）输液　管网接好后，打开容器出水口的开关，水肥药溶液在位差的压力下进入树体。

图 67-36 是输液装置示意图。

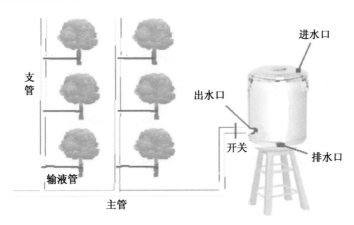

图 67-36　输液装置图示

## 67.4.2　管道输液效果

### 67.4.2.1　管道输液吸收量

**1.鸡嘴荔**

每株树每天吸收量 52 mL，全年折合 18.72 L。株行距 3 m×5 m，亩栽 45 株，折合每亩每年输水量 842.4 L。

**2.早熟一号龙眼**

每株每天吸收 60 mL，全年折合 21.90 L，株行距 3 m×5 m，亩栽 45 株，折合每亩每年输溶液量 985.5 L。

与常规追肥比较：按常规追肥每年 3 次（花前、果实膨大期、采收后），每次每株灌水 20 kg，全年每株灌水 60 kg 计，荔枝常规灌水量是虹吸输液的 3.21 倍，龙眼常规灌水量是虹吸输液的 2.74 倍。

### 67.4.2.2　对果树产量和品质的改善效果

**1.对石硖龙眼产量的影响**

2013 年 8 月 5 日，广西科技厅组织专家在容县大明村对输液的石硖龙眼进行实地测产，输液单株产量 51.79 kg，折合亩产 1 035.80 kg，常规施肥对照单株产量 36.99 kg，折合亩产 739.80 kg，输液比对照产量高 40.01%；输液单果重 8 g，对照 5.5 g，输液比对照高 45.45%。

**2.管道输液对桂香和早熟一号龙眼生长及产量的影响**

（1）材料与方法　试验在广西大学农学院多功能果树标本园进行，龙眼供试品种为桂香和早熟一号，2002 年定植，株行距 3 m×5 m，南北行向，试验树长势良好，树势和栽培管理条件基本一致。

试验于 2011 年 8 月 25 日开始进行，试验共设 3 个处理，单株小区，5 次重复，共 15 株树。处理方法如下。

①管道输液（简称输液）：用自配完全营养液对龙眼进行管道输液；

②土壤施肥（简称土施）：2011 年 9 月 1 日、2012 年 5 月 4 日每株分别土施 1.0 kg 水溶性复合肥（N∶$P_2O_5$∶$K_2O$＝18∶8∶24，河北萌帮水溶肥料有限公司），沿主干 1 m 处挖 10 cm 深的环形沟浸施后覆土；

③管道输液＋土壤施肥：处理①＋处理②。

测定龙眼新梢长度和粗度，新梢叶片叶绿素含量，果实产量、单果重、可食率、可溶性固形物等指标,观测记录落花落果情况等。

（2）结果

①不同处理对桂香、早熟一号龙眼生长情况的影响：由表 67-15 可以看出,剪口处新梢在 3 个月后（2011 年 8 月 26 日进行修剪）桂香'输液'和'输液＋土施'处理的梢长分别是 13.34 和 18.24 cm,比'土施'处理分别长了 3.94 和 8.84 cm,各处理间差异显著。早熟一号'输液'和'输液＋土施'处理的梢长分别是 18.23 和 19.23 cm,比'土施'处理分别长了 4.63 和 5.63 cm,显著长于'土施'处理。桂香'输液'和'输液＋土施'处理的基部粗度分别是 5.66 和 6.06 mm,比'土施'处理分别增大了 1.29 和 1.69 mm,差异显著。早熟一号'输液'和'输液＋土施'处理的基部粗度分别是 5.22 和 5.60 mm,比'土施'处理分别增大了 0.42 和 0.8 mm。桂香'输液'和'输液＋土施'处理的叶绿素含量分别是 2.08 和 2.36 mg/g FW,比'土施'处理分别高了 0.3 和 0.58 mg/g FW,处理间差异显著。早熟一号'输液'处理和'输液＋土施'处理的叶绿素含量分别是 1.77 和 1.99 mg/g FW,比'土施'处理分别高了 0.22 和 0.44 mg/g FW,各处理间差异显著。由此可以看出,管道输液的方式有效地提高新梢长度和粗度。同时提高叶绿素含量,能更好地使树势复壮,给花芽分化提供更多的养分。

表 67-15

不同处理对桂香、早熟一号龙眼生长情况的影响

| 品种 | 处理 | 梢长/cm | 粗度/mm | 叶绿素含量/(mg/g FW) |
|---|---|---|---|---|
| 桂香 | 输液 | 13.34b | 5.66a | 2.08b |
| | 输液＋土施 | 18.24a | 6.06a | 2.36a |
| | 土施 | 9.40c | 4.37b | 1.78c |
| 早熟一号 | 输液 | 18.23a | 5.22b | 1.77b |
| | 输液＋土施 | 19.23a | 5.60a | 1.99a |
| | 土施 | 13.60b | 4.80c | 1.55c |

同列不同字母表示差异显著（$P<0.05$）。

②不同处理对桂香龙眼落花落果情况的影响：由图 67-37 可以看出,桂香龙眼输液处理的雌花在开花后第 7 天（2012 年 4 月 21 日）开始落花,第 11 天达到峰值,落雌花数为 19 朵/穗,雌花落花总数为 67 朵/穗,占雌花总数的 40.36％;'输液＋土施'处理的雌花在开花后第 7 天开始落花,第 10 天达到峰值,落雌花数为 25 朵/穗,雌花落花总数为 78 朵/穗,占雌花总数的 45.09％;'土施'处理的雌花在开花后第 6 天开始落花,第 9 天达到峰值,落雌花数为 34 朵/穗,雌花落花总数为 103 朵/穗,占雌花总数的 50.49％。与'土施'处理相比,'输液'处理的落花高峰时间推后,'输液'处理的雌花落花数和雌花总数都少,这与输液施肥方式对龙眼吸收、运输和转化养分有关（江健等,2008;吴连松等,2009）,所脱落的花主要是没有授粉受精和发育不良的花（徐宁等,2006）。

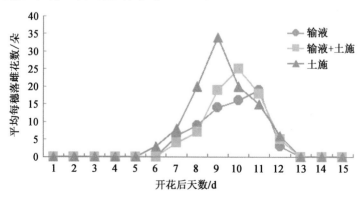

图 67-37　不同处理对桂香龙眼雌花落花情况的影响

由图 67-38 可以看出,桂香龙眼在谢花后 15～25 d 内,各处理的落果较少。在谢花后 25～35 d 和 45～55 d(5 月 25 日至 6 月 4 日和 6 月 14—24 日),出现两次生理落果高峰,这与卢美英等(2004)对大乌圆落果情况研究相一致,但在落果高峰时间上有差异。各处理中'土施'处理的落果最多。'输液'处理的单穗坐果数为 33 个,雌花坐果率为 19.88%;'输液＋土施'处理的单穗坐果数为 37 个,雌花坐果率为 21.39%;'土施'处理的单穗坐果数为 40 个,雌花坐果率为 19.61%。管道输液的方式能够充分地提供开花结果所需的营养,减少了生理落果。

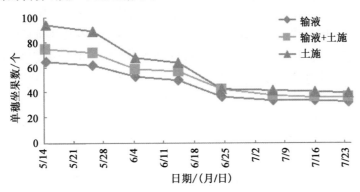

图 67-38　不同处理对桂香龙眼坐果情况的影响

③不同处理对桂香、早熟一号龙眼产量和果实品质的影响

A. 桂香品种输液效果比较(表 67-16)

表 67-16

不同处理对桂香、早熟一号龙眼产量和果实品质的影响

| 品种 | 处理 | 单果重/g | 单株产量/kg | 可食率/% | 可溶性固形物/% |
|---|---|---|---|---|---|
| 桂香 | 输液处理 | 11.67b | 30.77a | 68.26b | 20.06b |
| | 输液＋土施处理 | 12.57a | 34.10a | 70.00a | 21.17a |
| | 土施处理 | 9.76c | 24.97b | 65.35c | 18.10c |
| 早熟一号 | 输液处理 | 9.43b | 21.78b | 63.28b | 18.43b |
| | 输液＋土施处理 | 10.41a | 24.62a | 64.32a | 19.51a |
| | 土施处理 | 7.84c | 20.60b | 60.11c | 15.72c |

同行不同字母表示差异显著(P<0.05)。

单果重:'输液'、'输液＋土施'和'土施'处理的单果重分别为 11.67,12.57 和 9.76 g,'输液'和'输液＋土施'比'土施'处理的单果重分别提高了 19.57%,28.79%,不同处理的单果重显著高于对照'土施'处理。

单株产量:'输液'、'输液＋土施'和'土施'处理的单株产量分别为 30.77,34.10 和 24.97 kg,'输液'和'输液＋土施'比'土施'处理的单株产量分别提高了 23.23%,36.56%,'输液'和'土施'处理有显著差异。

可食率:'输液'、'输液＋土施'和'土施'处理的可食率分别为 68.26%,70.00% 和 65.35%,'输液'和'输液＋土施'比'土施'处理的可食率分别提高了 4.45%,7.12%,各处理间有显著差异。

可溶性固形物:'输液'、'输液＋土施'和'土施'处理的可溶性固形物含量分别为 20.06%,21.17% 和 18.10%,'输液'和'输液＋土施'处理的可溶性固形物含量比常规'土施'处理的分别提高了 10.83%,16.96%,各处理间有显著差异。

B. 早熟一号品种输液效果比较(表 67-16)

单果重：'输液'、'输液+土施'和'土施'处理的单果重分别为 9.43,10.41 和 7.84 g,'输液'和'输液+土施'比'土施'处理的单果重分别提高了 20.28%,32.78%,不同处理的单果重显著高于对照'土施'处理。

单株产量：'输液'、'输液+土施'和'土施'处理的单株产量分别为 21.78,24.62 和 20.60 kg,'输液'、'输液+土施'比'土施'处理的单株产量分别提高了 5.73%,19.51%,'输液'和'土施'处理差异不显著。

可食率：'输液'、'输液+土施'和'土施'处理的可食率分别为 63.28%,64.32% 和 60.11%,'输液'、'输液+土施'比'土施'处理的可食率分别提高了 5.27%,7%,各处理间有显著差异。

可溶性固形物：'输液'、'输液+土施'和'土施'处理的可溶性固形物含量分别为 18.43%,19.51% 和 15.72%,'输液'、'输液+土施'处理的可溶性固形物含量比常规'土施'处理的分别提高了 17.24%,24.11%,各处理间有显著差异。

(3)结论　本试验在处理进行 3 个月后,管道输液处理剪口处的枝梢长度、基部粗度和叶绿素含量均优于'土施'处理的。通过管道输液的方式能更好地促进结果母枝的生长发育,为丰产稳产打下基础。

从调查可以看出,管道输液施肥方式有效地降低了雌花落花数和提高了雌花坐果率,养分直接从树体主干木质部吸收和运输,有效地提高了养分的利用率,减少了落花、落果、"花而不实"等现象。通过管道输液施肥方式探索一种解决龙眼生产上结果大小年现象的方法(Menzel et al.,1995)。

从单果重,单株产量,可食率和可溶性固形物等指标可以看出,输液处理改善了产量和果实品质,输液施肥的方式高效地提供了养分,保障了龙眼果实对养分需求。

## 67.5　管道输液加多孔滴灌

为了进一步完善管道输液技术,2013 年进行了管道输液结合滴灌综合配套试验研究,其中多孔滴灌获实用新型专利(专利号:201320127259.3)。具体做法是结合管道输液,每株树 1～2 条输液管,另外有一条环绕树干的软管,软管根据需要打 10～15 个小孔。输液管两端与绕干软管两端相连接,即可进行水肥或水肥药一体化多孔滴灌。

试验于 2012 年 11 月开始在广西大学农学院多功能标本园进行,地处北纬 22°48′,东经 108°22′,海拔 81 m,属南亚热带西部气候区,大部分地区气候暖热、夏长冬短,夏湿冬春干,光照丰富。年平均气温 20.6～22.4℃,10 月至翌年 4 月降水量较少,春旱频率 60%～90%,大部分地区冬季降水量只占全年的 4%～8%,随着经济发展冬旱将凸现。年蒸发量 1 266～1 852 mm。土壤类型为黏性赤红壤土。

### 67.5.1　材料与方法

#### 1.试验设计

试材为 2002 年定植的石硖龙眼树,株行距为 3 m×5 m,南北行向。选择 20 株管理水平中等,长势良好,树势基本一致的果树作为试验树。试验采用随机区组设计,单株重复,共设 5 个处理,每个处理 4 个重复。分别在 2013/3/17,2013/5/14,2013/6/20,2013/8/12,2013/9/26 对试验树进行滴灌处理,单株每次滴灌量共为 300 L。具体滴灌处理方法如下:

(1)地表滴灌　距龙眼树主干东、西方向 50 cm 处各置滴头一个(均从输液管道引出),流速均为 1.5 L/h。

(2)地下 10 cm 滴灌　距龙眼树主干东、西方向 50 cm 处各打出一个深 10 cm,直径为 3 cm 小洞,分别将两个滴头置于其中,流速均为 1.5 L/h。

(3)地下 20 cm 滴灌　距龙眼树主干东、西方向 50 cm 处各打出一个深 20 cm,直径为 3 cm 小洞,分别将两个滴头置于其中,流速均为 1.5 L/h。

（4）地表多孔覆膜滴灌　距龙眼树主干 50 cm 处环绕一根滴水软管，滴水软管的两端分别接两根输液管的后端，两根输液管的前端分别与支管连接；滴水软管上每隔 10 cm 一个小孔。

（5）CK　不做滴灌处理。

**2. 测定指标与方法**

叶片 SPAD 值的测定：在大田中随机选取每个处理无病害、无生理病斑、无机械损失的健康叶片，去除污物后，用叶绿素计 SPAD-502Plus 直接测定。枝梢长度用游标卡尺测量。

（1）叶片全氮、全磷和全钾的测定　均用浓 $H_2SO_4$ 和 30％ $H_2O_2$ 消煮，全氮的测定采用萘氏比色法；全磷的测定采用钒钼黄吸光光度法；全钾的测定采用火焰光度计法。

（2）pH　每棵树距树干 50 cm 处取 3 个点，用原位土壤 pH 计测定。

（3）土壤含水量　测定深度为 0～100 cm 土层，用土钻法分别取 0～20，20～40，40～60，60～80，80～100 cm 土层土样约 100 g，用铝盒封存，带回实验室采用烘干法测定。测定时间分别为灌水结束 24 h 后。

（4）土壤全氮、全磷和全钾的测定　土壤取样用土钻法进行，每一样点分层取样，分别为 0～20，20～40，40～60，60～80，80～100 cm。土壤样品在 4 h 内采集完成，采集好的土壤样品自然风干后研磨过筛，在常温、阴凉、干燥、避光、密封条件下进行保存。土壤全氮、全磷和全钾含量分别用半微量凯氏法、钒钼黄比色法和火焰光度法测定。

**3. 数据分析**

实验数据采用 Excel 及 SPSS18.0 数据分析软件进行统计和方差分析及数据图的制作，用 Duncan's 法进行多重比较。

### 67.5.2　结果与分析

**1. 对叶片 SPAD 值的影响**

大量研究表明，叶片叶绿素含量与叶绿素仪所测定的 SPAD 值有良好的一致性（艾天成等，2000；王娟等，2006）。不同滴灌方式处理龙眼树 30 d 后，各处理叶片 SPAD 值增加量的变化情况如图67-39。由图 67-39 可知，各处理龙眼功能叶的 SPAD 值在 30 d 内均增加，且经不同滴灌方式处理后的龙眼树叶片 SPAD 增加量明显高于对照 SPAD 的增加量。经地表滴灌处理后的龙眼树叶片 SPAD 值增加最少，增加最多的为地表多孔滴灌。不同滴灌方式处理后的龙眼树叶片 SPAD 值增加量与对照均有显著差异，地下 10 cm 滴灌处理的叶片 SPAD 值增加量和 20 cm 滴灌处理的 SPAD 值增加量之间差异不显著。地表滴灌、地下 10 cm 滴灌、地下 20 cm 滴灌和多孔滴灌都显著提高了龙眼树叶片 SPAD 值，增加量分别为 1.1，1.6，1.8 和 2.3，对照增加量为 0.8。以上结果表明，多孔滴灌对提高龙眼树叶片 SPAD 值，即提高叶片叶绿素含量，进而提高叶片的光合作用具有显著作用。

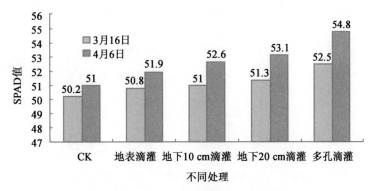

图 67-39　不同处理前后龙眼叶片 SPAD 值

**2. 对新梢生长的影响**

不同滴灌施肥方式处理下从第一次处理结束到第二次处理之前,龙眼新梢抽梢生长量如表 67-17 所示:地表多孔滴灌处理的梢长增长量和梢粗增长量均最大,分别为 104.35 和 1.56 mm,比 CK 处理高 128.34%和 110.81%。不同处理方式对枝梢生长的影响表现为,枝长增长量:地表多孔滴灌>地下 20 cm 滴灌>地下 10 cm 滴灌>地表滴灌>CK,对照的梢长增长量与其他处理梢长增长量差异均显著,地表滴灌与地下 10 cm 滴灌差异不显著,梢粗增长量:地表多孔滴灌>地下 20 cm 滴灌>地下 10 cm滴灌>地表滴灌>CK,其中,地表滴灌处理的梢粗增长量与对照和地下 10 cm 滴灌处理相比差异均显著,地下 10 cm 滴灌、地下 20 cm 滴灌和地表多孔滴灌与对照相比差异均显著(表 67-17)。从总体来看,地表多孔滴灌明显提高了秋梢梢长和梢粗的增长量,使秋梢可以更好地转化为优质的结果母枝。

表 67-17

不同滴灌方式对龙眼新梢增长量的影响

mm

| 处理 | 梢长增长量 | 梢粗增长量 |
| --- | --- | --- |
| 地表 | 65.19±1.43c | 0.89±0.21cd |
| 地下 10 cm | 59.51±2.53c | 0.91±0.26c |
| 地下 20 cm | 89.65±2.12b | 1.34±0.49b |
| 地表多孔 | 104.35±3.70a | 1.56±0.12a |
| CK | 45.70±2.35d | 0.74±0.54d |

**3. 对叶片全氮、全磷和全钾含量的影响**

不同滴灌施肥方式对龙眼树叶片全氮、全磷、全钾含量的影响分别统计于图 67-40 至图 67-42。从图中明显可以看出,经过一个月的时间,CK、地表滴灌和地下 10 cm 滴灌的全氮、全磷、全钾含量均有所降低,而多孔滴灌处理的龙眼树叶片全氮、全磷和全钾含量均有所提高,分别在原来的基础上提高16.94%,0.29%,2.96%。不同处理叶片全氮、全磷和全钾含量降低是由于盛果期树体需要消耗大量营养,说明在施肥量相同的条件下,地表滴灌、地下 10 cm 滴灌和地下 20 cm 滴灌虽然能给树体补充一定量的肥料,但仍不能很好地满足树体的需求,而多孔滴灌不仅能满足龙眼树本身的消耗,而且提供了充足的养分,有利于叶片营养的积累,有效地提高了肥料的利用率。

**4. 对土壤含水量的影响**

图 67-43 表明,不同处理在 0~100 cm 土层的垂直空间上,土壤含水量大致在 15%~35%之间波动。不同滴灌施肥方式在 0~60 cm 均可以不同程度地提高土壤含水量,但是对 80 cm 以下土层影响不显著。CK 与地下 20 cm 滴灌的土壤含水量在 0~20 cm 土层均不断升高,在 20~40 cm 土层达到最

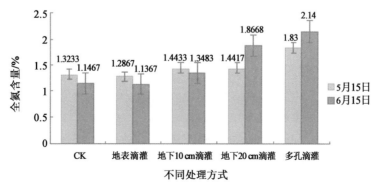

图 67-40　不同滴灌施肥方式对龙眼叶片全 N 含量的影响

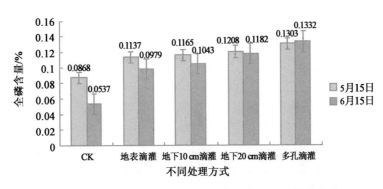

图 67-41　不同滴灌施肥方式对龙眼叶片全 P 含量的影响

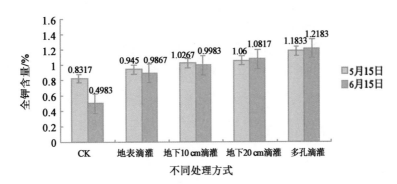

图 67-42　不同滴灌施肥方式对龙眼叶片全 K 含量的影响

大,40～80 cm 土层不断下降,80 cm 以下土层有升高趋势。地表滴灌、地下 10 cm 滴灌和多孔滴灌在 0～60 cm 土层土壤含水量均成下降状态,在 60～80 cm 土层降到最低,80 cm 以下土层不断升高。

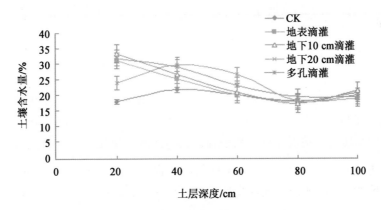

图 67-43　不同处理对土壤含水量影响

**5.对产量、品质的影响**

2013 年 7 月 29 日采收果实后立即进行产量和品质测定。从表 67-18 可以看出,单株产量以地表多孔滴灌最高,其次为地下 20 cm 滴灌、地下 10 cm 滴灌显著高于地表滴灌和对照。说明多孔滴灌由于促进了灌溉均匀度,因此提高了产量。20 cm 深度滴灌使施肥集中在根系集中分布层,提高了水肥利用率,比 10 cm 土层滴灌和地表滴灌产量高,其他品质指标有与产量指标相似的趋势。整体看管道输液加多孔滴灌效果最好。

**表 67-18**

不同处理产量与品质

| 处理 | 单果重/g | 单株产量/kg | 可食率/% | 可溶性固形物/% |
|---|---|---|---|---|
| 地下 10 cm | 9.20c | 25.12c | 68.33a | 18.16d |
| 地下 20 cm | 9.43b | 27.73b | 68.18a | 19.65c |
| 地表 | 9.19c | 20.32d | 67.81b | 19.76c |
| 地表多孔 | 9.83a | 32.78a | 69.19a | 22.16a |
| CK | 9.25c | 20.18d | 68.99a | 22.90b |

### 67.5.3 结论

（1）管道输液具有简单省工特点，折合亩产 850 kg，可以达到高产高效的目的。

（2）管道输液加多孔滴灌，亩产可以达到 1 400 kg，加一根多孔滴灌管成本不到 2 元，而且可以多年使用。每株每年比管道输液多加 375 kg 水肥药溶液，投入产出比非常可观。因此，可以得出结论，几种滴灌方式以多孔滴灌效果最好。

## 67.6 营养袋输液方法及特点

**1. 营养袋输液方法**

营养袋输液是我们 2013 年获得的一个实用新型专利授权（专利号：201320146512.X），比虹吸输液操作更省工，可以批量制作，为输液的推广向前推进了一大步。

密闭塑料袋的容器为 0.07～0.09 mm 厚的聚乙烯塑料制作。主要设备是输液管和密闭塑料袋容器。当树木需要输液时，将装满所需液体的密闭容器挂在距地面一定高度的枝杈上；输液管的一端插入密闭容器底部，所输液体吸入输液管另一端后，将输液管的另一端塞入预先在树的主干上打的直径较输液管外径略小、深约 2 cm 的孔内，插入深度约 1 cm，即可开始输液。在树的主干上打的孔应低于密闭容器。目前已获得实用专利授权。

**2. 特点**

操作上比虹吸输液方便，不需要用吸耳球吸液，比管道输液灵活，可以带到没有水源的地方，解决应急性的干旱、缺素等问题，成本低，见效快。可以作为管道输液的补充，应用于生产。用于试验则可以更好地监测单株的水肥利用情况。使水肥一体化技术实现定量化。

## 参考文献

［1］艾天成，李方敏，周治安. 作物叶片叶绿素含量与 SPAD 值相关性研究. 湖北农学院学报，2000，20（1）：6-8.

［2］艾天成，周治安，李方敏，等. 小麦等作物叶绿素速测方法研究. 甘肃农业科技，2001（4）：16-18.

［3］董洁，邹志荣，燕飞，等. 不同施肥水平对大棚番茄产量和品质的影响. 北方园艺，2009（12）：38-41.

［4］管长志. 外界因子对铁高效和低效苹果基因型吸收和利用铁素及其机理的影响：博士学位论文，1994.

［5］江健，沈方科，李柳霞，等. 龙眼叶片营养与成花的相关性. 安徽农业科学，2008，36（32）：14075-14076.

［6］孔庆信，于国合. 我国北方水果产销中的几个问题及其对策. 中国果树，1998，75（1）：3-5.

［7］李维炳，倪永珍，EM（有效微生物群）的研究与应用. 盐渍化改造区农业综合持续发展. 北京：中国

农业科学技术出版社,1995.

[8] 卢美英,欧世金,徐炯志,等. 大乌圆龙眼果实生长发育特性和生理落果规律观察. 中国南方果树,2004,33(4):28-29.

[9] 罗瑞鸿,黄业球,蔡炳华,等. 龙眼叶片元素含量与成花关系研究初报. 广西农业科学,2003(2):10-11.

[10] 史光珊. 我国水果业的发展和几点建议. 果树科学,1998,15(2):97-99.

[11] 孙权,王静芳,王素芳,等. 不同施肥深度对酿酒葡萄叶片养分和产量及品质的影响. 果树学报,2007,24(4):455-459.

[12] 中国科学院南京土壤研究所. 土壤理化分析. 上海:上海科学技术出版社,1978.

[13] 王娟,韩登武,任岗,等. SPAD值与棉花叶绿素和含氮量关系的研究. 新疆农业科学,2006,43(3):167-170.

[14] 韦剑锋,梁和,韦冬萍,等. 钙硼营养对龙眼果实品质及耐贮性的影响. 中国农学通报,2006,22(9):311-314.

[15] 吴连松,郭志雄. 我国龙眼营养与施肥研究的回顾. 江西农业学报,2009,21(6):81-83.

[16] 徐宁,朱建华,李江舟,等. 大乌圆龙眼开花特性观察. 广西农业科学,2006,37(4):430-432.

[17] 张福锁. 土壤与植物营养研究新动态(第一卷). 北京:北京农业大学出版社,1992.

[18] 张福锁. 小金海棠和山定子幼苗根自由空间铁累积量和活化量. 植物生理学报,1996,22(4):357-362.

[19] 周厚基,仝月澳. 苹果缺铁失绿研究进展 I. 生态因子的影响. 中国农业科学,1987,20(3):23-26.

[20] 周厚基,仝月澳. 苹果树缺铁失绿研究进展 II. 铁逆境对树形态及生理生化的影响. 中国农业科学,1988,21(4):46-49.

[21] 曾骧. 果树生理学. 北京:北京农业大学出版社,1992.

[22] 邹春琴. 提高玉米和菜豆铁营养效率的途径及其机理:博士学位论文. 北京:北京农业大学,1995.

[23] Armstrong J, Armstrong W, Beckett P M. Venturi and humidty-induced presure flows enhance rhizome aeration and rhizosphere oxidation. New Phytol,1992,120:197-207.

[24] Bienfait H F, Bino R J, Bliek A M. Characterization of ferric reducing activity in roots of Fe-deficient phaseolus vulgaris. Physiol,1983.

[25] Carpita N, Sabularse D, Montezinos D. Determination of the pore size of cell walls of living plant cells. Science,1979,205:1144-1147.

[26] Flessa H, Fischer W R. Plant-induced changes in the redox potential of rice rhizospheres. Plant and Soil,1992,143:55-60.

[27] Marschner H, Romheld V. Strategies of plants for acquisition of iron. Plant Physiol,1994,92:17-22.

[28] Mass F M, Bienfait H F, Wetering P A M. Characterization of phloem iron and its possible role in the regulation of Fe-efficiencey reaction. Plant Physiol,1988,87:167-171.

[29] Mengel K, Geurtzen G. Relationship between iron chlorosis and alkalinity in Zea mays. Physiol. Plant,1988,72:460-465.

[30] Menzel C M, Simpson D R. Temperatures above 20e reduce f lowering in lychee. J Hort Sci,1995,70:981-987.

[31] Tiffin L O. Translocation of iron citrate and phosphorous in xylem exudate of soybean. Plant Physiol,1970,45:280-283.

(执笔人:薛进军)

# 第 68 章
## 菠萝养分管理技术创新与应用

菠萝是我国重要的热带水果之一,广泛分布在南北回归线之间(表 68-1)。我国菠萝主要分布在广东、海南、广西、云南、台湾等省份。菠萝整个生育期较长,一般是 18~19 个月。菠萝最适宜生长的年均气温为 24~27℃,5℃是受冻的临界温度,43℃高温即停止生长。菠萝耐旱性强,年降雨量需 1 000~1 500 mm 且分布均匀为宜,喜生长在疏松、排水良好、富含有机质、pH 为 4.5~5.5 的沙质壤上。目前在世界上有很多菠萝栽培品种,我国主要的栽培品种有无刺卡因和巴厘。

表 68-1

我国菠萝主产区栽培品种及分布区域

| 省份 | 栽培品种 | 分布区域 |
| --- | --- | --- |
| 广东 | 巴厘、卡因、神湾 | 湛江市、中山市、广州市、潮汕地区 |
| 海南 | 卡因、巴厘 | 万宁、琼海、海口、农垦系统 |
| 广西 | 巴厘 | 南宁市及周边地区 |
| 福建 | 卡因、巴厘 | 漳州、泉州 |
| 云南 | 巴厘、卡因 | 红河、西双版纳、德宏 |

刘岩和刘传和,2010。

菠萝引入我国初期发展速度相对缓慢,产量不高;随着改革开放和中国加入 WTO,在我国菠萝专家和技术人员的努力下,我国菠萝产业得到了迅猛的发展。农民为了追求产量的最大化,投入大量的化肥,造成土壤板结、养分利用率,严重限制了菠萝产量的提高。

## 68.1 菠萝生产中存在的主要问题

**1. 我国菠萝的栽培品种单一,新品种的培育和推广速度较慢**

以我国菠萝的主栽省份广东省为例,目前主要栽培品种是巴厘。巴厘品种是 20 世纪 60—70 年代选育的品种,在我国种植的历史已有 70 多年之久。近些年,菠萝专家在新品种的选育方面做了大量的工作,如广东省农科院选育出的粤脆杂交种菠萝,田间性状表现良好,但是受多方面因素的限制一直没有被大面积种植。从国外引进的其他品种在生产上推广应用的速度较慢。

**2. 化肥投入量大,氮磷钾投入比例不协调**

广西地区菠萝专家对巴厘品种菠萝研究表明菠萝每形成 1 000 kg 果实需要带走的 N 7.22 kg,

$P_2O_5$ 1.55 kg，$K_2O$ 14.20 kg，CaO 5.03 kg，MgO 0.68 kg。巴厘品种菠萝在收获期植株累积氮212.4 kg/hm²，磷 19.7 kg/hm²，钾 438.7 kg/hm²，而无刺卡因品种菠萝分别比巴厘品种菠萝氮磷钾累积量高出 33％，54％和 31％（陈菁等，2010）。农民的肥料投入量为菠萝吸收量的几倍甚至是几十倍，造成了肥料的大量浪费。笔者 2011—2013 年对广东菠萝主产区徐闻调研发现，当地对氮、五氧化二磷和氧化钾的投入量分别为 1 069，1 484 和 809 kg/hm²，氮、五氧化二磷和氧化钾的比例为 1∶1.39∶0.76。通过对比菠萝对氮磷钾的吸收量可以看出，农民氮磷钾投入比例极其不协调，磷肥的投入量过多，而钾的投入量偏少。

除氮磷钾大量元素外，菠萝对钙和镁的需求量很大，菠萝缺铁的症状时有发生。农民在菠萝生产中只重施大量元素，轻施中微量元素，不利于菠萝产量的持续提高。随着长时间的施用化肥，土壤出现了板结现象，种植 10 年以上的菠萝地开始出现连作障碍的现象。

**3. 菠萝测土配方施肥技术及根际调控技术有待进一步研究**

测土配方施肥技术对于菠萝的合理施肥具有非常重要的指导意义，这项技术已经被广泛地应用到玉米、水稻、小麦、蔬菜等作物上。目前菠萝上施肥没有以这样技术作为参考依据。

根际调控技术是提高菠萝养分利用效率的一项重要的调控措施。通过对菠萝根际养分的迁移、转化等方面的研究能为合理施肥提供支撑。以磷为例，菠萝主产区广东、海南、广西等地，土壤中的速效磷的含量处于丰富和比较丰富的水平，但农民受栽培经验和经销商的推荐仍大量地施用磷肥，造成土壤速效磷的含量持续增加，有的区域速效磷已高达 130 mg/kg。测土配方施肥技术和根际调控技术的研究将会大大地减少菠萝肥料的投入量，实现菠萝肥料投入量的"零增长"甚至是"负增长"。

**4. 干旱是菠萝高产养分高效的重要限制因子**

菠萝起源于热带地区，具有很强的耐旱能力，年降雨为 1 000～1 500 mm 且分布均匀就可以满足菠萝的生长。在我国菠萝产区年降雨量平均都为 1 400～2 000 mm，看起来降雨量比较充沛可以满足菠萝整个生育期对水分的需求，但降雨分布不均匀，季节性干旱比较明显。对于广东而言，冬季和春季属于旱季；广西秋季和冬季属于旱季。广东的 6—9 月，广西的 4—8 月属于雨季。旱季，在土壤缺水的情况下影响了菠萝营养生长期和果实发育期的水分供应，影响土壤养分的转移，不利于菠萝获得高产。

**5. 管理粗放和农田基础设施不足限制产量和效益的进一步提高**

在菠萝整个生长过程中，农民管理粗放，基本上按照以往的种植经验进行施肥和管理，缺乏科学的指导。除耕地外，菠萝从种植-田间管理-采摘主要以人工为主，机械水平普及率不高。

菠萝主要种植的旱坡地缺乏灌溉设施。近些年，政府投入大量的财力和人力加强农田基本设施建设，一些种植区域得到了明显的改善。但基础设施受地势和人员管理的限制出现使用费用高等问题，很多设施成了摆设。

## 68.2　菠萝养分资源综合管理技术原理

菠萝的养分资源综合管理以菠萝的生长规律和养分吸收特性为基础，通过确定各个时期的氮磷钾比例、施肥量等，综合考虑当季养分利用率，据此构建适合于整个生育期的养分管理体系。

### 68.2.1　菠萝的生长特性

**1. 菠萝根系生长特性**

菠萝根系从恢复期到催花期持续生长，进入果实发育期，菠萝根系的生长速度减缓。在菠萝整个生育期，根系的生长出现 2 个快速生长期：一是从恢复期到缓慢生长期，这个阶段菠萝根系的气生根开始下扎土壤，根系快速生长，但地上部则生长缓慢；二是进入快速生长期，是地上部迅速生长时期，地上部的快速生长需要发达的根系吸收更多的水分和养分满足地上部的生长。进入催花期，菠萝地上部生长速度减慢，由营养生长期进入果实发育期，菠萝根系吸收的养分和地上部叶片中的养分可以满足果实生育期养分的需求量(图 68-1)。

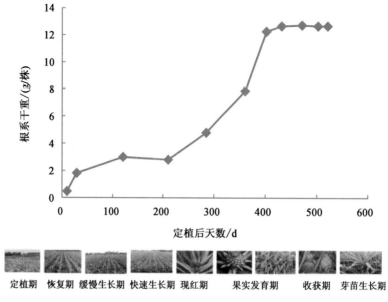

图 68-1　整个生育期菠萝根系的生长情况

### 2. 菠萝叶片生长特性

菠萝叶片的生长受温度影响较大。菠萝叶片生长的年周期变化与根系的变化基本一致。在我国南亚热带地区,由于不同季节的气温、光照和降水量存在差异,在年生长周期中叶片的生长速度亦不同。以广东主要栽培品种巴厘为例,11—12 月,气温下降,降雨量较少,叶片生长缓慢;翌年 1—2 月低温干旱,叶片生长几乎停止,月出叶数 0.5~1 片;3—4 月,降水量逐渐增多,气温逐渐回升,月出叶数又逐月增加;5—6 月,叶片生长加快;7—9 月是当地的雨季,降雨量增加,温度升高,土壤温湿度适宜,叶片生长达到高峰,平均月出叶数达 4~5 片,甚至 7~8 片(图 68-2)。

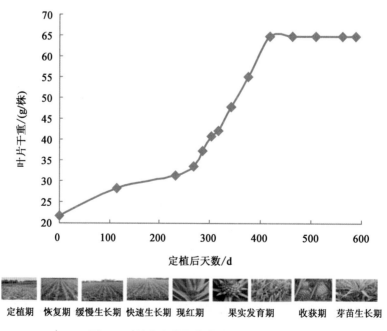

图 68-2　整个生育期菠萝叶片的变化情况

**3. 菠萝干物质累积特性**

菠萝干物质累积量与菠萝叶片数生长特性相似。菠萝的干物质累积量可以分为 3 个阶段。定植后 0～206 d(缓慢生长期),菠萝的干物质缓慢累积;定植后 206 d 以后,菠萝进入快速生长期,干物质快速积累;定植后 467 d(果实发育前期)到 588 d(收获期),菠萝干物质累积速度下降,到收获期达到最大累积量。菠萝在缓慢生长期由于气温较低,降雨量少,菠萝生长缓慢,因此干物质累积速度慢;进入快速生长期,气温回升,降雨增多,雨热同期,土壤温湿度适宜菠萝的生长,菠萝干物质累积速度加快;进入果实发育期,叶片数不再增加,菠萝由营养生长向果实发育期转变,果实发育前期生长速度相对较慢,到果实发育后期芽苗迅速生长,菠萝干物质累积量达到最大(图 68-3)。

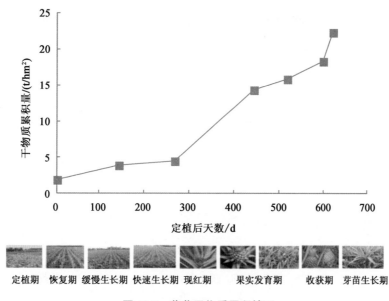

定植期　恢复期　缓慢生长期　快速生长期　现红期　果实发育期　收获期　芽苗生长期

图 68-3　菠萝干物质累积情况

## 68.2.2　菠萝养分吸收特性

进行菠萝的养分管理,需要掌握整个生育期菠萝对养分的吸收特性,根据不同生育期养分吸收特性的不同,制定合理的施肥方案,最大限度地节约肥料投入,提高养分利用率。不同的施肥方式,养分吸收特性也存在差异。本节主要介绍常规施肥和滴灌施肥下,氮磷钾吸收特性。常规施肥即按照农民的施肥习惯施肥,一般而言,农民在菠萝整个生育期施用 2～3 次肥,分别是定植期、营养生长期和催花前期,施肥方式主要以沟施和撒施为主。滴灌施肥是利用把肥料溶解到水中,通过管道输送到土壤中,这种施肥方式不受天气等自然条件的限制,可以根据不同时期菠萝养分吸收特性合理地调控肥料的施肥量和施肥比例。

整个生长时期,菠萝植株氮累积量与干物质累积量的变化情况基本相似。从定植期到快速生长期,受气温和湿度影响,菠萝生长较慢,氮累积速率较慢;快速生长期到催花期是氮素累积速率最快的时期,也是氮累积量最大的时期,这个时期降雨充沛,温度适宜,菠萝快速生长,加快氮素累积;进入果实发育期,菠萝生长速率下降,氮素累积速率也下降,在收获期,氮素累积量达最大值。整个生长时期,滴灌施肥条件下植株对氮素的累积量均要超过常规管理条件。在收获期,滴灌施肥条件下,氮素累积量达到 356.35 $kg/hm^2$,显著高于常规管理条件下氮素累积量(图 68-4)。

在快速生长期之前,常规管理条件下和滴灌施肥条件下磷累积量差异不明显,这主要与该时期菠萝生长缓慢,植株矮小,磷的需求和吸收量均较少,长势差异也小。但进入快速生长期以后,滴灌施肥条件下磷素累积量不断增加,与常规管理条件下之间的差异也在不断扩大。收获期,滴灌施肥条件下磷总累积量达到 35.82 $kg/hm^2$,常规管理条件下磷累积总量为 22.34 $kg/hm^2$,滴灌施肥条件下磷素累积量远远高于常规管理条件下磷素的累积量(图 68-5)。

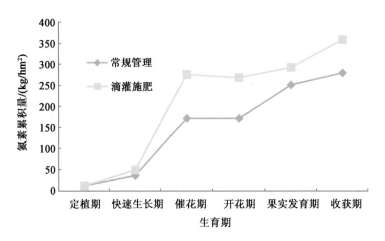

图 68-4　常规管理条件下和滴灌施肥条件下菠萝氮素累积量

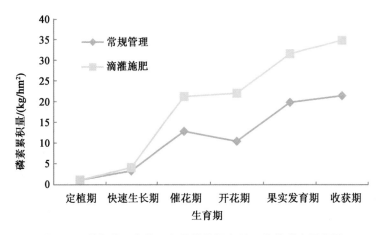

图 68-5　常规管理条件下和滴灌施肥条件下菠萝磷素累积量

　　菠萝对钾的需求量最大,钾的累积量变化情况与氮累积量变化相一致(图 68-6)。不同施肥模式,钾累积量不同。滴灌施肥条件下钾的累积量高于常规管理条件下钾素累积量。收获期钾素的累积量达最大值,滴灌施肥条件下钾素累积量达到 878.02 kg/hm²,常规管理条件下钾素累积总量为 625.71 kg/hm²,滴灌施肥条件下钾素累积量比常规管理条件下钾素累积量增加 40.3%。因此,采用滴灌施肥时需要根据菠萝对养分吸收特性适当调整钾的施用量。

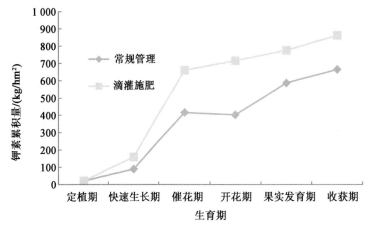

图 68-6　常规管理条件下和滴灌施肥条件下菠萝钾素累积量

### 68.2.3　菠萝高产高效栽培技术田间操作规程

本规程主要针对巴厘品种菠萝制定,常规施肥目标产量为 3 000~4 000 kg/亩,滴灌施肥目标产量为 4 500 kg/亩。

**1. 品种及要求**

常规管理每亩收获 4 000~4 200 个果实,平均单果重达到 0.8~1.0 kg 及以上,商品果率 85% 以上;滴灌施肥平均单果重达到 1.2~1.5 kg 及以上,商品果率 90% 以上。

**2. 种植前准备**

地块选择连种年限少,上茬为香蕉、良姜、桉树等作物的地块最佳。土壤酸度最好在 4.5~5.5 之间,在缓坡地上种植较佳。用粉碎机将菠萝植株粉碎,发酵 15 d 以后,翻耕、平整土地、开沟准备定植。7 月下旬到 8 月初采摘菠萝芽苗后,晒苗时间为 3 周左右。

**3. 合理定植**

选择长势一致的裔芽和吸芽作为种苗,种植时期最好选在 3—8 月。定植时,种苗需要选择株高 25 cm 以上,叶片数达到 25 片以上的壮苗进行下一代繁殖。种植深度以 8~10 cm 为宜,忌泥土溅落至株心。菠萝采用宽窄行种植,宽行为 60 cm,窄行为 40 cm,株距为 31 cm,种植密度为 3 800~4 200 株/亩。

**4. 科学施肥**

菠萝施肥遵循按需供应、合理配比的施肥原则。

(1)常规管理施肥时期　分定植肥、苗肥、催蕾肥、膨果肥和壮芽肥 5 次施用。

定植肥:将复合肥(15-15-15)50~60 kg、过磷酸钙 50~75 kg 混匀施入土壤,覆土,建议增施有机肥。

苗肥:定植后 5~6 个月追肥,将复合肥(22-9-9)45~50 kg、尿素 40~45 kg、过磷酸钙 50~60 kg 和氯化钾 35~40 kg 混匀采用沟施的方式施入土壤。

催蕾肥:催花前 30~40 d 将复合肥(16-6-20)45~50 kg、尿素 15~20 kg 和氯化钾 7.5~10 kg 混匀施入土壤。

膨果肥:菠萝谢花后,将复合肥(16-6-20)35~45 kg 或其他高钾复合肥混匀施入土壤。

壮芽肥:菠萝收获后,将复合肥(15-15-15)30~40 kg 混匀施入土壤。

叶面肥:整个生长季喷施 3~4 次叶面肥。一般用 1%~2% 尿素和 1%~2% 的氯化钾全株喷施,每亩用水量为 75~150 L;催花前用 1∶1∶1 的尿素、磷酸二氢钾、硝酸钾混合物的 0.4%~0.6% 根外追肥,每亩用水量为 60~75 L。

(2)菠萝水肥一体化技术施肥原则　少量多次。

定植肥:将过磷酸钙 50~75 kg 和适量有机肥施入土壤。

缓慢生长期:分 2 次施肥,定植 20~30 d 施用溶解性好的复合肥(15-15-15)10~12 kg、尿素 2.4~3.4 kg、氯化钾 15~16 kg;定植 90~120 d 施用溶解性好的复合肥(15-15-15)15~17 kg、尿素 3.5~5.0 kg、氯化钾 16~17 kg、硫酸镁 3~5 kg。

快速生长期:分 4 次施用,定植 150~165 d 施用溶解性好的复合肥(24-10-5)35~40 kg、尿素 15~17 kg、氯化钾 30~32 kg;定植后 180~195 d,溶解性好的复合肥(22-9-9)45~50 kg、氯化钾 30~33 kg、硫酸镁 5~7.5 kg;定植后 210~225 d,复合肥(22-9-9)45~50 kg、氯化钾 30~33 kg;定植后 240~255 d,复合肥(22-9-9)50~56 kg、氯化钾 35~37 kg、硫酸镁 7.5~10 kg。

催花期:催花前 15~30 d 复合肥(16-6-20)34~35 kg、硝酸钙 5~7.5 kg。

果实膨大期:菠萝谢花后复合肥(16-6-20)27~30 kg、氯化钾 8~10 kg、天脊硝酸钙 3~5 kg。

壮芽期:果实收获后复合肥(15-15-15)10~15 kg。

**5. 科学管理**

（1）催花　巴厘 30 cm 长的叶片 30 片以上，用乙烯利 600 倍溶液＋1％尿素溶液灌施株心，每株灌 30～50 mL，7～10 d 以后再灌株心一次。

（2）果实膨大　在菠萝开花后期喷施 2 次壮果肥，果面喷施 50～100 mL/L 的赤霉素加 1％尿素，隔 1 个月再喷施 70～100 mL/L 的赤霉素加 1％的磷酸二氢钾或喷施 1 g 九二零加 0.15 kg 尿素，20 d 后再喷施 2 g 九二零加 0.2 kg 尿素。

（3）防治杂草　种植后 2 个月及时喷施化学除草剂。80％莠灭净可湿性粉剂和 80％除草定可湿性粉剂，兑水 30～45 L 喷雾。

（4）病虫害防治　注意防治心腐病、黑腐病、黑心病、粉蚧和蛴螬等。

（5）适时收获　果实达七成熟时收获。

## 68.3　菠萝水肥一体化技术示范及成效

利用中国农业大学资源环境与粮食安全中心、中国热带农业科学院南亚热带作物研究所、天脊煤化工集团股份有限公司及当地政府共同建设的广东徐闻"科技小院"平台，通过几年的科学研究与示范工作，菠萝水肥一体化技术取得良好的试验示范效果。与常规施肥相比，采用菠萝水肥一体化技术可以显著提高菠萝的产量和肥料的利用率，增加农民的收益，具有广阔的发展前景。

**1. 菠萝产量提高**

小面积试验效果显示，采用水肥一体化技术，菠萝产量为 8.14 t/hm²，常规管理菠萝产量为 5.85 t/hm²，增产 39％。大面积示范，采用水肥一体化技术，菠萝的产量为 6.32 t/hm²，比常规管理增加 0.84 t/hm²，增产 15％。如果我国菠萝主产区全部采用水肥一体化技术，全国菠萝可以增加 5.12 万 t（2012 年菠萝收获面积为 6.1 万 hm²）。

**2. 减少肥料投入量，提高肥料利用率**

常规施肥肥料投入量为复合肥 2 025 t/hm²、过磷酸钙 3 000 t/hm² 和尿素 1 350 t/hm²；采用水肥一体化技术每公顷复合肥、过磷酸钙和尿素的投入量为 1 869、750 和 590 kg，每公顷可以节省复合肥 156 kg、过磷酸钙 2 250 kg，尿素 760 kg。如果全国菠萝产区采用水肥一体化技术，复合肥投入量节省 9 516 t、过磷酸钙节省 13 7250 t、尿素节省 46 360 t。若复合肥按照 5 000 元/t，过磷酸钙按照 900 元/t，尿素按照 2 200 元/t 计算，仅肥料投入量每年可以节省 2.73 亿元。

常规管理下，氮磷钾的利用率分别为 10.5％，2.7％ 和 38.9％，采用水肥一体化技术，氮磷钾利用率分别提高 23.4，11.4 和 33.9 个百分点。氮磷钾吸收利用率大幅度提高，减少了肥料的浪费，显著减轻环境污染。

**3. 减少人工投入，增加农民收入**

常规管理条件下，在菠萝整个生长季一般需要配施 5～7 次叶面肥，追肥 2～3 次。采用水肥一体化技术，可以减少叶面肥的喷施次数，节省追肥成本，用工成本节省 1 125 元/hm²。使用水肥一体化技术比常规管理平均增收 4.32 万元/hm²，增收 42.3％，经济效益显著。

菠萝水肥一体化技术极大地提高了肥料的利用率，减少肥料的投入量和农民的生产成本，为我国节约了肥料资源，推动了菠萝高产高效的进展，积极地促进了我国菠萝产业的发展。2013 年农业部办公厅印发《水肥一体化技术指导意见》，这将极大的促进水肥一体化技术在菠萝等热带作物上的应用，加快我国热带水果产业的发展进程。

## 参考文献

[1] 刘岩. 菠萝高效益栽培技术 100 问. 北京：中国农业出版社，2000.

［2］刘传和,刘岩．我国菠萝生产现状及研究概况．广东农业科学,2010,37(10):65-68.

［3］陈菁,孙光明,习金根,等．菠萝不同品种氮、磷、钾养分累积差异性研究．广东农业科学,2010,37(6):87-88.

［4］陈菁,孙光明,臧小平,等．巴厘菠萝干物质和 NPK 养分累积规律研究．果树学报,2010,27(4):547-550.

［5］陈菁,孙光明,臧小平,等．卡因菠萝 N、P、K 养分累积规律的研究．热带作物学报,2010,31(6):930-935.

［6］习金根,陈菁,陆新华,等．菠萝全生育期根系生长、养分累积及其相关性研究．广西农业科学,2009,40(12):1574-1576.

（执笔人:李晓林　张江周　严程明　石伟琦）

# 第69章

## 香蕉养分管理技术创新

## 69.1 香蕉产业的发展现状及生产中存在的主要养分管理问题

### 69.1.1 我国香蕉的生产现状

香蕉是世界上最重要的热带水果,位居全球四大名果之列。在我国水果产业中香蕉排名第四,仅次于苹果、柑橘和梨,是产量最多的热带水果。我国是世界上香蕉栽培最古老的国家之一,国外的主栽香蕉品种大多都是从我国引进的。改革开放以来,我国香蕉产业无论是在种植面积还是产量上都得到了快速的提高。香蕉产业现已发展成为我国热区最重要的农业产业之一,对促进我国热区农业增效和农民增收意义重大。

据 FAO 统计,2003—2012 年间,香蕉的收获面积和产量逐年增加。我国香蕉的收获面积由 2003 年的 26.51 万 hm² 增加到 2012 年的 41.28 万 hm²,收获面积增加了 57%;香蕉的产量由 2003 年的 612.63 万 t 增加到 2012 年的 1 084.53 万 t,增加了 77%(图 69-1)。

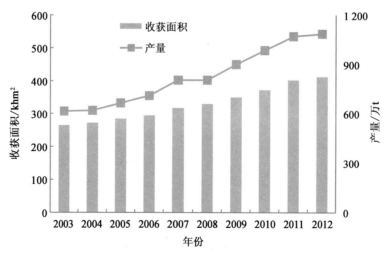

图 69-1　2003—2012 年我国香蕉生产现状

香蕉原产于热带、亚热带地区,喜生长在高温多湿的地区。我国香蕉分布在广东、广西、云南、海南、福建、台湾等省(区),贵州、四川、重庆也有少量栽培(图 69-2),其中广东、广西、云南、海南、福建和台湾 6 省(区),香蕉的收获面积和产量占全国 99% 以上。目前,广东香蕉的收获面积和产量占全国的 1/3 以上,位居全国第一。但受台风、低温等自然灾害和香蕉枯萎病的影响,广东、海南和福建的种植面积正在减少,香蕉的种植区域逐渐由广东、海南向广西和云南转移。与 2011 年相比,2012 年广东、海南和福建的香蕉种植面积分别减少了 0.17%,6.55% 和 1.63%。而广西和云南的香蕉种植面积有所上升,分别比 2011 年增加了 2.30% 和 14.40%(表 69-1)。有专家预测,未来几年广西和云南的香蕉种植面积将会迅速增加。

图 69-2　我国香蕉分布省(区、市)

表 69-1

**2012 年我国香蕉主产省(区、市)生产情况**

| 省(区、市) | 面积/khm² | 产量/万 t | 与 2011 年相比增加面积增减/% | 占全国香蕉生产比重/% 面积 | 产量 |
|---|---|---|---|---|---|
| 广东 | 125.29 | 403.16 | −0.17 | 31.74 | 34.88 |
| 云南 | 91.29 | 218.29 | 14.40 | 23.13 | 18.89 |
| 广西 | 87.06 | 230.28 | 2.30 | 22.06 | 19.92 |
| 海南 | 60.93 | 209.10 | −6.55 | 15.44 | 18.09 |
| 福建 | 27.15 | 90.26 | −1.63 | 6.88 | 7.81 |
| 贵州 | 1.53 | 0.61 | 9.29 | 0.39 | 0.05 |
| 四川 | 1.37 | 3.99 | 5.38 | 0.35 | 0.35 |
| 重庆 | 0.07 | 0.10 | −30.00 | 0.02 | 0.01 |

张放,2012。

### 69.1.2　香蕉养分管理中存在的主要问题

**1. 蕉园管理水平普遍不高,施肥不合理,导致养分利用率低**

香蕉对养分的需求量较大,施肥是香蕉生产中必不可缺少的环节之一。农民在香蕉生产中多是凭经验施肥,对肥料比例的选择随意性很大,且对氮磷钾投入量极大,忽视钙、镁、硼等中微量元素的重要性。在很多蕉园出现由于过量施肥导致肥料利用率低,养分平衡失调,影响香蕉的产量和品质,缩短香蕉的货架期。

有研究结果表明,香蕉氮的利用率为15%~30%,磷的利用率为5%~10%、钾的利用率为20%~30%(樊小林,2006)。1998年朱兆良指出我国氮肥、磷肥和钾肥的利用率为30%~35%,15%~20%和35%~50%。可见,香蕉氮磷钾的利用率要低于我国平均水平,尤其磷和钾的利用率要明显低于平均水平。

**2. 季节性干旱问题严峻**

香蕉是大型草木植物,单株鲜重可达150 kg以上,水分含量为90%以上。香蕉叶片宽大,蒸腾作用强,整个生育期需要吸收大量的水分,缺水将直接影响香蕉的养分吸收和产量的提升。

我国香蕉主要适宜区均位于热带亚热带季风气候区,季节性干旱问题严重。冬季和春季是广东的旱季,秋季和冬季是广西的旱季。广东的6—9月,广西的4—8月属于雨季。因此,在广东和广西这两个香蕉主产区需要通过灌溉来满足香蕉对水分的需求。

**3. 土传病害发生严重、扩展快**

香蕉枯萎病被称为香蕉的"癌症",目前还没有一种有效的药剂能完全治愈香蕉枯萎病。受香蕉枯萎病的影响,广东和海南香蕉的种植面积正在减少,广西和海南的香蕉种植面积开始迅速增加。有的香蕉种植企业和种植大户开始在越南、老挝等国家种植香蕉。香蕉肉质根系细嫩,线虫特别是南方根结线虫、穿孔线虫对其危害很大。要坚持"预防为主、综合防治、健康栽培"的植保方针,从香蕉生产与产业发展的根本目的出发,兼顾食品安全与环境保护进行系统的防控措施。

**4. 香蕉品质管理方案缺乏**

高产始终是农民追求的目标,农民往往容易忽视香蕉品质管理,从而导致香蕉品质差,市场竞争力差。在追求高产的同时,提高香蕉的品质是提高我国香蕉市场占有率的有效途径之一。

**5. 新植蕉园土壤酸化问题亟待解决**

香蕉广泛种植的南方热带地区内主要的土壤类型包括砖红壤、赤红壤、红壤、黄壤,土壤酸度普遍偏高;同时,土壤保肥能力较差,养分易流失。由于土壤母质、前茬作物的养分管理以及蕉园开垦方式等的影响,蕉园土壤酸度远高于香蕉种植的适宜值范围,土壤酸害的问题比较突出;特别是新植蕉园,叶片非正常黄化的现象频现,同时伴随着根系腐烂,香蕉生长缓慢的情况。

## 69.2 香蕉养分资源综合管理技术体系

针对香蕉生产中存在的问题,金穗科技小院从养分资源综合管理的角度出发,结合叶片诊断等措施对香蕉水肥管理,并定期监测蕉园土壤养分供应情况,实现香蕉高产和养分高效的目的(图69-3)。

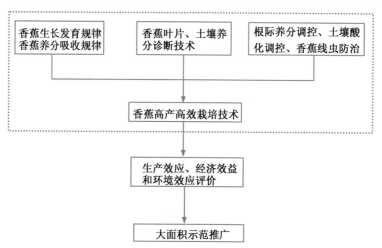

图 69-3　香蕉养分综合管理体系思路图

**1. 基于对香蕉整个生育期氮磷钾养分量的动态监测**

随着水肥一体化技术的日臻完善和普及,在香蕉生产中滴灌施肥技术成为了香蕉种植企业和农民的首选,明确滴灌条件下香蕉养分吸收规律对于指导香蕉生产中合理施肥具有重要的意义。

我们的研究结果显示,在滴灌条件下氮磷钾的吸收量随着香蕉的生长而持续增长,钾($K_2O$)＞氮(N)＞磷($P_2O_5$)。总吸收量上,氮(N)平均为 146.7 g/株、磷($P_2O_5$)平均为 17.8 g/株、钾($K_2O$)平均为 421.5 g/株。整株的 $N：P_2O_5：K_2O=1：0.12：2.87$。氮磷钾每个月平均吸收量分别为:17.26,2.09 和 49.58 g/株。根据不同氮磷钾吸收特性,在不考虑养分利用效率的情况下,适宜的营养生长前期植株氮钾比为 1：(1.8～3.06),花芽分化孕蕾期氮钾比为 1：(3.65～3.74),幼果期氮钾比为 1：3.28,果实膨大成熟期氮钾比 1：2.87(表 69-2)。

**表 69-2**

不同生育期整株香蕉吸收氮磷钾比例

| 移栽后天数 | $N：P_2O_5：K_2O$ |
| --- | --- |
| 30 | 1：0.11：1.80 |
| 60 | 1：0.09：2.54 |
| 105 | 1：0.09：3.06 |
| 135 | 1：0.09：3.65 |
| 165 | 1：0.12：3.74 |
| 195 | 1：0.13：3.28 |
| 255 | 1：0.12：2.87 |
| 平均 | 1：0.11：2.99 |

根据香蕉生育期氮磷钾累积动态变化,采取"磷肥基施,氮钾平衡,少量多次"的施肥原则,中微量元素的施用要结合各个生育期的需求量进行合理的分配和调控,保证香蕉生长关键时期中微量元素的充分供应,提高香蕉的外观品质和内在品质(图 69-4)。

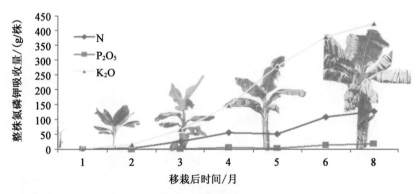

图 69-4　香蕉整个生育期氮磷钾吸收量的动态变化

**2. 基于香蕉土壤养分监测和叶片养分诊断的管理技术**

香蕉整个生育期需要大量的营养元素,施入土壤中的养分怎样高效的被香蕉根系吸收利用是提高养分利用率的重要途径之一。定期监测土壤养分的供应情况和叶片养分含量能为香蕉的合理施肥提供有效参考。

香蕉种植区土壤主要养分含量分级指标见表 69-3。

表 69-3

香蕉种植区土壤主要养分分级指标体系　　　　　　　　　　　　　　　　　　　　　　mg/kg

| 项目 | 土壤碱解氮 | 土壤速效磷 | 土壤速效钾 |
|---|---|---|---|
| 低 | <20 | <10 | <76.8 |
| 中 | 20～40 | 10～30 | 76.8～155 |
| 高 | >40 | >30 | >155 |

香蕉叶片的蒸腾作用产生的蒸腾拉力是吸收养分的主要途径,叶片的营养状况可以很好地反映土壤养分的供应情况。叶片的养分浓度与香蕉的产量密切相关,通过监测叶片的养分浓度可以判断某阶段施肥是否合理,为下一阶段施肥方案的制定和调整提供依据。因此,香蕉叶片养分浓度可以作为判断营养丰缺水平的重要指标(表 69-4)。

表 69-4

香蕉叶片养分浓度标准

| 营养元素浓度 | 临界浓度[①] | 变化范围[②] | 商业标准[③] |
|---|---|---|---|
| N/% | 2.6 | 2.5～3.0 | 2.4 |
| P/% | 0.2 | 0.1～0.2 | 0.15 |
| K/% | 3.0 | 3.0～4.0 | 3.0～3.5 |
| Ca/% | 0.5 | 0.80～1.25 | 0.45 |
| Mg/% | 0.3 | 0.25～1.0 | 0.20～0.22 |
| Zn/(mg/kg) | 18 | 25～50 | 15～18 |
| Cu/(mg/kg) | 9 | 5～20 | 5 |
| Mn/(mg/kg) | 25 | 100～500 | 60～70 |
| Fe/(mg/kg) | 80 | 50～200 | 60～70 |
| B/(mg/kg) | 11 | 15～60 | — |

①Lahav and Turner,1983. 测试叶片为从上数第三片叶片养分含量;②南非农业科学院亚热带作物研究所;③Stover and Simmonds,1987。

### 3. 土壤酸化改良和线虫防治

新植蕉园土壤贫瘠(有机质含量低、速效养分缺乏)、酸化严重(pH<4)的问题在近年的生产工作日益凸显,如何通过有效的土壤改良以及水肥优化措施最大限度地降低土壤酸化对新植蕉园香蕉种植的影响对发挥出化学肥料的最大功能十分有必要。

土壤酸化是一个长期的过程,要想在短时间内大幅度地改善土壤本身的酸度并非易事,在实际生产中主要可以通过生物有机肥、钙镁磷肥和石灰进行调节。

一方面,改酸物料的碱性特质对土壤酸度都能起一定程度的中和作用;另一方面,将外来物料与土壤混匀可以使有机肥和钙镁磷肥作为土壤的一部分,直接为香蕉提供生长基质,这样根系生长就会有更大范围的适宜环境供其生长,对酸度的改良起到很好的作用。这需要将土壤与有机肥充分混合,尤其是上表层的 0～20 cm 是香蕉水平根系的主要分布区。钙镁磷肥与有机肥混用效果好。

随着香蕉复种指数的增加,香蕉病虫害日益严重,已成为限制香蕉产量和品质提升的重要因素,线虫就是其中一个重要的限制性因素。由于线虫生活的隐蔽性,一般很容易被忽视,给香蕉的生产造成很大的损失。对于线虫的防治除了要合理的调整养分的施用比例和时期,还可以通过生物防治和增施杀线虫剂,从而达到防治线虫的目的。

## 69.3　香蕉养分资源综合管理技术的应用效果

在掌握香蕉养分吸收规律的基础上,笔者根据广西当地的土壤养分特性和植株叶片营养普查结果制定了增钙补镁、平衡氮钾等一系列养分综合调控措施,并于 2014 年在广西金穗农业集团浪湾分场进行 400 亩中试试验,取得明显试验效果:试验区香蕉在留芽较晚的情况下提早抽蕾近 20 d,相比常规管理片区果色更为靓丽且把型整齐,深受客户青睐(图 69-5 和图 69-6;彩图 69-5 和彩图 69-6)。香蕉价格也以高于对照区 0.2 元/kg 的优势贯穿始终,每公顷实现净增收 8 100~9 000 元。目前,基于该套养分综合管理技术的"广西香蕉高产高效栽培技术"已在整个集团公司及其周边产业联盟地块得到大面积应用,广西境内应用面积保守估计已逾 3.2 万余亩。为进一步扩大试验示范面积,提高技术在应用层面的到位率,以广西金穗科技小院为代表的一线工作团队已在南宁市隆安县、武鸣县一带陆续开展高质量的农民技术培训 20 余场,制作培训视频 4 部,科技展板 80 余张,累积培训 1 000 人次以上,取得良好的经济效益和社会效益。

图 69-5　养分综合管理区香蕉长势情况

图 69-6　常规管理区(左)与综合管理区(右)香蕉

除此之外,该团队通过改良土壤酸度和开展积极有效的线虫综合防治(图 69-7),明显地改善了以方村 1 分场为代表的酸害区香蕉长势,提高香蕉产量的同时相比对照区单株平均增产2.5 kg,公顷净增产高达 4 500 kg、增收 2.7 万元(香蕉价格以 2014 年广西商品蕉地头出售均价6 元/kg 估算)。

图 69-7　土壤酸化改良前后香蕉长势对比(左:改良前;右:改良后)

## 参考文献

［1］张放. 2012 年我国水果生产统计. 中国果业信息, 2013, 30(10):29-38.

［2］樊小林. 香蕉营养与施肥. 北京:中国农业出版社, 2007.

［3］谭宏伟. 香蕉施肥管理. 北京:中国农业出版社, 2010.

［4］Robinson J C, Saúco V G. Bananas and plantains. New York:CABI Publishing, 2010.

（执笔人:李晓林　李宝深　张涛　余赟）

## 70.1 徐闻科技小院的建设背景

自2009年以来,中国农业大学资源与环境学院建立了科技小院研究生培养模式,并首先在河北省曲周县取得良好效果。这一模式最大的特色就是让研究生深入基层一线,扎根农村,了解"三农"问题,在田间地头开展科学研究,依托学科和当地科研院所的科研力量为农民服务,将理论与实践有机结合,培养优秀人才。为了进一步验证科技小院培养模式的普适性,2011年初在祖国大陆最南端、广东省湛江市徐闻县前山镇甲村建立了第一个热带地区科技小院(图70-1)。

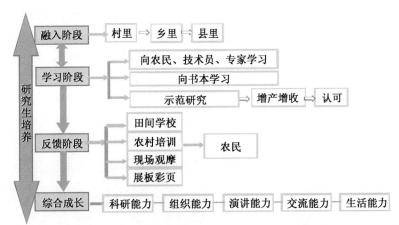

图 70-1 徐闻科技小院的培养思路

徐闻县素有"中国菠萝之乡"、"中国香蕉第一县"和"中国南菜北运基地"之美誉,是以经济作物种植为主的农业大县,在这里进行农业技术研究、示范与推广对推动我国整个热区农业的发展有着非比寻常的意义。

2011年6月,中国农业大学在南亚热带研究所和天脊化工集团的配合下,研究生入住甲村"科技小院"。

## 70.2 徐闻科技小院的主要工作

**1.深入基层,融入当地农民,了解科学问题**

由于研究生们在以往的学习过程中,主要以室内理论学习为主,缺乏对生产一线情况的了解,对于作物的生长规律纯有理论,而实践经验略显不足。科技小院为研究生们了解生产情况、发现科学问题提供了良好的平台。通过扎根科技小院,深入基层,向当地农民学习,可以促使研究生们发现更多的科学问题,寻找到合适的研究方向,做真正对农民有用的科学研究。

**2. 科学研究**

根据研究生们长期调查了解到的生产情况,发现季节性干旱,肥料利用率低,追肥劳动力成本高是徐闻农民一直以来面临的3大问题。而滴灌施肥技术具有节省水资源、提高肥料利用效率、省工省时的优点,在徐闻县推广滴灌施肥技术将极大地解决这3大问题,提高菠萝、香蕉的产量和品质,并增加菠萝、香蕉种植的经济效益。同时,我们还进一步发现,菠萝施肥中还存在不少问题,距科学合理施肥要求还有较大距离。其一,施肥量普遍偏高,根据有关调查我国大部分菠萝产地的农民用肥远高于合理施用量,造成肥料浪费,肥料利用率低,对环境造成不良影响;其二,菠萝种植过程中施肥次数少,施肥方式简单,肥料主要施于生长前期,与植物全生育期对养分的需求不匹配,引起后期养分供应不足,制约菠萝高产,肥料利用效率也不高;其三,肥料养分比例不合理,植物不能得到各种养分的均衡供应,生长受到影响。

因此,针对以上生产问题,研究生们在依托徐闻科技小院平台开展各种试验,试验总体可以划分为5个部分:第一部分为滴灌技术应用于菠萝生产的探索性试验;第二部分是不同养分梯度对菠萝植株生长、产量及果实品质的影响的小区试验;第三部分是示范性试验,包括23亩常规种植示范试验和50亩滴灌施肥示范性试验;第四部分为徐闻地区试验用地的土壤基本性质分析;第五部分为根据试验结果整理出来的技术规程。

(1)菠萝水肥一体化技术  2013年3月5日,由广东海洋大学农学院、广东湛江农垦科学研究所、徐闻县水果蔬菜研究所组成的专家组一行在徐闻县甲村村委会塘仔尾村,对"菠萝水肥一体化施肥技术试验示范"进行了现场验收。与常规情况下管理相比,在菠萝上使用滴灌施肥技术,产量可达到81 405 kg/hm²,增产39.04%,果实内在品质无下降,但商品品质得到大幅度提高,商品果率为95.73%,较常规处理高11.51%。净收入较常规处理高69 670元/hm²,增长92.07%,节省用工成本1 125元/hm²,产出投入比由2.00∶1上升到2.97∶1。肥料成本投入降低402元/亩。滴灌施肥对菠萝的产量、商品品质以及经济效益提高有积极影响。

2014年菠萝水肥一体化大面积示范取得良好的试验效果,采用滴灌施肥菠萝产量达63 210 kg/hm²,比常规施肥区域增产15.29%,商品果率提高9%(图70-2和图70-3)。与常规施肥相比,采用滴灌施肥生产成本降低1 530元/hm²,净收益增加43 244元/hm²,同比增加42.34%。采用滴灌施肥技术,氮利用率提高了28.09%,钾的利用率提高了52.29%。

图70-2  菠萝水肥一体化技术试验效果

图70-3  菠萝水肥一体化技术大面积示范

(2)养分梯度试验  徐闻县菠萝种植面积为10 660 hm²,约占广东省种植面积的40%。因此,徐闻县菠萝产量的高低直接关系到我国菠萝市场的发展。然而,徐闻县菠萝种植管理很粗放,肥料投入很不合理,存在大量浪费的问题。据研究菠萝每形成 1 000 kg 的果实需要吸收纯氮 7.22 kg,$P_2O_5$ 1.55 kg,$K_2O$ 14.2 kg。如果按照每公顷生产 60 000 kg,则菠萝在整个生长季需要吸收的养分总量为纯 N 433.20 kg/hm²,$P_2O_5$ 93.00 kg/hm²,$K_2O$ 852.00 kg/hm²。我们在徐闻县调研时发现当地农民施用养分量为纯 N 1 130.40 kg/hm²,$P_2O_5$ 628.80 kg/hm²,$K_2O$ 927.30 kg/hm²。农民施氮和磷的量是菠萝需要量的 2.61 和 6.76 倍。由此可见徐闻县农民施肥量之大,合理的养分管理是当务之急。基于以上原因,通过设置不同的施肥梯度,观察菠萝的不同长势情况,最后确定徐闻地区菠萝生长最佳的养分配比和施肥量。

试验结果表明随着施肥量的增加,菠萝的株高、D 叶长、D 叶宽、植株鲜重、果实纵径、果实横径、果眼数、单果重、产量随之增加;维生素 C 含量随着施肥量的增加呈下降趋势,可滴定酸含量和可溶性固形物呈增加趋势,而可溶性总糖含量没有表现出明显的变化规律;综合各方面因素考虑建议在传统施肥量的基础上减少 20%,即采用农民传统施肥量的 80%。见图 70-4。

图 70-4　不同养分梯度菠萝长势情况
(FC 指农民习惯)

(3)菠萝常规种植示范结果　2013 年,23 亩菠萝示范区成功收获,采用天脊复合肥种植的菠萝平均单果重 1.16 kg,亩产 4 435 kg,与同时期种植,相邻地块,土壤条件一致,施肥量一致,施用撒可富复合肥的菠萝地块,产量增加 5.60%,商品果率提高 5%,经济收入每亩提高近 500 元。见图 70-5。

图 70-5　示范区(左)与对照区(右)菠萝果实长势对比

**3.示范推广**

科学研究的目的在于对生产实际有用,为了将研究生打造成一名既能找准科学问题,开展科学研究的人才,科技小院模式还希望每一位研究生均具备独立开展示范推广的能力,从上而下的全面锻炼。在这种情况下,徐闻科技小院的研究生根据当地实际情况,从小面积示范开始,逐渐过渡到较大面积的示范,从带动 1 户农民开始,逐渐由 1 户向多户叠加宣传,最终促进大范围的应用。3 年来,徐闻科技小院的研究生们的示范影响扩展至周边数个乡镇,核心地带扩展到周边 7 个自然村,除此之外,研究生们在示范推广过程中,掌握了全套的示范推广模式,懂得了农民的心理,了解了农民的需求,掌握了推广的方法,真正实现了科研、示范一条龙。

**4. 科技培训和交流会的组织**

科技培训可以极大地锻炼研究生的演讲能力和沟通交流能力,除此之外,还可以在心理上帮助胆小内向的学生克服恐惧心理,变得更加自信大方。当然,科技培训的魅力还在于能够通过传递科技知识,让研究生的服务意识和道德观念有较大的升华。而各种交流会和观摩会的组织,也很大程度锻炼了研究生的组织能力。

徐闻科技小院自 2011 年成立以来,参与组织成立 1 所田间学校,培训 11 位田间学校学员。农民培训 7 场,培训人次 326 人,单场最高纪录 111 人,最少 25 人。大型观摩会 4 场,场次最低人数 26 人,最高人数 68 人,涉及专业种植大户 20 余人。发放技术宣传资料 1 000 余份,覆盖前山、曲界和下洋 3 个镇。组织各种大小交流会和观摩会近 10 场。

**5. 小学支教**

为了鼓励小学生努力学习,树立远大理想抱负,小院研究生以自身的学习经历为出发点,从思想和专业学习上指导小学生们。同时,研究生在支教的过程中,也能够进一步提高自己的服务意识和演讲能力。徐闻科技小院硕士研究生应邀前往当地小学授课,得到了学校领导、老师们和学生们的热烈欢迎。同时利用外宾在小院指导工作的间隙,邀请外宾给小学生上课,激发学生学习热情,拓宽视野。

**6. 国内外专家的指导与考察**

徐闻科技小院模式,吸引了国内外大批的专家学者,国内外专家多次莅临徐闻科技小院参观、指导,在很大程度上提高了研究生的英语水平,科研方面也成功地与国内外相关顶尖研究领域接轨,对于研究生的科学素养有很大的帮助。自 2012 年至今,徐闻科技小院接待外宾访问 4 次,分别是英国女王大学的 Peter 教授、美国夏威夷专家团(2 次)和印度尼西亚考察团。国内专家指导和考察 10 次。

**7. 科研成果**

通过扎根在生产一线,在实践与交流过程中,掌握了非常多的生产信息,同时也发现了较多有待解决的生产问题,这为我们提供了非常多的研究素材。就是在这种情况下,我们由简到难,针对生产问题一一展开研究,获得很多有价值的研究结果,并最终转化成了文章、书籍和手册。2012 年下半年至今,收获了 10 篇文章,出版了《香蕉营养与施肥》,编辑《菠萝种植技术规程》和《徐闻香蕉技术规程》各 1套,《滴灌施肥技术手册》1 本。在这个过程中,我们实现了发现问题,到提出解决办法,展开科学研究,最终形成科学语言传播的过程。

## 70.3　总结

3 年来,研究生驻扎在生产一线,帮助当地农民菠萝增产 39%,增收 92%,示范影响力涉及前山、曲界以及下洋 3 镇;农民培训 7 场,培训人次 326 人,单场最高纪录 111 人,最少 25 人;大型观摩会 4 场,场次最低人数 26 人,最高人数 68 人,涉及专业种植大户 20 余人;发放技术宣传资料 1 000 余份;研究生参与或负责组织各种规格大会和交流会 10 场;共完成 10 篇科技论文,出版 1 本《菠萝营养与施肥》,编辑 1 本技术手册和 2 套技术规程,参与编辑 3 本大会纪实,完成工作日志 1 100 多期,字数 90 万字以上。获得市级奖项 1 项,徐闻科技小院研究生张江周被评为北京市优秀毕业生。校级奖项 5 项,1 项科研成就奖,1 项金正大二等奖,2 项学科突出贡献奖,1 项学校优秀毕业研究生。

研究生在完成这些工作的同时,各项能力得到大幅提高,首先扩展了研究生的农业知识面,提高了大家的科学素养;其次,科技小院的工作处处体现了团队合作的重要性,在长期的团队合作中,锻炼了研究生的团队合作能力;第三,通过与农民、当地基层干部、当地科技人员、国内外专家的交流,以及科技培训,让研究生的交流沟通能力和演讲能力有大幅提高;第四,各种大小会议以及观摩会的组织在很大程度上锻炼了研究生们的组织协调能力;第五,各方面能力的提高,极大的树立了研究生的自信心;第六,科技小院的服务理念以及各项服务工作树立了研究生的服务观念,在知识水平提高的同时,德育也得到相应发展;第七,科技小院独立自主的生活环境,也使学生掌握各种生活技能,在很大程度上为学生们未来美满幸福的家庭生活奠定了基础。

科技小院的魅力正在于给研究生们提供了一个广阔的舞台,充满了挑战,也充满了机遇,在现今竞争越来越激烈的社会,科技小院的培养模式培养的不仅仅是科研人员,而是适合我国农业发展需要,适合社会发展需要的复合型人才。

附件 1

# 雷州半岛地区菠萝高产高效技术规程

本规程适用于广东雷州半岛地区,针对产 3 000～4 000 kg/亩目标制订,供生产中参考使用。

## 一、品种类型及生育期

(1)品种　选择雷州半岛地区主要栽培种菠萝巴厘,每亩 4 000～4 200 个果实,平均单果重达到 0.8～1.0 kg 及以上,商品果率 85% 以上。

(2)巴厘种菠萝生育期　巴厘种菠萝整个生育期为 18 个月左右,一般在每年 7 月中旬至 8 月下旬种植;8 月下旬到翌年 2 月上旬为缓慢生长期;2 月上旬至 8 月中旬为菠萝的快速生长期;8 月中旬至 9 月中旬为催花期;9 月中旬至翌年 3 月上旬为果实生长发育期;3 月中旬至 4 月下旬为菠萝收获高峰期;4 月中下旬至 7 月上旬为芽苗生长期。

## 二、定植前准备

(1)选地　地块选择连种年限少,上茬为香蕉、良姜、桉树等作物的地块最佳。土壤酸度最好在 4.5～5.5 之间,在缓坡地上种植较佳。

(2)整地　用粉碎机将菠萝植株粉碎,发酵 15 d 以后,翻耕、平整土地、开沟准备定植。

(3)晒苗　7 月下旬到 8 月初采摘菠萝芽苗后,晒苗时间为 3 周左右。

## 三、合理定植

选择长势一致的裔芽和吸芽作为种苗,种植时期最好选在 3—8 月。9 月之后降雨量增多,此时种植后土壤容易积水,从而导致菠萝根部腐烂,严重的整片死亡。定植时,种苗需要选择株高 25 cm 以上,叶片数达到 25 片以上的壮苗进行下一代繁殖。种植深度以 8～10 cm 为宜,忌泥土溅落至株心。菠萝采用宽窄行种植,宽行为 60 cm,窄行为 40 cm,株距为 31 cm,种植密度为 3 800～4 200 株/亩。

## 四、科学施肥

菠萝施肥遵循按需供应、合理配比的施肥原则,施肥时期:分定植肥、苗肥、催蕾肥、膨果肥和壮芽肥 5 次施用。

(1)定植肥　将复合肥(15-15-15)50～60 kg 和过磷酸钙 50～75 kg 混匀施入土壤,覆土。

(2)苗肥　定植后 5～6 个月追肥,将复合肥(22-9-9)45～50 kg、尿素 40～45 kg、过磷酸钙 50～60 kg 和氯化钾 35～40 kg 混匀采用沟施的方式施入土壤。

(3)催蕾肥　催花前 30～40 d 将复合肥(16-6-20)45～50 kg、尿素 15～20 kg 和氯化钾 7.5～10 kg 混匀施入土壤。

(4)膨果肥　菠萝谢花后,将复合肥(16-6-20)35～45 kg 或其他高钾复合肥混匀施入土壤。

(5)壮芽肥　菠萝收获后,将复合肥(15-15-15)30～40 kg 混匀施入土壤。

(6)叶面肥　整个生长季喷施 3～4 次叶面肥。一般用 1%～2% 尿素和 1%～2% 的氯化钾全株喷施,每亩用水量为 75～150 L;催花前用 1∶1∶1 的尿素、磷酸二氢钾、硝酸钾混合物的 0.4%～0.6% 根外追肥,每亩用水量为 60～75 L。

### 五、科学管理

(1)催花　巴厘 30 cm 长的叶片 30 片以上,用乙烯利 600 倍溶液＋1％尿素溶液灌施株心,每株灌 30～50 mL,7～10 d 以后再灌株心一次。

(2)果实膨大　在菠萝开花后期喷施 2 次壮果肥,果面喷施 50·100 mL/L 的赤霉素加 1％尿素,隔 1 个月再喷施 70～100 mL/L 的赤霉素加 1％的磷酸二氢钾或喷施 1 g 九二零加 0.15 kg 尿素,20 d 后再喷施 2 g 九二零加 0.2 kg 尿素。

(3)灌溉　根据华南地区的气候和土壤条件,进入 3 月温度开始回升,菠萝开始进入快速生长时期,需要的水分和养分较多,此时降雨量少,需要适时浇水,增加土壤的湿度。

(4)防治杂草　种植后 2 个月及时喷施化学除草剂。80％莠灭净可湿性粉剂和 80％除草定可湿性粉剂,兑水 30～45 L 喷雾。另外,注意不要在雨前或有风天气进行喷药。

(5)防治病害　菠萝常见的病害有心腐病、黑腐病、黑心病和凋萎病。

心腐病:多发生在多雨的季节,对于病区的植株心腐病可以用 25％多菌灵 600 倍液浸泡菠萝的茎基 10～15 min,健康的植株喷施 25％多菌灵或 70％甲基托布津 1 000 倍液于菠萝的株心。

黑腐病:危害果实,在果实采摘后要晾干或用 25％多菌灵可湿性粉剂 1 000 倍液或 70％甲基托布津 1 000 倍液喷涂伤口。

黑心病:主要危害成熟果实,增加菠萝中钙的浓度、低温打蜡和低温贮藏降低发病率。

凋萎病:是一种菠萝根腐病,菠萝粉蚧是传播菠萝凋萎病的中介。对于病株用 50％马拉松乳油加 50％甲基托布津可湿性粉剂 400 倍液和 1％～2％尿素混合喷洒;寄生蜂可以用来防治菠萝粉蚧。

(6)防治虫害　菠萝常见的虫害是粉蚧和蛴螬,采取生物防治和化学防治相结合的方法。

菠萝粉蚧:使用 30％吡虫·噻嗪酮悬浮剂、80％吡虫啉可湿性粉剂和 40％杀扑磷乳油能达到很好的防治效果。另外,绿僵菌 J813 菌株和寄生蜂可以用来防治菠萝粉蚧。

蛴螬:可以用黑光灯诱杀成虫和 2％灭扫利乳油 2 000 倍液喷施在菠萝叶片上杀死成虫。定植后,用 5％辛硫磷乳油 500 倍液或 3％敌百虫颗粒剂(2 袋/亩)施入土壤杀死幼虫。

(7)适时收获　果实达七成熟时收获。

附件 2

# 雷州半岛地区菠萝水肥一体化高产高效技术规程

本规程适用于广东雷州半岛地区,针对产 4 500 kg/亩以上目标制订,供生产中参考使用。

## 一、品种类型及生育期

1.品种　选择雷州半岛地区主要栽培种菠萝巴厘,每亩 4 000～4 200 个果实,平均单果重达到 1.2～1.5 kg 及以上,商品果率 90％以上。

2.巴厘种菠萝生育期　巴厘种菠萝整个生育期为 18 个月左右,一般在每年 7 月中旬至 8 月下旬种植;8 月下旬至次年 2 月上旬为缓慢生长期;2 月上旬至 8 月中旬为菠萝的快速生长期;8 月中旬至 9 月中旬为催花期;9 月中旬至翌年 3 月上旬为果实生长发育期;3 月中旬到 4 月下旬为菠萝收获高峰期;4 月中下旬至 7 月上旬为芽苗生长期。

## 二、定植

(1)选地　地块选择连种年限少,上茬为香蕉、良姜、桉树等作物的地块最佳。土壤酸度最好在

4.5～5.5 之间,在缓坡地上种植较佳。

（2）整地　用粉碎机将菠萝植株粉碎,发酵 15 d 以后,翻耕、平整土地、开沟准备定植。

（3）晒苗　7 月下旬到 8 月初采摘菠萝芽苗后,晒苗时间为 3 周左右。

（4）合理定植　选择长势一致的裔芽和吸芽作为种苗,种植时期最好选在 3—8 月。定植时,种苗需要选择株高 25 cm 以上,叶片数达到 25 片以上的壮苗进行下一代繁殖。种植深度以 8～10 cm 为宜,忌泥土溅落至株心。菠萝采用宽窄行种植,宽行为 60 cm,窄行为 40 cm,株距为 31 cm,种植密度为 3 800～4 200 株/亩。

（5）管道铺设　菠萝定植 15～20 d 之后,在菠萝的宽行铺设管道。

## 三、科学施肥

菠萝水肥一体化技术施肥遵循少量多次的原则。

（1）定植期　将过磷酸钙 50～75 kg 施入土壤。

（2）缓慢生长期　分 2 次施肥,定植 20～30 d 施用溶解性好的复合肥（15-15-15）10～12 kg,尿素 2.4～3.4 kg,氯化钾 15～16 kg;定植 90～120 d 施用溶解性好的复合肥（15-15-15）15～17 kg,尿素 3.5～5.0 kg,氯化钾 16～17 kg,硫酸镁 3～5 kg。

（3）快速生长期　分 4 次施用,定植 150～165 d 施用溶解性好的复合肥（24-10-5）35～40 kg,尿素 15～17 kg,氯化钾 30～32 kg;定植后 180～195 d 施用溶解性好复合肥（22-9-9）45～50 kg,氯化钾 30～33 kg,硫酸镁 5～7.5 kg;定植后 210～225 d 施用复合肥（22-9-9）45～50 kg,氯化钾 30～33 kg;定植后 240～255 d 施用复合肥（22-9-9）50～56 kg,氯化钾 35～37 kg,硫酸镁 7.5～10 kg。

（4）催花期　催花前 15～30 d 左右复合肥（16-6-20）34～35 kg,硝酸钙 5～7.5 kg。

（5）果实膨大期　菠萝谢花后复合肥（16-6-20）27～30 kg,氯化钾 8～10 kg,天脊硝酸钙 3～5 kg。

（6）壮芽期　果实收获后复合肥（15-15-15）10～15 kg。

## 四、科学管理

（1）催花　巴厘 30 cm 长的叶片 30 片以上,用乙烯利 600 倍溶液＋1%尿素溶液灌施株心,每株灌 30～50 mL,7～10 d 以后再灌株心一次。

（2）果实膨大　在菠萝开花后期喷施两次壮果肥,果面喷施 50～100 mL/L 的赤霉素加 1%尿素,隔 1 个月再喷施 70～100 mL/L 的赤霉素加 1%的磷酸二氢钾或喷施 1 g 九二零加 0.15 kg 尿素,20 d 后再 2 g 九二零加 0.2 kg 尿素。

（3）防治杂草　种植后 2 个月及时喷施化学除草剂。80%莠灭净可湿性粉剂和 80%除草定可湿性粉剂,兑水 30～45 L 喷雾。另外,注意不要在雨前或有风天气进行喷药。

（4）防治病害　菠萝常见的病害有心腐病、黑腐病、黑心病和凋萎病。

心腐病:多发生在多雨的季节,对于病区的植株心腐病可以用 25%多菌灵 600 倍液浸泡菠萝的茎基 10～15 min,健康的植株喷施 25%多菌灵或 70%甲基托布津 1 000 倍液于菠萝的株心。

黑腐病:危害果实,在果实采摘后要晾干或用 25%多菌灵可湿性粉剂 1 000 倍液或 70%甲基托布津 1 000 倍液喷涂伤口。

黑心病:主要危害成熟果实,增加菠萝中钙的浓度、低温打蜡和低温贮藏降低发病率。

凋萎病:是一种菠萝根腐病,菠萝粉蚧是传播菠萝凋萎病的中介。对于病株用 50%马拉松乳油加 50%甲基托布津可湿性粉剂 400 倍液和 1%～2%尿素混合喷洒;寄生蜂可以用来防治菠萝粉蚧。

（5）防治虫害　菠萝常见的虫害是粉蚧和蛴螬,采取生物防治和化学防治相结合的方法。

菠萝粉蚧:使用 30%吡虫·噻嗪酮悬浮剂、80%吡虫啉可湿性粉剂和 40%杀扑磷乳油能达到很好的防治效果。另外,绿僵菌 J813 菌株和寄生蜂可以用来防治菠萝粉蚧。

蛴螬:可以用黑光灯诱杀成虫和2%灭扫利乳油2 000倍液喷喷施在菠萝叶片上杀死成虫。定植时,用5%辛硫磷乳油500倍液或3%敌百虫颗粒剂(2袋/亩)施入土壤杀死幼虫。

(6)适时收获　果实达七成熟时收获。

(执笔人:李晓林　张江周　严程明　石伟琦)

# 第71章
## 金穗科技小院工作总结

## 71.1 金穗科技小院简介

广西金穗科技小院是一座由广西金穗农业集团和中国农业大学资源环境与粮食安全中心联手打造的农业生产企业科技小院,组建工作于 2012 年 2 月展开,由集团公司卢义贞董事长、林子海总裁和中国农业大学张福锁教授、江荣风教授负责高层定调,集团公司卢荣楷副总裁和中国农业大学李晓林教授主持一线工作。随着我国现代化农业企业发展的逐渐提速,高新农业技术向田间转化的过程逐渐成为了热带亚热带经济作物大型种植企业发展的首要限制环节;能否尽早实现农事农艺管理制度的优化和生产技术的革新直接关系到该类企业的未来市场竞争力。2012 年中央 1 号文件再次指明了科学技术在我国现代化农业生产中的作用。基于这样的大背景,广西科技小院应运而生。

广西金穗农业集团是一家以高新农业种植为主的国家级重点龙头企业,在我国香蕉产业里享有盛誉;中国农业大学作为我国农业类高等院校的最高学府,在农业技术创新和科研领域有着重要的话语权。两家单位强强联手标志着我国现代农业顶级企业和农业顶尖技术研发单位的有机结合,双方在产业体系和学术研究领域双重的巨大影响力赋予了这个小院强大的生命力。因此,金穗科技小院在全国科技小院系统中有着非常鲜明的特点,成立伊始就得到了各级领导的肯定和业内同行们的广泛关注。

从企业发展的角度来讲,科技小院内常驻的研究生可以直接或间接为企业引进先进的技术或开展相关实验,从学术研究的高度更精确地对即将采纳的技术进行评估;通过他们的聪明才智和学科支持为企业建立起更为完善的智囊体系;根据企业的技术需求开展相关科学研究,形成源自生产并可以直接应用于生产的硬技术。从学科发展的角度来讲,金穗科技小院的成立旨在探索科技小院模式在我国现代化农业种植企业中发挥作用的机制和功能,以便为日后科技小院系统的进一步推广积累实战经验和可以借鉴的典型案例;根据企业对科研人员的需求特点探索出一条以"培养企业需要的科研人员"为直接目的的专业硕士的培养办法,并完善相关培养环节;通过小院研究生在一线不断的探索和实践,总结出一套真正能在现代化农业大生产中投入使用的实用新型技术,从养分综合管理的角度推动我国高产高效现代农业的发展。

金穗科技小院从运行的方式上来讲可以分为实践和研发 2 部分。实践环节的科技小院实体暨为集团公司浪湾基地场部,是基地研究生投身生产实践、学习生产技能、发现科学问题、布置科学试验、尝试进行技术优化和改良并与分场员工共同成长一起成才的大本营;除此之外,金穗集团下属的各大分场及产业联盟的农场都属于科技小院学生参与生产实践的活动范畴。研发环节的科技小院实体暨位于集团公司总部的研究生培养校外基地,集团公司旗下的生产技术部、广西金穗香蕉产业创新中心实验室和科技园暨为研究生们总结公司生产、进行科研训练和开展技术研发的场所。因此,金穗科技小院的成员也从目前3名研究生的小概念扩展到了整个集团公司全体员工的大概念上,企业通过各部门的专业技术人员对学生们的业务素质进行培养,学生也可以将自己的专业知识与大家共享,最终实现企业员工科学理论和研究生业务素质的全面提高。

人才支撑是发展现代农业的关键。随着现代农业的快速发展,社会对应用型高层次人才的需求不断增加。同时,如何更好地促使农业科技的研究与生产需求紧密结合,促进科技成果更快地转化为现实生产力,已经成为我国农业科技和生产发展亟待解决的问题。科技小院正是在这种背景条件下产生!

## 71.2 深入生产一线,进行技术创新

中国农业大学金穗科技小院,深入生产一线,以养分资源综合管理技术为依托,探索在现代种植企业开展经济作物高产高效栽培技术研究,促进热带经济作物的发展。

### 1. 广西滴灌施肥条件下一代秋蕉氮、磷、钾累积规律

随着滴灌施肥技术在我国南方地区的快速普及,广西香蕉产业现已发生了翻天覆地的改革,其最显著的特点在于土地经营形式和水肥管理方式发生了革命性的转变。自2009年引进滴灌施肥技术以来,广西金穗农业投资集团的香蕉种植面积表现出倍数增长,产量和品质都有了很大程度上的提高,周边农户纷纷效仿。按目前的发展速度预计,滴灌会在未来5~10年内成为广西香蕉产业的主流技术得到更大范围的应用。但是广西相对于海南和广东有着完全不同的气候特征和栽培模式,完全针对广西滴灌施肥条件下威廉斯B6系列香蕉养分累积过程的报道目前尚不多见。科技小院研究生将养分累积曲线的绘制工作作为科研任务的头等要务,第一时间进行了试验布置和数据采集。

### 2. 建立广西金穗香蕉叶片营养诊断机制

叶片营养诊断技术是精准农业不可或缺的技术武器,对及时发现香蕉营养问题,调整施肥方案有着重要的意义。但由于世界各地香蕉主栽品种、栽培方式和气候条件存在很大差异,至今为止业内也未能形成统一的叶片营养诊断体系。为了更大程度地发挥工程中心实验室的实战性能,结合集团公司各分场的植株的不同长势对香蕉的叶片进行了样品收集和测定,并建立了叶片营养诊断体系。这份研究成果会对广西滴灌施肥条件下的威廉斯B6香蕉的精准化管理和科研提供更多可以借鉴的依据及研究素材。

2013年5月、2013年8月以及2014年2月,研究生先后对金穗17个分场共302户承包户进行叶片、土壤样品进行了3轮分析,并将测定结果结合老场长们的经验对金穗香蕉当时的营养状况进行主、客观判断。其结论在后续的水肥管理纠偏和弱苗追肥方案改进上发挥了重要的作用。

### 3. 测土配方施肥技术

测土配方施肥技术是中国农业大学植物营养学科的核心技术之一,合理运用该技术可以有效提高水肥利用效率,降低资源损耗。作为一种尝试,我们将该技术的正规操作办法引入了现代农业种植企业,希望能够依托工程中心实验室将测土、配方、施肥工作在更高的技术层次上进行实地运用,使其成为广西金穗农业投资集团在水肥管理方面的核心科技,全面提高其香蕉种植水平,带动周边香蕉种植者实现优质高产高效。

研究生们在集团公司3.19万亩香蕉主栽区内采集了来自15个标准化农场的600余份土壤样品,并按照农户经验上的好地和差地对样品进行了分类。根据广西香蕉起垄栽培的特殊整地方式对样品采集的方式也进行了调整。每户分别采集垄上、垄腰和垄底3份样品,测定碱解氮、有效磷、速效钾、交换性钙、速效镁、有效硼等指标。

通过2013年开展的几次土壤养分普查,已经基本掌握了测土配方施肥技术在广西香蕉滴灌种植

上的应用方法,并建立了初步的土壤肥力诊断体系。目前,这项技术已经被广泛地应用到集团香蕉种植区。

**4.线虫综合防控机制建立**

南方根结线虫是一种常见的、令人头疼的土壤微生物(图71-1),侵染后平均造成作物减产30%～40%,是全世界农业工作者的公敌。除了造成单纯减产以外,线虫的侵染时常也会伴随尖孢镰刀菌(黄叶病病原体)的侵染,是广西香蕉产业非常危险的杀手。为了充分发挥工程中心实验室在线虫检疫检测上的功能,根据贝克曼漏斗法建立了简易的香蕉线虫检测流程,并明确了工程中心香蕉线虫检疫的工作机制。除进行例行检测外,研究生还会不定期地开展线虫综合防治知识普及和培训,教会承包户如何判断香蕉是否遭遇了线虫侵染,并在第一时间将信息反馈,做到真正的实时监控、防患未然。

图71-1 香蕉线虫危害

2013年5月,集团公司浪湾分场、方村3分场同时出现叶片黄化现象且日益严重。由于不能确诊主要致病因素,防治措施一直难以决断。科技小院通过对问题分场土壤线虫检测和土壤特性的测定,明确指出浪湾分场黄化主要由线虫导致,方村3分场土壤严重酸化,并采取相应灌根促根措施及时遏制病情发展。2013年9月完成金穗首次全场线虫普查,建立企业线虫检疫档案,为制定防治对策和评价防治效果提供数据支持。

## 71.3 研究机制的建设

**1.创新中心实验室建设**

广西香蕉产业的迅猛发展主要是以千亩以上拥有现代化管理设备和经营理念的大基地快速涌现而促成的。农业种植者科技素质和技术需求的提升无疑也对广西香蕉产业技术的快速升级提出了更高的要求。

广西金穗农业投资集团作为全国最大的香蕉种植企业,不仅在产业发展上代表着我国香蕉种植的高级水平,更在香蕉核心产业技术研发上有着不可推卸的责任。为了响应中央一号文件关于扶植现代农业种植企业实现技术自我创新的号召,集团公司决定于2012年启动创新中心实验室的建设工作。在南宁市科技局的大力支持下,建设工作于同年2月正式启动。实验室的设计、装修和仪器选型、调试工作由广西金穗科技小院师生全程提供技术支撑。

实验室落成后,广西金穗香蕉产业技术创新中心随即正式成立。随着各项工作的稳步推进,中心的各项功能逐渐得到完善并投入使用。研究生们通过使用现代化的仪器设备逐渐找到了农业技术研发人员在现代农业种植企业中的定位。经过了2年的发展,中心现已发展成为广西金穗农业投资集团有限责任公司重要的技术研发智囊和质量安全检测机构。每年通过优质肥料的遴选为公司节省肥料开支近百万元,更在日常分析检测的基础上构建起更为专业的养分诊断平台,建立了叶片营养诊断和土壤肥力诊断等植物营养诊断机制,直接服务于企业香蕉生产管理,进一步提高金穗香蕉产业的科技创新能力。

2013 年 11 月,广西壮族自治区科学技术厅根据《广西工程技术研究中心管理暂行办法》(桂科高字〔2010〕105 号)委托广西金穗农业投资集团有限责任公司在原"广西金穗香蕉产业技术创新中心"的基础上进一步建设现代化农业种植类工程技术研究中心。至此,工程中心正式进入省级工程中心的创建阶段,目前工程中心已经通过验收,成为广西香蕉育种与栽培技术工程中心。

**2. 养分综合调控试验示范区建设**

在香蕉养分吸收规律的基础上,根据土壤养分特性和植株营养诊断的结果制定了增钙补镁、平衡氮钾等一系列养分综合调控措施,并以亲力亲为的方式保障了方案的执行和技术到位。根据销售部最终反馈结果,试验区香蕉提前抽蕾 20 d 左右,品质受到了客户和消费者的充分肯定,采购价高出同期对照 0.2 元/kg。

目前根据 2013 年度养分综合调控试验示范区的标准操作规程由张涛同学执笔撰写的香蕉标准化栽培"技术专著"已经出版。试验示范区的成功说明了养分综合调控技术在广西香蕉滴灌施肥条件下有着巨大的增产潜力和增效空间,有待进一步深入研究。

**3. 土壤酸性综合改良试验示范区建设**

基于方村 1 分场新植蕉园土壤贫瘠、酸化严重的不利局面,"广西金穗科技小院"派遣研究生进驻该场,启动"土壤酸性综合改良试验示范区"的建设。研究生们不仅要在这里开展针对土壤酸害的治理,更肩负了在瘦土区尝试使用养分综合调控技术的艰巨任务。实验区面积约 700 亩,覆盖方村 1 分场一号滴灌系统全部阀门。示范一期工作于 2013 年 12 月启动,主要采用的措施包括:土壤酸度改良、增加水肥管理频次、控制不同生育期钾氮施用量及其比例、引进测土配方施肥技术和叶片营养诊断技术等技术。

目前土壤酸性综合改良试验示范区取得很好的试验效果,与对照区相比,酸性改良区香蕉单株平均增产 2.5 kg。

## 71.4　人才培养与科研产出

**1. 人才培养**

我们目前正在探索的现代农业种植企业一线研究生培养模式是基于"广西金穗科技小院"的人才引进及培养机制,属集团公司与中国农业大学正在合作开展的研究生培养模式创新范畴。研究生们通过常驻企业生产一线可以运用他们的知识结构为企业建立起更为完善的智囊体系,并根据企业的技术需求特点开展科学研究,形成源自生产并直接用于生产的硬性技术。研究生们通过不断整合学术界的理论成果和农业一线生产者的经验,可以在很短的时间内借助现代农业种植企业的宽阔平台成长为兼具理论功底和实战经验的应用型技术人才。这也使得"广西金穗科技小院"在人才培养模式上赋予了研究生更多的发展空间。企业关注实用新型技术,因此相比常规培养模式下的研究生,广西金穗科技小院的研究生们在开展科学技术研究的同时会把更多的精力放在技术的应用和转化上。这也使得该种培养模式从根本上提高了研究成果向大田生产转化的效率。

由于农业企业管辖的种植面积比较庞大,产生问题的原因比较复杂,想解决一个问题往往需要集成很多人的智慧。因此广西金穗科技小院的业务特点也迫使研究生们要时刻铭记团队的重要性。在小组内部,研究生们是一个团队;在研究生各自所在的片区,管理员和承包户就是他们的团队;而在集团总部,同事之间也会形成团队。在这个过程中,研究生们收获的不仅仅是个人能力的提升,更是得到了一份份珍贵的友谊和只有经历过才会懂得的成就感。

2012 年 8 月,广西金穗香蕉产业技术创新中心实验室建成。研究生们以出色的表现完成了集团公司分派给他们的第一项重大任务,暨设计并协助完成实验室的施工与硬件完善。常规培养模式下很多研究生都可以达到熟练使用仪器的要求,但是能够独立设计并完成所有实验设备的选型和调试的并不多见。经过了 2 年的锻炼,他们不仅能够熟练使用各种仪器设备,更在实验室管理、设备维护和试验方法建立等方面练有了独到的见解。

**2. 科研产出**

自小院建成以来,研究生们先后在集团公司范围内开展了土壤普查 2 次、叶片营养普查 1 次;监测并绘制广西气候条件下一代秋蕉氮磷钾吸收曲线一份;建立广西金穗土壤及香蕉叶片营养诊断标准;布置浪湾 393 亩养分综合调控试验示范区一处;岜榜 12.5 亩土壤酸性综合改良试验地一处;建立方村 1 分场酸性综合改良试验示范区 700 亩;开展土壤线虫基数普查一次;开展香蕉掉蕾诱导因素相关研究;开展施肥频次对蕉园管理质量相关研究;开展鸡粪发酵液对线虫的防治效果相关研究;通过跟踪香蕉市场反馈和总结分析 2013 年度集团公司各分场水肥管理过程总结出了一套非常具有实践意义的技术沉淀。类似于威廉斯 B6 叶龄诊断技术、香蕉养分雨季综合调控技术、香蕉花芽分化期养分综合调控技术等很多项研究成果已经直接在集团公司范围内得到了运用。

研究生们不仅可以在企业将自己所学的专业知识学以致用,更可以在植保、农事操作、机械设计、水肥系统设计、农药系统设计、酒精生产、有机肥生产、水肥一体化技术等方面直接经受实战检验。经过 2 年的摸索,研究生们目前已经能够跨领域为企业提供整套的技术方案,甚至在机械设计和系统改造方面已经小有作为。2013 年度,研究生们先后协助集团公司设计并改造了“浪湾基地手动反冲洗系统”,设计了大型农药配混装置和曝气式有机液体发酵装置,根据有机物料的特点完善了有机液体的曝气发酵方法。研究生们设计并协助浪湾分场施工完成的“二级式大型农药配混装置”是目前集团公司最先进的农药配混装置,经集团公司高层极力推荐已和中国农业大学联合申请国家发明专利;曝气式有机液体发酵装置及其工艺也分别申请了实用新型专利;2014 年底,小院同学为公司设计的《香蕉管理周年历》得到了集团公司高层的高度赞赏,印刷量相比预算增加了 500 本,现已分发至各分厂管理员,甚至每个承包户的手中用于指导他们了解每个月的生产任务。

截至目前,广西金穗科技小院研究生们已代表集团公司申报专利 14 项,联合中国农大校方和集团公司共同申报专利 2 项,以中国农业大学为第一单位申报专利 1 项,均已提交至专业代理机构或知识产权局审批。

**3. 社会服务**

研究生们驻扎在金穗科技小院,通过 2 年的学习积累,已经取得了丰硕的研究成果。为了使研究成果能让大家理解,同时也为了将各项技术传播到位,我们组织了田间地头培训、视频培训和科技展板培训,在锻炼了自身能力的同时,让承包户增强了对技术的理解和执行力度,提升了他们的基本素养,取得了不错的效果。

另外,为了应对集团公司对宣传工作的需要,研究生们自学了 PS、会声会影等实用软件,先后为集团公司制作了《销售宣传片》《广西金穗农业投资集团宣传片》等视频,目前集团公司展厅内循环播放的就是研究生们针对销售工作而专门制作的宣传片。因为掌握了视频制作的能力,广西金穗科技小院的宣传材料同样也有视频版本。目前集团公司很多技术展板和《护果期培训视频》《标准化采收培训视频》《标准化除芽培训视频》等均出自于研究生们之手。

**4. 金穗论坛**

为了加强企业对精英农业人才的培养力度,针对企业技术创新的主体(基层技术骨干)建立以金穗论坛为主要表现形式的交流平台,诣在将集团公司里有着强烈成长意愿的技术人才组织在一起开展交流、共同成长,营造高效的学习环境和舒心的工作氛围。

论坛组建初期主要针对的是年轻技术人才,因此最初定义的名称是“金穗青年论坛”。但是随着论坛工作的开展,很多中年的技术骨干、甚至年纪较大的公司元老也都踊跃地参与到论坛中与大家分享成功经验、专业知识和实用技术。后来,我们应中老年技术员工的需要将论坛针对的对象范围进一步放开,进而形成了今天的"金穗论坛"。

打造技术人才和科技产出的自我造血功能一直以来都是广西金穗科技小院努力的方向,该项工作在集团公司高层和中国农业大学教授团队的大力支持下已经逐渐成为金穗农业投资集团的精品课程,成为新进员工非常向往的学习机会。水肥专员们通过对香蕉高产高效技术的交流、学习也带动分场其他管理员们的成长。金穗论坛为基层的技术人员创造了更多的阐述自己观点的机会,充分体现了现代农业种植企业对基层员工成长需求的理解和言论自由的尊重。水肥专员们通过对共性课题展开研讨可以进一步激发他们在集团公司管理上的参与感,同时唤醒他们的全局意识和企业责任感。

研究生们在组织青年论坛的同时可以充分锻炼他们的组织能力和语言表达能力。通过与众多基层技术人员的交流逐渐找到香蕉种植管理上的关键限制因素,从而更有针对性地开展技术研究和科技培训。综合来看,由研究生负责组建金穗论坛对企业技术人才团队的建设和研究生的培养都有着非常重要的意义和时效性。

## 71.5  科技推广

### 1. 培训承包户

金穗科技小院在对香蕉田间栽培关键技术开展科学研究的同时,致力于对香蕉高产高效栽培技术的推广与应用,不断提高生产者的香蕉标准化生产意识和香蕉标准化生产技术水平。

针对金穗内部及相关辐射单位,创新培训机制,建立总部集中培训、分场片区培训与承包户地头培训相结合的方式,缩短技术流通距离,提高技术到位率。

小院同学通过田间地头讲解、集中视频讲解、科技展板普及开展香蕉高产高效栽培技术的逐步推广。目前已参与制作上墙展板超过 40 张,培训教材 1 部,培训视频 4 部;共参与主持基地集中培训 23 场,培训人次 500 人;同时,在各生产管理关键期,加强田间地头培训工作。

利用多种培训形式,在提高基地承包户技术到位率的同时,提升其专业素质,丰富基地娱乐生活。

### 2. 多元化技术传媒模式的建立

工程中心自 2012 年 8 月成立以来,致力于公司的香蕉生产研究工作,做出了很多突出的成绩。如何将这些成果简单明了的展现出来并且普及下去,需要一定的技巧。因此我们建立了多元化的技术传媒模式,针对不同的传播对象,以科技墙报、科技展板、周工作汇报、工作日志等形式,有效地将我们的产出成果展示出来。

金穗公司和各分场场部的墙壁上,时常可以看到很多色彩丰富的"海报",这些"海报"便是创新中心制作的科技墙报。科技墙报最大的优点就是便于参观,形式简单而又引人注目。将创新中心的工作成果简要概括地展现在科技墙报上,既具有学术性,而又通俗易懂,无论专业或是非专业人士都可以比较容易地了解墙报的内容,适于不同的人群,兼具宣传和科普的功能。

在科学技术普及的过程中,技术推广人员很难做到一对多的全天候 24 h 服务,针对这样的情况,我们采用了以科技展板为固定式传媒的宣传办法,为技术使用者营造一种耳濡目染的学习氛围。展板的内容主要分为科普知识、水肥常识、植保常识和操作规范 4 大类。我们将科普知识安放在管理员日常居住的场部内,这样可以使他们对香蕉产业的认识更为全面。周工作汇报是工程中心独有的总结汇报机制,是中心对工作负责、对领导负责的一种形式。通过开展周工作汇报,部门成员们可以总结上周的主要工作,及时发现缺点与不足,同时理清工作思路,明确下周的工作目标,让工作变得更有条理性。其电子版和纸质版更可以在第一时间发送至集团公司高层和各分场管理者的手中,实现研究结果与实际生产的瞬时对接。

每天完成工作日志是中国农业大学科技小院网络系统的同学们都在坚持的一种工作习惯。金穗科技小院作为工程中心主要运作模式,当然也保留着这种优良习惯。工作日志可以记录每天工作的内容,所花费的时间,以及在工作中遇到的问题,解决问题的思路和方法等。

截至 2014 年 9 月,科技小院研究生已制作科技墙报 33 张、科技展板 63 份,周工作汇报 39 份,工作日志 920 余篇。

（执笔人:李晓林　李宝深　张涛　余赟）

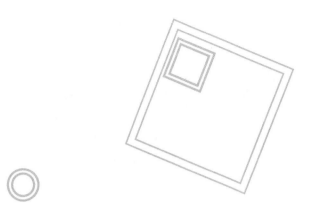

# 第七部分
# 西南区域养分管理技术创新与应用

# 第72章
## 西南地区水稻养分管理技术创新与应用

## 72.1 西南地区水稻生产概况

西南稻区主要包括四川、重庆、贵州、云南四省(市)的 345 个县(区),现有稻田面积 445 万 hm²(2009 年),占全国水稻种植面积的 15%,近 10 年来稻谷种植面积有下降趋势;稻谷产量占全国稻谷总产的 16%,2006 年以前西南地区稻谷平均单产一直在 6.1~6.8 t/hm² 徘徊,2007 年之后稻谷单产突破 7 t/hm²;但是总体而言西南地区水稻单产偏低,西南地区以种植单季稻(1 季中稻)为主,其单产低于长江中下游的江苏、浙江等一季稻产量水平(表 72-1)。西南地区农户习惯栽培管理的稻谷亩产多在 7.5 t/hm² 以下,而高产栽培管理稻谷产量可以达到每亩 9.0~10.5 t/hm²,导致该地区单产低的主要原因在于农民栽插密度低、养分配比和运筹不合理、稻田长期淹水土壤通透性和结构性差等障碍因子突出。西南地区稻田利用率低,大部分稻田 1 年只种植 1 季中稻,冬季闲置,导致温光资源浪费;西南地区耕地面积少,粮食自给率低,人均耕地 0.098 6 hm²(1.48 亩),低于全国人均耕地面积 0.118 412 hm²(1.78 亩);四川、重庆、贵州、云南的粮食自给率分别为 90%,90%,74% 和 86%,因此,提高本区域单产及养分利用效率具有重要的战略意义,科学施肥技术与高产栽培技术的研发及推广普及是西南稻区实现高产高效的关键。

表 72-1
西南地区水稻种植面积及单产

| 年份 | 水稻面积/khm² | | | | | 水稻单产/(t/hm²) | | | | |
| --- | --- | --- | --- | --- | --- | --- | --- | --- | --- | --- |
| | 西南 | 川 | 渝 | 滇 | 黔 | 西南 | 川 | 渝 | 滇 | 黔 |
| 2000 | 4 724.5 | 2 123.8 | 776.6 | 1 073.6 | 750.5 | 6.785 | 7.698 | 6.765 | 5.292 | 6.361 |
| 2001 | 4 707.3 | 2 093.1 | 764.0 | 1 100.2 | 750.0 | 6.269 | 6.825 | 6.106 | 5.416 | 6.131 |
| 2002 | 4 650.9 | 2 076.1 | 757.2 | 1 083.0 | 734.6 | 6.190 | 7.243 | 6.398 | 5.016 | 4.735 |
| 2003 | 4 542.4 | 2 040.3 | 738.5 | 1 043.1 | 720.5 | 6.740 | 7.214 | 6.693 | 6.096 | 6.375 |
| 2004 | 4 615.8 | 2 063.8 | 749.3 | 1 086.2 | 716.5 | 6.815 | 7.365 | 6.800 | 5.883 | 6.657 |
| 2005 | 4 606.4 | 2 087.5 | 747.9 | 1 049.3 | 721.7 | 6.830 | 7.214 | 6.971 | 6.156 | 6.554 |
| 2006 | 4 514.8 | 2080.6 | 672.3 | 1 045.4 | 716.5 | 6.156 | 6.421 | 5.130 | 6.229 | 6.241 |
| 2007 | 4 354.7 | 2 036.2 | 652.1 | 990.2 | 676.2 | 6.776 | 6.972 | 7.538 | 5.955 | 6.652 |
| 2008 | 4 418.0 | 2 035.9 | 673.5 | 1 017.5 | 691.1 | 7.037 | 7.356 | 7.860 | 6.103 | 6.672 |
| 2009 | 4 447.1 | 2 027.1 | 682.0 | 1 039.8 | 698.2 | 7.018 | 7.499 | 7.497 | 6.118 | 6.491 |

## 72.2　西南地区水稻高产高效的主要限制因子

通过对西南地区稻田利用模式、生产力现状、施肥及栽培管理的农户调查、验证试验和数据分析，揭示了该地区作物生产及养分管理存在的主要问题，明确了稻田高产高效的主要限制因子，提出了可能的解决途径(表 72-2)。

表 72-2

西南地区稻田利用及水稻生产存在的问题

| 稻田生产及利用现状 | 存在问题 | 可能的解决思路 |
| --- | --- | --- |
| 冬闲田面积大(60%左右)：<br>一季中稻——淹冬水<br>一季中稻——冬闲 | √ 稻田利用率低<br>√ 土壤长期处于还原条件、Eh 低通透性和结构差，土温低，形成障碍性低产土壤<br>√ 影响根系生长和分蘖 | √ 改革种植制度——水旱轮作，提高稻田利用率<br>√ 改变耕作栽培制度——垄作免耕，改良土壤 |
| 水旱轮作：<br>中稻—油菜/小麦<br>中稻—蔬菜<br>中稻—马铃薯<br>中稻—蚕豆/绿肥 | ★ 费工、效益差<br>★ 干湿交替不利于养分保存<br>★ 干湿交替土壤肥力剧烈变化<br>★ 季节性干旱和灌溉水缺乏 | ★ 轻简化栽培<br>★ 周年养分优化管理<br>★ 土壤培肥<br>★ 节水技术 |
| 稻田生产力低，农民习惯管理稻谷亩产多在 500 kg 以下，高产栽培管理 650～700 kg | ◆ 肥料配比和运筹不合理(氮重底轻追100%作基蘖肥、重氮轻磷钾)<br>◆ 种植密度低(5 000～8 000 窝/亩)<br>◆ 土壤障碍因子<br>◆ 栽培管理不到位 | ◆ 养分优化管理<br>◆ 秸秆还田、改良土壤<br>◆ 增加栽插密度：亩栽 1.0 万～1.5 万穴<br>◆ 水分优化管理、病虫草害综合防治 |

### 72.2.1　稻田利用率低、土壤障碍因子突出

#### 1. 稻田资源利用率和生产力低

稻田以栽培水稻为主，根据冬季利用方式将稻田分为冬水田和水旱轮作田，冬水田指春夏季种植水稻、冬季闲置淹水的稻田。冬水田在西南稻区广泛存在，仅四川和重庆就有冬水田 160 万 hm$^2$，占稻田总面积的 1/2 强。西南地区冬水田一年只种植 1 季中稻，资源利用率低，土地年利用时间仅为 120 d 左右。全年有 2/3 时间淹灌闲置，致使光、热、水资源利用低，例如四川省冬水田辐射利用系数和光能转化率分别只有 1.5% 和 1.1%，水资源仅利用 40%。由于常年淹水，土壤处于还原状态，土粒分散，呈稀糊状结构，水冷泥温低，形成冷浸田、冷泥田、潜育化稻田等低产水稻土，稻田障碍因子突出，普遍存在土壤结构和通气性差，土壤氧化还原电位低、还原性物质多、土壤养分释放慢，水稻根系生长差、产量低等问题。

课题组于 2007 年选择相同母质发育的潜育化和非潜育化即潴育化水稻土进行了稻谷产量调查(表 72-3)，结果表明，20 个潜育化水稻土稻谷平均产量为 445.9 kg/亩，27 个潴育化水稻土稻谷平均产量为 565.8 kg/亩，潜育化稻田比当地潴育化高产稻田稻谷产量平均低 120 kg/亩，减产 12%～36%，平均减产 21%。其中重度潜育化水稻土(剖面构型 A-G)比中轻度潜育化水稻土(剖面构型 A-P-G)稻谷产量低，前者与潴育化水稻土相比减产 20%～36%，而后者比潴育化水稻土减产 12%～22%。减产的主要原因是潜育化稻田水稻移栽后，秧苗"坐兜"，根系生长差、产量低。

表 72-3
渍水潜育化与潴育化水稻土稻谷产量比较

| 调查地点 | 水稻土亚类 | 土属 | 土种 | 成土母质 | 稻谷平均产量/(kg/亩) | 潜育化水稻土减产/% | 调查田块数 |
|---|---|---|---|---|---|---|---|
| 潼南县人安镇玉河村8社 | 潜育化水稻土 | 红棕紫色水稻土 | 烂泥田 | 侏罗纪遂宁组红棕紫色泥岩、粉砂岩坡积、残积物 | 413±45 | 20.7 | 3 |
| | 潴育化水稻土 | 红棕紫色水稻土 | 大泥田 | | 521±40 | — | 4 |
| 潼南县太安镇2村4社 | 潜育化水稻土 | 红棕紫色水稻土 | 大泥田 | 侏罗纪遂宁组红棕紫色泥岩、粉砂岩坡积、残积物 | 440±55 | 12.0 | 4 |
| | 潴育化水稻土 | 红棕紫色水稻土 | 二泥田 | | 500±70 | — | 4 |
| 潼南县潼溪镇三安村1社 | 潜育化水稻土 | 灰棕紫色水稻土 | 大眼泥田 | 侏罗纪沙溪庙组灰棕紫色泥岩、砂岩坡积、残积物 | 456±65 | 18.6 | 4 |
| | 潴育化水稻土 | 灰棕紫色水稻土 | 大眼泥田 | | 560±80 | — | 4 |
| 合川市龙兴镇玉河村2社 | 潜育化水稻土 | 红棕紫色水稻土 | 大泥田 | 侏罗纪遂宁组红棕紫色泥砂岩、泥岩、粉砂岩坡、残积物 | 482±30 | 21.0 | 2 |
| | 潴育化水稻土 | 红棕紫色水稻土 | 大泥田 | | 610±40 | — | 4 |
| 万州县天城乡8社 | 潜育化水稻土 | 灰棕紫色水稻土 | 大眼泥田 | 侏罗纪沙溪庙组灰棕紫色泥页岩、砂岩坡积、残积物 | 490±50 | 15.5 | 3 |
| | 潴育化水稻土 | 灰棕紫色水稻土 | 大眼泥田 | | 580±60 | — | 4 |
| 万州县天城乡塘坊村8社 | 潜育化水稻土 | 灰棕紫色水稻土 | 烂泥田 | 侏罗纪沙溪庙组灰棕紫色泥页岩、砂岩坡积、残积物 | 390±20 | 36.1 | 2 |
| | 潴育化水稻土 | 灰棕紫色水稻土 | 大眼泥田 | | 610±40 | — | 3 |
| 忠县白马村5社 | 潜育化水稻土 | 棕紫色水稻土 | 烂泥田 | 侏罗纪蓬莱镇组棕紫色泥岩、泥砂岩、砂岩坡积、残积物 | 450±35 | 22.4 | 2 |
| | 潴育化水稻土 | 棕紫色水稻土 | 大泥田 | | 580±60 | — | 4 |

**2. 冬水田障碍因素明显**

长期淹水的冬水田存在"毒、烂、冷"障碍,即土壤氧化还原电位低、土壤还原性有毒物含量高;土粒分散,呈稀糊状结构,土壤结构和通气性差;水冷泥温低、养分释放慢、水稻前期生长慢,分蘖少,影响产量。

课题组利用长期定位试验的2个处理:长期淹水处理的冬水田(已显现潜育性水稻土特征)和长期开沟排水处理的垄作田,于水稻移栽期、分蘖期、抽穗期、收获期进行土壤特性原位监测和采样分析,研究了这2种稻田水稻生长期土壤温度、Eh、还原性物质的动态变化,并分析了土壤结构、有机质、主要养分含量,测定了水稻生长状况及产量,目的在于弄清冬水田的土壤特性及主要障碍因子,为冷泥田的改良提供理论基础。结果表明,冬水田的主要障碍因素有:①水稻移栽至分蘖期土壤温度低;②前期土壤氧化还原电位低、还原性物质多;③土壤结构和通气性差;④土壤渍水湿害严重;⑤水、肥、气、热协调能力弱。冬水田与垄作田相比,水稻分蘖期土壤 Eh 平均低 120 mV(表 72-4);还原性物质前者比后者平均高48%(表 72-5);<0.01 mm 的土壤黏粒含量高 36%;分蘖期土壤有效 N,P,K 比垄作土壤低18%,40%和25%,有效 Zn 缺乏;水、肥、气、热协调能力弱;根系生长差,分蘖少,稻谷产量低 23.5%(表 72-6)。因此,冷泥田前期土温低、Eh 低和还原性物质含量高是导致水稻前期根系生长差、黑根多、分蘖少、有效穗和产量低的主要原因。

表 72-4

冬水田和垄作田氧化还原电位比较　　　　　　　　　　　　　　　　　　　　　　　　　　　　　　mV

| 水稻生长期 | 稻田类型 | 耕作方式 | 不同土壤层次 Eh | | |
| --- | --- | --- | --- | --- | --- |
| | | | 5 cm | 10 cm | 20 cm |
| 分蘖期 | 冬水田 | 淹水平作 | 93 | 65 | −15 |
| | 垄作田 | 起垄耕作 | 196 | 172 | 135 |
| 收获后 | 冬水田 | 淹水平作 | 205 | 182 | 110 |
| | 垄作田 | 起垄耕作 | 350 | 230 | 199 |

表 72-5

冬水田水稻分蘖期 20 cm 土层还原物质含量

| 土壤 | 还原物总量 /(cmol/kg) | 活性还原物质 /(cmol/kg) | 二价锰($Mn^{2+}$) /(mg/kg) | 水溶性亚铁($Fe^{2+}$) /(mg/kg) | 交换性亚铁($Fe^{2+}$) /(mg/kg) |
| --- | --- | --- | --- | --- | --- |
| 冬水田 | 6.67 | 3.12 | 121.3 | 45.4 | 725.6 |
| 垄作田 | 3.37 | 1.68 | 108.9 | 33.6 | 665.9 |

表 72-6

冬水田水稻分蘖期根系生长和产量状况

| 土壤 | 根总量 /条 | 白色根 | | 黄色根 | | 黑色根 | | 地上部重/g | | 地下部重/g | | 籽粒产量 /(kg/hm²) |
| --- | --- | --- | --- | --- | --- | --- | --- | --- | --- | --- | --- | --- |
| | | 条 | % | 条 | % | 条 | % | 鲜重 | 干重 | 鲜重 | 干重 | |
| 冬水田 | 419 | 61 | 14.6 | 312 | 74.5 | 46 | 11.0 | 29.5 | 6.5 | 9.1 | 0.87 | 6 108 |
| 垄作田 | 461 | 105 | 22.8 | 321 | 69.6 | 35 | 7.6 | 23.8 | 4.4 | 4.2 | 0.4 | 7 982 |

分蘖期调查 10 株。

**3. 水旱轮作矛盾突出**

水旱轮作,是多年来改造冬水田,提高水田复种指数,增加粮食产量的一个重要途径。但是在西南地区受地形地貌和水利设施的影响,水旱轮作难以实施,冬水田大面积存在,例如分布在深沟窄谷与冲沟会合处的稻田以及长期关冬水的正冲田,排水不好、湿害严重,影响冬季作物生长,难以实施水旱轮作;在灌溉设施不健全、水源无保障的地区,农民为了保障水稻生产,不愿意放水进行水旱轮作;水旱轮作由于缺少轻简化栽培、用工多,产投比较低,经济效益不高。联产承包责任制推行后,土地大部分以户经营,劳动力紧缺,原来实行了水旱轮作的地区,又走老路,恢复关冬水。因此完善灌溉设施、探索轻简化的水旱轮作模式,是推行水旱轮作提高稻田利用率的重要途径。

## 72.2.2　栽插密度低

西南地区尤其是四川盆地水稻栽插密度低,每亩栽插密度多在 1 万穴以下(每穴 2 株)。2008 年对重庆江津和南川的调查表明,平均栽插密度为 6 977 穴/亩($n=85$),其中近 60% 的农户栽插密度在 5 000~7 000 穴/亩之间(图 72-1)。栽插密度低已成为影响该地区稻谷单产的重要因素之一,从农户的调查结果看,随着种植密度(4 000~11 000 穴/亩)的增加稻谷产量提高(图 72-2),合理密植是提高目前产量最有效的措施。导致该地区栽插密度低的主要原因表现在:第一,受西南地区地形地貌(丘陵山地和地块小)的影响,水稻移栽主要是人工栽插,密度难以控制,农户为了节约用工、提高栽插进度导致低密度种植;第二,该地区近年来主推大穗型水稻品种,在西南高温高湿的气候条件下,栽插密度越高病虫害的发病率越大,对此,农民希望通过稀植、扩行、降苗来增加水稻田间的通风透光,降低病虫害,从而导致稀植。然而,在低密度栽培的情况下,为了提高分蘖,农民习惯增加氮肥用量并将全部肥料作为基蘖肥一次性施用,其结果导致前期大量分蘖,前期群体长势过旺反而带来病虫害的高发和分蘖成穗率低,从而影响产量。

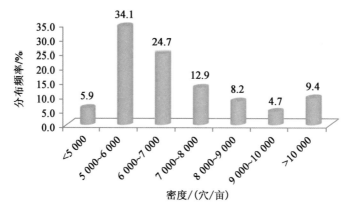

图 72-1 重庆农户水稻栽培密度(江津、南川调查结果,$n=85$)

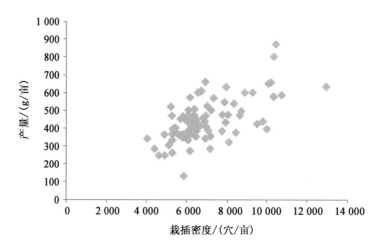

图 72-2 农户水稻栽插密度与产量的关系(江津和南川农户调查结果 $n=85$)

根据该地区的气候环境及推广的品种特征,大量的研究结果表明,在重庆及四川盆地的最佳种植密度应为 1.0 万~1.5 万穴/亩。合理密植应与施肥配套才能实现高产,例如江津苏佳奎其栽插密度达到 9 995 株,但是只获得单产 400 kg,分析其原因主要是养分施用不合理,每亩养分用量 27.5-15-17.5,而周康成和冷祥贵其栽插密度达到 9 500~9 700,但是其产量不到 450 kg,没有获得高产,究其原因主要是施肥量不足,因此在适宜的密度下加强养分管理才能实现高产。

## 72.2.3 肥料配比和运筹不合理

水稻施肥存在氮肥用量偏高,重氮轻钾,氮磷钾肥施用比例不合理。四川、贵州、云南氮肥用量平均高达 215~307 kg/hm² (表 72-7),氮肥用量高于 180 kg/hm² 的农户占 36.5%(图 72-3),目前农户稻谷产量水平多在 7 500 kg/hm² 左右,施氮量在 180 kg/hm² 以内就能满足该产量水平对氮素的需求,因此西南地区有 1/3 的农户氮肥用量偏高。钾肥用量偏低,氮钾比例[1∶(0.15~0.2)]不合理,尤其是重庆、四川钾肥用量低;肥料分配不合理,重底轻追,氮肥几乎是 100%作基蘖肥施入,绝大多数农户不施用穗粒肥。

表 72-7

| 养分 | 重庆平均施用量 ($n=142$) | 四川平均施用量 ($n=244$) | 贵州平均施用量 ($n=112$) | 云南平均施用量 ($n=132$) |
|---|---|---|---|---|
| N | 179.0 | 215.0 | 240.0 | 306.8 |
| $P_2O_5$ | 64.1 | 81.2 | 94.1 | 103.8 |
| $K_2O$ | 28.4 | 46.1 | 65.6 | 82.4 |

西南地区水稻施肥量(2008 年农户施肥调查结果) 　　　　　　　　　　　　　　　　　　kg/hm²

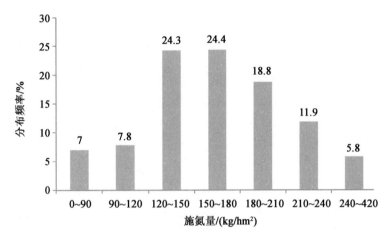

图 72-3　西南地区氮肥用量分布状况

### 72.2.4　稻田水分和病虫害管理不到位

这是影响西南地区水稻高产高效的重要因素之一。

## 72.3　西南水稻养分管理技术创新与应用

### 72.3.1　冬水田垄作免耕减障技术

技术内容:包括稻田垄作技术、水分优化管理技术、水稻最佳养分管理技术;其技术核心是"四改":改淹水平作为开沟垄作、改翻耕为免耕、改长期淹水灌溉为间歇性湿润灌溉、改前期重施和偏施氮肥为优化施肥。该技术适用于因长期淹水难以开展机械化作业、难以进行水旱轮作的烂泥田、冷浸田、潜育化稻田等冬水田。

**1. 垄作免耕技术要点**

在水稻移栽前按厢面宽 1.2 或 2.4 m(位于冲沟及平坝的深脚烂泥田和潜育化稻田按 1.2 m 开厢,其他冬水田按 2.4 m 开厢),沟宽 13～18 cm,沟深 20～30 cm 开沟起垄,垄向顺水流方向,沟应贯穿整个稻田;施底肥后将沟中土壤平铺在厢面,免耕栽培,每个厢面种植 4 或 8 行水稻。每季作物收获后将秸秆放于沟中,下季作物种植前将沟中浮泥平铺在厢面,免耕种植。

**2. 水分优化管理技术要点**

移栽时厢面湿润、沟内灌水,成活后至分蘖期厢面灌薄水,全田总茎蘖数达到计划穗数的 90% 时排水晒田,保持半沟水,控制无效分蘖,促进通风,增气养根;孕穗期保持厢面浅水,齐穗后 25 d 左右排水,保持半沟水维持厢面湿润状态。

**3. 最佳养分管理技术要点**

氮肥用量采用区域总量控制、分期调控的原则,施氮量(N)9～12 kg/亩,40％～50％作基肥,在插秧前1～2 d施用;20％～30％作分蘖肥,在移栽后15～20 d施用;20％～30％作穗肥,在穗分化初期(拔节期)施用;5％施粒肥(尿素1.5～2 kg)。磷钾采用恒量监控、中微量元素因缺补缺的原则:磷肥($P_2O_5$)4～6 kg/亩,钾肥($K_2O$)5～8 kg/亩(稻草还田的中上等肥力田钾肥用量4～6 kg/亩)。磷肥全部作基肥;钾肥40％作基肥,30％作拔节肥,30％作粒肥;每亩施用硫酸锌1 kg。

**4. 解决的关键问题**

解决了西南地区一季稻田因长期淹水导致的水-肥-气-热供应不协调,土壤结构和通气性差,土壤氧化还原电位低、还原性物质多,土壤养分释放慢,水稻根系生长差、黑根多、分蘖少、有效穗和产量低的问题。具有消障减毒、通气养根、增温促释、促蘖提穗、改良土壤、高产高效的作用。

**5. 技术原理**

采用垄作免耕,改淹水平作为开沟垄作、改田面长期淹水为间歇性淹水,显著提高了水稻生长期土壤氧化还原电位和土壤温度(图72-4),降低了土壤中有毒有害还原物质含量(表72-8),促进土壤养分释放、根系生长和水稻分蘖(表72-9),解决了西南地区一季稻田因长期淹水引起的水-肥-气-热供应不协调而导致水稻"坐蔸"减产问题,同时实现了水稻高产和养分高效。

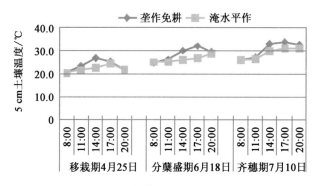

图 72-4　垄作免耕对水稻土温度的影响

表 72-8

不同耕作栽培对土壤还原物质含量的影响

| 处理 | 土层/cm | 还原物质总量/(cmol/kg) | 活性还原物质/(cmol/kg) | $Fe^{2+}$/(cmol/kg) | $Mn^{2+}$/(cmol/kg) |
|---|---|---|---|---|---|
| 垄作 | 0～15 | 1.6 | 0.2 | 33.6 | 1.9 |
| | 15～30 | 2.6 | 1.3 | 158.4 | 3.6 |
| | 30～45 | 1.8 | 0.6 | 85.2 | 6.1 |
| | 45～60 | 1.8 | 0.6 | 83.3 | 4.9 |
| 水旱轮作 | 0～15 | 1.5 | 0.8 | 73.8 | 3.0 |
| | 15～30 | 2.7 | 1.7 | 161.3 | 5.3 |
| | 30～45 | 2.4 | 1.3 | 131.4 | 4.1 |
| | 45～60 | 2.8 | 1.8 | 208.5 | 17.5 |
| 淹水平作 | 0～15 | 2.4 | 1.7 | 146.0 | 5.5 |
| | 15～30 | 4.4 | 3.1 | 256.0 | 9.5 |
| | 30～45 | 4.2 | 2.6 | 241.0 | 6.7 |
| | 45～60 | 5.3 | 3.8 | 421.0 | 37.0 |

表 72-9

不同耕作栽培对水稻分蘖期根系生长的影响

| 处理 | 根总量/条 | 白色根 | | 黄色根 | | 黑色根 | | 地上部 | | 地下部 | |
| --- | --- | --- | --- | --- | --- | --- | --- | --- | --- | --- | --- |
| | | 条 | % | 条 | % | 条 | % | 鲜重/g | 干重/g | 鲜重/g | 干重/g |
| 垄作 | 488 | 121 | 24.7 | 330 | 67.5 | 38 | 7.8 | 27.5 | 6.0 | 8.6 | 0.8 |
| 水旱轮作 | 479 | 101 | 21.1 | 336 | 70.1 | 42 | 8.8 | 24.5 | 5.2 | 5.5 | 0.5 |
| 淹水平作 | 439 | 63 | 14.4 | 321 | 73.1 | 55 | 12.5 | 21.8 | 4.2 | 4.1 | 0.4 |

分蘖期 10 穴水稻测定结果。

### 6. 技术的实用性及应用效果

适用于因长期淹水不能开展机械化耕作业、难以进行水旱轮作的烂泥田、冷浸田、潜育化稻田等冬水田。将上述技术集成为水稻垄作免耕高产高效模式(图 72-5)。该技术模式于 2008—2012 年在重庆进行了不同尺度的试验、示范和推广。与农民习惯相比,每亩增收稻谷 50~110 kg,平均增产 16.0%(表 72-10),平均每亩增收 119 元;每亩节约肥料 1 kg(纯养分),节约用工 1 个,显著提高了氮肥利用效率,具有明显的增收节支和高产高效潜力。水稻垄作免耕高产高效栽培模式见表 72-11。

表 72-10

垄作免耕技术对水稻产量和养分效率的影响(7 个试验平均)

| 处理 | 产量/(kg/亩) | 比习惯增产/% | 氮肥回收利用率/% | 氮肥农学效率/(kg/kg) | 养分效率比习惯高/% | 比习惯增收/(元/亩) |
| --- | --- | --- | --- | --- | --- | --- |
| 无氮区 | 484.4d | — | — | — | — | — |
| 农民习惯 | 567.5c | — | 25.6 | 8 | — | — |
| 养分优化 | 625.7ab | 10.4 | 39.6 | 17.7 | 54.7(RE),121.2(AE) | 87.5 |
| 养分优化+垄作 | 656.0a | 16.0 | 42.8 | 17.2 | 67.2(RE),113.7(AE) | 119.1 |

## 72.3.2　西南水稻氮肥"总量控制、分期调控"技术

技术原理:水稻氮肥施用量可以通过目标产量或氮肥效应函数获得,在某一区域的特定目标产量下,养分平衡法是目前国际上应用较广的一种估算施肥量的方法:施氮量=目标产量×单位产量吸氮量+氮素表观损失+土壤氮素残留−土壤养分供应−环境氮素供应量;进一步简化为:施氮量=(目标产量−前期试验空白产量)×单位产量吸氮量÷当季氮肥利用率。因此通过确定水稻目标产量、建立西南地区水稻 100 kg 籽粒需氮量、肥料利用率、土壤供肥能力等施肥参数,就可以确定区域施氮量,根据水稻的生长发育规律及不同生育期对氮素的需求特点确定氮肥的施用时期和比例,实现分期调控的目的。课题组以西南地区开展的测土配方施肥田间试验为基础,总结了西南水稻施肥参数。

技术要点:确定水稻目标产量,获取水稻 100 kg 籽粒需氮量、肥料利用率、土壤供肥能力等施肥参数,确定施肥量、施肥时期及比例。

### 1. 西南地区生产单位稻谷产量的养分需求量

水稻形成 100 kg 籽粒产量养分需求量见表 72-12,西南地区无氮区和施氮区形成 100 kg 籽粒产量需 N 量分别为 1.71 和 1.73 kg,无磷区和施磷区形成 100 kg 籽粒产量需 $P_2O_5$ 量均为 0.73 和 0.83 kg,无钾区和施钾区形成 100 kg 籽粒产量需 $K_2O$ 量分别为 2.32 和 2.48 kg。单位产量对氮磷钾养分的需求量都低于全国的平均值。

表 72-11
水稻垄作免耕高产高效栽培模式

| 月份 | 2 | | 3 | | 4 | | | 5 | | | 6 | | | 7 | | | 8 | | |
|---|---|---|---|---|---|---|---|---|---|---|---|---|---|---|---|---|---|---|---|
| | 下 | 上 | 中 | 下 | 上 | 中 | 下 | 上 | 中 | 下 | 上 | 中 | 下 | 上 | 中 | 下 | 上 | 中 | 下 |
| 节气 | 雨水 | 惊蛰 | | 春分 | 清明 | | 谷雨 | 立夏 | | 小满 | 芒种 | | 夏至 | 小暑 | | 大暑 | 立秋 | | 处暑 |

**品种及产量构成**：选择具有超高产潜力的抗性品种，例如 Q 优 6 号，为天 9 号和准两优 527 等。有效穗数 16 万~18 万/亩，穗着粒数 160~180 粒/穗，结实率 85%±5%，千粒重 (28±0.5) g。

**生育时期**：秧田期、移栽期、有效分蘖、无效分蘖、拔节、孕穗、抽穗、扬花、灌浆、结实、成熟收获。

**育秧**：旱育秧。秧本田比 1 : 100；本田用种量 1 kg/亩，秧田用种量 1 kg/亩，秧田播种量 60~70 g/盘。

**起垄免耕**：起垄免耕技术：水稻移栽前 4 尺开厢起垄，厢面宽 3.6 尺，沟宽 0.4 尺，沟深 25~35 cm，将沟中土壤平铺在厢面，每个厢面免耕栽培 4 行水稻。

**栽插**：行穴距 9 寸×6 寸，每穴 2 苗，亩植 1.0 万~1.2 万穴。

**优化施肥**：最佳养分管理技术：氮肥用量采用区域总量控制，分期调控的原则，每亩施 N 9~12 kg/亩；基肥-分蘖肥-拔节肥：穗粒肥分配为 45-25-20-5；磷肥、中微量元素因素因缺补缺的原则；磷肥($P_2O_5$)4~6 kg/亩，钾肥($K_2O$)5~8 kg/亩；磷肥 100%基肥，钾肥 30%基肥，40%拔节肥，30%穗粒肥；每亩施用硫酸锌 1 kg。

**水分管理**：旱育秧沟内灌水，厢面湿润，厢面薄水晒田；保持半沟水厢面薄水；孕穗保持半沟水层；灌浆结实排水保持半沟水。

**病虫防治**：苗期防苗叶过温、一代螟虫、蓟马；防治一代螟虫，防治稻穗颈瘟、稻纹枯病，稻飞虱稻纵卷叶螟等中后期病虫害。

表 72-12

西南稻区每生产 100 kg 稻谷对养分的需求量　　　　　　　　　　　　　　　　　　　　　kg/100 kg

| 分区名称 | 需氮量（N） | | 需磷量（P$_2$O$_5$） | | 需钾量（K$_2$O） | |
| --- | --- | --- | --- | --- | --- | --- |
| | 无氮区 | 施氮区 | 无氮区 | 施氮区 | 无氮区 | 施氮区 |
| 西南 | 1.71±0.02 | 1.73±0.03 | 0.73±0.02 | 0.83±0.02 | 2.32±0.06 | 2.48±0.06 |
| 全国 | 1.80±0.01 | 2.03±0.01 | 0.89±0.01 | 0.89±0.005 | 2.49±0.5 | 2.58±0.01 |
| 重庆 | 1.62±0.03 | 1.82 ±0.04 | 0.78±0.01 | 0.86±0.03 | 2.27±0.05 | 2.40 ±0.07 |

样本数为西南（1251），其中重庆（250）、四川（586）、云南（210）、贵州（205）；全国（7572）。

**2. 西南地区稻田基础地力产量及土壤供肥能力**

西南地区基础地力产量（无肥区）评价为每亩 420 kg（表 72-13），地力对产量的贡献率为 76％，高于全国平均；西南稻田土壤对氮磷钾的供应能力分别为 73％，89％和 91％，氮钾供应能力与全国相当，但是供磷能力低于全国。不同区域稻田的基础地力及土壤养分供应能力都存在较大差异，因此应根据土壤肥力状况分区域确定肥料用量。

表 72-13

西南地区稻田基础地力产量和氮磷钾供应能力

| 地区 | 无肥区 | | 缺氮区 | | 缺磷区 | | 缺钾区 | | 全肥 |
| --- | --- | --- | --- | --- | --- | --- | --- | --- | --- |
| | 亩产/kg | 相对产量/％ | 亩产/kg | 相对产量/％ | 亩产/kg | 相对产量/％ | 亩产/kg | 相对产量/％ | 亩产/kg |
| 西南地区 | 420 | 76 | 401 | 73 | 490 | 89 | 500 | 91 | 553 |
| 重庆 | 394 | 78 | 434 | 85 | 486 | 95 | 490 | 96 | 517 |
| 重庆渝中 | 390 | 75 | 422 | 81 | 481 | 92 | 494 | 94 | 526 |
| 重庆渝西 | 416 | 74 | 474 | 82 | 529 | 91 | 531 | 92 | 580 |
| 重庆渝东 | 373 | 83 | 414 | 92 | 451 | 100 | 456 | 101 | 453 |
| 重庆渝南 | 400 | 79 | 427 | 84 | 486 | 96 | 482 | 95 | 511 |
| 全国 | 349 | 65 | 391 | 74 | 497 | 94 | 481 | 91 | 531 |

样本数为西南（1251），其中重庆（250）、四川（586）、云南（210）、贵州（205）；全国（7572）。

**3. 西南地区水稻肥料利用率**

表 72-14 表明，西南地区水稻氮肥、磷肥、钾肥利用率平均值田间试验条件下分别为 32.1％，21.4％，37.0％，测土配方施肥条件下分别为 34.7％，25.8％，52.3％，农户施肥条件下分别为 22.8％，17.8％，49.0％，测土配方施肥比农户施肥分别提高 11.9，8.0 和 3.3 个百分点。田间试验条件下化肥氮（N）、磷（P$_2$O$_5$）、钾（K$_2$O）平均用量分别为 157，83，88 kg/hm²，施用氮、磷、钾肥后水稻平均产量分别增加 27.7％，11.9％，10.0％。测土配方施肥条件下化肥氮（N）、磷（P$_2$O$_5$）、钾（K$_2$O）平均用量分别为 146，77，87 kg/hm²；施用氮、磷、钾肥后水稻产量平均分别增加 31.5％，18.5％，16.5％。农户施肥条件下化肥氮（N）、磷（P$_2$O$_5$）、钾（K$_2$O）平均用量分别为 162，72，27 kg/hm²，施用氮、磷、钾肥后水稻平均产量分别增加 20.8％，10.5％，9.2％。测土配方施肥与农户施肥相比，降低了氮肥用量，增加了磷钾肥用量，提高了肥料增产率。

表 72-14

西南地区不同条件下水稻肥料利用率、施肥量和增产率统计表

| 条件 | 肥料利用率/％ | | | 施肥量/（kg/hm²） | | | 增产率/％ | | |
| --- | --- | --- | --- | --- | --- | --- | --- | --- | --- |
| | 氮肥 | 磷肥 | 钾肥 | 氮肥 | 磷肥 | 钾肥 | 氮肥 | 磷肥 | 钾肥 |
| 3414 试验 | 32.1 | 21.4 | 37 | 157 | 83 | 88 | 27.7 | 11.9 | 10 |
| 测土施肥 | 34.7 | 25.8 | 52.3 | 146 | 77 | 87 | 31.5 | 18.5 | 16.5 |
| 农户施肥 | 22.8 | 17.8 | 49 | 162 | 72 | 27 | 20.7 | 10.5 | 9.2 |

从西南地区水稻肥料利用率频率分布(图72-5至图72-7)看,氮肥利用率田间试验和测土配方施肥条件下均以20%~30%的田块比例最多,农户施肥则以10%~20%的田块比例最高;氮肥利用率低于30%的田块比例田间试验条件下为47.8%,测土配方施肥条件下为40.1%,农户施肥条件下为77.6%。磷肥利用率3种条件下均以10%~20%的田块比例最高;磷肥利用率小于15%的田块比例田间试验条件下为36.5%,测土配方施肥条件下17.1%,农户施肥条件下为48.3%;钾肥利用率田间试验和农户施肥条件下均以20%~30%的比例最多,而测土配方施肥以40%~50%的比例最多;钾肥利用率小于35%的田块比例田间试验条件下为52.1%,测土配方施肥条件下为32.2%,农户施肥条件下为40.8%。测土配方施肥比农户施肥降低了氮磷钾肥利用率偏低的田块比例。

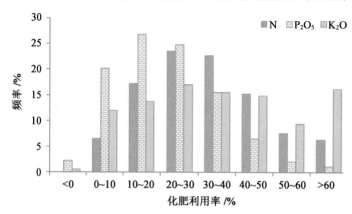

图72-5　西南地区田间试验条件下水稻氮、磷、钾肥利用率分布状况

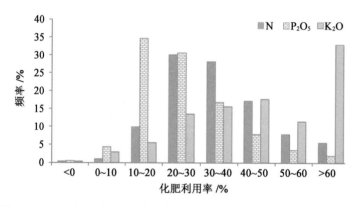

图72-6　西南地区测土配方施肥条件下水稻氮、磷、钾肥利用率分布状况

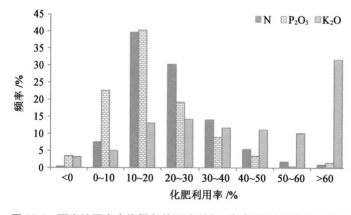

图72-7　西南地区农户施肥条件下水稻氮、磷、钾肥利用率分布状况

**4. 水稻最佳施用量、施肥时期和施肥比例的确定及应用效果**

按照"氮肥总量控制、分期调控、适当后移；磷钾恒量监控"的原则，利用上述西南水稻施肥参数，根据区域目标产量养分平衡法计算施氮量。采用在当地前三年水稻平均产量的基础上，提高 10%～15% 的增产量作为目标产量，根据施氮量＝(目标产量－前期试验空白产量)×单位产量吸氮量÷当季氮肥利用率获得的重庆区域水稻氮肥用量见表 72-15。根据水稻对氮肥的需求规律，水稻对氮的最大效率期在拔节抽穗期，将农民习惯的"一底一追"即 100% 的氮作为基蘖肥，改为氮肥适当后移"一底二追"或"一底三追"。区域氮肥主要控制在每亩施氮肥(N)8～12 kg/亩、磷肥($P_2O_5$)4～6 kg/亩、钾肥($K_2O$)5～8 kg/亩(稻草还田的中上等肥力田钾肥用量 4～6 kg/亩)；氮肥的分配为中高产田基肥-分蘖肥-拔节肥分别占 50%，30%，20%；超高产田基肥-分蘖肥-拔节肥-穗粒肥分别占 45%，25%，20%，5%，钾肥分配是 40% 作基肥，30% 作拔节肥，30% 作穗粒肥。

按照上述养分优化管理技术在重庆获得了显著增产，示范农户与习惯施肥农户相比(表 72-16)，稻谷产量提高 5.7%～21.5%，氮肥用量降低，养分效率提高。

表 72-15

重庆不同稻区水稻氮磷钾最佳用量及比例　　　　　　　　　　　　　　　　　　　　　　　　　　　　　　　kg/亩

| 地区 | 目标产量 | N | $P_2O_5$ | $K_2O$ | 氮磷钾比例 |
|---|---|---|---|---|---|
| 渝西 | 550～600 | 8～11 | 3～5 | 3～4 | 1：(0.36～0.45)：0.36 |
| | 650 | 12 | 6 | 8 | 1：0.5：0.67 |
| | 700 | 14 | 8 | 11～14 | 1：0.57：(0.78～1) |
| 渝南 | 550～600 | 7～11 | 3～4 | 3～4 | 1：0.4：0.4 |
| 渝中 | 500～550 | 9～12 | 3～5 | 2～4 | 1：(0.33～0.42)：(0.22～0.33) |
| 渝东 | 500～550 | 7～9 | 2～4 | 0～3 | 1：(0.28～0.44)：(0～0.37) |

表 72-16

养分优化管理技术示范田与习惯施肥普通农户产量对比分析

| 地点 | 示范年度 | 类型 | 示范面积/亩 | 产量/(kg/hm²) | 优化施肥增产/% | 肥料用量/(kg/hm²) | | |
|---|---|---|---|---|---|---|---|---|
| | | | | | | N | $P_2O_5$ | $K_2O$ |
| 重庆市南川区 | 2009 | 习惯施肥 | 30 | 7 367.6 | | 167.2 | 90 | 0 |
| | | 优化施肥 | 60 | 8 299.5 | 12.6 | 120 | 60 | 75 |
| 重庆市南川区 | 2010 | 习惯施肥 | 20 | 7 987.5 | | 167.2 | 90 | 0 |
| | | 优化施肥 | 500 | 9 708.0 | 21.5 | 147 | 60 | 75 |
| 重庆市江津区 | 2009 | 习惯施肥 | 25 | 6 915.6 | | 167.2 | 90 | 0 |
| | | 优化施肥 | 25 | 7 920.2 | 14.5 | 120 | 60 | 75 |
| 重庆市江津区-平坝 | 2010 | 习惯施肥 | 30 | 8 398.4 | | 210 | 45 | 30 |
| | | 优化施肥 | 30 | 8 879.8 | 5.7 | 172.5 | 112.5 | 150 |
| 重庆市江津区-丘陵 | 2010 | 习惯施肥 | 18 | 8 704.7 | | 210 | 45 | 30 |
| | | 优化施肥 | 18 | 10 161.2 | 16.7 | 165 | 105 | 135 |
| 重庆市江津区-山区 | 2010 | 习惯施肥 | 12 | 6 069.5 | | 210 | 45 | 30 |
| | | 优化施肥 | 12 | 6 746.9 | 11.2 | 157.5 | 97.5 | 120 |
| 重庆市梁平县 | 2011 | 习惯施肥 | 200 | 8 422.5 | | 117 | 37.5 | 30 |
| | | 优化施肥 | 530 | 9 037.5 | 7.3 | 135 | 54 | 45 |

表中每个地点年度的产量都是 10～20 个示范农户的平均值(2010 江津是 5～10 个示范农户平均)。

### 72.3.3 "大配方、小调整"的区域水稻配肥技术

针对我国西南地区地块面积小、推荐施肥若按田块进行既不经济,实际操作中也有一定难度等问题,提出了西南水稻"大配方、小调整"的区域配肥技术。"大配方、小调整"的区域配肥技术是根据区域内作物需肥规律、土壤供肥性能和肥料效应设计肥料配方,以实现科学施肥的理论和技术简化,这不仅能够满足作物对肥料的需求,也有利于企业按配方生产并供应肥料,同时也方便农民应用,是当前保障农户权益、优化肥料产品结构、落实测土配方施肥技术普及应用的重要技术手段。

课题组以重庆市江津区主要作物水稻为研究对象,依托国家测土配方施肥研究成果,根据"大配方、小调整"的技术思路确定水稻的基肥配方及施肥建议,并对其应用效果进行综合评价,探讨"大配方、小调整"的区域配肥技术的可行性。

**1. 水稻区域测土配方施肥指标体系的建立和水稻大配方设计**

根据对重庆江津区水稻 3414 试验结果和稻田土壤养分的分析,建立了江津区水稻施肥指标体系(表 72-17)。根据 2005—2009 年稻田的 3 737 个土壤测试结果进行了磷钾分级;根据不同生态区域的目标产量(平坝丘陵区、深丘区和南部山区分别为 700,600 和 500 kg/亩)和不同区域的土壤肥力水平,确定平坝丘陵区的每亩施肥量为 N 11.5 kg,$P_2O_5$ 7.5 kg,$K_2O$ 11 kg;深丘区的施肥总量为 N 10.5 kg,$P_2O_5$ 6.5 kg,$K_2O$ 9 kg;南部山区的施肥总量为 N 9.5 kg,$P_2O_5$ 5.5 kg,$K_2O$ 7 kg;根据水稻需肥规律确定各种养分在不同时期的施肥比例,分别按基肥、分蘖肥、拔节肥和穗粒肥 4 次施用,氮、磷和钾肥的基追比例分别为 50%:25%:15%:10%,70%:30%:0:0 和 25%:0:50%:25%。

**表 72-17**

**江津区水稻施肥指标体系**

| 目标产量 /(kg/亩) | 推荐施氮量 (N)/(kg/亩) | 土壤肥力等级 | 土壤磷分级 (Olsen-P)/(mg/kg) | 推荐施磷量 ($P_2O_5$)/(kg/亩) | 土壤钾分级 ($NH_4OAc-K$)/(mg/kg) | 推荐施钾量 ($K_2O$)/(kg/亩) |
|---|---|---|---|---|---|---|
| 700 | 11.5 | 低 | 0~10 | 7.5 | 0~50 | 11.0 |
| | | 中 | 10~15 | 5 | 50~80 | 10.0 |
| | | 高 | >15 | — | >80 | 9.0 |
| 600 | 10.5 | 低 | 0~10 | 6.5 | 0~50 | 9.0 |
| | | 中 | 10~15 | 4.3 | 50~80 | 8.0 |
| | | 高 | >15 | — | >80 | 7.0 |
| 500 | 9.5 | 低 | 0~10 | 5.5 | 0~50 | 7.0 |
| | | 中 | 10~15 | 3.7 | 50~80 | 6.0 |
| | | 高 | >15 | — | >80 | 5.0 |

根据以上基肥的比例和用量,设计了一个基肥大配方(20-17-8),平坝丘陵区的推荐用量为 30 kg/亩(N 6 kg/亩,$P_2O_5$ 5.1 kg/亩,$K_2O$ 2.4 kg/亩),深丘区的推荐用量为 28 kg/亩(N 5.6 kg/亩,$P_2O_5$ 4.8 kg/亩,$K_2O$ 2.2 kg/亩),南部山区的推荐用量为 26 kg/亩(N 5.2 kg/亩,$P_2O_5$ 4.4 kg/亩,$K_2O$ 2.1 kg/亩),其他的肥料分别在分蘖期、拔节期和抽穗期追施相应量的尿素、过磷酸钙和氯化钾。

**2. "大配方、小调整"的应用效果**

分别在江津区的 3 个不同生态区域共布置 15 个试验进行肥效验证,平坝丘陵区、深丘区和南部山区各布置 5 个。设 3 个处理:无肥、习惯施肥和大配方。无肥区为不施氮磷钾肥;习惯施肥肥料用量是江津区农技推广中心通过对当地农户施肥调查获得,平坝丘陵区的施肥总量为 N 14 kg/亩,$P_2O_5$

3 kg/亩,K$_2$O 2 kg/亩,深丘区的施肥总量为 N 12 kg/亩,P$_2$O$_5$ 3 kg/亩,K$_2$O 2 kg/亩,南部山区的施肥总量为 N 11 kg/亩,P$_2$O$_5$ 3 kg/亩,K$_2$O 2 kg/亩,按基肥,分蘖肥 2 次施用,氮肥的基追比例为 60%：40%,磷钾肥全部作为基肥施用;大配方的施用方式如前所述。

通过多点的田间试验证明,大配方明显比习惯施肥增产,大配方分别比不施肥、农民习惯增产 30.9% 和 11.7%,均达到显著水平(图 72-8)。增产原因主要有以下几个方面,大配方的设计抓住了该区域土壤磷普遍低的问题,江津区 2005—2009 年间大量的土壤测试结果发现稻田土壤 Olsen-P 有 88% 的土壤样品处于低肥力水平(小于 10 mg/kg),因此在大配方设计上增加了磷肥的用量;氮肥依据总量控制、分期调控的原则,根据 3414 试验中水稻的肥料效应将氮肥总量控制在 10.5~11.5 kg/亩之间,并依据养分需求规律确定不同生育时期的施肥比例(基肥、分蘖肥、拔节肥和穗粒肥比例为 50%：25%：15%：10%),习惯施肥则过于注重前期施肥而忽视生长中后期水稻的营养需求;另外,根据肥料效应适当增加拔节期和扬花期钾肥的供应,使得大配方处理的水稻群体数量和质量优于习惯施肥,大配方促进了分蘖的早生快发、提高了有效穗(表 72-18),因此获得较高的产量。

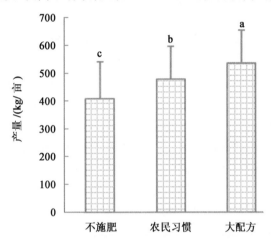

图 72-8　不同施肥处理对水稻产量的影响

表 72-18

不同施肥处理对产量构成因素的影响

| 处理 | 亩有效穗 /(万穗/亩) | 穗粒数 /(粒/穗) | 千粒重/g |
|---|---|---|---|
| 不施肥 | 9.6±2.2 | 142±30 | 28.6±2.3 |
| 习惯施肥 | 11.1±2.4 | 142±32 | 29.0±2.4 |
| 大配方 | 12.4±2.5 | 151±38 | 28.9±2.5 |

从养分平衡来看,大配方处理的氮素盈余量(2.1 kg/亩)明显小于习惯施肥(4.4 kg/亩),仅仅为其一半(表 72-18),这将有利于减少氮损失造成的污染。与习惯施肥相比,大配方处理土壤磷则有较大的盈余,这正好符合恒量监控的原则,因为该区域稻田的磷含量仍处于低水平,土壤 Olsen-P 平均只有 6 mg/kg,应该通过增施磷肥逐步提高土壤磷水平。同样,大配方处理钾的亏缺量也明显减少,这有利于维持土壤钾的肥力状况。

施肥效益的比较发现,习惯施肥的效益平均为 61 元/亩,大配方处理的效益为 123 元/亩,比习惯要高一倍(表 72-19)。总体比较可以发现,大配方处理取得了较好的产量效益、环境效益和经济效益。

**表 72-19**

不同施肥处理养分平衡和经济效益比较

| 处理 | 氮平衡 /(kg/亩) | 磷平衡 /(kg/亩) | 钾平衡 /(kg/亩) | 经济效益 /(元/亩) |
|---|---|---|---|---|
| 习惯施肥 | 4.4±1.8 | −0.7±0.9 | −6.9±2.2 | 61±131 |
| 大配方 | 2.1±1.8 | 2.9±0.8 | −1.0±1.9 | 123±179 |

### 72.3.4 "配方肥+机插秧"综合配套技术

**1. 技术思路**

通过高产栽培和科学施肥技术的集成来实现作物的高产高效已被科学研究所证明,科学施肥技术与高产栽培技术的推广普及是实现西南稻区高产高效的关键。然而,由于农民文化素质低和种植规模小(人均稻田面积占有量不足 334 m²)等因素的影响使得技术推广普及难度很大。因而,急需探索创新适合西南地区小农户、小地块生产条件下水稻高产高效技术实现途径,以进一步提高技术到位率。

2005 年国家启动实施测土配方施肥补贴项目,项目开展以来取得了大量的研究成果,然而要实现测土配方施肥技术的普及应用仍是当前工作的难点。将测土配方施肥技术"物化"成配方肥产品,使其在推广中变得简单化,是小农户经营下解决科学施肥技术突破"最后一公里"的重要抓手。随着农村劳动力的转移和劳动力价格的上升,西南水稻生产中传统手插秧存在插秧成本高、作业效率低、栽插密度过稀,影响水稻获得高产等一系列问题,机插秧是有效解决这一问题的抓手。课题组以西南地区主要作物水稻为研究对象,对配方肥与机插秧技术的集成应用效果进行跟踪分析,探讨配方肥和机插秧技术的集成应用在水稻生产中实现大面积高产高效的潜力。

**2. 解决的关键问题**

水稻栽插密度低,配方施肥技术难于落实。"配方肥+机插秧"集成创新了适合小农户生产条件的高产高效技术实现途径,进一步提高了技术到位率。

**3. 技术突破**

用"配方肥"产品对测土配方施肥技术"物化",简化科学施肥技术的推广应用;机插秧技术保障栽插密度、构建适宜的水稻群体;配方肥与机插秧技术的有效结合是西南稻区小农户经营条件下实现大面积高产高效的重要抓手。

**4. 技术内容**

包括机插壮秧培育技术、本田整地及机插技术、测土配方施肥技术物化、水分管理技术。

(1)机插壮秧培育技术

品种的选择:选择具有高产潜力的优质抗性品种,例如 Q 优 6 号、准两优 527 等。

播种时间:根据不同生态气候条件选择适时早播,重庆不同生态区播期可参考见表 72-20。

苗床选择:选择排灌方便、背风向阳、运秧方便的肥沃疏松的菜园地或耕作熟化的旱地或支弯稻田或二塝田作苗床地,亩移栽大田备苗床 6~8 m²,按 2 m 开厢整地,厢面净宽 1.4~1.5 m,厢高 0.25 m,厢面平整,高低一致,无凹陷,无硬杂质、杂草,无病菌,秧床平、实、直、光,注意床土调酸。

秧盘和营养土制备:每亩大田准备机插育秧软盘 16~20 张。软盘标准为内腔长(580±1) mm,内腔宽(280±1) mm,内腔高(30±1) mm,壁厚(0.15±0.02) mm~(0.3±0.02) mm,净质量≥50 g。将选好的过筛细泥土按每百千克配过磷酸钙 5 kg,已堆沤腐熟的有机肥 50 kg 加旱育秧壮秧剂 0.25~0.5 kg 充分搅拌均匀制成营养土备用。每移栽 1 亩本田备营养土 100 kg,另备 25 kg 过筛细土作盖种用。

表 72-20

重庆市不同区域水稻播种和移栽时间

| 区域 | 生态亚区 | 播期 | 移栽期 |
|------|----------|------|--------|
| 渝西地区 | 400 m 以下河谷浅丘区 | 2 月 25 日至 3 月 5 日 | 冬闲或菜田 4 月 5—15 日<br>水旱轮作田 4 月 25 日至 5 月 5 日 |
| | 400 m 以上深丘区 | 3 月 5—15 日 | 冬闲或菜田 4 月 15 至 25 日<br>水旱轮作田 5 月 5—15 日 |
| 渝中地区 | 500 m 以下浅丘平坝区 | 2 月 25 日至 3 月 10 日 | 冬闲或菜田 4 月 5—20 日<br>水旱轮作田 4 月 25 日至 5 月 10 日 |
| | 500 m 以上深丘低山区 | 3 月 5—20 日 | 冬闲或菜田 4 月 15—25 日<br>水旱轮作田 5 月 5—15 日 |
| 渝南地区 | 500 m 以下丘陵平坝区 | 3 月 15—30 日 | 冬闲或菜田 4 月 20—30 日<br>水旱轮作田 5 月 10—20 日 |
| | 500～900 m 深丘低山区 | 3 月 20 日至 4 月 5 日 | 冬闲或菜田 5 月 1—10 日<br>水旱轮作田 5 月 20—30 日 |
| | 900 m 以上中低山区 | 3 月 25 日至 4 月 10 日 | 冬闲或菜田 5 月 5—20 日 |
| 渝东北地区 | 600 m 以下深丘区 | 3 月 5—15 日 | 冬闲或菜田 4 月 10—20 日<br>水旱轮作田 4 月 25 日至 5 月 5 日 |
| | 600～900 m 深丘峡谷区 | 3 月 15—25 日 | 冬闲或菜田 4 月 20—30 日<br>水旱轮作田 5 月 5—10 日 |
| | 900～1 500 m 低山区 | 3 月 25 日至 4 月 10 日 | 冬闲或菜田 5 月 1—15 日 |

分期播种，双膜覆盖：根据天气状况及插秧机数量等，做好分期播种，播种时间必须在 3 月 8 日前结束，防止超秧龄移栽。如是旱育播种前苗床应浇足底水，顺秧床平铺秧盘，匀铺营养土于盘内，土层厚度 1.5 cm，用 1 000～1 500 倍敌克松液喷洒消毒。精量播种已催芽破胸种子（包衣种子不再催芽），每盘播种 50～60 g，亩用种量 1 kg 分次细播，匀播，播后匀盖细土 0.3～0.5 cm，以细土盖住种子为度；再用手摇喷雾器将细土喷湿，注意勿将种子冲移位；贴地覆盖一层微膜再搭小拱棚盖实盖严地膜保温保湿，提高发芽率，确保整齐出苗。

苗床管理：播种至出苗期以保温保湿为主，当膜内温度超过 35℃ 时注意通风降温。出苗至一叶一心期，以调温控湿为主，促根下扎，膜内温度保持在 25℃ 以内。在出苗现青时揭去微膜，第一完全叶抽出 0.8～1.0 cm 时揭膜通风炼苗，揭膜当天补 1 次足水，以后则缺水补水。保持床土湿润不干而发白，秧苗晴天中午也不卷叶。

一叶一心期喷施 3％广枯灵水剂 1 000 倍液防治立枯病，或每平方米用 70％敌克松 25 g，兑水 1.5 kg喷雾，以防立枯病。一叶一心期至二叶一心期，逐步通风炼苗降湿，膜内温度保持在 20℃ 左右。二叶一心期前追施断奶肥，每平方米追尿素 3～5 g，兑水 1 000 倍均匀喷雾，并喷清水洗苗。二叶一心期后加强炼苗，逐步全部打开棚膜。移栽前 3 天追施"送嫁肥"，与断奶肥用量相同。

移栽前一周内严禁淹水，控湿炼苗，促进秧苗盘根，增加秧块拉力，便于卷秧与机插。栽插前 1～2 d，用 20％的三环唑 750 倍液喷苗，预防稻瘟病。

（2）整地及栽插技术

精细整田：利用旋耕机或人畜翻耕平整本田，耕深不超过 20 cm。清除田面过量残物，整平田面，田块内高低落差不大于 3 cm。耕整后稻田搁置 1～2 d 沉实泥浆（砂壤质土沉实 1 d，黏土 2 d），做到泥水分清，沉淀不板结，泥土上细下粗，上烂下实，不陷机、不壅泥。

适龄浅水机插:秧苗叶龄 3.5~4.0 叶时选择晴天或阴天起秧机插,避开寒潮天气,以免推迟返青。起秧及运秧注意防止伤秧或秧块变形断裂,做到随起、随运、随插。机插时田间保持 2~3 cm 的浅水层,亩插 1.1 万~1.2 万穴,平均每穴 1.5~2 株,漏插率小于 5%;均匀度合格率在 85% 以上;机械作业覆盖面在 95% 以上;秧块插深 1~1.5 cm,不漂不倒。连续缺穴达 3 穴以上的要实行人工补插。

(3)水分管理技术 浅水栽秧,湿润立苗,薄水分蘖,全田总茎蘖数达到计划穗数的 90% 时排水晒田,控制无效分蘖,促进通风,增气养根,浅水孕穗,中稻齐穗后 25 d 左右可自然落干田水;半旱式种植的稻田,一般情况下保持水平厢面,晒田时保持半沟水;中、后期灌排水条件好的可间歇灌水;乳熟期后保持浅水层,水稻黄熟期保持湿润状态。

(4)测土配方施肥技术物化 课题组根据重庆市江津区测土配方施肥成果设计水稻专用配方,依托重庆沃津肥料开发有限责任公司生产水稻配方肥营养套餐(表 72-21),2010 年选择江津区永兴镇黄庄村作为示范村,通过培训、宣传和现场观摩等方式推广应用配方肥,同时在该村推广应用机插秧技术。

表 72-21

水稻配方肥营养套餐

| 施肥方式 | 底肥 | 分蘖肥 | 拔节肥 | 穗粒肥 |
|---|---|---|---|---|
| 配方($N-P_2O_5-K_2O$)/% | 19-13-8 | 29-21-0 | 12-0-38 | 15-0-35 |
| 用量/(kg/亩) | 30 | 10 | 10 | 10 |

(5)"配方肥＋机插秧"配套技术的应用及效果评价 课题组以江津区永兴镇的黄庄村为示范村,选取典型的"配方肥＋机插秧"和普通农户田块调查基本农艺性状,了解不同类型农户田块产量构成因素差异。本研究中按照是否直接采用配方肥和机插秧技术以及是否受该技术宣传活动的辐射影响将农户分成 4 组:①"配方肥＋机插秧"农户:示范村中同时使用配方肥和机插秧技术的农户,共 43 户;②"配方肥"农户:示范村中仅使用配方肥的农户,共 39 户;③辐射户:示范村中未采用配方肥或机插秧任何一项技术的农户,但这些农户的活动已经受到配方肥和机插秧等技术宣传的影响,共 77 户;④对照户:从附近村中随机抽取未开展配方肥和机插秧技术宣传的农户,共 83 户。

提高了产量和效率:"配方肥＋机插秧"、"配方肥"、"辐射户"分别比对照户增产 28.4%,22.6%,7.6%(表 72-22),收入分别增加 196,77,59 元/亩;使用配方肥的农户的氮肥效率($PFP_N$)也比没使用的农户要高。配方肥施用可以有效解决当前农户施肥管理中不合理的现象,显著地提高了水稻产量、农民的收入和肥料的利用效率;而如果在采用配方肥的基础上,同时使用机插秧技术,比传统手插秧增加了栽插密度(表 72-22),将获得进一步增产。

表 72-22

配方肥＋机插秧配套技术的示范效果评价

| 项目 | 配方肥＋机插秧<br>($n=43$) | 配方肥<br>($n=39$) | 辐射户<br>($n=77$) | 对照户<br>($n=83$) |
|---|---|---|---|---|
| 产量/(kg/亩) | 568±77 | 542±71 | 476±82 | 442±77 |
| 栽插密度/(穴/亩) | 10 993±461 | 8 384±1 855 | 7 414±1 460 | 7 621±1 894 |
| 收入/(元/亩) | 420±154 | 301±195 | 283±166 | 224±155 |
| $PFP_N$/(kg/kg) | 52±12 | 51±7 | 45±35 | 48±54 |

收入=产量×价格－肥料成本－插秧成本－其他农资成本及人工成本。其中水稻价格 2 元/kg,手插秧成本 90 元/亩,机插秧成本 40 元/亩,肥料成本按实际调查结果算,其他农资成本(包括种子和农药)及人工成本(包括育秧、耕地、施肥打药和收获)根据当地的平均水平按 500 元/亩算;氮肥偏生产力($PFP_N$)是指单位投入的肥料氮所能生产的作物籽粒产量,即 $PFP_N=Y/F$,Y 为施肥后所获得的作物产量;F 代表化肥的投入量。

提高了栽插密度和有效穗:"配方肥＋机插秧"田块的密度明显比普通农户高(表 72-23),这是因为机插秧不仅是一项省工的技术,而且可以通过适当调节行株距提高栽插的密度。"配方肥+机插秧"田块的每穴有效穗也比普通农户有所增加,通过相关试验已经证明配方肥使用提高了单穴有效穗数。因此,"配方肥+机插秧"田块通过密度和有效穗的增加明显提高了亩有效穗,这是水稻实现增产的主要原因。

表 72-23
"机插秧+配方肥"与"普通农户"田块产量构成比较

| 农户类型 | 密度 /(穴/亩) | 有效穗 /(穗/穴) | 穗粒数 /(粒/穗) | 千粒重 /g | 实际产量 /(kg/亩) |
|---|---|---|---|---|---|
| 配方肥+机插秧(n=7) | 9 701±715 | 12.3±1.9 | 164±44 | 27.6±2.5 | 581±51 |
| 普通农户(n=17) | 7 306±1 145 | 11.9±2.2 | 179±30 | 28.3±1.3 | 451±53 |

普通农户包括辐射户和对照户。

减少了盲目施肥,实现了最佳养分管理:不同类型农户的施肥总量差异不大(表 72-24),然而配方肥用户在不同时期的肥料分配上更加优化,适当减少前期的氮肥供应,氮肥后移满足水稻生长中后期的需求。示范村中一些农户(辐射户)虽然没有直接使用配方肥及相关技术,由于技术宣传的影响以及农户间的技术交流,使得辐射户在施肥时期上已经比对照农户优化,辐射农户开始减少底肥用量,相应增加了追肥的比例和次数,因此,辐射户比对照农户增产。

表 72-24
不同农户类型氮肥施肥方式对比

| 农户类型 | 各时期氮用量(N)/(kg/亩) | | | | |
|---|---|---|---|---|---|
| | 基肥 | 分蘖肥 | 拔节肥 | 穗粒肥 | 总用量 |
| 配方肥+机插秧(43) | 5.6±0.4 | 2.8±0.4 | 1.1±0.3 | 1.2±0.6 | 10.8±1.2 |
| 配方肥(39) | 5.4±0.8 | 2.9±0.2 | 1.1±0.3 | 1.1±0.6 | 10.2±2.1 |
| 辐射户(77) | 6.5±3.7 | 3.5±3.3 | 0.6±1.7 | 0 | 10.6±5.4 |
| 对照户(83) | 7.6±4.8 | 1.5±2.9 | 0.1±0.5 | 0 | 9.2±5.4 |

实际施肥管理中,农户往往凭借经验施肥,使得施肥量存在巨大的变异,并且其中有大部分为不合理变异,如表 72-25 所示,普通农户的氮肥用量平均为 9.9 kg/亩(变幅 0~28.5),变异系数为 55.1%,远远高于配方肥用户(CV=12.0%,变幅 5.7~14.8)。表明通过配方肥推广应用明显减小了农户施肥的不合理变异,其原因在于统一的施肥套餐的方式,简化了技术推广的过程,农户操作起来也更加方便和简单,使得技术的到位率显著提高。因此,通过以配方肥为载体的测土配方施肥技术的推广应用,有利于减少农户盲目施肥的现状。

表 72-25
不同类型农户的氮肥用量及变异系数

| 农户类型 | 平均值/(kg/亩) | 范围/(kg/亩) | CV/% |
|---|---|---|---|
| 配方肥用户(n=82) | 10.8 | 5.7~14.8 | 12.0 |
| 普通农户(n=160) | 9.9 | 0~28.5 | 55.1 |

配方肥用户包括"机插秧+配方肥"农户和仅采用配方肥的农户;普通农户包括辐射户和对照户。

上述应用效果表明,配方肥物化优化了施肥时期和基追比例,降低了农户间施肥存在的不合理变异,而机插秧有效提高了栽插密度,从而提高了产量,并省工省钱,两者有效结合能实现水稻生产的增产、增收和增效,是当前西南地区水稻生产实现高产高效的有效的技术实现途径,具有大面积推广应用的前景。国家应在政策上大力支持,促进配方肥和机插秧等在西南稻区的普遍应用。

(执笔人:樊晓翠  吴良泉  周鑫斌  王洋  李红梅  罗孝华  熊晓丽  石孝均)

21 世纪我国农业面临的挑战是如何以可持续的方式满足日益增长的人口对粮食的需求。据测算，在今后 30 年内，要在解决温饱的基础上，满足城乡居民食品多样化的需求，粮食年生产能力要增加 1.5 亿～2 亿 t，粮食单产必须以年均 1.4% 以上的速度递增。但是耕地减少，水资源短缺以及养分资源不合理利用和由此引起的环境问题使这一任务更加艰巨。因此，提升农业综合生产能力，实现粮食稳定增产，保障国家粮食安全和保护生态环境是我国农业当前及今后相当长时期的重大任务。四川是我国农业大省，也是我国水稻大省。如何在四川水稻生产中实现高产高效具有非常重要的理论和现实意义。从 1995 年起，四川省农业科学院土壤肥料研究所与中国农业大学资源环境学院开展合作，围绕水旱轮作体系生产力和养分循环开展理论研究，并针对四川盆地丘陵山区缺水干旱的突出问题，研究水稻节水高产高效技术，既取得理论突破也为四川农业的可持续发展提供了技术支撑。这里将有关工作总结如下。

## 73.1 水旱轮作系统养分管理现状、问题与改进策略

水旱轮作是我国西南地区四川省与重庆市的主要耕作制之一，该区常年实行水旱轮作的稻田在 175 万 hm² 左右，分别约占稻田面积和耕地面积的 52% 和 30%。根据旱地作物的不同，种植方式包括水稻-小麦、水稻-油菜、水稻-蔬菜等。然而，水旱轮作系统的作物产量从 20 世纪 90 年代开始徘徊不增，施肥的增产率呈下降趋势，肥料利用效率较低，氮肥损失严重。养分管理不合理可能是引起作物产量徘徊、肥料利用率不高的主要原因之一。因此，明确这些作物系统的养分管理现状，对于养分的优化管理具有很重要的意义。本研究通过农户抽样调查的方式，研究了该地区水稻-小麦，水稻-油菜，水稻-榨菜，水稻-大蒜等轮作体系的养分资源管理现状，分析了存在的主要问题，并提出了管理策略建议。

2002—2004 年通过农户抽样调查的方式，研究了四川盆地水稻—小麦，水稻—油菜，水稻—榨菜，水稻—大蒜轮作体系的养分资源管理现状和存在问题。农户抽样调查抽取的县（市）包括：成都平原区是温江区和彭州市，川中丘陵区是简阳市、中江县和彭山县，川东丘陵山区是重庆市涪陵区。在调查的县（市）分别随机选取 2 个乡（镇），每个乡（镇）2 个村，每村 10～15 个农户。在当地技术人员的帮助下，走访随机抽取的农户，并问询、调查、填写调查表。

### 73.1.1 水旱轮作系统养分管理现状与存在问题

**1. 农户间施肥量差异**

表 73-1 是几个作物体系 NPK 化肥的施用情况。可以看出，农户间化肥的施用量差异较大。以水

稻季施氮为例,不同农户氮肥(N)的施用量范围为 $50\sim280$ kg/hm$^2$,平均为 146 kg/hm$^2$;根据前人和我们最近在四川或重庆地区的一些研究结果,在目前农民产量水平($6\,500\sim7\,500$ kg/hm$^2$)下氮肥的合理用量范围为 $120\sim160$ kg/hm$^2$(范明生,2004;Fan et al.,2005)。这样,尽管调查农户的平均施氮量与研究表明的合理施氮量相当,但农户间的变异很大,过量施肥与施肥不足并存,其中,大约 1/3 的调查农户施氮过量,1/3 在合理的范围内,而 1/3 施用量不足。小麦与油菜的施肥情况与水稻类似。大蒜氮肥的施用量范围 $147\sim386$ kg/hm$^2$,平均 244 kg/hm$^2$,农户间的变异也较大。榨菜氮肥施用量为 $207\sim564$ kg/hm$^2$,平均施氮肥量为 350 kg/hm$^2$,其中有 60％的农户施氮量大于 330 kg/hm$^2$,过量施肥现象较普遍。

**表 73-1**

**不同作物体系 NPK 肥施用状况(2002—2004)**

| 作物 | 水稻 | 小麦 | 油菜 | 大蒜 | 榨菜 |
|---|---|---|---|---|---|
| 氮肥(N) | | | | | |
| 施用量范围/(kg/hm$^2$) | $50\sim280$ | $23\sim248$ | $40\sim230$ | $147\sim386$ | $207\sim564$ |
| 平均施用量/(kg/hm$^2$) | 146 | 140 | 125 | 244 | 350 |
| 施用追肥占总调查户比例/％ | 90 | 5 | 50 | 62 | 100 |
| 磷肥(P$_2$O$_5$) | | | | | |
| 施用量/(kg/hm$^2$) | $0\sim90$ | $0\sim98$ | $0\sim149$ | $68\sim218$ | $27\sim158$ |
| 平均施用量/(kg/hm$^2$) | 42 | 65 | 59 | 115 | 84 |
| 钾肥(K$_2$O) | | | | | |
| 施用量/(kg/hm$^2$) | $0\sim90$ | $0\sim90$ | $0\sim64$ | $0\sim225$ | $0\sim113$ |
| 平均施用量/(kg/hm$^2$) | 30 | 26 | 20 | 66 | 22 |

农民磷肥施用量的变异也较大。几个体系磷肥的施用量分别为:水稻 $0\sim90$ kg/hm$^2$,小麦 $0\sim98$ kg/hm$^2$,油菜 $0\sim149$ kg/hm$^2$,大蒜 $68\sim218$ kg/hm$^2$,榨菜 $27\sim158$ kg/hm$^2$,仍然存在施用不足或过量问题。而在磷肥施用的观念方面,几乎所有的农民凭经验,对于自己地的磷素状况,以及旱季与水稻季磷有效性不同的问题等知之甚少,因此在施肥中存在盲目施用磷肥的问题。

在调查的农户中有 50％多的农户未施用化学钾肥,其他施用钾肥农户的用量也较低,几种作物体系钾肥的平均施用量分别为:水稻 30 kg/hm$^2$,油菜 26 kg/hm$^2$,小麦 20 kg/hm$^2$,榨菜 22 kg/hm$^2$。钾主要由复合肥提供,作为基肥施用。目前的研究表明稻麦轮作系统中,当水稻和小麦 NPK 施用量分别为:水稻,150 kg/hm$^2$ N,40 kg/hm$^2$ P,75 kg/hm$^2$ K;小麦,120 kg/hm$^2$ N,26 kg/hm$^2$ P,50 kg/hm$^2$ K 的条件下,稻麦系统能够获得略高或与当地农民相当的作物产量,但表现出了的负的钾平衡(Fan et al.,2005)。以此推断,鉴于目前大多数农民很少施用有机物料的前提下(主要指水稻—小麦,水稻—油菜),钾肥的施用量可能不能弥补作物收获带走的钾量,系统可能表现出负的钾平衡。但是在水稻-大蒜体系里,农民习惯于用 2 亩地的稻秸覆盖一亩大蒜,以及在水稻-榨菜体系中,由于草木灰和人畜粪尿的施用,总共可带入约 120 kg/hm$^2$ K$_2$O,而且菜叶还田也归还了一部分钾,因此这 2 个体系的钾可能表现为正平衡。

有机肥的施用情况,不同的农户间的差异也很大,以四川省的温江区为例(表 73-2),有机物料的施用种类主要为液态人畜粪尿,由于在调查中没有采集人畜粪尿的样品进行 NPK 养分浓度的测定,而实际浓度的变异很大,因此,没有估算其 NPK 的含量,这里只是给出施用的实际液态人畜粪尿估计的鲜重。几个作物体系的施用情况分别是:水稻 $4\,500\sim36\,000$ kg/hm$^2$,油菜 $4\,500\sim27\,000$ kg/hm$^2$,小麦 $450\sim9\,000$ kg/hm$^2$,大蒜 $4\,500\sim60\,000$ kg/hm$^2$。施用人畜粪尿农户分别占调查农户:水稻 44％,油菜 60％,小麦 24％,大蒜 58％。

表 73-2
成都市温江区不同作物体系有机肥施用状况

| 作物 | 水稻 | 小麦 | 油菜 | 大蒜 |
|---|---|---|---|---|
| 调查户数 | 58 | 33 | 30 | 26 |
| 施用户占总调查比例/% | 44 | 24 | 60 | 58 |
| 施用量范围/(kg/hm²) | 4 500~36 000 | 450~9 000 | 4 500~27 000 | 4 500~60 000 |
| 有机肥类型 | 人畜粪尿 | 人畜粪尿或灰渣 | 人畜粪尿 | 人畜粪尿和秸秆 |

总之,在几个调查的作物体系中,从肥料(包括化肥和有机肥)的施用量上来看,在农户间表现出较大的差异,过量与不足现象并存。作物的氮肥的供应主要以化肥为主,即使在有机肥施用普遍而且量较大的榨菜作物上,化肥氮仍占总施肥量的 91%。在水稻-小麦和水稻-油菜系统中,钾的投入主要通过化肥,但是在榨菜和大蒜作物体系,有机物料输入了相当一部分钾,比如,榨菜作物,化肥钾的投入仅占总输入钾量的 15.6%。

**2. 农民施肥的氮磷钾比例**

表 73-3 列出了几种作物体系氮磷钾肥施用的比例情况,总体来看,农民 NPK 养分施用不平衡,偏施氮肥的现象比较普遍,而磷钾肥的施用量则相对较少。但是对于水稻-大蒜,水稻-榨菜体系来说,有机物料输入了相当一部分钾。而在水稻-小麦轮作的条件下,与其他几个体系相比,钾肥的施用量最少,而且从作物秸秆中归还的量也最少。

表 73-3
水旱轮作不同作物体系 NPK 肥料施用比例

| 作物 | 水稻 | 油菜 | 小麦 | 大蒜 | 榨菜 |
|---|---|---|---|---|---|
| NPK 比例 | 1∶0.30∶0.17 | 1∶0.5∶0.2 | 1∶0.47∶0.18 | 1∶0.51∶0.27 | 1∶0.33∶0.38 |

**3. 农民施肥中氮肥的分配**

调查结果表明,农民的氮肥施用时期不合理,没有考虑作物生长发育规律和作物对氮素的需求规律。比如,在水稻作物上,农民氮肥施用普遍存在前重后轻的现象,所调查农户中的 90%,氮肥分 2 次施用,第一次作为基肥在水稻移栽前施用,第二次作为追肥在水稻移栽后的 7~10 d 后施用。约有 10% 的调查农户,只施用一次基肥。而研究表明:水稻的氮素吸收高峰出现在幼穗分化期,此时氮素的吸收速率也达到最大。这样,农民习惯施氮下的氮肥的供应很难做到与作物氮素需求同步(图 73-1)。

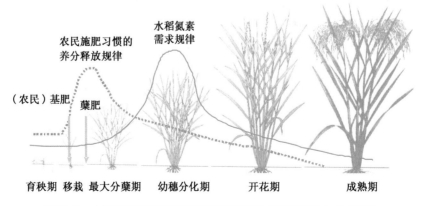

图 73-1　水稻氮素需求规律与农民施肥习惯(水稻图片来自 IRRI)

小麦和油菜的情况与水稻类似。研究表明,在四川盆地小麦在拔节前的氮素需求占总量的 30%～35%,拔节到成熟占总量的 60%～65%。拔节—灌浆是水稻氮素需求的高峰期。但是在生产中,几乎所有的农户,把氮磷钾肥均作为基肥一次施用,这样,肥料氮的供应规律也不能与作物需求同步。

在榨菜作物上,氮肥主要作追肥分 2～3 次施用,第一次施氮肥大多数是在榨菜移栽成活后兑清粪水淋施,施氮量占整个生育期施氮量的 0～28%,平均为 18%,其中有 10% 的农户第一次未施用氮肥;第二次施氮肥在移栽后 25～40 d,施肥量占整个生育期施氮量的 19%～44%,平均为 33%;第三次施氮肥在移栽后 50～70 d,施氮量占整个生育期施氮量的 33%～71%,平均为 49%。氮肥在整个生育期的分配出现前轻后重,与榨菜的需肥规律不一致。研究表明榨菜在营养生长阶段吸收的氮为全生育期的 76.2%±4.6%,而在生殖生长阶段吸收 23.2%±4.8%。

**4. 农民在施肥决策时没有考虑环境养分**

在调查中发现,农民在施肥的决策中没有考虑环境养分供应,农民确定施肥量时主要是根据经验、习惯或看周围农民。在调查问卷中问到施肥量确定的依据时,在总共 356 个农民中,首先选择地力的 136 个,占 38.2%,选择习惯的 148 个,占 41.6%,选择产量目标的 45 个,占 12.6%,选择肥料价格的 27 个,占 7.58%。虽然有 38.2% 的农户知道根据地力来确定施肥量,但具体操作上缺乏定量的手段和技术,只能进行定性或粗略的定量,结果也很难定量准确。可见,农民施肥仍处于经验施肥阶段。环境养分供应主要指:土壤养分供应,干湿沉降带入的养分,灌溉水带入的养分,作物秸秆带入的养分和生物固氮等。而这些因素也可能带入相当数量的养分。以重庆地区的水稻-小麦,水稻-油菜体系为例:在水稻季,灌溉带入的氮 32.5 kg/hm²,雨水中带入的氮 12.1 kg/hm²,生物固氮 40.5～57.5 kg/hm²;在旱季,雨水约带入 5.86 kg N/hm²,生物固氮 15 kg/hm²。而在四川温江稻-麦体系中,降水带入的氮约 8.3 kg/(hm²·年),灌溉水带入的氮约 5.3 kg/(hm²·年),在一个轮作周期内,环境的供氮能力约 120 kg/(hm²·年)。从以上分析可见,在施肥决策中,如果没有考虑环境养分供应的话,可能将导致肥料的浪费,低的养分利用效率,以及影响作物品质和造成环境问题等。

**5. 农民在施肥决策时没有考虑水旱两季间干湿交替对土壤养分的影响**

农民没有从整个轮作系统的角度出发来管理养分。事实上,水旱轮作系统的一个显著特征就是土壤在季节间干湿交替变化,这不利于土壤中氮素的保存,在旱季,土壤有机质易矿化、硝化为 $NO_3^- \text{-} N$,在作物收获时,也有相当一部分累积在了土壤中,但是累积的这部分氮很难被水稻利用,因为稻田在淹水后的很短时间内,累积的无机氮就损失出土壤作物系统。我们最近的研究表明,在成都平原的稻麦轮作区,土壤在旱季作物后累积的无机氮 80～100 kg/hm²,主要以 $NO_3^- \text{-} N$ 为主,小区试验表明:无机氮的累积量随施氮量的增加而增加,而且累积的无机氮在稻田淹水后的 13 d 内的就损失出了土壤作物系统。因此,在水旱轮作的条件下,旱季作物氮素的合理运筹,不仅仅有利于旱季作物对氮素的有效利用,对于系统水平上氮素的有效利用都有重要的影响。

水旱轮作系统土壤季节间的干湿交替对土壤磷在不同作物季节间的形态和作物有效性也产生很大的影响。在稻田淹水后,由于 Fe-P 化合物 $Fe^{3+}$ 的还原以及 P-Ca 化合物的溶解,磷的有效性得到了提高,但是在旱季作物时,旱地土壤又将导致磷的吸附和固持。土壤磷的这种动态特征表明:水旱轮作条件下,从轮作系统角度来调控磷素的必要性。比如,Yadvinder-singh 等(2000)的研究表明,在试验条件下,获得稳定的作物产量,稻-麦系统总的磷的投入量 40～50 kg/hm²,在小麦季,磷的投入至少 26 kg/hm²,而水稻季磷的用量 15～25 kg/hm²。目前,调查区的农民在磷素的管理方面仍然只从单个季节出发。比如,部分农民在水稻季施用大量的磷,但是在旱季却施用很少或不施磷,正说明了这一点。

## 73.1.2　水旱轮作系统养分管理的改进策略

上述结果表明,四川盆地水旱轮作种植体系的养分管理不合理。因此,更好地解决养分投入、作物生产和环境风险之间尖锐矛盾,实现高产高效是这一系统可持续发展的关键。养分管理主要应当遵循养分资源综合管理理论,采用的策略如下:

**1. 从轮作系统的角度运筹养分**

避免氮肥旱季投入过多,造成收获期累积而在稻田淹水期淋洗和反硝化损失,磷肥则根据旱季容易在土壤中固持和稻田淹水期有效性提高的特点,采取旱季作物多施水稻季少施的策略。

**2. 综合利用各种养分资源**

综合利用如土壤养分,环境养分(干湿沉降、灌溉水带入的养分,以及生物固氮等),以及各种有机养分(作物秸秆,人畜粪尿,绿肥,有机物料等),从而减少对化学肥料的过度依赖,提高养分利用效率,减少环境风险。

**3. 根据不同养分资源的特征确定管理策略**

由于氮容易移动,氮的管理宜采取实时实地精确监控的策略,使氮的供应与作物需求同步。针对当前农民的习惯,氮肥用量在控制总量的前提下,在水稻、小麦和油菜作物上,调整基追比例,氮肥后移,减少基肥用量,增加追肥用量。而在榨菜作物上,则适当增加前期的施用量。根据磷钾易在土壤中累积的特点,采取恒量监控的策略,即根据土壤速效磷、钾测试和养分平衡进行恒量监控,每隔3~5年测定1次,根据田间实际情况进行调整,将土壤速效磷、钾含量持续调控在作物高产的临界水平。

**4. 综合应用减少养分损失技术和高产栽培技术**

需要综合应用减少养分损失的技术和作物高产栽培技术。也就是要在理解水旱轮作生态条件下不同作物生产体系养分循环过程和特征的基础上,把养分管理的技术和高产栽培,节水栽培以及免耕等有机组装,以形成一个基于水旱轮作系统水平的高产、高效和环境友好的生产体系。

## 73.2　季节间干湿交替对水旱轮作系统氮素循环的影响

农田生态系统中养分循环和平衡状况既决定了系统的生产力和可持续性,又影响着人类赖以生存的环境。研究农田生态系统养分循环特征,理解或定量化农田生态系统养分循环的过程,对于提高系统生产力和养分资源利用效率,保护生态环境,建立可持续农业生产体系具有重要的理论和实践意义。水旱轮作的一个显著特征就是土壤在季节间干湿交替,水热条件的强烈转化引起土壤的物理、化学和生物学过程也在不同的作物季节间交替变化,从而形成一个独特的土壤肥力和生态环境。季节间的干湿交替,使得系统氮素循环和氮素的化学行为与旱地和湿地有很大不同。水旱轮作的条件下,提高氮素资源的利用效率,首先要量化进入系统不同来源的氮素,量化不同管理条件下化肥氮的去向和理解氮素在系统内的流动过程和损失特征。2003—2004 年在成都市温江区通过农户调查、田间小区和$^{15}$N微区试验研究了:①水旱轮作区稻-麦体系氮素的输入、输出及表观平衡状况;②土壤的供氮能力与特征;③不同作物生长季的无机氮特征和氮肥去向;④干湿交替对旱季残留无机氮和$^{15}$N 肥料的动态影响。

### 73.2.1　氮素输入

在农田生态系统中,氮素的输入途径主要包括化肥、有机肥、种子、灌溉、干湿沉降和生物固氮。表 73-4 列出了水稻-小麦轮作体系氮素的输入情况。

从表 73-4 中可以看出:在小麦季,氮素的输入总量为 77.3~286.3 kg/hm²(平均 168.5 kg/hm²),化肥氮是系统氮收入的主要来源,尽管调查农户的氮肥施用量变异较大(40.0~230.0 kg/hm²),但平均施氮量占总输入平均量的74%。其他几个途径输入系统的氮量约 43.5 kg/hm²,占平均输入量的26%。在水稻季,氮素的输入量 141.7~446.7 kg/hm²(平均 279.1 kg/hm²),化肥氮仍然是系统氮素收入的主要来源,平均施氮量占总输入平均量的56%,但是,稻田生物固氮也是系统氮素收入的重要来

**表 73-4**

水稻—小麦轮作体系氮素的输入（2003—2004）

| 输入项 | 输入的量(N)/(kg/hm²) | 数据来源 |
| --- | --- | --- |
| 小麦 | | |
| 　氮肥 | 40.0～230.0(平均 125) | 试验区调查($n=350$) |
| 　有机肥 | 1.0～20.0（平均 7.2） | 试验区调查 |
| 　降雨 | 13.4 | 试验区实测 |
| 　灌溉水 | — | — |
| 　种子 | 7.9 | 试验地实测 |
| 　生物固氮 | 15.0 | 根据文献报道 |
| 　总输入 1) | 77.3～286.3 (平均 168.5) | |
| 水稻 | | |
| 　氮肥 | 50.0～280.0(平均 156) | 试验区调查($n=350$) |
| 　有机肥 | 10.1～81.1(37.5) | 试验区调查 |
| 　降雨 | 15.6 | 试验区实测 |
| 　灌溉水 | 6.0 | 试验地估测 |
| 　秧苗 | 2.5～6.5 | 试验地实测 |
| 　生物固氮 | 57.5 | 根据文献报道 |
| 　总输入 2) | 141.7～446.7 (平均 279.1) | |
| 体系总输入 1)＋2) | 219.0～733.0 (平均 443.6) | |

源,本研究中,生物固氮的量约占总输入平均量的 21％。从整个轮作系统的角度看,输入平均量为 443.6 kg/hm²,而水稻季平均输入量占 63％。输入总量的变异范围也较大:219.0～733.0 kg/hm²,这可能意味着,在目前的稻—麦轮作系统中,系统氮素输入不足或过量现象共存,这种现象的发生主要是由农户养分资源管理不合理引起的。农田生态系统生产力的提高和维持,以及养分资源高效利用的重要条件之一是养分的合理输入和优化管理。

### 73.2.2　土壤供氮能力

土壤养分供应就是指作物在某一个生育期内,从土壤溶液中吸收的所有非当季肥料养分的数量。在农田生态系统中,土壤养分的来源通常是:①土壤固相部分通过生物化学反应释放的养分;②水田条件下的生物固氮;③大气的干湿沉降;④通过灌溉和偶发性的洪水带入的养分。在稻作制条件下,由于土壤养分的空间变异,水、秸秆和耕作管理的影响,非共生固氮以及通过灌溉降雨等输入养分的不确定性,使得土壤测试很难在田间条件下预测农田生态系统土壤养分的供应能力。因此,通过不施某一肥料养分,而又没有其他限制因子(如其他养分,水分,病虫害)的条件下,作物对该养分的吸收量可用来表示某一养分的土壤供应能力,它反映了非当季肥料输入养分的生物有效性。

表 73-5 显示了不同栽培方式对水旱轮作系统土壤供氮能力的影响。从中可以看出,在试验 A 中,3 个体系的平均水稻籽粒产量和平均土壤供氮能力的大小顺序分别为:平均籽粒产量,地膜覆盖(5 741 kg/hm²)＞ 传统淹水(4 586 kg/hm²)＞ 麦秸覆盖(4 338 kg/hm²);平均土壤供氮能力,地膜覆

盖(71.1 kg/hm²)＞麦秸覆盖(66.1 kg/hm²)＞传统淹水(60.6 kg/hm²)。水稻地膜覆盖旱作提高了水稻的平均产量和平均土壤供氮能力,这主要是因为地膜覆盖条件下,土壤表层前期的温度较高(王甲辰,2001),促进了土壤有机质的矿化和提高了氮素对作物的有效性。对于小麦而言,3个体系平均籽粒产量和平均土壤供氮能力的大小顺序均表现为:麦秸覆盖＞传统淹水＞地膜覆盖;水稻麦秸覆盖旱作能够提高后季小麦的籽粒产量和土壤供氮能力(Fan et al.,2005)。3个体系的水稻籽粒产量和土壤供氮能力在年度之间表现出较大的变异,这与其他一些研究结果类似(Dobermann et al.,2003),3个体系土壤供氮能力的变化范围分别为:传统体系,42.5～74.5 kg/hm²;覆地膜体系,60.0～80.4 kg/hm²;覆麦秸体系,48.0～77.6 kg/hm²。在小麦季,传统淹水和麦秸覆盖体系则表现出相当的稳定性。在试验B中,稻—麦体系的作物产量和土壤供氮能力与试验A的传统体系相当。

表 73-5

稻—麦轮作体系土壤供氮能力                         kg/hm²

| 轮作体系 | 试验年份 | 空白区籽粒产量 | | 土壤供氮 | | |
|---|---|---|---|---|---|---|
| | | 水稻 | 小麦 | 水稻 | 小麦 | 系统 |
| 试验 A | | | | | | |
| 稻—麦,传统栽培 | 2000—2001 | 5266 | 2960 | 60.0 | 55.1 | 115.1 |
| | 2001—2002 | 5092 | 3029 | 65.1 | 59.4 | 124.5 |
| | 2002—2003 | 4302 | 3096 | 74.7 | 54.0 | 128.7 |
| | 2003—2004 | 3683 | 3079 | 42.5 | 69.9 | 112.4 |
| | 平均 | 4586 | 3041 | 60.6 | 59.6 | 120.2 |
| 稻—麦,地膜覆盖旱作 | 2000—2001 | 6093 | 3088 | 60.0 | 61.8 | 121.8 |
| | 2001—2002 | 6148 | 2599 | 80.4 | 46.5 | 126.9 |
| | 2002—2003 | 4730 | 3444 | 77.6 | 62.0 | 139.2 |
| | 2003—2004 | 6019 | 2320 | 77.6 | 48.4 | 126.0 |
| | 平均 | 5741 | 2863 | 71.1 | 56.2 | 127.3 |
| 稻—麦,麦秸覆盖旱作 | 2000—2001 | 4041 | 3331 | 48.0 | 61.4 | 109.4 |
| | 2001—2002 | 5579 | 3494 | 74.5 | 64.4 | 138.9 |
| | 2002—2003 | 3120 | 3864 | 77.6 | 67.0 | 144.6 |
| | 2003—2004 | 4610 | 2895 | 59.1 | 66.6 | 125.7 |
| | 平均 | 4338 | 3396 | 66.0 | 63.1 | 129.1 |
| 试验 B | | | | | | |
| 稻—麦,传统栽培 | 2003—2004 | 5036 | 3592 | 56.6 | 73.1 | 129.7 |

## 73.2.3 无机氮特征

### 1. 农户地块不同轮作体系无机氮残留

试验区农户地块 0～80 cm 土层无机氮的累积状况如图 73-2 所示。在旱季作物收获后,残留无机氮以 $NO_3^-$-N 为主,3个体系 $NO_3^-$-N 和 $NH_4^+$-N 的残留情况分别为:小麦,52.7 和 30.7 kg/hm²;油菜,57.9 和 32.9 kg/hm²;大蒜,26.0 和 42.3 kg/hm²;3个体系残留总无机氮($N_{min}$)量约 68.3～90.8 kg/hm²,平均 80.8 kg/hm²。在水稻季,3个体系无机氮累积量变化范围:27.6～38.2 kg/hm²,平均 31.6 kg/hm²，而残留 NH₄⁺-N 的量要略高于 NO₃⁻-N。总的来看，3 个体系在旱季作物后均累积了一定量的氮，水稻收获后累积的量较少。每季作物的氮的累积量与施肥量没有明显的关系。

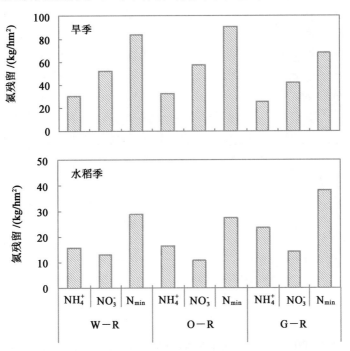

图 73-2　农户地不同轮作体系无机氮残留（n＝30）
W—R：小麦—水稻轮作；O—R：油菜—水稻轮作；G—R：大蒜—水稻轮作

**2. 残留无机氮在 0～80 cm 土壤剖面的分布**

图 73-3 和图 73-4 分别列出了稻—麦轮作条件下，不同管理措施对水稻、小麦收获后 NO₃⁻-N 和 NH₄⁺-N 在 0～80 cm 土壤剖面分布的影响情况。

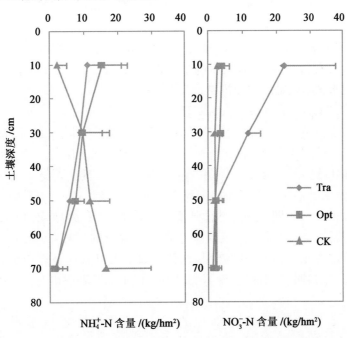

图73-3　小麦收获后残留 NH₄⁺-N 和 NO₃⁻-N 在 0～80 cm 土层的分布

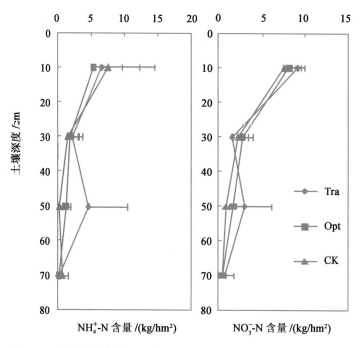

图73-4 水稻收获后残留 $NH_4^+$-N 和 $NO_3^-$-N 在 0～80 cm 土层的分布

在小麦收获后,3 个处理的 $NH_4^+$-N 在土壤剖面中的分布状况没有显著性差异,在 0～80 cm 土壤 3 个处理累积量平均为 33.9 kg/hm²,但是不同的氮管理措施显著地影响了小麦收获后 $NO_3^-$-N 在土壤剖面中的分布状况。在 Tra(农民习惯)管理条件下,0～80 cm $NO_3^-$-N 的残留量显著地高于 Opt(优化)处理和 CK(对照)处理,而且残留的 $NO_3^-$-N 主要分布在 0～20 cm(56.0 kg/hm²)和 20～40 cm(29.0 kg/hm²)土层,这一方面是因为 Tra 处理的高量施氮导致了更多的氮累积;另一方面也可能与上层土壤的有机质含量较高,同时也有更适合的矿化和硝化条件有关。Opt 与 CK 处理残留的 $NO_3^-$-N 在 0～80 cm 土壤剖面中的分布没有显著性不同。Opt 处理显著减少了旱季作物无机氮的残留。

在水稻季,3 个处理间 $NO_3^-$-N 和 $NH_4^+$-N 在 0～80 cm 土壤剖面中的分布没有显著性差异,而且 3 个处理间累积的量也没有显著性不同,累积的量分别为:Tra,27.5 kg/hm²,Opt,21.2 kg/hm²,CK,20.8 kg/hm²。这说明水稻季较难累积无机氮。

**3. 稻麦轮作条件下 0～80 cm 土层无机氮动态**

图 73-5 显示了稻-麦体系 0～80 cm 土层无机氮的动态变化。可以看出,不同的管理措施显著地影响了土壤的无机氮动态。从小麦播种到两叶一心,土壤 0～80 cm 土层的 $NO_3^-$-N 表现出增加的趋势,而且 Tra 处理增加的幅度更大,在两叶一心期 Tra 的 $NO_3^-$-N 含量显著高于 Opt 和 CK 处理,而 Opt 和 CK 处理之间没有表现出差异。对于土壤总无机氮($N_{min}$)来说,Tra 体系的 $N_{min}$ 与 $NO_3^-$-N 类似,表现出增加趋势,且在两叶一心期 Tra 的 $N_{min}$ 显著高于 Opt 和 CK 处理,而 Opt 和 CK 的 $N_{min}$ 似乎没有表现出明显的变化规律。三个处理无机氮动态在这一阶段的差异,可能主要由氮管理的不同引起。在 Tra 小区,所有的氮肥均作为基肥施用,这就导致了无机氮的显著增加;在 Opt 小区,由于在采集小麦两叶一心期的土样时,仍然没有施氮肥,所以,Opt 处理表现出与 CK 处理类似的无机氮变化规律。

从小麦的两叶一心到抽穗期,3 个处理的 $NH_4^+$-N 均处于较低水平,变化范围为 8.6～16.3 kg/hm²,且处理之间没有显著性差异;Tra 的 $NO_3^-$-N 和 $N_{min}$ 维持在一个较高的水平,分别为:$NO_3^-$-N,47.6～68.9 kg/hm²,$N_{min}$,56.2～82.0 kg/hm²;在抽穗期,CK 处理的 $N_{min}$ 和 $NO_3^-$-N 均显著

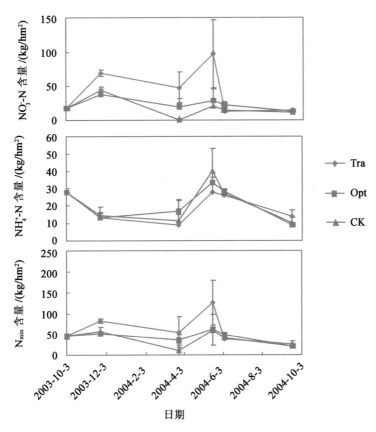

图 73-5　稻—麦轮作条件下 0～80 cm 土层无机氮的动态

低于 Tra 和 Opt,这可能是由于 CK 小区没有施氮,土壤的供给不能平衡植物的吸收,从而引起了无机氮库的下降。

从小麦抽穗期开始,由于气温逐渐升高,土壤的矿化加快,土壤无机氮表现出急剧增加的趋势,而且 Tra 处理的 $NO_3^- $-N 增加的幅度更大,这可能是因为 Tra 处理中一直维持较高的土壤 $NO_3^- $-N 水平,促进了微生物的活性,从而加快了土壤中碳氮的周转。在收获时,Tra 处理的 $NO_3^- $-N 含量达到 97.3 kg/hm²,显著高于 Opt 和 CK 处理,而 Opt 与 CK 处理之间则没有表现出显著性差异。

在小麦季累积的无机氮,并不能被下季水稻有效利用。从图 73-5 中可以看到,在稻田淹水后的第 13 天(移栽后的第 12 天),Tra 处理在小麦季积累的约 97.3 kg/hm² 的 $NO^- $-N,就下降到 12.7 kg/hm²,但是在这一阶段,水稻由于处于返青期,很少吸收氮,而且 $NO_3^- $-N 转化为 $NH_4^+ $-N 的量可能也是可忽略的,因此,Tra 体系中减少的部分可能损失出了土壤作物系统。在 Opt 和 CK 处理中,由于在小麦收获期累积的量相对较少,所以损失也较少。以上结果说明,在水旱轮作的条件下,季节间的干湿交替显著地影响了系统的氮素循环,旱季作物残留较少的无机态氮是水旱轮作系统有效利用氮素的条件之一。

## 73.2.4　氮肥去向

### 1. 氮肥的当季去向与后效

表 73-6 列出了稻-麦轮作条件下不同作物季节氮肥施用的当季去向。在小麦季,Opt 处理显著地减少了氮肥在土壤的残留量和总损失量,与 Tra 处理相比,降低的幅度分别为:39.2%和68.6%,2个处理中作物带走的部分相当,分别为,Opt,69.3 kg/hm² 和 Tra,67.8 kg/hm²;这主要是因为 2 个处理具有相近的生物学产量。小麦收获带走、土壤残留和损失在 Opt 和 Tra 处理中,所占总施用量的百分比例为:Opt 处理,57.7%,26.6%,15.6%;Tra 处理,37.7%,29.2%,33.1%。可以看出,在 Opt 处理

中约有 $60\%$ 的氮肥被作物收获带走,显著地提高了回收率。

**表 73-6**

稻—麦轮作体系不同作物季节施氮($^{15}N$)当季去向

| 处理[a] | 氮用量 | 作物吸收(N) | | 土壤残留(N) | | 损失(N) | |
|---|---|---|---|---|---|---|---|
| | | /(kg/hm²) | /% | /(kg/hm²) | /% | /(kg/hm²) | /% |
| 小麦季 | | | | | | | |
| Opt | 120 | 69.3a | 57.7a | 32.0b | 26.6a | 18.7b | 15.6b |
| Tra | 180 | 67.8a | 37.7b | 52.6a | 29.2a | 59.6a | 33.1a |
| 水稻季 | | | | | | | |
| Opt | 119 | 21.7a | 18.2a | 12.7a | 10.7a | 84.6b | 73.1b |
| Tra | 146 | 11.5b | 7.8b | 13.2a | 9.0a | 121.4a | 83.1a |

[a]同一列中带有相同字母表示不同层次的残留量在 0.05 水平差异不显著。

在水稻季,与 Tra 处理相比,Opt 处理显著地提高了水稻的吸收量和减少了损失量,分别为:21.7 和 84.6 $kg/hm^2$。而 2 个体系的土壤残留量没有显著性差异;各去向占总施氮量的百分比也表现出类似的规律。在本试验条件下,肥料氮的损失较大,占施氮量的 $73.1\%\sim83.1\%$,可能主要与试验稻田水分渗漏较快有关,在当地的另一个 $^{15}N$ 肥料试验中,施氮量为 150 $kg/hm^2$,损失约 $65.2\%$(Liu et al., 2005)。

**2. 小麦季残留氮肥在下季水稻的去向**

小麦季残留氮肥在水稻季的去向如表 73-7 所示。从中可以看出,不同处理小麦季施用氮肥在水稻季的后效为 $4.2\sim4.4$ $kg/hm^2$,约占小麦季氮肥用量的 $2.5\%\sim3.5\%$,而且在处理间达到显著性水平。土壤残留的量在 2 个处理中分别为:Opt,24.3 $kg/hm^2$,Tra,32.6 $kg/hm^2$,分别占小麦季残留氮肥的 $24.1\%$ 和 $38.0\%$,可见土壤残留是肥料氮后茬去向的主要形式。Opt 处理中,残留氮肥的损失量显著小于 Tra 处理,这说明小麦季的氮肥管理对系统水平氮肥的有效利用有重要意义,在本试验的 Tra 条件下,小麦季施用氮肥的 $8.7\%$ 在水稻季发生损失,而 Opt 条件下,则只有 $2.9\%$。

**表 73-7**

小麦季残留氮肥($^{15}N$)在下季水稻去向

| 处理[a] | 小麦季残留/(kg/hm²) | 作物吸收(N) | | 水稻土壤残留(N) | | 损失(N) | |
|---|---|---|---|---|---|---|---|
| | | /(kg/hm²) | /% | /(kg/hm²) | /% | /(kg/hm²) | /% |
| Opt | 32.0 | 4.2b | 3.5a | 24.3b | 20.3a | 3.5b | 2.9b |
| Tra | 52.6 | 4.4a | 2.5b | 32.6a | 18.1a | 15.6a | 8.7a |

[a]同一列中带有相同字母表示不同层次的残留量在 0.05 水平差异不显著。

**3. 作物收获后氮肥在土壤剖面中的分布**

在水稻和小麦收获后,肥料氮主要残留在 $0\sim20$ cm 土层,如表 73-8 所示。总体来看,在 $20\sim40$,$40\sim60$,$60\sim80$ cm 之间,作物收获后残留的氮肥没有差异,变化范围分别为:小麦收获后,$2.8\sim7.5$ $kg/hm^2$;水稻收获后,$1.2\sim3.1$ $kg/hm^2$。目前的结果也表明,肥料氮有淋洗的趋势。从表中也能看出,在小麦季施用了 $^{15}N$ 的小区在后季水稻的残留量要比水稻季施用了 $^{15}N$ 的小区当季的残留量要高,这一方面与水稻季所施氮肥的损失较大有关,另一方面也说明小麦季残留的氮肥可能大部分以有机态或固定态 $NH_4^+$-N 存在,这样在水稻季的损失也就比较少。

表 73-8

氮肥（¹⁵N）在土壤剖面中的分布ª　　　　　　　　　　　　　　　　　　　　　　　　　　　　　kg/hm²

| 土层/cm | 小麦 | | 水稻ᵇ | | 水稻ᶜ | |
|---------|------|------|------|------|------|------|
| | Opt | Tra | Opt | Tra | Opt | Tra |
| 0～20 | 21.3a | 36.7a | 18.0a | 24.2a | 6.4a | 7.2a |
| 20～40 | 3.8b | 7.5b | 2.6b | 3.1b | 2.1bc | 1.3b |
| 40～60 | 4.1b | 3.4c | 2.0b | 2.4b | 1.2c | 2.3b |
| 60～80 | 2.8b | 4.9bc | 1.6b | 2.9b | 3.0b | 2.3b |

ª 同一列中带有相同字母表示不同层次的残留量在 0.05 水平差异不显著；
ᵇ 小麦季所施氮肥在水稻收获后在土壤剖面中的残留；
ᶜ 水稻季施氮在水稻收获后在土壤剖面中的残留。

**4. 季节间干湿交替对小麦季残留氮肥的影响**

图 73-6 显示了小麦季残留氮肥在稻田淹水后的动态变化。可以看到，稻田淹水引起旱季残留氮肥的显著减少。淹水 13 d 后，Opt 和 Tra 处理残留氮肥减少的量分别为：5.9 和 8.9 kg/hm²；占总残留量的比例分别为：Opt，18.4%，Tra，17.0%。然而，这部分氮肥可能损失出了土壤作物系统，因为，水稻在这段时间处于返青期很少吸收氮。淹水 13 d 到水稻收获，Opt 和 Tra 处理的氮肥减少的量分别为：1.8 kg/hm² 和 8.1 kg/hm²；占总残留量的 5.5% 和 15.5%。由于在这一阶段减少的量一部分被水稻吸收，另一部分损失出了土壤作物系统，因此，小麦季残留氮肥在水稻季的损失主要发生在稻田淹水种稻的 13 d 时间内。

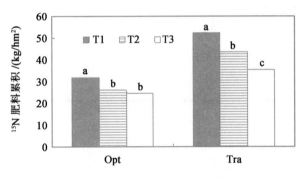

**图 73-6　季节间干湿交替对小麦季残留氮肥的影响**
T1：小麦收获后；T2：淹水后 12 d；T3：水稻收获后
（带有相同字母表示在 0.05 水平差异不显著）

### 73.2.5　氮素表观平衡

表 73-9 列出了不同管理措施对稻—麦轮作体系氮素表观损失的影响。

在小麦季，输入量的差异来自肥料，Opt 处理的氮肥施用量为 120 kg/hm²，是 Tra 处理氮肥施用量的 2/3；而输出量的差异主要来自残留的无机氮量，分别为 61.7 和 125.3 kg/hm²，2 个处理小麦收获带走的氮素的量相当；总的表观氮损失分别为 27.8 和 29.2 kg/hm²，没有显著性不同。

在水稻季，不同管理措施显著影响了氮素的表观损失。与 Opt 处理相比，Tra 处理氮肥的输入量、移栽前无机氮的残留量都较高，但是作物收获带走的量又相对较少，所以氮的表观损失量也较高，大约为 Opt 处理的 2.9 倍。表 73-9 也表明，氮的净矿化为 −57.8 kg/hm²，这意味着：本试验中有 57.8 kg/hm² 的氮进入了土壤的有机或固定氮库。

对整个体系而言，Opt 和 Tra 处理肥料氮的表观损失量分别为：89.6 和 209.4 kg/hm²，Tra 处理的表观损失量是 Opt 处理的 2.3 倍。2 个体系中氮的表观损失主要发生在水稻季，分别占总损失的百分比为：Tra，86%，Opt，69%。

**表 73-9**

不同管理措施下稻—麦体系氮素的表观平衡

kg/hm²

| 处理 | 氮输入(N) | | | | 氮输出(N) | | 表观氮平衡 1)+2)+3) +4)-5)-6) |
| | 施氮量 1) | 播前无机氮 2) | 环境氮输入 3)[a] | 矿化 4)[b] | 作物带出 5) | 残留无机氮 6) | |
|---|---|---|---|---|---|---|---|
| 小麦季 | | | | | | | |
| CK | 0 | 51.0 | 28.4 | 54.1 | 73 | 60.5 | 0 |
| Opt | 120 | 51.0 | 28.4 | 54.1 | 164 | 61.7 | 27.8 |
| Tra | 180 | 51.0 | 28.4 | 54.1 | 159 | 125.3 | 29.2 |
| 水稻季 | | | | | | | |
| CK | 0 | 60.5 | 79.1 | -57.8 | 61 | 20.8 | 0 |
| Opt | 119 | 61.7 | 79.1 | -57.8 | 119 | 21.2 | 61.8 |
| Tra | 146 | 125.3 | 79.1 | -57.8 | 85 | 27.4 | 180.2 |
| 系统 | | | | | | | |
| CK | 0 | 51.0 | 107.5 | -3.7 | 134 | 20.8 | 0 |
| Opt | 239 | 51.0 | 107.5 | -3.7 | 283 | 21.2 | 89.6 |
| Tra | 326 | 51.0 | 107.5 | -3.7 | 244 | 27.4 | 209.4 |

[a] 指灌溉,降雨,种子/秧苗氮输入和生物固氮;

[b] 矿化=不施氮小区作物吸氮量+不施氮肥区土壤残留 $N_{min}$-不施氮肥区土壤起始 $N_{min}$-环境氮素输入。

本研究说明,季节间干湿交替显著地影响了系统的氮素循环,旱季作物高量施氮条件下,影响更加明显,在 Opt 处理中,小麦季收获后,残留的无机氮显著减少,因此也相应地减少了干湿交替阶段氮的损失。结果也表明:稻-麦轮作条件下,氮素的损失主要发生在水稻季,占系统氮素表观损失的 69%～86%,而小麦季氮素管理也显著影响水稻季氮的损失,本试验条件下,Tra 处理水稻季损失氮素的一半是由小麦季氮肥的过量施用引起的。因此,水旱轮作的条件下,旱季作物氮素的优化管理对提高轮作系统氮素的利用具有重要意义。环境也向系统输入了相当一部分氮,综合利用环境养分是提高水旱轮作系统的生产力和氮素资源利用效率,同时保护生态环境的必要条件之一。

## 73.3 施氮水平和水稻覆盖旱作对稻—麦轮作体系的交互影响

水危机威胁着灌溉水稻生产体系的可持续性,在亚洲 90% 的淡水资源用于农业生产,而灌溉水稻用水又占农业总用水量的 50%,因此发展节水稻作对亚洲地区粮食安全问题具有重要意义。水稻也具有巨大的节水潜力,因为它的生理需水量远小于它的生态需水量,与一些旱作物如小麦相当。另一方面,作物秸秆管理以及它对养分循环和土壤肥力的影响是农业可持续发展的又一热点问题。由于小麦收获和水稻移栽间隔时间很短,农民为了抢季节,焚烧小麦秸秆现象很普遍,这不但损失有机碳和养分,也造成了环境污染。因此,寻找经济合理的小麦秸秆利用方式,非常迫切。其中一个可能的解决措施是利用麦秸作为旱作水稻体系的覆盖材料。20 世纪 80 年代之后,水稻覆盖旱作,尤其是水稻地膜覆盖旱作,在我国取得了一定的发展。然而,水稻覆盖旱作对水稻—小麦轮作体系影响的报道不多。水稻—小麦轮作的一个显著特征是土壤在年内干湿交替,水稻从淹水栽培改为旱作后,土壤旱作时间延长,土壤有机质的分解可能加快,从而导致土壤有机碳和土壤全氮的耗竭,进而可能影响稻-麦体系的生产力和可持续性;此外,稻田从淹水状况转变为旱地,以及覆盖旱作栽培后土壤温度的改变可能对土壤氮的形态、有效性以及氮的循环产生较大的影响。因而,研究不同的氮水平和覆盖旱作方式对稻麦体系生产力,氮素特征及可持续性的交互影响,具有重要的理论和现实意义。2000—2004 年在四川省成都市温江县天府镇通过田间定位试验研究了水稻覆盖旱作方式和氮肥施用水平对稻-麦轮作体系的影响,主要包括:①作物籽粒产量;②作物对氮的吸收;③土壤无机氮的累积特征;④系统表观氮平衡的交互作用。

### 73.3.1　覆盖方式和施氮水平对作物产量的影响

**1. 施氮水平对作物产量的影响**

在试验期间,施氮水平显著地影响了水稻和小麦的籽粒产量(表 73-10)。与对照 N0 相比,每个施氮处理都获得了更高的平均籽粒产量。水稻的平均籽粒产量随施氮水平的增加也表现出增加的趋势,但在 N2 和 N3 之间,没有表现出显著性差异;3 个施氮处理中,N2 水平下小麦的平均籽粒产量要比 N1 或 N3 水平的平均籽粒产量高,而且在 2000/2001 和 2001/2002 季,差异达到显著性水平。总之,从 3 年的结果整体来看,在 N2 水平下,水稻和小麦能够稳定地获得较高的产量。

**2. 覆盖方式对作物产量的影响**

从表 73-10 看出,在 N0 和 N1 水平下,与传统淹水相比覆地膜体系提高了水稻产量,而且在 2000 和 2001 季达到显著性水平;而覆麦秸体系的水稻籽粒产量,在 2000 和 2002 季显著地低于传统淹水体系,在 2001 季则与传统淹水体系类似。在 N2 和 N3 水平下,除了 2002 季外,3 个体系的水稻籽粒产量没有表现出显著差异。从 3 年整体来看:与传统淹水体系相比,在低氮(N1)或不施氮(N0)条件下,覆地膜体系的水稻平均产量增加了 14%,覆麦秸体系的水稻平均产量降低了 16%;而在高氮(N2 和 N3)条件下,覆地膜体系的水稻平均产量增加了 2%,覆麦秸体系的水稻平均产量降低了 4.7%。结果说明氮水平和覆盖方式对水稻籽粒产量具有交互作用,随着施氮量的增加,覆盖方式对水稻籽粒产量的影响在逐渐减弱。

覆麦秸体系表现出明显的后效作用,如表 73-10 所示,在 N0 水平下,覆麦秸体系的小麦产量要高于传统和覆地膜体系,在 2000/2001 和 2001/2002 季差异达到显著水平。与传统体系相比:覆麦秸体系 N0 水平 3 年的平均籽粒产量增加了 18%。在 3 年的试验期间,覆地膜和传统淹水体系的小麦产量没有表现出明显的趋势,这意味着水稻地膜覆盖对后季小麦没有产生影响。

表 73-10

| 覆盖旱作方式和施氮水平对稻—麦轮作系统作物籽粒产量的影响 | | | | | | kg/hm² |

| 氮水平(N) | 覆盖方式 | 水稻 | | | 小麦 | | |
|---|---|---|---|---|---|---|---|
| | | 2000 | 2001 | 2002 | 2000/2001 | 2001/2002 | 2002/2003 |
| N0 | TF 传统 | 5 266ba | 5 092b | 4 302a | 2 960b | 3 029b | 3 096a |
| | PM 地膜 | 6 093a | 6 148a | 4 730a | 3 088b | 2 599b | 3 444a |
| | SM 麦秸 | 4 041c | 5 579ab | 3 120b | 3 331a | 3 494a | 3 864a |
| | 平均 | 5 134 | 5 606 | 4 051 | 3 126 | 3 060 | 3 485 |
| N1 | TF 传统 | 8 237a | 5 998b | 5 926a | 4 287a | 4 263a | 4 380a |
| | PM 地膜 | 7 307a | 6 528a | 5 895a | 4 449a | 3 548b | 4 513a |
| | SM 麦秸 | 5 944b | 6 236ab | 4 202b | 4 487a | 4 426a | 4 046a |
| | 平均 | 7 162 | 6 254 | 5 340 | 4 407 | 4 079 | 4 313 |
| N2 | TF 传统 | 8 135a | 6 717a | 6 712a | 5 047c | 4 862a | 4 368a |
| | PM 地膜 | 7 978a | 6 777a | 6 509a | 5 253b | 4 448a | 3 833a |
| | SM 麦秸 | 7 042a | 6 593a | 4 219b | 5 963a | 4 480a | 5 129a |
| | 平均 | 7 718 | 6 696 | 5 813 | 5 421 | 4 597 | 4 443 |

续表 73-10

| 氮水平(N) | 覆盖方式 | 水稻 | | | 小麦 | | |
| --- | --- | --- | --- | --- | --- | --- | --- |
| | | 2000 | 2001 | 2002 | 2000/2001 | 2001/2002 | 2002/2003 |
| N3 | TF 传统 | 7 892a | 7 096a | 5 892a | 4 584a | 4 838a | 4 399a |
| | PM 地膜 | 7 959a | 6 943a | 6 921a | 4 769a | 4 144a | 4 311a |
| | SM 麦秸 | 7 196a | 6 872a | 5 812a | 4 861a | 4 364a | 4 275a |
| | 平均 | 7 682 | 6 970 | 6 209 | 4 738 | 4 449 | 4 328 |
| 平均值的 LSD$_{0.05}$ c | | 540 | 294 | 734 | 87 | 291 | 606 |

a 同一列中同一施氮量下带有相同字母表示不同覆盖处理的产量在 0.05 水平差异不显著;
b 每个 N 水平下 3 个栽培措施的平均产量;
c 不同施氮量之间作物产量的最小差异显著性。

**3. 施氮和覆盖方式对系统生产力的影响**

表 73-11 列出了 N0 和 N2 水平下,水稻-小麦轮作体系的系统生产力(水稻与小麦籽粒产量之和)。从中可以看出:在每种栽培方式下施氮均提高了稻麦系统的生产力。在 2 个氮水平下,3 个栽培体系在 3 个轮作周期内的系统生产力变化范围分别是:N0,7.0~9.2 t/hm$^2$;和 N2,9.3~13.2 t/hm$^2$。3 个栽培体系 3 年平均系统生产力,在 N0 水平下为:TF,7.9 t/hm$^2$,PM,8.7 t/hm$^2$,SM,7.8 t/hm$^2$;而在 N2 水平下为:TF,11.9 t/hm$^2$;PM,11.6 t/hm$^2$;SM,11.1 t/hm$^2$。总的来看,SM 表现出相对较小的系统生产力,这主要是因为 SM 导致了水稻产量的下降,而麦秸的后效作用还不足以弥补水稻产量的下降程度。

表 73-11

不同覆盖旱作措施和氮水平对稻—麦轮作系统生产力的影响　　　　　　　　　　　　　　　　　　　　　　　kg/hm$^2$

| 氮水平 | 覆盖方式 | 2000/2001 | 2001/2002 | 2002/2003 | 平均 |
| --- | --- | --- | --- | --- | --- |
| N0 | TF | 8 226 | 8 121 | 7 399 | 7 915 |
| | PM | 9 180 | 8 746 | 8 174 | 8 700 |
| | SM | 7 372 | 9 073 | 6 984 | 7 810 |
| N2 | TF | 13 182 | 11 543 | 11 080 | 11 935 |
| | PM | 13 230 | 11 224 | 10 342 | 11 599 |
| | SM | 13 005 | 11 073 | 9 348 | 11 142 |

系统生产力指水稻和小麦籽粒产量总和。

## 73.3.2　覆盖方式和施氮水平对作物氮吸收的影响

覆盖旱作栽培影响了水稻和小麦地上部对氮素的吸收(表 73-12)。与覆地膜和传统体系相比较,麦秸覆盖体系显著地降低了水稻对氮素的吸收;但是覆麦秸条件下,小麦对氮素的吸收在 2000/2001 和 2002/2003 季表现出增加的趋势(在 2000/2001 和 2002/2003 季覆麦秸条件下小麦的平均吸氮量分别为 113 和 95 kg/hm$^2$),而且在 2000/2001 季达到差异显著性水平。3 个体系小麦地上部对氮的吸收与不同体系间生物产量的变化规律类似。在覆地膜与传统体系之间,水稻和小麦地上部对氮的吸收均没有表现出明显的规律性。

从表 73-12 中也可以看出:作物地上部对氮的吸收随施氮量的增加而增加。N2 和 N3,除 2000/2001 小麦季外(N2,126 kg/hm$^2$;N3,116 kg/hm$^2$),N3 水平下水稻和小麦对氮的吸收显著地高于或类似于 N2 水平。这意味着:高的施氮量(N3)将会导致作物对氮的奢侈吸收,因为在 N2 水平时,水稻和小麦产量已经达到较高的水平,更大的施氮量(N3)并没有引起产量的进一步增长。

表 73-12

覆盖旱作方式和施氮水平对作物氮素吸收的影响[a]　　　　　　　　　　　　　　　　　　　　　　　　kg/hm²

| 覆盖方式 | 氮水平(N) | 水稻 | | | 小麦 | | |
|---|---|---|---|---|---|---|---|
| | | 2000 | 2001 | 2002 | 2000/2001 | 2001/2002 | 2002/2003 |
| TF 传统 | N0 | 60ca | 65c | 75c | 55d | 59c | 54b |
| | N1 | 92b | 82b | 100ab | 86c | 92b | 79ab |
| | N2 | 136a | 98b | 129ab | 126a | 106b | 92ab |
| | N3 | 141a | 130a | 140a | 116b | 131a | 98a |
| | 平均[b] | 110 | 94 | 111 | 96 | 97 | 81 |
| PM 地膜 | N0 | 60c | 80c | 78b | 62c | 47c | 62b |
| | N1 | 81b | 95bc | 104ab | 92b | 73b | 76ab |
| | N2 | 103a | 113b | 118b | 134a | 96a | 85ab |
| | N3 | 114a | 138a | 140a | 129a | 105a | 106a |
| | 平均 | 89 | 106 | 110 | 104 | 80 | 82 |
| SM 麦秸 | N0 | 48b | 75c | 51b | 61c | 64b | 67b |
| | N1 | 65b | 82bc | 77b | 99b | 90a | 77b |
| | N2 | 101a | 97b | 79b | 152a | 110a | 120a |
| | N3 | 97a | 122a | 118a | 140a | 108a | 117a |
| | 平均 | 78 | 94 | 81 | 113 | 93 | 95 |
| | LSD[0.05][c] | 10 | 7 | 18 | 7 | 10 | 15 |

[a] 同一列中同一栽培措施下带有相同字母表示不同覆盖处理的产量在 0.05 水平差异不显著；
[b] 每种栽培措施下 4 个氮水平的平均吸氮量；
[c] 不同栽培措施之间作物吸氮量的最小差异显著性。

### 73.3.3　覆盖方式和施氮水平对土壤无机氮累积的影响

#### 1. 施氮水平对土壤无机氮累积的影响

图 73-7 显示了施氮水平对 0~60 cm 土层无机氮累积的影响状况。可以看出：在每年小麦收获后，施氮显著地影响了无机氮的累积量，随施氮量的增加，累积量也表现出增加的趋势，而且在 N0 或 N1 和 N2 或 N3 之间，差异达到显著性水平。然而，在 2000 和 2002 水稻季，4 个施氮水平 0~60 cm 土层无机氮的累积，没有表现出显著性差异；在 2001 季，N3 水平的累积量要显著低于 N0 和 N1 水平，这可能与 N3 水平下水稻对氮的奢侈吸收有关。以上结果说明：水稻季较难累积氮，盈余的氮素可能损失出土壤作物系统。

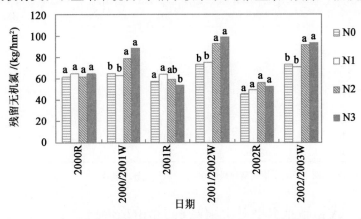

图 73-7　施氮水平对作物收获后 0~60 cm 土层无机氮残留的影响

2000R：2000 年水稻季；2000/2001W：2000/2001 年小麦季；其他类推
（在每个季节相同字母表示不同施氮水平在 $P=0.05$ 的水平差异不显著）

**2. 覆盖方式对土壤无机氮累积的影响**

在每一轮作周期，小麦收获后0～60 cm土层累积的无机氮要比水稻季收获后高（图73-8），这可能是因为在水旱轮作的条件下，水稻季氮的损失比小麦季大。从图73-8也可以看出：所有试验年份，覆盖旱作方式对水稻季无机氮的累积没有影响，3个体系累积无机氮的变化范围：50～65 kg/hm²；在2001/2002和2002/2003的小麦季，3个体系累积无机氮的变化范围82～88 kg/hm²，也没有受覆盖旱作方式影响。因此，尽管在2000/2001小麦季，覆地膜体系导致了比传统体系更低的无机氮累积量，但从3年的试验结果总体来看：在试验条件下，覆盖旱作对土壤无机氮的累积没有影响。

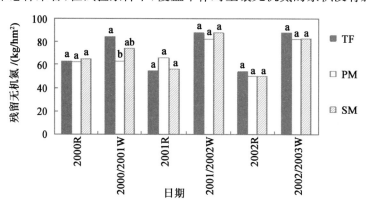

**图73-8  覆盖方式对作物收获后0～60 cm土层无机氮残留的影响**

TF：传统淹水；PM：覆地膜；SM：覆麦秸；2000R：2000年水稻季；2000/2001W：2000/2001年小麦季；其他类推
（在每个季节相同字母表示不同施氮水平在 P＝0.05 的水平差异不显著）

**3. 覆盖方式对土壤累积无机氮形态的影响**

表73-13列出了3个栽培体系在水稻和小麦收获后，0～60 cm土层累积的 $NO_3^- - N$ 和 $NH_4^+ - N$ 状况。尽管覆盖旱作对0～60 cm土层累积无机氮的量没有影响，但是覆盖旱作影响了水稻季累积无机氮的形态。在2001和2002水稻季，覆盖旱作导致0～60 cm土层 $NO_3^- - N$ 累积量的显著增加，但是 $NH_4^+ - N$ 的累积量却显著降低。这主要是因为：旱作条件下土壤的硝化作用比较强烈，更多的 $NH_4^+ - N$ 转化为 $NO_3^- - N$。从表73-13中也能看出，除个别年份外，前季覆盖旱作对后季小麦土壤累积无机氮的形态没有影响。

**表 73-13**

覆盖旱作方式对残留无机氮形态的影响                                                                                                              kg/hm²

| 覆盖方式 | 水稻 | | | 小麦 | | |
|---|---|---|---|---|---|---|
| | 2000 | 2001 | 2002 | 2000/2001 | 2001/2002 | 2002/2003 |
| $NH_4^+ - N$ | | | | | | |
| 传统 TF | 55a[a] | 45a | 33a | 54a | 38a | 46a |
| 地膜 PM | 55a | 36b | 21b | 41b | 31a | 45a |
| 麦秸 SM | 57a | 33b | 21b | 50a | 39a | 44a |
| $NO_3^- - N$ | | | | | | |
| 传统 TF | 8a | 10c | 21b | 30a | 50a | 42a |
| 地膜 PM | 7a | 30a | 29a | 23a | 51a | 37a |
| 麦秸 SM | 8a | 24b | 29a | 24a | 49a | 39a |

[a] 同一列中同一氮形态下带有相同字母表示不同栽培措施在 0.05 水平差异不显著。

### 73.3.4  覆盖方式和施氮水平对土壤氮素平衡的影响

表73-14列出了3个轮作周期后，覆盖方式和施氮水平对土壤表观氮素平衡的影响。可以看出：肥料氮是氮输入项的主要方面，所有处理的表观氮平衡的变化范围为−310～671 kg/hm²。总的来看：在

不施氮(N0)和低量施氮(N1)条件下,净平衡表现为亏缺(传统体系的 N1 处理例外),变化范围为 $-310 \sim -35$ kg/hm²,而且在 N0 水平下,亏缺比较严重。在 N2 和 N3 水平下,净平衡表现为盈余,而且在 N3 水平下由于投入了更多的肥料,所以盈余也比 N2 水平高。在 N2 水平下,3 个体系的净氮平衡分别为:TF,214 kg/hm²,PM,210 kg/hm²,SM,309 kg/hm²;而在 N3 水平下,则分别为:TF,550 kg/hm²,PM,562 kg/hm²,SM,671 kg/hm²。就 3 个体系而言,由于覆麦秸条件下,麦秸带入大约 79 kg/hm² 的氮,而作物收获带走的氮又相对较少,所以覆麦秸体系的氮亏缺程度要比覆地膜和传统体系有所减轻,盈余多一些;覆地膜和传统体系之间没有表现出明显的差异。

从表 73-14 也可以看出:氮肥的输入量是决定土壤氮素盈亏的主要因素,一方面,连续不施用氮肥会造成土壤氮素亏缺,最终导致土壤肥力下降;另一方面,过量施氮会造成大的盈余。由于在试验条件下,土壤难以累积无机氮,因此盈余的氮可能损失出土壤作物系统,从而导致相应的环境问题。

表 73-14

3 个轮作周期后覆盖旱作方式和施氮水平对稻—麦轮作体系土壤氮平衡的影响(2000—2003)　　　　　　kg/hm²

| 覆盖方式 | 氮水平 | 输入 | | | | 收获带走 | N 平衡 |
| | | 肥料 | 秸秆 | 降水 | 灌溉 | | |
| | | (A) | (B) | (C) | (D) | (E) | (F) |
| 传统 TF | N0 | 0 | 0 | 75 | 16 | 368 | −277 |
| | N1 | 405 | 0 | 75 | 16 | 531 | −35 |
| | N2 | 810 | 0 | 75 | 16 | 687 | 214 |
| | N3 | 1 215 | 0 | 75 | 16 | 756 | 550 |
| 地膜 PM | N0 | 0 | 0 | 75 | 4 | 389 | −310 |
| | N1 | 405 | 0 | 75 | 4 | 521 | −37 |
| | N2 | 810 | 0 | 75 | 4 | 679 | 210 |
| | N3 | 1 215 | 0 | 75 | 4 | 732 | 562 |
| 麦秸 SM | N0 | 0 | 79 | 75 | 4 | 366 | −208 |
| | N1 | 405 | 79 | 75 | 4 | 490 | 73 |
| | N2 | 810 | 79 | 75 | 4 | 659 | 309 |
| | N3 | 1 215 | 79 | 75 | 4 | 702 | 671 |

试验表明,覆盖旱作栽培和施氮水平对作物籽粒产量,系统生产力,作物氮素吸收以及体系的氮素特征具有交互影响作用。在低量(N1)和不施氮(N0)条件下,覆盖旱作栽培显著地影响了作物的产量和系统生产力;但在高氮(N2 和 N3)条件下,覆盖旱作栽培体系对产量的影响不明显。此外,覆盖栽培体系的氮素特征(作物氮素吸收,土壤氮平衡,土壤无机氮残留)与氮肥的施用水平密切相关。试验发现,在 N2 水平下(水稻,150 kg/hm²;小麦,120 kg/hm²),3 个体系均能够获得较高产量。因此,就体系的生产力而言,在这一施氮量下,水稻覆盖旱作体系是缓解灌溉水资源短缺,有效利用秸秆(对于覆麦秸体系),并提高或维持较高产量的可行措施。然而,N2 的肥料投入,又将增加氮损失的风险。因而,建立以氮素调控为中心的养分资源综合管理体系,提高覆盖旱作体系的生产力,同时又兼顾生态和环境效益,应是今后研究的目标。

## 73.4　长期水稻覆盖旱作条件下稻—麦轮作体系的生产力

水旱轮作体系的一个显著特征就是土壤在季节间干湿交替,水热条件的转化引起土壤的物理、化学和生物过程也在不同的作物季节间交替变化,形成一个独特的土壤肥力和生态环境。然而,水稻从淹水栽培改为覆盖旱作后,稻田由于在大多数时间内没有建立水层而接近于旱地状态,以及覆盖条件下,土壤温度的改变,秸秆覆盖条件下微生物对氮的暂时固定作用将对系统的能量流动和物质循环产生较大的影响。先前的一些短期试验已经表明:旱作水稻-旱作物生态系统具有显著的节水效益(王甲辰,2001;Liu et al.,2005)。地膜覆盖具有比传统体系更高的作物生产力,而麦秸覆盖旱作水稻-小麦轮作系体系中水稻产量下降(范明生等,2003)。然而,在旱作条件下,土壤有机质的分解可能加快,从而导致土壤有机碳和全氮的耗竭,进而可能影响系统的生产力和可持续性。长期水稻覆盖旱作对稻田土壤肥力的影响如何? 水稻地膜覆盖旱作是否能够稳定地获得高产? 因此,有必要通过多年定位试验来回答这些问题以揭示旱作水稻-旱作物生态系统的稳定性和可持续性。这里总结了1999—2004年在成都市温江区连续5年进行的覆盖旱作水稻-小麦轮作田间定位试验:其目的是明确①水稻长期覆盖旱作(地膜或秸秆)条件下作物的产量和产量变化趋势;②水稻覆盖旱作条件下水稻对养分(NPK)的利用效率和土壤养分(PK)平衡;③水稻覆盖旱作条件下土壤耕层和犁底层理化性状的变化。

### 73.4.1 不同覆盖旱作下的作物产量和产量趋势

#### 1. 作物产量

图73-9显示了5年试验期间的水稻产量。水稻产量在3个栽培措施之间的大小顺序为:覆地膜体系>传统淹水体系>覆麦秸体系,而且在试验的前3季,差异达到显著性水平,在试验的后两季,3个体系之间没有显著性差异,这可能说明:覆麦秸体系表现出了随时间积累的产量优势。从表73-15能看出,5个季节的平均水稻产量在3个体系之间达到显著性水平,与传统体系相比,覆地膜体系的平均产量提高了12%,而覆麦秸体系降低了11%。

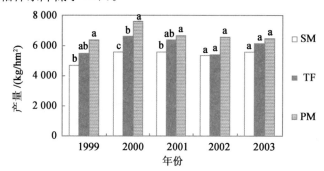

图73-9　覆盖旱作方式对水稻产量的影响(1999—2003)

TF:传统淹水;PM:覆地膜;SM:覆麦秸

(在每个季节,相同字母表示不同覆盖旱作方式在 $P=0.05$ 的水平差异不显著)

表 73-15

覆盖旱作对稻麦体系作物平均产量和产量趋势的影响　　　　　　　　　　　　　　　　　　　　　　　　kg/hm²

| 覆盖方式 | 水稻 | | | | 小麦 | | | | 系统(R+W)[b] |
| --- | --- | --- | --- | --- | --- | --- | --- | --- | --- |
| | 平均[a] | 产量变化[b] | $P$[c] | $R^2$[d] | 平均[b] | 产量变化 | $P$ | $R^2$[d] | |
| 传统 TF | 6 013b | 8 | 0.970 | 0.001 | 4 920a | −325 | 0.189 | 0.637 | 10 933b |
| 地膜 PM | 6 763a | −79 | 0.685 | 0.063 | 5 325a | −259 | 0.098 | 0.654 | 12 088a |
| 麦秸 SM | 5 381c | 158 | 0.247 | 0.407 | 5 201a | −257 | 0.077 | 0.701 | 10 583b |

[a]在每一列中相同字母表示平均产量在 $P=0.05$ 的水平上差异不显著;[b]回归方程斜率;[c]产量改变的差异显著性;[d]回归方程的决定系数。

　　试验期间小麦单季和5季平均产量,在3个体系之间均没有表现出显著性差异(图73-10和表73-15)。这说明在目前的试验条件下,水稻地膜或麦秸覆盖没有对下季小麦产生影响。

　　本试验条件下5年的平均系统生产力(水稻与小麦产量之和),在3个体系之间的大小顺序为:覆地膜体系>传统淹水体系>覆麦秸体系,而且覆地膜体系(12 088 kg/hm²)显著高于传统淹水

（10 933 kg/hm²）和覆麦秸体系（10 583 kg/hm²）（表 73-15）。

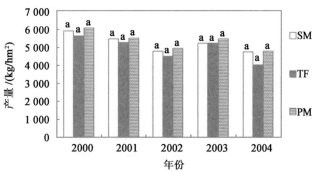

图 73-10　覆盖旱作方式对小麦产量的影响（2000—2004）

### 2. 作物产量趋势

水稻和小麦的籽粒产量随时间的变化趋势如表 73-15 所示。3 个体系的水稻籽粒产量的变化量分别为：覆地膜体系，−79 kg/（hm²·年）；传统淹水体系，8 kg/（hm²·年）；覆麦秸体系，158 kg/（hm²·年）。但是均没有达到显著性水平。小麦的籽粒产量趋势与水稻类似，也没有达到显著水平。表 73-15 显示的小麦籽粒产量随时间较大的改变量［覆地膜体系，−259 kg/（hm²·年），传统淹水体系，−325 kg/（hm²·年），覆麦秸体系，−257 kg/（hm²·年）］可能与试验的第一年小麦产量较高有关。以上结果说明：在目前的试验条件下，覆盖旱作体系能够维持一个稳定的水稻和小麦籽粒产量。

## 73.4.2　不同覆盖旱作下的养分吸收和养分生理效率

覆盖旱作显著地影响了水稻地上部的平均养分吸收和养分生理效率（表 73-16）。覆地膜体系水稻地上部对氮和钾的吸收（分别为：氮，115 kg/hm²；钾，150 kg/hm²）显著地高于传统淹水体系（分别为：氮，93 kg/hm²；钾，123 kg/hm²）和覆麦秸体系（分别为：氮，85 kg/hm²；钾，118 kg/hm²），这主要是由于覆地膜条件下的水稻地上部的生物量要比传统淹水和覆麦秸条件下的高（Liu et al.，2003）。然而，覆地膜体系的氮的生理效率（59 kg/kg）显著低于传统淹水（65 kg/kg）和覆麦秸体系（64 kg/kg）；而 3 个体系钾的生理效率（45~49 kg/kg）是类似的。以上的结果说明：覆地膜条件下，土壤更易于出现氮钾肥力的耗竭，而且地膜体系水稻地上部吸收的氮钾分布在秸秆中的部分要显著地比传统淹水和覆麦秸体系高。在覆麦秸条件下（19 kg/hm²），水稻平均磷的吸收显著低于传统淹水（23 kg/hm²）和覆麦秸（23 kg/hm²）条件下的平均吸收。但是在第 5 个水稻季（2003），传统淹水体系（31.4 kg/hm²）引起了比覆盖旱作体系（覆地膜体系，20.3 kg/hm²，覆麦秸，17.9 kg/hm²）更高的磷吸收，如图 73-11 所示。3 个体系磷的平均养分生理效率没有显著性不同。这可能是因为 3 个体系有类似的磷收获指数。

表 73-16

水稻在试验年（1999—2003）平均养分（NPK）吸收和平均养分生理效率

| 覆盖方式 | 平均养分吸收/[（kg/hm²·年）] | | | 养分生理效率/（kg/kg） | | |
|---|---|---|---|---|---|---|
| | N | P | K | N | P | K |
| 传统 TF | 93 | 23 | 123 | 65 | 261 | 49 |
| 地膜 PM | 115 | 23 | 150 | 59 | 294 | 45 |
| 麦秸 SM | 85 | 19 | 118 | 64 | 280 | 46 |
| 显著性 | ** | * | * | * | NS | NS |
| 最小差异显著性 LSD[a] | 13 | 2 | 24 | 4.4 | | |

*，** 表示在 $P=0.05$ 和 $P=0.01$ 的水平上差异显著，NS，差异不显著；

[a] 最小差异显著性（$P=0.05$）。

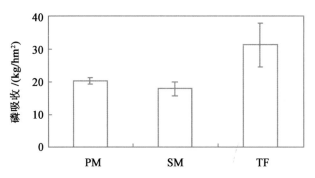

图 73-11　栽培措施对第 5 个水稻季水稻磷吸收的影响

### 73.4.3　不同覆盖旱作下的养分平衡

**1. 磷平衡**

表 73-17 列出了 5 个试验年后 3 个体系土壤的表观磷平衡情况。磷的输入项包括施肥投入、种苗带入和作物秸秆带入，灌溉水和雨水中没有检测到磷的存在。在每个栽培措施下，肥料磷是输入项的主要方面，5 年输入的总量为 330 kg/hm²，通过种子和秧苗带入的磷仅占输入总磷量的 3% 左右，在覆麦秸条件下，小麦秸秆带入的磷量约为总磷量的 7%。覆麦秸体系由于输入的磷最高（365 kg/hm²），而收获带走的最少（205 kg/hm²），因此其表观磷平衡也最高（160 kg/hm²）。覆地膜体系和传统淹水体系的表观磷平衡相当，分别为：覆地膜，112 kg/hm²；传统淹水，114 kg/hm²。由于进入土壤中的磷，容易形成 P-Ca，P-Fe，P-Al 等化合物而被土壤固定，这样盈余磷的绝大部分就累积在了土壤中。

表 73-17

5 个轮作周期后不同栽培体系对土壤磷平衡的影响　　　　　　　　　　　　　　　　　　　　　　　　kg/hm²

| 覆盖方式 | 输入 | | | | 输出 | | | 平衡 [(1)-(2)] |
| --- | --- | --- | --- | --- | --- | --- | --- | --- |
| | 肥料 | 秸秆 | 种子/秧苗 | 总计(1) | 水稻带走 | 小麦带走 | 总计(2) | |
| 传统 TF | 330 | 0 | 10 | 340 | 114 | 112 | 226 | 114 |
| 地膜 PM | 330 | 0 | 10 | 340 | 115 | 113 | 228 | 112 |
| 麦秸 SM | 330 | 25 | 10 | 365 | 94 | 111 | 205 | 160 |

**2. 钾平衡**

在 5 个试验年后，覆盖旱作也显著地影响了土壤表观钾的平衡（表 73-18）。在本试验条件下，肥料 K 仍然是 K 输入的主要方面，5 年累积输入总量为 625 kg/hm²，占到总输入钾量的 57%～77%；降雨和种子/秧苗带入的钾分别为 41 和 48 kg/hm²，占总输入钾量的 4%～6%；传统淹水体系中，灌溉水带入约 211 kg/hm² 的钾，占总输入钾量的 23%；覆麦秸条件下，麦秸带入的总钾量为 290 kg/hm²，占总输入钾量的 26%。在钾的输出项中，作物收获带走的钾占到总输出钾量的 93% 以上。

覆地膜和传统淹水条件下的表观钾平衡表现为亏缺，由于覆地膜条件下，作物收获带走的（1 136 kg/hm²）比传统淹水体系（941 kg/hm²）高，而钾的输入比传统淹水体系低（分别为：覆地膜，733 kg/hm²；传统淹水，925 kg/hm²），因此覆地膜条件下钾的亏缺（-419 kg/hm²）要比统淹水（-90 kg/hm²）更严重一些。以上结果说明：从土壤钾平衡的角度来看，覆地膜和传统淹水条件下钾的输入水平不能弥补作物收获带走的部分。在覆麦秸条件下，由于秸秆覆盖带入了相当一部分钾，而且作物收获带走的又相对较少（960 kg/hm²），因此钾的平衡表现为盈余（45 kg/hm²），由此可见，作物秸秆管理对土壤的养分平衡具有重要意义。

**表 73-18**

5 个轮作周期后不同栽培体系对土壤钾平衡的影响　　　　　　　　　　　　　　　　　　　　　　　　kg/hm²

| 覆盖方式 | 输入 | | | | | | 输出 | | | | 平衡[(1)－(2)] |
|---|---|---|---|---|---|---|---|---|---|---|---|
| | 肥料 | 秸秆 | 灌溉 | 降雨 | 种子/秧苗a | 总计(1) | 水稻带走 | 小麦带走 | 淋洗 | 总计(2) | |
| 传统 TF | 625 | 0 | 211 | 41 | 48 | 925 | 617 | 324 | 74 | 1 015 | －90 |
| 地膜 PM | 625 | 0 | 19 | 41 | 48 | 733 | 750 | 386 | 16 | 1 152 | －419 |
| 麦秸 SM | 625 | 290 | 19 | 41 | 48 | 1 023 | 591 | 370 | 18 | 978 | 45 |

a 水稻秧苗和小麦种子带入的 K。

### 73.4.4　不同覆盖旱作下的土壤肥力变化

#### 1. 土壤容重与孔隙度

表 73-19 列出了 3 个体系土壤 0～12 和 12～24 cm 的容重和孔隙度情况。0～12 和 12～24 cm 土层 3 个体系容重的变化范围分别为：1.19～1.23 和 1.51～1.52 g/cm³。在每一层次，都没有表现出显著性差异。3 个体系的孔隙度也没有表现出显著性差异，在 2 个土壤层次的变化范围分别为：55%～57% 和 42%～43%。这表明：在目前的试验条件下，覆盖旱作对土壤的物理性状没有产生影响。

**表 73-19**

栽培措施对土壤不同层次（0～12 和 12～24 cm）容重和孔隙度的影响

| 覆盖方式 | 0～12 cm | | 12～24 cm | |
|---|---|---|---|---|
| | 容重/(g/cm³) | 孔隙度/% | 容重/(g/cm³) | 孔隙度/% |
| 传统 TF | 1.23 | 56 | 1.52 | 43 |
| 地膜 PM | 1.21 | 57 | 1.51 | 43 |
| 麦秸 SM | 1.19 | 55 | 1.52 | 42 |
| 显著性 | NS | NS | NS | NS |

NS 差异不显著。

#### 2. 土壤化学性状

表 73-20 列出了 5 季水稻 4 季小麦后，水稻覆盖旱作栽培对 0～5、5～12 和 12～24 cm 土层 pH、有机质、全氮、碱解氮、Olsen-P 和速效钾的影响。在 0～12 cm 土层，3 个体系的 pH，碱解氮没有显著性差异，其变化范围分别是：pH，6.8～7.6；碱解氮，124～143 mg/kg。与传统体系相比，覆麦秸体系显著地提高了 0～5 cm 土层的全氮（1.93 g/kg），有机质（19.2 g/kg），Olsen-P（14.1 mg/kg）和速效钾（50.5 mg/kg）；覆地膜体系 0～5 cm 的全氮，有机质和速效钾与传统淹水体系没有显著性差异，但是其 Olso-P（11.6 mg/kg）要显著地高于传统淹水体系（8.25 mg/kg）。在 5～12 cm 土层，3 个体系的有机质，Olsen-P 和速效钾表现出与 0～5 cm 类似的规律，但是 5～12 cm 的全氮在 3 个体系之间没有显著性差异。以上的这些结果说明：在本试验条件下，水稻地膜覆盖对耕层土壤有机质、全氮等没有影响，而麦秸覆盖旱作，由于每年有大约 5 250 kg/hm² 麦秸覆盖还田（相当于上季小麦单位面积的秸秆产量，含氮约 26 kg/hm²，磷约 5 kg/hm²，钾约 58 kg/hm²），因此提高了耕层土壤的有机质、全氮、Olsen-P 和速效钾。但是目前的结果也表明，覆麦秸体系土壤肥力的提高并没有引起作物产量的显著增加。

表 73-20

栽培措施对土壤不同层次化学性状的影响

| 覆盖方式 | pH<br>（土：$H_2O$＝1：1） | 有机碳<br>/(g/kg) | 全氮<br>/(g/kg) | 碱解氮<br>/(mg/kg) | 有效磷<br>/(mg/kg) | 交换性钾<br>/(mg/kg) |
|---|---|---|---|---|---|---|
| 0～5 cm 土层 | | | | | | |
| 传统 TF | 7.1 | 17.0 | 1.80 | 133 | 8.25 | 34.4 |
| 地膜 PM | 7.0 | 17.2 | 1.81 | 136 | 11.6 | 35.7 |
| 麦秸 SM | 6.8 | 19.2 | 1.93 | 143 | 14.1 | 50.5 |
| 显著性差异 | NS | ** | * | NS | ** | ** |
| 最小差异显著性 LSD(5%)[a] | | 1.19 | 0.10 | | 1.04 | 7.09 |
| 5～12 cm 土层 | | | | | | |
| 传统 TF | 7.6 | 16.3 | 1.56 | 124 | 6.83 | 27.7 |
| 地膜 PM | 7.4 | 16.2 | 1.71 | 133 | 7.91 | 29.0 |
| 麦秸 SM | 7.2 | 17.7 | 1.63 | 134 | 10.6 | 38.4 |
| 显著性差异 | NS | * | NS | NS | ** | ** |
| 最小差异显著性 LSD(5%) | | 1.38 | | | 0.96 | 6.00 |
| 12～24 cm 土层 | | | | | | |
| 传统 TF | 7.4 | 11.0 | 1.05 | 77.5 | 1.44 | 26.3 |
| 地膜 PM | 7.1 | 12.5 | 1.23 | 94.2 | 2.45 | 29.0 |
| 麦秸 SM | 7.0 | 12.6 | 1.21 | 94.4 | 2.93 | 30.4 |
| 显著性差异 | NS | * | * | ** | ** | NS |
| 最小差异显著性 LSD(5%) | | 1.31 | 0.17 | 11.14 | 1.04 | |

*，** 指显著性差异在 $P$＝0.05 和 $P$＝0.01 水平，NS，差异不显著；
[a] 在 $P$＝0.05 时的最小差异显著性。

水稻覆盖旱作也显著影响了 12～24 cm 土层的有机质，全氮，碱解氮和 Olsen-P。从表可以看出：2 个旱作体系 12～24 cm 土层的有机质（地膜覆盖，12.5 g/kg；麦秸覆盖，12.6 g/kg），全氮（地膜覆盖，1.23 g/kg；麦秸覆盖，1.21 g/kg），碱解氮（地膜覆盖，94.2 mg/kg；麦秸覆盖，94.4 mg/kg）和 Olsen-P（地膜覆盖，2.45 mg/kg；麦秸覆盖，2.93 mg/kg）显著地高于传统淹水体系。这可能是因为，水稻覆盖旱作条件下，分布在土壤较深层次的根系要比传统淹水体系少（王甲辰，2001），因此，覆盖旱作水稻的根系从土壤较深层次吸收的养分可能也要比传统淹水体系少。这样就引起覆盖旱作条件下 12～24 cm 土层较高的有机质、全氮、碱解氮和 Olsen-P 水平。

本研究表明，水稻地膜覆盖旱作提高了水稻的产量和水旱轮作系统的作物生产力，在目前的作物生产力和农田管理水平下，土壤肥力也能得到维持；覆麦秸旱作会导致水稻产量降低，但是从秸秆再循环，系统作物生产力的维持，土壤肥力改善的观点来看，水稻麦秸覆盖旱作也是节约灌溉水和有效利用秸秆资源的可行措施。本试验结果也说明需要通过进一步的研究建立覆盖旱作条件下的养分资源综合管理体系；评价长期覆盖旱作的环境效应和经济效益。

## 73.5 水旱轮作系统养分资源综合管理技术体系建立

目前，水旱轮作区的农民在养分管理实践中存在较多的问题，这可能是引起作物产量潜力不能充分发挥,肥料利用率低和环境污染等问题的原因之一。而传统水旱轮作体系养分管理技术的研究通常只从单个作物的角度出发,注重肥料的施用策略,强调肥料的平衡施用,忽视了农业生产是一个多因素影响的复杂综合体系。提高农田生态系统的综合生产能力,应当也必须建立养分资源综合管理技术体系,即,不仅仅注重养分资源的平衡利用,同时还要综合运用包括土壤保护性耕作,高产栽培,优良品种,水分管理,病虫杂草控制等技术在内的各种农艺措施(范明生等,2003)。我们从稻—麦轮作系统的观点出发,在理解稻麦系统养分循环、能量流动过程和特征的基础上,通过养分管理,高产栽培,免耕技术等综合应用,建立了一个以养分管理为核心的稻—麦轮作系统高产高效和环境友好的技术体系。

### 73.5.1　技术路线与原理

#### 1. 技术体系建立的原则

水旱轮作养分资源综合管理技术体系建立的原则主要考虑以下几点:

(1)科学性和推广性原则　技术体系建立在理解水旱轮作养分循环的过程和特征的基础上,通过总结课题组的研究进展,借鉴国内外在相关研究领域的先进成果,结合当地实际,进行各种技术的有机组装。同时使技术体系建立的基本原理和技术路线具有普遍的指导意义,能适用于不同的水旱轮作体系。

(2)高产、高效、优质和环境友好原则　近 20 年来,由于要满足人口不断增长对粮食的需求,提高粮食单产是我国农业生产的主要目标,通过大量施用化肥来实现高产也是我国农业生产的一大特征。但是,化肥增产率的下降以及肥料不合理施用引起的作物品质下降和环境污染问题也日益突出。因此,寻求更好地解决养分投入、作物生产和环境风险尖锐矛盾的途径是建立养分资源综合管理体系的原则之一。

(3)综合性原则　一是要综合利用包括化肥、有机物料、土壤、降水和灌溉、生物固氮等在内的各种养分资源;二是要综合运用包括土壤保护、优良品种、高产栽培、水分管理、病虫草害控制等在内的各种农艺措施,以提高作物产量,减少养分损失,提高养分利用效率。传统的施肥理念把肥料作为补充作物生长所需养分的唯一措施,既忽视了环境养分资源的利用,也忽视了其他农艺措施的综合应用。

(4)系统论原则　水旱轮作的显著特征就是:水稻和旱作作物在同一地块有序轮换种植,土壤在不同的作物季节间干湿交替变化。在养分资源的调控方面,一方面要针对水稻和旱地作物对土壤环境和养分条件的差异采取相应的策略,同时也要考虑季节间干湿交替对系统养分、物质循环以及能量流动的影响。比如,研究表明,水旱轮作条件下,季节间的干湿交替不利于系统氮素的保存,因此,在旱季作物之后残留更少的矿质氮是提高系统氮素利用效率的条件之一。

#### 2. 技术路线

水旱轮作养分资源综合管理技术体系建立的路线图见图 73-12。

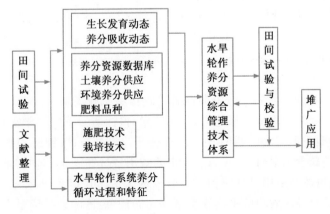

图 73-12　技术体系建立的路线图

### 3. 基本原理

以高产栽培体系为依托,根据不同地点土壤供肥能力与目标产量需肥量之差(或肥料效应函数),确定总需肥量范围;根据作物的生长发育规律与养分累积规律确定施肥的时间与次数;根据作物养分累积规律和土壤供肥规律确定每次施肥的分配比例,同时在作物生长关键期间,利用硝酸盐反射仪、叶绿素仪或叶色卡等动态监控和调节追肥施用。磷钾采取恒量监控法。

## 73.5.2 研究方案

通过文献查阅和本研究小组过去田间试验研究结果总结,构建了小麦养分资源综合管理技术体系的参数,如表 73-21 所示。试验区温江区天府镇临江村土壤的供氮能力 $54\sim59$ kg/hm$^2$,在此供氮条件下的目标产量为 5 250 kg/hm$^2$,根据斯坦福方程确定目标产量的氮肥需求为 $110\sim120$ kg/hm$^2$,小麦的生长发育规律和氮素累积曲线确定了施肥的次数和施肥的大致比例情况,在每次追肥施用时根据硝酸盐反射仪进行监控调节(但在本试验中没有检测,追肥时小麦发育正常根据试验前计划的比例施用)。在试验中农民习惯施肥的处理作为对照,施肥量 180 kg/hm$^2$,代表当地 1/3 的农户小麦季的氮肥用量。综合管理和对照处理的磷钾的施用量和方法根据当地土壤与肥料研究部门推荐量,而栽培与耕作措施在试验中分别是:宽窄行栽培,免耕直播。

表 73-21

小麦养分资源综合管理技术体系构建参数

| 项　目 | 参数或方法描述 |
| --- | --- |
| 目标产量/(kg/hm$^2$) | 5 250 |
| 目标产量下需氮量/(kg/hm$^2$) | 122 |
| 土壤和环境供氮能力/(kg/hm$^2$)* | $54\sim59$ |
| 目标产量下需氮肥量/(kg/hm$^2$) | $110\sim120$ |
| 根据作物养分累积规律确定的施肥模型 | $Y=Y(35\%\sim40\%)+Y(60\%\sim65\%)$ |
| | 施肥分别在两叶一心期和拔节期 |
| 磷钾施用量(基肥)/(kg/hm$^2$) | 72(P$_2$O$_5$) |
| | 67.5(K$_2$O) |
| 栽培体系与耕作 | 免耕直播,宽窄行栽培 |

\* 根据不施氮小区地上部氮吸收量确定。

表 73-22 和表 73-23 列出了水稻养分资源综合管理体系构建参数,在文献查阅和本研究小组以往研究的基础上,确定了试验区的环境供氮能力,目标产量,目标产量下的氮肥需求量以及氮肥的施用的时间次数和方法等。同时在追肥施用期用 SPAD 仪进行监控调节;磷钾肥根据恒量监控法原理施用。本试验条件下,土壤有效磷含量只有 3 mg/kg,确定的磷用量旨在满足作物需求的基础上,同时能提高有效磷 $1\sim2$ mg/kg;栽培体系采用旱育秧和三角形栽培体系,如图 73-13 所示。农民习惯管理的处理作为对照,施氮磷钾量为试验区农户的平均施用量,$n=60$)。栽培体系采用旱育秧,农民习惯栽培体系(行株距:30 cm $\times$18.5 cm)。水分管理同当地习惯。

表 73-22

水稻养分资源综合管理技术体系构建参数

| 项目 | 参数或方法描述 |
|---|---|
| 目标产量/(kg/hm²) | 8 500 |
| 土壤和环境供氮能力/(kg/hm²)[a] | 60～75 |
| 目标产量下需氮肥量/(kg/hm²)[b] | 120 |
| 根据作物养分累积规律确定的施肥模型 | $Y=Y×35\%+Y×20\%+Y×(30\%～35\%)+Y×(0～15\%)$ |
|  | 施肥分别在移栽前,分蘖,孕穗,灌浆用 SPAD 在追肥时进行监控调节 |
| 水稻品种 | 籼稻(川香优 1 号) |
| 磷钾施用量[c](基肥,kg/hm²) | 96(P₂O₅) |
|  | 67.5 (K₂O) |
| 栽培体系与耕作 | 旱育秧,三角形栽培 |
| 施肥方法 | 基肥,无水层混施;追肥,以水带氮 |

[a] 根据不施氮小区地上部氮吸收量确定;
[b] 根据斯坦福方程确定;
[c] 磷钾恒量监控。

表 73-23

应用 SPAD 进行追肥调控的参数

| 施肥次数 | 时期 | 施氮比例/% | 氮肥用量/(kg/hm²) | SPAD |
|---|---|---|---|---|
| 1 | 基肥 | 35 | 42 |  |
| 2 | 分蘖期(2) | 20 | 30±10 | * |
| 3 | 幼穗分化(5—6) | 30 | 40±10 | ** |
| 4 | 抽穗期(8) | 15 | 0 或 20 | *** |
| 合计 |  | 100 | 110～160 |  |

\* 如果 SPAD＞37,施用 20 kg N/hm²;35＜SPAD＜37,施用 30 kg N/hm²;SPAD＜35,施用 40 kg N/hm²;
\*\* 如果 SPAD＞37,施用 30 kg N/hm²;35＜SPAD＜37,施用 40 kg N/hm²;SPAD＜35,施用 50 kg N/hm²;
\*\*\* 对于光温气候好的年份,如果抽穗期 SPAD 测定值小于 37,则施用 20 kg N/hm²。

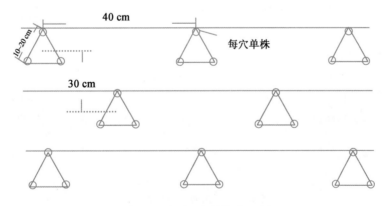

图 73-13　水稻三角形栽培示意图

### 73.5.3　作物生长发育及养分吸收动态

图 73-14 显示了小麦地上部的生物量和氮素累积动态。可以看出,从播种到拔节期 3 个处理的生物量累积趋势和量均没有显著性差异,拔节期 3 个体系的生物量占总生物量的比例很小,分别为:Opt,1.7%;Tra,2.3%;CK,3.8%。拔节后,3 个处理生物量累积的大小顺序为:Opt＞Tra＞CK,而且 Opt 和 Tra 的累积量显著高于 CK 处理。小麦的氮累积曲线表现出与生物量累积类似的规律。小麦对氮素的吸收主要在拔节以后,拔节后 Opt 和 Tra 处理中小麦氮素的吸收量分别占到总吸氮量的 90% 和 93%。

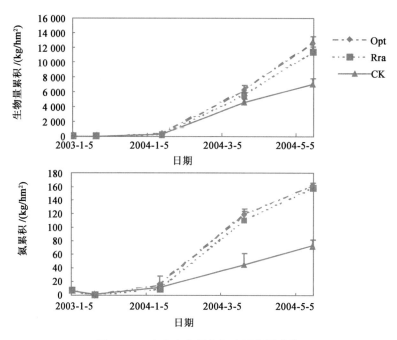

图 73-14　小麦生物量和氮素累积量曲线

　　CK 处理氮素的吸收曲线,也反映了土壤氮的供应特征:从播种到两叶一心,小麦作物很少利用土壤氮,从两叶一心开始,体系呈现出持续增加的土壤养分供应特征。这一方面可能由于根的生长,使作物可利用养分的空间扩大;另一方面可能由于气温逐渐升高,促进了土壤有机质的矿化和提高了氮对作物的有效性。

　　图 73-15 显示了水稻地上部的生物量累积和氮吸收曲线。从移栽到幼穗期,3 个处理的生物量累积和氮吸收曲线没有表现出显著性不同,在幼穗分化期 3 个处理的平均生物量和 N 吸收量分别占总量的 6.6% 和 17.9%。从幼穗分化到抽穗扬花期,Opt 和 Tra 处理的生物量和氮素累积没有表现出任何不同,但是累积的量和速率显著比 CK 处理高。抽穗到收获期,3 个处理的生物量累积均表现出增加的趋势,Opt 处理增加的幅度更大一些;Opt 处理也显著地增加了抽穗到收获期水稻对氮素的吸收,在收获期,3 个处理地上部的氮吸收量达到差异显著性水平,分别为:Opt,119 kg/hm²;Tra,85 kg/hm²;CK,61 kg/hm²。

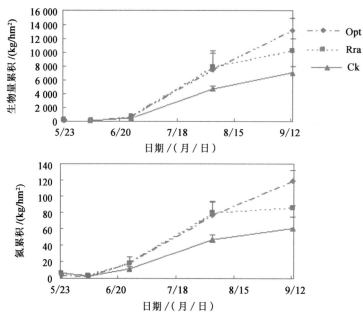

图 73-15　水稻生物量和氮素累积量曲线

水稻季土壤氮的供应规律如 CK 处理氮吸收曲线所示。从移栽到返青期水稻几乎没有利用土壤氮;返青到幼穗分化期,土壤氮的供应占总供应量的 14%;幼穗分化到水稻扬花期,土壤氮的供应急剧增加,占总量的 60%;扬花期后,体系土壤氮的供应趋于稳定。

### 73.5.4 作物的产量

表 73-24 列出了不同处理对小麦产量结构和产量的影响。可以看出,与 CK 相比,Opt 和 Tra 处理显著地提高了小麦的籽粒和秸秆产量。这主要是因为在 Opt 和/或 Tra 处理中,小麦有效穗和穗粒数显著高于 CK 处理。Opt 和 Tra 的小麦产量结构和产量没有显著性差异。

表 73-24

不同处理对小麦产量构成和产量的影响

| 处理 | 有效穗[a]/(×10⁴株/hm²) | 穗粒数/(个/株) | 千粒重/(g/千粒) | 理论籽粒产量[b]/(kg/hm²) | 实测籽粒产量[b]/(kg/hm²) | 秸秆产量[c]/(kg/hm²) |
|---|---|---|---|---|---|---|
| Opt | 243ab | 53a | 36.80a | 4 739 | 5 918a | 6 192a |
| Tra | 251a | 55a | 35.63a | 4 919 | 5 764a | 5 765a |
| CK | 201b | 45b | 38.98a | 3 526 | 3 592b | 3 462b |

[a] 同一列中相同字母表示不同处理在 0.05 水平差异不显著;
[b] 114% 的含水量;
[c] 干物质重。

养分资源综合管理处理显著地提高了水稻的产量,正如表 73-25 所示。3 个处理水稻的籽粒和秸秆产量的大小顺序依次为:Opt>Tra>CK,且 Opt 的籽粒产量显著地高于 Tra 和 CK,与 Tra 相比,Opt 产量提高约 29%,Opt 的秸秆产量与 Tra 没有差异,但是显著高于 CK。3 个处理产量之间的差异主要是由于 Opt 的处理显著地提高了有效穗数。穗实粒数、空比率和千粒重在 3 个体系之间没有显著性差异,变化范围分别是:124~144 粒/穗,11.7%~13.7%,28.0~28.7 g/千粒。

表 73-25

不同处理对水稻产量构成和产量的影响

| 处理 | 有效穗[a]/(×10⁴株/hm²) | 穗实粒数/(个/株) | 空秕率/% | 千粒重/(g/千粒) | 理论产量/(kg/hm²) | 实测产量/(kg/hm²) | 秸秆产量/(kg/hm²) |
|---|---|---|---|---|---|---|---|
| Opt | 199a | 124a | 12.0a | 28.7a | 8 073 | 8 560a | 7 419a |
| Tra | 148b | 144a | 13.7a | 28.3a | 6 876 | 6 622b | 5 765b |
| CK | 128b | 132a | 11.7a | 28.0a | 5 393 | 5 036c | 3 562b |

同表 73-24。

图 73-16 显示了不同管理策略下稻-麦轮作体系的系统生产力。可以看出,3 个处理的系统生产力大小顺序为:Opt(14 478 kg/hm²)>Tra(12 386 kg/hm²)>CK(8 628 kg/hm²),而且处理之间均达到显著水平。与 Tra 相比,Opt 的系统生产力提高 16.9%。

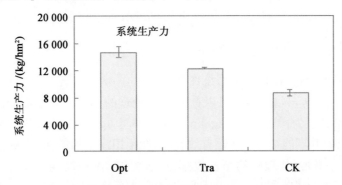

图 73-16 不同处理对稻—麦轮作系统生产力的影响

### 73.5.5 氮的利用效率

表 73-26 列出了不同处理对稻麦轮作体系作物地上部氮的浓度、吸氮量和氮利用效率的影响。可以看出,与 CK 处理相比,Opt 和 Tra 处理显著地提高了小麦地上部氮的浓度和吸氮量。但是,在 Opt 和 Tra 处理之间,小麦地上部氮的浓度和吸氮量没有表现出显著性不同,籽粒氮浓度、秸秆氮浓度和地上部的吸氮量在 2 个处理之间的变化范围分别是:2.14%～2.37%,0.47%～0.59%,159～164 kg/hm²。

表 73-26

不同处理对稻麦轮作体系作物地上部氮的浓度、氮的吸收和氮肥利用效率的影响

| 处理 | 籽粒氮浓度* /% | 秸秆氮浓度/% | 吸氮量 /(kg/hm²) | NRE /% | NPE /(kg/kg) | NAE /(kg/kg) |
|---|---|---|---|---|---|---|
| 小麦 | | | | | | |
| Opt | 2.37a | 0.47ab | 164a | 76.1a | 17.0a | 21.8a |
| Tra | 2.14a | 0.59a | 159a | 48.0b | 14.8a | 12.1b |
| CK | 1.73b | 0.36b | 73b | — | — | — |
| 水稻 | | | | | | |
| Opt | 1.05a | 0.55a | 119a | 48.7a | 28.8a | 29.6a |
| Tra | 1.00b | 0.49a | 85b | 17.1b | 18.6a | 10.7b |
| CK | 0.98b | 0.49a | 61c | — | — | — |

\* 同一列中相同字母表示不同处理在 0.05 水平差异不显著;
NRE,氮肥回收率;NPE,氮肥生理利用率;NAE,氮肥农学利用率。

Opt 处理也显著地提高了小麦季的氮肥利用率(NRE)和农学效率(NAE)。在 Tra 处理中,小麦氮肥的利用率和农学效率分别为 48.0% 和 12.1 kg/kg;但是在 Opt 处理中,则分别为 76.1 和 21.8 kg/kg,比 Tra 处理分别提高了 58.5% 和 80%。在小麦季 Opt 处理氮肥利用率和农学效率提高的原因主要是,氮肥的施用量比 Tra 处理减少了 1/3,但是二者的产量没有显著性不同(表 73-24)。Opt 和 Tra 处理的生理利用效率没有差异。

Opt 处理也显著地提高了水稻籽粒的氮浓度和地上部的吸氮量,二者分别为:1.05% 和 119 kg/hm²;在 Tra 和 CK 处理之间,地上部氮的浓度没有显著性差异,但是 Tra 处理的吸氮量显著比 CK 处理高。对于氮肥的利用效率而言:与小麦季类似,Opt 处理也显著地提高了水稻季的氮肥利用率(NRE)和农学效率(NAE),在 2 个处理中氮肥利用率和农学效率分别为:Opt,48.7% 和 29.6 kg/kg;Tra,17.1% 和 10.7 kg/kg。在水稻季 Opt 处理氮肥利用率和农学效率提高的原因主要是,氮肥的施用量比 Tra 处理减少了 18%,而生物学产量提高了 30%(表 73-25)。Opt 和 Tra 处理的生理利用效率没有差异。

### 73.5.6 作物收获后土壤无机氮残留

表 73-27 列出了不同管理措施对稻麦系统作物收获后 0～80 cm 土层无机氮残留的影响。在小麦收获后,不同处理影响了 $NO_3^-$-N 的残留,可以看出,Tra 处理的 $NO_3^-$-N 残留量显著地高于 Opt 和 CK 处理,3 个处理的残留量分别为:Tra,97.3 kg/hm²;Opt,28.1 kg/hm²;CK,20.5 kg/hm²。但是 Tra 处理在小麦季残留的无机氮并不能被下季水稻有效利用,在稻田淹水后的 13 d 左右的时间,大部分就损失出了土壤作物系统。在 Opt 处理中的小麦收获后,残留的 $NO_3^-$-N 与 CK 处理的类似,这意味着,Opt 处理 N 对环境的污染的风险相对较小。小麦收获后,3 个处理 0～80 cm 土层的 $NH_4^+$-N 和总的无机氮没有显著性差异。

**表 73-27**

不同处理对稻麦系统作物收获后 0～80 cm 土层无机氮残留的影响　　　　　　　　　　　　　kg/hm²

| 处理 | 小麦* | | | 水稻 | | |
|---|---|---|---|---|---|---|
| | $NH_4^+$-N | $NO_3^-$-N | $N_{min}$ | $NH_4^+$-N | $NO_3^-$-N | $N_{min}$ |
| Opt | 33.6a | 28.1b | 61.7b | 8.6a | 12.6ab | 21.2a |
| Tra | 28.0a | 97.3a | 125.3a | 13.5a | 14.0a | 27.5a |
| CK | 40.1a | 20.5b | 60.6b | 10.1a | 10.9b | 21.0a |

* 同一列中相同字母表示不同处理在 0.05 水平差异不显著。

在水稻收获后,处理没有影响无机氮的残留,这主要是因为水稻季氮的损失比较大,由于 Opt 处理的施氮量比 Tra 少 18.0%,但是地上部的吸氮量要显著比 Tra 高 46.9%,这样在 Opt 条件下,氮的损失就要比 Tra 少,对环境的影响也就较小。

### 73.5.7　养分平衡

不同管理措施对表观氮素平衡的影响见表 73-28。表 73-28 列出了不同管理条件下稻麦轮作磷的表观平衡。可以看到肥料是磷输入的主要项,从其他途径,如种子、灌溉、降雨等带入的磷非常少。作物带走的磷量的大小顺序为:Opt＞Tra＞CK。3 个处理均表现出正的表观磷平衡。由于进入土壤中的磷,容易形成 P-Ca,P-Fe,P-Al 等化合物而被土壤固定,这样盈余磷的绝大部分就累积在了土壤中。

**表 73-28**

不同管理措施对稻—麦轮作磷表观平衡的影响　　　　　　　　　　　　　　　　　　　　　　kg/hm²

| 处理 | 输入 | | | 输出 | | | 平衡 [(1)-(2)] |
|---|---|---|---|---|---|---|---|
| | 肥料 | 种子/秧苗 | 总计(1) | 水稻带走 | 小麦带走 | 总计(2) | |
| Tra | 50 | 2 | 52 | 20 | 25 | 45 | 6 |
| Opt | 73 | 1 | 74 | 29 | 29 | 58 | 15 |
| CK | 50 | 2 | 52 | 14 | 18 | 32 | 20 |

不同的处理也影响了土壤表观钾的平衡(表 73-29)。在本试验条件下,不同处理肥料 K 输入占总输入钾量的比例分别为:Tra 和 CK,57%;Opt,68%。降雨和灌溉带入的钾为:48 kg/hm²,占总输入钾量的比例分别为:Tra 和 CK,35%;Opt,29%;在 Opt 处理中,由于移栽的秧苗数比另 2 个处理少,因此 Opt 处理通过种子和秧苗带入的钾也比 Tra 和 CK 少一点。输出项中,作物带走的钾量的大小顺序为:Opt＞Tra＞CK。通过淋洗每年损失的钾大约有 15 kg/hm²。3 个处理均表现出负的表观钾平衡。但是,Tra 与 Opt 处理的钾的负平衡相当,约－182 kg/hm²。尽管 CK 与 Tra 处理钾的投入量相同,但 CK 条件下,作物带走的量要比 Tra 处理少,因此负平衡也要小很多。

**表 73-29**

不同管理措施对稻—麦轮作钾表观平衡的影响　　　　　　　　　　　　　　　　　　　　　　kg/hm²

| 处理 | 输入 | | | | | 输出 | | | | 平衡 [(1)-(2)] |
|---|---|---|---|---|---|---|---|---|---|---|
| | 肥料 | 灌溉 | 降雨 | 种子/秧苗* | 总计(1) | 水稻带走 | 小麦带走 | 淋洗 | 总计(2) | |
| Tra | 78 | 40 | 8 | 10 | 136 | 198 | 105 | 15 | 318 | －182 |
| Opt | 112 | 40 | 8 | 4 | 164 | 219 | 112 | 15 | 346 | －182 |
| CK | 78 | 40 | 8 | 10 | 136 | 118 | 59 | 15 | 192 | －56 |

* 水稻秧苗和小麦种子带入的 K。

研究结果说明：目前钾的投入不能完全补充作物收获带走的钾。尽管从目前来看，负的钾平衡并不是水稻产量的限制因子，但是长此以往，可能将导致土壤钾素肥力的下降，从而引起作物体系生产力下降。因此，需要通过增加投入，尤其是通过作物秸秆还田，或施用厩肥等途径来增加钾的投入，以确保可持续的作物生产体系。但是在本试验条件下，较低的土壤速效钾和更大的水稻对钾的吸收则说明：水稻吸收钾的相当一部分可能直接来源于土壤的缓效钾部分，这可能与试验土壤发育于岷江的河流沉积物上有关，干湿交替促进了钾的释放。但是有必要进行进一步的研究。

### 73.5.8　技术体系在区域水平上的节氮与增产潜力

表 73-30 表明了水稻养分资源综合管理技术体系在区域水平上应用的潜力。12 个调查地块农民的施氮量范围为 73～187 kg/hm²，平均施氮量为 156 kg/hm²，平均产量为 6 890 kg/hm²；目前建立的水稻养分资源综合管理技术体系的氮肥用量和产量分别为：120 和 8 560 kg/hm²，比调查农民地块的平均施氮量减少 24%，但是产量增加 24%。具有显著的节氮和增产效果。

表 73-30

水稻养分资源综合管理体系在区域水平的节氮与增产潜力　　　　　　　　　　　　　　　　　　　　kg/hm²

|  | 施氮量 | 产量 |
| --- | --- | --- |
| 农民习惯[a] | 156 | 6 890 |
| 综合管理[b] | 120 | 8 560 |
| 增/减/% | —24 | +24 |

[a] 试验区农民地块的平均（$n=12$）；
[b] 小区试验结果。

### 73.5.9　田块尺度关键技术要点

表 73-31 列出了目前建立的水旱轮作养分资源综合管理技术体系的操作要点。

表 73-31

成都温江区养分资源综合管理技术操作要点

| 技术体系 | 技术要点 |
| --- | --- |
| 小麦 | |
| 栽培与耕作 | 免耕；宽窄行栽培：株距×（窄行＋宽行）为 10 cm×（15 cm＋25 cm）。 |
| 养分管理 | 氮：100～120 kg N/hm²；在两叶一心施用总量的 30%，在拔节期施用总量的 70%，追肥撒施于窄行。磷：72～92 kg P₂O₅/hm²（当 Olsen-P＜5 mg/kg，92 kg P₂O₅/hm²；Olsen-P＞5 mg/kg，72 kg P₂O₅/hm²）。 |
| 水稻 | |
| 栽培 | 钾：67.5 kg K₂O/hm²。在播种前撒施或施于播种穴内并覆土。选用分蘖能力强的籼稻品种，三角形栽培：移栽时秧苗龄约 30 d，单窝三株呈等边三角形栽培，苗距 10～12 cm，每三角形的株×行距为 30 cm×40 cm，密度 12 万～14 万/hm²。 |
| 养分管理 | 氮：120～150 kg N/hm²，总量的 40% 用于基肥；在移栽后的 14 d 左右，追施总量的 20%；在移栽后的 30～35 d，追施总量的 40%。（有条件的情况下，可用 SPAD 或叶色卡片指导施肥）。磷：75 kg P₂O₅/hm²。钾：67.5 kg K₂O/hm²。基肥表施，然后耕翻入土，追肥采用以水带氮法。 |
| 其他 | 分蘖末期晒田以控制无效分蘖。 |

## 73.6　水稻覆膜节水高产高效综合技术的创新与应用

四川人均径流总量 3 000 m³,高于全国 2 700 m³ 的平均水平,但季节性、区域性缺水矛盾突出,水资源配置分布不均。其中,川中、川南和川东北丘陵山区,干旱发生频繁,据新中国成立以来统计资料,春旱、夏旱、伏旱发生频率分别高达 89%,92%,62%。由于水稻是需水和耗水最大的农作物,因此,干旱一直是四川盆地丘陵山区水稻生产中最为普遍发生的自然灾害。干旱常导致稻田抛荒、被迫改种旱作、减产甚至绝收,既影响水稻栽插面积也影响单产水平,更影响农民收入。四川省农业科学院土壤肥料研究所从 1998 年起与中国农业大学等合作,研究建立了以地膜覆盖为核心技术的水稻覆膜节水高产高效综合技术并得到了成功应用,大幅度地提高了丘陵山区缺水稻田的单产水平和养分利用效率(吕世华等,2004;吕世华等,2009)。这里总结了该技术的研究与应用情况。

### 73.6.1　水稻覆膜节水高产高效综合技术的研究与集成

四川水稻覆膜节水高产高效综合技术的研究经历了核心技术研究、技术集成和技术优化 3 个主要发展阶段。其中,源于马达加斯加的水稻强化栽培体系(SRI)引入四川后对这项技术的集成和优化起了重要作用。形成了 7 项核心技术与 7 项配套技术的综合集成创新技术。

核心技术:地膜覆盖。

重要配套技术:旱育秧;免耕垄作;独个移栽幼苗;三角形稀植栽培。

节水灌溉:只用沟灌。

推荐施肥或者视情况而定地施用有机肥;病虫害综合防治。

#### 73.6.1.1　核心技术的研究

2008—2013 年是水稻覆膜节水高产高效综合技术的核心技术研究阶段。开展的主要工作是通过田间试验探讨水稻地膜覆盖栽培在四川盆地水稻生产中的意义和价值。2007 年夏天,四川省农业科学院吕世华在武汉参加一次学术讨论会,了解到江苏、安徽等地用地膜覆盖技术进行水稻旱作栽培取得成功,产生了浓厚兴趣,于 2008 年开始在四川成都平原的温江区开始水稻覆膜旱作的研究。由于当时成都平原的农民在水稻移栽前大量焚烧小麦秸秆,导致严重的社会问题,所以当年开始的试验重点比较了地膜覆盖和小麦秸秆覆盖对水稻生长和产量的影响,2009 年还开始了这 2 种覆盖方式对稻-麦轮作体系影响的定位试验(王甲辰等,2002;Liu X J et al.,2003;Fan M. S. et al.,2004)。

**1. 单独使用地膜覆盖就可增加水稻产量**

1999 年在成都市温江区通过田间试验对水稻地膜覆盖(PM)、麦秸覆盖(SM)和典型的传统淹水耕作(TF)进行了对比。图 73-17 清楚地展现了地膜覆盖的优势。意外的是麦秸覆盖的效果竟然不如传统淹水栽培的好。1999—2001 年在温江区连续 3 年的定位试验表明,覆膜旱作较传统淹水栽培增产 12%,而小麦秸秆覆盖旱作却使水稻减产 14%(表 73-32)。进一步的分析发现,覆膜增产和秸秆覆盖导致减产的主要原因是前者提高了土壤温度而后者降低了土壤温度。试验说明,在覆膜栽培条件下只要满足水稻的生理用水,水稻这一需水和耗水最大的农作物也可以旱作。另一方面,试验发现的覆膜增温效应对四川水稻的增产作用也具有特别的意义,这是因为在四川盆地水稻生产中一直存在水稻育苗、移栽和分蘖早期阶段的低温危害,而丘陵山区这个问题更为突出。在成都平原温江区的这一试验结果,让我们将水稻覆膜技术作为核心技术解决四川丘陵山区水稻缺水干旱提高产量充满信心和期待。

图 73-17　不同覆盖材料对水稻生长的影响

表 73-32

| 1999—2001 年成都平原温江区覆盖旱作栽培对水稻产量的影响[a] | | | | kg/hm² |
|---|---|---|---|---|
| 栽培方式 | 年　份 | | | 平均 |
| | 2009 | 2010 | 2011 | |
| 传统淹水（TF） | 5 609b | 6 760b | 6 381ab | 6 250 |
| 覆膜旱作（PM） | 6 512a | 7 779a | 6 696a | 6 996 |
| 秸秆覆盖旱作（SM） | 4 799c | 5 719c | 5 608b | 5 375 |

[a]同一列中水稻产量带有相同字母表示在 0.05 水平差异不显著。

　　2006 年在地处丘陵区的简阳市东溪镇进行的试验发现，麦秸覆盖和传统淹水栽培的产量差别不大，而它们的差别取决于施用氮肥的数量多少。但是，不管用多少氮肥料、用不用氮肥，地膜覆盖技术都自始至终地带来高产（图 73-18）。在该试验中不施用氮肥条件下的产量数据进一步表明了单独使用地膜覆盖就能够增加产量，地膜覆盖可以完全消除或尽量减少化肥的使用并且同时实现水稻高产。

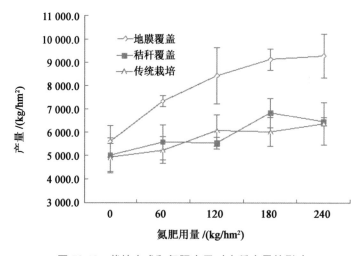

图 73-18　栽培方式和氮肥水平对水稻产量的影响

### 2. 地膜覆盖提高肥料使用效率

　　计算了在简阳进行的上述试验的氮肥使用效率（表 73-33），表中数据表明，地膜覆盖拥有最高的氮肥利用率,尤其是在氮肥水平低的时候。在这项实验中,最高的肥料利用率水平(N)出现在 4 kg/亩或者说 60 kg/hm²,其利用率为 29%。随着氮肥量的增加,利用率降低。地膜覆盖很可能减少了氮肥通过氨挥发的损失和渗漏带来的损失,并且可能减少了反硝化的损失。显然,地膜覆盖提供了一个能够减少肥料使用量同时不减少产出的选择。不管使用多少数量的肥料,地膜覆盖都大大增加了肥料使用率。这也就减少了氮肥对环境的负面影响。

表 73-33
不同覆盖材料和氮肥施用水平下的氮肥使用效率

| 项目 | 施氮水平/(kg/hm²) | | | |
|---|---|---|---|---|
| | 60 | 120 | 180 | 240 |
| 农学效率/(kg/kg) | | | | |
| 　地膜覆盖 | 28.7 | 23.4 | 19.4 | 15.3 |
| 　秸秆覆盖 | 9.4 | 4.4 | 10.1 | 6.0 |
| 　传统栽培 | 5.3 | 9.6 | 6.0 | 6.1 |
| 吸收利用率/% | | | | |
| 　地膜覆盖 | 32.8 | 11.6 | 17.0 | 16.1 |
| 　秸秆覆盖 | −1.0 | −6.3 | 1.7 | 4.4 |
| 　传统栽培 | 3.2 | 8.3 | 5.8 | 8.7 |

**3. 使用零氮肥地膜覆盖带来了高产**

2010 年在资阳市雁江区在 3 种不同的土壤类型(潜育型,渗育型,淹育型)上进行了地膜覆盖与传统栽培不同氮肥施用水平的对比。表 73-34 表明,无论土壤是什么类型,地膜覆盖技术使用零氮

表 73-34
不同土壤类型采用地膜覆盖的水稻生长和产量

| 土壤类型 | 处理 | 千粒重/g | 结实率/% | 有效穗/(×10⁴/hm²) | 每穗穗粒数 | 产量/(kg/hm²) |
|---|---|---|---|---|---|---|
| 潜育型水稻土 | TF N0 | 30.16a | 85.31a | 147.2d | 191.4a | 6 285c |
| | TF N180 | 31.02a | 85.86a | 165.0cd | 171.1b | 7 087bc |
| | PM N0 | 29.79a | 87.81a | 175.3bc | 170.6b | 9 229a |
| | PM N120 | 30.15a | 88.66a | 194.7ab | 159.4b | 9 439a |
| | PM N180 | 30.07a | 87.66a | 216.0a | 159.1b | 9 105a |
| 渗育型水稻土 | TF N0 | 29.51c | 78.65c | 148.0b | 152.0a | 5 125c |
| | TF N180 | 30.60ab | 82.11bc | 210.0a | 138.2a | 7 129b |
| | PM N0 | 30.32b | 86.20ab | 179.7ab | 158.6a | 8 225a |
| | PM N120 | 31.21a | 89.99a | 216.0a | 155.4a | 9 178a |
| | PM N180 | 30.60ab | 88.84a | 213.0a | 151.5a | 9 216a |
| 淹育型水稻土 | TF N0 | 30.27a | 88.98a | 106.0c | 172.6a | 5 709d |
| | TF N180 | 31.49a | 87.44a | 164.0b | 178.1a | 8 189c |
| | PM N0 | 30.85a | 90.29a | 198.67a | 164.1a | 9 154b |
| | PM N120 | 30.41a | 85.72a | 200.0a | 178.0a | 9 769ab |
| | PM N180 | 31.16a | 87.04a | 208.7a | 171.1a | 9 972a |

肥的产量统统都优于传统栽培使用 180 kg/hm² 的产量。如果把潜育型土壤水稻的施肥量增加到 120 kg/hm²，产量只会增加 2.3%。如果施肥量增加到 180 kg/hm²，产量反而会下降 1.3%，这就意味着增加潜育型水稻的施用氮肥是无用的。当渗育型土壤施肥量是 120 kg/hm² 时，产量会增加 11.6%，当施肥量是 180 kg/hm² 时，产量会增加 12.0%。然而在淹育型土壤水稻田里，增产量分别为 6.7% (120 kg/hm²)和 8.9%(120 kg/hm²)。产量的增长量与肥料比例的增长是不太成比例的。这表明不使用太多氮肥会更加经济实惠。水稻成熟期地上部氮吸收量的测定结果见图 73-19，由图可见在 3 种土壤上使用零氮肥覆膜栽培水稻的氮吸收量与传统栽培施用 180 kg/hm² 的吸收量相当，甚至在潜育型和淹育型土壤上还略高于后者。说明试验区土壤氮素本身比较丰富，只是土壤温度较低水稻难于吸收。

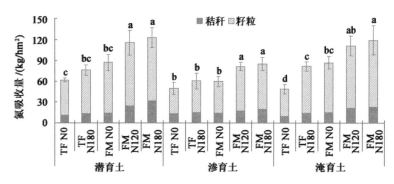

图 73-19　不同土壤条件下采用覆膜栽培对水稻成熟期氮素吸收量的影响

**4. 水稻覆膜栽培增产的主要原因**

图 73-20 是 1999 年在成都市温江区的观测结果。试验发现，覆膜栽培会增加土壤的温度，尤其是土壤表面的温度和在水稻分蘖早期阶段的温度。在分蘖中期，当水稻冠层开始靠近时，温度的差异同样也变得接近。在分蘖晚期阶段，地膜覆盖、秸秆覆盖和传统灌水的气温差异几乎不存在。秸秆覆盖导致土壤温度降低，其水稻产量也是最低的。地膜覆盖除了能够减少水分蒸发，减少杂草竞争之外，土壤温度的增加也是增产的一个重要原因。土壤温度的增加加速了水稻的分蘖。另外，温度的增加有助于加速作物的新陈代谢以及土壤微生物的活动，这会导致更高的矿化速率，因此植物也就能得到更多的养分。

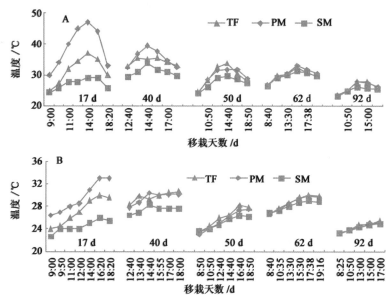

图 73-20　不同覆盖措施对土壤表层(A)和 10 cm 处(B)土层温度在生育期间的昼变化

**5.水稻覆膜栽培在丘陵区的应用研究**

2001—2003 年,我们先后在川中和川南丘陵区的中江县、富顺县和简阳市开展了水稻覆膜技术在丘陵区的应用研究。试验发现,在四川盆地丘陵区采用水稻覆膜技术较传统的淹水栽培,具有多方面的优势,主要表现在以下几方面:一是增温促分蘖。覆膜条件下明显提高土壤温度,可以避免因前期土壤低温造成的坐蔸,促进水稻早分蘖、发壮蘖。二是节水抗旱。盖膜抑制了水分蒸发,具有较强的保墒作用,有助于提高水分利用率。特别是在干旱年景,抗旱效果极显著,能极大减轻干旱对水稻产量的影响。三是提高肥效。盖膜后土壤温度增加,肥料利用率随之提高,可以减少化肥用量,减轻农业面源污染。四是减轻病害。覆盖地膜后,切断了在土壤中越冬病菌的传播途径,同时水分蒸发减少,田间湿度降低,减轻了病害的发生和传播,其中对稻曲病的抑制效果尤为明显。五是抑制杂草。盖膜后因膜下高温和缺氧,杂草无法生长,起到了抑制杂草的作用。水稻覆膜的多重效应对四川水稻产业的发展具有多方面的意义,既可提高水稻产量,降低生产成本提高效益,还能促进资源高效和环境保护。

### 73.6.1.2　技术的集成

在技术集成阶段主要任务是研究形成在覆膜栽培条件下,充分发挥覆膜多重效应、节约成本和劳动力投入、有利于水稻高产高效的配套技术。2001 年袁隆平先生将马达加斯加的水稻强化栽培体系(SRI)介绍到国内(袁隆平,2001)后,我们对这项以小苗移栽、单苗、摆栽、超稀植、干湿灌溉、重施有机肥和中耕等为主要特征的技术进行了系统研究,从中选出了小苗移栽、单苗和稀植等多项技术作为水稻覆膜技术的配套技术。

**1.小苗早栽提高水稻产量和氮肥利用效率**

2001 年在成都平原温江区进行田间试验研究了 4 个移栽期(2.5~5.2 叶龄)对 SRI 条件下优质杂交水稻香优 1 号生长和产量的影响。发现,小苗早栽可以增加低位分蘖数从而促进大穗的形成,这一措施与稀植措施结合能够使水稻形成更多的分蘖和有效穗从而达到高产的目的(吕世华,2001)。然而,在丘陵区中江县的试验却发现因为受低温影响,幼苗早栽不仅没有增产还导致减产,说明将小苗移栽技术与覆膜技术相结合十分必要。2006 年在川中丘陵区简阳市的水稻覆膜移栽期试验有力地证明了这一点。试验表明,在覆膜条件下水稻产量随移栽期推迟而降低,在 0~180 kg/hm² 氮水平下 2 叶期移栽产量高于 4 叶期移栽,后者又高于 6 叶期移栽,2 叶期移栽比 6 叶期移栽增产 786~1 581 kg/hm²,增产率达 13.70%~21.71%,但在施氮 240 kg/hm² 条件下不同移栽期处理产量差异并不显著(图 73-21)。试验说明推迟移栽期需要增加氮肥投入,而覆膜条件下幼苗早栽可以节省氮肥投入。

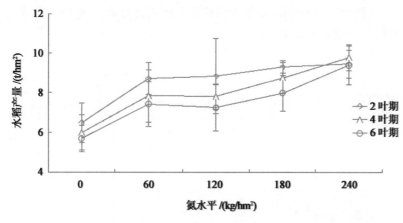

图 73-21　覆膜条件下不同氮素水平和移栽期对水稻产量的影响

比起使用较老的秧苗,幼苗移栽能够带来更多分蘖。SRI 技术的支持者建议在第 3 叶龄前进行秧苗移栽,在这个阶段作物依然只有 2 片叶子。早移栽和其他技术相结合能够在更大程度上实现水稻作物分蘖的潜力。当秧苗在苗床里待的时间太长,主茎低结点处的分蘖芽就会退化,从而导致分蘖数的减少。在 2 叶期把秧苗和一些土壤移出苗床,迅速且仔细移栽的时候,在拔出和移栽过程中造成的损伤达到了最小。在这之后,水稻就会在较短时间内快速生长产生更多的分蘖。生产中农民们都会更乐意使用幼苗(2 叶期)移栽。其中一部分的原因就是幼苗在拔出及移栽过程中更省力。每窝移栽一棵秧苗也将秧苗使用的数量最小化了,因此也更进一步减少了育秧阶段的劳动量。

从表 73-35 看出,在低施氮(N)水平,即 0～12 kg/亩(0～180 kg/hm²),2 叶期移栽秧苗的产量明显高于 4 叶期移栽的产量。在低施氮水平下,6 叶期的产量最不理想。2 叶期的产量优势在氮肥使用量为 8 kg/亩即 120 kg/hm² 时最明显。然而有趣的是,在高施氮水平(16 kg/亩或者 240 kg/hm²),2 叶期、4 叶期与 6 叶期的产量几乎相同。这个结果与采用 SRI 技术而使用低施肥量的资源匮乏的农民反而比采用传统栽培技术而使用高施肥量的农民收获的产量更高的事实是一致的。

表 73-35

不同移栽期的氮肥利用效率

| 项目 | 施 N 水平/(kg/hm²) | | | |
| --- | --- | --- | --- | --- |
| | 60 | 120 | 180 | 240 |
| 农学效率/(kg/kg) | | | | |
| 2 叶期 | 37.0 | 19.5 | 15.8 | 12.4 |
| 4 叶期 | 30.7 | 15.1 | 15.3 | 15.7 |
| 6 叶期 | 28.7 | 12.9 | 12.7 | 15.4 |
| 吸收利用效率/% | | | | |
| 2 叶期 | 65.8 | 44.5 | 27.2 | 23.8 |
| 4 叶期 | 54.4 | 34.5 | 26.4 | 29.2 |
| 6 叶期 | 38.7 | 14.2 | 21.3 | 21.8 |

不同移栽期氮肥使用效率的不同表明,2 叶期的秧苗拥有最高的肥料使用效率,为每千克氮肥 37 kg 稻谷,以及 66% 的吸收利用效率。就施肥水平来看,所记录的最高效率发生在各个移栽阶段的施肥水平为 4 kg/亩或者 60 kg/hm² 的时候。这也就意味着可以用幼苗移栽技术来节省氮肥投入。

小苗早栽增产主要原因是增加了 8 叶前的低位分蘖,表 73-36 的数据表明 8 叶前分蘖穗最高产,因为它的每穗实粒数和千粒重也最大。后期处于秸秆较高位置的分蘖形成的穗短,并且每穗的粒数还不到 8 叶前分蘖穗和主茎穗数量的 50%。如果水稻移栽太晚或者每窝 3～5 个秧苗成丛移栽占据分蘖空间,那么 8 叶前的分蘖穗可能就长太少。

表 73-36

杂交水稻不同位次穗的性状比较

| 穗位 | 每穗总粒数 | 每穗实粒数 | 结实率/% | 千粒重/g |
| --- | --- | --- | --- | --- |
| 主茎穗 | 205.8 | 183.0 | 88.9 | 25.90 |
| 8 叶前分蘖穗 | 230.4 | 208.7 | 90.58 | 26.10 |
| 高位分蘖穗 | 101.4 | 90.6 | 89.38 | 25.82 |

**2. 单苗移栽在水稻高产中的应用**

2001 年在成都平原温江区研究了稀植(行株距为 50 cm×50 cm)条件下单窝移栽苗数对水稻生长和产量的影响。试验发现,供试的杂交优质稻香优 1 号表现出旺盛的分蘖能力(表 73-37)。栽单苗时单窝分蘖数高达 67.5 个,而栽 2～4 苗时单窝分蘖可高达 80 个/窝。但是,在栽单苗条件下有效穗高达 234 万/hm²,而栽 2～4 苗的 3 个处理有效穗在 201 万～222 万/hm²,栽单苗时成穗率高达 85.25%,

而栽 2~4 苗的处理仅有 61.41%~62.50%,可见栽单苗水稻成穗率较高。同时,试验也发现,栽单苗促进了穗的发育和结实率的提高,本试验栽单苗处理水稻产量达 10 635 kg/hm²,而表 73-37 其余处显示了每窝栽培一根秧苗会有最高数量和比率的稻穗。通常,一窝一苗的作物高度最低,因而更耐倒伏更高产。一窝一苗的栽培方式还大大降低了单位面积秧苗的使用数量。这对于那些花高价购买杂交水稻种子的农民来说意义重大。十分有趣的是,一窝一苗的栽培方式产生的水稻加工后的质量更优(表 73-38)。它的出米率更高,精米的百分比也更高(见整精米),而垩白米的百分比更低。试验证明栽单苗是一个值得采用的增产措施(吕世华,2004)。

表 73-37

单窝移栽苗数对香优 1 号水稻分蘖和成穗的影响

| 处理 | 基本苗数/(×10⁴/hm²) | 最高苗数/(×10⁴/hm²) | 有效穗/(×10⁴/hm²) | 成穗率/% |
|---|---|---|---|---|
| 1 苗 | 4.05 | 274.5 | 234.0 | 85.25 |
| 2 苗 | 7.95 | 325.5 | 201.0 | 61.75 |
| 3 苗 | 12.00 | 336.0 | 210.0 | 62.50 |
| 4 苗 | 16.05 | 361.5 | 222.0 | 61.41 |

表 73-38

移栽苗数对稻米品质的影响(品种:香优 1 号)

| 移栽苗数 | 糙米率/% | 精米率/% | 整精米率/% | 长宽比 | 垩白米率/% | 垩白度 |
|---|---|---|---|---|---|---|
| 1 | 81.65 | 64.21 | 55.42 | 2.51 | 18.50 | 6.85 |
| 2 | 80.51 | 63.94 | 46.60 | 2.58 | 27.50 | 10.59 |
| 3 | 80.75 | 63.22 | 48.70 | 2.55 | 38.50 | 15.40 |
| 4 | 79.48 | 62.29 | 45.20 | 2.48 | 42.50 | 16.58 |

### 3. 三角形稀植栽培在水稻高产中的应用

2001—2005 年在温江、中江、富顺和简阳等地进行的水稻移栽密度试验看到了稀植节省秧苗和栽秧用工的显著效应。图 73-22 是在温江区中获得的数据,从中可以看出更稀的移栽会产生更多的分蘖。水稻秧苗间的空隙越大,它就会产出更多的分蘖。水稻有着 Masanobu Fukuoka 所说的"补偿法则",即栽种空间越大,水稻秧苗就会有越多的分蘖。但是我们所真正追求的却是有效的或高产的分蘖。通常,如果一个植物的分蘖过多,后期的分蘖穗的产量就会不佳,从而降低分蘖穗的有效率。过多的低产分蘖会浪费营养,阻挡阳光照射,引发害虫及其他疾病问题,同时也会对高产分蘖的生长产生不良影响。因此,抑制分蘖的过度增长是十分必要的。

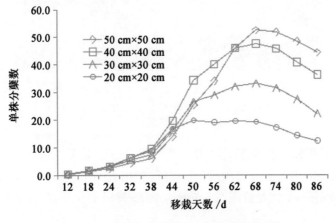

图 73-22　不同移栽密度下水稻分蘖数的变化

　　试验发现稀植栽培的水稻产量并不稳定,有时甚至会带来水稻产量的显著下降。2002 年我们在温江区进行了稀植条件下水稻栽培方式(栽单苗、三苗丛栽和三苗三角形栽培)试验,发现在稀植条件下三苗三角形栽培具有促进分蘖和成穗的优势,这一栽植方式,很好地协调了水稻个体和群体的矛盾。后来,我们将稀植三苗三角形栽培作为水稻覆膜技术的配套技术。在生产中普遍提倡的移栽密度是40 cm×40 cm,每窝以边长为 12 cm 的等边三角形栽 3 苗。

　　图 73-23 和图 73-24 是三角形栽培的示意图和田间实景效果图片,从小三角的中心到另一个小三角形中心的垂直距离为 40～50 cm。3 个小三角组成 1 个大三角。如果你使 2 个小三角的距离达到 50 cm,事实上它会长于 50 cm(斜边),因此也会使得作物生长空间更宽松。这样一小厢地的宽为152 cm。两厢间的沟渠宽为 20 cm。在小三角中,三株苗之间的距离为 10～15 cm。这样的距离在初期帮助幼苗充分分蘖,在后期当三株秧苗挤在一起时会阻碍低产分蘖穗的产生。这项技术与中期排水晒田技术结合会提高高产分蘖穗的形成,也会抑制低产分蘖穗的产生。

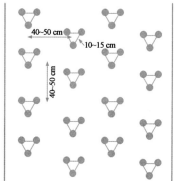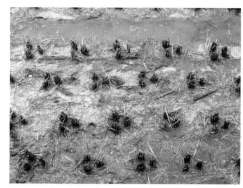

图 73-23　三角形栽培的示意图和田间实景图片

三角形栽培　　　　　　　　　　　　三苗丛栽

图 73-24　三角形栽培优于三苗丛栽

　　图 73-25 的数据表明正如之前所述,小三角(10 cm×10 cm)和大三角(50 cm×50 cm)模式的苗数最多。其次是由三苗丛栽的正方形模式,由四个单株作物组成的正方形模式苗数最少。当其窝距减小到 30 cm×30 cm,单窝苗数就会大量减少,尽管三角形栽培的苗数依然是最多的,但其差别不如50 cm×50 cm 明显。

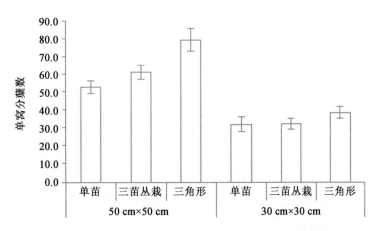

图 73-25　不同移栽方式和密度对香优 1 号水稻单窝分蘖数的影响

#### 4. 稻田免耕垄作减少劳动力和更好的长势

在传统栽培当中,淹水是控制杂草并确保水稻免受干旱影响的非常必要的手段。然而,淹水因降低了温度会导致作物生长缓慢。如果把稻田里的水放干了,就会杂草丛生。并且,如果稻田没有及时灌溉,就会出现干旱,从而导致水稻长势不佳。如果干旱发生在幼穗分化的时候,产量的损失就会更大。所以时干时湿的灌溉对于农民们来说是有一定难度的。稻田开厢条件下覆膜的直接效果是避免了平作条件下水多时膜浮起来影响覆膜的增温效果。另外,稻田开厢能通过保持(厢)沟底水平,有效解决田块高低不平造成的灌水时间长、淹水不均、排水困难等问题。通过纵横交错的厢沟和边沟,全田形成了一条四通八达的水路,灌、排水都非常容易,既节约时间,又避免了水资源的浪费。从图 73-26 看出,开厢栽秧还能使沟内蓄水保湿,厢面无水(或浅水)栽秧,这样既保证了水稻生长所需的水分,又能使阳光直射厢面,加上地膜覆盖,能显著提高土温,从而解决了常规栽秧前期因满田蓄水造成的低温坐蔸(吕世华等,2009)。如果垄作实行免耕,将大大减少整田阶段的劳动用工。

图 73-26　田垄加上地膜覆盖水稻长势(左图左侧)好于未盖地膜的
水稻(左图右侧)与常规淹水种稻(右图)

盖膜后土壤温度增加,肥料利用率随之提高。我们在丘陵区不同地方开始水稻覆膜技术应用研究时就发现,按照生产中农民习惯的氮肥施用水平施用氮肥时往往造成水稻后期贪青晚熟,根据后来进行的氮肥用量试验我们建议农民在采用覆膜技术种植水稻时将氮肥用量下调 15%～20%,具体的施肥方案最好是根据土壤测试和肥料试验的结果进行精量推荐施肥。

在技术集成过程中,我们也把旱育秧、节水灌溉和病虫害综合防治等有利于水稻高产的技术作为配套技术。

#### 5. 旱育秧:更好的长势

如图 73-27 所见,尽管耕种密度和秧龄相同,旱育秧的长势更好。水育秧的秧苗较脆弱,因为同旱育秧相比水秧的节间更长。水会减少阳光照射到秧苗基部的强度。每窝栽单苗和稀植会使单位面积所需要的秧苗更少。有限数量的秧苗让播种的密度能够更稀,因此更多阳光就能照射到秧苗的基部。充足的光照有利于形成壮苗与节间更短的秧苗。因为秧苗少了,苗床的面积也就变小了,这样也意味着能够节约劳动力。另外,旱育秧可以实现带土移栽,这样做能够减少移栽过程中对根系造成的伤害。减少对根的损伤也有助于年幼的秧苗产出更多的分蘖。

图 73-27 旱育秧在移栽后返青快,长势好

### 73.6.1.3 技术的优化

在完成核心技术与配套技术的集成研究后,我们从 2003 年起在四川丘陵山区对水稻覆膜节水高产高效技术进行了多点试验示范,在这个过程中对技术进行了不断优化。重点解决了三角形栽培的技术简化问题和地膜回收难问题。

1. 三角形栽培工具的研发

我们的上述所有研究都是在多个被当作实验点的农民的农田里进行的。这促进了与农民更频繁亲密的互动,如此就能在试验阶段根据农民的实际情况对技术进行调整。为了实现田间条件下精确地三角形栽培,不同地方的农民研发出了不同的三角形打孔工具以使得移栽更容易(图 73-28),其中,滚筒式大三围栽培打孔器(图 73-29)就是其中最有效且运用最广泛的一种,它实现了三角形栽培的技术简化。

图 73-28 农民参与研发的三角形打孔工具

图 73-29　农民研究发明的滚筒式大三围栽培打孔器,大大节省人力

**2. 地膜的选择**

为解决覆膜栽培可能导致的白色污染问题,在试验多种降解地膜不太理想的条件下,2007—2008 年我们收集市场上不同厂家和不同质量和厚度的农膜进行田间实验(图 73-30),从中发现用全新料的一级膜,膜厚度达 0.004 mm 既可保证覆膜增产效果又可保证膜的回收效果。2009 年制定了"覆膜水稻"专用微膜的质量标准,并确定了定点生产企业,将传统的 2 m 双层膜改为 1.7 m 单层膜,使用膜成本降低 15%,亩用膜成本降低为仅仅是 750 元/hm²。在水稻收获后仍较完整,有利于回收(图 73-31 和图 73-32;彩图 73-32)。由于将传统的双层膜改成了单层膜,覆膜用工减少了 60%。

图 73-30　不同的塑料薄膜有不同的效果

图 73-31　使用更耐用的塑料膜更容易回收,从而避免白色污染

普通　　　　　　　　　　专用膜　　　　　　　　专用膜的生产

图 73-32　专用地膜优于普通地膜

经过技术的优化和 2006—2008 年的大面积示范,水稻覆膜节水高产高效综合技术在 2008 年得以成熟,2008 年 8 月定名为水稻覆膜节水综合高产技术,并形成技术规程(吕世华等,2009)。本技术 2007 年 4 月被审定为四川省首批现代农业节水抗旱重点推广技术,2009 年 8 月被审定为四川省首批粮食丰产主体技术。技术名称中的"综合"是强调该技术是以地膜覆盖为核心技术,以节水抗旱为主要手段实现大面积水稻丰产的综合集成创新技术,是旱育秧、稻田开厢、精量推荐施肥、小苗移栽、稀植三角形栽培、栽单苗、节水灌溉、病虫害综合防治和水稻地膜覆盖的有机整合。

### 73.6.2　水稻覆膜节水高产高效综合技术的应用

在水稻覆膜节水高产高效综合技术的研究过程中,我们特别重视技术的示范推广,实现了从小面积示范到大面积的推广应用。

**1. 小面积示范**

一开始在丘陵区不同地点的小面积示范就让我们和饱受旱灾之苦的农民十分看好这项技术。

2002 年在富顺县富世镇 0.2 hm² 8 年无收的望天田示范取得了 7 995 kg/hm² 的产量。

2003 年在简阳市东溪镇示范,在当年该地区遭遇 50 年不遇的特大干旱条件下,采用水稻覆膜技术阳公村 5 社的近 1.33 hm² 常年单产只有 4 500 kg/hm² 左右的高塝田,平均产量近 7 500 kg/hm²。

2004 年简阳市东溪镇桂林村 6 社的 0.67 hm² 常年产量不到 5 250 kg/hm² 的冷浸田块,通过覆膜栽培,平均产量达 8 250 kg/hm²。

简阳市东溪镇新胜村 12 社 1.33 hm² 常年产量 4 500 kg/hm² 左右的高塝田在采用覆膜技术后,产量同样达 7 500 kg/hm² 以上。

简阳市东溪镇凤凰村 10 社 2.0 hm² 无水源保证的两季田,以前产量从未达到 5 250 kg/hm²,从 2004 开始采用后全社水稻单产稳定在 9 000～9 750 kg/hm²。2007—2008 年省科技厅组织专家组连续 2 年在该社验收,高产田产量都超过了 11 700 kg/hm²。

由于该技术的抗逆增产效果明显,简阳市东溪镇农民由示范初期"给补助才盖膜"转变为积极、自愿采用该技术,到 2008 年全镇 133.3 hm² 高塝田、尾水田、荫蔽田等干旱、冷浸田已基本常年运用该技术(袁勇等,2009)。

资阳市雁江区雁江镇响水村是我们 2006 年开辟的示范点。该村是没有灌溉水源的旱片死角,农民采用传统栽培在风调雨顺年份,水稻单产仅有 4 500～6 000 kg/hm²,一遇干旱只有 1 500～3 000 kg/hm²,甚至无收。当年全村 13.3 hm² 采用水稻覆膜技术的示范田在川渝地区大范围遭遇 80 年不遇的特大干旱情况下,水稻平均单产达到了 8 250～9 000 kg/hm²。引起了政府和新闻媒体对这项技术的关注。2006 年 8 月中旬资阳市人民政府和雁江区人民政府先后在该村召开现场会,中央电视台和四川电视台记者也赶来报道大旱之年水稻丰收的消息。2007 来又遇到了百年不遇的特大干旱,但平均单产仍达 9 000 kg/hm² 左右。2008 年没有明显干旱,省科技厅组织专家对该村 3 户农民进行测产验收,平均单产达 11 100 kg/hm²,后来实际收打多户,单产均在 10 500 kg/hm² 以上,家家的粮仓装得满满的。这个村的农民说,如果没有这项技术,2006 年、2007 年多数农户有种无收,2008 年也不会有这样好的收成。所以他们认为,水稻覆膜节水综合高产技术是让人吃饱饭的好技术(刘水富,2009)。

表 73-39 列出了 2003—2007 年一些示范点采用水稻覆膜节水高产高效综合技术小面积示范的专家验收产量结果。

表 73-39

水稻覆膜节水高产高效综合技术在丘陵旱区的应用效果（2003—2007 年）

| 时间 | 地点 | 品种 | 产量/(kg/hm²) | 验收人 |
|---|---|---|---|---|
| 2003.9.8 | 简阳市阳公村 | 川香优 2 号 | 7 615.5 | 马均,朱波等 |
| 2005.9.4 | 简阳市桂林村 | 川香优 9838 | 10 410.0 | 田彦华,谭中和等 |
| 2006.8.21 | 雁江区响水村 | 岗优 527 | 9 159.0 | 田彦华,谭中和等 |
| 2007.8.24 | 乐至县唐家店 | D 优 527 | 11 181.0 | 张洪松,谭中和等 |
| 2007.8.13 | 安居区马漕村 | 岗优 527 | 9 919.5 | 谭中和,龚一鸿等 |
| 2007.8.24 | 安居区青山村 | 岗优 527 | 9 106.5 | 张洪松,谭中和等 |
| 2007.9.4 | 简阳市凤凰村 | 川香优 9838 | 11 710.5 | 谭中和,田彦华等 |

**2. 大面积推广**

2006 年的特大干旱,进一步检验了水稻覆膜技术的节水抗旱和增产效果,也促进了这项技术在全省的大面积推广应用。2006 年 9—10 月四川省科技厅厅长和四川省人民政府分管农业的副省长对这项技术予以高度关注。2007 年 4 月 2 日四川省人民政府在简阳市东溪镇召开示范推广现场会。据不完全统计,2007 年后四川丘陵山区有 60 余个县开始示范推广水稻覆膜节水高产高效综合技术,全省 2009 年推广应用面积达到 66.7 万 hm²。

表 73-40 列出了 2007—2008 年一些示范点采用水稻覆膜节水高产高效综合技术获得的增产效果。由表可知,不论在干旱严重的年份(2007)还是在降雨较为充沛的年份(2008),水稻覆膜节水综合高产技术均具有明显的增产效果。2 年平均增产 2 383 kg/hm²,增产率达 31.2%。表 73-41 列出了 2008 年一些地方采用水稻覆膜节水高产高效综合技术经专家验收的产量结果。

表 73-40

2007—2008 年一些地方采用水稻覆膜节水高产高效综合技术获得的增产效果

| 年度 | 示范地点 | 示范面积/hm² | 对照产量/(kg/hm²) | 覆膜栽培产量/(kg/hm²) | 亩增产/(kg/hm²) | 增产/% |
|---|---|---|---|---|---|---|
| 2008 | 仪陇县双胜镇 | 66.67 | 6 120 | 9 780 | 3 660 | 59.80 |
| 2007 | 剑阁县毛坝 | 1.00 | 7 831.5 | 9 381 | 1 549.5 | 19.79 |
| 2008 | 剑阁县汉阳镇 | 2.13 | 7 845 | 9 570 | 1 725 | 21.99 |
| 2008 | 宜宾县蕨溪、安边、横江、李场、孔滩、柏溪等 13 个乡镇 | 76.67 | 7 746 | 9 270 | 1 524 | 19.67 |
| 2007 | 射洪县曹碑镇 | 17.87 | 6 969 | 9 444 | 2 475 | 35.51 |
| 2008 | 射洪县曹碑镇 | 24.80 | 7 351.5 | 10 182 | 2 830.5 | 38.50 |
| 2008 | 射洪县青岗镇 | 19.47 | 7 698 | 11 073 | 3 375 | 43.84 |
| 2007 | 仁寿县珠嘉乡 | 6.67 | 6 751.5 | 10 441.5 | 3 690 | 54.65 |

续表 73-40

| 年度 | 示范地点 | 示范面积 /hm² | 对照产量 /(kg/hm²) | 覆膜栽培产量/(kg/hm²) | 亩增产 /(kg/hm²) | 增产 /% |
|---|---|---|---|---|---|---|
| 2008 | 仁寿县珠嘉乡、藕塘乡 | 66.67 | 7 650 | 11 400 | 3 750 | 49.02 |
| 2007 | 内江市中区伏龙、凌家、永安、朝阳、史家等5个镇 | 71.33 | 6 915 | 9 300 | 2 385 | 34.49 |
| 2008 | 内江市中区全安、伏龙、凌家、史家、四合、龚家、朝阳等7个乡镇 | 146.67 | 7 860 | 10 080 | 2 220 | 28.24 |
| 2007 | 巴州区兴文镇 | 1.00 | 8 730 | 10 620 | 1 890 | 21.65 |
| 2008 | 巴州区兴文镇、恩阳镇 | 16.80 | 8 490 | 9 840 | 1 350 | 15.90 |
| 2007 | 安岳县鸳大镇 | 4.00 | 8 025 | 9 525 | 1 500 | 18.69 |
| 2008 | 安岳县鸳大镇 | 20.00 | 8 820 | 10 560 | 1 740 | 19.73 |
| 2008 | 自贡市大安区牛佛镇 | 8.00 | 7 650 | 10 125 | 2 475 | 32.35 |

表 73-41

一些地方 2008 年采用水稻覆膜节水高产高效综合技术专家验收产量

| 时间 | 地点 | 农户 | 组织单位 | 验收人 | 产量/(kg/hm²) |
|---|---|---|---|---|---|
| 2008.8.03 | 大安区牛佛镇红旗村 | 曾元帅 | 四川省农科院 | 谭中和,徐富贤等 | 10 179 |
| 2008.8.13 | 宜宾县厥溪镇大坪村 | 牟修言 | 宜宾市科技局 | 谭中和,樊雄伟等 | 8 464.5 |
| 2008.8.14 | 内江市中区全安镇吼冲村 | 陈大远 | 内江市科技局 | 谭中和,樊雄伟等 | 10 941.0 |
| 2008.8.19 | 仁寿县珠家乡黑虎村 | 廖列兵 | 四川省科技厅 | 谭中和,石勇等 | 11 404.5 |
| 2008.9.01 | 雁江区雁江镇响水村 | 李俊清 | 四川省科技厅 | 谭中和,马均等 | 11 701.5 |
| 2008.9.01 | 雁江区雁江镇响水村 | 陈生富 | 四川省科技厅 | 谭中和,马均等 | 11 515.5 |
| 2008.9.01 | 雁江区雁江镇响水村 | 杨 华 | 四川省科技厅 | 谭中和,马均等 | 10 020 |
| 2008.9.11 | 什邡市湔氏镇中和村 | 赵道华 | 四川省农科院 | 李跃建,陶龙兴等 | 9 600 |
| 2008.9.19 | 简阳市东溪镇凤凰村 | 刘子杰 | 四川省科技厅 | 谭中和,马均等 | 11 815.5 |
| 2008.9.19 | 简阳市东溪镇凤凰村 | 李同映 | 四川省科技厅 | 谭中和,马均等 | 10 423.5 |
| 2008.9.19 | 简阳市东溪镇凤凰村 | 张兴福 | 四川省科技厅 | 谭中和,马均等 | 9 493.5 |
| 平均 | | | | | 10 506 |

**3. 技术应用效果**

示范推广过程的实践证明,水稻覆膜节水高产高效综合技术具有节水、节肥、省种、省工、无公害和环保、高产稳产等显著效果(吕世华等,2009)。采用这项技术的整体效果我们总结为:五减两早二增。五减:包括减少灌溉用水 50%～70%,减少氮肥投入 15%～20%甚至更高(表 73-42),减少杀虫剂施用,减少劳动用工 105～150 个/hm²(表 73-43),减少温室气体排放。两早:早移栽,早收获。二增:显著地增产效果,以及因水稻种植管理工作量减少而将精力投入到别的工作上所带来的增收。在减少投入、用工和节约水资源的基础上,实现了干旱年景稳产、正常年景增产,扭转了"小旱减产、大旱无收"的靠天吃饭的局面。采用这项技术的农民普遍反映水稻覆膜技术的效果是"不怕干、分蘖好、不扯草、少得病,省工、省钱还增产!"。

表 73-42

| 资阳市雁江区采用与未采用水稻覆膜技术农户的养分投入量 | | | kg/hm² |
|---|---|---|---|
| 农户类别 | N | P₂O₅ | K₂O |
| 采用户（采用后） | 106 | 55.5 | 18.3 |
| 采用户（采用前） | 180 | 81.4 | 1.5 |
| 未采用户 | 152 | 35.5 | 14.4 |

表 73-43

| 资阳市雁江区采用与未采用覆膜技术农户的用工量统计 | | | | | 个/hm² |
|---|---|---|---|---|---|
| 农户类别 | 栽插用工 | 管理用工 | 除草用工 | 收割用工 | 总用工 |
| 采用户（采用后） | 102 | 12 | 7.5 | 54 | 175.5 |
| 采用户（采用前） | 93 | 67.5 | 67.5 | 54 | 282 |
| 未采用户 | 93 | 78 | 115.5 | 63 | 348 |

　　甲烷（CH₄）是在水稻生产中和气候变化相关的一个方面。作为人工湿地的稻田被认定为大气中甲烷的主要来源。在香港嘉道理农场暨植物园的支持下，2010 年我们与中国科学院南京土壤研究所合作，观测了覆膜栽培对稻田温室气体排放的影响。试验一共有 4 个处理：a. 传统淹水栽培（TF）；b. 传统淹水栽培加上施用双氰胺和对苯二酚（TF-DCD/HQ）；c. 地膜覆盖栽培（PM）；d. 地膜覆盖栽培加上施用双氰胺和对苯二酚（PM-DCD/HQ）。

　　结果表明（图 73-33），地膜覆盖使甲烷排放下降了 85%。然而，氧化亚氮（N₂O）的排放量却增加了。当地膜覆盖与双氰胺和对苯二酚结合的时候，氧化亚氮的排放就得到了控制。与传统淹水栽培相比，地膜覆盖栽培将造成全球变暖潜能值（GWP）降低了 11%，而双氰胺和对苯二酚的使用使其降低了 7%～23%。

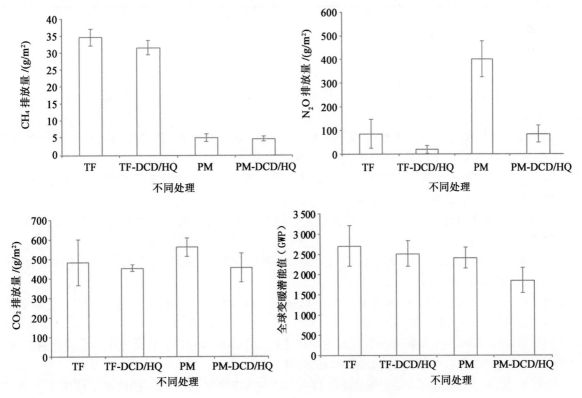

图 73-33　水稻生长期温室气体的排放量

　　我们认为,水稻覆膜节水高产高效综合技术是典型的双高技术。在受人地矛盾、自然灾害、水资源约束等诸多因素影响的国家粮食安全问题日益突显的今天,水稻覆膜节水高产高效综合技术这一节水抗旱、省工节本、轻简、高产高效的技术具有广阔的应用前景。

## 发表的主要论文

[1] 艾应伟,刘学军,张福锁,等. 不同覆盖方式对旱作水稻氮肥肥效的影响. 植物营养与肥料学报, 2003,9(4):416-419.

[2] 艾应伟,刘学军,张福锁,等. 旱作与覆盖方式对水稻吸收利用氮的影响. 土壤学报,2004,41(1): 152-155.

[3] 樊红柱,曾祥忠,吕世华. 水稻不同移栽密度的氮肥效应及氮素去向. 核农学报,2009,23(4): 681-685.

[4] 范明生,樊红柱,吕世华,等.西南地区水旱轮作系统养分管理存在问题分析与管理策略建议. 西南农业学报,2008,21(6):1564-1568.

[5] 范明生,江荣风,张福锁,等. 水旱轮作系统作物养分管理策略. 应用生态学报,2008,19(2): 424-432.

[6] 范明生,刘学军,江荣风,等. 覆盖旱作方式和施氮水平对稻麦轮作体系生产力和氮素利用的影响. 生态学报,2004(11):2591-2596.

[7] 方正,吕世华,张福锁. 不同基因型油菜耐缺缺锰能力差异研究//李生秀. 土壤-植物营养研究文集. 西安:陕西科学技术出版社,1999:247-251.

[8] 方正,吕世华,张福锁. 不同小麦品种(品系)耐缺锰能力的比较研究. 植物营养与肥料学报,1998,4 (3):277-283.

[9] 方正,吕世华,张福锁. 小麦、油菜耐缺锰能力田间比较研究,河北农业大学学报,2000(3).

[10] 方正,张福锁,吕世华. 不同犁底层含锰量对小麦、油菜锰营养状况的影响. 土壤通报,2000,31 (1):30-32.

[11] 贾良良,范明生,张福锁,等. 应用数码相机进行水稻氮营养诊断. 光谱学与光谱分析,2009,29(8): 2176-2179.

[12] 康海岐,吕世华,高方远,等. 水、旱稻产量相关性状的水分生态效应分析. 中国农业科学,2011,44 (18):3790-38044.

[13] 梁永超,胡锋,沈其荣,等. 水稻覆膜旱作研究现状与展望//冯锋,张福锁,杨新泉. 植物营养研究——进展与展望. 北京:中国农业大学出版社,2000.

[14] 刘学军,吕世华,张福锁,等. 秸秆还田方式对土壤有效锰及稻麦锰营养的影响//李生秀. 土壤-植物营养研究文集. 西安:陕西科学技术出版社,1999.

[15] 刘学军,吕世华,张福锁,等. 施肥耕作措施对不同基因型小麦产量与锰营养的影响. 中国农业大学学报,1998,4(增).

[16] 刘学军,吕世华,张福锁,等. 施锰对不同基因型小麦锰营养与根际锰动态的影响. 中国农业大学学报,1999,4(3):77-80.

[17] 刘学军,吕世华,张福锁,等. 水肥状况对土壤剖面中锰的移动及水稻吸收锰的影响. 土壤学报, 1999,36(3):369-376.

[18] 刘学军,吕世华,张福锁,等.水分状况对水旱轮作过程中土壤锰素形态转化及生物有效性的影响// 中国土壤学会.迈向 21 世纪的土壤科学,1999:218.

[19] 刘学军,吕世华,张福锁,等. 土壤施 Mn 深度对不同基因型小麦缺 Mn 的影响. 应用生态学报, 1999,10(2):179-182.

[20] 刘学军,曾祥忠,吕世华,等. 施锰时期对不同基因型小麦锰营养和生长的影响. 西南农业学报, 2001,14(4):39-43.

[21] 刘学军,张福锁,吕世华. 水旱轮作系统中作物锰营养研究进展//李春俭. 土壤与植物营养研究新动态(第四卷),北京:中国农业大学出版社,2001.

[22] 吕世华,常文胜,曾祥忠,等. 在四川盆地丘陵区推广水稻覆膜旱作技术的建议. 四川农业科技, 2001(9):16.

[23] 吕世华,江荣凤,刘全清,等. 水旱轮作养分资源综合管理体系的建立与推广应用//张福锁. 养分资源综合管理技术研究与应用. 北京:中国农业大学出版社,2006,7(1-4).

[24] 吕世华,刘全清,范明生. 水旱轮作体系养分资源综合管理体系在四川省大面积推广应用//张福锁. 养分资源综合管理技术研究与应用,北京:中国农业大学出版社,2006.

[25] 吕世华,刘学军,范明生,等. 水旱轮作体系中的锰及其管理//邹春琴,张福锁. 中国土壤-作物中微量元素研究现状和展望. 北京:中国农业大学出版社,2009.

[26] 吕世华,刘学军,曾祥忠,等. 四川盆地紫色丘陵区植物铁、锰营养及其调控技术的研究. 西南农业学报,2008,21(院庆专辑):102-107.

[27] 吕世华,刘学军,张福锁. 水旱轮作与土壤肥力. 中国农业科技导报,1999,1(4):46-52.

[28] 吕世华,罗秦,张福锁,等. 用反射仪快速诊断小麦氮营养状况的初步研究. 土壤农化通报,1998, 13(4):97-101.

[29] 吕世华,罗秦,张福锁. 种子含锰量对不同基因型小麦缺锰的影响//李生秀. 土壤-植物营养研究文集. 西安:陕西科学技术出版社,1999:334-337.

[30] 吕世华,任光俊,曾祥忠,等. 不同移栽期对强化栽培条件下优质水稻生长和产量的影响. 中国生态农业学报,2004,12(2):138-139.

[31] 吕世华,任光俊,曾祥忠,等. 优质杂交水稻香优 1 号在强化栽培下的生长与产量表现. 西南农业学报,2001,14(3):封 3.

[32] 吕世华,任光俊,张福锁. 山丘区水稻覆膜节水抗旱高产技术,四川农业科技,2010(8).

[33] 吕世华,熊俊秋,袁勇,等. 水稻覆膜节水抗旱栽培技术. 四川农业科技,2004(3):15.

[34] 吕世华,熊俊秋,张福锁. 丘陵旱区水稻节水抗旱栽培技术. 四川科技报,2003,5(16):8.

[35] 吕世华,袁勇,袁江. 水稻覆膜节水综合高产技术的失真与控制. 四川农业科技,2009(2):52-53.

[36] 吕世华,曾祥忠,刘文菊,等. 水分状状况和铁、锰肥对水稻根表铁、锰氧化物胶膜厚度的影响. 土壤农化通报,1998,13(2):27-32.

[37] 吕世华,曾祥忠,刘学军,等. 限制根系下扎对水稻土上不同基因型小麦生长和锰营养的影响. 中国农业科学,2002,35(7):809-814.

[38] 吕世华,曾祥忠,任光俊,等. 水稻覆膜节水综合高产技术规程. 四川农业科技,2009(2):25.

[39] 吕世华,曾祥忠,张福锁,等. 成都市农村地下水硝酸盐污染的调查研究. 土壤学报,2002,39(增刊):286-293.

[40] 吕世华,曾祥忠,张福锁,等. 川西平原小麦氮营养快速诊断及氮追肥推荐技术研究. 土壤农化通报,1998,13(4):102-107.

[41] 吕世华,曾祥忠,张福锁,等. 关于土壤、水和肥料资源利用新技术研究与农业可持续发展的几点思考//中国科协第三届青年学术年会四川卫星会议论文集. 成都:四川科技出版社制作,四川电子音像出版中心出版,1998,11.

[42] 吕世华,曾祥忠,张福锁,等. 油菜氮营养快速诊断技术的研究. 西南农业学报,2001,14(4):5-9.

[43] 吕世华,张福锁. 稻田养分资源综合管理五大技术. 四川党的建设(农村版),2007(10):48.

[44] 吕世华,张福锁. 四川植物营养研究的探索. 西南农业学报,2001,14(4):封 2-封 3.

[45] 吕世华,张福锁. 移栽灵对不同土壤上水稻旱育秧生长及铁、锰营养的影响. 土壤农化通报,1998,

13(2):10-16.

[46] 吕世华,张福锁. 紫色土植物铁、锰营养及其调控//中国科学院-水利部成都山地灾害与环境研究所.中国紫色土.下篇.北京:科学出版社,2003.

[47] 吕世华,张西科,张福锁,等.根表铁、锰氧化物胶膜在不同磷浓度下对水稻磷吸收的影响.西南农业学报,1999(四川土肥专刊):7-12.

[48] 吕世华,张西科,张福锁,等.根表铁、锰氧化物胶膜在不同锌浓度下对水稻锌吸收的影响.中国土壤学会青年工作委员会,中国植物营养与肥料学会青年工作委员会.青年学者论土壤与植物营养科学.北京:中国农业科学术技出版社,2001.

[49] 吕世华.保肥——旱灾区不能忽视的一项工作.农业科技动态,2001(18):3-4.

[50] 吕世华.大力示范推广马铃薯/油菜免耕套作技术促进我省马铃薯产业发展.农业科学院动态,2004(4):1-4.

[51] 吕世华.农技推广绿色通道探索-四川省水稻覆膜节水抗旱栽培技术推广.四川农业新技术研究与推广网络,2007,6:1-144.

[52] 吕世华.丘陵旱区水稻节水抗旱栽培技术示范成功.农业科技动态,2003(6):3-4.

[53] 吕世华."双创新"创造水稻高产奇迹.四川党的建设(农村版),2008(5):53.

[54] 吕世华.水稻覆膜旱作——一项值得大力推广的抗旱节水技术.农业科技动态,2001(20):3-4.

[55] 吕世华.水稻覆膜节水抗旱栽培技术.四川党的建设(农村版),2007(4):52-53.

[56] 吕世华.水稻覆膜节水抗旱栽培技术在我省丘陵稻区的应用前景.农业科技动态,2004,8-9:1-5.

[57] 吕世华.水稻优质高产的一条新路-水稻强化栽培研究的进展与展望.农业科技动态,2002(23):1-4.

[58] 吕世华.四川盆地紫色丘陵区稻/油轮作新科技示范片建设与展望.西南农业学报,2004,17(1):封3.

[59] 吕世华.影响我省旱育秧技术推广的黄化白苗问题及其防治对策.农业科技动态,2004,8-9:5-7.

[60] 吕世华.关于覆膜水稻推广应用中"白色污染"问题的讨论.四川农业科技,2009(2):54-55.

[61] 吕世华.加快水稻覆膜节水综合高产技术的示范推广促进我省粮食增产和农民增收的建议.农业科技动态,2009(4):1-4.

[62] 吕世华.加快水稻覆膜节水综合高产新技术推广.共产党人,2009(3):47-49.

[63] 吕世华.水稻覆膜节水综合高产技术的示范推广对我省现代农业建设的作用.四川农业科技,2009(2):7-8.

[64] 马均,吕世华,梁南山,等.四川水稻强化栽培技术体系(SRI)的应用研究与示范//袁隆平,马国辉.超级杂交稻强化栽培理论与实践.长沙:湖南科学技术出版社,2005.

[65] 马均,吕世华,梁南山,等.四川水稻强化栽培技术体系研究.农业与技术,2004,24(3):89-90.

[66] 马均,吕世华,徐富贤,等.杂交中稻超高产强化栽培技术.四川农业科技,2010(5).

[67] 庞良玉,吕世华,赵小蓉.不同种植制度对水旱轮作田氮素肥力的影响.土壤农化通报,1998,13(2):33-36.

[68] 蒲晓斌,吕世华,汤永禄,等.油菜免耕套作马铃薯栽培技术.农业科技通讯,2009(10).

[69] 王甲辰,刘学军,张福锁,等.不同土壤覆盖物对旱作水稻生长和产量的影响.生态学报,2002(6):922-929.

[70] 王甲辰,张福锁,刘学军,等.成都平原水旱轮作土壤表层锰损失主要机制研究.中国生态农业学报,2004,12(3):72-74.

[71] 王甲辰,张福锁,吕世华,等.旱育缺锰水稻秧苗在大田生长发育特征比较研究.中国生态农业学报,2002,10(2):56-59.

[72] 肖海华,徐刚,方美玉,等.水稻覆膜栽培技术对土壤水、热和产量影响研究中国土壤学会.中国四

川成都，2012：97-103.

[73] 熊後秋，吕世华.下湿紫泥田水稻平衡施肥研究.西南农业学报，2001,14(3)：116-118.

[74] 鄢举刚，袁勇，吕世华.农户何以采用水稻覆膜节水综合高产技术.四川农业科技，2009(2)：50.

[75] 袁江，袁勇，吕世华.从覆膜水稻推广看当前农技推广中的问题.四川农业科技，2009(2)：51-52.

[76] 袁勇，吕世华.水稻覆膜节水综合高产技术快速扩散的探讨.四川农业科技，2009(2)：48-49.

[77] 曾祥忠，吕世华，刘文菊，等.根表铁锰氧化物胶膜对水稻铁、锰和磷、锌营养的影响.西南农业学报，2001,14(4)：34-38.

[78] 张怡，吕世华，马静，等.覆膜栽培及抑制剂施用对稻田 $N_2O$ 排放的影响.土壤，2013,45(5)：830-837.

[79] 张怡，吕世华，马静，等.控释肥料对覆膜栽培稻田 $N_2O$ 排放的影响.应用生态学报，2014,25(3)：769-775.

[80] 张怡，吕世华，马静，等.水稻覆膜节水综合高产技术对稻田 $CH_4$ 排放的影响.生态环境学报，2013,22(6)：935-941.

[81] 赵秀芬，房增国，吕世华，等.根系不同分隔方式下油菜和鹰嘴豆对小麦锰营养的影响.华北农学报，2009,24(6)：133-137.

[82] 赵秀芬，刘学军，吕世华，等.水肥状况对土壤中铁的移动及水稻吸铁的影响.中国农业大学学报，2003,8(5)：74-78.

[83] 朱德峰，林贤青，陶龙兴，等.水稻强化栽培体系的形成与发展.中国稻米，2003(2)：17-18.

[84] Ai Y W,Liu X J,Zhang F S,et al. Influence of unflooded mulching cultivation on nitrogen uptake and utilization of fertilizer nitrogen by rice. Communications in Soil Science and Plant Analysis,2008,39(7)：1056-1066.

[85] Fan Mingsheng,Jing Rongfeng,Liu Xuejun,et al. Interations between non-flooded mulching cultivation and varying nitrogen inputs in rice-wheet rotations. Field Crops Research,2005,91：307-318.

[86] Fan Mingsheng,Lu Shihua,Jiang Rongfeng,et al. Triangular Transplanting Pattern and Split Nitrogen Fertilizer Application Increase Rice Yield and Nitrogen Fertilizer Recovery. Agronomy Journal,2009,101(6)：1421-1425.

[87] Fan M S,Jiang R F,Liu X J,et al. System productivity and nitrogen dynamics of rice-wheat rotations under non-flooded mulching cultivation and varying nitrogen inputs. Plant and Soil,2004.

[88] Fan M S,Jiang R F,Zhang F S. Improving productivity of rice-based cropping systems with non-flooded plastic-film mulching cultivation∥Li Chunjian et al. Plant Nutrition for Food Security, Human Health and Environmental Protection. Beijing：Tsinghua University Press,2005.

[89] Fan M S,Liu X J,Jiang R F,et al. Crop yields,internal nutrient use efficiency,and changes in soil properties in rice-wheat rotations under non-flooded mulching cultivation. Plant and Soil,2005, 277(1-2)：265-276.

[90] Fan M S,Lu S H,Jiang R F,et al. Long-term non-flooded mulching cultivation influences rice productivity and soil organic carbon. Soil Use and Management,2012,28：544-550.

[91] Fan M S,Lu S H,Jiang R F,et al. Nitrogen input,[15]N balance and mineral N dynamics in a rice-wheat rotation in southwest China. Nutr. Cycl. Agroecosyst,2009,79：255-265.

[92] Liu X J,Wang J C,Lu S H,et al. Christie. Effects of non-flooded mulching cultivation on crop yield,nutrient uptake and nutrient balance in rice-wheat cropping systems. Field Cropping Research,2003,83(3)：297-311.

[93] Liu Xuejun,Ai Yingwei,Zhang Fusuo,et al. Crop production,nitrogen recovery and water use ef-

ficiency in rice-wheat rotation as affected by non-flooded mulching cultivation (NFMC). Nutrient Cycling in Agroecosystems,2005,71(3):289-299.

[94] Lu S H,Dong Y J,Yuan J,et al. A High-Yielding,Water-Saving Innovation Combining SRI with Plastic Cover on No-Till Raised Beds in Sichuan,China. Taiwan Water Conservancy,2013,61 (4):94-109.

[95] Lu Shihua,Liu Xuejun,Li Long,et al. Effect of Manganese spatial distribution in the soil profile on wheat growth in rice-wheat rotation. Plant and Soil,2004,261:39-46.

[96] Lu Shihua , Zeng Xiangzhong,Liu Xuejun , et al. Effects of Root Penetration Restriction on Growth and Mn Nutrition of Different Winter Wheat Genotypes in Paddy Soils. Agricultural Sciences in China,2002,1(6):667-673.

[97] Tian Jing,Lu Shihua,Fan Mingsheng,et al. Labile soil organic matter fractions as influenced by non-flooded mulching cultivation and cropping season in rice-wheat rotation。European Journal of Soil Biology,2013,56:19-25.

[98] Zhang Y,Song L,Liu X J,et al. A Atmospheric organic nitrogen deposition in China. Atmospheric Environment,2012,46:195-204.

（执笔人：吕世华　范明生　刘学军　董瑜皎　张福锁）

柑橘是世界第一大水果品种,是我国南方地区经济地位最重要的果树之一,我国柑橘总产逐年增加,2010年我国柑橘栽培面积221.1万 hm²,占世界的1/5强,产量2 645.24万 t,占世界的12%,产量和面积均居世界首位。柑橘产业已经成为我国南方主产区农村经济的一大支柱产业,我国柑橘产量由2002年的8 539.5 kg/hm² 提高到2010年11 964 kg/hm²,8年内柑橘产量提高了40.1%,但我国柑橘单产水平远低于世界平均水平(图74-1和图74-2)。

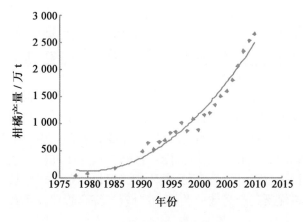

图74-1　我国柑橘年总产量变化

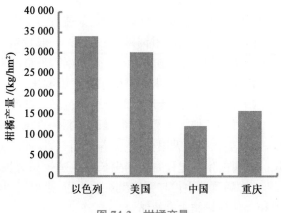

图74-2　柑橘产量

## 74.1　西南柑橘养分管理技术发展历程

果树是我国农业生产的重要组成部分,养分资源在果树生产中发挥着重要作用,采用合理的养分资源综合管理技术对柑橘生产有非常重要的作用,它关系到果园养分资源高效利用、橘园生产的环境质量、柑橘高产优质、果园土壤生产力的提高、农民收入的增加和果树产业的可持续发展。10年前,我国通过农户调研与土壤、植株化验分析,发现我国南方柑橘养分管理与发达国家之间存在较大差距,具体表现在以下几个方面:有机养分的投入不足,化学肥料施用量过大,氮磷钾肥比例不合理,土壤有机质总体偏低,肥料利用率偏低,施肥的盲目性大,施肥缺乏科学依据和土壤有酸化的趋势,我国西南柑橘优质高产高效生产迫切需要养分资源综合管理技术。10年来,我们在国家农业部公益性行业专项"十一五"和"十二五"项目的支持下,摸清了柑橘3大规律即生长发育规律、养分需求规律和产量品质形成规律,在此基础上形成柑橘养分综合管理技术并大面积推广应用,科学合理的橘园养分资源综合管理技术是实现柑橘优质高产高效的基础,柑橘养分资源综合管理技术的形成和建立大约分为 3 个阶段。

**1. 测土配方施肥技术阶段**

土壤养分是果树营养的主要来源,测土配方施肥是以土壤测试和肥料田间试验为基础,根据柑橘对土壤养分的需求规律、土壤养分的供应能力和肥料效应,在合理施用有机肥的基础上,提出氮、磷、钾及中微量元素肥料的施用数量、施用时期和施用方法的一套施肥技术体系。土壤有效养分的数量以及土壤养分有效性相关的土壤物理和化学性状变化都会影响到果树的正常生长。柑橘测土配方施肥技术借鉴了其他农作物的经验,其测土配方施肥的主要目的是确定土壤养分测试值与柑橘生长量及果品产量的关系,建立适合某个地区(土壤类型相似、气候条件相似,如县级区域水果主产区)相应的施肥方案,配制适合当地的柑橘专用肥。

**2. 养分资源管理技术与其他栽培技术相结合的阶段**

培养好丰产的树体结构,为柑橘优质高产高效打下基础。良好的树体结构有利于协调营养生长(枝、叶等)与生殖生长(花、果)的关系,促进光合作用的进行和优化碳水化合物在树体内的分配,营养平衡供应,实行最佳养分管理技术。柑橘根系与地上部的枝叶有相互依存、相互制约的关系。根系从土壤中吸收养分和水分,供叶片进行光合作用;叶片的光合作用产物运输到根,供根系生长所需,所以年周期内根系的生长与地上部分枝的生长、果实发育等交错进行,两者的高峰呈相互消长的关系。柑橘先萌芽后发根,根系与地上部又有相互平衡的关系,大枝回缩常会促生大量的新梢,生产上采用的断根,以保持树冠和根系间的平衡。

根系是柑橘获得养分和水分的主要器官,良好构型的根系是保证柑橘对养分吸收、丰产、稳产、优质的树体构建和调节生长节奏的根本措施,而根系与地上部生长不协调,是造成果树生长节奏不易得到控制的主要原因。生产中出现的很多问题均与根系生长有关,南方丘陵山地果园,大多土层浅薄、贫瘠、有机质含量低、保水保肥性差,易受干旱、涝害等影响,一般树体发枝量少,春秋新梢抽发量少、叶小、叶黄、树势衰弱的柑橘树,根系生长一般较差。因此,"养根壮树、根深叶茂"是实现南方丘陵山地橘园丰产优质的基础,也是我国橘园土壤管理最基本、最重要的方向。

树体贮藏的营养水平对根系发育影响重大。如果地上部分生长良好,树体健壮,营养水平高,根系生长则良好。反之,若地上部分结果过多,或叶片受损害,树势弱,有机营养积累不足,则根系生长受抑制。此时即使加强施肥,也难以改变根系生长状况。因此栽培上应注意对结果过多的树进行疏花疏果,控制徒长枝和无用枝,减少养分消耗,同时注意保护叶片,改善叶片机能,增强树势,以促进根系生长。果树的生长过程是营养生长和生殖生长交替进行的过程,通过一系列技术措施可以调节果树生长节奏,协调营养生长与生殖生长的矛盾,是保证柑橘树优质高产高效的关键,养分资源综合管理技术必须和其他栽培技术有机结合。

我国南方山地橘园,历来有重视地上部管理,轻地下部管理的不良习惯,因此,在今后的生产实践中,通过多种措施调节柑橘根系生长、构建良好的根系构型,也就成了柑橘养分资源管理的重要内容。针对南方丘陵山地果园的实际情况,构建稳定的、有利于根系生长的环境就显得尤为重要,这些措施包括:①使土壤具有良好的物理和化学性状(较好的土壤结构、容重、空气和较深厚的土层)。土壤质地的好坏,是影响柑橘生长的重要因素。柑橘喜欢通气性好的沙质壤土或轻沙性土。黏性土通透性差,保水性也不好,土壤空气流动性小,氧气不足,影响根系的正常生理活动,以致枝梢生长不良。如柑橘当土壤中氧气浓度在 4% 以上时,枝梢叶片的生长趋向正常;若氧气降为 3% 时,新梢就受到抑制;若再下降到 1% 左右时,新梢就停止生长;土壤的化学性质,也即土壤的肥沃程度也会直接影响柑橘的生长和产量水平的高低。通常土壤有机质和营养成分的含量用来指示土壤肥沃度,通常南方丘陵山地橘园有机质平均只有 1.0% 左右,有的甚至只有 0.3%,而全氮只有 0.05%~1.0%,全磷($P_2O_5$)为 0.03%~0.09%,全钾($K_2O$)1.5% 左右。按照公顷产 45 000 kg 以上的丰产园对土壤有机质的要求,其土壤有机质含量应在 2% 以上,全氮为 0.1%~0.2%,全磷为 0.15%~0.2%,全钾在 2% 以上。因此,要获得柑橘高产,必须要大力增施有机质肥料,不断提高土壤肥力。②使土壤具有较好的水分状况。③其他因素,如根系修剪调节根系活性。

养分管理的同时必须考虑水分管理,水和肥是相辅相成的,在实际生产中,养分资源利用效率不高、损失率大等问题与水分管理不当密切相关。创造性地解决山地果园因土层薄、保水保肥能力差、排水通气不良和有机质含量低等问题,发明了"柑橘非充分灌溉"综合技术,并结合根系集中分布区埋设草把穴贮肥水,并生草覆盖或加盖地膜提高土壤水分的保持,促进了根系发育和对水分和养分的吸收利用,该技术不仅操作简单易行,而且增产效益显著。

**3. 土壤-作物系统养分资源综合管理阶段**

在柑橘养分资源综合管理中,必须充分估计土壤和环境养分,同时做到橘园面源和点源污染的防治工作。可能不同的地区,来自大气干湿沉降和灌溉水等进入柑橘体系的养分数量也不同,柑橘是经济作物,集约化的果园农民盲目大量施肥期望高产,来自环境的养分必须考虑。据报道重庆林区大气沉降氮量每年可达 $40.14$ kg/hm$^2$,如此高量的氮沉降,在进行柑橘养分管理时,必须考虑环境养分量。张福锁等人认为,养分资源包括土壤、肥料和环境所提供的养分,所以养分资源管理应该包括环境中的氮、磷养分的管理。比如橘园要合理施用化学氮肥,氮肥推荐量应控制在 $300\sim400$ kg/hm$^2$,超过这一水平就会引起环境污染;其次有机氮肥与化学氮肥配合施用是降低农田生态系统氮养分污染潜势的重要手段,今后要加大土壤-作物生态系统有机氮肥的投入,最后要进行养分资源综合管理,根据土壤养分供应状况、柑橘对养分需求状况以及柑橘立地条件,制定适宜目标产量,优化高效栽培及施肥技术降低氮磷面源及点源污染,提高氮磷肥肥效,综合考虑化肥、有机肥和环境养分对农田生态系统的作用,这样才能最终解决橘园生态系统过量氮磷养分对环境造成的污染。

## 74.2　西南柑橘养分资源管理现状及存在的主要问题

### 74.2.1　西南柑橘生产养分投入现状

柑橘成年树氮肥推荐年施氮量为 $240\sim300$ kg/hm$^2$(周学伍等,1991),从图 74-3 可以看出,三峡重庆库区适宜施氮量柑橘园占总柑橘园的 $13.8\%$,其氮平均施用量为 $271.3$ kg/hm$^2$,其中有机肥占的比例很低为 $5.6\%$;化肥氮低于 $240$ kg/hm$^2$ 以上的样本比重为 $48.7\%$,氮平均施用量为 $142.6$ kg/hm$^2$,其有机肥提供的氮量占氮施用量的 $6.9\%$;柑橘园施氮量在 $300\sim500$ 和 $500$ kg/hm$^2$ 以上的样本分布比重分别为 $12.0\%$ 和 $25.5\%$,其氮平均施用量分别为 $382.4$ 和 $1\,004.2$ kg/hm$^2$,其有机肥提供的氮量分别占总氮 $32.5\%$ 和 $21.4\%$。柑橘园氮肥投入结构方面,农民施用最多的肥料为化肥中的三元复合肥,占 $51.2\%$,其次为尿素,占 $32.5\%$,再次为碳铵,占 $11.6\%$,其中 $3.2\%$ 的柑橘园没有施用化学肥料。从果园有机肥的施用来看,不施有机肥的果园占 $34.8\%$,施人粪尿的占 $24.4\%$,施畜粪尿的占 $15.6\%$,还有饼肥、禽粪类、秸秆等有机肥。有机肥氮平均施用量为 $76.51$ kg/hm$^2$。有机肥提供的氮量占总氮量的 $18.68\%$,有机肥提供的氮是化肥氮的 $1/4$。可以看出,化肥提供的氮远高于有机肥提供的氮,总体来看,果园氮素投入水平较高,达到 $409.7$ kg/hm$^2$(周鑫斌等,2011a)。

柑橘成年树磷肥推荐年施磷量为 $120\sim150$ kg/hm$^2$(Obreza,2008),从柑橘园磷肥投入量来看,三峡重庆库区适宜施磷量柑橘园占总柑橘园的 $11.6\%$。柑橘园磷肥施用量缺乏和过量现象并存,其中施磷量在 $0\sim90$ 和 $90\sim120$ kg/hm$^2$ 的样本比重分别为 $23.6\%$ 和 $15.3\%$,其磷平均施用量分别为 $56.6$ 和 $98.3$ kg/hm$^2$,其有机肥提供的磷量分别占总磷 $10.8\%$ 和 $23.0\%$;柑橘园施磷量在 $150\sim200$ 和 $200$ kg/hm$^2$ 以上的样本分布比重分别为 $15.6\%$ 和 $33.8\%$,其磷平均施用量分别为 $171.8$ 和 $465.2$ kg/hm$^2$,其有机肥提供的磷量分别占总磷 $7.5\%$ 和 $19.9\%$。

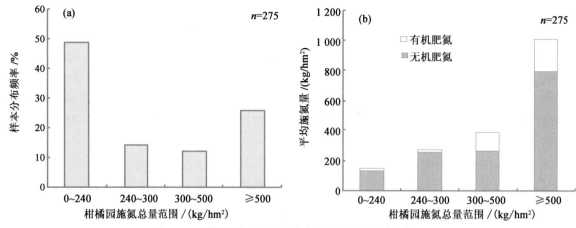

图 74-3　柑橘园样本分布频率(a)和相应平均施氮量(b)

从柑橘园磷肥投入结构看,农民施用最多的肥料为化肥中的三元复合肥,占 49.5%,其次为普钙,占 23.3%,再次为磷酸二铵,占 19.6%,其中 3.5% 的柑橘园没有施用化学肥料。从果园有机肥的施用来看,不施有机肥的果园占 32.1%,施畜粪类的占 25.4%,施人粪尿的占 16.4%,还有饼肥、禽粪类、土杂肥和秸秆等有机肥。有机肥磷平均施用量为 32.7 kg/hm²。有机肥提供的磷量占总磷量的 14.3%。可以看出,化肥提供的磷远高于有机肥提供的磷,总体来看,果园磷素投入水平较高,达到 228.8 kg/hm²(周鑫斌等,2011b)。

从重庆市来看柑橘施肥中 N∶P₂O₅∶K₂O 平均比例为 $1∶0.38∶0.40$,由于有机肥中的 N,P,K 比例比较固定,并且有机肥用量在整个肥料施用中所占比例较小,因此,西南柑橘养分投入中的三要素比例主要是由化肥中的 N,P,K 比例决定的。全省钾肥比例明显偏低。尤其是钾素比例在春肥和壮果肥时期均太低,这种施肥状况不利于柑橘高产优质生产,尤其是在壮果期充足的钾素供应是增加柑橘产量和提高品质的必要保证。

### 74.2.2　重庆柑橘产区土壤养分现状

#### 1. 柑橘园土壤有机质

土壤有机质含量是衡量柑橘园土壤肥力的重要指标,有机质可使土壤疏松和形成团粒结构,改善土壤的物理性状,可缓和化肥施用不当造成的不良反应,提高化肥的肥效。柑橘园土壤有机质含量与柑橘树基础产量有密切关系,有机质含量高,柑橘树基础产量也高且稳定,柑橘果实品质也好。据报道,丰产柑橘园土壤有机质均在 15 g/kg 以上,国外丰产园则高达 20～60 g/kg。

重庆地区柑橘园有机质含量差别较大,周鑫斌等(2009)在重庆的调查($n=459$)结果表明,重庆柑橘园土壤有机质含量整体状况令人担忧,总的来看含量偏低,其平均含量为 14.8 g/kg,只有 23.1% 的土壤有机质含量超过 15 g/kg,其中超过 30 g/kg 占 5.2%;而偏低范围(10～15 g/kg)的占 60.3%,有机质低于 10 g/kg 的占 16.6%,其中 2.2% 的果园土壤有机质低于 5 g/kg。但不同主产区情况有所不同,如奉节县有机质含量超过 15 g/kg 的柑橘园的比例占 40.6%,依次为江津 32.5%、永川 31.1%、忠县 10.6%,万州有机质含量超过 15 g/kg 的柑橘园仅为 5.0%(表 74-1)。其原因是:①库区大部分柑橘园处于丘陵山地,地处丘陵山区的柑橘园给有机肥施用带来很大的困难,有的柑橘园常年少施或不施有机肥。②库区柑橘园土壤为紫色土,紫色土有机质本底含量低,有资料表明,紫色土旱地有机质平均含量为 4.49 g/kg(李东等,2009)。③不同开垦年限的柑橘园有机肥施用状况不同,如奉节、江津和永川柑橘种植老区橘农较重视柑橘园有机肥的施用,而忠县和万州新植柑橘园由于近年来农村劳动力缺乏等因素,柑橘园有机肥的施用量很少,据调查有 62.2% 的柑橘园有机肥氮施用量为零。以上这些原因造成柑橘园有机质平均含量低,而且不同柑橘园含量不等。

表 74-1

重庆柑橘园土壤有机质丰缺等级所占的百分比　　　　　　　　　　　　　　　　　　　　　　　　　　%

| 柑橘种植县市 | 样本数 | 有机质分布频率 | | | | |
|---|---|---|---|---|---|---|
| | | 极低 | 低 | 偏低 | 适宜 | 丰富 |
| 奉节 | 128 | 0.8 | 4.7 | 53.9 | 30.5 | 10.1 |
| 江津 | 83 | 0.0 | 9.6 | 57.8 | 28.9 | 3.6 |
| 万州 | 80 | 10.0 | 21.2 | 63.8 | 5.0 | 0.0 |
| 忠县 | 123 | 0.8 | 26.8 | 61.8 | 5.7 | 4.9 |
| 永川 | 45 | 0.0 | 8.9 | 60.0 | 28.9 | 2.2 |
| 合计 | 459 | 2.2 | 14.4 | 60.3 | 17.9 | 5.2 |

### 2. 柑橘园土壤氮素

土壤氮是柑橘所吸收氮的主要来源,适宜的土壤氮供应对果树生长具有重要作用。但土壤氮过多,尤其是土壤速效氮过量,会引起柑橘树旺长,不利于协调营养生长和生殖生长的关系,对水果产量和质量造成不利的影响,同时土壤氮含量过高还会对环境质量产生不利的影响。重庆市各主产区柑橘园土壤有效性大量元素含量存在地域性差异。重庆市柑橘土壤速效氮含量变幅大,21.2～401.2 mg/kg,平均为 82.5 mg/kg,变异系数达到 57.5%,主要受外界环境如施肥等的影响。从速效氮的分布频数看,有 24.8% 的土壤速效氮含量在适宜柑橘种植范围,有 4% 左右的土壤速效氮含量偏高,全区柑橘园土壤速效氮极缺和缺乏级占 71.4%,缺氮较为严重的是万州(83.8%)和奉节(86.0%),其次为忠县(67.4%)、永川(64.4%)和江津(53.0%),所以,在缺氮严重的区域均应注意在柑橘生产中施用氮肥(表 74-2)(周鑫斌等,2010)。

表 74-2

柑橘园土壤(样本)速效氮养分丰缺等级所占的百分比　　　　　　　　　　　　　　　　　　　　　%

| 养分 | 区域(样本数) | 极缺<br>(<50 mg/kg) | 缺乏<br>(50～100 mg/kg) | 适量<br>(100～200 mg/kg) | 高量<br>(>200 mg/kg) |
|---|---|---|---|---|---|
| | 全部 (459) | 12.4 | 59.0 | 24.8 | 3.7 |
| | 江津 (83) | 6.0 | 47 | 39.7 | 7.2 |
| 速效氮 | 万州 (80) | 15.0 | 68.8 | 13.8 | 2.5 |
| | 忠县 (123) | 14.6 | 52.8 | 28.4 | 4.1 |
| | 永川 (45) | 2.2 | 62.2 | 26.7 | 8.9 |
| | 奉节 (128) | 10.2 | 75.8 | 13.3 | 0.8 |

重庆柑橘园土壤速效氮含量偏低,其原因一方面可能是部分柑橘园氮肥施用量较少,另一方面库区大部分橘农为了省工,柑橘园氮肥表施,表施的氮肥很容易挥发和径流损失,造成土壤速效 N 含量偏低。三峡重庆库区柑橘园以旱坡地为主,紫色土为土层浅、土壤下伏透水性极弱的紫色泥页岩,同时库区夏季降雨丰富,造成坡地硝酸盐随壤中流大量淋失,每年硝态氮随壤中流淋失的量达 27.98 kg/hm²(朱波等,2008),因此这就要求在以后的施肥实践中,一定要合理施用氮肥,开展区域柑橘园测土配方和推荐施肥技术,同时注意施肥方法,如氮肥施用要开沟覆土,或者施用控释肥,有条件的可以采用灌溉施肥,通过这些方法可以提高氮素利用率,从而改善柑橘园氮素供应。

### 3. 柑橘园土壤磷素

三峡重庆库区柑橘园土壤有效磷含量平均值为 17.6 mg/kg,显然是多年来增施磷肥的结果,表74-3 表明,重庆各区县柑橘园土壤有效磷丰缺频率存在着较大的差异,例如,约有 41.7% 的柑橘园土壤速效磷处于极缺和缺乏级,江津为 67.5%,永川为 53.4%;相反,适量和高量级,忠县达到 68.3%,奉节达到 67.8%,万州达到 60.0%。各区县之间这种悬殊差异,可能与各地多年来施用磷肥量的多少有关。

表 74-3

重庆柑橘园土壤速效磷含量状况 %

| 养分 | 区域(样本数) | 极缺<br>(<5 mg/kg) | 缺乏<br>(5~15 mg/kg) | 适量<br>(15~80 mg/kg) | 高量<br>(>80 mg/kg) |
|---|---|---|---|---|---|
| 速效磷 | 全部 (459) | 11.8 | 29.9 | 53.5 | 5.0 |
| | 江津 (83) | 24.1 | 43.4 | 31.3 | 1.2 |
| | 万州 (80) | 5.0 | 35.0 | 56.2 | 3.8 |
| | 忠县 (123) | 5.7 | 26.0 | 62.6 | 5.7 |
| | 永川 (45) | 26.7 | 26.7 | 46.6 | 0 |
| | 奉节 (128) | 9.4 | 22.8 | 59.1 | 8.7 |

库区柑橘园土壤速效磷平均值为 17.6 mg/kg,较第二次土壤普查重庆土壤速效磷数据有明显的增加(全国土壤普查办公室,1996),显然是多年来增施磷肥的结果,重庆柑橘园土壤有效磷含量的这种提高情况,与近年来我国由于增施磷肥,使土壤有效磷含量普遍有所提高的现象是一致的(淳长平等,2009)。但是库区有一部分柑橘园土壤速效磷含量明显偏低,这已成为柑橘生长的重要制约因素。可能与磷肥施入土壤后,容易被土壤固定,成为不易被植物吸收利用的形态有关(庞荣丽等,2006)。那么,这部分速效磷低的土壤是否需要大量施用磷肥,还需要结合其他营养诊断方法来判定。

**4. 柑橘园土壤钾素**

三峡重庆库区土壤有效钾含量平均值为 136.2 mg/kg,含量在 30~630 mg/kg 之间,其变幅较大(表 74-4)。重庆约有 28.3%的柑橘园土壤缺钾,需要施用钾肥。不同地区缺钾程度不同,如万州和永川钾缺乏柑橘园,分别为 42.4%和 46.7%,江津为 32.5%。但是库区柑橘园土壤也存在钾素过剩现象,如忠县柑橘土壤含钾量最高,过剩比率高达 42.3%。奉节和江津分别为 28.9%和 25.3%,万州和永川占的比重较小。

表 74-4

重庆柑橘园土壤速效钾含量状况 %

| 养分 | 区域(样本数) | 极缺<br>(<50 mg/kg) | 缺乏<br>(50~100 mg/kg) | 适量<br>(100~200 mg/kg) | 高量<br>(>200 mg/kg) |
|---|---|---|---|---|---|
| 速效钾 | 全部 (459) | 4.6 | 23.7 | 45.5 | 26.1 |
| | 江津 (83) | 7.2 | 25.3 | 42.2 | 25.3 |
| | 万州 (80) | 6.2 | 36.2 | 47.5 | 10.0 |
| | 忠县 (123) | 0.8 | 13.8 | 43.1 | 42.3 |
| | 永川 (45) | 6.7 | 40.0 | 48.9 | 4.4 |
| | 奉节 (128) | 2.3 | 22.6 | 46.1 | 28.9 |

紫色土继承母岩特性,富含钾矿物,主要黏土矿物一般是水云母,原生矿物组成中长石、云母含量很多,所以紫色土 $K_2O$ 含量远高于世界和我国土壤平均值(唐时嘉等,1984)。种植在紫色土上的柑橘园土壤速效钾 K 含量较高。另一方面,加之近几年,农民施用的肥料基本上是等氮磷钾的复合肥(15-15-15),致使部分柑橘园土壤钾素并不十分缺乏。但是,三峡库区部分柑橘园种植在黄壤上,黄壤是营养元素最低的土壤,土壤中 K,P,S,Cl,Fe 均较紫色土低(唐将等,2005)。也有部分柑橘园不重视平衡施肥,长期的重氮和磷、轻钾肥,使得部分柑橘园土壤处于钾亏缺状态。

**5. 柑橘园土壤中、微量元素营养状况**

三峡重庆库区柑橘园土壤有效硼含量如表 74-5 所示,其平均值为 0.25 mg/kg,有效硼含量不足。从平均值来看,奉节和永川较高,有效硼含量分别为 0.38 和 0.37 mg/kg,其次是万州,含量为 0.27 mg/kg,

忠县有效硼含量为 0.21 mg/kg;江津最低,其有效硼含量为 0.16 mg/kg。三峡重庆库区柑橘园土壤均表现为有效硼不足。三峡重庆库区约有 86.3%的柑橘园土壤有效硼不足,其中以忠县和江津最为严重,95.1%和 95.2%柑橘园土壤有效硼不足或缺乏,其次为万州,约有 82.6%,奉节有 79.7%,永川有 71.1%。

三峡重庆库区柑橘园土壤有效锌含量如表 74-5 所示,其平均值为 1.31 mg/kg,但是各个区之间变异较大,变异系数为 96.60。永川柑橘园土壤有效锌含量平均值高达 3.54 mg/kg,锌含量过剩地区占42.2%。江津次之,有效锌含量平均值高达 2.26 mg/kg,锌含量过剩地区占 30.1%。其次为万州和奉节,其有效锌含量平均值分别为 1.30 和 1.00 mg/kg,忠县最低,有效锌含量平均值 0.92 mg/kg。忠县(约 15%)和万州(11.7%)有一小部分处于锌缺乏状态。

三峡重庆库区柑橘园土壤有效铁含量如表 74-5 所示,其平均值为 34.50 mg/kg,有效铁含量很高,处于铁营养过剩状况,其变异程度很大,变异系数为 93.73。从平均值来看,永川最高,有效铁含量高达79.02,其次是江津,含量为 68.10 mg/kg,万州有效铁含量为 60.20 mg/kg;忠县略低,其有效铁含量为 36.84 mg/kg。而奉节则不同,有效铁含量平均值为 10.9 mg/kg,含量适中。重庆市约有 15%的柑橘园土壤有效铁不足,其中以奉节最为严重,占 35.9%,江津约有 7%土壤有效铁不足。

表 74-5

果园土壤有效铜、锌、铁、锰、硼的含量                                                                                      mg/kg

| 柑橘种植县市 | 样本数/个 | 有效硼 | 有效锌 | 有效铁 | 有效锰 | 有效铜 |
|---|---|---|---|---|---|---|
| 奉节 | 128 | 0.38±0.20 | 1.00±0.98 | 10.95±42.32 | 8.38±21.34 | 1.21±0.71 |
| 江津 | 83 | 0.16±0.19 | 2.26±2.78 | 68.10±76.41 | 42.13±49.63 | 1.53±1.17 |
| 万州 | 80 | 0.27±0.29 | 1.30±1.27 | 60.20±54.09 | 32.67±26.19 | 1.96±0.75 |
| 忠县 | 123 | 0.21±0.14 | 0.92±0.70 | 36.84±64.41 | 20.78±35.26 | 1.40±0.98 |
| 永川 | 45 | 0.37±0.17 | 3.54±1.38 | 79.02±82.78 | 34.28±33.05 | 1.66±0.73 |
| 合计 | 459 | 0.25±0.21 | 1.31±1.69 | 34.50±70.5 | 20.83±37.89 | 1.25±0.93 |

三峡重庆库区柑橘园土壤有效锰含量如表 74-5 所示,其平均值为 20.83 mg/kg,有效锰含量充足,但其变异程度很大,变异系数为 94.22。从平均值来看,江津最高,有效锰含量高达 42.13 mg/kg,其次是永川,含量为 34.28 mg/kg,万州有效锰含量为 32.67 mg/kg;忠县略低,其有效锰含量为20.78 mg/kg。而奉节则不同,有效锰含量平均值为 8.38 mg/kg,含量适中。三峡重庆库区约有20.3%的柑橘园土壤有效锰不足,其中以奉节最为严重,42.2%柑橘园土壤有效锰不足或缺乏,其次为忠县,约有 23.6%,江津约有 7%土壤有效锰不足,其他区没有锰缺乏现象。

三峡重庆库区柑橘园均有不同程度地存在缺乏土壤微量元素 Fe,Mn,Cu,Zn,Mo,B 有效成分。这与成土母质本身的含量高低有直接的关系,另外,土壤 pH 和有机质也是影响元素有效性的主要因素。土壤 pH 的过高或过低,都会加剧元素间的拮抗或促进作用(谢志南等,1997),因此,对于 pH 过高的柑橘园宜施用一些酸性肥料,而对于 pH 偏低的柑橘园适当施用石灰或碱性肥料,来调节土壤酸度,从而有利于柑橘的生长。有机质的多寡,直接影响着土壤有效营养元素的丰缺,所以,在实际的生产中,应切实补充有机肥,培育土壤肥力,有利于柑橘优质生产。

柑橘园有些元素含量还与人为活动有关,如 Cu 相对不缺乏与橘农习惯用波尔多液(主要成分含有 $CuSO_4$)杀菌防病有关,土壤 B 含量普遍低与农民不施用硼肥有关。从第二次全国土壤普查的资料和笔者对柑橘园的调查,三峡重庆库区柑橘大部分土壤严重缺硼,施硼明显改善了柑橘的生长发育和硼营养状况,施硼增产 23.3%(姜存仓等,2009),所以,柑橘施硼应当成为库区橘农的一项重要丰产措施。

三峡重庆库区柑橘园土壤中速效氮磷钾的丰缺状况,可以帮助我们冷静地、实事求是地、有区别地、分类指导本区域柑橘施肥,克服施肥的盲目性。这对于提高库区柑橘产量、品质,以及减少库区农业面源污染都具有重要的作用。

### 74.2.3 柑橘养分资源管理中存在的主要问题

通过十多年来我们对橘农施肥情况调研、土壤和植株测试化验,进而分析,发现南方丘陵山区柑橘园养分管理还很粗放,在养分总量、种类和施用时期上都不够精细准确,凭生产经验施肥占多数,柑橘生产实践中出现了营养元素的不足和过量并存,其中重要原因是重栽轻管,柑橘园自然条件不理想,生产管理水平较低造成的,缺乏配套的综合的高产高效技术,具体表现在以下几个方面。

**1. 柑橘园土壤贫瘠、有机质含量低、根层浅薄**

土壤是柑橘生长发育的基础,柑橘对土壤适应性较广,即使在理化性状较差的土壤如红黄壤和冲积土上均能生长,但要获得优质高产,必须具备良好的土壤条件,即土壤水肥气热和生物学性状协调均衡,保证果树养分供应充足,水分供应充分,土壤空气、温度适宜,根系发育正常、机械支持牢固和生物活性健康。我国柑橘产区土层浅薄,有机质含量低,肥力低下,有的物理性状不良,远不能满足柑橘生长发育对水分和养分的需求。

土壤有机质含量高有利于果树的健壮生长,同时土壤有机质是保持果园的综合生产能力和可持续发展的基础。世界上一些发达国家水果生产中均比较注重有机肥的管理,以使土壤有机质含量保持在较高的水平。根据有关资料,日本和美国等国柑橘园土壤有机质含量 15~30 g/kg。我国柑橘栽培技术规程也要求果园土壤有机质含量达到 15 g/kg 以上。但是南方大部分果园地处丘陵坡地,给有机肥的施用带来困难,如图 74-4 所示,60%的果园不施用有机肥,近些年,农村劳动力大量外出造成了有机肥施用量减少而化肥施用量增加;此外,有机肥肥源缺乏也是导致果园有机质含量较低的一个重要原因,造成了果园土壤贫瘠化现象严重。土壤有机质含量较低,柑橘园土壤有机质平均为 14.8 g/kg。只有 23.1%的土壤有机质含量超过 15 g/kg,其中超过 30 g/kg 占 5.2%;而偏低范围(10~15 g/kg)的占 60.3%,有机质低于 10 g/kg 的占 16.6%,其中 2.2%的果园土壤有机质低于 5 g/kg(周鑫斌等,2010)。据调查,当土壤有机质<5 g/kg 时,占样本 2.2%的柑橘园平均产量为 705.6 kg/hm²;当有机质在 5~10 g/kg 时,占样本 14.4%的柑橘园果实平均产量为 849.2 kg/hm²;当土壤有机质适宜(15~30 g/kg)和土壤有机质丰富(>30 g/kg),橘园平均产量没有显著差异(表 74-6),这就说明,柑橘园土壤有机质分级标准适用于柑橘园,但适宜和丰富间界线不明显。可见,适宜的土壤有机质含量对产量的形成具有非常重要的意义。

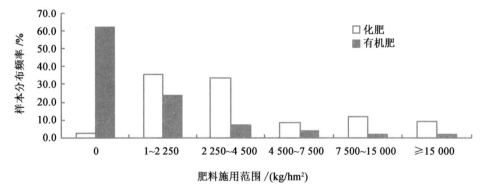

图 74-4 橘园有机肥用量分布频率

表 74-6

柑橘园不同有机质含量水平时的柑橘产量(*n*=459)

| 项目 | 样本数 | 有机质含量水平分级/(g/kg) | | | | |
|---|---|---|---|---|---|---|
| | | 极低<br><5 | 低<br>5~10 | 偏低<br>10~15 | 适宜<br>15~30 | 丰富<br>>30 |
| 样本比例/% | 459 | 2.2 | 14.4 | 60.3 | 17.9 | 5.2 |
| 有机质平均/(g/kg) | 14.8 | 4.3 | 7.6 | 13.5 | 26.9 | 32.3 |
| 产量平均/(kg/hm²) | 1 296 | 705.6 | 849.15 | 1 369.35 | 2 033.1 | 2 039.4 |

柑橘是多年生常绿果树,对土壤的要求较高,一般土层深度应在1 m以上,有效土层在0.6 m以上。但是据我们调查,我国柑橘园产区大部分都在低丘红黄壤(包括紫色土)地带内,土层浅薄,南方丘陵柑橘园土壤土层深度20~50 cm处,有效土层平均在0.4~0.6 m之间,个别柑橘园土层更浅。如紫色页岩发育的紫色土,有效土层厚度平均在0.3 m左右,底部为未分化的质地坚硬的页岩,柑橘根系难以下扎,造成柑橘养分水分吸收困难,影响柑橘树生长发育。

土壤紧实度是土壤最重要的物理性质之一,土壤容重是反映土壤紧实度最直接的指标,它影响植物赖以生存的土壤环境中的水、肥、气、热的状况,进而影响植物的生长,经调查,现在柑橘园土壤容重在1.4~1.6 g/cm³之间,土壤紧实度增加显著抑制柑橘地下部分的生长,表现为根系长度、侧根数量以及延长根的质量、总表面积和总长度均随着土壤容重的增加而降低,根系活力也随土壤容重的增加显著降低。

我国柑橘园产区大部分都在低丘红黄壤(包括紫色土)地带内,土层浅薄,南方丘陵柑橘园土壤土层深度20~50 cm处,有效土层平均在0.4~0.6 m之间,个别柑橘园土层更浅。如紫色页岩发育的紫色土,有效土层厚度平均在0.3 m左右,底部为未分化的质地坚硬的页岩,土壤容重较大,柑橘根系难以下扎,造成柑橘养分水分吸收困难,影响柑橘树生长发育(图74-5)。总之,柑橘园土壤的基本特点是有机质含量低、有酸化趋势,质地较为黏重,这是肥力低的根本原因,要改造它就是要尽可能地培肥地力,使土壤逐渐熟化,从而达到改变土壤理化性质的目的。

图74-5　丘陵山地柑橘园根系表层化现象突出

使土壤熟化的关键措施是大量增施有机肥,提高土壤有机质。土壤有机质含量的高低,是衡量土壤肥沃程度的主要标志。有机质既是农作物养分供应的主要源泉,又是改良土壤理化性状的物质,它能调节土壤 pH,常年增施有机质肥料,可以改善土壤理化性状,如使土壤团粒结构增加,土壤通透性增加,土壤保肥供肥能力改善。随着有机质含量的增加,地力逐步改善提高,为柑橘树的生长发育创造一个良好的环境。高产柑橘园土壤固、液、气三相比例关系是固相率为40%~55%,水分率为20%~40%,空气率为15%~35%,而低产园的三相比是50∶40∶9。高产园和低产园在气相方面有明显的差异。

柑橘园土壤管理就是要针对这些特点,进行土壤的熟化和改良,提高土壤肥力,创造有利于柑橘生长发育的水、肥、气、热条件。熟化、改良土壤最有效的办法是增加土壤有机质含量和合理的耕作。深翻改土,熟化土壤是果园土壤管理的主要内容,是增产措施的中心环节,是柑橘果树形成强大根系,获取高产、稳产的最根本的措施。

**2. 柑橘园土壤酸化趋势明显**

三峡重庆库区柑橘园土壤 pH 测试结果表明,三峡重庆库区大部分柑橘园土壤 pH 适宜柑橘生长,pH 在4.8~8.5范围的土壤占总样本数的78.7%,其中在最适范围(pH 5.5~6.5)的占19.2%。而

pH<4.8 的强酸性土壤占 20.0％,不适合种植柑橘;4.8～5.5 的酸性土壤占 21.1％,pH 6.5～7.5 的中性土壤占 20.5％,pH>7.5 的碱性土壤占 19.2％。三峡重庆库区柑橘土壤酸化严重,柑橘园土壤 pH 平均为 6.05,pH<6.5 的酸性土壤占 60.3％(图 74-6)。在 pH 5.5～6.5 柑橘产量最高,而当pH<4.8 或>8.5 时产量明显下降。pH 在 4.8～8.5 各级别柑橘产量差异不明显,表明 pH 适宜与最适间界限不明显(表 74-7)。

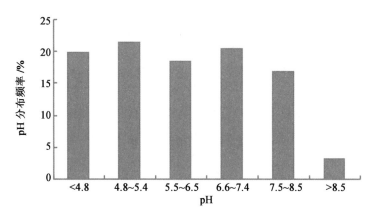

图 74-6　柑橘园土壤 pH 分布

表 74-7

不同 pH 水平时的柑橘产量($n＝459$)

| 柑橘园 | 样本数 | pH 分布 | | | | | |
|---|---|---|---|---|---|---|---|
| | | <4.8<br>(偏酸) | 4.8～5.4<br>(酸性适宜) | 5.5～6.5<br>(最适宜) | 6.6～7.4<br>(中性适宜) | 7.5～8.5<br>(碱性适宜) | >8.5<br>(偏碱) |
| 样本比例/％ | 459 | 20 | 21.1 | 19.2 | 20.5 | 17.9 | 1.3 |
| pH 平均 | 5.5 | 4.4 | 5.1 | 6.3 | 7.1 | 8.2 | 9.4 |
| 产量平均/($kg/hm^2$) | | 1 105 | 1 555 | 1 929 | 1 653 | 1 494 | 1 009 |

### 3. 果园季节性干旱现象突出

柑橘果树的生长发育要求适宜的土壤环境,但并不是所有种植柑橘的土壤环境均能满足柑橘生长的最适要求。一般来说,柑橘对土壤适应性较广,即使在理化性状较差的土壤如红黄壤和冲积土上均能生长,但要获得高产、稳产,良好的土壤条件是必需的。我国南方果园 80％种植在丘陵山地,土壤瘠薄,蓄水保墒能力低,土壤根层浅薄,根系表层化现象突出,夏季表层根易受干旱和高温的影响,西南季节性补灌区总降雨量大、时空分布不均、春旱伏旱频发,这些因素在很大程度上制约着果树增产;传统的果园管理模式(清耕制)易造成水土流失,土壤退化,生态环境平衡遭到破坏。伏旱期不耐旱,落果严重,果实产量低。

重庆位于北半球副热带内陆地区,属中亚热带湿润季风气候类型,气候特征"夏热冬暖,无霜期长",无霜期 340～350 d,大于 0℃活动积温 6 000～6 900℃,是同纬度无霜期最长的地区。降水量充沛,全年降雨量达 1 100～1 300 mm,时空分配不均,多暴雨,受青藏高压和副热高压的影响,70％～80％的降雨集中在夏季,春、秋、冬 3 季降雨只占全年降雨的 20％～30％,形成具有独特气候特征的春旱、伏旱区(图 74-7),长期困扰着三峡库区柑橘生产的稳定和发展。7—8 月常出现 30～50 d 的干旱,同时伴随着高温强日照,对柑橘秋梢抽发和果实的膨大产生巨大的影响,同时多伴有裂果,成为制约库区柑橘产量、品质提高的主要因素之一。同时这种生态条件有利于好气微生物对土壤有机质的降解,好气微生物对土壤有机质的降解效率高,如不及时向土壤补充有机物,则加剧了土壤的贫瘠化。

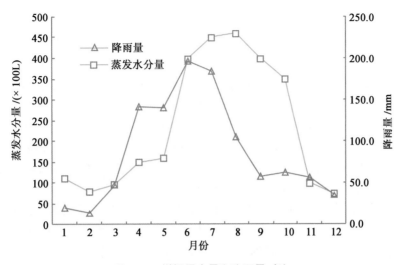

图 74-7　柑橘需水量和降雨量对比

柑橘果树需要从外界,主要从土壤不断吸收水分,随蒸腾作用使水在树体内循环,参与新陈代谢,所谓需水量是柑橘树每生产 1 g 干物质所需要吸收的水量。如温州蜜柑树体生产 1 g 干物质需要水分 290 mL。柑橘园中叶片水分不断在蒸腾,土壤水分又不断在蒸发,需水量很大。日本早年研究了温州蜜柑 60 株树(相当于 0.06 hm² 地)每个月的蒸腾量变动情况。一年中早春及冬季的蒸腾量都较小,5—8 月间蒸腾量急剧增多。全年蒸腾耗水量约 548 280 L。南方如重庆地区,降水量虽然丰富,为全年降雨量达 1 100～1 300 mm,降雨量的季节不均,在柑橘蒸发量最大的时间段 8—9 月,降水量反而较少,以每年的蒸腾蒸发量计算柑橘对水分的需要量为 1 400 mm,尚需灌水 100 mm,加上二者的不同步,季节性干旱问题影响柑橘高产高效。

**4. 橘农养分管理缺乏科学依据,盲目性大**

我国大多数果农仅凭经验施肥,普遍存在偏施、滥施化肥且有机肥施用量不足的现象等状况,该种状况严重影响柑橘产量和品质的进一步提高。从增施有机肥、平衡施肥和加强土壤管理等方面提出土壤改良和培肥措施,以期为南方坡地果园制定合理的施肥策略、指导农户科学施用有机肥和化肥提供技术支撑。施肥调查结果:成年树氮、磷用量高,氮磷钾施用比例不合理,三峡库区 N 肥用量 408.5 kg/hm²,N∶P_2O_5∶K_2O 的比例为 1∶0.38∶0.4,氮磷盈余量高,钾肥的比例偏低(图 74-8),钾素在催芽肥和壮果肥时期均太低,这种施肥状况不利于柑橘高产优质生产,尤其是壮果肥时期充足的钾素供应是增加柑橘产量和提高品质的必要保证。

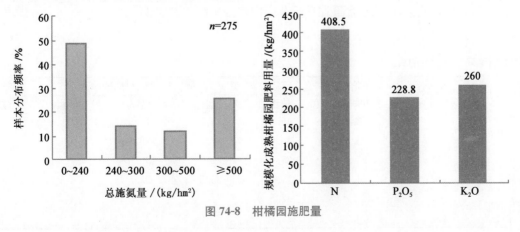

图 74-8　柑橘园施肥量

据我们调查,橘农施肥分配也不合理,以春(3 月)夏(7 月)为主,各占 40%;N、P、K 施肥配比

（1：0.38：0.4）不合理，氮磷肥偏高，钾肥不足；Alva（2006）报道，美国福罗里达州的柑橘适宜 N 肥用量为260 kg/hm²，而三峡库区 N 肥用量 408.5 kg/hm²，N：$P_2O_5$：$K_2O$ 的比例为 1：0.38：0.4，已有的研究资料表明柑橘最佳的氮磷钾施用比例为 N：$P_2O_5$：$K_2O$ ＝1：（0.5～0.7）：（0.7～1.1），表现为氮高、钾低。柑橘园的总体磷平均盈余量为 107.6 kg/hm²，柑橘园总体氮平均盈余量为363.9 kg/hm²。在我国北方集约化水平较高的果树生态体系中盈余量在 N 500 kg/hm² 以上时，地下硝酸盐全部超标。所以，采用 500 kg/hm² 为划分等级单位。柑橘园氮盈余量在 0～500 kg/hm² 的样本占总样本的 76.1%，大于 500 kg/hm² 的占总样本的 23.9%。柑橘园平均盈余量为 363.9 kg/hm²。以上情况说明，果园生成体系引起面源污染的威胁是很高的。这些盈余的氮磷，会通过不同的途径损失，造成很大的面源污染，急需加强橘园养分综合管理技术。

从果树施肥用量看，橘农凭经验施肥，带有相当大的盲目性。有些橘农施肥超量，但也有一些橘农投肥不足。柑橘园土壤氮素平均使用量较高，达 408.5 kg/hm²，有 60% 的农户化肥氮投入量超过300 kg/hm²，但也有 8% 的农户不施用任何化学氮肥，另外绝大多数橘农很少考虑果树营养特性，橘农重视春肥和夏肥，不重视采果肥施用，生产实践证明，注重秋施基肥是柑橘生产中行之有效的施肥方法，该施肥方法不仅有利于增强果树贮藏营养，有利于柑橘安全越冬，增强来年花芽分化，为来年高产打下结实的基础。但是橘农粗放式的施肥，直接在坡耕地（柑橘园）表面撒施肥料、肥料氮磷盈余量大和排放大量农业废弃物（禽畜粪便等），加重了肥料的浪费，肥料利用效率低，同时直接造成水体污染。由于肥料表施，养分由于降雨流失大，果实发育后期脱肥严重，影响果实品质。另外在生产中，橘农很少施用微量元素肥料，施肥种类和施肥量随意性强等诸多问题，在养分管理中要注意克服。

在施肥管理中 90% 以上的农户没有施用过中微量元素，植株缺素症状时有发生。

柑橘园缺硼现象较为严重，2007 年重庆市柑橘园土壤有效硼含量平均值为 0.25 mg/kg，约有 86.2% 的柑橘园土壤缺硼。2009 年，重庆市柑橘园土壤有效硼含量平均值为 0.29 mg/kg，土壤背景值为 0.38 mg/kg，0.50～1.00 mg/kg 为适宜值（图 74-9）。

三峡库区柑橘叶片 B 含量在 1.11～49.37 mg/kg 之间，平均为（23.68±14.24）mg/kg，主要分布在缺乏和低量范围（表 74-8），其中＜20（缺乏）、20～35（低量）、36～100（适量）的样本数分别占总样本数的 43%、33.5%和 23.5%。

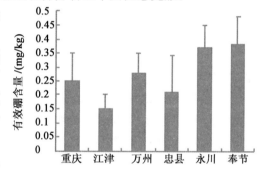

图 74-9　重庆柑橘园土壤硼含量状况

各地区 B 元素含量基本均匀分散分布在缺乏、低量和适量 3 个水平。其中大部分地区 B 元素含量多表现为缺乏，其次是低量，B 元素含量在适量范围内地区所占比例较少。

表 74-8

柑橘园叶片硼丰缺等级所占的百分比

| 地区 | 样本数 | 平均值/(mg/kg) | 硼含量分级及比例/% | | | | |
| --- | --- | --- | --- | --- | --- | --- | --- |
| | | | 缺乏 | 低量 | 适量 | 高量 | 过量 |
| 奉节 | 40 | 23.4 | 45.0 | 37.5 | 17.5 | 0 | 0 |
| 江津 | 40 | 23.1 | 40.0 | 37.5 | 22.5 | 0 | 0 |
| 万州 | 40 | 25.7 | 37.5 | 32.5 | 30.0 | 0 | 0 |
| 忠县 | 40 | 24.0 | 45.0 | 32.5 | 22.5 | 0 | 0 |
| 永川 | 40 | 22.2 | 47.5 | 27.5 | 25.0 | 0 | 0 |
| 合计 | 200 | 23.7 | 43.0 | 33.5 | 23.5 | 0 | 0 |

三峡库区柑橘叶片 Zn 含量在 11.51～61.89 mg/kg 之间，平均为（33.69±6.33）mg/kg，主要分

布在适量范围(表74-9),其中,<18(缺乏)、18~24(低量)、25~100(适量)的样本数分别占总样本数的12.5%,4.0%和83.5%。

**表 74-9**

柑橘园叶片锌丰缺等级所占的百分比

| 地区 | 样本数 | 平均值 /(mg/kg) | 锌含量分级及比例/% | | | | |
|------|--------|------------------|--------|--------|--------|--------|--------|
| | | | 缺乏 | 低量 | 适量 | 高量 | 过量 |
| 奉节 | 40 | 39.87±6.33 | 0 | 0.5 | 99.5 | 0 | 0 |
| 江津 | 40 | 36.42±8.94 | 0 | 1.5 | 98.5 | 0 | 0 |
| 万州 | 40 | 28.29±14.63 | 30.0 | 10.5 | 59.5 | 0 | 0 |
| 忠县 | 40 | 28.33±11.59 | 32.5 | 7.5 | 60.0 | 0 | 0 |
| 永川 | 40 | 35.52±4.47 | 0 | 0 | 100.0 | 0 | 0 |
| 合计 | 200 | 33.69±6.33 | 12.5 | 4.0 | 83.5 | 0 | 0 |

在 5 个采样区内 Zn 含量绝大部分处于适量水平,只有极少部分处于低量或缺乏水平。忠县、永川、万州、江津和奉节 Zn 含量在适量水平所占比例分别为 60%,100%,59.5%,98.5% 和 99.5%。其中,忠县缺 Zn 果园占 32.5%,万州占 30.0%。

综上所述,西南柑橘生产中存在较为严重的养分资源管理不合理问题,养分资源管理现状不能适应柑橘生产高产、优质需要,成为制约柑橘生产效益提高的限制性因素,迫切需要通过养分资源综合管理技术的应用加以解决。

## 74.3　区域养分管理技术创新与应用

### 74.3.1　西南山地柑橘园土壤改良与水土保育技术

柑橘产区地处温暖湿润地区,土壤有机质含量的多少取决于其年生产量与年矿化量的相对大小,这取决于生物气候条件、耕作制度等因素。在耕作条件下,进入土壤的有机物质数量少而有机质矿化速率高,导致有机质含量偏低,必须依靠外援有机物料的加入才能保持和提高土壤有机质水平。因此,有机物料的投入是生产的重要保证。有机物料含有丰富的大量元素和微量元素,施入后改善作物的养分供应,提高土壤有效养分与供应能力,通过营养效应、环境效应和生物效应等几个方面影响果树的生长发育。柑橘园多处山区和丘陵,改良土壤的任务艰巨。有机肥远远不能满足需要,短期内将园内土壤有机质提高至 1.5% 及实现全园翻土改良的想法是不现实的。在丘陵山地柑橘园,建立深厚的活土层需要很大的投入,所以生产中要以局部改良为主,将有限的有机物放于局部,使局部的根系生长在优化的环境中。植物长出的根系,对于农业生产而言并非都是有用的,总存在一些多余的部分,即所谓"根系生长冗余"。试验探明,1/4 根系局部施用有机肥可以使柑橘新梢生长节奏平稳,提高春梢叶片质量和光合产物积累时间,从而调节新梢生长的节奏和秋梢补偿生长效应。柑橘幼树 1/4 根系局部改良,能确保树体正常生长,为柑橘园有机肥合理施用方法提供理论依据。

根系是植物的"根本",也是果树栽培的基础,果园改土、施肥、灌水等基本栽培措施都要通过影响根系而发挥作用。为了明确有机肥改良效果及机理,研究了不同用量有机物料对柑橘幼苗根系的影响。结果表明,有机肥的施用能显著提高柑橘幼苗根系总长、根表面积、根尖数以及细根的总长,且商品有机肥作用优于沤肥。有机肥不同用量对柑橘苗期根系形态存在较大影响,如表 74-10 所示。与对照处理相比,低有机肥用量显著增加了柑橘苗期的总根长、根表面积;中等有机肥施用量显著提高了柑橘苗期的根体积和平均直径;高有机肥施用量的各县指标均为最低。在不同品种有机肥的比较中,各项指标均表现为堆肥处理显著高于商品有机肥处理。不同种类的有机肥都不同程度地延长根的寿命,随着时间的推移,柑橘幼苗根系的存活率逐渐下降。添加 4% 的堆肥和商品有机肥处理的柑橘幼苗的根系存活率较高。

**表 74-10**

有机肥对柑橘根系形态的影响

| 处理 | 总根长/cm | 根表面积/cm² | 平均直径/mm | 根体积/cm³ | 根尖数/个 |
|---|---|---|---|---|---|
| CK | 7 601.6b | 1 558.5b | 0.67cd | 26.5bc | 16 150a |
| 堆肥 4% | 9 543.9a | 1 871.7a | 0.63d | 30.0c | 16 457a |
| 堆肥 8% | 7 054.5bc | 1 604.8b | 0.73b | 29.6ab | 11 980bc |
| 堆肥 16% | 6 580.6c | 1 305.4b | 0.69bc | 22.8b | 10 972c |

施肥可在一定程度上促进作物的生长发育,并改变养分在作物体内的分配。侯立群(1990)等研究发现,有机物料促进了苹果树高、干径、枝长、枝粗和分枝数的增长。土壤有机物料每增加 1%,树高和枝长分别增加 14.90% 和 25.34%;当土壤有机物料含量超过 3% 时,增长幅度变小。本研究结果则表明,当有机肥施用量为土壤总重的 8% 时,柑橘苗期的株高保持最大且促进 N,P,K 素营养在柑橘苗期各部分的累积。现在我国的有机物料多为绿肥、秸秆类、土杂肥、禽畜粪便等,因其化学组成和腐化系数的差异,不同品种的有机肥料在土壤中的生物降解性不同进而导致了不同品种有机肥对作物的影响差异。堆肥和商品有机肥均具有促进柑橘幼苗的生长和对养分的吸收。

有机物料的施入都不同程度地缓解了土壤的酸化并增加了土壤中有机质、N,P,K 的含量,只是不同种类的有机物料及有机肥的不同用量增加程度不同。姚胜蕊(1997)证明,玉米秸对土壤速效氮、速效磷和速效钾都有一定程度的增加,麦秸对土壤交换性钾影响大,而对速效磷和有效镁则无明显影响。矿质养分的增加是提高植株生长发育速度的关键因子之一(孙羲,1994)。有机物料可以改变土壤介质中的细菌、真菌和放线菌三大微生物的数量和微生物类群结构,不同的微生物可能产生生长素、赤霉素、细胞分裂素等激素(徐海燕等,2012),可提高柑橘根系的生理功能和活性。毛志泉(2002)证明,有机物料可以提高苹果根系的呼吸强度,中等用量有机肥处理(8%)和商品有机肥处理与其他处理相比显著提高了柑橘苗的根体积和平均直径,二者对提高根系寿命和根系呼吸强度均具有最佳的效果。根系呼吸作用为植物生长发育提供能量进一步促进植株根系的活力,表现在提高植物吸收氮和磷的能力,因此也增加了植株的生物量(表 74-11)。

**表 74-11**

不同有机肥用量对柑橘幼苗生长的影响

| 有机物料添加/% | 总叶干重/g | 总叶面积/mm² | 茎直径/cm | 茎干重/g | 高度/cm |
|---|---|---|---|---|---|
| 0 | 1.4 | 12 047.3 | 1.24 | 52.3 | 89 |
| 3 | 2.5 | 12 981.7 | 1.38 | 54.7 | 127 |
| 6 | 3.2 | 13 168.9 | 1.98 | 65.7 | 148 |

根系形态是根构型的重要组成部分,是研究根构型的基础。果树通过整形修剪等措施塑造适宜的树型,能够有效利用光能、提高果树产量和质量,促进果树水分和营养元素吸收。随着有机肥施用量的增加,显著降低了柑橘苗期的根系活力,同时降低了柑橘苗期的总根长、根表面积和根尖数(表 74-12)。这主要是由有机肥的不同施用量导致养分的供应量不同所造成的。本研究结果表明,有机肥的施用降低了细根(<0.2 mm)的比例,增加了粗根(>0.8 mm)的比例,促进了柑橘苗期根系的生长。并且当有机肥施用量为 8% 时直径>0.8 mm 的粗根长度显著增加,从而增加了柑橘苗期根系平均直径和根体积,调节柑橘苗期根系形态适宜,增强了根系对养分的吸收能力,从而促进了柑橘苗期的生长。整个柑橘苗生长过程中,毛志泉发现,栽培基质的保水性对延长根系寿命作用较大,因此如何延长土壤中根系

的寿命,增加其保水性可能是有效的途径之一,而有机物料是增强保水性能的良好材料,如果在土壤中增施适宜的有机物料,可能会延长土壤中根系寿命,达到协调地上、地下平衡的目的。有机物料与对照相比对可以显著提高除根系平均直径外的其他指标。有机物料的施入有效减缓柑橘幼苗根系衰老,对柑橘生长发育及营养物质吸收均具有非常重要的现实生产意义(叶荣生等,2014)。

表74-12

不同有机肥对柑橘根系生长发育特征的影响

| 日期 | 处理 | 总根长/cm | 根表面积/cm² | 根尖数/个 | 根系组成/cm | |
|------|------|-----------|-------------|-----------|---------------|---------------|
| | | | | | $\phi < 0.5$ mm | $\phi > 2$ mm |
| 处理后2个月 | CK | 1 405.563a | 22.250a | 891a | 426.180a | 342.694a |
| | 商品有机肥 | 1 282.543a | 22.471a | 1 009a | 382.704a | 322.589a |
| | 沤肥 | 1 804.900a | 22.206a | 1529b | 596.805b | 440.690a |
| 处理后4个月 | CK | 1 443.476a | 20.218a | 2 096a | 720.495a | 257.585a |
| | 商品有机肥 | 3 678.289c | 42.189b | 9 070c | 2 113.645c | 556.990c |
| | 沤肥 | 3 097.743b | 40.692b | 8 563b | 1 572.627b | 474.974b |

有机肥的施用能显著提高柑橘幼苗根系总长、根表面积、根尖数以及细根的总长。不同有机肥的作用不尽相同,前期沤肥作用显著,而后期商品有机肥促根作用高于沤肥(图74-10;彩图74-10)。研究表明,根的形成受多种因素的控制,但不外乎激素和营养两个方面,激素对根的形成起启动作用,营养则是根形成的物质保障和能量基础。激素先诱导根原基后,碳素同化物的供应是持续生长的基本条件(杨洪强和束怀瑞,2006)。

有机肥不同添加量实验　　　　不同有机肥实验

图74-10　不同有机肥对柑橘根系生长的影响

在上述理论基础上,进行田间实践操作,具体包括:

(1)有机肥施用及扩穴改土技术(图74-11)　集约化果园施用商品有机肥(或农家肥),采果前后开沟深施,施肥沟深40 cm以上,每棵树8 kg/棵,采取条状轮换施肥,沿树冠外源开沟,施后覆土;幼年果园种植绿肥,夏季或春季翻压培肥土壤,培肥地力,减少柑橘根系生长阻力;有机肥可以充当肥水持体,其作用主要是营造一个高化学势的蓄水中心和蓄肥中心。依据肥水扩散原理,处于高化学势的水、肥向低化学势处迁移,从而形成一个浓度梯度,有机肥一定范围内会形成一个水化学势和肥化学势较高的区域,这在一定范围内,植株根部不仅发育良好,而且生长迅速,这种方法是改良柑橘园土壤,为柑橘树生长创造一个具有深、松、肥、潮润的土壤环境,使根系分布层中的水、肥、气、热的综合性生态功能得到有效的调节,以利土壤微生物滋生和加速肥料的分解过程,从而使柑橘树的根系在土层中形成深、广、密的强大根群,达到柑橘树体的稳健成长。

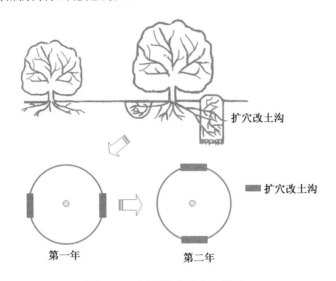

图 74-11　柑橘扩穴改土示意图

（2）根系与树冠树梢有对应性关系　根系也需要在适当时期内进行更新而促发新生根系,才能保持植株经久而旺盛的活力。深耕和改土要结合根系生长进行,一般常绿果树柑橘有 3 次根系发根高峰,即在春梢转绿后至夏梢抽生之前;第二次在夏梢转绿后至秋梢抽生之前;第三次在秋梢停止生长至果实成熟期。每次新梢生长停止以后,就有一次发根高峰。切断一部分老的根系可诱发大量新生根群,起到类似修剪更新的效应。在发根高峰前,对柑橘树采用分期断根促根处理,能促进根系的扩大和引根下扎,改善根系生态环境,有利于恢复树势,扩大树冠,增加有效枝数和总叶数,从而提高柑橘产量和改善品质,是柑橘保持优质高产、稳产的技术措施。深翻改土的原则是:既不能影响柑橘的正常生长,又要能促使断根、伤根的伤口愈合。为防止柑橘园深耕时一次断根过多,以及考虑到肥料及劳力的安排,深翻改土结合有机肥的方式应以局部改土,连年进行,分步完成为宜。如重庆及四川东部的柑橘产区,根系在 3 月下旬开始生长新根,7—8 月根系生长量最大,这时常有伏旱发生,11 月以后根系基本停止生长,因此,为了有利于柑橘根系的生长,以 9—10 月进行深翻比较适宜。应特别注意填放质量,至少要分 5~6 层填放,并尽量使有机肥与土壤混合均匀。

（3）保持土壤有机质的稳定水平　土壤中有机质含量与柑橘产量呈正相关,要求土壤有机质含量在 2.5% 以上,才能获得柑橘的高产稳产。柑橘园处在热带和亚热带高温高湿地区,土壤有机质在不断分解,常被矿物质化供植物吸收或淋失。据报道,在红壤表土层有机质每年分解率为 3.5%~4.5%。因此要保持柑橘园土壤有充足的有机质是成年果园土壤管理的重要任务,目标达到 40~60 cm 土层中的有机质含量稳定在 1.5% 以上。这样单靠施用厩肥等有机肥料是极难达到的,还须结合土壤管理各项措施,如翻压绿肥,施入高 C/N 比的有机物（生物质炭）及生草覆盖等。

由于土壤条件的差异,田间植物的根系不可能都处在最适宜的环境中,大多数情况下只有一部分根系能够正常发挥其功能,其他根系主要处于闲置或空耗状态,但这并不影响整个植株的正常生长发育。田园土壤管理也只能对部分土壤进行改良,活化根系的局部营养空间,而实现丰产优质,只要充分发挥少部分根系的作用就足够了。施用有机肥处理土壤容重比对照降低 12.5%,土壤总孔隙度比对照增加 9.8%,非毛管孔隙度也较大,说明施用有机肥后可以明显改善土壤结构,增加土壤孔隙度,提高土壤保水保肥和通气能力。

如表 74-13 所示,有机-无机配施与无机肥料相比,显著提高了 20~40 cm 土层有机质含量,比不施有机肥处理土壤有机质含量提高 15.9%；随着有机质含量的提高和土壤改良，吸收根在各土层的数量显著增加，0～20，20～40，40～60 cm 土层吸收根比不施有机肥分别多 40%，107% 和 115%，从而提高了柑橘对养分和水分的吸收，柑橘产量和品质得到提高。

表 74-13

无机肥料和有机-无机配施对土壤有机质、pH 和根系分布的影响

| 项目 | 土层深度/cm | 不同处理 | |
|---|---|---|---|
| | | 无机肥料 | 有机-无机配施 |
| 有机质/% | 0～20 | 1.11 | 1.17 |
| | 20～40 | 1.13 | 1.31 |
| | 40～60 | 1.12 | 1.22 |
| pH | 0～20 | 6.15 | 6.21 |
| | 20～40 | 5.76 | 5.87 |
| | 40～60 | 5.71 | 5.76 |
| 根条数/根 | 0～20 | 42 | 59 |
| | 20～40 | 102 | 212 |
| | 40～60 | 45 | 97 |

如表 74-14 所示，试验的第 3 年，有机-无机配施柑橘产量比不施有机肥高 7.4%，可滴定酸浓度降低，可溶性固形物含量提高 7.4%，固酸比提高 11.4%，从而改善了柑橘品质。

表 74-14

有机-无机配施和无机肥对柑橘产量和品质的影响

| 处理 | 年份 | 产量/(kg/hm²) | 可滴定酸/% | 可溶性固形物/% |
|---|---|---|---|---|
| 无机肥料 | 2009 | 19 980 | 0.78 | 11.30 |
| | 2010 | 21 210 | 0.83 | 11.00 |
| | 2011 | 21 810 | 0.83 | 12.02 |
| 有机-无机配施 | 2009 | 19 860 | 0.77 | 11.20 |
| | 2010 | 21 645 | 0.87 | 11.83 |
| | 2011 | 23 415 | 0.82 | 11.83 |

增施有机肥是提升土壤有机质的主要方法，从本研究的结果可以看出，有机-无机配施使得土壤有机质从 1.13% 提升到 1.31%，效果明显，因此施用有机肥是提高柑橘土壤有机质的有效途径之一。此外，有机-无机配施还改善了柑橘根区的生长环境，增加了耕层根条数，起到"促根壮树"的作用，从而保证柑橘的高产优质。有机-无机配施柑橘产量比不施有机肥高 7.4%，可滴定酸浓度降低，可溶性固形物含量提高 7.4%，固酸比提高 11.4%，从而改善了柑橘品质。

### 74.3.2 柑橘非充分灌溉结合生草覆盖综合技术

植物的根系分布范围很广，土壤是水、肥、气、热的非均质体制约着根系的分布，实际上自然条件下，只有一小部分根所处环境条件是最适于其生长发育和行使功能的。只要满足一小部分根的环境条件，或对这部分土壤进行培育，就可以局部改良收到整体的效果。前人的研究结果表明局部养根在壮树丰产上的显著效果。协调一定土壤空间内水、肥稳定供应，协调气和热，为根系的生长发育和功能行使创造了良好的条件。

非充分灌溉是针对水资源的紧缺性与用水效率低下的普遍性而提出的一种新的灌溉技术，灌水量

不能完全满足柑橘的生长发育全过程需水量的灌溉。研究柑橘在不同受旱条件下需水规律是进行非充分灌溉研究的最基本的理论依据,据此来确定节水灌溉控制指标,人为控制灌溉范围和灌水量,达到部分根区湿润的"柑橘生理节水灌溉理论",把有限水量灌到最关键期,密切结合树体生长情况,通过测墒,当土壤含水量低于50%～60%田间持水量,同时又是柑橘生长的关键期,不降水则灌水,若是非关键期,则不一定灌。主要是利用柑橘根系干旱缺水时产生的缺水信号ABA(脱落酸),诱导叶片气孔半关闭,减少奢侈性蒸腾耗水,实现柑橘生物节水;通过穴灌、滴灌等灌溉措施,实现部分根系土壤湿润,利用根系的趋水性和吸水功能较强的特点,满足柑橘基本生长对水分的部分要求。通过非充分灌溉,达到生物节水和灌溉措施节水的双重效果。

漫灌达到抗旱效果每亩需水量要60 m³以上,高温干旱期间,会出现严重的地表蒸发耗水和植物奢侈性蒸腾耗水,往往出现无水可灌和灌溉成本高于农民物理灌溉的情况;常规穴灌抗旱技术(即在树盘树冠滴水线内侧挖8～12个深30 cm孔穴后灌水)每亩需水量在8～12 m³,高温干旱期间,会出现植物奢侈性蒸腾耗水;部分根区穴灌为主的非充分灌溉抗旱技术,在树盘树冠滴水线内侧1/3处,开挖长宽深30 cm×30 cm×40 cm的相邻2个孔穴,分别灌溉50 L水,生草覆盖,每亩需水量仅2 m³左右。柑橘园雨季非充分灌溉结合覆草——伏旱前杀草覆盖的抗旱栽培技术,形成抗旱综合技术。

生草的具体做法为,果园4—6月雨季非充分灌溉结合覆草,也可同时选种黑麦草、紫云英、三叶草等,生草栽培的柑橘园,要对草进行管理,必要时可以在雨前撒些尿素等化肥,促草生长,若草长得太高影响柑橘树生长,可刈割草的上半截(图74-12)。7月中下旬雨季刚结束,旱季到来时,将草杀灭用于地面覆盖,利用草来减轻干旱,降低土壤温度。8—9月视草的生长状况,再喷1～2次除草剂。在采果前后,可结合扩穴改土,将草翻埋于土壤中。柑橘非充分灌溉技术在山地柑橘园可以满足秋梢和果实发育,减少了水土肥流失,培肥了土壤,降低了季节性干旱带来的不利影响,促进了下层根系的生长,极大地提高了水肥利用效率。高温干旱期间,地表蒸发耗水和植物奢侈性蒸腾耗水均较少,节水抗旱效果最为理想。同时非充分灌溉结合覆草,可以以氮换碳,培肥地力,提高土壤C/N比,生草提高了土壤有机质含量及氮肥利用效率,增强了土壤缓冲能力,涵养水源,减少水土流失。果园生草可提高土壤有机质,改善速效养分的有效供给,减少水土流失,改良土壤结构和果园小气候,经济效益和生态效益都得到保证,使用地和养地在山地开发中得以统一,现已成为世界上许多国家和地区广泛采用的促进丘陵山地持续农业发展的有效管理模式。

图74-12　柑橘园轻简化抗旱栽培技术

首先,调节土壤温度,保持土壤湿度,据报道,冬季树盘非充分灌溉结合覆草具有保温效应,而夏季非充分灌溉结合覆草则具有抑温效应,南方8月上旬正值高温干旱季节,非充分灌溉结合覆草可使树盘下土壤表面温度降低7.0～11.2℃,20 cm处土温降低1.1～3.1℃,使土壤水势值减小—15.7～18.8 cb(表74-15)。

表 74-15

非充分灌溉结合覆草对夏季土壤温度及水势的影响

| 处理 | 测量日期/（月/日） | 土壤温度/℃ | | 20 cm 深处土壤水势/cb |
| --- | --- | --- | --- | --- |
| | | 0 cm | 30 cm | |
| 非充分灌溉结合生草覆盖 | 8/2 | 31.2 | 28.6 | −8 |
| | 8/3 | 32.4 | 27.8 | −8.7 |
| | 8/4 | 33.5 | 28.7 | −8.7 |
| | 8/5 | 32.4 | 27.9 | −12.1 |
| | 8/6 | 31.5 | 26.3 | −15.3 |
| | 平均 | 32.2 | 27.86 | −10.56 |
| 对照 | 8/2 | 35.6 | 29.7 | −24.5 |
| | 8/3 | 43.6 | 30.2 | −27.5 |
| | 8/4 | 42.3 | 30.3 | −26.8 |
| | 8/5 | 39.4 | 29.5 | −27.8 |
| | 8/6 | 35.3 | 29.4 | −32.3 |
| | 平均 | 39.24 | 29.82 | −27.78 |

　　树盘非充分灌溉结合覆草为果树根系的发育和养分吸收创造了一个冬暖夏凉的土壤环境，同时有利于地上部的生长发育。非充分灌溉结合覆草与清耕相比，3—5 月期间，非充分灌溉结合覆草园与对照的土壤水分含量平均相差 4.7%。8—9 月的土壤含水量，发现非充分灌溉结合覆草园 20 cm 土层的含水量比对照高 10% 左右，且遭遇严重干旱时非充分灌溉结合覆草园土壤水分下降缓慢，比对照抗旱力提高 7～10 d。南方虽降水较多，但季节间分配不均，果园存在不同程度的干旱，果园非充分灌溉结合覆草对土壤的保湿效应意义重大，特别对灌溉条件极差的果园，堪称极为重要的抗旱节水措施（表 74-16）。

表 74-16

非充分灌溉结合覆草对柑橘果实生长的影响

| 处理 | 产量/(kg/hm²) | 单果重/g | 可食率/% | 出汁率/% |
| --- | --- | --- | --- | --- |
| 常规灌溉 | 22 335a | 61.2a | 81.7a | 39.5b |
| 非充分灌溉结合生草覆盖 | 22 200a | 56.8a | 83.5a | 42.8a |
| 干旱胁迫 | 18 525b | 48.6b | 75.6b | 37.3b |

　　非充分灌溉结合生草覆盖处理与常规灌溉相比，果实产量并没有降低，干旱胁迫则显著降低了柑橘产量，柑橘可食率、出汁率显著降低。非充分灌溉提高了可溶性固形物含量，固酸比显著增加（表 74-17）。以上说明，柑橘非充分灌溉技术结合生草覆盖对柑橘产量下降不严重的情况下，提高了植株的水分利用效率，同时提高了柑橘品质。

表 74-17

非充分灌溉结合生草覆盖对柑橘果实品质的影响

| 处理 | 可滴定酸/% | 可溶性固形物/% | 固酸比 |
| --- | --- | --- | --- |
| 常规灌溉 | 0.84a | 11.00c | 13.10b |
| 非充分灌溉结合生草覆盖 | 0.84a | 12.03a | 14.32a |
| 干旱胁迫 | 0.90a | 11.85b | 13.17b |

**1. 非充分灌溉结合生草覆盖对柑橘叶片光合速率的影响**

表 74-18 中看出,非充分灌溉结合生草覆盖明显提高了夏秋高温连旱期柑橘叶片光合速率。在 7 月和 9 月果实膨大期,非充分灌溉结合生草覆盖叶片的平均光合速率显著高于清耕对照区。叶片光合作用的产物是树体营养生长和开花结实的主要物质基础,夏秋高温连旱季节虽然日照充足,但由于受到高温低湿的影响,常常影响柑橘叶片的光合生产能力,生产覆盖栽培可以一定程度缓解夏秋柑橘园高温低湿的矛盾,提高叶片光合速率,生草覆盖栽培改善了柑橘园环境,减轻了高温引起的异常落果,所以提高了当年柑橘产量。

表 74-18

非充分灌溉结合生草覆盖对柑橘叶片光合速率的影响            mg DW/(dm² · h)

| 处理 | 5 月 | 7 月 | 9 月 | 11 月 |
|---|---|---|---|---|
| 清耕 | 6.91a | 7.83b | 10.43b | 5.43a |
| 非充分灌溉结合生草覆盖 | 6.87a | 8.38a | 11.73a | 5.68a |

**2. 非充分灌溉结合生草覆盖对改善土壤理化性状及营养状况**

连续 3 年非充分灌溉结合覆草,可大大改善土壤通透性,提高孔隙度 1 倍以上,促进土壤团粒结构的形成(表 74-19)。由于杂草等有机物覆盖树盘后 3～4 年即轮翻 1 次,故可增加土壤中主要养分的含量,促进果树生长。连续非充分灌溉结合覆草 3～4 年可使活土层增厚 10～15 cm。此外,山地果园非充分灌溉结合覆草可减少水土流失,保住肥土层。

表 74-19

连续非充分灌溉结合覆草 3 年对土壤理化性状的影响

| 处理 | 容重 /(g/cm³) | 孔隙度 /% | $\phi 1.0$ mm 以上 团粒/% | 有机质 /% | 速效氮 /(mg/kg) | $P_2O_5$ /(mg/kg) | $K_2O$ /(mg/kg) |
|---|---|---|---|---|---|---|---|
| 非充分灌溉结合覆草 | 1.02 | 42.3 | 21.4 | 2.14 | 95.3 | 14.3 | 110.4 |
| 对照 | 1.43 | 18.3 | 9.6 | 0.75 | 43.2 | 8.9 | 88.7 |

**3. 果园非充分灌溉结合覆草对杂草生长和果树根系的影响**

果园非充分灌溉结合覆草为果树的根际创造了良好而稳定的水、肥、气、热条件,促进根系的生长发育。在 1 m² 的垂直剖面上的总根量,非充分灌溉结合覆草比清耕平均多 53.4 条,并且其中 90% 以上皆为 $\phi < 2$ mm 的吸收根。

**4. 非充分灌溉结合覆草促进树体生长**

连续非充分灌溉结合覆草 3 年,可促进柑橘春梢的生长,其春梢长度、单叶面积、百叶重分别比对照增加 48.8%、33.3%、14.6%(表 74-20)。非充分灌溉结合覆草植株叶片的 $CO_2$ 同化量比清耕植株相对提高 29.4%。其叶片光合速率的日变化曲线也一直高于清耕植株。因为非充分灌溉结合覆草提高了土壤含水量,稳定、协调了表层土壤各肥力因素,促进根系生长,增加叶片中叶绿素含量。

表 74-20

非充分灌溉结合覆草对柑橘生长的影响

| 处理 | 春梢长度 /cm | 单叶面积 /cm² | 百叶重 /g | 叶绿素/(mg/dm²) a | b | $CO_2$ 同化量 /[mg/(dm² · d)] |
|---|---|---|---|---|---|---|
| 非充分灌溉结合覆草 | 26.5 | 27.6 | 104.5 | 4.3 | 1.56 | 245.3 |
| 对照 | 17.8 | 20.7 | 91.2 | 3.04 | 1.03 | 189.5 |

**5. 非充分灌溉结合覆草对土壤有机质和 pH 的影响**

从表 74-21 可以看出,非充分灌溉结合覆草处理 0～20,20～40 cm 土层的有机质含量有提高的趋势,且 0~20 cm 土层有机质含量的增幅比 20~40 cm 土层更明显。第 1 年 0~20 和 20~40 cm 土层的有机质含量分别比对照提高 0.4 和 0.2 g/kg,第 2 年分别比对照提高 0.8 和 0.4 g/kg,有逐年增长的趋势。这是因为杂草枯叶、枯根以及刈割覆盖物经深翻后主要分布在 0~20 cm 土层,而这些有机物经深翻后在土壤中降解和转化。

表 74-21

非充分灌溉结合覆草对土壤有机质和 pH 的影响

| 取样时间 | 处理 | 有机质/(g/kg) | | pH | |
|---|---|---|---|---|---|
| | | 0~20 cm 土层 | 20~40 cm 土层 | 0~20 cm 土层 | 20~40 cm 土层 |
| 2009 年 3 月 | 试验前 | 11 | 7.8 | 6.5 | 6.5 |
| 2010 年 3 月 | 清耕 CK | 12.1 | 7.9 | 6.5 | 6.4 |
| | 非充分灌溉结合覆草 | 12.5 | 8 | 6.5 | 6.5 |
| | 比 CK 提高 | +0.4 | +0.2 | 0 | +0.1 |
| 2011 年 3 月 | 清耕 CK | 11.9 | 7.9 | 6.6 | 6.6 |
| | 非充分灌溉结合覆草 | 12.7 | 8.3 | 6.7 | 6.6 |
| | 比 CK 提高 | +0.8 | +0.4 | +0.1 | 0 |

**6. 非充分灌溉结合覆草对速效氮、速效磷、速效钾含量的影响**

从表 74-22 可以看出,2 年后非充分灌溉结合覆草处理 0~20 cm 土层的速效氮、速效磷、速效钾含量与对照相比分别提高了 5,3.5,8 mg/kg,20~40 cm 土层分别提高了 3,0.8,4 mg/kg。0~20 cm 土层速效养分含量提高的幅度比 20~40 cm 土层大。这是由于在 0~20 cm 土层杂草根系的分泌物多,加强了该土层有机物质的活化与分解。同时,由于覆盖阻碍了土壤内外空气的流通,对土壤水分和温度的变化起到了缓冲作用,改善了土壤微生物的生存环境,加快了土壤微生物的活动,加速了有机物质的腐烂、分解,释放出氮、磷、钾等矿物质营养,提高土壤有效养分含量。而深翻后大部分有机残体分别在 0~20 cm 土层中,所以 0~20 cm 土层中有效养分含量的提高尤为明显。表明果园非充分灌溉结合覆草后,杂草不但不会与果树争肥,而且能改善土壤库 N,P,K 实际供给能力,具有活化有机态 N,P,K 的功能,有利于柑橘树对 N,P,K 营养元素的吸收利用。

表 74-22

非充分灌溉结合覆草对速效氮、速效磷、速效钾含量的影响　　　　　　　　　　　　　　　　　mg/kg

| 取样时间 | 处理 | 速效氮 | | 速效磷 | | 速效钾 | |
|---|---|---|---|---|---|---|---|
| | | 0~20 cm 土层 | 20~40 cm 土层 | 0~20 cm 土层 | 20~40 cm 土层 | 0~20 cm 土层 | 20~40 cm 土层 |
| 2009 年 3 月 | 试验前 | 107 | 75 | 11 | 3.9 | 100 | 86 |
| 2010 年 3 月 | 清耕 CK | 109 | 76 | 11.2 | 4.0 | 101 | 85 |
| | 非充分灌溉结合覆草 | 111 | 80 | 13.8 | 4.5 | 105 | 88 |
| | 比 CK 提高 | +4 | +4 | +2.6 | +0.5 | +4 | +3 |
| 2011 年 3 月 | 清耕 CK | 108 | 77 | 12.8 | 3.4 | 102 | 86 |
| | 非充分灌溉结合覆草 | 113 | 80 | 16.3 | 4.2 | 110 | 90 |
| | 比 CK 提高 | +5 | +3 | +3.5 | +0.8 | +8 | +4 |

**7. 非充分灌溉结合覆草对果实产值和生产成本的影响**

从表 74-23 中可以看出,果园非充分灌溉结合覆草后,公顷产量比对照提高 8%左右,这说明果园生草覆盖改善了土壤理化性状,提高了土壤养分的有效性。改善果园微生态环境,使得果树比较均衡地吸收养分和水分,从而提高了果实的产量,果园非充分灌溉结合覆草处理比对照相比可增收节支 2 550 元/hm² 左右。

**表 74-23**

果园非充分灌溉结合覆草对果实产值和成本的影响

| 采收年份 | 处理 | 产量 /(kg/hm²) | 比 CK 增 产率/% | 产值 /(元/hm²) | 劳力和除草 剂成本/(元/hm²) | 比 CK 增收节支 /(元/hm²) |
|---|---|---|---|---|---|---|
| 2011 | 非充分灌溉结 合覆草 | 20 418 | 7.8% | 40 836 | 3 000 | 2 160 |
| | 清耕 CK | 18 963 | — | 37 926 | 2 250 | — |
| 2013 | 非充分灌溉结 合覆草 | 21 979.5 | 8.4% | 43 959 | 3 000 | 2 652 |
| | 清耕 CK | 20 278.5 | — | 40 557 | 2 250 | — |

总之,果园实施非充分灌溉结合覆草抗旱栽培技术,方法简单、操作性强、效果好,一般伏旱年份不用灌溉,柑橘可正常生长结果,节水抗旱效果明显。同时劳动效率大大提高,达到以草增肥、以草节水、以草减虫、省力省本、树壮果优。

### 74.3.3　养分优化管理技术

根系是柑橘吸收营养的主要器官,要进行柑橘养分优化管理,了解柑橘根系分布特点和生长动态,需要明确柑橘的营养需求、需肥时期和肥需求总量,在此基础上,进行柑橘养分调控。

**1. 柑橘根系生长发育特点与养分管理**

(1)根系分布特点　柑橘是由水平根和垂直根组成,根系的分布因繁殖方法、砧木品种、地势、土壤质地的不同而异。枳壳砧的比橙类、柚类、橘类砧的根为浅;一般砂质土壤上根系的分布较深,一般在 1.5 m 左右,最深的可达 2.5 m 以上;在丘陵红壤、紫色土上则较浅,通常在 1 m 左右。水平根的分布范围与树冠大小有关,一般水平根系分布在树冠外延 20 cm 左右,一般在 20~50 cm 深处分布量最多。那么,在丘陵山地橘园为使柑橘根系发育良好,就需要采取相应的改土耕作措施。

(2)根系生长特点　柑橘根系生长与枝梢抽生具有相同的规律,即有 3 个生长高峰期,而且两者是交错抽发和生长的。在枝梢萌发生长期,根系则处于静止状态;待枝梢抽成长定之后,根系开始生长;当根系生长到一定程度停止生长后,枝条又开始萌动抽生。通常柑橘根系在开春后气温达到 12.5℃时,开始正常的活动。现以柑橘为例,3 月中旬到 4 月下旬是春梢生长期,4 月上旬至 5 月下旬是根的第一次生长期;6 月上旬至 8 月上旬是下梢和秋梢抽生期,7 月中旬至 8 月中旬则是根系的第二次生长期;10 月中旬至 11 月上旬是第三次根的生长期。这种相互间规律性的发生,是由于地上和地下部营养交换所致,当根系吸收大量的水分、养分物质供给地上部,枝梢就迅速抽发生长;那么,枝梢生长产生大量的叶片,由叶片通过光合作用供应地下部根系有机营养时,根系就开始生长,了解这一特性对于指导柑橘的施肥具有重要意义。

**2. 柑橘花芽分化和果实发育特性**

柑橘花芽分化的时间:多数品种是在冬春季完成,如温柑从 11—12 月开始分化,直至次年春季萌芽前完成。重庆柑橘花芽分化期在 11 月 20 日至翌年 1 月上旬完成。花芽分化要求树体内有机物质(主要是糖、氨基酸等)有足够积累,使树液浓度提高,才能进行花芽分化。

柑橘丰产栽培的重点,是促进其多形成优质的花芽,这是丰产的基础,生产上首先要培养一批优质的春、秋梢结果母枝,后期增施磷钾肥,适当控制氮肥,保叶越冬,并采用旺枝环割等措施有利于花芽形成。

**3. 柑橘氮素需求**

氮素是生命活动的基础,是影响柑橘植株代谢活动和生长结果的十分重要的元素,它在决定柑橘树生长和产量中起着重要作用。柑橘品种不同,生产每吨柑橘需要的养分量有所差异。

国外 7～8 年生"哈姆林"柑橘最高产量 24 750 kg/hm², 得出的最佳施氮量 150～180 kg/hm², 佛罗里达州 20 年以上的成年"哈姆林"柑橘树最高产量约 90 t/(hm²·年), 最佳施氮量 260 kg N/(hm²·年)(表 74-24 和表 74-25)。氮肥的适宜用量因品种、土壤、施肥方式、气候的不同稍有差异。

表 74-24

橘树不同树龄每年吸收养分需求总量  g/株

| 树龄/年 | N | $P_2O_5$ | $K_2O$ | CaO | MgO |
|---|---|---|---|---|---|
| 4 | 63.0(1.0) | 10.0(0.16) | 41.0(0.65) | 28.0(0.44) | 12.0(0.19) |
| 10 | 90.0(1.0) | 12.0(0.14) | 97.5(1.08) | 90.0(1.0) | 19.0(0.21) |
| 23 | 392.0(1.0) | 55.0(0.14) | 289.0(0.73) | 538.0(1.37) | — |
| 45～50 | 298.3(1.0) | 47.7(0.16) | 258.3(0.87) | 420.0(1.41) | 54.3(0.18) |

括号内的数值系指元素比例。

表 74-25

不同产量水平下柑橘氮、磷、钾的吸收量

| 产量水平/(t/hm²) | N:P:K | 养分吸收量/(kg/hm²) | | |
|---|---|---|---|---|
| | | N | P | K |
| >45 | 1:0.13:0.93 | 183 | 24 | 171 |
| 22～45 | 1:0.14:0.93 | 117 | 16 | 108 |
| <22 | 1:0.15:0.91 | 58 | 9 | 53 |

### 4. 柑橘阶段营养需求规律

柑橘是典型的亚热带常绿果树,周年多次抽梢和发根,且挂果期长,由于受外界环境季节性的影响,树体不同物候期对养分的吸收、利用和积累存在明显的差异(图 74-13)。研究表明,柑橘对氮的吸收在 5—10 月吸收率最高,12 月中旬至翌年 2 月中旬最低。当新根大量发生时,吸收率增高。但在整个生长季,吸收率显著受季节、土壤温度和湿度所影响。然而,柑橘全年都有吸收作用,即使在冬季根部生长停止时,也有一些吸收作用。柑橘 1—2 月吸收氮最少,3 月迅速提高,4—5 月达到高峰,吸收率为 1—2 月的 2 倍以上。夏季对氮肥的吸收量,占全年总吸收量的 60%～80%。不同研究者对柑橘一年中对氮素的吸收,研究结果基本一致。春季春梢抽发后,对氮素的吸收急剧增加,6—8 月的果实坐果期是柑橘吸收氮素最多的时期,随后减慢;到 10 月因果实膨大与花芽分化的需要,吸收量又有所增加,之后随气温的下降吸收率逐渐降低到最低。

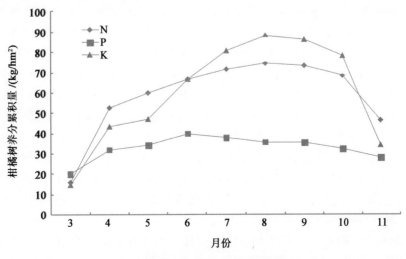

图 74-13 柑橘周年养分需求规律

**5. 柑橘养分管理的原则**

针对柑橘主产区氮磷化肥用量普遍偏高,肥料增产效率下降,而有机肥施用不足,中微量元素钙、镁、硼、钼和锌缺乏时有发生等问题,提出以下施肥原则:

(1)柑橘幼龄树的施肥技术 幼年结果树的施肥主要目的促发春梢,培养早秋梢,具体的施肥方法及用量是:采果后及时施以农家肥 30 000~45 000 kg/hm² 作为基肥,2—3月施春肥促发春梢。5月中旬后抹除萌芽的夏梢,防止夏梢抽生引起的生理落果,7月中下旬重施秋梢肥,以氮钾为主,目的是为了促发大量健壮早秋梢和促进果实膨大,提高柑橘品质。肥料总用量为,氮肥(N)225~375 kg/hm²;磷肥(P₂O₅)90~270 kg/hm²;钾肥(K₂O)150~300 kg/hm²,春肥占30%左右,夏肥占40%左右,秋肥占30%左右。

幼树期也称营养生长期,指栽后1~3年的树,这一时期营养生长占绝对优势。幼龄果树主要是发展树冠和扩大根系,以充分积累树体养分,为早结丰产打下基础。这一时期生长量不大,需肥量也不多,但对肥料反应十分敏感。如果这个阶段营养不良,即使以后加倍施肥,也难以弥补。

养分管理建议:施肥的目的是加速枝条生长,增加分支量,促进树冠迅速扩大,同时促进根系扩展,扩大营养面积,尽快结束幼树期。其有效措施是勤施薄施氮肥。氮肥的作用是主攻春、夏、秋3次梢,夏梢生长快而肥壮,对扩大树冠起很大作用。随着柑橘树龄的增加,树冠不断扩大,施肥量应逐年增加,同时配施适量的磷、钾肥。由于柑橘幼树根系分布范围小而浅,吸收力弱,又无果实负担,因此,施肥以少量多次为原则,采取勤施薄施的办法。幼树柑橘园株行间空地较多。为了改良土壤,增加土壤有机质,消除杂草滋生,应在冬季和夏季种植豆科绿肥,深翻入土,熟化土壤。

(2)柑橘成年树的施肥技术 柑橘进入全面结果时期,营养生长与生殖生长达到相对平衡,这种平衡维持时间越久,则盛果期越长。柑橘进入盛果期后,产量达到最高,需肥量也达到最大,施肥的目的不仅是为了促进柑橘的营养生长,更重要的是确保其生殖生长对养分需求,达到高产、优质、高效的目的,并尽量延长盛果期的时间。施肥目的是解决柑橘内部各部分器官对营养物质竞争的矛盾,提高花芽质量和坐果率,同时促进每年抽生一定量的营养枝,增强树势,保证连年丰产稳产。

柑橘盛果期施肥主要以采果前后、春梢前、秋梢前3次肥为主。

①采果肥:采果肥分采前和采后肥2种,一般来说晚熟品种、结果量多的中熟品种及比较衰弱的结果树均应在采前施肥,但不宜早于采前1周,太早则果实延迟成熟;早熟品种、结果量少的中熟品种可在采后施肥,但不宜迟于采后1周,过迟则不利于树势的恢复和翌年的花芽分化。椪柑宜在采前施肥;雨水少、灌溉条件差的柑橘园也应适当早施。肥料种类以有机肥为主,化肥为辅,用量占全年施肥量的20%~30%,目的是恢复树势,保叶过冬,促进花芽分化。

②秋梢肥:也称壮果肥。大暑前后,即秋梢萌芽前15 d左右施重肥。本地区早熟品种在6月中旬,中熟品种不迟于7月上旬施下。用量占全年施肥量的50%~60%。这一时期是秋梢生长和果实第二次生长高峰期,需肥量多。施肥的目的是促进抽生数量多、质量好的秋梢,防止裂果,增大单果重,提早着色和提高果实品质。肥料种类应突出使用钾肥,配以磷、氮肥,壮梢壮果,既提高当年的产量,又为来年丰产打下基础。

③春梢肥:春梢萌发前15 d,要施用春梢肥。施肥特点是以氮肥为主,适量增加磷、钾肥用量,以控制营养生长,促进开花结果为目的。用量占全年施肥用量的10%~20%。除以上3种肥外,在盛花期或谢花期,应根据柑橘的树龄、树势、开花的多少适当施肥:叶色淡、开花多的树,可进行尿素的叶面喷施,浓度为0.2%~0.5%,至叶色转为正常为止;既可以补充氮素,又可以保果壮果。5—6月幼果发育阶段,如坐果多、叶色淡,要追加施肥。高旱地和较老的果园,夏梢是来年的结果母枝,应施夏梢肥;8—10月果实膨大期,可根据情况施1~2次壮果壮梢肥。

对于进入结果盛期的柑橘树,营养生长与生殖生长达到相对平衡。在生产中,要保持营养生长与生殖生长的这种平衡,平衡时间越久,则盛产果期就越长。因此,对于结果柑橘树的施肥就是配合各项管理,维持这种平衡。对于盛果期柑橘,施肥较幼果期为重,保持充足的贮藏营养,协调树体营养枝生长与生殖生长的关系,一般在新梢中维持 1/3～1/2 成为结果母枝,形成交替结果,克服大小年,获得较长时间的盛果期。我国柑橘成年树一般施肥 3～4 次:萌发肥主要是促春梢抽发和花芽分化,在柑橘发芽前 1 个月左右施入土壤,以速效氮、磷为主,氮的施用量占全年的 20%～30%,并结合农家肥施用。壮果促梢肥一般在 7 月下旬施入,此时正值果实迅速膨大,适时足量施肥,可提高当年产量,改善果实品质,为明年产量打下基础。施肥需要氮、磷、钾配合施用,以氮钾为主,施氮量占全年的 30%～40%。采果肥一般在采果前 10 d 或采果后即施,能促使迅速恢复树势,防止冬季落叶,安全越冬,促进花芽发育,为次年春梢萌发积累更多的养分,因此应十分重视,要重施有机肥及过磷酸钙、骨粉等,施肥量为年施肥总量的 30% 左右,施肥要结合扩穴改土进行。

结果柑橘生长周期的 3 个生长发育阶段:第一阶段(每年 2—4 月)春梢生长促开花结果阶段,该阶段以氮肥为主,辅磷钾肥,氮肥用量占全年的 30%～40%,磷肥用量占全年的 20%～30%,钾肥用量占全年的 20%～30%;第二阶段(每年 6—10 月)壮梢壮果促果实膨大阶段,该阶段以氮、钾为主,辅以磷肥,氮肥用量占全年的 30%～40%,钾肥用量占全年的 40%～50%;第三阶段(11 月至翌年 1 月)果实成熟促花芽分化,以有机肥为主,辅化肥,氮肥用量占全年的 20%～30%、磷肥用量占全年的 40%～50%,钾肥用量占全年的 20%～30%(表 74-26 至表 74-28)。

表 74-26

柑橘(橙汁)专用配方设计

| 目标产量 /(kg/hm²) | 配方 N-P₂O₅-K₂O | 施肥时期 | 施肥量/(kg/hm²) | 施肥方式 |
|---|---|---|---|---|
| 22 500～30 000 | 春肥 20-10-10 | 春肥施用 | 氮(N)225～375 | 2—3 月春季 30% 的氮肥、30% 的磷肥、30% 的钾肥; 6—7 月夏季 40% 的氮肥、40% 的磷肥、50% 的钾肥; 11—12 月秋季 30% 的氮肥、30% 的磷肥、20% 的钾肥。 |
| | 夏肥 16-8-16 | 夏肥施用 | 磷(P₂O₅)90～120 | |
| | 秋肥 16-8-16 | 秋基肥施用 | 钾(K₂O)150～300 | |
| 30 000～45 000 | 春肥 20-10-10 | 春肥施用 | 氮(N)300～450 | |
| | 夏肥 16-8-16 | 夏肥施用 | 磷(P₂O₅)120～150 | |
| | 秋肥 16-8-16 | 秋基肥施用 | 钾(K₂O)225～375 | |

表 74-27

柑橘(鲜食)专用配方设计

| 目标产量 /(kg/hm²) | 配方 N-P₂O₅-K₂O | 施肥时期 | 施肥量/(kg/hm²) | 施肥方式 |
|---|---|---|---|---|
| <22 500 | 春肥 20-10-10 | 春肥施用 | 氮(N)225～375 | 2—3 月春季 40% 的氮肥、30% 的磷肥、30% 的钾肥; 6—7 月夏季 30% 的氮肥、20% 的磷肥、50% 的钾肥; 11—12 月秋冬季 30% 的氮肥、50% 的磷肥、20% 的钾肥。 |
| | 夏肥 16-8-16 | 夏肥施用 | 磷(P₂O₅)90～120 | |
| | 秋肥 16-8-16 | 秋基肥施用 | 钾(K₂O)150～300 | |
| 22 500～45 000 | 春肥 20-10-10 | 春肥施用 | 氮(N)300～450 | |
| | 夏肥 16-8-16 | 夏肥施用 | 磷(P₂O₅)120～150 | |
| | 秋肥 16-8-16 | 秋基肥施用 | 钾(K₂O)225～375 | |
| >45 000 | 春肥 20-10-10 | 春肥施用 | 氮(N)375～525 | |
| | 夏肥 16-8-16 | 夏肥施用 | 磷(P₂O₅)90～180 | |
| | 秋肥 16-8-16 | 秋基肥施用 | 钾(K₂O)300～450 | |

表 74-28

柑橘优质高产高效生产日历

| 月份 | 2—3月<br>春梢生长—现蕾 | 4—5月<br>开花—坐果 | 6—10月<br>果实膨大—秋梢生长 | 11月至翌年1月<br>果实发育—花芽分化 |
|---|---|---|---|---|
| 目标 | 促发优质春梢,提高花芽与花枝质量 | 保花保果,控夏梢 | 膨大果实,适量放秋梢 | 恢复树势,充实结果母枝,促进花芽分化 |
| 主要技术措施 | 1.施肥管理<br>方案一:每株施用复合肥(16-13-16)1.2 kg。<br>方案二:每株施尿素0.4～0.6 kg,过磷酸钙1～1.3 kg,硫酸钾0.3～0.4 kg。<br>2.病虫害防治:3月是全年红黄蜘蛛防治的关键时期,需选用杀虫杀卵的药剂;3月中下旬,可树冠喷施杀菌剂防治炭疽病等。 | 1.保花保果:在花谢3/4时喷布一次50 mg/L赤霉素进行保花保果。缺硼果园在幼果期用0.1%～0.2%的硼砂溶液,每隔10～15 d喷1次,连续喷施2～3次;缺锌的果园用0.1%～0.2%硫酸锌溶液,在幼果期喷施。<br>2.病虫害防治:防治对象有疮痂病、红蜘蛛、蚜虫、花蕾蛆、潜叶甲等。 | 1.施肥管理<br>方案一:6月下旬每株施用(16-13-16)复合肥1.6 kg+200 g尿素。<br>方案二:6月下旬每株施尿素0.6～0.7 kg,过磷酸钙0.2～0.5 kg,硫酸钾0.5～0.6 kg。<br>2.病虫害防治:防治锈壁虱、红蜘蛛、潜叶蛾、蚱蝉、天牛、溃疡病,要注意加强监测,积极防治,适时控制病害。 | 1.施肥管理<br>方案一:每株施用(15-5-20)或(15-12-18)复合肥1.2 kg,施有机肥5～10 kg。<br>方案二:每株施尿素0.5～0.6 kg,过磷酸钙0.5～0.6 kg,硫酸钾0.3～0.5 kg,施有机肥5～10 kg。<br>2.病虫害防治:重点防除螨类和蚧类等越冬栖息的成虫、幼虫和虫卵,做到均匀、全面、彻底。 |

**6.柑橘营养诊断方法**

(1)根据叶分析进行营养诊断　柑橘叶分析诊断技术在国外发展较快,我国由于实行一家一户的栽培形式,叶分析诊断技术发展较慢,根据黄慰情(2012)的研究,可以采用基于叶片矿质营养分析的诊断施肥综合法(diagnosis and recommendation integrated system,DRIS)、改进的 DRIS 法(简称M-DRIS)和"适宜值偏差百分数法(deviation from optimum percentage,DOP)",以上 3 种方法可对柑橘叶片进行营养诊断。由于其可对多种营养元素的丰缺状况、最大限制养分以及需要补充养分的顺序进行判定,并且诊断结果不受树体叶龄、采样部位和品种的影响,因此该法成为果树营养诊断重要的方法之一。

DRIS 是基于植物体内矿质营养平衡学说,不同的营养元素有着不同的生理作用,选择 DRIS 进行营养诊断时最好把柑橘高产组的数据与世界各国柑橘叶片分析适宜值结合起来进行统计分析(表 74-29),得到诊断的参比值,可纠正地区性适宜值与国际标准适宜值间的偏差,诊断结果更准确。选择诊断参数的程序可以参照姜远茂的方法,首先进行大量采样,测定每个样品的矿质元素含量,根据产量将样品分为高产组和低产组,以 N,P,K,N/P,P/N,N/K,K/N 等方式表示,然后计算每个参数的平均值、标准值、变异系数、低产组与高产组的方差、两组方差的差异显著性,选择差异最显著的作为重要参数用于诊断。如 N/K 和 K/N 两个参数只选择差异最显著的一个。不同研究者对同一树种进行DRIS 诊断时,将会选出不同的重要参数(表 74-30)。

表 74-29

不同国家柑橘叶片营养元素的适宜含量

| 国家 | N<br>/(g/kg) | P<br>/(g/kg) | K<br>/(g/kg) | Mg<br>/(g/kg) | Fe<br>/(mg/kg) | Mn<br>/(mg/kg) | Cu<br>/(mg/kg) | Zn<br>/(mg/kg) | B<br>/(mg/kg) |
|---|---|---|---|---|---|---|---|---|---|
| 中国 | 27～30 | 1.2～1.6 | 7～14 | 3～6.9 | 60～170 | 20～40 | 4～8 | 13～50 | 40～110 |
| 美国 | 25～27 | 1.2～1.6 | 12～17 | 3～4.9 | 60～120 | 25～100 | 5～16 | 25～100 | 36～100 |
| 日本 | 25～30 | 1.2～1.8 | 12～20 | 3～5.0 | 60～120 | 30～100 | 5～16 | 30～200 | 30～100 |

表 74-30

不同研究者对柑橘 DRIS 诊断选择的重要参数

| 研究者 | 重要参数 |
|---|---|
| 黄慰情（2012） | N/K,N/Mg,Fe/N,N/B,Fe/P,P/B,Mn/K,Zn/K,K/B,Fe/Mg,Mn/Mg,Mg/B,Fe/Zn,Fe/B,Mn/B,Fe/Zn,Fe/B,Mn/B,Cu/B 和 Zn/B |
| 丘星初（1987） | Ca/N,Ca/P,Ca/K,Ca/Mg,N/P,N/K,N/Mg,K/P,K/Mg,Mg/P |
| 丘星初（1989） | N/P,N/K,N/Ca,N/Mg,Ca/P,Ca/K,Ca/Mg,K/P,K/Mg,Mg/P |
| 曾明（1993） | N/P,K/N,K/P |

M-DRIS 法是在 DRIS 平衡式中引入了干物质（DM）项，用以判定养分的丰缺，因为干物质是光合的产物，干物质对产量的影响较大，引入 DM 项后可得到更多的诊断信息，如果某种矿质元素的诊断指数大于 DM 指数，那么它不限制干物质积累，相反，当某元素指数小于 DM 指数时，则是干物质积累的限制因素，指数最小的是首要的限制因子，应优先补充。

DOP 法：DOP 指数的计算公式为

$$DOP=[(c \times 100)/Cref]-100$$

式中，$c$ 为被诊断样品某元素的浓度，Cref 为该元素的适宜含量值。DOP 指数的含义与 DRIS 指数一致，为负值时表明植物需要该元素，绝对值越大，对该元素需求强度越大；反之为正值时，表明需求强度较小或过剩。DOP 法进一步丰富和发展了植物营养诊断技术。

DRIS、M-DRIS 和 DOP 3 种方法各有优缺点，在实际营养中，为使诊断具有更高的准确性，可以将几种方法结合起来。

施用量是否合理，可根据叶片分析结果进行判断。柑橘正常叶片氮磷钾含量如表 74-31 和表 74-32 所示，表中指标可作为营养诊断时作参考。采样时间为 4～6 个月的营养性春梢。

表 74-31

柑橘类叶片营养诊断标准

| 元素 | 缺乏 | 低量 | 适量 | 高量 | 过量 | 资料来源 |
|---|---|---|---|---|---|---|
| N/% | <2.2 | 2.2～2.4 | 2.5～2.7 | 2.8～3.0 | 3.0 | 美国佛州 |
| | <2.1 | 2.11～2.50 | 2.51～3.00 | 3.01～3.60 | >3.61 | 日本静冈 |
| P/% | <0.09 | 0.09～0.11 | 0.12～0.16 | 0.17～0.29 | >0.30 | 美国佛州 |
| | <0.10 | 0.11～0.15 | 0.16～0.20 | 0.21～0.24 | >0.25 | 日本静冈 |
| K/% | 0.7 | 0.7～1.1 | 1.2～1.7 | 1.8～2.3 | >2.4 | 美国佛州 |
| | <0.58 | 0.81～1.00 | 1.01～1.6 | 1.61～1.80 | >1.81 | 日本静冈 |
| Ca/% | 1.5 | 1.5～2.9 | 3.0～4.5 | 4.6～6.0 | >7.0 | 美国佛州 |
| | — | <2.00 | 2.01～4.50 | >4.51 | — | 日本静冈 |
| Mg/% | 0.2 | 0.2～0.29 | 0.3～0.49 | 0.5～0.7 | >0.8 | 美国佛州 |
| | <0.2 | 0.21～0.30 | 0.31～0.45 | 0.48～0.60 | >0.60 | 日本静冈 |
| S/% | 0.14 | 0.14～0.19 | 0.2～0.39 | 0.4～0.6 | >0.60 | 美国佛州 |
| | <0.13 | 0.14～0.19 | 0.20～0.39 | 0.40～0.50 | >0.50 | 日本静冈 |
| B/(mg/kg) | 20 | 20～35 | 36～100 | 101～200 | >260 | 美国佛州 |
| | <15 | 21～40 | 50～150 | 160～260 | >270 | 日本静冈 |
| Fe/(mg/kg) | 35 | 35～59 | 60～120 | 121～200 | >200 | 美国佛州 |
| | <40 | 40～60 | 60～150 | >150 | — | 日本静冈 |

续表 74-31

| 元素 | 缺乏 | 低量 | 适量 | 高量 | 过量 | 资料来源 |
|---|---|---|---|---|---|---|
| Mn/(mg/kg) | <18 | 18～24 | 25～100 | 101～300 | >300 | 美国佛州 |
|  | <20 | 21～24 | 25～100 | 100～200 | >300 | 日本静冈 |
| Zn/(mg/kg) | <18 | 18～24 | 25～49 | 50～200 | >200 | 美国佛州 |
|  | <15 | 15～24 | 25～100 | 110～200 | >200 | 日本静冈 |
| Cu/(mg/kg) | 3.6 | 3.7～4.9 | 5～12 | 13～19 | 20 | 美国佛州 |
|  | <3.5 | 3.6～4.9 | 5.0～16.0 | 17.0～22.0 | >23.0 | 日本静冈 |
| Mo/(mg/kg) | 0.05 | 0.06～0.09 | 0.1～1.0 | 2.0～5.0 | >5.0 | 美国佛州 |
|  | <0.05 | 0.06～0.09 | 0.10～0.29 | 0.3～0.4 | — | 日本静冈 |

表中以营养性春梢 4～6 月龄叶片进行分析。

表 74-32

不同柑橘品种营养元素的适宜范围

| 元素 | 温州蜜柑 | 锦橙 | 伏令夏橙 |
|---|---|---|---|
| N/% | 3.0～3.5 | 2.75～3.25 | 2.50～3.30 |
| P/% | 0.15～0.18 | 0.14～0.17 | 0.12～0.18 |
| K/% | 1.0～3.0 | 0.7～1.5 | 1.0～2.0 |
| Ca/% | 2.5～5.0 | 3.2～5.5 | 2.0～3.5 |
| Mg/% | 0.3～0.6 | 0.20～0.50 | 0.22～0.4 |
| Cu/(mg/kg) | 4～10 | 4～8 | 4～18 |
| Zn/(mg/kg) | 25～100 | 13～20 | 25～70 |
| Mn/(mg/kg) | 25～100 | 20～40 | 20～100 |
| Fe/(mg/kg) | 50～120 | 60～170 | 90～160 |
| B/(mg/kg) | 30～100 | 40～110 | 25～100 |

温州蜜柑成慎坤 1985 年提出,锦橙周学伍 1991 年提出,伏令夏橙王仁玑 1992 年提出,数值均为营养性春梢。

(2)根据土壤分析结果 土壤营养诊断是通过化学分析方法来诊断树体营养时最先使用的方法。该方法在指导施肥、改良土壤方面,具有重要意义。一般划分为缺乏、低量、适量、高量、过量 5 个等级,以此来衡量土壤养分的供应状况。

就柑橘而言,由于它是多年生的常绿果树,根系发达,树体较大,数十年固定生长在同一土壤环境条件下,因此,土壤养分状况对它的影响甚为明显,为此对土壤分析诊断的精确度和预见性要求也高。果园土壤有效养分迄今未见权威的分级标准,我们根据重庆果园土壤有效养分与产量和品质关系的研究结果,制定了表 74-33 标准供参考。

表 74-33

果园土壤有机质和养分含量分级指标                                                                mg/kg

| 养分种类 | 缺乏 | 低量 | 适量 | 较高 |
|---|---|---|---|---|
| 有机质/% | <0.6 | 0.6～1.0 | 1.0～1.5 | >2.0 |
| 速效氮 | <50.0 | 60～80 | 100～200 | >300 |
| 有效磷 | <10 | 10～20 | 20～40 | >50 |
| 有效钾 | <50 | 60～100 | 150～450 | >500 |
| 有效钙 | <50 | 100～500 | 1 000～2 000 | >3 000 |
| 有效镁 | <50 | 60～140 | 150～300 | >300 |
| 有效铁 | <2 | 2～10 | 10～20 | >20 |
| 有效锰 | <2 | 2～4 | 5～25 | >20 |
| 有效硼 | <0.2 | 0.2～0.5 | 0.5～1.0 | >1.0 |

（3）柑橘硼肥叶面施用技术　从表 74-34 中可以看出，喷施时间和喷施用量显著提高了叶片硼水平。花后喷施硼(163 mg/kg B)较花前施硼(141 mg/kg)显著提高叶片硼水平。此外喷施 1 000 mg/kg 硼叶片硼水平高于喷施 500 mg/kg，高于对照(没有喷施硼肥)。喷施用量显著提高了柑橘产量($P<0.10$)。然而，喷施用量与喷施时间之间没有显著的交互作用。果实重量、果实个数没有显著差异。

表 74-34

花前和花后叶面喷施硼肥对叶片硼水平、果实产量、个数及大小的影响

| 处理时间 | 用量 | 叶片硼/(mg/kg) | 果实重量/(g/个) | 产量/(kg/hm²) |
|---|---|---|---|---|
| 花前 | 0 | 51 | 89.4 | 19 938 |
| | 500 | 131 | 90.2 | 19 719 |
| | 1 000 | 141 | 90.3 | 2008 2 |
| 花后 | 0 | 51 | 92.1 | 18 915 |
| | 500 | 142 | 92.5 | 19 989 |
| | 1 000 | 163 | 92.7 | 21 958 |
| 差异显著性分析 | | | | |
| 时间 | | ** | NS | NS |
| 喷施用量 | | * | NS | + |
| 时间×喷施用量 | | NS | NS | NS |

+，*，**，NS 分别表示差异显著性达 0.10，0.05，0.01 和没有差异。

与对照相比，土壤施硼新叶硼含量提高了 134.3%，老叶提高 187.3%，果实提高 12.8%(表 74-35)。在施硼条件下，老叶和新叶的硼含量均处于丰富范围。施硼改善柑橘叶片硼营养，光合产物增多，促进柑橘生长，增加干物质积累，为柑橘当年乃至持续增产奠定了良好的基础。而缺硼导致柑橘叶片功能低下，干物质积累降低，必然制约其产量的提高。不论施硼与不施硼对柑橘果实硼含量的影响较小，其硼含量较为稳定。施硼后老叶增加幅度较大，硼在营养器官中较多的贮存，不仅有利于当年的柑橘增产，也为来年柑橘的生长发育，持续增产奠定了较好的基础。不施硼处理柑橘的叶片持续黄化，不仅不利于当年增产，对来年持续增产有很大的影响。郑伟等利用[14]C 标记研究了硼素营养对苎麻碳代谢的影响，认为施硼提高了叶片中叶绿素 a 和叶绿素 b 的含量，提高了光合效率，缩短了光合作用的"午睡"现象，光合产物增多，可溶性糖及淀粉增加，促进光合产物向心叶及根系运输。

表 74-35

土壤施硼对柑橘叶片和果实硼吸收量的影响　　　　　　　　　　　　　　　　　　　　　　mg/kg

| 处理 | 新叶 | 老叶 | 果实 |
|---|---|---|---|
| CK | 48.3 | 65.3 | 23.3 |
| +B | 113.2 | 187.6 | 26.3 |
| 增减/% | 134.3 | 187.3 | 12.8 |

从表 74-36 中可以看出，施硼提高了柑橘叶片和果实镁含量，改善了叶片和果实的镁营养。使叶片的光合特性增强，施硼处理老叶、新叶和果实分别比对照增加了 59.5%，9.4% 和 7.3%。施硼后老叶叶片的镁含量显著提高。

表 74-36

施硼对柑橘叶片和果实中镁含量的影响　　　　　　　　　　　　　　　　　　　　　　　　mg/kg

| 处理 | 新叶 | 老叶 | 果实 |
|---|---|---|---|
| CK | 3.31 | 1.21 | 1.51 |
| +B | 3.62 | 1.93 | 1.62 |
| 增减/% | 9.4 | 59.5 | 7.3 |

橘园土壤施硼砂15 g/株均匀施于树冠滴水线下,施硼后土壤中充足的硼营养,为柑橘果实的优质高产、持续高产打下结实基础。表74-37表明,施硼肥柑橘每株结果数平均328个,比对照增多15.5%,单果重平均97.2g,比对照增多了9.6%。施硼单株产量增加26.5%。硼砂市场销售价格以15元/kg计算,柑橘销售价格以2元/kg计算,柑橘施硼效益明显。

表74-37

土壤施硼对柑橘果实产量构成的影响

| 处理 | 单株结果数/个 | 单果重/g | 产量/(kg/hm²) |
|---|---|---|---|
| CK | 284b | 88.7b | 15 871.5 |
| +B | 328a | 97.2a | 20 085 |
| 增减/% | +15.5 | +9.6 | +26.5 |

不同字母表示处理间差异达5%显著水平。

(4)施肥枪注射施用配方液肥 橘农给柑橘追施化肥时,至今采用穴施法追施干化肥,传统穴施化肥费工费力,用铁铲挖坑时容易挖断树根,再加上施入穴中的干化肥又容易烧坏一部分树根,致使树根对穴中的化肥不能正常吸收。传统的穴施肥料,肥料利用率仅为30%左右,其大部分有效成分都因干旱或雨水慢慢地挥发流失了,严重影响了农作物产量,减少了农民的收入。

为了解决现有的施肥方法导致的化肥利用率低的问题,我们采用液体注射施肥枪施肥,不仅省时省力,不伤根,不烧根,化肥流失量小,果树吸收好,可有效提高果树产量,增加农民收入。给果树施肥时,将柑橘套餐肥倒入水桶内,根据土壤的干湿度,酌情兑水3~10倍搅拌均匀,稀释成液体肥,启动高压药泵,通过高压药泵的压力,手握液体施肥枪枪把管,用力把枪尖管插入土层,该施肥枪根据柑橘根系的主要生长部位,可上下调节移动小踏板,一般可通过调节使肥液施入根层25 cm处,扣动开关手柄,即可把液体肥直接打入根系的土壤中,非常有利于根系吸收。

使用施肥枪施肥,连续3年的试验表明,在优化管理的基础上,降低20%的养分含量,柑橘的产量没有降低,也就是说使用施肥枪施肥,可以提高肥料利用率20%以上,同时可以显著提高柑橘可溶性固形物含量、总糖含量(表74-38)。从劳动力成本来看,采用土壤注射施肥方法每人每天可施肥0.33~0.53 hm²柑橘,而传统施肥方法每人每天可施肥0.07~0.14 hm²柑橘园,故施肥枪可显著降低劳动力成本,具有明显推广应用前景。

表74-38

不同养分优化管理措施对柑橘产量和品质的影响

| 年份 | 注射施肥量 | 产量/(t/hm²) | 可溶性固形物/% | 维生素C含量/(mg/100 g) | 总糖/(g/100 mL) |
|---|---|---|---|---|---|
| 2011 | 养分优化管理 | 20.4 | 10.5 | 42.7 | 9.87 |
| | −10%优化管理 | 20.5 | 10.0 | 45.4 | 10.0 |
| | −20%优化管理 | 20.3 | 11.0 | 46.5 | 9.56 |
| | −30%优化管理 | 19.6 | 9.8 | 48.9 | 10.65 |
| 2012 | 养分优化管理 | 22.5 | 11.2 | 41.3 | 10.56 |
| | −10%优化管理 | 22.5 | 10.3 | 43.2 | 10.50 |
| | −20%优化管理 | 23.6 | 11.5 | 42.4 | 11.02 |
| | −30%优化管理 | 20.3 | 10.3 | 42.2 | 11.32 |
| 2013 | 养分优化管理 | 23.4 | 12.5 | 41.3 | 11.23 |
| | −10%优化管理 | 23.5 | 13.1 | 45.6 | 12.34 |
| | −20%优化管理 | 23.1 | 14.2 | 44.7 | 13.45 |
| | −30%优化管理 | 19.3 | 12.8 | 46.7 | 11.34 |

总之,对重庆柑橘主产区进行了大规模的柑橘园土壤和叶片调查采样分析,建立了果园土壤基础数据库、柑橘生产管理和产业信息数据库,明确了柑橘主要产区土壤养分和叶片营养丰缺状况;研究了土壤养分与叶片营养元素含量的相关性、土壤和叶片营养元素含量对柑橘产量和质量的影响,制定了柑橘的叶片营养诊断标准;还研究了三峡库区不同土壤背景和不同施肥水平条件下,N,P,K 营养元素在果园土壤中的迁移规律以及果园土壤养分肥力的变化,在上述工作基础上,研发集成了以目标产量、土壤测试和叶片营养诊断为基础的柑橘高产高效施肥技术,包括:柑橘最佳养分管理技术、改土培肥技术和非充分灌溉结合覆草技术。柑橘最佳养分管理实施方案:目标产量在 2～3 t 的果园,氮施用量 270～360 kg/hm²,春、夏和秋各占 30%,40% 和 30%。春季用 20-10-10 复合肥,夏季用 16-8-16 复合肥,秋季用 16-8-16 复合肥＋150 kg/hm² 有机肥(在树冠滴水线挖深 60 cm,宽 60～80 cm 沟埋入),高产高效技术在最佳养分管理基础上进行扩穴改土和生草覆盖抗旱栽培。

综合以上 3 大关键技术,形成简化的柑橘最佳养分管理技术体系。

## 74.4　关键技术及技术集成的应用成效

### 74.4.1　柑橘高产高效关键技术集成成果

**1. 建立了重庆市主要柑橘园基础土壤数据库**

在重庆柑橘主产区按照不同的土壤母质和地形条件采集了柑橘园耕层土样 2 100 个、柑橘园土壤背景样品 640 个、柑橘园主要土壤类型剖面样 65 个,测定了土壤 pH、有机质、大量、中量、微量元素,建立了重庆市主要柑橘园基础土壤数据库、生产管理技术和产业信息数据库。结果表明:重庆市柑橘园土壤酸化严重,pH<5.5 的土壤占 40.3%;有机质和氮素含量低,大约有 2/3 的土壤缺氮;有 40% 土壤磷素含量不足;30% 的土壤缺 Zn、缺 Mn;有 86.2% 的柑橘园土壤缺硼。有效 Ca 和 Mg 含量较为丰富,S 含量较低。土壤 pH 与有机质含量对土壤其他有效营养元素含量影响显著。多数果园偏施氮肥,少施有机肥和钾肥。明确柑橘主要产区立地环境条件和施肥管理现状。

**2. 探明了柑橘园的叶片营养元素丰缺状况**

(1)锦橙叶片营养元素丰缺状况　通过对忠县、丰都和北碚等地 50 个锦橙园的叶片营养状况进行了研究,结果显示,叶片氮含量不足的占 14.9%,高出适宜值的样品占 16.1%;未发现叶片缺磷样品,且高出适宜值的占 23.0%;叶片钾含量不足的样品占 28.8%;叶片钙含量不足占 12.6%,未发现钙含量高出适宜值样品;叶片镁含量不足占 16.1%,未发现镁含量高出适宜值样品;叶片铁不足的样品占 16.1%,其余处于适宜范围;叶片锰不足的占 20.7%;未发现叶片铜不足样品;叶片锌含量不足的占 43.7%。

(2)哈姆林叶片营养元素丰缺状况　通过对江津、开县、忠县和涪陵 20 个卡里佐枳橙砧哈姆林柑橘园的叶片营养元素分析结果显示,氮含量不足的占 7.8%,高出适宜值的占 70.6%;磷含量不足占 17.7%,高于适宜值占 33.3%;钾含量不足的占 38.1%,高出适宜值的占 15.7%;未发现钙含量不足的叶片样品;叶片镁含量不足的占 96.1%;铁含量不足的占 13.7%;锰含量不足的占 70.0%;铜含量低于适宜范围下限的占 13.3%;锌含量全部不足占 100%。

**3. 明确了果园土壤养分变化规律**

在重庆有代表性的成年柑橘园(种植 4 年以上)采集背景土壤和果园土壤进行对比分析,明确了种植柑橘后土壤肥力变化。与背景土壤相比,果园土壤 pH 普遍降低,平均降低 0.65 个 pH 单位。91.5% 的柑橘园土壤速效磷大于柑橘园土壤背景值,柑橘园土壤速效磷平均含量为 18.3 mg/kg,柑橘园背景值含量 5.2 mg/kg,其平均高于背景值 13.1 mg/kg;目前集约化果园推荐施用 15-15-15 复合肥并不合适。柑橘园土壤有效硼平均值为 0.291 mg/kg,背景值为 0.383 mg/kg,果园有效硼普遍缺乏。柑橘园土壤有效钾平均为 124 mg/kg,土壤背景值为 78.0 mg/kg,果园土壤钾明显提高。柑橘园土壤有机质平均含量为 10.98 mg/kg,背景值平均含量为 10.61 mg/kg,柑橘园土壤有机质含量低,在生产中需要加强柑橘园培肥。

### 4. 制定了柑橘叶片营养诊断标准

通过上述研究,结合柑橘果园的叶片营养元分析测定和果实产量与质量调查,制定了柑橘的叶片营养诊断标准(表 74-39)。以叶片营养诊断为主,土壤分析为辅,根据树体养分的实际丰缺状况,有针对性地施肥,做到"缺啥补啥",解决了生产上凭经验施肥,不能准确指导果园施肥的技术难题。改变了目前生产上普遍采用的撒施 15 : 15 : 15 复合肥的施肥方法。提高了肥料利用效率。

表 74-39

柑橘叶片营养诊断指标体系

| 元素 | 缺乏(低于下列数值) | 低量 | 适量 | 高量 | 过量(高于下列数值) |
| --- | --- | --- | --- | --- | --- |
| N/% | 2.2 | 2.2~2.4 | 2.5~3.0 | 3.0~4.0 | 4.0 |
| P/% | 0.09 | 0.09~0.11 | 0.12~0.18 | 0.18~0.39 | 0.4 |
| K/% | 0.7 | 0.7~1.1 | 1.2~2.0 | 2.0~2.8 | 2.9 |
| Ca/% | 1.0 | 1.0~2.0 | 2.0~3.5 | 3.6~5.0 | 5.0 |
| Mg/% | 0.1 | 0.1~0.21 | 0.22~0.40 | 0.41~0.6 | 0.61 |
| S/% | 0.14 | 0.14~0.19 | 0.2~0.39 | 0.4~0.6 | 0.6 |
| Cl/% | — | — | 0.2 | 0.3~0.5 | 0.6 |
| B/(mg/kg) | 10 | 10~30 | 30~100 | 100~200 | 250 |
| Fe/(mg/kg) | 35 | 35~60 | 60~150 | 150~200 | 240 |
| Mn/(mg/kg) | 18 | 18~24 | 25~50 | 50~500 | 1 000 |
| Zn/(mg/kg) | 18 | 18~24 | 25~49 | 50~200 | 200 |
| Cu/(mg/kg) | 3.6 | 3.7~4.9 | 5~15.9 | 16.0~20.0 | 20.1 |
| Mo/(mg/kg) | 0.05 | 0.06~0.09 | 0.1~1 | 1~5 | 12 |

系以春梢 4~6 月龄叶片进行分析。

### 5. 非充分灌溉结合覆草对果实产值和生产成本的影响

果园非充分灌溉结合覆草后,公顷产量比对照提高 8% 左右。这说明果园生草覆盖改善了土壤理化性状。提高了土壤养分的有效性。改善果园微生态环境。使得果树比较均衡地吸收养分和水分,从而提高了果实的产量;果园非充分灌溉结合覆草处理比对照相比可增收节支 2 550 元/hm² 左右。非充分灌溉技术对水分利用效率比普通滴灌提高了 58.97%,需水量减少了 46%,柑橘品质显著改善。

### 6. 施肥枪注射施用配方液肥

使用施肥枪可以直接把柑橘需要的营养送到根系吸收部位,连续 3 年的试验表明,在优化管理的基础上,降低 20% 的养分施用量,柑橘的产量没有降低,也就是说使用施肥枪施肥,可以提高肥料利用率 20% 以上,同时可以显著提高柑橘可溶性固形物含量、总糖含量。从劳动力成本来看,采用土壤注射施肥方法每人每天可施肥 0.33~0.53 hm² 柑橘,而传统施肥方法每人每天可施肥 0.07~0.14 hm² 柑橘,故施肥枪可显著降低劳动力成本,具有明显推广应用前景。

## 74.4.2 柑橘高产高效关键技术集成应用成效

对重庆柑橘主产区进行了大规模的柑橘园土壤和叶片调查采样分析,建立了果园土壤基础数据库、柑橘生产管理和产业信息数据库,明确了柑橘主要产区土壤养分和叶片营养丰缺状况;研究了土壤养分与叶片营养元素含量的相关性、土壤和叶片营养元素含量对柑橘产量和质量的影响,制定了柑橘的叶片营养诊断标准;还研究了三峡库区不同土壤背景和不同施肥水平条件下,N,P,K 营养元素在果园土壤中的迁移规律以及果园土壤养分肥力的变化,在上述工作基础上,研发集成了以目标产量、土壤测试和叶片营养诊断为基础的柑橘高产高效施肥技术,包括:有机肥局部根域改良技术、柑橘非充分灌溉综合技术和柑橘最佳养分管理技术,柑橘高产高效关键技术应用成效可从经济效益和环境效益来体现。

**1. 经济效益**

根据不同目标产量和土壤养分含量,结合柑橘的养分吸收规律及实际生产经验建立柑橘园养分管理策略,在江津、长寿、忠县、垫江、万州和开县等区县大面积推广柑橘高产高效栽培技术,4 年来累计应用 6 万 $hm^2$,全面停止了施用 3 个 15 的低效复合肥,改用叶片营养诊断指导施肥,采用柑橘套餐肥,适量补充硼肥和镁肥,如果对照果园按 1.5 t 算,果园单产提高 20% 以上,增收约 3 600 元/$hm^2$,节约肥料投入 800 元/$hm^2$,节省农药投入 100 元/$hm^2$,节省灌溉、除草等劳动投入 500 元/$hm^2$,每公顷每年节本增效约 5 000 元,6 万 $hm^2$ 合计节本增效 3.0 亿元。

本课题研究成果的推广应用,有效改变了农民盲目施肥的习惯,开始接受基于营养诊断结合柑橘套餐肥的高产高效栽培技术,开始由原来等养分复合肥调整到满足柑橘生长的套餐肥。预计三五年内,以长江上中游现有柑橘面积 20 万 $hm^2$ 计算,即使有一半采用本项目研发的技术,果园收入也可新增 5.0 亿元,全部采用则每年可新增 10.0 亿元。

应用该技术获得了显著的增产效果,试验结果表明,柑橘最佳养分管理模式较农民习惯施肥增产 18.9%,高产高效模式较农民习惯施肥增加 21.3%(表 74-40);提高了柑橘的挂果,促进了春梢营养枝和主茎的生长,优化管理技术能满足柑橘不同时期对养分的需求,有利于果实和营养器官的生长,为翌年柑橘丰产奠定了基础;7 个柑橘园的对比示范表明,最佳养分管理比农民习惯柑橘平均增产 11.9%(表 74-41)。将最佳养分管理模式物化成了柑橘专用肥套餐,获得了国家发明专利"柑橘套餐肥及其施肥方法"。近四年在重庆忠县、江津、万州、奉节年累计推广 1.3 万 $hm^2$,平均每公顷增产柑橘 4 530 kg,增产幅度为 11.8%,每公顷增收 4 530 元,每公顷节约肥料养分 270 kg(农民习惯用 15-15-15 复合肥,每公顷施肥量为 337.5-337.5-337.5,优化施肥春季用 20-10-10、夏秋季用 16-8-16 专用肥,公顷施肥量 337.5-180-225),每公顷节约肥料成本 1 350 元,合计每公顷节支增收 5 880 元,累积增加农民收入 7 840 万元。

表 74-40

**不同养分管理模式对柑橘产量的影响**

| 处理 | 各重复柑橘产量/(kg/hm²) | | | 柑橘平均产量/(kg/hm²) | 5%显著水平 | 比农民习惯增产% |
| --- | --- | --- | --- | --- | --- | --- |
| | I | II | III | | | |
| 不施氮肥 | 15 372 | 16 024.5 | 13 930.5 | 15 109.5 | c | |
| 农民习惯 | 18 778.5 | 22 468.5 | 20 320.5 | 20 523 | bc | |
| 当地推荐施肥 | 21 580.5 | 16 045.5 | 27 330 | 21 651 | b | 5.5 |
| 最佳养分管理 | 25 027.5 | 22 435.5 | 26 823 | 24 762 | a | 18.9 |
| 高产高效模式 | 24 883.5 | 28 054.5 | 24 019.5 | 24 883.5 | a | 21.3 |

表 74-41

**重庆示范园柑橘产量**

| 地点 | 习惯施肥/(kg/hm²) | | | | 最佳养分管理/(kg/hm²) | | | | 增产率/% |
| --- | --- | --- | --- | --- | --- | --- | --- | --- | --- |
| | I | II | III | 平均 | I | II | III | 平均 | |
| 奉节县白帝镇 | 26 190 | 25 854 | 23 907 | 25 317 | 30 510 | 29 682 | 27 690 | 29 293.5 | 15.71 |
| 奉节县朱衣镇 | 34 272 | 37 239 | 33 600 | 35 037 | 39 474 | 37 119 | 37 698 | 38 097 | 8.73 |
| 奉节县草堂镇 | 23 820 | 31 440 | 27 540 | 27 600 | 28 980 | 35 280 | 38 160 | 34 140 | 23.70 |
| 奉节县江南镇 | 41 137.5 | 38 791.5 | 38 520 | 39 483 | 43 335 | 39 162 | 39 483 | 40 660.5 | 2.98 |
| 忠县涂井乡 | 41 340 | 46 380 | 47 280 | 45 000 | 52 440 | 54 960 | 41 640 | 49 680 | 10.40 |
| 忠县拔山镇 | 33 975 | 32 625 | 30 375 | 32 325 | 34 087.5 | 35 400 | 30 300 | 33 262.5 | 2.90 |
| 忠县新立镇 | 17 280 | 15 390 | 18 630 | 17 100 | 20 925 | 16 335 | 18 360 | 18 540 | 8.42 |

西南柑橘园大部分建于丘陵坡地和低山缓坡地,土壤较贫瘠,土壤有机质含量低,土壤保水保肥力弱,季节性干旱频繁发生,灌溉条件差;集约化果园普遍存在偏施、滥施化肥,不施或少施有机肥。采用柑橘高产高效集成技术,解决了当前清耕果园造成的水土肥流失,集约化果园有机肥使用不足,山地柑橘园土壤有机质含量低等问题,降低了季节性干旱对柑橘生长的影响,培肥地力,提高了水肥利用效率。

**2. 环境效益**

应用柑橘高产节本栽培技术,大量减少了肥料和农药的施用量,肥料利用率提高了20%,3年累计减少了钾肥施用量1.24万t(按硫酸钾计),磷肥施用量6.19万t(按过磷酸钙计)。农药次数减少2~3次,利用释放捕食螨、黄板和杀虫灯等无公害防治技术,从而大大减少了肥料和农药对环境的面源污染,有利于柑橘产区生态环境的保护。

# 参考文献

[1] 淳长品,彭良志,江才伦,等. 三峡库区部分柑橘园土壤营养状况的初步研究. 中国南方果树,2009,38(2):1-6.

[2] 侯立群,张文越,王庆仁,等. 山区果林生产综合技术开发研究. 中国水土保持,1990(3):35-37.

[3] 黄慰情,周鑫斌,周永祥,等. 三峡库区柑橘叶片营养诊断研究. 西南大学学报(自然科学版),2012,34(10):72-80.

[4] 江秋菊,周鑫斌,石孝均,等. 柑橘氮素营养研究进展. 安徽农业科学,2013,41(2):575-577.

[5] 姜存仓,王运华,刘桂东,等. 赣南脐橙叶片黄花及施硼效应研究. 植物营养与肥料学报,2009,15(3):656-661.

[6] 姜远茂,张宏彦,张福锁. 北方落叶果树养分资源综合管理理论与实践. 北京:中国农业大学出版社,2007.

[7] 李东,王子芳,郑杰炳,等. 紫色丘陵区不同土地利用方式下土壤有机质和全量氮磷钾含量状况. 土壤通报,2009,40(2):310-314.

[8] 刘运武. 温州蜜柑的施氮效应的研究. 园艺学报,1992,19(4):362-332.

[9] 鲁剑巍. 湖北省柑橘园土壤-植物养分状况与柑橘平衡施肥技术研究:博士论文,2003.

[10] 毛志泉. 有机物料对平邑甜茶实生苗根系结构与功能影响的研究:博士论文,2002:10-20.

[11] 庞荣丽,介晓磊,谭金芳,等. 低分子量有机酸对不同合成磷源的释放效应. 土壤通报,2006,37(5):941-944.

[12] 丘星初. 椪柑营养诊断的DRIS初步标准. 亚热带植物科学,1987(1):1-5.

[13] 全国土壤普查办公室. 中国土种志. 第六卷. 北京:中国农业出版社,1996:110-716.

[14] 束怀瑞. 果树栽培生理学. 北京:中国农业出版社,1993.

[15] 孙羲,等. 植物营养与肥料. 北京:中国农业出版社,1994.

[16] 唐将,李勇,邓富银,等. 三峡库区土壤营养元素分布特征研究. 土壤学报,2005,42(3):473-478.

[17] 唐时嘉,孙德江,罗有芳,等. 四川盆地紫色土肥力与母质特性的关系. 土壤学报,1984,21(2):123-126.

[18] 谢志南,庄伊美,王仁玑,等. 福建亚热带果园土壤pH值与有效态养分含量的相关性. 园艺学报,1997,24(3):209-214.

[19] 徐海燕,雷世梅,熊伟,等. 丛枝菌根化枳橙根际微生态环境的研究. 西南大学学报(自然科学版),2012,34(10):65-71.

[20] 杨洪强,束怀瑞. 苹果根系研究. 北京:科学出版社,2006.

[21] 姚胜蕊. 有机物料对苹果生长发育及土壤肥力影响的研究:博士论文. 山东农业大学,1997.

［22］叶荣生,石孝均,周鑫斌. 有机肥对柑橘苗期生物学特性的影响. 西南大学学报(自然科学版),2014,36(10):12-18.

［23］俞立达. 柑橘配方施肥技术. 浙江柑橘,1995,4:4-8.

［24］曾明. 温州蜜柑矿质营养综合诊断研究. 西南农业大学学报,1993,15(1):91-94.

［25］张福锁,陈新平,陈清. 中国主要作物施肥指南. 北京:中国农业大学出版社,2009.

［26］周鑫斌,石孝均,孙彭寿,等. 三峡重庆库区柑橘园土壤养分丰缺状况研究. 植物营养与肥料学报,2010,16(4):817-823.

［27］周鑫斌,温明霞,王秀英,等. 三峡重庆库区柑橘园氮素平衡状况研究. 植物营养与肥料学报,2011,17(1):88-94.

［28］周鑫斌,温明霞,王秀英,等. 三峡重庆库区柑橘园磷素平衡状况研究. 植物营养与肥料学报,2011,17(3):616-622.

［29］周学伍,等. 柑橘 N 素营养的初步探讨. 中国柑橘,1984,137:5-7.

［30］周学伍,黄辉北,彭霞. 秋施氮肥对柑橘树体营养水平及生育性状影响的研究. 土壤通报,1984(5):215-217.

［31］周学伍,李质怡. 柑橘氮素营养与施肥(综述). 西南农业大学学报,1991,13(1):20-23.

［32］朱波,汪涛,况福虹. 紫色土坡耕地硝酸盐淋失特征. 环境科学学报,2008,28(3):525-533.

［33］庄伊美. 柑橘营养与施肥. 北京:中国农业出版社,1994.

［34］Alva A K,Fares A,Dou H. Managing citrus trees to optimize dry mass and nutrient partitioning. Journal of Plant Nutrition,2003,26:1541-1559.

［35］Alva A K,Paramasivam S,Fares A et al. Nitrogen best management practice for citrus trees Ⅱ. Nitrogen fate, transport, and components of N budget. Scientia Horticulturae, 2006, 109: 223-233.

［36］Efrner Y Y,Kaplan B,Artzi et al. Increasing citrus fruit size using auxins and potassium. Acta Horticulturae,1993,329:112-119.

［37］Emer Y Y,Kaplan B,Artzi et al. Increasing citrus fruit size using auxins and potassium. Acta Horticulturae,1993,329:112-119.

［38］Feigenbaum S,Bielorai H,Erner Y,et al. The fate of 15N labelled nitrogen applied to mature citrus trees. Plant and Soil,1987,97:179-187.

［39］Hanlon E A,Obreza T A,Alva. Tissue and Plant Analysis. //Tucker D P H,Alva A K,Jackson L K et al. Nutrition of Florida Citrus Trees:13-16. University of Florida, IFAS, Lake Alfred,USA.

［40］Legaz F,Primo-Millo E,Primo-Yúfera E,et al. Nitrogen fertilization in citrus. Absorption and distribution of nitrogen in calamondin trees (Citurs mitis Bl.) during flowering,fruit set and initial fruit development periods. Plant and Soil,1982,66(3):339-351.

［41］Martinez-Alcantara B,Quinones A, Legaz F , et al. Nitrogen-use efficiency of young citrus trees as influenced by the timing of fertilizer application. Journal of plant nutrition and soil science,2012,175(2):282-292.

［42］Martínez-Alcántara B,Qui ones A. Primo-Millo E,Legaz F. Nitrogen remobilization response to current supply in young citrus trees. Plant and soil,2011,342:433-443.

［43］Menino M R,Carranca C,de Varennes A. Distribution and remobilization of nitrogen in young non-bearing orange trees grown under mediterranean conditions. Journal Plant Nutrition,2007,30:1083-1096.

［44］Obreza T A,Morgan K T. Nutrition of Florida citrus trees (Second Edition). Florida,2008:134-145.

［45］Sanchez E E,Righetti T L,Sugar D,et al. Recycling of nitrogen in field-grown 'Comice' pears. Journal Horticultural Science,1991,66:479-486.

［46］Syvertsen J P,Smith M L. Nitrogen leaching,N uptake efficiency and water use from citrus trees fertilized at three N rates. Proceedings of the Florida State Horticultural Society,1995,108:151-155.

（执笔人：周鑫斌）

第 75 章

四川省间套作养分管理技术
研究与应用

## 75.1 四川间套作基本情况

### 75.1.1 四川间套作普遍存在

四川地处我国西南部,该区水热条件较好,年均温和≥0℃积温都较高,降雨量充沛,但光照不足。全国各地太阳年辐射总量为 $80.2\sim201.6$ kcal/cm²,中值为 140.4 kcal/cm²,而川、渝、贵等地区的年日照时数只 1 300 h 左右,年太阳辐射总量都不足 100 kcal/cm²,是全国日照时数和总辐射量的低值区(表 75-1)。尤其在四川盆地,雨多、雾多、晴天较少,例如素有"雾都"之称的重庆市,年平均日照时数仅为 1 152.2 h,相对日照为 26%,年平均晴天为 24.7 d,阴天达 244.6 d,年平均云量高达 8.4。气候条件决定了该区每年"两季有余,三季不足"的作物生长特点;加之该区地形地貌复杂,多山地和丘陵,旱坡耕地多,是我国南方典型的旱作多熟农业生产区,耕地复种指数为 247%。由于温热湿润,光照不足,旱地作物多以间套复合种植为主。

表 75-1

西南区气候条件

| 地点 | 年均气温<br>/℃ | ≥0℃积温<br>/℃ | 年均降水量<br>/mm | 年总辐射量<br>/(kcal/cm²) | 年日照时数<br>/h |
|---|---|---|---|---|---|
| 成都 | 16.5 | 5 697 | 873~1 265 | 80.0~93.5 | 1 017~1 345 |
| 重庆 | 18 | 6 000~6 880 | 1 000~1 200 | 75.1 | 1 152 |
| 贵阳 | 15.3 | 4 723 | 1 148 | 90.2 | 1 354 |
| 昆明 | 14.5 | 4 000~5 500 | 1 035 | 129.8 | 2 445.6 |

2009 年,在四川全省随机对村长进行了调查,在 92 个调查村中(图 75-1),间套作种植的村有 82 个,占比达 89.1%。对各农户的种植情况进行统计后发现,间套作面积占总耕地面积的 22.0%,占总播面的 23.1%,占旱地面积的 54.0%,即在四川旱地中有一半以上的面积是以间间套作模式种植的,表明四川作物间套作种植十分普遍。其实,这在西南区的重庆、贵州、云南各省都是这样,只要是旱地,尤其是坡耕地,基本上处处有间套作,有的片区几乎全部是间套作,西南地区实际间套作面积至少占旱地面积的 60% 以上。

图 75-1　2009 年四川村长调查地点($n=92$)

### 75.1.2　四川间套作类型

通过文献收集，共查得 2009 年以前在国内正式刊物上公开发表或报道的有关西南区（四川、重庆、贵州、云南）作物种植方面的文献共 2 098 篇，其中，有间套作研究报道的文献仅有 199 篇，其中四川间套作文献 43 篇，重庆间套作文献 17 篇，云南间套作文献 77 篇，贵州间套作文献 62 篇。汇总统计发现，四川间套作种类繁多，共统计出 71 种（表 75-2），其中，"粮—经"型间套作最多，有 30 种，占比 42.3%；

表 75-2

四川间套作类型

| 间套作类型 | 种类数 | 间套作具体名称 |
| --- | --- | --- |
| "粮—经"型 | 30 | 马铃薯/玉米/萝卜，菜（冬菜）＋蚕豆/玉米，魔芋/玉米，竹荪/玉米，川芎/小麦，辣椒、甜瓜/玉米，苡仁/玉米，生姜/玉米，草莓—稻—笤，马铃薯/花生/冬菜，南瓜/小麦，南瓜/玉米，莴笋/玉米/南瓜，麦/花生/笤，马铃薯/玉米/大豆，马铃薯—玉米—南瓜，马铃薯/大豆/菜，麦/玉/豆，麦/玉/豆/笤，玉米/大豆，麦/蚕豆/玉/笤，麦/蔬/玉/笤，冬菜—蚕豆/番茄＋玉米/笤＋秋菜，冬菜＋蚕豆/玉米＋大豆/秋菜＋笤，玉米/红笤/萝卜，麦/玉/豆＋笤，马铃薯/玉米/白菜，马铃薯/玉米/青笋，油菜/玉米/大豆，蚕豆/玉米/红薯 |
| "经—经"型 | 15 | 川芎/大蒜，川芎/莴笋，香桂/香叶，灰毡毛忍冬/野菊，葡萄/草莓，蚕豆/南瓜，苎麻/榨菜，甘蔗/蘑菇，辣椒/花生（青笋、芝麻），棉花/大蒜，草莓/黄瓜，南瓜/蔬菜，海椒/冬白茉/葱蒜，川芎/秋大豆，棉花/花生 |
| "粮—粮"型 | 9 | 小麦/大麦，玉米/红笤，麦/马铃薯/玉/笤，麦/玉/马铃薯，马铃薯/玉米，杂交稻/糯稻，麦/高粱/笤，麦/稻/笤，麦/豆/笤 |
| "粮—林（果）"型 | 8 | 梨/旱稻，苹果/玉米，茶树/玉米/大豆，桑树/玉米，桑树/秋马铃薯，桑/杂粮，樱桃树/玉米，桑树/玉米/红薯 |
| "林—经"型 | 4 | 林木/魔芋，桑树/蔬菜，桑树/生姜，桑树/春花生 |
| "林—草"型 | 4 | 杉木/林草，柑橘/饲草，桑树/三叶草，桑树/绿肥 |
| "林—林"型 | 1 | 桑树/银杏 |

其次是"经—经"型间套作,有 15 种,占比 21.1%;再次是"粮—粮"型间套作,有 9 种,占比 12.7%;再次是"粮—林(果)"型间套作,有 8 种,占 11.3%;随后是"林—经"型间套作,有 4 种,占 5.6%;另外,"林—草"型间套作 4 种,占比 5.6%,"林—林"型间套作 1 种,占 1.4%(表 75-2);本次文献统计中没发现"粮—饲(草)"、"经—草"、"草—草"等间套作类型。实际上,研究报道出来的只是一部分而已,生产中实际存在的间套作类型可能还有很多。

在统计的 71 种间套作中,有小麦、玉米、甘薯、马铃薯、旱稻等粮食作物的间套作模式共有 45 种,占比 63.4%(表 75-2),而有粮食作物的间套作面积占到了间套作总面积的 93.4%,占旱地面积的 43.4%(表 75-3);有玉米的间套作模式有 33 种之多,占 46.5%;有小麦的间套作模式有 14 种,占 19.7%;有豆类(大豆、蚕豆)的间套作模式有 16 种,占 22.5%;有甘薯(红薯、苕)的间套作模式有 15 种,占 21.1%;有马铃薯的间套作模式有 11 种,占 15.5%;有蔬菜(萝卜、冬菜、辣椒、南瓜、青笋、姜、大蒜等)的间套作模式有 26 种,占 36.6%(表 75-2)。以玉米/豆类为主的间套作在一半(50%)的村存在,其面积占间套作总面积的 29.7%,占旱地面积的 13.7%;以玉米/甘薯为主的间套作在近一半(48.8%)的村存在,其面积占间套作总面积的 36.6%,占旱地面积的 16.7%;以小麦/玉米为主的间套作在近 1/4(24.4%)的村存在,其面积占间套作总面积的 23.2%,占旱地面积的 10.7%;以马铃薯/玉米为主的间套作在近1/5(19.5%)的村存在,其面积占间套作总面积的 17.6%,占旱地面积的 8.2%;虽然有蔬菜的间套作模式较多,但有蔬菜的间套作面积只占间套作总面积的 3.0%左右,占旱地面积 1.4%左右(表 75-3)。由此不难看出,四川间套作中,粮食作物是主要作物,其中以玉米为中心的间套作为最多,其次是豆类,再次是甘薯、小麦和马铃薯;以玉米/豆类、玉米/甘薯分布最普遍,其次是小麦/玉米和马铃薯/玉米;面积上,以玉米/甘薯为最大,其次是玉米/豆类,再次是小麦/玉米和马铃薯/玉米(表 75-2 和表 75-3)。

表 75-3

四川有粮食作物的间套作情况(2009 年村长调查结果)　　　　　　　　　　　　　　　　　　　　　　%

| 间套作体系 | 村数 | 出现频率 | 占间套作面积 | 占旱地面积的比例 |
|---|---|---|---|---|
| 玉米/豆类 | 32 | 39.0 | 20.8 | 9.6 |
| 玉米/甘薯 | 22 | 26.8 | 17.5 | 8.1 |
| 马铃薯/玉米 | 16 | 19.5 | 17.6 | 8.2 |
| 小麦/玉米/豆类 | 9 | 11.0 | 8.9 | 4.1 |
| 玉米/豆类/甘薯 | 9 | 11.0 | 7.0 | 3.2 |
| 小麦/玉米/甘薯 | 9 | 11.0 | 12.1 | 5.6 |
| 玉米/花生 | 4 | 4.9 | 3.5 | 1.6 |
| 玉米/其他蔬菜 | 3 | 3.7 | 2.5 | 1.2 |
| 豆类/甘薯 | 3 | 3.7 | 0.8 | 0.4 |
| 小麦/玉米 | 2 | 2.4 | 2.2 | 1.0 |
| 小麦/豆类 | 2 | 2.4 | 0.1 | 0.0 |
| 小麦/其他蔬菜 | 2 | 2.4 | 0.5 | 0.2 |
| 油菜/豆类 | 1 | 1.2 | 0.3 | 0.1 |
| 豌豆/大豆 | 1 | 1.2 | 0.4 | 0.2 |
| 总计 | | | 94.1 | 43.7 |

由于各地农业生产条件(土壤、气候等环境条件;社会经济条件;农业区划、种植制度与农耕文化)不同,各地的间套作模式及种植规格存在明显差异。其中,小麦/玉米、玉米/甘薯、玉米/大豆在四川盆地丘陵区和盆周山区几乎到处都有。其实,即使在同一个地方,也有多种间套作模式同时存在。例如,

在雅安市雨城区草坝镇的一个生产队,从平坝到半山坡,同时发现了茶叶/玉米、茶叶/大豆、茶叶/甘薯、玉米/甘薯、玉米/南瓜、玉米/大豆、幼木林/玉米等多种间套作模式。

从前述可知,玉米是四川间套作体系中最广泛的作物(71 种间套作中有玉米的间套作模式有 33 种,占 46.5%)。由此,2009—2011 年在川渝地区进行了针对玉米生产的调查,结果显示(表 75-4),玉米以单作种植的只占 7.8%,92.2% 的玉米是以间套作模式种植的。玉米处在周年间套作体系的中心(图 75-2),玉米的前套作物主要有小麦、马铃薯、油菜、蚕豆(豌豆)等,其中小麦占比最大,达 44.7%,其次是马铃薯,占比 17.0%,再次是油菜,占比 10.6%,蚕豆(豌豆)和桑树(樱桃)的占比相对较小,分别为 8.5% 和 6.4%;玉米无前套作物的体系占比为 12.8%。玉米的后套作物主要有甘薯、大豆和秋冬蔬菜等,其中甘薯的占比最大,达 40.4%,与之接近的是大豆,其占比为 34.0%,秋冬蔬菜的占比相对较小,只有 8.5%;玉米无后套作物的体系占比为 17.0%(表 75-4)。

表 75-4
川渝玉米生产模式调查(2009—2011)

| 区域 | 县/市,乡/镇 | 区位 | 间套体系 | 份数 |
|---|---|---|---|---|
| 四川 | 南部县,建兴 | 川东丘陵区 | 小麦/玉米/甘薯 | 1 |
| | | | 小麦/玉米/大豆 | 3 |
| | 崇州市,崇平(怀远,三郎) | 川西平原区 | 油菜/玉米 | 2 |
| | | | 玉米 | 1 |
| | 汉源县,清溪(双溪,西溪,建黎) | 川西低山区 | 马铃薯/玉米 | 4 |
| | | | 玉米 | 3 |
| | | | 樱桃树/玉米 | 1 |
| | 邛崃市,道佐(茶园) | 川西平原区 | 油菜/玉米/大豆 | 3 |
| | | | 小麦/玉米/大豆 | 1 |
| | 简阳市,东溪 | 川中丘陵区 | 豌豆/玉米/甘薯 | 1 |
| | | | 蚕豆/玉米/甘薯 | 2 |
| | | | 小麦/玉米/甘薯 | 6 |
| | 仁寿县,珠嘉 | 川中丘陵区 | 小麦/玉米/大豆 | 8 |
| | | | 玉米/大豆 | 1 |
| 重庆 | 酉阳县,钟多 | 渝东南低山区 | 玉米/甘薯 | 1 |
| | | | 马铃薯/玉米/蔬菜(萝卜、白菜、青笋) | 4 |
| | 铜梁县,永加 | 渝中丘陵区 | 小麦/玉米/甘薯 | 2 |
| | | | 蚕豆/玉米/甘薯 | 1 |
| | | | 玉米/甘薯 | 4 |
| | | | 桑树/玉米 | 1 |
| | | | 桑树/玉米/甘薯 | 1 |
| 合 计 | | | | 51 |

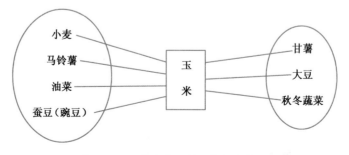

图 75-2　玉米为中心的周年间套体系

### 75.1.3　四川玉米间套体系的种植规格

四川玉米间套体系主要有 2 大类种植规格。一类是玉米均匀行距种植(图 75-3),行距 70～130 cm 不等,平均 107 cm;玉米窝距 20～60 cm 不等,平均 41 cm,每窝植 1～3 苗,平均每窝 1.9 苗;玉米密度 2 222～4 167 株/亩,平均 2 969 株/亩;前套作物(2～3 行小麦或 2 行马铃薯等)或/和后套作物(1～2 行甘薯、大豆、秋菜等)在每个行间都会种植,前套作物种后的玉米预留行一般在 50 cm 左右。这类种植规格是农民习惯的种植方式,在四川简阳、南部、汉源、崇州、邛崃、乐山、宜宾和重庆铜梁、开县等地都广泛存在。另一类是玉米采用宽窄行种植(图 75-4),窄行距 40～80 cm 不等,平均 58 cm,宽行距 80～220 cm 不等,平均 138 cm,每窝植 1～3 苗,平均每窝 1.8 苗;玉米密度 1 905～4 445 株/亩,平均 2 964株/亩;前套作物或后套作物只种在玉米宽行中,一般前套作物是 4～5 行小麦或 2 行马铃薯等,后套作物一般是 2～3 行甘薯、大豆、秋菜等;前套作物种后的玉米预留行一般在 100 cm 左右。

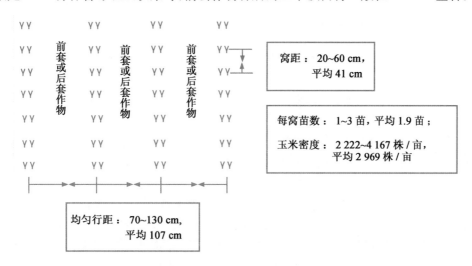

图 75-3　玉米均匀行种植的间套体系种植规格图

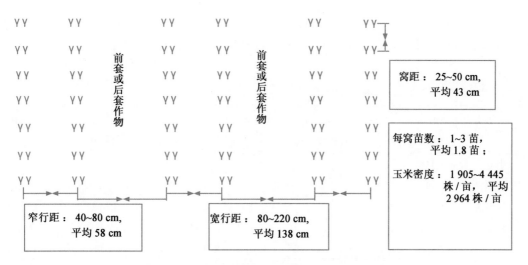

图 75-4　玉米宽窄行种植的间套体系种植规格图

在玉米宽窄行种植类型中,又分为 3 种种植规格,如表 75-5 所示,第 1 种规格是玉米窄行距平均 67 cm,宽行距平均 207 cm,窝距平均 45 cm,每窝平均植 2 苗,玉米密度平均 2 226 株/亩左右,这种规格主要存在于林(樱桃、桑树、柑橘等)/玉间套体系中。第 2 种规格是玉米窄行距平均 55 cm,宽行距平均 138 cm,窝距平均 43 cm,每窝平均植 1.8 苗,玉米密度平均 2 881 株/亩左右,这种规格在四川盆地丘陵区及盆周低山区的大部分农地中存在,是除玉米均匀行距的间套体系外的玉米主要间套体系。第 3 种规格是玉米窄行距平均 65 cm,宽行距平均 88 cm,窝距平均 44 cm,每窝平均植 2 苗,玉米密度平均达 4 037 株/亩左右,这种规格只存在于光照条件较好的川西南山地区,如雅安的汉源、攀枝花、西昌等地。

表 75-5

四川玉米宽窄行种植的三种规格

| 规格 | 宽行距/cm | 窄行距/cm | 窝距/cm | 每窝苗数 | 密度/(株/亩) | 区域 |
|------|-----------|-----------|---------|----------|--------------|------|
| 1 | 207 | 67 | 45 | 2 | 2 226 | 林(桑树、柑橘)果地 |
| 2 | 138 | 55 | 43 | 1.8 | 2 881 | 丘陵、低山区大部分农地 |
| 3 | 88 | 65 | 44 | 2 | 4 037 | 光照条件好的地区,如汉源(攀西) |

### 75.1.4 四川玉米间套体系的生产成本及产量产值情况(2010 年农户调查结果)

调查得知(表 75-6),在不计用工成本的情况下,四川套作小麦的生产成本平均是 2 439 元/hm²,其中肥料占比最大,为 45.8%,其次是种子,占比 34.4%,套作小麦平均产量 3 079 kg/hm²,产值 7 080 元/hm²,产投比 2.90:1;四川前套油菜的生产成本平均是 2 232 元/hm²,其中肥料占到了 76.6%,套作油菜平均产量 1 770 kg/hm²,产值 7 080 元/hm²,产投比 3.17:1;前套马铃薯的生产成本平均是 7 358 元/hm²,其中最大投入是种子,占比 69.3%,其次是肥料,占比为 23.3%,套作马铃薯的平均产量 19 781 kg/hm²,产值 23 738 元/hm²,产投比 3.23:1;前套蚕豆的生产成本是 1 751 元/hm²,其中最大投入是种子,占比 67.5%,其次是肥料,占比为 21.2%,套作鲜食蚕豆产量是 2 025 kg/hm²,产值 8 100 元/hm²,产投比 4.63:1;四川套作玉米的生产成本平均 4 032 元/hm²,其中肥料投入占比最大,达 70.9%,其次是种子,占比 15.3%,套作玉米的平均产量 6 083 kg/hm²,产值 13 382 元/hm²,产投比 3.32:1;几种后套作物(甘薯、大豆、蔬菜)的生产成本都较低,482~636 元/hm²,种子、肥料的投入都不大,后套蔬菜平均产量是 15 938 kg/hm²,产值 11 157 元/hm²,产投比达 21.7:1,后套甘薯平均产量 15 790 kg/hm²,产值 9 474 元/hm²,产投比达 19.7:1,后套大豆平均产量是 833 kg/hm²,产值 3 999 元/hm²,产投比 6.29:1(表 75-6)。不难看出,除前套作马铃薯的产值超过玉米外,其他间套作物的产值都不及玉米,尤其生产中面积相对较大的小麦、甘薯、大豆等,说明玉米是四川间套作体系中最重要的中心作物。

表 75-6

四川玉米间套作体系的生产成本及产量产值情况

| 间套体系作物 | | 成本/(元/hm²) | | | | | | | 产量/(kg/hm²) | 产值/(元/hm²) |
|--------------|------|------|------|------|------|------|--------|------|---------------|---------------|
| | | 肥料 | 种子 | 地膜 | 灌溉 | 治病虫 | 除草剂 | 总 | | |
| 前套作物 | 小麦 | 1 118 | 839 | 0 | 26 | 305 | 152 | 2 439 | 3 079 | 7 080 |
| | 油菜 | 1 710 | 180 | 0 | 0 | 222 | 120 | 2 232 | 1 770 | 7 080 |
| | 马铃薯 | 1 715 | 5 100 | 207 | 75 | 188 | 75 | 7 358 | 19 781 | 23 738 |
| | 蚕豆 | 371 | 1 182 | 0 | 0 | 143 | 57 | 1 751 | 2 025 | 8 100 |
| | 玉米 | 2 858 | 615 | 149 | 17 | 225 | 170 | 4 032 | 6 083 | 13 382 |
| 后套作物 | 蔬菜 | 234 | 180 | 0 | 0 | 101 | 0 | 515 | 15 938 | 11 157 |
| | 甘薯 | 252 | 230 | 0 | 0 | 0 | 0 | 482 | 15 790 | 9 474 |
| | 大豆 | 0 | 344 | 0 | 0 | 135 | 158 | 636 | 833 | 3 999 |

成本中没包括用工成本;产值以当年农产品价格计算,小麦、油菜、马铃薯、蚕豆、玉米、甘薯、大豆的单价分别是每 500 g 1.15,2.0, 0.6,2.0,1.1,0.3,2.4 元,不同蔬菜单价各异,平均价格 0.353 元/500 g。

在不计用工成本情况下,生产成本要素中种子投入最大的是马铃薯和蚕豆,其他几种作物除大豆外都是肥料投入最大。除大豆外,肥料投入占生产成本的比例都在20%以上,其中油菜高达76.6%,玉米高达70.9%,小麦的也达45.8%;投入肥料成本最大的是玉米,平均达2 858 元/hm²,其次是马铃薯和油菜,分别达1 715 和1 710 元/hm²(表75-6)。说明四川间套作要达到高产高效要重点优化肥料投入。

### 75.1.5 四川玉米间套体系的施肥情况(2010 年农户调查结果)

**1. 小麦($n=21$)**

小麦的养分总用量平均为氮(N)122 kg/hm²,磷($P_2O_5$)71 kg/hm²,钾($K_2O$)32 kg/hm²,其中,N和$P_2O_5$以化肥投入为主,分别占76.5%(93 kg/hm²)和70.2%(50 kg/hm²),$K_2O$以有机肥投入为主,占81.0%(26 kg/hm²)。有机肥都以底(种)肥施用的,小麦追肥没用有机肥;化肥也以底(种)肥施用为主,其中N,$P_2O_5$,$K_2O$分别占93.5%(87 kg/hm²),97.0%(48 kg/hm²),98.2%(6 kg/hm²),通过追肥施用的化肥很少。小麦养分底(种)追比 N,$P_2O_5$,$K_2O$分别为 95∶5,98∶2,99∶1。在底(种)肥所用养分中,化肥的 N,$P_2O_5$,$K_2O$ 分别占 75.3%,69.6%,19.0%,相应有机肥的 N,$P_2O_5$,$K_2O$ 分别占24.7%,30.4%,81.0%(表75-7)。表明四川套作小麦的氮磷用量以底(种)肥化肥施用为主,钾用量以底(种)肥有机肥施用为主,小麦的追肥有所忽视。

**2. 油菜($n=5$)**

四川油菜的养分总用量平均为氮(N)180 kg/hm²,磷($P_2O_5$)96 kg/hm²,钾($K_2O$)63 kg/hm²,其中,N,$P_2O_5$,$K_2O$都以化肥投入为主,分别占 90.0%(162 kg/hm²),85.9%(83 kg/hm²),76.2%(48 kg/hm²)。有机肥都以底(种)肥施用的,油菜追肥没用有机肥。化肥氮以底(种)肥施用的占62.0%,以追肥施用的占38.0%;化肥磷以底(种)肥施用的占58.2%,以追肥施用的占41.8%;化肥钾以底(种)肥施用的占46.9%,以追肥施用的占53.1%。油菜养分底(种)追比 N,$P_2O_5$,$K_2O$ 分别为66∶34、64∶36、60∶40。在底(种)肥所用养分中,化肥的 N,$P_2O_5$,$K_2O$ 分别占 84.8%,78.0%,60.0%,相应有机肥的 N,$P_2O_5$,$K_2O$ 分别占 15.2%,22.0%,40.0%(表75-7)。表明四川套作油菜的有机肥施用不足,化肥占总用肥的75%以上,氮磷钾近60%以底(种)肥施用,近40%以追肥施用。

**3. 马铃薯($n=8$)**

四川套作马铃薯的养分总用量平均为氮(N)149 kg/hm²,磷($P_2O_5$)69 kg/hm²,钾($K_2O$)111 kg/hm²,N,$P_2O_5$,$K_2O$都以化肥投入为主,分别占85.9%(128 kg/hm²),78.3%(54 kg/hm²),83.8%(93 kg/hm²)。有机肥都以底(种)肥施用的,追肥没用有机肥;化肥也以底(种)肥施用为主,其中 N,$P_2O_5$,$K_2O$分别占 62.4%(80 kg/hm²),100.0%(54 kg/hm²),100.0%(93 kg/hm²),只有37.6%的化肥氮(48 kg/hm²)以追肥施用。油菜养分底(种)追比 N、$P_2O_5$、$K_2O$分别为68∶32,100∶0,100∶0。在底(种)肥所用养分中,化肥的 N,$P_2O_5$,$K_2O$ 分别占 79.1%,78.3%,83.8%,相应有机肥的 N,$P_2O_5$,$K_2O$分别占 20.9%,21.7%,16.2%(表75-7)。表明四川套作马铃薯特别重视底(种)肥施用,近70%的氮和全部磷钾以底(种)肥施用的,追肥只用了近30%的氮;有机肥施用不足,化肥占了总养分用量的80%左右。

**4. 蚕豆($n=4$)**

调查得知(表75-7),四川套作蚕豆不施用氮肥,磷($P_2O_5$)平均用量为51 kg/hm²,钾($K_2O$)平均用量只15 kg/hm²,其中 $K_2O$全以有机(农家)肥提供,$P_2O_5$以化肥提供为主,占91.2%(47 kg/hm²)。蚕豆只用了少许磷钾作底肥,没用追肥。表明四川套作蚕豆施肥特别简单,只用少许农家肥和磷肥作底肥,不用氮肥,不用钾肥,也不追肥。

**表 75-7**

四川玉米间套作体系前套作物的施肥情况　　　　　　　　　　　　　　　　　　　　　　　　　kg/hm²

| 作物 | 养分 | 底肥(种肥) | | 追肥 | | 总 | | 总 |
| | | 有机肥 | 化肥 | 有机肥 | 化肥 | 有机肥 | 化肥 | |
| --- | --- | --- | --- | --- | --- | --- | --- | --- |
| 小麦<br>(n=21) | N | (0~125) 29 | (20~144) 87 | 0 | (0~57) 6 | (0~125) 29 | (20~186) 93 | (27~221) 122 |
| | P₂O₅ | (0~89) 21 | (0~105) 48 | 0 | (0~20) 1 | (0~89) 21 | (0~105) 50 | (12~182) 71 |
| | K₂O | (0~108) 26 | (0~44) 6 | 0 | (0~20) 1 | (0~108) 26 | (0~44) 6 | (0~108) 32 |
| 油菜<br>(n=5) | N | (0~36) 18 | (0~311) 101 | 0 | (0~126) 62 | (0~36) 18 | (113~311) 162 | (113~333) 180 |
| | P₂O₅ | (0~26) 14 | (0~135) 48 | 0 | (0~65) 36 | (0~26) 14 | (0~137) 83 | (21~137) 96 |
| | K₂O | (0~32) 15 | (0~90) 23 | 0 | (0~57) 27 | (0~32) 15 | (0~90) 48 | (20~90) 63 |
| 马铃薯<br>(n=8) | N | (0~68) 21 | (0~182) 80 | 0 | (0~107) 48 | (0~68) 21 | (104~182) 128 | (104~200) 149 |
| | P₂O₅ | (0~48) 15 | (18~90) 54 | 0 | 0 | (0~48) 15 | (18~90) 54 | (30~108) 69 |
| | K₂O | (0~59) 18 | (12~173) 93 | 0 | 0 | (0~59) 18 | (12~173) 93 | (12~231) 111 |
| 蚕豆<br>(n=4) | N | 0 | 0 | 0 | 0 | 0 | 0 | 0 |
| | P₂O₅ | (0~18) 5 | (0~84) 47 | 0 | 0 | (0~18) 5 | (0~84) 47 | (18~84) 51 |
| | K₂O | (0~60) 15 | 0 | 0 | 0 | (0~60) 15 | 0 | (0~60) 15 |

每格中的数据是(变幅)和平均值。

**5. 玉米(n=19)**

如表 75-8 所示,四川套作玉米的养分总用量平均为氮(N) 395 kg/hm²,磷(P₂O₅)117 kg/hm²,钾(K₂O) 80 kg/hm²,其中 N,P₂O₅ 以化肥投入为主,分别占 87.5%(345 kg/hm²),70.5%(83 kg/hm²),K₂O 以有机肥投入为主,占 52.8%,化肥投入占 47.2%(38 kg/hm²)。有机肥在基肥、追肥中几乎各占一半。化肥氮以基肥施用的只占 28.3%,以追肥施用的占 71.7%;化肥磷以基肥施用的占 56.4%,以追肥施用的占 43.6%;化肥钾以基肥施用的占 72.0%,以追肥施用的占 28.0%。玉米养分基追比 N,P₂O₅,K₂O 分别为 31:69,55:45,60:40。在基肥所用养分中,化肥的 N,P₂O₅,K₂O 分别占 79.3%,72.1%,56.3%,相应有机肥的 N,P₂O₅,K₂O 分别占 20.7%,27.9%,43.7%。

同时可看出,四川套作玉米一般有 3 次追肥,追 1、追 2、追 3 所用氮量分别占总氮量的 32.3%,28.9%,9.1%,追 1、追 2、追 3 所用磷量分别占总磷量的 26.9%,20.5%,1.3%,追 1、追 2、追 3 所用钾量分别占总钾量的 28.3%,13.2%,1.9%;即氮在基肥与 3 次追肥的分配比是 31:32:29:9,磷在基肥与 3 次追肥的分配比是 55:27:20:1,钾在基肥与 3 次追肥的分配比是 60:28:13:2。在第 1 次追肥所用养分中,化肥的 N,P₂O₅,K₂O 分别占 83.5%,52.4%,20.0%,相应有机肥的 N,P₂O₅,K₂O 分别占 16.5%,47.6%,80.0%;在第 2 次追肥所用养分中,化肥的 N,P₂O₅,K₂O 分别占 93.4%,75.0%,42.9%,相应有机肥的 N,P₂O₅,K₂O 分别占 6.6%,25.0%,57.1%;第 3 次追肥不用有机肥,全用化肥(表 75-8)。

调查结果表明,四川套作玉米氮施用偏多,钾施用相对不足,氮磷以化肥投入为主,钾以有机肥投入为主;施肥时期是基肥另加 2~3 次追肥,氮的分配约是 30:30:30:10 或 30:30:40,磷的分配约是 50:30:20,钾的分配约是 60:30:10。

**6. 玉米后套作物(甘薯、大豆、蔬菜)**

如表 75-9 所示,四川后套甘薯总的施肥量较小,氮(N)平均为 19 kg/hm²,磷(P₂O₅)平均为 8 kg/hm²,钾(K₂O)平均为 20 kg/hm²,其中 N 以化肥投入为主,占 65.4%,P₂O₅,K₂O 以有机(农家)肥投入为主,分别占 71.9%,96.9%。有机肥全作追肥,化肥氮基追比为 28:72,化肥磷钾全作基肥。甘

表 75-8

四川间套作玉米的施肥情况 kg/hm²

| 玉米施肥（n=51） | | N | P₂O₅ | K₂O |
|---|---|---|---|---|
| 基肥 | 有机肥 | (0~179) 26 | (0~128) 18 | (0~155) 21 |
| | 化肥 | (0~485) 98 | (0~384) 47 | (0~258) 27 |
| 追1 | 有机肥 | (0~98) 21 | (0~71) 15 | (0~86) 18 |
| | 化肥 | (0~321) 107 | (0~105) 17 | (0~81) 5 |
| 追2 | 有机肥 | (0~65) 8 | (0~47) 6 | (0~56) 6 |
| | 化肥 | (0~383) 107 | (0~105) 18 | (0~68) 5 |
| 追3 | 有机肥 | 0 | 0 | 0 |
| | 化肥 | (0~413) 36 | (0~45) 2 | (0~45) 2 |
| 追总 | 有机肥 | (0~129) 24 | (0~62) 17 | (0~111) 21 |
| | 化肥 | (0~620) 249 | (0~158) 38 | (0~81) 12 |
| 总 | 有机肥 | (0~195) 48 | (0~140) 35 | (0~170) 42 |
| | 化肥 | (44~620) 345 | (0~384) 83 | (0~258) 38 |
| 总用量 | | (65~774) 395 | (0~438) 117 | (0~302) 80 |

每格中的数据是(变幅)和平均值。

薯总养分的基追比 N，P₂O₅，K₂O 分别为 18：82，28：72，3：97。表明四川后套甘薯施肥量小，磷钾以有机（农家）肥追施为主，尤其是钾基本全由有机（农家）肥提供，底氮约 20％，追氮约 80％，化肥提供了约 2/3 的氮。调查发现，四川后套大豆都不施肥（表 75-9）。后套秋冬蔬菜的施肥量也较小，氮（N）平均为 46 kg/hm²，磷（P₂O₅）平均为 3 kg/hm²，钾（K₂O）平均为 3 kg/hm²，其中以化肥投入为主，化肥的 N，P₂O₅，K₂O 分别占 97.0％，68.4％，65.0％。有机肥全作基肥，化肥氮基追比为 13：87，化肥磷钾全作基肥。蔬菜总养分的基追比 N，P₂O₅，K₂O 分别为 15：85，100：0，100：0（表 75-9）。表明四川后套秋冬蔬菜施肥量小，有机肥施用少，约 1/3 的磷钾由有机（农家）肥提供，氮基本由化肥提供，八成多氮量以化肥氮追施，有机肥和磷钾全作基肥施用。

表 75-9

四川玉米间套作体系后套作物的施肥情况 kg/hm²

| 甘薯施肥（n=19） | | N | P₂O₅ | K₂O | 大豆（n=16） | 蔬菜施肥（n=4） | | N | P₂O₅ | K₂O |
|---|---|---|---|---|---|---|---|---|---|---|
| 基肥 | 有机肥 | 0 | 0 | 0 | | 基肥 | 有机肥 | 1 | 1 | 1 |
| | 化肥 | 3 | 2 | 1 | | | 化肥 | 6 | 2 | 2 |
| 追肥 | 有机肥 | 7 | 6 | 19 | 全生育期无施肥 | 追肥 | 有机肥 | 0 | 0 | 0 |
| | 化肥 | 9 | 0 | 0 | | | 化肥 | 39 | 0 | 0 |
| 总 | 有机肥 | 7 | 6 | 19 | | 总 | 有机肥 | 1 | 1 | 1 |
| | 化肥 | 12 | 2 | 1 | | | 化肥 | 45 | 2 | 2 |
| 总用量 | | 19 | 8 | 20 | | 总用量 | | 46 | 3 | 3 |

## 75.2 四川不同轮套作体系的产量产值及养分吸收利用特征

### 75.2.1 试验方案

**1. 试验地及土壤**

试验于 2010 年 11 月至 2012 年 10 月(2011 年和 2012 年两周年)在四川农业大学雅安试验农场进行,试验地土壤为紫色大土,质地为黏质重壤土,0~20 cm 耕层土壤 pH 5.6,有机质 25.2 g/kg,全氮 1.13 g/kg,碱解氮 164 mg/kg,有效磷 28.5 mg/kg($NH_4$F-HCl 法),速效钾 104 mg/kg。

**2. 供试材料**

供试作物品种:蚕豆—汉源大白豆,2011 年小麦—川农 26,2012 年小麦—川麦 37,玉米—川单 418,大豆—贡选 1 号,甘薯—川薯 164。供试氮肥为尿素,磷肥为过磷酸钙,钾肥为氯化钾。

**3. 试验设计与实施**

共设置 5 种种植模式,分别是蚕豆—玉米轮作(T1)、小麦—甘薯轮作(T2)、小麦—大豆轮作(T3)、小麦/玉米/大豆套作(T4)和小麦/玉米/甘薯套作(T5)。

小麦施氮(N)120 kg/hm²,磷($P_2O_5$)90 kg/hm²,钾($K_2O$)90 kg/hm²;玉米施 N 195 kg/hm²,$P_2O_5$ 75 kg/hm²,$K_2O$ kg/hm²;其中 P、K 肥全作底肥一次性施入,小麦的 N 肥 50%作底肥,20%作分蘖期追肥,30%作拔节期追肥,玉米的 N 肥 30%作底肥,30%作拔节期追肥,40%作大喇叭口期追肥,具体养分用量如表 75-10 所示。小麦基肥于小麦播种前撒施于小麦种植区内,追肥为小雨天撒施于小麦种植带内;玉米基肥于播种前穴施于窝内,然后垫土移栽玉米,追肥是兑清水冲施于植株旁;蚕豆、大豆和甘薯均不施肥。

表 75-10

各处理养分用量情况          kg/hm²

| 处理 | 体系 | 作物 | N 总量 | 基肥 | 追 I | 追 II | $P_2O_5$ | $K_2O$ |
|------|------|------|--------|------|------|-------|----------|--------|
| T1 | 蚕豆—玉米 | 蚕豆 | — | — | — | — | — | — |
|  |  | 玉米 | 195 | 58.5 | 58.5 | 78 | 75 | 105 |
| T2 | 小麦—甘薯 | 小麦 | 120 | 60 | 24 | 36 | 90 | 90 |
|  |  | 甘薯 | — | — | — | — | — | — |
| T3 | 小麦—大豆 | 小麦 | 120 | 60 | 24 | 36 | 90 | 90 |
|  |  | 大豆 | — | — | — | — | — | — |
| T4 | 麦/玉/豆 | 小麦 | 120 | 60 | 24 | 36 | 90 | 90 |
|  |  | 玉米 | 195 | 58.5 | 58.5 | 78 | 75 | 105 |
|  |  | 大豆 | — | — | — | — | — | — |
| T5 | 麦/玉/薯 | 小麦 | 120 | 60 | 24 | 36 | 90 | 90 |
|  |  | 玉米 | 195 | 58.5 | 58.5 | 78 | 75 | 105 |
|  |  | 甘薯 | — | — | — | — | — | — |

2011 年和 2012 年按同一试验方案在相同地块上进行。5 个试验处理,重复 3 次,田间随机区组排列,小区面积 4.6 m×4 m＝18.4 m²。T1,T2 和 T3 处理为单作(轮作)小区;T4 和 T5 处理为套作小区,其中 4 个带幅,带幅宽 1 m,规格为 1 m 小麦:1 m 预留行:1 m 小麦:1 m 预留行(图 75-5),小麦带幅中于 11 月初条播冬小麦 4 行,行距 0.25 m,用种量 225 kg/hm²,基本苗 3.30×10⁶ 株/hm²;1 m 预留

行中于 4 月中旬前后移栽 2 行玉米,行距 0.6 m,窝距 0.4 m,每窝植苗 2 株,密度 $5.00 \times 10^4$ 株/hm²;小麦收获后于小麦茬地种 2 行大豆或甘薯(图 75-5),大豆行距 0.5 m,窝距 0.35 m,点播,每窝留苗 2 株,密度 $5.71 \times 10^4$ 株/hm²,甘薯于移栽前进行人工起垄种植,垄宽 0.5 m,垄高 0.30 m,行距 0.5 m,垄上单行种植,窝距 0.3 m,每窝 1 株,密度 $3.33 \times 10^4$ 株/hm²。T1 处理蚕豆行距 0.8 m,窝距 0.3 m,点播,每窝留苗 2 株,密度 $6.63 \times 10^4$ 株/hm²,收鲜食蚕豆后移栽玉米,行距 0.8 m,窝距 0.4 m,密度 $6.41 \times 10^4$ 株/hm²;T2 和 T3 处理中各作物种植规格与 T4、T5 相同。各作物的施肥水平在单作与间套作中相同。各作物按当地正常季节种植,播种(移栽)和收获时间如表 75-11 所示。小区的一半用于中期采样,一半用于收获测产。

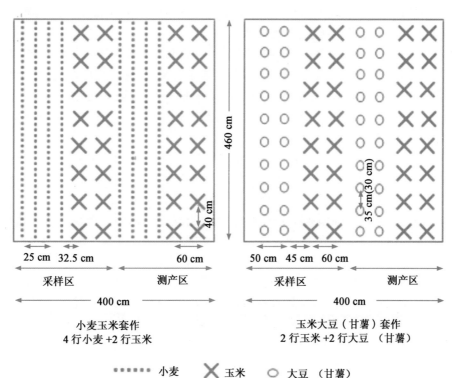

图 75-5　套作小区田间布置图

表 75-11

作物播种和收获日期　　　　　　　　　　　　　　　　　　　　　　　　　　　　　　　　月/日

| 处理 | 播种日期 | | | | | 收获日期 | | | | |
|---|---|---|---|---|---|---|---|---|---|---|
| | 蚕豆 | 小麦 | 玉米 | 大豆 | 甘薯 | 蚕豆 | 小麦 | 玉米 | 大豆 | 甘薯 |
| T1 | 11/12<br>11/10 | —<br>— | 4/29<br>4/05 | —<br>— | —<br>— | 5/08<br>5/06 | —<br>— | 8/10<br>8/05 | —<br>— | —<br>— |
| T2 | —<br>— | 11/12<br>11/10 | —<br>— | —<br>— | 6/25<br>6/12 | —<br>— | 5/25<br>5/28 | —<br>— | —<br>— | 10/19<br>10/31 |
| T3 | —<br>— | 11/12<br>11/10 | —<br>— | 6/15<br>6/12 | —<br>— | —<br>— | 5/25<br>5/28 | —<br>— | 10/19<br>10/31 | —<br>— |
| T4 | —<br>— | 11/12<br>11/10 | 4/06<br>4/05 | 6/15<br>6/12 | —<br>— | —<br>— | 5/25<br>5/28 | 8/10<br>8/05 | 10/19<br>10/31 | —<br>— |
| T5 | —<br>— | 11/12<br>11/10 | 4/06<br>4/05 | —<br>— | 6/25<br>6/12 | —<br>— | 5/25<br>5/28 | 8/10<br>8/05 | —<br>— | 10/19<br>10/31 |

上行日期为 2010—2011 年度,下行日期为 2011—2012 年度。

**4.调查测定项目及方法**

(1)土壤　试验前采集试验地耕层(0～20 cm)混合土样,测定土壤基础肥力,pH——玻璃电极法,有机质——重铬酸钾容重法,全 N——凯氏定氮法,碱解氮——碱解扩散法,有效磷——钼锑抗比色法,速效钾——火焰光度计法。

(2)作物　主要是蚕豆、小麦、玉米、大豆和甘薯。

蚕豆:于蚕豆收获期选取长势均匀的 5 株样品,取其地上部分按茎、叶、荚、籽粒部位分开制样,在 105℃下杀青 30 min 后在 65～75℃下烘干至恒重后,称其重量。

小麦:分别于分蘖期、拔节期、扬花期、收获期在采样区选取长势均匀、能代表小区整体长势的 40 cm长、100 cm宽的小麦,取其地上部分,分内边行按茎、叶、穗、籽粒等部位分开制样,在 105℃下杀青 30 min 后在 65～75℃下烘干至恒重后,称其重量。

玉米:分别于拔节期、大喇叭口期、吐丝期、灌浆期、收获期在采样区选取长势一致、大小适中能代表整个小区情况的两窝(即 4 株)玉米,取其地上部分,测定玉米株高(拉直植株,从根部到最高处的垂直高度)、叶面积(完全展开叶测定叶片总长,叶宽则量取其叶片最宽处;非完全展开叶叶长量取展开部分,叶宽则量取叶片最宽处),按茎、叶、穗、籽粒等部位分开制样,在 105℃下杀青 30 min 后在 65～75℃下烘干至恒重后,称其重量。

大豆和甘薯:大豆于玉米收获时、盛花期和收获期采集样品,甘薯采样时间同大豆。随机选取长势均匀的 4 株(收获期 6 株)植株,大豆按茎、叶、荚、籽粒等部位分开制样,甘薯按茎、叶、块根各部位分开制样,在 105℃下杀青 30 min 后在 65～75℃下烘干至恒重,称其重量。

所有植株样品烘干称重后粉碎制样,分析测定全氮、全磷、全钾含量,测定方法即用 $H_2SO_4$-$H_2O_2$ 消煮,蒸馏滴定法测全氮,钒钼磺比色法测全磷,火焰光度法测全钾。

(3)产量测定　蚕豆全部实收计鲜豆(荚)重。小麦是在小区测产带内选取 1.5 m 长,1 m 宽的麦穗,间作分内边行,脱粒晒干测定其产量,任意选取 20 株小麦进行拷种,测定株高、穗长、穗粒数、千粒重等。玉米收获时,首先数收获株数,再数有效穗数,全部脱粒称籽粒风干重计产,随机选取 10 株玉米进行拷种,测定玉米株高、穗位高、穗行数、行粒数、千粒重等。大豆实收脱粒称风干重计产,取 12 株大豆带回实验室,测定株高、分枝数、单株饱荚数、单株空荚数、百粒重等指标。甘薯收获时,套作小区选取小区中间 2 行,单作小区选取中间 3 行全部实收称甘薯鲜重计产。

(4)数据处理　数据指标及计算公式如下:

$$叶面积指数(LAI)=\frac{单株叶面积×单位土地面积株数}{单位土地面积}$$

$$生长率[CGR,kg/(hm^2·d)]=\frac{某时段干物质积累量}{该时段天数}$$

$$各器官干物质(养分)分配比例=\frac{各器官养分积累量}{植株总养分积累量}×100\%$$

$$花前干物质转运量(kg/hm^2)=开花期营养器官干物质积累量-收获期营养器官干物质积累量$$

$$开花后干物质转运量(kg/hm^2)=收获期籽粒干物质积累量-花前干物质转运量$$

$$花前干物质转运率=\frac{花前干物质转运量}{开花期营养器官干物质积累量}×100\%$$

$$花后干物质转运率=\frac{花后干物质转运量}{收获期植株干物质积累量-开花期植株干物质积累量}×100\%$$

$$花前(花后)干物质转运对籽粒的贡献率=\frac{花前(花后)干物质转运量}{收获期籽粒干物质积累量}×100\%$$

$$养分收获指数(HI)=\frac{籽粒养分积累量}{植株养分积累量}$$

$$肥料偏生产力(PFP,kg/kg)=\frac{籽粒产量}{施肥量}$$

$$养分吸收效率(AE,kg/kg)=\frac{植株养分积累量}{施肥量}$$

$$养分利用效率(UE,kg/kg)=\frac{籽粒产量}{植株养分积累量}$$

$$百公斤籽粒需肥量(NR,kg)=\frac{植株总养分积累量}{籽粒产量}$$

$$养分表观平衡(kg/hm^2)=养分投入量-作物养分吸收量$$

产值及经济效益:各作物产值按当年收购价格计算,2011 年,蚕豆 2.80 元/kg,小麦 2.15 元/kg,玉米 2.10 元/kg,大豆 3.94 元/kg,甘薯 0.58 元/kg;2012 年,蚕豆 3.00 元/kg,小麦 2.20 元/kg,玉米 2.20 元/kg,大豆 4.59 元/kg,甘薯 0.62 元/kg。各作物种子价格按两年平均价格计算,蚕豆 3.60 元/kg,小麦 10.00 元/kg,玉米 20.00 元/kg,大豆 5.00 元/kg,甘薯种苗 3.50 元/kg。肥料价格按当年购买价格计算,2011 年,尿素 2.45 元/kg,过磷酸钙 0.45 元/kg,氯化钾 4.15 元/kg,2012 年,尿素 2.65 元/kg,过磷酸钙 0.50 元/kg,氯化钾 4.25 元/kg。

试验数据采用 Excel 2007 进行计算和误差分析,用 DPS 7.05 进行显著性分析(LSD 法)。

### 75.2.2 试验结果与分析

#### 1.不同轮套作体系各作物生长动态

(1)小麦地上部生物量积累与分配 从图 75-6 和表 75-12 可以看出,不同种植模式对小麦干物质积累量有显著影响。小麦地上部干物质积累量随着生育期的推进不断增加,在收获期达到最大,茎、叶干物质积累量均在扬花期达到最大,而后逐渐减小直至收获期;另如图 75-7A 所示,小麦各处理生长率在拔节期以前无较大差异,拔节期以后,套作小麦生长率逐渐高于轮作小麦,在扬花期及以后达到显著性差异,扬花期和收获期套作小麦分别比轮作处理高 41.3 kg/(hm²·d)和 52.8 kg/(hm²·d),分别提高了 26.8%和 217.4%,这是由于套作小麦在生育后期降低了小麦种内竞争,能更好地利用光、热、水、养分等资源,促进了小麦的生长发育。第一年度小麦各处理干物质积累量在拔节期以前差异不大,拔节期以后开始出现差异,套作处理显著高于轮作处理,随着生育进程的推进和套作共生程度的增加,小麦套作优势越加明显,其中轮作小麦 T2,T3 总生物量在灌浆期出现差异,其原因是第一年试验地地力在一定程度上不均匀;2011—2012 年度,小麦换茬轮作种植后,干物质积累规律与第一年度基本一致,各处理之间差异较第一年提前,在拔节期开始出现差异,以大豆茬口种植的 T4 处理最高,这种优势一直延续到收获期。平均两年干物质积累量来看(图 75-6),扬花期 T4 处理比轮作处理 T2,T3 分别高 19.0%,18.4%,比套作处理 T5 高 5.6%,收获期 T4 处理比轮作处理 T2,T3 分别高 41.6%,42.3%,比套作处理 T5 高 0.6%。

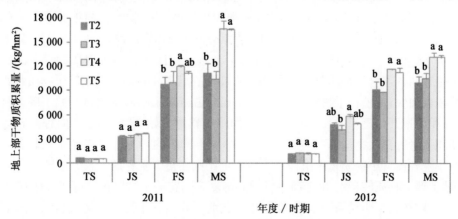

图 75-6 不同轮套作体系下小麦各时期地上部干物质积累动态
TS:分蘖期;JS:拔节期;FS:扬花期;MS:收获期
(图上小写字母表示同一时期不同处理间总生物量差异达 5%显著水平)

表 75-12

小麦各时期地上部各器官干物质积累动态    kg/hm²

| 处理 | 器官 | TS | | | JS | | | FS | | | MS | | |
|---|---|---|---|---|---|---|---|---|---|---|---|---|---|
| | | 2011 | 2012 | 平均 | 2011 | 2012 | 平均 | 2011 | 2012 | 平均 | 2011 | 2012 | 平均 |
| T2 | 茎鞘 | — | — | — | 1 350a | 3 083a | 2 217 | 5 013a | 5 950b | 5 481 | 4 117b | 3 067b | 3 592 |
| | 叶片 | 669a | 1 163a | 916 | 2 000a | 1 733b | 1 867 | 2 444a | 2 383b | 2 414 | 1 467b | 643b | 1 055 |
| | 穗(穗壳) | — | — | — | — | — | — | 2 380b | 1 783c | 2 081 | 1 500b | 1 310b | 1 405 |
| | 籽粒 | — | — | — | — | — | — | — | — | — | 4 729b | 5 799b | 5 264 |
| T3 | 茎鞘 | — | — | — | 1 217a | 2 433a | 1 825 | 5 614a | 4 667b | 5 140 | 3 650b | 3 133b | 3 392 |
| | 叶片 | 521a | 1 287a | 904 | 1 967a | 1 733b | 1 850 | 2 463a | 2 367b | 2 415 | 1 433b | 637b | 1 035 |
| | 穗(穗壳) | — | — | — | — | — | — | 1 981b | 1 833bc | 1 907 | 1 325b | 1 378b | 1 352 |
| | 籽粒 | — | — | — | — | — | — | — | — | — | 5 382b | 6 089b | 5 736 |
| T4 | 茎鞘 | — | — | — | 1 408a | 3 608a | 2 508 | 6 455a | 6 558a | 6 507 | 5 550a | 3 992a | 4 771 |
| | 叶片 | 517a | 1 170a | 844 | 2 100a | 2 233a | 2 167 | 2 719a | 2 842a | 2 780 | 2 350a | 873a | 1 612 |
| | 穗(穗壳) | — | — | — | — | — | — | 2 855a | 2 308a | 2 582 | 2 233a | 1 860a | 2 046 |
| | 籽粒 | — | — | — | — | — | — | — | — | — | 6 505a | 7 676a | 7 090 |
| T5 | 茎鞘 | — | — | — | 1 500a | 3 092a | 2 296 | 5 780a | 6 125a | 5 952 | 5 450a | 4 092a | 4 771 |
| | 叶片 | 549a | 1 155a | 852 | 2 150a | 1 817ab | 1 983 | 2 690a | 3 025a | 2 858 | 2 067a | 937a | 1 502 |
| | 穗(穗壳) | — | — | — | — | — | — | 2 689a | 2 175ab | 2 432 | 2 183a | 1 878a | 2 030 |
| | 籽粒 | — | — | — | — | — | — | — | — | — | 7 532a | 6 978a | 7 255 |

同一列不同小写字母表示同一时期不同部位处理间差异达 5% 显著水平。

从表 75-12 还可以看出,不同轮套作体系下小麦各器官干物质积累在生育后期存在显著差异。在 2010—2011 年度,小麦各处理茎、叶干物质积累从出苗到扬花期均不存在显著差异,小麦穗干物质积累在扬花期开始出现差异,套作小麦穗干物质积累量均显著高于轮作小麦,到收获期时,套作小麦茎、叶、穗和籽粒干物质积累均显著高于轮作小麦;在 2011—2012 年度,小麦换茬种植后,不同处理各器官干物质积累差异在拔节期开始出现,表现为套作叶显著高于轮作,拔节期以后各器官均开始出现差异,并在收获期达到最大。总体而言,不同处理下小麦各器官干物质积累在生育前期无显著差异,在生育后期出现显著差异,在收获期时套作 T4 处理各器官干物质积累均高于其他处理(两年平均),茎干物质积累比轮作 T2,T3 处理分别高 32.8%,40.7%,叶干物质积累分别比 T5,T2,T3 处理高 7.3%,52.8%,55.8%,穗壳干物质积累分别比 T2,T3 处理高 45.6%,51.4%,籽粒分别比 T2,T3 处理高 34.7%,23.6%。

小麦整个生育期各器官干物质分配不均(图 75-7B),在营养生长阶段前期叶干物质积累量大于茎,后期茎干物质积累加快,占植株干物质重比例增加,而叶占植株干物质重比例开始下降,在生殖生长阶段,穗的干物质积累量开始迅速增加,而茎叶的干物质积累量开始下降,并逐渐向籽粒转运,在收获期时籽粒干物质积累量占总生物量 55% 左右;套作对小麦干物质的再分配并未产生显著影响,即套作体系与轮作体系小麦各器官干物质重占植株总干物质重比例在整个生育期无较大差异。

(2)小麦地上部干物质转运   由表 75-13 可知,小麦茎鞘花前干物质转运量和对籽粒的贡献率高于叶片,但叶片干物质转运率明显高于茎鞘,套作小麦花前营养器官干物质转运量、转运率以及对籽粒的贡献率均低于轮作。叶片干物质转运率以 T3 处理最高,T2,T5,T4 处理次之,对籽粒的贡献率以 T2 处理最高,T3,T5,T4 处理次之,茎鞘干物质转运率以 T3 处理最高,T2,T4,T5 处理次之,对籽粒的贡献率以 T2 处理最高,T3,T4,T5 处理次之。

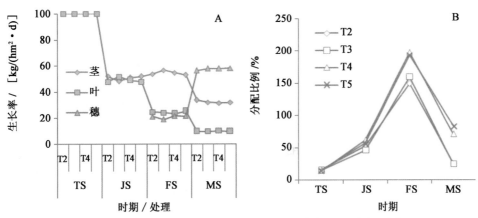

图 75-7　不同轮套作体系下小麦各时期生长率和干物质分配比例
（数据为两年的平均值）

表 75-13

不同种植模式对小麦花前营养器官干物质转运的影响

| 处理 | 转运量/(kg/hm²) | | 转运率/% | | 贡献率/% | |
|---|---|---|---|---|---|---|
| | 茎 | 叶 | 茎 | 叶 | 茎 | 叶 |
| T2 | 1 890a | 1 359a | 33.1a | 56.3a | 35.6a | 25.8a |
| T3 | 1 749a | 1 380a | 33.3a | 57.1a | 30.4ab | 24.0a |
| T4 | 1 736a | 1 169b | 26.6a | 42.3b | 24.6ab | 16.5a |
| T5 | 1 181b | 1 356a | 19.7b | 47.1a | 16.3b | 18.7a |

数据为两年的平均值。同一列不同小写字母表示同一时期处理间差异达 5% 显著水平。

营养器官花前和花后干物质转运量、转运率以及其对籽粒的贡献率的表现趋势均不尽相同（表 75-14）。套作小麦营养器官花前干物质转运量与轮作相比较低，但无显著性差异，花后干物质转运量则显著高于轮作。套作与套作、轮作与轮作之间花前、花后营养器官干物质转运量均无显著差异，花前干物质转运量套作较轮作平均降低了 14.7%，花后增加了 92.6%。小麦各处理花前和花后干物质转运率、对籽粒贡献率与干物质转运量表现规律一致，花前干物质转移率、对籽粒的贡献率套作较轮作分别降低了 26.6% 和 34.3%，花后则增加了 12.0% 和 47.2%。这表明套作对小麦籽粒重的主要影响是花后干物质的转运量和转运率。

表 75-14

不同种植模式对小麦花前和花后干物质转运的影响

| 处理 | 花前干物质 | | | 花后干物质 | | |
|---|---|---|---|---|---|---|
| | 转运量/(kg/hm²) | 转运率/% | 贡献率/% | 转运量/(kg/hm²) | 转运率/% | 贡献率/% |
| T2 | 3 249a | 40.6a | 61.4a | 2 015c | 57.0b | 38.6b |
| T3 | 3 129a | 41.0a | 54.4a | 2 607bc | 65.0ab | 45.6b |
| T4 | 2 905a | 31.3b | 41.1b | 4 186a | 66.9ab | 58.9a |
| T5 | 2 537a | 28.6b | 35.1b | 4 718a | 69.7a | 64.9a |

数据为两年的平均值。同一列不同小写字母表示同一时期处理间差异达 5% 显著水平。

（3）玉米叶面积动态　图 75-8 为不同种植模式对玉米各时期玉米叶面积指数变化的影响。玉米叶面积指数在整个生育期呈单峰曲线，随着生育进程的推进不断增加，在吐丝期达最大值，吐丝期后开始缓慢下降，这是由于吐丝后玉米籽粒开始逐渐形成并成熟，营养器官的养分开始向籽粒转运并逐渐衰老，到最后失去光合能力。各处理玉米叶面积指数存在明显差异，在玉米与小麦共生期间，各处理无差异，小麦收获后，套作玉米获得更好的光热条件，叶面积指数开始高于轮作玉米，在吐丝后这种差异更明显，在玉米生育后期可以看出，两年度轮作玉米叶面积指数下降幅度均大于套作玉米，这说明套作在一定程度上能缓解玉米叶片的衰老，从而获得更多的光合产物。

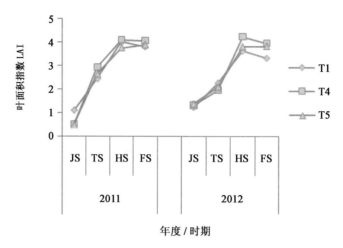

**图 75-8　不同轮套作体系下玉米株高和叶面积指数动态**
JS:拔节期;TS:大喇叭口期;HS:吐丝期;FS:灌浆期;MS:收获期

(4)玉米地上部生物量积累与分配　从图 75-9 可以看出,在整个生育期不同种植模式对玉米总干物质积累量无显著影响。玉米从出苗到收获期总干物质积累量不断增加,在收获期达到最大,其生长速率随着生育进程逐渐加快,在吐丝期达到最大,其中以套作 T4 处理最大,分别比轮作 T1 处理高24.1 个百分点,比套作处理 T5 高 8.7 个百分点(两年平均),吐丝期后玉米生长率开始降低(图 75-10A);各处理玉米总生物量在各时期差异不显著,但表现出一致规律,即套作处理高于轮作处理,在收获期时套作 T4,T5 处理分别比轮作 T1 处理高 4.5%,5.4%(两年平均)。

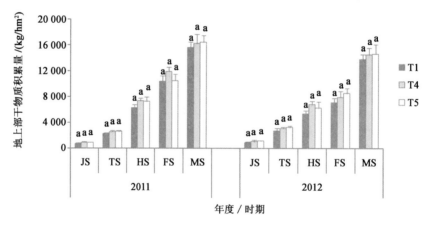

**图 75-9　不同轮套作体系下玉米各时期地上部干物质积累动态**
(图上小写字母表示同一时期不同处理间总生物量差异达 5% 显著水平)

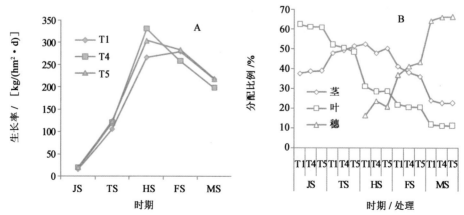

**图 75-10　不同轮套作体系下玉米各时期生长率和干物质分配比例**
(数据为两年的平均值)

　　从表 75-15 还可以看出,不同套作体系下玉米各器官干物质积累在生育后期存在显著差异。在 2010—2011 年度,玉米各处理茎、叶干物质积累从出苗到灌浆期均不存在显著差异,玉米苞干物质积累量在吐丝期开始出现差异,套作玉米苞(籽粒)干物质积累量均显著高于轮作玉米,在收获期时,套作 T4,T5 处理茎鞘、苞芯(苞叶+苞芯)干物质积累量显著低于轮作 T1 处理,叶片无显著差异,籽粒干物质积累量套作处理显著高于轮作处理。在 2011—2012 年度,玉米换茬种植后,不同处理各器官干物质积累差异在吐丝期开始出现,表现为套作处理玉米茎鞘、叶片、苞均显著高于轮作处理。总体而言,不同处理下玉米各器官干物质积累在生育前期无显著差异,在生育后期出现显著差异,在收获期,籽粒干物质积累量均为套作高于轮作,T4,T5 处理分别比 T1 处理高 12.1%,12.7%(两年平均),这说明套作在一定程度促进玉米产量的增加。

表 75-15

玉米各时期地上部各部位干物质积累动态　　　　　　　　　　　　　　　　　　　　　　　　　　kg/hm²

| 处理 | 时期 | 茎鞘 | | | 叶 | | | 苞(苞叶+苞芯) | | | 籽粒 | | |
|---|---|---|---|---|---|---|---|---|---|---|---|---|---|
| | | 2011 年 | 2012 年 | 平均 | 2011 年 | 2012 年 | 平均 | 2011 年 | 2012 年 | 平均 | 2011 年 | 2012 年 | 平均 |
| T1 | JS | 305a | 342a | 323 | 460a | 625a | 543 | | | | | | |
| | TS | 1 042a | 1 374a | 1 208 | 1 251a | 1 347a | 1 299 | | | | | | |
| | HS | 3 362a | 2 781b | 3 072 | 2 010a | 1 635b | 1 823 | 946b | 949b | 948 | | | |
| | FS | 4 244a | 2 948a | 3 596 | 2 304a | 1 534b | 1 919 | 3 795b | 2 645b | 3 220 | | | |
| | MS | 3 844a | 3 224a | 3 534 | 1 813a | 1 612a | 1 712 | 2 809a | 1 706a | 2 258 | 7 157b | 7 307b | 7 232 |
| T4 | JS | 380a | 406a | 393 | 551a | 700a | 625 | | | | | | |
| | TS | 1 187a | 1 641a | 1 414 | 1 390a | 1 480a | 1 435 | | | | | | |
| | HS | 3 559a | 3 240a | 3 400 | 2 138a | 1 887a | 2 012 | 1 673a | 1 679a | 1 676 | | | |
| | FS | 4 340a | 3 123a | 3 732 | 2 384a | 1 646a | 2 015 | 5 238a | 3 185a | 4 211 | | | |
| | MS | 3 506b | 3 416a | 3 461 | 1 868a | 1 599a | 1 734 | 2 382b | 1 809a | 2 095 | 8 500a | 7 718a | 8 109 |
| T5 | JS | 396a | 433a | 414 | 556a | 759a | 657 | | | | | | |
| | TS | 1 261a | 1 812a | 1 537 | 1 368a | 1 475a | 1 422 | | | | | | |
| | HS | 3 731a | 3 101a | 3 416 | 2 063a | 1 828a | 1 945 | 1 448ab | 1 345a | 1 397 | | | |
| | FS | 3 955a | 3 096a | 3 526 | 2 079a | 1 881a | 1 980 | 4 441ab | 3 539a | 3 990 | | | |
| | MS | 3 489b | 3 510a | 3 500 | 1 860a | 1 565a | 1 712 | 2 501b | 1 839a | 2 167 | 8 564a | 7 730a | 8 147 |

同一列不同小写字母表示同一时期不同部位处理间差异达 5% 显著水平。

　　玉米整个生育期各器官干物质分配不均(图 75-10B),从出苗到拔节期(小麦收获)玉米干物质积累量增加较小,其中叶干物质积累量高于茎,T1,T4,T5 处理(两年平均)分别高 67.8%,59.2%,58.7%,拔节期以后,茎干物质重占植株总干物质比例逐渐增加,到吐丝期达到最大,叶干物质积累量占植株总干物质比例随生育期的推进逐渐下降;在玉米营养生长阶段,套作玉米的叶干物质重的分配比率下降,在拔节期和大喇叭口期 T4,T5 分别比 T1 轮作处理(两年平均)低 1.9%,2.2%,2.6%,7.4%,在玉米生殖生长阶段,套作玉米穗和籽粒干物质分配比率增加,在吐丝期、灌浆期和收获期 T4、T5 处理分别比 T1 轮作处理(两年平均)高 45.0%,26.9%,11.8%,17.4%,6.9%,6.5%,这说明套作能促进玉米干物质向生殖器官的转运。

　　(5)玉米地上部干物质转运　如表 75-16 所示,玉米花后干物质转运量、转运率和对籽粒的贡献率均显著高于花前,说明玉米花后干物质积累及转运对籽粒的形成和增加具有至关重要的作用。套作玉米花前干物质转运量、转运率以及对籽粒的贡献率都比轮作高,其中 T4(麦/玉/豆套作)模式显著高于其他两个模式,转运量分别比 T1(蚕豆-玉米)和 T5(麦/玉/薯)模式高出 255.2 和 208.3 kg/hm²,增幅分别达到 47.3% 和 35.5%,转运率分别提高了 48.6% 和 16.4%。各处理花后干物质转运量、转运率表现趋势与花前保持一致,即为套作显著高于轮作,但套作与套作之间差异不显著,套作 T4 和 T5 玉米花后转运量比轮作 T1 高出 621.3 和 868.1 kg/hm²,增幅分别为 9.3% 和 13.0%,花后干物质转运率分别高 3.2% 和 3.8%。表明套作能在一定程度上提高玉米花前和花后干物质转运量及转运率,从而提高玉米产量。

表 75-16

不同种植模式对玉米花前和花后干物质转运的影响

| 处理 | 花前干物质 | | | 花后干物质 | | |
|---|---|---|---|---|---|---|
| | 转运量/(kg/hm²) | 转运率/% | 贡献率/% | 转运量/(kg/hm²) | 转运率/% | 贡献率/% |
| T1 | 540b | 7.9a | 7.8b | 6 692b | 74.6b | 92.2a |
| T4 | 795a | 11.8a | 10.7a | 7 314a | 76.9a | 89.3a |
| T5 | 587b | 10.1a | 7.8b | 7 560a | 77.4a | 92.2a |

数据为两年的平均值。同一列不同小写字母表示同一时期处理间差异达 5% 显著水平。

(6)大豆、甘薯干物质积累动态    大豆和甘薯作为小麦的后茬作物,在整个生育期不施肥,这样有利于充分提高对上一季作物小麦施肥后的肥料残效利用。从大豆和甘薯整个生育期的干物质积累来看(图 75-11),在生育前期干物质积累量较小,两年分别占收获期总生物量的 16.5%~45.7% 和 10.3%~22.3%,在大豆盛花期以后,大豆和甘薯干物质积累呈现出快速增长,其中大豆籽粒和甘薯块根增加最快。在大豆和甘薯与玉米共生期间(玉米大喇叭口期或吐丝期到收获期),套作玉米抑制了大豆和甘薯的生长,即轮作大豆和甘薯生物量高于套作,在玉米收获后,套作大豆和甘薯在一定程度上得到了恢复,但在收获期时生物量仍然低于轮作。

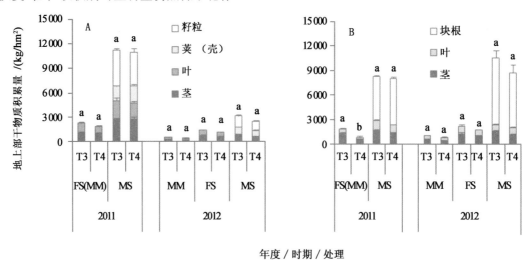

图 75-11   不同体系下大豆(A)、甘薯(B)各时期地上部干物质积累动态
FS:盛花期;MM:玉米收获时;MS:收获期
(图上小写字母表示同一时期不同处理间总生物量差异达 5% 显著水平)

### 2. 四川不同轮套作体系各作物产量及其构成因素

(1)小麦    从表 75-17 可以看出,不同轮套作体系下小麦产量及其产量构成均存在显著差异。两年度小麦产量均为套作显著高于轮作,套作与套作、轮作与轮作之间无显著差异,T4(麦/玉/豆)和 T5(麦/玉/薯)小麦两年平均产量分别比轮作 T2,T3 高 34.7%,23.6% 和 37.8%,26.5%;从套作内边行产量和单作产量相比较可以看出,两年套作边行产量均显著高于套作内行和单作,套作内行和单作之间无显著差异,说明套作提高小麦产量主要来源于边行优势。2011—2012 年度小麦换茬种植后,小麦

产量表现为套作＞轮作，大豆茬口＞甘薯茬口，以 T4 最高，比轮作 T2 与 T3 分别高 32.4％和 26.1％，比套作 T5 高 10.0％。

表 75-17

不同轮套作体系下小麦产量及其构成因素

| 处理 | 产量/(kg/hm²) | | 千粒重/g | | 穗粒数/(粒/穗) | | 收获指数/% | |
| --- | --- | --- | --- | --- | --- | --- | --- | --- |
| | 2011 年 | 2012 年 | 2011 年 | 2012 年 | 2011 年 | 2012 年 | 2011 年 | 2012 年 |
| T2 | 4 728b | 5 798b | 36.0b | 43.6b | 27.1c | 36.2ab | 42.4bc | 58.1a |
| T3 | 5 382b | 6 088b | 39.3a | 45.6ab | 28.2c | 38.9a | 51.3a | 57.7a |
| T4 | 6 505a | 7 675a | 37.2ab | 45.6ab | 37.4a | 38.4a | 39.0c | 57.9a |
| T5 | 7 532a | 6 977a | 40.8a | 46.9a | 32.2b | 33.3b | 45.4b | 52.9b |
| 套作内行 | 5 422b | 6 564b | 36.7b | 44.8b | 30.7b | 35.5a | 41.9b | 58.5a |
| 套作边行 | 8 614a | 8 088a | 41.3a | 47.7a | 37.0a | 36.1a | 42.1b | 49.0b |
| 轮作 | 5 055b | 5 943b | 37.6b | 44.6b | 27.7b | 37.6a | 46.9a | 57.9a |

同一列不同小写字母表示同一时期处理间差异达 5％显著水平。

不同轮套作体系下小麦千粒重、穗粒数和收获指数均存在显著差异(表 75-17)。小麦各处理千粒重在 36.0～46.9 之间，总体表现为套作高于轮作，套作小麦边行显著高于内行和单作，内行与单作之间差异不显著；穗粒数除了 T5 处理以外表现规律与千粒重基本一致，边行穗粒数第一年度显著高于内行和单作，第二年度差异不显著；小麦收获指数与产量结果相反，表现为轮作处理高于套作处理，出现这个结果的可能原因是套作促进小麦生物量的增加，其中促进营养器官的增长幅度大于籽粒。

(2)玉米　不同轮套作体系下玉米产量存在显著差异，两年度均表现出相同的规律(表 75-18)，即套作 T4(麦/玉/豆)和套作 T5(麦/玉/薯)显著高于轮作 T1(蚕豆-玉米)，T4 和 T5 之间差异不显著。2011 年度 T4 和 T5 分别比 T1 高出 1 342.5 和 1 406.6 kg/hm²，增幅达 18.8％和 19.7％，2012 年度换茬种植后套作较轮作增幅略有降低，分别为 5.6％和 5.8％。千粒重两年表现不尽一致，年度间差异较大，这可能与年度间气候差异有关，2011 年度千粒重为套作显著高于轮作处理，T4，T5 分别比 T1 提高了 10.5％和 9.1％，2012 年度处理间差异不显著。行数、行粒数两年度表现基本一致，即套作处理均高于轮作处理，除了 2011 年度套作玉米行数显著高于轮作外其他均不显著。各处理间穗长和秃尖总体上无显著差异，穗长和秃尖分别在 15.5～18.2 和 0.8～1.5 cm 之间。两年收获指数表现为套作大于轮作处理，第一年度 T4，T5 处理显著高于 T1 处理，第二年度之间差异不显著性。

表 75-18

不同轮套作体系下玉米产量及其构成和农艺性状

| 年度 | 处理 | 产量/(kg/hm²) | 千粒重/g | 行数 | 行粒数 | 穗长/cm | 秃尖长/cm | 收获指数/% |
| --- | --- | --- | --- | --- | --- | --- | --- | --- |
| 2011 | T1 | 7 157b | 262.8b | 16.1b | 30.1a | 16.4b | 1.2a | 46.1b |
| | T4 | 8 499a | 290.5a | 18.6a | 30.7a | 18.2a | 1.3a | 51.9a |
| | T5 | 8 564a | 286.5a | 16.7ab | 29.2a | 16.8b | 0.8a | 52.1a |
| 2012 | T1 | 7 307b | 233.4a | 17.6a | 27.7a | 16.6a | 1.4a | 52.8a |
| | T4 | 7 717a | 226.7a | 18.2a | 28.3a | 16.2a | 1.5a | 53.0a |
| | T5 | 7 730a | 230.0a | 17.2a | 28.3a | 15.5a | 1.3a | 52.8a |

同一列不同小写字母表示同一时期处理间差异达 5％显著水平。

（3）大豆、甘薯　不同轮套作体系下大豆、甘薯产量及其产量性状如表 75-19 所示，大豆、甘薯两年度间产量规律表现不尽一致，在 2011 年度大豆、甘薯产量均表现为套作高于轮作，分别高出 8.1％和 4.5％，第二年度则相反，这说明套作体系中后季作物大豆和甘薯受年度气候变化影响较大，特别是大豆，同时套作大豆和甘薯由于生长前期受到玉米的影响，随着套作年际的增加，大豆和甘薯受玉米影响越来越大。从产量性状看，各指标表现规律与产量规律基本一致，其中大豆的饱荚率两年度均为套作显著高于轮作，这是由于玉米收获后套作大豆接受光热条件优于轮作。

表 75-19

不同轮套作体系下大豆、甘薯产量及产量性状

| 年度 | 种植模式 | 大豆 | | | | 甘薯 | | |
| --- | --- | --- | --- | --- | --- | --- | --- | --- |
| | | 产量/(kg/hm²) | 荚数/(荚/株) | 粒数/(粒/株) | 饱荚率/% | 产量/(kg/hm²) | 薯数/(个/株) | 薯鲜重/(kg/株) |
| 2011 | 轮作 | 3 674a | 90.9b | 128.8a | 82.5b | 36 403a | 3.6a | 0.55a |
| | 套作 | 3 994a | 98.1a | 135.9a | 85.3a | 38 146a | 4.5a | 0.57a |
| 2012 | 轮作 | 1 371a | 61.1a | 93.4a | 82.9a | 23 610a | 3.8a | 0.35a |
| | 套作 | 1 123a | 48.8b | 78.9b | 87.0a | 21 302a | 3.9a | 0.31a |

同一列不同小写字母表示同一时期处理间差异达 5％显著水平。

### 3. 四川不同轮套作体系各作物地上部养分吸收

（1）小麦地上部养分吸收和积累动态　如图 75-12 所示，小麦氮、磷素的吸收量随着生育期的推进不断增加吸收，在收获期达到最大值，而小麦钾素的吸收量随着生育期的推进不断增加，在灌浆期达最大值，灌浆期后钾素吸收量呈降低趋势；小麦茎鞘和叶片氮、磷、钾养分吸收量随着生育期的推进不断增加，在扬花期达最大值，扬花期后茎鞘和叶片氮、磷、钾养分不断向生殖器官转运，养分吸收出现负增长，其中氮、磷尤为明显。

不同种植模式对小麦各生育期氮、磷、钾素吸收影响显著。从氮素吸收来看，在 2010—2011 年度，小麦各处理氮素吸收量在拔节期之前均无显著差异，拔节期之后开始出现差异，到扬花期时套作处理显著高于轮作处理，T4，T5 分别比 T2，T3 高 9.1％，17.3％和 5.1％，13.0％，到收获期时这种差异更为明显，T4，T5 分别比 T2，T3 高 48.1％，58.8％和 33.5％，43.1％；在 2011—2012 年度，各处理小麦氮素吸收差异提前，在拔节期时 T4 处理显著高于其他处理，分别比 T2，T3，T5 处理高 54.0％，26.5％，43.7％，收获期套作 T4，T5 处理分别比轮作 T2，T3 处理高 35.8％，31.2％和 36.4％，31.8％。在磷素吸收上，不同轮套作体系下小麦磷素吸收规律与氮素基本一致，即在小麦生育中后期磷素吸收开始出现差异，表现为套作高于轮作，两年平均结果，拔节期 T4，T5 处理小麦磷素吸收量比 T2，T3 处理分别高 24.5％，14.4％和 18.6％，8.9％，扬花期分别高 24.9％，23.7％和 13.6％，12.5％，到收获期时分别高 46.7％，40.1％和 42.6％，36.2％。从钾素吸收来看，不同轮套作体系下小麦钾素吸收规律与氮、磷基本相同，两年平均结果，拔节期 T4，T5 处理小麦钾素吸收量比 T2，T3 处理分别高 28.0％，17.7％和 17.5％，8.0％，扬花期分别高 25.5％，22.9％和 15.6％，13.2％，到收获期时分别高 45.1％，57.2％和 36.9％，48.3％（图 75-12）。

小麦氮、磷、钾积累速率呈单峰曲线变化，在生育后期氮、磷为正增长，而钾素为负增长，在拔节—扬花期间养分积累速率达最大值，氮、磷、钾素阶段日积累量分别为 0.86～2.43，0.55～0.87 和 0.90～2.36 kg/(hm²·d)，说明此期是小麦吸收养分的关键时期，应该保障养分充足供给。不同轮套处理间小麦养分积累量在分蘖期以前无显著差异，分蘖期以后套作处理均显著高于轮作处理，在扬花—收获期间，氮、磷阶段积累量套作 T4，T5 处理分别比轮作 T2，T3 处理高 151.5％，283.1％和 139.6％，265.0％，氮、磷阶段日积累量 T4，T5 分别比 T2，T3 高 0.96，1.18 和 0.89，1.11 kg/(hm²·d)（表 75-20）。表明间套作相比单（轮）作有利于提高小麦对养分的吸收、积累。

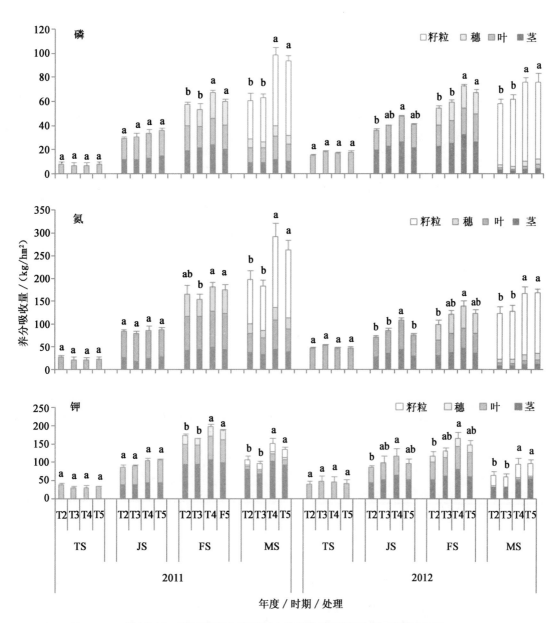

图 75-12　不同轮套作体系下小麦各生育时期氮、磷、钾养分吸收
（图上小写字母表示同一时期不同处理间差异达 5％显著水平）

（2）不同种植模式下小麦的养分利用效率　从表 75-21 可以看出，不同种植模式对小麦氮素养分利用效率有显著影响。籽粒中氮积累量占植株积累量的比例，即氮素收获指数在 0.47～0.56（2011）和 0.79～0.82（2012）之间，2011 年度表现为套作模式均显著高于轮作模式，平均增加 9.9％左右，2012 年度各处理间无显著差异；氮素吸收效率在 1.53～2.43 kg/kg（2011）和 1.03～1.40 kg/kg（2012）之间，两年度均表现为套作处理高于轮作处理，两年平均 T4，T5 分别比 T2，T3 增加了 43.4％，47.5％和 34.6％，38.4％，表明在套作模式下种间作用促进了小麦对肥料氮的吸收。从生产效率来看，两年度规律不尽相同，2011 年表现为套作模式高于轮作模式，2012 年换茬种植后表现为套作模式低于轮作模式。从氮肥偏生产力来看，两年度均表现为套作处理高于轮作处理，两年平均 T4，T5 分别比 T2，T3 增加了 44.7％，38.0％和 45.6％，38.9％，表明套作模式在一定程度上可以促进小麦对氮肥的吸收利用。各处理小麦形成 100 kg 籽粒所需氮量在 3.82～4.88 kg（2011）和 2.37～2.68 kg（2012）之间，轮、套作间无明显变化规律，总体上两年平均为 3.49 kg。

表 75-20

**不同轮套作体系下小麦各生育期氮、磷、钾养分积累动态**　　　　　　　　　　　　　　kg/hm²

| 养分 | 年度 | 处理 | 苗期—分蘖期 (0~60 d,0~58 d) | | 分蘖期—拔节期 (60~122 d,58~127 d) | | 拔节期—扬花期 (122~158 d,127~160 d) | | 扬花期—收获期 (158~202 d,160~203 d) | |
|---|---|---|---|---|---|---|---|---|---|---|
| | | | 阶段积累量 | 日积累量 | 阶段积累量 | 日积累量 | 阶段积累量 | 日积累量 | 阶段积累量 | 日积累量 |
| N | 2011 | T2 | 27.02 | 0.44 | 57.63 | 1.07 | 81.11 | 2.08 | 31.30 | 0.71 |
| | | T3 | 21.87 | 0.35 | 57.11 | 1.06 | 75.22 | 1.93 | 29.68 | 0.67 |
| | | T4 | 21.02 | 0.34 | 64.97 | 1.20 | 94.81 | 2.43 | 111.12 | 2.53 |
| | | T5 | 22.36 | 0.36 | 65.67 | 1.22 | 86.18 | 2.21 | 88.85 | 2.02 |
| | 2012 | T2 | 46.45 | 0.80 | 24.22 | 0.35 | 28.33 | 0.86 | 24.40 | 0.57 |
| | | T3 | 52.95 | 0.91 | 33.06 | 0.48 | 34.83 | 1.06 | 6.89 | 0.16 |
| | | T4 | 46.25 | 0.80 | 42.58 | 0.62 | 49.80 | 1.51 | 28.97 | 0.67 |
| | | T5 | 46.87 | 0.81 | 28.88 | 0.42 | 47.99 | 1.45 | 44.62 | 1.04 |
| P₂O₅ | 2011 | T2 | 8.26 | 0.13 | 20.93 | 0.39 | 28.54 | 0.73 | 3.17 | 0.07 |
| | | T3 | 6.99 | 0.11 | 23.86 | 0.44 | 22.68 | 0.58 | 9.49 | 0.22 |
| | | T4 | 6.99 | 0.11 | 26.38 | 0.49 | 33.98 | 0.87 | 31.16 | 0.71 |
| | | T5 | 7.78 | 0.13 | 28.44 | 0.53 | 24.04 | 0.62 | 33.35 | 0.76 |
| | 2012 | T2 | 15.39 | 0.27 | 20.72 | 0.30 | 18.30 | 0.55 | 3.77 | 0.09 |
| | | T3 | 18.27 | 0.32 | 21.94 | 0.32 | 19.46 | 0.59 | 1.95 | 0.05 |
| | | T4 | 17.18 | 0.30 | 30.77 | 0.45 | 24.76 | 0.75 | 3.42 | 0.08 |
| | | T5 | 17.91 | 0.31 | 23.28 | 0.34 | 25.93 | 0.79 | 9.09 | 0.21 |
| K₂O | 2011 | T2 | 38.29 | 0.62 | 49.18 | 0.91 | 85.10 | 2.18 | −66.55 | −1.51 |
| | | T3 | 29.57 | 0.48 | 61.15 | 1.13 | 73.86 | 1.89 | −68.48 | −1.56 |
| | | T4 | 30.60 | 0.49 | 74.71 | 1.38 | 91.85 | 2.36 | −45.43 | −1.03 |
| | | T5 | 33.37 | 0.54 | 73.30 | 1.36 | 80.12 | 2.05 | −51.33 | −1.17 |
| | 2012 | T2 | 40.22 | 0.69 | 46.20 | 0.67 | 29.73 | 0.90 | −51.83 | −1.21 |
| | | T3 | 47.47 | 0.82 | 50.96 | 0.74 | 31.83 | 0.96 | −69.13 | −1.61 |
| | | T4 | 46.35 | 0.80 | 70.91 | 1.03 | 47.96 | 1.45 | −69.77 | −1.62 |
| | | T5 | 41.82 | 0.72 | 55.84 | 0.81 | 49.34 | 1.50 | −49.30 | −1.15 |

　　不同种植模式对小麦磷素养分利用效率有显著影响(表 75-21)。从磷素收获指数来看,各处理在 0.516~0.660(2011)和 0.842~0.895(2012)之间,2011 年表现为套作模式显著高于轮作模式,平均增加 15.9%左右,2012 年各处理间无显著差异。磷素吸收效率在 0.68~1.09 kg/kg(2011)和 0.65~0.85 kg/kg(2012)之间,两年度均表现为麦/玉/豆和麦/玉/薯套作模式高于小麦-大豆和小麦-甘薯轮作模式,两年平均 T4,T5 分别比 T2,T3 增加了 46.7%,40.1%和 42.6%,36.2%。磷素生产效率两年度间不尽相同,2011 年套作 T5 处理显著高于其他 3 个处理,2012 年换茬种植后各处理间差异不显著。小麦磷肥偏生产力两年度均为套作处理显著高于轮作处理,套作 T4,T5 分别比轮作 T2,T3 高 34.7%,23.6%,35.2%,24.1%;2012 年换茬种植后,表现为套作>轮作,大豆茬口>甘薯茬口,以 T4 处理最高,比轮作 T1,T2 处理分别高 32.4%,26.1%,比套作 T5 高 10.0%,表明套作模式一定程度上可以促进小麦对磷素的吸收利用。各处理小麦形成 100 kg 籽粒所需磷量在 1.36~1.56 kg(2011)和 1.14~1.21 kg(2012)之间,总体上轮、套作间无明显变化规律,两年平均为 1.33 kg。

表 75-21

不同轮套作体系下小麦氮、磷、钾素养分利用效率

| 养分种类 | 年度 | 处理 | 收获指数 | 吸收效率 /(kg/kg) | 生产效率 /(kg/kg) | 肥料偏生产力 /(kg/kg) | 100 kg 籽粒 需肥量/kg |
|---|---|---|---|---|---|---|---|
| N | 2011 | T2 | 0.47b | 1.64b | 20.56b | 33.92b | 4.88a |
| | | T3 | 0.52ab | 1.53b | 22.08ab | 33.98b | 4.65ab |
| | | T4 | 0.53ab | 2.43a | 22.55ab | 54.58a | 4.46ab |
| | | T5 | 0.56a | 2.19a | 26.15a | 57.34a | 3.82b |
| | 2012 | T2 | 0.80a | 1.03b | 40.26ab | 41.41b | 2.49a |
| | | T3 | 0.82a | 1.06b | 42.36a | 45.01b | 2.37a |
| | | T4 | 0.80a | 1.40a | 38.99b | 54.44a | 2.56a |
| | | T5 | 0.79a | 1.40a | 37.38b | 52.37a | 2.68a |
| P$_2$O$_5$ | 2011 | T2 | 0.51b | 0.68b | 67.69b | 45.22b | 1.49a |
| | | T3 | 0.57ab | 0.70b | 64.30b | 45.31b | 1.56a |
| | | T4 | 0.60ab | 1.09a | 66.96b | 72.78a | 1.51a |
| | | T5 | 0.66a | 1.04a | 73.69a | 76.45a | 1.36b |
| | 2012 | T2 | 0.86a | 0.65b | 85.80a | 55.21b | 1.17a |
| | | T3 | 0.89a | 0.68b | 87.75a | 60.01b | 1.14a |
| | | T4 | 0.86a | 0.85a | 86.60a | 72.59a | 1.16a |
| | | T5 | 0.84a | 0.85a | 82.59a | 69.82a | 1.21a |
| K$_2$O | 2011 | T2 | 0.13b | 1.18b | 37.97b | 45.22b | 2.66a |
| | | T3 | 0.15b | 1.07b | 42.22b | 45.31b | 2.40ab |
| | | T4 | 0.14b | 1.81b | 41.02b | 72.78a | 2.48ab |
| | | T5 | 0.17a | 1.51a | 51.40a | 76.45a | 1.98b |
| | 2012 | T2 | 0.43a | 0.71b | 77.06a | 55.21b | 1.30ab |
| | | T3 | 0.45a | 0.68b | 89.54a | 60.01b | 1.15b |
| | | T4 | 0.38b | 1.06a | 68.90b | 72.59a | 1.46a |
| | | T5 | 0.35b | 1.09a | 64.70b | 69.82a | 1.55a |

同一列不同小写字母表示收获期处理间差异达 5% 显著水平。

不同种植模式对小麦钾素养分利用效率有显著影响（表 75-21）。各处理小麦钾素收获指数在 0.130~0.172(2011) 和 0.351~0.460(2012) 之间,2011 年表现为套作模式显著高于轮作模式,平均增加 12.7% 左右,2012 年换茬种植后,表现为套作模式显著低于轮作模式,平均降低了 18.4%。钾素吸收效率在 1.07~1.81(2011) 和 0.68~1.09 kg/kg（2012）之间,两年度均表现为麦/玉/豆和麦/玉/薯套作模式高于小麦-大豆和小麦-甘薯轮作模式,两年平均 T4,T5 分别比 T2,T3 增加了 51.5%,64.1% 和 36.9%,48.3%。钾素生产效率两年度规律不尽相同,2011 年 T5 处理显著高于其他 3 个处理,2012 年换茬种植后套作 T4,T5 处理均显著低于轮作 T2,T3 处理。小麦钾肥偏生产力两年度均为套作处理显著高于轮作处理,两年平均 T4,T5 分别比 T2,T3 高 34.7%,23.6%,35.2%,24.1%,表明套作模式一定程度上能促进小麦对钾的吸收利用。各处理小麦形成 100 kg 籽粒所需钾量在 1.98~2.66(2011) 和 1.15~1.55 kg(2012) 之间,总体上轮、套作间无明显变化规律,两年平均为 1.87 kg。

（3）不同轮套作体系下玉米地上部养分吸收和积累动态　不同轮套作体系下玉米各生育时期植株氮、磷、钾素的吸收积累情况如图 75-13 所示。玉米氮、磷吸收量随生育期的推进不断增加,收获期达最大值,而钾素吸收量随生育期的推进不断增加,在灌浆期即达最大值,灌浆期后呈降低趋势。玉米茎鞘和叶片氮、磷、钾吸收量随生育期推进不断增加,在灌浆期达最大值,灌浆期后茎鞘和叶片中氮、磷、钾

养分不断向生殖器官转运,从而出现负增长,其中氮、磷表现尤为明显。

不同种植模式对玉米各生育期氮、磷、钾素吸收影响显著(图75-13)。玉米各处理氮素吸收量两年度表现基本一致,在大喇叭口期之前无显著差异,大喇叭口期之后开始出现差异,到吐丝期时,套作处理显著高于轮作处理,套作处理又以T4(麦/玉/豆模式)较高,两年平均T4处理玉米氮素吸收量分别比套作T5,轮作T1处理高7.9%和20.8%;收获期时T4分别比T5,T1高3.6%和8.0%(两年平均)。不同轮套作体系下玉米磷素吸收与氮素吸收基本一致,2011年玉米磷素吸收量在灌浆期开始出现差异,到收获期套作处理显著高于轮作处理,2012年处理间差异提前在吐丝期出现,两年平均结果吐

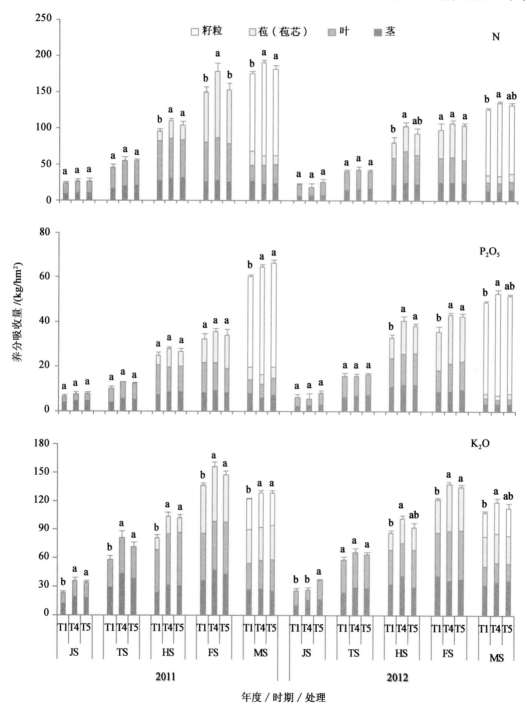

图 75-13　不同轮套作体系下玉米各生育时期氮、磷、钾养分吸收
(图上小写字母表示同一时期不同处理间差异达5%显著水平)

丝期时套作 T4,T5 处理玉米磷素吸收量比轮作 T1 处理分别高 18.5%,12.6%,灌浆期时分别高 16.0%,12.6%,收获期时分别高 7.6%,8.1%。不同轮套作体系下玉米钾素吸收与氮、磷基本相同,两年平均结果,吐丝期时套作 T4,T5 处理玉米磷素吸收量比轮作 T1 处理分别高 22.4%,16.0%,灌浆期分别高 13.9%,9.5%,收获期时分别高 7.6%,4.6%。说明套作促进了玉米对氮、磷、钾养分的吸收。

如表 75-22 所示,玉米植株氮、磷、钾积累速率呈单峰曲线为变化,氮、磷养分积累速率在大喇叭口—吐丝期达最大值,阶段积累量分别为 40.17~59.94 和 14.32~24.69 kg/hm²,日积累量分别为 2.01~5.57 和 0.85~1.48 kg/(hm²·d);钾素养分积累速率在吐丝期—灌浆期达最大值,日积累速率为 3.48~6.08 kg/(hm²·d)。说明大喇叭口期—灌浆期是玉米的养分吸收重要时期,应尽量保障该阶段玉米的养分供给。不同轮套处理间玉米养分阶段积累量总体上是套作处理高于轮作处理,苗期—拔节期、拔节—大喇叭口期、大喇叭口—吐丝期、吐丝—灌浆期玉米阶段氮积累量套作比轮作分别高 6.1%,18.0%,20.8%,−7.0%,阶段磷日积累量套作比轮作分别高 14.6%,6.3%,12.2%,11.3%,阶段钾日积累量套作比轮作分别高 36.0%,8.3%,14.5%,1.6%(表 75-22),表明间套作相比单(轮)作有利于提高玉米对养分的吸收、积累。

表 75-22

不同轮套作体系下玉米各生育期氮、磷、钾养分积累动态               kg/hm²

| 养分 | 年度 | 处理 | 苗期—拔节期 (0~51 d,0~56 d) | | 拔节期—大喇叭口期 (51~74 d,56~68 d) | | 大喇叭口期—吐丝期 (74~84 d,68~88 d) | | 吐丝期—灌浆期 (84~97 d,88~95 d) | | 灌浆期—收获期 (97~125 d,95~122 d) | |
|---|---|---|---|---|---|---|---|---|---|---|---|---|
| | | | 阶段积累量 | 日积累量 | 阶段积累量 | 日积累量 | 阶段积累量 | 日积累量 | 阶段积累量 | 日积累量 | 阶段积累量 | 日积累量 |
| N | 2011 | T1 | 23.23 | 0.46 | 22.71 | 0.99 | 49.81 | 4.98 | 53.95 | 4.15 | 53.95 | 1.93 |
| | | T4 | 25.99 | 0.51 | 28.69 | 1.25 | 55.66 | 5.57 | 68.91 | 5.30 | 68.91 | 2.46 |
| | | T5 | 26.71 | 0.52 | 28.48 | 1.24 | 49.09 | 4.91 | 49.20 | 3.78 | 49.20 | 1.76 |
| | 2012 | T1 | 22.37 | 0.40 | 18.08 | 1.51 | 40.17 | 2.01 | 17.66 | 2.52 | 27.90 | 1.03 |
| | | T4 | 18.60 | 0.33 | 24.14 | 2.01 | 59.94 | 3.00 | 4.16 | 0.59 | 28.52 | 1.06 |
| | | T5 | 25.45 | 0.45 | 14.94 | 1.24 | 52.78 | 2.64 | 10.97 | 1.57 | 28.28 | 1.05 |
| P₂O₅ | 2011 | T1 | 6.63 | 0.13 | 3.56 | 0.15 | 14.80 | 1.48 | 7.34 | 0.56 | 28.12 | 1.00 |
| | | T4 | 7.40 | 0.15 | 5.78 | 0.25 | 14.80 | 1.48 | 7.65 | 0.59 | 29.08 | 1.04 |
| | | T5 | 7.66 | 0.15 | 4.83 | 0.21 | 14.32 | 1.43 | 7.20 | 0.55 | 32.42 | 1.16 |
| | 2012 | T1 | 6.25 | 0.11 | 9.64 | 0.80 | 16.97 | 0.85 | 2.89 | 0.41 | 13.21 | 0.49 |
| | | T4 | 5.49 | 0.10 | 10.40 | 0.87 | 24.69 | 1.23 | 2.79 | 0.40 | 9.64 | 0.36 |
| | | T5 | 8.16 | 0.15 | 8.28 | 0.69 | 21.87 | 1.09 | 4.31 | 0.62 | 9.25 | 0.34 |
| K₂O | 2011 | T1 | 23.37 | 0.46 | 34.98 | 1.52 | 22.80 | 2.28 | 55.33 | 4.26 | −13.87 | −0.50 |
| | | T4 | 36.41 | 0.71 | 45.27 | 1.97 | 22.29 | 2.23 | 52.07 | 4.01 | −27.04 | −0.97 |
| | | T5 | 34.75 | 0.68 | 36.97 | 1.61 | 30.87 | 3.09 | 45.19 | 3.48 | −19.11 | −0.68 |
| | 2012 | T1 | 26.27 | 0.47 | 32.27 | 2.69 | 28.35 | 1.42 | 34.78 | 4.97 | −13.67 | −0.51 |
| | | T4 | 27.14 | 0.48 | 39.51 | 3.29 | 35.04 | 1.75 | 36.31 | 5.19 | −18.79 | −0.70 |
| | | T5 | 37.24 | 0.66 | 27.05 | 2.25 | 28.05 | 1.40 | 42.53 | 6.08 | −22.32 | −0.83 |

(4)不同种植模式玉米的养分利用效率   如表 75-23 所示,不同种植模式对玉米氮素养分利用效率有显著影响。各处理玉米氮素收获指数在 0.612~0.743 之间,2011 年表现为套作显著高于轮作,T4,T5 分别比 T1 增加 9.8%,7.9%,2012 年换茬种植后 T4 显著高于 T5 和 T1,分别高 3.6%,3.6%。玉米氮素吸收效率在 0.65~0.98 kg/kg 之间,两年度均表现为麦/玉/豆和麦/玉/薯套作处理高于蚕豆-

玉米轮作处理,两年平均 T4,T5 分别比 T1 增加了 8.0%,4.2%。玉米氮素生产效率两年度规律不尽相同,2011 年表现为套作显著高于轮作,2012 年换茬种植后处理间差异不显著。从氮肥偏生产力来看,两年度均表现为麦/玉/豆和麦/玉/薯套作处理显著高于蚕豆-玉米轮作处理,两年平均 T4,T5 分别比 T1 增加了 12.1%,12.7%,表明套作一定程度上促进了玉米对氮的吸收利用。各处理形成 100 kg 玉米籽粒需氮量在 1.71～2.46 kg 之间,总体平均为 2.01 kg。

不同种植模式对玉米磷素养分利用效率也有显著影响(表 75-23)。各处理玉米磷素收获指数在 0.675～0.864 之间,2011 年表现为套作显著高于轮作,T4,T5 分别比 T1 增加 10.7%,4.3%,2012 年换茬种植后 T4 显著高于 T5 和 T1,分别高 2.8%,1.9%。玉米磷素吸收效率在 0.65～0.89 kg/kg 之间,两年度均表现为麦/玉/豆和麦/玉/薯套作处理高于蚕豆-玉米轮作处理,两年平均 T4,T5 分别比 T1 增加了 7.6%,8.1%。玉米磷素生产效率是 2011 年套作 T4,T5 处理显著高于轮作 T1 处理,2012 年度换茬种植后处理间差异不显著。玉米磷肥偏生产力两年度均为套作显著高于轮作,两年平均 T4,T5 分别比 T1 高 12.1%,12.7%,表明套作促进了玉米对磷的吸收利用。各处理形成 100 kg 玉米籽粒需磷($P_2O_5$)量在 0.67～0.84 kg 之间,总体平均为 0.735 kg。

如表 75-23 所示,各处理玉米钾素收获指数在 0.234～0.284 之间,2011 年度表现为套作模式显著均高于轮作模式,两年平均 T4,T5 比 T1 分别增加了 13.3%,5.2%。玉米钾素吸收效率在 1.14～1.36 kg/kg 之间,两年度均表现为麦/玉/豆模式和麦/玉/薯套作模式高于蚕豆-玉米轮作模式,两年平均 T4,T5 分别比 T1 增加了 7.6%,4.6%。玉米钾素生产效率 2011 年是套作 T4,T5 处理显著高于轮作 T1 处理,2012 年换茬种植后各处理间差异不显著。玉米钾肥偏生产力两年度均为套作处理显著高于轮作处理,两年平均 T4,T5 分别比 T1 高 12.1%,12.7%,表明套作明显促进了玉米对钾肥的吸收利用。各处理形成 100 kg 玉米籽粒需钾($K_2O$)量在 1.46～1.71 kg 之间,总体平均为 1.54 kg。

表 75-23

不同轮套作体系下玉米氮、磷、钾素养分利用效率

| 养分种类 | 年度 | 处理 | 收获指数 | 吸收效率/(kg/kg) | 生产效率/(kg/kg) | 肥料偏生产力/(kg/kg) | 100 kg 籽粒需肥量/kg |
|---|---|---|---|---|---|---|---|
| N | 2011 | T1 | 0.61b | 0.90a | 40.73b | 36.70b | 2.46a |
| | | T4 | 0.67a | 0.98a | 44.54a | 43.59a | 2.25ab |
| | | T5 | 0.65a | 0.93a | 46.98a | 43.92a | 2.13b |
| | 2012 | T1 | 0.71b | 0.65a | 57.91a | 37.47b | 1.73a |
| | | T4 | 0.74a | 0.69a | 57.01a | 39.58a | 1.75a |
| | | T5 | 0.71b | 0.68a | 58.37a | 39.64a | 1.71a |
| $P_2O_5$ | 2011 | T1 | 0.67b | 0.81b | 118.39b | 95.43b | 0.84a |
| | | T4 | 0.74a | 0.86a | 131.34a | 113.33a | 0.76b |
| | | T5 | 0.70ab | 0.89a | 128.89a | 114.19a | 0.78b |
| | 2012 | T1 | 0.84b | 0.65a | 149.24a | 97.43b | 0.67a |
| | | T4 | 0.86a | 0.71a | 145.58a | 102.90a | 0.69a |
| | | T5 | 0.84b | 0.69a | 149.04a | 103.07a | 0.67a |
| $K_2O$ | 2011 | T1 | 0.26b | 1.29b | 58.38b | 75.34b | 1.71a |
| | | T4 | 0.28a | 1.36a | 65.89a | 89.47a | 1.52b |
| | | T5 | 0.26b | 1.35a | 66.56a | 90.15a | 1.50b |
| | 2012 | T1 | 0.23b | 1.14b | 67.66b | 76.92b | 1.48a |
| | | T4 | 0.28a | 1.25a | 64.74a | 81.24a | 1.54a |
| | | T5 | 0.25ab | 1.18ab | 68.68a | 81.37a | 1.46a |

同一列不同小写字母表示收获期处理间差异达 5% 显著水平。

(5)不同种植模式大豆、甘薯收获期地上部养分吸收 大豆的养分吸收顺序为氮＞钾＞磷,氮素吸收量约是磷素吸收量的4.52倍,是钾素吸收量的2.79倍;茎、叶、荚、籽粒各器官中氮、磷、钾吸收量均以籽粒最高,分别约占植株总养分吸收量的71.0%,78.4%,63.5%。种植模式对大豆养分吸收存在显著影响,从表75-24可看出,套作大豆T4(麦/玉/豆模式)各器官的氮、磷、钾吸收量比轮作大豆T3(小麦-大豆模式)的相应器官氮、磷、钾吸收量都有明显降低,地上部总养分吸收量也是T4显著低于T3,氮、磷、钾总吸收量T4比T3分别降低了15.1%,8.4%,18.3%。说明套作大豆受到玉米的竞争抑制作用而一定程度上影响了大豆的生长及对养分的吸收。

甘薯的养分吸收顺序是钾＞氮＞磷,钾素吸收量约是氮素吸收量的1.66倍,是磷素吸收量的2.30倍;甘薯茎、叶、块根各器官中氮、磷、钾吸收量均以块茎最高,分别占植株总养分吸收量的50.2%,62.7%,68.7%(表75-24)。总体上,甘薯各器官及地上部总氮、磷、钾吸收量在套作T5(麦/玉/薯模式)与轮作T2(小麦-甘薯模式)间并无明显差异。

表 75-24

不同种植模式对大豆、甘薯收获期各部位氮、磷、钾养分吸收量的影响　　　　　　　　　　　　　　　　　　kg/hm²

| 作物 | 养分 | 处理 | 茎秆 | | 叶片 | | 荚 | | 籽粒(块根) | | 总平均 |
|------|------|------|---------|---------|---------|---------|---------|---------|---------|---------|--------|
| | | | 2011 年 | 2012 年 | 2011 年 | 2012 年 | 2011 年 | 2012 年 | 2011 年 | 2012 年 | |
| 大豆 | N | T3 | 21.13a | 5.20a | 52.66a | — | 27.12b | 10.78a | 342.52a | 94.63a | 303.4a |
| | | T4 | 18.18b | 3.43b | 44.87b | — | 36.97a | 6.61b | 284.36b | 75.91b | 257.6b |
| | P₂O₅ | T3 | 2.80a | 1.67a | 8.01a | — | 5.46a | 3.21a | 77.30a | 23.11a | 64.8a |
| | | T4 | 2.54a | 1.10a | 6.84b | — | 5.41a | 1.82a | 72.28b | 21.82a | 59.3b |
| | K₂O | T3 | 14.89a | 3.96a | 16.41a | — | 26.75a | 7.30a | 89.18a | 46.55a | 110.7a |
| | | T4 | 7.65b | 3.27b | 10.46b | — | 20.57b | 9.45a | 78.84b | 40.22b | 90.5b |
| 甘薯 | N | T2 | 24.17a | 10.11a | 44.13a | 10.34a | — | — | 42.60b | 40.26a | 85.8a |
| | | T5 | 21.10b | 10.23a | 35.47b | 12.22a | — | — | 47.18a | 38.51a | 82.4a |
| | P₂O₅ | T2 | 22.02a | 8.64a | 12.93a | 4.10a | — | — | 33.01b | 38.90a | 59.8a |
| | | T5 | 19.09a | 6.52b | 12.38a | 5.02a | — | — | 44.23a | 36.49a | 61.9a |
| | K₂O | T2 | 24.81a | 21.47a | 18.55a | 20.23b | — | — | 58.53b | 136.18a | 139.9a |
| | | T5 | 20.73b | 21.55a | 14.95b | 32.97a | — | — | 63.40a | 126.05b | 139.8a |

同一列不同小写字母表示收获期处理间差异达5%显著水平。

**4. 四川不同轮套作体系周年产量、产值及养分利用效率**

(1)作物产量及套作优势 由表75-25可以看出,作物产量在2011年,2012年两年度间有明显变化,总体上,除小麦外蚕豆、玉米、大豆、甘薯的产量都是2012年比2011年有一定降低,变化幅度分别为10.0%,-18.2%,-5.9%,-66.5%,-39.8%,说明2012年相比2011年作物总体有减产。但两年度不同种植模式下作物产量的变化趋势基本一致,套作小麦产量均显著高于轮作(单作),平均高出30.3%(1 669 kg/hm²),不同套作之间、不同轮作之间差异不明显;套作玉米产量也是显著高于轮作(单作),T4、T5处理分别比T1处理两年平均提高了11.8%(852 kg/hm²),12.7%(915 kg/hm²),不同套作之间差异不显著;大豆和甘薯产量2011年表现为套作稍大于轮作,而2012年则表现为套作稍小于轮作,但总体上套作与轮作(单作)间无显著差异。说明套作小麦和玉米有明显的增产优势,而套作大豆、甘薯无明显减产。在本研究条件下,鲜食蚕豆产量为4 092 kg/hm²,单作、套作小麦产量分别为5 505,7 170 kg/hm²,单作、套作玉米产量分别为7 232,8 116 kg/hm²,大豆产量为2 559 kg/hm²,甘薯产量为29 866 kg/hm²。

　　两年度中小麦/玉米、玉米/大豆、玉米/甘薯的土地当量比均大于1,平均分别为1.79,1.51,1.62;小麦/玉米/大豆、小麦/玉米/甘薯周年体系的 LER 均大于2,平均分别为2.13,2.32。说明小麦/玉米/大豆、小麦/玉米/甘薯2种三熟套作体系具有明显的套作优势,与同面积单作相比,体系周年作物产量分别提高了12.5%和31.5%(表75-25)。

表 75-25

不同轮套作模式下作物产量、土地当量比

| 年度 | 处理 | 产量/(kg/hm²) | | | | | $LER_{W/M}$ | $LER_{M/S}$ | $LER_{W/M/S}$ |
| --- | --- | --- | --- | --- | --- | --- | --- | --- | --- |
| | | 蚕豆 | 小麦 | 玉米 | 大豆 | 甘薯 | | | |
| 2011 | T1 | 4 500 | — | 7 157b | — | — | — | — | — |
| | T2 | — | 4 729b | — | — | 36 403a | — | — | — |
| | T3 | — | 5 383b | — | 3 674a | — | — | — | — |
| | T4 | — | 6 500a | 8 450a | 3 995a | — | 1.78 | 1.62 | 2.22 |
| | T5 | — | 7 524a | 8 564a | — | 38 146a | 1.99 | 1.72 | 2.52 |
| 2012 | T1 | 3 683 | — | 7 307b | — | — | — | — | — |
| | T2 | — | 5 799b | — | — | 23 610a | — | — | — |
| | T3 | — | 6 089b | — | 1 372a | — | — | — | — |
| | T4 | — | 7 676a | 7 717a | 1 194a | — | 1.69 | 1.40 | 2.03 |
| | T5 | — | 6 978a | 7 730a | — | 21 302a | 1.66 | 1.51 | 2.11 |
| 平均 | T1 | 4 092 | | 7 232b | | | | | |
| | T2 | | 5 264b | | | 30 007a | | | |
| | T3 | | 5 738b | | 2 523a | | | | |
| | T4 | | 7 088a | 8 084a | 2 595a | | 1.74 | 1.51 | 2.13 |
| | T5 | | 7 251a | 8 147a | | 29 724a | 1.83 | 1.62 | 2.32 |

　　所有产量按实际占地面积产量计算,其中蚕豆、甘薯为鲜重。$LER_{W/M}$:小麦/玉米套作体系土地当量比;$LER_{M/S}$:玉米/大豆、玉米/甘薯套作体系土地当量比;$LER_{W/M/S}$:小麦/玉米/大豆、小麦/玉米/甘薯周年套作体系土地当量比。表中小写字母表示同一作物不同处理间产量差异达5%显著水平。T1:蚕豆—玉米;T2:小麦—甘薯;T3:小麦—大豆;T4:小麦/玉米/大豆;T5:小麦/玉米/甘薯;下同。

　　(2)体系产值、效益　　三熟套作 T4(麦/玉/豆)、T5(麦/玉/薯)的周年肥料用量比两熟轮作 T1(蚕豆—玉米)、T2(小麦—甘薯)、T3(小麦—大豆)的要高,而包括种子、肥料、农药、农膜等投入也是以 T4,T5 和 T2 相对较高。产值方面,不同种植模式间有明显差异,两年平均产值的顺序是 T5(3.42万元/hm²)>T4(3.04 万元/hm²)>T2(2.93 万元/hm²)>T1(2.74 万元/hm²)>T3(2.28万元/hm²),以 T5 处理最高,比 T4 处理高12.6%,比 T1,T2 和 T3 分别高24.9%,16.6%和49.6%。在周年产值中,体系各作物的产值比重相差较大,T1 中,蚕豆、玉米的产值比重分别占43.2%,56.8%;T2 中,小麦、甘薯的产值比重分别占39.2%,60.8%;T3 中,小麦、大豆的产值比重分别占54.8%,45.2%;T4 中,小麦、玉米、大豆的产值比重分别占25.4%,52.6%,22.0%;T5 中,小麦、玉米、甘薯的产值比重分别占 23.1%,51.2%,25.7%。净收益方面,两年平均的顺序是 T5(2.15万元/hm²)>T4(1.86 万元/hm²)>T2(1.76 万元/hm²)>T1(1.67 万元/hm²)>T3(1.28 万元/hm²),以 T5 处理最高,比 T4 处理高15.6%,比 T1,T2 和 T3 分别高28.7%,22.2%和68.0%(表75-26)。不难看出,套作一定程度上提高了体系的产量和产值,能提高全年的经济效益;在产量、效益相对较大的三熟套作 T5(麦/玉/薯)和 T4(麦/玉/豆)中,小麦的产值约占全年总产值的24%,玉米的产值占到全年总产值的52%,大豆(甘薯)的产值约占全年总产值的24%,表明在四川间套作中玉米是最重要的中心作物,只有在最大取得玉米产量的同时再追求其他套作作物协同增产才能获得较高的间套作体系全年产量产值。

表 75-26

四川不同轮套作体系周年作物产量产值

| 年度 | 处理 | 周年施肥量/(kg/hm²) | | | 单产值/(元/hm²) | | | | | 总产值/(万元/hm²) | 总投入/(万元/hm²) | 净收益/(万元/hm²) |
| | | N | P₂O₅ | K₂O | 蚕豆 | 小麦 | 玉米 | 大豆 | 甘薯 | | | |
| 2011 | T1 | 195 | 75 | 105 | 12 600 | — | 15 029 | — | — | 2.76c | 1.04 | 1.72c |
| | T2 | 120 | 90 | 90 | — | 10 167 | — | — | 21 113 | 3.12b | 1.13 | 1.99b |
| | T3 | 120 | 90 | 90 | — | 11 573 | — | 14 475 | — | 2.60c | 1.00 | 1.60c |
| | T4 | 255 | 120 | 150 | — | 6 987 | 17 745 | 7 868 | — | 3.26b | 1.16 | 2.09b |
| | T5 | 255 | 120 | 150 | — | 8 088 | 17 984 | — | 11 062 | 3.71a | 1.22 | 2.48a |
| 2012 | T1 | 195 | 75 | 105 | 11 049 | — | 16 075 | — | — | 2.71b | 1.09 | 1.61b |
| | T2 | 120 | 90 | 90 | — | 12 757 | — | — | 14 638 | 2.73b | 1.21 | 1.52b |
| | T3 | 120 | 90 | 90 | — | 13 395 | — | 6 297 | — | 1.96c | 1.01 | 0.95c |
| | T4 | 255 | 120 | 150 | — | 8 443 | 16 979 | 2 740 | — | 2.81b | 1.19 | 1.62b |
| | T5 | 255 | 120 | 150 | — | 7 675 | 17 006 | — | 6 603 | 3.12a | 1.30 | 1.82a |

产值、投入按当年价格折算；表中小写字母表示同一年度不同处理间差异达 5%显著水平。

（3）不同轮套作体系下各作物和体系养分表观平衡　如表 75-27 所示，不同轮套作体系下各作物除了玉米氮素的表观平衡表现为正外，其他作物均表现为负值，这说明各体系中玉米氮肥的投入量大于作物地上部积累量，土壤肥力将会逐年增加，套作体系中玉米氮素盈余低于轮作玉米，小麦氮素表观平衡表现为亏损，套作体系小麦亏损程度大于轮作小麦，由于大豆和甘薯整个生育期均未施肥，氮素表观平衡表现为亏损，轮作亏损量显著高于套作；不同体系全年氮的总吸收量存在较大差异，两年度平均来看，T3 处理小麦－大豆全年总氮吸收量最高，分别比 T1，T2，T4，T5 处理高 68.6，75.9，9.4，41.3 个百分点。纵观各体系两年的氮表观平衡可以看出，所有体系氮的表观平衡均为负值，说明体系氮肥投入依然不够植物吸收，长期种植下去土壤会变得越来越贫瘠；2012 年由于受气候（降雨过多）的影响抑制了作物部分时期的生长，因此作物对土壤中氮的吸收较 2011 年降低，土壤氮素亏损较 2011 年降低，通过不同体系间氮素表观平衡比较可以得出，套作较轮作而言能显著降低氮素的亏损，在此基础上，应适当调整氮肥用量，以缓解土壤中氮的耗损。

不同轮套作体系下各作物除了大豆和甘薯磷素的表观平衡表现为负值外，其他作物均表现为正值（表 75-28），这说明各体系中小麦、玉米磷肥的投入量高于作物地上部积累量，长期如此种植下去土壤肥力将会逐年增加。就小麦、玉米磷素表观平衡而言，套作小麦、玉米较对应轮作盈余量较少，磷素收支较为平衡，在一定程度上提高了磷肥的利用效率。纵观各体系两年磷的表观平衡可以看出，套作体系磷的表观平衡均为负值，其中蚕豆－玉米和麦/玉/豆模式亏损量最少，两年平均下来亏损量为 6.3 kg/hm² 和 11.0 kg/hm²，通过不同体系间磷素表观平衡比较可以得出，麦/玉/豆套作体系较轮作体系而言能在一定程度保持土壤养分表观平衡。

表 75-27

不同轮套作体系下各作物和体系的氮素(N)表观平衡 · kg/hm²

| 作物 | 处理 | 投入 | | 吸收量 | | 表观平衡 | | |
|---|---|---|---|---|---|---|---|---|
| | | 2011 年 | 2012 年 | 2011 年 | 2012 年 | 2011 年 | 2012 年 | 平均 |
| 小麦 | T2 | 120 | 120 | 197.1 | 123.4 | −77.1 | −3.4 | −40.2 |
| | T3 | 120 | 120 | 183.9 | 127.7 | −63.9 | −7.7 | −35.8 |
| | T4 | 60 | 60 | 146.0 | 83.8 | −86.0 | −23.8 | −54.9 |
| | T5 | 60 | 60 | 131.5 | 84.2 | −71.5 | −24.2 | −47.9 |
| 玉米 | T1 | 195 | 195 | 175.7 | 126.2 | 19.3 | 68.8 | 44.0 |
| | T4 | 195 | 195 | 190.8 | 135.4 | 4.2 | 59.6 | 31.9 |
| | T5 | 195 | 195 | 182.3 | 132.4 | 12.7 | 62.6 | 37.6 |
| 大豆 | T3 | 0 | 0 | 443.4 | 110.6 | −443.4 | −110.6 | −277.0 |
| | T4 | 0 | 0 | 192.2 | 43.0 | −192.2 | −43.0 | −117.6 |
| 甘薯 | T2 | 0 | 0 | 110.9 | 60.7 | −110.9 | −60.7 | −85.8 |
| | T5 | 0 | 0 | 51.9 | 30.5 | −51.9 | −30.5 | −41.2 |
| 体系 | T1 | 195 | 195 | 282.4 | 231.1 | −87.4 | −36.1 | −61.8 |
| | T2 | 120 | 120 | 308.0 | 184.1 | −188.0 | −64.1 | −126.0 |
| | T3 | 120 | 120 | 627.3 | 238.3 | −507.3 | −118.3 | −312.8 |
| | T4 | 255 | 255 | 529.0 | 262.1 | −274.0 | −7.1 | −140.6 |
| | T5 | 255 | 255 | 365.7 | 247.1 | −110.7 | 7.9 | −51.4 |

表 75-28

不同种植模式下各作物和体系磷素(P₂O₅)表观平衡 · kg/hm²

| 作物 | 处理 | 投入 | | 吸收量 | | 表观平衡 | | |
|---|---|---|---|---|---|---|---|---|
| | | 2011 年 | 2012 年 | 2011 年 | 2012 年 | 2011 年 | 2012 年 | 平均 |
| 小麦 | T2 | 90 | 90 | 60.9 | 58.2 | 29.1 | 31.8 | 30.5 |
| | T3 | 90 | 90 | 63.0 | 61.6 | 27.0 | 28.4 | 27.7 |
| | T4 | 45 | 45 | 49.3 | 38.1 | −4.3 | 6.9 | 1.3 |
| | T5 | 45 | 45 | 46.8 | 38.1 | −1.8 | 6.9 | 2.5 |
| 玉米 | T1 | 75 | 75 | 60.5 | 49.0 | 14.6 | 26.0 | 20.3 |
| | T4 | 75 | 75 | 64.7 | 53.0 | 10.3 | 22.0 | 16.1 |
| | T5 | 75 | 75 | 66.4 | 51.9 | 8.6 | 23.1 | 15.8 |
| 大豆 | T3 | 0 | 0 | 93.56 | 27.99 | −93.6 | −28.0 | −60.8 |
| | T4 | 0 | 0 | 43.53 | 12.37 | −43.5 | −12.4 | −28.0 |
| 甘薯 | T2 | 0 | 0 | 67.96 | 47.2 | −68.0 | −47.2 | −57.6 |
| | T5 | 0 | 0 | 37.85 | 51.64 | −37.9 | −51.6 | −44.7 |
| 体系 | T1 | 75 | 75 | 89.6 | 72.98 | −14.6 | 2.0 | −6.3 |
| | T2 | 90 | 90 | 128.9 | 105.4 | −38.9 | −15.4 | −27.1 |
| | T3 | 90 | 90 | 156.6 | 89.6 | −66.6 | 0.4 | −33.1 |
| | T4 | 120 | 120 | 157.5 | 104.5 | −37.5 | 15.5 | −11.0 |
| | T5 | 120 | 120 | 151.0 | 141.6 | −31.0 | −21.6 | −26.3 |

如表 75-29 所示,各体系全年吸钾量存在差异,平均两年数据来看,体系全年吸钾量以套作 T5 麦/玉/薯模式最高,分别比 T1 到 T4 处理高出 77.9,12.5,39.8 和 23.7 个百分点;从小麦钾素表观平衡来看,套作小麦表现为亏损,轮作小麦表现为盈余,玉米钾的表观平衡均表现为亏损,其中套作处理较轮作处理亏损量更大,这说明套作模式促进了小麦和玉米对钾的吸收。纵观各体系全年钾的表观平衡可知,两年度均表现为亏损,其中 2012 年度麦/玉/豆套作体系钾素表观平衡表现为正值,这说明麦/玉/豆体系在一定程度上能维持土壤养分的平衡,总体而言,各体系应适当调整全年钾素的投入,以维持土壤养分平衡。

表 75-29

不同轮套作体系下各作物和体系钾素(K$_2$O)表观平衡　　　　　　　　　　　　　　　　　　　　　　　kg/hm$^2$

| 作物 | 处理 | 投入 | | 吸收量 | | 表观平衡 | | |
|------|------|------|------|------|------|------|------|------|
| | | 2011 年 | 2012 年 | 2011 年 | 2012 年 | 2011 年 | 2012 年 | 平均 |
| 小麦 | T2 | 90 | 90 | 106.0 | 64.3 | −16.0 | 25.7 | 4.8 |
| | T3 | 90 | 90 | 96.1 | 61.1 | −6.1 | 28.9 | 11.4 |
| | T4 | 45 | 45 | 76.3 | 47.7 | −31.3 | −2.7 | −17.0 |
| | T5 | 45 | 45 | 67.7 | 48.8 | −22.7 | −3.8 | −13.3 |
| 玉米 | T1 | 105 | 105 | 122.6 | 108.0 | −17.6 | −3.0 | −10.3 |
| | T4 | 105 | 105 | 129.0 | 119.2 | −24.0 | −14.2 | −19.1 |
| | T5 | 105 | 105 | 128.7 | 112.6 | −23.7 | −7.6 | −15.6 |
| 大豆 | T3 | 0 | 0 | 147.2 | 57.8 | −147.2 | −57.8 | −102.5 |
| | T4 | 0 | 0 | 58.8 | 26.5 | −58.8 | −26.5 | −42.6 |
| 甘薯 | T2 | 0 | 0 | 101.9 | 177.9 | −101.9 | −177.9 | −139.9 |
| | T5 | 0 | 0 | 49.5 | 90.3 | −49.5 | −90.3 | −69.9 |
| 体系 | T1 | 105 | 105 | 151.7 | 133.0 | −46.7 | −28.0 | −37.4 |
| | T2 | 90 | 90 | 207.9 | 242.2 | −117.9 | −152.2 | −135.0 |
| | T3 | 90 | 90 | 243.3 | 118.9 | −153.3 | −28.9 | −91.1 |
| | T4 | 150 | 150 | 263.7 | 145.7 | −113.7 | 4.3 | −54.7 |
| | T5 | 150 | 150 | 254.8 | 251.7 | −104.8 | −101.7 | −103.2 |

通过对四川 2 种三熟套作体系"小麦/玉米/大豆"、"小麦/玉米/甘薯"和 3 种两熟轮作体系"蚕豆—玉米"、"小麦—甘薯"、"小麦—大豆"的作物生长发育、干物质积累分配与转运、产量、养分吸收积累以及体系生产力和养分利用效率的研究,表明三熟套作体系相比两熟轮作体系具有明显的产量优势,套作相对轮(单)作显著增加了小麦、玉米的生物量、产量、养分吸收量,促进了干物质及养分向籽粒的转运,提高了收获指数和养分利用效率;但间套作对后套大豆和甘薯有一定程度的抑制作用。在小麦/玉米体系中,小麦相对玉米有更强的养分竞争能力;而在玉米/大豆和玉米/甘薯体系中,玉米相对于大豆和甘薯表现出养分竞争优势。玉米与大豆共生期间,玉米和大豆在氮素吸收形态上占据不同生态位,玉米以吸收无机氮为主,而大豆则更多通过自身根瘤固定 N$_2$,在一定程度上缓解了对氮素的竞争,玉米、大豆通过根系间的相互作用,有利于土壤中固结态氮磷化合物转化为可给态的无机化合物,加速氮磷的分解和转移,提高根际土壤有效养分含量,增加作物对养分的吸收,从而提高体系的养分利用效率;玉米和甘薯共生期间,由于二者生态位相近,造成对养分的竞争,相比玉米/大豆体系而言,玉米/甘薯体系应适当增加养分的投入。不管"麦/玉/薯"体系还是"麦/玉/豆"体系,玉米是产量产值最

大的中心作物,在高产高效目标下应首先注重玉米的高产高效,在此基础上再协调小麦、大豆、甘薯的高产高效生产,在前套作物小麦有充足施肥的情况下,对后套作物大豆或甘薯可以少施肥或不施肥,以充分利用土壤养分,提高养分利用效率,达到周年高产高效的目的。

调查得知,四川套作小麦的养分平均用量为 N 122 kg/hm²,P₂O₅ 71 kg/hm²,K₂O 32 kg/hm²,其中,N、P₂O₅ 以化肥投入为主,K₂O 以有机肥投入为主,有机肥和钾肥投入不足,重视基肥而忽视追肥的施用。四川套作玉米的养分平均用量为 N 395 kg/hm²,P₂O₅ 117 kg/hm²,K₂O 80 kg/hm²,其中 N、P₂O₅ 以化肥投入为主,K₂O 以有机肥投入为主,有机肥在基肥、追肥中基本各占一半;施肥时期一般是基肥另加 2～3 次追肥,氮的分配约是 30∶30∶30∶10 或 30∶30∶40,磷的分配约是 50∶30∶20,钾的分配约是 60∶30∶10;施肥问题主要是氮施用偏多,钾施用相对不足。四川后套甘薯平均养分用量 N 19 kg/hm²,P₂O₅ 9 kg/hm²,K₂O 20 kg/hm²,其中 N 以化肥投入追施为主,P₂O₅、K₂O 以有机(农家)肥投入追施为主,钾基本全由有机(农家)肥提供,表现为后套甘薯的施肥随意粗放,总的施肥量偏少,底肥施用不足,磷钾依赖有机(农家)肥提供。而调查发现,四川后套大豆都不施肥。在最佳养分管理策略上,应针对生产实际中的施肥问题,结合土壤改良培肥、品种选择、适宜播期、合理田间配置、病虫草害有效防治等综合技术措施,以测土配方施肥或平衡施肥技术为核心,开展各作物的养分管理,包括年度适宜总养分用量、各作物上的养分分配、有机肥化肥的搭配、肥料合理施用方法等,最终实现高产高效。

运用这些研究结果,对四川小麦/玉米/大豆周年套作体系的施肥进行了合理调控,小麦适宜施氮 180 kg/hm²,磷(P₂O₅)90 kg/hm²,钾(K₂O)105 kg/hm²,其中氮在底肥施 50%,分蘖期追施 20%,拔节期追施 30%,磷钾全作底肥施用;玉米适宜施氮 250 kg/hm²,磷(P₂O₅)90 kg/hm²,钾(K₂O)90 kg/hm²,其中氮在底肥施 30%,6 叶期追施 30%,大喇叭口期追施 40%,磷钾全作底肥施用;大豆作为小麦的后作,不施氮磷钾肥,以充分利用小麦季施肥的后效。除了养分调控,还应用了土地机械翻耕、小麦促分蘖、玉米育苗移栽、玉米地膜覆盖、大豆根瘤菌拌种,以及运用高产抗性品种,合理行株距等措施,减少了肥料用量,同时提高了小麦/玉米/大豆周年体系的综合产量和产值。此高产高效的综合技术成果已形成技术规程在四川盆地丘陵区和盆周低山区大面积推广应用。

## 参考文献

[1] 陈远学,李汉邯,周涛,等. 施磷对间套作玉米叶面积指数、干物质积累分配及磷肥利用效率的影响. 应用生态学报,2013,24(10):2799-2806.

[2] 陈远学,刘静,陈新平,等. 四川几种轮套作体系的产量及小麦玉米磷素利用效率研究. 土壤通报,2014(5):51-59.

[3] 陈远学,刘静,陈新平,等. 四川轮套作体系的干物质积累、产量及氮素利用效率研究. 中国农业大学学报,2013,18(6):68-79.

[4] 陈远学,周涛,黄蔚,等. 小麦/玉米/大豆间套作体系中小麦施磷后效对大豆产量、营养状况的影响. 植物营养与肥料学报,2013,29(2):331-339.

[5] 刘静. 四川不同轮套作体系的生产力及其养分吸收利用特征研究:硕士论文. 四川农业大学,2014.

(执笔人:陈远学)

# 第 76 章

## 云南省间套作高产高效养分管理技术创新与应用

## 76.1 限制云南省农业高产高效的主要问题

当前,在云南省作物生产中,限制作物高产高效的主要因子包括耕地面积不足、耕地质量低下、坡耕地水土流失严重等。此外,在养分资源管理方面,高投入高产出导致的化肥总用量和单位用量的剧增、氮肥过量施用现象较为普遍,另外,肥效偏低、土壤污染、土壤次生盐渍化、连作障碍、病虫害等问题突出。

**1. 人均耕地面积少**

云南省共有耕地 607.21 万 hm²(9 365.84 万亩),其中轮歇地 98.43 万 hm²,25°以上坡地、梯田、望天田 49.93 万 hm²。全省实际常用耕地面积仅 458.85 万 hm²(6 882 万亩),人均耕地约 0.1 hm²(1.5亩)。云南省国土面积的 94% 是山地,坝区仅占 6% 左右。过去 15 年间,城镇化进程的快速推进,全省平均每年有 13.8 万亩坝区水田被建设占用,截至 2010 年全省坝区已有 30% 被占用。

**2. 土壤质量较差**

云南省耕地质量较差的中低产田占 2/3,其中云南省水土流失面积占全省土地总面积的 36.9%。石漠化土地面积 288.14 万 hm²,全省年土壤侵蚀总量 5.1 亿 t,平均侵蚀模数 1.340 t/(km²·年),年均侵蚀深 1 mm。此外,土壤污染、土壤次生盐渍化、连作障碍等问题突出。

近年来,测土配方施肥的调查数据表明,云南省耕地土壤有机质平均值为 28.14 g/kg,较第二次土壤普查下降 49.93%,耕地有机质向中等含量区间集中。水稻土有机质含量丰富(>40 g/kg)的比例大幅降低。全氮含量平均值 1.70 g/kg,较第二次土壤普查平均下降 29.17%。旱地全氮含量丰富和较丰富比例增加,水稻土全氮含量丰富和较丰富的比例大幅降低。碱解氮含量平均值 113.8 mg/kg,较第二次土壤普查平均下降 29.62%。水稻土碱解氮含量丰富和较丰富的比例大幅降低。有效磷平均值22.7 mg/kg,比第二次土壤普查增加 61.0%。有效钾平均值为 144 mg/kg,比第二次土壤普查下降 14.29%。

**3. 施肥不合理,肥效偏低**

不合理施肥主要体现在肥料施用种类、配比和施肥时期不合理等方面(表 76-1)。2003—2012 年,云南省化肥用量平均增长率 6.27%,其中氮肥增加量最为突出,同时在播种面积不断扩大的同时,单位面积化肥投入量仍呈现快速的增加趋势,且偏施氮肥,肥料配比并未得到明显改善(图 76-1 和表 76-1),使得肥效逐年降低,尤其是近几年,云南省化肥肥效低于全国平均水平(图 76-2)。

表 76-1

云南省化肥与有机肥施用现状

| 年度 | 化肥施用总量/万 t | 氮肥/万 t | 磷肥/万 t | 钾肥/万 t | 复混肥/万 t | 播种面积/万 hm² | 单位化肥用量/(kg/hm²) | N：P₂O₅：K₂O | 有机肥用量/(kg/hm²) | 有机肥养分占总养分/% |
|---|---|---|---|---|---|---|---|---|---|---|
| 2008 | 167.67 | 91.91 | 26.01 | 15.21 | 34.53 | 595.36 | 281.63 | 1：0.33：0.20 | 11 241 | 33.78 |
| 2002 | 125.10 | 72.24 | 21.67 | 9.90 | 21.18 | 581.32 | 215.20 | 1：0.34：0.17 | 7 161 | 29.84 |
| 1995 | 88.02 | 50.97 | 15.77 | 6.87 | 14.40 | 495.88 | 177.50 | 1：0.35：0.16 | 20 774 | 59.93 |
| 1989 | 51.97 | 32.51 | 11.94 | 2.16 | 5.36 | 436.02 | 119.19 | 1：0.34：0.09 | 18 381 | 66.34 |

表中数据为测土配方施肥项目 28 个县 16 000 余农户施肥情况的调查数据。

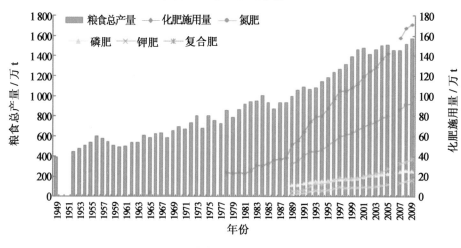

图 76-1　云南省化肥施用量与粮食产量

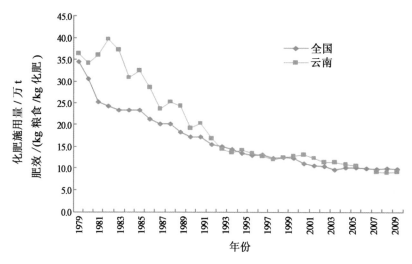

图 76-2　1978—2009 年全国和云南化肥施用效果

　　云南农业大学间套作养分资源管理课题组对云南主要粮食作物的调查发现,氮肥施用量过大,肥料配比不合理的现象严重。以水稻为例,全省主要种植区水稻氮肥用量平均为 326.3 kg/hm²,其中多数地区水稻氮肥用量接近 400 kg/hm²,远超过水稻氮素需求,肥料利用效率较低(表 76-2 和

图 76-3）。

表 76-2

云南省主要种植区域水稻化肥施用现状　　　　　　　　　　　　　　　　　　　　　　　　　　　kg/hm²

| 地区 | 样本数/户 | 产量 | N | P₂O₅ | K₂O | 总养分 |
|---|---|---|---|---|---|---|
| 洱源 | 31 | 10 911.3 | 295.1 | 79.9 | 122.8 | 497.9 |
| 楚雄 | 24 | 7 671.9 | 276.2 | 72.8 | 58.1 | 385.9 |
| 永胜 | 16 | 11 390.6 | 254.2 | 62.0 | 52.6 | 368.8 |
| 弥勒 | 20 | 9 015.0 | 391.2 | 68.7 | 109.3 | 569.2 |
| 景谷 | 31 | 6 556.4 | 254.9 | 69.9 | 48.8 | 373.6 |
| 宣威 | 18 | 6 420.8 | 180.1 | 44.7 | 50.5 | 270.0 |
| 昭阳区 | 14 | 7 392.9 | 396.9 | 142.2 | 89.4 | 622.1 |
| 隆阳区 | 19 | 9 994.7 | 441.5 | 120.4 | 85.5 | 642.8 |
| 红塔区 | 7 | 9 321.4 | 400.5 | 110.8 | 73.6 | 584.8 |
| 寻甸 | 23 | 7 619.0 | 402.0 | 99.7 | 81.2 | 583.0 |

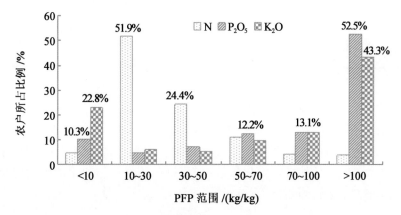

图 76-3　云南水稻养分偏生产力（n＝360）

### 4. 病虫害发生严重

大面积单一作物连作种植和农药化肥的大量施用造成农田生态系统日趋简单和脆弱，使作物病害发生频繁，病害流行周期越来越短，连作障碍严重发生。病害防治，特别是土传病害防治，是云南农业高产高效发展的主要限制性因素之一。

云南农业大学间套作养分资源管理课题组的研究表明，病虫害发生与氮肥过量施用密切相关。在主要农作物的氮肥施用管理中，农户更多的是考虑增加作物产量而忽视了病害的发生，例如与不施氮肥相比，随氮肥施用量的增加，低氮水平（N1）使小麦白粉病发病率增加 16.3％，推荐施氮（N2）使小麦白粉病发病率增加 20.0％，农民习惯（N3）使小麦白粉病增加 53.5％（图 76-4）。对大麦锈病来说也有同样的趋势，与 N0 处理相比，低氮水平（N1）使大麦锈病发病率增加 3.6％，推荐施氮水平（N2）使大麦锈病发病率增加 9.5％，农民习惯（N3）使大麦锈病增加 42.0％（图 76-4）。对蚕豆而言，生产中常见的病害是赤斑病，蚕豆赤斑病对氮肥的反应是在不施氮条件下赤斑发病率很高，低氮水平（N1）处理使赤斑病下降 20.6%,而常规氮(N2)处理仅比 N0 处理增加 2.2%,但高氮处理(N3)使赤斑病增加 24.3%(图 76-4)。

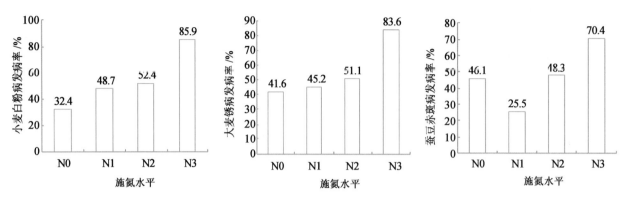

图 76-4　不同施氮水平下作物主要病害发病率

## 76.2　云南省主要农作物间套作高产高效技术的集成

　　间套(混)作是云南主要的农业生产种植模式之一,在云南农业生产中一直占有重要地位。大量的田间试验和生产实践表明,合理的间套作在提高作物产量,提高养分资源利用效率和作物抗病性,减少农药、化肥用量,降低生产成本,促进农民增产增收中起着重要的作用。

　　云南农业大学间套作养分资源管理课题组通过 2008 年 29 县、2009 年 14 县、2010 年 8 县、2011 年 8 县,累计 2 300 余户的农户调查,明确了云南省主要的间套作模式为小麦蚕豆间作、不同水稻品种间作、玉米大豆间作、玉米马铃薯间套作体系。因此,针对云南主要间套作体系,课题组建立并集成了云南主要农作物间套作高产高效综合技术。

### 76.2.1　小麦蚕豆间作高产-高效-控病氮养分优化管理技术

　　云南农业大学间套作养分资源管理课题组通过昆明、玉溪、曲靖等不同生态区、不同土壤肥力水平条件下、不同氮肥施用水平条件下及不同抗性小麦品种与蚕豆间作的 40 余组田间肥料试验(图 76-5;彩图 76-5),在明确了小麦蚕豆间作体系养分需求利用规律、肥料效应的基础上,建立了小麦/蚕豆间作体系养分优化管理技术参数和品种搭配优化参数,采用氮肥总量控制和品种优化搭配,集成建立了小麦蚕豆间作高产-高效-控病氮养分最佳管理技术。

图 76-5　小麦蚕豆间作田间试验图

### 1. 小麦蚕豆间作氮养分最佳管理技术的增产效应

不同生态区、不同肥力水平及不同抗性小麦品种与蚕豆间作的田间试验表明,小麦蚕豆间作平均提高小麦产量 13.24%、提高蚕豆产量 14.80%,间作土地当量比(LER)为 1.14(图 76-6 和图 76-7)。但随着氮肥使用量的增加,间作增产优势降低。通过多年多点的 40 余组田间试验结果表明,在农民习惯施肥水平下,间作产量优势最低,LER 显著降低。

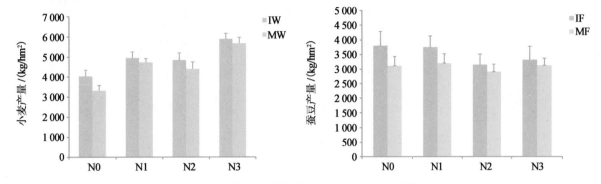

图 76-6　不同施氮水平下间作对小麦、蚕豆产量的影响
IW、MW、IF、MF 分别表示间作小麦、单作小麦、间作蚕豆、单作蚕豆

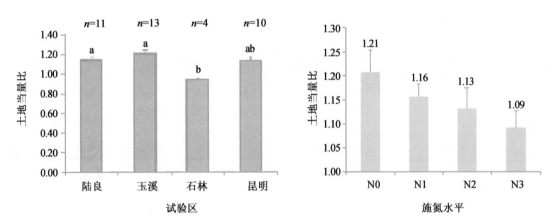

图 76-7　不同生态区不同肥力水平下小麦蚕豆间作土地当量比

因此,课题组对小麦蚕豆间作体系进行了氮肥总量控制的最佳养分管理技术。在不同生态区、不同肥力水平条件下,与农户习惯施肥相比,氮养分最佳管理技术,使间作小麦增产 0.8%～26.3%,单作小麦增产 4.7%～16.2%;使间作蚕豆增产 20.2%～69.9%,单作蚕豆增产 2.0%～13.1%(表 76-3)。

表 76-3

氮肥优化在小麦蚕豆间作体系的增产效应

| 试验点 | 间作 | | 单作 | |
| --- | --- | --- | --- | --- |
| | 小麦 | 蚕豆 | 小麦 | 蚕豆 |
| 石林 | 0.8% | 35.3% | 6.6% | 11.7% |
| 玉溪 | — | 69.9% | — | — |
| 陆良 | 7.1% | 20.2% | 16.2% | — |
| 玉溪 | 15.8% | — | — | 13.1% |
| 陆良 | 9.5% | — | 4.7% | 2.0% |

此外,氮养分最佳管理技术表明,在农民习惯施肥水平下,降低氮肥用量25%~50%,显著提高了氮肥表观利用率、农学利用效率、偏生产力及氮素收获指数(表76-4)。

表 76-4
不同氮水平下小麦的氮肥利用率和氮素收获指数

| 处理 | | 表观利用率/% | 农学利用率/(kg/kg) | 偏生产力/(kg/kg) | 氮素收获指数/% |
|---|---|---|---|---|---|
| N1 | M | 26.89±6.47a | 9.28±0.17a | 30.22±0.30b | 38.85±0.63b |
| | I | 34.4±5.72a | 10.60±0.34a | 34.76±0.39a | 53.83±4.82a |
| N2 | M | 20.79±3.84b | 13.44±2.65a | 18.67±0.22b | 38.03±3.15b |
| | I | 31.29±3.02a | 15.19±1.67a | 20.69±0.099a | 52.58±3.88a |
| N3 | M | 12.39±1.28a | 5.33±0.17a | 12.31±0.057b | 37.47±2.15b |
| | I | 13.76±2.71a | 4.98±0.17a | 13.02±0.13a | 51.11±4.40a |

M 和 I 表示单作和间作;小写字母表示不同氮水平下 $P<0.05$ 水平差异显著。

**2. 小麦蚕豆间作氮养分最佳管理技术的控病效应**

通过 META 分析,与单作相比,间作种植使病害发病率总体降低18.8%,使病情指数降低24.6%(图76-8)。从间作对各种病害的控制效果来看,间作种植使小麦白粉病发病率下降10.5%,使小麦锈病发病率下降15.6%,蚕豆枯萎病发病率下降24.9%,使蚕豆赤斑病发病率降低28.1%,使蚕豆锈病发病率降低34.4%。

从小麦蚕豆间作体系各种病害病情指数的控制效果来看,间作种植使小麦白粉病病指下降16.2%,使小麦锈病病指下降19.7%,蚕豆枯萎病病指下降40.0%,使蚕豆赤斑病病指降低34.7%,使蚕豆锈病病指降低48.3%。

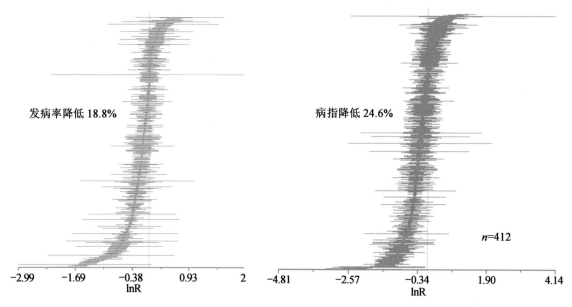

图 76-8 小麦蚕豆间作的控病总效应

同时,间作对病害的控制效果受施氮水平的影响。课题组研究发现,氮肥总量控制,显著提高了间作控病效果(图 76-9)。在氮养分最佳管理(N2)水平下,与单作相比,间作平均降低蚕豆枯萎病发病率21.9%～43.0%,降低蚕豆枯萎病病情指数 58.2%～65.7%。

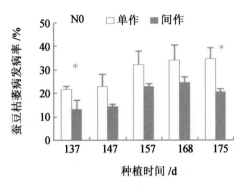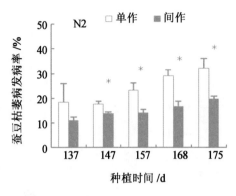

图 76-9　间作体系氮优化对蚕豆枯萎病的控病效应

### 3. 小麦蚕豆间作氮养分优化管理的节肥效应

种植方式和氮肥使用水平对小麦氮素的吸收速率有很大影响(图 76-10)。课题组通过研究发现,小麦氮素养分的吸收速率前期迅速增长,至高峰后缓慢下降。间作显著提高了小麦对氮素营养的吸收速率,但不同施氮处理表现有所差异。

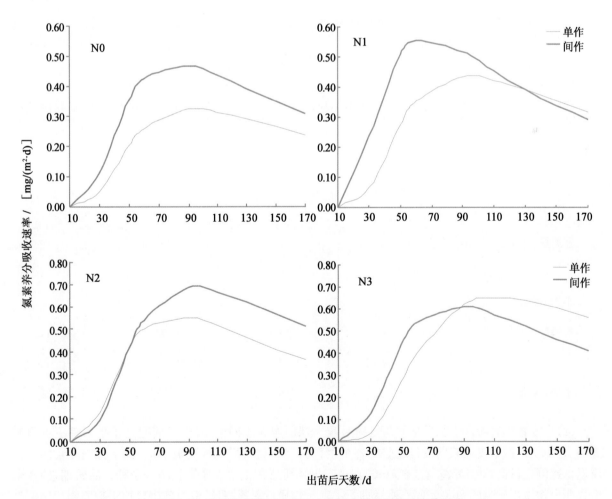

图 76-10　施氮和间作对小麦地上部氮素养分吸收速率的影响

与农户传统施肥习惯相比，氮肥总量下调25％，小麦蚕豆间作在整个生育期均有提高小麦氮素养分吸收速率的趋势，尤其在小麦拔节以后，间作氮素养分吸收优势突出。

课题组在不同生态区、不同肥力水平下，40余组田间试验结果也表明，小麦蚕豆间作提高了氮肥偏生产力。其中，氮肥总量控制技术条件下，显著提高了单作和间作小麦、蚕豆的氮肥偏生产力（图76-11）。

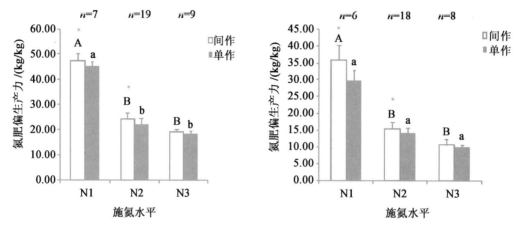

图76-11　不同施氮水平下小麦蚕豆间作的氮肥偏生产力

### 4. 小麦蚕豆间作氮养分最佳管理的技术参数

（1）小麦百千克籽粒的养分吸收　云南小麦主产区单产2.09～6.92 t/hm²，地区差异较大，平均约为4.44 t/hm²。施肥管理和种植模式对产量有较大的影响，表现为常规施肥产量高于不施肥处理，而间作可较单作增产16％。课题组通过调查研究发现，云南小麦每百千克籽粒需氮量为7.51 kg、需磷量为1.56 kg（表76-5）。不同种植模式中，间作小麦每百千克籽粒需氮量、需磷量低于单作，但年际之间变异较大。

表76-5

小麦每百千克籽粒需氮、磷量

| 养分类型 | 种植模式 | 均值/kg | 变异/kg | $n$ |
|---|---|---|---|---|
| 需氮量 | 单作 | 7.72 | 1.96～15.70 | 24 |
|  | 间作 | 7.30 | 2.19～19.14 | 24 |
| 平均需氮量 |  | 7.51 | 1.96～19.14 | 48 |
| 需磷量 | 单作 | 1.68 | 0.92～2.50 | 11 |
|  | 间作 | 1.44 | 0.59～2.38 | 11 |
| 平均需磷量 |  | 1.56 | 0.59～2.50 | 22 |

（2）小麦各生育阶段干物质累积与氮磷吸收　课题组在不同生态区、不同肥力水平条件下的研究表明，云南主产区小麦灌浆期及其之前的各个生育时期干物质累积量逐渐增加，到孕穗—灌浆期干物质累积比例达最高，达40％左右（表76-6）。小麦干物质累积主要发生在拔节—孕穗—灌浆期，约占全生育期干物质累积量的86％。间作略增加了小麦干物质总累积量，但对各生育期干物质累积比例没有影响。

表 76-6

不同生育阶段小麦干物质变化

| 生育阶段 | $n$ | 天数 | 单作 | | | 间作 | | |
|---|---|---|---|---|---|---|---|---|
| | | | 均值 /(t/hm²) | 变异 /(t/hm²) | 干物质累积 比例/% | 均值 /(t/hm²) | 变异 /(t/hm²) | 干物质累积 比例/% |
| 出苗—分蘖 | 23 | 78 | 4.21 | 1.0~9.06 | 3.2 | 4.08 | 0.9~9.0 | 3.0 |
| 分蘖—拔节 | 30 | 32 | 14.14 | 1.08~43.7 | 10.8 | 13.41 | 1.13~46.6 | 9.7 |
| 拔节—孕穗 | 18 | 14 | 34.32 | 9.43~64.8 | 26.1 | 37.16 | 10.54~74.7 | 27.0 |
| 孕穗—灌浆 | 10 | 12 | 51.72 | 36.77~77.01 | 39.4 | 56.20 | 41.94~79.51 | 40.9 |
| 灌浆—收获 | 23 | 33 | 26.92 | 5.12~57.21 | 20.5 | 26.73 | 5.87~57.54 | 19.4 |

其中,小麦对氮素的吸收主要集中在拔节—孕穗—灌浆期,该时期内吸收的 N 占整个生育期 N 吸收量的 90% 左右(表 76-7)。与干物质累积不同,在试验测定的 4 个生育阶段,小麦 N 吸收量和吸收比例均逐渐提高,到灌浆期达顶峰。单作与间作对 N 素的吸收量和各阶段吸收比例没有明显影响。

除了在拔节—孕穗期和孕穗—灌浆期基本维持不变外,在整个生育期的各个生育阶段,小麦对磷素的吸收量逐渐增加,到灌浆期吸收磷占总磷吸收量的 30%(表 76-8)。总体来看,自分蘖期开始的各生育时期是小麦磷吸收的主要时期,占总磷吸收量的 95% 以上。间作后,小麦在分蘖-拔节期的磷吸收量有所下降,而在拔节—孕穗和孕穗—灌浆期有所提高。

表 76-7

不同生育阶段小麦氮吸收量变化

| 生育阶段 | $n$ | 单作 | | | 间作 | | |
|---|---|---|---|---|---|---|---|
| | | 均值 /(kg/hm²) | 变异 /(kg/hm²) | N 吸收 比例/% | 均值 /(kg/hm²) | 变异 /(kg/hm²) | N 吸收 比例/% |
| 出苗—分蘖 | 16 | 86.26 | 17.54~138.9 | 10.29 | 89.13 | 19.85~164.7 | 9.34 |
| 分蘖—拔节 | 24 | 169.88 | 53.14~275.1 | 20.26 | 192.42 | 75.53~300.4 | 20.17 |
| 拔节—灌浆 | 23 | 278.00 | 53.48~631.7 | 33.16 | 323.84 | 84.26~749.3 | 33.95 |
| 灌浆—收获 | 23 | 304.33 | 76.25~738.1 | 36.30 | 339.63 | 107~795.4 | 35.60 |

表 76-8

不同生育阶段小麦磷吸收量变化

| 生育阶段 | $n$ | 单作 | | | 间作 | | |
|---|---|---|---|---|---|---|---|
| | | 均值 /(kg/hm²) | 变异 /(kg/hm²) | P 吸收 比例/% | 均值 /(kg/hm²) | 变异 /(kg/hm²) | P 吸收 比例/% |
| 出苗—分蘖 | 6 | 8.68 | 6.14~12.46 | 5.02 | 6.33 | 5.67~8.45 | 3.47 |
| 分蘖—拔节 | 11 | 27.10 | 10.46~52.5 | 15.66 | 19.89 | 6.79~35.53 | 10.89 |
| 拔节—孕穗 | 6 | 42.84 | 25.83~57.21 | 24.76 | 51.18 | 36.7~63.47 | 28.03 |
| 孕穗—灌浆 | 6 | 42.12 | 38.66~83.6 | 24.34 | 49.08 | 37.12~57.91 | 26.88 |
| 灌浆—收获 | 11 | 52.28 | 29.43~50.86 | 30.22 | 56.12 | | 30.73 |

(3)蚕豆各生育期干物质累积与氮吸收量 从出苗到结荚-膨大期,云南蚕豆干物质量累积及其比例不断增加,到结荚-膨大期达最大值,然后回落到开花-结荚期水平。蚕豆各阶段氮素吸收动态与干物质累积相似。

但不同种植模式下,蚕豆干物质累积和氮素吸收在生长后期略有差异(表76-9和表76-10)。与单作相比,间作蚕豆结荚-膨大期生物量累积和氮素吸收均有所下降,而在膨大—成熟期有所上升,即间作增加了蚕豆后期的干物质累积比例和氮素吸收比例,应加强后期生长管理和养分供应。

表76-9

**蚕豆阶段干物质累积变化**

| 生育阶段 | 单作 | | | 间作 | | |
|---|---|---|---|---|---|---|
| | 均值/(t/hm²) | 变异/(t/hm²) | 干物质累积比例/% | 均值/(t/hm²) | 变异/(t/hm²) | 干物质累积比例/% |
| 出苗—分枝期 | 4.55 | 1.16~6.78 | 3.87 | 3.09 | 0.9~7.02 | 3.44 |
| 分枝—开花期 | 12.49 | 1.69~20.36 | 10.6 | 7.52 | 1.36~16.14 | 8.36 |
| 开花—结荚期 | 28.82 | 2.23~48.73 | 24.5 | 22.16 | 1.37~51.51 | 24.6 |
| 结荚—膨大期 | 42.07 | 3.87~61.31 | 35.8 | 28.58 | 2.77~65.61 | 31.8 |
| 膨大—成熟期 | 29.52 | 7.11~40 | 25.1 | 28.60 | 5.9~58.19 | 31.8 |
| $n$ | 6 | 6 | | 10 | 10 | |

表76-10

**蚕豆阶段氮吸收变化**

| 生育阶段 | 单作 | | | 间作 | | |
|---|---|---|---|---|---|---|
| | 均值/(kg/hm²) | 变异/(kg/hm²) | N吸收比例/% | 均值/(kg/hm²) | 变异/(kg/hm²) | N吸收比例/% |
| 出苗—分枝期 | 84.70 | 28.0~78.6 | 5.87 | 55.99 | 25.7~114 | 5.06 |
| 分枝—开花期 | 195.9 | 31.5~287 | 13.6 | 110.0 | 28.1~239 | 9.94 |
| 开花—结荚期 | 311.9 | 34.1~612 | 21.6 | 249.0 | 25.0~581 | 22.5 |
| 结荚—膨大期 | 458.1 | 69.4~680 | 31.8 | 339.2 | 59.4~800 | 30.6 |
| 膨大—成熟期 | 391.8 | 153.4~646 | 27.2 | 352.8 | 97.3~649 | 31.9 |
| $n$ | 6 | 6 | | 10 | 10 | |

**5. 小麦蚕豆间作高产-高效-控病氮养分最佳管理技术的综合效应**

通过多年多点在不同生态区、不同肥力水平及不同抗性小麦品种与蚕豆间作的田间试验,课题组阐明了小麦蚕豆间作系统中氮素养分吸收、累积及分配的规律,集成了小麦蚕豆间作高产-高效-控病氮养分最佳管理技术。

田间条件下,在小麦蚕豆间作体系中,实行氮肥总量下调25%,平均提高小麦产量13.2%,提高蚕豆产量8%。小麦/蚕豆间作提高小麦氮吸收量2.27%~89.4%。肥料利用率平均提高10.1%~19.7%,节约氮肥15%~50%;小麦白粉病平均防效13.5%~53.0%,小麦锈病防效22.2%~100%。蚕豆枯萎病发病率和病情指数降低35.3%和54.1%.

**6. 小麦蚕豆间作高产-高效-控病氮养分最佳管理技术模式**

通过多年多点在不同生态区、不同肥力等条件下的系统研究,云南农业大学间套作养分资源管理课题组建立了高产高效控病的小麦蚕豆间作栽培方法和氮肥施用技术,形成了云南省小麦/蚕豆间作高产高效技术模式图(表76-11)。

表 76-11

云南省小麦/蚕豆间作高产高效技术模式

| 适宜区域 | 本技术规程适用于云南省滇中及滇东北小麦蚕豆间作种植地区。 | | | | |
|---|---|---|---|---|---|
| 高产高效目标 | 小麦产量目标 300~350 kg/亩，蚕豆鲜荚产量目标 1 500~1 650 kg/亩，小麦氮肥生产效率>20 kg/kg N，氮肥节约 10%~15% | | | | |
| 时期 | 准备良种（9 月下旬） | 整地—播种（10 月中旬） | 小麦分蘖—蚕豆分枝期（1~2 月） | 小麦孕穗—灌浆 蚕豆开花—鼓荚期（3~4 月） | 收获（4 月下旬） |
| 生育期图片 | | | | | |
| 主攻目标 | | 苗齐、苗匀、苗全、苗壮 | 小麦控苗壮株、建立合理的群体结构、防病防倒 | 防病虫、防早衰、促灌浆、增粒重 | 适时收获 |
| 技术指标 | | 精细整地，土细墒平。小麦基本苗 20 万~25 万，蚕豆亩基本苗 1.8 万株。 | 小麦最大亩总茎数 20 万~25 万。 | 小麦亩有效穗数 19 万~20 万，每穗粒数 38~48 个，千粒重 41~48 g。蚕豆单株有效荚 8~10 荚，单株实粒 16~22 粒，百粒重 135~1 459 g。 | 及时收获 |
| 主要技术措施 | 1. 选择优良品种，合理搭配：选择当地主栽小麦及当地适宜的主栽蚕豆品种。 2. 建议搭配品种如：云麦 47/玉溪大白豆；云麦 42/玉溪 29/凤豆 7 号。 | 1. 整地施肥：土壤深翻细碎。在亩施 1 000 kg 有机肥的基础上，亩施尿素 12~16 kg（N 5~7.5 kg），普钙 40~50 kg（$P_2O_5$ 6.5~7.5 kg），硫酸钾 15 kg（$K_2O$ 7.5 kg）。有机肥均匀撒施，耕翻入土。化肥播种前开沟条施。 2. 种植模式：小麦/蚕豆 3：1 间作。每种植 6 行小麦种植 2 行蚕豆。 3. 种植规格：每条带内种植小麦 6 行，行距 0.20 m，株距 0.10 m；种植蚕豆 2 行，行距 0.30 m，株距 0.20 m。蚕豆每亩播种量 10 kg。1.8 万株，小麦每亩播种量 10 kg。 4. 播种时期：海拔 1 800 m 以下地区蚕豆较小麦提前 10~15 d 播种。海拔 1 800 m 及以上地区小麦与蚕豆同期播种。 | 1. 小麦追施氮肥：在小麦分蘖至拔节期对小麦追施尿素 16 kg（N 5~7.5 kg），蚕豆不施肥。 2. 病害防治：注意监测小麦白粉病、小麦锈病、蚕豆叶斑病、枯萎病、蚕豆赤斑病的发生和防治。 | 病害防治：小麦锈病、蚜虫是导致小麦中后期产量下降的主要病虫害，应有针对性地及时防治。一般不使用农药，严重时可用农药防治一次。喷施 20%粉锈宁防治小麦白粉病和锈病。20%杀灭菊酯防治蚜虫。 | |

### 76.2.2 不同水稻品种间作高产-高效-控病氮养分最佳管理技术

通过云南昆明、楚雄、丽江、陆良等不同生态区、不同土壤肥力水平、不同氮肥施用水平条件下的田间小区试验,明确了不同抗性水稻间作体系(主栽品种与优质糯稻)的养分吸收利用规律。通过不同抗性品种搭配优化技术,氮肥总量控制、分期调控技术,集成建立了水稻间作体系高产-高效-控病氮优化管理技术。

**1. 不同水稻品种间作高产-高效-控病氮优化管理的增产效应**

云南农业大学间套养分资源管理课题组通过多年的研究发现,不同水稻品种间作高产-控病-氮优化管理技术具有显著的间作增产优势。

通过多年的田间试验表明,不同抗性水稻品种间作表现出显著的产量优势,LER 均>1。间作水稻田产量优势的来源是因为间作显著提高了优质糯稻的产量,而间作影响了与优质糯稻相邻一行主栽水稻的生长,其农艺性状、产量都低于其他行,一定程度上减少了间作主栽品种的产量,但差异均没有达到显著水平。

同时,课题组在现有稻田施氮水平条件下,进行氮肥总量控制、分期调控的优化管理措施。研究表明,在减少基肥的 10% 的施氮水平下,并不会影响氮素的供应和产量的形成。

课题组研究表明,与农户习惯施肥相比,N 优化措施在单作条件下增加黄壳糯产量 580%~753%,在间作条件下增加黄壳糯产量 212%~301%;N 优化措施在单作条件下增加合系 41 产量 6.8%~24.1%,在间作条件下增加合系 41 产量 7.8%~25.6%(表 76-12)。

**表 76-12**

水稻间作系统中氮优化措施对水稻产量的影响 　　　　　　　　　　　　　　　　　　　　　　　kg/hm²

| 种植模式 | | 试验点 1 | | | 试验点 2 | | |
|---|---|---|---|---|---|---|---|
| | | $N_{农户}$ | $N_{推荐}$ | $N_{优化}$ | $N_{农户}$ | $N_{推荐}$ | $N_{优化}$ |
| 黄壳糯 | 单作 | 203.3a | 777.1a | 1 735.7a | 648.2b | 2 256.2a | 4 413.6a |
| | 间作 | 239.7b | 617.3a | 748.002 9a | 254.6b | 469.2b | 1 021.6a |
| 合系 41 | 单作 | 8 750.9a | 9 862.1a | 10 915a | 9 970.7a | 10 086.4a | 10 649.7a |
| | 间作 | 7 705.2b | 9 317.3a | 9 680.5a | 8 555.6a | 9 282.4a | 9 225.3a |
| LER | | 2.1 | 1.7 | 1.3 | 1.3 | 1.1 | 1.1 |

与常规推荐施肥相比,N 优化措施在单作条件下增加黄壳糯产量 95.6%~123.3%,在间作条件下增加黄壳糯产量 21.2%~117.7%;N 优化措施在单作条件下增加合系 41 产量 5.5%~10.7%,N 优化措施在间作条件下增加合系 41 产量 0~3.8%。

**2. 不同水稻品种间作高产-高效-控病氮优化管理的控病效应**

课题组通过整合分析表明,在不同水稻品种间作体系中,与单作相比,间作使病害发病率总体降低 57.1%,使病情指数降低 65.1%(图 76-12)。从间作控病效果来看,对稻瘟病发病率的控制效果最好,达到 69.4%,其次是白叶枯病,而对纹枯病无控制效果。

同时,不同水稻间作对病害的控制效果受氮肥施用量的影响。云南农业大学间套作课题组的研究表明,在农户施肥水平条件下,间作降低黄壳糯叶瘟 30%~39%;在推荐施肥水平条件下,间作降低黄壳糯叶瘟 15%~30%;进行氮肥总量控制、分期调控后,间作降低黄壳糯叶瘟 17%~30%。

课题组研究还发现,进行氮肥优化管理后,与农户习惯施肥相比,氮优化措施在单作条件下降低黄壳糯叶瘟 24%~43%,在间作条件下降低黄壳糯叶瘟 19%~22%;与推荐施肥相比,N 优化措施在单作条件下降低黄壳糯叶瘟 9%~21%,在间作条件下降低黄壳糯叶瘟 2%~23%。同时,与农户习惯施肥相比,N 优化措施在单作条件下降低黄壳糯穗瘟 2%~7%,在间作条件下降低黄壳糯穗瘟 17%~33%;与推荐施肥相比,N 优化措施在单作条件下降低黄壳糯穗瘟 0~6%,在间作条件下降低黄壳糯穗瘟 15％～28％(图 76-13)。

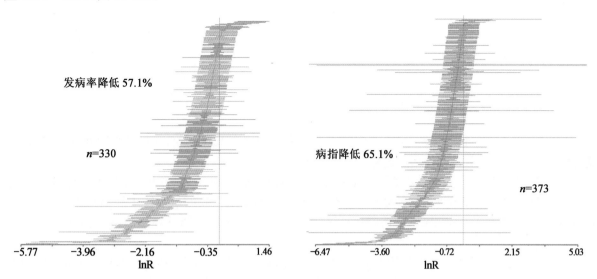

图 76-12　水稻/水稻间作的控病总效应

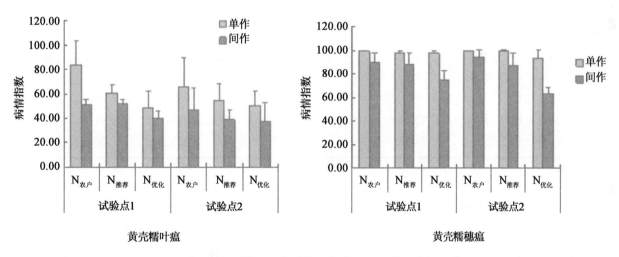

图 76-13　氮肥优化管理对水稻稻瘟病的控制效应

**3. 不同水稻品种间作高产-高效-控病氮优化管理的节肥效应**

课题组在昆明、曲靖、楚雄等不同生态区、不同肥力水平下的研究发现,根据氮肥总量控制、分期调控的氮肥优化管理措施,将推荐氮肥(N)施用量 180 kg/hm² 总量减少 16.7％,下调至 150 kg/hm²,单作条件下黄壳糯产量提高 2.23 倍。

研究结果还表明,氮肥进行总量控制,在施基肥 40％～50％的基础上,后期追肥根据叶绿素值(SPAD 值)调控。优化施肥处理下,主栽水稻品种产量高于常规推荐施肥水平,在高氮(N)(450 kg/hm²)水平下,虽然产量较高,但从产投比和经济效益出发,高氮水平总体效益低。总体来看,进行氮肥优化管理,间作水稻较农户习惯施肥氮肥用量减少 50％,较常规推荐施肥氮肥用量减少 16.7％,农药用量减少66.7％～75％。

**4. 不同水稻品种间作高产-高效-控病氮优化管理的技术参数**

(1)水稻百千克籽粒需氮量　云南省水稻百千克籽粒的养分吸收量平均值为 2.29 kg(表 76-13),介于全国数据的区间范围之内。

表 76-13

水稻百千克籽粒需氮量                                                                                                  kg

| 种植方式 | 品种 | $n$ | 均值 | 变异 |
|---|---|---|---|---|
| 单作 | 黄壳糯 | 4 | 2.75 | 2.38～3.14 |
| | 合系 41 | 4 | 2.20 | 1.88～2.41 |
| 间作 | 黄壳糯 | 4 | 2.26 | 1.99～2.46 |
| | 合系 41 | 4 | 2.17 | 2.10～2.35 |
| 平均 | | 16 | 2.53 | 1.88～3.14 |

　　水稻种植方式和品种差异，导致 100 kg 籽粒的 N 吸收量各不相同。间作条件下氮吸收量均小于单作条件下氮吸收量。特别是黄壳糯间作形成 100 kg 经济产量所需氮养分量是单作的 82.2%，减少了氮肥的施用量。

　　(2)水稻间作系统中干物质累积及氮吸收规律　课题组的研究发现，间作对水稻主栽品种干物质累积和氮素吸收有重要的影响。间作可以提高成熟期干物质累积及氮吸收量，但最大干物质累积和氮吸收的最大时期仍然和单作相似，均为灌浆期(表 76-14)。与单作相比，间作使得水稻各生育期物质积累和氮吸收更为均衡。此外，黄壳糯整个生育期干物质累积和氮吸收量较单作提高了 67% 和 31%，合系 41 则仅为 4% 和 0.4%。

　　(3)水稻间作系统中不同产量水平下抽穗前/抽穗后的干物质积累及养分需求　间作系统中水稻抽穗前后的干物质累积比例和 N 吸收比例(表 76-15)。尤其是对于低产品种黄壳糯，间作后整体产量水平得到提高后，尽管抽穗后干物质累计比例仍呈现增加的趋势，但增加幅度较小，而抽穗后氮吸收比例增呈现明显增加，从 43% 提高到 71%，说明间作下保证抽穗时期氮素供应对于维持低产品种黄壳糯的高产收获十分重要。与之相反，高产品种合系 41 则随着产量水平的提高抽穗后 N 素吸收比例反而下降，这说明要获得合系 41 的高产需要主要前期养分供应，保证足够的有效分蘖。

表 76-14

水稻阶段干物质累积及 N 吸收量(间作)

| 生育阶段 | 品种 | $n$ | 天数 | 干物质累积 /(t/hm²) | 生物量累积 比例/% | N 吸收量 /(kg/hm²) | N 吸收 比例/% |
|---|---|---|---|---|---|---|---|
| 分蘖盛期 | 黄壳糯 | 4 | 103 | 3.91 | 17.41 | 121.33 | 25.15 |
| | 合系 41 | 4 | | 3.50 | 18.32 | 105.91 | 25.57 |
| | 平均 | 8 | 103 | 3.71 | 17.87 | 113.62 | 25.36 |
| 孕穗—抽穗期 | 黄壳糯 | 4 | 23 | 4.19 | 18.64 | 54.76 | 11.35 |
| | 合系 41 | 4 | | 4.32 | 22.62 | 68.95 | 16.65 |
| | 平均 | 8 | 23 | 4.26 | 20.63 | 61.86 | 14.00 |
| 灌浆期 | 黄壳糯 | 4 | 28 | 11.46 | 51.00 | 310.06 | 64.26 |
| | 合系 41 | 4 | | 4.80 | 25.16 | 160.42 | 38.73 |
| | 平均 | 8 | 28 | 8.13 | 38.08 | 235.24 | 51.50 |
| 成熟期 | 黄壳糯 | 4 | 41 | 2.91 | 12.95 | −3.65 | −0.76 |
| | 合系 41 | 4 | | 6.47 | 33.90 | 78.90 | 19.05 |
| | 平均 | 8 | 41 | 4.69 | 23.43 | 37.63 | 9.15 |

表 76-15

不同产量水平水稻抽穗前后干物质积累及养分需求比例(间作)

| 品种 | 产量水平/(t/hm²) | n | 干物质积累/% | | N 吸收/% | |
|------|------|---|------|------|------|------|
| | | | 抽穗前 | 抽穗后 | 抽穗前 | 抽穗后 |
| 黄壳糯 | <4 | 2 | 50.1 | 49.9 | 57.2 | 42.8 |
| | 4~5 | 3 | 44.5 | 55.5 | 47.9 | 52.1 |
| | >5 | 3 | 40.8 | 59.2 | 29.4 | 70.6 |
| 合系 41 | <8.5 | 2 | 46.9 | 53.1 | 32.2 | 67.8 |
| | 8.5~9 | 2 | 41.2 | 58.8 | 41.3 | 58.7 |
| | >9 | 2 | 52.1 | 47.9 | 54.3 | 45.7 |

**5. 不同水稻品种间作高产-高效-控病氮养分最佳管理技术综合效应**

通过在云南昆明、楚雄、丽江、陆良等不同生态区、不同土壤肥力水平、不同氮肥施用水平条件下的田间小区试验,明确了不同抗性水稻间作体系(主栽品种与优质糯稻)的养分吸收利用规律。通过氮肥总量控制,分期调控,基追肥比例降低,通过测定叶绿素值(SPAD 值)进行分期追肥,集成不同水稻品种间作体系的高产-高效-控病的氮养分最佳管理技术。

与农户习惯施肥相比,在单作和间作条件下,氮优化技术分别增加黄壳糯产量 580%~753% 和 212%~301%;主栽品种合系 41 产量分别增加 6.8%~24.1% 和 7.8%~25.6%。黄壳糯叶瘟分别降低 24%~43% 和 19%~22%;穗瘟分别降低 2%~7% 和 17%~33%。

与常规推荐施肥相比,氮优化技术在单作和间作条件下分别增加黄壳糯产量 95.6%~123.3% 和 21.2%~117.7%,合系 41 产量分别增加 5.5%~10.7%。分别降低黄壳糯叶瘟 9%~21% 和 2%~23%;穗瘟分别降低 6% 和 15%~28%。

**6. 不同水稻品种间作高产-高效-控病氮养分最佳管理技术模式**

通过多年多点在不同生态区、不同肥力等条件下的系统研究,云南农业大学间套作养分资源管理课题组建立了高产高效控病的不同水稻品种间作栽培方法和氮肥优化管理技术,形成了云南省不同水稻品种间作的高产高效技术模式图(表 76-16)。

## 76.3 云南省主要农作物间套作高产高效技术的示范应用

云南农业大学间套作养分资源管理课题组,通过在昆明、玉溪、曲靖、楚雄等地的田间试验,主要研究了云南不同生态区、不同氮肥施用水平下,小麦蚕豆间作、不同品种水稻间作、玉米马铃薯间套作等云南主要农作物间套作体系的"高产-高效-控病"养分优化管理技术,并进行了示范与推广应用,为云南省促进间套作节本增效提供了科学依据和指导。

自 2008 年以来,云南省主要农作物间套作高产高效技术先后在云南省 4 个地州 13 个县累计完成了 165 万亩示范推广面积,平均每亩增产 64.5 kg,氮肥施用减少 15%~50%,氮肥利用率提高 10% 以上,每亩节约氮肥(N)2.5~7.5 kg,作物病害平均防效 27%~58%,农药用量减少 1/3 以上;平均每亩节约成本 10~15 元。累计增加粮食 6 328.8 万 kg,节约氮肥 745.6 万 kg,新增纯收入 12 768.22 万元。通过本项目的实施,有效提高了养分资源的利用效率,减少了化肥、农药施用,提高了土地利用率,减少了环境污染,增强了农田生物多样性和农田生态稳定性,促进了农民的增产增收,促进农业生物多样性的利用和可持续农业的发展。取得了显著的社会效益和生态效益。

**表 76-16**
**云南省间作水稻高产高效技术模式**

| 适宜地区 | 本技术规程适用于云南省丽江、红河、楚雄等主要水稻种植区。 | | | | | |
|---|---|---|---|---|---|---|
| 高产高效目标 | 主栽水稻产量目标：中低海拔区（1 500～1 700 m）650～700 kg/亩，高海拔区（1 700 m 以上）550～650 kg/亩，氮肥生产效率＞40 kg/kg N，优质糯稻稻瘟病降低 45%～60%，较单作水稻节约氮肥 10%～15%。 | | | | | |
| 时期 | 准备良种 | 播种育秧 | 整地-移栽 | 返青-分蘖-拔节 | 孕穗-抽穗 | 收获 |
| 生育期图片 | | | | | | |
| 主攻目标 | 最佳品种搭配 | 培育适龄壮秧 | 苗齐、苗匀、苗全、苗壮 | 促分蘖、培育壮苗、控蘖壮株、促穗 | 防病虫、防早衰、促灌浆、增粒重 | 适时收获 |
| 主要技术措施 | 选择优良品种、高产品种与优质品种合理搭配<br>1. 品种搭配原则<br>1）RGA 相似遗传距离<0.75；<br>2）品种表现差异：株高差异<30 cm 左右，品种成熟期<10 d；<br>3）高产品种与优质品种搭配：高产品种与优质品种搭配，建议搭配品种如：<br>合系 41/黄壳糯<br>楚粳 26/黄壳糯<br>Ⅱ优 86/大白秆 | 培育适龄壮秧<br>1. 播期调整：实行分段育秧，早熟的品种迟播，迟熟的品种早播。<br>2. 育秧技术：根据移栽节令，在培肥苗床的基础上，实行旱育秧或湿润薄膜育秧，湿润薄膜植薄膜育稀润薄膜育秧技术。 | 1. 整地施肥<br>犁田前，将有机肥一次性施入田间，然后翻犁到 20～25 cm 土层，1 000 kg/亩。苗施普钙 50 kg（$P_2O_5$ 8 kg），硫酸钾 10 kg（$K_2O$ 5 kg），整田时或移栽前一天施入。<br>2. 种植模式<br>以高产矮秆品种条栽为基础，每隔 6 行多加插 1 行高秆优质稻。<br>3. 种植规格<br>高产矮秆品种单苗栽插，株距 15 cm，宽行 30 cm；高秆优质品种丛栽，每丛 3～5 苗，丛距为 30 cm。<br>4. 定量基本苗，合理栽插，适时移栽<br>根据品种特征特性，目标产量，秧苗素质，通过"扩行缩株"科学合理定量基本苗和穗数，按（3×9）或（4×9）cm 带清水苗水后拉线浅插，亩栽 1.7 万～2.2 万丛，每丛 1 本苗。<br>5. 精确定量灌溉，浅水（2～3 cm）管理。 | 促分蘖、培育壮苗、控蘖壮株、促穗<br>1. 全程实施水稻精确定量栽培施肥技术。<br>2. 定量追施返青分蘖肥：尿素移栽后 5 d 施入 5 kg（N 2.3 kg），12～15 d 施 8 kg（N 3.7kg）。<br>3. 薄水分蘖、苗够晒田，追肥浅灌浅水（2～3 cm 水层）管理、干湿交替，以水护苗、促进秧苗早发新根和根长有效分蘖。茎蘖数达预期有效穗数的 80% 时排水分次晒田，程度逐渐加重，达到田面不陷脚。 | 1. 促花肥<br>水稻叶龄进入倒 4 叶量施尿素 7 kg（N 3.22 kg）。<br>2. 保花肥<br>水稻叶龄进入倒 2 叶量施入尿素 5～6 kg（2.3～2.76）。<br>3. 促花保花肥<br>看苗情（SPAD 值）确定氮肥用量，同作水稻可比传统氮肥减少 10%～15%。<br>4. 稻瘟病防治<br>叶瘟不使用农药，穗瘟必要时用三环唑防治一次。45% 三环唑可湿性粉剂 100～120 g 兑水 60 kg 喷雾防治。<br>5. 飞虱、叶蝉、黏虫可用 80% 敌敌畏乳油 6～8 mL 或 10% 吡虫啉 20～30 g 兑水 60 kg 喷雾防治。 | 1. 机械收获<br>人工先将高秆品种收获，然后机械收获矮秆品种。<br>2. 人工收获<br>可根据农户需要，分品种收获或混合收获。 |

### 76.3.1　小麦蚕豆间体系高产-高效-控病的氮养分最佳管理技术

在不同生态区、不同肥力、不同氮肥施用水平条件下,小麦/蚕豆间作体系增产 9.5%~65.9%,氮吸收量提高 2.27%~89.4%,氮肥利用率平均提高 10.1%~19.7%,节约氮肥 15%~50%。蚕豆枯萎病发病率和病情指数降低 35.3% 和 54.1%,间作小麦白粉病平均防效 22.5%~60.2%,小麦锈病防效 22.2%~100%。

自 2008 年以来,累计在云南省玉溪市、保山市、丽江市累计推广 38 万亩,增加产量 878.81 万 kg,节省肥料 152.6 万 kg,肥料利用率提高 10% 以上,病害相对防效达 25.3%~56.5%,农药用量减少 1/3,新增纯收入 2 429.2 万元。

在不同生态示范推广区平均小麦增产 30~60 kg/亩,每亩增产蚕豆 113.3~186.7 kg,节约氮肥 (N)2.5~7.5 kg/亩,减少农药用量 1/3~2/3,节约成本 15~20 元/亩,增收 80~150 元/亩。

### 76.3.2　不同抗性水稻品种间作体系高产-高效-控病氮养分最佳管理技术

通过云南昆明、楚雄、丽江、陆良等不同生态区、不同土壤肥力水平、不同氮肥施用水平条件下的田间小区试验,明确了不同抗性水稻间作体系(主栽品种与优质糯稻)的养分吸收利用规律,阐明了间作体系氮肥施用水平对水稻产量和稻瘟病的影响及作用机制,通过氮肥总量控制和分期调控(后期追肥根据叶绿素值调控)的氮肥优化措施,建立了水稻间作体系的高产-高效-控制稻瘟病的氮养分优化管理技术。在不同生态区、不同土壤肥力水平下,与农户习惯施肥相比,氮肥优化管理技术的氮肥用量减少 50%,与常规推荐施肥相比,氮肥用量减少 16.7%。

自 2008 年以来,累计在云南省保山市、丽江市、曲靖市推广 70 万亩,增加产量 2 442 万 kg,节省肥料 195.5 万 kg,肥料利用率提高 12%~13.5% 及以上,病害相对防效达 18.5%~43.5%,农药用量减少 1/3,新增纯收入 4 697 万元。

在不同生态示范推广区,水稻平均增产 45~65 kg/亩,节约氮肥 (N)2.5~7.5 kg/亩,减少农药用量 1/3~2/3,节约成本 15~20 元/亩,增收 80~130 元/亩。

### 76.3.3　玉米马铃薯套种体系高产-高效最佳养分管理技术

通过云南曲靖、昭通等不同生态区、不同土壤肥力水平下的田间试验和示范,明确了玉米/马铃薯套种体系的养分吸收利用规律,评价了其间作产量优势,建立了玉米/马铃薯套种体系高产-高效养分最佳管理技术。

自 2008 年以来,累计在曲靖市、昭通市推广 55 万亩,增加产量 3 008 万 kg,节省肥料 297.5 万 kg,肥料利用率提高 12% 以上,病害相对防效达 12.3%~43.5%,农药用量减少 1/3,新增纯收入 5 652 万元。

在不同生态示范推广区,平均增加玉米产量 60~85 kg/亩,节约氮肥 (N)2.5~5.0 kg/亩,节约成本 10~15 元/亩,增收 80~300 元/亩。累计增加产量 6 800 万 kg,节省肥料 676 万 kg,肥料利用效率提高 12% 以上,病害相对防效达 12.3%~43.5%,农药用量减少 1/3。

### 76.3.4　玉米大豆间作体系高产-高效最佳养分管理技术

通过云南昆明、曲靖、昭通、文山等不同生态区、不同土壤肥力水平下的田间试验和示范,明确了玉米/大豆间作体系的养分、水分利用规律,评价了其间作产量优势和养分、水分利用优势,建立了玉米/大豆间作体系高产-高效最佳养分管理技术。

在不同生态示范推广区,平均增产 14.2%~26.7%,节约氮肥 (N)2.5~5.0 kg/亩,节约成本 10~15 元/亩,增收 80~150 元/亩。肥料利用效率提高 15% 以上,水分利用效率提高 5%~12%。

### 76.3.5 其他间作体系最佳养分管理技术

**1. 大麦蚕豆、油菜蚕豆间作体系养分管理技术**

在云南昆明、玉溪、陆良等不同生态区、不同土壤肥力水平、不同氮钾施用水平下的田间试验,明确了大麦/蚕豆、油菜/蚕豆间作体系的养分吸收利用规律,明确了氮钾施用水平对产量、养分吸收利用和病害发生的影响,建立了氮养分最佳管理技术。

在田间试验条件下,大麦产量提高 4.02%～20%,蚕豆产量提高 34.55%;油菜经济产量提高 5.9%～26.04%,蚕豆产量增加 1.6%～12.13%。大麦氮吸收量提高 5.2%～59.8%、钾吸收量提高 1.9%～29.2%,磷吸收量提高 19%～53%。油菜氮钾吸收量分别提高 9.1%～45.83%,0.8%～80.1%。氮肥利用率平均提高 6.5%～15%。

**2. 辣椒玉米间作体系养分管理技术**

通过云南昆明、文山的田间试验和示范,明确了辣椒/玉米间作体系的养分利用规律,建立了不同辣椒品种的最佳间套种方式和最佳养分管理技术。在文山示范推广区,辣椒平均增产 45～60 kg,节约氮肥(N)2.5～5.0 kg/亩,增收 120～300 元/亩。

核心区 2 片 200 亩,中心示范 20 000 亩,示范推广 18 万亩,辐射带动 56 万亩。

**3. 玉米魔芋间作体系养分管理技术**

在云南昆明通过不同土壤肥力水平下的田间试验,明确了玉米/魔芋间作体系的养分吸收利用规律,评价了其间作产量优势,初步建立了玉米/魔芋间作体系最佳养分管理技术。

田间试验条件下,土地当量比为 2.2,玉米产量提高 37.9%。

**4. 烤烟套种玉米体系养分综合管理技术**

在云南曲靖、红河进行了烤烟生长后期套种玉米、白菜田间试验,初步明确了烤烟适宜的套种作物类型、套种时间和套种方式。

在云南省烤烟种植区,玉米最佳套种时间为烤烟采烤第二炉时套种,具体时间为 7 月末至 8 月初,通过烤烟套种玉米,烤烟产量提高 5%～10%,玉米产量提高 10%～20%,节约肥料 10%～20%。玉米大小斑病减轻 10%～30%。

**5. 主要蔬菜养分吸收利用规律与周年养分管理技术**

在调查分析云南主要蔬菜的生产布局、蔬菜施肥的现状、存在问题的基础上,对滇池流域 7 类 13 属 21 种蔬菜作物全生长期生长动态和氮磷钾养分吸收特性的监测数据进行了总结,明确了各种蔬菜干、鲜物质增长动态变化情况和氮磷钾养分吸收累积规律;明确了各类蔬菜养分吸收和生长量累积主要时期,不同时期以及全生育期氮磷钾养分吸收量、吸收速率和比例;明确了生产 1 000 kg 商品菜氮磷钾养分吸收量和总吸收量,产量状况,植株整株养分含量以及不同部位养分含量等重要技术参数。初步建立了云南周年生产中的主要蔬菜养分管理技术。编写出版了云南马铃薯施肥指导意见和西芹、荷兰豆施肥指南。

## 76.4 云南省主要农作物间套作高产高效技术创新与应用的展望

间套(混)作在云南农业生产中一直占有重要地位,是云南省探索和发展粮食高产、资源节约及环境友好的主要农业生产模式与技术。自 2009 年起,云南省实施"优质粮油生产基地建设工程"和"百亿斤粮食增产计划"。在今后几年时间里每年增产粮食 40 万 t 左右,到 2020 年全省粮食总产量达到 2 000万 t,粮食自给率达到 95%左右。确保每年粮食播种面积在 6 500 万亩左右。每年完成 200 万亩改造任务,力争到 2020 年新完成中低产田改造 2 000 万亩,使全省高稳产农田达到 5 000 万亩。因此,今后还将进一步集成间套作作物养分需求与养分供应时空匹配技术,提高土壤质量技术和配方肥物化技术;进一步验证和反馈优化云南主要间作作物体系最佳养分管理的技术指标体系;建立云南主要间作作物体系最佳养分管理的区域模式,进一步示范推广。同时,与肥料企业和生产基地联合,进一步开发、示范、推广应用配方肥,加大物化技术的推广应用力度;开展蔬菜、果树等经济特色作物的有机肥定量、水肥一体化技术参数研究和养分综合管理技术的研究与应用。

## 参考文献

[1] 李勇杰,陈远学,汤利,等.不同分根条件下氮对间作小麦生长和白粉病发生的影响.云南农业大学学报,2006,21(5):581-585.

[2] 李勇杰,陈远学,汤利,等.不同根系分隔方式对间作蚕豆养分吸收和斑潜蝇发生的影响.中国农学通报,2006,22(10):288-292.

[3] 李勇杰,陈远学,汤利,等.地下部分隔对间作小麦养分吸收和白粉病发生的影响.植物营养与肥料学报,2007,13(5):929-934.

[4] 孙雁,王云月,陈建斌,等.小麦蚕豆多样性间作与病害控制田间试验.朱有勇.生物多样性持续控制作物病害理论与技术.昆明:云南科技出版社,2004.

[5] 唐旭,郑毅,汤利,等.间作条件下的氮硅营养对水稻稻瘟病发生的影响.中国水稻科学,2006,20(6):663-666.

[6] 肖靖秀,郑毅,汤利,等.小麦蚕豆间作系统中的氮钾营养对小麦锈病发生的影响.云南农业大学学报,2005,20(5):640-645.

[7] 肖靖秀,周桂夙,汤利,等.小麦/蚕豆间作条件下小麦的氮、钾营养对小麦白粉病的影响.植物营养与肥料学报,2006,12(4):517-522.

[8] 周桂夙,肖靖秀,郑毅,等.小麦蚕豆间作条件下蚕豆对钾的吸收及对蚕豆赤斑病的影响.云南农业大学学报,2005,20(6):779-782.

[9] Chen Y X,Zhang F S,Tang L,et al. Wheat powdery mildew and foliar N concentrations as influenced by N fertilization and root interactions with intercropped faba bean. Field Crop Research,Plant and Soil,2007,291(1-2):1-13.

[10] Li L,Sun J H,Zhou L L,et al. Diversity enhances agricultural productivity via rhizosphere phosphorus facilitation on phosphorus-deficient soils. PNAS,2007,104:11192-11196.

[11] Morris R A,Garrity P S. Resource capture and utilization in intercropping:non-nitrogen nutrients. Field Crops Research,1993,34:319-334.

[12] Zhu Y Y,Chen H R,Fan J H,et al. Genetic diversity and disease control in rice . Nature,2000,406:718-722.

## 发表的主要论文

[1] 董艳,汤利,郑毅,等.间作条件下施氮对蚕豆根际微生物区系和枯萎病发生的影响.生态学报,2010(7).

[2] 姬育芳,周文利,钱玲,等.氮优化措施对黄壳糯/合系 41 间作水稻产量和稻瘟病发生的影响.云南农业大学学报,2009,24(1):82-96.

[3] 姜卉,赵平,汤利,等.云南省不同试验区小麦蚕豆间作的产量优势分析与评价.云南农业大学学报,2012,5:646-652.

[4] 刘润梅,范茂攀,汤利,等.云南省水稻生产中的肥料偏生产力分析.云南农业大学学报,2012,27(1):117-122.

[5] 鲁耀,郑毅,汤利,等.施氮水平对间作蚕豆锰营养及叶赤斑病发生的影响.植物营养与肥料学报,

2010,16(2):425-431.

[6] 王宇蕴,郑毅,汤利. 间作小麦根际和土体磷养分的动态变化. 云南农业大学学报,2011,26(6):851-855.

[7] 肖靖秀,汤利,郑毅. 氮肥用量对油菜/蚕豆间作系统作物产量及养分吸收的影响. 植物营养与肥料学报,2011,6:1468-1473.

[8] 赵平,汤利,郑毅,等. 小麦蚕豆间作施氮对小麦氮吸收、累积的影响. 中国生态农业学报,2010,18(4):742-747.

[9] Tang Li,Lu Guoli,Cu Yiou,et al. Effect of N level on rice yield,nitrogen accumulation and rice blast occurrence under rice intercropping. The Proceeding of the International Plant Nutrition Colloquium XVI,2009:1215.

[10] Tang Li,Wang Yuyun,Zheng Yi. Effects of different wheat varieties intercropped with faba bean on rhizosphere available phosphorus and root growth of wheat. XVII. International Plant Nutrition Colloquium,2013,9.

(执笔人:肖靖秀　汤利　郑毅)

# 第77章
## 现代农业推广的探索

在我国传统农业向现代农业的转变过程中农业推广起着越来越重要的作用。然而,计划经济体制下形成的传统农技推广体系已出现诸多问题,无法适应现代农业发展的现实需要,特别是无法对大多数相对贫困的种粮农民进行有效的技术服务,由此出现的马太效应,将进一步拉大农村内部的贫富差距,严重影响我国现代农业建设和农村的健康发展。我们在四川省简阳市东溪镇示范推广水稻高产高效养分管理技术过程中,大胆进行现代农业推广体制机制的探索,从推动农民组织建设着手,探索提高新技术入户率和到位率,培养基层农业推广人才和农民土专家,提高农民素质,促进农村繁荣的新模式和新方法,取得较好成效。其中,在全国首创了"专家+协会+农户"的农技推广新模式,从2005年开始连续5年被写进四川省委和省政府的一号文件。本文总结了我们的主要工作。

## 77.1 探索的背景

在农业科研、政府、农技推广与农民的技术供需脱节,国家层面的改革面临诸多问题和盲区的情况下,要尽快从根本上改变农技推广现状,切实提升农技服务效果,确保多数被边缘化的种粮农民获得有效的技术服务,须立足实际、针对问题进行体制和机制的创新。从2003年开始,国家"948养分资源综合管理"项目、"粮食丰产科技工程项目"和"863节水农业项目"相继在简阳市东溪镇实施,以"水稻覆膜节水高产高效综合技术"为关键技术的稻田高产高效养分管理技术在该镇体现出了显著的抗逆增产效果,深受当地农民欢迎。为加快技术成果转化,提高农民综合素质,促进农民增粮增收,我们没有采取常规依靠补贴的办法,而是针对农技推广的问题和农民实际,在技术推广的机制和推广方式方法上进行了创新,组建成立了"东溪生态农业科技产业化协会",探索出了"专家+协会+农户"的农技推广新模式。我们以协会为平台,以农民为中心,以镇农技人员和村社能人为基础,以专家为依托,以培养农民、服务"三农"为目标,开展了一系列的全程技术指导、农民技能培训、素质培养和产前、产后的相关服务,有效促进了技术推广和农民增粮增收。

## 77.2 "专家+协会+农户"的主要做法

### 77.2.1 组织机构及管理

整个组织以协会为纽带,将农民、科研院校的专家、镇农技员、村社干部和村社能人紧密地联系在一起。入会采取开放、自愿的原则,只要承认协会章程,每户每年交 10 元会费,即可入会;退会自由,如对协会不满意,可随时退会。

我们以乡镇为单位成立总会,管理人员包括协会内部的村社能人、镇农技站人员、科研院校专家。特增设了技术总监,由科研院校的专家担任,负责提供会员所需和专家推荐的技术、信息,培训和指导总会技术人员。为便于管理,再根据会员数量,以村为单位设立分会。总会负责对各分会协调和指导,负责培训和指导分会技术人员,监督分会财务。分会再对每一个会员进行技术指导,处理协会具体事务。

### 77.2.2　协会对会员的服务

**1. 及时向会员提供其需要的、全方位的、优质的、有效的技术服务**

包括技术培训和技术指导。技术培训以多媒体培训和现场示范为主;技术指导则采取从种到收的全程、全员田间指导,指导到每一户会员、每一个田块、每一个环节。在生产关键季节,协会技术员随时在会员的田间地头巡查,一发现问题就会立即通知会员进行现场指导,以确保技术落实和效果。

**2. 统一向会员提供生产所需的农资**

在自愿的前提下,协会统一给会员优价提供种子、农药、化肥、薄膜等生产资料。这样极大方便了会员,保证会员能得到优质、优价的农资,减小了一家一户购买农资的风险和成本,避免了肥料、农药的不合理使用,促进了农业标准化生产。

**3. 及时组织会员进行各种经验交流活动**

协会经常组织会员开展经验交流活动,及时找出会员在新技术应用过程中出现的问题,帮助会员分析问题、解决问题,使会员在此过程中,综合素质得到提高。协会还充分利用组织的优势,组建专业队伍对会员进行病虫害的统防统治;在会员中规模推广频振杀虫灯、柑橘捕食螨等节本、省工、生态的植保技术;带领会员闯市场,努力将会员产品转化为商品,增加会员收入;根据会员需求,发展特色产业。

## 77.3　"专家＋协会＋农户"对农村社区的影响

"简阳市东溪镇生态农业科技产业化协会"自 2004 年 2 月成立以来,在不到 3 年时间,会员就由 20 多户猛增到 2 000 多户,表现出了强大的生命力,对当地农村经济发展、生态环境等方面产生了较大影响。

**1. 对农业生产和农民收入的影响**

促进了科技成果的快速转化,实现了会员增粮增收。旱育秧作为一项节本、省工、高效的技术在我省推广 20 多年,实际推广面积仍不如人意,即使在一些干旱地区也是如此。2003 年简阳市东溪镇推广面积不足 50 亩,仅占水稻种植面积的 0.6%。2004 年开始在协会的推动下,仅仅 3 年后,全镇 8 000 余亩水稻 95% 左右都采用了旱育秧。同样,以前推广缓慢的耕制改革、春玉米等种植模式和新技术,均在 2～3 年内就在协会得到全面推广。协会通过引进、示范、推广新技术,极大解放了会员劳动力,增强了抗灾减灾能力,降低了生产成本,并显著提高了单产,会员人均年增收 400 元以上。

**2. 对当地生态环境的影响**

协会从无公害生产技术及统一提供农资入手,从源头上控制了高毒、高残留农药的使用。解决了农民不合理施肥、不科学用药的问题,极大改善了生态环境。如协会推广的 3 000 余亩高压频振杀虫灯、柑橘捕食螨等无公害防治技术,每年减少农药使用量 40% 以上;会员 3 000 余亩稻田近年来一直实行免耕和秸秆还田,这样既培肥了土壤,又避免了焚烧秸秆造成的空气污染。

**3. 对当地农民和基层政府的影响**

协会对会员的服务始终体现以人为本,在搞好技术传输和指导的同时,还利用各种机会,培养他们的团队意识、环境意识、社会意识,提高他们正确认识问题、分析问题、解决问题的能力。这样,不仅提高了会员的综合素质,培养了一批农民"土专家",更增强了技术推广的效果。另外,通过协会这个纽带,农民与基层政府的联系、沟通得到加强,基层政府职能得到转变,干群关系也得到了极大改善。

## 77.4　"专家＋协会＋农户"的创新

"专家＋协会＋农户"表现出了强大的生命力,得到各级干群和相关专家的好评和媒体的关注,关键在于这种模式针对当前农技推广和农民、农业生产中的问题进行了创新。

### 77.4.1　组织创新

**1. 把科研、推广、农民有机结合在一起,实现了科研与推广的零距离、推广与农民的零距离**

我国的"农、科、教"分离问题由来已久,传统的推广体系不但自身问题严重,还无法和科研、教学单位正常沟通,甚至会因部门利益相互阻碍。"专家＋协会＋农户"模式正是把专家、基层农技推广人员和农民以民间的形式直接、有机、灵活地结合在了一起,整合和充分利用了现有资源,解决了以前技术资源和推广脱节的问题,减少了技术推广的环节,避免了技术失真,使专家的最新成果能在第一时间转化为生产力。通过专家直接参与推广,缩短了信息反馈时间,有利于专家及时获取来自生产一线的真实信息,并针对生产中存在的问题进行技术的改进、完善和新技术的研究,形成"科研(教学)—生产—科研(教学)—生产"的良性循环。

**2. 把分散的农民组织在一起,提高了推广效率**

同许多西方发达国家不同的是,我国农业技术推广部门面临的是经营规模极小的千家万户,这就注定了推广效率的低下。不仅如此,农民的从众心理,还会因别人对新技术的顾虑造成消极影响,进一步阻碍对新技术的采用。协会把分散的农民组织起来后,专家和技术人员面对的是一个集体,专家只需对少数技术人员进行指导和培训,而大量的面对一家一户的工作就分解给协会技术人员来做。同时,以前农民的个人行动变成了集体的统一行动,会员之间还会相互产生积极影响,这样不但解放了专家,还提高了推广效率,保证了推广效果。

**3. 团结和充实了村级力量,真正解决了"最后一公里"的问题**

协会吸收了最重要的一支力量——村社干部和村社能人,他们是协会承上启下的关键人物。农民技术员作为农民的"自己人",具有和农民相同的社会背景和社会关系结构,更了解当地的实情和农民的需求,更容易和农民交流沟通,取得农民信任。和乡镇农技人员相比,农民技术员又是最稳定、最直接和农民接触的最佳人选,特别是在农技人员数量不足、工作繁杂、时间有限的情况下,只有依靠村社技术员才能真正解决"最后一公里"的问题,保证对农民指导、服务的时间和效果。

**4. 协会服务的市场化,协会组织的民间性,保证了人尽其才,才尽其用**

农民交费入会,实质就是购买协会的服务,维系买卖双方关系的是市场规律而不是行政强迫,这就使得协会必须想方设法向会员提供其需要、满意的服务,否则,协会就会因失去顾客而解体。另外,协会是民间组织,其管理人员都是经过农户和协会双向选择而来,而不是行政安排,避免了行政因素造成的人员内耗,保证了人尽其才,才尽其用。

**5. 协会的各成员互相依托,组成了一个利益共生体,并各得其所**

农民采用了专家提供的新技术,得到了协会优质的服务和信息,产量提高了、收入增加了、素质提高了;村社带头人通过协会这个平台,有了施展才能的机会。加上给农民带来了实惠,其在农民心中的地位得到巩固,村社干部也因此增加了继任或提拔的可能性;镇农技人员通过专家的培训、借助专家的力量,自身素质得到提高,工作得到认可,自身价值得到体现;基层政府因专家的影响和协会的工作使干群关系得到改善,促进了地方经济的发展;专家则依靠协会的力量,能很快使其成果得到转化,项目得以圆满完成。

### 77.4.2 服务方法创新

**1. 协会的"两全"保姆式服务真正解决了传统农技服务效果差的问题**

传统的农技推广由于体制、资金等原因,往往只能采取发放资料、开培训会、建设"以点'代'面"的示范点的方式,而无法顾及最终效果。这种方式往往导致农民怕担风险而不敢采用新技术,甚至不相信技术人员,即使采用了也大多因缺乏后续指导而达不到应有的效果,甚至造成损失。协会对会员则是从种到收的"全员"、"全程"跟踪指导,不但把会员"扶上马",还要"送到家"。尤其每一项新技术推广的前2~3年,只有采取这种"保姆式"服务才能保证大多数会员户完全掌握和运用,才能确保新技术的效果,才能获得会员的信任,解除会员的后顾之忧。特别是随着留守农民的老龄化、妇女化问题越来越突出的情况下,这种"两全"服务实为科学的"笨"办法,如旱育秧、覆膜水稻等新技术之所以短短两三年就在协会全面推广,和协会的保姆式服务是分不开的。

**2. 科学的参与式服务促进了协会各方共同发展**

协会强调参与式推广,注重和会员平等互动,引导会员共同解决问题。在推广每一项新技术前后,都会举办以会员为主体的技术研讨会。并一改以往政府定调子、专家开方子、农民交卷子的自上而下、农民被动参加的形式,变为会员主动参与、专家科学指导的自下而上、上下结合的科学参与式活动,让会员相互交流应用新技术的经验、教训,从而消除会员对新技术的顾虑,让其走出新技术运用的误区,并进一步规范和完善技术。在这个过程中,专家也能从农民提出的问题和建议里,获得来自生产一线的宝贵信息,为新技术创新研究储备第一手资料。

## 77.5 "专家＋协会＋农户"的局限

看到协会当初强大的生命力,会员对协会的信任程度、技术效果之好、甚至也培养了一批农民骨干和村社干部,我们以为已经走出了一条农技推广的崭新道路,可以大功告成了。然而,当我们正在系统总结协会的经验时,协会却慢慢出现了一些问题:a. 随着分会规模的扩大,管理和技术人员不够导致有的分会服务不到位;b. 协会的发源地新胜村因为村内主要干部间的私人矛盾导致协会骨干人员流失;c. 参与协会技术指导的镇农技员的变动导致技术人员缺乏;d. 协会运作经费的问题等。其实,这些问题虽然对协会有影响,甚至是比较大的影响,但终究是可以解决的。而这种模式或协会本身的功能存在的局限,可能才是问题的关键。

首先,协会当初成立的目的就是为了推广水稻高产高效技术,并且整个运作过程中,也一直以推广技术为宗旨。也就是说,协会的功能就是单一的推广技术。我们都知道,技术本身的更新需要过程,农户掌握一项技术后,可能就会连续使用多年,在这种情况下,协会如果不能持续提供更好的、农户更感兴趣的新技术时,协会的吸引力自然会大打折扣。

所以,我们当初为了推广技术而推广技术时,忽略了2个问题,一是农户的需求是多方面的,可能技术的需求和所能发挥的作用,对农户而言,根本不是最重要的,而协会只给农户提供技术服务,只能满足其单一的技术需求。协会,或许可以解决技术问题,但无法给农户带来显著的经济效益,无法满足农民的综合需求,也无法解决把农民长久组织起来的问题。二是技术问题并不是孤立的问题,也和多种因素有关,也即,农户对技术感不感兴趣,采不采用,除了技术本身外,还和我们的推广方法、自然条件、市场风险、农村风俗习惯、农民家庭情况、健康状况、劳动力情况、农户喜好甚至精神状态等等有关。

因此,协会只提供技术服务的单一功能的局限和农户需求的多样性就产生了矛盾,这个矛盾的爆发时间就是农户完全掌握了协会提供的新技术而不再需要技术服务的时候。也就是说,协会的技术服务越好,技术推广的效果越好,农户掌握的越快,协会的作用就消失得越快。

## 77.6　新天地合作社的新探索

### 77.6.1　新天地合作社建设的思路

针对协会的局限和问题,我们通过不断反思和总结。意识到做好技术推广的前提是把农民组织起来,或协会、或合作社、或兴趣小组。更重要的是,不管哪种农民组织,其功能必须是综合性的。正如水桶短板原理,影响技术推广的因素是多方面的,技术这块板再长,其他板子不行,整个效果就会受影响。也就是说,就技术而推广技术是有问题的,必须将技术推广放在整个农业、农村发展的大环境下,针对农户的综合需求,给农户提供综合服务,解决农户面临的综合问题,也即综合的农业推广。这样,才能取得好的效果。2010 年,简阳市新天地水稻种植专业合作社在简阳市东溪镇双河村成立了。

可以说,新天地合作社既是"东溪镇生态农业科技产业化协会"的延续,因为其目的还是探索农业推广和农村发展的新路子,更是协会的蝉变。合作社取名"新天地"的意思就是希望我们在新的合作社有新的创举,取得新的成功。

新天地合作社成立后,我们首先还是以推广特色产业和技术——"覆膜有机水稻"为突破口。和以往协会不同的是,合作社没有停留在单一的技术服务上。在提供技术服务的同时,还帮助合作社做好生态农产品的销售服务,从单一的技术服务拓展到了整个产业的服务。

更大的变化和创新还在于,合作社的功能定位从单一的技术推广拓展到了促进农村综合发展。功能定位变了,服务也就变了,组织架构也随之而变了。

合作社的组织机构除了理事会、监事会、生产发展部、技术服务部等常规部门以外,还有综合发展部、农民田间学校、老年协会、妇女协会、文艺队、留守儿童之家、健康俱乐部、文化中心。这些机构就是在给社员提供技术和产业服务的基础上,提供文化娱乐、培训学习、家庭教育、村容整治、健康养老等综合服务。

也许有人认为,农民合作社搞这些综合的服务,会不会有不务正业之嫌。我们知道,单一的技术服务或经济服务,协会或合作社受技术本身和市场的影响很大,一旦技术出了问题或农户掌握了技术,或不能满足农户增收的承诺,农户就会对协会或合作社失去信任,从而让合作社面临解体的风险。而这种综合服务,哪怕技术出了问题,或短期内不能给农户带来显著的经济效益,农户还可以从文化娱乐、养老保健、学习培训等其他渠道得到利益。所以,这种综合服务不但能很好地推广技术,还能促进当地农业、农村的综合发展,实现农技推广的经济价值、生态价值和社会价值的协调统一。也正是这些综合的、看起来不务正业的活动和综合服务,使合作社的生态农业和整体发展迈入了新天地。

### 77.6.2　新天地合作社的具体做法

#### 1. 加快生态农业产业服务

生态农业是合作社的主要特色,为了尽快扩大规模,确保效果,合作社在合理规划的基础上,依托生产发展部和生态农业技术兴趣小组,对生产关键环节进行统一管理。比如,由合作社统一提供优质常规种、地膜,按生产小组集中苗床地,统一育秧;在分户移栽大田后,由合作社统一安排人员喷施沼液,防治病虫害。这样,既减轻了农户的劳动力,又提高了效率,保证了效果,技术兴趣小组还能在这个过程中共同学习提高。

在保证生产环节的基础上,合作社在每年年底都会邀请成都、资阳、简阳等周边城市的消费者代表到合作社参加一年一度的生态农产品品尝会。在这个会上,城市消费者除了能品尝到安全可口的各种生态美味、观赏朴实纯真的乡土文艺节目外,更重要的是能到田间地头与农户沟通交流,充分了解生态农产品的生产环节、生产过程,从而和生产者、合作社建立一种互信关系,为以后的"CSA"生态产品直销模式奠定基础。

**2. 加强社员培训学习**

以人为本是合作社发展的宗旨,社员的综合素质决定了合作社的未来,只有加强全体社员的培训学习,逐步提高农户的综合素质,合作社才能持续发展。

为此,合作社依托农民田间学校,经常性地举办各类研修班、培训班,学习的内容也涉及生态农业、环境保护、传统文化、组织管理、社交礼仪、营养保健等方方面面。

学习的方法,也引入了"世界咖啡式汇谈"、农民田间学校及成人教育的参与式方法。比如,合作社要制定发展规划,或讨论某个重大事项,或制定某个技术试验方案,都会邀请社员代表或相关人员分组讨论,大家在轻松和谐、相互尊重的氛围下,充分讨论,发挥集体智慧的力量,最终形成统一的意见和方案。合作社在讨论和学习的过程中,也会穿插一些游戏,让大家在快乐中学习,在游戏中有所收获。这样,既增加了学习的趣味性,又增强了学习效果,激发了农户学习的自主性。

**3. 举办文化娱乐活动**

合作社在建党节、中秋节、国庆节、春节、重阳节等传统节日和农闲时期,会组织老年协会、妇女协会、文艺队开展一些文艺演出。如今,双河村的文艺演出已远近闻名,不少农户自发把农村生活、生态农业、村规民约创作成小品、歌曲、快板等文艺作品,在农闲和节假日进行演出宣传。特别是每年的春节期间,合作社的草根"村晚"更是吸引了周边村社的农户前来观看,从而营造了浓厚的节日气氛,让外出务工的年轻人感受到了家乡的变化。

**4. 开展健康养生活动**

针对农村慢性病、癌症患者的日益增多,健康问题对农户幸福指数影响越来越严重的问题,合作社成立了健康俱乐部和康复班,把一些对健康有需求的农户组织起来,邀请专家搞一些健康知识讲座、义诊和集体养生运动。

**5. 关爱留守人员**

每到寒暑假,合作社都会利用中国农业大学、四川农业大学、西昌学院、西南石油大学等高校资源,组织一些留守儿童的支教活动。此外,在中秋节、妇女节、重阳节、儿童节,还会组织相应的留守人员组织一些座谈会、茶话会,采取多种形式关爱留守人员。

## 77.7 新天地合作社建设的初步成效

合作社通过近 5 年的综合服务,不管是农业生产还是农民的精神面貌,不管是村容村貌还是民风民俗,都有较大的改变,农民的幸福指数也有所提高。

### 77.7.1 生态产业发展迅速

2010 年合作社刚成立时,加入合作社的社员仅 74 户,发展生态水稻仅 71 亩。通过合作社的综合服务,第二年全村 300 亩稻田就全部断绝农药化肥,采用生态的方式生产。同时,社员也增加到 220 余户,生态种植的作物品种也从第一年的水稻扩展到玉米、小麦、油菜、蔬菜、水果和养殖。目前,合作社已发展生态种植作物面积达 1 000 余亩,品种达 10 余个,发展生态养殖户 100 余户,涉及生猪、土鸡等。合作社还建起了日产 10 t 的大米加工厂,注册了"蜀骄"牌商标,年产生态红米、黑米、黑糯米等特色米4 万 kg。

### 77.7.2 农民增收效果明显

为了促进生态农产品的销售,增加社员收入,合作社引进了社区支持农业的模式和城乡互助的理念,通过生态农产品品尝、农事体验、农耕教育等方式,加强生产者和消费者的沟通交流,建立相互的信任。在此基础上,采用直配、团购等方式进行生态农产品直销,这就大大减少了中间环节的利益流失,增加了农户的收入。目前社员的稻谷销售价达到了 6 元/kg,加上减少化肥、农药等的现金投入,每亩可节约成本 200 元左右,每亩纯利润可达 1 800 元以上,较常规生产增收 1 200 元以上。此外,合作社采用有机生产的蔬菜、紫薯、小麦、菜籽油等,也较常规产品价格高 50％～100％,社员人均可增收400～600 元。

### 77.7.3　生态环境逐步改善

合作社自推广生态农业以来,秸秆焚烧现象得到有效控制,农户都自觉养成了秸秆还田覆盖和做堆肥的习惯。随着有机肥的施用,土壤逐步恢复,板结等状况得到改善。蚯蚓、青蛙、蜘蛛、麻雀等天敌数量也逐步增加,稻田和塘堰里还经常见到白鹭、野鸭子等野生动物的身影。在合作社的统一管理下,双河村的公共环境卫生也得到了明显改善,以前随地可见的白色垃圾现已难见踪影。

由于沼液在生态农业中有着举足轻重的作用,近几年合作社因推广生态农业而新建 200 余口沼气池,沼液广泛运用于病虫害的防治,全村因此减少农药使用量达 85％以上,旱地作物减少化肥使用量40％以上。

### 77.7.4　农业技术快速推广

以前难以推广的农业新技术,在合作社的推动下,得到快速推广。一是频振杀虫灯、沼液综合利用等绿色防控技术得到大面积推广,并因此促进了沼气等农村能源的发展;二是秸秆还田、免耕等保护性耕作技术得到迅速普及,并成为农户的自觉行为;三是酵素、堆肥、多样性种植等生态种植技术逐步推广,农户开始自己制作酵素、土著微生物及堆肥,一些农户还根据生物多样性原理,开始试验不同蔬菜的间套作模式,以减少病虫害的发生。

### 77.7.5　社会效益充分体现

**1. 社员个人综合素质有所提高**

通过合作社经常性的交流学习活动,社员综合素质有所提高,特别是对生态农业的认识越来越全面和深入,口头表达能力和分析问题、解决问题的能力也明显增强。

**2. 精神面貌明显改变**

由于文化娱乐生活不断丰富,村民打麻将的比以前少多了。留守老人和留守妇女依托合作社老年协会、妇女协会和文艺队,经常性的组织唱歌跳舞及健身活动,精神状态明显改善,以前胆子很小的农户也敢于展示自己了。

**3. 集体观念和干群关系极大改善,邻里纠纷明显减少**

三年来,社员的集体观念越来越强,一些以前只顾自己利益的农户也开始认识到集体的重要性,开始考虑集体的共同形象和利益了,对一些小事也不像以前斤斤计较了。村干部明显感觉邻里纠纷比以前少多了。

**4. 健康、环保意识明显增强**

通过合作社的健康讲座和对现实的反思,大多数社员都有了较强的健康意识和环保意识。不少家长开始限制小孩购买垃圾食品,并养成了健康的膳食习惯。现在,社员们生产的生态农产品基本都是首先满足自己家庭和亲戚朋友的需要,多余的才拿来销售,这就说明他们已经真正把健康看得比钱更重要了。

**5. 带动村民移风易俗**

受到城市生活习惯的影响,现在农村的迎来送往现象也愈演愈烈,红白喜事礼金也越来越多,这无形中加重了农民的负担。在合作社的带动下,双河村开始依托老年协会和妇女协会,无偿给有喜事的农户家庭表演节目,并以此取代常规的赶礼。

## 77.8　我们的思考

从当初的"专家＋协会＋农户"的模式到今天的综合性合作社,应该说没有什么成功和失败。因为,没有当初协会的探索,就没有今天的新天地合作社。其实,我们在最近 5 年的探索中,受到最大的启示可能不是某个具体的模式或技术。因为,所有的模式或技术都有其具体的条件和环境限制,都难以推而广之,真正有价值的东西,往往是看不见的,诸如理念、原理、原则等。我们经历的这条坎坷而漫长的现代农业推广的探索之路,充满了酸甜苦辣,而正是这些酸甜苦辣让我们懂得了要达到目标,必须具备 3 个条件:正确的方向、正确的方法和行动。保证正确的方向就得有整全的系统观。从当初单纯的技术推广拓展到综合的农业推广,就是用系统观看问题的结果。对农业推广而言,参与式是有效的方法。只有采用参与式方法,给农户提供展示的平台和机会,鼓励农户建立自信,才能让农民变被动为主动,变向外求为向内求,才能激发农户的自主性。有了正确的方向和方法,行动就是王道。很多创新思维之所以失败,就是被行动前的顾虑打败。只有在行动中创新,在创新中行动,才能到达目标。我们的探索还没有结束,新天地合作社的路还很长,还有很多需要完善的地方,哪怕今天成功的地方,明天可能就是问题。只要我们不放弃用系统观来看问题,沿着正确的方向,采用正确的方法,只要我们行动,脚下的路自然会越走越宽!

## 发表的主要论文

[1] 桂熙娟,吕世华."专家＋协会"——基层农业科技推广的新出路.中国合作经济,2006(3).

[2] 刘全清,崔振岭,吕世华.注重各层次人才的培养,为养分资源综合管理论和技术的应用和发展奠定基础∥张福锁.养分资源综合管理技术研究与应用,北京:中国农业大学出版社,2006,49:1-4.

[3] 吕世华,刘全清.养分资源综合管理中的农技推广新模式——"专家＋协会＋农户"∥张福锁.养分资源综合管理技术研究与应用.北京:中国农业大学出版社,2006.

[4] 吕世华,张颢.对我省农业科技"三大行动"的建议.四川农业科技,2009(3):5.

[5] 吕世华.农技推广新模式"专家＋协会＋农户".四川党的建设(农村版),2006(4):54.

[6] 吕世华.探索的足迹——四川省农业科学院土壤肥料研究所老专家文选.北京:中国农业大学出版社,2006,12:1-360.

[7] 吕世华.专家＋协会＋农户:农技推广的新模式——我们的认识和体会∥江荣凤,杜森.首届全国测土配方施肥技术研讨会论文集,北京:中国农业大学出版社,2007:143-146.

[8] 吕世华.专家＋协会——促进农业科技成果推广的一种新模式.农业科技动态,四川省农业科学院编,2004(16):1-4.

[9] 吕世华."专家＋协会"——粮食丰产科技进村入户的快捷通道∥四川省粮食丰产科技工程领导小组.四川省粮食丰产科技工程现场工作会发言交流材料汇报,2005,9:13-20.

[10] 袁勇,吕世华.专家＋协会＋农户——针对农民需求的农技推广模式探索.四川农业科技,2009(2):12-14.

(执笔人:袁勇　吕世华　张福锁)

下篇

# 顶天立地——从技术到政策，从国内到国际

# 第78章

## 中国农业大学在肥料战略研究方面的部分进展

### 78.1 中国农业大学肥料宏观战略研究小组简介

　　从1996年开始,中国农业大学资源与环境学院组织力量开展肥料战略研究,研究内容涉及肥料施用情况调研、肥料利用效率分析、肥料需求预测、肥料产业竞争力研究、肥料产业政策探索等多个方面。目前已形成了以张福锁教授为首,由十几位技术、经济和政策专家组成的专业研究队伍,先后培养了博士和硕士20多人,出版书籍5部、论文200余篇,研究成果在国家政府、企业、学术界产生了较大的影响,对政府决策咨询、行业发展、人员培训和技术交流发挥了推动作用,已成为国内外备受关注的研究团队。

　　经过多年积累,已建立了全国肥料施用状况数据库;借助全国性科研项目(如农业部948重大项目、全国测土配方施肥项目等),建立了多种作物肥料利用率数据库;与联合国粮农组织(FAO)、国际肥料工业协会(IFA)、美国肥料研究所(TFI)、欧洲肥料工业协会(EFMA)等组织合作,掌握了国际最新研究资料和数据,建立了中国作物体系肥料需求预测系统;与农业部、商务部、供销社、磷肥工业协会、氮肥工业协会和钾盐工业分会等合作,建立了化肥生产、销售、储存、运输和生产原料数据库,对产业竞争力、产业政策、发展战略等方面开展了系统研究。

## 78.2 战略咨询

### 78.2.1 国家政府肥料咨询

到目前为止中国农业大学肥料宏观战略研究小组已经向国家有关部门提交了数十个研究报告,广泛参与了商务部、农业部、财政部、发改委等单位有关化肥问题的政策、规划制定。

**1. 化肥产业竞争力研究**

2004—2006年应商务部产业损害调查局、中国磷肥工业协会要求,中国农业大学牵头组织开展了中国磷肥产业国际竞争力研究,完成的《中国磷肥产业国际竞争力评价》报告获得了2006年度石化协会科学技术二等奖,为我国磷肥产业和磷矿资源合理发展奠定了基础;2006年与氮肥工业协会合作,进一步开展了《中国氮肥产业国际竞争力研究》。

● 张福锁,马文奇,马骥,汤建伟,齐焉,张卫峰,李华,刘丽,王利.中国磷肥产业国际竞争力评价研究报告.中国商务部、中国磷肥工业协会,2006

**2. 化肥产业调控政策研究**

2005年与中华供销合作总社合作完成的《中国化肥国家战略储备研究》报告是我国首个全面分析肥料产品区域和月度供需及储备的研究报告,为国家化肥淡储及2008年启动的磷酸二铵夏季储备奠定了基础,开启了中国化肥产业调控的新途径;2006年应交通部规划研究院邀请,参与了我国化肥公路运输情况分析研究;2008年6月应财政部、发改委邀请参加《应对化肥价格上涨的对策》座谈会,对控制磷钾肥价格、补贴进口钾肥等问题提供了参考意见;近两年来,在国家制定BB肥、缓控释肥等产品标准时,中国农业大学也利用研究结果发挥了重要的支持作用。

● 李占海,张福锁,龙文,马文奇,张卫峰,王利,樊慧群,王雁峰.中国化肥国家战略储备研究报告.中华全国供销合作总社、中国农业大学资源与环境学院,2006

2010年12月30日承担农业部任务,与全国农业技术推广服务中心,国家化肥质量监督检验中心,中华全国供销总社,中国氮肥工业协会,中国磷肥工业协会,中国钾盐工业分会,中国化工信息中心,中国科学院,中国农科院,吉林省、广东省、四川省、山东省、江苏省、湖北省等省农业厅和化肥企业代表等30多位专家,历时两年完成《中国肥料管理制度及肥料立法研究报告》。

● 张福锁,张卫峰,王雁峰,毛达如,江荣风,曹一平.中国肥料管理制度及肥料立法研究报告.中国农业大学资源与环境学院,2010.12.30

2010年7月9日,中国农业大学召开了《中国粮食生产与肥料的关系》研讨会,农业部种植业司胡元坤副司长,耕肥处许发辉处长、黄辉副处长和全国农技推广服务中心土肥处李荣处长,项目顾问原国家粮食储备局局长、中国人民大学教授高铁生,中国化工信息中心陈丽高工出席会议。会议通过了课题组完成的研究报告。

● 张福锁,张卫峰,江荣风,孙爱文,王雁峰,李亮科等.我国肥粮比价与粮食生产关系的研究报告.中国农业大学资源与环境学院,2010.7.30

**3. 肥料产业及科学施肥发展规划**

2008年应农业部要求牵头完成《2008年春季科学施肥指导意见》和《2008年秋季科学施肥指导意见》,随后每年对指导意见进行更新,至2015年3月共完成指导意见15份。

2008年7月应农业部要求牵头完成《关于我国磷钾肥产业发展战略研究情况的报告》。2008年8月应农业部要求牵头完成《我国肥料产业与科学施肥研究报告》。

● 张福锁等编著. 我国肥料产业与科学施肥战略研究报告. 中国农业大学出版社, 2008

2008 年 8 月应农业部要求牵头完成《全国土肥水研究网络平台建设规划》, 随后每年为农业部科教司提供行业科技需求报告。

2008 年 6 月应农业部要求, 对国务院批件——《国家实行化肥与粮食储备联动互补农民的政策建议》组织专家进行分析并提供了参考意见。2008 年 8 月应农业部要求, 对国务院批件《全球进入高价化肥时代我国应大力发展缓控释肥》组织全国 8 位专家进行了论证, 并提交了相关报告。随后相继对于"液体肥料""水溶肥""土壤腐植酸"等产品进行了论证。

2011 年 11 月, 根据农业部办公厅《关于委托开展肥料数据信息汇总分析研究工作的函》(农办农函[2011]45 号)要求, 由中国农业大学资源环境与粮食安全研究中心牵头, 全国农业技术推广服务中心、中国氮肥工业协会、中国磷肥工业协会、中国无机盐工业协会钾盐分会、中国化肥信息中心及 8 所地方农业院校共 30 余位专家组建了全国首个肥料数据汇总研究平台, 以期为领导决策提供科学支撑, 为肥料行业提供发展思路。在该平台的支持下, 每年完成两部供需形势分析报告, 由农业部上报给国务院及相关单位。至 2013 年, 该平台一是收集梳理了全国 6 大类、50 个肥料产品在生产-销售-施用-效益等领域的数据, 构建了由企业-批发市场-零售网点-长期农户施肥量监测网络; 二是初步建立了专家会商机制, 完成了《中国肥料发展报告 2012》, 提出了生产继续增长, 肥价呈上行趋势, 消费面临转型, 供需季节性、区域性不平衡, 亟须加强肥料管理等主要研究结果。

● 张卫峰, 张福锁, 李宇轩, 黄高强, 武良主编. 中国肥料发展研究报告 2012. 中国农业大学出版社, 2013.7

**4. 政策建议报告(表 78-1)**

表 78-1

政策建议报告汇总表(共提供政府报告 80 余篇)

| 报告名称 | 提交部门 | 提交年月 | 合作情况 |
| --- | --- | --- | --- |
| 中国主要果树和蔬菜单位面积化肥用量报告 | 农业部 | 2015 | 主笔 |
| 主要作物绿色增产模式 | 农业部 | 2015 | 主笔 |
| 我国有机肥优化利用潜力 | 农业部 | 2015 | 主笔 |
| 欧美有机肥管理经验 | 农业部 | 2015 | 主笔 |
| 东北和黄淮海地区玉米化肥减量增效技术方案 | 农业部 | 2015 | 主笔 |
| 我国主要农作物化肥施用水平与世界主要国家的对比分析 | 农业部 | 2015 | 主笔 |
| 测土配方施肥应用效果评估报告 | 农业部 | 2015 | 主笔 |
| 2015 年春季作物施肥指导意见 | 农业部 | 2015 | 主笔 |

续表 78-1

| 报告名称 | 提交部门 | 提交年月 | 合作情况 |
|---|---|---|---|
| 2014 年秋季作物施肥指导意见 | 农业部 | 2014 | 主笔 |
| 2014 年冬季作物施肥指导意见 | 农业部 | 2014 | 主笔 |
| 中国高产高效现代农业发展战略 | 教育部 | 2014 | 主笔 |
| 农牧结合可持续发展的现代农业研究与示范 | 教育部 | 2014 | 参与 |
| 植物营养领域前沿科学发展报告 | 国家基金委主持 | 2014 | 主笔 |
| 两型种植业生产体系研究 | 中科院 | 2014 | 主笔 |
| 化肥使用零增长行动方案 | 农业部 | 2014 | 主笔 |
| 我国化肥使用中存在的问题与对策 | 科学院 | 2014 | 主笔 |
| 2013 年春季作物施肥指导意见 | 农业部 | 2013 | 主笔 |
| 2013 年夏季作物施肥指导意见 | 农业部 | 2013 | 主笔 |
| 2013 年秋冬季作物施肥指导意见 | 农业部 | 2013 | 主笔 |
| 2012 年春季作物施肥指导意见 | 农业部 | 2012 | 主笔 |
| 2012 年夏季作物施肥指导意见 | 农业部 | 2012 | 主笔 |
| 2012 年秋冬季作物施肥指导意见 | 农业部 | 2012 | 主笔 |
| 2011 年春季作物施肥指导意见 | 农业部 | 2011 | 主笔 |
| 2011 年夏季作物施肥指导意见 | 农业部 | 2011 | 主笔 |
| 2011 年秋冬季作物施肥指导意见 | 农业部 | 2011 | 主笔 |
| 2010 年全国主要作物施肥指导意见 | 农业部 | 2010 | 主笔 |
| 2009 年全国主要作物施肥指导意见 | 农业部 | 2009 | 主笔 |
| 2008 年全国主要作物施肥指导意见 | 农业部 | 2008 | 主笔 |
| 我国化肥使用中存在的问题与对策 | 院士咨询项目 | 2014.7 | 参与 |
| 对《肥料管理条例初稿》的意见 | 农业部 | 2014.6 | 参与 |
| 对《关于开展土壤腐植酸产业培育的建议》意见 | 农业部 | 2014.6 | 参与 |
| 关于水溶肥料的一些看法 | 农业部 | 2014.3 | 参与 |
| 全国作物化肥施用及利用率情况汇总报告 | 农业部 | 2013.9 | 主笔 |
| 小麦、玉米、水稻三大粮食作物区域大配方与施肥建议（2013） | 农业部 | 2013.7 | 主笔 |
| 2013 年化肥产供需情况和 2014 年产供需趋势及春耕化肥供需形势分析报告 | 农业部 | 2013.12 | 参与 |
| 2013 年春耕化肥供需形势分析及夏播形势预测 | 农业部 | 2013.3 | 参与 |
| 关于农业减排与实施国家低碳农业的政策建议 | 院士咨询报告 | 2013.11 | 参与 |

续表 78-1

| 报告名称 | 提交部门 | 提交年月 | 合作情况 |
|---|---|---|---|
| 我国主要作物氮肥施用状况及科学施肥策略 | 民盟中央 | 2013.2 | 主笔 |
| 加快发展机械施肥，促进高产高效现代农业 | 农业部 | 2013.2 | 主笔 |
| 近十年来粮食作物肥料用量和利用率的变化 | 农业部 | 2013.2 | 主笔 |
| 我国发展高产高效农业的建议 | 农业部 | 2013.2 | 主笔 |
| 2014 年度行业科学技术需求 | 农业部 | 2013.3 | 主笔 |
| 2012 年春季化肥供需形势分析 | 农业部 | 2012 | 主笔 |
| 2012 年春耕化肥供需情况分析及夏播、秋冬种化肥供需形势预测 | 农业部 | 2012 | 主笔 |
| 2012 年春耕夏播化肥供需情况分析及秋冬种供需形势预测 | 农业部 | 2012 | 主笔 |
| 警惕肥料造假，维护农民利益，确保农业增产增收 | 农业部 | 2012 | 主笔 |
| 国内外磷矿资源发展状况及中国应对策略 | 国家安全部 | 2012 | 主笔 |
| 科学施肥与肥料管理 | 农业部 | 2012 | 主笔 |
| 中国肥料发展报告 2012 | 农业部 | 2012 | 主笔 |
| 近期尿素价格下滑的原因分析 | 农业部 | 2011 | 主笔 |
| 化肥到底给中国带来什么 | 农业部 | 2011 | 主笔 |
| 深化测土配方施肥，实施增产增效钱粮双收工程 | 农业部 | 2011 | 主笔 |
| 近十年来我国化肥表观消费量报告 | 农业部 | 2011 | 主笔 |
| 测土配方施肥实施多年化肥用量为啥还在增 | 农业部 | 2011 | 主笔 |
| 2011 年化肥供需情况及 2012 年化肥供需形势预测 | 农业部 | 2011 | 主笔 |
| 革新化肥产业、发展低碳经济 | 农业部 | 2010 | 主笔 |
| 加强复合（混）肥管理，维护农民利益 | 农业部 | 2010 | 主笔 |
| 中国化肥施用情况分析 | 农业部 | 2010 | 主笔 |
| 我国主要作物氮肥施用状况及科学施肥策略 | 农业部 | 2010 | 主笔 |
| 我国氮肥不合理施用的原因及应对策略 | 农业部 | 2010 | 主笔 |
| 我国肥粮比价与粮食生产关系的研究报告 | 农业部 | 2010 | 主笔 |
| 对必和必拓收购加拿大钾肥的看法 | 农业部 | 2010 | 主笔 |
| 中国养分管理现状、问题及对策 | 农业部 | 2010 | 主笔 |
| 中国肥料生产、施用状况及信息会商 | 农业部 | 2010 | 主笔 |
| 关于测土配方施肥工作的几点看法 | 农业部 | 2009 | 主笔 |
| 保障生产与生态双赢的养分资源综合管理技术体系建立与应用 | 张福锁教授向农业部委部长汇报工作 | 2006 | 主笔 |
| 测土配方施肥对农民施肥行为及其化肥需求影响的评价可行性报告 | 农业部 | 2006 | 主笔 |
| 中国氮肥产业竞争力和发展战略研究可行性报告 | 中国氮肥工业协会 | 2006 | 主笔 |

续表 78-1

| 报告名称 | 提交部门 | 提交年月 | 合作情况 |
|---|---|---|---|
| WTO后过渡期磷肥产业国际竞争力研究建议书 | 中国磷肥工业协会 | 2006 | 主笔 |
| 化肥流通体制改革调研报告 | 与磷肥一起上<br>交发改委 | 2006 | 主笔 |
| 肥料工程中心建设迫在眉睫 | 发改委 | 2005 | 主笔 |
| 测土配方施肥技术方案 | 农业部 | 2005 | 主笔 |
| 测土配方施肥技术规程 | 农业部 | 2005 | 主笔 |
| 测土配方施肥专题研究报告 | 农业部 | 2005 | 主笔 |
| 发展节水农业和科学使用肥料及农药,促进农业可持续发展专题调研报告 | 农业部 | 2005 | 主笔 |
| 中国磷肥产业国际竞争力的评价 | 商务部 | 2005 | 主笔 |
| 河北省菜地和果园土壤养分调查报告 | 河北省土肥站 | 2005 | 主笔 |
| 川东地区硫黄生产咨询报告 | 中国磷肥工业协会 | 2005 | 主笔 |
| 粮食生产节本增效专题调研报告 | 农业部 | 2004 | 主笔 |
| 配方施肥技术专题调研报告 | 农业部 | 2004 | 主笔 |
| 我国作物施肥调查总结报告 | 农业部 | 2004 | 主笔 |
| 农户调查数据分析系统 | 农业部 | 2003 | 主笔 |

## 78.2.2　区域及行业战略咨询

给中央肥料管理部门提供咨询报告的同时,我们也对相关行业发展及地方政府的发展提供了决策建议。

**1. 面源污染咨询**

2005年全国普遍关注农业面源污染问题,中国农业大学根据多年研究结果,并结合实地调研,完成了中国及东北区域面源污染现状与防治对策建议,先后呈报农业部及中国工程院等多个单位:

● 张福锁,王方浩等. 中国农业面源污染问题的现状与对策. 上报农业部政策法规司,2005

● 张福锁,范明生,王方浩等. 东北地区面源污染状况调查与分析及控制和防治对策建议. 中国工程院重大咨询项目子课题报告,2006

● 张福锁等. 传统蔬菜生产中的养分投入分析及其对环境的影响,中国环境与发展国际合作委员会"农业面源污染项目"报告 // 朱兆良,等. 中国农业面源污染控制对策. 北京:中国环境科学出版社,2006

**2. 农业产业体系咨询**

随着我国优势作物生产体系的发展,肥料和土壤质量问题已经成为制约各个生产体系发展的关键因素,2006年我们着重开展了问题比较突出的果树体系发展战略研究,并于2007年提交了专题研究报告:

● 张福锁,陈清,张宏彦,姜远茂,束怀瑞. 我国果园土壤质量现状,成因与提升对策. 中国工程院果树产业可持续发展战略子课题,2007

**3. 区域生产咨询**

2008 年春耕期间黑龙江农垦面临化肥价格上涨、水稻种植困难的局面,中国农业大学立即派出专业力量赴垦区商谈应对之策。

### 78.2.3　国际机构的咨询

(1)2004 年与联合国教育科学及文化组织(UN-ESCO)共同召开了集约化农业生产体系中资源管理研讨会,并提出了实现中国环境友好可持续农业生产的政策建议。

● Zhang Fusuo et al. Promoting Environmentally Friendly Agricultural Productionin in China. Resources Management for Sustainable Intensive Agriculture Systems. International Conference,Beijing,China April 5-7,2004

(2)2004 年开始与联合国粮农组织(UN-FAO)合作,完成了农作物植物营养国家概况的中国数据收集项目,牵头建立了亚太地区养分管理协作网,并与 FAO 出版了亚太地区养分资源综合管理论文集。

● Zhang Fusuo,Fan Mingsheng,Chen Xinping,Zhao Binqiang,Li Long,Shen Jianbo,Jiang Rongfeng,Zhang Weifeng,Cui Zhenling,Fan Xiaoling. Fertilizer Use,Soil Fertility and Integrated Nutrient Management. A Report to FAO,2006

(3)2013 年参与 GPNM 组织的《Our Nutrient World》,系统分析了养分在粮食安全和环境保护中的作用,提出 20-20 计划,即在 20 年内提高 NUE 20%,中国应该是这一计划的先锋。同年参与了联合国可持续发展战略研究组对 2015 年以后全球食物可持续发展的研究报告。

(4)2005 年开始与世界肥料工业协会(IFA)合作,完成中国化肥需求预测数据库建设并向 IFA 提供年度报告,作为 IFA 四个官方年度报告《Fertilizer outlook》《Assessment Of Fertilizer Use By Crop At The Globe Level》《Fertilizer Subsidy Situation In Selected Countries》《Fertilizer Best Management Practices》的主要参考资料。截至 2014 年 6 月共向 IFA 提交各种咨询报告 28 份,并参加出版了最佳肥料管理技术一书。

● Zhang F S,Fan M S,Zhang W F. Principles,Dissemination,and Performance of Fertilizer Best Management Practices Developed in China. In IFA (Eds) Fertilizer Best Management Practices. IFA International Workshop on 7-9 March,2007,Brussels,Belgium.

## 78.3 知识宣传与普及

### 78.3.1 媒体宣传

**1. 呼吁工业界加强与农业的合作**

2003—2008 年我国化肥行业经历了低谷-高速发展-彷徨几个阶段，2003 年以前全国粮食生产下降，化肥行业虽然在高速发展，但是对前途没有清醒地认识，尤其是工业界对农业需求的认识极其缺乏。因此，我们借助化工报等行业报纸，积极宣传农业需求与化肥产业的关系，引导化肥产业与农业发展紧密结合：

- 化肥与现代农业. 中国化工报，2003-5-10
- 研究化肥时空分布有利宏观战略. 中国化工报，2003-6-19
- 化肥关乎粮食安全(上). 中国化工报，2003-8-2
- 化肥关乎粮食安全(下). 中国化工报，2003-8-27
- 迎接农业发展的新挑战. 中国化工报，2003-3-24
- 农大学者再陈科学施用才是最佳手段. 中国化工报

**2. 呼吁社会各界关注化肥产业发展**

2004 年底开始，我国化肥价格开始上涨，调控化肥价格成为国家和行业面临的主要问题，化肥市场化改革受到了阻力，我们与科学时报合作，及时发表了"化肥产业进退失据 政策推手难辞其咎"一文，明确了宏观调控下的市场化道路才是调控的主导方向。这一时期我国化肥即将面临产大于需的局面，国产化肥与进口化肥的竞争日益激烈，为支持国内产业发展，我们积极在媒体上公布研究结果，为行业提高竞争力指引了方向：

- 化肥产业进退失据 政策推手难辞其咎"产业政策常变 企业发展无序 农民施肥过量". 科学时报，2006-6-27
- 磷肥产业国际竞争力评价研究报告. 经济日报，2005-10-19
- 3 年 3 大变 国际竞争视角下的中国磷复肥产业. 中华合作时报，2007-11-08

**3. 呼吁产业政策调整**

2007 年开始，我国氮磷肥大量过剩，出口呈现愈演愈烈之势，为了防范出口带来巨大影响，我们在积极向政府建议的同时，通过媒体向社会呼吁减少出口、确保国内供应。

- 争煤争气争电 化肥出口呼唤急刹车.科学时报,2007-12-20
- 我国磷肥出口动力仍较强应采取多元化措施化解矛盾.人民日报专题分析.2008-09-03

其中《挖掘化肥产业的巨大减排潜力》一文于2010年3月在科学时报头版头条刊登,2010年5月提交的政策建议《改善农业养分管理:中国低碳经济计划中不可忽视的机遇》,得到了副总理回良玉和国务委员刘延东的批示(见附件材料)。在各方努力下,国家开始对氮肥生产采取限制措施(提高电价、提高天然气价格、提高运输价格、征收110%的出口关税限制出口);氮肥工业从单纯的增加产能转向产能置换,到2012年底已有300多万t落后产能被先进产能替代。在农业生产中,减少氮肥投入已经成为主旋律,2011年农业部办公厅《农业部关于深入推进科学施肥工作的意见》中明确提出了"切实减少不合理过量施肥"。2013年中央一号文件明确提出要启动高效缓释肥料补贴试点工作。在地方政府中,北京市于2011年成立了我国首个低碳农业协会,全国低碳农业迅速发展。经过全国各界的努力,中国氮肥用量已经从过去的持续增长进入平稳阶段,国家统计数据表明2012年中国氮肥用量仅比2008年增长0.4%,而2000—2008年的平均增长率为5.8%。而且部分地区氮肥用量出现明显下降,例如北京市2011年化肥用量比2005年减少1万t。

通过复混肥研究发现我国复混肥配方从20世纪90年代单一的15-15-15发展到现在已有32 000多个配方,但是97%的配方不符合农业需求,需要国家加强管理,2010年3月16日《改变复合肥市场混乱局面》在科学时报头版发表。通过政策建议推动农业部启动了农企对接和"大配方、小调整"工作思路。

## 78.3.2　行业咨询与培训

### 1. 积极支持行业发展

我们每年参加肥料行业各种交流会议,围绕行业发展热点问题进行专题分析,深入宣传科学施肥及肥料管理知识,近五年共应邀出席50人次以上。农业部组织的肥料双交会、磷肥工业协会组织的磷复肥产销会、氮肥工业协会组织的氮肥营销工作年会、中国化工信息中心举办的化肥市场研讨会、无机盐协会钾盐分会举办的世界钾盐大会,以及其他单位与企业组织的各种肥料相关会议都邀请我们作专题报告。经过这些年的不懈努力,我们能够及时分析主要问题,并提出可行建议,使化肥行业广大管理层人士已经深入了解了我国土壤肥料信息,并能够根据农业需求调整经营策略。

### 2. 深入参与化肥企业的发展

2003年中国农业大学与中化公司合作成立了中化化肥-农大研发中心。过去5年中,在该研发中心的支持下,我们对一系列市场与战略问题进行了研究,并合作建立了中化化肥农化服务网,分批次对中化化肥公司的数百名人员进行了培训。主要研究报告如下:

- 高肥价对化肥产业、市场及农业发展的影响,2008
- 全球粮食危机形势下我国化肥产业面临的机遇与挑战,2008
- 我国钾肥施用情况及需求形势分析,2008
- 建设中化化肥公司复合肥产业发展的创新机制,2006
- 关于生产两种小麦专用肥的建议,2006
- 关于生产两种东北玉米专用肥的建议,2006
- 关于中化化肥公司开发新产品的建议,2006
- 对"全价型加硅·多复佳液(叶)肥"项目的评价意见,2006
- 硫酸钾镁肥咨询报告,2005
- 建议建立中化山东肥业研发团队——研发中心赴中化山东肥业有限公司调研报告,2005
- 中化烟台BB肥咨询报告,2004
- 中化BB肥选址咨询报告,2004

## 78.4 著作与学术论文

经过十多年的积极探索,中国农业大学资源与环境学院肥料宏观战略研究小组在学术研究方面打下了坚实的基础,2007年组织全国主要科研力量完成了《中国化肥产业技术与展望》一书,在化学工业出版社出版,世界肥料工业协会正在将本书翻译成英文并计划在全球赠阅。同时,我们在国内外中英文期刊上发表了200余篇论文,促进了我国肥料宏观研究。围绕肥料管理这一核心,我们还将与肥料相关的矿产资源、作物生产体系、动物生产体系、人类营养与消费、环境和经济等多方面纳入研究范畴,建立了食物链养分流动模型,把资源、作物和动物生产、人类消费与环境紧密结合起来,通过对养分流动规律的研究,寻找最佳管理技术和政策,实现高产、高效和环境的可持续发展。

（执笔人：张卫峰）

# 第79章
## 联合国农业与食物系统可持续发展规划

## 79.1 联合国千年发展目标到可持续发展目标

可持续发展,指人类既满足当代人的需求,又不损害后代人满足其需求的能力(UN,1987)。2000年9月,联合国千年大会在纽约召开,全球180多个国家领导人参加了会议。会议期间,联合国会员大会签署发布《联合国千年宣言》(UN,2000),共同制定了旨在将全球贫困人口在2015年之前降低一半(以1990年水平为标准)的行动计划,即联合国"千年发展目标",共有8项目标:①消灭极端贫穷和饥饿;②普及小学教育;③促进两性平等并赋予妇女权利;④降低儿童死亡率;⑤改善产妇保健;⑥对抗艾滋病病毒;⑦确保环境的可持续能力;⑧全球合作促进发展(UN,2000)。

2005—2014年间,联合国每年均发布《千年发展目标报告》及进度表,展示全球在共同实现千年发展目标上取得的进展及遇到的问题,对各个目标实现的完成程度及期限进行预测,并针对具体目标进行专项的监控及评估;联合国秘书长多次针对千年发展目标进行专题报告,体现了联合国对千年发展目标的高度重视;此外,针对热点问题较为突出的地区,如亚洲和非洲,开展针对性的研究并执行问题解决方案(UN,2000)。这些都充分说明,自联合国千年大会召开之后,"千年发展目标"已经成为全世界可持续发展的共同目标,如图79-1所示。

在千年发展目标的指引下,人类在很多全球或地区性问题上取得了重大进展。通过共同努力,目前全球贫困和饥饿水平明显下降,贫困线以下的人口比例由1990年的47%降低到2010年的22%,其中中国和印度做出的贡献最大。但是,不同国家和地区之间取得的进展有着较为显著的差异,全球在贫困、社会平等和环境变化等方面仍存在着引人关注的问题,全球仍有超过10亿人生活在极端贫困条件下;收入、性别、种族和年龄等方面的不平等很大程度上妨碍着人类社会发展;此外,生物多样性损失、水污染、土地荒漠化以及气候变化也在逐渐破坏已经取得的进展(UN,2013)。而全球经济快速发展和贫困人口不断想要改变自身命运的现状,也使得人类未来的生活有更好的希望。在这样的背景下,一项名为"2015年后发展目标"的计划由联合国提出,旨在发展制定一套可以继承"千年发展目标"的可持续发展目标,用来解决2015年后全球共同面临的可持续发展问题。"2015年后发展目标"与"千年发展目标"的不同之处,主要体现在以下5个方面:①消除各种形式的贫困的能力提高;②人类对地球的影响力大大增强;③技术的快速发展;④不平等的日益加剧;⑤管理的扩散性和复杂性日益增强(SDSN,2013)。

2012年6月,联合国可持续发展大会在巴西里约热内卢召开。此次会议决定将2015年后发展目

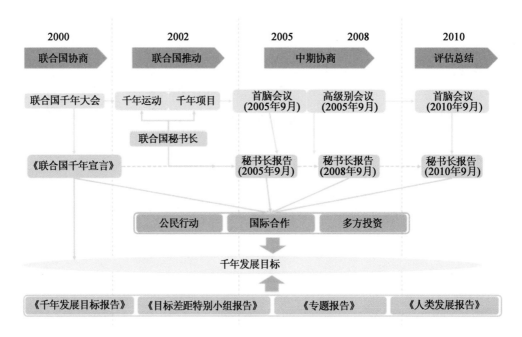

图 79-1　联合国千年发展目标进程

标称作"可持续发展目标(SDGs)",这一决定凸显了世界各国对全球发展可持续性的重视(UN,2012)。为了定制"可持续发展目标"并使其被全世界国家通过并采用,联合国成员国同意并通过"2015 年后发展目标"的路线图,首先,由匈牙利和肯尼亚政府领导的一个政府间开放工作小组制定"2015 年后发展目标"的框架结构,其次,由联合国秘书长发表综合报告,之后,联合国成员大会成员就目标进行协商,最终在 2015 年 9 月份首脑会议上通过"2015 年后发展目标"(UN,2014),计划路线如图 79-2 所示。

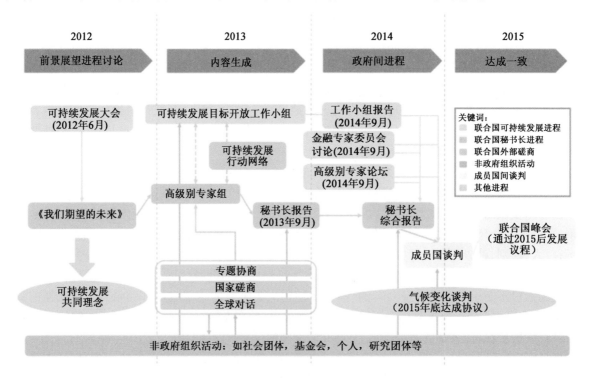

图 79-2　2015 年后可持续发展议程进程

（修改自联合国基金会《2015 年后发展议程的进程》
http://www.unfoundation.org/assets/pdf/post-2015-process-slide-1114.pdf）

可持续发展行动网络(SDSN)由科学家、工程师、工商界和民间社团领导人士及发展研究领域专业人员组成，主要作用是深入探讨不同区域尺度可持续发展问题解决途径，致力于探索一项整体的、简洁的、科学的路线，同时提出世界性的解决途径。在联合国内部，不同人员组成不同的小组，共同努力协助完成目标的制定和最后的通过。这些小组包括由联合国秘书长直接负责的高级别专家组，世界各国政府间的工作组，可持续发展行动网络，联合国发展工作组等。可持续发展行动网络由 12 个主题小组完成(SDSN,2013)，如表 79-1 所示。

表 79-1
可持续发展行动网络主题小组

| 小组编号 | 主题 |
| --- | --- |
| 1 | 宏观经济、人口动力学和地球边界 |
| 2 | 脆弱地区的减贫与和平建设 |
| 3 | 社会包容性的挑战：性别、不平等和人权 |
| 4 | 儿童早期发展、教育以及从学校到工作的过渡 |
| 5 | 全民健康 |
| 6 | 低碳能源与可持续农业 |
| 7 | 可持续农业与食物系统 |
| 8 | 森林、海洋、生物多样性和生态系统服务功能 |
| 9 | 可持续发展的城市：包容性、可塑性和互联性 |
| 10 | 合理采掘和土地资源 |
| 11 | 全球治理和可持续发展 |
| 12 | 重新界定商业在可持续发展中的作用 |

可持续发展行动网络在联合国制定"2015 年后发展目标"工作中起到至关重要的作用，该行动网络向联合国秘书长提交可持续发展的行动议程报告，为高级别专家组和开放工作小组制定 2015 年后工作日程提供科学和商业领域的专业信息技术依据。此外，行动网络委员会还针对草拟的 10 个可持续发展目标和 30 个具体子目标进行指标参数的确定，部分主题小组已经发布相关报告，阐述 2015 年后行动议程中各项主题的优先顺序(UN,2014)。

可持续发展行动网络第 7 主题小组的主题为可持续农业与食物系统，该小组于 2013 年 9 月发布为联合国"2015 年后发展议程"撰写的专门技术报告，题为《农业与食物系统可持续发展战略》(SDSN,2013)。报告围绕全球农业与食物系统面临的主要问题，对农业生产系统和食物供应系统进行技术分析，汇集全球农业与食物系统相关研究人员的看法意见，并依据不同地区和全球客观条件，提出相应的解决方案并制定行动议程。该报告不仅对农业与食物系统可持续发展具有重要的指导意义，还为"2015 年后可持续发展目标"的制定提供重要的参考价值。

## 79.2　粮食安全与可持续发展

农业为人类基本生存提供食物和营养，还可以为工业生产提供原材料，为相关人员提供就业机会，此外，农业对全球经济、社会和环境可持续发展起着至关重要的作用。目前全球农业生产面临非常大的挑战，一是不断增加的人口，到 2030 年，世界人口将新增 20 亿～30 亿，为了生产能够满足人类生存所需足够的粮食，目前的粮食增产速率需要更大的提升；二是有限的自然资源，农业生产利用全球约 1/3 的土地面积和大量水资源，农业对自然资源有着严重的依赖性；三是气候变化和自然灾害，食物供应的安全性不仅指生产足够多的粮食,还包括农业生产抵御气候变化和自然灾害的能力;四是环境可持续发展的要求,农业生产投入的物质材料,如农药和化肥等,对自然环境的影响日益加剧,土地退化、水体污染、生物多样性下降等问题日益突出;五是经济和社会发展的需要,农业在全球包容性和平等发展中扮演着必不可少的角色,因为农业为全球最贫困的人群提供粮食、工作和经济收益从而改善他们的生活水平,针对撒哈拉以南非洲地区的研究表明,农业带来的 GDP 增长对减少贫困起到的作用是其他行业的 11 倍;六是食物损失和浪费,全球每年约 1/3 的食物损失或浪费掉,对经济、自然资源和社会的发展影响巨大。(Godfray H C J, et al. , 2010; Diamond J C, 2005; Stevenson J R, et al. , 2013; Fuglie K O, et al. , 2012; FAO, 2012)

联合国粮食及农业组织(简称粮农组织)正式成立于 1945 年,工作核心是实现人人粮食安全,确保人们能够正常获得满足积极健康生活所需的足够的食物。粮农组织自成立以来,主要的工作内容包括:致力于推动全球农业生产,以消除饥饿、粮食不安全和营养不良;消除贫困,推动经济和社会进步;可持续地管理和利用自然资源(土地、水、空气、气候和遗传资源),保护当代和子孙后代的福祉。战略目标主要包括:帮助人们消除饥饿、粮食不安全和营养不良;提高农业、林业、渔业生产力和可持续性;减少农村贫困;推动建设包容、高效的农业与食物系统;加强农民生计手段,提高灾后恢复能力。

由于全球各个地区自然条件、人文社会背景、经济发展水平不同,面临的问题也不同。为了更好地解决全球粮食安全问题,实现消除贫困和饥饿的目标,粮农组织多次召开了全球粮食大会,通过多项国际粮食协定,为区域间共同解决粮食安全问题提供了良好的政策指引,同时建立全世界最为全面的农业信息和数据统计方法,使农业相关研究及数据分析更为便利。

联合国"千年发展目标"最主要的目的是消除贫困和饥饿,贫困和饥饿一直以来都困扰着人类的发展,尤其在发展中国家。目前看来千年发展目标在实现程度上较为乐观,但其实现过程却一直面临巨大的挑战。1990—1992 年间全球有 10 亿人长期遭受饥饿,饥饿问题已经严重威胁到全球发展,粮农组织连续 4 年发布《世界粮食不安全状况报告》(FAO, 2013)。《2013 年世界粮食不安全报告》最新结果表明,千年发展目标提出的 2015 年饥饿相关目标仍有望实现。在为整套千年发展目标设定基数时,1990—1992 基准年发展中国家和地区的饥饿人口比例为 24%,这意味着千年发展目标为 2015 年降低至 12%。假设过去 21 年的年均降幅能够得以延续至 2015 年,那么发展中地区的饥饿人口比例将接近 13%,略高于千年发展目标设定的目标。只要今后几年能做出最后冲刺,我们就仍有希望实现这一目标(FAO, 2013)。

然而,全球粮食生产不断增加的同时,其他问题也频繁出现。由于农业生产中大量使用化肥、农药等化学物质,全球环境面临着重大挑战,加之农业是全球水资源和土地资源的重要利用者,不合理的灌溉和土地开垦都会导致水资源和土地资源的损失。生物多样性下降严重、土壤侵蚀、水污染等问题严重影响自然环境的可持续性,现代农业生产依赖化石能源和化肥的投入,而全球氮和磷不能有效地循环利用(Foley J A, et al. , 2011)。人们在关心粮食生产的同时,也将越来越多的目光投向自然环境保护中。如何在保证自身能够获得足够多的粮食的前提下,实现自然环境和人类社会的可持续发展,逐步成为全世界关注的焦点。

随着全球联系的不断紧密,许多以往只存在于某个地区的问题往往会迅速扩展到全球范围,如食物浪费问题,以往食物浪费主要存在于发达国家,而随着粮食生产水平和经济水平的普遍提升以及粮食贸易的逐步扩大,发展中国家食物浪费的问题也在不断加重(FAO, 2011)。影响食物系统的因素逐步增多,例如:食物供应链不同环节会对食物供给产生影响;社会发展、经济发展以及人口变化会影响食物供应链条中的不同环节,最终对食物供应结果产生影响;食物消费环节越来越受人关注,合理的膳食结构不仅能够保证人体的健康,还能够间接保护环境,提高环境可持续性(Carter C A, et al. , 2012)。

食物是一个非常广泛的话题,它包含了有关农业、社会、经济、环境和人类健康等不同方面。"食物链"、"食物系统"、"供应链"等概念的提出,促使人们以更广泛、更系统的观念认识粮食安全同可持续发展之间的关系。系统的解决办法也显得必不可少。粮农组织 2013 年发布的《世界粮食不安全报告》主题为"粮食安全的多元维度",也指出粮食安全应该有 4 个维度,分别为粮食可供量、粮食获取的经济和物质手段、粮食的利用以及阶段性的稳定性(FAO,2013)。

## 79.3　农业在可持续发展中的核心地位

### 79.3.1　农业与食物系统可持续发展

在过去的 50 年间,世界人口数量翻了一番,全球主要粮食(水稻、小麦、玉米)产量增长了近 3 倍,得以满足人类需求,为减少饥饿和贫困做出了非常大的贡献(Godfray H C J,et al.,2010)。其中绿色革命期间由于各方投资的增加,粮食单产得到了前所未有的提高,是粮食产量增加的重要原因。但是由于技术革新和自然资源的可获取范围有限,部分国家并没有跟上全球农业快速发展的步伐。农业发展不均衡的情况在全球日益凸显,如:撒哈拉以南非洲地区,粮食价格普遍较高,营养不良和食物分配不均的情况依旧非常严重;全世界约 70% 的贫困人口生活在农村地区,这些地区农业的发展对于消除贫困和饥饿至关重要(IFAD,2011);农业生产面临来自其他行业对土地、水等自然资源日益加剧的竞争,未来气候的不确定性也提高了农业生产面临的风险;减少农业生产的环境足迹显得困难重重;全球大多数人生活在欠发达国家,面临着来自生存的压力;而发达国家则遇到膳食不合理的问题。

粮食生产集约化可以在不增加土地利用面积的前提下提高生产效率,但是同样会导致一系列问题的出现,如土地侵蚀、水资源浪费、土壤有机质降低、水体污染、温室气体排放增加、生物多样性下降等。如果将环境代价考虑进去,粮食生产需要付出的成本将会大幅度增加。我们需要找到农业与食物系统的切入口,以此引导我们研究如何在不同尺度解决贫困问题和提高食物供应安全性。相关专家普遍认为需要关注以下 3 个领域:

**1. 粮食安全和环境保护**

由于人口不断增加和膳食变化,全球粮食需求在未来 50 年内会持续增长。发展中国家由于经济增长,偏向于更多的水果、蔬菜和畜产品的膳食结构。如果按照目前的人口增长速度和人均收入增长速度,在 2050 年为了满足约 90 亿人口的需求,全球粮食产量至少需要提高 60%~70%,其中对畜产品的需求比粮食作物更高。而全球自 1961 年以来,全要素生产力在农业增长中起到的作用在逐步增强,已经超过了资源扩张和投入增加起到的作用,但同时需要注意的是,这种情况在全世界并不是普遍存在的。一些粮食作物如水稻和小麦的增产速率相对较低,在 1989—2008 年间,玉米平均增产速率为 1.6%,水稻为 1.0%,小麦为 0.9%,大豆为 1.3%,而为了保证未来 40 年内粮食翻倍的目标,平均增长速率应为 1.7%(Ray D K,et al.,2013)。虽然部分技术仍然能够起到增产效果,但产量差难以缩小、转基因技术短时间内难以被大众接受等原因使得农业产量提升面临瓶颈(Lobell D B,et al.,2009);全球气候变化同样影响农业生产的可持续性(Lobell D B,et al.,2011)。

在人口最为密集的地区,土地和水资源对农业来说越来越重要。土壤侵蚀、干旱、盐碱化和沙漠化等情况在过去的 30 年间逐步扩散,由此带来的经济损失为每年 4 900 亿美元,约为农业生产总值的 5%;全球每年消耗约 6 000 km³ 淡水,其中 70% 用于农业生产,在中国、印度和美国等主要农业地区,地下水枯竭已经成为全球主要关注的问题(Pavel K,2013;Rosegrant M W,et al.,2009;David M,2007;Institute W,2012);氮肥和磷肥的过量使用导致了一系列环境问题,如水体富营养化、土壤酸化和温室气体排放等。同时一些欠发达地区的农业生产却没有足够的化肥投入,导致过度耕作对土壤养分的耗竭;畜牧业和渔业生产同样面临资源分配不均和自然灾害抵御能力差的问题(Sutton M A,2012)。

**2. 消除贫困,实现农村经济和社会发展**

联合国"千年发展目标"对消灭极端贫困和饥饿确定执行策略。对贫困人口减半的目标比原计划提前 5 年完成,这主要是因为东亚和东南亚国家经济的快速发展(SDSN,2013)。但是在非洲地区,大量生活在极端贫困的环境中的人口,仍面临极大的生存挑战;2010—2050 年间,东亚和南亚农村人口将分别降低 50% 和 10%,撒哈拉以南非洲地区则会增长 30%,因此,在这些地区制定清晰的执行策略以促使农业发展显得尤为必要(Losch B,2012)。

小型农场经营对可持续农业与食物系统极其重要,但由于缺乏资金、基础设施和市场服务,大多都落后于大型农场。南亚、东南亚和撒哈拉以南非洲地区 50% 的农业从业者是女性,相比于男性,她们面临更多的困难和挑战,但是在她们身上同样展现出巨大的发展潜力。城镇化在未来不断加速,农村劳动力的不断减少冲击着小型农场,它们需要更多的政策鼓励、经济投入和技术支持,以保证进一步发展农业生产,并降低经营风险(FAO,2012;Labarthe P and Laurent C,2013)。

**3. 发展营养安全和健康的食物系统**

实现食物和营养安全意味着每个人都拥有获取食物的能力,有关食物的信息以及选择合适食物的自由。全球在减少营养不良、体重过轻、儿童发育不良、儿童死亡率和微量元素缺乏等方面取得了一定的进展,但是这种进展在不同国家之间有明显的差异,并不具有普遍性。目前,全球有约 8.7 亿人面临慢性营养不良,约 20 亿人面临维生素和矿质元素缺乏,而由营养不良导致的婴儿每年死亡人数为 300 万(Black R E,et al.,2013)。

在另外一些国家,超重和肥胖则成为更严重的问题。全球约 14 亿成年人和 4 000 万 5 岁以下儿童有超重问题,其中约 5 亿人为肥胖人群。在中国和印度等地区,城镇、富裕和肥胖同农村、贫困和营养不良情况并存。农业同营养健康之间的关系受食物获取渠道、妇女和青年的受教育情况、文化习惯、健康状况、食物携带病菌和公共卫生等方面影响,系统性的研究方法是解决这一问题的重要途径(Jones B A,et al.,2013;Lim S S,et al.,2012)。

由于目前缺乏一个被全球广泛接受的农业与食物系统可持续发展的未来工作框架,照常发展(BAU)模式将会为农业与食物系统中食物、营养安全、经济社会发展、公共健康和环境可持续性等方面提供重要启示。情景假定世界粮食产量在 2010—2050 年间将增加 52%,肉类生产将增加 64%(Rosegrant M W,et al.,2013),在这种情景假设下,各个国家和地区均面临不同的挑战。在很多国家,照常发展情景意味着对国外援助和农业投资的依赖,缺乏长期的有效策略、共识和合作,这些国家将会继续表现出农业研究和发展的缓慢进步(SDSN,2013)。

总的来说,照常发展模式显然不是一条可持续的发展道路,因为在这样的发展轨迹下,粮食价格会不断上涨,贫困和饥饿不能被消除,不论富裕和贫穷国家的人民对食物的选择性都会很低,一些环境问题如污染、森林破坏、生物多样性流失和土地退化会逐步加剧。尽管相比于照常发展情景,任何加速生产力提升的情景都能够减少贫困和饥饿,但是生产力和生产效率的提升并不足够解决所有的可持续发展目标,因此需要更加彻底的食物系统转变。

## 79.3.2 农业与食物系统可持续发展问题的解决思路

人口增长和收入增加是农业发展的最主要驱动力。可持续发展要求对全球农业与食物系统进行明确和根本的改革,从而达到提高食物可用性、改善环境、改善人类健康和创造良好农村环境的目的。目前初步达成的共识是,采取的措施必须要同时解决食物需求、生产、消费和损失问题。任何国家对农业与食物系统转型的需求都是迫切的,但是首要影响因素不同,比如在欠发达国家,消除贫困和饥饿将会是首要目标,在发达国家,调整饮食结构,改善人类健康则更为重要;未来食物生产的增长需要摆脱对初级资源的不可持续利用,这需要提高整个食物链的效率。并且各参与者都需要对自己的行为进行改变,包括决策者、商人、消费者和农民等。

对农业与食物系统进行多种干预显得尤为重要,但是由于起点不同,同时很多障碍有待克服,很难在各个地区以相同的速度和优先顺序实现干预措施。农业可持续发展途径的转变需要食物系统所有利益相关者均接受相关的知识和技术,这并非易事,需要综合考虑问题。最佳的方式是向农民提供更多更好的信息、投入和认同感,而改革性的决定,并不能从根本上解决问题。

在同一个地区往往存在不同规模、不同商业模式的农场,这是由人口和经济发展的交互作用带来的。在非洲国家,人口的不断增加使得每家每户能够支配的自然资源越来越少,农场的规模则相应的逐步缩小,直到农业以外的经济发展能够为农村剩余劳动力提供足够多的工作机会为止。反观亚洲,已经渡过了这样的一个节点,这也就是为什么亚洲农场的平均规模开始增加。

以上发展趋势为未来农业和食物系统的发展,尤其是政策、农村和研究领域的发展,提供了重大的启示。主要包括以下几个方面:

**1. 减少食物损失和浪费,优化膳食结构**

造成食物损失、浪费和不合理的膳食结构的问题是多种多样的,所以解决方案需要具有明确的目标并具有一定的灵活性,最终目标的实现需要政策制定者和不同参与者共同努力。

研究表明,全球每年损失或浪费的食物占食物生产总量的 1/3,约 13 亿 t,不仅造成巨额的经济损失,同时付出巨大的环境代价,如温室气体排放,土地及水资源的浪费等(FAO,2011)。食物损失多发生在食物链的底端,如收获前、收获中和收获后发生的损失。而食物浪费主要发生在市场、零售和消费者环节。在发展中国家,昆虫和病害管理的不利、收获操作的不规范和落后的农产品储存设施等导致了食物从农场到市场这一中间环节的大量损失。而越来越多的由加工、包装和流通环节导致的食物浪费逐步出现,加之家庭和餐馆环节的浪费,这种情况在发展中国家和发达国家均日益突出(Lundquist J,2008)。

虽然食物损失和浪费越来越受到人们的关注,但是食物损失和浪费的具体数量,以及通过优化手段能够减少多少损失和浪费数量仍然是未知数,这与食物损失和浪费多种多样的产生形式密切相关,这使得对食物损失和浪费的研究缺乏较好的监测手段和计算方法。即使食物损失减少了,目前的研究也没有证据证明这部分被阻止掉的食物损失和浪费量能否被那些缺乏粮食的人获取到(FAO,2011)。尽管如此,各个国家仍需要制定相关的政策法规,减少食物损失和浪费。目前很多人认为,解决食物损失和食物浪费问题的难点在于缺乏数据,这主要是因为传统监测方法需要付出高昂的代价。FAO 也只是在近期才开始对食物损失和浪费的调查,新技术和新方法的采用在这时显得尤为重要。为了减少食物损失和浪费,需要大量的相关技术设施的投入及技术方面的改进。同时,需要利用系统的解决思维,全面分析农业与食物系统各环节出现的食物损失和浪费数量及其对应的优化途径,进而探索农业与食物系统食物损失和浪费的综合优化措施。

**2. 构建可持续集约化农业生产系统,生产更多的食物**

为了迎接全球农业和食物系统新的挑战,需要在全世界从农场入手,发展可持续农业集约化,这一观点正在被越来越多的人所接受。可持续农业集约化可以定义为在促使农村地区经济和社会发展的同时生产充足的、可获取的及富含营养的食物,并善待人类、动物和自然环境。可持续农业集约化包括以下主要方面:

(1)生产更多食物和更多富含营养的食物的需求;

(2)主要通过提高单产来增加产量,以限制森林、湿地或草原向农业的转化;

(3)食物系统的重新审视和转变,为了达到更高的自我恢复能力和减少对环境的影响;

(4)建立不同背景下可持续农业集约化性策略和解决方案是加速农村经济和社会发展的不可缺少的一部分。

从实际操作层面理解,可持续农业集约化意味着利用单位资源生产更多的产品,同时保护自然资源和生态系统服务功能,以保证现在和将来人类的健康和福祉。这需要通过基因、农业生态及社会经济学措施,建立全面的支撑系统,以实现农业生产的多重目标。可持续农业集约化的实际方案必须围绕多样性、生产力、效率、自我恢复能力、价值和利润。对农民来说,提高系统生产力和价值使他们可以摆脱贫困和环境问题的恶性循环,进而进入农业可持续发展的良性循环当中。提高系统生产力,不仅对食物生产有帮助,对整个社会发展也有非常重要的作用,如增加就业机会、促进社会平等等方面。农业进一步发展遇到的一个关键问题是在现有的农业土地面积条件下,如何加速食物增产速度以保证未来足够的食物数量。可持续农业集约化如图 79-3 所示：

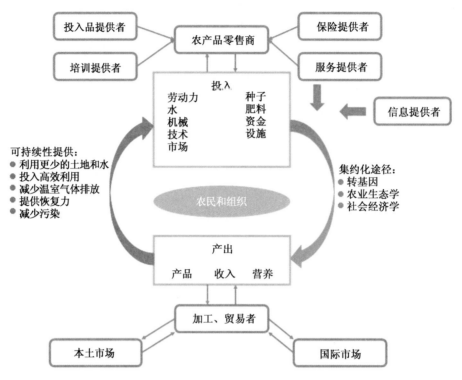

**图 79-3　可持续农业集约化模式及对环境的影响**
（修改自：The Montpellier Panel，2013）

在一个国家内部制定正确的可持续农业集约化方案要求对区域尺度上单产、效率和价值差距等有准确的理解。产量决定因素，产量限制因素和产量下降因素（如品种特性、环境因素、管理措施等）决定了最高产量、可获得产量以及实际产量，产量相互之间的差距即为产量差（Tittonell P，Giller K E，2013），如图 79-4 所示。在世界上一些粮食匮乏的国家或地区，可以通过相对简单的干预措施缩小产量差，比如更好的种子，更高的肥料利用率，更好的作物、土壤及水分管理等（Mueller N D，et al.，2012）。但在全球水平上，为了缩小产量差，多数地区的农业生产仍需要向更为精确的、更高知识的技术密集度的方向转变，同时确保农户能够获得并使用这些技术，享受相关技术补贴。作物生产需要实现的一个关键性目标是将现代生产的生态学原理应用到改善管理措施当中去，这种应用研究应该适用于不同规模的土地类型（Bindraban P S，Rabbinge R，2012）。近期研究在建立产量差分析方法上有一定进展，描绘出了主要作物在全球和区域尺度上的产量差以及不同的限制因素。虽然这一消息非常鼓舞人心，但对世界主要作物系统产量差和效率差的进一步理解仍需要很多努力。在作物生产上实施可持续农业集约化意味着通过设计针对当地背景条件的最优农学措施以实现作物最大的基因潜力。

具体包括以下几个方面：

（1）通过选择合适的轮作及种植模式，充分利用当地生长期及生长空间；

（2）通过耕作、覆盖作物和作物残茬管理提高土壤生产力；

（3）选择合适的品种来满足当地市场的需求和偏好；

（4）在适宜的时间进行种植，以获得更高的产量；

（5）提高水分获取及利用效率；

（6）准确地、综合地使用化肥和有机肥，既保证土壤质量可持续性，同时满足作物对养分的需求；

（7）综合的虫害管理策略，包括寄主植物消灭、生物多样性提升、生物措施及杀虫剂的合理使用等；

（8）适时收获；

（9）充分循环利用作物生产副产品如作物残茬等。

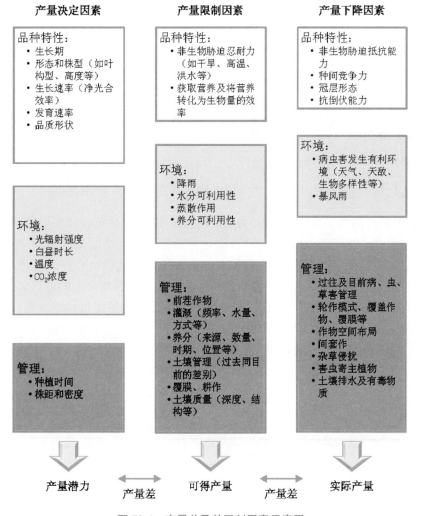

图 79-4　产量差及其限制因素示意图

（修改自：Tittonell and Giller（Tittonell P，Giller K E，2013））

总之，一个灵活的可持续农业集约化方案必须将先进科学技术同当地实际情况相结合，使管理和经济支持系统得以发展，进而推动针对性的方案得以实施。

**3. 气候智能型农业**

从历史来讲，农民在开展农事活动时已经将管理措施与当地的气候变化情况进行了匹配，这样的匹配过程在当前需要重新定位。在这样的背景下，气候智能型农业指通过政策、技术、管理和财政的创新，对农业进行的一系列的改善措施，它的目的有：

（1）可持续地提高农业生产力和农民收入；

（2）加强农业中人、食物生产系统和生态系统的适应能力及自我恢复能力；

（3）在可能的地方，减少温室气体排放。

由于对这三者之间的关系的理解并不清楚，目前对于气候智能型农业的定义和具体行动方案仍在讨论中。在进行相关研究或者方案制定的时候，必须要考虑不同方面不同效果之间的相互影响。比如一个贫困农民为什么要为了减少温室气体排放而进行额外的农业投入，而这些投入对他的直接收入并没有帮助。气候智能型农业仍然需要更多的发展，在宏观生态背景下进行决策，需要参照以下准则：

（1）不断地学习及具有适应能力的管理；

（2）共同关心的切入点；

（3）多尺度；

（4）多功能；

（5）多方利益相关者；

（6）谈判和改变的透明；

（7）明确责任和义务；

（8）可供参与和便于使用的监控措施；

（9）自我恢复能力；

（10）强大的利益相关者包容性。

### 79.3.3 农业与食物系统可持续发展问题的解决途径

《农业与食物系统可持续发展战略报告》为联合国制定 2015 年后可持续发展行动议程提供有关科学依据和行动建议。在 2012 年 6 月召开的联合国可持续发展大会结论基础上，可持续发展的概念包括以下主要方面：经济发展（包括根除贫困）、社会包容、环境可持续以及良好的管理。研究者认为，农业与食物系统可持续发展的目标必须能够推动食物生产、加工、贸易和分配的可持续，公平和具有恢复能力，并且能够对人类健康和其他福祉起到积极作用。农业与食物系统可持续发展目标的制定不仅要考虑其为普通民众解决实际问题的能力，同时要兼顾整个农业与食物系统利益相关者的利益诉求，如目标的制定需要考虑决策者的可执行程度，考虑零售商的销售利益等。

在以上基础上可持续发展行动网络制定了农业与食物系统可持续发展的目标，共有 10 个方面，如表 79-2 所示。

表 79-2

可持续发展行动网络制定的农业与食物系统可持续发展目标（SDSN,2013）

| 目标编号 | 内容 |
| --- | --- |
| 1 | 结束极端贫困和饥饿 |
| 2 | 实现不超出地球承受边界的可持续发展 |
| 3 | 确保儿童和青少年能够获得维持生存的教育机会 |
| 4 | 实现性别平等、社会包容和人权保障 |
| 5 | 实现不同年龄层人群的健康 |
| 6 | 改善农业系统，促进农村发展 |
| 7 | 增加有包容性的、生产效益高的和有适应能力的城市的自主权利 |
| 8 | 抑制人为造成的气候变化，保证能源可持续性 |
| 9 | 保护生态系统服务功能、生物多样性和自然资源良好管理 |
| 10 | 将管理模式向可持续发展转变 |

以目标 6"改善农业系统，促进农村发展"为例，具体子目标为改善农业操作，农村基础设施建设及农业生产所需资源的可获得性，以提高粮食、畜产品和渔业的生产力，增加农民收入，减少环境代价，创造更好的工作机会，促进农村发展并提高应对气候变化的能力。每一个目标都可以拆分为几个子目标，以覆盖不同方面。详细指标参数如表 79-3 所示。

表 79-3

目标 6 子目标及详细指标参数(SDSN,2013)

子目标 6 a:确保可持续粮食生产系统高产与水资源、养分和能源高效,以实现较低食物损失和浪费的健康膳食。

| 指标 | 解释 | 预期结果 |
| --- | --- | --- |
| 谷物年均增产速率/% | 主要谷物(玉米、水稻和小麦等)年均产量增速。这一指标可以用来评价对农业生产的投资是否发挥其应有的作用。针对不同的作物和地区,可以将指标进行分解。 | 2020 年,主要粮食作物年均增产速率接近或超过 1.5%。 |
| 粮食作物产量差 | 产量差可作为农业系统生产力的重要指标。这一指标在不同作物和地区可以进行分解,但是对数据收集和监测要求较高。 | 2030 年,主要农田达到水分限制下可获取产量潜力的 80% |
| 畜牧及渔业增产速率(有待定义) | 合适的指标应该包含趋于更加高效和可持续的动物生产过程。 | 2030 年,发展中国家畜牧及渔业生产力翻倍。 |
| 食物链氮素及磷素利用效率(占一个希望缩短的效率差的百分比) | 养分利用效率需要针对不同的国家和地区,对其整个食物链环节进行养分利用效率的监控。 | 2030 年,提高 30% 养分利用效率。 |
| 作物氮素利用效率/% | 氮素利用效率直接受农田对化肥利用效率的影响。针对不同的项目、农户类型需要制定不同的对比参数。 | 2030 年,在低氮素利用效率国家提高 30% 作物氮素利用效率。 |
| 灌溉的可获取性/% | 以能够获取农业灌溉的农户百分比或耕地百分比表示。 | 2030 年增加水源充足国家灌溉农田比例。 |
| 作物水分利用效率(单位灌溉水生产的粮食) | 这一指标直接受淡水,如降雨和灌溉水的利用率的影响。 | 2030 年,灌溉为主的国家或地区作物生产水分利用效率提高 30%。 |
| 食物损失和浪费比例(占食物总产的比例) | FAO 有关食物损失和浪费的方法可以作为全球监测的方法参考。小规模农业生产以及普通家庭中发生的损失和浪费是监测的难点。 | 2030 年和 2050 年,收获前损失及食物浪费分别降低 30% 和 50%。 |

此外,目标 6 还包括子目标 6 b(阻止森林和湿地向农田转变,保护土地和土壤资源,确保农业系统对气候变化和灾害有抵御能力)和子目标 6 c(确保农村地区农民普遍可以获取到基本资源和基础设施服务,如土地、水、现代能源、交通等)。

报告不仅对全球普遍存在的农业与食物系统的科学问题进行了深入分析,汇集了有关农业生产、资源利用效率、环境污染及食物消费等专家的主要论点,并且从系统解决的角度出发,充分考虑农业与食物系统中其他利益相关者的诉求,比如农民、商人、决策者和消费者。为农业可持续发展提供了较为全面的科学依据以及解决途径,并提出了针对性的子目标和指标参数,为未来执行计划打下牢固的基础,同时也对未来全球可持续发展计划的制定与实施提供了很好的启示。在此基础上,形成了可持续发展计划早期行动的初步方案,每一个方案都对应表 79-2 和表 79-3 中的目的及对应的目标和详细参数,如表 79-4 所示。

这些早期行动方案代表着相对应的干预措施在接下来的 5～15 年内在很多国家未来可持续发展中处于首要地位。单一的技术或政策途径并不能很好地解决一个国家或区域的复杂问题,因此这些早期行动方案都是针对不同尺度问题提出的综合性的解决策略。对于多数国家而言,早期行动方案对今后的可持续发展具有重要的启示作用。针对自身特点,选择并尽早执行早期行动方案可以更快更好地获得其带来的好处。当然,除了早期行动方案之外,还需要考虑长期的投资策略,因为稳定且长期的投资策略可以使行动计划得以稳定运行。长期投资主要集中在 2 个领域:①具有高回报收益的农业研究领域;②扩展国家农业研究系统范畴,从科学研究到推广领域。

**表 79-4**

农业与食物系统可持续发展目标早期行动方案（SDSN，2013）

| 早期行动方案 | 对应的可持续<br>发展目标（表 79-2） |
|---|---|
| 为贫困地区提供新型高产作物品种 | 1，6，9 |
| 寻找更多营养丰富的主要粮食作物 | 1，5 |
| 新的农业推广模型 | 1，6，8，9 |
| 养分管理与组织（从科学到本地策略） | 1，6，8，9 |
| 适合小农户的微型灌溉 | 1，6 |
| 畜牧市场投资 | 1，5，6 |
| 牲畜防疫 | 1，5，6 |
| 更好地利用作物残茬，以提高动物生产力 | 1，5，6 |
| 气候智能型农业 | 1，6，8 |
| 提高应对病虫害的恢复能力 | 1，6，9 |
| 小农户技术创新，以提高产品价值，减低粮食损失，提高食物安全性 | 1，6 |
| 新的针对小农户种植及市场的理论模型 | 1，6，8 |
| 数字农业 | 1～10 |
| 推动综合土地管理 | 1～10 |
| 中国农业转型 | 5，6，8，9 |
| 监控全球农业系统发展变化 | 1～10 |

最终可持续发展方案的执行，需要从本土到区域，再到全球尺度的良好规划、投资及监控措施。不同国家和地区之间实现农业与食物系统可持续发展的途径不尽相同，但是有一些需要共同遵守的指导性原则（SDSN，2013），如：

（1）政府和国际组织应将可持续发展放在农业发展的首位，并加大投资支持农业可持续发展；

（2）本土农民和相关贸易者是农业生产重要的投资方，制定农业发展规划时必须把他们放在中心位置；

（3）谷物等主要粮食作物的重要地位不能受到威胁，因为它们对消除贫困和饥饿有着极其重要的作用；

（4）各个国家需在消除差异、充分利用技术措施以及创造足够多效益方面不断调整策略，以适应农业可持续发展在不同阶段遇到的问题等。

## 参考文献

[1] Bindraban P S，Rabbinge R. Megatrends in agriculture-Views for discontinuities in past and future developments. Global Food Security，2012，1：99-105.

[2] Black R E，Alderman H，Bhutta Z A，et al. Maternal and child nutrition：building momentum for impact. Lancet，2013，382：372-375.

[3] Carter C A，Zhong F N，Zhu J. Advances in Chinese Agriculture and its Global Implications. Ap-

plied Economic Perspectives and Policy,2012,34:1-36.

[4] David M. Water for Food,Water for Life. 2007. http://www. iwmi. cgiar. org/assessment/Publications/books. htm.

[5] Diamond J C. How societies choose to fail or succeed. Viking Press,2005.

[6] FAO. Global food losses and food waste. Extent,causes and prevention. 2011. http://www. fao. org/docrep/014/mb060e/mb060e00. pdf.

[7] FAO. SMALL HOLDERS AND FAMILY FARMERS. 2012. http://www. fao. org/fileadmin/templates/nr/sustainability_pathways/docs/Factsheet_SMALLHOLDERS. pdf.

[8] FAO. The State of Food Insecurity in the World 2013. 2013. http://www. fao. org/3/a-i3434e. pdf.

[9] FAO. The state of food insecurity in the world 2012. 2012. http://www. fao. org/docrep/016/i3027e/i3027e00. htm.

[10] Foley J A,Ramankutty N,Brauman K A,et al. Solutions for a cultivated planet. Nature,2011, 478:337-342.

[11] Fuglie K O,Wang S L,Ball V E. Productivity growth in agriculture:an international perspective. CABI,2012.

[12] Godfray H C J,Beddington J R,Crute I R,et al. Food Security:The Challenge of Feeding 9 Billion People. Science,2010,327:812-818.

[13] IFAD. Rural poverty report 2011. 2011. http://www. ifad. org/rpr2011/.

[14] Institute W. Global irrigated area at record levels,but expansion slowing. 2012. http://www. worldwatch. org/global-irrigated-area-record-levels-expansion-slowing-0.

[15] Jones B A,Grace D,Kock R,et al. Zoonosis emergence linked to agricultural intensification and environmental change. Proceedings of the National Academy of Sciences of the United States of America,2013,110:8399-8404.

[16] Labarthe P,Laurent C. Privatization of agricultural extension services in the EU:Towards a lack of adequate knowledge for small-scale farms? Food Policy,2013,38:240-252.

[17] Lim S S,Vos T,Flaxman A D,et al. ,2012. A comparative risk assessment of burden of disease and injury attributable to 67 risk factors and risk factor clusters in 21 regions,1990-2010:a systematic analysis for the Global Burden of Disease Study 2010. Lancet 380:2224-2260.

[18] Lobell D B,Cassman K G and Field C B,Crop Yield Gaps:Their Importance,Magnitudes,and Causes. Annual Review of Environment and Resources,2009,34:179-204.

[19] Lobell D B,Schlenker W,Costa-Roberts J. Climate Trends and Global Crop Production Since 1980. Science,2011,333:616-620.

[20] Losch B. Structural transformation and rural change revisited challenges for late developing countries in a globalizing world. 2012. http://econ. worldbank. org/external/default/main? pagePK=64165259&theSitePK=477916&piPK=64165421&menuPK=64166093&entityID=000333038_20120713023756.

[21] Lundquist J. Saving Water:From Field to Fork Curbing Losses and Wastage in the Food Chain. 2008. http://www. siwi. org/documents/Resources/Policy_Briefs/PB_From_Filed_to_Fork_2008. pdf.

[22] Mueller N D,Gerber J S,Johnston M,et al. Closing yield gaps through nutrient and water management. Nature,2012,490:254-257.

[23] Pavel K. Water at a crossroads. 2013. http://www. nature. com/nclimate/journal/v3/n1/full/

nclimate1780. html.

[24] Rosegrant M W, Ringler C, Zhu TJ. Water for Agriculture: Maintaining Food Security under Growing Scarcity. Annual Review of Environment and Resources, 2009, 34:205-222.

[25] Rosegrant M W, Tokgoz S, Bhandary P. The New Normal? A Tighter Global Agricultural Supply and Demand Relation and Its Implications for Food Security. American Journal of Agricultural Economics, 2013, 95:303-309.

[26] SDSN. An Action Agenda for Sustainable Development. 2013. http://unsdsn. org/wp-content/uploads/2013/06/140505-An-Action-Agenda-for-Sustainable-Development. pdf.

[27] SDSN. Solutions for Sustainable Agriculture and Food System. 2013. http://unsdsn. org/resources/publications/solutions-for-sustainable-agriculture-and-food-systems/.

[28] Stevenson J R, Villoria N, Byerlee D, et al. Green Revolution research saved an estimated 18 to 27 million hectares from being brought into agricultural production. Proceedings of the National Academy of Sciences of the United States of America, 2013, 110:8363-8368.

[29] Sutton MA. Our Nutrient World:the challenge to produce more food and energy with less pollution. 2012. http://www. cabdirect. org/abstracts/20133092947. html.

[30] TheMontpellierPanel. Sustainable Intensification: A New Paradigm for African Agriculture. 2013. http://www3. imperial. ac. uk/africanagriculturaldevelopment/themontpellierpanel/themontpellierpanelreport2013.

[31] Tittonell P, Giller K E. When yield gaps are poverty traps: The paradigm of ecological intensification in African smallholder agriculture. Field Crops Research, 2013, 143:76-90.

[32] UN. A life of dignity for all:accelerating progress towards the Millennium Development Goals and advancing the United Nations development agenda beyond 2015. 2013. http://daccess-dds-ny. un. org/doc/UNDOC/GEN/N13/409/32/PDF/N1340932. pdf? OpenElement.

[33] UN. Millennium Development Goals. 2000. http://www. un. org/millenniumgoals/.

[34] UN. Millennium Development Goals Reports. 2000. http://www. un. org/millenniumgoals/reports. shtml.

[35] UN. Processes feeding into the Post-2015 Development Agenda. 2014. http://www. unfoundation. org/assets/pdf/post-2015-process-slide-1114. pdf.

[36] UN. Report of the World Commission on Environment and Development. 1987. http://www. un. org/documents/ga/res/42/ares42-187. htm.

[37] UN. The Future We Want. 2012. http://www. un. org/ga/search/view_doc. asp? symbol=A/RES/66/288&Lang=E.

[38] UN. United Nations millennium declaration. 2000. http://www. un. org/millennium/declaration/ares552e. pdf.

## 发表的主要论文

[1] 马林,魏静,王方浩,等. 中国食物链氮素资源流动特征分析. 自然资源学报,2009,24(11):1-9.

[2] 马林,魏静,王方浩,等. 基于模型和物质流分析方法的食物链氮素区域间流动——以黄淮海区为例. 生态学报,2009,29(1):475-483.

[3] MaL, Guo J H, Velthof G L, et al. Urban expansion and it impacts on nitrogen and phosphorus flows in the food chain:A case study of Beijing, China, period 1978-2008, Global Environmental

Change,2014.

[4] Ma L,Ma W Q,Velthof G L et al. Modeling Nutrient Flows in the Food Chain of China. Journal of Environmental Quality,2010,39(4):1279-1289.

[5] Ma L,Velthof G L,Wang F H,et al. Nitrogen and phosphorus use efficiencies and losses in the food chain in China at regional scales in 1980 and 2005. Science of the Total Environment，2012，434:51-61.

[6] Ma L,Wang F H,Zhang W F,et al. S. Environmental assessment of nutrient management options for the food chain of China. Environmental Science & Technology,2013,47(13),7260-7268.

[7] Ma L,Zhang W F,Ma W Q,et al. S. An analysis of developments and challenges in nutrient management in China. Journal of Environmental Quality,2013,42(4):951-961.

[8] Ma W Q,Ma L,Li J H et al. Phosphorus flows and use efficiencies in production and consumption of wheat,rice,and maize in China. Chemosphere,2011,84(6):814-821.

（执笔人：郭孟楚　马林　江荣风　马文奇）

# 第 80 章

## 联合国环境署 2020 养分管理计划介绍

依据国际上已有的研究成果,联合国环境署提出到 2020 年,全球范围内农田氮肥利用率提高 20%,每年节省肥料氮 2 000 万 t,即全球"2020"计划。要达到这一目标必须做好从地区尺度到全球尺度的链接。需加强政府间的合作来优化全球的养分循环,满足我们的食品和能源的需求,同时减少对气候、生态系统和人类健康的危害。为实现氮肥利用率提高 20%,须进一步改善区域和全球养分循环的管理,如加强和扩大"保护海洋环境免受陆上活动污染的全球行动纲领"(GPA)的作用,虽然 GPA 主要针对海洋环境,但它已经通过"养分管理全球伙伴"(GPNM)引领问题解决方案的制定。现在的国际共识是各利益相关者需要进行合作,包括政府产业署、环境署、生物多样性公约组织、全球环境基金和其他的合作伙伴。

根据"恒定输出方案"估计,到 2020 年在全球范围内 NUE 提高 20%,每年估计可节省 2 000 万 t 的活性氮(Nr)投入。据初步估计,这相当于每年 1 700(500~4 000)亿美元的净收益(net benefits),包括化肥减施导致施肥成本降低的直接效益,以及少施氮引起活性氮减排对健康、气候和生物多样性恢复的间接效益。根据"恒定输出方案"在全链 NUE 提高 20%,即使保持现有 N 肥投入仍将有每年 700(150~1 650)亿美元的净收益,这个数字还不包括粮食和能源增产所带来的可观的额外收益。

## 80.1 共同目标的驱动

必须确保全球人口粮食和能源需求得到满足,同时减少对人类健康、气候和生态系统的威胁。需要强调的是,全球有 13% 的人口仍营养不良(FAO,2013),主要食物营养成分短缺,同时大量的营养物质通过人类活动流失到环境中。

许多科学研究分析了时空变异性较高的养分循环在多个尺度是如何变化的。这种变化从单一领域的动态流动,到河流流域和大气区域的传输,以及海岸带和跨越国界空气和水质污染的传播。最终对区域和全球的海洋环境和气候产生影响,如导致水体富营养化和缺氧,改变空气中氧化亚氮、二氧化碳、臭氧和气溶胶的水平。

一些养分管理和现行政策措施意在应对国家和地方层面上的养分相关问题,包括一些区域性的国际协议,如最近的马尼拉宣言提出的"海洋环境免受陆上活动的保障"(UNEP,2012)和里约 G20 峰会提出的"我们期望的未来"(UN,2012)。

虽然国际合作至关重要,但目前缺乏全球尺度的政府间合作来更好地协同管理氮磷养分,这是我们人类面临的重大挑战。而解决这一挑战直接关系全球环境质量、气候、健康、粮食和能源安全。

为此,我们为未来国际养分政策框架筛选出一些选项,首先是选择适当的指标,其次考虑全球国际化进程的任务和落脚点,最后考虑如何实现氮肥利用效率($NUE_N$)的提高。

做好养分管理的关键是控制营养物质流动,特别是氮和磷养分循环,但这些还没有引起政府和企业的足够关注,尤其是氮磷养分跨越区域流动的问题。共同解决养分问题正面临全球性挑战。今后应努力突出和量化养分物质流动,从而更好地进行养分管理。

## 80.2  发展共同指标

进行全球氮和磷养分综合管理的核心挑战就是需要各国共同协商制定一套最合适的氮、磷等指标体系,从而衡量养分管理的进展情况。鉴于养分联系(nutrient nexus)可引发诸多农业、环境与健康等问题,因此须设置一个多样化的指标选项,包括:

(1)国家和空间(模型)尺度的估算

①通过工业、农业和其他来源的养分投入,如总活性氮(Nr)固定和 P 矿的开采,以及回收的养分资源。

②计算营养消耗,包括食品和能源的生产和人均消费有关的目标,如建议每日的最小和最大摄取量。

③N 和 P 输入输出平衡,整合所有关键的养分输入和输出,来计算营养盈余和 NUE,包括单一过程和全链 NUE。

④养分环境损失,包括排放到空气中的 $NH_3$、$N_2O$、$NO_x$ 等含氮化合物,以及通过淋溶和径流流失到水中的 $NO_3^-$、$PO_4^{3-}$ 和其他 Nr 和 P 的化合物。

(2)基于实地和模型的监测

①大气和水体中不同 Nr 和 P 化合物浓度,以及它们的次生产物等,如对流层臭氧、大气颗粒物和水体的氧含量。

②土壤质量,包括通过养分管理对土壤肥力的提升和由于不合理施肥导致地力下降(如施肥不足引起养分耗竭或过量施肥导致的酸化)。

③生态风险和环境变化程度,包括对人体健康、生物多样性的改变、物种的健康和种群以及生态系统服务功能的丧失的数据,如渔业资源、娱乐价值和碳汇的改变。

(3)基于监测的其他方法

①通过国家和地方的积极行动,包括采取监管和自愿等方法来改进养分管理。

②通过金融投资行动目标,以及成本效益分析和其他分析,来改进养分管理的净效益。

所有这些方法根据其特定目的,给出所需信息的类型,不同国家和区域政府间协定的指标已经得到提炼并取得实质性的进展。这些包括,联合国欧洲经济委员会通过远距离越境大气污染公约,跨区域海洋公约和许多国家通过的大气交叉污染公约,以及对气候和水的立法来监视空气污染排放、浓度和环境风险的评估等。

近年来经济合作与发展组织(OECD)在计算各国农业土壤氮平衡(OECD,2008),并进一步发展和延伸有关氮素环境效应的评估。最近,生物多样性公约已采纳大气氮沉降和国民消费的人均总氮损失指标(CBD,2012)。联合国欧洲经济委员会在开发一种方法来建立全面的国家尺度氮素平衡(CBD,2012),以建立国家排放清单,评估其大气活性氮浓度、沉降通量及其临界阈值(包括临界载荷和临界水平)。

**1. 在全球范围内的指标选择**

对养分实地投入,损失到环境中的养分和预测环境水平往往可利用现有的统计资料和模型,而基于测量及区域监测,需要更大的投资。在这两种情况下,有必要商定统一方法。

应对全球养分挑战,必须考虑已有指标方法的局限性(如 Mayo & Sessa,2010;Eurostat,2011)。鉴于这一全球范围内的挑战,首要任务是确定和细化指标,这些指标必须满足以下条件:易被所有国家采用,依据已有的国际数据,为更为详细的养分指标(包括国家可以适当承担的化学和生物监测)提供参考。

这就要求强调用根据国家和其他已有的统计数据，而不是雄心勃勃地重新测量指标。例如，以养分投入海洋的长期化学数据验证陆上养分管理实践的结果，这种测量仅需几个国家形成的小团队就能获得。

制定营养指标的第二个特点是要突出氮磷循环不同部分的整合。为了达到这个目的，国家和区域养分预算编制方法要以所有输入和输山为核心（OECD，2008；UNECE，2012）。减少"养分过剩"的途径，将有助于减轻污染损失的整体负担。这种国家养分预算活动还可以补充使用本地或农场规模的养分预算，有助于建立改善养分决策。

这种方法还有助于强调改善不同行业的财务表现潜力，同时减少污染损失。这是注重养分利用效率（NUE）的一个关键优势。通过整个链条提高养分利用率，利益相关者可以看到良好的管理方法，同时有助于建立绿色经济，减少对环境的污染，提高人类健康、气候和生物多样性经济和社会效益。

考虑到所有这些要点，建议未来养分全球框架应用 NUE 作为一个关键指标，专注于建立和跟踪全国养分预算。这 2 种方法是密切相关的，因为用数据来估计 NUE，也为后续更详细养分预算的计算奠定基础。强调全链养分利用率最大化的方法，以提高性能，降低总养分损失。计算养分利用率和养分预算为其他问题的链接提供了基础，包括量化养分管理的改进对满足现行政策目标的贡献（如空气和水的污染和温室气体排放）。

除了全链 NUE，主要成分阶段的计算有利于专注特定行业的努力，如计算作物或动物的生产的养分利用率，或在未来潜在的"氮氧化物捕集与利用"（NCU）的技术。养分利用率和养分预算评估还可以为国家化学和生物数据的有效监测提供一个参考。

**2. 全球范围内养分利用效率的计算**

在全球应用的养分利用率的计算遵循两大策略：a. 详细的质量流量模型，这是当前最容易实施的；b. 基于尽可能公开的数据进行简单的计算，其中通过适当的指导，可以适用于个别国家。这 2 种方法都有其优点：第二个策略具有支撑区域和国家改进方案的优点，第一个策略可提供总体验证和确认。

详细的质量流量方法的集中式应用的示意图如图 80-1 所示，从 IMAGE 模型（Integrated Model to Assess the Global Environment）计算得出。图中比较了作物和畜牧生产部分 NUE。对于作物的养分利用率，这里显示的值为收获恢复时 N 或 P 投入的百分比（化肥、农家肥、固氮和大气氮沉降）。数值高，尤其是那些超过 100% 的利用率，反映"养分挖掘严重"，土壤质量由于土壤中养分元素的输出大于输入而下降，从而导致作物产量下降和潜在的粮食安全问题。

通常超过 70% 的养分利用率表明土壤养分被挖掘的风险，而且投入的一小部分还因流失到环境中而损失。这种过高的养分利用率是不利的，在 1900 年和 1950 年全球很典型。在美洲、欧洲和亚洲增加使用矿物氮肥和磷肥（合成氨工业 $N_r$ 和开采 P 矿预计 NUE 值），这改良了土壤养分状况和作物产量，同时增加养分污染水平。因种植结构的差异，产量水平和养分管理不同，1970—2000 年的养分利用率因地区而变化。例如，养分利用率在欧洲显示了增长，北美只有轻微的变化，而南亚的减少，主要是由于快速增长的印度和中国的化肥使用量。图 80-1 表明，若 2050 年养分利用率最终达到当前西欧和北美的值时，预计世界所有地区的 NUE。

家畜（图 80-1C，D）比作物（图 80-1A，B）NUE 估计值低，与全链整体总额相比更低（未显示），因为牲畜生产是依赖于粮食作物和牧草生产。畜牧业 NUE 已随时间增加，特别是由于改善畜禽繁育，饲养的优化和选择的动物。这一点在欧洲和北美尤其明显，那里已经从低 NUE 的动物产品的生产，如牛、羊，转为更集约化的动物养殖，具有较高的 NUE，如猪和家禽（如 Sutton et al.，2011）。应当指出，很多情况下损失到环境中的养分仍在增加，由于集约化也使更高的储存和消耗率，增加了污染的"点源"发生。这一结果凸显 NUE 在整体营养预算方面的重要性。估算中值得注意的是非洲畜牧业是 NUE 最低的，这是最小的 N 和 P 整体供给导致。

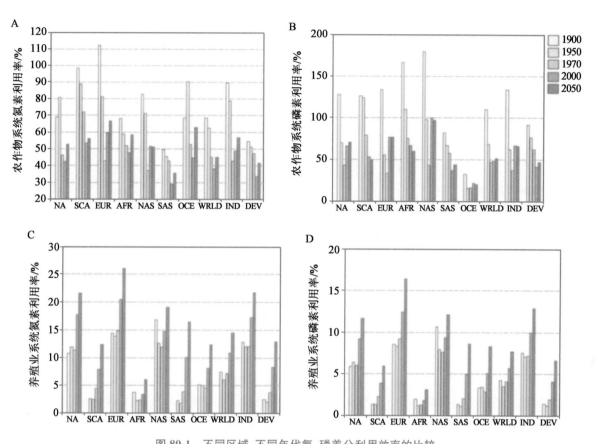

图 80-1　不同区域、不同年代氮、磷养分利用效率的比较

A,B,C,D 分别代表 1900—2000 年农作物系统氮素、磷素,养殖业系统氮素、磷素的利用效率(百分数)(Bouwman et al. , 2011)
并根据 IIASTD(2009)的 2050 年基准情景假设 NUE 重大改进是将在 2050 年实现

　　氮肥利用率的计算根据现有的国家统计数据,见图 80-2。通过联合国粮食和农业组织(FAO)和其他来源的国家数据相结合来计算作物 $NUE_N$ 和全链 $NUE_N$,比较各个国家的表现。在作物 $NUE_N$ 的情况下,国家收获的 N 总量估计为所有 N 输入,包括矿物肥料,有机肥和生物固氮(BNF)。对于全链 $NUE_N$,植物和动物的食物 N 总量被认为是从矿物肥料,生物固氮以及进口饲料和食品中总 N 投入的一小部分。未来的工作应当扩散全链氮肥利用率的计算,考虑氮和磷的形成(包括氮氧化物排放量)的所有来源,考虑到消费者的浪费以及考虑到能源和其他用途。同样,进一步应考虑养分的地域积累和耗竭,从而分析如何优化空间变异提高养分利用率。图 80-2 显示了这两种养分利用率指标的差异很大,这表明未来的改善具有巨大的潜力。

## 80.3　国际养分政策框架的任务

　　鉴于全球养分挑战的规模,目前迫切需要国际社会制定关于协调养分管理的办法。建立国际社会统一共识的这项任务需要来自政府、工商界、学术界和民间社会的力量投入。这个国际养分政策框架的任务包括:

　　(1)建立一个全球性氮、磷和其他养分与大气、土壤、水、气候和生物多样性互作的评估进程。这一评估进程应考虑粮食、能源安全、绿色经济的机遇等主要驱动力。技术问题、涉及到排放相关的影响,找出关键的协同效应以及新协调方法。应强调未来发展选择,包括成本效益及其他社会经济分析。

　　(2)开发一致性指标来记录提高养分利用效率和减少对环境不利影响。建议集中于分析全链 NUE 以及主要阶段的 NUE。这应包括指标基准细化的最佳值,从而使区域和系统之间进行比较,努力调整这些方法,使之成为政府间共识的一部分。

（3）进一步调查改善 NUE 的各种选项，展示健康、环境、食品和能源供应改善带来的好处。借鉴科学和技术评估过程，包括行业、企业和民间社会的参与，政策框架应考虑可供选择的范围，提高氮肥利用率，在适用于所有国家的共性方面达成共识，建立不同的区域、气候和经济形势的优化方法。

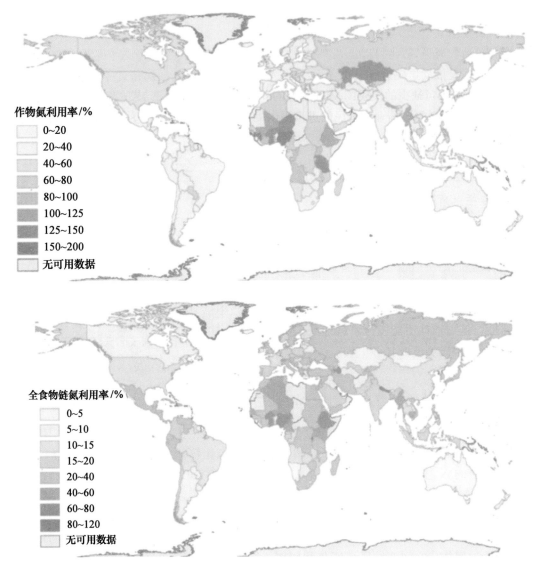

图 80-2　根据国际组织及其他数据来源估算的全球氮养分利用率

上图：作物氮利用率；下图：第一次估算食物生产链的全链氮利用率

（4）促进多方利益相关者的话语和公众意识。根本的问题包括人民生活质量和社会的期望，以及全球市场和国际治理。该框架应与多个利益相关者，包括行业、企业、民间社会和其他非政府组织为促进教育和公众宣传活动并提供信息交流的平台。

（5）达成应对策略的优势和劣势共识，整合利益相关者的意见和解决关键领域的争论。这包括需要解决潜在冲突，比如避免使用基于化石燃料的化肥，并减少昂贵的外汇投入（Heinemann et al.，2009），或增加肥料投入来支持粮食安全目标（Sanchez，2010），同时促进"可持续集约化"的概念（Garnett and Godfrey，2012），如尽量减少土地利用的变化，确保有效养分库能被有效回收。

（6）在区域和全球尺度建立完善 Nr 和 P 管理目标。这样的目标在全球性的养分管理策略发挥了关键作用，有针对性地确保粮食和能源生产，提高资源使用效率和环境可持续性。与此同时应对其国家营养政策的制定和实施国家提供发展框架支持。

（7）量化海洋、淡水和陆地生态系统，减缓温室气体和其他环境威胁，以及改善人类健康的营养指标,支持不同机构和政府机构之间的养分管理活动的总体协调。这种量化将获得更好的养分管理,包括实现其他国际目标。

(8)制定和实施监测有时限性的养分目标,包括提供必要的技术支持团队。这将有利于示范政策框架的成功,以及了解新出现的障碍,完善策略。与此同时,也需要开发一个机制,发展实现目标所需的技术支持以及技术共享和扩散途径。

在目前的政治气候下,后者可能被认为对一些国家缺乏吸引力,甚至可能增加风险,即关注新的承诺可能会阻碍而不是推动这一进程。不管采用何种方法,重点应放在激励和支持可量化的变化。

拟议过程中面临不可缺少的挑战:①证明更好的养分管理能产生双赢结果;②多个利益相关方之间形成的"共同的事业";③为国家、行业和公民的进步提供的选项和工具支持;④为评估进展情况随着时间的推移和不同地区之间的施行提供的指标;⑤为进行调查变化提供一个论坛;⑥量化好的养分管理有助于满足其他国际承诺。与采取行动的净经济利益相比,实施该方案,需要适当的组织和提供重要的科学和技术支持。

---

**氮足迹专栏:你可以做什么工作**

我们所有的个人选择对全球氮循环有很大的不同。在我们的日常生活中,我们使用活性氮(Nr)并从中受益,因为它是所有植物和动物必不可少的,它是蛋白质、部分维生素、甚至是 DNA 的组成部分。

但从农民施肥的田地,到我们盘子里的食物,都损失了大量的 Nr,威胁环境,污染空气和水,影响人们的健康,同时威胁气候变化和生物多样性。

不仅如此,当我们使用电力或运输基于化石燃料产生的 $NO_x$(氮氧化物)也被排放到大气中。以目前的技术,这一切都不能作为原料制造有用的产品。同时,这些不同形式 Nr 丢失对环境造成了一系列相互联系的环境变化。

**所以,你可以做什么?**

第一步是要知道你的氮足迹的大小。然后,你可以看到你的选择如何影响它,思考选择一些简单的影响较小的生活方式。N-PRINT 计算器的设计正好与这些想法的初衷吻合,具体在互联网上访问 www. n-print. org,你只需输入你的平常食物,能源和交通的选择要点。一个数学模型通过这些数据转换成你消耗的 Nr 估计值。它也可以计算出你使用的流失到环境中的 Nr 估计值—"虚拟氮"。

图 80-3 是比较一个来自荷兰和美国公民的平均氮足迹。对于这 2 个国家,食物部分的足迹是最大的。食品生产过程中 N 损失实际上比摄入食物中的量更大。正如你可以看到,美国公民的氮足迹平均为每年 39 kg N,比荷兰公民高出约 70%。而生活在南撒哈拉地区的公民的氮足迹往往只有美国公民的 1/5。最重要的信息是,人们生活方式中食物选择是特别重要的氮。虽然许多发展中国家需要更好的饮食,最富裕的国家的人只需避免过量和采用健康的饮食来帮助环境,N-PRINT 甚至会告诉你更多,如何通过改变植物的肉类和乳制品,改变你午餐的平衡。

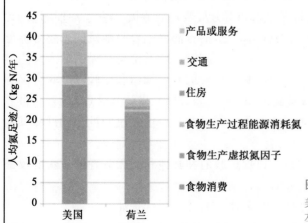

图 80-3　美国和荷兰每年人均氮足迹的比较
美国公民人均氮足迹 39 kg N/年,比荷兰居民高出 70%
左右(数据来自 Leach 等,2012)

## 80.4  国际政策框架的可能归宿

实现上述目标,需要国家和所有主要利益相关方的大力支持,或建立一个新的国际性机构,专门用来提高氮、磷等养分管理。

以下是不同利益相关者进行讨论的选项和结论,包括在跨境空气和水的污染公约,气候和生物多样性公约会议,在可持续发展的里约+20峰会会议的成果,以及在利益相关者研讨会的全球氮评估。

通过与利益相关者(stakeholders)的讨论,目前有以下的具体建议:

a)迫切需要制定对氮和磷循环的协调过程的方法。该方法应该链接环境、健康、气候、粮食安全和能源安全带来的利益;

b)范围和重点将仍有调整空间,包括是否特别注重氮作为优先事项,同时考虑其他养分(P,C,S等),还是把重点放在大量养分(尤其是氮和磷);

c)扩展现有的政策框架并应想方设法利用现有的活动框架;

d)开展现有政策框架,包括:增加养分管理的国际公约,或者扩展氮,磷的过程的关键挑战因素。

最后一点可以通过框架气候变化公约(UNFCCC)、生物多样性公约(CBD)和保护海洋环境免受陆上活动污染的全球行动计划(GPA)之间的对比来说明。氮和磷对每一种现有的国际政策框架具有关键意义。气候变化框架公约的结构,也涉及政策框架和支撑科学评估的过程之间的分离,通过欧洲经委会公约远距离越境空气污染的经验,发展科学评估和决策制定之间更紧密的工作方式可以产生显著效益(Reis et al. , 2012)。

其中气候变化框架公约的核心是生物物理变化对地球系统的相关问题,研究有关相关的微量物质,包括 $CO_2$,$CH_4$ 和 $N_2O$ 排放的具体量化。因此气候变化框架公约,需面对许多养分挑战。

生物多样性公约CBD有许多延伸,已大幅超越生物地球化学。最近修正的 N 指标已经包括生物多样性指标,然而,CBD可能难以制定以氮、磷养分管理为核心的综合政策框架。

与气候变化框架公约和生物多样性公约相反,GPA 是一个国际项目,进行定期政府间审查,GPA 的方法主要集中于一起制订和支持区域计划,以保护海洋环境的活动。在近期的马尼拉宣言(UNEP,2012)中说明了 GPA 发展的方法,其中强调制定一套有针对性的共同目标。作为一个审查程序,GPA 不具有法律约束力,而这个机会保持开放,它已建立了 3 个优先挑战:养分管理、废水和海洋垃圾。

GPA 目前的重点是应对海洋环境,同时 GPA 作为一个潜在的用于开发 N 和 P 的全球性方法,理所当然地,它迅速成为一个演示如何结合氮、磷循环的管理方法帮助满足其他现有承诺。应该指出的是 GPA 已经采取通过全球伙伴关系养分管理(GPNM)制定许多解决问题的方法。

虽然还有许多其他相关政策框架,但这些框架将来应该和养分战略建立链接。以上这些事例的比较,足以说明选择不同的制度可带来相关的挑战。应当指出的是,尽管需要一个明确机构来领导养分管理有关的政策框架,但不能忽视其他公约组织和志愿方的大量参与构建,无论是在提供输入及为客户开发的产品和成果等方面的补贴。现有的政府间组织已具备必要的专业知识和经验,如:联合国环境计划署(UNEP),全球环境基金(GEF),粮食及农业组织(FAO),联合国开发计划署(开发署),世界气象组织(WMO),联合国教育、科学及文化组织(教科文组织),以及来自企业和民间社会的许多其他行动。

考虑到这些选项,我们希望通过提出以下初步结论,以促进政府和其他利益相关者进一步的反馈意见:

(1)未来全球氮和磷养分政策框架,应建立在现有过程基础上,而不是另起炉灶。

(2)应聚焦氮和磷管理有关的政策框架或行动,而不是将事情复杂化。

（3）收集来自多个现有的政策领域、公约和方案，以接收和提供数据，并显示怎样的 N 和 P 管理才能量化这些进程的贡献。

（4）政府间的养分框架开发是必不可少的，以便制定共同的办法和支持各国政府实现变革，与关键利益相关者，包括行业、企业、其他国际组织和民间社会组织形成伙伴关系。

（5）在未来 3～5 年内实施具有约束力的可能性相关联的全面国际公约。当前的挑战是在全球范围内形成具有法律约束力的协议，促使 N 和 P 养分的良好管理可以在基于自愿伙伴关系的政府间建立的平台迅速取得进展。

（6）对于这样一个共同的框架，重点包括发展"共同的事业重心"养分链接，建立共同指标达成共识，分享最优措施，为发展绿色经济的机遇提供支持，以帮助实现理想目标。

（7）加强和扩大全球保护海洋环境免受陆上活动污染全球行动纲领（GPA），带头制定一个未来的 N 和 P 的管理的联合方法。

（8）对 GPA 的任务期限延长的出发点是通过政府的共识，审议氮和磷的完整的全球循环将提供良好养分管理的多方利益，从而加强 GPA 以满足其现有的目标，保护海洋环境。

（9）对于延长 GPA 的任务应该包括全球养分循环，包括他们的区域差异，以此为基础，开发并建议对粮食和能源安全，环境质量，气候和人类健康的量化管理方案。

（10）GPA 的任务应鼓励挑战不同领域的国际框架组织的投入，同时专业知识和示范试验的共享，有助于实现既定目标。

以这些结论为出发点，国际共识的建立现在需要与关键利益相关者，包括商业、工业界和民间社会，以及责成伙伴 GPA，UNEP，CBD，GEF 和其他的合作伙伴关系，制定下一步必要的合作。

## 80.5　提供养分利用效率的全球理想目标

为达到养分利用效率（NUE）提高 20% 的目标，我们列出其基本问题。目前计算的重点是"节氮"，减少化肥的成本，同时减少污染。我们对比 2020 年的 2 种情景来说明成本效益的计算：

- 恒定输出情景：保持目前的粮食和能源生产速度，通过提高氮肥利用率节约营养物质；
- 恒定输入情景：保持目前的养分投入速度，提高氮肥利用率从而增加粮食和能源生产。

用于当前计算的目的，理想目标是同时使用作物 $NUE_N$ 和食物链 $NUE_N$ 的估计，未来的发展应该将这种方法扩展到更多的来源和阶段，并应用于磷营养。

在描述这些共同目标的时候，不同国家存在的区别：有的国家养分使用多，甚至还伴随较低 NUE；有的国家养分投入低，但具有较高的 NUE，这可能与土壤养分矿化相关。虽然有共同的需要，以提高氮肥利用率，第一类国家的目标集中于提高国家的 NUE，第二组国家需要以可持续的方式提高氮、磷供给。考虑到这些差异，我们描述有关最终目标值的 NUE 理想目标，目的是保持或提高农业生产力和粮食安全，避免土壤养分枯竭。全球整体结果是改善 20%，但无法提供长期 NUE 的精确值，因为损失较大的国家往往 NUE 较小。

还应当指出的是提高 20% NUE 的目标被表示为当前的 NUE 值的相对改善。这意味着，如果当前的作物养分利用率为 40%，那么 20% 的改善将提供作物养分利用率 48% 的理想目标。

宏伟目标设定在国家层面上，以 2008 年为基准年，分析 2020 年，以改善养分管理为共同愿景，但国家之间存在差异。因此，养分利用率提高 20% 的共同目标造成的目标值是具体到每个国家（见本章后附表：表 A1）。

基于这些考虑，我们采用的期望目标定义如下：

（1）每个国家的目标相对于基线的 20% 提高作物养分利用效率（作物 NUE），作为实现至少 70% 的作物氮肥利用率最终目标的一个步骤。

（2）每个国家的目标是提高整个食品生产经营活动的"食物链"（食物链 NUE）相对于基线其养分利用效率 20％，而实现至少全链 NUE 50％的目标。

对于食物链 NUE，可以使用多种方法来达到目标，包括根据不同阶段，不同的消费模式调整技术效率。目前食物链 NUE 指标，包括所有 N 的来源、产品和阶段，这将使政府有最大程度的灵活性来达到期望目标。

图 80-4（彩图 80-4）和图 80-5（彩图 80-5）显示，NUE 长期目标值，70％（作物 NUE）和 50％（食物链 NUE），为上下临界值划分的国家。已超过这些阈值的国家，土壤养分流失显著增加，作物产量水平较低，粮食生产不安全。但应注意的是，所有全球范围内具有非常高养分输入的区域其 NUE 值低于这些阈值，使得提高 NUE 20％的目标需要共同努力来实现。

图 80-4 作物氮养分利用率低于 70％ 的国家（紫红色区域）

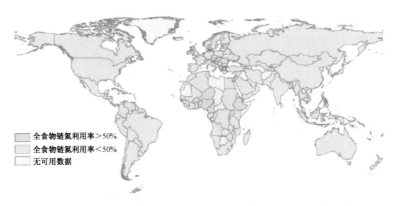

图 80-5 作物氮养分利用率全链低于 50％ 的国家（紫红色区域）

### 2020 年的 20∶20 目标

满足 NUE 目标的氮的节省量见图 80-6（彩图 80-6）和图 80-7（彩图 80-7），在图中用每年每公顷农业用地氮的节省量来表示。在附表中，列出了每个国家氮节省的值，用每年节省千吨 N 来表示。总体而言，根据设定的当前值和阈值，在这 2 个指标的情况下，实现全球 NUE 提高 20％的理想目标将会每年节省约 23 Tg（1 Tg＝$10^6$ t）的肥料 N。

这些估计的特征我们可以大致称之为"20∶20 理想目标"，即到 2020 年，氮肥利用率提高 20％，每年节省 20 Tg 的肥料 N。

图 80-6　为达到 5 年 NUE 目标,氮肥利用率低于 70% 的国家的养分节省量分布图
(作物养分利用率的提高用每年每公顷氮肥的节省量衡量)

图 80-7　为达到 5 年 NUE 目标,食物链氮养分利用率低于 50% 的国家的养分绝对节省量分布图
(全链作物养分利用率的提高用每年每公顷氮肥的节省量衡量)

## 80.6　成本效益计算的理想目标

20∶20 理想目标的初步成本效益计算可做如下设想。这里关注 N,进一步的工作重点将需要扩展的计算,包括 N 和 P。我们首先考虑恒定输出情景的情况。

(1)根据附录中的计算,同时考虑与 N 有效性相关的案例,相对改善全链 NUE 20% 将等同于每年全球氮节省 23 Tg。考虑到当前化肥价格 1(0.8~1.2)美元每千克氮,这代表了每年化肥成本节约 230(180~280)亿美元。

(2)改进氮肥利用率预计将降低 N 排放,这将进一步减少 N 投入全球体系。每年总人为输入 220 Tg 的 N(40 Tg 为氮氧化物,120 Tg 为人工合成的肥料,60 Tg 为作物 BNF),同时保持输出不变,从而使允许投入减少 10% 的实现理想目标。提高效率意味着的速效氮损失减少。每年的排放量是 120 Tg 为 $N_2$,$N_2O$,NO 和农业土壤氮淋溶,再加上 87 Tg 的 $NO_x$ 和 $NH_3$ 的燃烧和地面挥发带来(共 207 Tg)的 N。提高氮肥利用率本身会额外节省 10%。总体而言,根据此方案,NUE 的提高将使 N 污染损失减少 20% 左右。这种计算与简单的质量平衡的食物链损失是一致的(排放量即减少 20%)。

(3)全球每年与 N 污染有关的损失初步估计为 2 000 亿~20 000 亿美元,本计算将用 8 000 亿美元这一估计值。如果所有来源 Nr 提高氮肥利用率,那么提高 20% 的氮肥利用率期望目标等同于减少价值约 160(40~400)亿美元的环境和健康的威胁。为了实现这些好处的全部价值,需采取尽可能多的方法来提高全链 NUE,尤其是氮氧化物利用率,因为这些物质占环境损害成本的很大一部分。

(4)氮肥利用率的实施成本相差很大,根据所采用的方法,尤其是考虑到各种各样的关键行动。有些方法会导致成本节约,即使不考虑 N 节省的值,而为他人所保存的肥料价值将是展示其成本效益的关键。在许多情况下,考虑到减少环境的污染,更昂贵的减排技术也将是合理的。根据由联合国欧洲经济委员会估计的 NH₃ 减排(2012 年),如果不包括 N 的节省量的成本,可采取的措施可节约成本 0 到 5 美元每千克氮,有许多措施可在 1~2 美元。在许多情况下,整体费用是以劳动力价格为主,使许多发展中国家的减排成本比预计低得多。考虑到这些差异,我们在这里设置一个指示性平均减排成本为 0.5(0.2~1.5)美元/kg N。基于每年可节约 20 Tg N,这将等同于节省 120(50~350)亿美元。

考虑到这些方面,我们可以实现的理想目标提高氮肥利用率 20%,如表 80-1 所示,在恒定输出的情况下估计的"养分绿色经济"的底线。在指导区间内估算总体净成本每年估计节约 1 700(500~4 000)亿美元,这个范围本身说明了这计算固有的不确定性。

这些值代表广泛的一阶估算,从而使他们的解释应着眼于表 80-1 所描述的特点。首先,对环境和健康的利益被估计到最大项。这指向一个有力论据说明提高养分利用率(即净"公共经济利益")的社会行动。其次,平均执行成本的估计比所述 N 节省稍小。这意味着,不同经济体可以从提高 N 肥利用率中获益(即"私人经济利益")。实际潜力提高盈利能力将取决于在每种情况下所采取的方法。这些应该建立在现有的最佳实践和发展未来的技术上,促进采用最具成本效益的方案。每种情况下的核心思想是最好使用所有可用资源 Nr(包括生物固氮,肥料,矿物肥料,燃烧源的氮氧化物)。

但应注意的是,表 80-1 计算只考虑 N,因此,包括 P 的进一步分析。将显示可观的额外净经济利益。其次,还有很多其他利益很难去评估,如发展提高 N 和 P 的管理技术,卫生和提高粮食、能源和水安全之间的相互作用。

表 80-1

为提高氮养分利用率(NUE) 20%的目标而进行的指示性成本效益计算:基于恒定输出情景。在此情景下通过节省氮肥投入提高 NUE 的同时维持现有粮食和能源产量

| 收益和成本 | 亿美元/年 |
| --- | --- |
| 肥料 N 储蓄 | 230(180~280) |
| 环境和健康效应 | 1 600(400~4 000) |
| 实施成本 | −120(−50~−350) |
| 净经济效益 | 1 700(500~4 000) |

未来的人口增长也需要设想 NUE 如何促进粮食和能源生产的增长。这被认为是恒定输入的情况。其计算很简单,因为在全链氮肥利用率提高 20%,而使用相同数量 N 输入,将提供氮的食品和能源生产增加 20%,对未来的粮食和能源安全做出贡献。同时在这种情况下可以实现对环境影响有所下降,N 输入的增加被用于增产,而不是流失到环境中。这代表了第二部分的计算,在上面计算的基础上,相当于损失到环境中的减少 5%~10%(例如,按比例减少 N 排放量,或从食物链质量平衡)。表 80-2 说明了此方案的成本组成部分,体现它如何较少地考虑纯经济效益,而主要与氮损失减少对环境的影响相关。然而,一个完整的评估,将需要包括额外的全球生产的食品和能源的巨大的经济价值,这一直没有在这里估计。

表 80-2

为提高氮养分利用率(NUE) 20%的目标而进行的指示性成本效益计算:基于恒定输入情景。在此情景下通过保持现有氮肥投入来同时提高 NUE 和增加粮食和能源产量

| 收益和成本 | 亿美元/年 |
| --- | --- |
| 肥料 N 储蓄 | 0 |
| 环境和健康效应 | 800(200~2 000) |
| 实施成本 | −120(−50~350) |
| 产生的额外的粮食和能源的价值 | ? |
| 净经济效益 | 700(150~1 650) |

　　虽然提出的 2 种方案仅是估算,但表 80-1 和表 80-2 的比较显示出了通过提高 NUE 节约净成本的潜力。这些节省是巨大的,其目的是为了减少氮投入,同时保持产量不变或增产。本文所示的案例分析还需要一个更全面的成本效益分析,同时考虑其他情景和高目标。

　　(该部分文字材料由刘学军、李欠欠翻译整理自 FAO(2013)报告"Our Nutrient World: The Challenge to Produce More Food and Energy with Less Pollution"第 8 章的主体内容)

# 参考文献

[1] Bouwman L,Goldewijk K K, Van Der Hoek K W,et al. Exploring global changes in nitrogen and phosphorus cycles in agriculture induced by livestock production over the 1900-2050 period. PNAS,2011,110(52):20882-20887.

[2] CBD. Decisions adopted by the Conference of the Parties to the Convention on Biological Diversity at its eleventh meeting (Hyderabad,India, 8-19 October 2012). UNEP/CBD/COP/11/35. (see p 102 for nitrogen indicator under Aichi Biodiversity Target 8). http://www. cbd. int/doc/ decisions/cop-11/full/cop-11-dec-en. pdf.

[3] Eurostat. Farm data needed for agri-environmental reporting. Technical document summarizing the findings of the Dire Date project for the Final Seminar in Luxembourg on 28 March 2011. Oenema O, Amon B, van Beek C,et al. Eurostat methodologies and working papers 1977-0375, Luxembourg.

[4] FAO,Hunger Portal. United Nations Food and Agriculture Organization. http://www. fao. org/ hunger/en/.

[5] Garnett T,Godfrey C J. Sustainable intensification in agriculture. Navigating a course through competing food system priorities. Food Climate Research Network and the Oxford Martin Programme on the Future of Food, University of Oxford, UK,2012.

[6] Heinemann J, Abate T, Hilbeck A, et al. Biotechnology. (McIntyre B D, Herren H R, Wakhungu J,et al. )Agriculture at a Crossroads. International Assessment of Agricultural Knowledge, Science and Technology for Development. Synthesis Report. Island Press, Washington DC,2009.

[7] IIASTD. Agriculture at a Crossroads. (McIntyre B D, Herren H R, Wakhungu J et al. )Global Report. International Assessment of Agricultural Knowledge Science and Technology for Development. , Island Press,2009.

[8] Leach A M, Galloway J N, Bleeker A,et al. A nitrogen footprint model to help consumers understand their role in nitrogen losses to the environment. Environmental Development,2012,1:

40-66.

[9] Mayo M，Sessa R. Challenges and solutions for data on agricultural greenhouse gas emissions. (ICAS-V：Fifth International Conference On Agricultural Statistics，Kampala，UGANDA，October 12-15，2010. http：www. fao. org/fileadmin/templates/ess/documents/meeting _ and _ workshops/ICAS5/PDF/ICASV_4. 2_117_Paper_Mayo. pdf.

[10] OECD. Environmental Performance of OECD Agriculture since 1990. Organisation for Economic Cooperation and Development (OECD)，Paris，France，2008.

[11] Reis S，Grennfelt P，Klimont Z，et al. From Acid Rain to Climate Change. Science，2012，338：1153-1154.

[12] Sanchez P A. Tripling crop yields in tropical Africa. Nature Geoscience. 2010，3：299-300.

[13] Sutton M A，van Grinsven H，Billen G，et al. Summary for Policy Makers. Sutton M A，Howard C M，Erisman J W，et al. The European Nitrogen Assessment Cambridge University Press，2011.

[14] UN. Rio Declaration：The Future We Want. United Nations General Assembly，Resolution 66/288，(available in Arabic，Chinese，English，French，Russian and Spanish). 2012. http：// sustainabledevelopment. un. org/documents. html.

[15] UNECE. Draft decision on adoption of guidance document on national nitrogen budgets. Convention on Long-range Transboundary Air Pollution. ECE/ EB. AIR/2012/L. 8 (available in English，French and Russian). 2012. http：//www. unece. org/index. php？ id=28315.

[16] UNEP. Manila Declaration on the continued Implementation of the Global Programme of Action for the Protection of the Marine Environment from Land based Activities. UNEP/GPA/IGR. 3/CRP. 1/Rev. 1 (available in Arabic，Chinese，English，French，Russian and Spanish). 2012. http：// www. gpa. depiweb. org/igr-3/meeting-documents. html.

附表

相比于 2020 年的目标，基于 2008 年提高 20%，估计各个国家 $NUE_N$ 和全链 $NUE_N$。右边列显示每个国家总氮储蓄量。基线值超过目标值的国家，在最后两列营养储蓄值设为 0

| 地区 | 每年人均氮输入估算 | 作物 $NUE_N$ | 全链 $NUE_N$ | 作物 $NUE_N$ | 全链 $NUE_N$ | 作物 $NUE_N$ 目标状态下节约氮量 /(kt N/年) | 全链 $NUE_N$ 目标状态下节约氮量 /(kt N/年) |
|---|---|---|---|---|---|---|---|
| | 基准(2008)/(kg N/人) | 基准(2008)/% | 基准(2008)/% | 理想目标(2020)/% | 理想目标(2020)/% | | |
| 非洲撒哈拉沙漠 | | | | | | | |
| 安哥拉 | 39 | 92 | 11 | 70 | 14 | 0 | 55 |
| 博茨瓦纳 | 127 | | | | | | |
| 伯利兹 | 19 | 34 | 27 | 41 | 32 | 1 | 1 |
| 布隆迪 | 9 | 53 | 43 | 64 | 50 | 6 | 7 |
| 喀麦隆 | 10 | 75 | 56 | 70 | 50 | 0 | 0 |
| 中非共和国 | 21 | | | | | | |
| 乍得 | 47 | | | | | | |
| 刚果 | 37 | 82 | 15 | 70 | 18 | 0 | 9 |
| 科特迪瓦 | 14 | 95 | 38 | 70 | 45 | 0 | 23 |

续附表

| 地区 | 每年人均氮输入估算 | 作物 NUE$_N$ | 全链 NUE$_N$ | 作物 NUE$_N$ | 全链 NUE$_N$ | 作物 NUE$_N$目标状态下节约氮量 | 全链 NUE$_N$目标状态下节约氮量 |
|---|---|---|---|---|---|---|---|
| | 基准(2008)/(kg N/人) | 基准(2008)/% | 基准(2008)/% | 理想目标(2020)/% | 理想目标(2020)/% | /(kt N/年) | /(kt N/年) |
| 刚果 | 8 | 63 | 34 | 70 | 41 | 15 | 35 |
| 厄立特里亚 | 17 | 113 | 27 | 70 | 33 | 0 | 8 |
| 埃塞俄比亚 | 9 | 114 | 74 | 70 | 50 | 0 | 0 |
| 冈比亚 | 4 | 149 | 60 | 70 | 50 | 0 | 0 |
| 加纳 | 8 | 136 | 64 | 70 | 50 | 0 | 0 |
| 肯尼亚 | 12 | 51 | 45 | 61 | 50 | 24 | 44 |
| 莱索托 | 15 | | | | | | |
| 科比里亚 | 10 | | | | | | |
| 马拉维 | 11 | 71 | 36 | 70 | 44 | 0 | 20 |
| 马里 | 26 | 115 | 22 | 70 | 26 | 0 | 35 |
| 莫桑比克 | 22 | 71 | 15 | 70 | 18 | 0 | 47 |
| 纳米比亚 | 152 | 54 | 4 | 65 | 4 | 1 | 33 |
| 尼日尔 | 13 | 131 | 57 | 70 | 50 | 0 | 0 |
| 尼日利亚 | 8 | 166 | 76 | 70 | 50 | 0 | 0 |
| 卢旺达 | 4 | 141 | 112 | 70 | 50 | 0 | 0 |
| 塞内加尔 | 8 | 76 | 47 | 70 | 50 | 0 | 12 |
| 南非 | 42 | 29 | 21 | 35 | 25 | 87 | 167 |
| 苏丹 | 36 | 71 | 24 | 70 | 29 | 0 | 108 |
| 斯威士兰 | 16 | | | | | | |
| 多哥 | 10 | 95 | 59 | 70 | 50 | 0 | 0 |
| 乌干达 | 9 | 98 | 58 | 70 | 50 | 0 | 0 |
| 坦桑尼亚 | 13 | 127 | 35 | 70 | 42 | 0 | 50 |
| 赞比亚 | 37 | 29 | 12 | 35 | 14 | 15 | 42 |
| 津巴布韦 | 21 | 39 | 21 | 47 | 26 | 14 | 29 |
| 拉丁美洲 | | | | | | | |
| 安提瓜和巴布达 | 7 | 10 | 83 | 12 | 50 | 0 | 0 |
| 阿根廷 | 102 | 23 | 7 | 27 | 8 | 395 | 494 |
| 巴哈马群岛 | 20 | | | | | 0 | 0 |
| 巴巴多斯 | 9 | 6 | 36 | 7 | 43 | 0 | 1 |
| 百慕大 | 9 | | | | | | |
| 玻利维亚 | 48 | 25 | 11 | 30 | 13 | 16 | 43 |
| 巴西 | 46 | 30 | 14 | 36 | 17 | 878 | 1 043 |
| 智利 | 32 | 12 | 15 | 14 | 18 | 61 | 79 |
| 哥伦比亚 | 31 | 11 | 17 | 14 | 20 | 108 | 151 |
| 哥斯达黎加 | 24 | 13 | 16 | 16 | 19 | 12 | 19 |
| 古巴 | 12 | 21 | 36 | 25 | 43 | 12 | 21 |
| 多米尼加 | 14 | 14 | 25 | 17 | 30 | 13 | 18 |

续附表

| 地区 | 每年人均氮输入估算 | 作物 NUE$_N$ | 全链 NUE$_N$ | 作物 NUE$_N$ | 全链 NUE$_N$ | 作物 NUE$_N$目标状态下节约氮量/(kt N/年) | 全链 NUE$_N$目标状态下节约氮量/(kt N/年) |
|---|---|---|---|---|---|---|---|
| | 基准(2008)/(kg N/人) | 基准(2008)/% | 基准(2008)/% | 理想目标(2020)/% | 理想目标(2020)/% | | |
| 厄瓜多尔 | 18 | 24 | 22 | 29 | 26 | 24 | 31 |
| 萨尔瓦多 | 15 | 25 | 25 | 30 | 29 | 13 | 16 |
| 危地马拉 | 17 | 19 | 20 | 23 | 25 | 26 | 32 |
| 海地 | 3 | | | | | | |
| 洪都拉斯 | 20 | 16 | 22 | 19 | 27 | 17 | 19 |
| 牙买加 | 8 | 32 | 56 | 38 | 50 | 1 | 0 |
| 毛里求斯 | 11 | 1 | 33 | 2 | 40 | 1 | 2 |
| 墨西哥 | 27 | 37 | 24 | 44 | 29 | 231 | 363 |
| 荷属安的列斯群岛 | 53 | | | | | | |
| 尼加拉瓜 | 19 | 38 | 25 | 45 | 30 | 9 | 13 |
| 巴拿马 | 17 | 17 | 31 | 20 | 37 | 4 | 7 |
| 巴拉圭 | 87 | 68 | 6 | 70 | 8 | 48 | 60 |
| 秘鲁 | 21 | 27 | 20 | 32 | 24 | 46 | 79 |
| 苏里南 | 14 | | | | | | |
| 特立尼达和多巴哥 | 26 | | | | | | |
| 乌拉圭 | 102 | 24 | 7 | 29 | 8 | 22 | 33 |
| 委内瑞拉 | 28 | 13 | 22 | 15 | 26 | 61 | 83 |
| 欧洲和北美 | | | | | | | |
| 阿尔巴尼亚 | 15 | 25 | 40 | 31 | 48 | 5 | 7 |
| 奥地利 | 29 | 68 | 30 | 70 | 36 | 18 | 25 |
| 波斯尼亚和黑塞哥维那 | 22 | 55 | 37 | 66 | 44 | 5 | 7 |
| 保加利亚 | 53 | 23 | 13 | 27 | 15 | 39 | 41 |
| 加拿大 | 106 | 47 | 7 | 56 | 8 | 395 | 419 |
| 捷克 | 56 | 48 | 17 | 57 | 21 | 45 | 48 |
| 塞浦路斯 | 19 | 17 | 25 | 20 | 30 | 1 | 3 |
| 丹麦 | 63 | 46 | 11 | 55 | 14 | 38 | 42 |
| 比利时 | 32 | | | | | | |
| 爱沙尼亚 | 71 | 36 | 18 | 43 | 22 | 5 | 6 |
| 芬兰 | 53 | 34 | 13 | 41 | 16 | 33 | 34 |
| 法国 | 60 | 34 | 12 | 40 | 14 | 456 | 477 |
| 德国 | 43 | 35 | 18 | 42 | 22 | 319 | 379 |
| 希腊 | 46 | 44 | 28 | 53 | 33 | 29 | 39 |
| 匈牙利 | 53 | 63 | 12 | 70 | 15 | 60 | 63 |
| 爱尔兰 | 106 | 8 | 7 | 10 | 8 | 55 | 60 |
| 意大利 | 26 | 34 | 28 | 41 | 34 | 154 | 194 |
| 拉脱维亚 | 40 | 37 | 15 | 45 | 18 | 10 | 11 |
| 立陶宛 | 21 | | | | | | |

续附表

| 地区 | 每年人均氮输入估算 基准（2008）/（kg N/人） | 作物 NUE$_N$ 基准（2008）/% | 全链 NUE$_N$ 基准（2008）/% | 作物 NUE$_N$ 理想目标（2020）/% | 全链 NUE$_N$ 理想目标（2020）/% | 作物 NUE$_N$ 目标状态下节约氮量 /（kt N/年） | 全链 NUE$_N$ 目标状态下节约氮量 /（kt N/年） |
|---|---|---|---|---|---|---|---|
| 卢森堡 | 53 | | | | | | |
| 马耳他 | 9 | 33 | 52 | 39 | 50 | 0 | 0 |
| 荷兰 | 39 | 15 | 14 | 18 | 17 | 45 | 101 |
| 挪威 | 33 | 15 | 18 | 18 | 22 | 18 | 21 |
| 波兰 | 54 | 34 | 15 | 41 | 18 | 208 | 218 |
| 葡萄牙 | 22 | 14 | 27 | 17 | 33 | 22 | 35 |
| 罗马尼亚 | 32 | 37 | 33 | 44 | 40 | 57 | 64 |
| 斯洛文尼亚 | 35 | 24 | 25 | 29 | 40 | 5 | 7 |
| 斯洛伐克 | 36 | 38 | 16 | 46 | 20 | 18 | 20 |
| 西班牙 | 44 | 38 | 16 | 45 | 19 | 192 | 237 |
| 瑞典 | 31 | 40 | 22 | 48 | 27 | 31 | 35 |
| 瑞士 | 19 | 29 | 44 | 34 | 50 | 10 | 14 |
| 土耳其 | 36 | 30 | 22 | 36 | 26 | 271 | 285 |
| 乌克兰 | 35 | 58 | 24 | 70 | 28 | 142 | 145 |
| 英国 | 32 | 29 | 24 | 35 | 29 | 189 | 219 |
| 美国 | 96 | 43 | 10 | 52 | 12 | 2 811 | 2 949 |
| 印度,亚洲中部和南部 | | | | | | | |
| 亚美尼亚 | 10 | 58 | 43 | 69 | 50 | 2 | 4 |
| 阿塞拜疆 | 10 | 102 | 71 | 70 | 50 | 0 | 0 |
| 白俄罗斯 | 64 | 22 | 9 | 26 | 10 | 83 | 84 |
| 印度 | 20 | 22 | 20 | 26 | 24 | 2 862 | 2 887 |
| 伊朗 | 32 | 30 | 21 | 37 | 26 | 193 | 249 |
| 哈萨克斯坦 | 140 | 146 | 8 | 70 | 10 | 0 | 183 |
| 吉尔吉斯斯坦 | 23 | 72 | 26 | 70 | 31 | 0 | 14 |
| 科威特 | 27 | | | | | | |
| 老挝 | 13 | | | | | | |
| 摩尔多瓦 | 17 | 40 | 37 | 48 | 44 | 5 | 6 |
| 尼泊尔 | 6 | 124 | 106 | 70 | 50 | 0 | 0 |
| 巴基斯坦 | 22 | 15 | 18 | 19 | 22 | 486 | 491 |
| 俄罗斯联邦 | 38 | 66 | 30 | 70 | 36 | 320 | 392 |
| 沙特阿拉伯 | 47 | 18 | 15 | 21 | 19 | 43 | 119 |
| 斯里兰卡 | 12 | 18 | 23 | 22 | 28 | 33 | 37 |
| 塔吉克斯坦 | 17 | 19 | 20 | 23 | 25 | 11 | 15 |
| 土库曼斯坦 | 48 | | | | | | |
| 阿拉伯联合酋长国 | 53 | | | | | | |
| 乌兹别克斯坦 | 33 | 16 | 16 | 20 | 19 | 95 | 115 |
| 中国、东南亚 | | | | | | | |
| 澳大利亚 | 228 | 36 | 4 | 43 | 4 | 203 | 531 |
| 孟加拉国 | 11 | 30 | 29 | 37 | 35 | 214 | 228 |
| 文莱 | 1 | 3 | 63 | 3 | 50 | 0 | 0 |

续附表

| 地区 | 每年人均氮输入估算 | 作物 NUE$_N$ | 全链 NUE$_N$ | 作物 NUE$_N$ | 全链 NUE$_N$ | 作物 NUE$_N$目标状态下节约氮量 /(kt N/年) | 全链 NUE$_N$目标状态下节约氮量 /(kt N/年) |
|---|---|---|---|---|---|---|---|
| | 基准(2008)/(kg N/人) | 基准(2008)/% | 基准(2008)/% | 理想目标(2020)/% | 理想目标(2020)/% | | |
| 柬埔寨 | 10 | 79 | 42 | 70 | 50 | 0 | 16 |
| 中国 | 31 | 22 | 14 | 27 | 17 | 5906 | 6431 |
| 朝鲜 | 8 | | | | | | |
| 斐济 | 14 | 10 | 26 | 12 | 32 | 1 | 2 |
| 印尼 | 16 | 28 | 19 | 33 | 22 | 497 | 519 |
| 日本 | 17 | 20 | 35 | 24 | 42 | 101 | 229 |
| 马来西亚 | 37 | 7 | 10 | 8 | 12 | 123 | 138 |
| 马尔代夫 | 3 | | | | | | |
| 毛里塔尼亚 | 78 | | | | | | |
| 蒙古 | 408 | 17 | 1 | 20 | 2 | 1 | 119 |
| 缅甸 | 12 | 105 | 43 | 70 | 50 | 0 | 64 |
| 新西兰 | 108 | 5 | 5 | 6 | 6 | 53 | 61 |
| 菲律宾 | 9 | 51 | 33 | 61 | 40 | 104 | 115 |
| 韩国 | 23 | 16 | 28 | 19 | 34 | 65 | 101 |
| 泰国 | 32 | 21 | 10 | 26 | 12 | 263 | 269 |
| 越南 | 20 | 31 | 22 | 38 | 26 | 224 | 231 |
| 其他 | | | | | | | |
| 阿尔及利亚 | 14 | 78 | 45 | 70 | 50 | 0 | 56 |
| 埃及 | 19 | 27 | 27 | 33 | 33 | 195 | 228 |
| 以色列 | 24 | 16 | 36 | 19 | 43 | 11 | 21 |
| 约旦 | 15 | 5 | 28 | 6 | 33 | 7 | 15 |
| 黎巴嫩 | 11 | 19 | 39 | 23 | 46 | 4 | 7 |
| 利比亚民众国 | 39 | | | | | | |
| 摩洛哥 | 22 | 13 | 24 | 15 | 29 | 66 | 97 |
| 巴勒斯坦被占 | 2 | | | | | | |
| 叙利亚共和国 | 28 | 33 | 23 | 39 | 27 | 50 | 65 |
| 突尼斯 | 16 | 59 | 34 | 70 | 41 | 14 | 23 |

第81章

中德国际合作项目——耕地保育与农田氮肥管理技术

## 81.1 合作背景与合作理由

**1. 项目合作背景及合作重要性、必要性**

我国是目前世界上最大的氮肥生产和消费国,2002年消费的氮肥数量达到2 540万t,占全世界氮肥消费总量的30%(FAO,2004)。然而,氮肥施用不合理现象却非常普遍,造成肥料利用率降低,资源浪费,农民收入减少,以及日益突出的环境问题。目前,我国水稻、小麦和玉米的平均氮肥利用效率分别只有28.3%,28.2%和26.1%(张福锁等,2007),这就意味着大量的氮肥没有被作物有效利用,而是通过淋洗、径流、反硝化和挥发等途径进入到环境,导致地表水的富营养化、地下水的硝酸盐富集、大气污染以及温室效应加剧等影响社会经济持续发展和人类健康的环境问题(朱兆良等,2005)。最近的研究表明,过量不合理施用氮肥也是造成我国农田土壤酸化的主要原因(Guo et al.,2010)。因此,在高生产力前提下进行农田氮肥的优化管理,以提高氮肥的利用效率、降低由于氮肥的不合理施用而带来的环境风险,是我国农业可持续发展迫在眉睫需要解决的关键问题之一。

提高养分利用效率的关键是实现养分供应与作物需求在数量上一致、空间上匹配以及时间上同步,而精准农业被认为是最有潜力实现这样的养分管理目标的技术途径之一(Matson et al.,1997;Tilman et al.,2002;Cassman et al.,2002)。精准农业是针对农业生产过程中所存在的时、空差异性而发展起来的管理理念与技术体系,目的就是根据影响农业生产的关键因素在时间和空间上的变异规律而调整农业投入与管理措施,以避免因均一管理而造成的投入过量或不足等问题,从而实现充分发挥土壤和作物的生产潜力,提高资源利用效率和经济效益,并保护环境的目的。精准氮肥管理是精准农业的重要内容,是国际上的研究热点之一。目前国际上的共识是精准氮肥管理需要根据土壤、作物和当年的气候状况进行季节内动态的实时(real-time)、实地(site-specific)的优化管理(Shanahan et al.,2008),其核心问题是对土壤和作物氮营养状况进行实时、实地的监测并据此确定适宜的氮肥时空优化管理方案。我国氮肥投入量不仅在区域和作物上差异明显,农户和田块之间也存在很大差异,再加上我国农业分散经营的体制,使得对氮肥进行实时、实地的精准管理变得非常困难。

本国际合作研究的重点就是针对我国农业和氮肥管理的实际情况和存在的问题,从土壤植株速测、传感器及遥感、绿色窗口、新型高效肥料、土壤与作物模拟和地理信息技术等不同角度来进行综合比较研究,同时研发团队不仅包括德国著名的大学和科研院所,如慕尼黑工业大学、霍恩亥姆大学、布朗施维格技术大学、哥廷根大学和农业景观系统研究所,也包括国际著名的农业企业,如Yara公司、

Tec5 公司及 SKW 公司等。很多研究、示范工作直接在农民的田块中开展,有利于研发出真正适合中国国情和生产实际的氮肥精准管理技术体系,并建立新型的农业技术推广模式,所取得的成果将更容易被农民所接受并大面积推广,从而为我国现代农业的发展做出贡献。

**2. 合作的优势互补性**

中国农业大学的技术优势是基于作物根际调控的氮肥管理技术以及基于多光谱传感器技术的氮肥实时诊断与调控技术,拥有河北曲周、古林梨树和黑龙江建三江研究与示范基地。中国农业科学院农业资源与区划研究所在耕地保育及基于专家系统的氮肥优化管理方面具有优势,拥有河北廊坊研究基地。中科院南京土壤研究所在南方水稻氮肥管理,特别是水稻生长模型方面具有优势,拥有淮安研究基地。中科院地理科学与资源研究所农业政策研究中心在农户调查、农业经济分析、技术推广方法和模式等方面具有优势。

本项目合作方不仅包括德国的著名大学(如慕尼黑工业大学和布朗施维格技术大学等),也包括世界著名的农业公司(如 YARA 国际和 Merck 等)。德国合作伙伴慕尼黑工业大学在作物传感器技术、新型肥料技术、绿色窗口技术等方面在国际上具有重要影响,布朗施维格技术大学在水稻氮素优化管理、绿肥与作物间作提高养分利用效率、养分管理的环境评价、水稻生长模型等方面具有优势,霍恩亥姆大学在区域养分管理方面具有优势,哥廷根大学在养分管理经济效益评价、农户调查、技术推广方面具有优势,Leibniz 农业景观研究中心在小麦、玉米生长模拟和区域养分管理方面具有优势。YARA 公司在应用作物传感器技术指导农民提高氮素管理方面具有非常丰富的经验,Merck 公司在研发土壤植株速测技术方面有多年经验,Tec5 公司擅长研发新型传感器,SKW 公司擅长生产和推广新型肥料技术。通过与他们进行合作研究,不仅可以为我国培养国际化的科技人才,也可以引进国际顶尖人才,增强我国对农田氮肥精准管理技术的消化、吸收和自主创新能力,在短时间内迅速掌握相关的核心技术,实现跨越式发展。同时,通过新的农业技术推广模式,大面积推广适宜的氮肥管理技术,有望在不远的将来在保障粮食安全的基础上有效地降低我国集约农区氮肥施用量,促进我国农业的可持续发展。

## 81.2 合作目标、内容及完成情况

### 81.2.1 合作目标

本合作研发的主要目标是改善当前我国集约化农业生产中的不合理管理措施,提高耕地质量和氮肥利用效率,减少过量施氮对环境和人体健康产生的不利影响,实现我国集约化农业的可持续发展。

**1. 具体目标**

(1)总结归纳和引进推广耕地保育与氮肥优化管理技术,在农业经济分析的基础上引进创新性生产系统。

(2)通过在农民田块布置田间试验,加强田间示范作用;组织不同感兴趣的小组进行讨论,包括培训和情景分析等,充分发挥农民和推广服务机构应有的作用。

(3)分析典型集约化种植体系的氮素平衡,特别要考虑无机氮和有机氮素投入对其的影响;采用氮素决策模型模拟田块尺度下的氮素循环,同时结合 GIS 技术分析区域氮素平衡状况。

**2. 本合作项目预期将取得的研发成果指标及水平**

(1)自主发表 3 篇(部)国内核心期刊论文或著作、2 篇国际核心期刊论文;

(2)合作发表 6 篇(部)国内核心期刊论文或著作、5 篇国际核心期刊论文;

(3)国内发明专利:1 项自主、1 项合作;

(4)国外发明专利:1 项合作;

(5)行业标准:3 项;

(6)新产品:计算机软件登记 1 个;

(7)引进先进技术：5 项；

(8)分别建立适合分散经营与规模经营和旱地与水田等不同条件的氮肥精准管理技术体系，使我国氮肥管理技术达到国际先进水平；

(9)建立两个氮肥精准管理技术示范基地；

(10)建设一个氮肥精准管理技术网站；

(11)推动组建全国范围的促进多学科融合创新的精准氮肥管理协作网。

## 81.2.2　主要研究内容

### 1.引进和推广新技术及创新型农业管理措施

(1)土壤和植株氮素速测技术　慕尼黑工业大学植物营养研究所新开发的土壤、植株氮素快速田间测定可以现场快速检测出土壤、植株硝酸盐含量，快速评价土壤、植株氮营养状况，进而确定合理的氮肥施用数量。

(2)绿色窗口技术　慕尼黑工业大学植物营养研究所最近开发的绿色窗口技术，是一种简单易用且能进行氮平衡示范的实用技术。通过绿色窗口技术能使培训过的农民知道在优化产量水平下合理施氮肥，同时也能使农业推广专家培训和指导农民优化施肥。另外通过农民自己的观察和判断，绿色窗口也能说服农民去改善管理（此项管理策略称"粗调"）。该方法也可以与简化的土壤速效氮技术例如农民田块测试（微调）或者无氮区设置相结合，来用田块速测代替可视化的平衡法，后者可以通过农民简单的观测就可以判断出作物的适宜氮肥需求量。绿色窗口和田间速测 2 种方法相结合，一方面可以使培训过的农民对作物情况有一个直观判断，另一方面这些信息也可以通过先进的非破坏性的传感器技术来获取。传感器技术的重要性在于将来也可以推广到县级甚至于省级范围内。

(3)作物传感器技术　由于土壤氮的时空变异性很大，使基于实测的氮营养诊断的施肥技术能成功地提高氮肥的利用率，而基于间接的非破坏性的传感器植株遥测手段是能代替基于化学分析的方法。因此，通过利用遥感能实现县级范围的实地优化施肥服务，这是一项非常有前景的技术，它能通过经济实惠的方法获取信息来支持推广服务。先进的作物传感器技术不仅能为推广系统服务而且对于环境评价也是一个强有力的咨询工具，这包括手持高光谱传感器在小尺寸的田间小区试验的测试，也包括基于田块的大的车载系统的开发和测试。

(4)高效肥料技术　控制硝化及/或脲酶水解过程是限制 N 淋失、温室气体排放及土壤中氨挥发的有效途径，并提高了 N 利用率。德国在以下领域已经进行了比较完善的研究：(a)找出可能的硝化及尿酶抑制剂；(b)衡量它们在硝酸盐淋失，气体排放，植物生长及农业经济效益方面的影响。研究结果表明添加有硝化抑制剂的氮肥施到土壤中后，在减少硝酸盐淋失和 $N_2O$ 排放方面，且有明显效果，并且能提高 N 利用率。当土壤中 N 含量不高时，作物产量也可被提高。慕尼黑工业大学植物营养研究所最新的研究成果表明，SKW 新研究出的脲酶抑制剂，在排除外界影响条件下，氨态氮的挥发平均可以减少 40%。脲酶抑制剂、硝化抑制剂、包膜缓释肥料和生物肥料等高效肥料可以提高氮肥利用效率，减少施肥次数，减轻环境污染，改进产品质量。

同时，探索新的农业技术推广模式，组建一个集研究、开发、示范、推广及应用为一体的创新平台，包括大学、研究所、企业、推广机构、政府部门、政策研究机构、小型农户和国有农场。

### 2.试验地点选择

考虑到气候、土壤和作物生长条件的差异，以及经济发展水平参差不齐，按地理位置划分为南方和北方并已确定示范县。这些县包括：南方江苏省宜兴和淮安（以水稻为主要作物）；北方（以旱地作物为主）山东惠民和寿光、河北曲周和廊坊，以及黑龙江农垦建三江管理局（规模经营寒地水稻）。在这些试验点，研究人员和当地政府及技术推广人员已经建立了长期合作关系，能保证项目的顺利实施。

### 3. 以示范为目的的田间试验

采用"3＋X"田间试验设计方案，在每个示范县的农民地块上布置 10～15 个田间试验，每个农户地

块包括 4 个处理:

处理 1:当地农民的"常规"施肥措施;

处理 2:"减氮"(一般为 30%～40%)处理,其他所有农艺措施(灌溉、农药等)相同;

处理 3:不施氮的空白小区,主要测定来自土壤矿化的氮素和氮肥利用效率;

处理 X:根据各个地区条件的差异,安排 1 或多个其他处理。

**4. 农业经济分析和农业环境观测**

通过文献查阅、统计数据、地方和高层专家及机构的协商、相关研究工作总结等途径找出不同研究区域的相关信息和资料。对相关农户家庭和田块的经济资料进行分析,阐明肥料施用量和作物产量以及收入之间的关系,为及时改进管理措施提供参考,也可以作为一个典范从正面来引导农户,并且向其他农户介绍其经验。此外,注意观察在技术应用方面较差的农户,并有针对性地指导改善这些农户的施肥习惯,作为技术推广的成果。

**5. 田块和区域氮素循环模拟研究**

(1)基于实际农业管理措施和气象资料的田块尺度的氮素循环模拟 采用模型可以进行虚拟的肥效试验,比较不同施肥处理对作物产量和作物收获后土壤残留氮数量的影响。这样就对不同施肥水平的影响有一个初步的总体认识,其结果可用于来年探寻合理的肥料施用量。

(2)预测试验条件下的土壤和作物体系的氮素动态 通过试验取得的数据可以用来校验模型,然后通过情景分析确定适宜的氮肥管理措施,也可以根据当前的气象资料和作物的长势预测可能获得的产量并用以确定适宜的追施氮肥数量。

(3)基于 GIS 技术的区域化模拟 把模型与地理信息系统(GIS)相结合进行不同地块及区域的氮肥精准管理。

## 81.2.3 任务完成情况

本项目由中方-中国农业大学、德方-慕尼黑工业大学和布朗施维格技术大学共同负责,组织实施。主要引进和研究了土壤和植株氮素速测技术、绿色窗口技术、作物传感器技术、卫星遥感技术、新型高效肥料技术,氮素循环模拟技术和区域氮肥管理技术。对这些技术进行了引进、消化、吸收、改进、完善,并在此基础上进行技术创新,与当地高产高效栽培管理技术相结合,进行技术集成,建立作物高产高效氮素综合管理技术。开展了大量田间试验,对相关技术进行比较、验证,同时在不同生态区农户田块进行田间示范,促进相关技术的推广和应用。对相关技术进行经济效益分析,探索新技术的推广模式,并进行相关政策建议。中方中国农业大学(CAU)主要负责项目的总体协调与管理、来华专家的接待。项目分为 4 个课题:

课题一:北方农田氮素管理技术:由中国农业大学承担,主要目标是对土壤和植株速测技术、绿色窗口技术、传感器技术和高效肥料技术等农田氮肥调控核心技术在我国北方作物上的应用和效果评估,引进并验证 HERMES and Rotate-N 模型,建立适于北方作物的农田氮素管理技术。德方参加单位:TUM,Merck,Tec5,SKW,霍恩海姆,ABiTEP,ZALF。

课题二:耕地保育技术:由中国农业科学院农业资源与农业区划研究所承担,慕尼黑工业大学参加。主要目标是建立适合我国农民掌握的耕地保育指标体系与规程,为促进农民实现科学、标准的耕地保育提供技术支持,提升我国耕地保育技术水平。德方参加单位为 TUM。

课题三:南方农田氮素管理技术:由中国科学院南京土壤研究所承担,德国布朗施维格技术大学参加。主要任务是在南方集约化生产区选择样板县中的典型农户地块进行示范对比试验,结合田间试验和室内模拟试验数据,完善适合我国稻田实际情况的氮素循环模型。改进后的模型将用于在田间尺度上模拟整个土壤-作物体系的氮素循环过程,为合理进行氮肥管理提出依据。

课题四:农业经济分析、政策与决策引导:由中国科学院地理科学与资源研究所承担,哥廷根大学参加。主要任务:对农田和区域氮素管理的技术体系进行农业经济分析,构建我国耕地保育和农田氮素管理技术发展模式,并进行可能的政策引导和决策支持。

　　根据项目任务书的计划要求,考虑到气候、土壤和作物生长条件的差异,以及经济发展水平参差不齐,按地理位置划分为南方和北方并已确定示范县。这些县包括:南方江苏省宜兴和淮安(以水稻为主要作物);北方(以旱地作物及蔬菜为主)山东惠民和寿光、河北曲周和廊坊。以上这些基地均代表分散经营的农作系统。在此基础上,我们选择了黑龙江农垦建三江基地作为规模化经营的代表,开展大面积寒地水稻氮素优化管理技术研究。在这些试验点,研究人员和当地政府及技术推广人员已经建立了长期合作关系,保证了项目的顺利实施。课题组开展了大量田间试验,验证、完善相关氮素管理技术,重点建立了基于土壤硝酸盐速测技术的小麦、玉米氮素根际调控技术和基于作物传感器 GreenSeeker 的小麦和水稻氮营养实时诊断与调控技术,初步建立了基于德国新型传感器的小麦氮营养诊断与调控方法,建立了基于卫星遥感的大面积水稻生长诊断与氮素调控技术,建立了设施蔬菜综合根层调控技术,研制了便于向农民推广耕地分区保育指标的高技术产品,创建了适合农民采用的耕地保育分区指标体系,开发了稻田土壤-作物体系氮素循环模型,将农机农艺相结合提高氮肥利用效率。同时开展了田间示范,在河北曲周组织了大型氮肥管理技术田间观摩日,在黑龙江建三江组织了高产高效水稻氮肥管理技术现场会,促进相关技术的推广和应用。同时课题组也针对不同氮素管理技术的优缺点,与高产栽培管理技术相结合,进行技术集成研究探索同时提高作物产量和养分利用效率的技术途径。

　　经过全体课题组成员的努力,圆满完成了课题预定的目标和任务(表 81-1)。

表 81-1

课题任务计划指标与实际完成情况对照表

| 预期合作成果 | 实际完成情况 |
| --- | --- |
| 自主发表 3 篇(部)国内核心期刊论文或著作、2 篇国际核心期刊论文。 | 自主发表 4 篇国内核心期刊论文,11 篇国际核心期刊论文,12 篇国际会议论文。 |
| 合作发表 6 篇(部)国内核心期刊论文或著作,5 篇国际核心期刊论文。 | 合作发表 2 篇国际核心期刊论文,1 篇会议论文。 |
| 国内发明专利:1 项自主、1 项合作。 | 自主获得 1 项国内专利,登记了 5 个计算机软件。 |
| 国外发明专利:1 项合作。 | 正在完成中。 |
| 行业标准:3 项。 | 在申请 3 个技术标准。 |
| 引进先进技术:5 项。 | 引进了先进技术 5 项。 |
| 分别建立适合分散经营与规模经营和旱地与水田等不同条件的氮肥精准管理技术体系,使我国氮肥管理技术达到国际先进水平。 | 1)建立了基于作物传感器 GreenSeeker 的分散经营冬小麦氮肥精准管理技术体系;2)建立了基于卫星遥感技术的规模经营寒地水稻氮肥精准管理技术体系。 |
| 建立两个氮肥精准管理技术示范基地。 | 建立了 1)河北曲周分散经营冬小麦-夏玉米氮素精准管理研究与示范基地;2)黑龙江农垦建三江规模经营水稻氮素精准管理研究与示范基地。 |
| 建设一个氮肥精准管理技术网站。 | 建立了中德合作项目氮肥管理技术网站:http://www.nitrogen-management.org。 |
| 推动组建全国范围的促进多学科融合创新的精准氮肥管理协作网。 | 1)组建了全国范围的土壤-作物系统综合管理协作网;2)与德国合作者一起创建了国际农业信息学与可持续发展研究中心,目前主要研究内容为氮肥精准管理。 |

## 81.3 合作实施情况及国际合作所起的作用

### 1. 合作各方情况

该项目在德国和中国都分别由 2 个大的研究团队组成,德方主要提供先进的试验设备、技术、理念和资金,中方提供研究基地、研究生和配套资金,中德双方研究人员在中国科研基地上共同研究耕地保育和农田氮肥管理技术体系,以及这些技术对我国农业、经济、环境等方面的影响。具体为以德国慕尼黑工业大学为主的研究团队提供土壤和植株速测技术、绿色窗口技术、传感器技术和高效肥料技术等农田氮肥调控核心技术和农田氮素管理的先进理念;以德国布朗施维格技术大学为主的研究团队提供区域氮肥行为模拟和区域氮肥管理的核心技术以及区域氮素管理的先进理念。中国农业大学提供华北平原的山东惠民、寿光和河北曲周研究基地及黑龙江建三江基地,并投入研究生。德方重点合作伙伴为慕尼黑工业大学、霍恩海姆大学及农业景观研究中心。中国农业科学院应用"施肥通"在主要试验基地研究区域氮素行为模型和区域氮肥管理技术以及示范推广,主要的德方合作伙伴为慕尼黑工业大学。南京土壤研究所提供南方江苏省宜兴和淮安研究基地,并投入科研人员,与德方一起研究上述技术在我国稻田的应用,德方主要合作伙伴为布朗施维格技术大学。中国科学院中国农村政策中心负责收集相关政策、法规、环境等信息资料,与德方学者开展结合中国经济环境政策的试点研究,并协调地方政府,争取配套资金和政策支持,探讨我国耕地保育与农田氮肥管理技术模式和战略。德方主要合作伙伴为哥廷根大学。

### 2. 资金设备技术投入安排、协调机制

项目主要由德方提供先进的试验设备、技术和部分资金,中方提供研究基地、研究生和配套资金与德方研究人员共同研究。所有的资金设备技术投入安排均在项目申请书的申请范围内由中德双方项目主持人根据各子项目的实际需求进行统筹安排,并由项目办公室负责具体实施、监督和协调。

### 3. 国际合作对项目实施所起的作用

(1)在项目的开始阶段,在中国联合召开项目启动会。中德联合项目启动与研讨会于 2008 年 10 月 6—7 日在中国农业大学召开,德国方面重点介绍了准备引进的各项技术进展情况,中德专家在一起研讨、交流项目具体执行方案,对整个项目及各课题都进行了研究方案与计划的充分研讨,各方也进一步明确了各自投入的人员、经费和设备以及具体的任务分工等细节。会后又组织了德方项目参加人员参观曲周、寿光及江苏等地的田间试验,并共同在河北曲周选择了一些典型村庄作为本项目农户试验、示范与技术推广基地(图 81-1)。与当地技术人员及农民交流,共同选择试验点并确定研究与示范方案,对项目的顺利实施起到了关键的作用。

图 81-1　中德项目启动会合影(左)及会后田间考察(右)

（2）德国教授、专家亲自来田间指导，开办培训班，促进了项目的顺利实施。2009年6月3—4日，德国霍恩海姆大学植物营养研究所根际营养专家 Volker Römheld 教授应中德项目邀请参观了中国农业大学资源与环境学院的寿光蔬菜养分管理研究基地。Volker Römheld 教授对寿光蔬菜种植以及蔬菜生产体系中的养分管理具有浓厚的兴趣。在陈清教授的陪同下，还参观了寿光蔬菜基地的设施番茄养分资源管理长期定位试验、设施番茄根层养分调控及水肥一体化试验。他就设施菜田根际养分调控，水肥一体化技术，中、微量元素施用，土壤酸化等方面提出了很好的建议，为蔬菜最佳养分管理技术的研究与应用提供了新的研究思想和根际调控理论。参观期间，还走访了正在收获蔬菜的菜农，了解蔬菜栽培及水肥管理情况。

2009年6月25—30日，德国景观生态研究所著名模型专家 Kurt Christian Kersebaum 和 Claas Nendel 访问中国农业大学。Kurt Christian Kersebaum 博士和 Claas Nendel 博士分别从事大田作物和蔬菜模型研究工作，此次来京主要是应中德合作教育项目的需求，对资环学院相关老师和研究生进行培训。主要对 HERMESE 模型和 EU-Rotate_N 模型的背景、参数、运行及应用进行了详细的技术培训。HERMESE 模型主要应用于农田生态系统中碳氮循环，结合气象数据研究作物生长过程以及土壤中氮素的动态变化，并针对不同环境和作物给出氮肥合理施用推荐量，指导田间施肥。EU-Rotate_N 模型是欧洲7国的专家共同研究的关于露地蔬菜的推荐施肥模型，包括作物根系生长模型、氮素矿化模型、经济学模型、水动力学模型等，可以根据各地的气候特点和作物种植的基本情况，预测作物的生长、氮素的吸收、土壤无机氮的动态以及氮素的去向等。该模型在欧洲的几国已经得到了良好的应用。会后还和蔬菜养分管理小组进行了有机肥氮素矿化试验讨论，参观了寿光蔬菜养分管理研究基地。此次技术培训和实地考察为设施蔬菜养分管理和氮肥推荐提供了新思路和技术指导。

2009年10月19—23日，中德项目德国专家 Dr. Pfeffer 和 BMBF 项目协调员 Marco Roelcke 博士在山东省寿光市对设施蔬菜灌溉施肥技术现状和存在的问题进行实地考察，由陈清教授组织，李俊良教授陪同。这次参观访问涉及黄瓜、番茄等蔬菜作物，草莓、苹果等经济作物的先进的种植技术、灌溉施肥设备的设施栽培和传统的农民种植习惯大棚生产。同时主要从事滴灌设备和全水溶性肥料的生产与经营的企业也参加了这次活动。Dr. Pfeffer 首先肯定了山东省、北京市蔬菜种植，水肥一体化技术推广应用效果显著，但存在问题是：肥料的合理施用还没有完全配套，设备有高有低，参差不齐。还有很大一部分农户没有意识到水肥一体化的好处，仍在使用漫灌灌溉。他提出如何将水肥一体化技术全面推广成为我们现在面临的挑战。另外，我们的灌溉设备要不断改进，而且在推广应用中要注意和农户交流，及时发现问题，解决问题。目前限制水肥一体化节氮节水技术推广应用的最大技术问题是：山东省农户共用水井，其水源分布与农户灌溉时间有限成为一大问题。通过这次考察，使项目更好地了解了中国设施蔬菜灌溉施肥技术存在的问题和现状，并想通过公司、国内外专家的合作（公司进行微灌设备的投资与应用、推广部门进行培训会的组织与宣传、教学科研部门进行技术的培训与宣传手册的编写与发放等），将大面积进行水肥一体化技术的示范与推广。

（3）项目派遣教师、博士后和博士生到德国学习氮肥管理技术。在项目开始阶段，项目派遣了3名教师、2名博士后和5名博士生访问德国，学习德国的农田氮肥管理技术，其中2名博士后在德国参加6个月的培训（图81-2），并与德方技术人员一起参加田间试验研究，然后回国开展进一步的验证和应用试验，试验方案和德方联合讨论、设计。对项目的顺利实施起到了关键的支持作用。

（4）德方派遣博士生与中方博士生共同开展研究与示范工作。项目的每个课题都有德方博士生来中国和中方博士生一起开展研究与示范，双方互相学习、互相帮助，也促进了项目的顺利实施。

（5）项目中期研讨会在德国召开，同时参观德国相关研究机构和企业，学习相关技术在德国的应用情况。项目中期总结研讨会于2010年5月在德国慕尼黑工业大学召开，为期2天，双方研究人员主要交流项目进展情况，并讨论了下一年的工作计划。当时项目已经在水肥投入很高的蔬菜生产体系、华北小麦-玉米轮作体系、江苏水旱轮作体系中开展了作物传感器、减氮增效等研究和示范推广工作，并

图 81-2 中方派遣的博士后及博士生在德国学习作物传感器技术

与农业经济、环境效应分析以及农业政策研究等紧密结合。中德双方专家决定在下一年的工作中,项目需要把主要力量放在技术的示范推广方面,将通过举办农民田间日等活动,让更多的技术被农民所接受应用。中德双方的博士生就试验进展的具体情况进行了汇报。另外,会议还邀请了德国 K＋S、SKW、tec 5 等农业公司介绍了德国在高效氮肥、作物传感器等方面的研究进展。

2010 年 5 月 12 日,巴伐利亚州农业研究所的 Dr. M. Wendland 介绍了该州的农技推广工作,与会代表参观了慕尼黑工业大学 Dürnast 试验站及 BSAF 公司位于 Limburgerhof 的农业研发中心。同时考察了德国相关的大学和企业。这次活动帮助了中方专家和学生更好了解德国相关技术的研究与应用情况,促进了项目的进一步开展。

### 4. 技术实施情况

如何在不降低甚至增加粮食产量的前提下解决我国集约农区氮肥施用过量、利用效率低下和环境污染严重等问题,以达到保障粮食安全、降低生产成本、提高氮肥利用效率、增加农民收入、减轻环境污染和保障食品安全的目的,是我国农业可持续发展迫切需要解决的重大关键科学技术问题。而农田氮素精准管理的难点是需要根据土壤、作物和气候状况在时间和空间上进行动态的优化,而我国氮肥投入量不仅在区域和作物上差异明显,农户和田块之间也存在很大差异,再加上我国农业分散经营的体制,使得对氮肥进行实时、实地的精准管理变得非常困难。

为了在我国实现氮肥的精准管理,提高氮肥利用效率,关键的技术难题是如何实现对土壤和作物氮营养状况进行实时、实地的监测并据此确定适宜的氮肥时空优化管理方案。本项目以土壤和植株氮营养快速诊断技术为突破口,重点与德方开展合作研究。

(1)建立基于土壤硝酸盐速测技术的作物根层调控技术。该技术氮肥用量的确定策略是基于 N 平衡的区域 N 肥"总量控制、分期调控"原则。该策略的"总量控制"是考虑整个作物体系的 N 的投入-产出平衡来确定总的 N 肥用量,N 投入主要包括 2 个部分,N 的表观矿化和 N 肥投入;N 产出主要包括 2 个部分,作物地上部 N 吸收和 N 的损失。该策略的"分期调控"是根据作物生育期内 N 的吸收规律对总量进行分期分配,以实现土壤和肥料 N 的供应和作物的 N 吸收规律相匹配。本项目引进德国的土壤硝酸盐速测技术来确定土壤无机氮的含量,用不同阶段的需氮量目标值减去土壤中的无机氮含量,就可以确定不同阶段的施氮量(图 81-3)。国际合作引进的技术解决了该管理技术中的关键问题。华北平原 9 个点的田间试验表明:冬小麦最优施氮量＝71～170 kg/hm²,平均 126 kg/hm²,比农民传统施肥(369 kg/hm²)可以节约 66% 的氮肥,氮肥利用效率从 18% 提高到 47%,产量没有显著差异。14 个点的田间试验表明:玉米最优施氮量平均 141 kg/hm²,比农民传统施肥(244 kg/hm²)可以节约 42% 的氮肥,氮肥利用效率从 22% 提高到 34%,产量没有显著差异。

(2)建立基于作物传感器技术的作物氮实时诊断与调控技术。作物产量潜力受气象条件影响年际

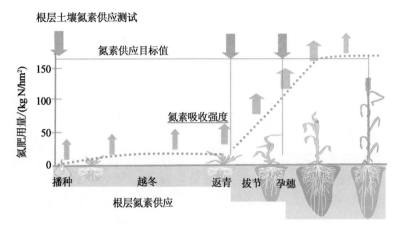

**图 81-3  基于土壤无机氮速测技术的氮素根层调控技术示意图**
(氮肥用量＝氮素供应目标值－根层氮素供应)

间变异很大(图 81-4),因此,目前常用的根据目标产量进行管理的方法具有一定的局限性,因为在年初确定目标产量时无法准确估测当季的气象条件,所以所确定的目标产量在有些年份与实际获得的产量存在很大差异,而按照最初确定的目标产量制定的管理计划(包括氮肥管理)与作物实际的需求不太匹配,这样就难以稳定地实现高产和高效。所以,我们提出作物氮素动态精准管理的研究思路,即首先确定一个初始的目标产量,根据预先确定的基肥追肥的比例,确定基肥和追肥的数量。在追肥关键期应用遥感技术对作物氮营养和生长状况进行诊断,在此基础上估测可能获得的产量,对初始目标产量进行调整,并根据调整后的更现实的当季目标产量确定中后期穗、粒肥的施用数量,进行中后期的管理,具体思路以水稻为例,如图 81-4 所示。

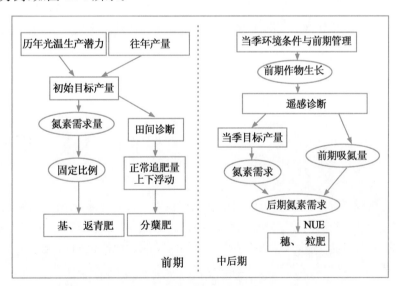

**图 81-4  作物氮素动态精准管理思路图(以水稻为例)**

以冬小麦、夏玉米及水稻为主要研究对象,重点研究了国际上广泛应用的主动光源作物冠层传感器 GreenSeeker 在作物氮营养诊断与定量化调控中的应用。基于 GreenSeeker 的小麦氮肥优化算法(NFOA)通过应用归一化植被指数 (NDVI)来预测不施追肥情况下可能获得的小麦产量,根据充足施氮小区与正常管理田块 NDVI 的比值(反应指数)来预测追施氮肥之后可能获得的产量,然后通过二者产量的差别及小麦籽粒含氮量和氮肥利用效率来估算适宜的氮肥追施数量。该算法有 2 个明显的特点。一是用小麦关键生育期测定的 NDVI 除以从播种（或出苗）到光谱测定的平均温度大于一定标准的天数，以计算出平均每天的相对生长量（in-season estimated yield，INSEY），这样就可以在一定程度上消除由于测定时间不同而带来的差异。该值可以用来比较准确地预测不追氮肥情况下收获期小麦的产量（Y0）。二是设置充足施氮的参比小区或田块，通过参比田块 NDVI 与正常管理田块 NDVI 的比值来预测追施氮肥以后小麦对氮肥的可能反应（response index，RI），这样就可以在一定程度上消除由于作物品种、生育时期、环境因素及其他胁迫困子等可能造成的影响。根据 Y0 和 RI 就可以推测追肥以后可能获得的产量。项目组在山东惠民应用 GreenSeeker 在冬小麦上的试验结果表明，该方法可以比基于土壤无机氮测试的氮肥优化方法在产量没有显著差别的情况下进一步减少氮肥施用量和提高氮肥利用效率，平均氮肥利用效率可以达到 60%。在此基础上，我们又获取了不同产量水平的小麦光谱数据，更新了该算法的相关参数，在河北曲周进行了进一步验证。通过与德国慕尼黑工业大学合作，德方帮助我方编制了计算机程序，可以直接在田间对获取的光谱信息进行计算，直接估算 Y0 反应指数 RI，并直接计算出需要追施的氮肥数量，真正实现了实时诊断与调控。

（3）基于新型高光谱作物传感器的作物氮实时诊断与调控技术研究。GreenSeeker 传感器只有 2 个波段，在高产条件下容易出现饱和现象。因此通过与德国慕尼黑工业大学的合作，引进了该大学与 Tec5 联合研制的 TUM 高光谱传感器。TUM 传感器与美国 ASD 公司生产的传感器相比具有很大的优势，受天气状况的影响比较小，而且使用时只用校正一次就可以直接进行作物冠层的大面积扫描，不像有些传感器还是点的测定，且在测定过程中需要多次校正，费时费力。长期研究表明，TUM 开发的传感器能够实时、有效的获取小麦、玉米的地上部生物量、植株氮浓度以及吸氮量的信息（Mistele et al.，2004；Mistele and Schmidhalter，2007）。然而，不像德国的大型农场式管理，我国大多数是基于小农户经营的模式管理，由于品种和氮肥管理的措施不同，田块和田块之间的变异性非常大。此外华北平原的天气状况和环境条件与德国也有非常大的差异，这样势必造成对传感器的影响，需要进行在不同环境条件下的测试，抽取新的光谱参数。经过几年的田间试验，我们已经初步提取了适应华北平原环境条件下的光谱指数，能有效地获取小麦冠层的氮营养指标（图 81-5）。

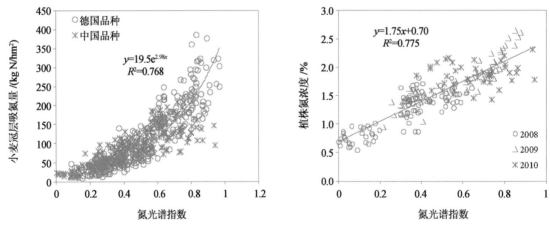

**图 81-5　传感器抽取的光谱指数与小麦冠层氮营养指标的关系**

为了寻找新型植被指数，我们通过合作，引入氮营养指数的概念，应用高光谱植被指数估测氮营养指数，并进而建立基于氮营养指数的氮肥调控方法（图 81-6）。因为该技术的应用需要多年数据的积累，目前暂时还在研究阶段，尚需进一步研究才可以在田间实际应用。

（4）建立基于卫星遥感影像的大面积作物营养诊断与调控技术体系。在规模经营的黑龙江垦区，大部分农户经营的农田面积都在 300 亩以上，靠植株速测甚至作物冠层传感器都很难满足生产的需要，因此卫星遥感技术具有重要的应用前景。本项目重点与德国科隆大学合作，引进卫星遥感技术，派

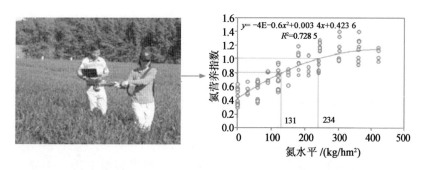

图81-6　基于新型高光谱 TUM 传感器的作物氮营养诊断与调控该技术思路

遣我方博士生到德国实验室学习遥感影像分析技术,同时德方也派遣博士和硕士研究生在夏季来建三江开展合作研究,共同设计研究方案。初步建立了应用 FORMOSAT 2 卫星影像估测水稻相关农学参数的方法及相应的氮营养诊断与追肥调控技术体系。图81-7 显示一个农户田块不同时期不同格田的水稻生长诊断结果,在此基础上可以调整追肥施用数量,实现格田尺度的氮素精准管理。2011 年对该技术进行了初步验证,取得较好结果。

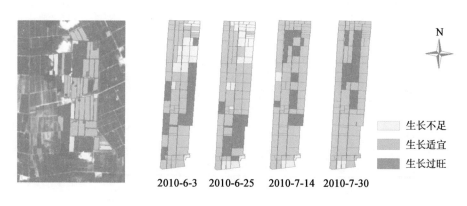

图81-7　基于卫星遥感技术的农户(左)及格田(右)尺度水稻生长诊断结果

　　(5)建立了设施蔬菜根层氮素综合调控技术。通过项目合作,引进了土壤氮素速测技术,针对设施蔬菜管理中施肥严重过量的现状,建立了一套以调控根层氮素供应为核心的设施番茄一年两季生产体系氮素优化管理实时监控技术体系(图81-8)。在保证番茄产量的前提下,氮肥投入量减少了72%,表观氮素损失也明显降低。但综合分析作物的产量、总的氮肥投入量以及表观氮素损失结果发现,仅从养分供应量和蔬菜养分需求量来看,仅施用有机肥就可以满足在番茄的产量,生育期只灌溉不施化肥还可以减少氮素的损失。

　　在此基础上,通过合作,进一步引进和完善了水肥一体化技术。根层氮素水肥一体化是按照蔬菜生长过程中对水分和肥料的吸收规律和需要量,进行全生育期的需求设计,在一定的时期把定量的水分和肥料养分按比例直接提供给作物。将灌溉与施肥融为一体,借助压力灌溉系统,将可溶性固体肥料或液体肥料配兑而成的肥液与灌溉水一起,均匀、准确地输送到作物根部土壤的一项新技术,是根据根层调控原理实现精确施肥与精确灌溉相结合的产物。其特点为:随水灌溉、水肥供给采用"少量多次",实现管道灌溉。

　　在寿光设施番茄、设施黄瓜上,依托水肥一体化技术模式,集成了设施蔬菜根层氮素优化管理,根层磷钾恒量监控和根层促根壮苗、根结线虫综合防治等综合措施,基于膜下微灌模式,将根层养分调控技术与灌溉有机结合,开展了设施蔬菜根层氮素优化管理综合技术示范,结果表明,采用综合调控技术在产量增加5%的前提下,平均减少42%的灌溉量,45%的氮肥投入量,21%的收获后土壤剖面的无机

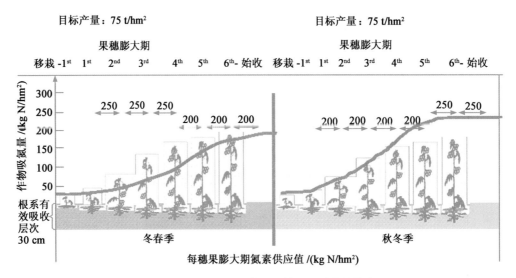

图 81-8　设施番茄氮素优化管理实时监控技术

(施氮量＝氮素供应值－(0～30)cm 土壤硝态氮－灌溉水带入氮量)

氮残留,提高了水肥利用效率,并降低了环境风险(图 81-9)。

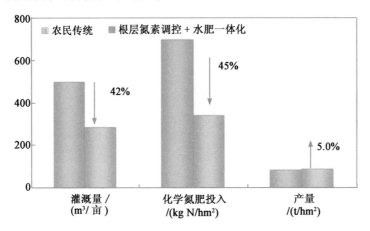

图 81-9　设施蔬菜根层综合调控技术示范结果(山东寿光八里庄)

(6)研发了耕地保育技术高科技产品。本研究引进了德国 Quick Test 技术,并在中国农业科学院廊坊试验基地进行了相关田间试验研究,德方科学家全面指导参与技术的引进以及人员培训工作;为展示引进成果,举办小规模的农民现场观摩会。

在前期工作的基础上,开展了耕地质量分区评价与保育技术产品研发工作,对其中的耕地质量分区评价数据库、技术产品操作的便利性等进行了改善,举办了全国范围的耕地质量分区评价与保育技术产品推介会并举办了一期产品应用培训班。

本课题选派一名博士后研究人员负责 Quick Test 的试验研究工作,博士后先后两次去德国学习 Quick Test 使用、数据处理等工作。同时,本课题也先后选派人员赴合作方进行耕地质量分区评价与保育技术产品研发进行学术交流,在合作方国家每年举办一次学术年会上(VDLUFA)介绍课题研制的耕地质量分区评价与保育技术产品,受到大会组织方的高度评价。这些工作都促进了本项目引进德方耕地保育领域新的技术和理念。在此技术上,采用以我为主,消化吸收利用的技术路线,注重解决耕地保育技术难以推广到小农户,农民仍然采用 20 世纪七八十年代的技术的实际问题(图 81-10),促进了本项目的顺利进行,研发了施肥通高科技产品。

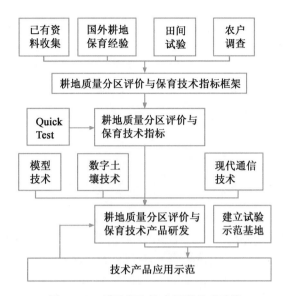

图 81-10 耕地保育技术研发技术路线

在此基础上,与地方土肥站合作,共建了 2 个耕地质量分区评价与保育技术产品试验示范基地,由课题组研发人员和地方专家合作,构建了试验基地的耕地质量分区评价指标,举办相应技术培训班,融合了地方完成的所有测土数据。地方专家负责基地的选址、样品采集等工作,起到了很好的示范效果。

(7)开发了稻田土壤-作物体系氮素循环模型。目前我国水稻的氮肥利用率为 20%~30%,旱地轮作体系也仅为 30%~40%,远低于发达国家的水平,过量施氮容易造成氮肥利用率下降,盈余的氮素会通过各种途径损失,易造成水体的硝酸盐污染、淡水资源中硝酸盐超标、江河湖泊出现赤潮、农田温室气体排放量增加等环境问题。应用氮素循环和作物生长模型,可以对氮素的管理措施进行优化设计,不论是对田块尺度还是区域尺度都有重要意义。本项目通过与德国农业景观研究所和布朗施维格技术大学合作,优化了过去一直在研究的稻田氮素循环模型,由于土壤—作物体系中的 N 素行为以及作物生长与土壤水分状况密切相关,所以需要将土壤水分运动、N 素迁移转化、作物生长三者联合,建立其整体模型(图 81-11 至图 81-14)。三者的模拟分为 3 个子模块,各个模块之间相互传递计算过程中所需要的数据(韩勇,2003;唐昊冶,2006)。由于水稻土特殊的剖面形态,不同深度上的土壤性质有所不同,因此模型可以根据不同情况把土壤分层并确定每层的厚度。在水分运动和 N 素迁移上,我们只考虑了其垂直方向上的运动,所模拟的对象为 N 素在稻田的 3 种主要存在形式:尿素、$NO_3^-$ 和 $NH_4^+$。模

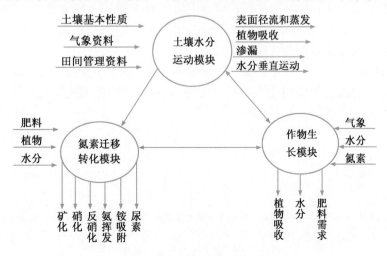

图 81-11 模型的整体框架

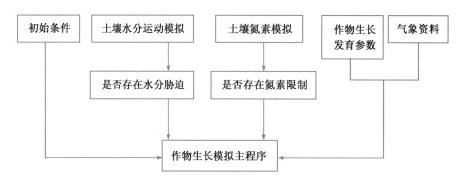

图 81-12　作物生长模拟示意图

拟过程从水稻移栽开始,到收割结束。在模拟开始前,首先初始化各层土壤的属性数据、N 素迁移转化方程所需要的各个参数、作物生长模拟所需的各个参数以及各土层和田面水中的尿素、$NO_3^-$、$NH_4^+$ 的初始浓度。模型开始运行后,每天读入气象数据和田间管理数据,模拟水稻生长、土壤水分运动、N 素迁移转化等各个过程。并将模拟得到的各层尿素、$NO_3^-$、$NH_4^+$ 的浓度,土壤水分含量、田面水厚度、作物生长情况等分别输入到指定的文件内。模型运行的时间步长为 1 d,但在模拟水分运动和 N 素迁移转化时,由于采用差分方法解偏微分方程,时间步长预设值为 1/1 000 d,在计算过程中根据水分运动的迭代情况自动调节(图 81-15)。本稻田土壤-作物体系氮素循环整体模型经过验证,能够较好地模拟土壤中的氮素变化以及各个迁移转化过程的氮素分配,对水稻产量的模拟也能达到比较好的水平。但还需进一步完善。

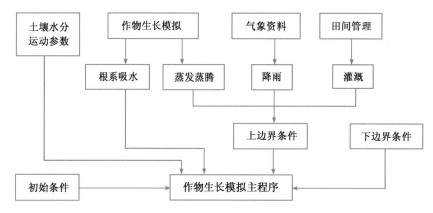

图 81-13　土壤水分模拟示意图

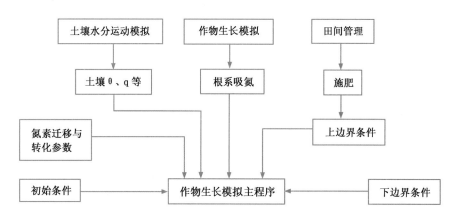

图 81-14　土壤氮素迁移转化模拟示意图

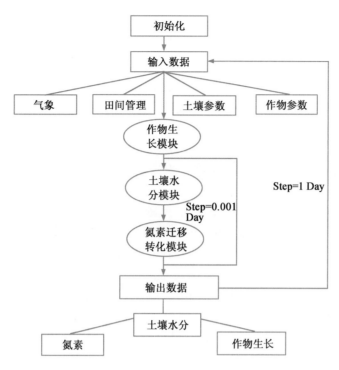

图 81-15　模型运行流程

（8）农机农艺相结合提高氮肥利用效率。在项目的执行过程中，我们认识到国内缺少合适的施肥机械是造成很多不合理施肥的一个重要原因。即使我们用各种技术帮助他们确定了合理的施肥量，但如果都是手施的话，也很难做到准确。我们在与德国合作过程中，发现他们都是机械施肥，很容易控制施肥量。因此，我们与中国农业大学理学院何雄奎教授合作，研发了适合华北平原小规模农户使用的小型施肥机，经过试验，取得了很好的效果（图 81-16）。在此基础上，项目组正在与中国农业大学工学院宋建农教授合作研制水稻插秧同时进行侧深施肥的机械，并研制后期追肥机械。

图 81-16　农民施肥现状（左）及小麦（中）、玉米（右）施肥机

## 81.4　取得的经济、社会、环境、外交效益

### 1. 取得的经济、社会、环境效益

随着农村土地流转的加快进行，种田大户将不断增加，为了减少种粮成本，他们对精确施用氮肥的要求会日益迫切。随着科技的普及，机械化追肥技术的不断完善与推广，将逐步使目前小麦、玉米生产中的"一炮轰"现象得到解决，追肥比例将很快增加。因此，如何简单易行地确定合理的追肥量，以提高整体经济效益，减少氮肥损失，将成为作物生产中的一个重要问题。通过快速测定土壤无机氮，可以准

确估计土壤供氮量,进而确定适宜的氮肥施用数量。尽管可以在田间实现快速测定,但测定程序对于一般农民和技术人员来讲还是比较复杂、成本高、测定时间长,难以大面积推广应用。本课题研究建立的基于便携式作物冠层传感器的作物氮营养诊断与追肥推荐技术,具有快速准确、可重复的特点,可实现实时、实地氮素的精准管理,因此有很大的推广价值。这些技术大多只是在最初购买仪器设备及建立相应算法时需要一定的投资和费用,但在使用过程中几乎不需要多少成本,因此,具有广阔的应用前景。

本课题研究的基于卫星遥感技术的作物氮营养诊断与养分调控管理技术可以实现大面积作物的营养诊断与实地氮肥推荐,是大面积提高作物养分利用效率的有效技术手段,在进一步完善以后,将对区域大面积作物养分精准管理提供重要技术支持。

本国际合作项目在河北曲周、廊坊,山东寿光,黑龙江农垦建三江等均选取了有代表性的村庄(农场)和农户,这样有利于本国际合作项目直接针对我国集约农区的实际情况,紧密围绕我国农业的实际需要开展研究,促进地方科技突破与经济腾飞。在河北曲周建立了作物高产高效研究与示范基地,在建三江建立了中国农业大学建三江实验站、中国农业大学北大荒现代农业研究与示范基地,促进了高新技术在当地的推广和应用,扩大了这些基地的国际知名度。

项目执行期内,项目组在内蒙古、天津建立了试验示范基地,试验作物涉及小麦、玉米、马铃薯等大田作物以及辣椒、番茄、黄瓜等蔬菜作物;另外,课题组还与云南云天化国际化工有限公司合作,该公司设在全国各地的 200 余家销售网点在销售过程中应用矫正推荐施肥技术及其技术产品为农民提供技术服务。应用表明:矫正施肥技术产品可以在较短时间内较为准确地给出相应的矫正推荐施肥量,修订农民施肥管理中的不合理因素;应用本技术产品的田块,在平产与增产可靠性和增肥、节肥效率 2 个指标上显著高于专家的最佳推荐施肥,在农民接受率、相对产量 2 个指标上也显著高于专家的最佳推荐施肥(表 81-2)。

表 81-2

三种施肥技术农民接受率与增产、节肥效率比较

| 农田利用类型 | 技术类型 | 农民接受率 | | 增产、节肥效率 | |
|---|---|---|---|---|---|
| | | 农民接受率/% | 平产与增产可靠性/% | 肥料氮磷量/(kg/hm²) | 相对产量/% |
| 粮棉油作物 | 农民习惯施肥 | | | 367.5 | 100.0 |
| | 矫正推荐施肥 | 98.7 | 97.2 | 295.5 | 109.8 |
| | 最佳推荐施肥 | 65.1 | 80.3 | 265.5 | 107.3 |
| 蔬菜、花卉、水果等作物 | 农民习惯施肥 | | | 682.5 | 100.0 |
| | 矫正推荐施肥 | 98.2 | 96.5 | 421.5 | 119.2 |
| | 最佳推荐施肥 | 21.9 | 39.2 | 355.5 | 90.4 |

### 2. 对国家外交工作的支撑和推动作用

中德环境技术与生态指导委员会第 6 次会议于 2007 年 3 月 23 日在德国波恩举行,中德双方讨论确定了新一轮合作项目并签署了中德环境技术与生态指导委员会第 6 次会议纪要。本合作项目的实施就是为了更好落实中德政府间这个科技合作协议的具体内容,促进了双方政府间及科学家之间的合作。该项目在德国大使馆网站上被专门介绍,同时研究结果在很多国际会议及中德合作研讨会上被介绍,提升了我国氮肥管理技术方面研究的声望和国际影响力。通过该项目的实施,中德科学家联合建立了国际农业信息学与可持续发展研究中心,吸引了德国及美国等国家的科学家参与合作,有力提升了我国在该领域的影响力,同时也更好地利用了国际资源来解决我国农业生产中所面临的一些重大问题。本项目的实施促进了中国农业科学院与德国签署了科技合作协议。

## 发表的主要论文

［1］ Barth G, v Tucher S, Schmidhalter U. Effectiveness of 3,4-Dimethylpyrazole Phosphate(DMPP) as Nitrification Inhibitor in Soil as Influenced by Inhibitor Concentration, Application Form, and Soil Matric Potential. Pedosphere,2008,18(3):378-385.

［2］ Bergmann H. Regional economic effects of the Water framework directive in the Emsland(North of Germany). Proceedings of ERSEC International Conference on Sustainable Land Use and Water Management,Beijing,China,Oct. 8-10,2008,UNESCO Publication,UNESCO Office Beijing, 2009:97-112.

［3］ Bergmann H,Weber D. Nitrogen use and profits of Chinese farmers. Aspects of Applied Biology 105(Water & nitrogen use efficiency in plants and crops),2010:125-133.

［4］ Böhm D,Bergmann H. The capability of fundamental values and guanxi to reduce negative external effects of Chinese agriculture. Food Economics:1-13.

［5］ Cao Q,Cui Z,Chen X,et al. Quantifying spatial variability of indegenous nitrogen supply for precision nitrogen management in small scale farming. Precision Agriculture,2012,13:45-61.

［6］ Chen X P,Zhang F S,Cui Z L,et al. Optimizing Soil Nitrogen Supply in the Root Zone to Improve Maize Management. Soil Science Society of America Journal,2010,74:1367-1373.

［7］ Chen Q,Ren T,Wang L Y. The nutrient safety threshold indicator threshold system and feedback regulation technology. See:Management of Degraded Vegetable Soils in Greenhouses. China Agricultural University Press,2011:183-208(in Chinese).

［8］ Chen X P,Cui Z L,Vitousek P M,et al. Integrated soil – crop system management for food security. Proceedings of the National Academy of Sciences,2011,108:6399-6404.

［9］ Cheng W,Pan J,Lü X,et al. Current soil NO3-N status of greenhouse vegetable cultivation in Tianjin(in Chinese). Tianjin Agricultural Sciences,2012(2):91-94.

［10］ Du H Y,Ji H J,Xu A G,et al. The pathway of N losses of vegetable crops in different fertilization soils. Journal of Agricultural Environment Science,2010,29:162-166(in Chinese).

［11］ Du L Y,Ji H J,Zhang H Z,et al. The pathway of N losses of vegetable crops in the regions of Tai Hu lake and Dian Chi Lake. Journal of Agricultural Environment Science,2010,29:1410-1416(in Chinese).

［12］ Erdle K,Mistele B,Schmidhalter U. Spectral assessments of phenotypic differences in spike development during grain filling affected by varying N supply in wheat. Journal of Plant Nutrition and Soil Science,2013,6:952-963.

［13］ Erdle K,Mistele B,Schmidhalter U. Comparison of active and passive spectral sensors in discriminating biomass parameters and nitrogen status in wheat cultivars. Field Crops Research,2011, 124:74-84.

［14］ Erdle K,Mistele B,Schmidhalter U. Abstract:Comparison of active and passive spectral sensors in discriminating biomass parameters and nitrogen status in wheat cultivars. 11th International Conference on Precision Agriculture. Indianapolis,Indiana USA,2012.

［15］ Erdle K,Mistele B,Schmidhalter U. Spectral detection of phenotypic differences in biomass and nitrogen partitioning during grain filling of wheat. International Workshop and DGP conference. 05-08. 09. 2012,Bonn

［16］ Erdle K,Mistele B,Schmidhalter U. Konkurrenz für's Surfbrett - Sensorenvergleich,2012,DLZ

3:28-34.

[17] Erdle K,Mistele B,Schmidhalter U. Spectral high-throughput assessments of phenotypic differences in biomass and nitrogen partitioning during grain filling of wheat under high yielding Western European conditions. Field Crops Research,2013,141:16-21.

[18] Guo R Y,Nendel C,Rahn C R,et al. Tracking nitrogen losses in a greenhouse crop rotation experiment in North China using the EU Rotate N simulation model. Environ. Pollut,2010,158 (6):2218-2229.

[19] Hartmann T. Evaluating alternative methods of N-fertilisation for arable crops in intensive small scale farming in the North China Plain,Oral Contribution,Tagung der Deutschen Bodenkundlichen Gesellschaft,Berlin(Tagungsband),2009.

[20] Hartmann T. Alternative Stickstoff-Düngestrategien zu einer Weizen/Mais Doppelfruchtfolge in der Nordchinesischen Tiefebene,Gemeinsame Tagung der Deutschen Gesellschaft für Pflanzenernährung und der Deutschen Gesellschaft für Pflanzenbau,Kiel,2011.

[21] Hartmann T,Michalczyk A,Chen X P,et al. A simplified recommendation for nitrogen fertilisation in a wheat/maize double cropping system in the North China Plain. Poster contribution,Tagung der Deutschen Gesellschaft Für Pflanzenernährung,Bonn,2012.

[22] Hartmann T,Schulz R,Müller T,et al. Reducing nitrogen in a high-input Chinese double-cropping system-effects on yield,soil nitrogen and mineralisation,Poster contribution,17th International Nitrogen Workshop "Nitrogen-the future",27th -29th June 2012,Wexford,Ireland. Conference proceedings,2012:421-422.

[23] Hartmann T,Chen X P,Zhang F S,et al. Using the Crop Simulation Model DAISY to Supplement the Evaluation of Nitrogen Turnover in Field Experiments of the North China Plain. Poster Contribution,Tagung der Gesellschaft für Pflanzenbau,Kiel,2009.

[24] Hartmann T E,Yue S C,Schulz R,et al. Nitrogen dynamics,apparent mineralization and balance calculations in a maize - wheat double cropping system of the North China Plain. Field Crops Research,2014,160:22-30.

[25] Heimfarth L,Mußhoff O. Wetterderivate zur Stabilisierung des Einkommens von Maisproduzenten in der Nordchinesischen Tiefebene-Zur Hedgingeffektivität von Niederschlagsoptionen. Jahrbuch der Schweizerischen Gesellschaft für Agrarwirtschaft und Agrarsoziologie SGA (Yearbook of Socioeconomics in Agriculture) Ausgabe,2010:133-156.

[26] Heimfarth L,Bergmann H. Internalisation of Environmental Costs into Plant Production Systems in China - A standard gross margins approach. Proceedings of ERSEC International Conference on Sustainable Land Use and Water Management,Beijing,China,Oct. 8-10,2008,UNESCO Publication,UNESCO Office Beijing,2009,215-230.

[27] Heimfarth L,Hotopp H,Mußhoff O. Weather derivatives for farm households in the North China Plain -Potential reduction of income volatility and the importance of basis risks. (Contributed) paper prepared for presentation at the Ⅲ Workshop on:Valuation Methods in Agro-food and Environmental Economics" Decisions and Choices under uncertainty in Agrofood and Environmental Economics",1-2 July,2010,Barcelona,Spain.

[28] Heimfarth L,Mußhoff O. Schlechtes Wetter Absicherungsmöglichkeiten wetter- und klimabedingter Ertragsausfälle für Kleinbauern. In:Böll-Thema Das Magazin der Heinrich-Böll-Stiftung 02/2010:31.

[29] Heimfarth L,Musshoff O. Weather index-based insurances for farmers in the North China Plain:

An analysis of risk reduction potential and basis risk. Agricultural Finance Review,2011,71(2): 218-239.

[30] Hofmeier M,Han Y,Roelcke M,et al. Anwendung eines stabilisierten N-Düngers in einer Reis-Weizen Doppelfruchtfolge in Südostchina, Jahrestagung der DBG: "Böden verstehen-Böden nutzen – Böden fit machen",Oral presentation on Sept. 5,2011,Berlin. Proceedings paper published online in:eprints. dbges. de/570/.

[31] Hofmeier M,Roelcke M,Han Y,et al. Nitrogen mineralization potentials in rice-wheat systems in southeastern China,Poster presentation on 17th International Nitrogen Workshop "Nitrogen - the future",27th -29th June 2012,Wexford,Ireland. Conference proceedings:176-177.

[32] Hofmeier M,Lan T,Han Y,et al. Minderung von Stickstoff-Transformationsverlusten in einer Reis-Weizen Doppelfruchtfolge in Südostchina,In:Jahrestagung der DBG,Böden - Lebensgrundlage und Verantwortung,7-12 Sep. 2013,Rostock. link:eprints. dbges. de/1029/.

[33] Hofmeier M, Han Y, Roelcke M, et al. Innovatives Stickstoffmanagement und innovative Düngetechnologien in den intensiv genutzten Reis-Weizen Anbausystemen Südostchinas. Tagungsbeitrag zu:Jahrestagung der DBG 05-13. 09. 2009 in Bonn. Kommission IV.

[34] Hofmeier M,Han Y,Lan T,et al. Improving Nitrogen Use Efficiencies in Rice-wheat Rotations in Southeastern China,Poster presentation on Tropentag,October 5-7,2011,Bonn. This poster was awarded? Best Poster Award in the session "Resource Use and Ecosystem services",2011.

[35] Hu Y,Schraml Mv Tucher S,et al. Influence of nitrification inhibitors on yields of arable crops: A meta-study of recent research in Germany. International Journal of Plant Production,2014,8 (1):33-50.

[36] Hu Y,Song Z W,Lu W L,et al. Current soil nutrient status of intensively managed greenhouses in the North China Plain. Pedosphere,2012,22:825-833.

[37] Hu Y C,Li F,Yue X L,et al. Scaling down the gap between environmental protection and high yield in intensive Chinese Agriculture. Raghuram et al. Proceeding of Reactive N management for sustainable development-Science,Technology and Policy. The 5th International Nitrogen Conference,3-7 December,New Delhi,India,2010:39.

[38] Huang J,Xiang C,Jia X,et al. Impacts of Training on Farmers' Nitrogen Use in Maize Production in Shandong,China. Journal of soil and water conservation,2012,67(4):321-327. doi:10. 2489/ jswc. 67. 4. 321

[39] Jia X P,Huang J K,Xiang C,et al. Farmer's Adoption of Improved Nitrogen Management Strategies in Maize Production in China:An Experimental Knowledge Training. Accepted by the 28th Triennial Conference of the International Association of Agricultural Economists(IAAE),2012.

[40] Jia X P,Huang J K,Xiang C,et al. Farmers' adoption of nitrogen management practice of upland summer maize in Northern China:An experimental design. Presented at the 117th European Association of Agricultural Economists,2010.

[41] Kersebaum K C. Model based nitrogen fertilization considering annual weather variability. Proceedings of ERSEC International Conference on Sustainable Land Use and Water Management, Beijing,China,Oct. 8-10,2008,UNESCO Publication,UNESCO Office Beijing,2009:257-270.

[42] Khalil M I,Schmidhalter U,Gutser R,et al. Comparative Efficacy of Urea Fertilization via Supergranules versus Prills on N Distribution,Yield Response and N Use Efficiency of Spring Wheat. Journal of Plant Nutrition,2011,34(6):779-797.

[43] Khalil M I,Buegger F,Schraml M,et al. Gaseous Nitrogen Losses from a Cambisol Cropped to

Spring Wheat with Urea Sizes and Placement Depths. Soil Sci. Soc. Am. J. ,2009,73（4）：1335-1344.

[44] Khalil M I,Gutser R,Schmidhalter U. Effects of urease and nitrification inhibitors added to urea on nitrous oxide emissions from a loess soil. Journal of Plant Nutrition and Soil Science,2009, 172(5):651-660.

[45] Khalil M I,Gutser R,Schmidhalter U. Effects of urease and nitrification inhibitors added to urea on nitrous oxide emissions from a loess soil. Journal of Plant Nutrition and Soil Science,2009, 172:651-660.

[46] Khalil M I,Schmidhalter U,Gutser R. Emissions of $N_2O$, $NH_3$ and $CO_2$ from a cambisol at two contrasting soil water regimes and urea granular sizes. Communications in Soil Science and Plant Analysis,2009,40:1191-1213.

[47] Khalil M I,Schmidhalter U,Gutser R. Emissions of Nitrous Oxide,Ammonia and Carbon Dioxide from a Cambisol at Two Contrasting Soil Water Regimes and Urea Granular Sizes. Communications in Soil Science and Plant Analysis,2009(40):1191-1213.

[48] Kipp S, Mistele B, Schmidhalter U. Active Sensor performance - dependence on measuring height,device temperature and light intensity. 11th International Conference on Precision Agriculture. Indianapolis,Indiana USA,2012.

[49] Koppe W,Li F,Gnyp M L et al. Evaluating Multispectral and Hyperspectral Satellite Remote Sensing Data for Estimating Winter Wheat Growth Parameters at Regional Scale in the North China Plain. Li F,Miao Y,Chen X,et al. Photogrammetrie Fernerkundung Geoinformation 3: 171-182. Estimating winter wheat biomass and nitrogen status using an active crop sensor. Intelligent Automation and Soft Computing,2010,16(6):1219-1228.

[50] Lan T,Han Y. Relationships of fertilizer-N use efficiency with gross N nitrification and mineralization rates in two different paddy soils. Acta Pedologica Sinica ,2013,50(6):1154-1161(in Chinese with English abstract).

[51] Lan T,Han Y,Tang H Y. Gross nitrogen transformation rates of a paddy soil in different layers using 15N isotopic dilution method. Turang(Soils),2011,43(2):153-160(in Chinese with English abstract).

[52] Lan T,Han Y,Roelcke M,et al. Effects of nitrification inhibitor dicyandiamide(DCD) on gross N transformation rates and dual functions mitigating $N_2O$ emission in paddy soils. Soil Biology and Biochemistry,2013,67:174-182.

[53] Lan T,Han Y,Roelcke M,et al. Sources of nitrous and nitric oxides in paddy soils:Nitrification and denitrification,Journal of Environmental Sciences,2014,26:581-592.

[54] Lan T,Han Y,Roelcke M,et al. Processes leading to $N_2O$ and NO emissions from two different Chinese soils under different soil moisture contents. Plant and Soil,2013,371:611-627.

[55] Li F,Mistele B,Hu Y,et al. Remotely estimating aerial N status of phenologically differing winter wheat cultivars grown in contrasting climatic and geographic zones in China and Germany. Field Crops Research,2012,138:21-32.

[56] Li F,Miao Y,Hennig S D,et al. Evaluating hyperspectral vegetation indices for estimating nitrogen concentration of winter wheat at different growth stages. Precision Agriculture,2010,11(4): 335-357.

[57] Li F,Mistele B,Hu Y,et al. Reflectance estimation of aerial nitrogen concentrations in winter wheat using optimised hyperspectral spectral indices and partial least squares regression. Europe-

an Journal of Agronomy,2014,52:198-209.

[58] Li F,Mistele B,Hu Y,et al. Comparing hyperspectral index optimization algorithms to estimate aerial N uptake using multi-temporal winter wheat datasets from contrasting climatic and geographic zones in China and Germany. Agricultural and Forest Meteorology,2013,180:44-57.

[59] Li J L,Zhang J W,Wang L Y,et al. Effects of Integrated Root zone Management on Greenhouse Tomato Growth and Nitrogen Utilization. China Vegetables,2011(22/24):31-37(in Chinese).

[60] Li F,Mistele B,Hu Y,et al. Optimising three-band spectral indices to assess aerial N concentration and N uptake of winter wheat remotely in China and Germany. ISPRS Journal of Photogrammetry and Remote Sensing(online version),2014.

[61] Lu S C,Jiang C G. Effect of Planting Summer Catch crop on Soil Nitrogen and $^{15}$N Conversion in the Northern Greenhouse,2011(13):171-174(in Chinese).

[62] Meng Q,Chen X,Zhang F,et al. In-season root-zone nitrogen management strategies for improving nitrogen use efficiency in high-yielding maize production in China. Pedosphere,2012,22:294-303.

[63] Meng Q,Sun Q,Chen X,et al. Alternative cropping systems for sustainable water and nitrogen use in the North China Plain. Agriculture,Ecosystems,Environment,2012,146:93-102.

[64] Miao Y,Stewart B A,Zhang F. Long-term experiments for sustainable nutrient management in China. A review. Agronomy for Sustainable Development,2011,31:397-414.

[65] Michalczyk A,Kersebaum K C,Roelcke M,et al. Model-based optimisation of nitrogen and water management for wheat-maize systems in the North China Plain,Nutrient Cycling in Agroecosystems,2014,98:203-222.

[66] Michalczyk A,Kersebaum K C,Hartmann T,et al. Assessing nitrate leaching losses with simulation scenarios and model based fertiliser recommendations. Geophysical Research Abstracts Vol. 14,EGU2012-13706,2012,EGU General Assembly,2012.

[67] Mistele B,Schmidhalter U. Tractor-based quadrilateral spectral reflectance measurements to detect biomass and total aerial nitrogen in winter wheat. Agronomy Journal,2010,102(2):499-506.

[68] Mistele B,Schmidhalter U. Estimating the nitrogen nutrition index using spectral canopy reflectance measurements. European Journal of Agronomy,2008,29:184-190.

[69] Mistele B,Schmidhalter U. Spectral measurements of the nitrogen status and biomass dry weight in maize using a quadrilateral-view optic. Field Crops Research,2008,106:94-103.

[70] Mistele B,Schmidhalter U. A comparison of spectral reflectance and laser-induced chlorophyll fluorescence measurements to detect differences in aerial dry weight and nitrogen update of wheat. 10th International Conference on Precision Agriculture. Denver,Colorado,2010:1-16.

[71] Nendel C,Venezia A,Piro F,et al. The performance of the EU-Rotate_N model in predicting the growth and nitrogen uptake of rotations of field vegetable crops in a Mediterranean environment. J. Agr. Sci. ,2013,151(04):538-555.

[72] Nieder R. Nitrogen Surplus in German Agriculture:Interactions with Soils,Aquifers and Adjacent Ecosystems. Proceedings of ERSEC International Conference on Sustainable Land Use and Water Management,Beijing,China,Oct. 8-10,2008,UNESCO Publication,UNESCO Office Beijing,2009:113-129.

[73] Nieder R,Benbi D K,Scherer H W. Fixation and defixation of ammonium in soils:a review. Biology and Fertility of Soils,2011,47:1-14.

［74］ Nieder R, Schmidhalter U, Roelcke M, et al. Innovatives Stickstoffmanagement und innovative Technologien zur Verbesserung der landwirtschaftlichen Produktion und zum Schutz der Umwelt in der chinesischen Intensivlandwirtschaft. Teilprojekt: Koordination; Bodenkunde und Feldversuche Südchina. Forschungsbericht zum Thema Ressourcenbewirtschaftung. In: Fakultät Architektur, Bauingenieurwesen und Umweltwissenschaften an der TU Braunschweig(Hrsg.): Forschungsberichte Bauen und Umwelt, 2011(S):62-63.

［75］ Noack E, Weber D, Bergmann B. Pluriactivity among Chinese farmers – A case study from Shandong province. Journal of Rural Development(submitted in April 2011),2011.

［76］ Ren T, Wang J G, Chen Q, et al. Effects of application of manure, straw and nitrogen on soil organic carbon and nitrogen in a high input greenhouse vegetable cropping system in the North China. Journal of Plant Nutrition and Soil Science(accepted),2011.

［77］ Ren T, Christie P, Wang J G, et al. Root zone soil nitrogen management to maintain high tomato yields and minimum nitrogen losses to the environment, Scientia Horticulturae, 2010,125:25-33.

［78］ Ren T, Chen Q, Wang J G. Effect of long-term high nitrogen input on soil carbon and nitrogen balance and soil properties. See: Management of Degraded Vegetable Soils in Greenhouses. China Agricultural University Press; 1st edition, 2011:230-249(in Chinese).

［79］ Roelcke M, Hofmeier M, Tang H Y, et al. Improving nitrogen management in intensive rice-wheat rotations in southeastern China. Raghuram, et al. Proceedings of Reactive N Management for Sustainable Development - Science, Technology and Policy. The 5th International Nitrogen Conference, 3-7 December, New Delhi, India, 2010:29.

［80］ Roelcke M, Schmidhalter U, Hu Y C, et al. Innovative nitrogen management technologies to improve agricultural production and environmental protection in intensive Chinese agriculture. Proceedings of ERSEC International Conference on Sustainable Land Use and Water Management, Beijing, China, Oct. 8-10, 2008, UNESCO Publication, UNESCO Office Beijing, 2009:130-155.

［81］ Roelcke M, Nieder R, Hu Y, et al. Innovatives Stickstoff-Management und innovative Technologien zur Verbesserung der landwirtschaftlichen Produktion und zum Schutz der Umwelt in der chinesischen Intensivlandwirtschaft. Forum Geoökol, 2010,21(1):52-55.

［82］ Ruser R, Gerl G, Kainz M, et al. Effects of the Management System on N-, C-, P- and K-fluxes from FAM soils. Schröder, P, Pfadenhauer J, Munch J C. Perspectives for Agroecosystem Management, Elsevier, 2008:43-70.

［83］ Ruser R, Sehy U, Weber A, et al. Main Driving Variables and Effect of Soil Management on Climate or Ecosystem-Relevant Trace Gas Fluxes from Fields of the FAM. Schröder P, Pfadenhauer J, Munch J C. Perspectives for Agroecosystem Management, Elsevier, 2008:79-120.

［84］ Sauerborn J, Becker K, Borriss R, et al. Enhancing the Relationships between Society, Economy and Ecology – The Sino-German Co-operative Projects on Sustainable Land Use in a Nutshell. Proceedings of ERSEC International Conference on Sustainable Land Use and Ecosystem Conservation, Beijing, China, May 4-7, 2009, UNESCO Publication, UNESCO Office Beijing, 2009: 9-24.

［85］ Schmidhalter U. N-Düngung - Präzisionsdüngung und Gießkannenprinzip. Mitt. Ges. Pflanzenbauwissenschaften, 2011,23:1-6.

［86］ Schmidhalter U, Buchhart C, Schraml M, Hu Y C. Universally available on-farm soil nitrate testing procedure. Raghuram, et al. Proceeding of Reactive N management for sustainable development-Science, Technology and Policy. The 5th International Nitrogen Conference, 3-7 December,

2010,New Delhi,India:202.

[87] Schmidhalter U,Felber M. Ammoniak-Verluste aus Mineraldüngern - Versuchsergebnisse auf mitteleurop? ischen Standorten. N-Effizienz im Spannungsfeld. Wissenschaftliche Tagung LEU-COREA Lutherstadt Wittenberg. Martin-Luther-Universität Halle-Wittenberg. Tagungsband, 2012:63-67.

[88] Schmidhalter U,Manhart R,Heil K,et al. Gülle- und Görrestdüngung zu Mais. Zeitschrift Mais, 2011,2:88-91.

[89] Schmidhalter U,Maidl F X,Heuwinkel H,et al. Precision Farming - Adaptation of land use management to small scale heterogeneity. In:Schröder P,Pfadenhauer J, Munch J C(Eds. ). Perspectives for Agroecosystem Management,Elsevier,2008:121-199.

[90] Schmidhalter U,Schraml M,Weber A,et al. Ammoniakemissionen aus Mineraldüngern - Versuchsergebnisse auf mitteleuropäischen Standorten. KTBL-Schrift 483, 93-102. KTBL-Schrift 483,93-102. / Vortrag KTBL/vTI-Tagung 08-10. 12. 2010,Bad Staffelstein.

[91] Schraml M,Gutser R,Schmidhalter U. Abatement of NH3 Emissions following Application of Urea to Grassland by means of the new Urease Inhibitor 2-NPT. 18th Symposium of the International Scientific Centre of Fertilizers. More Sustainability in Agriculture:New Fertilizers and Fertilization Management. Rome,2010.

[92] Wang L Y,Ren S L,Yan Z J,et al. Rhizosphere management:The Key to get high nutrient use efficiency for fruit vegetable. Acta Agriculturae Boreali-Sinica 27(Special Issue),2012:1-8.

[93] Weber D,Bergmann H. Fundamental value positions and guanxi relationships as determinants for Chinese farmers ′ decision-making. Jahrbuch der Österreichischen Gesellschaft für Agrarökonomie,2010,20(1):127-136.

[94] Weber D. Agro-environmental Decision-making of Chinese Farmers - The imacts of various determinants. Poster presentation. The XXIII European Society for Rural Sociology(ESRS) Congress 2009 "Re-inventing the rural between the social and the natural",17-21 August,2009,Vaasa,Finland.

[95] Weber D. Innovative nitrogen management technologies to improve agricultural production and environmental protection in intensive Chinese agriculture. Poster presentation. China-Woche der Universität Göttingen "China- Wissenschaft,Wirtschaft und Kultur-Zusammen auf dem Weg des Wissens",6-9 July,2010,Göttingen,Germany.

[96] Weber D. Nitrogen use and profits of Chinese farmers. Oral presentation. AAB Conference "Water and nitrogen use efficiency in plants and crops",15-17 December,2010,Grantham/Marston,England.

[97] Weber D. The capability of personal values and guanxi to reduce negative external effects of Chinese agriculture. Oral presentation. 120th EAAE Seminar "External cost of farming activities:Economic evaluation, risk considerations, environmental repercussions and regulatory framework",1-4 October,2010,Chania,Greece.

[98] Weber D. Agro-environmental attitudes of Chinese farmers - The impact of social and cognitive determinants. Oral presentation. 85th Annual Conference of the Agricultural Economics Society 18-20 April,2011,Warwick,UK www. aes. ac. uk/_pdfs/_conferences/310_paper. pdf.

[99] Weber D. Nitrogen use and profits of Chinese farmers-Impact of various agri-environmental decision-making determinants. Oral presentation, 24 March, 2011. Deutsche Gesellschaft für Internationale Zusammenarbeit 2011(GIZ),Division of Agro-Biodiversity Management in Beijing,China.

[100] Weber D, Bergmann H, Thomson K J. Multifunctionality of agriculture: Some remarks about the importance of different functions. Proceedings of ERSEC International Conference on Sustainable Land Use and Water Management, Beijing, China, Oct. 8-10, 2008, UNESCO Publication, UNESCO Office Beijing, 2009: 167-184.

[101] Winterhalter L, Mistele B, Schmidhalter U. Evaluation of active and passive sensor systems in the field to phenotype maize hybrids with high-throughput. Field Crops Research 154, 236-245. www. creda. es/Web%20workshop%202010/full%20papers/Heimfarth. pdf, 2013.

[102] Xiang C, Jia X, Huang J, et al. Impacts of Training on Farmers' Nitrogen Use in Maize Production in Shandong, China Journal of Agrotechnical Economics, 2012, 9: 4-10(in Chinese).

[103] Yue S C, Meng Q F, Zhao R F, et al. Critical nitrogen dilution curve for optimizing N management of winter wheat production in the North China Plain. Agronomy Journal, 2012, 104: 523-529.

[104] Yue S C, Sun F L, Meng Q F, et al. Validation of a critical nitrogen curve for summer maize in the North China Plain. Pedosphere, 2014, 24: 76-83.

[105] Yue X L, Ji H J, Zhang R L, et al. Nitrogen loss and use efficiency of one-time basal application of cattle manure in autumn to a winter wheat-summer maize cropping system on the North China Plain. Plant Nutrition and Fertilizer Science, 2011, 17(3): 592-599(in Chinese).

[106] Yue X L, Hu Y, Zhang H, et al. Green Window approach for improving nitrogen management by farmers in small-scale wheat fields. Journal of Agricultural Science(online version), 2014.

[107] Yue X L, Li F, Zhang H Z, et al. Evaluating the Validity of a Nitrate Quick-test Method for Determining Soil Nitrate Contents in Different Chinese Soils. Pedosphere, 2012, 22: 623-630.

[108] Zhai C J, Chen Q, Ren T, et al. Application of Integrated Root Zone Management Technology in Greenhouse Tomato Production. China Vegetables, 2010(21): 26-29(in Chinese).

[109] Zhao X C, Jiang C G, Yuan H M, et al. Effect of Summer Sweet Corn Planting on the Reduction of Soil N Loss in Greenhouse Vegetable Field. Northern Horticulture, 2010(15): 194-196(in Chinese).

（执笔人：苗宇新）

## 第82章

# 中德国际科研-教育项目

## 华北平原集约化作物生产体系中资源可持续利用

中德国际合作研究-教育项目(International Research Training Group)"华北平原集约化作物生产体系中资源可持续利用"是由中国农业大学和德国 Hohenheim 大学共同承担的,由中国国家教育部和德国科学基金会(DFG)共同资助的项目(图 82-1)。项目自 2004 年 5 月开始第一期的合作,2008 年 10月开始第二期合作,2013 年第二期合作结束。

图 82-1　中德 IRTG 项目启动仪式

## 82.1　背景

21 世纪随着社会的进步和经济的迅速发展,资源的可持续利用问题是全球研究热点。国际上一直把"优化水分养分循环,减少水肥投入,提高资源利用效率,促进农业可持续发展"列为重要基础研究领域,美国、德国、英国、日本和以色列等国也都把它作为提高作物生产力和资源利用效率、保护生态环境的重大基础研究项目,投入了大量的人力、物力。我国人口的日益增加和耕地的不断减少决定了中国必须建设"优质、高产、高效、生态、安全"的现代农业。华北平原作为我国的重要粮食生产基地,而水肥资源的短缺、肥料利用率低以及由此带来的环境问题是长期以来制约农业发展的重要因素,因此研究优化作物种植生产体系、提高水肥资源的利用效率、减少环境污染,保证农业的可持续发展,已成为该地区农业生产急需解决的问题。

## 82.2　主要目标

由中国农业大学和德国 Hohenheim 大学承担的中德合作教育-研究(IRTG)项目研究集中在华北平原高产优质高效农业体系中的物质循环及生产体系优化方面,通过应用国际上最先进的资源与环境研究仪器、方法和作物生产、物质循环以及区域社会经济和生态评价模型,揭示中国高产高效农业的理论核心,最终把在试验基地上取得的基础研究成果扩展到华北平原,实现作物优质高产和水肥高效利用理论与技术的突破,并在资源管理技术、环境信息技术、区域发展和农业经济管理理论与方法方面取得新突破,为国际农业可持续发展及生态环境保护提供科学与技术支撑。

## 82.3　项目特色

IRTG 项目的特色是集科学研究和人才培养为一体。面对我国粮食安全和资源环境的巨大压力,该项目集中优势力量,以曲周、吴桥和东北旺实验站(从南到北可代表整个华北平原)为基地,进行自然科学与经济、政策、社会发展等多学科联合攻关研究,使我们能与德国的科学家一起在中国的农业生产体系中做国际前沿的研究工作,并使研究成果能尽快转化为生产力。同时,通过项目的合作与交流,为中德两国培养优秀的博士生和青年教师骨干,架起中德文化交流的桥梁,为未来两国更进一步地科技文化交流奠定了基础。

## 82.4　项目组成

4 个模块:物质循环和污染分析、作物生产体系优化、区域经济和环境评价、农业与环境政策研究。
13 个课题(第二期新增 2 个课题):涉及土壤学、植物营养学、生态学、大气物理学、生物地球化学、作物栽培、作物遗传育种、农业经济学、信息技术、农村发展等 10 多个专业。
人员组成:中方 17 位教授、德方 15 位教授;中方 19 位博士生,德方 10 位博士生,1 位博士后。

## 82.5　研究区域:华北平原

华北平原是中国重要的商品粮生产基地,西起太行山和伏牛山,东到黄海和渤海,南到淮河,跨越河北、山东、河南、安徽、江苏、北京、天津等省市,面积达 328 000 km²。
华北平原农田面积占到 40%,小麦—玉米轮作是最常见的种植制度,这一地区能占到全国小麦总产量的 50%,玉米总产量的 1/3,在过去几十年里,华北平原作物生产的发展更多关注的是产量的增长,以满足日益增长的人口对粮食的需求。由于城市化进程的加快以及基础设施的建设,耕地利用面积越来越少,因此只能通过增加土地的生产力来提高作物产量,为此实施了一系列的农田优化管理措施,例如,氮肥投入、灌溉、改善作物轮作体系等。然而,这一发展特点产生了严重的环境问题,水资源的短缺、肥料利用率低、土壤污染等问题日益明显。因此研究优化作物种植生产体系、提高水肥资源的利用效率、减少环境污染,保证农业的可持续发展,已成为该地区农业生产急需解决的问题。

## 82.5.1　子课题题目及中德方主持人(表82-1)

表82-1

子课题题目及主持人

| 子项目 | 题目(括号中为专业名称) | 中、德方主持人 |
|---|---|---|
| 物质循环与污染分析 | | |
| SP 1.1 | 华北平原典型代表区优化水分,减少氮素淋失以及评价土壤碳平衡及其贮存状况的模拟研究(生物地球物理学) | 龚元石,李保国,胡克林/Prof. Karl Stahr |
| SP 1.2 | 华北平原作物体系中氮肥推荐系统的建立及对氮肥气体损失的评估(植物营养学) | 张福锁,陈新平/Prof. Volker RÖmheld,Prof. Torsten. Muller |
| SP 1.3 | 氮沉降对华北平原氮平衡的贡献(植物生态学) | 刘学军/Prof. A. Fangmeier |
| SP 1.4 | 应用激光光声光谱技术实时在线监测农业土壤痕量气体排放(农业工程/物理) | 江荣风,苏芳/Prof. U. Hass |
| SP 1.5 | 一种测定农业土壤中硝化和反硝化率的新方法研究 | 巨晓棠/Prof. T. Streck, Dr. Joachim Ingwersen |
| 作物生产体系优化 | | |
| SP 2.1 | 作物生产体系中灌溉和施肥的优化研究(作物科学) | 王璞/Prof. Wilheim Hermann Claupein |
| SP 2.2 | 提高水分和氮肥利用效率的作物育种新技术研究(植物育种) | 孙其信,陈绍江/Prof. A. E. Melchinger |
| SP 2.3 (第二期新增加) | 华北平原作物生产体系中杂草管理的支持体系(杂草科学) | 倪汉文/Dr. Gudrun Zuhlke, Dr. Regina G. Bellz |
| SP 2.4 (第二期新增加) | 精准变量灌溉和施肥对华北平原集约化作物生产体系中水及肥料高效利用的贡献(农业工程学) | 何雄奎/Prof. Joachim Muller |
| 区域经济和环境评价、农业与环境政策研究 | | |
| SP 3.1 | 华北地区农场、地区和部门层次可持续生产体系模型研究(农场管理学) | 肖海峰/Prof. H. C. J. Zeddies |
| SP 3.2 | 不同尺度下华北平原区域农业资源环境信息系统的发展及应用(农业信息学) | 宇振荣/Prof. Reiner Doluschitz |
| SP 3.3 | 土地和水所有权及自然资源管理与农村信用研究(农村发展) | 武拉平/Prof. H. C. F. Heidhues |
| 项目管理 | | |
| SP 4 | 数据管理、信息系统、试验协调工作、宣传和项目管理 | 张福锁,刘学军,唐傲寒/Dr. Diana Ebersberg |

**课题 1.1　华北平原典型代表区优化水分,减少氮素淋失以及评价土壤碳平衡及其贮存状况的模拟研究**

本研究通过分别建立农田尺度下的氮素迁移转化过程的机理模型以及区域尺度下氮素循环(包括

氨挥发、$N_2O$ 排放、$NO_3^-$ 淋洗和农田径流)的定量评价模型,对华北平原冬小麦—夏玉米轮作体系下损失到环境中的水分和氮素进行量化,对土壤碳平衡及其贮存状况进行评价。在此基础上,提出提高作物产量和环境保护双赢目标下的水氮优化管理措施。

同时,将农田尺度下土壤水氮联合运移模型与地统计学的理论和方法相结合,探讨农田尺度下土壤水力学性质的空间变异特性对土壤-作物系统中水分渗漏和硝酸盐淋失所造成的影响,为正确评价硝酸盐淋失对地下水所造成的污染潜力提供理论依据,为农田和区域尺度下的水肥管理及环境保护提供参考。

研究方向和内容:土壤-作物系统中水氮过程定量化。

(1)室内土柱试验上进行土壤氮转化及运移过程模型的研究与验证。

(2)田块尺度上对已有土壤-植物系统氮素过程模型(土壤水、养分和热运移过程与植物生长过程耦合模型)进行完善和提高。

(3)田块尺度下地统计学方法与土壤过程模型的结合:建立区域尺度下土壤传递函数 (PTFs);建立基于 GIS 技术的环境系统模型;基于作物产量和环境效应目标下的水氮优化管理措施。

### 课题1.2 华北平原作物体系中氮肥推荐系统的建立及对氮肥气体损失和评估

本课题旨在深入研究氮素损失去向及其机理,采用机理模型模拟土壤和植物氮素过程,与 GIS 相结合,建立区域氮肥优化管理技术体系。

研究方向和内容:研究氮的循环与损失,包括传统农业模式以及优化管理模式下土壤无机氮的残留,氨挥发,硝化与反硝化的损失。

(1)不同的耕作体系下硝酸盐的淋洗和氮的沉降。

(2)建立新的施肥方法或采取新型肥料来降低氨挥发和 $N_2O$ 的损失。

(3)改进现有的施肥推荐方法,使推荐施肥更好地为农民接受。

(4)建立优化条件下的水、碳、氮的模型。

### 课题1.3 氮沉降对华北平原氮平衡的贡献

采用国际上最新的氮素干湿沉降研究方法,系统探索华北平原大气氮素沉降的起源、数量与时空变化规律,区分氮素沉降中干沉降以及氮素形态中有机氮的相对比例,揭示大气氮素沉降的植物有效性,初步明确大气氮素沉降对作物氮素利用的贡献,实现对大气氮素沉降农学效应的定量评价。

研究方向和内容:农业大气环境与养分资源管理。

(1)大气氮素沉降的数量与年度、季节变化规律。

(2)大气氮素沉降的植物有效性。

(3)大气氮素沉降的起源。

### 课题1.4 应用激光光声光谱技术实时在线监测农业土壤痕量气体排放

建立时间分辨率高、灵敏度高且便于移动的光声光谱在线监测系统用于检测农田生态系统的 $N_2O$,$CH_4$ 和 $NH_3$ 排放,为痕量气体的地气交换研究提供一种新的监测技术手段。

研究方向和内容:农田气体排放。

(1)根据可调谐二极管激光器的谱线范围,选择 $N_2O$,$CH_4$ 和 $NH_3$ 吸收系数较大的测量谱线,保证结果的唯一性和精度。

(2)设计良好的光声池,以降低环境噪声和得到增强的光声信号,提高光声检测系统的性能。将二极管激光发生器和光声池放置于一个绝缘且热稳定的箱内,使检测系统尽量不受周围环境影响,便于外场监测。

(3)调试光声光谱系统的测定条件,并建立相应的质量控制和质量保证程序。通过用标准气体标定、与气相色谱分析相对照来确保痕量气体分析的准确可靠。

(4)设计和制造合适的采样箱,建立便于移动的光声光谱法在线监测系统。

(5)利用光声光谱法与箱式法/气相色谱法 $N_2O$,$CH_4$ 排放和风洞法氨挥发做同期测定,进行方法的校验和比对。

（6）选择我国华北平原典型的小麦—玉米轮作体系，用光声光谱法测量传统和优化水肥管理体系中的 $N_2O$，$CH_4$ 和 $NH_3$ 排放，同时测定土壤温度、土壤含水量、土壤 pH 和风速等数据。

**课题 1.5　BaPS-$^{13}$C 稳定技术对华北平原钙质土壤农业土壤碳氮交互作用的研究**

BaPS 方法应用于农业土壤，并用这个新方法研究环境因子与农业措施对 $N_2O$ 和 $N_2$ 排放的影响，为华北平原氮素去向的综合模型提供参数。

研究方向和内容：

（1）验证 BaPS 方法在农业土壤上的适用性。

（2）修正 BaPS 使之能应用于通气不良的土壤。BaPS 方法在农业土壤上应用。研究将采用 BaPS 的结果与 $^{15}$N 同位素稀释法的结果进行比较。BaPS 方法的改进有 2 种：a. 测定附加的稳定变量（比如甲烷，土壤硝态氮，土壤氨态氮），从反方向来模拟硝化、反硝化速率；b. BaPS 的测定将在无氮气环境下进行，因此可以直接测定这 2 个过程产生的 $N_2$。

**课题 2.1　作物生产体系中灌溉和施肥的优化研究**

根据华北地区资源特点，以节水为前提，以提升农田产出和效益为突破口，在小麦玉米周年超高产技术的基础上，大力发展其他高效节水种植模式，构建以粮为主，粮、经、饲结合的节水、高产、高效相统一的区域种植模式与标准化配套技术体系，带动区域农业的发展。

研究方向和内容：小麦玉米高产优质和水肥高效利用，区域节水、高产、高效种植模式。

（1）冬小麦节水、省肥、简化、高产、优质的农艺调控技术与机理。

（2）夏玉米省肥、高产、优质的农艺调控技术与机理。

（3）冬小麦-夏玉米周年资源优化与水肥一体化高产优质栽培技术。

（4）与水资源相适应的其他节水高效种植替代模式与技术。

（5）以粮为主，粮经饲结合的区域节水、高产、高效相统一的种植业发展模式构建。

**课题 2.2　提高水分和氮肥利用效率的作物育种新技术研究**

（1）评价华北地区小麦和玉米不同基因型对水分和氮肥的需求反应，寻找适于该地区高产低耗的栽培品种。

（2）探索新的小麦和玉米单倍体育种技术在培育品种中的效果和效率，在此基础上筛选创造更加高效的耐旱和低氮品种。

（3）研究控制小麦和玉米水氮利用效率的数量基因位点（QTL），研究品种水氮利用效率分子机制。

研究内容：

（1）选取华北地区小麦和玉米的主栽品种 10～20 个，在不同地区设置水氮处理，研究不同基因型在高和低水氮水平条件下的反应。

（2）利用中国农业大学玉米中心和霍恩海姆大学分别选育的高效单倍体诱导系诱导玉米单倍体，创建 DH 系和群体，通过与正常二环系选育方法的比较，研究其在育种上的利用价值，以及利用 DH 群体进行玉米水氮分子遗传机制研究的可行性。利用对氮肥水平敏感性有明显差异的材料构建重组近交系，研究对氮素水平反应的 QTL 基因位点。

**课题 2.3　华北平原作物生产体系中杂草管理的支持体系**

华北平原是典型的小麦—玉米轮作体系，由于夏玉米生长存在着苗期生长缓慢和株行空间较大的特点，其生长期极易受到杂草的危害。当前夏玉米田杂草防治中仍以化学除草为主，然而，当前化学除草中存在着除草剂使用剂量较大、农民缺乏足够的除草剂使用知识，以及当前市售除草剂种类还较有限的问题。尤其是长期大规模超剂量使用单一除草剂带来了很多问题，诸如污染土壤和地表水、易加速杂草抗性的产生，以及增加农民的投入成本等。因此除草剂减量用药，提高除草剂使用效率的理念更加得到人们的重视。因此，本研究着重从华北平原地区减量用药的具体方法研究出发，探索常用除草剂在降低使用剂量的情况下要达到良好防效的具体措施。

**课题 2.4　精准变量灌溉和施肥对华北平原集约化作物生产体系中水及肥料高效利用的贡献**

研究内容：

(1)调查华北平原土壤含水量及土壤营养成分；

(2)精确绘制各个地域土壤含水量地图,为精准变量灌溉提供理论参考依据；

(3)设计一种基于 CAD、有限元、数值模拟技术的便携式灌溉系统；

(4)充分利用各种传感器,设计一套实时监测土壤含水量和营养成分的传感器系统；

(5)通过试验以及理论计算等,评估该系统的可靠性、准确性等评价指标；

(6)设计适合华北平原并且经济实用的精准变量灌溉系统。

**课题 3.1　华北地区农场、地区和部门层次可持续生产体系模型研究**

建立能够用于生产体系和政策评价的模型,对华北地区现行种植业生产体系的经济效益、生态效益进行评价,对现行农业政策措施的经济与环境效果进行分析,并对生产体系与政策措施可能的改进措施进行效果模拟,在此基础上提出实现种植业可持续发展的生产体系与政策选择。

研究内容：

(1)不同生产体系的经济、环境效益分析；

(2)建立线形规划模型,对农户和地区层次的种植业生产结构在同时考虑经济、环境目标的条件下进行优化；

(3)评价现行农业政策措施的经济、环境效果；

(4)模拟社会、经济、技术以及政策等方面可能的改进(如其他子项目的技术改进措施,水资源等环境政策的变化,为适应 WTO 规则中国农业政策的调整等)对经济与环境的影响效果；

(5)提出实现种植业可持续发展的生产体系及相关政策措施。

**课题 3.2　不同尺度下华北平原区域农业资源环境信息系统的发展及应用**

(1)构建包含完整基础地理、土壤、气候、土地利用和农业管理信息的华北平原农业资源环境信息系统,为当前课题和其他子课题的研究提供数据基础,并能够实现对上述信息的存储、管理和分析。

(2)针对当前区域研究中存在的尺度问题,通过不同尺度的比较研究,确定当前研究中适宜采用的研究尺度。

(3)针对不同模型可能存在不同的模拟结果,通过模型的比较研究,筛选出最优的区域研究模型。在对区域农业生产管理方式(施肥、灌溉、种植方式等)了解的基础上,评估不同的施肥、灌溉方案以及土地利用变化对区域碳、氮循环的影响,由此筛选有利于农业持续发展的生产管理方式,为区域持续发展提出合理的政策建议；了解并评估不同层次研究基础上获得政策建议对上一个尺度或下一个尺度的影响。

研究内容：

(1)收集、整理构建农业资源环境信息系统的基础地理、土壤、气候、土地利用和农业管理信息。探讨其中存在的问题及可能解决的途径,尽量收集可获取的相关信息,并尽量确保其完整性、准确性、实时性并满足当前研究的需要,进一步完善信息系统的内容。

(2)在农户调查基础上探讨农户水平上碳、氮循环状况,以及影响农户生产管理行为的因素；分析人类生产管理行为(施肥、灌溉、种植制度、土地利用)对区域碳、氮循环的影响；农业资源环境信息系统管理功能和分析功能的完善以及系统的网络化管理和应用关键技术的探索。

(3)对于尺度问题的研究。选择地块、乡村、县、地区 4 个尺度,分别展开 4 个尺度下碳、氮循环的研究,比较分析 4 个不同尺度下碳、氮循环研究所需数据信息详尽程度的差异；收集、整理这部分内容；分析不同尺度下,碳、氮循环的状况；探讨不同尺度水平下区域碳、氮循环研究结果与实际调查或田间试验结果的差异；分析研究尺度对于研究结果的影响,探讨华北平原碳、氮循环研究合适尺度的选择。

（4）模型的比较研究。分析比较不同模型对于数据信息的需求及实现区域化研究的差异；探讨不同模型与资源环境信息整合利用的形式；分析比较不同模型模拟结果与实际调查或田间试验结果的差异，选择最优的模拟模型。通过不同情景方案的设立和模拟，选择有利于华北平原持续发展的农业生产管理方式；分析不同研究尺度下、模型模拟结果基础上获得的改进措施在华北平原地区应用的可能效应，并进行分析、比较和评价。

### 课题 3.3　土地和水所有权及自然资源管理与农村信用研究

可持续农业生产很大程度上受到政策和制度的影响，因为政策和制度决定了土地、水和其他自然资源的获得。特别是土地的获得和自然资源的产权与管理是决定对土地保护和可持续农业投入的决定性因素。更主要地土地的产权决定了农民信贷的获得，因而很大程度上决定了农户的投资。

研究目标：分析中央政府制定的全国性政策是如何执行并传递到地方政府，重点考察土地制度和水权政策在土地使用计划、自然资源管理、水土保持方式的采用以及农村信贷的获得。更主要地，将对不同产权制度下乡村对土地和水可持续使用的不同策略进行研究。本课题的中心假设是中国政府对水土保持，更广义来讲，对可持续农业实践的未来的成功干预主要在于社区公有土地和水资源制度的合理产权安排。

研究方向和内容：

（1）土地制度和水权之间关系的分析。

（2）在地方社区传统制度和中央政府政策影响下，土地产权和资源获得的动态关系分析。

（3）地方传统制度下社区共有资源产权介绍，以及社区不同资源管理制度下，自然资源利用的比较分析。

（4）个体和社区公有产权制度在信贷获得、投资和自然资源管理方面的效果分析。

（5）提供可能的政策建议，以加强资源使用的安全，降低资源使用中的矛盾，特别是土地和水的矛盾，以及促进农村信贷的获得。

本项目的两大支柱是自然资源制度（土地和水）和为资源保护的信贷获得。课题研究运用综合的分析方法，对社区所有权结构、不同制度及其变化以及制度间相互关系进行研究。对于不同土地制度在信贷获得、资源管理和可持续投资的影响，将通过计量经济学方法，特别是 Probit 模型和两阶段最小二乘法。

### 课题 4　数据管理、信息系统、试验协调工作、宣传和项目管理

数据库的建立、项目协调和管理。

研究方向和内容：

（1）全面数据库体系的发展、执行与维护。

（2）各子课题、田间工作的监督管理与协调。

（3）双语网络平台的开发与维护。

（4）信息的传递包括通信结构的开发与维护（e-Mail，时事通信等）。

（5）会议、座谈会、研讨会与游览的组织。

（6）研究结果的整理与发表。

（7）项目报告。

（8）财政预算、住宿及考察活动的安排。

## 82.5.2　项目研讨会及会议情况

项目第一期和第二期各开展了 6 次为期 1～2 周的集中性讨论与培训班，中方有 10～15 名博士生每年冬天去德国总结交流和学习 3～4 个月，德方有 8～10 名博士生每年在北京东北旺、河北吴桥和曲周 3 个实验基地进行为期 8 个月左右的田间实验或野外调查（表 82-2 和表 82-3）。中国教育部资助了德国专家在华费用、德方学生在华生活补助及中方学生的国际旅费，而德国 DFG 则承担了中方专家在

德国的费用和中方学生在德国的生活补助。项目还邀请德国其他大学、英国、美国、丹麦、荷兰以及国内的 30 多位专家进行专题讲座，参加研讨会，对项目的实施提出了很多建设性意见。通过这些研讨会和专题讲座，我们学习了农业与环境研究方面的先进国际理念和科研技术方法，提升了研究水平，为与国际接轨打造了很高的平台。

表 82-2

项目第一期研讨会

| 研讨会 | 主题 | 负责人 |
|---|---|---|
| BS 1 地点 | 介绍中国农业结构、作物生产环境问题与科学工作 | Doluschitz/Zhang et al. |
| BS 2 北京 | 农业生态系统中水和物质（化肥、气体等）以及相应的建模方法 | Streck/Zhang et al. |
| BS 3 斯图加特 | 耕作制度中的氮平衡：氮的挥发与沉降的贡献 | Fangmeier/Jiang et al. |
| BS 4 北京 | 种植业中的作物模型 | Claupein/Wang et al. |
| BS 5 斯图加特 | 农场水平和区域建模方法 | Zeddies et al. |
| BS 6 北京 | 农业发展政策措施以及对农业结构的影响 | Heidhues，Zeddies Buchenrieder/Ke，Wu |

表 82-3

项目第二期研讨会

| 研讨会 | 主题 | 负责人 |
|---|---|---|
| BS 2 斯图加特 | 农业生态系统中水和物质（化肥、气体等）以及相应的建模方法 | Streck/Zhang et al. |
| BS 3 斯图加特 | 耕作制度中的氮平衡：氮的挥发与沉降的贡献 | Fangmeier/Jiang et al. |
| BS 4 北京 | 不同作物体系与植物育种的模型方法 | Claupein/Wang et al. |
| BS 5 斯图加特 | 管理系统创新——科技、信息和组织解决方案 | Zeddies et al. |
| BS 6 北京 | 经济可持续发展评估和政策 | Heidhues，Zeddies Buchenrieder/Ke，Wu |

### 82.5.3 项目人才培养与交流情况

IRTG 项目的特色是集科学研究和人才培养于一体。从 2004 年到 2007 年，共派出中国博士生 29 人，接收德国博士生 12 人。德方接待中国学生达 49 人次，中方接待德国博士生达 54 人次。德方共接待中方教授 14 人，接待次数为 19 人次，中方共接待德方教授 26 人，接待次数为 76 人次。总共合计中方接待德方 130 人次，德方接待中方共 70 人次。

从 2008 年到 2013 年，共派出中国博士生 72 人，接收德国博士 118 人。德方接待中国人员达 83 人次，中方接待德国人员达 66 人次，见表 82-4。

表 82-4

中德互访情况

| 年份 | 中国学生访问德国次数 | 德国学生访问中国次数 |
|------|------|------|
| 2004 | 11 | 11 |
| 2005 | 20 | 15 |
| 2006 | 15 | 15 |
| 2007 | 15 | 23 |
| 2008 | 13 | 20 |
| 2009 | 15 | 30 |
| 2010 | 16 | 26 |
| 2011 | 13 | 20 |
| 2012 | 15 | 25 |
| Total | 133 | 185 |

### 82.5.4　项目成果

（1）项目共在华北平原设立了 3 个试验基地，分别位于北京的东北旺乡，河北的吴桥县和河北的曲周县，代表华北平原的北、中、南部。到目前为止，3 个试验基地（东北旺、曲周、吴桥）的试验工作全面展开。

北京东北旺：项目主试验地位于北京海淀区东北旺乡（N 40.0°，E 116.2°），距中国农业大学西校区 4 km，年平均降雨 600 mm。为 1998 年 11 月启动 2003 年 3 月结束的德国教育科研部（BMBF）批准的中德三期项目华北平原作物高产及高生产力条件下环境可承受的持续农业研究的试验基地。项目实施期间全部设备运转正常，充分发挥了应有的作用。同时连续 4 年在试验场进行了作物生产和蔬菜生产的超大区试验。

河北吴桥：吴桥实验站是由中国农业大学主持的研究实验基地，也是中国农业大学国家重点学科作物栽培学与耕作学科的重要校外实验基地。先后有农学、植物营养、土壤、育种、果树、气象、动物营养、农业经济、农田水利等不同专业研究人员在吴桥实验站进行科学研究。

河北曲周：曲周试验站是项目第二期的主实验地，是中国农业大学长期设立的农业试验站与野外观测站。曲周试验站位于河北省的南部，占地 788 亩，总建筑面积 5 800 多 m²，其中实验楼 2 400 m²，办公培训楼 1 800 m²。实验用地规划规范，土地平整，实现了农田林网化，机井 5 眼，水利设施齐备，地下灌溉管道、移动喷灌双配套。曲周实验站现有自动气象站、土壤水分监测仪及传感器 TDR、大气 $CO_2$ 和 $H_2O$ 原位连续测定仪、温度和盐分传感器等精密仪器 27 台套，30 多台套各种常规分析仪器，工作状态良好，以满足自动气候观测、土壤养分、地下水变化、溶质运移、植物呼吸、碳氮循环、温室气体变化等方面的常规分析及田间连续数据自动采集。

（2）项目期间，公开发表论文 130 篇，其中 SCI 论文 41 篇，国内核心期刊论文 29 篇，EI 论文 3 篇，会议论文 34 篇。

2005 年发表 SCI 论文 2 篇，会议论文 1 篇。

2006 年发表 SCI 论文 3 篇，核心期刊论文 4 篇，会议论文 1 篇。

2007 年发表 SCI 论文 4 篇，核心期刊论文 6 篇，会议论文 4 篇，SBB 论文 1 篇，并有 3 名参与项目工作的博士生顺利毕业。

2008 年发表 SCI 论文 9 篇，核心期刊论文 3 篇，EI 论文 1 篇，并有 7 名参与项目工作的博士生顺利毕业。

2009 年发表 SCI 论文 5 篇,核心期刊论文 7 篇,会议论文 14 篇,其他期刊论文 4 篇,并有 1 名参与项目工作的博士生顺利毕业。

2010 年发表 SCI 论文 4 篇,核心期刊论文 9 篇,会议论文 3 篇,并有 3 名参与项目工作的博士生顺利毕业。

2011 年发表 SCI 论文 6 篇,SSCI 论文 4 篇,EI 论文 2 篇,会议论文 8 篇,并有 1 名参与项目工作的博士生顺利毕业。

2012 年发表 SCI 论文 8 篇,中文论文 14 篇,会议论文 3 篇,申请专利 1 项。

子课题 3.3 德方博士研究生 Stephan Piotrowski 的研究工作在国际会议上获奖。

(执笔人:刘学军)

第83章

中德合作项目——中国农业废弃物的循环和利用研究

## 83.1　项目合作背景及意义

随着我国经济、人口的迅速增长,农牧业、产品加工业等产业高速发展,我国城乡产生严重的环境污染问题,大量未使用的有机原料,已经远远超过了环境的承载力。尽管这些未使用的有机原料曾被认为是农业和城市的废物,不可忽略的是它们同时是非常有价值的资源,是清洁能源和绿色有机肥的来源。目前,我国有机废弃物的循环利用无论是从理论研究、技术开发、政策管理,还是从生产实践上充分利用畜禽粪便等促进农牧一体化循环方面均较欧美发达国家落后,迫切需要相应的技术研发和加强国际合作来促进国内资源循环和废弃物再生资源化产业的发展。德国是世界上最早发展循环经济的国家之一,其废物处理和资源化技术世界领先,并在废弃物资源产业化发展方面有着十分值得借鉴的经验和模式。德国利用有机垃圾生产沼气并发电和生产有机肥技术成熟,在其不断完善的可再生资源法的保障下已经发展成为不断壮大的产业,在物流管理、废物利用战略管理上也具有深厚的研究基础和领先的管理经验。因此,通过国际合作来加强相应的技术研发,促进国内资源循环和废弃物再生资源化产业的发展对于发展我国循环经济、建设节约型社会、实现可持续发展意义重大。

## 83.2　项目概况与科学目标

**1. 项目概况**

中德合作"中国农业废弃物的循环与利用研究"项目是中德政府间的双边科技合作项目。由德国联邦教育与研究部和中国科技部联合资助,由中国农业大学和德国波恩大学作物科学与资源保护研究所植物营养系联合承担,其中国内参加单位包括:中国农业大学、浙江大学、河北农业大学、青岛理工大学、陕西循环经济研究会和北京工业大学,国外参加单位包括:Hessian Institute for Agricultural Analysis and Research、University of Hohenheim、Braunschweig Technical University、Federal Agricultural Research Centre、University of Goettingen、Kiel University 和 Bonn University,项目组国内外成员共计 104 人,其中有 32 人具有高级职称。总经费共计 294 万元,其中有 89 万元来自国际合作专项拨款。项目执行日期为 2008 年 9 月 1 日至 2011 年 9 月 22 日。

**2. 科学目标**

(1)引进德国专用技术和智力资源,研究中国集约化养殖场有机废弃物的循环利用模式,实现养分水分高效利用和清洁能源生产。为中国建立新兴有机废弃物资源化体系提出科学建议。

（2）解决大型养殖场废弃物无害化综合利用技术的设计，以及废弃物还田后养分和其他有害物质在土壤－作物系统中去向的追踪。

## 83.3　项目实施方案

**1. 养分循环课题组**

该项目养分循环课题组在充分考虑畜牧场废弃物管理计划的制定、动物生产技术上的改进、喂饲管理和技术的最优化、粪尿的储存和损失最小化的处理设备和工艺、有机肥料生产设备和工艺的改良、农田的畜禽粪便和畜牧场废水的负荷限量、农业废弃物利用的经济因素分析、农业废弃物优化管理的策略、环境政策法规制定的建议的基础上，制定了包含畜牧业及其废弃物处理、土壤管理和作物生产体系 2 个部分的实施框架（图 83-1）。

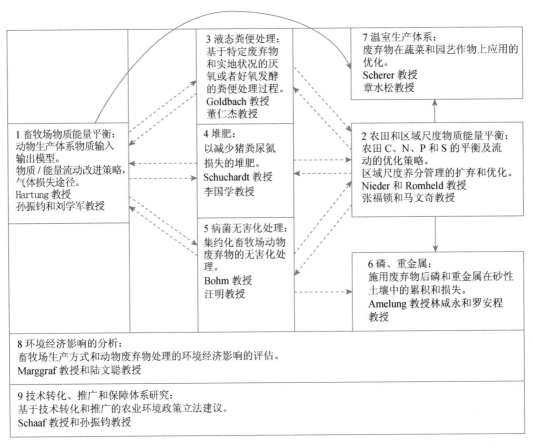

图 83-1　养分循环课题组项目实施框架

**2. 资源化课题组**

（1）德方承担单位（Germany）　特里尔应用科技大学物流研究所（FHTrier/Ifas）负责。成员包括 5 家德国公司、1 家卢森堡公司。

（2）中方主要参与单位、经费及试验点情况　资源化子课题组获得经费共 44.5 万元，主要参与单位 3 家：北京工业大学、青岛理工大学和陕西循环经济研究会，其职责分工、主要参加人员和资助经费如表 83-1 所示。

表 83-1

资源化组合作方人员、经费投入及职责分工

| 合作单位 | 职责分工 | 主要参加人员数/人 | 资助经费/万元 |
|---|---|---|---|
| 北京工业大学 | 联系协调、政策研究、市场调研、德方合作来访、研究进展阶段总结、研究报告撰写、组织结题会等 | 3 | 21.2 |
| 青岛理工大学 | 负责推进 1 个示范项目试点：青岛即墨污水厂污泥沼气发电，与德方合作完成项目可行性研究、项目点建设及产业化推进 | 3 | 9.1 |
| 陕西循环经济研究会 | 负责推进 2 个示范项目试点：陕西杨凌、临潼的养殖业有机垃圾沼气发电项目，与德方合作协助完成项目点调研和可行性研究，共同推进项目点建设及产业化 | 3 | 14.2 |

选择 3 个试点进行物质流规划研究和先进技术推广，包括：青岛即墨污水厂污泥产沼气发电项目、陕西杨凌、临潼的养殖业有机垃圾沼气发电项目，随后增加驰奈生物能源集团的兰州项目做对照组进行试点。

## 83.4　主要研究进展及成果

### 83.4.1　养分循环课题组

**课题 1　动物生产体系中农场内部的物质平衡**

本课题选择北京顺义区百郎中养殖场及其周围的农田作为案例，研究环境友好型畜牧业目标下的动物粪便和废弃物优化管理体系，以及实现畜牧业、种植业之间养分和能量流动的最优化，实现最大限度地减少畜牧业的环境污染目标。通过对集约化养猪场猪舍内外大气氨浓度、可吸入颗粒物（PM10、TSP、PM2.5）及其离子浓度进行实时监测，评价京郊集约化养猪场氨排放导致的大气污染状况，另一方面，同时采用热平衡法估算猪舍内每头猪的氨排放量或排放系数。热平衡法拟在进行大气氨浓度和温度等气象因子监测基础上通过热平衡方程获得猪舍内向舍外氨的排放通量；将其结果与国际上类似集约化猪场的氨排放结果进行比较，对养殖场大气环境和氨的减排潜力做出科学评价。明确了北京郊区集约化猪场内大气污染、氨排放与物质平衡状况，为猪舍周边环境的改善和氨减排提供科学依据。

**课题 2　以一个示范型畜牧农场为基础的区域 C、N、P 和 S 养分平衡与流动的最优化策略，研究农田和区域尺度物质能量平衡**

利用农户调研、养分流动模型和田间试验，分析评价了北京顺义区和北郎中农场的养分平衡与流动现状，发现顺义区主要作物体系农田氮磷养分高盈余，以蔬菜体系最为严重；提出通过优化研究区域畜禽养殖密度和有机肥施用的农田匹配面积来实现农牧系统的养分平衡。

**课题 3　中、低温全混式猪粪厌氧发酵过程研究液态粪肥处理**

项目针对中国典型沼气工程，通过现场试验，研究沼气工程的物质流动，探寻沼气工程的运行效率，针对沼气工程发酵温度差异大（低温，常温，中温），有机负荷低等特点，研究了中、低温度与有机负荷条件下，反应器相应性能变化规律，如碳酸氢盐碱度（total inorganic carbon），挥发性有机酸（volatile fatty acid），甲烷产率以及净能量产出等。并把生化反应的特征与反应器特征联系起来进行研究形成过程评价模型，完成了对沼气工程厌氧发酵过程系统的理论分析。完成猪场沼气工程温室气体泄漏排放测试。

**课题4 堆肥化过程中研究氮素损失和温室气体排放**

本项目采取中德双方共同设计试验的基本模式。在中方进行试验,项目的主要内容包括:通过试验确定干清粪系统产生的粪渣堆肥的最佳条件,减少堆肥成本,提高堆肥品质。同时研究高温堆肥化过程中温室气体产生的规律,明确氮素原位损失技术对温室气体排放的影响,探索 $CH_4$ 和 $N_2O$ 产生的机理和主要途径。在氮素损失原位控制技术基础上,通过过程控制和抑制剂的使用,最终减少堆肥化过程中氮素损失和温室气体排放,生产环境友好型优质堆肥。

具体内容如下:

(1)干清粪系统猪粪的最佳堆肥条件研究;

(2)堆肥过程中温室气体的排放规律及影响因素研究;

(3)氮素损失原位控制技术的研究;

(4)基于同位素技术的温室气体产生机理和途径研究;

(5)基于氮素原位控制的温室气体减排技术研究。

通过模拟堆肥化试验筛选原位氮素损失控制材料,结合实验室堆肥和露天堆肥试验,研制出一种总养分含量高达 7%～8% 的新型有机肥料,并实现堆肥过程中大幅度降低氨和温室气体排放的目标,其温室气体减排率达 55.2%～65.2%。

**课题5 集约化养殖中动物废弃物和残留的病菌无害化处理**

研究阐明养殖场细菌病、病毒病和寄生虫病流行规律,发现养殖场流产衣原体、沙门氏杆菌和粪链球菌、戊型肝炎病毒发生率高、问题严重;寄生虫方面,主要以感染隐孢子虫、蛔虫、球虫和类圆线虫为主。沼气厌氧发酵可以有效杀灭病原微生物,轮状病毒、肝炎病毒、圆环病毒减少了 90%;沙门氏杆菌减少了 100 倍,粪链球菌减少了 10 000 倍;寄生虫 100% 杀灭。

**课题6 土壤和地下水:施用有机肥后沙质土壤中磷素、重金属和抗生素的积累和淋失研究**

以 2009 年采集的位于北京市顺义区北郎中农场的土壤样品为研究对象,完成了不同土地利用方式及施肥历史对土壤全磷、有效磷(Olsen-P)含量影响的研究,并在此基础上选取部分土壤样品比较了不同土地利用方式及施肥历史对土壤磷素空间及剖面分布特征影响的研究。研究证实北郎中农场表层土壤磷素富集,磷素淋溶风险较高,发现在 2 m 深的土层中有重金属和抗生素累积。

**课题7 有机肥在经济作物中应用与效应评价**

在实地调研的基础上,对规模化养殖废弃物处理与利用现状和问题进行了深入研究,构建"生猪养殖及废弃物处理的生态经济模型",开展了在农业政策、市场环境、环保技术应用、环境政策和标准等不同情景下的政策模拟分析,以探讨我国畜牧业发展与环境管理政策对废弃物资源化利用的影响。创建一种既可解决大棚 $CO_2$ 亏缺和土壤退化,又能提高蔬菜品质和安全性以及降低环境风险的处置秸秆和规模化养殖场畜禽粪便等农业有机废弃物的新方法;阐明残留在粪便中的抗生素在大棚生态系统中的去向和对蔬菜品质和安全性的风险。

**课题8 农场废弃物处理措施选择的环境评估**

以北京北郎中农场为例,对规模化畜禽养殖过程中所产生的有机废弃物的环境、经济和社会影响进行经济评价,以提出中国畜牧业废弃物资源化利用和解决农村环境污染问题的政策建议。

## 83.4.2 资源化课题组

项目进行期间,进行了有机垃圾资源化和可再生能源产业相关政策、政府补贴体系等政策环境研究,有机垃圾资源化和可再生能源相关原料、产品市场环境研究;且共完成 3 个示范项目点的规划方案及其可行性研究,并对试点项目的实现做出了努力。此间随时总结问题,提出在政策、市场建设方面改进措施、方案建议,为进一步和政府、企业、村镇合力完成试点建设和推动工作打下良好基础。同时,广泛到该领域的政府、企业调研,咨询相关专家,结合项目点推进状况进行分析,从政策、市场环境、管理模式和技术等方面适时提出合理化建议,并通过会议交流和政协提案等方式,将建议提交政府。经过

持续几年的工作,取得了一定的研究成果。具体结果如下:

(1)选择3个试点项目进行物质流规划研究和先进技术推广。提出技术先进、经济可行的杨凌、临潼、即墨(图83-2)3个试点项目的有机垃圾沼气发电工程的可研报告和设计方案,提供了德国该领域关键技术:①先进的区域物质流管理的理论和方法及其在试点项目规划及推动方面的应用。②处理有机垃圾的厌氧技术应用于畜禽粪便沼气热电联产厂的相关数据及经济分析等。

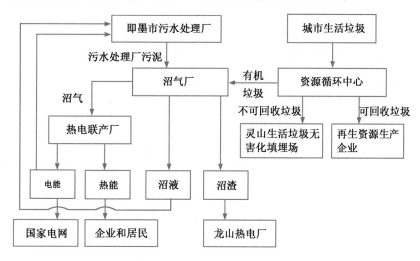

图83-2　即墨市有机废物综合利用技术示意图

(2)吸收国际先进理念,在国家迫切需要解决的有机废弃物回收可再生能源领域的主要瓶颈:再生资源产业发展政策环境、市场环境、体系建设等方面取得重要进展。

(3)拓展国际合作,形成研发和技术转让的稳定合作关系及平台。

(4)开展中德两国企业间交流,促进国内同行企业的先进技术理念的学习吸收和创新能力提高。

(5)已建立可持续的交流合作和人才培养机制,包括项目网站、研究生培养、环境教育培训基地等。

## 83.5　项目成果

在中德双方的共同努力下,在项目执行期间(2008.9.22—2011.9.22)共培养博士后3人,博士12人,硕士16人,项目成员晋升副教授1人,发表中文核心期刊论文10篇,国外学术论文14篇,会议论文28篇;中方已获批具有自主知识产权的国家发明专利3项:"一种提高大棚蔬菜产量和品质的方法"、"研究作物生长过程外源添加物质在土壤中淋溶迁移的装置"、"一种用于根际微域研究的根箱试验装置";获农业部2009年神农中华农业科技奖二等奖1项:规模化养殖场固废堆肥处理及有机肥产业化;研发出新型总养分含量高达7%~8%的有机肥料;首次针对实地猪粪沼气工程进行试验,对沼气工程的温室气体泄漏和运行效率进行了定量评估,提出了沼气工程发酵温度、有机负荷优化措施,形成了评价和预测动力学模型和净能量计算模型,对于促进我国典型沼气工程的发展,更好地获得能源、发展循环经济以及生态效益,具有重要意义;结合氮素损失原位控制技术,进行堆肥化过程中温室气体减排研究,同时解决温室气体和氨气的排放问题,具有首创意义;对北京北郎中猪场沼气处理前后的废弃物进行了病原微生物的检测,对疾病流行做了合理的预防,减少生猪死亡率2%,节约抗生素和饲料添加剂10 t;针对陕西杨凌、临潼、青岛即墨3个项目点的沼气发电场项目设计了物质流管理及其技术和工艺流程方案,并以驰奈生物能源集团的兰州项目做对照组对方案的经济、社会、环境效益进行评估;政策发展建议方面,调查了规模化养殖废弃物处理与利用的现状,对规模化畜禽养殖过程中所产生的有机废弃物的环境、经济和社会影响进行经济评价,并基于生态经济学模型对废弃物处理优化进行了模拟分析，为政策制定提供科学依据。该项目成果目录如表 83-2 所示。

表 83-2

项目成果

| 引进设备 | 名称 | 主要完成者 | 成果说明 |
| --- | --- | --- | --- |
| | Testo 175-T3 三套 | 李国学，F. Schuchardt | 德国，2009 年 4 月，温度自动测定仪，国际领先 |
| | Umwelt-Electronic CM-37 | 李国学，F. Schuchardt | 德国，2009 年 4 月，氧气测定仪，国际领先 |
| | RAE QRAE PLUS PGM-2000 | 李国学，F. Schuchardt | 美国，2009 年 12 月，有害气体即时测定仪，国际领先 |
| | EheimVisit03 | 董仁杰，Joachim Clemens | 德国，2009 年 5 月，气体成分分析仪，国际领先 |
| | Biogas pro | 董仁杰，Joachim Clemens | 德国，2009 年 5 月，沼气工程过程控制测试仪，国际领先 |
| 引进与培养人 | | 姓名 | 说明 |
| | | 张颖 | 博士后 |
| | | 王方浩 | 博士后 |
| | | 李海港 | 博士后 |
| | | 任丽梅 | 博士生 |
| | | 郭非凡 | 博士生 |
| | | 马永喜 | 博士生 |
| | | 江滔 | 博士生 |
| | | 凌勇 | 博士生 |
| | | 李元龙 | 博士生 |
| | | 祁慧博 | 博士生 |
| | | 郭建斌 | 博士生 |
| | | René Eling | 博士生 |
| | | Lisa Heimann | 博士生 |
| | | Daniela Weber | 博士生 |
| | | Leif Heimfarth | 博士生 |
| | | 郑鲲 | 硕士生 |
| | | 孟令敏 | 硕士生 |
| | | 许稳 | 硕士生 |
| | | 柏子春 | 硕士生 |
| | | 沈玉君 | 硕士生 |

续表83-2

| 引进与培养人 | | 姓名 | 说明 |
|---|---|---|---|
| | | 侯勇 | 硕士生 |
| | | 刘莹 | 硕士生 |
| | | 田德语 | 硕士生 |
| | | 陈曦 | 硕士生 |
| | | 徐攀 | 硕士生 |
| | | 高帅 | 硕士生 |
| | | 陈冰梦 | 硕士生 |
| | | 黎彬 | 硕士生 |
| | | 胡娜 | 硕士生 |
| | | 邓畅 | 硕士生 |
| | | 刘汉儒 | 硕士生 |
| | | 王军 | 教授,高级工程师 |
| | | 孙宁生 | 高级工程师 |
| | | 刘赞 | 高级工程师 |

| 专利 | 名称 | 完成人 | 说明 |
|---|---|---|---|
| | "一种提高大棚蔬菜产量和品质的方法",专利号:ZL 2008 1 0060604.X,获专利时间:2010.9.15 | 金崇伟,章永松,林咸永 | 国家发明专利 |
| | "研究作物生长过程外源添加物质在土壤中淋溶迁移的装置",专利号:ZL 201010040078(已公开) | 冯英,王先挺,林咸永,索炎炎,方萍,杨肖娥 | 国家发明专利 |
| | "一种用于根际微域研究的根箱试验装置",专利号:ZL 201010533303.1(已公开) | 冯英,王先挺,林咸永,索炎炎,谢爽,张奇春 | 国家发明专利 |

| 专著 | 书名 | 作者 | 说明 |
|---|---|---|---|
| | 静脉产业论 | 王军 | 北京:中国时代经济出版社,2011. |

| 期刊论文 | 项目 | 作者 | 期刊 |
|---|---|---|---|
| | Pig Husbandry and Solid Manures in a Commercial Pig Farm in Beijing,China | Roxana Mendoza Huaitalla, Eva Gallmann, Kun Zheng, Xuejun Liu, Eberhard Hartung | International Journal of Biological and Life Sciences,2010,6:107-116. |
| | Composition of pig manures and wastewaters under the Gan Qing Fen system in China | Huaitalla R M, Gallmann E,Liu X,Hartung E | Manure and organic residues management approaches in non-European countries,2010(accepted) |

续表 83-2

| 期刊论文 | 项目 | 作者 | 期刊 |
|---|---|---|---|
| | Heavy metals contents in farrowing, weaning and fattening pig feeds in a commercial pig farm in Beijing and their thresholds values given by the Chinese standards | Roxana Mendoza Huaitalla, Eva Gallmann, Kun Zheng, Xuejun Liu, Eberhard Hartung | Advances in Animal Sciences, 2010,1: 470-471. |
| | Nutrients and Trace Minerals in a commercial pig farm in Beijing: Chinese recommendations | Roxana Mendoza Huaitalla, Eva Gallmann, Xuejun Liu, Eberhard Hartung, Thomas Jungbluth | International Journal of Biological and Life Sciences,2011,1:25-27. |
| | Methane emissions from a dairy feedlot during the fall and winter seasons in Northern China | Gao Z L,Yuan H J,Ma W Q ,Liu X J,Desjardins R L | Environmental Pollution, 2011, 159: 1007-1016.(SCI 收录) |
| | Short term effects of copper, sulfadiazine and difloxacin on the anaerobic digestion of pig manure at low organic loading rates | Guo J B,Ostermann A,Siemens J,Dong R J,Clemens J | Waste Management, doi: 10.1016/j. wasman, 2011.07.31.(SCI 收录) |
| | Aerial pollutants in a pig farm of the North China Plain | Mendoza Huaitalla R,Gallmann E,Liu X J,Hartung E,Jungbluth T | International Journal of Agricultural and Biological Engineering,2011.(in press) |
| | Pig manure systems in Germany and China and the impact on nutrient flow | Schuchardt F,Jiang T,Li G X,Mendoza Huaitalla R | Journal of Agricultural Science and Technology,2011.(in press) |
| | Impact of struvite crystallization on nitrogen losses during composting of pig manure and cornstalk | Ren L M,Schuchardt F,Shen Y J,Li G X,Li C P | Waste Management, 2010,30:885-892.(SCI 收录) |
| | 氢氧化镁和磷酸混合添加剂在模拟堆肥中的保氮效果研究及其经济效益分析 | 任丽梅,贺琪,李国学 | 农业工程学报,2009,24(4):225-228.(EI 收录) |
| | 鸟粪石结晶反应在猪粪和玉米秸秆堆肥中的应用 | 任丽梅,李国学,沈玉君,李春萍,郭瑞 | 环境科学,2009(7):2165-2173.(EI 收录) |
| | 氢氧化镁和磷酸固定剂控制堆肥氮素损失的研究 | 任丽梅,贺琪,李国学,路鹏,沈玉君,郭瑞 | 农业环境科学学报,2009(4):814-819.(核心期刊) |
| | 农业有机废弃物发酵 $CO_2$ 施肥在大棚生产上的应用及其环境效应 | 都韶婷,单英杰,张树生,章永松 | 植物营养与肥料学报, 2010,16(2):510-540.(核心期刊) |
| | 冬季堆肥中翻堆和覆盖对温室气体和氨气排放的影响 | 江滔,Frank Schuchardt,李国学 | 农业工程学报,27(10):212-217.(EI 收录) |
| | Chemical precipitation for controlling nitrogen loss during composting | Li-Mei Ren, Guo-Xue Li, Frank Schuchardt, | Waste Management & Research,2010, 28(5):385-394.(SCI 收录) |

续表 83-2

| 期刊论文 | 项目 | 作者 | 期刊 |
|---|---|---|---|
| | Effect of C/N ratio, aeration rate and moisture content on ammonia and greenhouse gas emission during the composting | Tao Jiang, Frank Schuchardt, Rui Guo, Yuanqiu Zhao, Guoxue Li. | Journal of Environmental Science. 2011, Vol. 23. DOI: 10.1016/S1001-0742 (10)60591-8. （SCI 收录） |
| | Biogas Industry As a Link Of Sustainable Urban Development | Lu H, Yan J | Journal of Sustainable Development and Management Strategy, 2(1):25-34. |
| | 青岛市发展低碳经济的对策思考 | 王军，高帅，刘汉儒，翟帆 | 绿色能源, 2010, 1:28-31. |
| | "零碳排放"校园建设的综合效果分析——以特里尔应用科技大学贝肯费尔德校区为例 | 王军，高帅，刘汉儒 | 中国发展, 2011(2):6-9. |
| | 京郊典型集约化"农田-畜牧"生产系统氮素流动特征分析 | 侯勇，高志岭，马文奇，Lisa Heimann, Marco Roelcke, Rolf Nieder | 《生态学报》（核心期刊） |
| | 规模化养殖场废弃物处理方式的优化研究——以北京顺义区某村生猪养殖为例 | 陆文聪，马永喜，Holger Bergmann | 畜牧生态, 2011, 47(6):48-51. （核心期刊） |
| | 集约化畜禽养殖废弃物处理与资源化利用：来自北京顺义区农村的政策启示 | 陆文聪，马永喜，薛巧云，Holger Bergmann | 农业现代化研究, 2010, 31(4):488-491. （核心期刊） |
| | 应用反演式气体扩散模型测定奶牛场甲烷排放特征 | 袁慧军，高志岭，马文奇，刘学军，Desjardins R L | 农业环境科学学报, 2011, 30(4), 746-752. |
| 会议论文 | 题目 | 作者 | 会议 |
| | Monitoring and Reduction of methane emissions from biogas plants | Cuhls C, Clemens J, Xu P, Guo J, Dong R | Proceedings article published // Dong R J, Raninger, B. Biogas Engineering and Application, Volume 1. Proceedings of ORBIT 2009 International Conference China " Biomass and Organc Waste as Sustainable Resources ", 19-21 Nov. 2009, Beijing, China, p. 318-322. |
| | Pig manure in Germany and in China - Problems and Solutions | Schuchardt F | Conference Agricultural Waste management. Taejon, Korea, 11.11.2010. |
| | Composting of pig feces from the Chinese gan qing fen system. | Jiang T, Zhao Y Q, Guo R, Schuchardt F, Li G X | Poster presentation. Proceedings paper published // Cordovil C S C, Ferreira L. Proceedings of the 14th Ramiran International Conference, Lisboa, Portugal, 12-15 Sept. 2010. |

续表 83-2

| 会议论文 | 题目 | 作者 | 会议 |
|---|---|---|---|
| | Heavy metals contents in farrowing, weaning and fattening pig feeds in a commercial pig farm in Beijing and their thresholds values given by the Chinese feed standards | Mendoza Huaitalla R, Gallmann E, Liu X I | SAPT 2010, Sustainable Animal Production in the Tropics Farming in a Changing World, 15, 11-18, 11, 2010, Gosier, Guadeloupe (Poster presentation) |
| | Process control and fluxes of medium size agricultural biogas plants management at ambient temperature: Acase study in Beijing | Jianbin Guo, Xiaoping Li, Pan Xu, Renjie Dong, Joachim Clemens | Proceedings paper published//Cordovil C S C, Ferreira L. Proceedings of the 14th Ramiran International Conference, Lisboa, Portugal, 12-15 Sept, 2010. |
| | Effect of water flushing on the acidification process in anaerobic digestion of swine manure. Oral presentation. | Guo J B, Cao W, Dong R J | Proceedings paper published//Dong R J, Raninger B: Biogas Engineering and Application, Volume 1. Proceedings of ORBIT 2009 International Conference China "Biomass and Organc Waste? as Sustainable Resources", 19-21 Nov. 2009, Beijing, China, p. 67-74. |
| | Pig manure systems in Germany and China and the impact on nutrient flow and composting of the solids | Schuchardt F, Ren L, Jiang T, Li G X | 国际, 分组报告, OBRIT, 2009, 11: 19-21, 北京. |
| | Pig manure systems in Germany and China and the impact on nutrient flow and composting of the solids. II. | Schuchardt F, Jiang T, Li G X | International BACKHUS Conference, March 18, 2010. |
| | Composting of pig faeces from the Chinese Ganqingfen system | Jiang T, Zhao Y Q, Guo R, Ren L, Schuchardt F, Li G X | 国际, 墙报展示, Ramiran, 2010, 里斯本. |
| | The effect of turning and covering on greenhouse gas emission during the composting of pig faeces from Chinese Ganqingfen system. | Jiang T, Schuchardt F, Li G X, Zhao Y Q, Guo R | 国际, 分组报告, International Conference on Solid waste, 2011, 中国香港. |
| | Nitrogen balances of smallholder farms in major cropping systems in the peri-urban area of Beijing | Yong Hou, Zhiling Gao, Wenqi Ma, Lisa Heimann, Marco Roelcke, Rolf Nieder | poster presentation in 4th International Symposium "Global Issues in Nutrient Management Science, Technology and Policy." |
| | Pre-feasibility study of establishing a WWTP as energy independent in Jimo City | Heck P, Avadi A, Lu H, Müller-Hansen K | Shandong, China, 2011. |
| | Research on the System of Field Property Right in Chinese Countryside | Tiening Cui | 土地与水资源可持续发展国际研讨会 (2008. 10) |

续表83-2

| 会议论文 | 题目 | 作者 | 会议 |
|---|---|---|---|
| | Recycling of organic residues from agricultural and municipal origin in China. Oral presentation | Roelcke M,Nieder R,Goldbach H,Clemens J,Heck P,Mueller-Hansen K,Lu H,Liu X J,Cui T N,Zhang F S | Proceedings paper published // Cordovil C S C,Ferreira L Proceedings of the 14th Ramiran International Conference,Lisboa,Portugal,12-15 Sept. 2010. |
| | Recycling organischer Reststoffe aus der Landwirtschaft und dem städtischen Bereich in China | Nieder R,Heck P,Clemens J,Roelcke M,Heimann L,Vogts C | Teilprojekt:Koordination;Optimierung der Nährstoffbilanzen. Forschungsbericht zum Thema Ressourcenbewirtschaftung // Fakultät Architektur,Bauingenieurwesen und Umweltwissenschaften an der TU Braunschweig (Hrsg.):Forschungsberichte Bauen und Umwelt,2011. S. 66-67. |
| | 积极参与全球温室气体减排,大力发展碳金融机制 | 崔铁宁 | 排污权交易政策研究和市场建设高级研讨会,2009.12. |
| | 大中型沼气能源工程产品市场研究 | 崔铁宁,黎彬 | ICECC 2011 年会议. |
| | 有机垃圾资源化和可再生能源一体化发展的建议 | 崔铁宁 | 民革中央提交全国政协重点提案,2010.3. |
| | 新农村小城镇应建立垃圾循环利用体系 | 崔铁宁 | 北京观察,北京市政治协商会议,2011.2. |
| | 北京市碳强度目标的路径选择研究 | 崔铁宁 | 中国环境科学学术年会,2011.8. |
| | 污染零排放与生物质利用 | 翟帆,刘汉儒,王军等 | 中国环境科学学会 2009 年学术年会优秀论文集:837-842. |
| | 生物质能源利用与低碳经济 | 王军,高帅,刘汉儒 | 城市生态文明:复兴与转型论文集.承德:国际生态城市建设论坛组委会,2010:128. |
| | Status quo of the environmental, social and economic situation of the Beilangzhong farm and village - results and recommendations. | Weber,Daniela | Project workshop in Hohenheim,3-5. 11. 2010. |
| | Process control and fluxes of medium size agricultural biogas plants management at ambient temperature:A case study in Beijing | Jianbin Guo,Xiaoping Li,Pan Xu,Renjie Dong,Joachim Clemens | Proceedings paper published in:Cordovil C S C,Ferreira L(eds.):Proceedings of the 14th Ramiran International Conference, Lisboa, Portugal, 12-15 Sept. 2010. |
| | Nitrogen mineralization of soils in a peri-urban area of Beijng | Heimann L, Roelcke M, Hou Y,Ma W Q,Nieder R | Abstact submission and presentation on German Soil Science Society conference in Berlin,September,2011. (in German) |

续表 83-2

| 会议论文 | 题目 | 作者 | 会议 |
|---|---|---|---|
| | Recycling of organic residues from agricultural and municipal origin in China | Weber,D,Ma Y X | Poster presentation. China-Woche der Universität Göttingen China – Wissenschaft," Wirtschaft und Kultur – Zusammen auf dem Weg des Wissens", 6-9 July,2010. |
| | Pluriactivity in Beilangzhong Area | Gereke Christin | unpublished bsc. Thesis,Göttingen,Germany,2011. |

| 获奖 | 项目 | 获奖人 | 说明 |
|---|---|---|---|
| | 规模化养殖场固废堆肥处理及有机肥产业化 | 李国学 | 农业部,2009,神农中华农业科技奖,三等奖. |

| 其他 | 题目 | 作者 | 说明 |
|---|---|---|---|
| | 堆肥过程中温室气体产生机理及减排技术研究 | 江滔 | 中国农业大学博士论文,北京,中国,2011,106. |
| | 城郊集约化农牧生产体系养分流动特征及调控途径研究 | 侯勇 | 河北农业大学硕士论文,2011,43. |
| | 规模化畜禽养殖废弃物处理的技术经济优化研究 | 马永喜 | 浙江大学博士论文,杭州,中国,2010,174. |
| | 堆肥过程中的氮素损失控制及其优质堆肥形成的机理研究 | 任丽梅 | 中国农业大学博士论文,北京,中国,2009,147. |
| | Measurement of PM,NH$_3$ and CO$_2$ concentrations in a pig farm near Beijing | Guan J | Universität Hohenheim,Germany,2010. |
| | Case Study:A pig farm's profitability under different environmental and economic scenarios in the North China Plain | Zhu J | Universität Hohenheim,Germany,2009. |

（执笔人：刘学军）

# 第84章

## 改善农业养分管理，发展低碳经济

　　氮肥作为重要的农业生产资料，是支撑粮食生产、农业发展的关键，我国生产和消费了世界上三分之一的氮肥，氮肥对我国粮食生产起到了至关重要的作用。然而，自20世纪90年代以来，氮肥用量持续大幅增加，粮食增产却变得缓慢，过量施氮对水体、大气、土壤环境及人类健康都带来了威胁。而且氮肥的生产和运输中消耗大量能源，如何保持农业发展的同时降低环境影响，是我国两型社会发展的关键。而帮助国家和省级决策者制定和实施有效的措施是当务之急。因此，英国外交部和中国农业部资助开展了中英合作项目《改善农业养分管理，发展低碳经济》，在中国农业大学资源与环境学院张福锁教授和英国洛桑实验站David Powlson教授的共同主持下，于2009年4月正式启动，到2012年3月结题。

　　项目组根据2007年发布的《中国应对气候变化国家方案》估算的结果表明：中国农业和农业化学投入品产业消费的能源占中国总能源用量的10%以上，排放的温室气体占总排放量的19%～22%。而农业能源消费的70%被用来生产氮肥。将氮肥温室气体排放定量化对于研究低碳农业具有重要意义，2009年4月的项目启动会上，来自美国、英国、挪威等国际上7个优势单位的专家，对全国相关人员开展了低碳农业及研究方法——生命周期评价（LCA）的培训，建立了中国氮肥的生命周期LCA方法框架。课题组利用这一方法定量化了中国氮肥的温室气体排放，研究结果表明中国氮肥从生产到施用的温室气体排放因子为13.5 t $CO_2$-eq/t N，氮肥排放的温室气体总量超过4.5亿t，占全国温室气体排放总量的7%。

　　项目组积极与各方面专家、相关管理者协商，探讨中国氮肥减排的政策和技术措施。2009—2012年项目组共组织7次专家研讨会，共有约200名专家参与。在广泛征求意见的基础上提出了中国氮肥管理全面转型的战略思路。中国氮肥减排要贯彻"技术与政策结合，工业和农业同步"的减排思路。工业技术上要加强煤炭开采中煤层气的回收利用，提高热力发电效率，降低合成氨生产能耗，将单一的铵态氮肥转变为铵态和硝态结合的产品；农业技术上要做好氮肥总量控制，让氮肥投入与作物吸收量一致，在施肥时期上要做到与作物吸收同步、避免一次性施肥，在施肥方式上要做到深施或机械追肥，肥料产品要因地制宜，北方旱地发展应用硝酸铵钙等产品替代尿素，在适宜区域推广应用硝化抑制剂、脲酶抑制剂、包膜肥等增效肥料。改变氮肥工业补贴政策，把每年在能源、运输等方面上百亿元的补贴转变为对新产品和新技术的补贴，鼓励施肥机械的发展和专业化机械施肥组织，解决小农户资金和劳动力不足对适时施肥的限制。鉴于氮肥温室效应的影响力，中国也应该将氮肥减排纳入全国减排重点领域，包括建立氮肥碳交易体系，积极引入国际资金和技术，通过政策保障全面推动氮肥工业和施用技术的改革。

在未来 20 年中国如果采取上述综合措施,可以实现巨大的减排潜力。通过技术对比发现,中国氮肥工业节能潜力达到 55%,而在农田中通过合理施肥的减排潜力达到 42%,再考虑氮肥产品结构转变、其他环境保护措施的采纳,氮肥相关温室气体排放总量可以降低 3.6 亿 t,相当于 2005 年全国温室气体排放量的 6%,这对于中国实现低碳经济意义巨大。

项目执行期间,课题组完成了 3 个政策建议报告、1 篇中文报道、2 篇英文文章。其中《挖掘化肥产业的巨大减排潜力》一文于 2010 年 3 月在科学时报头版头条刊登,该文章指出了本项目关于氮肥工业减排的建议:"保守估计,如能革新化肥产业,到 2020 年可减排 1.4 亿 t 二氧化碳,约占全国能源行业减排目标 12 亿 t 的 12%",引起了行业的重视和社会的广泛关注。2010 年 5 月,项目组提交了政策建议《改善农业养分管理:中国低碳经济计划中不可忽视的机遇》,得到了副总理回良玉和国务委员刘延东的批示。2010 年 10 月,2011 年 9 月,2012 年 3 月召开 3 次《中国低碳农业技术与政策》研讨会和成果推介会,农业部(种植业司、国际合作司、农技服务中心)、国家发改委(气候变化司、经贸司)、工信部原材料司,氮肥工业协会、部分省市发展改革、环保、农业部门,有关科研机构、英方官员及专家 150 余人出席,氮肥减排的重要性和措施得到了广泛认可。项目也积极与省级政府合作,选取了江苏、山东、吉林、陕西 4 个具有代表性的省份进行重点研究,针对其特点给出符合项目省实际发展情况的政策建议。

在项目发展期间,氮肥行业节能减排开始作为全国重点工作,2010 年国家开始对氮肥生产采取限制措施(拉闸限电、大力限制出口);氮肥工业从单纯的增加产能转向产能置换,到 2012 年底,已有 300 多万 t 落后产能被先进产能替代。在农业生产中,减少氮肥投入已经成为主旋律,2011 年农业部办公厅《农业部关于深入推进科学施肥工作的意见》中明确提出了"切实减少不合理过量施肥",并具体指出长江中下游冬小麦、双季稻、东北春玉米等多个地区和作物要减少氮肥总量,氮肥分次施用等原则。2013 年中央一号文件明确提出要启动高效缓释肥料补贴试点工作。在地方政府中,北京市于 2011 年成立了我国首个低碳农业协会,全国低碳农业迅速发展。

(执笔人:张卫峰)

# 第85章

## 锌营养国际合作项目简介

锌是植物必需微量元素,对于作物产量的提高和品质的改善有重要作用。然而近年来由于产量的进一步提高和新品种的推广,锌缺乏的现象越来越普遍和严重。据统计,全世界50%的作物种植区土壤都存在缺锌或潜在缺锌的现象。目前我国土壤缺锌现状日趋严重,缺锌土壤大约占耕地面积的40%。全世界作物因缺锌而造成减产的面积最为广泛,施用锌肥是改善作物缺锌、提高产量和籽粒锌含量的重要措施。同时,锌在人体健康中也起着重要的作用。锌是所有矿质元素中参与人体代谢最广泛的元素,它是多种蛋白和酶的组分,并参与基因表达的调节(如锌指蛋白),具有结构、催化和调节的功能。缺锌常常会导致多种疾病的发生,包括身体发育迟缓、免疫系统和学习能力受损,同时伴随受感染、DNA损伤和癌症发生概率的增加。据报道,全球近30%人口锌摄入量不足,缺锌已经成为人类健康风险和引起死亡的主要因素之一。在我国,大约1亿人口受到缺锌影响,尤其是妇女和儿童,而且大部分生活在农村地区。而目前的生产体系中输出的锌远远不能满足人体健康的需要,特别是在现有的生产条件下,产量大幅度提高、品种不断更新,原来推荐的锌肥施用量和施用方式已不能满足现有产量水平的提高和品质的要求。因此,研究高产体系条件下锌肥的合理施用对于进一步提高粮食作物的产量和品质(籽粒锌含量和有效性)具有重要意义。

在此背景下,由国际锌协会资助,中国农业大学资源与环境学院张福锁教授主持的项目"施用锌肥提高小麦玉米水稻产量和品质"于2009年正式启动,2012年结题,历时4年。本项目的主要研究目的是在现行较高产量水平条件下,研究不同施锌方式(浸种、土壤施用、叶面喷施)和锌肥用量对主要粮食作物和经济作物产量和籽粒中锌积累的影响,建立高产优质(高锌)作物生产的有效锌肥管理措施。主要的研究内容包括:①不同锌肥施用量对作物产量和锌营养状况的影响;②不同锌肥施用方式对作物产量和籽粒锌状况的影响。涉及的农作物主要有小麦、玉米、水稻、棉花和苹果。

根据项目的要求,先后在全国多个省份布置了田间试验,小麦试验分布在河北省、陕西省、江苏省和安徽省;玉米试验分布在河北省、陕西省和吉林省;水稻试验分布在安徽省、江苏省和四川省;山东省组织实施了苹果试验;新疆维吾尔自治区组织实施了棉花试验。共计完成了五十多个田间试验。参加单位有中国农业大学、西北农林科技大学、南京农业大学、吉林农业大学、新疆石河子大学、山东农业大学、安徽省农业科学院、四川省农业科学院。

几年的田间结果表明,在华北石灰性土壤上,土施和叶面喷施锌肥对小麦产量有一定的影响,但是没有显著提高玉米产量,两种锌肥施用方式均显著提高小麦、玉米籽粒锌含量,叶面喷施锌肥的效果更好,并且小麦籽粒锌含量增加幅度显著高于玉米。土施和叶面喷施均能显著降低籽粒磷锌摩尔比,增加籽粒锌的生物有效性,叶面喷施的效果更好。因此,单独叶面喷施锌肥或与土施相结合是提高小麦玉米籽粒锌含量的有效措施,也是保障人体锌营养健康的重要途径之一。在西北旱地低锌区,与土施锌相比,叶面喷施锌肥是更加经济有效、环境友好的锌肥施用方式,在提高产量和品质方面均优于土壤施用。

锌肥在提高水稻产量方面有明显的作用,不管何种锌肥施用方式均显著提高水稻产量,锌肥土施的增产效果高于叶面喷施,且随施锌量的增加而增加。叶面喷施锌肥在提高籽粒锌含量方面优于土壤施用。因此,在土壤锌含量较低的地区,结合锌肥的土施和叶面喷施,能最大限度地提高锌肥在水稻增产和增加籽粒锌营养品质上的双重效应。

除了田间试验外,项目执行期间,课题组在 2010 年的夏天和 2011 年 3 月分别组织了一次项目培训,德国 Hohenim 大学 Röemheld V 教授和土耳其 Sabanci 大学的 Cakmak I 教授分别做了专题报告,国际锌协会的樊明宪博士、Greg B 博士等出席了培训会。组织了多次田间活动日(Zinc Farmer Day),包括 2011 年 5 月在河北曲周组织的田间日,共有 230 多位政府官员、农业科技工作者、农民和学生参加;2011 年 8 月在陕西渭南组织的田间活动日,共有 300 多个农民参加,同时在吉林省、四川省和山东省都多次组织了田间活动日,让农民和农业科技工作者亲身感受并了解了锌在提高作物产量和品质中的作用,并且发放了 17 种类别有关锌肥对作物生产、施用方式以及与人体健康的宣传小册子,如锌对人体健康的影响、改善作物新营养的实施措施、我国土壤锌缺乏原因及影响因素、我国土壤和农作物的锌缺乏状况、施用锌肥改善作物缺锌的措施、锌肥的合理施用、西北旱地施锌提高小麦玉米籽粒锌含量研究、四川水稻缺锌及其防治技术、水稻锌营养宣传册等等。并且在多家媒体上进行了宣传和报道,如东县政府网的报道,江苏农业网,农业部官网,新农村商网,中国农业大学新闻等都对锌田间活动日的情况进行了宣传和报道。

在项目执行期间,每年的年末或年初均组织了项目总结会,总结该年度的项目执行情况、讨论下一步的工作计划。项目主要骨干参加了 2011 年在印度举行的国际锌营养大会,汇报并交流了有关的工作进展。

项目发表中英文文章共计十几篇,其中 SCI 论文 1 篇,从不同层面总结了在现有生产条件下,不同锌肥施用方式和施用量对小麦、玉米、水稻、苹果、棉花生长、产量提高和品质改善等方面的影响,提出了一些合理的施用措施和方法,对于我国粮食生产中锌肥的合理施用有一定的指导作用。

（执笔人：邹春琴　刘敦一）

彩图 47-5　田间水肥优化对照试验示意图

彩图 48-13　微喷灌在设施栽培中的应用

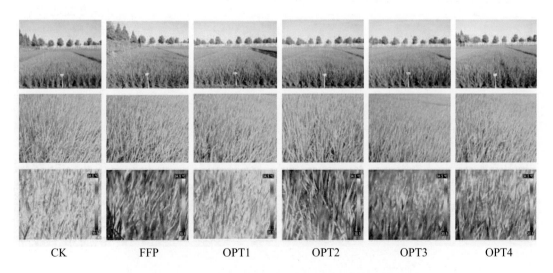

| CK | FFP | OPT1 | OPT2 | OPT3 | OPT4 |

彩图 53-19　养分优化管理对分蘖期水稻冠层温度的影响

| CK | S50 | F2 | S50+F2 |

**彩图 53-23 锌肥施用方法糙米的 DTZ 染色**

a：CK 表示不施锌，对照；S50 表示土施锌 50 kg/hm²；

　　F2 表示叶面喷施 0.3% 锌肥 2 次；S50+F2 表示土施锌肥 50 kg/hm² + 叶面喷施 0.3% 锌肥 2 次。

b：CK：Zn 字符右上角"－"为不施锌肥糙米 DTZ 染色，对照；

　　F2：Zn 字符右上角"＋"为叶面喷施 0.3% 锌肥 2 次糙米 DTZ 染色，喷锌处理。

彩图 65-1　船式喷灌机在珠江三角洲地区菜地上应用

彩图 65-2　固定式喷灌在叶菜类蔬菜上的应用

彩图 65-3　卷盘式移动喷灌机在甘蔗上的应用

彩图 65-4　喷水带在香蕉上（a）和草莓上（b）的应用

木瓜园

柑橘育苗　　　　　　　　　　火龙果栽培

彩图 65-5　微喷灌的应用

彩图 65-6　滴灌在香蕉栽培（a）和柑橘栽培（b）中的应用

彩图 65-8　拖管淋灌在木瓜园（a）和柑橘园（b）中的应用

彩图 65-9　挑水浇灌冬种马铃薯（a）和叶菜类蔬菜（b）

彩图 65-10　肥料溶解后通过挑水（a）、拖管（b）淋施水肥

彩图 66-4　分蘖期不同施肥处理甘蔗生长情况

彩图 66-5　施用生物有机肥的田间效果

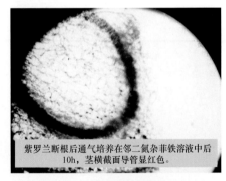

紫罗兰断根后通气培养在邻二氮杂菲铁溶液中后10h，茎横截面导管显红色。

彩图 67-8　紫罗兰横截面中的铁

彩图 67-9　根系输液的运输

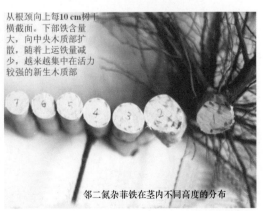

从根颈向上每10 cm树干横截面。下部铁含量大，向中央木质部扩散，随着上运铁量减少，越来越集中在活力较强的新生木质部

邻二氮杂菲铁在茎内不同高度的分布

图 67-10　铁在茎内不同高度的分布

彩图 69-5　养分综合管理区香蕉长势情况

彩图 69-6　常规管理区（左）
与综合管理区（右）香蕉

普通膜

专用膜

专用膜的生产

彩图 73-32　专用地膜优于普通地膜

有机肥不同添加量试验

不同有机肥试验

彩图 74-10　不同有机肥对柑橘根系生长的影响

彩图 76-5　小麦蚕豆间作田间试验图

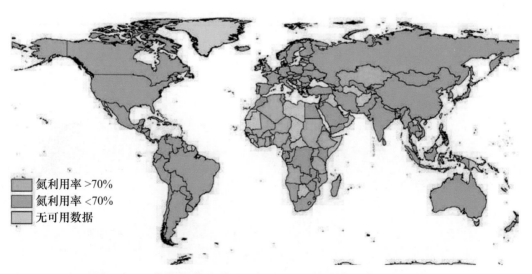

氮利用率 >70%
氮利用率 <70%
无可用数据

彩图 80-4　作物氮养分利用率低于 70% 的国家（紫红色区域）

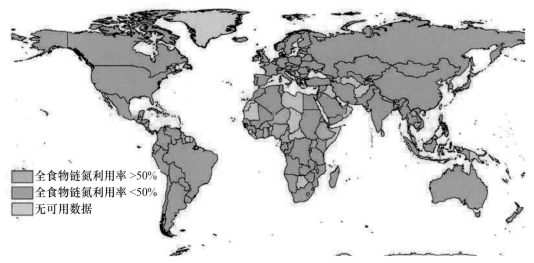

彩图 80-5　作物氮养分利用率全链低于 50% 的国家（紫红色区域）

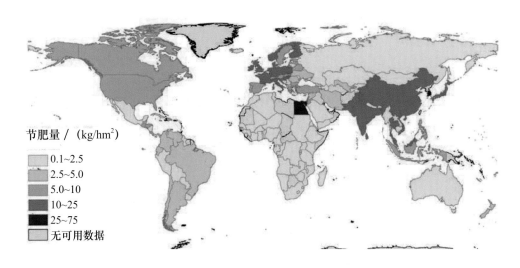

彩图 80-6　为达到 5 年 NUE 目标，氮肥利用率低于 70% 的国家的养分节省量分布图
（作物养分利用率的提高用每年每公顷氮肥的节省衡量）

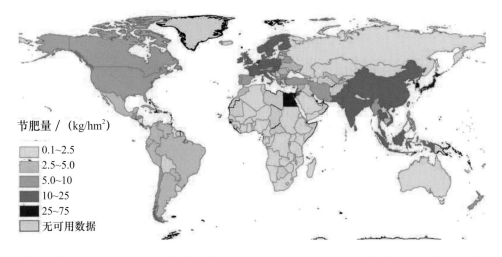

彩图 80-7　为达到 5 年 NUE 目标，食物链氮养分利用率低于 50% 的国家的养分绝对节省量分布图
（全链作物养分利用率的提高用每年每公顷氮肥的节省衡量）